国家出版基金项目
NATIONAL PUBLICATION FOUNDATION

"十三五"国家重点出版物出版规划项目

中 国 生 物 物 种 名 录

第一卷 植物

种子植物(VI)

被子植物 ANGIOSPERMS

（沟繁缕科 Elatinaceae—钩枝藤科 Ancistrocladaceae）

张志翔 侯元同 廖 帅 谢宜飞 编著

U0311065

科 学 出 版 社
北 京

内 容 简 介

本书收录了中国被子植物共 61 科 474 属 2986 种（不含种下等级），其中 1343 种（44.98%）为中国特有，266 种（8.91%）为外来植物。每一种的内容包括中文名、学名和异名及原始发表文献、国内外分布等信息。

本书可作为中国植物分类系统学和多样性研究的基础资料，也可作为环境保护、林业、医学等从业人员及高等院校师生的参考书。

图书在版编目（CIP）数据

中国生物物种名录. 第一卷，植物. 种子植物. Ⅵ，被子植物. 沟繁缕科—钩枝藤科/张志翔等编著.—北京：科学出版社，2017.3
"十三五"国家重点出版物出版规划项目　国家出版基金项目
ISBN 978-7-03-052169-9

Ⅰ. ①中…　Ⅱ. ①张…　Ⅲ. ①生物–物种–中国–名录 ②沟繁缕科–物种–中国–名录 ③钩枝藤科–物种–中国–名录　Ⅳ. ①Q152-62 ②Q949.758.7-62 ③Q949.759.8-62

中国版本图书馆 CIP 数据核字（2017）第 053909 号

责任编辑：马　俊　王　静　付　聪 / 责任校对：邹慧卿
责任印制：张　伟 / 封面设计：刘新新

科学出版社 出版
北京东黄城根北街 16 号
邮政编码：100717
http://www.sciencep.com

北京京华虎彩印刷有限公司 印刷
科学出版社发行　　各地新华书店经销
*

2017 年 3 月第 一 版　　开本：889×1094 1/16
2018 年 1 月第二次印刷　　印张：22 3/4
字数：798 000
定价：168.00 元
（如有印装质量问题，我社负责调换）

Species Catalogue of China

Volume 1 Plants

SPERMATOPHYTES (VI)

ANGIOSPERMS

(Elatinaceae—Ancistrocladaceae)

Authors: Zhixiang Zhang   Yuantong Hou   Shuai Liao   Yifei Xie

Science Press

Beijing

《中国生物物种名录》编委会

主　任（主　编） 陈宜瑜

副主任（副主编） 洪德元　刘瑞玉　马克平　魏江春　郑光美

委　员（编　委）

卜文俊	南开大学	陈宜瑜	国家自然科学基金委员会
洪德元	中国科学院植物研究所	纪力强	中国科学院动物研究所
李　玉	吉林农业大学	李枢强	中国科学院动物研究所
李振宇	中国科学院植物研究所	刘瑞玉	中国科学院海洋研究所
马克平	中国科学院植物研究所	彭　华	中国科学院昆明植物研究所
覃海宁	中国科学院植物研究所	邵广昭	台湾"中央研究院"生物多样性研究中心
王跃招	中国科学院成都生物研究所	魏江春	中国科学院微生物研究所
夏念和	中国科学院华南植物园	杨　定	中国农业大学
杨奇森	中国科学院动物研究所	姚一建	中国科学院微生物研究所
张宪春	中国科学院植物研究所	张志翔	北京林业大学
郑光美	北京师范大学	郑儒永	中国科学院微生物研究所
周红章	中国科学院动物研究所	朱相云	中国科学院植物研究所
庄文颖	中国科学院微生物研究所		

工　作　组

组　长 马克平

副组长 纪力强　覃海宁　姚一建

成　员 韩　艳　纪力强　林聪田　刘忆南　马克平　覃海宁　王利松　魏铁铮　薛纳新　杨　柳　姚一建

总　　序

　　生物多样性保护研究、管理和监测等许多工作都需要翔实的物种名录作为基础。建立可靠的生物物种名录也是生物多样性信息学建设的首要工作。通过物种唯一的有效学名可查询关联到国内外相关数据库中该物种的所有资料，这一点在网络时代尤为重要，也是整合生物多样性信息最容易实现的一种方式。此外，"物种数目"也是一个国家生物多样性丰富程度的重要统计指标。然而，像中国这样生物种类非常丰富的国家，各生物类群研究基础不同，物种信息散见于不同的志书或不同时期的刊物中，加之分类系统及物种学名也在不断被修订。因此建立实时更新、资料翔实，且经过专家审订的全国性生物物种名录，对我国生物多样性保护具有重要的意义。

　　生物多样性信息学的发展推动了生物物种名录编研工作。比较有代表性的项目，如全球鱼类数据库（FishBase）、国际豆科数据库（ILDIS）、全球生物物种名录（CoL）、全球植物名录（TPL）和全球生物名称（GNA）等项目；最有影响的全球生物多样性信息网络（GBIF）也专门设立子项目处理生物物种名称（ECAT）。生物物种名录的核心是明确某个区域或某个类群的物种数量，处理分类学名称，厘清生物分类学上有效发表的拉丁学名的性质，即接受名还是异名及其演变过程；好的生物物种名录是生物分类学研究进展的重要标志，是各种志书编研必需的基础性工作。

　　自 2007 年以来，中国科学院生物多样性委员会组织国内外 100 多位分类学专家编辑中国生物物种名录；并于 2008 年 4 月正式发布《中国生物物种名录》光盘版和网络版（http://www.sp2000.cn/joaen），此后，每年更新一次；2012 年版名录已于同年 9 月面世，包括 70 596 个物种（含种下等级）。该名录自发布受到广泛使用和好评，成为环境保护部物种普查和农业部作物野生近缘种普查的核心名录库，并为环境保护部中国年度环境公报物种数量的数据源，我国还是全球首个按年度连续发布全国生物物种名录的国家。

　　电子版名录发布以后，有大量的读者来信索取光盘或从网站上下载名录数据，取得了良好的社会效果。有很多读者和编者建议出版《中国生物物种名录》印刷版，以方便读者、扩大名录的影响。为此，在 2011 年 3 月 31 日中国科学院生物多样性委员会换届大会上正式征求委员的意见，与会者建议尽快编辑出版《中国生物物种名录》印刷版。该项工作得到原中国科学院生命科学与生物技术局的大力支持，设立专门项目，支持《中国生物物种名录》的编研，项目于 2013 年正式启动。

　　组织编研出版《中国生物物种名录》（印刷版）主要基于以下几点考虑。①及时反映和推动中国生物分类学工作。"三志"是本项工作的重要基础。从目前情况看，植物方面的基础相对较好，2004 年 10 月《中国植物志》80 卷 126 册全部正式出版，*Flora of China* 的编研也已完成；动物方面的基础相对薄弱，《中国动物志》虽已出版 130 余卷，但仍有很多类群没有出版；《中国孢子植物志》已出版 80 余卷，很多类群仍有待编研，且微生物名录数字化基础比较薄弱，在 2012 年版中国生物物种名录光盘版中仅收录 900多种，而植物有 35 000 多种，动物有 24 000 多种。需要及时总结分类学研究成果，把新种和新的修订，包括分类系统修订的信息及时整合到生物物种名录中，以克服志书编写出版周期长的不足，让各个方面的读者和用户及时了解和使用新的分类学成果。②生物物种名称的审订和处理是志书编写的基础性工作，名录的编研出版可以推动生物志书的编研；相关学科如生物地理学、保护生物学、生态学等的研究工作需要及时更新的生物物种名录。③政府部门和社会团体等在生物多样性保护和可持续利用的实践中，希望及时得到中国物种多样性的统计信息。④全球生物物种名录等国际项目需要中国生物物种名录等区域性名录信息不断更新完善，因此，我们的工作也可以在一定程度上推动全球生物多样性编目与保护工作的进展。

编研出版《中国生物物种名录》（印刷版）是一项艰巨的任务，尽管不追求短期内涉及所有类群，也是难度很大的。衷心感谢各位参编人员的严谨奉献，感谢几位副主编和工作组的把关和协调，特别感谢不幸过世的副主编刘瑞玉院士的积极支持。感谢国家出版基金和科学出版社的资助和支持，保证了本系列丛书的顺利出版。在此，对所有为《中国生物物种名录》编研出版付出艰辛努力的同仁表示诚挚的谢意。

虽然我们在《中国生物物种名录》网络版和光盘版的基础上，组织有关专家重新审订和编写名录的印刷版。但限于资料和编研队伍等多方面因素，肯定会有诸多不尽如人意之处，恳请各位同行和专家批评指正，以便不断更新完善。

陈宜瑜

2013 年 1 月 30 日于北京

植物卷前言

　　《中国生物物种名录》（印刷版）植物卷共计十二个分册和总目录一册，涵盖中国全部野生高等植物，以及重要和常见栽培植物和归化植物。包括苔藓植物、蕨类植物（包括石松类和蕨类植物）各一个分册，种子植物十个分册，提供每种植物（含种下等级）名称及国内外分布等基本信息，学名及其异名还附有原始发表文献；总目录册为索引性质，也包括全部高等植物，但不引异名及文献。

　　根据《中国生物物种名录》编委会关于采用新的和成熟的分类系统排列的决议，苔藓植物采用Frey 等（2009）的系统；蕨类植物基本上采用 *Flora of China*（Vol. 2-3，2013）的系统；裸子植物按Christenhusz 等（2011）系统排列；被子植物科按"被子植物发育研究组（Angiosperm Phylogeny Group，APG）"第三版（APGIII）排列（APG，2009；Haston et al.，2009；Reveal and Chase，2011），但对菊目（Asterales）、南鼠刺目（Escalloniales）、川续断目（Dipsacales）、天门冬目（Asparagales）（除兰科外）各科及百合目（Liliales）百合科（Liliaceae）的顺序作了调整，以保持各册书籍体量之间的平衡；科级范畴与刘冰等（2015）文章基本一致（http://www.biodiversity-science.net/article/2015/1005-0094-23-2-225.html）。种子植物各册所包含类群及排列顺序见附件一。

　　本卷名录收载苔藓植物 150 科 591 属 3021 种（贾渝和何思，2013）；蕨类植物 40 科 178 属 2147种（严岳鸿等，2016）；裸子植物 10 科 45 属 262 种；被子植物 264 科 3191 属 30 729 种。全书共收载中国高等植物 464 科 4005 属 36 159 种，其中外来种 1283 种，特有种 18 919 种。

　　"●"表示中国特有种，"☆"表示栽培种，"△"表示归化种。

　　工作组以 2013 年电子版（网络版）《中国生物物种名录》（http://www.sp2000.org.cn/）为基础，并补充*Flora of China* 新出版卷册信息构建名录底库，提供给卷册编著者作为编研基础和参考；编著者在广泛查阅近期分类学文献后，按照编写指南精心编制类群名录；初稿经过同行评审和编委会组织的专家审稿会审定后，作者再修改终成文付梓。我们对名录编著者的辛勤劳动和各位审核专家的帮助表示诚挚的谢意！

　　2007～2009 年，我们曾广泛邀请国内植物分类学专家审核《中国生物物种名录》（电子版）高等植物部分。共有 28 家单位 82 位专家参加名录审核工作，涉及大多数高等植物种类，一些疑难科属还进行了数次或多人交叉审核。我们借此机会感谢这些专家学者的贡献，尤其感谢内蒙古大学赵一之教授和曲阜师范大学侯元同教授协助审核许多小型科属。可以说，没有这些专家的工作就没有物种名录电子版，也是他们的工作奠定了名录印刷版编研的基础。电子版名录审核专家名单见附件二。

　　我们再次感谢各位名录编著者的支持、投入和敬业；感谢丛书编委会主编及植物卷各位编委的审核和把关；感谢中国科学院生物多样性委员会各位领导老师的指导和帮助；感谢何强、李奕、包伯坚、赵莉娜、刘慧圆、纪红娟、刘博、叶建飞等多位同事和学生在名录录入和数据整理工作上提供的帮助；感谢杨永、刘冰两位博士提供 APGIII 系统框架及其科级范畴资料；感谢科学出版社各位编辑耐心而细致的编辑工作。

《中国生物物种名录》植物卷工作组

2016 年 10 月 30 日

主要参考文献

Angiosperm Phylogeny Group. 2009. An update of the Angiosperm Phylogeny Group classification for the orders and families of flowering plants: APG III. Bot. J. Linn. Soc., 161(2): 105-121.

Christenhusz M J M, Reveal J L, Farjon A, Gardner M F, Mill R R, Chase M W. 2011. A new classification and linear sequence of extant gymnosperms. Phytotaxa, 19: 55-70.

Frey W, Stech M, Fischer E. 2009. Bryophytes and seedless vascular plants. Syllabus of plant families. 3. Berlin, Stuttgart: Gebr. Borntraeger Verlagsbuchhandlung.

Haston E, Richardson J E, Stevens P F, Chase M W, Harris D J. 2009. The Linear Angiosperm Phylogeny Group (LAPG) III: a linear sequence of the families in APGIII. Bot. J. Linn. Soc., 161(2): 128-131.

Reveal J L, Chase M W. 2011. APGIII: Bibliographical Information and Synonymy of Magnoliidae. Phytotaxa, 19: 71-134.

Wu C Y, Raven P H, Hong D Y. 1994-2013. Flora of China. Volume 1-25. Beijing: Science Press, St. Louis: Missouri Botanical Garden Press.

贾渝, 何思. 2013. 中国生物物种名录 第一卷 植物 苔藓植物. 北京: 科学出版社.

刘冰, 叶建飞, 刘夙, 汪远, 杨永, 赖阳均, 曾刚, 林秦文. 2015. 中国被子植物科属概览: 依据 APGIII系统. 生物多样性, 23(2): 225-231.

骆洋, 何廷彪, 李德铢, 王雨华, 伊廷双, 王红. 2012. 中国植物志、Flora of China 和维管植物新系统中科的比较. 植物分类与资源学报, 34(3): 231-238.

汤彦承, 路安民. 2004. 《中国植物志》和《中国被子植物科属综论》所涉及 "科" 界定及比较. 云南植物研究, 26(2): 129-138.

严岳鸿, 张宪春, 周喜乐, 孙久琰. 2016. 中国生物物种名录 第一卷 植物 蕨类植物. 北京: 科学出版社.

中国科学院中国植物志编辑委员会. 1959-2004. 中国植物志(第一至第八十卷). 北京: 科学出版社.

附件一　《中国生物物种名录》植物卷种子植物部分系统排列

附件二　《中国生物物种名录》（2007~2009）电子版植物类群编著者名单

苔藓植物：贾　渝[中国科学院植物研究所].

蕨类植物：张宪春[中国科学院植物研究所].

裸子植物：杨　永[中国科学院植物研究所].

被子植物：

曹　伟[中国科学院沈阳应用生态研究所]：杨柳科.

曹　明[广西壮族自治区中国科学院广西植物研究所]：芸香科.

陈家瑞[中国科学院植物研究所]：假繁缕科、锁阳科、小二仙草科、菱科、柳叶菜科.

陈　介[中国科学院昆明植物研究所]：野牡丹科、使君子科、桃金娘科.

陈世龙[中国科学院西北高原生物研究所]：龙胆科.

陈文俐，刘　冰[中国科学院植物研究所]：禾亚科.

陈艺林[中国科学院植物研究所]：鼠李科.

陈又生[中国科学院植物研究所]：槭树科、堇菜科.

陈之端[中国科学院植物研究所]：葡萄科.

邓云飞[中国科学院华南植物园]：爵床科.

方瑞征[中国科学院昆明植物研究所]：旋花科.

高天刚[中国科学院植物研究所]：菊科.

耿玉英[中国科学院植物研究所]：杜鹃花科.

谷粹芝[中国科学院植物研究所]：蔷薇科.

郭丽秀[中国科学院华南植物园]：棕榈科、清风藤科.

郭友好[武汉大学]：水蕹科、水鳖科、雨久花科、香蒲科、田葱科、花蔺科、茨藻科、浮萍科、泽泻科、黑三棱科、眼子菜科.

洪德元，潘开玉[中国科学院植物研究所]：桔梗科、芍药科、鸭跖草科.

侯元同[曲阜师范大学]：锦葵科、谷精草科、省沽油科、安息香科、苋科、椴树科、桃叶珊瑚科、蓼科、石蒜科等.

侯学良[厦门大学]：番荔枝科.

胡启明[中国科学院华南植物园]：报春花科、紫金牛科.

郎楷永[中国科学院植物研究所]：兰科.

雷立功[中国科学院昆明植物研究所]：冬青科.

黎　斌[西安植物园]：石竹科.

李安仁[中国科学院植物研究所]：藜科.

李秉滔[华南农业大学]：萝藦科、夹竹桃科、马钱科.

李　恒[中国科学院昆明植物研究所]：天南星科.

李建强[中国科学院武汉植物园]：猕猴桃科、景天科.

李锡文[中国科学院昆明植物研究所]：唇形科、藤黄科、龙脑香科.

李振宇[中国科学院植物研究所]：车前科、狸藻科.

梁松筠[中国科学院植物研究所]：百合科.

林　祁[中国科学院植物研究所]：五味子科、荨麻科.

林秦文[中国科学院植物研究所]：杜英科、梧桐科、黄杨科、漆树科、卫矛科、大风子科、山龙眼科.

刘启新[江苏省中国科学院植物研究所]：伞形科、十字花科.

刘　青[中国科学院华南植物园]：山矾科.

刘全儒[北京师范大学]：败酱科、川续断科.

刘心恬[中国科学院植物研究所]：马鞭草科.

刘　演[广西壮族自治区中国科学院广西植物研究所]：山榄科、苦苣苔科、柿科.

陆玲娣[中国科学院植物研究所]：虎耳草科.

罗　艳[中国科学院西双版纳热带植物园]: 毛茛科（乌头属）.

马海英[云南大学]: 金虎尾科、远志科.

马金双[中国科学院上海辰山植物科学研究中心]: 大戟科、马兜铃科.

彭　华, 刘恩德[中国科学院昆明植物研究所]: 茶茱萸科、楝科.

彭镜毅[台湾"中央研究院"生物多样性中心]: 秋海棠科.

齐耀东[中国医学科学院药用植物研究所]: 瑞香科.

丘华兴[中国科学院华南植物园]: 桑寄生科、槲寄生科.

任保青[中国科学院植物研究所]: 桦木科.

萨　仁[中国科学院植物研究所]: 榆科.

覃海宁[中国科学院植物研究所]: 灯心草科、木通科、山柑科、海桑科.

王利松[中国科学院植物研究所]: 伞形科.

王瑞江[中国科学院华南植物园]: 茜草科（除粗叶木属外）.

王英伟[中国科学院植物研究所]: 罂粟科.

韦发南[广西壮族自治区中国科学院广西植物研究所]: 樟科.

文　军[美国史密斯研究院]、刘　博[中央民族大学]: 五加科、葡萄科.

吴德邻[中国科学院华南植物园]: 姜科.

武建勇[环境保护部南京环境科学研究所]: 小檗科.

夏念和[中国科学院华南植物园]: 竹亚科、木兰科、檀香科、无患子科、胡椒科.

向秋云[美国北卡罗来纳大学]: 山茱萸科（广义）.

谢　磊[北京林业大学]、阳文静[江西师范大学]: 毛茛科（铁线莲属、唐松草属）.

徐增莱[江苏省中国科学院植物研究所]: 薯蓣科.

许炳强[中国科学院华南植物园]: 木犀科.

阎丽春[中国科学院西双版纳热带植物园]: 茜草科（粗叶木属）.

杨福生[中国科学院植物研究所]: 玄参科.

杨世雄[中国科学院昆明植物研究所]: 山茶科.

于　慧[中国科学院华南植物园]: 桑科.

于胜祥[中国科学院植物研究所]: 凤仙花科.

袁　琼[中国科学院华南植物园]: 毛茛科（乌头属、铁线莲属和唐松草属除外）.

张树仁[中国科学院植物研究所]: 莎草科.

张志耘[中国科学院植物研究所]: 海桐花科、金缕梅科、列当科、茄科、葫芦科、胡桃科、紫葳科.

张志翔[北京林业大学]: 谷精草科.

赵一之[内蒙古大学]: 柽柳科、胡颓子科、八角枫科、金粟兰科、桤叶树科、千屈菜科、忍冬科、牻牛儿苗科、车前科等.

赵毓棠[东北师范大学]: 鸢尾科.

周庆源[中国科学院植物研究所]: 莼菜科、莲科、芸香科、睡莲科.

周浙昆[中国科学院西双版纳热带植物园]: 壳斗科.

朱格麟[西北师范大学]: 紫草科.

朱相云[中国科学院植物研究所]: 豆科.

本册编写说明

本册名录收录中国种子植物 61 科 474 属 2986 种（不含种下等级），其中 1343 种（44.98%）为中国特有，266 种（8.91%）为外来植物。

由于野外类群考察的不断深入，国家对经典分类研究的重视，大量植物分类专著和论文的出版发表，尤其是分子系统学方面的研究成果，使植物物种的划分和处理与 *Flora of China* 有较大差异，以致科、属的处理上有了新的变动。例如，大风子科（Flacourtiaceae）中的菲柞属（*Ahernia*）、山桂花属（*Bennettiodendron*）、山羊角树属（*Carrierea*）、脚骨脆属（*Casearia*）、锡兰莓属（*Dovyalis*）、刺篱木属（*Flacourtia*）、天料木属（*Homalium*）、山桐子属（*Idesia*）、栀子皮属（*Itoa*）、鼻烟盒树属（*Oncoba*）、山拐枣属（*Poliothyrsis*）、箣柊属（*Scolopia*）和柞木属（*Xylosma*）并入杨柳科（Salicaceae），马蛋果属（*Gynocardia*）、大风子属（*Hydnocarpus*）并入青钟麻科（Achariaceae）；杨柳科（Salicaceae）中的钻天柳属（*Chosenia*）并入柳属（*Salix*）；从山柑科（Capparaceae）中独立出节蒴木科（Borthwickiaceae），其他变动恕不一一陈述。

根据编委会的决议，《中国生物物种名录》植物卷按 APGIII 系统进行排列（刘冰等，2015）；科内系统基本上按 *Flora of China* 处理，但同时也借鉴了最新的分子系统学研究动态及最新的分类修订成果，力求对本册所囊括的物种进行合理的呈现。

本册在 *Flora of China* 的基础上，新收录了少数栽培属、种及近年来（截至 2016 年 3 月 23 日）在中国本土发现的新科、新属、新种、新记录。另外，一些物种的分布区，因相关类群专家或审稿专家在野外调查或查阅馆藏标本时发现了一些物种新的分布区，因此本册中物种的分布区可能与《中国植物志》和 *Flora of China* 等有差异，在此特予说明。

本册由北京林业大学和曲阜师范大学共同完成。白花丹科（Plumbaginaceae）、十字花科（Brassicaceae）、瓣鳞花科（Frankeniaceae）、刺茉莉科（Salvadoraceae）、叠珠树科（Akaniaceae）、钩枝藤科（Ancistrocladaceae）、旱金莲科（Tropaeolaceae）、锦葵科（Malvaceae）、辣木科（Moringaceae）、蓼科（Polygonaceae）、柳叶菜科（Onagraceae）、龙脑香科（Dipterocarpaceae）、黏木科（Ixonanthaceae）、山柑科（Capparaceae）、山柚子科（Opiliaceae）、省沽油科（Staphyleaceae）、十齿花科（Dipentodontaceae）、使君子科（Combretaceae）、檀香科（Santalaceae）、铁青树科（Olacaceae）、西番莲科（Passifloraceae）、亚麻科（Linaceae）、猪笼草科（Nepenthaceae）由曲阜师范大学的侯元同、郭成勇编写；沟繁缕科（Elatinaceae）、金虎尾科（Malpighiaceae）、毒鼠子科（Dichapetalaceae）、核果木科（Putranjivaceae）、西番莲科（Passifloraceae）、杨柳科（Salicaceae）、堇菜科（Violaceae）、青钟麻科（Achariaceae）、亚麻科（Linaceae）、红厚壳科（Calophyllaceae）、藤黄科（Clusiaceae）、川苔草科（Podostemaceae）、金丝桃科（Hypericaceae）、牻牛儿苗科（Geraniaceae）、千屈菜科（Lythraceae）、桃金娘科（Myrtaceae）、野牡丹科（Melastomataceae）、隐翼科（Crypteroniaceae）、旌节花科（Stachyuraceae）、白刺科（Nitrariaceae）、橄榄科（Burseraceae）、漆树科（Anacardiaceae）、无患子科（Sapindaceae）、芸香科（Rutaceae）、苦木科（Simaroubaceae）、楝科（Meliaceae）、瘿椒树科（Tapisciaceae）由北京林业大学张志翔、沐先运、何理、

尚策、舒渝民、谢宜飞及中国科学院上海辰山植物科学研究中心/上海辰山植物园廖帅编写。谢宜飞统校全稿。

　　在编写过程中，得到了国内多位分类学专家的支持和协助。初稿完成后，朱相云研究员（中国科学院植物研究所）作为本册主审，认真审阅了初稿，提出了宝贵的修改意见，并在编写过程中在命名法规方面给予了帮助；李振宇研究员（中国科学院植物研究所）审阅了千屈菜科、杨柳科部分类群，以及菱科全部类群；刘博博士（中央民族大学）在格式检查上提供了帮助。丛书编委会组织了由洪德元院士为组长，彭华研究员（中国科学院昆明植物研究所）、夏念和研究员（中国科学院华南植物园）、刘全儒教授（北京师范大学）、李振宇研究员（中国科学院植物研究所）、朱相云研究员（中国科学院植物研究所）、张宪春研究员（中国科学院植物研究所）、马克平研究员（中国科学院植物研究所）和覃海宁研究员（中国科学院植物研究所）为成员的强大的专家审稿会，对书稿进行了认真的审定，我们对这些专家的支持和帮助表示衷心的感谢。针对分布、栽培等相关资料不清楚的植物，咨询了相关专类研究的研究人员、相关地区的院校和科研院所的教授和研究员，这里也一并感谢。

　　植物名录的整理可以和考古相媲美，要"挖掘"出记载着每一个植物名称的原始文献，有些文献已逾200多年，可谓"古董"。从文献中，要从不同缩写字母中解读出版物名称和明确的作者名，仔细寻找文章发表刊物的卷册、页码和年代，寻找文献中的蛛丝马迹，才能确定所列物种的有效名称和异名。年代不同，物种划分和界定的思路和方法不同，本册覆盖的类群范围广，且在 APGIII 系统中位置发生了巨大变化，新近研究成果丰富，许多物种的名称变化明显，因此，每个类群准确的名录不但要全面掌握文献，而且更是要依托类群专家长期地深入研究和积累。但由于本书编研时间较短，加上作者水平所限，不足之处在所难免，恳请读者批评指正，提出宝贵意见。

编　者

2016 年 10 月于北京

目　录

总序
植物卷前言
本册编写说明

被子植物 ANGIOSPERMS

被子植物 ANGIOSPERMS

128. 沟繁缕科 ELATINACEAE
[2 属：6 种]

田繁缕属 Bergia L.

田繁缕
Bergia ammannioides Roxb. ex Roth, Nov. Pl. Sp. 219 (1821).
湖南、云南、台湾、广东、广西、海南；越南、老挝、泰国、印度尼西亚、尼泊尔和热带亚洲的其他地方、热带澳大利亚、热带非洲。

大叶田繁缕
Bergia capensis L., Mant. Pl. 2: 241 (1771).
Bergia verticillata Willd., Sp. Pl., ed. 4 2: 770 (1799); *Bergia aquatica* Roxb., Pl. Coromandel 2: 22, t. 142 (1800).
广东；泰国、马来西亚、印度、斯里兰卡、俄罗斯；亚洲西南部、欧洲、非洲、热带美洲引种。

倍蕊田繁缕
Bergia serrata Blanco, Fl. Filip. 387 (1837).
Bergia glandulosa Turcz., Bull. Soc. Imp. Naturalistes Moscou 27: 371 (1854).
台湾、广东、广西、海南；菲律宾。

沟繁缕属 Elatine L.

长梗沟繁缕
Elatine ambigua Wight in Hook., Bot. Misc. 2: 103, pl. 5 (1830).
云南；越南、马来西亚、印度尼西亚、不丹、印度、热带澳大利亚、欧洲、北美洲。

马蹄沟繁缕
Elatine hydropiper L., Sp. Pl. 1: 367 (1753).
黑龙江、吉林、辽宁；俄罗斯、欧洲。

三蕊沟繁缕
Elatine triandra Schkuhr, Bot. Handb. 1: 345, pl. 109 b, f. 2 (1791).
Elatine americana (Pursh) Arn., Edinburgh J. Nat. Geogr. Sci. 1: 431 (1830).
黑龙江、吉林、台湾、广东；日本、菲律宾、马来西亚、印度尼西亚、尼泊尔、印度、热带澳大利亚、新西兰、欧洲、北美洲。

129. 金虎尾科 MALPIGHIACEAE
[6 属：25 种]

盾翅藤属 Aspidopterys A. Juss. ex Endl.

贵州盾翅藤
●**Aspidopterys cavaleriei** H. Lév., Repert. Spec. Nov. Regni Veg. 9 (222-226): 458 (1911).
Aspidopterys dunniana H. Lév., Repert. Spec. Nov. Regni Veg. 11 (274-278): 65 (1912).
贵州、云南、广东、广西。

广西盾翅藤
Aspidopterys concava (Wall.) A. Juss., Ann. Sci. Nat., sér. 2 13: 266 (1840).
Hiraea concava Wall., Pl. Asiat. Rar. 1: 13 (1830).
广西；菲律宾、越南、老挝、泰国、柬埔寨、马来西亚、印度尼西亚。

花江盾翅藤
●**Aspidopterys esquirolii** H. Lév., Repert. Spec. Nov. Regni Veg. 11 (274-278): 65 (1912).
Aspidopterys stipulacea Nied., Arbeiten Bot. Inst. Königl. Lyceums Hosianum Braunsberg 6: 5 (1915).
四川、贵州、广西。

多花盾翅藤
●**Aspidopterys floribunda** Hutch., Bull. Misc. Inform. Kew 1917 (3): 95 (1917).
Aspidopterys glabriuscula var. *brevicuspis* Nied., Arbeiten Bot. Inst. Königl. Lyceums Hosianum Braunsberg 6: 15 (1915).
云南。

盾翅藤
Aspidopterys glabriuscula A. Juss., Ann. Sci. Nat., Bot. sér. 2 13: 267 (1840).
Aspidopterys heterocarpa J. Arènes, Notul. Syst. (Paris) 11 (1-2): 80 (1943).
云南、广东、广西、海南；菲律宾、越南、不丹、印度。

蒙自盾翅藤
●**Aspidopterys henryi** Hutch., Bull. Misc. Inform. Kew 1917 (3): 94 (1917).
云南；越南。

蒙自盾翅藤（原变种）

●**Aspidopterys henryi** var. **henryi**

Aspidopterys glabriuscula var. *subrotunda* Nied., Arbeiten Bot. Inst. Königl. Lyceums Hosianum Braunsberg 6: 15 (1915).
云南。

滇越盾翅藤

Aspidopterys henryi var. **tonkinensis** J. Arenes, Notul. Syst. (Paris) 11: 74 (1943) et in Lecomte, Fl. Gen. Indo-Chine, Suppl. 1: 537 (1945).
云南；越南。

小果盾翅藤

Aspidopterys microcarpa H. W. Li ex S. K. Chen, Acta Bot. Yunnan. 18 (4): 405, f. 1 (1996).
广西；越南。

毛叶盾翅藤

Aspidopterys nutans (Roxb. ex DC.) A. Juss., Ann. Sci. Nat., Bot. sér. 2 13: 267 (1840).
Hiraea nutans Roxb. ex DC., Prodr. (DC.) 1: 585 (1824); *Hiraea lanuginosa* Wall., Pl. Asiat. Rar. 1: 13 (1829); *Aspidopterys lanuginosa* (Wall.) A. Juss., Ann. Sci. Nat., Bot. sér. 2 13: 267 (1840).
云南；越南、老挝、缅甸、泰国、柬埔寨、尼泊尔、印度。

倒心盾翅藤

●**Aspidopterys obcordata** Hemsl., Hooker's Icon. Pl. 27 (3), pl. 2673 (1901).
云南、海南。

倒心盾翅藤（原变种）

●**Aspidopterys obcordata** var. **obcordata**

Aspidopterys tomentosa Blume var. *obcordata* (Hemsl.) Nied., Nat. Pflanzenfam. 91 (IV. 141): 22 (1928).
云南。

海南盾翅藤

●**Aspidopterys obcordata** var. **hainanensis** Arènes, Notul. Syst. (Paris) 11 (1-2): 74 (1943).
海南。

风筝果属　**Hiptage** Gaertn.

尖叶风筝果

Hiptage acuminata Wall. ex A. Juss., Ann. Sci. Nat., Bot. sér. 2 13: 269 (1840).
云南；缅甸、印度、孟加拉国。

风筝果

Hiptage benghalensis (L.) Kurz., J. Asiat. Soc. Bengal, Pt. 2, Nat. Hist. 43: 136 (1874).
贵州、云南、福建、台湾、广东、广西、海南；菲律宾、越南、老挝、泰国、柬埔寨、马来西亚、印度尼西亚、不丹、尼泊尔、印度、孟加拉国。

风筝果（原变种）

Hiptage benghalensis var. **benghalensis**

Banisteria benghalensis L., Sp. Pl. 1: 427 (1753); *Banisteria tetraptera* Sonn., Voy. Indes Or. 3: 270 (1782); *Hiptage madablota* Gaertn., Fruct. Sem. Pl. 2 169, pl. 116 (1791); *Gaertnera obtusifolia* Roxb., Hort. Bengal. 32: 369 (1814); *Hiptage obtusifolia* (Roxb.) DC., Prodr. 1: 583 (1824); *Hiptage javanica* Blume, Bijdr. Fl. Ned. Ind. 5: 224 (1825); *Hiptage parvifolia* Wight et Arn., Prodr. Fl. Ind. Orient. 1: 107 (1834).
贵州、云南、福建、台湾、广东、广西、海南；菲律宾、越南、老挝、泰国、柬埔寨、马来西亚、印度尼西亚、不丹、尼泊尔、印度、孟加拉国。

越南风筝果

Hiptage benghalensis var. **tonkinensis** (Dop) S. K. Chen, Fl. Reipubl. Popularis Sin. 43 (3): 120 (1997).
Hiptage madablota var. *tonkinensis* Dop, Bull. Soc. Bot. France 55: 429 (1908).
云南；越南北部、老挝。

白花风筝果

Hiptage candicans Hook. f., Fl. Brit. Ind. 1 (2): 419 (1874).
云南；老挝、缅甸、泰国、印度。

白花风筝果（原变种）

Hiptage candicans var. **candicans**

Hiptage arborea Kurz., J. Asiat. Soc. Bengal, Pt. 2, Nat. Hist. 42: 228 (1873).
云南；缅甸、泰国、印度。

越南白花风筝果

Hiptage candicans var. **harmandiana** (Pierre) Dop, Bull. Soc. Bot. France 55: 429 (1908).
Hiptage harmandiana Pierre, Fl. Forest. Cochinch. 17, pl. 270 B (1892).
云南；老挝。

白蜡风筝果（白蜡叶风筝果，白蜡叶风车藤）

●**Hiptage fraxinifolia** F. N. Wei, Acta Phytotax. Sin. 19 (3): 356, pl. 2 (1981).
广西。

披针叶风筝果

●**Hiptage lanceolata** Arènes, Notul. Syst. (Paris) 11 (1-2): 73 (1943).
贵州。

薄叶风筝果

●**Hiptage leptophylla** Hayata, Icon. Pl. Formosan. 3: 48 (1913).
台湾。

罗甸风筝果

●**Hiptage luodianensis** S. K. Chen, Acta Bot. Yunnan. 18 (4): 409, f. 3 (1996).

贵州。

小花风筝果
●**Hiptage minor** Dunn, J. Linn. Soc., Bot. 35 (247): 487 (1903).
Hiptage henryana Nied., Arbeiten Bot. Inst. Königl. Lyceums Hosianum Braunsberg 6: 45 (1915).
贵州、云南。

多花风筝果（多花风车藤）
●**Hiptage multiflora** F. N. Wei, Acta Phytotax. Sin. 19 (3): 356, pl. 3 (1981).
广西。

绢毛风筝果
Hiptage sericea (Wall.) Hook. f., Fl. Brit. Ind. 1 (2): 419 (1874).
Clerodendron sericeum Wall., Numer. List 1814 (1824); *Hiptage parviflora* Wight, Cat. Indian Pl. 358 (1833).
台湾、广东；泰国、马来西亚。

田阳风筝果（田阳风车藤）
●**Hiptage tianyangensis** F. N. Wei, Acta Phytotax. Sin. 19 (3): 358, pl. 4 (1981).
贵州、广西。

云南风筝果
●**Hiptage yunnanensis** C. C. Huang ex S. K. Chen, Acta Bot. Yunnan. 18 (4): 405, f. 2 (1996).
云南。

金虎尾属　**Malpighia** L.

金虎尾
☆**Malpighia coccigera** L., Sp. Pl. 1: 426 (1753).
Malpighia coccigera var. *microphylla* Nied., Nat. Pflanzenfam. IV. 141 (Heft 91): 636 (1928).
广东、海南；原产于热带美洲（加勒比）。

翅实藤属　**Ryssopterys** Blume ex A. Juss.

翅实藤
Ryssopterys timoriensis (DC.) Blume ex A. Juss. In Delessert, Icon. Sel. Pl. 3: 21, pl. 35 (1838).
Banisteria timoriensis DC., Prodr. 1: 588 (1824); *Ryssopterys dealbata* A. Juss., Arch. Mus. Hist. Nat. 3: 386 (1843).
台湾；马来西亚、印度尼西亚、热带澳大利亚、太平洋岛屿（密克罗尼西亚）。

金英属　**Thryallis** Mart.

金英
☆**Thryallis gracilis** (Bartl.) Kuntze, Revis. Gen. Pl. 1: 89 (1891).
Galphimia gracilis Bartl., Linnaea 13: 552 (1840); *Thryallis glauca* (Cav.) Kuntze, Revis. Gen. Pl. 1: 89 (1891).
云南、广东；原产于热带美洲。

三星果属　**Tristellateia** Thouars

三星果（三星果藤）
Tristellateia australasiae A. Rich. in Dumont d'Urville, Voy. Astrolabe 2: 159, pl. 15 (1834).
台湾；越南南部、泰国、马来西亚、热带澳大利亚、太平洋岛屿。

130. 毒鼠子科 DICHAPETALACEAE
[1 属：2 种]

毒鼠子属　**Dichapetalum** Thouars

毒鼠子（滇毒鼠子）
Dichapetalum gelonioides (Roxb.) Engl. in Engler et Prantl, Nat. Pflanzenfam. 3 (4): 348 (1896).
Moacurra gelonioides Roxb., Fl. Ind. 2: 69 (1832); *Chailletia gelonioides* (Roxb.) Hook. f., Fl. Brit. Ind. 1: 570 (1875); *Dichapetalum howii* Merr. et Chun, Sunyatsenia 2 (3-4): 256, f. 28 (1935).
云南、广东、海南；菲律宾、越南、缅甸、泰国、马来西亚、印度尼西亚、印度、斯里兰卡。

海南毒鼠子
Dichapetalum longipetalum (Turcz.) Engl. in Engler et Prantl, Nat. Pflanzenfam. 3 (4): 348 (1896).
Chailletia longipetala Turcz., Bull. Soc. Imp. Naturalistes Moscou 36 (1): 611 (1863); *Chailletia hainanensis* Hance, J. Bot. 23 (275): 322 (1885); *Dichapetalum hainanense* (Hance) Engl., Nat. Pflanzenfam. 3 (4): 348 (1896); *Dichapetalum tonkinense* Engl., Bot. Jahrb. Syst. 23 (1-2): 143 (1896).
广东、广西、海南；越南、缅甸、泰国、柬埔寨、马来西亚。

131. 核果木科 PUTRANJIVACEAE
[2 属：16 种]

核果木属　**Drypetes** Vahl

拱网核果木
Drypetes arcuatinervia Merr. et Chun, Sunyatsenia 5 (1-3): 95 (1940).
Drypetes arcuatinervia Merr. et Chun var. *elongata* Merr. et Chun, Sunyatsenia 5 (1-3): 96 (1940).
云南、广东、广西、海南；越南。

密花核果木（红枣，密花核实）
Drypetes congestiflora Chun et T. Chen, Acta Phytotax. Sin. 8 (3): 275 (1963).
Drypetes confertiflora Merr. et Chun, Sunyatsenia 2 (3-4): 259, f. 29 A-B (1935), non Pax et K. Hoffm. (1922).
云南、广东、广西、海南；菲律宾。

青枣核果木（青枣柯）

Drypetes cumingii (Baill.) Pax et K. Hoffm. in Engler, Pflanzenr. IV. 147 (Heft 81): 238 (1921).

Cyclostemon cumingii Baill., Étude Euphorb. 562 (1858); *Cyclostemon iwahigensis* Elmer, Leafl. Philipp. Bot. 4: 1278 (1911).

云南、广东、广西、海南；菲律宾。

海南核果木

Drypetes hainanensis Merr., J. Arnold Arbor. 6 (3): 134 (1925).

海南；越南、泰国。

勐腊核果木

Drypetes hoaensis Gagnep., Bull. Soc. Bot. France 71: 259 (1924).

云南；越南、泰国。

核果木（琼中核果木，南仁铁色）

Drypetes indica (Müll. Arg.) Pax et K. Hoffm. in Engler, Pflanzenr. IV. 147 (Heft 81): 278 (1921).

Cyclostemon indicus Müll. Arg., Linnaea 32: 81 (1863); *Cyclostemon lancifolius* Hook. f., Fl. Brit. Ind. 5: 340 (1887); *Cyclostemon griffithii* Hook. f., Fl. Brit. Ind. 5: 340 (1887); *Cyclostemon karapinensis* Hayata, Icon. Pl. Formosan. 5: 198 (1915); *Cyclostemon hieranense* Hayata, Icon. Pl. Formosan. 6: 42 (1916); *Drypetes karapinensis* (Hayata) Pax et K. Hoffm. in Engler, Pflanzenr. IV. 147 (Heft 81): 248 (1921); *Drypetes hieranensis* (Hayata) Pax et K. Hoffm. in Engler, Pflanzenr. IV. 147 (Heft 81): 248 (1921); *Drypetes griffithii* (Hook. f.) Pax et K. Hoffm. in Engler, Pflanzenr. IV. 147 (Heft 81): 277 (1921); *Drypetes lancifolia* (Hook. f.) Pax et K. Hoffm. in Engler, Pflanzenr. IV. 147 (Heft 81): 277 (1921); *Drypetes nienkui* Merr. et Chun, Sunyatsenia 2 (3-4): 258, f. 29 C-D (1935); *Drypetes karapinensis* var. *hieranensis* (Hayata) Hurus., J. Fac. Sci. Univ. Tokyo, Sect. 3, Bot. 6 (6): 334 (1954); *Drypetes longipes* X. H. Song, J. Nanjing Inst. Forest. 1986 (1): 74, f. 1 (1986).

贵州、云南、台湾、广东、广西、海南；缅甸、泰国、不丹、印度、斯里兰卡。

全缘叶核果木

●**Drypetes integrifolia** Merr. et Chun, Sunyatsenia 5 (1-3): 97 (1940).

广东、广西、海南。

广东核果木

●**Drypetes kwangtungensis** F. W. Xing, X. S. Qin et H. F. Chen, Nord. J. Bot. 25: 38 (2007).

广东。

滨海核果木（铁色树）

Drypetes littoralis (C. B. Rob.) Merr., Philipp. J. Sci. 29 (3): 380 (1926).

Cyclostemon littoralis C. B. Rob., Philipp. J. Sci. 3 (4): 198 (1908); *Cyclostemon falcatus* Merr., Philipp. J. Sci. C3: 415 (1909); *Cyclostemon mindorensis* Merr., Philipp. J. Sci. 9 (5): 479 (1914); *Drypetes mindorensis* (Merr.) Pax et K. Hoffm. in Engler, Pflanzenr. IV. 147 (Heft 81): 274 (1921); *Drypetes falcata* (Merr.) Pax et K. Hoffm. in Engler, Pflanzenr. IV. 147 (Heft 81): 250 (1921); *Cyclostemon yamadae* Kaneh. et Sasaki, Cat. Govern. Herb. (Form.) 303 (1930); *Drypetes yamadae* (Kaneh. et Sasaki) Kaneh. et Sasaki, Trans. Nat. Hist. Soc. Taiwan 21: 145 (1931); *Drypetes falcata* var. *yamadae* (Kaneh. et Sasaki) Hurus., J. Fac. Sci. Univ. Tokyo, Sect. 3, Bot. 6 (6): 335 (1954).

台湾；菲律宾、印度尼西亚。

细柄核果木

●**Drypetes longistipitata** P. T. Li, J. S. China Agric. Coll. 21 (4): 59 (2000).

Drypetes hainanensis var. *longistipitata* P. T. Li, Acta Phytotax. Sin. 26 (1): 58 (1988).

海南。

毛药核果木

Drypetes matsumurae (Koidz.) Kaneh., Formosan Trees (rev. ed.) 337 (1936).

Putranjiva matsumurae Koidz., Bot. Mag. (Tokyo) 33: 116 (1919); *Liodendron matsumurae* (Koidz.) H. Keng, J. Wash. Acad. Sci. 41 (6): 202 (1951).

台湾；琉球群岛。

钝叶核果木

Drypetes obtusa Merr. et Chun, Sunyatsenia 5 (1-3): 96, pl. 11 (1940).

云南、广东、广西、海南；越南。

网脉核果木（白梨么，咪炸）

Drypetes perreticulata Gagnep., Bull. Soc. Bot. France 71: 260 (1924).

贵州、云南、广东、广西、海南；越南、泰国。

柳叶核果木

Drypetes salicifolia Gagnep., Bull. Soc. Bot. France 71: 261 (1924).

云南；越南、老挝。

假黄杨属　Putranjiva Wall.

台湾假黄杨

●**Putranjiva formosana** Kaneh. et Sasaki ex Shimada, Trans. Nat. Hist. Soc. Taiwan 24: 83 (1934).

Drypetes formosana (Kaneh. et Sasaki ex Shimada) Kaneh., Formosan Trees (rev. ed.) 336, f. 292 (1936); *Liodendron formosanum* (Kaneh. et Sasaki ex Shimada) H. Keng, J. Wash. Acad. Sci. 41 (6): 202 (1951).

台湾、广东、香港。

印度假黄杨

☆**Putranjiva roxburghii** Walli., Tent. Fl. Napal. 2: 61 (1826).
香港；印度、巴基斯坦。

132. 西番莲科 PASSIFLORACEAE
[2 属：24 种]

蒴莲属 Adenia Forssk.

三开瓢（三瓢果，假瓜蒌，肉杜仲）

Adenia cardiophylla (Mast.) Engl., Bot. Jahrb. Syst. 14 (4): 376 (1891).

Modecca cardiophylla Mast. in Hook. f., Fl. Brit. Ind. 2 (6): 602 (1879).

云南；越南、老挝、缅甸、泰国、柬埔寨、马来西亚、不丹、印度。

异叶蒴莲（蒴莲，猪笼藤，双眼果）

Adenia heterophylla (Blume) Koord., Exkurs.-Fl. Java 2: 637 (1912).

Modecca heterophylla Blume, Bijdr. Fl. Ned. Ind. 940 (1826); *Passiflora parviflora* Blanco, Fl. Filip. 647 (1837); *Adenia populifolia* K. Schum. et Lauterb., Nachtr. Fl. Schutzgeb. Südsee 456 (1900), non Engler (1891); *Adenia formosana* Hayata, Icon. Fl. Formos. 4: 8 (1914); *Modecca formosana* Hayata, Icon. Pl. Formosan. 4: 8 (1914); *Adenia chevalieri* Gagnep., Bull. Mus. Natl. Hist. Nat. 25 (2): 126 (1919); *Adenia maclurei* Merr., Philipp. J. Sci. 21 (4): 349 (1922); *Adenia parviflora* (Blanco) Cusset, Fl. Cambodge, Laos et Vietnam Fasc. 5: 145 (1967).

台湾、广东、广西、海南；菲律宾、越南、老挝、泰国、柬埔寨、印度尼西亚（爪哇、苏门答腊）、巴布亚新几内亚、热带澳大利亚、太平洋岛屿。

滇南蒴莲

Adenia penangiana (Wall. ex G. Don) W. J. de Wilde, Blumea 15 (2): 266 (1967).

Passiflora penangiana Wall. ex G. Don, Gen. Hist. 3: 55 (1834); *Disemma penangiana* (Wall. ex G. Don) Miq., Fl. Ned. Ind. 1: 700 (1856); *Modecca nicobarica* Kurz, J. Bot. 13: 326 (1875); *Adenia parvifolia* Pierre ex Gagnep., Bull. Mus. Natl. Hist. Nat. 25: 127 (1919).

云南；越南、老挝、缅甸、泰国、马来西亚、印度尼西亚（苏门答腊）、印度（尼科巴群岛）。

西番莲属 Passiflora L.

腺柄西番莲

☆**Passiflora adenopoda** DC., Prodr. 3: 330 (1828).

Passiflora acerifolia Cham. et Schltdl., Linnaea 5: 89 (1830); *Passiflora aspera* Sessé et Moc, Fl. Mexic., ed. 2 208 (1894); *Passiflora scabra* Sessé et Moc, Fl. Mexic., ed. 2 209 (1894).

云南；原产于中美洲、南美洲。

蓝翅西番莲

●**Passiflora alato-caerulea** Lindl., Bot. Reg. 10, pl. 848 (1824).
广东、海南。

月叶西番莲

●**Passiflora altebilobata** Hemsl., Bull. Misc. Inform. Kew 1908 (1): 17 (1908).
云南。

西番莲（转心莲，西洋鞠，转枝莲）

☆**Passiflora caerulea** L., Sp. Pl. 2: 959 (1753).

Passiflora coerulea Lour. ex DC., Prodr. (DC.) 3: 330 (1828), non L., Sp. Pl. 2: 957 (1753); *Passiflora chinensis* Sweet, Hort. Brit. 355 (1830); *Passiflora loureiroi* G. Don, Gen. Hist. 3: 54 (1834).

江西、四川、云南、广西；原产于南美洲。

蛇王藤（两眼蛇，蛇眼藤，山水爪）

Passiflora cochinchinensis Spreng., Syst. Veg. 4: 346 (1827).

Passiflora horsfieldii Blume, Rumphia 1: 170, pl. 52 (1836); *Anthactinia horsfieldii* (Blume) M. Roem., Fam. Nat. Syn. Monogr. 2: 191 (1846); *Disemma horsfieldii* (Blume) Miq., Fl. Ned. Ind. 1: 700 (1856); *Disemma horsfieldii* var. *teysmanniana* Miq., Fl. Ned. Ind. 1: 700 (1856); *Passiflora ligulifolia* Mast., Trans. Linn. Soc. London 27 (4): 632 (1871); *Passiflora hainanensis* Hance, J. Bot. 16 (188): 227 (1878); *Passiflora philippinensis* Elmer, Leafl. Philipp. Bot. 1: 326 (1908); *Passiflora horsfieldii* var. *elbertiana* Hallier f., Meded. Rijks-Herb. 42: 6 (1922); *Passiflora moluccana* var. *teysmanniana* (Miq.) W. J. de Wilde, Blumea 20 (1): 239 (1972).

广东、广西、海南；越南、老挝、马来西亚。

杯叶西番莲（燕尾草，羊蹄暗消，蝴蝶暗消）

Passiflora cupiformis Mast., Hooker's Icon. Pl. 17 (3), pl. 1768 (1888).

Passiflora franchetiana Hemsl., Hooker's Icon. Pl. 27 (1), pl. 2623 (1899); *Passiflora seguinii* H. Lév. et Vaniot, Bull. Acad. Int. Géogr. Bot. 11 (152): 174 (1902); *Passiflora kwangsiensis* H. L. Li, J. Arnold Arbor. 24 (4): 447 (1943); *Passiflora yunnanensis* Franch. ex G. Cusset, Fl. Cambodge, Laos et Vietnam 5: 122 (1967).

湖北、四川、云南、广东、广西；越南。

心叶西番莲

Passiflora eberhardtii Gagnep. in Lecomte, Fl. Indo-Chine 2: 1020 (1921).
云南、广西；越南。

鸡蛋果（洋石榴，紫果西番莲）

☆**Passiflora edulis** Sims, Bot. Mag. 45, t. 1989 (1818).

Passiflora minima Blanco, Fl. Filip. 647 (1837), non L. in Sp. Pl. 2: 259 (1753).

云南、福建、台湾、广东；原产于南美洲。

龙珠果（天仙果，野仙果，龙珠草）

☆**Passiflora foetida** L., Sp. Pl. 2: 959 (1753).

Granadilla foetida (L.) Gaertn., Fruct. Sem. Pl. 1: 289 (1788); *Passiflora hirsuta* Lodd., Bot. Cab. 2 (4), t. 138 (1818); *Tripsilina foetida* (L.) Raf., Fl. Tellur. 4: 103 (1838); *Dysosmia foetida* (L.) M. Roem., Fam. Nat. Syn. Monogr. 2: 149 (1846); *Passiflora hispida* DC. ex Triana et Planch., Ann. Sci. Nat., Bot. sér. 5 17: 172 (1873); *Passiflora foetida* var. *hispida* (DC. ex Triana et Planch.) Killip, Bull. Torrey Bot. Club 58 (7): 408 (1931).

云南、台湾、广东、广西、海南；原产于西印度群岛、南美洲。

圆叶西番莲（燕子尾，老鼠铃，闹蛆叶）

●**Passiflora henryi** Hemsl., Hooker's Icon. Pl. 27 (1), sub t. 2623 (1899).

云南。

尖峰西番莲

●**Passiflora jianfengensis** S. M. Hwang et Q. Huang, Acta Phytotax. Sin. 23 (1): 64, pl. 1 (1985).

广西、海南。

山峰西番莲（石山南星，燕子尾）

Passiflora jugorum W. W. Sm., Notes Roy. Bot. Gard. Edinburgh 9 (42): 115 (1916).

Passiflora burmanica Chakrav., Bull. Bot. Soc. Bengal 3 (1): 49 (1949).

云南；缅甸。

广东西番莲

●**Passiflora kwangtungensis** Merr., Lingnan Sci. J. 13 (1): 38 (1934).

江西、广东、广西。

樟叶西番莲（水柠檬）

☆**Passiflora laurifolia** L., Sp. Pl. 2: 956 (1753).

Passiflora tinifolia Juss., Ann. Mus. Natl. Hist. Nat. 6: 113, pl. 41, f. 2 (1805); *Passiflora acuminata* DC., Prodr. 3: 328 (1828).

广东；原产于中美洲、南美洲。

蝴蝶藤

●**Passiflora papilio** H. L. Li, J. Arnold Arbor. 24 (4): 447 (1943).

广西。

大果西番莲（日本爪，大转心莲，大西番莲）

☆**Passiflora quadrangularis** L., Syst. Nat., ed. 10 2: 1248 (1759).

Granadilla quadrangularis (L.) Medik., Malvenfam. 97 (1787).

广东、广西、海南；原产于热带美洲。

长叶西番莲（八蕊西番莲，毛蛇王藤）

Passiflora siamica Craib, Bull. Misc. Inform. Kew (1): 55 (1911).

Passiflora octandra Gagnep., Bull. Mus. Natl. Hist. Nat. 25 (2): 128 (1919); *Passiflora octandra* var. *cochinchinensis* Gagnep., Bull. Mus. Natl. Hist. Nat. 25 (2): 129 (1919); *Passiflora octandra* var. *attopensis* Gagnep., Bull. Mus. Natl. Hist. Nat. 25 (2): 129 (1919); *Passiflora wangii* Hu, Acta Phytotax. Sin. 6: 236 (1957).

云南、广西；越南、老挝、缅甸、泰国、印度。

细柱西番莲

☆**Passiflora suberosa** L., Sp. Pl. 2: 958 (1753).

Passiflora gracilis auct. non: Bao Shihying in Ku Tsuechih, Fl. Reipubl. Popularis Sin. 52 (1): 110 (1999).

云南、台湾；印度群岛、中美洲、南美洲。

长叶蛇王藤

Passiflora tonkinensis W. J. de Wilde, Blumea 20 (1): 241, f. 2 n, 5, 6 b (1972).

Passiflora octandra var. *glaberrima* Gagnep., Bull. Mus. Natl. Hist. Nat. 25 (2): 129 (1919); *Passiflora cochinchinensis* subsp. *glaberrima* (Gagnep.) G. Cusset, Fl. Cambodge, Laos et Vietnam 5: 127 (1967); *Passiflora moluccana* var. *glaberrima* (Gagnep.) W. J. de Wilde, Blumea 20 (1): 240 (1972).

云南；越南、老挝。

镰叶西番莲（锅铲叶，半截叶，金边莲）

●**Passiflora wilsonii** Hemsl., Bull. Misc. Inform. Kew 1: 17 (1908).

Passiflora perpera Mast., Hooker's Icon. Pl. 18 (3), sub pl. 1768 (1888); *Passiflora assamica* Chakrav., Bull. Bot. Soc. Bengal 3 (1): 48 (1949); *Passiflora celata* G. Cusset, Fl. Cambodge, Laos et Vietnam Fasc. 5: 122, pl. 4 (1967); *Passiflora spirei* G. Cusset, Fl. Cambodge, Laos et Vietnam Fasc. 5: 130, pl. 2, f. 8, pl. 3, f. 4 (1967); *Passiflora rhombiformis* S. Y. Bao, Acta Phytotax. Sin. 22 (1): 60, pl. 1 (1984).

贵州、云南、西藏。

版纳西番莲

●**Passiflora xishuangbannaensis** Krosnick, Novon 15 (1): 160, f. 1 (2005).

云南。

133. 杨柳科 SALICACEAE
[15 属：381 种]

菲柞属 **Ahernia** Merr.

菲柞

Ahernia glandulosa Merr., Philipp. J. Sci. 4: 295 (1909).

海南；菲律宾、马来西亚。

山桂花属 **Bennettiodendron** Merr.

山桂花（本勒木，大叶山桂花，披针叶山桂花）

Bennettiodendron leprosipes (Clos) Merr., J. Arnold Arbor. 8

(1): 11 (1927).

Xylosma leprosipes Clos, Ann. Sci. Nat., Bot. sér. 4 8: 230 (1857); *Bennettia longipes* Oliv., Hooker's Icon. Pl. 16 (4), pl. 1596 (1887); *Myroxylon leprosipes* (Clos) Kuntze, Revis. Gen. Pl. 1: 44 (1891); *Bennettia leprosipes* (Clos) Koord., Proc. Sect. Sci. Kon. Akad. Wetensch. Amsterdam 12: 118 (1900); *Bennettiodendron brevipes* Merr., J. Arnold Arbor. 8 (1): 10 (1927); *Bennettiodendron longipes* (Oliv.) Merr., J. Arnold Arbor. 8 (1): 11 (1927); *Bennettiodendron lanceolatum* H. L. Li, J. Arnold Arbor. 25 (3): 309 (1944); *Bennettiodendron subracemosum* C. Y. Wu, Acta Phytotax. Sin. 6 (2): 231 (1957); *Bennettiodendron leprosipes* var. *stenophyllum* S. S. Lai, Abstr. Pap. 55th Anniv. Bot. Soc. China 197 (1983); *Bennettiodendron shangsiense* X. X. Chen et J. Y. Luo, Bull. Bot. Res., Harbin 6 (1): 163, pl. 1 (1986); *Bennettiodendron leprosipes* var. *pilosum* G. S. Fan et Y. C. Hsu, Guihaia 9 (1): 32 (1989); *Bennettiodendron brevipes* var. *margopatens* S. S. Lai, Bull. Bot. Res., Harbin 14 (3): 225, pl. 2, f. 1 (1994); *Bennettiodendron brevipes* var. *shangsiense* (X. X. Chen et J. Y. Luo) S. S. Lai, Bull. Bot. Res., Harbin 14 (3): 225 (1994); *Bennettiodendron leprosipes* var. *ellipticum* S. S. Lai, Bull. Bot. Res., Harbin 14 (3): 226 (1994); *Bennettiodendron leprosipes* var. *rugosifolium* S. S. Lai, Bull. Bot. Res., Harbin 14 (3): 225 (1994); *Bennettiodendron macrophyllum* C. Y. Wu ex S. S. Lai, Bull. Bot. Res., Harbin 14 (3): 226, pl. 2, f. 4 (1994); *Bennettiodendron macrophyllum* var. *pilosum* (G. S. Fan et Y. C. Hsu) S. S. Lai, Bull. Bot. Res., Harbin 14 (3): 227 (1994); *Bennettiodendron simaoense* G. S. Fan, J. South W. Forest. Coll. 15 (3): 26 (1995); *Bennettiodendron macrophyllum* var. *obovatum* S. S. Lai in S. Y. Jin, Cat. Type Spec. Herb. China (Suppl.) 87 (1999).

江西、湖南、贵州、云南、广东、广西、海南；缅甸、泰国、印度尼西亚、印度、孟加拉国、马来西亚。

山羊角树属 **Carrierea** Franch.

山羊角树（嘉丽树，山丁木，山羊果）

●**Carrierea calycina** Franch., Rev. Hort. 68: 497, f. 170 (1896).

Carrierea rehderiana Sleumer, Repert. Spec. Nov. Regni Veg. 45: 14 (1938).

湖南、湖北、四川、贵州、云南、广西。

贵州嘉丽树

Carrierea dunniana H. Lév., Repert. Spec. Nov. Regni Veg. 9: 458 (1911).

贵州、云南、广东、广西；越南。

脚骨脆属 **Casearia** Jacq.

云南脚骨脆（曲枝脚骨脆，蜿枝嘉赐树，云南嘉赐树）

Casearia flexuosa Craib, Bull. Misc. Inform. Kew 1911: 54 (1911).

Casearia yunnanensis F. C. How et W. C. Ko, Acta Bot. Sin. 8 (1): 28, f. 1, pl. I, 1 (1959).

云南、广西；越南、老挝、泰国。

球花脚骨脆（嘉赐树，毛脉脚骨脆）

Casearia glomerata Roxb. ex DC., Prodr. 2: 49 (1825).

Casearia merrillii Hayata, Icon. Pl. Formosan. 3: 30, pl. 3 (1913); *Casearia glomerata* f. *pubinervis* F. C. How et W. C. Ko, Acta Bot. Sin. 8 (1): 31 (1959).

云南、西藏、福建、台湾、广东、广西、海南；越南、不丹、尼泊尔、印度。

香味脚骨脆（烈味脚骨脆，麻里棒，临沧脚骨脆）

Casearia graveolens Dalzell, Hooker's J. Bot. Kew Gard. Misc. 4: 107 (1852).

Casearia graveolens var. *lintsangensis* S. Y. Bao, Acta Bot. Yunnan. 5 (4): 378 (1983).

云南；越南、老挝、缅甸、泰国、柬埔寨、不丹、尼泊尔、印度、孟加拉国、巴基斯坦。

印度脚骨脆（印度嘉赐树，滇南脚骨脆）

Casearia kurzii C. B. Clarke in Hook. f., Fl. Brit. Ind. 2 (6): 594 (1879).

云南；缅甸、印度、孟加拉国。

印度脚骨脆（原变种）

Casearia kurzii var. **kurzii**

云南；印度、缅甸北部。

细柄脚骨脆（细柄嘉赐树）

●**Casearia kurzii** var. **gracilis** S. Y. Bao, Acta Bot. Yunnan. 5 (4): 376 (1983).

云南。

膜叶脚骨脆（海南脚骨脆，台湾嘉赐树，薄叶嘉赐木）

Casearia membranacea Hance, J. Bot. 6 (64): 113 (1868).

Casearia aequilateralis Merr., Lingnan Sci. J. 14 (1): 38 (1935).

云南、台湾、广东、广西、海南；越南。

石生脚骨脆（钙生嘉赐树，石生嘉赐树）

Casearia tardieuae Lescot et Sleumer, Adansonia, sér. 2 10: 293 (1970).

Casearia calciphila C. Y. Wu et Y. C. Huang ex S. Y. Bao, Acta Bot. Yunnan. 5 (4): 375, pl. 1 (1983).

云南、广西；越南。

毛叶脚骨脆（毛叶嘉赐树，爪哇脚骨脆，爪哇嘉赐树）

Casearia velutina Blume, Mus. Bot. 1: 253 (1850).

Casearia balansae Gagnep., Notul. Syst. (Paris) 3: 234 (1914); *Casearia balansae* var. *cuneifolia* Gagnep., Notul. Syst. (Paris) 2: 244 (1914); *Casearia villilimba* Merr., Philipp. J. Sci. 23 (3): 254 (1923); *Casearia petelotii* Merr., J. Arnold Arbor. 19 (1): 56 (1938); *Casearia balansae* var. *subglabra* S. Y. Bao, Acta Bot. Yunnan. 5 (4): 377 (1983).

贵州、云南、福建、广东、广西、海南；越南、老挝、泰国、马来西亚、印度尼西亚。

锡兰莓属 Dovyalis E. Mey ex Arn.

锡兰莓（酸味果，锡兰醋栗，木莓）

☆**Dovyalis hebecarpa** (Gardner) Warb. in Engler et Prantl, Nat. Pflanzenfam. 3 (6 a): 44 (1893).

Rumea hebecarpa Gardner, Calcutta J. Nat. Hist. 7: 449 (1847); *Aberia gardnerii* Clos, Ann. Sci. Nat., Bot. sér. 4 8: 235 (1852).

福建、台湾、广东；原产于斯里兰卡、印度南部。

刺篱木属 Flacourtia Comm. ex L'Hér.

刺篱木（刺子，细祥笋果）

Flacourtia indica (Burm. f.) Merr., Interpr. Herb. Amboin. 377 (1917).

Gmelina indica Burm. f., Fl. Ind. 132, pl. 39, f. 5 (1768); *Flacourtia parvifolia* Merr., Lingnan Sci. J. 6 (4): 328 (1928).

福建、广东、广西、海南；太平洋岛屿、中东、非洲。

云南刺篱木

Flacourtia jangomas (Lour.) Raeusch., Nomencl. Bot., ed. 3 290 (1797).

Stigmarota jangomas Lour., Fl. Cochinch. 2: 634 (1790); *Flacourtia cataphracta* Roxb. ex Willd., Sp. Pl., ed. 4 4 (2): 830 (1806).

云南、广西、海南；越南、老挝、泰国、马来西亚。

毛叶刺篱木

Flacourtia mollis Hook. f. et Thomson, Fl. Brit. Ind. 1: 192 (1872).

云南；缅甸、印度。

大果刺篱木（挪挪果，木关果，棠梨）

Flacourtia ramontchi L'Hér., Stirp. Nov. 3: 59, pl. 30, f. 30 b (1786).

贵州、云南、广西；菲律宾、越南、马来西亚、印度、斯里兰卡、非洲。

大叶刺篱木（山桩，罗庚梅，罗庚果）

Flacourtia rukam Zoll. et Moritzi., Syst. Verz. 2: 33 (1846).

云南、台湾、广东、广西、海南；越南、泰国、马来西亚、印度尼西亚、印度。

陀螺果刺篱木（新拟）

●**Flacourtia turbinata** H. J. Dong et H. Peng, Phytotaxa 94 (2): 56 (2013).

云南。

天料木属 Homalium Jacq.

短穗天料木

●**Homalium breviracemosum** F. C. How et W. C. Ko, Acta Bot. Sin. 8 (1): 40, pl. III, 1 (1959).

广东、广西。

斯里兰卡天料木（老挝天料木，深圳天料木，红花母生）

Homalium ceylanicum (Gardner) Benth., J. Linn. Soc., Bot. 4: 35 (1860).

Blackwellia ceylanica Gardner, Calcutta J. Nat. Hist. 7: 452 (1847); *Homalium balansae* Gagnep., Notul. Syst. (Paris) 3: 246 (1914); *Homalium bhamoense* Cubitt et W. W. Sm., Rec. Bot. Surv. India 6 (2): 36 (1913); *Homalium hainanense* Gagnep., Notul. Syst. (Paris) 3: 248 (1914); *Homalium laoticum* Gagnep., Notul. Syst. (Paris) 3: 249 (1916); *Homalium laoticum* var. *glabratum* C. Y. Wu, Acta Phytotax. Sin. 6 (2): 232 (1957); *Homalium ceylanicum* var. *laoticum* (Gagnep.) G. S. Fan, J. Wuhan Bot. Res. 8 (2): 139 (1990); *Homalium shenzhenense* G. S. Fan et P. Wang, J. South W. Forest. Coll. 22 (2): 1 (2002).

江西、湖南、云南、西藏、福建、广东、广西、海南；越南、老挝、缅甸、泰国、尼泊尔、印度、孟加拉国、斯里兰卡。

天料木（台湾天料木）

Homalium cochinchinense (Lour.) Druce, Rep. Bot. Soc. Exch. Club Brit. Isles 4: 628 (1917).

Astranthus cochinchinensis Lour., Fl. Cochinch. 1: 222 (1790); *Blackwellia fagifolia* Lindl., Trans. Hort. Soc. London 6: 269 (1826); *Blackwellia padiflora* Lindl., Edward's Bot. Reg. pl. 1308 (1830); *Homalium fagifolium* (Lindl.) Benth., J. Linn. Soc., Bot. 4: 35 (1860); *Homalium digynum* Gagnep, Notul. Syst. (Paris) 3: 247 (1914); *Homalium fagifolium* var. *pseudopaniculatum* Yamam., Icon. Pl. Formosan. Suppl. 3: 42 (1927); *Homalium cochinchinensis* var. *pseudopaniculatum* (Yamam.) H. L. Li, Woody Fl. Taiwan 605, f. 238 (1963).

江西、湖南、福建、台湾、广东、广西、海南；越南。

阔瓣天料木（短萼天料木）

●**Homalium kainantense** Masam., Trans. Nat. Hist. Soc. Taiwan 33: 169 (1943).

Homalium brevisepalum F. C. How et W. C. Ko, Acta Bot. Sin. 8 (1): 37, f. 4, pl. II, 2 (1959).

广东、广西、海南。

广西天料木

●**Homalium kwangsiense** F. C. How et W. C. Ko, Acta Bot. Sin. 8 (1): 35, f. 2, pl. I, 2 (1959).

广西。

毛天料木

Homalium mollissimum Merr., Lingnan Sci. J. 14 (1): 39 (1935).

海南；越南。

广南天料木（红皮）

●**Homalium paniculiflorum** F. C. How et W. C. Ko, Acta Bot. Sin. 8 (1): 36, f. 3, pl. II, 1 (1959).

广东、海南。

显脉天料木 (卵叶天料木)

Homalium phanerophlebium F. C. How et W. C. Ko, Acta Bot. Sin. 8 (1): 44, pl. IV (1959).

Homalium phanerophlebium var. *obovatifolium* S. S. Lai, Bull. Bot. Res., Harbin 14 (3): 222 (1994).

广东、海南；越南。

窄叶天料木 (柳叶天料木)

●**Homalium sabiifolium** F. C. How et W. C. Ko, Acta Bot. Sin. 8 (1): 43, pl. III, 2 (1959).

广西。

海南天料木 (狭叶天料木)

●**Homalium stenophyllum** Merr. et Chun, Sunyatsenia 2 (3-4): 287, f. 36 (1935).

海南。

山桐子属 Idesia Maxim.

山桐子 (椅，水冬瓜，水冬桐)

Idesia polycarpa Maxim., Bull. Acad. Imp. Sci. Saint-Pétersbourg 10: 485 (1866).

北京、山西、山东、河南、陕西、甘肃、安徽、江苏、浙江、江西、湖南、湖北、四川、重庆、贵州、云南、福建、台湾、广东、广西；日本、朝鲜。

山桐子 (原变种)

Idesia polycarpa var. **polycarpa**

Polycarpa maximowiczii Linden ex Carrière, Rev. Hort. 330, f. 36 (1868); *Idesia polycarpa* var. *latifolia* Diels, Bot. Jahrb. Syst. 29 (3-4): 478 (1900); *Idesia polycarpa* var. *intermedia* Pamp., Nuovo Giorn. Bot. Ital., n. s. 17 (4): 673 (1910); *Cathayeia polycarpa* (Maxim.) Ohwi, Fl. Austro-Higo. 86 (1931).

安徽、江苏、浙江、江西、湖南、湖北、四川、贵州、云南、福建、台湾、广东、广西；日本、朝鲜。

长果山桐子

●**Idesia polycarpa** var. **longicarpa** S. S. Lai in S. Y. Jin, Cat. Type Spec. Herb. China (Suppl.) 88 (1999).

江西、湖南、广东、广西。

毛叶山桐子 (福建山桐子)

Idesia polycarpa var. **vestita** Diels, Bot. Jahrb. Syst. 29 (3-4): 478 (1900).

Idesia fujianensis G. S. Fan, J. South W. Forest. Coll. 5 (3): 30 (1995); *Idesia polycarpa* var. *fujianensis* (G. S. Fan) S. S. Lai in T. C. Ku, Fl. Reipubl. Popularis Sin. 52 (1): 58 (1999).

北京、山东、河南、陕西、甘肃、安徽、江苏、浙江、江西、湖南、湖北、四川、重庆、贵州、云南、福建、广西；日本。

栀子皮属 Itoa Hemsl.

栀子皮 (伊桐，盐巴菜，牛眼果)

Itoa orientalis Hemsl., Hooker's Icon. Pl. 27, pl. 2688 (1901).

Carrierea vieillardii Gagnep., Notul. Syst. (Paris) 3: 368 (1918); *Mesaulosperma vieillardii* (Gagnep.) Slooten., Bull. Jard. Bot. Buitenzorg, sér. 3 7: 386 (1925).

四川、贵州、云南、广西、海南；越南。

光叶栀子皮 (微毛栀子皮)

●**Itoa orientalis** var. **glabrescens** C. Y. Wu ex G. S. Fan, J. Wuhan Bot. Res. 8 (2): 137 (1990).

Itoa orientalis var. *hebaclados* S. S. Lai, Abstr. Pap. 55th Anniv. Bot. Soc. China 197 (1988).

贵州、云南、广西。

鼻烟盒树属 Oncoba Forssk.

鼻烟盒树

☆**Oncoba spinosa** Forssk., Fl. Aegypt.-Arab. CXIII 103 (1775).

云南；原产于非洲至阿拉伯半岛。

山拐枣属 Poliothyrsis Oliv.

山拐枣 (南方山拐枣)

●**Poliothyrsis sinensis** Oliv., Hooker's Icon. Pl. 19, pl. 1885 (1889).

Poliothyrsis sinensis f. *subglabra* S. S. Lai in S. Y. Jin, Cat. Type Spec. Herb. China (Suppl.) 88 (1999).

河南、陕西、甘肃、安徽、江苏、浙江、江西、湖南、湖北、四川、贵州、福建、广东。

杨属 Populus L.

响叶杨 (绵杨)

●**Populus adenopoda** Maxim., Bull. Soc. Imp. Naturalistes Moscou 54 (1): 50 (1879).

河南、陕西、安徽、江苏、浙江、江西、湖南、湖北、四川、贵州、云南、福建、广西。

响叶杨 (原变种)

Populus adenopoda var. **adenopoda**

Populus tremula var. *adenopoda* (Maxim.) Burkill, J. Linn. Soc., Bot. 26 (179-180): 537 (1902); *Populus silvestrii* Pamp., Nuovo Giorn. Bot. Ital., n. s. 17 (2): 247, f. 2 (1910); *Populus adenopoda* f. *cuneata* C. Wang et S. L. Tung, Bull. Bot. Res., Harbin 2 (2): 114 (1982); *Populus adenopoda* f. *microcarpa* C. Wang et S. L. Tung, Bull. Bot. Res., Harbin 2 (2): 114 (1982).

河南、陕西、安徽、江苏、浙江、江西、湖南、湖北、四川、贵州、云南、福建、广西。

大叶响叶杨

●**Populus adenopoda** var. **platyphylla** C. Wang et S. L. Tung,

Bull. Bot. Res., Harbin 2 (2): 114 (1982).
云南。

阿富汗杨

Populus afghanica (Aitch. et Hemsl.) C. K. Schneid. in Sargent, Pl. Wilson. 3 (1): 36 (1916).
新疆；巴基斯坦、阿富汗、塔吉克斯坦、吉尔吉斯斯坦、哈萨克斯坦、乌兹别克斯坦。

阿富汗杨（原变种）

Populus afghanica var. **afghanica**
Populus nigra var. *afghanica* Aitch. et Hemsl., J. Linn. Soc., Bot. 18: 96 (1880); *Populus usbekistanica* Kom., Bot. Zhurn. S. S. S. R. 19: 509 (1934).
新疆；巴基斯坦、阿富汗、塔吉克斯坦、吉尔吉斯斯坦、哈萨克斯坦、乌兹别克斯坦。

喀什阿富汗杨

●**Populus afghanica** var. **tajikistanica** (Kom.) C. Wang et C. Y. Yang, Fl. Reipubl. Popularis Sin. 20 (2): 71 (1984).
Populus tajikistanica Kom., Bot. Zhurn. S. S. S. R. 19: 509, f. 2 (1934); *Populus usbekistanica* subsp. *tajikistanica* (Kom.) Bunge, Arbor. Kornickie 12: 182 (1967).
新疆。

阿拉善杨

●**Populus alaschanica** Kom., Repert. Spec. Nov. Regni Veg. 13 (359-362): 233 (1914).
内蒙古。

银白杨

Populus alba L., Sp. Pl. 2: 1034 (1753).
辽宁、河北、山西、山东、河南、陕西、宁夏、甘肃、青海、新疆；亚洲西北部、欧洲、非洲北部。

银白杨（原变种）

Populus alba var. **alba**
新疆，栽培于辽宁、河北、山西、山东、河南、陕西、宁夏、甘肃、青海；亚洲西北部、欧洲、非洲北部。

光皮银白杨

☆**Populus alba** var. **bachofenii** (Wierzb. ex Rochel) Wesm. in A. de Candolle, Prodr. 16 (2): 324 (1868).
Populus bachofenii Wierzb. ex Rochel, Banat. Reise 77 (1838).
新疆栽培；原产于亚洲中西部、欧洲西南部。

新疆杨

☆**Populus alba** var. **pyramidalis** Bunge, Mém. Acad. Imp. Sci. St.-Pétersbourg Divers Savans 7: 498 (1854).
Populus bolleana Lauche, Deutsch. Mag. Garten-Blumenk. 296 (1878); *Populus alba* var. *bolleana* (Lauche) Otto, Hamb. Gartenz. 35: 3 (1879); *Populus alba* L. f. *pyramidalis* (Bunge) Dippel, Handb. Laubholzk. 2: 191 (1892).

辽宁、内蒙古、河北、山西、山东、陕西、宁夏、甘肃、新疆；亚洲中西部、欧洲。

黑龙江杨

☆**Populus amurensis** Kom., Bot. Zhurn. S. S. S. R. 5: 510 (1934).
黑龙江、内蒙古；俄罗斯。

北京杨

☆**Populus × beijingensis** W. Y. Hsu, Bull. Bot. Res., Harbin 2 (2): 111 (1982).
中国北部广泛栽培。

中东杨

☆**Populus × berolinensis** K. Koch, Wochenschr. Vereines Beford. Gartenbaues Konigl. Preuss. Staaten 8: 239 (1865).
黑龙江、吉林、辽宁、河北；吉尔吉斯斯坦、哈萨克斯坦、乌兹别克斯坦、欧洲。

额河杨

●**Populus × berolinensis** var. **jrtyschensis** (C. Y. Yang) C. Shang, Phytotaxa 253 (2): 176 (2016).
Populus × jrtyschensis C. Y. Yang, Bull. Bot. Res., Harbin 2 (2): 112 (1982).
新疆。

加杨（加拿大杨，欧美杨，美国大叶白杨）

☆**Populus × canadensis** Moench, Verz. Ausland. Baume 81 (1785).
Populus euramericana Guinier, Acta Bot. Neerl. 6 (1): 54 (1957).
黑龙江、吉林、辽宁、内蒙古、河北、山西、山东、河南、陕西、甘肃、安徽、江苏、浙江、江西、四川、云南；亚洲、欧洲、美洲。

欧洲大叶杨

☆**Populus candicans** Aiton, Hort. Kew. 3: 406 (1789).
Populus balsamifera var. *candicans* (Aiton) A. Gray, Man. Bot. N. U. S., ed. 12 12: 419 (1956); *Populus balsamifera* var. *subcordata* Hyl., Krissmann. Laubgeholze 2: 230 (1962).
新疆栽培；亚洲、欧洲、北美洲。

银灰杨

Populus canescens (Aiton) Sm., Fl. Brit. 3: 1080 (1804).
Populus alba var. *canescens* Aiton, Hort. Kew. 3: 405 (1789).
新疆；亚洲西部、欧洲。

青杨

●**Populus cathayana** Rehder, J. Arnold Arbor. 12 (1): 59 (1931).
辽宁、内蒙古、河北、山西、陕西、四川。

青杨（原变种）

●**Populus cathayana** var. **cathayana**

辽宁、内蒙古、河北、山西、陕西、四川。

宽叶青杨

●**Populus cathayana** var. **latifolia** (C. Wang et C. Y. Yu) C. Wang et S. L. Tung, Fl. Reipubl. Popularis Sin. 20 (2): 32 (1984).

Populus cathayana Rehd. f. *latifolia* C. Wang et C. Y. Yu, Fl. Tsinling. 1 (2): 597 (1974).

甘肃、青海。

长果柄青杨

●**Populus cathayana** var. **pedicellata** C. Wang et S. L. Tung, Bull. Bot. Res., Harbin 2 (2): 117 (1982).

河北。

哈青杨

●**Populus charbinensis** C. Wang et Skvortzov in T. N. Liou, Ill. Man. Woody Pl. N.-E. China 550 (1955).

黑龙江。

哈青杨（原变种）

●**Populus charbinensis** var. **charbinensis**

黑龙江。

厚皮哈青杨（隆山杨）

●**Populus charbinensis** var. **pachydermis** C. Wang et S. L. Tung, Bull. Bot. Res., Harbin 2 (2): 117 (1982).

黑龙江、辽宁。

缘毛杨

Populus ciliata Wall. ex Royle, Ill. Bot. Himal. Mts. 1: 346; 2, pl. 84 a or 98, f. 1 (1839).

云南、西藏；缅甸、不丹、尼泊尔、印度、巴基斯坦、克什米尔。

缘毛杨（原变种）

Populus ciliata var. **ciliata**

云南、西藏；不丹、印度（包括锡金）、克什米尔、缅甸北部、尼泊尔、巴基斯坦。

金色缘毛杨

●**Populus ciliata** var. **aurea** C. Marquand et Airy Shaw, J. Linn. Soc., Bot. 48 (321): 223 (1929).

西藏。

吉隆缘毛杨

●**Populus ciliata** var. **gyirongensis** C. Wang et S. L. Tung, Acta Phytotax. Sin. 17 (4): 102, pl. 2, f. 3-4 (1979).

西藏。

维西缘毛杨

●**Populus ciliata** var. **weixi** C. Wang et S. L. Tung, Bull. Bot. Lab. N. E. Forest. Inst., Harbin 4: 25, pl. 3, f. 3-4 (1979).

云南。

山杨

Populus davidiana Dode, Bull. Soc. Hist. Nat. Autun 18: 189, pl. 11, f. 31 (1905).

黑龙江、吉林、辽宁、内蒙古、河北、山西、河南、陕西、宁夏、甘肃、青海、安徽、江西、湖南、湖北、四川、贵州、云南、西藏、广西；蒙古国、朝鲜、俄罗斯东部。

山杨（原变种）

Populus davidiana var. **davidiana**

Populus wutanica Mayr, Fremdl. Wald-Und Parkbaume Eur. 494 (1916); *Populus tremula* var. *davidiana* (Dode) C. K. Schneid. in Sargent, Pl. Wilson. 3 (1): 24 (1916); *Populus davidiana* Dode var. *pendula* Skvortzov, Not. Trees et Shrubs 339 (1929); *Populus davidiana* Dode f. *ovata* C. Wang et S. L. Tung, Bull. Bot. Res., Harbin 2 (2): 115 (1982); *Populus davidiana* f. *pendula* (Skvortzov) C. Wang et Tung, Fl. Reipubl. Popularis Sin. 20 (2): 12 (1984).

黑龙江、吉林、辽宁、内蒙古、河北、山西、河南、陕西、宁夏、甘肃、青海、安徽、江西、湖南、湖北、四川、贵州、云南、西藏、广西；蒙古国、朝鲜、俄罗斯东部。

茸毛山杨

Populus davidiana var. **tomentella** (C. K. Schneid.) Nakai, Fl. Sylv. Kor. 18: 191 (1930).

Populus tremula var. *davidiana* f. *tomentella* C. K. Schneid. in Sargent, Pl. Wilson. 3: 25 (1916).

甘肃、四川、云南；朝鲜。

胡杨

Populus euphratica Oliv., Voy. Emp. Othoman 3: 449, f. 45-46 (1807).

Populus diversifolia Schrenk, Bull. Sci. Acad. Imp. Sci. Saint-Pétersbourg 10: 253 (1842); *Populus ariana* Dode, Bull. Soc. Hist. Nat. Autun 18: 174, pl. 11: A (1905); *Populus litwinowiana* Dode, Bull. Soc. Hist. Nat. Autun 18: 175, pl. 11: E (1905); *Turanga euphratica* (Oliv.) Kimura, Sci. Rep. Tohoku Imp. Univ., Ser. 4, Biol. 13: 386 (1938); *Balsamiflua euphratica* (Oliv.) Kimura, Sci. Rep. Tohoku Imp. Univ., ser. 4, Biol. 14: 191 (1939).

内蒙古、甘肃、青海、新疆；印度、巴基斯坦、阿富汗、塔吉克斯坦、哈萨克斯坦、乌兹别克斯坦、土库曼斯坦、亚洲西北部。

东北杨

●☆**Populus girinensis** Skvortzov, China J. 10: 337, f. 7 (1929).

黑龙江、吉林。

东北杨（原变种）

●☆**Populus girinensis** var. **girinensis**

黑龙江、吉林。

楔叶东北杨

●☆**Populus girinensis** var. **ivaschevitchii** Skvortzov in Liou et

al., Ill. Man. Woody Pl. N.-E. China 127, 551, pl. 31, f. 4 (1955).
黑龙江、吉林。

灰背杨

Populus glauca Haines, J. Linn. Soc., Bot. 37 (262): 408 (1906).
四川、云南、西藏；印度。

德钦杨

●**Populus haoana** W. C. Cheng et C. Wang in Bull. Bot. Lab. N. E. Forest. Inst., Harbin 4: 17, pl. 1, f. 1-3 (1979).
四川、云南。

德钦杨（原变种）

●**Populus haoana** var. **haoana**
云南。

大果德钦杨

●**Populus haoana** var. **macrocarpa** C. Wang et S. L. Tung, Bull. Bot. Lab. N. E. Forest. Inst., Harbin 4: 18, t. 1, f. 4-5 (1979).
四川、云南。

大叶德钦杨

●**Populus haoana** var. **megaphylla** C. Wang et S. L. Tung, Bull. Bot. Res., Harbin 2 (2): 118 (1982).
云南。

小果德钦杨

●**Populus haoana** var. **microcarpa** C. Wang et S. L. Tung, Bull. Bot. Lab. N. E. Forest. Inst., Harbin 4: 18 (1979).
云南。

河北杨（椴杨）

●☆**Populus** × **hopeiensis** Hu et Chow in Bull. Fan Mem. Inst. Biol. 5: 305 (1931).
内蒙古、河北、陕西、甘肃。

兴安杨

●**Populus hsinganica** C. Wang et Skvortzov in Liou et al., Ill. Fl. Lign. Pl. N.-E. China 124, pl. 26, f. 1-3, pl. 27, f. 4-6 (1955).
内蒙古、河北。

兴安杨（原变种）

●**Populus hsinganica** var. **hsinganica**
内蒙古、河北。

毛轴兴安杨

●**Populus hsinganica** var. **trichorachis** Z. F. Chen, Bull. Bot. Res., Harbin 8 (1): 115 (1988).
Populus cana T. Y. Sun, J. Nanjing Inst. Forest. 1986 (4): 111 (1986).
内蒙古、河北。

伊犁杨

●**Populus iliensis** Drobow, Bot. Mater. Gerb. Bot. Inst. Uzbekistansk. Fil. Akad. Nauk S. S. S. R. 6: 12 (1941).
新疆。

内蒙杨

●**Populus intramongolica** T. Y. Sun et E. W. Ma, J. Nanjing Inst. Forest. 4: 109 (1986).
内蒙古、河北、山西。

康定杨

●**Populus kangdingensis** C. Wang et S. L. Tung, Bull. Bot. Lab. N. E. Forest. Inst., Harbin 4: 19 (1979).
四川。

科尔沁杨

●**Populus keerqinensis** T. Y. Sun, Fl. Intramongol. 1: 277 (1985).
内蒙古。

香杨（大青杨）

Populus koreana Rehder, J. Arnold Arbor. 3 (4): 226 (1922).
黑龙江、吉林、辽宁、内蒙古、河北；朝鲜、俄罗斯。

瘦叶杨

●**Populus lancifolia** N. Chao, Fl. Sichuan. 3: 51, 285, pl. 19 (1985).
四川。

大叶杨

●**Populus lasiocarpa** Oliv. in Hooker's Icon. Pl. 20 (2), pl. 1943 (1890).
陕西、湖北、四川、贵州、云南。

大叶杨（原变种）

●**Populus lasiocarpa** var. **lasiocarpa**
陕西、湖北、四川、贵州、云南。

长序大叶杨

●**Populus lasiocarpa** var. **longiamenta** P. Y. Mao et P. X. He, Bull. Bot. Res., Harbin 6 (2): 79 (1986).
云南。

苦杨

Populus laurifolia Ledeb., Fl. Altaic. 4: 297 (1833).
Populus balsamifera var. *laurifolia* (Ledeb.) Wesm., Prodr. (DC.) 16 (2): 330 (1868).
内蒙古、新疆；蒙古国、俄罗斯。

米林杨

●**Populus mainlingensis** C. Wang et S. L. Tung, Acta Phytotax. Sin. 17 (4): 102, pl. 2, f. 1-2 (1979).
西藏。

热河杨

●**Populus manshurica** Nakai, Rep. First Sci. Exped. Manchoukuo

4 (4): 73 (1936).
Populus simonii var. *manshurica* (Nakai) Kitag., Neolin. Fl. Manshur. 203 (1979).
辽宁、内蒙古。

辽杨（臭梧桐）
Populus maximowiczii A. Henry, Gard. Chron., ser. 3 53: 198 (1913).
黑龙江、吉林、辽宁、内蒙古、河北、陕西；日本、朝鲜、俄罗斯。

民和杨
●**Populus minhoensis** S. F. Yang et H. F. Wu, Fl. Xylophyta Qinghai 77 (1987).
青海。

玉泉杨
●☆**Populus nakaii** Skvortzov, Not. Trees et Shrubs 10: 336, f. 6 (1929).
黑龙江、吉林、辽宁、河北。

黑杨
☆**Populus nigra** L., Sp. Pl. 2: 1034 (1753).
辽宁、内蒙古、河北、陕西、新疆、江苏、四川、云南、福建；原产于亚洲中西部、欧洲、非洲北部。

黑杨（原变种）
Populus nigra var. **nigra**
新疆；亚洲中西部、欧洲。

钻天杨（美国白杨）
☆**Populus nigra** var. **italica** (Moench) Koehne, Deut. Dendrol. 81 (1893).
Populus italica Moench, Verz. Ausland. Baume 79 (1785); *Populus pyramidalis* Rozier, Prodr. Stirp. Chap. Allerton 395 (1796); *Populus fastigiata* Poir., Encycl., Suppl. 5 (1): 235 (1804); *Populus nigra* var. *pyramidalis* (Bork.) Spach, Ann. Sci. Nat., Bot. sér. 2 15: 31 (1841); *Populus nigra* var. *sinensis* Carrière, Rev. Hort. 1867: 340 (1867).
辽宁、内蒙古、河北、陕西、江苏、四川、福建；原产于亚洲中西部、欧洲。

箭杆杨
☆**Populus nigra** var. **thevestina** (Dode) Bean, Not. Trees et Shrubs 2: 217 (1914).
Populus thevestina Dode, Bull. Soc. Hist. Nat. Autun 18: 210, pl. 12, f. 30 (1905).
辽宁、内蒙古、河北、陕西、云南；原产于亚洲中西部、欧洲、非洲北部。

汉白杨（大白杨，骚白杨）
●**Populus ningshanica** C. Wang et S. L. Tung, Bull. Bot. Lab. N. E. Forest. Inst., Harbin 4: 19 (1979).
陕西、湖北。

帕米杨
Populus pamirica Kom., Bot. Zhurn. S. S. S. R. 19: 510, f. 3 (1934).
新疆；塔吉克斯坦。

柔毛杨
Populus pilosa Rehder, Amer. Mus. Novit. 1: 292, f. 1 (1927).
新疆；蒙古国。

柔毛杨（原变种）
Populus pilosa var. **pilosa**
新疆；蒙古国。

光果柔毛杨
●**Populus pilosa** var. **leiocarpa** C. Wang et S. L. Tung, Bull. Bot. Res., Harbin 2 (2): 116 (1982).
新疆。

阔叶杨（阔叶青杨）
●**Populus platyphylla** T. Y. Sun, Fl. Intramongol. 1: 277 (1985).
Populus platyphylla var. *flaviflora* T. Y. Sun, J. Nanjing Inst. Forest. 1986 (4): 114 (1986); *Populus platyphylla* var. *glauca* T. Y. Sun, J. Nanjing Inst. Forest. 1986 (4): 115 (1986).
内蒙古、河北、山西。

灰胡杨
Populus pruinosa Schrenk, Bull. Cl. Phys.-Math. Acad. Imp. Sci. Saint-Pétersbourg sér 3 210 (1845).
Turanga pruinosa (Schrenk) Kimura, Sci. Rep. Tohoku Imp. Univ., Ser. 4, Biol. 13: 388 (1938); *Balsamiflua pruinosa* (Schrenk) Kimura, Sci. Rep. Tohoku Imp. Univ., Ser. 4, Biol. 14: 193 (1939).
新疆；塔吉克斯坦、哈萨克斯坦、土库曼斯坦、亚洲南部。

青甘杨
●**Populus przewalskii** Maxim., Bull. Acad. Imp. Sci. Saint-Pétersbourg 27 (4): 540 (1882).
Populus suaveolens var. *przewalskii* (Maxim.) C. K. Schneid. in Sargent, Pl. Wilson. 3 (1): 32 (1916); *Populus simonii* f. *przewalskii* (Maxim.) Rehder, J. Arnold Arbor. 12 (1): 66 (1931); *Populus simonii* var. *przewalskii* (Maxim.) H. L. Yang, Fl. Desert. Reipubl. Popularis Sin. 1: 261 (1985); *Populus simonii* var. *griseoalba* T. Y. Sun, J. Nanjing Inst. Forest. 1986 (4): 116 (1986); *Populus simonii* var. *ovata* T. Y. Sun, J. Nanjing Inst. Forest. 1986 (4): 115 (1986).
内蒙古、甘肃、青海、四川。

长序杨
●**Populus pseudoglauca** C. Wang et P. Y. Fu, Acta Phytotax. Sin. 12 (2): 191, pl. 49, f. 1 (1974).
四川、西藏。

梧桐杨
●**Populus pseudomaximowiczii** C. Wang et S. L. Tung, Bull.

Bot. Lab. N. E. Forest. Inst., Harbin 4: 20, pl. 2 (1979).

河北、陕西。

小青杨

●**Populus pseudosimonii** Kitag., Bull. Inst. Sci. Res. Manch. 3: 601 (1939).

黑龙江、吉林、辽宁、内蒙古、河北、山西、陕西、甘肃、青海、四川。

小青杨（原变种）

●**Populus pseudosimonii** var. **pseudosimonii**

黑龙江、吉林、辽宁、内蒙古、河北、山西、陕西、甘肃、青海、四川。

展枝小青杨

●**Populus pseudosimonii** var. **patula** T. Y. Sun, J. Nanjing Inst. Forest. 4: 113 (1986).

内蒙古。

响毛杨

●☆**Populus** × **pseudotomentosa** C. Wang et S. L. Tung, Bull. Bot. Lab. N. E. Forest. Inst., Harbin 4: 22 (1979).

山西、山东、河南。

冬瓜杨

●**Populus purdomii** Rehder, J. Arnold Arbor. 3 (4): 325 (1922).

河北、河南、陕西、甘肃、湖北、四川。

冬瓜杨（原变种）

●**Populus purdomii** var. **purdomii**

河北、河南、陕西、甘肃、湖北、四川。

光皮冬瓜杨

●**Populus purdomii** var. **rockii** (Rehder) C. F. Fang et H. L. Yang, Fl. Reipubl. Popularis Sin. 20 (2): 34 (1984).

Populus szechuanica var. *rockii* Rehder, J. Arnold Arbor. 13 (4): 386 (1932).

甘肃。

昌都杨

●**Populus qamdoensis** C. Wang et S. L. Tung in Acta Phytotax. Sin. 17 (4): 101, pl. 1 (1979).

西藏。

琼岛杨

●**Populus qiongdaoensis** T. Hong et P. Luo, Bull. Bot. Res., Harbin 7 (3): 67, pl. 1 (1987).

Populus gamblei Dode var. *qiongdaoensis* (T. Hong et P. Luo) N. Chao et J. K. Liu, Guihaia 13 (4): 355 (1993).

海南。

滇南山杨

●**Populus rotundifolia** var. **bonatii** (H. Lév.) C. Wang et S. L. Tung, Fl. Reipubl. Popularis Sin. 20 (2): 15 (1984).

Populus bonatii H. Lév., Monde Pl. Rev. Mens. Bot. 12: 9 (1910).

四川、云南。

清溪杨

●**Populus rotundifolia** var. **duclouxiana** (Dode) Gombócz, Math. Termeszettud. Közlem. 30: 130 (1908).

Populus duclouxiana Dode, Bull. Soc. Hist. Nat. Autun 18: 190, pl. 11, f. 34 a (1905); *Populus macranthela* H. Lév. et Vaniot, Bull. Soc. Bot. France 52: 142 (1905).

陕西、甘肃、四川、贵州、云南、西藏。

西南杨

●**Populus schneideri** (Rehder) N. Chao, Fl. Sichuan. 3: 50 (1985).

Populus cathayana var. *schneideri* Rehder, J. Arnold Arbor. 12 (1): 63 (1931); *Populus yatungensis* (C. Wang et P. Y. Fu) C. Wang et S. L. Tung var. *trichorachis* C. Wang et S. L. Tung, Acta Phytotax. Sin. 17 (4): 102, pl. 2, f. 5-6 (1979).

四川、云南、西藏。

青毛杨

●**Populus shanxiensis** C. Wang et S. L. Tung, Bull. Bot. Res., Harbin 2 (2): 105 (1982).

山西。

小叶杨（南京白杨，河南杨，明杨）

Populus simonii Carrière, Rev. Hort. 1867: 360 (1867).

黑龙江、吉林、辽宁、内蒙古、河北、山西、陕西、江苏、四川、云南；蒙古国。

小叶杨（原变种）

Populus simonii var. **simonii**

Populus laurifolia var. *simonii* (Carrière) Regel, Russ. Dendr., ed. 2 152 (1883); *Populus balsamifera* var. *simonii* (Carrière) Wesm., Bull. Soc. Roy. Bot. Belgique 26: 378 (1887); *Populus simonii* f. *fastigiata* C. K. Schneid. in Sargent, Pl. Wilson. 3 (1): 22 (1916); *Populus simonii* f. *pendula* C. K. Schneid. in Sargent, Pl. Wilson. 3 (1): 22 (1916); *Populus simonii* f. *robusta* C. Wang et S. L. Tung, Bull. Bot. Res., Harbin 2 (2): 117 (1982).

黑龙江、吉林、辽宁、内蒙古、河北、山西、陕西、江苏、四川、云南；蒙古国。

辽东小叶杨

●**Populus simonii** var. **liaotungensis** (C. Wang et Skvortsov) C. Wang et S. L. Tung, Fl. Reipubl. Popularis Sin. 20 (2): 27, t. 6: 8 (1984).

Populus liaotungensis C. Wang et Skvortsov in Liou et al., Ill. Man. Woody Pl. N.-E. China 119, pl. 19, f. 1-4, pl. 22, f. 40 (1955); *Populus simonii* f. *liaotungensis* (C. Wang et Skvortsov) Kitag., Neolin. Fl. Manshur. 203 (1979); *Populus simonii* var. *breviamenta* T. Y. Sun, J. Nanjing Inst. Forest. 1986 (4): 116 (1984).

辽宁、内蒙古、河北。

圆叶小叶杨

●**Populus simonii** var. **rotundifolia** X. C. Lu ex C. Wang et S. L. Tung, Bull. Bot. Res., Harbin 2 (2): 116 (1982).
内蒙古。

秦岭小叶杨

●**Populus simonii** var. **tsinlingensis** C. Wang et C. Y. Yu, Fl. Tsinling. 1 (2): 23, 597 (1974).
陕西。

甜杨（西伯利亚白杨）

Populus suaveolens Fisch., Allg. Gartenzeitung 9: 404 (1841).
Populus balsamifera var. *suaveolens* Loudon, Arb. Brit. 3: 1674 (1838).
内蒙古、陕西；蒙古国、俄罗斯。

川杨

●**Populus szechuanica** C. K. Schneid. in Sargent, Pl. Wilson. 3 (1): 20 (1916).
陕西、甘肃、四川、云南。

川杨（原变种）

●**Populus szechuanica** var. **szechuanica**
陕西、甘肃、四川、云南。

藏川杨

●**Populus szechuanica** var. **tibetica** C. K. Schneid. in Sargent, Pl. Wilson. 3 (1): 33 (1916).
Populus schneideri var. *tibetica* (C. K. Schneid.) N. Chao, Fl. Sichuan. 3: 50 (1985).
四川、西藏。

密叶杨

Populus talassica Kom., Bot. Zhurn. S. S. S. R. 19: 509 (1934).
Populus densa Kom., Bot. Zhurn. S. S. S. R. 19: 510, f. 4 (1934).
新疆；塔吉克斯坦、吉尔吉斯斯坦、哈萨克斯坦、乌兹别克斯坦。

毛白杨（大叶杨，响杨）

●**Populus tomentosa** Carrière, Rev. Hort. 10: 340 (1867).
辽宁、河北、山西、山东、河南、陕西、甘肃、安徽、江苏、浙江、四川、云南。

毛白杨（原变种）

●**Populus tomentosa** var. **tomentosa**
Populus pekinensis Henry, Rev. Hort. 1903: 335, f. 142 (1903); *Populus glabrata* Dode, Mem. Soc. Nat. Autun. 18: 185 (1905).
辽宁、河北、山西、山东、河南、陕西、甘肃、安徽、江苏、浙江、四川、云南。

截叶毛白杨

●**Populus tomentosa** var. **truncata** Y. C. Fu et C. H. Wang,
Acta Phytotax. Sin. 13 (3): 96 (1975).
陕西。

欧洲山杨

Populus tremula L., Sp. Pl. 2: 1043 (1753).
新疆；蒙古国、哈萨克斯坦、俄罗斯、欧洲。

三脉青杨

●**Populus trinervis** C. Wang et S. L. Tung, Bull. Bot. Lab. N. E. Forest. Inst., Harbin 4: 23, pl. 3, f. 1-2 (1979).
四川。

三脉青杨（原变种）

●**Populus trinervis** var. **trinervis**
四川。

石棉杨

●**Populus trinervis** var. **shimianica** C. Wang et N. Chao, Fl. Sichuan. 3: 58, 285, pl. 21 (3-4) (1985).
四川。

大青杨

Populus ussuriensis Kom., Bot. Zhurn. S. S. S. R. 19: 510 (1934).
Populus maximowiczii var. *barbinervis* Nakai, Fl. Sylv. Kor. 18: 201, pl. 4 (1930).
黑龙江、吉林、辽宁；朝鲜、俄罗斯。

文县杨

●**Populus wenxianica** Z. C. Feng et J. L. Guo ex G. H. Zhu, Novon 8: 464 (1998).
甘肃。

椅杨

●**Populus wilsonii** C. K. Schneid. in Sargent, Pl. Wilson. 3 (1): 16 (1916).
Populus wilsonii C. K. Schneid. f. *brevipetiolata* C. Wang et S. L. Tung, Bull. Bot. Res., Harbin 2 (2): 113 (1982); *Populus wilsonii* f. *pedicellata* C. Wang et S. L. Tung, Bull. Bot. Res., Harbin 2 (2): 114 (1982).
陕西、甘肃、湖北、四川、云南、西藏。

长叶杨

●**Populus wuana** C. Wang et S. L. Tung, Bull. Bot. Lab. N. E. Forest. Inst., Harbin 4: 23, pl. 4, f. 1-2 (1979).
西藏。

五莲杨

●**Populus wulianensis** S. B. Liang et X. W. Li, Bull. Bot. Res., Harbin 6 (2): 135 (1986).
山东。

乡城杨

●**Populus xiangchengensis** C. Wang et S. L. Tung, Bull. Bot. Lab. N. E. Forest. Inst., Harbin 4: 22 (1979).

四川。

小黑杨

● ☆**Populus** × **xiaohei** T. S. Hwang et Liang in Bull. Bot. Res., Harbin 2 (2): 109 (1982).
黑龙江、吉林、辽宁、内蒙古、河北、山西、山东、河南、陕西、宁夏、甘肃、青海。

二白杨

● **Populus** × **xiaohei** var. **gansuensis** (C. Wang et H. L. Yang) C. Shang, Phytotaxa 253 (2): 176 (2016).
Populus × *gansuensis* C. Wang et H. L. Yang in Bull. Bot. Res., Harbin 2 (2): 106 (1982).
内蒙古、甘肃。

小钻杨

● ☆**Populus** × **xiaohei** var. **xiaozhuanica** (W. Y. Hsu et Liang) C. Shang, Phytotaxa 253 (2): 177 (2016).
Populus × *xiaozhuanica* W. Y. Hsu et Liang, Bull. Bot. Res., Harbin 2 (2): 107 (1982).
吉林、辽宁、内蒙古、山东、河南、江苏。

亚东杨

● **Populus yatungensis** (C. Wang et P. Y. Fu) C. Wang et S. L. Tung, Fl. Xizang. 1: 422 (1983).
四川、云南、西藏。

亚东杨（原变种）

● **Populus yatungensis** var. **yatungensis**
Populus yunnanensis var. *yatungensis* C. Wang et P. Y. Fu, Acta Phytotax. Sin. 12 (2): 192, pl. 49, f. 2 (1974); *Populus pseudoglauca* C. Wang et P. Y. Fu var. *yatungensis* (C. Wang et P. Y. Fu) N. Chao, Bull. Forest Pl. Res. (Chengdu) 3: 1 (1985).
四川、云南、西藏。

圆齿亚东杨

● **Populus yatungensis** var. **crenata** C. Wang et S. L. Tung in C. Wang et Z. F. Fang Fl. Reipubl. Popularis Sin. 20 (2): 60 (1984).
西藏。

五瓣杨

● **Populus yuana** C. Wang et S. L. Tung, Bull. Bot. Lab. N. E. Forest. Inst., Harbin 4: 24 (1979).
云南、西藏。

滇杨（云南白杨）

● **Populus yunnanensis** Dode, Bull. Soc. Hist. Nat. Autun 18: 221 (1905).
四川、贵州、云南。

滇杨（原变种）

● **Populus yunnanensis** var. **yunnanensis**
四川、贵州、云南。

小叶滇杨

● **Populus yunnanensis** var. **microphylla** C. Wang et S. L. Tung, Bull. Bot. Res., Harbin 2 (2): 115 (1982).
云南。

长果柄滇杨

● **Populus yunnnanensis** var. **pedicellata** C. Wang et S. L. Tung, Bull. Bot. Res., Harbin 2 (2): 115 (1982).
四川、云南。

柳属　**Salix** L.

尖叶垫柳

● **Salix acuminatomicrophylla** K. S. Hao ex C. F. Fang et A. K. Skvortsov, Novon 8 (4): 467 (1998).
云南。

阿拉套柳

Salix alatavica Kar. et Kir. ex Stschegl., Bull. Soc. Imp. Naturalistes Moscou 27 (1): 196 (1854).
Salix spissa Andersson in A. DC., Prodr. 16 (2): 283 (1868).
新疆；蒙古国、俄罗斯（西伯利亚）。

白柳

Salix alba L., Sp. Pl. 2: 1021 (1753).
内蒙古、甘肃、青海、新疆、西藏；亚洲中部和西部、欧洲。

秦岭柳

● **Salix alfredii** Goerz ex Rehder et Kobuski, J. Arnold Arbor. 13 (4): 403 (1932).
陕西、甘肃、青海。

秦岭柳（原变种）

● **Salix alfredii** var. **alfredii**
Salix wuiana K. S. Hao ex C. F. Fang et A. K. Skvortsov, Novon 8 (4): 469 (1998).
陕西、甘肃、青海。

凤县柳

● **Salix alfredii** var. **fengxianica** (N. Chao) G. H. Zhu, Novon 8 (4): 464 (1998).
Salix fengxianica N. Chao, Acta Bot. Boreal.-Occid. Sin. 5 (2): 115 (1985).
陕西。

九鼎柳

● **Salix amphibola** C. K. Schneid. in Sargent, Pl. Wilson. 3 (1): 60 (1916).
四川。

环纹矮柳

● **Salix annulifera** C. Marquand et Airy Shaw, J. Linn. Soc., Bot. 48 (321): 222 (1929).

云南、西藏。

环纹矮柳（原变种）

●**Salix annulifera** var. **annulifera**

云南、西藏。

齿苞矮柳

●**Salix annulifera** var. **dentata** S. D. Zhao, Bull. Bot. Lab. N. E. Forest. Inst., Harbin 9: 3 (1980).

Salix rivulicola P. Y. Mao et W. Z. Li, Acta Bot. Yunnan. 9 (1): 47, pl. 3 (1987).

云南。

五毛矮柳

●**Salix annulifera** var. **glabra** P. Y. Mao et W. Z. Li, Acta Bot. Yunnan. 9 (1): 49 (1987).

云南。

匙叶矮柳

●**Salix annulifera** var. **macroula** C. Marquand et Airy-Shaw, J. Linn. Soc., Bot. 48: 222 (1929).

云南、西藏。

圆齿垫柳

Salix anticecrenata Kimura in H. Ohashi, Fl. E. Himal. Third Rep. 14, pl. 8 (1975).

四川、云南、西藏；尼泊尔。

纤序柳

Salix araeostachya C. K. Schneid. in Sargent, Pl. Wilson. 3 (1): 96 (1916).

云南；尼泊尔、印度。

钻天柳

Salix arbutifolia Pall., Fl. Ross. 1 (2): 79 (1788).

Salix bracteosa Turcz. ex Trautv., Reise Sibir. 1 (2): 77 (1856); *Chosenia bracteosa* (Turcz. ex Trautv.) Nakai, Fl. Sylv. Kor. 18: 59, pl. 3-5 (1930); *Chosenia arbutifolia* (Pall.) Skvortsov, Bot. Mater. Gerb. Bot. Inst. Komarova Akad. Nauk S. S. S. R. 18: 43 (1957).

黑龙江、吉林、辽宁、内蒙古、河北；日本、韩国、俄罗斯。

北极柳

Salix arctica Pall., Fl. Ross. 1 (2): 86 (1788).

新疆；俄罗斯、欧洲、北美洲。

银柳

Salix argyracea E. L. Wolf, Isw. Liesn. Inst. 13: 50, 57 (1905).

Salix argyracea E. L. Wolf f. *obovata* Goerz, Repert. Spec. Nov. Regni Veg. 36 (936-941): 27 (1934).

新疆；吉尔吉斯斯坦、哈萨克斯坦。

银光柳

●**Salix argyrophegga** C. K. Schneid. in Sargent, Pl. Wilson. 3

(1): 49 (1916).

Salix wenchuanica Goerz, Bull. Fan Mem. Inst. Biol., Bot. 6 (1): 19 (1935).

四川、西藏。

银毛果柳

●**Salix argyrotrichocarpa** C. F. Fang, Acta Phytotax. Sin. 17 (4): 107, pl. 6, f. 1-4 (1979).

西藏。

奇花柳

●**Salix atopantha** C. K. Schneid. in Sargent, Pl. Wilson. 3 (1): 43 (1916).

甘肃、青海、四川、西藏。

长柄奇花柳

●**Salix atopantha** var. **pedicellata** C. F. Fang et J. Q. Wang, Bull. Bot. Res., Harbin 1 (4): 123 (1981).

甘肃。

藏南柳

●**Salix austrotibetica** N. Chao, Bull. Bot. Lab. N. E. Forest. Inst., Harbin 9: 23 (1980).

西藏。

垂柳（水柳，垂丝柳，清明柳）

Salix babylonica L., Sp. Pl. 2: 1071 (1753).

Salix chinensis Burm. f., Fl. Ind. 211 (1768); *Salix cantoniensis* Hance, J. Bot. 6 (62): 48 (1868); *Salix babylonica* var. *szechuanica* Goerz, Bull. Fan Mem. Inst. Biol., Bot. 6 (1): 2 (1935); *Salix babylonica* f. *villosa* C. F. Fang, Bull. Bot. Res., Harbin 1 (1-2): 159 (1981).

中国广布，多栽培；亚洲、欧洲。

腺毛垂柳

●**Salix babylonica** var. **glandulipilosa** P. Y. Mao et W. Z. Li, Bull. Bot. Res., Harbin 6 (2): 79 (1986).

云南。

井冈柳（百里柳）

●**Salix baileyi** C. K. Schneid. in Bailey, Gentes Herb. 1 (1): 16, f. 3 a-b (1920).

河南、安徽、江西、湖北。

中越柳

Salix balansaei Seemen, Bot. Jahrb. Syst. 23 (Beibl. 57): 44 (1897).

湖南、广西；越南。

中越柳（原变种）

●**Salix balansaei** var. **balansaei**

Pleiarina balansaei (Seemen) N. Chao et G. T. Gong, J. Sichuan Forest. Sci. Technol. 17 (2): 4 (1996).

广西；越南。

湘柳

●**Salix balansaei** var. **hunanensis** N. Chao, Guihaia 4 (2): 109

(1984).

湖南。

白背柳

● **Salix balfouriana** C. K. Schneid., Bot. Gaz. 64 (2): 137, pl. 15, f. B (1936).

Salix forrestii K. S. Hao ex C. F. Fang et A. K. Skvortsov, Novon 8 (4): 468 (1998).

四川、云南。

班公柳

● **Salix bangongensis** C. Wang et C. F. Fang, Acta Phytotax. Sin. 17 (4): 103, pl. 3, f. 6-7 (1979).

西藏。

刺叶柳

Salix berberifolia Pallas, Reise Russ. Reich. 3: 321, 759 (1776).

Salix brayi Ledeb. et Turcz., Fl. Altaic. 4: 289 (1833).

新疆；蒙古国北部、俄罗斯（西伯利亚）。

不丹柳

Salix bhutanensis Flod., Bot. Not. 1940 (Hafte 2): 227, f. 1 (1940).

Salix *filistyla* C. Wang et P. Y. Fu, Acta Phytotax. Sin. 12 (2): 195, pl. 50, f. 3 (1974); *Salix himalayensis* var. *filistyla* (C. Wang et P. Y. Fu) C. F. Fang in C. Y. Wu, Fl. Xizang. 1: 440, t. 131, f. 2-3 (1983).

西藏；不丹、尼泊尔。

碧口柳

● **Salix bikouensis** Y. L. Chou, Bull. Bot. Res., Harbin 1 (1): 160 (1981).

陕西、甘肃、湖北。

碧口柳（原变种）

● **Salix bikouensis** var. **bikouensis**

陕西、甘肃、湖北。

毛碧口柳

● **Salix bikouensis** var. **villosa** Y. L. Chou, Bull. Bot. Res., Harbin 1 (1): 162 (1981).

湖北。

庙王柳

● **Salix biondiana** Seemen ex Diels, Bot. Jahrb. Syst. 36 (5, Beibl. 82): 32 (1905).

陕西、甘肃、青海、湖北。

双柱柳

Salix bistyla Hand.-Mazz., Symb. Sin. 7 (1): 76, pl. 1, f. 7, 8 (1929).

云南、西藏；尼泊尔。

黄线柳

Salix blakii Goerz, Repert. Spec. Nov. Regni Veg. 36 (936):

31 (1934).

Salix linearifolia E. L. Wolf, Trudy Imp. S.-Peterburgsk. Bot. Sada 21 (2): 160 (non Rydberg) (1903).

新疆；阿富汗、塔吉克斯坦、哈萨克斯坦、乌兹别克斯坦、伊朗。

桂柳

● **Salix boseensis** N. Chao, Guihaia 4 (2): 107 (1984).

Pleiarina boseensis (N. Chao) N. Chao et G. T. Gong, J. Sichuan Forest. Sci. Technol. 17 (2): 4 (1996).

广西。

点苍柳

● **Salix bouffordii** A. K. Skvortsov, Harvard Pap. Bot. 4 (1): 324 (1999).

云南。

小垫柳

● **Salix brachista** C. K. Schneid. in Sargent, Pl. Wilson. 3 (1): 145 (1916).

四川、云南、西藏。

小垫柳（原变种）

● **Salix brachista** var. **brachista**

Salix pominica C. Wang et P. Y. Fu, Acta Phytotax. Sin. 12 (2): 204, pl. 54, f. 1 (1974).

四川、云南、西藏。

全缘小垫柳

● **Salix brachista** var. **integra** C. Wang et C. F. Fang, Bull. Bot. Lab. N. E. Forest. Inst., Harbin 9: 4 (1980).

云南。

毛果小垫柳

● **Salix brachista** var. **pilifera** N. Chao, Acta Phytotax. Sin. 17 (4): 109 (1979).

西藏。

布尔津柳

● **Salix burqinensis** C. Y. Yang, Bull. Bot. Lab. N. E. Forest. Inst., Harbin 9: 102 (1980).

新疆。

欧杞柳

Salix caesia Vill., Hist. Pl. Dauphine 3: 768 (1789).

Salix myricifolia Andersson, Kongl. Svenska Vetensk. Acad. Handl., n. s. 1850: 483 (1851); *Salix minutiflora* Turcz. ex E. L. Wolf, Trudy Bull. Soc. Imp. Naturalistes Moscou 27: 394 (1854).

新疆、西藏；蒙古国、阿富汗、塔吉克斯坦、吉尔吉斯斯坦、俄罗斯（西伯利亚）、欧洲。

长柄垫柳

Salix calyculata Hook. f. et Andersson, J. Linn. Soc., Bot. 4: 55 (1860).

西藏；不丹、印度（锡金）。

长柄垫柳（原变种）

Salix calyculata var. **calyculata**

Salix calyculata var. *glabrifolia* Hand.-Mazz., Symb. Sin. 7 (1): 83 (1929).

西藏；不丹、印度（锡金）。

贡山长柄柳

●**Salix calyculata** var. **gongshanica** C. Wang et C. F. Fang, Bull. Bot. Lab. N. E. Forest. Inst., Harbin 9: 4 (1980).

云南。

圆头柳

●**Salix capitata** Y. L. Chou et Skvortzov in Liou et al., Ill. Man. Woody Pl. N.-E. China. 551 (1955).

黑龙江、辽宁、内蒙古、河北、陕西。

蓝叶柳

Salix capusii Franch., Ann. Sci. Nat., Bot. sér. 6 18: 251 (1884).

Salix coerulea E. L. Wolf, Trudy Imp. S.-Peterburgsk. Bot. Sada 21: 157 (1903); *Salix niedzwieckii* Goerz, Salicac. Asiat. Fasc. 1: 18 (1931).

新疆；巴基斯坦、阿富汗、塔吉克斯坦。

黄皮柳

Salix carmanica Bornm., Bot. Centralbl. 33 (2): 202 (1915).

新疆；阿富汗、亚洲西南部。

油柴柳

Salix caspica Pall., Fl. Ross. 1 (2): 74 (1788).

新疆；哈萨克斯坦、俄罗斯。

中华柳（中国柳）

●**Salix cathayana** Diels, Notes Roy. Bot. Gard. Edinburgh 5 (25): 281 (1912).

Salix hsinhsuaniana W. P. Fang, J. Wash. Acad. Sci. 38 (9): 314 (1948).

河北、河南、陕西、湖北、四川、贵州、云南。

云南柳（滇大叶柳）

●**Salix cavaleriei** H. Lév., Bull. Soc. Bot. France 56: 298 (1909).

Salix polyandra H. Lév., Bull. Soc. Agric. Sarthe 2 31 (4): 325 (non Schrank) (1904); *Salix pyi* H. Lév., Bull. Soc. Bot. France 56: 300 (1909); *Salix yunnanensis* H. Lév., Bull. Soc. Bot. France 56: 300 (1909); *Pleiarina cavaleriei* (H. Lév.) N. Chao et G. T. Gong, J. Sichuan Forest. Sci. Technol. 17 (2): 4 (1996).

四川、贵州、云南、广西。

腺柳

Salix chaenomeloides Kimura, Sci. Rep. Tohoku Imp. Univ., ser. 4, Biol. 13: 77 (1938).

辽宁、河北、陕西、江苏、四川；日本、朝鲜。

腺柳（原变种）

Salix chaenomeloides var. **chaenomeloides**

Salix glandulosa Seemen, Bot. Jahrb. Syst. 21 (4, Beibl. 53): 55 (1896); *Pleiarina glandulosa* (Seemen) N. Chao et G. T. Gong, J. Sichuan Forest. Sci. Technol. 17 (2): 4 (1996).

辽宁、河北、陕西、江苏、四川；日本、朝鲜。

腺叶腺柳

●**Salix chaenomeloides** var. **glandulifolia** (C. Wang et C. Y. Yu) C. F. Fang, Fl. Reipubl. Popularis Sin. 20 (2): 107 (1984).

Salix glandulosa Seemen var. *glandulifolia* C. Wang et C. Y. Yu, Fl. Tsinling. 1 (2): 597 (1974).

陕西。

密齿柳（陇山柳）

●**Salix characta** C. K. Schneid. in Sargent, Pl. Wilson. 3: 125 (1916).

内蒙古、河北、山西、陕西、甘肃、青海。

乌柳（筐柳）

●**Salix cheilophila** C. K. Schneid. in Sargent, Pl. Wilson. 3: 69 (1916).

内蒙古、河北、山西、河南、陕西、宁夏、甘肃、青海、四川、云南、西藏。

乌柳（原变种）

●**Salix cheilophila** var. **cheilophila**

内蒙古、山西、陕西、宁夏、甘肃、青海、四川、云南、西藏。

宽叶乌柳

●**Salix cheilophila** var. **acuminata** C. Wang et Y. L. Chou, Bull. Bot. Lab. N. E. Forest. Inst., Harbin 9: 4 (1980).

河北。

大红柳

●☆**Salix cheilophila** var. **microstachyoides** (C. Wang et P. Y. Fu) C. Wang et C. F. Fang, Fl. Reipubl. Popularis Sin. 20 (2): 355 (1984).

Salix microstachyoides C. Wang et P. Y. Fu, Acta Phytotax. Sin. 12 (2): 200, pl. 52, f. 3 (1974).

西藏。

毛苞乌柳

●**Salix cheilophila** var. **villosa** G. H. Wang, Bull. Bot. Res., Harbin 15: 429 (1995).

河北。

鸡公柳

●**Salix chikungensis** C. K. Schneid. in Bailey, Gentes Herb. 1: 17, f. 3 (1920).

河南、江西、湖北。

秦柳

●**Salix chingiana** K. S. Hao ex C. F. Fang et A. K. Skvortsov,

Novon 8: 468 (1998).
甘肃、青海。

灰柳
Salix cinerea L., Sp. Pl. 2: 1021 (1753).
新疆；哈萨克斯坦、俄罗斯、欧洲。

栅枝垫柳
●**Salix clathrata** Hand.-Mazz., Symb. Sin. 7 (1): 86, pl. 1, f. 13 (1929).
Salix clathrata var. *rockiana* Hand.-Mazz., Symb. Sin. 7 (1): 87 (1929).
四川、云南、西藏。

怒江矮柳
●**Salix coggygria** Hand.-Mazz., Symb. Sin. 7 (1): 79, pl. 1, f. 5-6 (1929).
云南、西藏。

扭尖柳
●**Salix contortiapiculata** P. Y. Mao et W. Z. Li, Acta Bot. Yunnan. 9 (1): 43 (1987).
云南。

锯齿叶垫柳
●**Salix crenata** K. S. Hao ex C. F. Fang et A. K. Skvortsov, Novon 8: 468 (1998).
云南、西藏。

杯腺柳（高山柳）
●**Salix cupularis** Rehder, J. Arnold Arbor. 4: 140 (1923).
内蒙古、陕西、甘肃、青海、四川。

杯腺柳（原变种）
●**Salix cupularis** var. **cupularis**
陕西、甘肃、青海、四川。

尖叶杯腺柳
●**Salix cupularis** var. **acutifolia** S. Q. Zhou, Acta Bot. Boreal.-Occid. Sin. 4: 4 (1984).
内蒙古。

光果乌柳
●**Salix cyanolimnea** Hance, J. Bot. 2: 294 (1882).
Salix cheilophila var. *cyanolimnea* (Hance) C. Y. Yang, Bull. Bot. Lab. N. E. Forest. Inst., Harbin 9: 94 (1980).
青海、四川、云南。

大别柳
●**Salix dabeshanensis** B. Z. Ding et T. B. Chao, J. Henan Agric. Coll. 1980 (2): 2 (1980).
河南。

大关柳
●**Salix daguanensis** P. Y. Mao et P. X. He, Acta Bot. Yunnan. 9: 45 (1987).
云南。

大理柳
●**Salix daliensis** C. F. Fang et S. D. Zhao, Bull. Bot. Lab. N. E. Forest. Inst., Harbin 9: 5 (1980).
湖北、四川、云南。

褐背柳
Salix daltoniana Andersson, J. Linn. Soc., Bot. 4: 49 (1960).
西藏；不丹、尼泊尔、印度。

节枝柳
●**Salix dalungensis** C. Wang et P. Y. Fu, Acta Phytotax. Sin. 12 (2): 194, pl. 50, f. 1 (1974).
西藏。

毛枝柳
Salix dasyclados Wimm., Flora 32: 35 (1849).
黑龙江、吉林、内蒙古、山东、陕西、新疆；蒙古国、日本、俄罗斯、欧洲。

腹毛柳
●**Salix delavayana** Hand.-Mazz., Symb. Sin. 7 (1): 78 (1929).
四川、云南、西藏。

腹毛柳（原变种）
●**Salix delavayana** var. **delavayana**
四川、云南、西藏。

毛缝腹毛柳
●**Salix delavayana** var. **pilososuturalis** Y. L. Chou et C. F. Fang, Acta Phytotax. Sin. 17 (4): 105, pl. 4, f. 7 (1979).
Salix delavayana var. *pilososuturalis* f. *glabra* C. F. Fang, Acta Phytotax. Sin. 17 (4): 105, f. 4, 5-6 (1979).
西藏。

齿叶柳
Salix denticulata Andersson, Kongl. Vetensk. Acad. Handl. 1850: 481 (1851).
Salix elegans Wall. ex Andersson, J. Linn. Soc., Bot. 4: 51 (1860).
四川、云南、西藏；尼泊尔、印度、巴基斯坦、阿富汗、克什米尔。

异色柳
●**Salix dibapha** C. K. Schneid., Bot. Gaz. 64 (2): 146, pl. 15, f. I (1917).
甘肃、云南、西藏。

异色柳（原变种）
●**Salix dibapha** var. **dibapha**
云南、西藏。

二腺异色柳

●**Salix dibapha** var. **biglandulosa** C. F. Fang, Bull. Bot. Lab. N. E. Forest. Inst., Harbin 9: 6 (1980).
甘肃。

异型柳

●**Salix dissa** C. K. Schneid. in Sargent, Pl. Wilson. 3: 52 (1916).
Salix dissa f. *angustifolia* C. F. Fang, Bull. Bot. Lab. N. E. Forest. Inst., Harbin 9: 6 (1980).
甘肃、四川、云南。

异型柳（原变种）

●**Salix dissa** var. **dissa**
四川、云南。

单腺异型柳

●**Salix dissa** var. **cereifolia** (Goerz et Rehder et Kobuski) C. F. Fang, Fl. Reipubl. Popularis Sin. 20 (2): 172 (1984).
Salix cereifolia Goerz et Rehder et Kobuski, J. Arnold Arbor. 13: 393 (1932).
甘肃。

长圆叶柳

Salix divaricata var. **metaformosa** (Nakai) Kitag., Neolin. Fl. Manshur. 205 (1979).
Salix metaformosa Nakai, Bot. Mag. (Tokyo) 33 (387): 42 (1919); *Salix orthostemma* Nakai, Bot. Mag. (Tokyo) 33: 43 (1914); *Salix divaricata* Pallas var. *orthostemma* (Nakai) Kitag., Neolin. Fl. Manshur. 205 (1979).
吉林；朝鲜。

叉柱柳

●**Salix divergentistyla** C. F. Fang, Acta Phytotax. Sin. 17 (4): 108 (1979).
西藏。

台湾柳（台东柳）

●**Salix doii** Hayata, Icon. Pl. Formosan. 5: 201 (1915).
Salix morii Hayata, Icon. Pl. Formosan. 5: 203 (1915); *Salix eriostroma* Hayata, Icon. Pl. Formosan. 6: 65 (1916); *Salix fulvopubescens* Hayata var. *doii* (Hayata) K. C. Yang et T. C. Huang, Taiwania 41 (1): 1 (1996).
台湾。

东沟柳

●**Salix donggouxianica** C. F. Fang, Bull. Bot. Res., Harbin 4 (1): 124, pl. 1, f. 1-10 (1984).
辽宁。

林柳

●**Salix driophila** C. K. Schneid. in Sargent, Pl. Wilson. 3: 59 (1916).
四川、云南、西藏。

长梗柳（邓柳）

●**Salix dunnii** C. K. Schneid. in Sargent, Pl. Wilson. 3: 97 (1916).
浙江、江西、福建、广东。

长梗柳

●**Salix dunnii** var. **dunnii**
Salix changchowensis Metcalf, Lingnan Sci. J. 15 (1): 11, pl. 4 (1936); *Pleiarina dunnii* (C. K. Schneid.) N. Chao et G. T. Gong, J. Sichuan Forest. Sci. Technol. 17 (2): 4 (1996).
浙江、江西、福建、广东。

钟氏柳

●**Salix dunnii** var. **tsoongii** (W. C. Cheng) C. Y. Yu et S. D. Zhao, Fl. Reipubl. Popularis Sin. 20 (2): 111 (1984).
Salix tsoongii W. C. Cheng, Contr. Biol. Lab. Chin. Assoc. Advancem. Sci., Sect. Bot. 10 (1): 68 (1935); *Pleiarina tsoongii* (W. C. Cheng) N. Chao et G. T. Gong, J. Sichuan Forest. Sci. Technol. 17 (2): 6 (1996).
浙江。

长柄匍柳（新拟）

●**Salix elongata** L. He et Z. X. Zhang, Phytotaxa 167 (3): 289 (2014).
西藏。

长柱柳

Salix eriocarpa Franch. et Sav., Enum. Pl. Jap. 1: 459 (1875).
Salix dolichostyla Seemen, Bot. Jahrb. Syst. 30 (Beibl. 67): 39 (1875); *Salix mixta* Korsh., Trudy Imp. S.-Peterburgsk. Bot. Sada 12 (2): 391 (1892).
黑龙江、吉林、辽宁；日本、朝鲜、俄罗斯。

绵毛柳

●**Salix erioclada** H. Lév. et Vaniot in H. Lév., Repert. Spec. Nov. Regni Veg. 3 (27-28): 22 (1906).
陕西、青海、湖南、湖北、四川。

绵穗柳

Salix eriostachya Wall. ex Andersson, Kongl. Vetensk. Acad. Handl. 1850: 493 (1851).
四川、云南、西藏；尼泊尔、印度。

绵穗柳（原变种）

●**Salix eriostachya** var. **eriostachya**
四川、云南、西藏。

狭叶柳（狭叶灰柳）

●**Salix eriostachya** var. **angustifolia** (C. F. Fang) N. Chao, Sichuan Forest. Sci. Technol. 14 (1): 12 (1993).
Salix spodiophylla Hand.-Mazz. f. *angustifolia* C. F. Fang, Bull. Bot. Lab. N. E. Forest. Inst., Harbin 9: 18 (1980).
四川。

线裂绵穗柳

●**Salix eriostachya** var. **lineariloba** (N. Chao) G. H. Zhu,

Novon 8: 464 (1998).

Salix dolia C. K. Schneider var. *lineariloba* N. Chao, Bull. For. Pl. Res. 3: 4 (1985).

四川。

巴柳

●**Salix etosia** C. K. Schneid. in Sargent, Pl. Wilson. 3 (1): 73 (1916).

Salix camusii H. Lév., Bull. Soc. Agric. Sarthe 39: 326 (1904); *Salix tetradenia* Hand.-Mazz., Symb. Sin. 7 (1): 70, pl. 1, f. 3, 16, 17 (1929).

湖北、四川、贵州。

长柄巴柳（长柄柳）

●**Salix etosia** f. **longipes** N. Chao et C. F. Fang, Bull. Bot. Lab. N. E. Forest. Inst., Harbin 9: 6 (1980).

Salix camusii var. *longipes* (N. Chao et C. F. Fang) N. Chao, Sichuan Forest. Sci. Technol. 14 (1): 11 (1993).

宁夏、四川。

川鄂柳（巫山柳）

●**Salix fargesii** Burkill, F. B. Forbes et Hemsley, J. Linn. Soc., Bot. 26 (178): 528 (1899).

陕西、甘肃、湖北、四川。

川鄂柳（原变种）

●**Salix fargesii** var. **fargesii**

陕西、甘肃、湖北、四川。

甘肃柳

●**Salix fargesii** var. **kansuensis** (K. S. Hao ex C. F. Fang et A. K. Skvortsov) G. H. Zhu, Novon 8 (4): 464 (1998).

Salix kansuensis K. S. Hao ex C. F. Fang et A. K. Skvortsov, Novon 8 (4): 468 (1998).

陕西、甘肃、湖北、四川。

藏匐柳

●**Salix faxonianoides** C. Wang et P. Y. Fu, Acta Phytotax. Sin. 12 (2): 194, pl. 50, f. 2 (1974).

云南、西藏。

藏匐柳（原变种）

●**Salix faxonianoides** var. **faxonianoides**

云南、西藏。

毛轴藏匐柳

●**Salix faxonianoides** var. **villosa** S. D. Zhao, Bull. Bot. Lab. N. E. Forest. Inst., Harbin 9: 8 (1980).

云南、西藏。

山羊柳

Salix fedtschenkoi Goerz, Salic. Asiat. 1: 21, 25 (1931).

新疆；阿富汗、塔吉克斯坦。

贡山柳

●**Salix fengiana** C. F. Fang et C. Y. Yang, Bull. Bot. Lab. N. E.

Forest. Inst., Harbin 9: 7 (1980).

云南。

裸果贡山柳

●**Salix fengiana** var. **gymnocarpa** P. Y. Mao et W. Z. Li, Acta Bot. Yunnan. 9 (1): 53 (1987).

云南。

扇叶垫柳（扇柳）

Salix flabellaris Andersson, J. Linn. Soc., Bot. 4: 54 (1860).

四川、云南、西藏；不丹、印度（锡金）、克什米尔。

毛轴扇柳（毛轴藏匐柳）

●**Salix flabellaris** var. **villosa** (S. D. Zhao) N. Chao et J. Liu, J. Sichuan Forest. Sci. Technol. 22 (4): 12 (2001).

Salix faxonianoides C. Wang et P. Y. Fu var. *villosa* S. D. Zhao, Bull. Bot. Lab. N. E. Forest. Inst., Harbin 9: 7 (1980).

云南、西藏。

丛毛矮柳

●**Salix floccosa** Burkill, J. Linn. Soc., Bot. 26 (178): 529 (1899).

云南、西藏。

爆竹柳

△**Salix fragilis** L., Sp. Pl. 2: 1017 (1753).

归化于黑龙江、辽宁、内蒙古；原产于欧洲。

褐毛柳

●**Salix fulvopubescens** Hayata, Icon. Pl. Formosan. 5: 202 (1915).

Salix transarisanensis Hayata, Icon. Pl. Formosan. 5: 203, t. 14 (1915).

台湾。

吉拉柳

●**Salix gilashanica** C. Wang et P. Y. Fu, Acta Phytotax. Sin. 12: 196, pl. 50, f. 4 (1974).

Salix kulashanensis C. Wang et P. Y. Fu, Acta Phytotax. Sin. 12: 198, pl. 51, f. 3 (1974).

青海、四川、云南、西藏。

石流垫柳

●**Salix glareorum** P. Y. Mao et W. Z. Li, Acta Bot. Yunnan. 9: 49 (1987).

云南。

灰蓝柳

Salix glauca L., Sp. Pl. 2: 1019 (1753).

新疆；蒙古国、俄罗斯、欧洲、北美洲。

贡嘎山柳

●**Salix gonggashanica** C. F. Fang et A. K. Skvortsov, J. Trop. Subtrop. Bot. 7 (1): 29, f. 1 (1999).

四川。

黄柳（砂柳）

Salix gordejevii Y. L. Chang et Skvortzov, Ill. Man. Woody Pl. N.-E. China. 553, pl. 62, f. 87, pl. 63, f. 1-10 (1955).
Salix flavida Y. L. Chang et Skvortzov, Ill. Man. Woody Pl. N.-E. China. 557, pl. 50, f. 2, pl. 51, f. 74 (1955).
内蒙古、甘肃；蒙古国。

细枝柳

●**Salix gracilior** (Siuzev) Nakai, Rep. Exped. Manchoukuo Sect. IV 4 (4): 7 (1936).
Salix mongolica f. *gracilior* Siuzew, Trudy Bot. Muz. Imp. Akad. Nauk 9: 90, f. 2 (1912).
黑龙江、吉林、辽宁、内蒙古、河北。

细柱柳（红毛柳）

Salix gracilistyla Miq., Ann. Mus. Bot. Lugduno-Batavi 3: 26 (1867).
Salix thunbergiana Blume ex Andersson in A. DC., Prodr. 16 (2): 271 (1868); *Salix gracilistyla* var. *acuminata* Skvortsov, Ill. Man. Woody Pl. N.-E. China 178, pl. 58, f. II: 11 (1955); *Salix gracilistyla* var. *latifolia* Skvortsov, Ill. Man. Woody Pl. N.-E. China 178, pl. 58, f. II: 10 (1955).
黑龙江；日本、朝鲜、俄罗斯。

江达柳

●**Salix gyamdaensis** C. F. Fang, Acta Phytotax. Sin. 17 (4): 104 (1979).
西藏。

吉隆垫柳

●**Salix gyirongensis** S. D. Zhao et C. F. Fang, Acta Phytotax. Sin. 17 (4): 109 (1979).
四川、西藏。

海南柳

●**Salix hainanica** A. K. Skvortsov, Harvard Pap. Bot. 3 (1): 107 (1999).
海南。

川红柳

●**Salix haoana** Fang, J. W. China Border Res. Soc. 15: 178 (1945).
四川、贵州。

戟柳

Salix hastata L., Sp. Pl. 2: 1017 (1753).
新疆；蒙古国、哈萨克斯坦、俄罗斯、欧洲、北美洲。

黑水柳

●**Salix heishuiensis** N. Chao, Bull. Bot. Lab. N. E. Forest. Inst., Harbin 9: 24 (1980).
四川。

紫枝柳

●**Salix heterochroma** Seemen, Bot. Jahrb. Syst. 21 (Beibl. 53): 56 (1896).
陕西、甘肃、湖南、湖北、四川、云南。

紫枝柳（原变种）

●**Salix heterochroma** var. **heterochroma**
Salix henryi Burkill, J. Linn. Soc., Bot. 26 (178): 530 (1899); *Salix heterochroma* Seemen var. *concolor* Goerz, Bull. Fan Mem. Inst. Biol., Bot. 6 (1): 21 (1935).
陕西、甘肃、湖南、湖北、四川、云南。

无毛紫枝柳

●**Salix heterochroma** var. **glabra** C. Y. Yu et C. F. Fang, Bull. Bot. Lab. N. E. Forest. Inst., Harbin 9: 29 (1980).
甘肃。

异蕊柳

●**Salix heteromera** Hand.-Mazz., Symb. Sin. 7 (1): 61, pl. 1, f. 1, 2 (1929).
Salix heteromera var. *villosior* Hand.-Mazz., Symb. Sin. 7: 62 (1929).
云南。

毛枝垫柳

●**Salix hirticaulis** Hand.-Mazz., Symb. Sin. 7 (1): 84, pl. 1, f. 6, 7, 12 (1929).
云南。

兴安柳

●**Salix hsinganica** Y. L. Chang et Skvortzov in Liou et al., Ill. Man. Woody Pl. N.-E. China. 566, pl. 55, f. 78, pl. 56, f. above 1-4 (1955).
Salix geminata Y. L. Chang et Skvortsov, Ill. Fl. Lign. Pl. N.-E. China. 555 (1955); *Salix ilectica* Y. L. Chou, Acta Phytotax. Sin. 12 (1): 13, pl. 5 (1974); *Salix ilectica* var. *integristyla* Y. L. Chou, Acta Phytotax. Sin. 12 (1): 15 (1974); *Salix xerophila* var. *ilectica* (Y. L. Chou) Y. L. Chou, Lign. Fl. Heilongjiang. 172 (1986).
黑龙江、内蒙古。

呼玛柳

●**Salix humaensis** Y. L. Chou et R. C. Chou in Y. L. Chou, Acta Phytotax. Sin. 12 (1): 5, pl. 2 (1974).
Pleiarina humaensis (Y. L. Chou et R. C. Zhou) N. Chao et G. T. Gong, J. Sichuan Forest. Sci. Technol. 17 (2): 5 (1996).
黑龙江。

湖北柳

●**Salix hupehensis** K. S. Hao et C. F. Fang et A. K. Skvortsov, Novon 8: 468 (1998).
湖北。

川柳

●**Salix hylonoma** C. K. Schneid. in Sargent, Pl. Wilson. 3: 68 (1916).

河北、山西、陕西、甘肃、安徽、四川、贵州、云南。

川柳（原变种）

●**Salix hylonoma** var. **hylonoma**

Salix isochroma C. K. Schneid. in Sargent, Pl. Wilson. 3 (1): 122 (1916); *Salix hylonoma* var. *isochroma* (C. K. Schneid.) C. K. Schneid., Bot. Gaz. 64 (2): 147 (1917); *Salix chuniana* W. P. Fang, J. Wash. Acad. Sci. 38 (9): 314 (1948).

河北、山西、陕西、甘肃、安徽、四川、贵州、云南。

光果川柳

●**Salix hylonoma** var. **liocarpa** (Goerz) G. H. Zhu, Novon 8 (4): 465 (1998).

Salix hylonoma C. K. Schneid. f. *liocarpa* Goerz, Bull. Fan Mem. Inst. Biol., Bot. 6 (1): 17 (1935).

四川。

小叶柳（山杨柳，红梅腊，翻白杨）

●**Salix hypoleuca** Seemen, Bot. Jahrb. Syst. 36 (Beibl. 82): 31 (1905).

Salix hypoleuca Seemen var. *kansuensis* Goerz et Rehder, J. Arnold Arbor. 13 (4): 392 (1932).

陕西、甘肃、湖北、四川。

毛轴小叶柳

●**Salix hypoleuca** f. **trichorachis** C. F. Fang, Bull. Bot. Lab. N. E. Forest. Inst., Harbin 9: 8 (1980).

四川。

小叶柳（原变种）

●**Salix hypoleuca** var. **hypoleuca**

陕西、甘肃、湖北、四川。

宽叶翻白柳

●**Salix hypoleuca** var. **platyphylla** C. K. Schneid. in Sargent, Pl. Wilson. 3: 54 (1916).

陕西、四川。

伊利柳

Salix iliensis Regel, Trudy Imp. S.-Peterburgsk. Bot. Sada 6 (2): 464 (1880).

新疆；巴基斯坦、阿富汗、塔吉克斯坦、吉尔吉斯斯坦、哈萨克斯坦、乌兹别克斯坦。

丑柳

●**Salix inamoena** Hand.-Mazz., Symb. Sin. 7: 69, pl. 1, f. 14, 15 (1929).

云南。

杞柳

Salix integra Thunb. in Murray, Syst. Veg., ed. 14 880 (1784).

Salix multinervis Franch. et Sav., Enum. Pl. Jap. 2: 504 (1879); *Salix purpurea* subsp. *amplexicaulis* (Chaubard) C. K. Schneider var. *multinervis* C. K. Schneid. in Sargent, Pl.

Wilson. 3: 168 (1916).

黑龙江、吉林、辽宁、内蒙古、河北；日本、朝鲜、俄罗斯。

金川柳

●**Salix jinchuanica** N. Chao, Fl. Sichuan. 3: 287 (1985).

四川。

景东矮柳

●**Salix jingdongensis** C. F. Fang, Bull. Bot. Lab. N. E. Forest. Inst., Harbin 9: 8 (1980).

云南。

积石柳

●**Salix jishiensis** C. F. Fang et J. Q. Wang, Bull. Bot. Res., Harbin 1 (4): 124 (1981).

甘肃。

贵南柳

●**Salix juparica** Goerz et Rehd. et Kobuski, J. Arnold Arbor. 13: 391 (1932).

青海。

贵南柳（原变种）

●**Salix juparica** var. **juparica**

青海。

光果贵南柳

●**Salix juparica** var. **tibetica** (Goerz et Rehd. et Kobuski) C. F. Fang, Fl. Reipubl. Popularis Sin. 20 (2): 232 (1984).

Salix tibetica Goerz et Rehd. et Kobuski, J. Arnold Arbor. 13: 391 (1932).

青海。

卡马垫柳

●**Salix kamanica** C. Wang et P. Y. Fu, Acta Phytotax. Sin. 12: 196, pl. 51, f. 1 (1974).

云南、西藏。

康定垫柳

●**Salix kangdingensis** S. D. Zhao et C. F. Fang, Bull. Bot. Lab. N. E. Forest. Inst., Harbin 9: 9 (1980).

四川。

江界柳

Salix kangensis Nakai, Bot. Mag. (Tokyo) 30: 275 (1916).

吉林；朝鲜。

江界柳（原变种）

Salix kangensis var. **kangensis**

吉林；朝鲜。

光果江界柳（凤凰柳）

●**Salix kangensis** var. **leiocarpa** Kitag., Rep. Inst. Sci. Res. Manchoukuo 1: 263 (1937).

Salix kangensis Nakai var. *leiocarpa* Kitag., Rep. Inst. Sci. Res.

Manchoukuo 1: 263 (1937); *Salix fenghuangschanica* Y. L. Chow et Skvortzov, Ill. Man. Woody Pl. N.-E. China 177: 555, pl. 58: 10 (1955); *Salix kangensis* Nakai f. *leiocarpa* (Kitag.) Kitag., Neolin. Fl. Manshur. 206 (1979).

辽宁。

瘭子叶柳（枸子叶柳）

Salix karelinii Turcz., Bull. Soc. Imp. Naturalistes Moscou 27 (2): 393 (1854).

Salix hastata var. *himalayensis* Andersson, Kongl. Svenska Vetensk. Acad. Handl., n. s. 6: 73 (1867); *Salix himalayensis* (Andersson) Flod., Geogr. Ann., Stockh. 17: 306 (1935).

新疆；尼泊尔、巴基斯坦、阿富汗、塔吉克斯坦、吉尔吉斯斯坦。

天山筐柳

●**Salix kirilowiana** Stschegl., Bull. Soc. Imp. Naturalistes Moscou 27 (1): 148 (1854).

新疆。

沙杞柳

Salix kochiana Trautv., Mém. Acad. Imp. Sci. St.-Pétersbourg Divers Savans 3: 632, pl. 1 (1837).

内蒙古；蒙古国、俄罗斯。

康巴柳

●**Salix kongbanica** C. Wang et P. Y. Fu, Acta Phytotax. Sin. 12: 197, pl. 51, f. 2 (1974).

西藏。

朝鲜柳

Salix koreensis Andersson in A. DC., Prodr. 16 (2): 271 (1868).

黑龙江、吉林、辽宁、内蒙古、河北、山东、陕西、甘肃；日本、朝鲜、俄罗斯。

朝鲜柳（原变种）

Salix koreensis var. **koreensis**

黑龙江、吉林、辽宁、内蒙古、河北、山东、陕西、甘肃；日本、朝鲜、俄罗斯。

短柱朝鲜柳

●**Salix koreensis** var. **brevistyla** Y. L. Chou et Skvortzov in Liou et al., Ill. Man. Woody Pl. N.-E. China 558 (1955).

黑龙江、辽宁。

长梗朝鲜柳

●**Salix koreensis** var. **pedunculata** Y. L. Chou, Bull. Bot. Res., Harbin 1 (1-2): 162 (1981).

陕西。

山东柳

●**Salix koreensis** var. **shandongensis** C. F. Fang, Bull. Bot. Lab. N. E. Forest. Inst., Harbin 9: 11 (1980).

山东。

尖叶紫柳

☆**Salix koriyanagi** Kimura ex Goerz, Salic. Asiat. 1: 17 (1831).

Salix purpurea var. *japonica* Nakai, Bull. Soc. Dendrol. France 66: 14 (1928).

辽宁栽培；日本、朝鲜。

贵州柳

●**Salix kouytchensis** (H. Lév.) C. K. Schneid. in Sargent, Pl. Wilson. 3: 171 (1916).

Salix duclouxii var. *kouytchensis* H. Lév., Bull. Soc. Bot. France 16: 298 (1909); *Salix schneideriana* K. S. Hao et C. F. Fang et A. K. Skvortsov, Novon 8 (4): 469 (1998).

四川、贵州、云南。

孔目矮柳

●**Salix kungmuensis** P. Y. Mao et W. Z. Li, Bull. Bot. Res., Harbin 6 (2): 80, f. 2 (1986).

云南。

水社柳

●**Salix kusanoi** (Hayata) C. K. Schneid. in Sargent, Pl. Wilson. 3: 100 (1916).

Salix tetrasperma var. *kusanoi* Hayata, J. Coll. Sci. Imp. Univ. Tokyo 30 (1): 305 (1911); *Salix suishaensis* Hayata, Icon. Pl. Formosan. 4: 65 (1914); *Pleiarina kusanoi* (Hayata) N. Chao et G. T. Gong, J. Sichuan Forest. Sci. Technol. 17 (2): 5 (1996).

台湾。

涞水柳

●**Salix laishuiensis** N. Chao et G. T. Gong, Sichuan Forest. Sci. Technol. 15 (2): 7 (1994).

河北。

拉马山柳

●**Salix lamashanensis** K. S. Hao et C. F. Fang et A. K. Skvortsov, Novon 8: 468 (1998).

陕西、甘肃、青海。

白毛柳

●**Salix lanifera** C. F. Fang et S. D. Zhao, Bull. Bot. Lab. N. E. Forest. Inst., Harbin 9: 11 (1980).

Salix obscura var. *lanifera* (C. F. Fang et S. D. Zhao) N. Chao, Bull. Forest Pl. Res. 3: 5 (1985).

四川。

毛柄柳

●**Salix lasiopes** C. Wang et P. Y. Fu, Acta Phytotax. Sin. 12: 198, pl. 51, f. 4 (1974).

Salix bhutanensis var. *lasiopes* (C. Wang et P. Y. Fu) N. Chao, Bull. Forest Pl. Res. 3: 3 (1985).

西藏。

荞麦地柳（井冈柳）

●**Salix leveilleana** C. K. Schneid. in Sargent, Pl. Wilson. 3: 176 (1916).

云南。

黑皮柳

●**Salix limprichtii** Pax et K. Hoffm. in Limpricht, Repert. Spec. Nov. Regni Veg. Beih. 12: 353 (1922).

四川。

青藏垫柳

Salix lindleyana Wall. et Andersson, Kongl. Svenska Vetensk. Acad. Handl., n. s. 1850: 499 (1851).

Salix furcata Andersson, Prodr. (DC.) 16 (2): 291 (1868).

云南、西藏；不丹、尼泊尔、印度、巴基斯坦。

筐柳（蒙古柳）

●**Salix linearistipularis** K. S. Hao, Repert. Spec. Nov. Regni Veg. Beih. 93: 102 (1936).

Salix purpurea var. *stipularis* Franch., Nouv. Arch. Mus. Hist. Nat. sér. 2 7: 91 (1884); *Salix mongolica* f. *latifolia* Nas. in Kom., Fl. U. R. S. S. 5: 156 (1936); *Salix mongolica* f. *bicolor* Y. L. Chang et Skvortzov, Ill. Man. Woody Pl. N.-E. China 554, 180 (1955); *Salix mongolica* f. *sericea* Y. L. Chang et Skvortzov, Ill. Man. Woody Pl. N.-E. China 554, 180 (1955).

河北、山西、河南、陕西、甘肃。

黄龙柳

●**Salix liouana** C. Wang et C. Y. Yang, Bull. Bot. Lab. N. E. Forest. Inst., Harbin 9: 97 (1980).

山东、河南、陕西、湖北。

长花柳

Salix longiflora Wall. ex Andersson, J. Linn. Soc., Bot. 4: 50 (1860).

四川、云南、西藏；不丹、尼泊尔、印度。

长花柳（原变种）

●**Salix longiflora** var. **longiflora**

四川、云南、西藏。

小叶长花柳

●**Salix longiflora** var. **albescens** Burkill in F. B. Forbes et Hemsl., J. Linn. Soc., Bot. 26: 530 (1899).

四川。

苍山长梗柳

●**Salix longissimipedicellaris** N. Chao ex P. Y. Mao, Bull. Bot. Res., Harbin 6 (2): 81 (1986).

云南。

长蕊柳

●**Salix longistamina** C. Wang et P. Y. Fu, Acta Phytotax. Sin. 12: 199 (1974).

西藏。

丝毛柳

●**Salix luctuosa** H. Lév., Repert. Spec. Nov. Regni Veg. 13: 342

(1914).

Salix dyscrita C. K. Schneid. in Sargent, Pl. Wilson. 3 (1): 53 (1916); *Salix huiana* Goerz, Bull. Fan Mem. Inst. Biol., Bot. 6 (1): 13 (1935); *Salix huiana* var. *tricholepis* Goerz, Bull. Fan Mem. Inst. Biol., Bot. 6 (1): 14 (1935).

陕西、四川、贵州、云南、西藏。

泸定垫柳

●**Salix ludingensis** T. Y. Ding et C. F. Fang, Acta Phytotax. Sin. 31 (3): 277 (1993).

四川。

鲁中柳

●**Salix luzhongensis** X. W. Li et Y. Q. Zhu, Bull. Bot. Res., Harbin 13 (1): 57 (1993).

山东。

灌西柳

●**Salix macroblasta** C. K. Schneid. in Sargent, Pl. Wilson. 3: 58 (1916).

甘肃、四川。

簇毛柳

●**Salix maerkangensis** N. Chao, Fl. Sichuan. 3: 286 (1985).

四川。

大叶柳

●**Salix magnifica** Hemsl., Bull. Misc. Inform. Kew 1906: 163 (1906).

四川。

大叶柳（原变种）

●**Salix magnifica** var. **magnifica**

四川。

倒卵叶大叶柳

●**Salix magnifica** var. **apatela** (C. K. Schneid.) K. S. Hao, Repert. Spec. Nov. Regni Veg. Beih. 93: 59 (1936).

Salix apatela C. K. Schneid. in Sargent, Pl. Wilson. 3: 46 (1916).

四川。

卷毛大叶柳

●**Salix magnifica** var. **ulotricha** (C. K. Schneid.) N. Chao, Fl. Reipubl. Popularis Sin. 20 (2): 157 (1984).

Salix ulotricha C. K. Schneid. in Sargent, Pl. Wilson. 3: 44 (1916).

四川。

墨竹柳

●**Salix maizhokunggarensis** N. Chao, Acta Phytotax. Sin. 17 (4): 109 (1979).

西藏。

旱柳

●**Salix matsudana** Koidz., Bot. Mag. (Tokyo) 29: 312 (1915).

黑龙江、辽宁、内蒙古、河北、河南、陕西、甘肃、青海、安徽、江苏、浙江、四川、福建。

旱柳（原变种）

●**Salix matsudana** var. **matsudana**

Salix jeholensis Nakai, Rep. First Sci. Exped. Manchoukuo 4: 74 (1936).

辽宁、内蒙古、河北、河南、陕西、甘肃、青海、安徽、江苏、浙江、四川、福建。

旱快柳

●☆**Salix matsudana** var. **anshanensis** C. Wang et J. Z. Yan, Bull. Bot. Res., Harbin 1 (1-2): 176 (1981).

辽宁。

旱垂柳

●**Salix matsudana** var. **pseudomatsudana** (Y. L. Chou et Skvortzov) Y. L. Chou, Fl. Reipubl. Popularis Sin. 20 (2): 134 (1984).

Salix pseudomatsudana Y. L. Chou et Skvortzov in Liou et al., Ill. Man. Woody Pl. N.-E. China 149 (1955).

黑龙江、辽宁、河北。

大白柳

Salix maximowiczii Kom., Trudy Imp. S.-Peterburgsk. Bot. Sada 18: 442 (1901).

Toisusu cardiophylla var. *maximowiczii* (Kom.) Kimura, Bot. Mag. (Tokyo) 42 (497): 289 (1928).

黑龙江、吉林、辽宁；韩国、俄罗斯。

乌饭叶矮柳

●**Salix vaccinioides** Hand.-Mazz., Symb. Sin. 7: 63 (1929).

Salix mazzettiana N. Chao, Sichuan Forest. Sci. Technol. 15 (2): 8 (1994).

云南、西藏。

墨脱柳

●**Salix medogensis** Y. L. Chou, Acta Phytotax. Sin. 17 (4): 107 pl. 5, f. 1-6 (1979).

西藏。

粤柳

●**Salix mesnyi** Hance, J. Bot. 20 (2): 38 (1882).

Pleiarina mesnyi (Hance) N. Chao et G. T. Gong, J. Sichuan Forest. Sci. Technol. 17 (2): 5 (1996).

安徽、江苏、浙江、江西、福建、广东、广西。

绿叶柳

●**Salix metaglauca** C. Y. Yang, Bull. Bot. Lab. N. E. Forest. Inst., Harbin 9: 89 (1980).

新疆。

米黄柳

Salix michelsonii Goerz et Nasarow in Kom., Fl. U. R. S. S. 5: 711 (1936).

Salix caspica Pallas var. *michelsonii* (Goerz et Nasarow) Pojak. in Kom., Fl. U. R. S. S. 5: 711 (1936).

新疆；哈萨克斯坦。

宝兴矮柳

●**Salix microphyta** Franch., Nouv. Arch. Mus. Hist. Nat. sér. 2 10: 83 (1887).

四川、云南。

小穗柳

Salix microstachya Turcz. ex Trautv., Mém. Acad. Imp. Sci. St.-Pétersbourg Divers Savans 3: 628, pl. 4 (1837).

内蒙古；蒙古国、俄罗斯。

小红柳

●**Salix microstachya** var. **bordensis** (Nakai) C. F. Fang, Fl. Reipubl. Popularis Sin. 20 (2): 355 (1984).

Salix bordensis Nakai, Rep. Exped. Manchoukuo Sect. IV 74 (1936).

黑龙江、吉林、辽宁、内蒙古、河北。

兴山柳

●**Salix mictotricha** C. K. Schneid. in Sargent, Pl. Wilson. 3: 56 (1916).

湖北、四川。

岷江柳

●**Salix minjiangensis** N. Chao, Fl. Sichuan. 3: 288 (1985).

甘肃、四川。

岷江柳（原变种）

●**Salix minjiangensis** var. **minjiangensis**

四川。

舟曲柳

●**Salix minjiangensis** var. **zhouquensis** N. Chao et G. T. Gong, J. Sichuan Forest. Sci. Technol. 27 (1): 12 (2006).

Salix zhouquensis X. G. Sun, Bull. Bot. Res., Harbin 17: 357, f. 1 (1997).

甘肃。

玉山柳

●**Salix morrisonicola** Kimura, Sci. Rep. Tohoku Imp. Univ., scr. 4, Biol. 10 (3): 557 (1935).

Salix taiwanalpina Kimura var. *morrisonicola* (Kimura) K. C. Yang et T. C. Huang, Taiwania 41 (1): 4 (1996).

台湾。

木里柳

●**Salix muliensis** Goerz et Rehder et Kobuski, J. Arnold Arbor. 13: 389 (1932).

四川、云南。

坡柳

Salix myrtillacea Andersson, J. Linn. Soc., Bot. 4: 51 (1860).

Salix subpycnostachya Burkill., J. Linn. Soc., Bot. 26: 532 (1899); *Salix squarrosa* C. K. Schneid., Bot. Gaz. 64 (2): 142, pl. 15, f. E (1917).

甘肃、青海、四川、云南、西藏；缅甸、不丹、尼泊尔、印度。

越桔柳

Salix myrtilloides L., Sp. Pl. 2: 1019 (1753).

黑龙江、吉林、辽宁、内蒙古；朝鲜、蒙古国、亚洲北部、欧洲。

越桔柳（原变种）

Salix myrtilloides var. **myrtilloides**

黑龙江、吉林、内蒙古；蒙古国、亚洲北部、欧洲。

东北越桔柳

Salix myrtilloides var. **mandshurica** Nakai, Fl. Sylv. Kor. 18: 154, pl. 35 (1930).

黑龙江；韩国。

南京柳

●**Salix nankingensis** C. Wang et S. L. Tung, Bull. Bot. Lab. N. E. Forest. Inst., Harbin 9: 12 (1980).

江苏。

新山生柳

●**Salix neoamnematchinensis** T. Y. Ding et C. F. Fang, Acta Phytotax. Sin. 31 (3): 279, pl. 1, f. 1-5 (1993).

青海。

绢柳

●**Salix neolapponum** C. Y. Yang, Bull. Bot. Lab. N. E. Forest. Inst., Harbin 9: 91 (1980).

新疆。

三蕊柳（毛柳）

Salix nipponica Franch. et Sav., Enum. Pl. Jap. 1: 495 (1875).

黑龙江、吉林、辽宁、内蒙古、河北、山东、江苏、浙江、湖南、西藏；蒙古国、韩国、日本、俄罗斯。

三蕊柳（原变种）

Salix nipponica var. **nipponica**

Salix triandra var. *nipponica* (Franch. et Sav.) Seemen, Salic. Jap. 27, pl. 2, f. e-j (1903); *Salix amygdalina* var. *nipponica* (Franch. et Sav.) C. K. Schneid. in Sargent, Pl. Wilson. 3 (1): 106 (1916).

黑龙江、吉林、辽宁、内蒙古、河北、山东、江苏、浙江、湖南、西藏；蒙古国、韩国、日本、俄罗斯。

蒙山柳

●**Salix nipponica** var. **mengshanensis** (S. B. Liang) G. H. Zhu, Novon 8: 465 (1998).

Salix triandra var. *mengshanensis* S. B. Liang, Bull. Bot. Res., Harbin 8 (2): 63, pl. (1988).

山东。

怒江柳

●**Salix nujiangensis** N. Chao, Bull. Bot. Lab. N. E. Forest. Inst., Harbin 9: 25 (1980).

云南。

多腺柳

Salix nummularia Andersson in A. DC., Prodr. 16 (2): 298 (1868).

Salix polyadenia Hand.-Mazz., Oesterr. Bot. Z. 81: 306 (1932); *Salix tschanbaischanica* Y. L. Chou et Y. L. Chang, Ill. Fl. Lign. Pl. N.-E. China 146, pl. 35, f. 1-8, pl. 36 (1955); *Salix polyadenia* var. *tschanbaischanica* (Y. L. Chou et Y. L. Chang) Y. L. Chou, Fl. Reipubl. Popularis Sin. 20 (2): 275 (1984).

吉林；俄罗斯。

毛坡柳

Salix obscura Andersson in A. DC., Prodr. 16 (2): 269 (1868).

西藏；不丹、印度。

华西柳

●**Salix occidentalisinensis** N. Chao, Bull. Bot. Lab. N. E. Forest. Inst., Harbin 9: 25 (1980).

四川、云南、西藏。

汶川柳

●**Salix ochetophylla** Goerz, Bull. Fan Mem. Inst. Biol. 6: 7 (1935).

四川。

峨眉柳

●**Salix omeiensis** C. K. Schneid. in Sargent, Pl. Wilson. 3: 122 (1916).

四川。

迟花柳

●**Salix opsimantha** C. K. Schneid. in Sargent, Pl. Wilson. 3: 63 (1916).

四川、云南、西藏。

迟花柳（原变种）

Salix opsimantha var. **opsimantha**

Salix faxoniana C. K. Schneid., Bot. Gaz. 64 (2): 143, pl. 15, f. H (1917).

四川、云南、西藏。

娃娃山柳

●**Salix opsimantha** var. **wawashanica** (P. Y. Mao et P. X. He) G. H. Zhu, Novon 8 (4): 465 (1998).

Salix oreinoma var. *wawashanica* P. Y. Mao et P. X. He, Acta Bot. Yunnan. 9 (1): 47 (1987).

云南。

迟花矮柳

- **Salix oreinoma** C. K. Schneid. in Sargent, Pl. Wilson. 3: 138 (1916).
四川、云南、西藏。

尖齿叶垫柳

Salix oreophila Hook. f. ex Andersson, J. Linn. Soc., Bot. 4: 57 (1860).
云南、西藏；不丹、尼泊尔、印度。

尖齿叶垫柳（原变种）

Salix oreophila var. **oreophila**
云南、西藏；不丹、印度（包括锡金）、尼泊尔。

五齿叶垫柳

Salix oreophila var. **secta** (Hook. f. ex Andersson) Andersson in A. DC., Prodr. 16 (2): 297 (1868).
Salix secta Hook. f. ex Andersson, J. Linn. Soc., Bot. 4: 57 (1860).
西藏；印度。

山生柳

- **Salix oritrepha** C. K. Schneid. in Sargent, Pl. Wilson. 3: 113 (1916).
宁夏、甘肃、青海、四川、云南、西藏。

山生柳（原变种）

- **Salix oritrepha** var. **oritrepha**
Salix cupularis var. *lasiogyne* Rehder, J. Arnold Arbor. 4 (3): 141 (1923).
宁夏、甘肃、青海、四川、云南、西藏。

青山生柳

- **Salix oritrepha** var. **amnematchinensis** (K. S. Hao ex C. F. Fang et A. K. Skvortsov) G. H. Zhu, Novon 8 (4): 465 (1998).
Salix amnematchinensis K. S. Hao ex C. F. Fang et A. K. Skvortsov, Novon 8 (4): 467 (1998).
甘肃、青海、四川。

卵小叶垫柳

- **Salix ovatomicrophylla** K. S. Hao ex C. F. Fang et A. K. Skvortsov, Novon 8: 468 (1998).
四川、云南、西藏。

类扇叶垫柳

- **Salix paraflabellaris** S. D. Zhao, Bull. Bot. Lab. N. E. Forest. Inst., Harbin 9: 14 (1980).
云南。

藏紫枝柳

Salix paraheterochroma C. Wang et P. Y. Fu, Acta Phytotax. Sin. 17 (4): 107, pl. 5, f. 7-10 (1979).
西藏。

光叶柳

- **Salix paraphylicifolia** C. Y. Yang, Bull. Bot. Lab. N. E. Forest. Inst., Harbin 9: 92 (1980).
新疆。

康定柳（拟五蕊柳）

- **Salix paraplesia** C. K. Schneid. in Sargent, Pl. Wilson. 3: 40 (1916).
山西、陕西、宁夏、甘肃、青海、四川、云南、西藏。

康定柳（原变种）

Salix paraplesia var. **paraplesia**
Pleiarina paraplesia (C. K. Schneid.) N. Chao et G. T. Gong, J. Sichuan Forest. Sci. Technol. 17 (2): 5 (1996).
山西、陕西、宁夏、甘肃、青海、四川、云南、西藏。

狭叶康定柳

- **Salix paraplesia** f. **lanceolata** C. Wang et C. Y. Yu, Fl. Tsinling. 1 (2): 31, 598 (1974).
甘肃。

毛枝康定柳

- **Salix paraplesia** var. **pubescens** C. Wang et C. F. Fang, Bull. Bot. Lab. N. E. Forest. Inst., Harbin 9: 15 (1980).
甘肃。

左旋康定柳（左旋柳）

- **Salix paraplesia** var. **subintegra** C. Wang et P. Y. Fu, Acta Phytotax. Sin. 12: 201 (1974).
Salix alba var. *subintegra* (C. Wang et P. Y. Fu) N. Chao, Bull. Forest Pl. Res. (Chengdu) 3: 2 (1985).
西藏。

类四腺柳

- **Salix paratetradenia** C. Wang et P. Y. Fu, Acta Phytotax. Sin. 12: 202, pl. 53, f. 2 (1974).
四川、西藏。

类四腺柳（原变种）

- **Salix paratetradenia** var. **paratetradenia**
西藏。

亚东柳

- **Salix paratetradenia** var. **yatungensis** C. Wang et P. Y. Fu, Acta Phytotax. Sin. 12: 203, pl. 53, f. 3 (1974).
四川、西藏。

小齿叶柳

- **Salix parvidenticulata** C. F. Fang, Acta Phytotax. Sin. 17 (4): 105, pl. 4, f. 8-9 (1979).
西藏。

黑枝柳

- **Salix pella** C. K. Schneid. in Sargent, Pl. Wilson. 3 (1): 45

(1916).

四川。

五蕊柳

Salix pentandra L., Sp. Pl. 2: 1016 (1753).

Pleiarina pentandra (L.) N. Chao et G. T. Gong, J. Sichuan Forest. Sci. Technol. 17 (2): 5 (1996).

黑龙江、吉林、辽宁、内蒙古、河北、新疆；蒙古国、俄罗斯、欧洲。

五蕊柳（原变种）

Salix pentandra var. **pentandra**

黑龙江、吉林、辽宁、内蒙古、河北、新疆；蒙古国、俄罗斯、欧洲。

白背五蕊柳

●**Salix pentandra** var. **intermedia** Nakai, Fl. Sylv. Kor. 18: 80, pl. 10 (1930).

Salix pseudopentandra (Flod.) Flod., Ark. Bot. 20 A, no. 6 57 (1926).

吉林。

卵苞五蕊柳

●**Salix pentandra** var. **obovalis** C. Y. Yu, Bull. Bot. Lab. N. E. Forest. Inst., Harbin 9: 30 (1980).

内蒙古。

山毛柳

●**Salix permollis** C. Wang et C. Y. Yu, Fl. Tsinling. 1 (2): 46, 601, f. 33 (1974).

陕西。

纤柳

●**Salix phaidima** C. K. Schneid. in Sargent, Pl. Wilson. 3: 51 (1916).

四川。

长叶柳

●**Salix phanera** C. K. Schneid. in Sargent, Pl. Wilson. 3 (1): 50 (1916).

Salix phaneroides Goerz, Bull. Fan Mem. Inst. Biol., Bot. 6 (1): 9 (1935).

甘肃、四川、云南。

维西长叶柳

●**Salix phanera** var. **weixiensis** C. F. Fang, Bull. Bot. Lab. N. E. Forest. Inst., Harbin 9: 15 (1980).

云南。

白皮柳

Salix pierotii Miq., Ann. Mus. Bot. Lugduno-Batavi 3: 37 (1867).

黑龙江、吉林、辽宁；日本、俄罗斯。

毛小叶垫柳

●**Salix pilosomicrophylla** C. Wang et P. Y. Fu, Acta Phytotax.

Sin. 12: 203, pl. 53, f. 4 (1974).

云南、西藏。

平利柳

●**Salix pingliensis** Y. L. Chou, Bull. Bot. Res., Harbin 1 (1-2): 163 (1981).

陕西。

毛果垫柳

●**Salix piptotricha** Hand.-Mazz., Symb. Sin. 7: 84, pl. 1, f. 11 (1929).

云南。

曲毛柳

●**Salix plocotricha** C. K. Schneid. in Sargent, Pl. Wilson. 3: 49 (1916).

Salix allochroa C. K. Schneid. in Sargent, Pl. Wilson. 3: 72 (1916).

甘肃、四川、西藏。

多枝柳

●**Salix polyclona** C. K. Schneid. in Sargent, Pl. Wilson. 3: 55 (1916).

陕西、湖北。

草地柳

●**Salix praticola** Hand.-Mazz. ex Enander, Anz. Akad. Wiss. Wien, Math.-Naturwiss. Kl. 63: 95 (1926).

湖南、湖北、四川、贵州、云南、广西。

北沙柳

●**Salix psammophila** C. Wang et C. Y. Yang, Bull. Bot. Lab. N. E. Forest. Inst., Harbin 9: 104 (1980).

内蒙古、山西、陕西、宁夏。

朝鲜垂柳

Salix pseudolasiogyne H. Lév., Repert. Spec. Nov. Regni Veg. Beih. 10: 436 (1912).

辽宁；朝鲜。

朝鲜垂柳（原变种）

Salix pseudolasiogyne var. **pseudolasiogyne**

辽宁；韩国。

垦绥垂柳

●**Salix pseudolasiogyne** var. **bilofolia** J. Q. Wang et D. M. Li, Bull. Bot. Res., Harbin 22 (1): 9 (2002).

黑龙江。

红花朝鲜垂柳

●☆**Salix pseudolasiogyne** var. **erythrantha** C. F. Fang, Bull. Bot. Res., Harbin 4 (1): 125 (1984).

辽宁。

小叶山毛柳

●**Salix pseudopermollis** C. Y. Yu et C. Y. Yang, Bull. Bot. Lab.

N. E. Forest. Inst., Harbin 9: 101 (1980).

山东、陕西。

大苞柳

●**Salix pseudospissa** Goerz ex Rehder et Kobuski, J. Arnold Arbor. 13: 395 (1932).

甘肃、青海、四川。

山柳

●**Salix pseudotangii** C. Wang et C. Y. Yu, Fl. Tsinling. 1 (2) 38: 600, f. 24 (1974).

陕西。

青皂柳

●**Salix pseudowallichiana** Goerz ex Rehder et Kobuski, J. Arnold Arbor. 13: 397 (1932).

山西、青海、四川。

西柳

●**Salix pseudowolohoensis** K. S. Hao ex C. F. Fang et A. K. Skvortsov, Novon 8: 469 (1998).

四川、云南。

裸柱头柳

Salix psilostigma Andersson, Kongl. Vetensk. Acad. Handl. 1850: 496 (1851).

Salix eriophylla Andersson, J. Linn. Soc., Bot. 4: 48 (1860).

四川、云南、西藏；不丹、尼泊尔、印度。

密穗柳

Salix pycnostachya Andersson, J. Linn. Soc., Bot. 4: 44 (1859).

新疆、西藏；尼泊尔、印度、巴基斯坦、阿富汗、塔吉克斯坦、吉尔吉斯斯坦、乌兹别克斯坦。

密穗柳（原变种）

Salix pycnostachya var. **pycnostachya**

新疆；尼泊尔、印度、巴基斯坦、阿富汗、塔吉克斯坦、吉尔吉斯斯坦、乌兹别克斯坦。

无毛长蕊柳

●**Salix pycnostachya** var. **glabra** (Y. L. Chou) N. Chao et J. Liu, J. Sichuan Forest. Sci. Technol. 22 (4): 15 (2001).

Salix longistamina var. *glabra* Y. L. Chou, Bull. Bot. Res., Harbin 1 (1-2): 162 (1981).

西藏。

尖果密穗柳

Salix pycnostachya var. **oxycarpa** (Andersson) Y. L. Chou et C. F. Fang, Fl. Reipubl. Popularis Sin. 20 (2): 369 (1984).

Salix oxycarpa Andersson, J. Linn. Soc., Bot. 4: 45 (1860).

西藏；不丹、印度、巴基斯坦、阿富汗。

鹿蹄柳

Salix pyrolifolia Ledeb., Fl. Altaic. 4: 270 (1833).

Salix subpyroliformis Y. L. Chang et Skvortsov, Ill. Man. Woody Pl. N.-E. China 155, pl. 41, f. 63, pl. 42 f. 554 (1955).

黑龙江、内蒙古、新疆；蒙古国、俄罗斯、欧洲。

昌都柳

●**Salix qamdoensis** N. Chao et J. Liu, Sichuan Forest. Sci. Technol. 22 (4): 2 (2001).

Salix ernestii f. *glabrescens* Y. L. Chou et C. F. Fang, Acta Phytotax. Sin. 17 (4): 110 (1979).

西藏。

青海柳

●**Salix qinghaiensis** Y. L. Chou, Bull. Bot. Res., Harbin 1 (1-2): 164 (1981).

甘肃、青海。

青海柳（原变种）

●**Salix qinghaiensis** var. **qinghaiensis**

甘肃、青海。

小叶青海柳

●**Salix qinghaiensis** var. **microphylla** Y. L. Chou, Bull. Bot. Res., Harbin 1 (1-2): 165 (1981).

甘肃。

陕西柳

●**Salix qinlingica** C. Wang et N. Chao, Acta Bot. Boreal.-Occid. Sin. 5 (2): 116 (1985).

陕西。

大黄柳

Salix raddeana Lacksch. ex Nasarow in Kom., Fl. U. R. S. S. 5: 707 (1936).

黑龙江、吉林、辽宁、内蒙古；朝鲜、俄罗斯。

大黄柳（原变种）

Salix raddeana var. **raddeana**

Salix liangshuiensis Y. L. Chou et C. Y. King, Acta Phytotax. Sin. 12 (1): 11, pl. 4 (1974); *Salix caprea* L. f. *elongata* (Nakai) Kitag., Neolin. Fl. Manshur. 204 (1979); *Salix raddeana* var. *liangshuiensis* (Y. L. Chou et C. Y. King) Y. L. Chou, Lign. Fl. Heilongjiang 157 (1986).

黑龙江、吉林、辽宁、内蒙古；朝鲜、俄罗斯。

稀毛大黄柳

●**Salix raddeana** var. **subglabra** Y. L. Chang et Skvortsov, Ill. Man. Woody Pl. N.-E. China 558, 170 (1955).

Salix caprea f. *subglabra* (Y. L. Chang et Skvortsov) Kitag., Neolin. Fl. Manshur. 204 (1979).

黑龙江。

长穗柳

Salix radinostachya C. K. Schneid. in Sargent, Pl. Wilson. 3: 116 (1916).

Salix guebriantiana Schneid., Bot. Gaz. 64 (2): 139, pl. 15, f.

C. (1917); *Salix caloneura* C. K. Schneid., Bot. Gaz. 64 (2): 141, t. 15, f. G (1917); *Salix balansaei* Seemen var. *szechuanica* Goerz, Bull. Fan Mem. Inst. Biol., Bot. 6 (1): 2 (1935); *Salix radinostachya* var. *szechuanica* (Goerz) N. Chao, Fl. Sichuan. 3: 125 (1985).

四川、云南、西藏；印度。

长穗柳（原变种）

Salix radinostachya var. **radinostachya**

四川、云南、西藏；印度（锡金）。

绒毛长穗柳

●**Salix radinostachya** var. **pseudophanera** C. F. Fang, Bull. Bot. Lab. N. E. Forest. Inst., Harbin 9: 15 (1980).

云南。

欧越桔柳

Salix rectijulis Ledeb. ex Trautv., Nouv. Mém. Soc. Imp. Naturalistes Moscou 2: 213 (1832).

新疆；蒙古国、俄罗斯。

川滇柳

●**Salix rehderiana** C. K. Schneid. in Sargent, Pl. Wilson. 3: 66 (1916).

陕西、宁夏、甘肃、青海、四川、云南、西藏。

川滇柳（原变种）

●**Salix rehderiana** var. **rehderiana**

Salix melea C. K. Schneid. in Sargent, Pl. Wilson. 3: 176 (1916); *Salix rehderiana* var. *brevisericea* C. K. Schneid. in Sargent, Pl. Wilson. 3: 67 (1916); *Salix luctuosa* var. *pubescens* C. Wang et P. Y. Fu, Acta Phytotax. Sin. 12 (2): 200, pl. 52: 2 (1974).

陕西、宁夏、甘肃、青海、四川、云南、西藏。

灌柳

●**Salix rehderiana** var. **dolia** (C. K. Schneid.) N. Chao, Fl. Reipubl. Popularis Sin. 20 (2): 324 (1984).

Salix dolia C. K. Schneid. in Sargent, Pl. Wilson. 3: 65 (1916).

甘肃、四川。

截苞柳

●**Salix resecta** Diels, Notes Roy. Bot. Gard. Edinburgh 5: 281 (1912).

四川、云南。

藏截苞矮柳

●**Salix resectoides** Hand.-Mazz., Symb. Sin. 7: 80 (1929).

Salix heterostemon Flod., Svensk Bot. Tidskr. 38 (1): 69, f. 1-2 (1944); *Salix floccosa* var. *leiogyna* P. Y. Mao et W. Z. Li, Acta Bot. Yunnan. 9 (1): 49 (1987).

云南、西藏。

杜鹃叶柳

●**Salix rhododendrifolia** C. Wang et P. Y. Fu, Acta Phytotax. Sin. 12 (2): 205, pl. 54, f. 3 (1974).

四川、云南、西藏。

房县柳

●**Salix rhoophila** C. K. Schneid. in Sargent, Pl. Wilson. 3: 54 (1916).

湖北、四川。

拉加柳（山柳）

●**Salix rockii** Goerz ex Rehder et Kobuski, J. Arnold Arbor. 13: 393 (1932).

甘肃、青海。

粉枝柳

Salix rorida Lacksch., Herb. Fl. Ross. 7: 131 (1911).

黑龙江、吉林、辽宁、内蒙古、河北；蒙古国、日本、韩国、俄罗斯。

粉枝柳（原变种）

Salix rorida var. **rorida**

Salix rorida var. *oblanceolata* Y. L. Chou et Skvortzov, Ill. Man. Woody Pl. N.-E. China 169, 556 (1955); *Salix rorida* var. *pendula* Skvortzov, Ill. Man. Woody Pl. N.-E. China 169, 556, pl. 52, f. 7 (1955).

黑龙江、吉林、辽宁、内蒙古、河北；蒙古国、日本、韩国、俄罗斯。

伪粉枝柳

Salix rorida var. **roridiformis** (Nakai) Ohwi, Fl. Jap. 405 (1956).

Salix roridiformis Nakai, Bot. Mag. (Tokyo) 33: 5 (1919).

黑龙江、吉林、辽宁；日本、韩国。

细叶沼柳

Salix rosmarinifolia L., Sp. Pl. 2: 1020 (1753).

黑龙江、吉林、辽宁、内蒙古、新疆；蒙古国、韩国、塔吉克斯坦、吉尔吉斯斯坦、哈萨克斯坦、俄罗斯、欧洲。

细叶沼柳（原变种）

Salix rosmarinifolia var. **rosmarinifolia**

Salix sibirica Pallas, Fl. Ross. 1 (2): 78, pl. 81, f. 3 (1788); *Salix minutiflora* var. *pubescens* E. L. Wolf, Trudy Imp. S.-Peterburgsk. Bot. Sada 23: 143 (1903); *Salix repens* var. *rosmarinifolia* (L.) Wimm. et Grab., Fl. Siles. 2: 380 (1929); *Salix pubescens* (E. L. Wolf) K. S. Hao, Repert. Spec. Nov. Regni Veg. Beih. 93: 108 (1936).

黑龙江、吉林、辽宁、内蒙古、新疆；蒙古国、韩国、塔吉克斯坦、吉尔吉斯斯坦、哈萨克斯坦、俄罗斯、欧洲。

沼柳

Salix rosmarinifolia var. **brachypoda** (Trautv. et C. A. Mey.) Y. L. Chou, Fl. Reipubl. Popularis Sin. 20 (2): 331 (1984).

Salix repens var. *brachypoda* Trautv. et C. A. Mey., Midd. Sibir. Reise 2 (2): 79 (1856); *Salix repens* var. *flavicans* Andersson in A. DC., Prodr. 16 (2): 238 (1868); *Salix brachypoda* (Trautv. et C. A. Mey.) Kom., Trudy Glavn. Bot. Sada, n. s. 39: 49 (1923); *Salix sibirica* var. *brachypoda* (Trautv. et C. A. Mey.) Nakai, Fl. Sylv. Kor. 18: 159 (1930); *Salix flavicans* (Andersson in A. DC.) K. S. Hao, Repert. Spec. Nov. Regni Veg. Beih. 93: 97 (1936).

黑龙江、吉林、辽宁、内蒙古、甘肃；俄罗斯。

甘南沼柳

●**Salix rosmarinifolia** var. **gannanensis** C. F. Fang, Bull. Bot. Lab. N. E. Forest. Inst., Harbin 9: 16 (1980).

甘肃。

东北细叶沼柳

●**Salix rosmarinifolia** var. **tungbeiana** Y. L. Chou et Skvortzov in Liou et al., Ill. Man. Woody Pl. N.-E. China 161, 556, pl. 46 (1956).

黑龙江。

南川柳（白溪柳）

●**Salix rosthornii** Seemen in Diels, Bot. Jahrb. Syst. 29: 276, pl. 2 e-h. (1900).

Salix dictyoneura Seemen in Diels, Bot. Jahrb. Syst. 29 (2): 275, pl. 6, 2, f. A-D (1900); *Salix dodecandra* H. Lév. et Vaniot, Bull. Soc. Bot. France 52: 141 (1905); *Salix angiolepis* H. Lév. et Vaniot, Repert. Spec. Nov. Regni Veg. 3 (27-28): 22 (1906); *Salix anisandra* H. Lév. et Vaniot, Repert. Spec. Nov. Regni Veg. 3: 22 (1906); *Salix argyri* H. Lév., Repert. Spec. Nov. Regni Veg. 10 (260-262): 437 (1912); *Salix glandulosa* var. *stenophylla* C. Wang et C. Y. Yu, Fl. Tsinling. 1 (2): 30, 597 (1974); *Pleiarina dictyoneura* (Seemen) N. Chao et G. T. Gong, J. Sichuan Forest. Sci. Technol. 17 (2): 4 (1996).

陕西、安徽、浙江、江西、湖南、湖北、四川、贵州。

萨彦柳

Salix sajanensis Nasarow in Kom., Fl. U. R. S. S. 5: 141, 710, pl. 7: 7 (1936).

新疆；蒙古国、俄罗斯。

对叶柳

Salix salwinensis Hand.-Mazz. ex Enander, Sitzungsber. Kaiserl. Akad. Wiss., Math.-Naturwiss. Cl., Abt. 1 63: 95 (1881).

Salix salwinensis Hand.-Mazz. ex Enander var. *radinostachya* Hand.-Mazz., Symb. Sin. 7: 76 (1929).

云南；不丹、尼泊尔、印度。

长穗对叶柳

●**Salix salwinensis** var. **longiamentifera** C. F. Fang, Bull. Bot. Lab. N. E. Forest. Inst., Harbin 9: 17 (1980).

云南。

灌木柳

Salix saposhnikovii A. K. Skvortsov, Feddes Repert. Spec. Nov. Regni Veg. 64: 77 (1961).

新疆；蒙古国、俄罗斯。

阿克苏柳

Salix schugnanica Goerz, Trudy Tadzhikistansk. Bazy 2: 173 (1936).

新疆；亚洲中部。

蒿柳

Salix schwerinii E. L. Wolf, Mitt. Deutsch. Dendrol. Ges. 407 (1929).

Salix gmelinii Pallas, Fl. Ross. 1 (2): 77 (1788); *Salix viminalis* var. *gmelinii* Turcz., Bull. Soc. Imp. Naturalistes Moscou 27: 377 (1854); *Salix dailingensis* Y. L. Chou et C. Y. King, Acta Phytotax. Sin. 12 (1): 8, pl. 3 (1974).

黑龙江、吉林、辽宁、内蒙古、河北；蒙古国、日本、韩国、俄罗斯。

硬叶柳

Salix sclerophylla Andersson, J. Linn. Soc., Bot. 4: 52 (1860).

甘肃、青海、四川、云南、西藏；尼泊尔、印度、巴基斯坦、克什米尔。

小叶硬叶柳

●**Salix sclerophylla** var. **tibetica** (Goerz ex Rehder et Kobuski) C. F. Fang, Fl. Reipubl. Popularis Sin. 20 (2): 231 (1984).

Salix oritrepha var. *tibetica* Goerz ex Rehder et Kobuski, J. Arnold Arbor. 13 (4): 388 (1932).

四川、云南。

近硬叶柳

●**Salix sclerophylloides** Y. L. Chou, Acta Phytotax. Sin. 17 (4): 103 (1979).

四川、西藏。

近硬叶柳（原变种）

●**Salix sclerophylloides** var. **sclerophylloides**

四川、西藏。

宽苞金背柳

●**Salix sclerophylloides** var. **obtusa** (C. Wang et P. Y. Fu) N. Chao et J. Liu, J. Sichuan Forest. Sci. Technol. 22 (4): 15 (2001).

Salix spodiophylla var. *obtusa* C. Wang et P. Y. Fu, Acta Phytotax. Sin. 12: 206 (1974); *Salix sclerophylla* var. *obtusa* (C. Wang et P. Y. Fu) C. F. Fang, Fl. Reipubl. Popularis Sin. 20 (2): 231 (1984).

四川、西藏。

岩壁垫柳

●**Salix scopulicola** P. Y. Mao et W. Z. Li, Acta Bot. Yunnan. 9: 51, pl. 5 (1987).

云南。

绢果柳

Salix sericocarpa Andersson, J. Linn. Soc., Bot. 4: 43 (1860).

Salix rehderiana var. *lasiogyna* C. Wang et P. Y. Fu, Acta

Phytotax. Sin. 12 (2): 205, pl. 54, f. 2 (1974).

云南、西藏；尼泊尔、巴基斯坦、阿富汗、克什米尔。

多花小垫柳（珠穆垫柳，聂拉木垫柳）

Salix serpyllum Andersson, J. Linn. Soc., Bot. 4: 55 (1860). *Salix brachista* var. *multiflora* C. Wang et P. Y. Fu, Acta Phytotax. Sin. 12 (2): 192, pl. 49, f. 3 (1974); *Salix chumulamanica* C. Wang et P. Y. Fu, Acta Phytotax. Sin. 12 (2): 193, pl. 49, f. 4 (1974); *Salix nelamunensis* C. Wang et P. Y. Fu, Acta Phytotax. Sin. 12 (2): 201, pl. 52, f. 4 (1974).

西藏；不丹、尼泊尔、印度。

山丹柳

●**Salix shandanensis** C. F. Fang, Bull. Bot. Lab. N. E. Forest. Inst., Harbin 9: 17 (1980).

宁夏、甘肃、青海。

商城柳

●**Salix shangchengensis** B. C. Ding et T. B. Chao, J. Henan Agric. Coll. 1980 (2): 3 (1980).

河南。

山西柳（新拟）

●**Salix shansiensis** K. S. Hao ex C. F. Fang et A. K. Skvortsov, Novon 8 (4): 469 (1998).

河北、山西。

石泉柳

●**Salix shihtsuanensis** C. Wang et C. Y. Yu, Fl. Tsinling. 1 (2): 36, 598, f. 21 (1974).

陕西、甘肃。

石泉柳（原变种）

●**Salix shihtsuanensis** var. **shihtsuanensis**

陕西、甘肃。

光果石泉柳

●**Salix shihtsuanensis** var. **glabrata** C. F. Fang et J. Q. Wang, Bull. Bot. Res., Harbin 1 (4): 125 (1981).

甘肃。

球果石泉柳

●**Salix shihtsuanensis** var. **globosa** C. Y. Yu, Fl. Tsinling. 1 (2): 599 (1974).

陕西、甘肃。

无柄石泉柳

●**Salix shihtsuanensis** var. **sessilis** C. Y. Yu, Fl. Tsinling. 1 (2): 599 (1974).

陕西。

石门柳

●**Salix shimenensis** N. Chao et Z. Y. Wang, J. Sichuan Forest. Sci. Technol. 23 (3): 8 (2002).

湖南。

锡金柳

Salix sikkimensis Andersson in A. DC., Prodr. 16 (2): 268 (1868).

云南、西藏；不丹、尼泊尔、印度。

中国黄花柳

●**Salix sinica** (K. S. Hao ex C. F. Fang et A. K. Skvortsov) G. H. Zhu, Novon 8 (4): 465 (1998).

内蒙古、河北、山西、陕西、宁夏、甘肃、青海。

中国黄花柳（原变种）

●**Salix sinica** var. **sinica**

Salix caprea var. *sinica* K. S. Hao ex C. F. Fang et A. K. Skvortsov, Novon 8 (4): 467 (1998).

内蒙古、河北、甘肃、青海。

齿叶黄花柳

●**Salix sinica** var. **dentata** (K. S. Hao ex C. F. Fang et A. K. Skvortsov) G. H. Zhu, Novon 8: 465 (1998).

Salix caprea var. *dentata* K. S. Hao ex C. F. Fang et A. K. Skvortsov, Novon 8: 467 (1998).

河北、山西、陕西、宁夏。

无柄黄花柳

●**Salix sinica** var. **subsessilis** (K. S. Hao ex C. F. Fang et A. K. Skvortsov) G. H. Zhu, Novon 8: 466 (1998).

Salix caprea var. *subsessilis* K. S. Hao ex C. F. Fang et A. K. Skvortsov, Novon 8: 468 (1998).

河北。

红皮柳

●**Salix sinopurpurea** C. Wang et C. Y. Yang, Bull. Bot. Lab. N. E. Forest. Inst., Harbin 9: 98 (1980).

Salix purpurea var. *longipetiolatea* C. Y. Yu, Fl. Tsinling. 1 (2): 46, 601 (1974).

河北、山西、河南、陕西、甘肃、湖北。

卷边柳

Salix siuzevii Seemen, Repert. Spec. Nov. Regni Veg. 5: 17 (1908).

黑龙江、吉林、内蒙古；韩国、俄罗斯。

司氏柳

●**Salix skvortzovii** Y. L. Chang et Y. L. Chou in Y. L. Chou et al., Woody Pl. Xiao Hingan Mts. 86, pl. 19, f. 4 (1955).

黑龙江、吉林、辽宁。

准噶尔柳

Salix songarica Andersson, Kongl. Svenska Vetensk. Acad. Handl., n. s. 4: 19 (1867).

Pleiarina songarica (Andersson) N. Chao et G. T. Gong, J. Sichuan Forest. Sci. Technol. 17 (2): 6 (1996).

新疆；阿富汗、哈萨克斯坦、乌兹别克斯坦、土库曼斯坦。

黄花垫柳

● **Salix souliei** Seemen, Repert. Spec. Nov. Regni Veg. 3: 23 (1906).

青海、四川、云南、西藏。

巴郎柳

● **Salix sphaeronymphe** Goerz, Bull. Fan Mem. Inst. Biol. 6 (1): 4 (1935).

甘肃、四川、西藏。

巴郎柳（原变种）

● **Salix sphaeronymphe** var. **sphaeronymphe**

甘肃、四川、西藏。

光果巴郎柳

● **Salix sphaeronymphe** var. **sphaeronymphoides** (Y. L. Chou) N. Chao et J. Liu, J. Sichuan Forest. Sci. Technol. 22 (4): 3 (2001).

Salix sphaeronymphoides Y. L. Chou, Acta Phytotax. Sin. 17 (4): 104, pl. 4, f. 1-2 (1979).

四川、云南、西藏。

灰叶柳

● **Salix spodiophylla** Hand.-Mazz., Symb. Sin. 7: 77 (1929).

四川、云南。

灰叶柳（原变种）

● **Salix spodiophylla** var. **spodiophylla**

四川、云南。

光果灰叶柳

● **Salix spodiophylla** var. **liocarpa** (K. S. Hao ex C. F. Fang et A. K. Skvortsov) G. H. Zhu, Novon 8: 466 (1998).

Salix spodiophylla Hand.-Mazz. f. *liocarpa* K. S. Hao ex C. F. Fang et A. K. Skvortsov, Novon 8: 469 (1998).

四川、云南。

簸箕柳

● **Salix suchowensis** W. C. Cheng in S. Y. Jin, Cat. Type Spec. Herb. China 599 (1994).

山东、河南、江苏、浙江。

松江柳

● **Salix sungkianica** Y. L. Chou et Skvortzov in Liou et al., Ill. Man. Woody Pl. N.-E. China 552 (1955).

黑龙江。

短序松江柳

● **Salix sungkianica** f. **brevistachys** Y. L. Chou et S. L. Tung, Bull. Bot. Res., Harbin 6 (3): 145 (1986).

黑龙江。

花莲柳

● **Salix tagawana** Koidz., Acta Phytotax. Geobot. 9 (2): 75

(1940).

Salix fulvopubescens Hayata var. *tagawana* (Koidz.) K. C. Yang et T. C. Huang, Taiwania 41 (1): 3 (1996).

台湾。

太白柳

● **Salix taipaiensis** C. Y. Yu, Bull. Bot. Lab. N. E. Forest. Inst., Harbin 9: 106 (1980).

陕西。

泰山柳

● **Salix taishanensis** C. Wang et C. F. Fang, Bull. Bot. Lab. N. E. Forest. Inst., Harbin 9: 18 (1980).

河北、山西、山东、河南。

泰山柳（原变种）

● **Salix taishanensis** var. **taishanensis**

河北、山西、山东、河南。

光子房泰山柳

● **Salix taishanensis** var. **glabra** C. F. Fang et W. D. Liu, Bull. Bot. Res., Harbin 4 (1): 126 (1984).

山西。

河北柳

● **Salix taishanensis** var. **hebeinica** C. F. Fang, Bull. Bot. Lab. N. E. Forest. Inst., Harbin 9: 19 (1980).

河北。

台湾山柳（台湾匐柳）

● **Salix taiwanalpina** Kimura, Sci. Rep. Tohoku Imp. Univ., ser. 4, Biol. 10 (3): 555 (1935).

Salix chingshuishanensis S. S. Ying, J. Jap. Bot. 63 (2): 51, 54, f. 3 (1988).

台湾。

高山柳

● **Salix takasagoalpina** Koid., Acta Phytotax. Geobot. 8 (2): 112 (1939).

Salix maboulasensis S. S. Ying, Quart. J. Chin. Forest. 8 (3): 106 (1975); *Salix taiwanalpina* var. *takasagoalpina* (Koidz.) S. S. Ying, Mem. Coll. Agric. Natl. Taiwan Univ. 27 (2): 33 (1987).

台湾。

周至柳

● **Salix tangii** K. S. Hao ex C. F. Fang et A. K. Skvortsov, Novon 8: 469 (1998).

山西、陕西、甘肃。

周至柳（原变种）

● **Salix tangii** var. **tangii**

山西、陕西、甘肃。

细叶周至柳

● **Salix tangii** var. **angustifolia** C. Y. Yu, Fl. Tsinling. 1 (2): 38,

599 (1974).

陕西、甘肃。

洮河柳

●**Salix taoensis** Goerz ex Rehder et Kobuski, J. Arnold Arbor. 13: 401 (1932).

甘肃、青海。

洮河柳（原变种）

●**Salix taoensis** var. **taoensis**

甘肃、青海。

光果洮河柳

●**Salix taoensis** var. **leiocarpa** T. Y. Ding et C. F. Fang, Acta Phytotax. Sin. 31: 280, f. 1: 6 (1993).

青海。

柄果洮河柳

●**Salix taoensis** var. **pedicellata** C. F. Fang et J. Q. Wang, Bull. Bot. Res., Harbin 1 (4): 126 (1981).

甘肃。

谷柳（波纹柳）

Salix taraikensis Kimura, J. Fac. Agric. Hokkaido Imp. Univ. 26 (4): 419 (1934).

黑龙江、吉林、辽宁、内蒙古、新疆；蒙古国、日本、俄罗斯。

谷柳（原变种）

Salix taraikensis var. **taraikensis**

Salix livida Wahlenb., Fl. Lapp. 272, t. 16, f. 7 (1812); *Salix floderusii* Nakai f. *glabra* Nakai, Fl. Sylv. Kor. 18: 126 (1930); *Salix xerophila* Flod. f. *glabra* (Nakai) Kitag., Neolin. Fl. Manshur. 211 (1979).

黑龙江、吉林、辽宁、内蒙古、新疆；蒙古国、日本、俄罗斯。

宽叶谷柳

Salix taraikensis var. **latifolia** Kimura, J. Fac. Agric. Hokkaido Imp. Univ. 26 (4): 421 (1934).

黑龙江、吉林；日本、俄罗斯。

倒披针谷柳

●**Salix taraikensis** var. **oblanceolata** C. Wang et C. F. Fang, Bull. Bot. Res., Harbin 4 (1): 126 (1984).

辽宁。

塔城柳

Salix tarbagataica C. Y. Yang, Bull. Bot. Lab. N. E. Forest. Inst., Harbin 9: 96 (1980).

新疆；哈萨克斯坦。

光苞柳

●**Salix tenella** C. K. Schneid., Bot. Gaz. 64 (2): 137, pl. 15, f. A (1917).

Salix longiflora var. *psilolepis* Hand.-Mazz., Symb. Sin. 7 (1): 67 (1929).

四川、云南。

光苞柳（原变种）

●**Salix tenella** var. **tenella**

四川、云南。

基毛光苞柳

●**Salix tenella** var. **trichadenia** Hand.-Mazz., Symb. Sin. 7: 68, pl. 1, f. 4 (1929).

四川、云南。

腾冲柳

●**Salix tengchongensis** C. F. Fang, Bull. Bot. Lab. N. E. Forest. Inst., Harbin 9: 20 (1980).

云南。

细穗柳

Salix tenuijulis Ledeb., Fl. Altaic. 4: 262 (1833).

Salix albertii Regel, Trudy Imp. S.-Peterburgsk. Bot. Sada 6 (2): 462 (1880); *Salix serrulatifolia* E. L. Wolf, Trudy Imp. S.-Peterburgsk. Bot. Sada 21 (2): 163 (1903); *Salix tenuijulis* var. *alberti* Poljakov, Fl. Kazakstana 3: 22 (1960).

新疆；蒙古国、吉尔吉斯斯坦、哈萨克斯坦。

四子柳

Salix tetrasperma Roxb., Pl. Coromandel 1: 66, pl. 97 (1795).

Salix disperma Roxb. ex D. Don, Prodr. Fl. Nepal. 58 (1825); *Pleiarina tetrasperma* (Roxb.) N. Chao et G. T. Gong, J. Sichuan Forest. Sci. Technol. 17 (2): 6 (1996).

云南、西藏、广东、海南；菲律宾、越南、缅甸、泰国、马来西亚、印度尼西亚、印度、巴基斯坦。

天山柳

Salix tianschanica Regel, Trudy Imp. S.-Peterburgsk. Bot. Sada 6 (2): 471 (1880).

新疆；吉尔吉斯斯坦、哈萨克斯坦。

川三蕊柳

●**Salix triandroides** W. P. Fang, J. Wash. Acad. Sci. 38: 312 (1948).

Salix fangiana N. Chao et Z. Y. Wang, Sichuan Forest. Sci. Technol. 15 (2): 5 (1994); *Pleiarina fangiana* N. Chao et G. T. Gong, J. Sichuan Forest. Sci. Technol. 17 (2): 4 (1996).

四川。

毛果柳

●**Salix trichocarpa** C. F. Fang, Acta Phytotax. Sin. 17 (4): 106 (1979).

西藏。

吐兰柳

Salix turanica Nasarow in Kom., Fl. U. R. S. S. 5: 138 (1936).

Salix viminalis var. *songarica* Andersson in A. DC., Prodr. 16 (2): 265 (1868).

新疆；蒙古国、阿富汗、印度、吉尔吉斯斯坦、巴基斯坦、塔吉克斯坦、哈萨克斯坦。

蔓柳

Salix turczaninowii Lacksch., Herb. Fl. Ross. 50 (1914).

新疆；蒙古国、哈萨克斯坦、俄罗斯。

秋华柳

●**Salix variegata** Franch., Nouv. Arch. Mus. Hist. Nat. sér. 2 10: 82 (1887).

Salix densifoliata Seemen, Bot. Jahrb. Syst. 21 (Beibl. 53): 57 (1896); *Salix bockii* Seemen, Bot. Jahrb. Syst. 29 (2): 278, pl. 3, f. G-M. (1900); *Salix andropogon* H. Lév., Repert. Spec. Nov. Regni Veg. 3 (27-28): 21 (1906); *Salix duclouxii* H. Lév., Bull. Soc. Bot. France 56: 298 (1909).

河南、陕西、甘肃、湖北、四川、贵州、云南、西藏。

皱纹柳

Salix vestita Pursh, Fl. Amer. Sept. 2: 610 (1814).

新疆；蒙古国、俄罗斯、北美洲。

皂柳（红心柳）

Salix wallichiana Andersson, Kongl. Vetensk. Acad. Handl. 1850: 477 (1851).

内蒙古、河北、山西、陕西、甘肃、青海、浙江、湖南、湖北、四川、贵州、云南、西藏；不丹、尼泊尔、印度。

皂柳（原变种）

Salix wallichiana var. **wallichiana**

Salix wallichiana var. *grisea* Andersson, Kongl. Vetensk. Acad. Handl. 6: 80 (1867); *Salix funebris* H. Lév., Repert. Spec. Nov. Regni Veg. 12 (325-330): 287 (1913); *Salix mairei* H. Lév., Repert. Spec. Nov. Regni Veg. 13 (368-369): 342 (1914).

内蒙古、河北、山西、陕西、甘肃、青海、浙江、湖南、湖北、四川、贵州、云南、西藏；不丹、尼泊尔、印度。

绒毛皂柳

●**Salix wallichiana** var. **pachyclada** (H. Lév. et Vaniot) C. Wang et C. F. Fang, Fl. Reipubl. Popularis Sin. 20 (2): 307 (1984).

Salix pachyclada H. Lév. et Vaniot, Repert. Spec. Nov. Regni Veg. 3: 22 (1906).

浙江、湖南、湖北、四川、贵州、云南。

眉柳

●**Salix wangiana** K. S. Hao ex C. F. Fang et A. K. Skvortsov, Novon 8: 469 (1998).

Salix rhododendroides C. Wang et C. Y. Yu, Fl. Tsinling. 1 (2): 32, 598 (1974).

陕西、西藏。

水柳

●**Salix warburgii** Seemen, Bot. Jahrb. Syst. 23 (Beibl. 57): 43 (1897).

Salix glandulosa var. *warburgii* (Seemen) Koidz., Bot. Mag. (Tokyo) 27 (317): 88 (1913); *Pleiarina warburgii* (Seemen) N. Chao et G. T. Gong, J. Sichuan Forest. Sci. Technol. 17 (2): 6 (1996).

台湾。

维西柳

●**Salix weixiensis** Y. L. Chou, Bull. Bot. Res., Harbin 1 (1-2): 165 (1981).

云南。

线叶柳

Salix wilhelmsiana M. Bieb., Fl. Taur.-Caucas. 3: 627 (1819).

内蒙古、宁夏、甘肃、新疆；印度、巴基斯坦、吉尔吉斯斯坦、哈萨克斯坦、乌兹别克斯坦、亚洲西南部、欧洲。

线叶柳（原变种）

Salix wilhelmsiana var. **wilhelmsiana**

内蒙古、宁夏、甘肃、新疆；印度、巴基斯坦、吉尔吉斯斯坦、哈萨克斯坦、乌兹别克斯坦、亚洲西南部、欧洲。

宽线叶柳

●**Salix wilhelmsiana** var. **latifolia** C. Y. Yang, Bull. Bot. Lab. N. E. Forest. Inst., Harbin 9: 95 (1980).

新疆。

光果线叶柳

●**Salix wilhelmsiana** var. **leiocarpa** C. Y. Yang, Bull. Bot. Lab. N. E. Forest. Inst., Harbin 9: 94 (1980).

内蒙古、甘肃。

紫柳

●**Salix wilsonii** Seemen ex Diels, Bot. Jahrb. Syst. 36 (Beibl. 82): 28 (1905).

安徽、江苏、浙江、江西、湖南、湖北。

川南柳

●**Salix wolohoensis** C. K. Schneid., Bot. Gaz. 64 (2): 140, pl. 15, f. D (1917).

四川、云南。

伍须柳

●**Salix wuxuhaiensis** N. Chao, Bull. Forest Pl. Res. (Chengdu) 3: 6 (1985).

四川。

小光山柳

●**Salix xiaoguangshanica** Y. L. Chou et N. Chao, Bull. Bot. Lab. N. E. Forest. Inst., Harbin 9: 27 (1980).

云南。

西藏柳

●**Salix xizangensis** Y. L. Chou, Acta Phytotax. Sin. 17 (4): 105, f. 4: (3-4) (1979).

西藏。

亚东毛柳

●**Salix yadongensis** N. Chao, Acta Phytotax. Sin. 17 (4): 106 pl. 4, f. 12 (1979).

Salix bhutanensis var. *yadongensis* (N. Chao) N. Chao, Bull. Forest Pl. Res. 3: 4 (1985).

西藏。

白河柳

●**Salix yanbianica** C. F. Fang et C. Y. Yang, Bull. Bot. Lab. N. E. Forest. Inst., Harbin 9: 103 (1980).

Salix mongolica (Franch.) Siuzev var. *yanbianica* (C. F. Fang et C. Y. Yang) Y. L. Chou, Lign. Fl. Heilongjiang 151 (1986).

吉林。

玉皇柳

●**Salix yuhuangshanensis** C. Wang et C. Y. Yu, Fl. Tsinling. 1 (2): 600 (1974).

Salix yuhuangshanensis var. *weiheensis* N. Chao, Bull. Forest Pl. Res. (Chengdu) 3: 7 (1985).

陕西。

玉门柳

●**Salix yumenensis** H. L. Yang, Fl. Desert. Reipubl. Popularis Sin. 1: 521 (1985).

甘肃。

藏柳

●**Salix zangica** N. Chao, Bull. Bot. Lab. N. E. Forest. Inst., Harbin 9: 26 (1980).

Salix magnifica Hemsley var. *microphylla* P. Y. Mao, Acta Bot. Yunnan. 9 (1): 45 (1987).

云南、西藏。

察隅矮柳

●**Salix zayulica** C. Wang et C. F. Fang, Acta Phytotax. Sin. 17 (4): 108, pl. 6, f. 5-7 (1979).

西藏。

鹧鸪柳

●**Salix zhegushanica** N. Chao, Bull. Bot. Lab. N. E. Forest. Inst., Harbin 9: 27 (1980).

四川。

箣柊属 Scolopia Schreb.

黄杨叶箣柊（海南箣柊）

Scolopia buxifolia Gagnep., Bull. Soc. Bot. France 55: 524 (1908).

Scolopia hainanensis Sleumer, Repert. Spec. Nov. Regni Veg. 41: 123 (1936); *Scolopia nana* Gagnep. in Lecomte, Fl. Indo-Chine, Suppl. 1: 208 (1939).

广西、海南；越南、泰国。

箣柊

Scolopia chinensis (Lour.) Clos, Ann. Sci. Nat., Bot. sér. 4 8: 249 (1857).

Phoberos chinensis Lour., Fl. Cochinch. 1: 318 (1790); *Phoberos cochinchinensis* Lour., Fl. Cochinch. 1: 318 (1790); *Scolopia siamensis* Warb., Repert. Spec. Nov. Regni Veg. 16: 255 (1919).

福建、广东、广西、海南；越南、老挝、泰国、马来西亚、印度、斯里兰卡。

台湾箣柊（鲁花树，俄氏箣柊）

Scolopia oldhamii Hance, Ann. Sci. Nat., Bot. sér. 5 5: 206 (1866).

福建、台湾；琉球群岛。

广东箣柊（箣血，红箣，珍珠箣柊）

Scolopia saeva (Hance) Hance, Ann. Sci. Nat., Bot. sér. 4 18: 217 (1862).

Phoberos saevus Hance in Walp., Ann. Bot. Syst. 3: 825 (1852); *Scolopia henryi* Sleumer, Repert. Spec. Nov. Regni Veg. 41: 123 (1936); *Scolopia cinnamomifolia* Gagnep., Fl. Indo-Chine, Suppl. 1: 207 (1939).

云南、福建、广东、广西、海南；越南。

柞木属 Xylosma G. Forst.

柞木（毛枝柞木，尾叶柞木，凿子树）

Xylosma congesta (Lour.) Merr., Philipp. J. Sci. 15 (3): 247 (1920).

Croton congestus Lour., Fl. Cochinch. 2: 582 (excl. descr. fruct.) (1790); *Apactis japonica* Thunb., Nov. Gen. Pl. 3: 66 (1783); *Kurkas congestum* (Lour.) Raf., Sylva Tellur. 62 (1838); *Hisingera racemosa* Siebold et Zucc., Fl. Jap. (Siebold) 1: 169, 189, pl. 88, 100, f. III: 1-14 (1841); *Flacourtia japonica* Walp., Repert. Bot. Syst. (Walpers) 1: 205 (1842); *Hisingera japonica* Siebold et Zucc., Abh. Math.-Phys. Cl. Königl. Bayer. Akad. Wiss. 4 (2): 168 (1845) (*nom. illeg. superfl.*); *Flacourtia chinensis* Clos, Ann. Sci. Nat., Bot. sér. 4 8: 219 (1857); *Xylosma japonica* A. Gray, Mem. Amer. Acad. Arts, n. s. 6: 381 (1858) (*nom. illeg. superfl.*); *Xylosma racemosa* (Siebold et Zucc.) Miq., Ann. Mus. Bot. Lugduno-Batavi 2: 155 (1865); *Xylosma senticosa* Hance, J. Bot. 6 (71): 328 (1868); *Casearia subrhombea* Hance, J. Bot. 23 (275): 323 (1885); *Xylosma racemosa* var. *glaucescens* Franch., Pl. Delavay. 75 (1889); *Myroxylon racemosum* (Siebold et Zucc.) Kuntze, Revis. Gen. Pl. 1: 44 (1891); *Myroxylon senticosum* Warb. in Engler et Prantl, Nat. Pflanzenfam. 3 (6 a): 41 (1893); *Myroxylon japonicum* (Thunb.) Makino, Bot. Mag. (Tokyo) 18: 53 (1904); *Xylosma racemosa* var. *pubescens* Rehder et E. H. Wilson in Sargent, Pl. Wilson. 1 (2): 283 (1912); *Crataegus academiae* H. Lév., Mem. Real Acad. Ci. Barcelona 12 (22): 19 (1916); *Xylosma congesta* var. *pubescens* (Rehder et E. H. Wilson) Rehder, J.

Arnold Arbor. 2 (3): 179 (1921); *Xylosma apactis* Koidz., Bot. Mag. (Tokyo) 39: 316 (1925) (*nom. illeg. superfl.*); *Xylosma congesta* var. *pubescens* (Rehder et E. H. Wilson) Chun, Sunyatsenia 1 (4): 275 (1934); *Xylosma japonica* var. *pubescens* (Rehder et E. H. Wilson) C. Y. Chang, Fl. Tsinling. 1 (3): 324 (1981); *Xylosma congesta* var. *caudata* S. S. Lai, Bull. Bot. Res., Harbin 14 (3): 223 (1994); *Xylosma racemosa* var. *caudata* (S. S. Lai) S. S. Lai, Fl. Reipubl. Popularis Sin. 52 (1): 40 (1999).

陕西、安徽、江苏、浙江、江西、湖南、湖北、四川、贵州、云南、西藏、福建、台湾、广东、广西；日本、朝鲜、印度。

南岭柞木 （岭南柞木，光叶柞木）

Xylosma controversa Clos, Ann. Sci. Nat., Bot. sér. 4 8: 231 (1857).

江苏、江西、湖南、四川、贵州、云南、福建、广东、广西、海南；越南、马来西亚、尼泊尔、印度。

南岭柞木 （原变种）

Xylosma controversa var. **controversa**
Xylosma laxiflora Merr. et Chun ex K. M. Lan, Fl. Guizhou. 5: 175 (1988); *Xylosma controversa* var. *glabra* S. S. Lai in S. Y. Jin, Cat. Type Spec. Herb. China (Suppl.) 88 (1999).

江苏、江西、湖南、四川、贵州、云南、福建、广东、广西、海南；越南、马来西亚、尼泊尔、印度。

毛叶南岭柞木

●**Xylosma controversa** var. **pubescens** Q. E. Yang, Fl. China 13: 122 (2007).

江西、湖南、四川、贵州、广东、广西。

长叶柞木

Xylosma longifolia Clos, Ann. Sci. Nat., Bot. sér. 4 8: 231 (1857).

Xylosma congesta var. *kwangtungensis* F. P. Metcalf, J. Arnold Arbor. 12 (4): 272 (1931); *Xylosma racemosa* var. *kwangtungensis* (F. P. Metcalf) Rehder, J. Arnold Arbor. 15 (2): 102 (1934).

贵州、云南、福建、广东、广西、海南；越南、老挝、泰国、尼泊尔、印度。

134. 堇菜科 VIOLACEAE
[3 属：105 种]

鼠鞭草属 Hybanthus Jacq.

鼠鞭草

Hybanthus enneaspermus (L.) F. Mueller, Fragm. 10: 81 (1876).

Viola enneasperma L., Sp. Pl. 2: 937 (1753); *Viola suffruticosa* L., Sp. Pl. 2: 937 (1753); *Ionidium enneaspermum* (L.) Ventenat, Jard. Malmaison sub pl. 27 (1803); *Ionidium*

suffruticosum (L.) Ging. in DC., Prodr. 1: 311 (1824); *Hybanthus suffruticosus* (L.) Baillon, Traite Bot. Méd. Phan. 2: 841 (1884).

台湾、广东、海南；热带澳大利亚、热带亚洲、非洲。

三角车属 Rinorea Aubl.

三角车 （雷诺木）

Rinorea bengalensis (Wall.) Kuntze, Revis. Gen. Pl. 1: 42 (1891).

Alsodeia bengalensis Wall., Trans. Med. Soc. Calcutta 7: 224 (1835); *Alsodeia wallichiana* Hook. f. et Thomson, Fl. Brit. Ind. 1 (1): 187 (1872); *Rinorea wallichiana* (Hook. f. et Thomson) O. Kuntze, Revis. Gen. Pl. 1: 42 (1891).

广西、海南；越南、缅甸、泰国、马来西亚、印度、斯里兰卡、大洋洲西北部。

毛蕊三角车 （毛蕊三角草）

●**Rinorea erianthera** C. Y. Wu et Chu Ho, Acta Bot. Yunnan. 1 (1): 149 (1979).

四川。

短柄三角车 （短柄雷诺木）

Rinorea longiracemosa (Kurz.) Craib, Fl. Siam. 1: 90 (1925).

Alsodeia longiracemosa Kurz., J. Asiat. Soc. Bengal, Pt. 2, Nat. Hist. 39 (2): 63 (1870).

海南；越南、老挝、缅甸、泰国、柬埔寨、马来西亚、印度尼西亚。

鳞隔堇 （茜菲堇）

Rinorea virgata (Thwaites) Kuntze, Revis. Gen. Pl. 1: 42 (1891).

Scyphellandra virgata Thwaites, Enum. Pl. Zeyl. 21 (1858); *Alsodeia virgata* Thwaites ex Hook. f. et Thomson, Fl. Brit. Ind. 1: 189 (1872); *Scyphellandra pierrei* H. Boissieu, Bull. Soc. Bot. France 55: 33 (1908); *Rinorea pierrei* (H. Boissieu) Melch. in Engler et Prantl, Nat. Pflanzenfam. 21 (2): 352 (1925).

海南；越南、老挝、缅甸、泰国、斯里兰卡。

堇菜属 Viola L.

鸡腿堇菜 （鸡腿菜，胡森堇菜，红铧头草）

Viola acuminata Ledeb., Fl. Ross. 1: 252 (1842).

黑龙江、吉林、辽宁、内蒙古、河北、山西、山东、河南、陕西、宁夏、甘肃、安徽、浙江、湖北、四川；蒙古国、日本、朝鲜、俄罗斯。

鸡腿堇菜 （原变种）

Viola acuminata var. **acuminata**
Viola micrantha Turcz., Bull. Soc. Imp. Naturalistes Moscou 5: 183 (1832), non Presl (1822); *Viola laciniosa* A. Gray, Narr. Capt. Perry's Exped. 2: 308 (1856); *Viola canina* var. *acuminata* (Ledeb.) Regel, Pl. Radd. 247 (1861); *Viola*

acuminata subsp. *austroussuriensis* W. Becker, Fl. Aziat. Ross. 8: 49 (1915); *Viola acuminata* var. *dentata* W. Becker, Fl. Aziat. Ross. 8: 49 (1915); *Viola acuminata* var. *intermedia* Nakai, Bot. Mag. (Tokyo) 30: 280 (1916); *Viola micrantha* lus. austroussuriensis (W. Becker) W. Becker, Beih. Bot. Centralbl. 34 (2): 384 (1917); *Viola micrantha* prol. *brevistipulata* W. Becker, Beih. Bot. Centralbl. 34 (2): 383 (1917); *Viola micrantha* lus. *kiautschauensis* W. Becker, Beih. Bot. Centralbl. 34 (2) (1917); *Viola austroussuriensis* (W. Becker) Kom., Key Pl. Far East. Reg. U. R. S. S. 2: 767 (1932); *Viola turczaninowii* Juz. in Schischk. et Bobrov, Fl. U. R. S. S. 15: 395 (1949); *Viola acuminata* var. *brevistipulata* (W. Becker) Kitag., Neolin. Fl. Manshur. 451 (1979); *Viola acuminata* var. *austroussuriensis* (W. Becker) Kitag., Neolin. Fl. Manshur. 451 (1979).

黑龙江、吉林、辽宁、内蒙古、河北、山西、山东、河南、陕西、宁夏、甘肃、安徽、浙江、湖北、四川；蒙古国、日本、朝鲜、俄罗斯。

毛花鸡腿堇菜

●**Viola acuminata** var. **pilifera** C. J. Wang, Acta Bot. Yunnan. 13: 257 (1991).

甘肃。

尖叶堇菜

Viola acutifolia (Kar. et Kir.) W. Becker, Beih. Bot. Centralbl. 34 (2): 263 (1916).

Viola biflora var. *acutifolia* Kar. et Kir., Bull. Soc. Imp. Naturalistes Moscou 15: 163 (1842).

新疆；俄罗斯。

朝鲜堇菜

Viola albida Palib., Trudy Imp. S.-Peterburgsk. Bot. Sada 17 (1): 30 (1899).

辽宁；日本、朝鲜。

朝鲜堇菜（原变种）

Viola albida var. **albida**

Viola dissecta subvar. *albida* (Palib.) Makino, Bot. Mag. (Tokyo) 26 (305): 155 (1912); *Viola dissecta* var. *albida* (Palib.) Nakai, Icon. Pl. Koisikav. 1: 93, pl. 47 (1912); *Viola prionantha* var. *incisa* Kitag., Rep. Inst. Sci. Res. Manchoukuo 6 (4): 123 (1942).

辽宁；日本、朝鲜。

菊叶堇菜

Viola albida var. **takahashii** (Nakai) Nakai, Bot. Mag. (Tokyo) 36: 84 (1922).

Viola dissecta var. *takahashii* Nakai, Icon. Pl. Koisikav. 1 (4): 94 (1912); *Viola savatieri* var. *detonsa* Kitag., Lin. Fl. Manshur. 324 (1939); *Viola takahashii* (Nakai) Taken., Key Pl. N.-E. China: 228 (1959); *Viola albida* f. *takahashii* (Nakai) Kitag., Neolin. Fl. Manshur. 452 (1979); *Viola savatieri* f. *detonsa* (Kitag.) Kitag., Neolin. Fl. Manshur. 459 (1979).

黑龙江、辽宁、山东；朝鲜。

阿尔泰堇菜

Viola altaica Ker Gawl., Bot. Reg. 1, pl. 54 (1815).

新疆；蒙古国、吉尔吉斯斯坦、哈萨克斯坦、俄罗斯（西伯利亚）、亚洲西南部、欧洲东南部。

如意草（弧茎堇菜）

Viola arcuata Blume, Bijdr. Fl. Ned. Ind. 2: 58 (1825).

Viola distans Wall., Trans. Med. Soc. Calcutta 7: 227 (1835); *Viola alata* Burgersd., Pl. Jungh. 1: 121 (1853); *Viola verecunda* A. Gray, Mem. Amer. Acad. Arts, n. s. 6 (2): 382 (1858); *Viola excisa* Hance, J. Bot. 6 (70): 296 (1868); *Viola verecunda* var. *semilunaris* Maxim., Mél. Biol. 9: 750 (1876); *Viola verecunda* f. *radicans* Makino, Bot. Mag. (Tokyo) 27: 153 (1913); *Viola alata* subsp. *verecunda* (A. Gray) W. Becker, Beih. Bot. Centralbl. 34 (2): 227 (1916); *Viola amurica* W. Becker, Beih. Bot. Centralbl. 34 (2): 230 (1916); *Viola hupeiana* W. Becker, Beih. Bot. Centralbl. 34 (2): 232 (1916); *Viola arcuata* f. *radicans* (Makino) Nakai, Bot. Mag. (Tokyo) 36 (424): 88 (1922); *Viola arcuata* var. *verecunda* (A. Gray) Nakai, Bot. Mag. (Tokyo) 36 (424): 88 (1922); *Viola verecunda* f. *hensoaensis* Kudo et Sasaki, Rep. (Annual) Taihoku Bot. Gard. 1: 37 (1931).

黑龙江、吉林、辽宁、山东、河南、陕西、甘肃、安徽、江苏、浙江、江西、湖南、湖北、四川、重庆、贵州、云南、福建、台湾、广东、广西；蒙古国、日本、朝鲜、越南、缅甸、泰国、马来西亚、印度尼西亚、不丹、尼泊尔、印度、俄罗斯、巴布亚新几内亚。

野生堇菜

☆△**Viola arvensis** Murray, Prodr. Stirp. Gott. 73 (1770).

台湾；亚洲、非洲。

枪叶堇菜

●**Viola belophylla** H. Boissieu in Bull. Soc. Bot. France 55: 467 (1908).

Viola monbeigii W. Becker, Bull. Misc. Inform. Kew (6): 248 (1928).

四川、云南、西藏。

戟叶堇菜（尼泊尔堇菜，箭叶堇菜）

Viola betonicifolia Sm. in Rees, Cycl. 37 (1): *Viola* no. 7 (1817).

Viola patrinii var. *nepaulensis* Ging. in DC., Prodr. 1: 293 (1824); *Viola caespitosa* D. Don, Prodr. Fl. Nepal. 205 (1825); *Viola betonicifolia* subsp. *nepalensis* (Ging.) W. Becker, Bot. Jahrb. Syst. 54 (5, Beibl. 120): 166 (1917); *Viola inconspicua* subsp. *dielsiana* W. Becker, Bot. Jahrb. Syst. 54 (5, Beibl. 120): 172 (1917); *Viola oblongosagittata* var. *violascens* Nakai, Bot. Mag. (Tokyo) 36 (423): 37 (1922); *Viola patrinii* var. *caespitosa* (D. Don) Ridley, J. Bot. 73 (1): 17 (1935).

河南、陕西、安徽、江苏、浙江、江西、湖南、湖北、四川、重庆、贵州、云南、西藏、福建、台湾、广东、广西、海南；日本、菲律宾、越南、缅甸、泰国、马来西亚、印度尼西亚、不丹、尼泊尔、印度、斯里兰卡、阿富汗、克什米尔、热带澳大利亚。

双花堇菜（短距黄堇，孪生堇菜，短距黄花堇菜）

Viola biflora L., Sp. Pl. 2: 936 (1753).

黑龙江、吉林、辽宁、内蒙古、河北、山西、河南、陕西、宁夏、甘肃、青海、新疆、四川、云南、西藏、台湾；蒙古国、日本、朝鲜、缅甸、马来西亚、印度尼西亚、不丹、尼泊尔、印度、克什米尔、俄罗斯、欧洲、北美洲。

双花堇菜（原变种）

Viola biflora var. **biflora**

Viola schulzeana W. Becker, Beih. Bot. Centralbl. 34 (2): 261 (1916); *Viola tayemonii* Hayata, Icon. Pl. Formosan. 6: 3 (1916); *Viola biflora* var. *hirsuta* W. Becker, Beih. Bot. Centralbl. 36 (2): 42 (1918); *Viola biflora* var. *nudicaulis* W. Becker, Beih. Bot. Centralbl. 36 (2): 42 (1918); *Viola chingiana* W. Becker, Proc. Biol. Soc. Wash., xxxviii. 117 (1925); *Viola kanoi* Sasaki, Trans. Nat. Hist. Soc. Taiwan 19: 413 (1929); *Viola biflora* var. *valdepilosa* Hand.-Mazz., Symb. Sin. 7 (2): 381 (1931); *Viola nudicaulis* (W. Becker) S. Y. Chen, Fl. Xizang. 3: 297, f. 122: 1-5 (1986).

黑龙江、吉林、辽宁、内蒙古、河北、山西、河南、陕西、宁夏、甘肃、青海、新疆、四川、云南、西藏、台湾；蒙古国、日本、朝鲜、缅甸、马来西亚、印度尼西亚、不丹、尼泊尔、印度、克什米尔、俄罗斯、欧洲、北美洲。

圆叶小堇菜

●**Viola biflora** var. **rockiana** (W. Becker) Y. S. Chen, Fl. China 13: 108 (2007).

Viola rockiana W. Becker, Repert. Spec. Nov. Regni Veg. 21: 236 (1925); *Viola jizushanensis* S. H. Huang, Acta Bot. Yunnan. 25 (4): 431, pl. 1, f. 1-7 (2003).

甘肃、青海、四川、云南、西藏。

兴安圆叶堇菜

Viola brachyceras Turcz., Bull. Soc. Imp. Naturalistes Moscou 15: 301 (1842).

黑龙江、吉林、内蒙古；蒙古国、俄罗斯。

鳞茎堇菜

Viola bulbosa Maxim., Mélanges Bot. 9: 748 (1876).

Viola hookeri Franch., Bull. Soc. Bot. France 32: 5 (1886); *Viola tuberifera* Franch., Bull. Soc. Bot. France 33: 410 (1886); *Viola bulbosa* var. *franchetii* H. Boissieu, Bull. Herb. Boissieu, sér. 2 1 (11): 1076 (1901); *Viola tuberifera* var. *pseudopalustris* H. Lév., Repert. Spec. Nov. Regni Veg. 13 (368-369): 343 (1914); *Viola filifera* Kom., Repert. Spec. Nov. Regni Veg. 13: 235 (1914); *Viola bulbosa* subsp. *tuberifera* (Franch.) W. Becker, Beih. Bot. Centralbl. 34 (2): 418 (1917); *Viola*

tuberifera var. *brevipedicellata* S. Y. Chen, Acta Phytotax. Sin. 18 (4): 524 (1980); *Viola multistolonifera* C. J. Wang, Acta Bot. Yunnan. 14 (4): 382, f. 1, 17-19 (1992).

陕西、甘肃、青海、四川、云南、西藏；不丹、尼泊尔、印度。

阔紫叶堇菜

●**Viola cameleo** H. Boissieu, Bull. Herb. Boissier, sér. 2 1: 1074 (1901).

Viola henryi var. *cameleo* (H. Boissieu) Chang, Bull. Fan Mem. Inst. Biol. 1 (3): 233 (1949).

湖北、四川、云南。

南山堇菜（胡堇草，胡堇菜，细芹叶堇）

Viola chaerophylloides (Regel) W. Becker, Bull. Herb. Boissier, sér. 2 2: 856 (1902).

辽宁、河北、山东、河南、安徽、江苏、浙江、江西、湖北、重庆；日本、朝鲜、俄罗斯。

南山堇菜（原变种）

Viola chaerophylloides var. **chaerophylloides**

Viola pinnata var. *chaerophylloides* Regel, Pl. Radd. 1: 222 (1861); *Viola dentariifolia* H. Boissieu, Bull. Herb. Boissier, sér. 2 1 (11): 1076 (1901); *Viola dissecta* var. *chaerophylloides* (Regel) Makino, Bot. Mag. (Tokyo) 26 (305): 153 (1912); *Viola sieboldiana* var. *chaerophylloides* (Regel) Nakai, Bot. Mag. (Tokyo) 32 (382): 226 (1918); *Viola napellifolia* Nakai, Bot. Mag. (Tokyo) 36 (424): 86, 93 (1922); *Viola albida* var. *chaerophylloides* (Regel) F. Maek., Enum. Spermatophytarum Japon. 3: 195 (1954).

辽宁、河北、山东、河南、安徽、江苏、浙江、江西、湖北、重庆；日本、朝鲜、俄罗斯。

细裂堇菜（深裂叶堇菜，奥尼图-尼勒-其其格）

Viola chaerophylloides var. **sieboldiana** (Maxim.) Makino, Bot. Mag. (Tokyo) 19: 87 (1905).

Viola pinnata var. *sieboldiana* Maxim., Bull. Acad. Imp. Sci. Saint-Pétersbourg 23: 313 (1877).

安徽、浙江、江西、湖北；日本。

球果堇菜（果堇菜，圆叶毛堇菜）

Viola collina Besser, Cat. Hort. Cremeneci. 151 (1816).

黑龙江、吉林、辽宁、内蒙古、河北、山西、山东、河南、陕西、宁夏、甘肃、安徽、江苏、浙江、湖北、四川、重庆、贵州、云南；蒙古国、日本、朝鲜、塔吉克斯坦、俄罗斯、欧洲。

球果堇菜（原变种）

Viola collina var. **collina**

Viola hirta var. *collina* (Besser) Regel, Bull. Soc. Imp. Naturalistes Moscou 34: 481 (1861); *Viola microdonta* Chang, Bull. Fan Mem. Inst. Biol., n. s. 1 (3): 263 (1949).

黑龙江、吉林、辽宁、内蒙古、河北、山西、山东、河南、陕西、宁夏、甘肃、安徽、江苏、浙江、湖北、四川、重庆、贵州、云南；蒙古国、日本、朝鲜、塔吉克斯坦、俄罗斯、欧洲。

光果球果堇菜

●**Viola collina** var. **glabricarpa** K. Sun, Bull. Bot. Res., Harbin 14: 236 (1994).
山东。

光叶球果堇菜

●**Viola collina** var. **intramongolica** C. J. Wang, Acta Bot. Yunnan. 13: 257 (1991).
内蒙古。

密叶堇菜

●**Viola confertifolia** Chang, Bull. Fan Mem. Inst. Biol., n. s. 1: 238 (1949).
Viola biflora var. *platyphylla* Franch., Bull. Soc. Bot. France 33: 412 (1886).
云南。

鄂西堇菜（锐尖叶堇，光叶堇菜）

●**Viola cuspidifolia** W. Becker, Bull. Misc. Inform. Kew 1929: 201 (1929).
湖南、湖北。

掌叶堇菜

Viola dactyloides Roem. et Schult., Syst. Veg.,ed. 15 5: 361 (1819).
Viola dactyloides var. *multipartita* W. Becker, Beih. Bot. Centralbl. 34 (2): 245 (1916).
黑龙江、吉林、辽宁、内蒙古、河北；蒙古国、俄罗斯。

深圆齿堇菜

●**Viola davidii** Franch., Nouv. Arch. Mus. Hist. Nat. sér. 2 8: 203 (1886).
Viola sikkimensis var. *debilis* W. Becker, Beih. Bot. Centralbl. 34 (2): 260 (1916); *Viola davidii* var. *paucicrenata* W. Becker, Beih. Bot. Centralbl. 34 (2): 420 (1917); *Viola schneideri* W. Becker, Repert. Spec. Nov. Regni Veg. 17 (492-503): 315 (1921); *Viola smithiana* W. Becker, Acta Horti Gothob. 2 (6): 287 (1926).
浙江、江西、湖南、湖北、四川、重庆、贵州、云南、西藏、福建、广东、广西。

灰叶堇菜

●**Viola delavayi** Franch., Bull. Soc. Bot. France 33: 413 (1886).
Viola boissieui H. Lév. et Maire, Repert. Spec. Nov. Regni Veg. 12 (325-330): 282 (1913); *Viola impatiens* H. Lév., Repert. Spec. Nov. Regni Veg. 13 (368-369): 343 (1914); *Viola delavayi* var. *villosa* W. Becker, Beih. Bot. Centralbl. 36 (2): 44 (1918).
四川、贵州、云南。

大叶堇菜

Viola diamantiaca Nakai, Bot. Mag. (Tokyo) 33: 205 (1919).
Viola diamantiaca var. *glabrior* Kitag., Rep. Exped. Manchoukuo Sect. IV 6: 123 (1942); *Viola diamantiaca* f. *glabrior* (Kitag.) Kitag., Neolin. Fl. Manshur. 453 (1979).
吉林、辽宁；朝鲜。

七星莲（蔓茎堇菜，茶匙黄）

Viola diffusa Ging. in DC., Prodr. 1: 298 (1824).
Viola tenuis Benth., London J. Bot. 1: 482 (1842); *Viola diffusa* var. *glabella* H. Boissieu, Bull. Herb. Boissier, sér. 2 1 (11): 1077 (1901); *Viola kiusiana* Makino, Bot. Mag. (Tokyo) 16 (184): 138 (1902); *Viola diffusa* var. *tomentosa* W. Becker, Beih. Bot. Centralbl. 20 (2): 127 (1906); *Viola diffusa* subsp. *tenuis* (Benth.) W. Becker, Philipp. J. Sci. 19 (6): 714 (1921); *Viola diffusa* var. *brevisepala* W. Becker, Bull. Misc. Inform. Kew 1928 (6): 251 (1928); *Viola wilsonii* W. Becker, Bull. Misc. Inform. Kew 1928 (6): 251 (1928); *Viola diffusoides* C. J. Wang, Bull. Bot. Res., Harbin 8 (2): 19, pl. 1-9 (1988); *Viola diffusa* var. *brevibarbata* C. J. Wang, Acta Bot. Yunnan. 13 (3): 264 (1991).
河南、陕西、甘肃、安徽、江苏、浙江、江西、湖南、湖北、四川、重庆、贵州、云南、西藏、福建、台湾、广东、广西、海南；日本、菲律宾、越南、缅甸、泰国、马来西亚、印度尼西亚、不丹、尼泊尔、印度、巴布亚新几内亚。

轮叶堇菜

●**Viola dimorphophylla** Y. S. Chen et Q. E. Yang, Bot. J. Linn. Soc. 149: 116 (2005).
云南。

裂叶堇菜（深裂叶堇菜，奥尼图-尼勒-其其格）

Viola dissecta Ledeb., Fl. Altaic. 1: 255 (1829).
黑龙江、吉林、辽宁、内蒙古、河北、山西、山东、陕西、宁夏、甘肃、青海、四川；蒙古国、朝鲜、俄罗斯。

裂叶堇菜（原变种）

Viola dissecta var. **dissecta**
Viola pinnata var. *sibirica* Ging. in DC., Prodr. 1: 293 (1824); *Viola pinnata* var. *dissecta* (Ledeb.) Regel, Pl. Radd. 1: 222 (1861); *Viola pinnata* subsp. *multifida* W. Becker, Repert. Spec. Nov. Regni Veg. Beih. 12: 439 (1922); *Viola pinnata* var. *angustisecta* W. Becker, Repert. Spec. Nov. Regni Veg. Beih. 12: 439 (1922); *Viola pinnata* var. *latisecta* W. Becker, Repert. Spec. Nov. Regni Veg. Beih. 12: 439 (1922); *Viola dissecta* var. *pubescens* (Regel) Kitag., Rep. Exped. Manchoukuo Sect. IV 2: 296 (1938); *Viola dissecta* f. *pubescens* (Regel) Kitag., J. Jap. Bot. 34 (1): 7 (1959).
黑龙江、吉林、辽宁、内蒙古、河北、山西、山东、陕西、宁夏、甘肃、青海、四川；蒙古国、朝鲜、俄罗斯。

总裂叶堇菜（裂叶堇菜）

Viola dissecta var. **incisa** (Turcz.) Y. S. Chen, Fl. China 13: 93

(2007).

Viola incisa Turcz., Bull. Soc. Imp. Naturalistes Moscou 15: 302 (1842); *Viola fissifolia* Kitag., Bot. Mag. (Tokyo) 49 (580): 226, f. 2 (1935); *Viola jettmari* Hand.-Mazz., Oesterr. Bot. Z. 87: 302 (1935); *Viola biflora* var. *rockiana* (W. Becker) Y. S. Chen, Fl. China 13: 108 (2007).

吉林、辽宁、内蒙古、河北、山西、陕西；蒙古国、俄罗斯。

紫点堇菜

●**Viola duclouxii** W. Becker, Bull. Misc. Inform. Kew 1928: 249 (1928).

云南。

溪堇菜

Viola epipsiloides A. Löve et D. Löve, Bot. Not. 128 (4): 516 (1975).

Viola repens Turcz. ex Trautv. et C. A. Mey. in Middendorff, Reise Sibir. 1 (2, 3): 18 (1856), non Schweinitz: Amer. J. Sci. Arts 5 (1): 70 (1822).

黑龙江、吉林、内蒙古、新疆；日本、朝鲜、俄罗斯、欧洲、北美洲。

柔毛堇菜（紫叶堇菜）

●**Viola fargesii** H. Boissieu, Bull. Herb. Boissier, sér. 2 2: 333 (1902).

Viola principis H. Boissieu, Bull. Soc. Bot. France 57: 258 (1910); *Viola adenothrix* Hayata, Icon. Pl. Formosan. 3: 23, 25, f. 9 (1913); *Viola brachycentra* Hayata, Icon. Pl. Formosan. 3: 25, f. 10 (1913); *Viola canescens* subsp. *lanuginosa* W. Becker, Beih. Bot. Centralbl. 34 (2): 256 (1916); *Viola arisanensis* W. Becker, Repert. Spec. Nov. Regni Veg. 17 (492-503): 314 (1921); *Viola pulla* W. Becker, Bull. Misc. Inform. Kew 1928 (6): 250 (1928); *Viola tsugitakaensis* Masam., J. Soc. Trop. Agric. 2: 240 (1930); *Viola adenothrix* Hayata var. *tsugitakaensis* (Masam.) J. C. Wang et T. C. Huang, Taiwania 35: 19 (1990); *Viola principis* H. Boissieu var. *acutifolia* C. J. Wang, Acta Bot. Yunnan. 13 (3): 264 (1991).

安徽、江苏、浙江、江西、湖南、湖北、四川、贵州、云南、福建、台湾、广东、广西。

台湾堇菜

●**Viola formosana** Hayata, J. Coll. Sci. Imp. Univ. Tokyo 22: 28 (1906).

台湾。

台湾堇菜（原变种）

●**Viola formosana** var. **formosana**

Viola tozanensis Hayata, J. Coll. Sci. Imp. Univ. Tokyo 25 (19): 53 (1908); *Viola arisanensis* W. Becker, Repert. Spec. Nov. Regni Veg. 17 (492-503): 314 (1921); *Viola taiwanensis* W. Becker, Repert. Spec. Nov. Regni Veg. 17 (492-503): 315 (1921); *Viola formosana* var. *tozanensis* (Hayata) C. F. Hsieh, Fl. Taiwan 3: 776, pl. 813 (1977).

台湾。

川上氏堇菜（长柄台湾堇菜）

●**Viola formosana** var. **kawakamii** (Hayata) Y. S. Chen et Q. E. Yang, Fl. China 13: 88 (2007).

Viola kawakamii Hayata, J. Coll. Sci. Imp. Univ. Tokyo 25 (19): 52 (1908); *Viola hypoleuca* Hayata, Icon. Pl. Formosan. 3: 26, f. 11 (1913); *Viola kawakamii* var. *stenopetala* Hayata, Icon. Pl. Formosan. 3: 27, f. 13 (1913); *Viola matsudae* Hayata, Icon. Pl. Formosan. 10: 1 (1921); *Viola takasagoensis* Koidz., Acta Phytotax. Geobot. 7 (2): 112 (1939); *Viola formosana* var. *stenopetala* (Hayata) J. C. Wang et al., Taiwania 35: 37, f. 10 (1990).

台湾。

羽裂堇菜（昌都堇菜，门空堇菜）

●**Viola forrestiana** W. Becker, Repert. Spec. Nov. Regni Veg. 19: 234 (1923).

四川、西藏。

兴安堇菜

Viola gmeliniana Roem. et Schult., Syst. Veg., ed. 15 5: 354 (1819).

Viola fusiformis Sm. in Rees, Cycl. 37 (1): *Viola* no. 9 (1819); *Viola gmeliniana* var. *scorpiurifolia* DC., Prodr. 1: 294 (1824); *Viola gmeliniana* var. *glabra* Ledeb., Fl. Ross. 1: 246 (1842); *Viola gmeliniana* var. *hispida* Ledeb., Fl. Ross. 1: 246 (1842); *Viola gmeliniana* var. *albiflora* W. Becker, Beih. Bot. Centralbl. 34 (2): 401 (1917).

黑龙江、内蒙古；蒙古国、俄罗斯。

阔萼堇菜（长茎堇菜）

●**Viola grandisepala** W. Becker, Bull. Misc. Inform. Kew 1928: 250 (1928).

Viola brunneostipulosa Hand.-Mazz., Symb. Sin. 7 (2): 380 (1931); *Viola binchuanensis* S. H. Huang, Acta Bot. Yunnan. 25 (4): 433, pl. 1, f. 15-22 (2003).

四川、云南。

紫花堇菜（紫花高茎堇菜）

Viola grypoceras A. Gray in Perry, Narr. Exped. China Japan 2: Append. 308 (1856).

Viola sylvestris var. *grypoceras* (A. Gray) Maxim., Bull. Acad. Imp. Sci. Saint-Pétersbourg 23: 330 (1877); *Viola leveillei* H. Boissieu, Bull. Acad. Int. Géogr. Bot. 11: 91 (1902); *Viola grypoceras* var. *barbata* W. Becker, Repert. Spec. Nov. Regni Veg. Beih. 12: 440 (1922).

河南、陕西、甘肃、安徽、江苏、浙江、江西、湖南、湖北、四川、贵州、云南、福建、台湾、广东、广西；日本、朝鲜。

广州堇菜

●**Viola guangzhouensis** A. Q. Dong, J. S. Zhou et F. W. Xing, Novon 19 (4): 457 (2009).

广东。

西山堇菜

●**Viola hancockii** W. Becker, Bull. Misc. Inform. Kew 1928: 249 (1928).

Viola hancockii var. *fangshanensis* J. W. Wang, Acta Phytotax. Sin. 27 (3): 202 (1989).

河北、山西、山东、河南、陕西、甘肃、江苏。

常春藤叶堇菜

△**Viola hederacea** Labill., Pl. Nov. Holl. 1: 66 (1805).

香港；热带澳大利亚。

紫叶堇菜

●**Viola hediniana** W. Becker, Beih. Bot. Centralbl., Abt. 2 34: 262 (1916).

湖北、四川。

巫山堇菜

●**Viola henryi** H. Boissieu, Bull. Herb. Boissier, sér. 2 1: 1075 (1901).

湖南、湖北、四川。

硬毛堇菜

Viola hirta L., Sp. Pl. 2: 934 (1753).

Viola hirta subsp. *brevifimbriata* W. Becker, Beih. Bot. Centralbl. 26 (2): 34 (1909); *Viola hirta* subsp. *longifimbriata* W. Becker, Beih. Bot. Centralbl. 36 (2): 23 (1918).

新疆；俄罗斯、欧洲。

毛柄堇菜（大深山堇菜）

Viola hirtipes S. Moore, J. Linn. Soc., Bot. 17: 379, t. 16, f. 6 (1879).

Viola phalacrocarpa var. *pallida* Yatabe, Bot. Mag. (Tokyo) 6 (60): 102 (1892); *Viola miyabei* Makino, Bot. Mag. 16 (183): 124 (1902); *Viola hirtipedoides* W. Becker, Repert. Spec. Nov. Regni Veg. 17 (477-480): 73 (1921).

吉林、辽宁；日本、朝鲜、俄罗斯。

日本球果堇菜

Viola hondoensis W. Becker et H. Boissieu, Bull. Herb. Boissier, sér. 2 8: 739 (1908).

陕西、浙江、江西、湖南、湖北、重庆；日本、朝鲜。

鼠鞭堇状堇菜（新拟）

●**Viola hybanthoides** W. B. Liao et Q. Fan, Phytotaxa 197 (1): 20 (2015).

广东。

长萼堇菜（犁头草，拟长萼堇菜）

Viola inconspicua Blume, Bijdr. Fl. Ned. Ind. 2: 58 (1825).

Viola confusa Champ. ex Benth., Hooker's J. Bot. Kew Gard. Misc. 3: 260 (1851); *Viola patrinii* var. *minor* Makino, Bot. Mag. (Tokyo) 6: 50 (1892); *Viola minor* (Makino) Makino, Bot. Mag. (Tokyo) 26: 151 (1912); *Viola philippica* subsp. *malesica* W. Becker, Bot. Jahrb. Syst. 54 (5, Beibl. 120): 178

(1917); *Viola oblongosagittata* Nakai, Bot. Mag. (Tokyo) 36 (423): 37 (1922); *Viola mandshurica* subsp. *nagasakiensis* W. Becker, Beih. Bot. Centralbl. 40: 161 (1923); *Viola hunanensis* Hand.-Mazz., Symb. Sin. 7 (2): 376, pl. 10, f. 2-3 (1931); *Viola pseudomonbeigii* Chang, Bull. Fan Mem. Inst. Biol., n. s. 1 (3): 251 (1949); *Viola betonicifolia* var. *oblongosagittata* (Nakai) F. Maek. et T. Hashim., J. Jap. Bot. 43 (6): 162 (1968); *Viola confusa* subsp. *nagasakiensis* (W. Becker) F. Maek. et T. Hashim., J. Jap. Bot. 43 (6): 161 (1968); *Viola inconspicua* subsp. *nagasakiensis* (W. Becker) J. C. Wang et T. C. Huang, Taiwania 35: 41, f. 12 (1990).

河南、陕西、安徽、江苏、浙江、江西、湖南、湖北、四川、贵州、云南、福建、台湾、广东、广西、海南；日本、菲律宾、越南、缅甸、马来西亚、印度尼西亚、印度、巴布亚新几内亚。

犁头草

Viola japonica Langsd. ex DC., Prodr. 1: 295 (1824).

Viola crassicalcarata C. J. Wang, Acta Bot. Yunnan. 14 (4): 379, pl. 1, f. 1-8 (1992); *Viola concordifolia* C. J. Wang var. *hirtipedicellata* Ching J. Wang, Acta Bot. Yunnan. 14 (4): 382 (1992).

安徽、江苏、浙江、江西、湖南、湖北、四川、重庆、贵州、福建；日本、朝鲜。

井冈山堇菜

●**Viola jinggangshanensis** Z. L. Ning et J. P. Liao, Ann. Bot. Fenn. 49 (5-6): 383 (2012).

江西。

福建堇菜

●**Viola kosanensis** Hayata, Icon. Pl. Formosan. 3: 28 (1913).

Viola kiangsiensis W. Becker, Repert. Spec. Nov. Regni Veg. 21 (601-605): 321 (1925); *Viola fukienensis* W. Becker, Repert. Spec. Nov. Regni Veg. 22: 337 (1926); *Viola shinchikuensis* Yamam., J. Soc. Trop. Agric. 5: 352 (1933); *Viola nagamiana* T. Hashim., Ann. Tsukuba Bot. Gard. 6: 1, f. 1 (1987).

陕西、安徽、江西、湖南、湖北、四川、贵州、云南、福建、台湾、广东、广西。

西藏堇菜（藏车堇菜）

Viola kunawarensis Royle, Ill. Bot. Himal. Mts. 75, pl. 18, f. 3 (1839).

Viola thianschanica Maxim., Mélanges Biol. Bull. Phys.-Math. Acad. Imp. Sci. Saint-Pétersbourg 10: 576 (1880); *Viola kunawarensis* var. *angustifolia* W. Becker, Beih. Bot. Centralbl. 34 (2): 397 (1917).

甘肃、青海、新疆、四川、西藏；蒙古国、尼泊尔、印度、阿富汗、塔吉克斯坦、吉尔吉斯斯坦、哈萨克斯坦、克什米尔、俄罗斯。

广东堇菜

●**Viola kwangtungensis** Melch., Sunyatsenia 1 (203): 124, pl.

31 (1933).

Viola sikkimensis var. *debilis* W. Becker, Beih. Bot. Centralbl. 34 (2): 260 (1916).

江西、湖南、四川、福建、广东。

白花堇菜（宽叶白花堇菜）

Viola lactiflora Nakai, Bot. Mag. (Tokyo) 28: 329 (1914).

Viola limprichtiana W. Becker, Bot. Jahrb. Syst. 54 (5, Beibl. 120): 185 (1917).

辽宁、江苏、浙江、江西；日本、朝鲜。

亮毛堇菜

●**Viola lucens** W. Becker, Bull. Misc. Inform. Kew 1928 (6): 250 (1928).

Viola baoshanensis Su, Acta Sci. Nat. Univ. Sunyatseni 42 (3): 118 (2003).

安徽、江西、湖南、湖北、贵州、福建、广东。

大距堇菜

Viola macroceras Bunge in Ledeb., Fl. Altaic. 1: 256 (1829).

新疆；蒙古国、塔吉克斯坦、吉尔吉斯斯坦、哈萨克斯坦、乌兹别克斯坦、克什米尔、俄罗斯（西伯利亚）。

犁头叶堇菜

●**Viola magnifica** C. J. Wang ex X. D. Wang, Acta Bot. Yunnan. 13: 263 (1991).

河南、安徽、浙江、江西、湖南、湖北、重庆、贵州。

东北堇菜

Viola mandshurica W. Becker, Bot. Jahrb. Syst. 54(5, Beibl. 120): 179 (1917).

Viola patrinii var. *macrantha* Maxim., Prim. Fl. Amur. 49 (1859); *Viola alisoviana* Kiss, Bot. Közlem. 19: 93 (1921); *Viola mandshurica* var. *ciliata* Nakai, Bot. Mag. (Tokyo) 36: 60 (1922); *Viola mandshurica* var. *glabra* Nakai, Bot. Mag. (Tokyo) 36: 60 (1922); *Viola oblongosagittata* Nakai f. *ishizakii* Yamam., J. Soc. Trop. Agric. 5: 352 (1933); *Viola rhodosepala* Kitag., Bot. Mag. (Tokyo) 48: 611 (1934); *Viola yedoensis* f. *intermedia* Kitag., Bot. Mag. (Tokyo) 48 (566): 103 (1934); *Viola philippica* f. *intermedia* (Kitag.) Kitag., Lin. Fl. Manshur. 322 (1939); *Viola mandshurica* f. *macrantha* (Maxim.) Nakai ex Kitag., Lin. Fl. Manshur. 321 (1939); *Viola patrinii* DC. ex Ging. f. *glabra* (Nakai) F. Maek., Enum. Spermatophytarum Japon. 3: 212 (1954); *Viola mandshurica* f. *ciliata* (Nakai) F. Mack., Enum. Spermatophytarum Japon. 3: 207 (1954); *Viola mandshurica* f. *glabra* (Nakai) Hiyama ex Maek., Enum. Spermatophytarum Japon. 3: 207 (1954); *Viola alisoviana* f. *Intermedia* (Kitag.) Takenouchi, J. Sci. N.-E. Norm. Univ., Biol. 1: 80 (1955); *Viola hsinganensis* Taken., Sci. Contr. Northeast Norm. Univ. 1: 81, pl. 2, f. 8 (1955); *Viola mandshurica* W. Becker f. *albiflora* P. Y. Fu et Y. C. Teng, Fl. Pl. Herb. Chin. Bor.-Or. 6: 293 (1977).

黑龙江、吉林、辽宁、内蒙古、山东、安徽、福建、台湾；日本、朝鲜、俄罗斯。

奇异堇菜（伊吹堇菜）

Viola mirabilis L., Sp. Pl. 2: 936 (1753).

Viola mirabilis var. *subglabra* Ledeb., Fl. Ross. 1: 251 (1842); *Viola brachysepala* Maxim., Prim. Fl. Amur. 50 (1859); *Viola mirabilis* var. *brachysepala* (Maxim.) Regel, Bull. Soc. Imp. Naturalistes Moscou 4: 450 (1861); *Viola mirabilis* var. *glaberrima* W. Becker, Beih. Bot. Centralbl. 34 (2): 237 (1916); *Viola mirabilis* f. *latisepala* W. Becker, Beih. Bot. Centralbl. 34 (2): 236 (1916); *Viola mirabilis* var. *brevicalcarata* Nakai, Beih. Bot. Centralbl. 34 (2): 237 (1916); *Viola mirabilis* var. *platysepala* Kitag., Bot. Mag. (Tokyo) 48 (566): 103 (1934).

黑龙江、吉林、辽宁、内蒙古、河北、山西、宁夏、甘肃；蒙古国、日本、朝鲜、俄罗斯。

蒙古堇菜（白花堇菜）

●**Viola mongolica** Franch., Pl. David. 1: 42 (1884).

Viola hebeiensis J. W. Wang et T. G. Ma, Bull. Bot. Res., Harbin 8 (2): 130 (1988); *Viola yezoensis* var. *hebeiensis* (J. W. Wang et T. G. Ma) J. W. Wang et J. Yang, Acta Phytotax. Sin. 27 (3): 202 (1989).

黑龙江、吉林、辽宁、内蒙古、河北、山西、山东、河南、陕西、宁夏、甘肃、青海。

高堇菜

Viola montana L., Sp. Pl. 2: 935 (1753).

Viola elatior Fries, Novit. Fl. Suec. Mant. 3: 126, 227 (1828); *Viola montana* var. *elatior* (Fries) Regel, Pl. Radd. 252 (1861).

新疆；塔吉克斯坦、吉尔吉斯斯坦、哈萨克斯坦、乌兹别克斯坦、俄罗斯、欧洲。

萱（白三百棒，筋骨七，鸡心七）

Viola moupinensis Franch., Bull. Soc. Bot. France 33: 412 (1886).

Viola palustris var. *moupinensis* (Franch.) Franch., Pl. David. 2: 20 (1888); *Viola rosthornii* E. Pritzel in Diels, Bot. Jahrb. Syst. 29 (3-4): 477 (1900); *Viola vaginata* var. *sutchuensis* Franch. ex H. Boissieu, Bull. Herb. Boissier, sér. 2 1 (11): 1078 (1901); *Viola mairei* H. Lév., Repert. Spec. Nov. Regni Veg. 13 (363-367): 343 (1914); *Viola vaginata* subsp. *alata* W. Becker, Beih. Bot. Centralbl. 34 (2): 253 (1916); *Viola paravaginata* H. Hara, J. Jap. Bot. 43 (1968); *Viola moupinensis* var. *lijiangensis* C. J. Wang, Bull. Bot. Res., Harbin 8 (2): 20 (1988).

陕西、甘肃、安徽、江苏、浙江、江西、湖南、湖北、四川、贵州、云南、西藏、福建、广东、广西；不丹、尼泊尔、印度。

小尖堇菜

●**Viola mucronulifera** Hand.-Mazz., Sinensia 2: 4 (1931).

四川、贵州、云南、广西。

大黄花堇菜

Viola muehldorfii Kiss, Bot. Közlem. 19: 92 (1921).

Viola lasiostipes Nakai, Bot. Mag. (Tokyo) 36 (423): 32 (1922).
黑龙江；朝鲜、俄罗斯。

木里堇菜

●**Viola muliensis** Y. S. Chen et Q. E. Yang, Bot. J. Linn. Soc. 149 (3): 365, f. 1-2 (2005).
四川。

台北堇菜

●**Viola nagasawae** Makino et Hayata, J. Coll. Sci. Imp. Univ. Tokyo 22: 30 (1906).
Viola acutilabella Hayata, Icon. Pl. Formosan. 10: 1 (1921); *Viola nagasawai* var. *acutilabella* (Hayata) Nakai, Bot. Mag. (Tokyo) 36: 87 (1922).
台湾。

锐叶台北堇菜

●**Viola nagasawae** var. **pricei** (W. Becker) J. C. Wang et T. C. Huang, Taiwania 35: 47, f. 14 (1990).
Viola pricei W. Becker, Bull. Misc. Inform. Kew 1928: 252 (1928).
台湾。

裸堇菜（无毛堇菜）

●**Viola nuda** W. Becker, Repert. Spec. Nov. Regni Veg. 26 (703-708): 26 (1929).
云南。

怒江堇菜

●**Viola nujiangensis** Y. S. Chen et X. H. Jin, Phytotaxa 230 (2): 193 (2015).
云南。

怒江堇菜（原变种）

●**Viola nujiangensis** var. **nujiangensis**
云南。

翠峰堇菜

●**Viola obtusa** var. **tsuifengensis** T. Hashim., Acta Tsukuba Bot. Gard. 6: 3 (1987).
台湾。

香堇菜

☆**Viola odorata** L., Sp. Pl. 2: 934 (1753).
河北、天津、北京、陕西、上海、浙江等地栽培；亚洲西南部、欧洲、非洲南部。

东方堇菜（朝鲜堇菜，黄花堇菜，小堇菜）

Viola orientalis (Maxim.) W. Becker, Beih. Bot. Centralbl., Abt. 2 34: 265 (1916).
Viola uniflora var. *orientalis* Maxim., Enum. Pl. Mongolia 81 (1889); *Viola orientalis* var. *conferta* W. Becker, Beih. Bot. Centralbl. 36 (2): 50 (1918); *Viola conferta* (W. Becker) Nakai, Bot. Mag. (Tokyo) 36 (423): 31 (1922); *Viola xanthopetala* Nakai, Bot. Mag. (Tokyo) 36 (423): 29 (1922).

黑龙江、吉林、辽宁、山东；日本、朝鲜、俄罗斯。

白花地丁（白花堇菜）

Viola patrinii DC. ex Ging. in DC., Prodr. 1: 293 (1824).
Viola primulifolia var. *glabra* Nakai, Bull. Soc. Bot. France 72: 190 (1925).
黑龙江、吉林、辽宁、内蒙古；蒙古国、日本、朝鲜、俄罗斯。

北京堇菜（拟弱距堇菜）

●**Viola pekinensis** (Regel) W. Becker, Beih. Bot. Centralbl., Abt. 2 34: 251 (1916).
Viola kamtschatica var. *pekinensis* Regel, Pl. Radd. 230 (1861); *Viola dolichoceras* C. J. Wang, Acta Bot. Yunnan. 13 (3): 258, pl. 1, f. 1-8 (1991).
黑龙江、吉林、辽宁、内蒙古、河北、山西、山东、河南。

悬果堇菜（垂果堇菜）

●**Viola pendulicarpa** W. Becker, Beih. Bot. Centralbl., Abt. 2 36: 55 (1918).
Viola kansuensis W. Becker, Beih. Bot. Centralbl. 36 (2): 56 (1918); *Viola kosanensis* var. *oblonga* W. Becker, Beih. Bot. Centralbl. 2 36: 57 (1918); *Viola polymorpha* C. C. Chang, Bull. Fan Mem. Inst. Biol., Bot., n. s. 1 (3): 247, 261 (1949); *Viola pseudoarcuata* C. C. Chang, Bull. Fan Mem. Inst. Biol., Bot., n. s. 1 (3): 245 (1949); *Viola weixiensis* C. J. Wang, Bull. Bot. Res., Harbin 8 (2): 17, f. 10 (1988).
陕西、湖北、四川、云南。

极细堇菜

●**Viola perpusilla** H. Boissieu, Bull. Soc. Bot. France 55: 468 (1908).
云南。

茜堇菜（白果堇菜，秃果堇菜）

Viola phalacrocarpa Maxim., Mélanges Biol. Bull. Phys.-Math. Acad. Imp. Sci. Saint-Pétersbourg 9: 726 (1876).
黑龙江、吉林、辽宁；日本、朝鲜、俄罗斯。

紫花地丁（辽堇菜，野堇菜，光瓣堇菜）

Viola philippica Cav., Icon. 6: 19 (1801).
黑龙江、吉林、辽宁、内蒙古、河北、山西、山东、河南、陕西、宁夏、甘肃、安徽、江苏、浙江、江西、湖北、四川、重庆、贵州、云南、福建、台湾、广东、广西、海南；蒙古国、日本、朝鲜、菲律宾、越南、老挝、印度尼西亚、印度、哥伦比亚。

紫花地丁（原变种）

Viola philippica var. **philippica**
Viola yedoensis Makino, Bot. Mag. (Tokyo) 26 (305): 148 (1912); *Viola patrinii* var. *chinensis* Hayata, Icon. Pl. Formosan. Suppl. 5 (1916); *Viola philippica* subsp. *malesica* W. Becker, Bot. Jahrb. Syst. 54 (5, Beibl. 120): 178 (1917); *Viola philippica* subsp. *munda* W. Becker, Bot. Jahrb. Syst. 54 (5, Beibl. 120): 175 (1917); *Viola alisoviana* Kiss, Bot.

Közlem. 19: 93 (1921); *Viola yedoensis* Makino f. *candida* Kitag., Bot. Mag. (Tokyo) 48 (566): 102 (1934); *Viola philippica* f. *candida* (Kitag.) Kitag., Lin. Fl. Manshur. 322 (1939); *Viola alisoviana* Kiss f. *candida* (Kitag.) Takenouchi, Lin. Fl. Manshur. 322 (1939).

黑龙江、吉林、辽宁、内蒙古、河北、山西、山东、河南、陕西、宁夏、甘肃、安徽、江苏、浙江、江西、湖北、四川、重庆、贵州、云南、福建、台湾、广东、广西、海南；蒙古国、日本、朝鲜、菲律宾、越南、老挝、印度尼西亚、印度、哥伦比亚。

琉球堇菜

Viola philippica var. **pseudojaponica** (Nakai) Y. S. Chen, Fl. China 13: 100 (2007).

Viola pseudojaponica Nakai, Bot. Mag. (Tokyo) 42: 560 (1928); *Viola longistipulata* Hayata, Icon. Pl. Formosan. 3: 29, f. 14 (1913); *Viola stenocentra* Hayata ex Nakai, Bot. Mag. (Tokyo) 36 (423): 38 (1922); *Viola tanwaniana* Nakai, Bot. Mag. (Tokyo) 36 (423): 38 (1922); *Viola yedoensis* var. *pseudojaponica* (Nakai) T. Hashim. ex E. Hama et K. Nakai, J. Jap. Bot. 51 (11): 340 (1976); *Viola nantouensis* S. S. Ying, Mem. Coll. Agric. Natl. Taiwan Univ. 28 (2): 45 (1988).

台湾；日本。

匍匐堇菜

Viola pilosa Blume, Catalogus 57 (1823).

Viola serpens Wall. ex Ging. in DC., Prodr. 1: 296 (1824); *Viola serpens* var. *pseudoscotophylla* Boiss., Bull. Herb. Boissier, sér. 2 v 1: 1080 (1901); *Viola serpens* subsp. *gurhwalensis* W. Becker, Beih. Bot. Centralbl. 34 (2): 255 (1916); *Viola pogonantha* W. W. Sm., Notes Roy. Bot. Gard. Edinburgh 12 (59): 228 (1920).

四川、贵州、云南、西藏、广西；缅甸、泰国、马来西亚、印度尼西亚、不丹、尼泊尔、印度、斯里兰卡、阿富汗、克什米尔。

早开堇菜（光瓣堇菜）

Viola prionantha Bunge, Mém. Acad. Imp. Sci. St.-Pétersbourg Divers Savans 2: 82 (1835).

Viola prionantha var. *sylvatica* Kitag., Rep. Inst. Sci. Res. Manchoukuo 2: 296 (1938); *Viola prionantha* var. *trichantha* C. J. Wang, Acta Bot. Yunnan. 13 (3): 262 (1991); *Viola taishanensis* C. J. Wang, Acta Bot. Yunnan. 13 (3): 262, pl. 1, f. 9-17 (1991).

黑龙江、吉林、辽宁、内蒙古、河北、山西、山东、河南、陕西、宁夏、甘肃、青海、湖北、四川；朝鲜、俄罗斯。

立堇菜（直立堇菜）

Viola raddeana Regel, Bull. Soc. Imp. Naturalistes Moscou 34 (2): 463, 501 (1861).

Viola deltoidea Yatabe, Bot. Mag. (Tokyo) 5 (56): 318 (1891); *Viola raddeana* Regel var. *japonica* Makino, Bot. Mag. (Tokyo) 6 (60): 50 (1892).

黑龙江、吉林、内蒙古；日本、朝鲜、俄罗斯。

辽宁堇菜（洛氏堇菜，洛雪堇菜，庐山堇菜）

Viola rossii Hemsl., J. Linn. Soc., Bot. 23 (152): 54 (1886).

辽宁、山东、安徽、浙江、江西、湖南；日本、朝鲜。

石生堇菜

Viola rupestris F. W. Schmidt, Neuere Abh. Königl. Böhm. Ges. Wiss. 1: 60 (1791).

山西、陕西、甘肃、新疆；蒙古国、巴基斯坦、塔吉克斯坦、吉尔吉斯斯坦、哈萨克斯坦、克什米尔、俄罗斯、亚洲西南部、欧洲。

石生堇菜（原亚种）

Viola rupestris subsp. **rupestris**

Viola arenaria DC., Fl. Franç., ed. 3 5: 806 (1805); *Viola canina* var. *rupestris* (F. W. Schmidt) Regel, Pl. Radd. 1: 250 (1861).

山西、陕西、甘肃、新疆；蒙古国、巴基斯坦、塔吉克斯坦、吉尔吉斯斯坦、哈萨克斯坦、克什米尔、俄罗斯、亚洲西南部、欧洲。

长托叶石生堇菜

●**Viola rupestris** subsp. **licentii** W. Becker, Bull. Misc. Inform. Kew (6): 248 (1928).

山西、陕西、甘肃。

库叶堇菜

Viola sacchalinensis H. Boissieu, Bull. Soc. Bot. France 57: 188 (1910).

黑龙江、吉林、内蒙古；蒙古国、日本、朝鲜、俄罗斯。

库叶堇菜（原变种）

Viola sacchalinensis var. **sacchalinensis**

Viola komarovii W. Becker, Beih. Bot. Centralbl. 34 (2): 237 (1916); *Viola mariae* W. Becker, Novosti Sist. Vyssh. Rast. 43: 96 (2012).

黑龙江、吉林、内蒙古；蒙古国、日本、朝鲜、俄罗斯。

长白山堇菜

Viola sacchalinensis var. **alpicola** P. Y. Fu et Y. C. Teng, Fl. Pl. Herb. Chin. Bor.-Or. 6: 291 (1977).

Viola koraiensis Nakai, Bot. Mag. (Tokyo) 30: 281 (1916).

吉林；朝鲜北部。

深山堇菜（一口血）

Viola selkirkii Pursh ex Goldie, Edinburgh Philos. J. 6: 324 (1822).

Viola umbrosa Fries, Novit. Fl. Suec. Alt. 271 (1828); *Viola selkirkii* var. *angustistipulata* W. Becker, Beih. Bot. Centralbl. 34 (2): 245 (1916); *Viola selkirkii* var. *brevicalcarata* W. Becker, Beih. Bot. Centralbl. 34 (2): 414 (1917); *Viola selkirkii* var. *subbarbata* W. Becker, Beih. Bot. Centralbl. 34 (2): 414 (1917); *Viola selkirkii* var. *albiflora* Nakai, Bot. Mag. (Tokyo) 33: 9 (1919); *Viola selkirkii* var. *variegata* Nakai, Bot.

Mag. (Tokyo) 31: 37 (1922).

黑龙江、吉林、辽宁、内蒙古、河北、陕西；蒙古国、日本、朝鲜、俄罗斯、欧洲、北美洲。

尖山堇菜

●**Viola senzanensis** Hayata, Icon. Pl. Formosan. 6: 3 (1916).

台湾。

小齿堇菜

●**Viola serrula** W. Becker, Bull. Misc. Inform. Kew 247 (1928).

重庆、贵州、云南。

锡金堇菜（锡京堇菜）

Viola sikkimensis W. Becker, Beih. Bot. Centralbl., Abt. 2 34: 260 (1916).

云南、西藏；缅甸、尼泊尔、印度。

圆果堇菜

●**Viola sphaerocarpa** W. Becker, Beih. Bot. Centralbl., Abt. 2 36: 54 (1918).

陕西、四川、重庆、云南。

庐山堇菜（拟蔓地草）

●**Viola stewardiana** W. Becker, Repert. Spec. Nov. Regni Veg. 21: 237 (1925).

陕西、甘肃、安徽、江苏、浙江、江西、湖南、湖北、四川、贵州、福建、广东。

圆叶堇菜（圆叶小堇菜）

●**Viola striatella** H. Boissieu, Bull. Herb. Boissier, sér. 2 1 (11): 1077 (1901).

Viola schensiensis W. Becker, Beih. Bot. Centralbl. 34 (2): 421 (1917); *Viola bambusetorum* Hand.-Mazz., Symb. Sin. 7 (2): 377, pl. 10, f. 1 (1931); *Viola pseudobambusetorum* Chang, Bull. Fan Mem. Inst. Biol., n. s. 1 (3): 256 (1949); *Viola lianhuashanensis* C. J. Wang et K. Sun, Acta Bot. Yunnan. 13 (3): 260, pl. 2, f. 1-8 (1991); *Viola emeiensis* C. J. Wang, Acta Bot. Yunnan. 14 (4): 381, f. 1, 9-10 (1992).

河南、陕西、甘肃、安徽、江西、湖南、湖北、四川、重庆、云南。

光叶堇菜

Viola sumatrana Miquel, Fl. Ned. Ind., Eerste Bijv. 389 (1861).

Viola hossei W. Becker, Beih. Bot. Centralbl. 34 (2): 257 (1916).

贵州、云南、广西、海南；越南、缅甸、泰国、马来西亚、印度尼西亚。

四川堇菜（川黄堇菜，米林堇菜）

Viola szetschwanensis W. Becker et H. Boissieu, Bull. Herb. Boissier, sér. 2 8: 742 (1908).

Viola biflora var. *ciliicalyx* H. Boissieu, Bull. Herb. Boissier, sér. 2 1 (11): 1074 (1901); *Viola szetschwanensis* var. *nudicaulis* W. Becker, Bull. Herb. Boissier, ser. 2 34 (2): 262

(1916); *Viola prattii* W. Becker, Bull. Misc. Inform. Kew (6): 202 (1929); *Viola szetschwanensis* var. *kangdienensis* Chang, Bull. Fan Mem. Inst. Biol., n. s. 1 (3): 237 (1949); *Viola manaslensis* F. Maek., Acta Phytotax. Geobot. 15: 173 (1954); *Viola mainlingensis* S. Y. Chen, Acta Phytotax. Sin. 18 (4): 523, pl. 1 (1980).

四川、云南、西藏；尼泊尔。

细距堇菜（弱距堇菜）

Viola tenuicornis W. Becker, Beih. Bot. Centralbl., Abt. 2 34: 248 (1916).

黑龙江、吉林、辽宁、内蒙古、河北、山西、山东、河南、陕西、甘肃、江苏；朝鲜、俄罗斯。

细距堇菜（原亚种）

Viola tenuicornis subsp. **tenuicornis**

Viola variegata var. *chinensis* Bunge ex Regel, Pl. Radd. 1: 226, pl. 10, f. 6 (1861); *Viola tenuicornis* var. *brachytricha* W. Becker, Beih. Bot. Centralbl. 36 (2): 58 (1918); *Viola × interposita* Kitagawa, Rep. Inst. Sci. Res. Manchoukuo 6 (4): 123 (1942).

黑龙江、吉林、辽宁、内蒙古、河北、山西、山东、河南、陕西、甘肃、江苏；朝鲜、俄罗斯。

毛萼堇菜

Viola tenuicornis subsp. **trichosepala** W. Becker, Beih. Bot. Centralbl., Abt. 2 34: 249 (1916).

Viola trichosepala (W. Becker) Juzepczuk in Schischk. Et Bobrov, Fl. U. R. S. S. 15: 416 (1949).

吉林、辽宁、内蒙古、河北、山西；朝鲜、俄罗斯。

纤茎堇菜

●**Viola tenuissima** Chang, Bull. Fan Mem. Inst. Biol., n. s. 1: 234 (1949).

四川、贵州。

毛堇菜（贡山堇菜）

Viola thomsonii Oudem. in Miquel, Ann. Mus. Bot. Lugduno-Batavi 3: 74 (1867).

云南、西藏；缅甸、不丹、尼泊尔、印度。

滇西堇菜

Viola tienschiensis W. Becker, Repert. Spec. Nov. Regni Veg. 17: 314 (1921).

Viola flavida Bureau et Franch., J. Bot. (Morot) 5 (2): 21 (1891), non Schur (1877); *Viola prionantha* subsp. *jaunsariensis* W. Becker, Bot. Jahrb. Syst. 54 (Beibl. 120): 181 (1917); *Viola ganchouenensis* W. Becker, Bull. Misc. Inform. Kew 1928 (6): 251 (1928); *Viola angustistipulata* C. C. Chang, Bull. Fan Mem. Inst. Biol., n. s. 1 (3): 250, 261 (1949); *Viola oligoceps* Chang, Bull. Fan Mem. Inst. Biol., n. s. 1 (3): 252 (1949); *Viola betonicifolia* subsp. *jaunsariensis* (W. Becker) H. Hara, J. Jap. Bot. 49 (5): 133 (1974).

四川、贵州、云南、西藏；尼泊尔、印度、克什米尔。

凤凰堇菜

Viola tokubuchiana var. **takedana** (Makino) F. Maek. in H. Hara, Enum. Spermatophytarum Japon. 3: 28 (1954).

Viola takedana Makino, Bot. Mag. (Tokyo) 21: 57 (1907); *Viola funghuangensis* P. Y. Fu et Y. C. Teng, Fl. Pl. Herb. Chin. Bor.-Or. 6: 292 (1977).

吉林、辽宁；日本、朝鲜。

三角叶堇菜（蔓地草）

●**Viola triangulifolia** W. Becker, Bull. Misc. Inform. Kew 1929: 202 (1929).

安徽、浙江、江西、湖南、湖北、贵州、福建、广东、广西。

毛瓣堇菜

Viola trichopetala C. C. Chang, Bull. Fan Mem. Inst. Biol., n. s. 1: 254 (1949).

Viola philippica var. *yunnanfuensis* W. Becker, Acta Horti Gothob. 2: 286 (1926); *Viola betonicifolia* f. *pubescen*s H. Hara, Fl. E. Himalaya 3rd 82 (1975)

四川、云南、西藏；不丹。

三色堇（三色堇菜，蝴蝶花，阿拉叶-尼勒-其其格）

☆**Viola tricolor** L., Sp. Pl. 2: 935 (1753).

Viola tricolor var. *hortensis* DC., Prodr. 1: 303 (1824).

中国广泛栽培；欧洲。

粗齿堇菜（尾叶黄堇菜）

●**Viola urophylla** Franch., Bull. Soc. Bot. France 33: 413 (1886).

四川、云南。

粗齿堇菜（原变种）

●**Viola urophylla** var. **urophylla**

Viola subdelavayi S. H. Huang, Acta Bot. Yunnan. 25 (4): 433, pl. 1, f. 8-14 (2003).

四川、云南。

密毛粗齿堇菜

●**Viola urophylla** var. **densivillosa** C. J. Wang, Acta Bot. Yunnan. 13: 265 (1991).

四川、云南。

斑叶堇菜

Viola variegata Fischer ex Link, Enum. Hort. Berol. Alt. 1: 240 (1821).

Viola tenuicornis subsp. *primorskajensis* W. Becker, Beih. Bot. Centralbl. 34 (2): 250 (1916); *Viola variegata* var. *viridis* Kitag., Rep. Inst. Sci. Res. Manchoukuo 1: 264 (1937).

黑龙江、吉林、辽宁、内蒙古、河北、山西；蒙古国、日本、朝鲜、俄罗斯。

紫背堇菜

Viola violacea Makino, Ill. Fl. Japan 1 (11): 67 (1891).

安徽、浙江、江西、福建；日本、朝鲜。

西藏细距堇菜（细距堇菜）

Viola wallichiana Ging. in Candolle, Prodr. 1: 300 (1824).

Viola reniformis Wall., Roxb. Fl. Ind. 2: 451 (1824).

西藏；尼泊尔、印度（大吉岭、锡金）。

蓼叶堇菜（朝鲜蓼叶堇菜）

Viola websteri Hemsl., J. Linn. Soc., Bot. 23 (152): 56 (1886).

吉林；朝鲜。

云南堇菜（滇堇菜，拟柔毛堇菜）

Viola yunnanensis W. Becker et H. Boissieu, Bull. Herb. Boissier, sér. 2 8: 740 (1908).

云南、海南；越南、缅甸、马来西亚、印度尼西亚。

心叶堇菜

Viola yunnanfuensis W. Becker, Bull. Misc. Inform. Kew 248 (1928).

Viola cordifolia W. Becker, Bull. Misc. Inform. Kew 1929 (6): 201 (1929), non Schweinitz (1822), non Schur (1877); *Viola concordifolia* C. J. Wang, Fl. Reipubl. Popularis Sin. 51: 42, pl. 8, f. 1-6 (1991).

四川、贵州、云南、西藏、广西；不丹。

135. 青钟麻科 ACHARIACEAE
[2 属：6 种]

马蛋果属 **Gynocardia** Roxb.

马蛋果（野沙梨，阿比坦）

Gynocardia odorata Roxb., Pl. Coromandel 3: 95, pl. 299 (1819).

Chilmoria dodecandra Buch.-Ham., Trans. Linn. Soc. London 13 (2): 500 (1822); *Chaulmoogra odorata* Roxb., Fl. Ind., ed. 1832 3: 836 (1832).

云南、西藏、广东、香港；越南、缅甸、不丹、尼泊尔、印度、孟加拉国。

大风子属 **Hydnocarpus** Gaertn.

高山大风子（印度大风子）

☆**Hydnocarpus alpinus** Wight, Icon. Pl. Ind. Orient. 3 (3), pl. 942 (1845).

云南；缅甸、印度、斯里兰卡。

大叶龙角（梅氏大风子，马波萝，马蛋果）

Hydnocarpus annamensis (Gagnep.) Lescot et Sleumer, Fl. Cambodge, Laos et Vietnam 11: 10 (1970).

Taraktogenos annamensis Gagnep. in Lecomte, Fl. Indo-Chine 1: 206 (1939); *Hydnocarpus merrillianus* H. L. Li, J. Arnold Arbor. 24 (4): 446 (1943); *Taraktogenos merrilliana* (H. L. Li) C. Y. Wu, Acta Phytotax. Sin. 6 (2): 226 (1957).

云南、广西；越南。

泰国大风子（驱虫大风子，大风子）

Hydnocarpus anthelminthicus Pierre in Laness., Pl. Util. Col. Franc. 303 (1886).

云南、台湾、广西、海南；越南、泰国、柬埔寨、印度。

海南大风子（龙角，乌壳子，海南麻风树）

Hydnocarpus hainanensis (Merr.) Sleumer, Bot. Jahrb. Syst. 69: 15 (1938).

Taraktogenos hainanensis Merr., Philipp. J. Sci. 23 (3): 255 (1923).

贵州、云南、广西、海南；越南。

印度大风子

Hydnocarpus kurzii (King) Warb. in Engler et Prantl, Nat. Pflanzenfam. 3 (6 a): 21 (1893).

Taraktogenos kurzii King, J. Asiat. Soc. Bengal, Pt. 2, Nat. Hist. 59: 123 (1890).

云南；越南、老挝、缅甸、印度。

136. 亚麻科 LINACEAE
[4 属：14 种]

异腺草属 Anisadenia Wall. ex C. F. W. Meissn.

异腺草

Anisadenia pubescens Griff., Itin. Pl. Khasyah Mts. 54, no. 833 (1848).

Plumbago esquiuolii H. Lév., Repert. Spec. Nov. Regni Veg. 11 (301-303): 492 (1913).

云南、西藏；不丹、印度东北部。

石异腺草

Anisadenia saxatilis Wall. ex C. F. W. Meissn., Pl. Vasc. Gen. 2: 96 (1838).

Anisadenia khasyana Griff., Not. Pl. Asiat. 4: 534 (1854).

云南；缅甸北部、泰国北部、不丹、尼泊尔、印度东北部。

亚麻属 Linum L.

阿尔泰亚麻

Linum altaicum Ledeb. ex Juz. in Schischk. et Bobrov, Fl. U. R. S. S. 14: 113 (1949).

新疆；蒙古国、塔吉克斯坦、吉尔吉斯斯坦、哈萨克斯坦、俄罗斯（西西伯利亚）。

黑水亚麻

Linum amurense Alef., Bot. Zeitung (Berlin) 25: 251 (1867).

黑龙江、吉林、内蒙古、陕西、宁夏、甘肃；俄罗斯（远东地区）。

长萼亚麻

Linum corymbulosum Rchb., Fl. Germ. Excurs. 834 (1832).

新疆；巴基斯坦、阿富汗、哈萨克斯坦、俄罗斯、亚洲西部、欧洲、非洲北部。

异萼亚麻

Linum heterosepalum Regel, Trudy Imp. S.-Peterburgsk. Bot. Sada 2 (2): 433 (1873).

新疆；吉尔吉斯斯坦、哈萨克斯坦。

垂果亚麻（贝加尔亚麻）

Linum nutans Maxim., Bull. Acad. Imp. Sci. Saint-Pétersbourg 26: 430 (1880).

Linum baicalense Juz. in Schischk. et Bobrov, Fl. U. R. S. S. 14: 715, pl. 6, f. 3 (1949).

黑龙江、吉林、内蒙古、陕西、宁夏、甘肃、西藏；蒙古国、印度、俄罗斯。

短柱亚麻

Linum pallescens Bunge, Fl. Altaic. 1: 438 (1829).

陕西、甘肃、青海、新疆、西藏；蒙古国、塔吉克斯坦、吉尔吉斯斯坦、哈萨克斯坦、俄罗斯。

宿根亚麻

Linum perenne L., Sp. Pl. 277 (1753).

Linum sibiricum DC., Prodr. 1: 427 (1824).

内蒙古、河北、山西、陕西、宁夏、甘肃、青海、新疆、四川、云南、西藏；蒙古国、俄罗斯、亚洲西部、欧洲。

野亚麻

Linum stelleroides Planch., London J. Bot. 5: 178 (1848).

黑龙江、吉林、辽宁、内蒙古、河北、山西、山东、河南、陕西、宁夏、甘肃、江苏、湖北、四川、贵州、广东、广西；日本、韩国、塔吉克斯坦、吉尔吉斯斯坦、乌兹别克斯坦、土库曼斯坦、俄罗斯（远东地区）。

亚麻（鸦麻，壁虱胡麻，山西胡麻）

☆**Linum usitatissimum** L., Sp. Pl. 1: 277 (1753).

Linum humile Mill., Gard. Dict., ed. 8 no. 2 (1768).

除台湾、海南外，中国广泛栽培；原产地可能是地中海和（或）亚洲西部和欧洲西部。

石海椒属 Reinwardtia Dumort.

石海椒（迎春柳，黄花香草）

Reinwardtia indica Dumort., Commentat. Bot. 19 (1822).

Linum trigynum Roxb., Asian. Res. 4: 357 (1799); *Linum cicanobum* Buch.-Ham. ex D. Don., Prodr. Fl. Nepal. 217 (1825); *Linum repens* Buch.-Ham. ex D. Don, Prodr. Fl. Nepal. 217 (1825); *Macrolinum trigynum* Rchb., Handb. Nat. Pfl.-Syst. 306 (1837); *Reinwardtia trigyna* (Roxb.) Planch., London J. Bot. 7: 523 (1848); *Kittelocharis trigyna* (Roxb.) Alef., Bot. Zeitung (Berlin) 21: 282 (1863).

湖南、湖北、四川、贵州、云南、福建、广东、广西；越南、老挝、缅甸、泰国、不丹、尼泊尔、印度北部、巴基斯坦、克什米尔。

青篱柴属　**Tirpitzia** Hallier f.

米念芭

Tirpitzia ovoidea Chun et F. C. How ex W. L. Sha, Guihaia 2 (4): 189, f. 1-6 (1982).
广西；越南。

青篱柴

Tirpitzia sinensis (Hemsl.) Hallier f., Beih. Bot. Centralbl. 39 (2): 5 (1921).
Reinwardtia sinensis Hemsl., Icon. Pl. 26 (6), pl. 2594 (1898); *Tirpitzia candida* Hand.-Mazz., Anz. Akad. Wiss. Wien, Math.-Naturwiss. Kl. 69: 248 (1922).
贵州、云南、广西；越南。

137. 黏木科 IXONANTHACEAE
[1 属：1 种]

黏木属　**Ixonanthes** Jack

黏木（华粘木，山子纱）

Ixonanthes reticulata Jack, Malayan Misc. 2 (7): 51 (1822).
Emmenanthus chinensis Hook. ex Arn., Bot. Beechey Voy. 217 (1841); *Ixonanthes chinensis* (Hook. et Arn.) Champ., Proc. Linn. Soc. London 2: 100 (1850); *Ixonanthes cochinchinensis* Pierre, Fl. Forest. Cochinch. 4, pl. 284 A (1892).
湖南、贵州、云南、福建、广东、广西、海南；菲律宾、越南、缅甸、泰国、马来西亚、印度尼西亚、印度东北部、巴布亚新几内亚。

138. 红厚壳科 CALOPHYLLACEAE
[3 属：6 种]

红厚壳属　**Calophyllum** L.

兰屿红厚壳（兰屿胡桐）

Calophyllum blancoi Planch. et Triana, Ann. Sci. Nat., Bot. sér. 4 15: 262 (1862).
Calophyllum changii N. Robson, Fl. Taiwan 2: 621 (1976).
台湾；菲律宾、马来西亚、印度尼西亚。

红厚壳（胡桐，琼崖海棠树，海棠木）

Calophyllum inophyllum L., Sp. Pl. 1: 513 (1753).
Balsamaria inophyllum (L.) Lour., Fl. Cochinch. 2: 470 (1790).
台湾、海南；琉球群岛、菲律宾、越南、泰国、柬埔寨、马来西亚、印度尼西亚、印度、斯里兰卡、热带澳大利亚、太平洋岛屿、印度洋岛屿、非洲。

薄叶红厚壳（薄叶胡桐，小果海棠木，横经席）

Calophyllum membranaceum Gardner et Champ., Hooker's J. Bot. Kew Gard. Misc. 1: 309 (1849).
Calophyllum spectabile Hook. et Arn., Bot. Beechey Voy. 174 (1833).
广东、广西、海南；越南。

滇南红厚壳（云南胡桐）

Calophyllum polyanthum Wall. ex Choisy, Descr. Guttif. Inde. 43 (1849).
Calophyllum thorelii Pierre, Fl. Forest. Cochinch. t. 103 (1885); *Calophyllum smilesianum* var. *luteum* Craib, Bull. Misc. Inform. Kew (3): 86 (1924); *Calophyllum smilesianum* Craib, Bull. Misc. Inform. Kew (3): 85 (1924); *Calophyllum williamsianum* Craib, Bull. Misc. Inform. Kew (3): 86 (1924).
云南；越南、老挝、缅甸、泰国、不丹、印度、孟加拉国。

黄果木属　**Mammea** L.

格脉树

●**Mammea yunnanensis** (H. L. Li) Kosterm., Mammea et Ochrocarpos (For. Serv. Indones., Div. Plann.) 15 (1956).
Ochrocarpos yunnanensis H. L. Li, J. Arnold Arbor. 25: 308 (1944).
云南。

铁力木属　**Mesua** L.

铁力木（铁栗木，铁棱，埋波朗）

Mesua ferrea L., Sp. Pl., ed. 2 1: 734 (1762).
Calophyllum nagassarium Burm. f., Fl. Ind. 121 (1768); *Mesua nagassarium* (Burm. f.) Kosterm., Ceylon J. Sci., Biol. Sci. 12: 71 (1976).
云南、广东、广西；泰国、马来西亚、?印度尼西亚（爪哇）、印度、孟加拉国、斯里兰卡。

139. 藤黄科 CLUSIACEAE
[1 属：22 种]

藤黄属　**Garcinia** L.

大苞藤黄

●**Garcinia bracteata** C. Y. Wu ex Y. H. Li, Acta Phytotax. Sin. 19 (4): 490, pl. 1 (1981).
云南、广西。

云树（云南山竹子，给哈蒿）

Garcinia cowa Roxb., Fl. Ind., ed. 1832 2: 622 (1824).
Oxycarpus gangetica Buch.-Ham., Mem. Wern. Nat. Hist. Soc. 5: 344 (1824); *Garcinia roxburghii* Wight, Ill. Pl. Orient. 1: 125 (1840); *Garcinia wallichii* Choisy, Mém. Soc. Phys. Genéve 12: 417 (1851).
云南；越南、老挝、柬埔寨、马来西亚、印度、孟加拉国。

红萼藤黄

●**Garcinia erythrosepala** Y. H. Li, Res. Bull. Trop. Pl. 15: 14, f.

2: 1-2 (1980).

Garcinia rubrisepala Y. H. Li, Acta Phytotax. Sin. 19 (4): 498, fig 2: 1-2 (1981).

云南。

山木瓜（埋任，网都希曼昔，滴让昔）

●**Garcinia esculenta** Y. H. Li, Acta Phytotax. Sin. 19 (4): 495, pl. 5 (1981).

云南。

广西藤黄（广西山竹子，春杜果）

●**Garcinia kwangsiensis** Merr. ex F. N. Wei, Acta Phytotax. Sin. 19 (3): 355, pl. 1 (1981).

广西。

长裂藤黄

●**Garcinia lancilimba** C. Y. Wu ex Y. H. Li, Acta Phytotax. Sin. 19 (4): 493, pl. 3 (1981).

云南。

兰屿福木

●**Garcinia linii** C. E. Chang, Bull. Taiwan Prov. Pingtung Inst. Agric. 6: 1, pl. 1 (1964).

台湾。

莽吉柿

☆**Garcinia mangostana** L., Sp. Pl. 1: 443 (1753).

Mangostana garcinia Gaertn., Fruct. Sem. Pl. 2: 105 (1791).

云南、福建、台湾、广东、海南；原产于印度尼西亚，广泛栽培于热带非洲和热带亚洲。

木竹子（多花山竹子，山竹子，山桔子）

Garcinia multiflora Champ. ex Benth., Hooker's J. Bot. Kew Gard. Misc. 3: 310 (1851).

Garcinia hainanensis Merr., Philipp. J. Sci. 23 (3): 253 (1923).

江西、湖南、贵州、云南、福建、台湾、广东、广西、海南；越南。

怒江藤黄（歇第，捧咖昔，哇咖扑昔）

●**Garcinia nujiangensis** C. Y. Wu et Y. H. Li, Acta Phytotax. Sin. 19 (4): 494, pl. 4 (1981).

云南、西藏。

岭南山竹子（海南山竹子，岭南倒捻子，金赏）

●**Garcinia oblongifolia** Champ. ex Benth., Hooker's J. Bot. Kew Gard. Misc. 3: 331 (1851).

广东、广西、海南。

单花山竹子（山竹子）

Garcinia oligantha Merr., Philipp. J. Sci. 23 (3): 254 (1923).

广东、海南；越南。

金丝李（埋贵，米友波，哥非力郎）

●**Garcinia paucinervis** Chun ex F. C. How, Acta Phytotax. Sin.

5 (1): 12, pl. 5 (1956).

云南、广西。

大果藤黄（厅尼昔）

Garcinia pedunculata Roxb. ex Buch.-Ham., Edinburgh J. Sci. 7: 45 (1827).

云南、西藏；印度、孟加拉国。

钦州藤黄

●**Garcinia qinzhouensis** Y. X. Liang et Z. M. Wu, J. South China Agr. Univ. 17 (3): 56 (1996).

广西。

越南藤黄

☆**Garcinia schefferi** Pierre, Fl. Forest. Cochinch. pl. 59 (1885).

广东；越南。

菲岛福木（福木，福树）

Garcinia subelliptica Merr., Philipp. J. Sci. 3 (6): 361 (1908).

台湾；日本、菲律宾、印度尼西亚、斯里兰卡。

尖叶藤黄

●**Garcinia subfalcata** Y. H. Li et F. N. Wei, Bull. Bot. Res., Harbin 1 (4): 139, f. 1 (1981).

广西。

双籽藤黄（黄皮果）

●**Garcinia tetralata** C. Y. Wu ex Y. H. Li, Acta Phytotax. Sin. 19 (4): 492, pl. 2, f. 3-5 (1981).

云南。

大叶藤黄（人面果，岭南倒捻子，香港倒捻子）

Garcinia xanthochymus Hook. f. ex T. Anderson, Fl. Brit. Ind. 1 (2): 269 (1874).

Xanthochymus pictorius Roxb., Pl. Coromandel 2: 51, t. 196 (1805); *Xanthochymus tinctorius* DC., Prodr. (DC.) 1: 562 (1824); *Garcinia tinctoria* W. Wight, U. S. D. A. Bur. Pl. Industr. Bull. 137: 50 (1909); *Garcinia tinctoria* (DC.) Dunn, Fl. Madras 74 (1915); *Garcinia pictoria* (Roxb.) Engl., Nat. Pflanzenfam. 21: 217 (1925).

云南、广东、广西；日本、越南、老挝、缅甸、泰国、柬埔寨、不丹、尼泊尔、印度、孟加拉国。

版纳藤黄

●**Garcinia xishuanbannaensis** Y. H. Li, Res. Bull. Trop. Pl. 15: 16 (1980).

云南。

云南藤黄（小姑娘果，吗给安）

●**Garcinia yunnanensis** H. H. Hu, Bull. Fan Mem. Inst. Biol., Bot. 10 (3): 131 (1940).

云南。

140. 川苔草科 PODOSTEMACEAE
[3 属：6 种]

川苔草属 **Cladopus** H. Möller

华南飞瀑草

●**Cladopus austrosinensis** M. Kata et Y. Kita, Acta Phytotax. Geobot. 54 (2): 92 (2003).

广东、海南、香港。

川苔草

Cladopus doianus (Koidz.) Koriba, J. Jap. Bot. 5: 85 (1928).
Lawiella doiana Koidz., Fl. Satsum. 1 (2): 22 (1927); *Cladopus japonicas* Imamura, J. Jap. Bot. 5: 60 (1928); *Lawiella chinensis* H. C. Chao, Contr. Inst. Bot. Natl. Acad. Peiping 6 (1): 6 (1948 publ. 1949); *Cladopus chinensis* (H. C. Chao) H. C. Chao, Fl. Fujianica 1: 481 (1982).

福建；日本。

福建飞瀑草

●**Cladopus fukienensis** (H. C. Chao) H. C. Chao, Fl. Fujianica 1: 480 (1982).
Lawiella fukienensis H. C. Chao, Contr. Inst. Bot. Natl. Acad. Peiping 6 (1): 6 (1948 publ. 1949).

福建、广东。

水石衣属 **Hydrobryum** Endl.

日本水石衣

Hydrobryum japonicum Imamura, Bot. Mag. (Tokyo) 42: 376 (1928).

云南；日本、泰国。

水石衣

Hydrobryum griffithii (Wall. ex Griff.) Tul., Ann. Sci. Nat., Bot. sér. 3 11: 103 (1849).
Podostemon griffithii Wall. ex Griff., Asiat. Res. 19: 105, pl. 17 (1838).

云南；越南北部、泰国北部、缅甸、不丹、尼泊尔、印度东部。

川藻属 **Terniopsis** H. C. Chao

川藻（石蔓）

●**Terniopsis sessilis** H. C. Chao, Contr. Inst. Bot. Natl. Acad. Peiping 6 (1): 4 (1948).
Dalzellia sessilis (H. C. Chao) C. Cusset et G. Cusset, Bull. Mus. Natl. Hist. Nat., B, Adansonia, Ser. 4 10 (2): 173 (1988).

福建。

141. 金丝桃科 HYPERICACEAE
[4 属：70 种]

黄牛木属 **Cratoxylum** Blume

黄牛木（黄牛茶，蕉笼木，黄芽木）

Cratoxylum cochinchinense (Lour.) Blume, Mus. Bot. 2: 17 (1852).
Hypericum cochinchinense Lour., Fl. Cochinch. 2: 472 (1790); *Hypericum chinense* Retzius, Observ. Bot. 5: 27 (1788); *Oxycarpus cochinchinensis* Lour., Fl. Cochinch. 648 (1790); *Hypericum biflorum* Lam. in J. Lamarck et al., Encycl. 4 (1): 170 (1797), non Choisy Prod. Hyp. 38 (1821); *Stalagmites erosipetala* Miq., Bull. Soc. Imp. Naturalistes Moscou (1829-1886) (1829); *Ancistrolobus ligustrinus* Spach, Ann. Sci. Nat., Bot. II 5: 352 (1836); *Cratoxylum polyanthum* Korth., Verh. Nat. Gesch. Ned. Bezitt. Bot. 175, t. 36 (1842); *Elodea chinensis* (Retz.) Hance, London J. Bot. 7: 472 (1848); *Cratoxylum ligustrinum* (Spach) Blume, Mus. Bot. 2: 16 (1852); *Cratoxylum petiolatum* Blume, Mus. Bot. 2: 17 (1856); *Cratoxylum biflorum* (Lam.) Turcz., Bull. Soc. Imp. Naturalistes Moscou 36 (1): 580 (1863); *Cratoxylum polyanthum* var. *ligustrinum* (Spach) Dyer, Fl. Brit. Ind. 1 (2): 257 (1874); *Cratoxylum chinense* Merr., Philipp. J. Sci. 4 (3): 292 (1909).

云南、广东、广西；菲律宾、越南、缅甸、泰国、马来西亚、印度尼西亚。

越南黄牛木

Cratoxylum formosum (Jack) Dyer, Fl. Brit. Ind. 1 (2): 258 (1874).
Elodes formosa Jack, J. Bot. (Hooker) 1: 374 (1834).

云南、广西、海南；菲律宾、越南、老挝、缅甸、泰国、柬埔寨、马来西亚、印度尼西亚。

红芽木（上茶，牛丁角，黄浆果）

Cratoxylum formosum subsp. **pruniflorum** (Kurz.) Gogelein, Blumea 15 (2): 469, f. 5 j, k (1967).
Tridesmis pruniflora Kurz., J. Asiat. Soc. Bengal 41 (2): 293 (1872); *Cratoxylum pruniflorum* (Kurz.) Kurz., J. Asiat. Soc. Bengal 43 (2): 84 (1874); *Cratoxylum dasyphyllum* Hand.-Mazz., Sinensia 2 (1): 4 (1931).

云南、广西；越南、缅甸、泰国、柬埔寨。

金丝桃属 **Hypericum** L.

尖萼金丝桃（黄花香，香针树）

●**Hypericum acmosepalum** N. Robson, J. Roy. Hort. Soc. 95: 490 (1970).

四川、贵州、云南、广西。

蝶花金丝桃

● **Hypericum addingtonii** N. Robson, Bull. Brit. Mus. (Nat. Hist.), Bot. 12 (4): 251, f. 17 (1985).
云南。

黄海棠（牛心菜，山辣椒，大叶金丝桃）

Hypericum ascyron L., Sp. Pl. 2: 783 (1753).
Ascyrum sibiricum Lam. ex Poir., Tabl. Encycl. 3: 200 (1823); *Hypericum ascyron* var. *macrosepalum* Ledeb., Fl. Altaic. 3: 364 (1831); *Roscyna gmelinii* Spach, Ann. Sci. Nat., Bot. II 5: 364 (1836); *Roscyna japonica* Blume, Mus. Bot. 2: 21 (1856); *Hypericum ascyron* var. *longistylum* Maxim., Prim. Fl. Amur. 65 (1859); *Hypericum ascyron* var. *genuinum* Maxim., Prim. Fl. Amur. 65 (1859); *Hypericum ascyron* var. *micropetalum* R. Keller, Bull. Herb. Boissier 5: 638 (1897); *Hypericum scallanii* R. Keller, Bot. Jahrb. Syst. 33 (4-5): 549 (1904); *Hypericum ascyron* var. *giraldii* R. Keller, Bot. Jahrb. Syst. 33 (4-5): 550 (1904); *Hypericum longifolium* H. Lév., Bull. Soc. Agric. Sarthe 39: 322 (1904); *Hypericum ascyron* var. *umbellatum* R. Keller, Bot. Jahrb. Syst. 33 (4-5): 550 (1907); *Hypericum hemsleyanum* H. Lév. et Vaniot, Bull. Soc. Bot. France 54: 592 (1907); *Hypericum ascyron* var. *hupehense* Pamp., Nuovo Giorn. Bot. Ital., n. s. 17 (4): 669 (1910).
除西藏外，中国广布；蒙古国、日本、朝鲜、越南、俄罗斯、加拿大东部、美国东北部。

短柱黄海棠

Hypericum ascyron subsp. **gebleri** (Ledeb.) N. Robson, Bull. Nat. Hist. Mus. London, Bot. 31 (2): 57, f. 9 C, map 3 (2001).
Hypericum gebleri Ledeb., Fl. Altaic. 3: 364 (1831); *Roscyna gebleri* (Ledeb.) Spach, Hist. Nat. Vég. (Phan.) 5: 430 (1836); *Hypericum ascyron* var. *brevistylum* Maxim., Mém. Acad. Imp. Sci. St.-Pétersbourg Divers Savans 9: 65 (1859).
黑龙江、吉林、辽宁、内蒙古、新疆；蒙古国、日本、韩国、俄罗斯。

赶山鞭（小茶叶，小金钟，小金丝桃）

Hypericum attenuatum Fisch. ex Choisy, Prodr. Monogr. Hyperic. 47, pl. 6 (1821).
黑龙江、吉林、辽宁、内蒙古、河北、山西、河南、陕西、甘肃、安徽、江苏、浙江、江西、湖南、湖北、四川、贵州、福建、广东、广西；蒙古国、朝鲜、俄罗斯。

无柄金丝桃

● **Hypericum augustinii** N. Robson, J. Roy. Hort. Soc. 95: 495 (1970).
贵州、云南。

滇南金丝桃

● **Hypericum austroyunnanicum** L. H. Wu et D. P. Yang, Acta Phytotax. Sin. 40 (1): 77, f. 1 (2002).
云南。

栽秧花

● **Hypericum beanii** N. Robson, J. Roy. Hort. Soc. 95: 490 (1970).
四川、贵州、云南。

美丽金丝桃

Hypericum bellum H. L. Li, J. Arnold Arbor. 25 (3): 308 (1944).
四川、云南、西藏；印度。

多蕊金丝桃

Hypericum chosianum Wall. ex N. Robson, Fl. W. Pakistan 32: 6, f. 1 E-H (1973).
云南、西藏；缅甸、不丹、尼泊尔、印度、巴基斯坦。

连柱金丝桃

● **Hypericum cohaerens** N. Robson, Bull. Brit. Mus. (Nat. Hist.), Bot. 12 (4): 235 (1985).
贵州、云南。

弯萼金丝桃

● **Hypericum curvisepalum** N. Robson, Bull. Brit. Mus. (Nat. Hist.), Bot. 12 (4): 281, f. 19 C (1985).
四川、贵州、云南。

大理金丝桃

● **Hypericum daliense** N. Robson, Bull. Nat. Hist. Mus. London, Bot. 31 (2): 83, map 12 (2001).
云南。

岐山金丝桃

● **Hypericum elatoides** R. Keller, Bot. Jahrb. Syst. 33 (4-5): 549 (1904).
Hypericum monogynum var. *franchetii* Baroni, Boll. Soc. Bot. Ital. 1898: 185 (1898); *Hypericum ascyron* var. *punctatostriatum* R. Keller, Bot. Jahrb. Syst. 33 (4-5): 550 (1904).
山西、河南、陕西、甘肃。

挺茎遍地金

Hypericum elodeoides Choisy, Prodr. (DC.) 1: 551 (1824).
Hypericum napaulense Choisy, Prodr. (DC.) 1: 552 (1824).
江西、湖南、湖北、四川、贵州、云南、西藏、福建、广东、广西；缅甸、不丹、尼泊尔、印度、克什米尔。

延伸金丝桃

Hypericum elongatum Ledeb., Fl. Altaic. 3: 367 (1831).
Hypericum hyssopifolium var. *elongatum* (Ledeb.) Ledeb., Fl. Ross. 1: 451 (1842); *Hypericum hyssopifolium* subsp. *elongatum* (Ledeb.) Woronow, Fl. Caucas. Crit. 3 (9): 32 (1906).
新疆；吉尔吉斯斯坦、哈萨克斯坦、乌兹别克斯坦、土库曼斯坦、亚洲西南部、欧洲东南部。

恩施金丝桃

● **Hypericum enshiense** L. H. Wu et F. S. Wang, Acta Phytotax.

Sin. 42 (1): 76; f. 2 (2004).

湖北。

扬子小连翘（过路黄，肝红）

●**Hypericum faberi** R. Keller, Nat. Pflanzenfam., ed. 2 21: 179 (1925).

山西、陕西、甘肃、安徽、江苏、浙江、江西、湖南、湖北、四川、贵州、云南、福建、广东、广西。

台湾金丝桃

●**Hypericum formosanum** Maxim., Bull. Acad. Imp. Sci. Saint-Pétersbourg 27 (4): 428 (1881).

Takasagoya formosana (Maxim.) Y. Kimura, Bot. Mag. (Tokyo) 50 (597): 499, f. 3 (1936).

台湾。

川滇金丝桃

Hypericum forrestii (Chitt.) N. Robson, J. Roy. Hort. Soc. 95: 491 (1970).

Hypericum patulum var. *forrestii* Chitt., J. Roy. Hort. Soc. 48: 234, pl. 26 (1923); *Hypericum patulum* f. *forrestii* (Chitt.) Rehder, Bibliogr. Cult. Trees 463 (1949).

四川、云南；缅甸。

楚雄金丝桃

●**Hypericum fosteri** N. Robson, Acta Phytotax. Sin. 43 (3): 271, f. 1 (2005).

云南。

双花金丝桃

Hypericum geminiflorum Hemsl., Ann. Bot. (Oxford) 9 (33): 144 (1895).

台湾；菲律宾。

双花金丝桃（原亚种）

Hypericum geminiflorum subsp. **geminiflorum**

Hypericum trinervium Hemsl., Ann. Bot. (Oxford) 9 (33): 144 (1895); *Hypericum acutisepalum* Hayata, J. Coll. Sci. Imp. Univ. Tokyo 30 (1): 38 (1911); *Takasagoya geminiflora* (Hemsl.) Y. Kimura, Bot. Mag. (Tokyo) 50 (597): 501, f. 2, 4 j-n (1936); *Takasagoya acutisepala* (Hayata) Y. Kimura, Bot. Mag. (Tokyo) 50 (597): 501, f. 3 j-o (1936); *Takasagoya trinervia* (Hemsl.) Y. Kimura, Bot. Mag. (Tokyo) 50 (597): 503 (1936).

台湾；菲律宾。

小双花金丝桃

●**Hypericum geminiflorum** subsp. **simplicistylum** (Hayata) N. Robson, Bull. Brit. Mus. (Nat. Hist.), Bot. 12 (4): 295 (1985).

Hypericum simplicistylum Hayata, J. Coll. Sci. Imp. Univ. Tokyo 30 (1): 40 (1911); *Takasagoya simplicistyla* (Hayata) Y. Kimura, Bot. Mag. (Tokyo) 50: 502 (1936); *Hypericum geminiflorum* var. *simplicistylum* (Hayata) N. Robson, Blumea 20: 254 (1972).

台湾。

细叶金丝桃

Hypericum gramineum G. Forst., Fl. Ins. Austr. 53 (1786).

Hypericum japonicum var. *lanceolatum* Y. Kimura, Bot. Mag. (Tokyo) 54 (639): 88 (1940); *Hypericum japonicum* var. *kainantense* Masam., Trans. Nat. Hist. Soc. Taiwan 33: 168 (1943); *Sarothra saginoides* Y. Kimura, Nov. Fl. Jap. 10: 246, t. 81 (1951); *Sarothra graminea* (G. Forst.) Y. Kimura, Nov. Fl. Jap. 10: 232 (1951).

云南、台湾、海南；越南、不丹、印度东北部、巴布亚新几内亚、热带澳大利亚、太平洋岛屿（夏威夷、新喀里多尼亚岛、新西兰）。

藏东南金丝桃

●**Hypericum griffithii** Hook. f. et Thomson ex Dyer, Fl. Brit. Ind. 1: 253 (1874).

西藏。

衡山遍地金（衡山金丝桃）

●**Hypericum hengshanense** W. T. Wang, Bull. Bot. Lab. N. E. Forest. Inst., Harbin 5: 27 (1979).

Hypericum hengshanense var. *xinlinense* Z. Y. Li, Bull. Bot. Res., Harbin 8 (3): 129, pl. 2 (1988).

江西、湖南、广东、广西。

西南金丝桃（西南金丝桃，云南连翘，芒种花）

●**Hypericum henryi** H. Lév. et Vaniot, Bull. Soc. Bot. France 54: 591 (1908).

四川、贵州、云南。

西南金丝桃（原亚种）

●**Hypericum henryi** subsp. **henryi**

四川、贵州、云南。

蒙自金丝梅（蒙自金丝桃）

Hypericum henryi subsp. **hancockii** N. Robson, Bull. Brit. Mus. (Nat. Hist.), Bot. 12 (4): 261 (1985).

云南；越南、缅甸、泰国、印度尼西亚。

岷江金丝梅（黄香楝，黄香面，地马桑）

Hypericum henryi subsp. **uraloides** (Rehder) N. Robson, Bull. Brit. Mus. (Nat. Hist.), Bot. 12 (4): 263 (1985).

Hypericum uraloides Rehder, Pl. Wilson. 3 (3): 452 (1917).

四川、贵州、云南；缅甸。

西藏金丝桃

Hypericum himalaicum N. Robson, J. Jap. Bot. 52 (9): 287 (1977).

Hypericum monanthemum var. *brachypetalum* Franch., Pl. Delavay. 7: 104 (1890).

四川、云南、西藏；不丹、尼泊尔、印度、巴基斯坦。

毛金丝桃

Hypericum hirsutum L., Sp. Pl. 2: 786 (1753).

新疆；吉尔吉斯斯坦、哈萨克斯坦、俄罗斯、亚洲西南部、欧洲（地中海除外）、非洲西南部。

短柱金丝桃

Hypericum hookerianum Wight et Arn., Prodr. Fl. Ind. Orient. 1: 99 (1834).

Norysca hookeriana (Wight et Arn.) Wight, Ill. Ind. Bot. 1: 110 (1840); *Hypericum patulum* var. *hookerianum* (Wight et Arn.) Kuntze, Revis. Gen. Pl. 1: 60 (1891); *Hypericum garrettii* Craib, Bull. Misc. Inform. Kew (2): 66 (1913).

西藏；越南北部、缅甸、泰国北部、不丹、尼泊尔、印度东北部和南部、孟加拉国。

湖北金丝桃

●**Hypericum hubeiense** L. H. Wu et D. P. Yang, Acta Phytotax. Sin. 42 (1): 74; f. 1 (2004).
湖北。

地耳草（小元宝草，四方草，千重楼）

Hypericum japonicum Thunb. in Murr., Syst. Veg., ed. 14 702 (1784).

Reseda chinensis Lour., Fl. Cochinch. 299 (1790); *Reseda cochinchinensis* Lour., Fl. Cochinch. 299 (1790); *Brathys japonica* (Thunb.) Wight, Ill. Ind. Bot. 1: 113 (1838); *Hypericum nervatum* Hance, Ann. Bot. Syst. 2: 188 (1851); *Brathys laxa* Blume, Mus. Bot. 2: 19 (1856); *Hypericum laxum* (Blume) Koidz., Bot. Mag. (Tokyo) 40 (474): 344 (1926); *Sarothra laxa* (Blume) Y. Kimura, Nov. Fl. Jap. 10: 241, pl. 79 (1951); *Sarothra japonica* (Thunb.) Y. Kimura, Nov. Fl. Jap. 10: 235, pl. 78 (1951).

辽宁、山东、安徽、江苏、浙江、江西、湖南、湖北、四川、贵州、云南、福建、台湾、广东、广西、海南；日本、朝鲜、菲律宾、越南、老挝、缅甸、泰国、柬埔寨、马来西亚、印度尼西亚（苏门答腊）、不丹、尼泊尔、印度、斯里兰卡、澳大利亚东南部、新西兰。

察隅通地金

Hypericum kingdonii N. Robson, Bull. Nat. Hist. Mus. London, Bot. 31 (2): 74, map 10 (2001).

Hypericum wightianum subsp. *axillare* N. Robson, J. Jap. Bot. 52 (9): 287, f. 3-4 (1977).
云南、西藏；缅甸、印度。

贵州金丝桃

●**Hypericum kouytchense** H. Lév., Bull. Soc. Agric. Sarthe 39: 322 (1904).

Norysca kouytchensis (H. Lév.) Y. Kimura, Nov. Fl. Jap. 10: 98 (1951).
贵州、广西。

纤枝金丝桃

●**Hypericum lagarocladum** N. Robson, Bull. Brit. Mus. (Nat. Hist.), Bot. 12 (4): 247 (1985).
湖南、四川、贵州、云南。

纤枝金丝桃（原亚种）

●**Hypericum lagarocladum** subsp. **lagarocladum**
四川、云南。

狭叶金丝桃

●**Hypericum lagarocladum** subsp. **angustifolium** N. Robson, Acta Phytotax. Sin. 43: 276 (2005).
湖南、贵州、云南。

展萼金丝桃

●**Hypericum lancasteri** N. Robson, Bull. Brit. Mus. (Nat. Hist.), Bot. 12 (4): 279, f. 19 A (1985).
四川、贵州、云南。

宽萼金丝桃

Hypericum latisepalum (N. Robson) N. Robson, Acta Phytotax. Sin. 43: 276 (2005).

Hypericum bellum subsp. *latisepalum* N. Robson, Bull. Brit. Mus. (Nat. Hist.), Bot. 12 (4): 274 (1985).
云南、西藏；缅甸、印度。

长柱金丝桃（王不留行，小连翘）

●**Hypericum longistylum** Oliv., Hooker's Icon. Pl. 16 (2), pl. 1534 (1886).
河南、陕西、甘肃、安徽、湖南、湖北。

长柱金丝桃（原亚种）

●**Hypericum longistylum** subsp. **longistylum**

Hypericum longistylum var. *silvestrii* Pamp., Nuovo Giorn. Bot. Ital., n. s. 17 (4): 670, f. 15 b (1910); *Norysca longistyla* (Oliv.) Y. Kimura, Nov. Fl. Jap. 10: 98 (1951).
河南、安徽、湖南、湖北。

圆果金丝桃

●**Hypericum longistylum** subsp. **giraldii** (R. Keller) N. Robson, Bull. Brit. Mus. (Nat. Hist.), Bot. 12 (4): 239 (1985).

Hypericum giraldii R. Keller, Bot. Jahrb. Syst. 33 (4-5): 548 (1904); *Hypericum longistylum* var. *giraldii* (R. Keller) Pamp., Nuovo Giorn. Bot. Ital., n. s. 17 (4): 670 (1910).
陕西、甘肃、湖北。

滇藏遍地金

Hypericum ludlowii N. Robson, Notes Roy. Bot. Gard. Edinburgh 41 (1): 133, pl. 2 (1983).
云南、西藏；不丹。

康定金丝桃

●**Hypericum maclarenii** N. Robson, Bull. Brit. Mus. (Nat. Hist.), Bot. 12 (4): 270 (1985).
四川。

单花遍地金

Hypericum monanthemum Hook. f. et Thomson ex Dyer, Fl. Brit. Ind. 1 (2): 256 (1874).
四川、云南、西藏；缅甸、不丹、尼泊尔、印度。

单花遍地金（原亚种）

Hypericum monanthemum subsp. **monanthemum**

Hypericum monanthemum var. *nigropunctatum* Franch., Pl. Delavay. 104 (1889); *Hypericum mairei* H. Lév., Repert. Spec. Nov. Regni Veg. 11 (286-290): 298 (1912); *Hypericum bachii* H. Lév., Cat. Pl. Yun-Nan 131 (1916).

云南、西藏；缅甸、不丹、尼泊尔、印度。

纤茎遍地金

Hypericum monanthemum subsp. **filicaule** (Dyer) N. Robson, Bull. Nat. Hist. Mus. London, Bot. 31 (2): 78, f. 14 B, map 11 (2001).

Ascyrum filicaule Dyer, Fl. Brit. Ind. 1 (2): 252 (1874); *Hypericum filicaule* Hook. f. et Thomson ex Dyer, Fl. Brit. Ind. (Hook. f.) 1 (2): 252 (1874).

云南、西藏；缅甸、尼泊尔、印度。

金丝桃（狗胡花，金线蝴蝶，过路黄）

Hypericum monogynum L., Sp. Pl., ed. 2 2: 1107 (1763).

Hypericum aureum Lour., Fl. Cochinch. 2: 472 (1790); *Norysca chinensis* (L.) Spach, Hist. Nat. Vég. 5: 427 (1836); *Hypericum salicifolium* Siebold et Zucc., Abh. Math.-Phys. Cl. Königl. Bayer. Akad. Wiss. 4 (2): 162 (1843); *Norysca salicifolia* (Siebold et Zucc.) K. Koch, Hort. Dendrol. 65 (1853); *Hypericum chinense* var. *salicifolium* (Siebold et Zucc.) Choisy, Zoll. Verz. Ind. Archip. 1: 150 (1854); *Hypericum monogynum* var. *salicifolium* (Siebold et Zucc.) André, Rev. Hort. 61: 464 (1889); *Hypericum chinense* subsp. *latifolium* Kuntze, Revis. Gen. Pl. 1: 60 (1891); *Hypericum chinense* subsp. *obtusifolium* Kuntze, Revis. Gen. Pl. 1: 60 (1891); *Hypericum chinense* subsp. *salicifolium* (Siebold et Zucc.) Kuntze, Revis. Gen. Pl. 1: 60 (1891); *Komana salicifolia* (Siebold et Zucc.) Y. Kimura et Honda, Nom. Pl. Japan. (Ed. Emend.) 222 (1939); *Norysca chinensis* var. *salicifolia* (Siebold et Zucc.) Y. Kimura, Nov. Fl. Jap. 10: 107, f. 42 (1951).

山东、河南、陕西、安徽、江苏、浙江、江西、湖南、湖北、四川、贵州、福建、台湾、广东、广西；亚洲、欧洲、非洲南部、中美洲；广泛栽培于毛里求斯、热带澳大利亚、西印度群岛，日本归化。

玉山金丝桃

●**Hypericum nagasawae** Hayata, J. Coll. Sci. Imp. Univ. Tokyo 30 (1): 38 (1911).

Hypericum randaiense Hayata, J. Coll. Sci. Imp. Univ. Tokyo 30 (1): 39 (1911); *Hypericum hayatae* Y. Kimura, Bot. Mag. (Tokyo) 54 (639): 85 (1940); *Hypericum nagasawai* var. *nigrum* Y. Kimura, Bot. Mag. (Tokyo) 54 (639): 82 (1940); *Hypericum nagasawai* var. *typicum* Y. Kimura, Bot. Mag. (Tokyo) 54 (639): 82 (1940); *Hypericum suzukianum* Y. Kimura, Bot. Mag. (Tokyo) 54 (639): 86, f. 6 (1940); *Hypericum taiwanianum* Y. Kimura, Bot. Mag. (Tokyo) 54: 84 (1940); *Hypericum taiwanianum* var. *ohwi* Y. Kimura, Nov. Fl. Jap. 10: 228 (1951).

台湾。

清水金丝桃

●**Hypericum nakamurae** (Masam.) N. Robson, Blumea 20: 253 (1972).

Takasagoya nakamurae Masam., Trans. Nat. Hist. Soc. Taiwan 30: 410, f. s. n. (1940).

台湾。

能高金丝桃

●**Hypericum nokoense** Ohwi, Acta Phytotax. Geobot. 6 (1): 48 (1937).

台湾。

四川金丝桃（新拟）

●**Hypericum oxyphyllum** N. Robson, Phytotaxa. 72: 18 (2012).

四川；英国栽培。

金丝梅

Hypericum patulum Thunb., Syst. Veg., ed. 14 700 (1784).

Norysca patula (Thunb.) Voigt, Hort. Suburb. Calcutt. 90 (1845); *Hypericum argyi* H. Lév. et Vaniot, Bull. Soc. Bot. France 54: 591 (1908); *Komana patula* (Thunb.) Y. Kimura et Honda, Nom. Pl. Japan. (Ed. Emend.) 509 (1939).

原产于四川、贵州，在陕西、安徽、江苏、浙江、江西、湖南、湖北、福建、台湾、广西栽培；归化于日本、印度。

贯叶连翘（小金丝桃，小叶金丝桃，夜关门）

Hypericum perforatum L., Sp. Pl. 2: 785 (1753).

Hypericum perforatum var. *confertiflora* Debeaux, Fl. de Tchefou 35 (1877); *Hypericum perforatum* var. *microphyllum* H. Lév., Bull. Soc. Bot. France 54: 595 (1907).

河北、山西、山东、河南、陕西、甘肃、新疆、江苏、江西、湖南、湖北、四川、贵州、云南；蒙古国、印度、中东、吉尔吉斯斯坦、哈萨克斯坦、俄罗斯、大西洋诸岛、欧洲、非洲；世界各地引种。

中国金丝桃（贯叶连翘，小金丝桃，小叶金丝桃）

Hypericum perforatum subsp. **chinense** N. Robson, Bull. Nat. Hist. Mus. London, Bot. 32 (2): 101 (2002).

河北、山西、山东、河南、甘肃、江苏、江西、湖南、湖北、四川、贵州、云南；日本引种。

准噶尔金丝桃

Hypericum perforatum subsp. **songaricum** (Ledeb. ex Rchb.) N. Robson, Bull. Nat. Hist. Mus. London, Bot. 32 (2): 95 (2002).

Hypericum songaricum Ledeb. ex Rchb., Iconogr. Bot. Pl. Crit. 3: 72 (1825); *Hypericum perforatum* var. *songaricum* (Ledeb. ex Rchb.) K. Koch., Linnaea 15: 714 (1841).

新疆；吉尔吉斯斯坦、哈萨克斯坦、俄罗斯、乌克兰、欧洲东南部。

短柄小连翘

Hypericum petiolulatum Hook. f. et Thomson ex Dyer, Fl. Brit. Ind. 1 (2): 255 (1874).

河南、陕西、江西、湖南、湖北、四川、贵州、云南、西藏、福建、广西；越南北部、缅甸、不丹、尼泊尔、印度。

短柄小连翘（原亚种）

Hypericum petiolulatum subsp. **petiolulatum**

Hypericum petiolulatum var. *orbiculatum* Franch., Bull. Soc. Bot. France 33: 437 (1886); *Hypericum thomsonii* R. Keller, Bot. Jahrb. Syst. 33 (4-5): 552 (1904).

四川、云南、西藏；缅甸、不丹、尼泊尔、印度。

云南小连翘

Hypericum petiolulatum subsp. **yunnanense** (Franch.) N. Robson, Blumea 20: 262 (1972).

Hypericum yunnanense Franch., Bull. Soc. Bot. France 33: 437 (1886); *Hypericum pseudopetiolatum* var. *grandiflorum* Pamp., Nuovo Giorn. Bot. Ital., n. s. 17 (4): 672 (1910); *Hypericum pseudopetiolatum* R. Keller var. *grandiflorum* Pamp., Nuovo Giorn. Bot. Ital., n. s. 17 (4): 672 (1910); *Hypericum mairei* H. Lév., Repert. Spec. Nov. Regni Veg. 11 (286-290): 298 (1912); *Hypericum centiflorum* H. Lév., Bull. Géogr. Bot. 25: 23 (1915); *Hypericum qinlingense* X. C. Du et Y. Ren, Novon 15 (2): 274, pl. 1 (2005).

河南、陕西、江西、湖南、湖北、四川、贵州、云南、福建、广西；越南。

大叶金丝桃（瘦黄狗，三黄筋）

●**Hypericum prattii** Hemsl., J. Linn. Soc., Bot. 29 (202): 303 (1892).

湖北、四川。

突脉金丝桃（王不留行，老君茶，大花金丝桃）

●**Hypericum przewalskii** Maxim, Bull. Acad. Imp. Sci. Saint-Pétersbourg 27 (4): 431 (1881).

Hypericum chinense var. *minutum* R. Keller, Bot. Jahrb. Syst. 33 (4-5): 548 (1904); *Hypericum obtusifolium* R. Keller, Bot. Jahrb. Syst. 33 (4-5): 551 (1904); *Hypericum pedunculatum* R. Keller, Bot. Jahrb. Syst. 33 (4-5): 549 (1904); *Hypericum biondii* R. Keller, Bot. Jahrb. Syst. 33 (4-5): 551 (1904); *Hypericum macrosepalum* Rehder, Pl. Wilson. 3 (3): 451 (1917).

河南、陕西、甘肃、青海、湖北、四川、云南。

北栽秧花

●**Hypericum pseudohenryi** N. Robson, J. Roy. Hort. Soc. 95: 493 (1970).

四川、云南。

短柄金丝桃

●**Hypericum pseudopetiolatum** R. Keller, Bull. Herb. Boissier. 5: 638 (1897).

台湾。

匍枝金丝桃

Hypericum reptans Hook. f. et Thomson ex Dyer, Fl. Brit. Ind. 1 (2): 255 (1874).

云南、西藏；缅甸、尼泊尔、印度。

安龙金丝桃（新拟）

●**Hypericum rotundifolium** N. Robson, Phytotaxa. 72: 17 (2012).

贵州。

糙枝金丝桃

Hypericum scabrum L., Cent. Pl. I 25 (1755).

Hypericum asperum Ledeb., Icon. Pl. 1: 6, pl. 17 (1829); *Drosanthe scabra* (L.) Spach, Ann. Sci. Nat., Bot. II 5: 355 (1836).

新疆；巴基斯坦、阿富汗、塔吉克斯坦、吉尔吉斯斯坦、哈萨克斯坦、土库曼斯坦、亚洲西南部、欧洲东南部。

密腺小连翘（小叶连翘，大叶防风，无宝草）

Hypericum seniawinii Maxim., Bull. Acad. Imp. Sci. Saint-Pétersbourg 27 (4): 434 (1882).

Hypericum lateriflorum H. Lév., Bull. Soc. Agric. Sarthe 39: 322 (1904); *Hypericum lianzhouense* subsp. *guangdongense* L. H. Wu et D. P. Yang, Acta Bot. Yunnan. 24 (5): 610 (2002); *Hypericum lianzhouense* L. H. Wu et D. P. Yang, Acta Bot. Yunnan. 24 (5): 609, f. 1 (2002).

河南、安徽、浙江、江西、湖南、湖北、四川、贵州、福建、广东、广西；越南。

星萼金丝桃（鸡蛋黄）

●**Hypericum stellatum** N. Robson, J. Roy. Hort. Soc. 95: 493, f. 237 (1970).

四川。

方茎金丝桃

●**Hypericum subalatum** Hayata, J. Coll. Sci. Imp. Univ. Tokyo 30 (1): 41 (1911).

Hypericum kushakuense R. Keller, Bot. Jahrb. Syst. 58 (2): 191 (1923); *Takasagoya subalata* (Hayata) Y. Kimura, Bot. Mag. (Tokyo) 50 (597): 500 (1936).

台湾。

川陕遍地金

●**Hypericum subcordatum** (R. Keller) N. Robson, Bull. Nat. Hist. Mus. London, Bot. 31 (2): 78, f. 14 C, map 11 (2001).

Hypericum thomsonii var. *subcordatum* R. Keller, Bot. Jahrb. Syst. 33 (4-5): 553 (1904); *Hypericum petiolulatum* var. *subcordatum* (R. Keller) H. Lév., Bull. Soc. Bot. France 54: 594 (1908).

陕西、四川。

近无柄金丝桃

●**Hypericum subsessile** N. Robson, Bull. Brit. Mus. (Nat. Hist.), Bot. 12 (4): 239 (1985).

四川、云南。

台湾小连翘（台粤小连翘）

Hypericum taihezanense Sasaki ex S. Suzuki, Trans. Nat. Hist. Soc. Taiwan 20: 239 (1930).

Hypericum pseudopetiolatum var. *taihezanense* (Sasaki ex S. Suzuki) Y. Kimura, J. Jap. Bot. 15: 269 (1939).

台湾、广东；菲律宾、马来西亚、印度尼西亚。

三核遍地金

Hypericum trigonum Hand.-Mazz., Symb. Sin. 7 (2): 403, taf. 8, pl. 6 (1931).

云南；缅甸、印度。

匙萼金丝桃

Hypericum uralum Buch.-Ham. et D. Don, Bot. Mag. 50, pl. 2375 (1823).

Hypericum patulum var. *attenuatum* Choisy, Prodr. 1: 545 (1824); *Norysca urala* (Buch.-Ham. et D. Don) K. Koch, Hort. Dendrol. 66 (1853); *Hypericum ramosissimum* K. Koch, Dendrologie 1: 497 (1869); *Hypericum patulum* var. *uralum* (Buch.-Ham. ex D. Don) Koehne, Deut. Dendrol. 415 (1893).

云南、西藏；缅甸北部、不丹、尼泊尔、印度东北部、巴基斯坦。

漾濞金丝桃

Hypericum wardianum N. Robson, Acta Phytotax. Sin. 43: 273 (2005).

云南；缅甸。

遍地金（对叶草，对对草，小疳药）

Hypericum wightianum Wall. ex Wight et Arn., Prodr. Fl. Ind. Orient. 1: 99 (1834).

Hypericum bodinieri H. Lév. et Vaniot, Bull. Soc. Agric. Sarthe 39: 322 (1904); *Hypericum delavayi* R. Keller, Bot. Jahrb. Syst. 44 (1): 49 (1910).

四川、重庆、贵州、云南、西藏、广西；老挝、缅甸、泰国、不丹、印度、斯里兰卡。

川鄂金丝桃（地马桑）

●**Hypericum wilsonii** N. Robson, J. Roy. Hort. Soc. 95: 492 (1970).

湖南、湖北。

惠林花属 **Lianthus** N. Robson

惠林花（椭圆叶金丝桃）

●**Lianthus ellipticifolium** (H. L. Li) N. Robson, Bull. Nat. Hist. Mus. London, Bot. 31 (2): 38, f. 1, map 1 (2001).

Hypericum ellipticifolium H. L. Li, J. Arnold Arbor. 25 (3): 307 (1944).

云南。

三腺金丝桃属 **Triadenum** Raf.

三腺金丝桃

Triadenum breviflorum (Wall. ex Dyer) Y. Kimura, Nov. Fl. Jap. 10: 79 (1951).

Hypericum breviflorum Wall. ex Dyer, Fl. Brit. Ind. 1 (2): 257 (1874).

安徽、江苏、浙江、江西、湖南、湖北、云南、台湾；印度。

红花金丝桃

Triadenum japonicum (Blume) Makino, Nippon Shokobutsu-Zukwan 326, f. 629 (1925).

Elodea japonica Blume, Mus. Bot. 2: 15 (1852); *Elodea virginica* var. *asiatica* Maxim., Mélanges Biol. Bull. Phys.-Math. Acad. Imp. Sci. Saint-Pétersbourg 11: 236 (1881); *Hypericum virginicum* var. *asiatica* (Maxim.) Yatabe, Bot. Mag. (Tokyo) 6 (59): 25 (1892); *Hypericum fauriei* R. Keller, Bull. Herb. Boissier 5: 637 (1897); *Triadenum asiaticum* (Maxim.) Kom., Fl. Mansh. 3: 45 (1905); *Elodea virginica* var. *japonica* (Blume) Makino, Bot. Mag. (Tokyo) 19: 68 (1905); *Hypericum asiaticum* (Maxim.) Nakai, Fl. Kor. 1: 97 (1909); *Hypericum virginicum* var. *japonicum* (Blume) Matsum., Meded. Bot. Mus. Herb. Rijks Univ. Utrecht (1912); *Triadenum japonicum* f. *asiaticum* (Maxim.) Y. Kimura, J. Indian Bot. Soc. (1936).

黑龙江、吉林；日本、朝鲜、俄罗斯（远东地区）。

142. 牻牛儿苗科 GERANIACEAE
[3 属：62 种]

牻牛儿苗属 **Erodium** L'Hér. ex Aiton

芹叶牻牛儿苗

Erodium cicutarium (L.) L'Hér. ex Aiton, Hortus Kew. (W. Aiton) 2: 414 (1789).

Geranium cicutarium L., Sp. Pl. 2: 680 (1753).

黑龙江、吉林、辽宁、内蒙古、河北、山西、山东、河南、陕西、甘肃、新疆、安徽、江苏、四川、西藏、福建、台湾；印度、巴基斯坦、阿富汗、塔吉克斯坦、吉尔吉斯斯坦、哈萨克斯坦、乌兹别克斯坦、土库曼斯坦、俄罗斯、亚洲西南部、欧洲、非洲北部。

尖喙牻牛儿苗

Erodium oxyrhinchum M. Bieb., Fl. Taur.-Caucas. 2: 133 (1808).

Erodium hoefftianum C. A. Mey., Mém. Acad. Imp. Sci. Saint-Pétersbourg, sér. 6, Sci. Math., Seconde Pt. Sci. Nat. 7: 3 (1855).

新疆；阿富汗、哈萨克斯坦、吉尔吉斯斯坦、巴基斯坦、塔吉克斯坦、土库曼斯坦、乌兹别克斯坦、亚洲西部。

牻牛儿苗（太阳花）

Erodium stephanianum Willd., Sp. Pl., ed. 4 3: 625 (1800).

Geranium multifidium Patrin ex DC., Prodr. (DC.) 1: 645, n. 11 (1824); *Geranium stephanianum* Poir., Encycl. Suppl. 2: 741 (1881).

黑龙江、吉林、辽宁、内蒙古、河北、山西、山东、河南、陕西、宁夏、甘肃、青海、新疆、安徽、江苏、江西、湖南、湖北、四川、贵州、西藏；蒙古国、朝鲜、尼泊尔、巴基斯坦、阿富汗、吉尔吉斯斯坦、克什米尔、俄罗斯。

藏牻牛儿苗

Erodium tibetanum Edgew., Fl. Brit. Ind. 1 (2): 434 (1874).
内蒙古、甘肃、新疆、西藏；蒙古国、塔吉克斯坦、克什米尔。

老鹳草属　Geranium L.

白花老鹳草

Geranium albiflorum Ledeb., Ic. Pl. Fl. Ross. 1: 6 (1829).
新疆；蒙古国、吉尔吉斯斯坦、哈萨克斯坦、俄罗斯、欧洲东部。

卡玛老鹳草

●**Geranium camaense** C. C. Huang, Fl. Xizang. 3: 10 (1986).
西藏。

灰紫老鹳草

●**Geranium canopurpureum** Yeo, Edinburgh J. Bot. 49 (2): 138, f. 3 (1992).
云南。

野老鹳草

Geranium carolinianum L., Sp. Pl. 2: 682 (1753).
安徽、江苏、浙江、江西、湖南、湖北、四川、重庆、云南、福建、台湾、广西；北美洲。

大姚老鹳草（腺毛老鹳草）

●**Geranium christensenianum** Hand.-Mazz., Symb. Sin. 7 (3): 621, pl. 9, f. 2 (1933).
四川、云南。

丘陵老鹳草

Geranium collinum Stephan ex Willd., Sp. Pl. 3 (1): 705 (1800).
新疆；蒙古国、尼泊尔、巴基斯坦、阿富汗、塔吉克斯坦、吉尔吉斯斯坦、哈萨克斯坦、乌兹别克斯坦、土库曼斯坦、俄罗斯、亚洲西部、欧洲。

白河块根老鹳草（粗根老鹳草，长白老鹳草）

Geranium dahuricum DC., Prodr. (DC.) 1: 642 (1824).
Geranium paishanense Y. L. Cheng, Fl. Pl. Herb. Chin. Bor.-Or. 6: 291 (1977); *Geranium dahuricum* var. *baiheense* Z. H. Lu et Y. C. Zhu, Bull. Bot. Res. 14 (4): 359 (1994); *Geranium dahuricum* var. *paishanense* (Y. L. Cheng) C. C. Huang et L. R. Xu, Fl. Reipubl. Popularis Sin. 43 (1): 64 (1998).
黑龙江、吉林、辽宁、内蒙古、河北、山西、河南、陕西、宁夏、甘肃、青海、新疆、四川、西藏；蒙古国、朝鲜、俄罗斯。

齿托紫地榆（苍山紫地榆，五叶老鹳草，更里倒座草）

●**Geranium delavayi** Franch., Bull. Soc. Bot. France 33: 442 (1886).
Geranium forrestii R. Knuth in Engler, Pflanzenr. IV. 129 (Heft 53): 578 (1912); *Geranium kariense* R. Knuth in Engler, Pflanzenr. IV. 129 (Heft 53): 577 (1912); *Geranium limprichtii* Lingelsh. et Borza, Repert. Spec. Nov. Regni Veg. 13 (370-372): 387 (1914); *Geranium calanthum* Hand.-Mazz., Anz. Akad. Wiss. Wien, Math.-Naturwiss. Kl. 62: 224 (1925).
四川、云南。

叉枝老鹳草

Geranium divaricatum Ehrh., Beitr. Naturk. 7: 164 (1792).
新疆；塔吉克斯坦、吉尔吉斯斯坦、哈萨克斯坦、乌兹别克斯坦、土库曼斯坦、亚洲西部、欧洲。

长根老鹳草（高山老鹳草）

Geranium donianum Sweet, Geraniaceae 4, sub pl. 338 (1827).
Geranium stenorrhirum Stapf, Curtis's Bot. Mag. pl. 9092 (1926); *Geranium stapfianum* Hand.-Mazz., Symb. Sin. 7 (3): 620 (1933).
甘肃、青海、四川、云南、西藏；不丹、尼泊尔、印度。

东北老鹳草

Geranium erianthum DC., Prodr. (DC.) 1: 641 (1824).
Geranium eriostemon var. *orientale* Maxim., Bull. Acad. Imp. Sci. Saint-Pétersbourg 26: 464 (1880); *Geranium orientale* (Maxim.) Freyn, Oesterr. Bot. Z. 52: 18 (1902); *Geranium gorbizense* Aedo et Muñoz Garm., Kew Bull. 52 (3): 725 (1997).
黑龙江、吉林；日本、俄罗斯、北美洲。

圆柱根老鹳草

●**Geranium farreri** Stapf, Bot. Mag. 151, pl. 9092 (1926).
甘肃、四川。

腺灰岩紫地榆（灰岩紫地榆）

●**Geranium franchetii** R. Knuth in Engler, Pflanzenr. IV. 129 (Heft 53): 177 (1912).
Geranium strigellum R. Knuth, Repert. Spec. Nov. Regni Veg. 19 (544-545): 230 (1923); *Geranium franchetii* var. *glandulosum* Z. M. Tan, Bull. Bot. Res. 6 (2): 53, pl. 5, f. 1-9 (1986).
湖北、四川、重庆、贵州、云南。

单花老鹳草

●**Geranium hayatanum** Ohwi, Acta Phytotax. Geobot. 2 (3): 152 (1933).
Geranium uniflorum Hayata, J. Coll. Sci. Imp. Univ. Tokyo 25 (19): 65 (1908); *Geranium solitarium* Z. M. Tan, Acta Phytotax. Sin. 33 (6): 608 (1995).
四川、台湾。

大花老鹳草

Geranium himalayense Klotzsch, Bot. Ergebn. Reise Waldemar 122, pl. 16 (1862).

Geranium grandiflorum Edgew., Trans. Linn. Soc. London 22: 42 (1846); *Geranium meeboldii* Briq., Annuaire Conserv. Jard. Bot. Geneve 11-12: 184 (1908).

西藏；尼泊尔、印度、巴基斯坦、阿富汗、克什米尔。

刚毛紫地榆（阔裂紫地榆，糙毛老鹳草）

●**Geranium hispidissimum** (Franch.) R. Knuth in Engler, Pflanzenr. IV. 129 (Heft 53): 183 (1912).

Geranium strigosum var. *hispidissimum* Franch., Pl. Delavay. 113 (1889); *Geranium strigosum* var. *platylobum* Franch., Pl. Delavay. 113 (1889); *Geranium platylobum* (Franch.) R. Knuth in Engler, Pflanzenr. IV. 129 (Heft 53): 183 (1912).

四川、云南、西藏。

朝鲜老鹳草

Geranium koreanum Kom., Trudy Imp. S.-Peterburgsk. Bot. Sada 18 (6): 433 (1901).

Geranium tsingtauense Y. Yabe, Prelim. Rep. Fl. Tsingtau-tau 70 (1918); *Geranium lauschanense* R. Knuth, Repert. Spec. Nov. Regni Veg. 28 (751-755): 6 (1930); *Geranium tsingtauense* Y. Yabe f. *album* F. Z. Li, Acta Phytotax. Sin 22 (2): 152 (1984).

辽宁、山东；朝鲜。

突节老鹳草

Geranium krameri Franch. et Sav., Enum. Pl. Jap. 2 (2): 306 (1878).

Geranium sieboldii Maxim., Bull. Acad. Imp. Sci. Saint-Pétersbourg 26 (3): 458 (1880).

黑龙江、吉林、辽宁；日本、朝鲜、俄罗斯。

吉隆老鹳草

Geranium lambertii Sweet, Hort. Brit. 492 (1827).

Geranium grevilleanum Wall., Pl. Asiat. Rar. 3: 4 (1831); *Geranium chumbiense* R. Knuth, Repert. Spec. Nov. Regni Veg. 19: 228 (1923).

西藏；不丹、尼泊尔、印度、巴基斯坦、克什米尔。

球根老鹳草

Geranium linearilobum DC., Fl. Franc. 4: 629 (1815).

Geranium tuberusum var. *transversal* Kar. et Kir., Bull. Soc. Imp. Naturalistes Moscou 15: 176 (1842); *Geranium transversal* (Kar. et Kir.) Vved. ex Pavlov, Fl. Kamtschatka 2: 429 (1934); *Geranium linearilobum* subsp. *transversale* (Kar. et Kir.) P. H. Davis, Israel J. Bot. 19 (2-3): 105 (1970).

新疆；塔吉克斯坦、吉尔吉斯斯坦、哈萨克斯坦、乌兹别克斯坦。

兴安老鹳草

Geranium maximowiczii Regel et Maack, Tent. Fl. Ussur. 38, pl. 3, f. 4-6 c, f, g (1861).

Geranium hattae Nakai, Bot. Mag. (Tokyo) 26: 263 (1912); *Geranium wlassovianum* var. *hattae* (Nakai) Z. H. Lu, Bull. Bot. Res., Harbin 14 (4): 360 (1994).

黑龙江、吉林、内蒙古；朝鲜、俄罗斯。

软毛老鹳草

Geranium molle L., Sp. Pl. 2: 682 (1753).

台湾；阿富汗、克什米尔、俄罗斯、亚洲西部、欧洲、非洲北部。

宝兴老鹳草

●**Geranium moupinense** Franch., Nouv. Arch. Mus. Hist. Nat. sér. 2 8 (2): 208 (1886).

Geranium ascendens Z. M. Tan, Bull. Bot. Lab. N. E. Forest. Inst., Harbin 10 (1): 23 (1990).

四川。

萝卜根老鹳草

●**Geranium napuligerum** Franch., Pl. Delavay. 115 (1889).

甘肃、青海、四川、云南。

尼泊尔老鹳草（金川老鹳草，少花老鹳草）

Geranium nepalense Sweet, Geraniaceae 1, pl. 12 (1820).

Geranium lavergneanum H. Lév., Bull. Soc. Agric. Sarthe 39: 319 (1904); *Geranium lavergneanum* var. *cinerascens* H. Lév., Bull. Soc. Agric. Sarthe 39: 319 (1904); *Geranium fangii* R. Knuth, Repert. Spec. Nov. Regni Veg. 40 (1031-1039): 218 (1936); *Geranium oliganthum* C. C. Huang, Acta Phytotax. Sin. 1 (2): 161, pl. 9 (1951); *Geranium jinchuanense* Z. M. Tan, Bull. Bot. Res., Harbin 14 (3): 232 (1994); *Geranium nepalense* var. *oliganthum* (C. C. Huang) C. C. Huang et L. R. Xu, Fl. Reipubl. Popularis Sin. 43 (1): 35 (1998).

河北、北京、山西、陕西、甘肃、青海、江西、湖南、湖北、四川、贵州、云南、西藏、广西；越南、老挝、缅甸、泰国、印度尼西亚、不丹、尼泊尔、印度、巴基斯坦、斯里兰卡、阿富汗、克什米尔。

二色老鹳草

Geranium ocellatum Cambess. in Jacquem., Voy. Inde 4 (Bot.): 33 (1844).

Geranium ocellatum var. *yunnanense* R. Knuth in Engler, Pflanzenr. IV. 129 (Heft 53): 62 (1912); *Geranium tapintzense* C. C. Huang, Notes Roy. Bot. Gard. Edinburgh 42 (2): 326 (1985); *Geranium kweichowense* C. C. Huang, Notes Roy. Bot. Gard. Edinburgh 42 (2): 325 (1985).

四川、贵州、云南、广西；尼泊尔、印度、巴基斯坦、阿富汗、克什米尔、亚洲西部、非洲。

毛蕊老鹳草

Geranium platyanthum Duthie, Gard. Chron. ser. 3 39: 52 (1906).

Geranium eriostemon Fisch. ex DC., Prodr. (DC.) 1: 641 (1824).

黑龙江、吉林、辽宁、内蒙古、河北、山西、宁夏、甘肃、青海、湖北、四川；蒙古国、朝鲜、俄罗斯。

塔氏老鹳草（宽肾叶老鹳草）

●**Geranium platyrenifolium** Z. M. Tan, Bull. Bot. Res., Harbin 6 (2): 52, pl. 4 (1986).

Geranium trifoliatum Z. M. Tan, Bull. Bot. Res., Harbin 14 (3): 231, f. 1 (1994); *Geranium tanii* Aedo et Munoz Garm., Novon 6 (3): 229 (1996).

四川。

髯毛老鹳草

●**Geranium pogonanthum** Franch., Pl. Delavay. 111 (1889).

Geranium palustre var. *stipulaceum* Franch., Pl. Delavay. 109 (1889); *Geranium meiguense* Z. M. Tan, Bull. Bot. Res., Harbin 6 (2): 47 (1986); *Geranium lankongense* H. W. Li, Vasc. Pl. Hengduan Mount. 1: 1028 (1993).

四川、云南。

多花老鹳草

Geranium polyanthes Edgew. et Hook. f., Fl. Brit. Ind. 1 (2): 431 (1875).

四川、云南、西藏；不丹、尼泊尔、印度。

草地老鹳草（草甸老鹳草）

Geranium pratense L., Sp. Pl. 2: 681 (1753).

Geranium affine Ledeb., Ic. Pl. Fl. Ross. 4: 20, pl. 371 (1833); *Geranium transbaicalicum* Serg., Sist. Zametki Mater. Gerb. Krylova Tomsk. Gosud. Univ. Kuybysheva 1: 4 (1934); *Geranium pratense* var. *affine* (Ledeb.) C. C. Huang et L. R. Xu, Fl. Reipubl. Popularis Sin. 43 (1): 59, pl. 16, f. 6-11 (1998).

内蒙古、山西、甘肃、青海、新疆、四川、西藏；蒙古国、尼泊尔、巴基斯坦、阿富汗、塔吉克斯坦、吉尔吉斯斯坦、哈萨克斯坦、乌兹别克斯坦、土库曼斯坦、克什米尔、俄罗斯、欧洲。

蓝花老鹳草

Geranium pseudosibiricum J. Mayer, Abh. Böhm. Ges. Wiss. 238 (1786).

新疆；蒙古国、哈萨克斯坦、欧洲。

矮老鹳草

Geranium pusillum L., Syst. Nat., ed. 10 2: 1144 (1759).

台湾；阿富汗、塔吉克斯坦、吉尔吉斯斯坦、哈萨克斯坦、乌兹别克斯坦、土库曼斯坦、克什米尔、俄罗斯、亚洲西部、欧洲。

甘青老鹳草（川西老鹳草）

●**Geranium pylzowianum** Maxim., Bull. Acad. Imp. Sci. Saint-Pétersbourg 26 (3): 452, 466 (1880).

Geranium orientali-tibeticum R. Knuth, Repert. Spec. Nov. Regni Veg. 19 (544-545): 230 (1923).

陕西、宁夏、甘肃、青海、四川、云南、西藏。

直立老鹳草

Geranium rectum Trautv., Bull. Soc. Imp. Naturalistes Moscou 33 (1): 459 (1860).

新疆；巴基斯坦、吉尔吉斯斯坦、哈萨克斯坦、克什米尔。

反瓣老鹳草（黑蕊老鹳草）

●**Geranium refractum** Edgew. et Hook. f., Fl. Brit. Ind. 1 (2): 428 (1874).

Geranium melanandrum Franch., Pl. Delavay. 112 (1889); *Geranium batangense* Pax et K. Hoffm., Repert. Spec. Nov. Regni Veg. Beih. 12: 430 (1922); *Geranium refractoides* Pax et K. Hoffm., Repert. Spec. Nov. Regni Veg. Beih. 12: 430 (1922); *Geranium angustilobum* Z. M. Tan, Bull. Bot. Res., Harbin 6 (2): 48 (1986).

四川、云南、西藏。

汉荭鱼腥草（纤细老鹳草）

Geranium robertianum L., Sp. Pl. 2: 681 (1753).

Geranium eriophorum H. Lév., Bull. Soc. Agric. Sarthe 59: 319 (1904).

浙江、湖南、湖北、四川、贵州、云南、西藏、台湾；日本、朝鲜、尼泊尔、巴基斯坦、塔吉克斯坦、吉尔吉斯斯坦、哈萨克斯坦、乌兹别克斯坦、土库曼斯坦、俄罗斯、亚洲西部、欧洲、非洲。

湖北老鹳草（杜氏老鹳草，金佛山老鹳草，掌裂老鹳草，破骨风）

●**Geranium rosthornii** R. Knuth in Engler, Pflanzenr. IV. 129 (Heft 53): 180 (1912).

Geranium henryi R. Knuth, Repert. Spec. Nov. Regni Veg. 19 (544-545): 228 (1923); *Geranium hupehanum* R. Knuth, Repert. Spec. Nov. Regni Veg. 19 (544-545): 231 (1923); *Geranium wilsonii* R. Knuth, Repert. Spec. Nov. Regni Veg. 19 (544-545): 321 (1923); *Geranium pseudofarreri* Z. M. Tan, Bull. Bot. Lab. N. E. Forest. Inst., Harbin 6 (2): 50 (1986); *Geranium yuexiense* Z. M. Tan, Bull. Bot. Lab. N. E. Forest. Inst., Harbin 6 (2): 55 (1986); *Geranium butuoense* Z. M. Tan, Bull. Bot. Res., Harbin 10 (1): 26, f. 2 (1990); *Geranium duclouxii* Yeo, Edinburgh J. Bot. 49 (2): 148, f. 5 (1992).

山东、河南、陕西、甘肃、安徽、湖北、四川、贵州、云南。

圆叶老鹳草

Geranium rotundifolium L., Sp. Pl. 2: 683 (1753).

新疆；巴基斯坦、阿富汗、塔吉克斯坦、吉尔吉斯斯坦、哈萨克斯坦、乌兹别克斯坦、土库曼斯坦、克什米尔、亚洲西部、欧洲、非洲。

红叶老鹳草

●**Geranium rubifolium** Lindl., Edward's Bot. Reg. 26, pl. 67 (1840).

西藏。

岩生老鹳草

Geranium saxatile Kar. et Kir., Bull. Soc. Imp. Naturalistes Moscou 15 (1): 177 (1842).

新疆；塔吉克斯坦、吉尔吉斯斯坦、哈萨克斯坦、乌兹别克斯坦、土库曼斯坦。

陕西老鹳草

●**Geranium shensianum** R. Knuth, Repert. Spec. Nov. Regni Veg. 28 (751-755): 5 (1930).

Geranium retectum Yeo, Edinburgh J. Bot. 49 (2): 179, f. 9 (1992).

陕西、四川。

鼠掌老鹳草

Geranium sibiricum L., Sp. Pl. 2: 683 (1753).

黑龙江、吉林、辽宁、内蒙古、河北、山西、山东、河南、陕西、宁夏、甘肃、青海、新疆、江西、湖南、湖北、四川、贵州、云南、西藏、广西；蒙古国、日本、朝鲜、巴基斯坦、阿富汗、塔吉克斯坦、吉尔吉斯斯坦、哈萨克斯坦、乌兹别克斯坦、土库曼斯坦、俄罗斯、亚洲西部、欧洲。

中华老鹳草（观音倒座草，松林倒座草）

●**Geranium sinense** R. Knuth in Engler, Pflanzenr. IV. 129 (Heft 53): 577 (1912).

Geranium platypetalum Franch., Pl. Delavay. 3 (1889), *nom. illeg*; *Geranium mairei* H. Lév., Repert. Spec. Nov. Regni Veg. 12 (325-330): 282 (1913); *Geranium pinetorum* Hand.-Mazz., Symb. Sin. 7 (3): 619 (1933); *Geranium terminale* Z. M. Tan, Bull. Bot. Res., Harbin 6 (2): 53, pl. 6 (1986).

四川、云南。

线裂老鹳草

Geranium soboliferum Kom., Trudy Imp. S.-Peterburgsk. Bot. Sada 18 (6): 433 (1901).

黑龙江、吉林；日本、朝鲜、俄罗斯。

紫地榆（隔山消，直柄老鹳草）

●**Geranium strictipes** R. Knuth in Engler, Pflanzenr. IV. 129 (Heft 53): 581 (1912).

Geranium strigosum Franch., Bull. Soc. Bot. France 33: 442 (1886) (*nom. illeg.*); *Geranium strigosum* var. *grandiflorum* Franch., Pl. Delavay. 113 (1889); *Geranium strigosum* var. *gracile* Franch., Pl. Delavay. 113 (1889); *Geranium strictipes* var. *grandiflorum* (Franch.) C. Y. Wu, Index Fl. Yunnan. 1: 297 (1984).

四川、云南。

中日老鹳草

Geranium thunbergii Siebold ex Lindl. et Paxton, Paxton's Fl. Gard. 1 (12): 186, f. 115 (1851).

Geranium nepalense var. *thunbergii* (Siebold ex Lindl. et Paxton) Kudô, Medic. Pl. Hokkaido pl. 55 (1922).

河北、陕西、安徽、浙江、江西、湖南、湖北、福建、台湾、广东；日本、朝鲜、俄罗斯。

伞花老鹳草（白隔山消）

●**Geranium umbelliforme** Franch., Bull. Soc. Bot. France 33: 443 (1886).

四川、云南。

宽托叶老鹳草（无腺老鹳草）

Geranium wallichianum D. Don ex Sweet, Geraniaceae 1, pl. 90 (1821).

西藏；尼泊尔、印度、巴基斯坦、阿富汗、克什米尔。

老鹳草

Geranium wilfordii Maxim., Bull. Acad. Imp. Sci. Saint-Pétersbourg 26 (3): 453 (1880).

Geranium chinense Migo, J. Shanghai Sci. Inst. Sect. 3 3: 95 (1935); *Geranium wilfordii* var. *schizopetalum* F. Z. Li, Acta Phytotax. Sin. 22 (2): 152 (1984); *Geranium wilfordii* var. *glandulosum* Z. M. Tan, Bull. Bot. Res., Harbin 6 (2): 56, pl. 8, f. 1-9 (1986).

黑龙江、吉林、辽宁、内蒙古、河北、河南、陕西、甘肃、安徽、江苏、江西、湖南、湖北、贵州、福建；日本、朝鲜、俄罗斯、欧洲。

灰背老鹳草

Geranium wlassowianum Fisch. ex Link, Enum. Hort. Berol. Alt. 2: 197 (1822).

黑龙江、吉林、辽宁、内蒙古、河北、山西、山东、河南；蒙古国、朝鲜、俄罗斯。

雅安老鹳草

●**Geranium yaanense** Z. M. Tan, Acta Phytotax. Sin. 33 (6): 611 (1995).

四川。

云南老鹳草（滇紫地榆，毫白紫地榆）

●**Geranium yunnanense** Franch., Pl. Delavay. 114 (1889).

Geranium candicans R. Knuth in Engler, Pflanzenr. IV. 129 (Heft 53): 580 (1912).

四川、云南。

天竺葵属 **Pelargonium** L'Hér. ex Aiton

家天竺葵（大花天竺葵，洋蝴蝶）

☆**Pelargonium domesticum** L. H. Bailey, Stand. Cycl. Hort. 2532 (1916).

中国北方常见栽培；非洲。

香叶天竺葵

☆**Pelargonium graveolens** L'Hér. et Aiton, Hort. Kew. 2: 423 (1789).

中国广泛栽培；非洲。

天竺葵

☆**Pelargonium hortorum** L. H. Bailey, Stand. Cycl. Hort. 2531 (1916).

中国广泛栽培；非洲。

盾叶天竺葵

☆**Pelargonium peltatum** (L.) L'Hér., Hort. Kew. 2: 427 (1789).

Geranium peltatum L., Sp. Pl. 2: 678 (1753).

中国广泛栽培；非洲。

菊叶天竺葵

☆**Pelargonium radula** L'Hér., Geraniologia t. 16 (1792).

Geranium radula Cav., Diss. 4, Quarta Diss. Bot. 262 (1787).

中国广泛栽培；非洲。

143. 使君子科 COMBRETACEAE

[6 属：19 种]

榆绿木属 Anogeissus (DC.) Wall. ex Guill., Perr. et A. Rich.

榆绿木

Anogeissus acuminata (Roxb. ex DC.) Guill., Perr. et A. Rich., Fl. Seneg. Tent. 1: 280 (1832).

Conocarpus acuminatus Roxb. ex DC., Prodr. 3: 16 (1828); *Anogeissus acuminata* var. *lanceolata* Wall. ex C. B. Clarke, Fl. Brit. Ind. 2 (5): 451 (1878); *Anogeissus harmandii* Pierre, Pl. Util. Col. Franc. 315 (1886); *Anogeissus lanceolata* (Wall. ex C. B. Clarke) Wall. ex Prain, Bengal Pl. 1: 480 (1903); *Anogeissus pierrei* Gagnep., Notul. Syst. (Paris) 3: 280 (1914); *Anogeissus tonkinensis* Gagnep., Notul. Syst. (Paris) 3: 281 (1916).

云南；越南、老挝、缅甸、泰国、柬埔寨、印度、孟加拉国。

风车子属 Combretum Loefl.

风车子（华风车子，使君子藤）

●**Combretum alfredii** Hance, J. Bot. 9 (101): 131 (1871).

Combretum kwangsiense H. L. Li, J. Arnold Arbor. 24 (4): 450 (1943).

江西、湖南、广东、广西。

西南风车子（元江风车子，十蕊风车子）

Combretum griffithii Van Heurck et Müll. Arg. in Van Heurck, Observ. Bot. 5: 231 (1871).

云南、广西；越南、老挝、缅甸、泰国、马来西亚、不丹、印度、孟加拉国。

西南风车子（原变种）

Combretum griffithii var. **griffithii**

Combretum decandrum Roxb., Pl. Coromandel 1: 43, pl. 59 (1796); *Combretum roxburghii* Spreng., Syst. Veg. 2: 331 (1825); *Poivrea roxburghii* DC., Prodr. Syst. 3: 18 (1828); *Pentaptera roxburghii* Tul., Ann. Soc. Nat., Bot. sér. 4 6: 84 (1856); *Combretum dasystachyum* Kurz., J. Asiat. Soc. Bengal, Pt. 2, Nat. Hist. 43 (3): 187 (1874); *Combretum yuankiangense* C. C. Huang et S. C. Huang ex T. Z. Hsu, Fl. Yunnan. 1: 93, pl. 23, 7 (1977); *Combretum wallichii* var. *griffithii* (Van Heurck et Müll. Arg.) M. G. Gangop. et Chakrab., J. Econ. Taxon. Bot.

17: 681 (1993).

云南；孟加拉国、不丹、印度、老挝、马来西亚、缅甸、泰国、越南。

云南风车子

Combretum griffithii var. **yunnanense** (Exell) Turland et C. Chen, Fl. China 13: 320 (2007).

Combretum yunnanense Exell, Sunyatsenia 1 (2-3): 88, pl. 21 F et 23 (1933); *Laguncularia coccinea* Gaudich., Voy. Uranie, Bot. 11, pl. 104 (1829); *Combretum wallichii* var. *yunnanense* (Exell) M. G. Gangopadhyay et Chakraba, J. Econ. Taxon. Bot. 17 (3): 681 (1993).

云南；缅甸、泰国。

阔叶风车子

Combretum latifolium Blume, Bijdr. Fl. Ned. Ind. 13: 641 (1825).

Combretum macrophyllum Rox., Fl. Ind. 2: 231 (1824); *Combretum extensum* Roxb. ex G. Don, Trans. Linn. Soc. London 15 (2): 422 (1827); *Combretum rotundifolium* Rox., Fl. Ind. 2: 226 (1832); *Combretum wightianum* Wall. ex Wight et Arn., Prodr. Fl. Ind. Orient. 1: 317 (1834); *Combretum cyclophyllum* Steud., Nomencl. Bot., ed. 2 (Steudel) 1: 400 (1840); *Combretum formosum* Griff., Not. Pl. Asiat. 4: 682 (1854); *Combretum horsfieldii* Miq., Fl. Ned. Ind. it. 609 (1855); *Combretum micropetalum* Llanos, Mem. Real Acad. Ci. Exact. Madrid 4: 502 (1856); *Embryogonia latifolia* (Blume) Blume, Mus. Bot. 2: 122 (1856); *Combretum leucanthum* Van Heurck et Müll. Arg. in Van Heurck, Observ. Bot. 2: 240 (1871); *Combretum platyphyllum* Van Heurck et Müll. Arg. in Van Heurck, Observ. Bot. 2: 242 (1871).

云南；菲律宾、越南、老挝、缅甸、泰国、柬埔寨、马来西亚、印度尼西亚、印度、孟加拉国、斯里兰卡、巴布亚新几内亚。

长毛风车子（康柏树，风车子树）

Combretum pilosum Roxb., Fl. Ind., ed. 1832 2: 231 (1832).

Poivrea pilosa (Roxb.) Wight et Arn., Prodr. Fl. Ind. Orient. 1: 317 (1834); *Combretum insigne* Van Heurck et Müll. Arg. in Van Heurck, Observ. Bot. 2: 247 (1871).

云南、海南；越南、老挝、缅甸、泰国、柬埔寨、孟加拉国、印度。

盾鳞风车子

Combretum punctatum Blume, Bijdr. Fl. Ned. Ind. 13: 640 (1825).

云南；菲律宾、越南、泰国、马来西亚、印度尼西亚。

水密花

Combretum punctatum var. **squamosum** (Roxb. ex G. Don) M. G. Gangopadhyay et Chatraba, J. Econ. Taxon. Bot. 17: 680 (1993).

Combretum squamosum Roxb. ex G. Don, Trans. Linn. Soc. London 15: 419, 438 (1827); *Combretum distillatorium*

Blanco, Fl. Filip. 295 (1837); *Poivrea squamosa* (Roxb. ex G. Don) Walp., Repert. Bot. Syst. (Walpers) 2: 64 (1843); *Combretum punctatum* subsp. *squamosum* (Roxb. ex G. Don) Exell, Fl. Males., Ser. 1, Spermat. 4: 539 (1954).

云南、广东、广西、海南；菲律宾、越南、缅甸、泰国、马来西亚、印度尼西亚、不丹、尼泊尔、印度、孟加拉国。

榄形风车子（崖县风车子）

Combretum sundaicum Miq., Fl. Ned. Ind., Eerste Bijv. 327 (1861).

Combretum oliviforme A. C. Chao, Acta Phytotax. Sin. 7 (3): 244 (1958); *Combretum oliviforme* A. C. Chao var. *yaxianensis* Y. R. Ling, Acta Phytotax. Sin. 19 (3): 388 (1981).

云南、广西、海南；越南、泰国、马来西亚、新加坡、印度尼西亚。

石风车子（毛脉石风车子，耳叶风车子）

Combretum wallichii DC., Prodr. (DC.) 3: 21 (1828).

Aspidopterys dunniana H. Lév., Feddes Repert. Spec. Nov. Regni Veg. 11 (274-278): 65 (1912); *Terminalia mairei* H. Lév., Cat. Pl. Yun-Nan 35 (1915); *Combretum purpurascens* Hand.-Mazz., Sinensia 3 (8): 194 (1933); *Combretum incertum* Hand.-Mazz., Symb. Sin. 7 (3): 594 (1933); *Combretum linyenense* Hand.-Mazz., Sinensia 3 (8): 195 (1933); *Combretum auriculatum* Engl. et Diels: C. Y. Wu et T. Z. Hsu, Fl. Yunnan. 1: 90, pl. 23, f. 8-9 (1977); *Combretum wallichii* var. *pubinerve* C. Y. Wu, Fl. Yunnan. 1: 90 (1977).

四川、贵州、云南、广东、广西；越南、缅甸、不丹、尼泊尔、印度、孟加拉国。

萼翅藤属 **Getonia** Roxb.

萼翅藤

Getonia floribunda Roxb., Pl. Coromandel 1: 16, pl. 87 (1798).

Calycopteris floribunda (Roxb.) Lam. ex Poir., Encycl. Suppl. 2 (1): 41 (1811); *Calycopteris nutans* (Roxb.) Kurz., J. Asiat. Soc. Bengal 46: 61 (1877); *Calycopteris nutans* var. *glabriuscula* Kurz., J. Asiat. Soc. Bengal 46: 59 (1877); *Calycopteris nutans* var. *roxburghii* Kurz., J. Asiat. Soc. Bengal 46: 59 (1877).

云南；越南、老挝、缅甸、泰国、柬埔寨、马来西亚、新加坡、印度、孟加拉国。

榄李属 **Lumnitzera** Willd.

红榄李（滩疤树）

Lumnitzera littorea (Jack) Voigt, Hort. Suburb. Calcutt. 39 (1845).

Pyrrhanthus littoreus Jack, Malayan Misc. 2 (7): 57 (1822); *Laguncularia coccinea* Gaudich., Voy. Uranie pl. 104 (1829); *Laguncularia purpurea* Gaudich., Voy. Uranie, Bot. 12: 481 (1830); *Lumnitzera coccinea* (Gaudich.) Wight et Arn., Prodr.

Fl. Ind. Orient. 1: 316 (1834); *Petaloma coccinea* (Gaudich.) Blanco, Fl. Filip. 1: 345 (1834); *Bruguiera littorea* (Jack) Steudel, Nomencl. Bot., ed. 2 1: 231 (1840); *Lumnitzera purpurea* (Gaudich.) C. Presl, Repert. Bot. Syst. (Presl) i 155, adnot. (1842).

海南；菲律宾、越南、泰国、柬埔寨、马来西亚、新加坡、印度尼西亚、印度、斯里兰卡、巴布亚新几内亚、热带澳大利亚、太平洋岛屿。

榄李（滩疤树，芭莉，白榄）

Lumnitzera racemosa Willd., Ges. Naturf. Freunde Berlin Neue Schriften 4: 187 (1803).

Funckia karakandel Dennst., Schlüssel Hortus Malab. 32 (1818); *Bruguiera madagascariensis* DC., Prodr. 3: 23 (1828); *Problastes cuneifolia* Reinw., Syll. Pl. Nov. 2: 10 (1828); *Laguncularia rosea* Gaudich.-Beaupre, Voy. Uranie, Bot. 481, t. 105, f. 2 (1830); *Petaloma alternifolia* Roxb., Fl. Ind., ed. 1832 2: 372, 373 (1832); *Lumnitzera rosea* (Gaudich.) C. Presl., Repert. Bot. 1: 155 (1834); *Petaloma alba* Blanco, Fl. Filip. 1: 44 (1837); *Petaloma albiflora* Zipp. ex Span., Linnaea 15: 203 (1841); *Pokornya ettingshausenii* Montr., Mem. Acad. Lyon x (1860); *Lumnitzera racemosa* var. *pubescens* Koord. et Valeton, Bijdr. Fl. Ned. Ind. 9: 34 (1903).

台湾、广东、广西、海南；日本、朝鲜、菲律宾、越南、泰国、柬埔寨、马来西亚、新加坡、印度尼西亚、印度、孟加拉国、斯里兰卡、巴布亚新几内亚、热带澳大利亚、太平洋岛屿、非洲。

使君子属 **Quisqualis** L.

小花使君子

Quisqualis conferta (Jack) Exell, J. Bot. 69: 122 (1931).

Sphalanthus confertus Jack, Malayan Misc. 2 (7): 55 (1822); *Quisqualis densiflora* Wall. ex Miquel., Numer. List. 4011 (1831).

云南；越南、泰国、柬埔寨、马来西亚、印度尼西亚。

使君子（毛使君子，西蜀使君子，史君子）

Quisqualis indica L., Sp. Pl., ed. 2 1: 556 (1762).

Kleinia quadricolor Crantz, Inst. Rei Herb. 2: 488 (1766); *Quisqualis glabra* Burm. f. in N. L. Burman, Fl. Ind. 104, t. 28, f. 2 (1768); *Quisqualis pubescens* Burm. f. in N. L. Burman, Fl. Ind. 104, t. 35, f. 2 (1768); *Quisqualis obovata* Schumach. et Thonn., Beskr. Guin. Pl. 218 (1827); *Quisqualis villosa* Roxb., Fl. Ind., ed. 1832 2: 426 (1832); *Quisqualis loureiroi* G. Don, Gen. Hist. 2: 667 (1832); *Quisqualis sinensis* Lindl., Edward's Bot. Reg. 30, pl. 15 (1844); *Quisqualis spinosa* Blanco in F. M. Blanco, Fl. Filip., ed. 2 254 (1845); *Quisqualis longiflora* C. Presl, Epimel. Bot. 216 (1851); *Quisqualis grandiflora* Miq., J. Bot. Néerl. 1: 119 (1861); *Mekistus sinensis* Lour. ex B. A. Gomes, Mém. Acad. Sc. Lisb. Cl. Sc. Pol. Mor. Bel.-Let., n. s. 4 (1): 29 (1868); *Quisqualis indica* var. *villosa* (Roxb.) C. B. Clarke, Fl. Brit. Ind. 2 (5): 459 (1878); *Ourouparia enermis* Yamam., Trans. Nat. Hist. Soc. Formos. 28: 332 (1938);

Combretum indicum (L.) Jongkind, Fl. Gabon 35: 48 (1999).
浙江、江西、湖南、四川、贵州、云南、福建、台湾、广东、广西、海南；菲律宾、越南、老挝、缅甸、泰国、柬埔寨、马来西亚、新加坡、印度尼西亚、尼泊尔、印度、孟加拉国、巴基斯坦、斯里兰卡、巴布亚新几内亚、太平洋岛屿、印度洋岛屿、非洲。

榄仁树属 Terminalia L.

毗黎勒

Terminalia bellirica (Gaertn.) Roxb., Pl. Coromandel 2: 54 (1805).
Myrobalanus bellirica Gaertn., Fruct. Sem. Pl. 2: 90, t. 97 (1791); *Terminalia punctata* Roth., Nov. Pl. Sp. 381 (1821); *Terminalia attenuata* Edgew., Trans. Linn. Soc. London 20 (1): 46 (1846); *Terminalia gella* Dalzell, Hooker's J. Bot. Kew Gard. Misc. 3: 227 (1851); *Terminalia laurinoides* Teijsmann et Binnendijk ex Miq., Fl. Ind. Bot. 1: 600 (1855); *Terminalia laurinoides* Teijsm. et Binn., Cat. Hort. Bot. Bogor. 237 (1866); *Terminalia bellirica* var. *laurinoides* (Teijsm. et Binn. ex Miq.) C. B. Clarke in Hook. f., Fl. Brit. Ind. 2 (5): 445 (1878); *Terminalia eglandulosa* Roxb. ex C. B. Clarke in Hook. f., Fl. Brit. Ind. 2 (5): 445 (1878); *Myrobalanus laurinoides* (Teijsm. et Binn.) Kuntze, Revis. Gen. Pl. 1: 237 (1891).
云南；越南、老挝、缅甸、泰国、柬埔寨、马来西亚、印度尼西亚、不丹、尼泊尔、印度、孟加拉国、斯里兰卡、热带澳大利亚，引入非洲。

榄仁树

Terminalia catappa L., Mant. Pl. 1: 128 (1767).
Terminalia moluccana Lam., Encycl. 1 (2): 349 (1758); *Terminalia ovatifolia* Noronha, Verh. Batav. Genootsch. Kunsten 5 (Art. 4): 27 (1790); *Juglans catappa* (L.) Loureiro, Fl. Cochinch. 2: 573 (1790); *Terminalia subcordata* Humboldt et Bonpland ex Willd., Sp. Pl., ed. 4 (2): 968 (1806); *Terminalia procera* Roxb., Pl. Coromandel 3: 18 (1811); *Terminalia intermedia* Bertero ex Spreng., Syst. Veg., ed. 16 2: 359 (1825); *Terminalia paraensis* Mart., Flora 24 (2, Beibl.): 24 (1841); *Terminalia catappa* var. *chlorocarpa* Hassk., Tijdschr. Natuurl. Gesch. Physiol. 10: 145 (1843); *Terminalia rubrigemmis* Tulasne, Ann. Sci. Nat., Bot. sér. 4 6: 102 (1856); *Myrobalanus catappa* (L.) Kuntze, Rev. Gén. Bot. Pl. 1: 237 (1891); *Terminalia catappa* var. *rhodocarpa* Hassk., Nat. Pflanzenfam. 3: 7 (1893).
云南、台湾、广东、海南；菲律宾、越南、缅甸、泰国、柬埔寨、马来西亚、印度尼西亚、印度、孟加拉国、巴布亚新几内亚、热带澳大利亚、太平洋岛屿、印度洋岛屿。

诃子（诃黎勒，藏青果）

Terminalia chebula Retz., Observ. Bot. (Retzius) 5: 31 (1789).
云南，栽培于福建、台湾、广东、广西；越南、老挝、缅

甸、泰国、柬埔寨、马来西亚、不丹、尼泊尔、印度、孟加拉国、斯里兰卡。

诃子（原变种）

Terminalia chebula var. **chebula**
Myrobalanus chebula (Retz.) Gaertn., Fruct. Sem. Pl. 2: 91 (1790); *Terminalia gangetica* Roxb., Hort. Bengal. 33 (1814), *nom nud.*; *Myrobalanus gangetica* (Roxb.) Kostel., Allg. Med.-Pharm. Fl. 4: 1497 (1835).
云南，栽培于福建、台湾、广东、广西；越南、老挝、缅甸、泰国、柬埔寨、马来西亚、不丹、尼泊尔、印度、孟加拉国、斯里兰卡。

微毛诃子（银叶诃子，小诃子，曼纳）

Terminalia chebula var. **tomentella** (Kurz.) C. B. Clarke, Fl. Brit. Ind. 2 (5): 446 (1878).
Terminalia tomentella Kurz., J. Asiat. Soc. Bengal, Pt. 2, Nat. Hist. 42 (2): 80 (1873); *Myrobalanus tomentella* (Kurz.) Kuntze, Rev. Gén. Bot. Pl. 1: 237 (1891); *Terminalia argyrophylla* King et Prain, J. Asiat. Soc. Bengal, Pt. 2, Nat. Hist. 67: 291 (1898).
云南；缅甸。

滇榄仁（夫兰氏榄仁，黄心树）

Terminalia franchetii Gagnep., Notul. Syst. (Paris) 3 (9): 287 (1979).
Terminalia triptera Franch., J. Bot. (Morot) 10 (17): 291 (1896), non. Stapf (1895); *Terminalia micans* Hand.-Mazz., Anz. Akad. Wiss. Wien, Math.-Naturwiss. Kl. 60: 97 (1924) (*nom. illeg. superfl.*); *Terminalia franchetii* var. *glabra* Exell, Sunyatsenia 1 (2-3): 92 (1933); *Terminalia franchetii* var. *membranifolia* A. C. Chao, Acta Phytotax. Sin. 7 (3): 235 (1958); *Terminalia dukouensis* W. P. Fang et P. C. Kao, Fl. Sichuan. 1: 297, nom. 467, pl. 113 (1981); *Terminalia franchetii* var. *tomentosa* Nanakorn, Nord. J. Bot. 4 (2): 197, f. 1 F-L (1984).
四川、云南、西藏、广西；泰国。

错枝榄仁（云南榄仁）

●**Terminalia franchetii** var. **intricata** (Hand.-Mazz.) Turland et C. Chen, Fl. China 13: 313 (2007).
Terminalia intricata Hand.-Mazz., Anz. Akad. Wiss. Wien, Math.-Naturwiss. Kl. 60: 97 (1923).
四川、云南、西藏。

千果榄仁（大马缨子花，千红花树）

Terminalia myriocarpa Van Heurck et Müll. Arg., Observ. Bot. (Van Heurck) 215 (1870).
Pentaptera saja Buch.-Ham. ex Wall., Numer. List n. 3983 (1831); *Terminalia saja* Steud., Nomencl. Bot., ed. 2 (Steudel) 2: 669 (1841); *Myrobalanus myriocarpa* (Van Heurck et Müll. Arg.) Kuntze, Rev. Gén. Bot. Pl. 1: 237 (1891).
云南、西藏、广东、广西；越南、老挝、缅甸、泰国、马来西亚、印度尼西亚、不丹、尼泊尔、印度、孟加拉国。

硬毛千果榄仁

Terminalia myriocarpa var. **hirsuta** Craib, Fl. Siam. Enum. 1: 606 (1931).

云南；泰国。

海南榄仁（鸡针木，鸡占，鸡珍）

Terminalia nigrovenulosa Pierre in Laness. Pl. Util. Col. Franc. 315 (1886).

Terminalia triptera Stapf, Bull. Misc. Inform. Kew 103 (1895); *Terminalia tripteroides* Craib, Bull. Misc. Inform. Kew (3): 152 (1912); *Terminalia obliqua* Craib, Bull. Misc. Inform. Kew (3): 153 (1912); *Terminalia hainanensis* Exell, Sunyatsenia 2 (1): 1 (1934).

海南；越南、老挝、缅甸、泰国、柬埔寨、马来西亚。

144. 千屈菜科 LYTHRACEAE
[13 属：55 种]

水苋菜属 Ammannia L.

耳基水苋

Ammannia auriculata Willd., Hort. Berol. 1: 7, t. 7 (1803).

Ammannia arenaria Kunth, Nova Gen. Sp. Pl. 6: 190 (1823); *Ammannia auriculata* var. *arenaria* (Kunth) Koehne, Bot. Jahrb. Syst. 1 (3): 245 (1880).

河北、山西、河南、甘肃、安徽、江苏、浙江、湖北、云南、福建、广东；泛热带。

水苋（细叶水苋，浆果水苋）

Ammannia baccifera L., Sp. Pl. 1 : 120 (1753).

Ammannia indica Lam., Tabl. Encycl. i 311, n. 1555 (1792); *Ammannia viridis* Willd. et Hornem., Hort. Bot. Hafn. 1: 146 (1813); *Ammannia vesicatoria* Roxb., Fl. Ind. 1: 447 (1820); *Ammannia baccifera* subsp. *contracta* Koehne, Bot. Jahrb. Syst 1 (1880); *Ammannia baccifera* subsp. *viridis* (Willd. ex Hornem.) Koehne, Bot. Jahrb. Syst. 1: 259 (1880); *Ammannia discolor* Nakai, Bot. Mag. (Tokyo) 35: 133 (1921).

河北、山西、安徽、江苏、浙江、江西、湖南、湖北、云南、福建、台湾、广东、广西；菲律宾、越南、老挝、泰国、柬埔寨、马来西亚、不丹、尼泊尔、印度、阿富汗、热带澳大利亚、加勒比、热带非洲。

长叶水苋

△**Ammannia coccinea** Rott., Descr. Icon. Rar. Pl. 7 (1773).

台湾；北美洲。

多花水苋

Ammannia multiflora Roxb., Fl. Ind. 1: 447 (1820).

Ammannia parviflora DC., Prodr. 3: 78 (1828); *Ammannia australasica* F. Muell., Trans. Philos. Soc. Victoria 141 (1855); *Ammannia japonica* Miq., Ann. Mus. Bot. Lugduno-Batavi 2: 261 (1865-1866); *Ammannia japonica* Miq., Ann. Mus. Bot. Lugduno-Batavi 2: 261 (1866); *Suffrenia dichotoma* Miq., Bull. Torrey Bot. Club (1870); *Ammannia multiflora* var. *parviflora* (DC.) Koehne, Engl. Bot. 1: 248 (1880).

中国南部；亚洲、非洲和澳大利亚的热带和亚热带地区。

塞内加尔水苋

Ammannia senegalensis DC., Prodr. (DC.) 3: 77 (1828).

河北、北京、山东、河南、陕西、甘肃、安徽、江苏、浙江、湖北、云南、福建、广东、海南、香港；印度、阿富汗、巴布亚新几内亚、埃及、坦桑尼亚、纳米比亚、塞内加尔、尼日利亚、美国、非洲南部。

萼距花属 Cuphea P. Br.

香膏萼距花

Cuphea carthagenensis (Jacq.) J. F. Macbr., Publ. Field Mus. Nat. Hist., Bot. Ser. 8 (2): 124 (1930).

Lythrum carthagenense Jacq., Enum. Syst. Pl. 22 (1760); *Cuphea balsamona* Cham. et Schltdl., Linnaea 2: 363 (1827).

台湾、广东；巴西。

萼距花

☆**Cuphea hookeriana** Walp., Repert. Bot. Syst. 2: 107 (1843).

Cuphea llavea Lindl., Edward's Bot. Reg. 23, t. 1386 (1837); *Parsonsia hookeriana* (Walp.) Standl., Contr. U. S. Natl. Herb. 23 (4): 1019 (1924).

北京；纳米比亚、墨西哥、厄瓜多尔、秘鲁、沙特阿拉伯。

细叶萼距花

☆**Cuphea hyssopifolia** Kunth, Nov. Gen. Sp., ed. 4 6: 199 (1824).

北京、上海、湖南、福建、台湾、广东、广西；原产于墨西哥、危地马拉。

小瓣萼距花

☆**Cuphea micropetala** Kunth, Nova Gen. Sp. Pl. 6: 209, t. 551 (1823).

Cuphea jorullensis Kunth, Nov. Gen. Sp. (quarto ed.) 6: 208 (1824); *Parsonsia micropetala* (Kunth) Standl., Contr. U. S. Natl. Herb. 23 (4): 1022 (1924).

广东；原产于墨西哥。

黏毛萼距花

☆**Cuphea petiolata** (L.) Koehne, Bot. Jahrb. Syst. 2: 173 (1881).

Lythrum petiolatum L., Sp. Pl. 1: 446 (1753); *Cuphea viscosissima* Jacquem., Hort. Bot. Vindob. 2: 83, t. 177 (1772).

中国有引种；原产于美国。

火红萼距花（火焰花，雪茄花）

☆**Cuphea platycentra** Lem., Fl. Serres Jard. Eur. 2, t. 180 (1846).

Cuphea ignea A. DC., Fl. Serres Jard. Eur. 5: 499 (1849).

北京；原产于墨西哥。

八宝树属 **Duabanga** Buch.-Ham.

八宝树

Duabanga grandiflora (Roxb. ex DC.) Walp., Repert. Bot. Syst. 2: 114 (1843).

Lagerstroemia grandiflora Roxb. ex DC., Mém. Soc. Hist. Nat. Genève. 3 (2): 84 (1826).

云南；越南、老挝、缅甸、泰国、柬埔寨、马来西亚、印度。

细花八宝树

☆**Duabanga taylorii** Jayaw., J. Arnold Arbor. 48 (1): 93, f. 2, 3 (1967).

海南；印度尼西亚。

紫薇属 **Lagerstroemia** L.

安徽紫薇

●**Lagerstroemia anhuiensis** X. H. Fuo et S. B. Zhou, Bull. Bot. Res., Harbin 24: 392 (2004).

安徽。

毛萼紫薇（皱叶紫薇，大紫薇）

Lagerstroemia balansae Koehne, Bot. Jahrb. Syst. 23 (5, Beibl. 57): 35 (1897).

海南；越南、老挝、泰国。

尾叶紫薇（米杯，米结爱）

●**Lagerstroemia caudata** Chun et F. C. How ex S. K. Lee et L. F. Lau, Bull. Bot. Res., Harbin 2 (1): 144 (1982).

江西、广东、广西。

川黔紫薇

●**Lagerstroemia excelsa** (Dode) Chun ex S. Lee et L. F. Lau, Fl. Reipubl. Popularis Sin. 52 (2): 104 (1983).

Orias excelsa Dode, Bull. Soc. Bot. France 56: 232 (1909); *Lagerstroemia subcostata* var. *ambigua* Pamp., Nuovo Giorn. Bot. Ital., n. s. 17 (4): 676 (1910); *Lagerstroemia excelsa* var. *ambigua* (Pamp.) Furtado et Montien, Phytologia (1933); *Lagerstroemia yangii* Chun, Sunyatsenia 7 (1-2): 7 (1948).

湖北、四川、贵州。

广东紫薇

●**Lagerstroemia fordii** Oliv. et Koehne in Engler, Pflanzenr. IV. 216 (Heft 17): 262, f. 56 b (1903).

福建、香港。

光紫薇（狭瓣紫薇）

●**Lagerstroemia glabra** (Koehne) Koehne, Bot. Jahrb. Syst. 41 (2): 10 (1907).

Lagerstroemia subcostata var. *glabra* Koehne, Bot. Jahrb. Syst. 4 (1): 21 (1883); *Lagerstroemia stenopetala* Chun, Sunyatsenia 7 (1-2): 8, t. 2 (1948).

湖北、广东、广西。

桂林紫薇

●**Lagerstroemia guilinensis** S. K. Lee et L. F. Lau, Bull. Bot. Res., Harbin 2 (1): 143, f. 1 (1982).

广西。

紫薇（痒痒花，痒痒树，紫金花）

Lagerstroemia indica L., Sp. Pl., ed. 2 1: 734 (1762).

Lagerstroemia chinensis Lam., Encycl. 3 (2): 375 (1792); *Murtughas india* (L.) Kuntze, Revis. Gen. Pl. 1: 249 (1891).

原产或栽培于吉林、辽宁、河北、山东、河南、陕西、安徽、浙江、江西、湖南、湖北、四川、贵州、云南、福建、台湾、广东、广西、海南；日本、菲律宾、越南、老挝、缅甸、泰国、柬埔寨、马来西亚、新加坡、印度尼西亚、不丹、尼泊尔、印度、巴基斯坦、孟加拉国、斯里兰卡原产或栽培，广泛栽培于世界亚热带和温带。

云南紫薇

Lagerstroemia intermedia Koehne in Engler, Pflanzenr. IV. 216 (Heft 17): 260, f. 56 a (1903).

云南；缅甸。

福建紫薇

●**Lagerstroemia limii** Merr., Philipp. J. Sci. 27 (2): 165 (1925).

Lagerstroemia chekiangensis Cheng, Contr. Biol. Lab. Chin. Assoc. Advancem. Sci., Sect. Bot. 8: 73 (1932).

浙江、湖北、福建。

南洋紫薇

☆**Lagerstroemia siamica** Gagnep., Notul. Syst. (Paris) 3: 361 (1918).

Lagerstroemia floribunda Jack, Malayan Misc. 1 (5): 38 (1820).

台湾；缅甸、泰国、马来西亚。

大花紫薇（大叶紫薇，百日红）

☆**Lagerstroemia speciosa** (L.) Pers., Syn. Pl. 2: 72 (1806).

Munchausia speciosa L., Der Hausvater 5 (1): 357, t. 2 (1770); *Lagerstroemia flos-reginae* Retz., Observ. Bot. (Retzius) 5: 25 (1789).

福建、广东、广西；菲律宾、越南、马来西亚、印度、斯里兰卡。

南紫薇（马铃花，蚊仔花，九芎）

Lagerstroemia subcostata Koehne, Bot. Jahrb. Syst. 4 (1): 20 (1883).

Lagerstroemia subcosatata var. *hirtella* Koehne, Bot. Jahrb. Syst. 4 (1): 21 (1883); *Lagerstroemia unguiculosa* Koehne, Bot. Jahrb. Syst. 41 (2): 103 (1907).

青海、安徽、江苏、浙江、江西、湖南、湖北、四川、福建、台湾、广东、广西；日本、菲律宾。

网脉紫薇

●**Lagerstroemia suprareticulata** S. K. Lee et L. F. Lau, Bull. Bot. Res., Harbin 2 (1): 146 (1982).

广西。

绒毛紫薇（毛叶紫薇）

Lagerstroemia tomentosa C. Presl, Bot. Bemerk. 142 (1844).
Murtughas tomentosa (C. Presl) Kuntze, Revis. Gen. Pl. 250 (1891); *Lagerstroemia tomentosa* var. *caudata* Koehne, Bot. Jahrb. Syst. 42 (2-3, Beibl. 97): 51 (1908).

云南；越南、老挝、缅甸、泰国。

西双紫薇

Lagerstroemia venusta Wall. ex C. B. Clarke in Hook. f., Fl. Brit. Ind. 2 (6): 576 (1879).
Lagerstroemia collettii Craib, Bull. Misc. Inform. Kew (1): 53 (1911); *Lagerstroemia corniculata* Gagnep., Notul. Syst. (Paris) 3: 357 (1918).

云南；越南、老挝、缅甸、泰国、柬埔寨。

毛紫薇

Lagerstroemia villosa Wall. ex Kurz., J. Asiat. Soc. Bengal, Pt. 2, Nat. Hist. 42: 234 (1873).
Murtughas villosa (Wall. ex Kurz.) Kuntze, Revis. Gen. Pl. 1: 250 (1891).

云南；缅甸、泰国、斯里兰卡。

散沫花属 **Lawsonia** L.

散沫花（指甲花，指甲叶，手甲木）

Lawsonia inermis L., Sp. Pl. 1 : 349 (1753).
Lawsonia alba Lam., Encycl. 3 (1): 106 (1789).

江苏、浙江、云南、福建、广东、广西；亚洲东南部、非洲东部。

千屈菜属 **Lythrum** L.

千屈菜（中型千屈菜，光千屈菜）

☆**Lythrum salicaria** L., Sp. Pl. 1 : 446 (1753).
Lythrum intermedium Ledeb. ex Colla, Herb. Pedem. 2: 399 (1834); *Lythrum salicaria* var. *glabrum* Ledeb., Fl. Ross. (Ledeb.) 2: 127 (1843); *Lythrum salicaria* var. *intermedium* (Ledeb. ex Colla) Koehne, Bot. Jahrb. Syst. 1 (4): 327 (1881); *Lythrum salicaria* var. *anceps* Koehne, Bot. Jahrb. Syst. 1 (4): 327 (1881); *Lythrum argyi* H. Lév., Repert. Spec. Nov. Regni Veg. 4 (73-74): 330 (1907); *Lythrum anceps* (Koehne) Makino, Bot. Mag. 22 (263): 169 (1908); *Lythrum salicaria* var. *mairei* H. Lév., Cat. Pl. Yun-Nan: 172 (1916).

遍布中国；蒙古国、日本、朝鲜、印度、阿富汗、俄罗斯、欧洲、非洲、北美洲。

帚枝千屈菜

Lythrum virgatum L., Sp. Pl. 1: 447 (1753).

河北、新疆；日本、朝鲜、欧洲东部。

水芫花属 **Pemphis** J. R. Forst. et G. Forst.

水芫花

Pemphis acidula J. R. Forst. et G. Forst., Char. Gen. Pl. 34 (1775).

台湾；东半球热带海岸。

莕艾属 **Peplis** L.

莕艾

Peplis alternifolia M. Bieb., Fl. Taur.-Caucas. 3: 277 (1819).
Lythrum volgense D. A. Webb., Feddes Repert. 74: 13 (1967).

新疆；亚洲中部、欧洲。

石榴属 **Punica** L.

石榴（安石榴，山力叶，若榴木）

☆**Punica granatum** L., Sp. Pl. 1: 472 (1753).

中国广泛栽培，在西北地区归化；广泛栽培于世界温带和热带。

节节菜属 **Rotala** L.

异叶节节菜

Rotala cordata Koehne, Bot. Jahrb. Syst. 1: 172 (1880).
Rotala diversifolia Koehne, Bot. Jahrb. Syst. 41 (2): 77 (1907).

广西、海南；越南、老挝、泰国、印度。

密花节节菜

Rotala densiflora (Roth) Koehne, Bot. Jahrb. Syst. 1 (2): 164 (1880).
Ammannia densiflora Roth in Roemer et Schultes, Syst. Veg., ed. 15 bis 3: 304 (1818); *Sellowia uliginosa* Roth in Roemer et Schultes, Syst. Veg., ed. 15 bis 5: 31, 407 (1819); *Rotala densiflora* subsp. *uliginosa* (Roth) Koehne, Bot. Jahrb. Syst. 1 (2): 165 (1880).

江苏、广东；印度尼西亚、尼泊尔、印度、巴基斯坦、斯里兰卡、热带澳大利亚、亚洲中部。

六蕊节节菜

Rotala hexandra Wall. ex Koeh., Bot. Jahrb. Syst. 1: 167 (1880).
Rotala kainantensis Masam., Trans. Nat. Hist. Soc. Taiwan 33: 251 (1943).

海南；菲律宾、缅甸、印度尼西亚。

节节菜（碌耳菜，水马兰，节节草）

Rotala indica (Willd.) Koehne, Bot. Jahrb. Syst. 1 (2): 172 (1880).
Peplis indica Willd., Sp. Pl., ed. 2 (1): 244 (1799); *Rotala densiflora* (Roth) Koehne var. *formosana* Hayata, Gen. Pl. (1737); *Ammannia peploides* Spreng., Syst. Veg. 1: 444 (1824); *Ameletia indica* DC., Mém. Soc. Hist. Nat. Genève. 3 2 et 82, t. 3, f. A (1825); *Rotala indica* (Willd.) Koehne var. *uliginosa*

(Miq.) Koehne, Gen. Sp. Orchid. Pl. (1830); *Ameletia uliginosa* Miq., Ann. Mus. Bot. Lugduno-Batavi 2 261 (1866); *Rotala elatinomorpha* Makino, Bot. Mag. (Tokyo) 24: 100 (1910); *Rotala koreana* (Nakai) Mori, in Mori, Enum. Pl. Corea 261 (1922); *Rotala uliginosa* (Miq.) Nakai, Phytologia (1933).

山西、安徽、江苏、浙江、江西、湖南、湖北、四川、贵州、云南、福建、台湾、广东、广西；日本、朝鲜、菲律宾、越南、老挝、缅甸、泰国、柬埔寨、马来西亚、印度尼西亚、不丹、尼泊尔、印度、北美洲。

轮叶节节菜（墨西哥水松叶）

Rotala mexicana Cham. ex Schltdl., Linnaea 5: 567 (1830).
Rotala pusilla Tulasne, Ann. Sci. Nat., Bot. sér. 4 6: 128 (1856); *Hypobrichia spruceana* Bentham, Cat. Pl. Cub. 106 (1866); *Rotala verticillaris* auct. non Linn.: Hiern in Oliv., Fl. Trop. Afr. 2: 467 (1871); *Rotala verticillaris* var. *spruceana* (Benth.) Hiern, Fl. Trop. Afr. 2: 467 (1871); *Rotala mexicana* var. *spruceana* (Benth.) Koehne, Fl. Bras. (Martius) 13, pt. 2: 195 (1877); *Ammannia mexicana* (Cham. et Schltdl.) Baill., Hist. Pl. t. 363 (1895).
山东、河南、陕西、江苏、浙江、湖北、台湾；广布于世界热带和暖温带。

美洲节节菜

△**Rotala ramosior** (L.) Koehne, Fl. Bras. (Martius) 13 (2): 194 (1877).
Ammannia ramosior L., Sp. Pl. 1: 120 (1753); *Ammannia monoflora* Blanco, Fl. Filip. 1: 64 (1837).
台湾；北美洲。

五蕊节节菜

△**Rotala rosea** (Poir.) C. D. K. Cook ex H. Hara, Enum. Fl. Pl. Nepal 2: 173 (1979).
Ammannia rosea Poir., Encycl., Suppl. 1: 329 (1810); *Ammannia pentandra* Roxb., Fl. Ind. 1: 448 (1820); *Ammannia leptopetala* Blume, Mus. Bot. 2: 134 (1856); *Ammannia littorea* Miq., Ann. Mus. Bot. Lugduno-Batavi 2: 261 (1864); *Rotala leptopetala* (Blume) Koehne, Bot. Jahrb. Syst. 1 (2): 162 (1880); *Rotala pentandra* (Roxb.) Blatt. et Hallb., J. Bombay Nat. Hist. Soc. 25: 707 (1918).
江苏、贵州、云南、福建、广西、海南，在台湾归化；菲律宾、越南、缅甸、泰国、马来西亚、印度尼西亚、孟加拉国。

圆叶节节菜（假桑子，禾虾菜，水酸草）

Rotala rotundifolia (Buch.-Ham. ex Roxb.) Koehne, Bot. Jahrb. Syst. 1 (2): 175 (1880).
Ammannia rotundifolia Buch.-Ham. ex Roxb., Fl. Ind. 1: 446 (1820); *Ammannia subspicata* Bentham, London J. Bot. 1: 484 (1842).
山东、浙江、江西、湖南、湖北、四川、贵州、云南、福建、台湾、广东、广西、海南；日本、越南、老挝、缅甸、泰国、不丹、尼泊尔、印度、孟加拉国。

台湾节节菜（玉里水猪母乳）

●**Rotala taiwaniana** Y. C. Liu et F. Y. Lu, Quart. J. Chin. Forest. 12 (4): 86 (1979).
台湾。

瓦氏节节菜

Rotala wallichii (J. D. Hook.) Koehne, Bot. Jahrb. Syst. 1 (2): 154 (1880).
Hydrolythrum wallichii Hook. f., Gen. Pl. 1: 777 (1867); *Ammannia wallichii* (Hook. f.) Kurz., J. Asiat. Soc. Bengal 46 (II): 84 (1877); *Ammannia myriophylloides* Dunn, J. Bot. 47 (6): 199 (1909).
台湾、广东；越南、缅甸、泰国、马来西亚、印度尼西亚、印度。

海桑属　Sonneratia L. f.

杯萼海桑

Sonneratia alba Sm. in Ress, Cycl. 33 (1): *Sonneratia* no. 2 (1816).
Chiratia leucantha Montrouz., Mém. Acad. Roy. Sci. Lyon, Sect. Sci. 5 203 (1860); *Sonneratia mossambicensis* Klotzch. ex Peters, Reisa Mossamb. Bot. 1: 66, pl. 12 (1862); *Sonneratia iriomotensis* Masam., Syokubtu-tirigaku fig. 71 (1936).
海南；越南、缅甸、泰国、马来西亚、印度、斯里兰卡、巴布亚新几内亚、热带澳大利亚、太平洋岛屿、热带非洲东部。

无瓣海桑

☆**Sonneratia apetala** Buch.-Ham., Symes, Embassy Ava 477 (1800).
广东、海南；缅甸、印度、孟加拉国、斯里兰卡。

海桑

Sonneratia caseolaris (L.) Engler, Engler et Prantl, Nat. Pflanzenfam. Nachtr. 1: 261 (1897).
Rhizophora caseolaris L., Herb. Amboin. 13 (1754); *Sonneratia acids* L. f., Suppl. Pl. 252 (1781); *Sonneratia ovalis* Korth., Ned. Kruidk. Arch. 1: 198 (1848); *Sonneratia evenia* Blume, Mus. Bot. 1 (22): 337 (1851); *Sonneratia obovata* Blume, Mus. Bot. 1 (22): 337 (1851); *Sonneratia neglecta* Blume, Mus. Bot. 1 (22): 338 (1851).
海南；越南、泰国、柬埔寨、马来西亚、印度尼西亚、印度、斯里兰卡、巴布亚新几内亚、热带澳大利亚、太平洋岛屿。

拟海桑

Sonneratia × gulngai N. C. Duke et B. R. Jackes, Austrobaileya 2: 103 (1984).
Sonneratia paracaseolaris W. C. Ko et al., J. Trop. Subtrop. Bot. 1 (1): 12 (1993).

海南；马来西亚、印度尼西亚、热带澳大利亚。

海南海桑

●**Sonneratia × hainanensis** W. C. Ko et al., Acta Phytotax. Sin. 23 (4): 311 (1985).

海南。

桑海桑

Sonneratia ovata Backer, Bull. Jard. Bot. Buitenzorg, sér. 3 2: 329 (1920).

海南；越南、缅甸、泰国、印度尼西亚、巴布亚新几内亚。

菱属 **Trapa** L.

细果野菱（四角刻叶菱，四角马氏菱，小果菱）

Trapa incisa Siebold et Zucc., Abh. Math.-Phys. Cl. Königl. Bayer. Akad. Wiss. 4: 134 (1845).

Trapa bispinosa var. *incisa* (Siebold et Zucc.) Franch. et Sav., Enum. Pl. Jap. 1: 171 (1875); *Trapa maximowiczii* Korsh., Trudy Imp. S.-Peterburgsk. Bot. Sada 12: 336 (1892); *Trapa natans* var. *incisa* (Siebold et Zucc.) Makino, Bot. Mag. (Tokyo) 11: 283 (1897); *Trapa maximowczii* var. *tonkinensis* Gagnep., Fl. Indo-Chine 2: 984 (1921); *Trapa incisa* var. *quadricaudata* Glück, Symb. Sin. 7 (2): 605 (1929).

黑龙江、吉林、辽宁、河北、河南、陕西、江苏、浙江、江西、湖南、湖北、四川、贵州、云南、福建、台湾、广东、海南；日本、朝鲜、越南、老挝、泰国、马来西亚、印度尼西亚、印度、俄罗斯。

欧菱（菱，乌菱，格菱）

Trapa natans L., Sp. Pl. 1: 120 (1753).

Trapa bicornis Osbeck, Dagb. Ostind. Resa 191 (1757); *Trapa chinensis* Lour., Fl. Cochinch. 1: 86 (1790); *Trapa cochichinensis* Lour., Fl. Cochinch. 1: 108 (1790); *Trapa quadrispinosa* Roxb., Hort. Bengal. 11 (1814); *Trapa bispinosa* Roxb., Pl. Coromandel 3: 29 (1815); *Trapa natans* var. *bispinosa* (Roxb.) Makino, Bot. Mag. (Tokyo) 11: 283 (1897); *Trapa natans* var. *bicornis* (Osbeck) Makino, Icon. Pl. Japon. 3 (1): 81 (1907); *Trapa natans* var. *quadrispinosa* (Roxb.) Makino, Somoku-Dzusetsu 1 (2): 81 (1907); *Trapa natans* f. *quadrispinosa* (Roxb.) Makino, Bot. Mag. (Tokyo) 22: 172 (1908); *Trapa bispinosa* var. *iinumae* Nakano, Bot. Jahrb. Syst. 50: 455 (1913); *Trapa japonica* Flerow, Izv. Glavn. Bot. Sada R. S. F. S. R. 24: 39 (1925); *Trapa amurensis* Flerow, Izv. Glavn. Bot. Sada R. S. F. S. R. 24: 34 (1925); *Trapa manshurica* Flerow, Izv. Glavn. Bot. Sada R. S. F. S. R. 24: 37 (1925); *Trapa manshurica* Flerow var. *bispinosa* Flerow, Izv. Glavn. Bot. Sada R. S. F. S. R. 24: 39 (1925); *Trapa sibirica* Flerow, Izv. Glavn. Bot. Sada R. S. F. S. R. 24: 32 (1925); *Trapa sibirica* var. *saissanica* Flerow, Izv. Glavn. Bot. Sada R. S. F. S. R. 24: 33 (1925); *Trapa amurensis* var. *komarovii* Skvortsov, Izv. Glavn. Bot. Sada S. S. S. R. 26: 630 (1927); *Trapa natans* var. *amurensis* (Flerow) Kom. ex Kom. et Alis., Opred. Rast. Dal'nevost. Kraia. 2: 779 (1932); *Trapa*

mammillifera Miki, Jap. J. Limnol. 8: 413, fig. 1 M-N (1938); *Trapa pseudoincisa* Nakai, J. Jap. Bot. 18 (8): 436, pl. 3 g, pl. 5, f. 8 (1942); *Trapa taiwanensis* Nakai, J. Jap. Bot. 18 (8): 424 (1942); *Trapa jeholensis* Nakai, J. Jap. Bot. 18 (8): 437 (1942); *Trapa natans* var. *japonica* Nakai, J. Jap. Bot. 18 (8): 429, 431 (1942); *Trapa komarovii* V. N. Vassil. in Schischk. et Bobrov, Fl. U. R. S. S. 15: 693 (1949); *Trapa litwinowii* V. N. Vassil. in Schischk. et Bobrov, Fl. U. R. S. S. 15: 694 (1949); *Trapa potaniniii* V. N. Vassil. in Schischk. et Bobrov, Fl. U. R. S. S. 15: 693 (1949); *Trapa transzchelii* V. N. Vassil. in Schischk. et Bobrov, Fl. U. R. S. S. 15: 692 (1949); *Trapa macropoda* Miki, J. Inst. Polytechn. Osaka City Univ., Ser. D, Biol. 3: 20, 24, f. 13 L (1952); *Trapa octotuberculata* Miki, J. Inst. Polytechn. Osaka City Univ., Ser. D, Biol. 3: 20, 24, f. 13 L (1952); *Trapa bicornis* Osbeck var. *cochinchinensis* Lour., Fl. Males., Ser. 1, Spermat. 4: 43 (1954); *Trapa saissanica* (Flerow) V. N. Vassil., Fl. Kazakhst. 6: 252, 429 (1963); *Trapa acornis* Nakano, Bot. Mag. (Tokyo) 77: 165 (1964); *Trapa bicornis* Osbeck var. *bispinosa* (Roxb.) Nakano, Bot. Mag. (Tokyo) 77: 163, pl. 2 (1964); *Trapa natans* var. *pumila* Nakano, Bot. Mag. (Tokyo) 77: 166 (1964); *Trapa tuberculifera* V. N. Vassil., Novosti Sist. Vyssh. Rast. 10: 207 (1973); *Trapa arcuata* S. H. Li et Y. L. Chang, Fl. Pl. Herb. Chin. Bor.-Or. 6: 291 (1977); *Trapa japonica* Flerow var. *jeholensis* (Nakai) Kitag, Lin. Fl. Manshur. 466 (1979); *Trapa bicornis* var. *acornis* (Nakano) Z. T. Xiong, J. Wuhan Bot. Res. 3 (2): 160 (1985); *Trapa bicornis* var. *quadrispinosa* (Roxb.) Z. T. Xiong, J. Wuhan Bot. Res. 3 (2): 160 (1985); *Trapa bicornis* var. *taiwanensis* (Nakai) Z. T. Xiong, J. Wuhan Bot. Res. 3 (2): 160, pl. 2, f. 11-12 (1985); *Trapa japonica* var. *longicollum* Z. T. Xiong, J. Wuhan Bot. Res. 3 (2): 161 (1985); *Trapa japonica* var. *magnicorona* Z. T. Xiong, J. Wuhan Bot. Res. 3 (2): 161 (1985); *Trapa pseudoincisa* var. *aspinta* Z. T. Xiong, J. Wuhan Bot. Res. 3 (2): 162 (1985); *Trapa pseudoincisa* var. *complana* Z. T. Xiong, J. Wuhan Bot. Res. 3 (2): 163 (1985); *Trapa litwinowii* var. *chichunensis* S. F. Guan et Q. Lang, Bull. Bot. Res., Harbin 7 (1): 77, pl. 1 (1987); *Trapa dimorphocarpa* Z. S. Diao, South W. Agric. Univ. 12 (1): 68 (1990); *Trapa pseudoincisa* var. *nanchangensis* W. H. Wan, J. Jiangxi Univ. (Nat. Sci.) 15 (2): 75 (1991); *Trapa quadrispinosa* var. *yongxiuensis* W. H. Wan, J. Jiangxi Univ. (Nat. Sci.) 15 (2): 76 (1991); *Trapa japonica* var. *tuberculifera* (V. N. Vassil.) Tzvelev, Novosti Sist. Vyssh. Rast. 29: 106 (1993); *Trapa pseudoincisa* var. *potaninii* (V. N. Vassil.) Tzvelev, Novosti Sist. Vyssh. Rast. 29: 104 (1993); *Trapa manshurica* f. *komarovi* (Skvortsov) S. H. Li et Y. L. Chang, Fl. Pl. Herb. Chin. Bor.-Or. 6: 137 (1997); *Trapa macropoda* var. *bisponosa* (Flerow) W. H. Wan, Fl. Reipubl. Popularis Sin. 53 (2): 11 (2000).

黑龙江、吉林、辽宁、内蒙古、河北、山东、河南、陕西、新疆、安徽、江苏、浙江、江西、湖南、湖北、四川、贵州、云南、西藏、福建、台湾、广东、广西、海南；日本、朝鲜、菲律宾、越南、老挝、泰国、马来西亚、印度尼西亚、印度、巴基斯坦、俄罗斯、亚洲西南部、欧洲、非洲；广泛栽培于热带和亚热带，在热带澳大利亚、北美洲归化。

虾子花属 Woodfordia Salisb.

虾子花（吴福花）

Woodfordia fruticosa (L.) Kurz., J. Asiat. Soc. Bengal, Pt. 2, Nat. Hist. 40: 56 (1871).

Lythrum fruticosum L., Syst. Nat., ed. 10 2: 1045 (1759); *Grislea punctata* Buch.-Ham. ex Sm. in Ress, Cycl. 17 (1): *Grislea* no. 2 (1811); *Lythrum hunteri* DC., Prodr. (DC.) 3: 83 (1828).

云南、广东、广西；老挝、缅甸、泰国、印度尼西亚、不丹、尼泊尔、印度、巴基斯坦。

145. 柳叶菜科 ONAGRACEAE
[8属：69种]

柳兰属 Chamerion (Raf.) Raf. ex Holub

柳兰

☆**Chamerion angustifolium** (L.) Holub, Folia Geobot. Phytotax. 7 (1): 86 (1972).

黑龙江、吉林、辽宁、内蒙古、河北、北京、山西、山东、河南、陕西、宁夏、甘肃、青海、新疆、江西、湖北、四川、重庆、贵州、云南、西藏；蒙古国、日本、朝鲜、缅甸、不丹、尼泊尔、印度、巴基斯坦、阿富汗、俄罗斯、亚洲西南部、欧洲、非洲北部、北美洲。

柳兰（原亚种）

Chamerion angustifolium subsp. **angustifolium**

Epilobium angustifolium L., Sp. Pl. 1: 347 (1753); *Chamaenerion angustifolium* (L.) Scop., Fl. Carniol., ed. 2 1: 271 (1771); *Epilobium spicatum* Lam., Fl. Franc. 3: 482 (1778); *Epilobium nerlifolium* H. Lév., Monde Pl. Rev. Mens. Bot. 6: 125 (1896); *Chamaenerion angustifolium* var. *album* Yue Zhang et J. Y. Ma, Bull. Bot. Res., Harbin 23 (4): 390 (2003).

黑龙江、吉林、辽宁、内蒙古、河北、北京、山西、山东、河南、陕西、宁夏、甘肃、青海、新疆、江西、湖北、四川、重庆、贵州、云南、西藏；蒙古国、日本、朝鲜、缅甸、不丹、尼泊尔、印度、巴基斯坦、阿富汗、俄罗斯、亚洲西南部、欧洲、非洲北部、北美洲。

毛脉柳兰

Chamerion angustifolium subsp. **circumvagum** (Mosquin) Hoch, Fl. Jap. 2 c: 241 (1999).

Epilobium angustifolium subsp. *circumvagum* Mosquin, Brittonia 18: 167 (1966); *Chamaenerion angustifolium* var. *platyphyllum* Daniels, Univ. Missouri Stud., Sci. Ser. 2 (2): 176 (1911); *Chamaenerion angustifolium* subsp. *circumvagum* (Mosquin) Moldenke, Phytologia 27 (4): 289 (1973).

黑龙江、吉林、辽宁、内蒙古、河北、山西、山东、河南、陕西、宁夏、甘肃；日本、朝鲜、缅甸、不丹、尼泊尔、

印度、巴基斯坦、阿富汗、俄罗斯、欧洲、北美洲。

网脉柳兰

Chamerion conspersum (Hausskn.) Holub, Folia Geobot. Phytotax. 7: 86 (1972).

Epilobium conspersum Hausskn., Oesterr. Bot. Z. 29 (2): 51 (1879); *Epilobium reticulatum* C. B. Clarke, Fl. Brit. Ind. 2 (6): 583 (1879); *Chamaenerion reticulatum* (C. B. Clarke) Kitamura, Fauna Fl. Nepal Himalaya (Sci. Res. Jap. Exped. Nepal Himal. 1952-53) 1: 185 (1955); *Chamaenerion conspersum* (Hausskn.) Kitam., Results Kyoto Univ. Sci. Exped. Karak 8: 110 (1966).

陕西、青海、四川、云南、西藏；缅甸、不丹、尼泊尔、印度。

喜马拉雅柳兰

Chamerion speciosum (Decne.) Holub, Folia Geobot. Phytotax. 7 (1): 86 (1972).

Epilobium speciosum Decne., Voy. Inde Jacquem. Voy. Inde Bot. 4 (Bot.): 57, t. 69 (1844); *Epilobium latifolium* L., Sp. Pl. 1: 347 (1753); *Chamaenerion latifolium* (L.) Fries et Lange, Fl. Dan. 49 (17): 7 (1877); *Epilobium changaicum* Grubov, Bot. Mater. Gerb. Bot. Inst. Komarova Akad. Nauk S. S. S. R. 17: 20 (1955); *Epilobium latifolium* subsp. *speciosum* (Decne.) P. H. Raven, Bull. Brit. Mus. (Nat. Hist.), Bot. 2: 349 (1962); *Chamerion latifolium* (L.) Fries, Fl. Xizang. 3: 365 (1986); *Epilobium kesamistsui* Yamazaki, J. Jap. Bot. 65: 141 (1990).

青海、新疆、云南、西藏；蒙古国、日本、不丹、尼泊尔、印度、巴基斯坦、阿富汗、塔吉克斯坦、克什米尔、俄罗斯、欧洲、北美洲。

露珠草属 Circaea L.

高山露珠草

Circaea alpina L., Sp. Pl. 1: 9 (1753).

黑龙江、吉林、辽宁、内蒙古、河北、山西、山东、河南、陕西、甘肃、青海、安徽、浙江、江西、湖北、四川、贵州、云南、西藏、台湾；蒙古国、日本、朝鲜、越南、缅甸、泰国、不丹、尼泊尔、印度、阿富汗、哈萨克斯坦、俄罗斯。

高山露珠草（原亚种）

Circaea alpina subsp. **alpina**

Circaea caulescens f. *ramosissima* H. Hara, J. Jap. Bot. 10: 591 (1934).

黑龙江、吉林、辽宁、内蒙古、河北、陕西；日本、哈萨克斯坦、韩国、蒙古国、俄罗斯。

狭叶露珠草

●**Circaea alpina** subsp. **angustifolia** (Hand.-Mazz.) Boufford, Ann. Missouri Bot. Gard. 69 (4): 910 (1983).

Circaea imaicola var. *angustifolia* Hand.-Mazz., Symb. Sin. 7 (3): 603 (1933); *Circaea lutetiana* subsp. *alpina* (L.) H. Lév.,

Monde des Plantes 7: 71 (1898); *Circaea lutetiana* race *alpina* H. Lév., Bull. Géogr. Bot. 22: 220 (1912); *Circaea caulescens* var. *glabra* H. Hara, J. Jap. Bot. 10 (9): 590, f. 9 (1934); *Circaea caulescens* f. *ramosissima* H. Hara, J. Jap. Bot. 10 (9): 591 (1934); *Circaea caulescens* var. *rosulata* H. Hara, J. Jap. Bot. 10 (9): 591 (1934).

四川、云南、西藏。

深山露珠草

Circaea alpina subsp. **caulescens** (Kom.) Tatew., Veg. Shikotan Is. 44 (1940).

Circaea alpina var. *caulescens* Kom., Fl. Mansh. 3: 99 (1905); *Circaea caulescens* (Kom.) Nakai, J. Jap. Bot. 10 (9): 588 (1934); *Circaea caulescens* var. *robusta* Nakai ex H. Hara, J. Jap. Bot. 10 (9): 589 (1934); *Circaea caulescens* var. *pilosula* H. Hara, J. Jap. Bot. 10 (9): 589 (1934); *Circaea alpina* var. *pilosula* (H. Hara) H. Hara, J. Jap. Bot. 20: 326 (1944); *Circaea* × *dubia* var. *makinoi* H. Hara, J. Jap. Bot. 34: 317 (1959); *Circaea caucasica* A. K. Skvortsov, Byull. Glavn. Bot. Sada 77: 34 (1970).

黑龙江、吉林、辽宁、河北、山西、山东、安徽；蒙古国、日本、朝鲜、越南、缅甸、泰国、不丹、尼泊尔、印度、阿富汗、哈萨克斯坦、俄罗斯、亚洲西南部。

高寒露珠草

Circaea alpina subsp. **micrantha** (A. K. Skvortsov) Boufford, Ann. Missouri Bot. Gard. 69 (4): 959 (1983).

Circaea micrantha A. K. Skvortsov, Byull. Glavn. Bot. Sada 103: 36 (1977).

甘肃、四川、云南、西藏；缅甸、不丹、尼泊尔、印度。

高原露珠草

Circaea alpina subsp. **imaicola** (Asch. et Magn.) Kitam., Fl. Afghanistan 279 (1960).

Circaea alpina var. *imaicola* Asch. et Magn., Bot. Zeitung (Berlin) 28: 74, 749 (1870); *Circaea alpina* L., Sp. Pl. 1: 9 (1753); *Circaea pricei* Hayata, Icon. Pl. Formosan. 5: 72 (1915); *Circaea minutula* Ohwi, Acta Phytotax. Geobot. 2: 151 (1933); *Circaea imaicola* (Asch. et Magn.) Hand.-Mazz., Symb. Sin. 7 (3): 603 (1933); *Circaea taiwaniana* S. S. Ying, Alpine Pl. Taiwan in Color 2: 199 (1978); *Circaea hohuanensis* S. S. Ying, Quart. J. Exp. For. Nat. Taiwan Univ. 11 (1): 13, photo. 4-8 (1997).

山西、河南、陕西、甘肃、青海、安徽、浙江、江西、湖北、四川、贵州、云南、西藏、福建、台湾；越南、缅甸、泰国、不丹、尼泊尔、印度、阿富汗。

水珠草（露珠草）

Circaea canadensis subsp. **quadrisulcata** (Maxim.) Boufford, Harvard Pap. Bot. 9 (2): 256 (2005).

Circaea lutetiana (Franch. et Sav.) H. Lév. f. *quadrisulcata* Maxim., Mém. Acad. Imp. Sci. St.-Pétersbourg Divers Savans 9: 106 (1859); *Circaea lutetiana* subsp. *quadrisulcata* (Maxim.)

Asch. et Magnus, Bot. Zeitung (Berlin) 28: 787 (1870); *Circaea quadrisulcata* (Maxim.) Franch. et Sav., Enum. Pl. Jap. 1 (1): 169 (1873); *Circaea mollis* var. *maximowiczii* H. Lév., Bull. Géogr. Bot. 22: 223 (1912); *Circaea maximowiczii* (H. Lév.) H. Hara, J. Jap. Bot. 10 (9): 598 (1934); *Circaea maximowiczii* (H. Lév.) H. Hara var. *viridicalyx* H. Hara, J. Jap. Bot. 10 (9): 600 (1934); *Circaea maximowiczii* (H. Lév.) H. Hara f. *viridicalyx* (H. Hara) Kitag., Fl. Manschur. 328 (1939).

黑龙江、吉林、辽宁、内蒙古、河北、山东；日本、朝鲜、俄罗斯。

露珠草（牛泷草，心叶露珠草）

Circaea cordata Royle, Ill. Bot. Himal. Mts. 1: 211, pl. 43, f. 1 a-I (1834).

Circaea cardiophylla Makino, Bot. Mag. (Tokyo) 20: 42 (1906); *Circaea bodinieri* H. Lév., Bull. Acad. Int. Géogr. Bot. 22: 224 (1912); *Circaea* × *hybrida* Hand.-Mazz., Symb. Sin. Pt. 7: 605 (1933); *Circaea kitagawawe* H. Hara, J. Jap. Bot. 10 (9): 595, f. 11 (1935).

黑龙江、吉林、辽宁、河北、山西、山东、河南、陕西、甘肃、安徽、浙江、江西、湖南、湖北、四川、贵州、云南、西藏、台湾；日本、朝鲜、尼泊尔、印度、巴基斯坦、哈萨克斯坦、克什米尔、俄罗斯。

谷蓼（台湾露珠草）

Circaea erubescens Franch. et Sav., Enum. Pl. Jap. 2 (2): 370 (1878).

Circaea quadrisulcata auct. non: (Maxim.) Franch. et Sav., Enum. Pl. Jap. 1 (1): 169 (1873); *Circaea delavayi* H. Lév., Repert. Spec. Nov. Regni Veg. 8 (163-165): 138 (1910); *Circaea kawakamii* Hayata, Icon. Pl. Formosan. 5: 71, f. 14 (1915).

山西、陕西、安徽、江苏、浙江、江西、湖南、湖北、四川、贵州、云南、福建、台湾、广东；日本、朝鲜。

秃梗露珠草（光梗露珠草）

●**Circaea glabrescens** (Pamp.) Hand.-Mazz., Symb. Sin. 7 (3): 604 (1933).

Circaea cordata var. *glabrescens* Pamp., Nuovo Giorn. Bot. Ital., new series 17 (4): 677 (1910).

山西、河南、陕西、甘肃、湖北、四川、台湾。

南方露珠草（细毛谷蓼露珠草）

Circaea mollis Sieb. et Zucc., Abh. Math.-Phys. Cl. Königl. Bayer. Akad. Wiss. 4 (2): 134 (1843).

Circaea coreana H. Lév., Repert. Spec. Nov. Regni Veg. 4: 226 (1907); *Circaea coreana* var. *sinensis* H. Lév., Repert. Spec. Nov. Regni Veg. 4: 226 (1907); *Circaea lutetiana* var. *taquetii* H. Lév., Repert. Spec. Nov. Regni Veg. 7 (152-156): 340 (1909).

黑龙江、吉林、辽宁、河北、山东、河南、甘肃、安徽、江苏、浙江、江西、湖南、湖北、四川、贵州、云南、福建、广东、广西；日本、朝鲜、韩国、越南、老挝、缅甸、柬埔寨、印度、俄罗斯。

卵叶露珠草

Circaea × ovata (Honda) Boufford, Ann. Missouri Bot. Gard. 69 (4): 968 (1982).

Circaea quadrisulcata var. *ovata* Honda, Bot. Mag. (Tokyo) 46: 3 (1932).

四川、云南；日本、韩国。

匍匐露珠草 （匍茎谷蓼）

Circaea repens Wall. ex Asch. et Magnus, Bot. Zeitung (Berlin) 28: 761 (1870).

Circaea alpina var. *himalaica* C. B. Clarke, Fl. Brit. Ind. 2 (6): 589 (1879).

湖北、四川、云南、西藏；缅甸、不丹、尼泊尔、印度、巴基斯坦。

贡山露珠草

●**Circaea × taronensis** H. Li, Fl. Yunnan. 4: 157 (1986).

云南。

克拉花属 Clarkia Pursh

克拉花 （极美克代稀）

☆**Clarkia pulchella** Pursh, Fl. Amer. Sept. 1: 260, pl. 11 (1814).

西藏；美国。

柳叶菜属 Epilobium L.

毛脉柳叶菜 （黑龙江柳叶菜）

Epilobium amurense Hausskn., Oesterr. Bot. Z. 29 (2): 55 (1879).

Epilobium origanifolium var. *pubescens* Maxim., Prim. Fl. Amur. 105 (1859); *Epilobium* nepalense Hausskn., Oesterr. Bot. Z. 29 (2): 53 (1879); *Epilobium laetum* Wall. ex Hausskn., Monogr. Epilobium 218 (1884); *Epilobium yabei* H. Lév., Bull. Soc. Agric. Sarthe 40: 72 (1905); *Epilobium* tenue Kom., Trudy Imp. S.-Peterburgsk. Bot. Sada 25: 95 (1905); *Epilobium gansuense* H. Lév., Bull. Herb. Boiss. sér. 2 7: 590 (1907); *Epilobium miyabei* H. Lév., Repert. Spec. Nov. Regni Veg. 5: 8 (1908); *Epilobium ovale* Takeda, J. Linn. Soc., Bot. 42: 466 (1914); *Epilobium amurense* subsp. *laetum* (Wall. ex Hausskn.) P. H. Raven, Bull. Brit. Mus. (Nat. Hist.), Bot. 2 (12): 367 (1962).

黑龙江、吉林、辽宁、内蒙古、河北、山西、山东、河南、陕西、甘肃、青海、安徽、浙江、江西、湖南、湖北、四川、贵州、云南、西藏、福建、台湾、广东、广西；日本、朝鲜、缅甸、不丹、尼泊尔、印度、巴基斯坦、俄罗斯（远东地区）。

光滑柳叶菜 （岩山柳叶菜）

Epilobium amurense subsp. **cephalostigma** (Hausskn.) C. J. Chen, Hoch et P. H. Raven, Syst. Bot. Monogr. 34: 127 (1992).

Epilobium cephalostegma Hasskn., Oesterr. Bot. Z. 29: 57 (1879); *Epilobium affine* Bong., Mém. Acad. Imp. Sci. St.-Pétersbourg, sér. 6, Sci. Math. 2 (2): 135 (1832); *Epilobium calycinum* Hausskn., Monogr. Epilobium 196 (1884); *Epilobium nudicarpum* Kom., Trudy Imp. S.-Peterburgsk. Bot. Sada 18: 432 (1901); *Epilobium angulatum* Kom., Trudy Imp. S.-Peterburgsk. Bot. Sada 18: 432 (1901); *Epilobium cylindrostigma* Kom., Trudy Imp. S.-Peterburgsk. Bot. Sada 25: 95 (1905); *Epilobium coreanum* H. Lév., Bull. Herb. Boissier sér. 2 7: 590 (1907); *Epilobium sugaharai* Koidz., Acta Phytotax. Geobot. 5: 121 (1936); *Epilobium cephalostigma* var. *nudicarpum* (Kom.) H. Hara, J. Jap. Bot. 18: 234 (1942).

黑龙江、吉林、辽宁、河北、山东、河南、陕西、甘肃、安徽、浙江、江西、湖南、湖北、四川、贵州、云南、福建、广东、广西；日本、朝鲜、俄罗斯（远东地区）。

新疆柳叶菜

Epilobium anagallidifolium Lam., Encycl. 2 (1): 376 (1786).

Epilobium dielsii H. Lév., Repert. Spec. Nov. Regni Veg. 3 (27-28): 20 (1906).

新疆；日本、俄罗斯，广泛分布于亚洲北部、欧洲和北美洲。

长柱柳叶菜 （酸沼柳叶菜）

●**Epilobium blinii** H. Lév., Repert. Spec. Nov. Regni Veg. 7 (152-156): 338 (1909).

Epilobium forrestii Diels, Notes Roy. Bot. Gard. Edinburgh 5 (25): 254 (1912).

四川、云南。

短叶柳叶菜

Epilobium brevifolium D. Don, Prodr. Fl. Nepal. 222 (1825).

河南、陕西、甘肃、安徽、浙江、江西、湖南、湖北、四川、贵州、云南、西藏、福建、台湾、广东、广西；菲律宾、越南、缅甸、不丹、尼泊尔、印度。

短叶柳叶菜 （原亚种）

●**Epilobium brevifolium** subsp. **brevifolium**

Epilobium trichoneurum var. *brachyphyllum* Hausskn., Oesterr. Bot. Z. 29: 54 (1879).

云南、西藏。

腺茎柳叶菜 （广布柳叶菜）

Epilobium brevifolium subsp. **trichoneurum** (Hausskn.) P. H. Raven, Bull. Brit. Mus. (Nat. Hist.), Bot. 2 (12): 362 (1962).

Epilobium trichoneurum Hausskn., Oesterr. Bot. Z. 29 (2): 54 (1879); *Epilobium hookeri* C. B. Clarke, Fl. Brit. Ind. 2 (6): 584 (1879); *Epilobium esquirolii* H. Lév., Bull. Herb. Boissier, sér. 2 7: 590 (1907); *Epilobium cavalieri* H. Lév., Bull. Herb. Boissier, sér. 2 7: 590 (1907); *Epilobium cordouei* H. Lév., Repert. Spec. Nov. Regni Veg. 6 (107-112): 110 (1908); *Epilobium philippinense* C. B. Rob., Philipp. J. Sci. 3 (4): 209 (1908).

河南、陕西、甘肃、安徽、浙江、江西、湖南、湖北、四川、贵州、云南、西藏、福建、台湾、广东、广西；菲律宾、越南、缅甸、不丹、尼泊尔、印度。

东北柳叶菜

Epilobium ciliatum Raf., Med. Repos., hexade 2 5: 361 (1808).

Epilobium maximowiczii Hausskn., Oesterr. Bot. Z. 29 (2): 57 (1879); *Epilobium punctatum* H. Lév., Bull. Acad. Int. Géogr. Bot. 11: 316 (1902); *Epilobium kurilense* Nakai, Bot. Mag. (Tokyo) 22 (256): 83 (1908); *Epilobium glandulosum* var. *asiaticum* H. Hara, J. Jap. Bot. 18 (5): 241 (1942); *Epilobium glandulosum* var. *kurilense* (Nakai) H. Hara, J. Jap. Bot. 18 (5): 238 (1942).

黑龙江、吉林；广布于南美洲、北美洲；归化于日本、朝鲜、俄罗斯、热带澳大利亚、亚洲、欧洲。

雅致柳叶菜

Epilobium clarkeanum Hausskn., Monogr. Epilobium 220, pl. 9, f. 53 (1884).

云南；缅甸、印度。

圆柱柳叶菜（华西柳叶菜）

Epilobium cylindricum D. Don, Prodr. Fl. Nepal. 222 (1825).

Epilobium roseum Schreber var. *cylindricum* (D. Don) C. B. Clarke, Fl. Brit. Ind. 2 (6): 585 (1879); *Epilobium christii* H. Lév., Repert. Spec. Nov. Regni Veg. 9: 19 (1910); *Epilobium beauverdianum* H. Lév., Repert. Spec. Nov. Regni Veg. 8 (163-165): 138 (1910).

甘肃、湖北、四川、贵州、云南、西藏；不丹、尼泊尔、印度、巴基斯坦、阿富汗、吉尔吉斯斯坦、克什米尔、俄罗斯、亚洲西南部。

川西柳叶菜

●**Epilobium fangii** C. J. Chen, Hoch et P. H. Raven, Syst. Bot. Monogr. 34: 151, f. 42 A, 55 (1992).

四川、云南。

多枝柳叶菜

Epilobium fastigiatoramosum Nakai, Bot. Mag. (Tokyo) 33 (385): 9 (1919).

Epilobium baicalense Papov, Bot. Mater. Gerb. Bot. Inst. Komarova Akad. Nauk S. S. S. R. 18: 6 (1957).

黑龙江、吉林、辽宁、内蒙古、河北、山西、山东、陕西、宁夏、甘肃、青海、新疆、四川、云南、西藏；蒙古国、日本、朝鲜、俄罗斯。

鳞根柳叶菜（帕里柳叶菜）

Epilobium gouldii P. H. Raven, Bull. Brit. Mus. (Nat. Hist.), Bot. 2 (12): 371, pl. 35 B (1962).

西藏；印度。

柳叶菜（水朝阳花，鸡脚参）

☆**Epilobium hirsutum** L., Sp. Pl. 1: 347 (1753).

Chamaenerion hirsutum (L.) Scop., Fl. Carniol., ed. 2 1: 270 (1771); *Epilobium villosum* Thunb., Prodr. Pl. Cap. 75 (1794); *Epilobium tomentosum* Vent., Descr. Pl. Nouv. pl. 90 (1802); *Epilobium hirsutum* var. *tomentosum* (Vent.) Boiss., Fl. Orient. 2: 746 (1872); *Epilobium hirsutum* var. *sericeum* Benth. ex C. B. Clarke, Fl. Brit. Ind. 2 (6): 584 (1879); *Epilobium hirsutum* var. *laetum* Wall. ex C. B. Clarke, Fl. Brit. Ind. 2 (6): 584 (1879); *Epilobium velutinum* Nevski, Trudy Bot. Inst. Akad. Nauk S. S. S. R., Ser. 1, Fl. Sist. Vyssh. Rast. 4: 312 (1937); *Epilobium hirsutum* var. *villosum* (Thunb.) H. Hara, J. Jap. Bot. 18: 178 (1942).

吉林、辽宁、内蒙古、河北、山西、山东、河南、陕西、宁夏、甘肃、青海、新疆、安徽、江苏、浙江、江西、湖南、湖北、四川、贵州、云南、西藏、广东；蒙古国、日本、朝鲜、尼泊尔、印度、巴基斯坦、阿富汗、俄罗斯；亚洲中部和西南部、欧洲、非洲、北美洲归化。

合欢柳叶菜

●**Epilobium hohuanense** S. S. Ying, Quart. J. Chin. Forest. 8 (4): 121 (1975).

台湾。

锐齿柳叶菜（片马柳叶菜）

Epilobium kermodei P. H. Raven, Bull. Brit. Mus. (Nat. Hist.), Bot. 2: 364, pl. 33 B (1962).

湖南、湖北、四川、贵州、云南、广西；缅甸。

矮生柳叶菜（曲林柳叶菜）

●**Epilobium kingdonii** P. H. Raven, Bull. Brit. Mus. (Nat. Hist.), Bot. 2 (12): 377, pl. 38 A (1962).

四川、云南、西藏。

大花柳叶菜

Epilobium laxum Royle, Ill. Bot. Himal. Mts. 1: 211, pl. 43, f. 2 (1835).

Epilobium amplectens (Benth. ex C. B. Clarke) Hausskn., Monogr. Epilobium 208 (1884); *Epilobium duthiei* Hausskn., Monogr. Epilobium 205, pl. 9, fig. 54 (1884); *Epilobium tetragonum* var. *amplectens* Benth. ex C. B. Clarke, Fl. Brit. Ind. 2: 587 (1879); *Epilobium sadae* H. Lév., Bull. Herb. Boissier. sér. 2 7: 588 (1907); *Epilobium subnivale* Popov ex Pavlov, Ucen. Zap. Moskovsk. Gosud. Univ. 2: 329 (1934).

新疆；印度、巴基斯坦、吉尔吉斯斯坦、亚洲西南部。

细籽柳叶菜

Epilobium minutiflorum Hausskn., Oesterr. Bot. Z. 29 (2): 55 (1879).

Epilobium decipiens Hausskn., Oesterr. Bot. Z. 29 (2): 57 (1879); *Epilobium modestum* Hausskn., Oesterr. Bot. Z. 29 (2): 55 (1879); *Epilobium cephalostigma* Hausskn., Oesterr. Bot. Z. 29: 57 (1879); *Epilobium propinquum* Hausskn., Monogr. Epilobium 213 (1884); *Epilobium tetragonum* var. *minutiflorum* (Hausskn.) Boiss., Fl. Orient. 240 (1888).

吉林、辽宁、内蒙古、河北、山西、陕西、宁夏、甘肃、新疆、西藏；蒙古国、朝鲜、巴基斯坦、阿富汗、塔吉克斯坦、吉尔吉斯斯坦、哈萨克斯坦、乌兹别克斯坦、俄罗斯、亚洲西南部。

南湖柳叶菜

●**Epilobium nankotaizanense** Yamam., Icon. Pl. Formosan. Suppl. 2: 29, pl. 2 (1926).

台湾。

沼生柳叶菜

Epilobium palustre L., Sp. Pl. 1: 348 (1753).

Epilobium alpinum L., Sp. Pl. 1: 348 (1753); *Epilobium rhynchocarpum* Boiss., Diagn. Pl. Orient., ser. 2 2: 53 (1856); *Epilobium palustre* var. *minimum* C. B. Clarke, Fl. Brit. Ind. 2 (6): 586 (1879); *Epilobium palustre* var. *typicum* C. B. Clarke, Fl. Brit. Ind. 2 (6): 585 (1879); *Epilobium palustre* var. *majus* C. B. Clarke, Fl. Brit. Ind. 2 (6): 585 (1879); *Epilobium palustre* var. *lavandulifolium* Lecoq et Lamotte ex Hausskn, Monogr. Epilobium 133 (1884); *Epilobium fischerianum* Pavlov, Byull. Moskovsk. Obshch. Isp. Prir. Otd. Biol. 38: 105 (1929).

黑龙江、吉林、辽宁、内蒙古、河北、山西、陕西、甘肃、青海、新疆、四川、云南、西藏；日本、韩国、印度、哈萨克斯坦、欧洲、北美洲。

硬毛柳叶菜（丝毛柳叶菜）

Epilobium pannosum Hausskn., Oesterr. Bot. Z. 29 (2): 54 (1879).

Epilobium khasianum C. B. Clarke, Fl. Brit. Ind. 2 (6): 585 (1879); *Epilobium brevifolium* subsp. *pannosum* (Hausskn.) P. H. Raven, Bull. Brit. Mus. (Nat. Hist.), Bot. 2 (12): 363 (1962).

四川、贵州、云南；越南、缅甸、印度。

小花柳叶菜

Epilobium parviflorum Schreb., Spic. Fl. Lips. 146 (1771).

Epilobium vestitum Benth. ex Wall., Numer. List 216, n. 6327 (1832); *Epilobium parviflorum* var. *vestitum* Benth. ex C. B. Clarke, Fl. Brit. Ind. 2 (6): 584 (1879).

内蒙古、河北、山西、山东、河南、陕西、甘肃、新疆、湖南、湖北、四川、贵州、云南；日本、朝鲜、尼泊尔、印度、巴基斯坦、阿富汗、俄罗斯、亚洲西南部、欧洲、非洲、北美洲；归化于新西兰。

网籽柳叶菜

●**Epilobium pengii** C. J. Chen, Hoch et P. H. Raven, Syst. Bot. Monogr. 34: 169, f. 12, 61 (1992).

台湾。

阔柱柳叶菜（鬼松针，高柱柳叶菜）

Epilobium platystigmatosum C. B. Rob., Philipp. J. Sci. 3: 210 (1905).

Epilobium cephalostigma var. *linearifolium* Hisauti, J. Jap. Bot. 14: 143 (1938); *Epilobium formosanum* Masam., Trans. Nat.

Hist. Soc. Taiwan 29: 62 (1939); *Epilobium sohayakiense* Koidz., Acta Phytotax. Geobot. 8: 61 (1939).

河北、河南、陕西、甘肃、青海、湖北、四川、云南、台湾、广西；日本、菲律宾。

长籽柳叶菜

Epilobium pyrricholophum Franch. et Sav., Enum. Pl. Jap. 2 (2): 370 (1878).

Epilobium tetragonum var. *japonica* Miq., Ann. Mus. Bot. Lugduno-Batavi 3: 94 (1867); *Epilobium japonicum* (Miq.) Hausskn., Oesterr. Bot. Z. 29: 56 (1879); *Epilobium oligodontum* Hausskn., Oesterr. Bot. Z. 29: 58 (1879); *Epilobium japonicum* var. *glandulosopubescens* Hausskn., Oesterr. Bot. Z. 29: 56 (1879); *Epilobium rouyanum* H. Lév., Bull. Acad. Int. Géogr. Bot. 9: 210 (1900); *Epilobium hakkodense* H. Lév., Bull. Acad. Int. Géogr. Bot. 10: 34 (1901); *Epilobium quadrangulum* H. Lév., Bull. Soc. Agric. Sarthe 40: 72 (1905); *Epilobium chrysocoma* H. Lév., Bull. Herb. Boiss. sér. 2 7: 589 (1907); *Epilobium arcuatum* H. Lév., Bull. Herb. Boiss. sér. 2 7: 589 (1907); *Epilobium prostratum* H. Lév., Bull. Soc. Bot. France 54: 520 (1907); *Epilobium kiusianum* H. Lév., Bot. Mag. (Tokyo) 22: 84 (1908); *Epilobium pyrricholophum* var. *anuoleucholophum* H. Lév., Repert. Spec. Nov. Regni Veg. 6: 330 (1909); *Epilobium nakaianum* H. Lév., Icon. Gen. Epil. 166, pl. 140 (1910); *Epilobium nakaharanum* Nakai., Bot. Mag. (Tokyo) 25: 149 (1911); *Epilobium axillare* Franch. ex Koid., Fl. Symb. Orient.-Asiat. 85 (1930); *Epilobium myokoense* Koidz., Fl. Symb. Orient.-Asiat. 85 (1930); *Epilobium pyrricholophum* var. *japonicum* (Maq.) H. Hara, J. Jap. Bot. 18: 236 (1942); *Epilobium pyrricholophum* var. *curvatopilosum* H. Hara, J. Jap. Bot. 18: 237 (1942).

山东、河南、陕西、安徽、江苏、浙江、江西、湖南、湖北、四川、贵州、福建、广东、广西；日本、俄罗斯。

长柄柳叶菜

Epilobium roseum Schreb., Spic. Fl. Lips. 147, 155 (1771).

新疆；哈萨克斯坦、俄罗斯、亚洲中部和西南部、欧洲。

长柄柳叶菜（原亚种）

●**Epilobium roseum** subsp. **roseum**

新疆；哈萨克斯坦、俄罗斯、亚洲西南部、欧洲。

多脉柳叶菜

Epilobium roseum subsp. **subsessile** (Boiss.) P. H. Raven, Notes Roy. Bot. Gard. Edinburgh 24: 194 (1962).

Epilobium roseum var. *subsessile* Boiss., Fl. Orient. 2: 749 (1872); *Epilobium smyrnaeum* Boiss. et Balansa, Diagn. Pl. Orient., ser. 2 2: 52 (1856); *Epilobium nervosum* Boiss. et Buhse, Nouv. Mém. Soc. Imp. Naturalistes Moscou 12: 88 (1860); *Epilobium almaatense* Steinb., Fl. U. R. S. S. 15: 589 (1949).

新疆；哈萨克斯坦、俄罗斯、亚洲中部和西南部、欧洲。

短梗柳叶菜（滇藏柳叶菜）

Epilobium royleanum Hausskn., Oesterr. Bot. Z. 29 (2): 55

(1879).

Epilobium himalayense Hausskn., Monogr. Epilobium 213, pl. 7, f. 48 (1884); *Epilobium lividum* Hausskn., Monogr. Epilobium 201, pl. 7, f. 49 (1884); *Epilobium roseum* var. *dalhousieanum* C. B. Clarke, Fl. Brit. Ind. 2 (6): 584 (1879); *Epilobium roseum* var. *indicum* C. B. Clarke, Fl. Brit. Ind. 2 (6): 584 (1879); *Epilobium royleanum* f. *glabrum* P. H. Raven, Bull. Brit. Mus. (Nat. Hist.), Bot. 2: 361 (1962); *Epilobium royleanum* f. *glandulosum* P. H. Raven, Bull. Brit. Mus. (Nat. Hist.), Bot. 2: 360 (1962).

河南、陕西、甘肃、青海、新疆、湖北、四川、贵州、云南、西藏；不丹、尼泊尔、印度、巴基斯坦、阿富汗、克什米尔、亚洲西南部。

鳞片柳叶菜（锡金柳叶菜，褐鳞柳叶菜，亚东柳叶菜）

Epilobium sikkimense Hausskn., Oesterr. Bot. Z. 29 (2): 52 (1879).

Epilobium sikkimense subsp. *ludlowianum* P. H. Raven, Bull. Brit. Mus. (Nat. Hist.), Bot. 2 (12): 37, pl. 36 A (1962); *Epilobium trilectorum* P. H. Raven, Bull. Brit. Mus. (Nat. Hist.), Bot. 2 (12): 374, pl. 36 B (1962); *Epilobium soboliferum* P. H. Raven, Bull. Brit. Mus. (Nat. Hist.), Bot. 2 (12): 375, pl. 37 A (1962); *Epilobium squamosum* P. H. Raven, Bull. Brit. Mus. (Nat. Hist.), Bot. 2: 380, pl. 39 B (1962).

陕西、甘肃、青海、四川、云南、西藏、喜马拉雅；缅甸、不丹、尼泊尔、印度北部。

中华柳叶菜

●**Epilobium sinense** H. Lév., Bull. Herb. Boissier, sér. 2 7: 590 (1907).

河南、甘肃、湖南、湖北、四川、贵州、云南。

亚革质柳叶菜

●**Epilobium subcoriaceum** Hausskn., Oesterr. Bot. Z. 29 (2): 56 (1879).

陕西、甘肃、青海、四川、云南、西藏。

台湾柳叶菜

●**Epilobium taiwanianum** C. J. Chen, Hoch et P. H. Raven, Syst. Bot. Monogr. 34: 95, f. 36 (1992).

台湾。

天山柳叶菜

Epilobium tianschanicum Pavlov, Ucen. Zap. Moskovsk. Gosud. Univ. 2: 327 (1934).

新疆；吉尔吉斯斯坦、哈萨克斯坦、乌兹别克斯坦、俄罗斯。

光籽柳叶菜

Epilobium tibetanum Hausskn., Oesterr. Bot. Z. 29 (2): 53 (1879).

Epilobium pseudobscurum Hausskn., Oesterr. Bot. Z. 29 (2): 53 (1879); *Epilobium roseum* var. *anagallifolium* C. B. Clarke, Fl. Brit. Ind. 2 (6): 584 (1879); *Epilobium leiospermum* Hausskn., Monogr. Epilobium 206, pl. 5, f. 45 (1884);

Epilobium nuristanicum Rech. f., Biol. Skr. 10 (3): 61 (1959).

四川、云南、西藏；不丹、尼泊尔、印度、巴基斯坦、阿富汗、克什米尔、亚洲西南部。

滇藏柳叶菜（大花柳叶菜，胆黄草，紫药参）

Epilobium wallichianum Hausskn., Oesterr. Bot. Z. 29 (2): 54 (1879).

Epilobium tanguticum Hausskn., Oesterr. Bot. Z. 29 (2): 56 (1879); *Epilobium nepalense* Hausskn., Oesterr. Bot. Z. 29 (2): 53 (1879); *Epilobium souliei* H. Lév., Bull. Herb. Boissier, sér. 2 7: 588 (1907); *Epilobium duclouxii* H. Lév., Repert. Spec. Nov. Regni Veg. 6 (107-112): 110 (1908); *Epilobium mairei* H. Lév., Repert. Spec. Nov. Regni Veg. 12 (325-330): 283 (1913); *Epilobium wallichianum* subsp. *souliei* (H. Lév.) P. H. Raven, Bull. Brit. Mus. (Nat. Hist.), Bot. 2 (12): 366 (1962); *Epilobium sykesii* P. H. Raven, Bull. Brit. Mus. (Nat. Hist.), Bot. 2: 366, pl. 34 A (1962).

甘肃、湖北、四川、贵州、云南、西藏；缅甸、不丹、尼泊尔、印度东北部（阿萨姆邦、锡金）、孟加拉国西部。

埋鳞柳叶菜（高山柳叶菜）

Epilobium williamsii P. H. Raven, Bull. Brit. Mus. (Nat. Hist.), Bot. 2: 378, t. 38 B (1962).

青海、四川、云南、西藏；缅甸、尼泊尔、印度。

倒挂金钟属 **Fuchsia** L.

倒挂金钟（灯笼花，吊钟海棠）

☆**Fuchsia hybrida** Hort. ex Sieber et Voss., Vilm. Blumengaertn., ed. 3 1: 332 (1894).

中国各地；世界各地。

山桃草属 **Gaura** L.

阔果山桃草（山桃草）

☆**Gaura biennis** L., Sp. Pl. 1: 347 (1753).

云南；北美洲。

山桃草（白桃花，白蝶花）

☆**Gaura lindheimeri** Engelm. et A. Gray, Boston J. Nat. Hist. 5 (2): 217 (1845).

河北、北京、山东、江苏、浙江、江西、香港；北美洲。

小花山桃草

☆**Gaura parviflora** Douglas ex Lehm., Nov. Stirp. Pug. 2: 15 (1830).

河北、山东、河南、安徽、江苏、湖北；广泛分布于热带澳大利亚和南美洲；原产于北美洲东部和中部（包括墨西哥），归化于日本。

丁香蓼属 **Ludwigia** L.

水龙（玉钗草，草里银钗，过塘蛇）

Ludwigia adscendens (L.) H. Hara, J. Jap. Bot. 28 (10): 291

(1953).

Jussiaea adscendens L., Mant. Pl. 1: 69 (1767); *Jussiaea repens* L., Sp. Pl. 1: 388 (1753).

浙江、江西、湖南、云南、福建、台湾、广东、广西、海南；日本、菲律宾、泰国、马来西亚、印度尼西亚、尼泊尔、印度、巴基斯坦、斯里兰卡，广泛分布于非洲、热带澳大利亚。

假柳叶菜

Ludwigia epilobiloides Maxim., Mém. Acad. Imp. Sci. St.-Pétersbourg Divers Savans 9: 104 (1859).

黑龙江、吉林、辽宁、内蒙古、山东、河南、陕西、安徽、浙江、江西、湖南、湖北、四川、贵州、云南、福建、台湾、广东、广西、海南；日本、朝鲜、越南、俄罗斯。

草龙（细叶水丁香，线叶丁香蓼）

Ludwigia hyssopifolia (G. Don) Exell, Garcia de Orta 5: 471 (1957).

Jussiaea hyssopifolia G. Don, Gen. Hist. 2: 693 (1832); *Jussiaea linifolia* Vahl, Eclog. Amer. 2: 32 (1798); *Jussiaea micrantha* Kunze, Linnaea 24: 177 (1851); *Ludwigia micrantha* (Kunnze) H. Hara, J. Jap. Bot. 28 (10): 293 (1953).

云南、福建、台湾、广东、广西、海南；菲律宾、越南、缅甸、泰国、马来西亚、新加坡、印度尼西亚、不丹、尼泊尔、印度、孟加拉国、斯里兰卡、太平洋岛屿，广泛分布于亚洲东南部、非洲、大洋洲、南美洲。

毛草龙（草里金钗，草龙，水丁香）

Ludwigia octovalvis (Jacq.) P. H. Raven, Kew Bull. 15 (3): 476 (1962).

Oenothera octovalvis Jacq., Enum. Syst. Pl. 19 (1760); *Jussiaea suffruticosa* L., Sp. Pl. 1: 388 (1753); *Jussiaea pubescens* L., Sp. Pl., ed. 2 1: 555 (1762); *Jussiaea villosa* Lam., Encycl. 3 (1): 331 (1789); *Jussiaea angustifolia* Lam., Encycl. 3 (1): 331 (1789); *Jussiaea octovalvis* (Jacq.) Sw., Observ. Bot. 142 (1791); *Jussiaea octonervia* f. *seeilifora* Michli, Fl. Bras. 13 (2): 171 (1875); *Ludwigia pubescens* (L.) H. Hara, J. Jap. Bot. 28 (10): 293 (1953); *Ludwigia octovalvis* subsp. *sessiliflora* (Mich.) P. H. Raven, Kew Bull. 15 (3): 476 (1962).

浙江、江西、四川、贵州、云南、西藏、福建、台湾、广东、广西、海南、香港；日本、越南、缅甸、泰国、马来西亚、新加坡、印度、太平洋岛屿（瓦努阿图）、中东、亚洲、非洲、北美洲、南美洲。

卵叶丁香蓼（卵叶水丁香）

Ludwigia ovalis Miq., Ann. Mus. Bot. Lugduno-Batavi 3: 95 (1867).

Ludwigia palustris var. *ovalis* (Miq.) H. Lév., Bull. Acad. Int. Géogr. Bot. 9: 212 (1900).

安徽、江苏、浙江、江西、湖南、福建、台湾、广东；日本、朝鲜。

黄花水龙

Ludwigia peploides subsp. **stipulacea** (Ohwi) P. H. Raven, Reinwardtia 6 (4): 397 (1962).

Jussiaea stipulacea Ohwi, J. Jap. Bot. 26: 232 (1951); *Ludwigia adscendens* var. *stipulacea* (Ohwi) H. Hara, J. Jap. Bot. 28 (10): 291 (1953).

安徽、浙江、福建、广东；日本。

细花丁香蓼（小花水丁香）

Ludwigia perennis L., Sp. Pl. 1: 119 (1753).

Jussiaea caryophyllea Lam., Encycl. 3 (1): 331 (1789); *Ludwigia jussiaeoides* Desr., Encycl. 3: 614 (1792); *Ludwigia parviflora* Roxb., Hort. Bengal. 11 (1814); *Ludwigia caryophyllea* (Lam.) Merr. et F. P. Metcalf, Lingnan Sci. J. 16 (3): 396 (1937); *Jussiaea perennis* (L.) Brenan, Kew Bull. 163 (1953).

江西、云南、福建、台湾、广东、广西、海南；日本、菲律宾、缅甸、印度尼西亚、不丹、尼泊尔、印度、孟加拉国、斯里兰卡、马达加斯加、热带澳大利亚、太平洋岛屿（新喀里多尼亚岛）、亚洲东南部和西南部。

丁香蓼

Ludwigia prostrata Roxb., Fl. Ind., ed. 1820 1: 441 (1820).

Jussiaea prostrata (Roxb.) Lév., Repert. Spec. Nov. Regni Veg. 8: 138 (1910).

云南、广西、海南；菲律宾、印度尼西亚、不丹、尼泊尔、印度北部、斯里兰卡。

台湾水龙（过江藤，黄花水龙）

Ludwigia × taiwanensis C. I. Peng, Bot. Bull. Acad. Sin. 31: 343, fig. 5 (1990).

浙江、江西、湖南、四川、云南、福建、台湾、广东、广西、海南、香港；越南。

月见草属 Oenothera L.

月见草（山芝麻，夜来香）

Oenothera biennis L., Sp. Pl. 1: 346 (1753).

Oenothera muricata L., Syst. Nat., ed. 12 2: 263 (1767); *Onagra biennis* (L.) Scop., Fl. Carniol., ed. 2 1: 269 (1772); *Onagra muricata* (L.) Moench., Methodus 675 (1794); *Oenothera suaveolens* Desf., Tabl. Ecole Bot. 169 (1804).

黑龙江、吉林、辽宁、内蒙古、河北、河南、安徽、江苏、湖南、湖北、四川、贵州、云南、台湾、广东、广西；日本、朝鲜、不丹、吉尔吉斯斯坦、哈萨克斯坦、俄罗斯；原产于北美洲，广泛归化于亚洲西南部、欧洲、新西兰、南美洲。

海边月见草（海芙蓉）

☆**Oenothera drummondii** Hook., Bot. Mag. 61, pl. 3361 (1834).

Oenothera littoralis Schltdl., Linnaea 12 (3): 268 (1838).

福建、广东；北美洲；原产于美国东南海岸、墨西哥东北部，归化于亚洲西南部、欧洲、非洲、热带澳大利亚、南美洲。

黄花月见草（红萼月见草，月见草）

☆**Oenothera glazioviana** Micheli, Fl. Bras. 13 (2): 178 (1875).
Onagra erythrosepala Borbás, Kert 1902: 202 (1902); *Oenothera erythrosepala* (Borbás) Borbás, Magyar Bot. Lapok 2 (8): 245 (1903).
吉林、河北、河南、陕西、安徽、江苏、浙江、江西、湖南、四川、贵州、云南；日本、印度、巴基斯坦、阿富汗、俄罗斯、热带澳大利亚、新西兰、亚洲西南部、非洲、北美洲、南美洲。

裂叶月见草

☆**Oenothera laciniata** Hill, Veg. Syst. 12 (appendix): 64, pl. 10 (1767).
Raimannia laciniata (Hill) Rose ex Britton et A. Br., Ill. Fl. N. U. S., ed. 2 2: 597 (1913).
福建、台湾；美国。

曲序月见草

☆**Oenothera oakesiana** (A. Gray) J. W. Robbins ex S. Walson et J. M. Coult., Manual, ed. 6 19 (1890).
Oenothera biennis var. *oakesiana* A. Gray, Manual, ed. 5 178 (1867).
福建；原产于北美洲，归化于欧洲。

小花月见草

☆**Oenothera parviflora** L., Syst. Nat., ed. 10 2: 998 (1759).
Oenothera biennis var. *parviflora* (L.) Torrey. et A. Gray, Fl. N. Amer. 1 (3): 492 (1840).
辽宁、河北；日本；原产于北美洲，广泛归化于新西兰、欧洲、非洲南部。

粉花月见草

☆**Oenothera rosea** L'Hér. ex Aiton., Hort. Kew. 2: 3 (1789).
浙江、江西、四川、贵州、云南；日本；原产于北美洲南部、南美洲北部，常栽培并归化于亚洲西南部、欧洲、热带澳大利亚、南美洲。

待宵草（月见草，线叶月见草，夜来香）

☆**Oenothera stricta** Ledeb. et Link, Enum. Hort. Berol. Alt. 1: 377 (1821).
山东、陕西、江西、湖北、四川、贵州、云南、福建、台湾、广西；日本、印度尼西亚、印度、巴基斯坦、斯里兰卡、俄罗斯、热带澳大利亚；原产于智利、阿根廷，归化于亚洲西南部、欧洲、非洲、北美洲、太平洋岛屿。

四翅月见草（椎果月见草）

☆**Oenothera tetraptera** Cav., Icon. 3: 40, pl. 279 (1796).
四川、贵州、云南、台湾；原产于北美洲，归化于斯里兰卡、热带澳大利亚、亚洲西南部、欧洲、南美洲。

长毛月见草

☆**Oenothera villosa** Thunb., Prodr. Pl. Cap. 75 (1794).
黑龙江、吉林、辽宁、河北；北美洲。

146. 桃金娘科 MYRTACEAE
[12 属：128 种]

岗松属 **Baeckea** L.

岗松

Baeckea frutescens L., Sp. Pl. 1: 358 (1753).
Baeckea chinensis Gaertn., Fruct. Sem. Pl. 1: 157, pl. 31 (1788); *Cedrela rosmarinus* Lour., Fl. Cochinch. 160 (1790); *Baeckea cochinchinensis* Blume, Mus. Bot. 1: 69 (1849); *Baeckea sumatrana* Blume, Mus. Bot. 1: 69 (1849); *Baeckea frutescens* var. *brachyphylla* Merr. et L. M. Perry, J. Arnold Arbor. 20 (1): 102 (1939).
浙江、江西、福建、广东、广西、海南；菲律宾、越南、缅甸、泰国、柬埔寨、马来西亚、印度尼西亚、印度、巴布亚新几内亚、热带澳大利亚。

红千层属 **Callistemon** R. Br.

红千层

☆**Callistemon rigidus** R. Br., Bot. Reg. 5, t. 393 (1819).
云南、福建、台湾、广东、广西、海南；热带澳大利亚。

柳叶红千层

☆**Callistemon salignus** (Sm.) Sweet, Hort. Brit. 155 (1826).
Metrosideros saligna Sm., Trans. Linn. Soc. London 3: 272 (1797).
云南、广东；热带澳大利亚。

子楝树属 **Decaspermum** J. R. Forst. et G. Forst.

白毛子楝树

●**Decaspermum albociliatum** Merr. et L. M. Perry, J. Arnold Arbor. 19 (3): 202 (1938).
海南。

琼南子楝树

●**Decaspermum austrohainanicum** H. T. Chang et R. H. Miao, Acta Bot. Yunnan. 4: 24 (1982).
海南。

秃子楝树

●**Decaspermum glabrum** H. T. Chang et R. H. Miao, Acta Bot. Yunnan. 4: 25 (1982).
广东。

子棟树（华夏子棟树）

Decaspermum gracilentum (Hance) Merr. et L. M. Perry, J. Arnold Arbor. 19 (3): 202 (1938).

Eugenia gracilenta Hance, J. Bot. 23: 7 (1885); *Eugenia esquirolii* H. Lév., Repert. Spec. Nov. Regni Veg. 9 (222-226): 459 (1911); *Syzygium gracilentum* (Hance) Hu, J. Arnold Arbor. 5 (4): 232 (1924); *Decaspermum esquirolii* (H. Lév.) H. T. Chang et R. H. Miao, Acta Bot. Yunnan. 4 (1): 25 (1982).

湖南、贵州、台湾、广东、广西；越南。

海南子棟树（多核果）

●**Decaspermum hainanense** (Merr.) Merr., Lingnan Sci. J. 14: 42 (1935).

Eugenia hainanensis Merr., Philipp. J. Sci. 23: 255 (1923); *Pyrenocarpa hainanensis* (Merr.) H. T. Chang et R. H. Miao, Acta Sci. Nat. Univ. Sunyatseni 1: 63 (1975); *Pyrenocarpa teretis* H. T. Chang et R. H. Miao, Acta Sci. Nat. Univ. Sunyatseni 1: 64 (1975).

海南。

束埔寨子棟树

Decaspermum montanum Ridl., J. Straits Branch Roy. Asiat. Soc. 61: 6 (1912).

Decaspermum cambodianum Gagnep., Bull. Mus. Nat. Hist. Nat. 26 (1): 73 (1920); *Eugenia multipunctata* Merr., J. Arnold Arbor. 6 (3): 138 (1925); *Eugenia ciliaris* Ridl., Bull. Misc. Inform. Kew 1928 (2): 74 (1928).

海南；越南、泰国、柬埔寨、马来西亚。

五瓣子棟树（碎米树）

Decaspermum parviflorum (Lam.) A. J. Scott, Kew Bull. 34: 66 (1979).

Eugenia parviflora Lam., Encycl. 3: 200 (1789); *Nelitris paniculata* Lindl., Coll. Bot. (Lindley) 4: 16 (1821); *Myrtus parviflora* (Lam.) Spreng., Syst. Veg., ed. 16 [Spreng.] 2: 486 (1825); *Nelitris parviflora* (Lam.) Blume, Mus. Bot. 1 (5): 75 (1850); *Decaspermum paniculatum* (Lindl.) Kurz., J. Asiat. Soc. Bengal, Pt. 2, Nat. Hist. 46: 61 (1877); *Decaspermum paniculatum* (Lindl.) Kurz., J. Asiat. Soc. Bengal, Pt. 2, Nat. Hist. 46 (2): 61 (1877); *Pyrus bodinieri* H. Lév., Fl. Kouy-Tchéou 350 (1915).

贵州、云南、西藏、广东、广西、海南；菲律宾、越南、缅甸、泰国、柬埔寨、马来西亚、印度尼西亚、印度东北部、太平洋岛屿。

圆枝子棟树（圆枝多核果）

●**Decaspermum teretis** Craven, Harvard Pap. Bot. 11: 27 (2006).

海南。

桉属 Eucalyptus L'Hér.

白桉

☆**Eucalyptus alba** Reinw. ex Blume, Bijdr. Fl. Ned. Ind. 17: 1101 (1826).

广西；原产于印度尼西亚、东帝汶、巴布亚新几内亚、澳大利亚北部。

广叶桉

☆**Eucalyptus amplifolia** Naudin, Descr. Eupl. Eucalypt. 28 (1891).

江西、湖南、湖北、四川、福建、广东、广西；原产于澳大利亚东南部。

布氏桉

☆**Eucalyptus blakelyi** Maiden, Crit. Rev. Eucalyptus 4: 43 (1917).

江西、云南；原产于澳大利亚东南部。

葡萄桉

☆**Eucalyptus botryoides** Sm., Trans. Linn. Soc. London 3: 286 (1797).

江西、四川、台湾、广东、广西；原产于澳大利亚东南部。

赤桉

☆**Eucalyptus camaldulensis** Dehnh., Cat. Pl. Horti Camald., ed. 2 20 (1832).

安徽、浙江、江西、湖南、四川、贵州、云南、福建、台湾、广东、广西；原产于热带澳大利亚。

渐尖赤桉

☆**Eucalyptus camaldulensis** var. **acuminata** (Hook.) Blak., Key Eucalypts. 135 (1934).

Eucalyptus acuminata Hook., J. Exped. Trop. Australia 390 (1848); *Eucalyptus rostrata* var. *acuminata* (Hook.) Maiden, Crit. Rev. Eucalyptus 4: 67 (1917).

云南、广东、广西；原产于热带澳大利亚。

短喙赤桉

☆**Eucalyptus camaldulensis** var. **brevirostris** (F. Muell. ex Miq.) Blakely, Key Eucalypts. 135 (1934).

Eucalyptus longirostris f. *brevirostris* F. Muell. ex Miq., Ned. Kruidk. Arch. 4: 125 (1856); *Eucalyptus rostrata* var. *brevirostris* (F. Muell. ex Miq.) Maiden, Bull. Herb. Boissier, sér. 2 2: 581 (1902).

广东、广西；原产于热带澳大利亚。

钝盖赤桉

☆**Eucalyptus camaldulensis** var. **obtuse** Blakely, Key Eucalypts. 135 (1934).

广东、广西；原产于热带澳大利亚。

垂枝赤桉

☆**Eucalyptus camaldulensis** var. **pendula** Blakely et Jacobs, Key Eucalypts. 135 (1934).

广东；原产于热带澳大利亚。

柠檬桉

☆**Eucalyptus citriodora** Hook., J. Exped. Trop. Australia 235 (1848).

浙江、江西、湖南、四川、贵州、云南、福建、广东、广西；原产于澳大利亚东南部。

常桉

☆**Eucalyptus crebra** F. Muell., J. Proc. Linn. Soc., Bot. 3: 87 (1859).

广东；原产于澳大利亚东部和东南部。

窿缘桉

☆**Eucalyptus exserta** F. Muell., J. Proc. Linn. Soc., Bot. 3: 85 (1859).

浙江、江西、湖南、四川、贵州、福建、广东、广西、海南；原产于热带澳大利亚。

直杆蓝桉

☆**Eucalyptus globulus** subsp. **maidenii** (F. Muell.) Kirkpatrick, J. Linn. Soc. Bot. 69: 101 (1974).

Eucalyptus maidenii F. Muell., Proc. Linn. Soc. New South Wales ser. 2 4: 1020, pl. 28 (1890).

江西、四川、云南、广西；原产于澳大利亚东南部。

蓝桉

☆**Eucalyptus globulus** Labill., Voy. Rech. Perouse 1: 153 (1800).

浙江、江西、四川、贵州、云南、福建、台湾、广西；原产于澳大利亚东南部（塔斯马尼亚州）。

大桉

☆**Eucalyptus grandis** W. Hill ex Maiden, Forest Fl. N. S. W. 1: 79 (1903).

台湾、广东、广西；原产于澳大利亚东部和东南部。

斜脉胶桉

☆**Eucalyptus kirtoniana** F. Muell., Eucalyptogr. Dec. I (1879).

Eucalyptus patentinervis R. T. Baker, Proc. Linn. Soc. New South Wales 24: 602 (1899).

贵州、广东、广西；原产于澳大利亚东部。

二色桉

☆**Eucalyptus largiflorens** F. Muell., Trans. et Proc. Victorian Inst. Advancem. Sci. 1: 34 (1855).

广东、广西；原产于澳大利亚东南部。

纤脉桉

☆**Eucalyptus leptophleba** F. Muell., J. Proc. Linn. Soc., Bot. 3: 86 (1859).

江西、广东、广西；原产于澳大利亚东南部。

斑皮桉

☆**Eucalyptus maculata** Hook., Icon. Pl. 7, pl. 619 (1844).

江西、四川、台湾、广东、广西；原产于澳大利亚东部。

蜜味桉

☆**Eucalyptus melliodora** A. Cunn. ex Schauer, Repert. Bot. Syst. (Walpers) 2: 924 (1843).

云南、广东、广西；原产于澳大利亚东部和东南部。

小帽桉

☆**Eucalyptus microcorys** F. Muell., Fragm. 2 (fasc. 12): 50 (1860).

台湾、广东、广西；原产于澳大利亚东部。

圆锥花桉

☆**Eucalyptus paniculata** Sm., Trans. Linn. Soc. London 3: 287 (1797).

江西、广东、广西；原产于澳大利亚东南部。

粗皮桉

☆**Eucalyptus pellita** F. Muell., Fragm. 4 (30): 159 (1864).

云南、广东、广西；原产于澳大利亚东部和东北部。

阔叶桉

☆**Eucalyptus platyphylla** F. Muell., J. Proc. Linn. Soc., Bot. 3: 93 (1859).

广东；原产于澳大利亚东北部。

多花桉

☆**Eucalyptus polyanthemos** Schauer, Repert. Bot. Syst. 2 (5): 924 (1843).

江西、云南；原产于澳大利亚东南部。

斑叶桉

☆**Eucalyptus punctata** DC., Prodr. 3: 217 (1828).

江西、四川、福建、广东、广西；原产于澳大利亚东南部。

桉（大叶桉，大叶有加利）

☆**Eucalyptus robusta** Sm., Spec. Bot. New Holland (Pt. 4) 39, pl. 13 (1795).

安徽、浙江、江西、湖南、四川、贵州、云南、福建、台湾、广东、广西、海南；原产于澳大利亚东部。

野桉

☆**Eucalyptus rudis** Endl., Enum. Pl. 49 (1837).

浙江、江西、福建、广东、广西；原产于澳大利亚西南部。

柳叶桉

☆**Eucalyptus saligna** Sm., Trans. Linn. Soc. London 3: 285 (1797).

江西、福建、台湾、广东、广西；原产于澳大利亚东部。

细叶桉

☆**Eucalyptus tereticornis** Sm., Spec. Bot. New Holland (Pt. 4) 41 (1795).

安徽、浙江、江西、四川、贵州、云南、福建、广东、广西；原产于澳大利亚东部和东南部。

毛叶桉

☆**Eucalyptus torelliana** F. Muell., Fragm. 10: 106 (1877).

江西、福建、台湾、广东、广西；原产于澳大利亚东北部。

番樱桃属 Eugenia L.

吕宋番樱桃

☆**Eugenia aherniana** C. B. Rob., Philipp. J. Sci. 4 (3): 344 (1909).

中国南部；菲律宾。

红果仔

☆**Eugenia uniflora** L., Sp. Pl. 1: 470 (1753).

Myrtus brasiliana L., Sp. Pl. 1: 471 (1753); *Eugenia brasiliana* (L.) Aubl., Hist. Pl. Guiane 511 (1775); *Eugenia michelii* Lam., Encycl. 3 (1): 203 (1789); *Stenocalyx michelii* (Lam.) O. Berg, Linnaea 27: 310 (1854); *Stenocalyx uniflorus* (L.) Kausel, Lilloa 32: 331 (1967).

四川、云南、福建、台湾；南美洲。

红胶木属 Lophostemon Schott

红胶木

☆**Lophostemon confertus** (R. Br.) Peter G. Wilson et J. T. Waterh., Austral. J. Bot. 30 (4): 424 (1982).

Tristania conferta R. Br., Hort. Kew., ed. 2 4: 417 (1811).

云南、台湾、广东、广西、海南；热带澳大利亚。

白千层属 Melaleuca L.

白千层

☆**Melaleuca cajuputi** subsp. **cumingiana** (Turcz.) Barlow, Novon 7 (2): 113 (1997).

Melaleuca cumingiana Turcz., Bull. Soc. Imp. Naturalistes Moscou 20: 164 (1847).

四川、云南、福建、台湾、广东、广西；印度尼西亚、马来西亚、缅甸、泰国、越南。

细花白千层

☆**Melaleuca parviflora** Lindl., Swan River App. 8 (1840).

Melaleuca preissiana Schauer, Pl. Preiss. 1: 143 (1843).

福建、广东；热带澳大利亚。

香桃木属 Myrtus L.

香桃木

☆**Myrtus communis** L., Sp. Pl. 1: 471 (1753).

中国南部；地中海。

番石榴属 Psidium L.

草莓番石榴

☆**Psidium cattleyanum** Sabine, Trans. Hort. Soc. London 4: 315 (1821).

Psidium littorale Raddi, Opusc. Sci. 4: 254, pl. 7, f. 2 (1820); *Psidium variabile* O. Berg, Fl. Bras. 14 (1): 400, pl. 6, f. 128 (1857); *Guajava cattleyana* (Sabine) Kuntze, Revis. Gen. Pl. 1:

239 (1891).

云南、台湾、广东、海南；巴西。

番石榴

☆**Psidium guajava** L., Sp. Pl. 1: 470 (1753).

Psidium pyriferum L., Sp. Pl., ed. 2 1: 672 (1762); *Guajava pyrifera* (L.) Kuntze, Revis. Gen. Pl. 1: 239 (1891); *Myrtus guajava* (L.) Kuntze, Revis. Gen. Pl. 3 (3): 91 (1898).

四川、贵州、云南、台湾、广东、广西、海南；热带美洲。

玫瑰木属 Rhodamnia Jack

玫瑰木

Rhodamnia dumetorum (DC.) Merr. et L. M. Perry, J. Arnold Arbor. 19 (3): 195 (1938).

Eugenia dumetorum DC., Prodr. 3: 284 (1828); *Myrtus trinervia* Lour., Fl. Cochinch. 1: 312 (1790); *Myrtus dumetorum* Poir., Encycl. Suppl. 4 (1): 52 (1816); *Nelitris trinervia* (Lou.) Spreng., Syst. Veg. 2: 488 (1825); *Rhodamnia siamensis* Craib, Bull. Misc. Inform. Kew (4): 167 (1926).

海南；越南、老挝、泰国、柬埔寨、马来西亚。

玫瑰木（原变种）

Rhodamnia dumetorum var. **dumetorum**

海南；柬埔寨、老挝、马来西亚、泰国、越南。

海南玫瑰木

●**Rhodamnia dumetorum** var. **hainanensis** Merr. et L. M. Perry, J. Arnold Arbor. 19 (3): 196 (1938).

海南。

桃金娘属 Rhodomyrtus (DC.) Rchb.

桃金娘（岗念）

Rhodomyrtus tomentosa (Aiton) Hassk., Flora 25 (2, Beibl. 3): 35 (1842).

Myrtus tomentosa Aiton, Hort. Kew. 2: 159 (1789); *Myrtus canescens* Lour., Fl. Cochinch. 1: 311 (1790).

浙江、江西、湖南、贵州、云南、福建、台湾、广东、广西；琉球群岛、菲律宾、越南、老挝、缅甸、柬埔寨、马来西亚、印度尼西亚、印度、斯里兰卡。

蒲桃属 Syzygium P. Browne ex Gaertn.

肖蒲桃

Syzygium acuminatissimum (Blume) DC., Prodr. 3: 261 (1828).

Myrtus acuminatissima Blume, Bijdr. Fl. Ned. Ind. 17: 1088 (1826); *Jambosa acuminatissima* (Blume) Hassk., Cat. Hort. Bot. Bogor. 262 (1844); *Syzygium subdecurrens* Miq., Fl. Ned. Ind. 1 (1): 449 (1855); *Eugenia acuminatissima* (Blume) Kurz., Prelim. Rep. Forest Pegu App. B 51 (1875); *Eugenia cuspidato-obovata* Hayata, Icon. Pl. Formosan. 3: 116, 118 (1913); *Eugenia subdecurrens* Merr. et Chun, Sunyatsenia 2:

289 (1935); *Acmena acuminatissima* (Blume) Merr. et L. M. Perry, J. Arnold Arbor. 19 (1): 12 (1938); *Syzygium cuspidato-ovatum* (Hayata) Mori, Trans. Nat. Hist. Soc. Taiwan 28: 439 (1938).

台湾、广东、广西、海南；菲律宾、缅甸、泰国、马来西亚、印度尼西亚、印度、巴布亚新几内亚、太平洋岛屿。

白果蒲桃
●**Syzygium album** Q. F. Zheng, Fl. Fujianica 4: 633 (1989).
福建。

线枝蒲桃
Syzygium araiocladum Merr. et L. M. Perry, J. Arnold Arbor. 19 (3): 225 (1938).
广西、海南；越南。

华南蒲桃
●**Syzygium austrosinense** (Merr. et L. M. Perry) H. T. Chang et R. H. Miao, Acta Bot. Yunnan. 4 (1): 24 (1982).
Syzygium buxifolium var. *austrosinense* Merr. et L. M. Perry, J. Arnold Arbor. 19 (3): 236 (1938).
浙江、江西、湖南、湖北、四川、贵州、福建、广东、广西、海南。

滇南蒲桃（八家炒）
●**Syzygium austroyunnanense** H. T. Chang et R. H. Miao, Acta Bot. Yunnan. 4 (1): 17 (1982).
云南、广西。

香胶蒲桃（香膏蒲桃）
Syzygium balsameum (Wight) Wall. ex Walp., Repert. Bot. Syst. 2: 179 (1843).
Eugenia balsamea Wight, Ill. Pl. Orient. 2: 16 (1841).
云南、西藏；越南、缅甸、泰国、印度。

短棒蒲桃（三位蒲桃）
Syzygium baviense (Gagnep.) Merr. et L. M. Perry, J. Arnold Arbor. 19 (2): 102 (1938).
Eugenia baviensis Gagnep., Notul. Syst. (Paris) 3: 317 (1917).
云南；越南。

无柄蒲桃
Syzygium boisianum (Gagnep.) Merr., et L. M. Perry, J. Arnold Arbor. 19 (2): 115 (1938).
Eugenia boisiana Gagnep., Notul. Syst. (Paris) 3: 318 (1917).
海南；越南、泰国。

短序蒲桃（沙榄树果）
●**Syzygium brachythyrsum** Merr. et L. M. Perry, J. Arnold Arbor. 19 (3): 239 (1938).
云南。

黑嘴蒲桃
Syzygium bullockii (Hance) Merr. et L. M. Perry, J. Arnold Arbor. 19 (2): 107 (1938).

Eugenia bullockii Hance, J. Bot. 16 (188): 227 (1878).
广东、广西、海南；越南、老挝。

假赤楠
●**Syzygium buxifolioideum** H. T. Chang et R. H. Miao, Acta Bot. Yunnan. 4 (1): 20 (1982).
海南。

赤楠（小叶赤楠）
Syzygium buxifolium Hook. et Arn., Bot. Beechey Voy. 187 (1833).
Eugenia microphylla Abel, Narr. Journey China 181, 364 (1818); *Syllisium buxifolium* (Hook. et Arn.) Meyen et Schauer, Nov. Actorum. Acad. Caes. Leop.-Carol. Nat. Cur. 19 (Suppl. 1): 334 (1843); *Eugenia sinensis* Hemsl., J. Linn. Soc., Bot. 23 (155): 298 (1887); *Engenia somai* Hayata, Icon. Pl. Formosan. 29 (1916); *Syzygium microphyllum* Gamble, Fl. Madras 1 (3): 479 (1919); *Syzygium somae* (Hayata) Mori, Trans. Nat. Hist. Soc. Formos. 28: 440 (1938).
安徽、浙江、江西、湖南、湖北、四川、贵州、福建、台湾、广东、广西、海南；日本、越南。

赤楠（原变种）
Syzygium buxifolium var. **buxifolium**
安徽、浙江、江西、湖南、湖北、四川、贵州、福建、台湾、广东、广西、海南；日本、越南。

轮叶赤楠
●**Syzygium buxifolium** var. **verticillatum** C. Chen, Harvard Pap. Bot. 11 (1): 25 (2006).
安徽、江西、湖南、贵州、福建、广东、广西。

华夏蒲桃（网脉蒲桃）
●**Syzygium cathayense** Merrill et L. M. Perry, J. Arnold Arbor. 19 (3): 232 (1938).
云南、广西。

子凌蒲桃（子凌树）
Syzygium championii (Benth.) Merr. et L. M. Perry, J. Arnold Arbor. 19 (3): 219 (1938).
Acmena championii Benth., Hooker's J. Bot. Kew Gard. Misc. 4: 118 (1852); *Eugenia henryi* Hance, J. Bot. 23 (265): 7 (1885); *Eugenia championii* (Benth.) Hemsl., J. Linn. Soc., Bot. 23 (155): 296 (1887); *Eugenia maclurei* Merr., Philipp. J. Sci. 21 (4): 350 (1922).
广东、广西、海南；越南。

密脉蒲桃
●**Syzygium chunianum** Merr. et L. M. Perry, J. Arnold Arbor. 19 (3): 240 (1938).
广西、海南。

钝叶蒲桃
Syzygium cinereum (Kurz.) Wall. Merr. et L. M. Perry, J. Arnold Arbor. 19 (2): 106 (1938).

Eugenia cinerea Kurz., Prelim. Rep. Forest Pegu A: 64; B: 50 (1875).

广西；越南、泰国、马来西亚。

棒花蒲桃

Syzygium claviflorum (Roxb.) Wall. ex Steudel, Nomencl. Bot., ed. 2 2: 657 (1841).

Eugenia claviflora Roxb., Fl. Ind. 2: 488 (1832); *Eugenia leptantha* Wight, Ill. Pl. Orient. 2: 15 (1841); *Syzygium leptanthum* Nied., Nat. Pflanzenfam. 3 (7): 85 (1893); *Eugenia claviflora* var. *leptantha* King, J. Asiat. Soc. Bengal 70 (2): 108 (1901); *Acmenosperma claviflorum* (Roxb.) Kausel, Ark. Bot. 3 (19): 609 (1957).

云南、海南；越南、缅甸、泰国、马来西亚、印度尼西亚、不丹、印度、巴布亚新几内亚、热带澳大利亚。

团花蒲桃

●**Syzygium congestiflorum** H. T. Chang et R. H. Miao, Acta Bot. Yunnan. 4 (1): 19 (1982).

云南。

散点蒲桃

●**Syzygium conspersipunctatum** (Merr. et L. M. Perry) Craven et Biffin, Blumea 51: 136 (2006).

Cleistocalyx conspersipunctatus Merr. et L. M. Perry, J. Arnold Arbor. 18 (4): 335, pl. 215, f. 34-36 (1937).

海南。

乌墨（乌楣，海南蒲桃，西洋果）

Syzygium cumini (L.) Skeels, U. S. D. A. Bur. Pl. Industr. Bull. 248: 25 (1912).

云南、福建、广东、广西、海南；越南、老挝、泰国、马来西亚、印度尼西亚、不丹、印度、斯里兰卡、热带澳大利亚。

乌墨（原变种）

Syzygium cumini var. **cumini**

Myrtus cumini L., Sp. Pl. 1: 471 (1753); *Eugenia jambolana* Lam., Encycl. 3 (1): 198 (1789); *Jambolifera chinensis* Spreng., Syst. Veg. 2: 216 (1825); *Syzygium jambolanum* (Lam.) DC., Prodr. 3: 259 (1828); *Eugenia cumini* (L.) Druce, Bot. Exch. Club Soc. Brit. Isles 3: 418 (1914).

云南、福建、广东、广西、海南；越南、老挝、泰国、马来西亚、印度尼西亚、不丹、印度、斯里兰卡、澳大利亚。

长萼乌墨

●**Syzygium cumini** var. **tsoi** (Merr. et Chun) H. T. Chang et R. H. Miao, Acta Bot. Yunnan. 4 (1): 22 (1982).

Eugenia tsoi Merr. et Chun, Sunyatsenia 2 (3-4): 291, pl. 63 (1935).

广西、海南。

岛生蒲桃（密脉赤楠）

●**Syzygium densinervium** var. **insulare** C. E. Chang, Bull.

Taiwan Prov. Pingtung Inst. Agric. 5: 52 (1964).

台湾。

卫矛叶蒲桃

●**Syzygium euonymifolium** (F. P. Metcalf) Merr. et L. M. Perry, J. Arnold Arbor. 19 (3): 242 (1938).

Eugenia euonymifolia F. P. Metcalf, Lingnan Sci. J. 11 (1): 22 (1932).

福建、广东、广西。

细叶蒲桃（细脉赤楠）

●**Syzygium euphlebium** (Hayata) Mori, Trans. Nat. Hist. Soc. Formos. 28: 439 (1938).

Eugenia euphlebia Hayata, Icon. Pl. Formosan. 3: 119 (1913).

台湾。

水竹蒲桃

●**Syzygium fluviatile** (Hemsl.) Merr. et L. M. Perry, J. Arnold Arbor. 19 (3): 241 (1938).

Eugenia fluviatilis Hemsl., J. Linn. Soc., Bot. 23 (155): 296 (1887).

贵州、广西、海南。

台湾蒲桃（台湾赤楠）

●**Syzygium formosanum** (Hayata) Mori, Trans. Nat. Hist. Soc. Formos. 28: 439 (1938).

Eugenia formosana Hayata, J. Coll. Sci. Imp. Univ. Tokyo 30 (1): 112 (1911); *Eugenia acutisepala* Hayata, J. Coll. Sci. Imp. Univ. Tokyo 30 (1): 112 (1911); *Syzygium acutisepalum* (Hayata) Mori, Trans. Nat. Hist. Soc. Formos. 28: 483 (1938).

台湾。

滇边蒲桃

●**Syzygium forrestii** Merr. et L. M. Perry, J. Arnold Arbor. 19 (3): 238 (1938).

云南。

簇花蒲桃（黑叶蒲桃）

Syzygium fruticosum Roxb. ex DC., Prodr. 3: 260 (1828).

Eugenia fruticosa (Roxb. ex DC.) Roxb., Fl. Ind. 2: 487 (1832).

贵州、云南、广西；缅甸、泰国、印度、孟加拉国。

短药蒲桃

Syzygium globiflorum (Craib) Chantar. et J. Parnell, Kew Bull. 48 (3): 598 (1993).

Eugenia globiflora Craib, Bull. Misc. Inform. Kew 167 (1930); *Syzygium brachyantherum* Merr. et L. M. Perry., J. Arnold Arbor. 19 (3): 218 (1938).

云南、广西、海南；泰国。

贡山蒲桃

●**Syzygium gongshanense** P. Y. Bai, Acta Bot. Yunnan. 5: 26, f. 1 (1992).

云南。

轮叶蒲桃

●**Syzygium grijsii** (Hance) Merr. et L. M. Perry, J. Arnold Arbor. 19 (3): 233 (1938).

Eugenia grijsii Hance, J. Bot. 9 (97): 5 (1871); *Eugenia pyxophylla* Hance, J. Bot. 9 (97): 6 (1871).

安徽、浙江、江西、湖南、湖北、贵州、福建、广东、广西。

广西蒲桃

●**Syzygium guangxiense** H. T. Chang et R. H. Miao, Acta Bot. Yunnan. 4 (1): 22 (1982).

广西。

海南蒲桃

●**Syzygium hainanense** H. T. Chang et R. H. Miao, Acta Bot. Yunnan. 4 (1): 20 (1982).

海南。

红鳞蒲桃

●**Syzygium hancei** Merr. et L. M. Perry, J. Arnold Arbor. 19 (3): 242 (1938).

Eugenia minutiflora Hance, J. Bot. 9 (97): 5 (1871).

福建、广东、广西、海南。

贵州蒲桃

●**Syzygium handelii** Merr. et L. M. Perry, J. Arnold Arbor. 19 (3): 233 (1938).

湖南、湖北、贵州、广东、广西。

万宁蒲桃

●**Syzygium howii** Merr. et L. M. Perry, J. Arnold Arbor. 19 (3): 243 (1938).

海南。

桂南蒲桃

Syzygium imitans Merr. et L. M. Perry, J. Arnold Arbor. 19 (3): 113 (1938).

广西；越南。

凹脉赤楠

●**Syzygium impressum** N. H. Xia, Y. F. Deng et K. L. Yip, J. Trop. Subtrop. Bot. 16 (1): 19 (2008).

香港。

褐背蒲桃

●**Syzygium infrarubiginosum** H. T. Chang et R. H. Miao, Acta Bot. Yunnan. 4 (1): 23 (1982).

海南。

蒲桃（水桃树，水石榴，水蒲桃）

Syzygium jambos (L.) Alston, Handb. Fl. Ceylon 6: 115 (1931).

四川、贵州、云南、福建、台湾、广东、广西、海南；菲律宾、马来西亚、亚洲东南部。

蒲桃（原变种）

☆**Syzygium jambos** var. **jambos**

Eugenia jambos L., Sp. Pl. 1: 470 (1753); *Myrtus jambos* (L.) Kunth, Nov. Gen. Sp. (quarto ed.) 6: 144 (1823); *Jambosa vulgaris* DC., Prodr. 3: 286 (1828); *Jambosa jambos* (L.) Millsp., Publ. Field Columbian Mus., Bot. Ser. 2 (1): 80 (1900); *Eugenia jambos* var. *sylvatica* Gagnep., Fl. Indo-Chine 2: 835 (1921); *Syzygium jambos* var. *sylvaticum* (Gagnep.) Merr. et L. M. Perry, J. Arnold Arbor. 19 (1): 114 (1938).

四川、贵州、云南、福建、台湾、广东、广西、海南；菲律宾、马来西亚、亚洲东南部。

线叶蒲桃

●**Syzygium jambos** var. **linearilimbum** H. T. Chang et R. H. Miao, Acta Bot. Yunnan. 4: 17 (1982).

云南。

大花赤楠

Syzygium jambos var. **tripinnatum** (Blanco) C. Chen, Harvard Pap. Bot. 11: 27 (2006).

Myrtus tripinnata Blanco, Fl. Filip. 421 (1837); *Syzygium okudae* Mori, Trans. Nat. Hist. Soc. Formos. 28: 440 (1938); *Syzygium tripinnatum* (Blanco) Merr., Philipp. J. Sci. 79: 419 (1951).

台湾；菲律宾。

尖峰蒲桃

●**Syzygium jienfunicum** H. T. Chang et R. H. Miao, Acta Bot. Yunnan. 4 (1): 19 (1982).

海南。

恒春蒲桃（高士佛赤楠）

●**Syzygium kusukusense** (Hayata) Mori, Trans. Nat. Hist. Soc. Formos. 28: 504 (1938).

Eugenia kusukusensis Hayata, Icon. Pl. Formosan. 3: 119 (1913).

台湾。

广东蒲桃

●**Syzygium kwangtungense** (Merr.) Merr. et L. M. Perry, J. Arnold Arbor. 19 (3): 241 (1938).

Eugenia kwangtungensis Merr., Sunyatsenia 1 (4): 202 (1934).

广东、广西。

少花老挝蒲桃

Syzygium laosense var. **quocense** (Gagnep.) H. T. Chang et R. H. Miao, Fl. Reipubl. Popularis Sin. 53 (1): 70, pl. 12, f. 2-3 (1984).

Eugenia laosensis var. *quocense* Gagnep., Notul. Syst. (Paris) 3: 327 (1918).

云南；越南、柬埔寨。

粗叶木蒲桃

●**Syzygium lasianthifolium** H. T. Chang et R. H. Miao, Acta

Bot. Yunnan. 4 (1): 18 (1982).

广东。

山蒲桃 （山叶蒲桃，加南树）

Syzygium levinei (Merr.) Merr. et L. M. Perry, J. Arnold Arbor. 19 (3): 110 (1938).

Eugenia levinei Merr., Lingnan Sci. J. 13 (1): 39 (1934).

广东、广西、海南；越南。

长花蒲桃

Syzygium lineatum (DC.) Merr. et L. M. Perry, J. Arnold Arbor. 19 (3): 109 (1938).

Jambosa lineata DC., Prodr. 3: 287 (1828); *Myrtus lineata* Blume, Bijdr. Fl. Ned. Ind. 17: 1087 (1826); *Syzygium longiflorum* C. Presl, Abh. K. Bohm. Ges. Wiss. ser. 5 3: 500 (1845); *Clavimyrtus lineata* (DC.) Blume, Mus. Bot. 1: 116 (1849); *Clavimyrtus latifolia* Blume, Mus. Bot. 1: 113, pl. 117 (1850).

广西；越南、缅甸、泰国、马来西亚、印度尼西亚。

马六甲蒲桃 （洋蒲桃，马窝果，果马根）

☆**Syzygium malaccense** (L.) Merr. et L. M. Perry, J. Arnold Arbor. 19 (3): 215 (1938).

Eugenia malaccensis L., Sp. Pl. 1: 470 (1753); *Eugenia macrophylla* Lam., Encycl. 3 (1): 196 (1789); *Jambosa malaccensis* (L.) DC., Prodr. 3: 286 (1828); *Jambosa domestica* Blume, Mus. Bot. 1: 91 (1849).

云南、台湾；马来西亚。

阔叶蒲桃

Syzygium megacarpum Rathakr. et N. C. Nair, J. Econ. Taxon. Bot. 4 (1): 287 (1983).

Eugenia megacarpum Craib, Fl. Siam. 1: 652 (1931); *Eugenia latilimba* Merr., Lingnan Sci. J. 13: 64 (1934); *Syzygium latilimbum* (Merr.) Merr. et L. M. Perry, J. Arnold Arbor. 19 (3): 216 (1938).

云南、广西、海南；越南、缅甸、泰国、孟加拉国。

黑长叶蒲桃

●**Syzygium melanophyllum** H. T. Chang et R. H. Miao, Acta Bot. Yunnan. 4 (1): 22 (1982).

云南。

竹叶蒲桃 （杨柳蒲桃，大叶杨柳）

●**Syzygium myrsinifolium** (Hance) Merr. et L. M. Perry, J. Arnold Arbor. 19 (3): 226 (1938).

Eugenia myrsinifolia Hance, J. Bot. 23 (265): 8 (1885).

云南、海南。

大花竹叶蒲桃

●**Syzygium myrsinifolium** var. **grandiflorum** H. T. Chang et R. H. Miao, Acta Bot. Yunnan. 4 (1): 21 (1982).

海南。

南屏蒲桃

●**Syzygium nanpingense** Y. Y. Qian, Guihaia 11 (3): 210

(1991).

云南。

水翁蒲桃 （水翁，水榕）

☆**Syzygium nervosum** DC., Prodr. 3: 260 (1828).

Eugenia cerasoides Roxb., Fl. Ind., ed. 1832 2: 488 (1832); *Eugenia operculata* Roxb., Fl. Ind., ed. 1832 2: 486 (1832); *Calyptranthes mangiferifolia* Hance ex Walp., Ann. Bot. Syst. 2: 629 (1852); *Syzygium nodosum* Miq., Fl. Ned. Ind. 1 (1): 447 (1855); *Syzygium angkolanum* Miq., Fl. Ned. Ind. 1 (1): 448 (1855); *Eugenia holtzei* F. Muell., Australas. J. Pharmacy 1 (6): 199 (1886); *Syzygium operculatum* (Roxb.) Nied., Nat. Pflanzenfam. 3 (7): 85 (1893); *Eugenia clausa* C. B. Rob., Philipp. J. Sci. 4 (3): 380 (1909); *Eugenia divaricatocymosa* Hayata, Icon. Pl. Formosan. 3: 118 (1913); *Cleistocalyx operculatus* (Roxb.) Merr. et L. M. Perry, J. Arnold Arbor. 18: 337 (1937); *Syzygium cerasoides* (Roxb.) Raizada, Indian Forester 84: 478 (1958); *Cleistocalyx cerasoides* (Roxb.) I. M. Turner, Gard. Bull. Singapore 57 (1): 26 (2005).

云南、西藏、广东、广西、海南；越南、缅甸、泰国、马来西亚、印度尼西亚、印度、斯里兰卡、热带澳大利亚。

倒披针叶蒲桃

●**Syzygium oblancilimbum** H. T. Chang et R. H. Miao, Acta Bot. Yunnan. 4 (1): 23 (1982).

云南。

高檐蒲桃

Syzygium oblatum (Roxb.) Wall. ex Steud., Nomencl. Bot., ed. 2 2: 657 (1841).

Eugenia oblata Roxb., Fl. Ind., ed. 1832 2: 493 (1832); *Jambosa pulchella* Miq., Fl. Ned. Ind. 1 (1): 422 (1855).

云南、西藏；越南、泰国、柬埔寨、马来西亚、加里曼丹岛、印度、孟加拉国。

香蒲桃 （白兰，白赤榔）

Syzygium odoratum (Lour.) DC., Prodr. 3: 260 (1828).

Opa odorata Lour., Fl. Cochinch., ed. 2 1: 309 (1790); *Eugenia millettiana* Hemsl., J. Linn. Soc. Bot. 23: 297 (1887); *Eugenia deckeri* Gagnep., Notul. Syst. (Paris) 3: 323 (1918).

广东、广西、海南；越南。

圆顶蒲桃 （疏脉赤楠）

Syzygium paucivenium (C. B. Rob.) Merr., Philipp. J. Sci. 79: 408 (1951).

Eugenia paucivenia C. B. Rob., Philipp. J. Sci. 4: 382 (1909); *Eugenia kashotensis* Hayata, J. Coll. Sci. Imp. Univ. Tokyo 30 (1): 113 (1911); *Syzygium kashotense* (Hayata) Mori, Trans. Nat. Hist. Soc. Formos. 28: 439 (1938).

台湾；菲律宾。

假多瓣蒲桃 （杨柳果）

●**Syzygium polypetaloideum** Merr. et L. M. Perry, J. Arnold Arbor. 19: 217 (1938).

云南、广西。

红枝蒲桃

●**Syzygium rehderianum** Merr. et L. M. Perry, J. Arnold Arbor. 19 (3): 243 (1938).

湖南、福建、广东、广西。

滇西蒲桃（粉管蒲桃）

●**Syzygium rockii** Merr. et L. M. Perry, J. Arnold Arbor. 19 (3): 223 (1938).

云南。

皱萼蒲桃

●**Syzygium rysopodum** Merr. et L. M. Perry, J. Arnold Arbor. 19 (3): 221 (1938).

海南。

怒江蒲桃（带叶蒲桃）

●**Syzygium salwinense** Merr. et L. M. Perry, J. Arnold Arbor. 19 (3): 227 (1938).

云南、广西。

洋蒲桃

☆**Syzygium samarangense** (Blume) Merr. et L. M. Perry, J. Arnold Arbor. 19 (3): 115 (1938).

Myrtus samarangensis Blume, Bijdr. Fl. Ned. India. 17: 1084 (1826); *Eugenia javanica* Lam., Encycl. 3 (1): 200 (1789); *Jambosa samarangensis* (Blume) DC., Prodr. 3: 286 (1828).

四川、云南、福建、台湾、广东、广西、海南；泰国、马来西亚、印度尼西亚、巴布亚新几内亚。

石生蒲桃

●**Syzygium saxatile** H. T. Chang et R. H. Miao, Acta Bot. Yunnan. 4 (1): 22 (1982).

云南。

兰屿赤楠

Syzygium simile (Merr.) Merr., Philipp. J. Sci. 79: 414 (1951).

Eugenia similis Merr., Philipp. J. Sci. 1 (Suppl.): 106 (1906); *Syzygium lanyuense* C. E. Chang, Bull. Taiwan Prov. Pingtung Inst. Agric. Pintung 5: 51 (1964).

台湾；菲律宾。

纤枝蒲桃

●**Syzygium stenocladum** Merr. et L. M. Perry, J. Arnold Arbor. 19 (3): 220 (1938).

海南。

硬叶蒲桃

Syzygium sterrophyllum Merr. et L. M. Perry, J. Arnold Arbor. 19 (3): 103 (1938).

云南、广西、海南；越南。

四川蒲桃

●**Syzygium sichuanense** H. T. Chang et R. H. Miao, Acta Bot.

Yunnan. 4 (1): 21 (1982).

四川。

思茅蒲桃

Syzygium szemaoense Merr. et L. M. Perry, J. Arnold Arbor. 19 (3): 105 (1938).

云南、广西；越南。

台湾棒花蒲桃

●**Syzygium taiwanicum** H. T. Chang et R. H. Miao, Acta Bot. Yunnan. 4 (1): 18 (1982).

Eugenia claviflora var. *oblongifolia* Hayata, Icon. Pl. Formosan. 3: 116 (1913); *Syzygium claviflorum* var. *oblongifolium* (Hayata) Mori, Trans. Nat. Hist. Soc. Taiwan. 28: 438 (1938).

台湾。

细轴蒲桃

●**Syzygium tenuirhachis** H. T. Chang et R. H. Miao, Acta Bot. Yunnan. 4 (1): 19 (1982).

广西。

方枝蒲桃

●**Syzygium tephrodes** (Hance) Merr. et L. M. Perry, J. Arnold Arbor. 19 (3): 223 (1938).

Eugenia tephrodes Hance, J. Bot. 23 (265): 7 (1885).

海南。

四角蒲桃（泡木里，大树果）

Syzygium tetragonum (Wight) Wall. ex Walp., Repert. Bot. Syst. 2: 179 (1843).

Eugenia tetragona Wight, Ill. Pl. Orient. 2: 16 (1841); *Syzygium nienkui* Merr. et L. M. Perry, J. Arnold Arbor. 19 (3): 228 (1938).

云南、西藏、广西、海南；缅甸、泰国、不丹、尼泊尔、印度。

黑叶蒲桃

Syzygium thumra (Roxb.) Merr. et L. M. Perry, J. Arnold Arbor. 20: 103 (1939).

Eugenia thumra Roxb., Hort. Bengal. 40 (1814).

云南；老挝、缅甸、泰国、马来西亚。

假乌墨

Syzygium toddalioides (Wight) Walp., Repert. Bot. Syst. 2: 179 (1843).

Eugenia toddalioides Wight, Ill. Ind. Bot. 2: 16 (1841); *Syzygium augustinii* Merr. et L. M. Perry, J. Arnold Arbor. 19 (3): 231 (1938).

云南；越南、缅甸、泰国、印度。

狭叶蒲桃

Syzygium tsoongii (Merr.) Merr. et L. M. Perry, J. Arnold Arbor. 19: (3) 112 (1938).

Eugenia tsoongii Merr., Philipp. J. Sci. 21 (5): 504 (1922); *Eugenia leucocarpa* Gagnep., Notul. Syst. 3: 327 (1918).

湖南、广西、海南；越南。

补崩蒲桃

●**Syzygium ubengense** C. Chen, Harvard Pap. Bot. 11 (1): 25 (2006).
云南。

毛脉蒲桃（红毛蒲桃）

Syzygium vestitum Merr. et L. M. Perry, J. Arnold Arbor. 19 (3): 110 (1938).
云南；越南。

文山蒲桃

●**Syzygium wenshanense** H. T. Chang et R. H. Miao, Acta Bot. Yunnan. 4 (1): 21 (1982).
云南。

西藏蒲桃

●**Syzygium xizangense** H. T. Chang et R. H. Miao in H. T. Chang, Fl. Xizang. 3: 343 (1986).
西藏。

云南蒲桃

●**Syzygium yunnanense** Merr. et L. M. Perry, J. Arnold Arbor. 19 (3): 227 (1938).
云南。

锡兰蒲桃

Syzygium zeylanicum (L.) DC., Prodr. 3: 260 (1828).
Myrtus zeylanica L., Sp. Pl. 1: 472 (1753); *Eugenia zeylanica* (L.) Wight, Icon. Pl. Ind. Orient. 1: 73 (1838); *Syzygium bracteatum* Korth., Ned. Kruidk. Arch. 1: 205 (1847); *Eugenia varians* Miq., Anal. Bot. Ind. 1: 21 (1850); *Jambosa bracteata* (Korth.) Miq., Fl. Ned. Ind. 1 (1): 437 (1855); *Syzygium myrtifolium* Miq., Fl. Ned. Ind. 1 (1): 456 (1855).
广东、广西；越南、老挝、缅甸、泰国、柬埔寨、马来西亚、印度尼西亚、印度、斯里兰卡。

147. 野牡丹科 MELASTOMATACEAE
[21 属：122 种]

异形木属 **Allomorphia** Blume

异形木（肖风木）

Allomorphia balansae Cogn., Monogr. Phan. 7: 1183 (1891).
Oxyspora balansae (Cogn.) J. F. Maxwell, Gard. Bull. Singapore 35 (2): 216 (1982).
云南、广西、海南；越南、泰国。

刺毛异形木（越南异形木）

Allomorphia baviensis Guillaumin, Notul. Syst. (Paris) 2 (11): 324 (1913).
Oxyspora balansae var. *baviensis* (Guillaumin) J. F. Maxwell, Gard. Bull. Singapore 35 (2): 216 (1982).
云南、广西；越南、泰国。

翅茎异形木

Allomorphia curtisii (King) Ridl., J. Straits Branch Roy. Asiat. Soc. 57: 40 (1911).
Oxyspora curtisii King, J. Asiat. Soc. Bengal, Pt. 2, Nat. Hist. 69: 9 (1900); *Allomorphia eupteroton* Guillaumin, Notul. Syst. (Paris) 2 (11): 323 (1913); *Allomorphia laotica* Guillaumin, Notul. Syst. (Paris) 2: 324 (1913); *Allomorphia procursa* Craib, Bull. Misc. Inform. Kew 315 (1930).
云南；越南、老挝、泰国、马来西亚。

腾冲异形木

●**Allomorphia howellii** (Jeffrey et W. W. Sm.) Diels, Bot. Jahrb. Syst. 65 (2-3): 102 (1933).
Oxyspora howellii Jeffrey et W. W. Sm., Notes Roy. Bot. Gard. Edinburgh 9 (42): 114 (1916).
云南。

尾叶异形木

●**Allomorphia urophylla** Diels, Bot. Jahrb. Syst. 65 (2-3): 102 (1933).
云南、广东、广西。

褐鳞木属 **Astronia** Blume

褐鳞木（锈叶野牡丹）

Astronia ferruginea Elmer, Leafl. Philipp. Bot. 4: 1205 (1911).
Astronia formosana Kaneh., Formosan Trees 258 (1917).
台湾；菲律宾。

棱果花属 **Barthea** Hook. f.

棱果花（芭茜，棱果木，大野牡丹）

●**Barthea barthei** (Hance ex Benth.) Krasser in Engler et Prantl, Nat. Pflanzenfam. 3 (7): 175, f. 768 (1893).
Dissochaeta barthei Hance ex Benth., Fl. Hongk. 115 (1861); *Barthea chinensis* Hook. f., Gen. Pl. 1: 751 (1867) (*nom. illeg. superfl.*); *Barthea formosana* Hayata, J. Coll. Sci. Imp. Univ. Tokyo 25 (19): 97, pl. 10 (1908).
湖南、福建、台湾、广东、广西。

宽翅棱果花

●**Barthea barthei** var. **valdealata** C. Hansen, Notes Roy. Bot. Gard. Edinburgh 38 (3): 492, f. 2 (1980).
广西。

柏拉木属 **Blastus** Lour.

耳基柏拉木

●**Blastus auriculatus** Y. C. Huang ex C. Chen, Fl. Yunnan. 2: 103, f. 26, 4 (1979).
云南。

南亚柏拉木

Blastus borneensis Cogn. ex Boerl., Handl. Fl. Ned. Ind. 1: 531 (1890).
Blastus cogniauxii Stapf, Icon. Pl. 24, pl. 2311 (1894).

海南；越南、泰国、马来西亚、印度尼西亚。

短柄柏拉木

●**Blastus brevissimus** C. Chen, Bull. Bot. Res., Harbin 4 (3): 35 (1984).

广西。

柏拉木（黄金梢，山甜娘，崩疮药）

Blastus cochinchinensis Lour., Fl. Cochinch. 2: 527 (1790). *Anplectrum parviflorum* Benth., Fl. Hongk. 116 (1861); *Blastus parviflorus* (Benth.) Triana, Trans. Linn. Soc. London 28 (1): 116 (1871); *Blastus marchandii* H. Lév., Repert. Spec. Nov. Regni Veg. 11 (301-303): 494 (1913).

湖南、贵州、云南、福建、台湾、广东、广西、海南；越南、老挝、缅甸、柬埔寨、印度。

密毛柏拉木

●**Blastus mollissimus** H. L. Li, J. Arnold Arbor. 25 (1): 16 (1944).

广西。

少花柏拉木

●**Blastus pauciflorus** (Benth.) Guillaumin, Bull. Soc. Bot. France 60: 90 (1913).

Allomorphia pauciflora Benth., London J. Bot. 1: 485 (1842); *Oxyspora pauciflora* (Benth.) Benth., Fl. Hongk. 116 (1861); *Blastus hindsii* Hance, J. Linn. Soc., Bot. 13: 103 (1873) (*nom. illeg. superfl.*); *Blastus cavaleriei* H. Lév. et Vaniot, Mém. Soc. Sci. Nat. Math. Cherbourg 35: 395 (1906); *Allomorphia bodinieri* H. Lév., Repert. Spec. Nov. Regni Veg. 5 (85-90): 100 (1908); *Blastus dunnianus* H. Lév., Repert. Spec. Nov. Regni Veg. 9 (222-226): 449 (1911); *Blastus ernae* Hand.-Mazz., Anz. Akad. Wiss. Wien, Math.-Naturwiss. Kl. 59: 106 (1922); *Blastus longiflorus* Hand.-Mazz., Anz. Akad. Wiss. Wien, Math.-Naturwiss. Kl. 59: 106 (1922); *Blastus spathulicalyx* Hand.-Mazz., Anz. Akad. Wiss. Wien, Math.-Naturwiss. Kl. 59: 106 (1922); *Blastus spathulicalyx* var. *apricus* Hand.-Mazz., Akad. Wiss. Wien, Math.-Naturwiss. Kl., Anz. 59: 106 (1922); *Blastus apricus* (Hand.-Mazz.) H. L. Li, J. Arnold Arbor. 25 (1): 19 (1944); *Blastus tomentosus* H. L. Li, J. Arnold Arbor. 25 (1): 18 (1944); *Blastus lii* M. P. Nayar, Curr. Sci. 37: 414 (1968); *Blastus squamosus* C. Y. Wu et Y. C. Huang, Fl. Yunnan. 2: 101, f. 26, 6 (1979); *Blastus thaiyongii* C. Hansen, Bull. Mus. Natl. Hist. Nat., B, Adansonia sér. 4 4 (1-2): 67 (1982); *Blastus apricus* (Hand.-Mazz.) H. L. Li var. *longiflorus* (Hand.-Mazz.) C. Chen, Bull. Bot. Res., Harbin 4 (3): 35 (1984); *Blastus cavaleriei* H. Lév. et Vaniot var. *tomentosus* (H. L. Li) C. Chen, Bull. Bot. Res., Harbin 4 (3): 35 (1984); *Blastus dunnianus* var. *glandulosetosus* C. Chen, Bull. Bot. Res., Harbin 4 (3): 36 (1984); *Blastus longiflorus* var. *apricus* (Hand.-Mazz.) Y. L. Zheng et N. H. Xia, J. Trop. Subtrop. Bot. 11 (3): 275 (2003).

江西、湖南、贵州、云南、福建、广东、海南。

刺毛柏拉木

●**Blastus setulosus** Diels, Bot. Jahrb. Syst. 65 (2-3): 106 (1933).

广东、广西。

薄叶柏拉木

●**Blastus tenuifolius** Diels, Bot. Jahrb. Syst. 65 (2-3): 105 (1933).

广西。

云南柏拉木

●**Blastus tsaii** H. L. Li, J. Arnold Arbor. 25 (3): 309 (1944). *Blastus yunnanensis* H. L. Li, J. Arnold Arbor. 25 (1): 15 (1944).

云南。

野海棠属 **Bredia** Blume

双腺野海棠

●**Bredia biglandularis** C. Chen, Bull. Bot. Res., Harbin 4 (3): 39 (1984).

广西。

都兰山金石榴（都兰山布勒德藤）

●**Bredia dulanica** C. L. Yeh, S. W. Chung et T. C. Hsu, Edinburgh J. Bot. 65 (3): 395 (2008).

台湾。

赤水野海棠（小猫子草，心叶野海棠，鸡窝红麻）

●**Bredia esquirolii** (H. Lév.) Lauener, Notes Roy. Bot. Gard. Edinburgh 31 (3): 398 (1972). *Barthea esquirolii* H. Lév., Repert. Spec. Nov. Regni Veg. 11 (301-303): 494 (1913); *Bredia cordata* H. L. Li, J. Arnold Arbor. 25 (1): 24 (1944); *Bredia esquirolii* var. *cordata* (H. L. Li) C. Chen, Bull. Bot. Res., Harbin 4 (3): 40 (1984).

四川、贵州。

叶底红（小花叶底红，血还魂，野海棠）

●**Bredia fordii** (Hance) Diels, Bot. Jahrb. Syst. 65 (2-3): 110 (1932). *Otanthera fordii* Hance, J. Bot. 19 (218): 47 (1881); *Fordiophyton tuberculatum* Guillaumin, Notul. Syst. (Paris) 2 (11): 326 (1913); *Bredia sepalosa* Diels, Bot. Jahrb. Syst. 65 (2-3): 109 (1933); *Bredia tuberculata* (Guillaumin) Diels, Bot. Jahrb. Syst. 65 (2-3): 111 (1933); *Bredia omeiensis* H. L. Li, J. Arnold Arbor. 25 (1): 24 (1944); *Phyllagathis fordii* (Hance) C. Chen, Bull. Bot. Res., Harbin 4 (3): 50 (1984); *Phyllagathis fordii* var. *micrantha* C. Chen, Bull. Bot. Res., Harbin 4 (3): 50 (1984).

浙江、江西、湖南、四川、贵州、云南、福建、广东、广西。

野海棠

●**Bredia hirsuta** var. **scandens** Ito et Matsum., J. Coll. Sci. Imp. Univ. Tokyo 12: 487 (1898). *Bredia scandens* (Ito et Matsum.) Hayata, J. Coll. Sci. Imp. Univ. Tokyo 30 (1): 114 (1911); *Bredia rotundifolia* Y. C.

Liu et C. H. Ou, Quart. J. Chin. Forest. 9 (2): 118, f. 1 (1976); *Bredia hirsuta* var. *rotundifolia* (Y. C. Liu et C. H. Ou) S. F. Huang et T. C. Huang, Taiwania 36 (2): 123, f. 1 (1991).
台湾。

过路惊（来社山布勒德藤）
●**Bredia laisherana** C. L. Yeh et C. R. Yeh, Edinburgh J. Bot. 65 (3): 400, f. 3, 4 C-D (2008).
台湾。

长萼野海棠（血经草，天青地红，女儿红）
●**Bredia longiloba** (Hand.-Mazz.) Diels, Bot. Jahrb. Syst. 65 (2-3): 111 (1933).
Fordiophyton gracile var. *longilobum* Hand.-Mazz., Anz. Akad. Wiss. Wien, Math.-Naturwiss. Kl. 63: 3, 10 (1926).
江西、湖南、云南、广东。

小叶野海棠
●**Bredia microphylla** H. L. Li, J. Arnold Arbor. 25 (1): 23 (1944).
江西、广东、广西。

金石榴（尖瓣野海棠，金石档，布勒德木）
●**Bredia oldhamii** Hook. f., Icon. Pl. 11: 68, pl. 1085 (1871).
Bredia gibba Ohwi, J. Jap. Bot. 12 (6): 385 (1936); *Bredia oldhamii* var. *ovata* Ohwi, J. Jap. Bot. 12 (9): 661 (1936); *Bredia penduliflora* S. S. Ying, Quart. J. Chin. Forest. 6 (1): 167 (1972).
台湾。

过路惊（三数野海棠，大叶活血，秀丽野海棠）
●**Bredia quadrangularis** Cogn., Monogr. Phan. 7: 473 (1891).
Bredia amoena Diels, Notizbl. Bot. Gart. Berlin-Dahlem 9 (83): 197 (1924); *Bredia chinensis* Merr., J. Arnold Arbor. 8 (1): 11 (1927); *Bredia pricei* F. P. Metcalf, Lingnan Sci. J. 12 (Suppl.): 153 (1933); *Bredia amoena* var. *serrata* H. L. Li, J. Arnold Arbor. 25 (1): 21 (1944); *Bredia amoena* var. *trimera* C. Chen, Bull. Bot. Res., Harbin 4 (3): 38 (1984); *Bredia amoena* var. *eglandulosa* B. Y. Ding, Guihaia 8 (4): 318 (1988).
安徽、浙江、江西、湖南、福建、广东、广西。

短柄野海棠（水牡舟）
●**Bredia sessilifolia** H. L. Li, J. Arnold Arbor. 25 (1): 22 (1944).
贵州、广东、广西。

鸭脚茶（山落茄，九节兰，中华野海棠）
●**Bredia sinensis** (Diels) H. L. Li, J. Arnold Arbor. 25 (1): 22 (1944).
Tashiroea sinensis Diels, Notizbl. Bot. Gart. Berlin-Dahlem 9 (83): 198 (1924); *Bredia glabra* Merr., J. Arnold Arbor. 8 (1): 12 (1927).
浙江、江西、湖南、福建、广东。

云南野海棠
●**Bredia yunnanensis** (H. Lév.) Diels, Bot. Jahrb. Syst. 65 (2-3): 111 (1933).
Blastus yunnanensis H. Lév., Repert. Spec. Nov. Regni Veg. 11 (286-290): 300 (1912); *Blastus mairei* H. Lév., Repert. Spec. Nov. Regni Veg. 11 (286-290): 300 (1912).
四川、云南。

药囊花属 **Cyphotheca** Diels

药囊花（肿药木）
●**Cyphotheca montana** Diels, Bot. Jahrb. Syst. 65 (2-3): 103 (1932).
Oxyspora montana (Diels) J. F. Maxwell, Gard. Bull. Singapore 35 (2): 217 (1983).
云南。

藤牡丹属 **Diplectria** (Blume) Rchb.

藤牡丹
Diplectria barbata (Wall. ex C. B. Clarke) Franken et M. C. Roos, Blumea 24 (2): 415, f. 3 A (1978).
Anplectrum barbatum Wall. ex C. B. Clarke in Hook. f., Fl. Brit. Ind. 2 (6): 546 (1879); *Backeria barbata* (Wall. ex C. B. Clarke) Raizada, Indian Forester 94: 435 (1968).
海南；越南、马来西亚、印度。

异药花属 **Fordiophyton** Stapf

短茎异药花
●**Fordiophyton brevicaule** C. Chen, Acta Phytotax. Sin. 18 (1): 62 (1980).
香港。

短葶无距花
●**Fordiophyton breviscapum** (C. Chen) Y. F. Deng et T. L. Wu, Novon 14 (4): 429 (2004).
Stapfiophyton breviscapum C. Chen, Bull. Bot. Res., Harbin 4 (3): 57 (1984).
湖南、广东。

心叶异药花
●**Fordiophyton cordifolium** C. Y. Wu ex C. Chen, Bull. Bot. Res., Harbin 4 (3): 61 (1984).
广东。

大明山异药花
●**Fordiophyton damingshanense** S. Y. Liu et X. Q. Ning, Guihaia 30 (6): 825, f. 1 (2010).
广西。

败蕊无距花
●**Fordiophyton degeneratum** (C. Chen) Y. F. Deng et T. L. Wu, Novon 14 (4): 429 (2004).
Stapfiophyton degeneratum C. Chen, Bull. Bot. Res., Harbin 4

(3): 58 (1984).

广东、广西。

异药花 （伏毛肥肉草，臭骨草，峨眉异药花）

●**Fordiophyton faberi** Stapf, Ann. Bot. (Oxford) 6: 314 (1892). *Sonerila fordii* Oliv., Hooker's Icon. Pl. 15 (3): 45, pl. 1457 (1883); *Fordiophyton cantonense* Stapf, Ann. Bot. (Oxford) 7: 314 (1892); *Fordiophyton fordii* (Oliv.) Krasser in Engler et Prantl, Nat. Pflanzenfam. 3 (7): 175 (1893); *Bredia cavaleriei* H. Lév. et Vaniot, Mém. Soc. Sci. Nat. Math. Cherbourg 35: 396 (1906); *Oxyspora cavaleriei* H. Lév., Mém. Soc. Sci. Nat. Math. Cherbourg 35: 394 (1906); *Blastus lyi* H. Lév., Repert. Spec. Nov. Regni Veg. 11 (286-290): 301 (1912); *Bredia mairei* H. Lév., Repert. Spec. Nov. Regni Veg. 11 (286-290): 300 (1912); *Fordiophyton fordii* var. *vernicinum* Hand.-Mazz., Anz. Akad. Wiss. Wien, Math.-Naturwiss. Kl. 59: 107 (1922); *Fordiophyton fordii* var. *pilosum* C. Chen, Bull. Bot. Res., Harbin 4 (3): 61 (1984); *Fordiophyton multiflorum* C. Chen, Bull. Bot. Res., Harbin 4 (3): 60 (1984); *Fordiophyton maculatum* C. Y. Wu ex Z. Wei et Y. B. Chang, Bull. Bot. Res., Harbin 9 (2): 35, f. 2 (1989).

浙江、江西、湖南、四川、贵州、云南、福建、广东、广西。

长柄异药花

●**Fordiophyton longipes** Y. C. Huang ex C. Chen, Fl. Yunnan. 2: 116, f. 29, 1-3 (1979).

云南。

无距花 （岩娇草）

●**Fordiophyton peperomiifolium** (Oliv.) C. Hansen, Bull. Mus. Natl. Hist. Nat., B, Adansonia sér. 4 14 (3-4): 425 (1992). *Sonerila peperomiifolia* Oliv., Hooker's Icon. Pl. 19 (1), pl. 1814 (1889); *Gymnagathis peperomiifolia* (Oliv.) Stapf, Ann. Bot. (Oxford) 4: 31 (1892); *Stapfiophyton peperomiifolium* (Oliv.) H. L. Li, J. Arnold Arbor. 25 (1): 29 (1944).

广东。

匍匐异药花

●**Fordiophyton repens** Y. C. Huang ex C. Chen, Fl. Yunnan. 2: 117, f. 29, 4 (1979).

云南。

劲枝异药花

Fordiophyton strictum Diels, Bot. Jahrb. Syst. 65 (2-3): 113 (1932). *Fordiophyton polystegium* Hand.-Mazz., Sinensia 3 (8): 196 (1933); *Fordiophyton longipetiolatum* S. Y. Hu, J. Arnold Arbor. 33 (2): 168 (1952).

云南、广西；越南。

酸脚杆属 **Medinilla** Gaudich. ex DC.

附生美丁花

●**Medinilla arboricola** F. C. How, Acta Phytotax. Sin. 8 (4):

345 (1963).

海南。

顶花酸脚杆 （酸藤子，美丁花）

Medinilla assamica (C. B. Clarke) C. Chen, Acta Phytotax. Sin. 21 (4): 419 (1983). *Anplectrum assamicum* C. B. Clarke in Hooker, Fl. Brit. Ind. 2 (6): 546 (1879); *Diplectria assamica* (C. B. Clarke) Kuntze, Revis. Gen. Pl. 1: 246 (1891); *Allomorphia subsessilis* Craib, Bull. Misc. Inform. Kew 1913 (2): 69 (1913); *Medinilla spirei* Guillaumin in Lecomte, Fl. Indo-Chine 2: 921 (1921); *Pseudodissochaeta assamica* (C. B. Clarke) M. P. Nayar, J. Bombay Nat. Hist. Soc. 65: 559, f. 1 (1969); *Pseudodissochaeta subsessilis* (Craib) M. P. Nayar, J. Bombay Nat. Hist. Soc. 65: 561, f. 2 (1969).

云南、西藏、广东、广西、海南；越南、老挝、缅甸、泰国、印度。

西畴酸脚杆 （酸果）

●**Medinilla fengii** (S. Y. Hu) C. Y. Wu et C. Chen, Fl. Yunnan. 2: 129, pl. 31, f. 2-5 (1979). *Pachycentria fengii* S. Y. Hu, J. Arnold Arbor. 33 (2): 170, pl. 2, f. 5 (1952); *Pachycentria formosana* Hayata, Icon. Pl. Formosan. 2: 109 (1912); *Medinilla taiwaniana* Y. P. Yang et H. Y. Liu, Taiwania 47 (2): 176 (2002).

云南、台湾。

台湾酸脚杆 （台湾野牡丹藤）

●**Medinilla formosana** Hayata, Icon. Pl. Formosan. 2: 110 (1912).

台湾。

糠秕酸脚杆 （野牡丹藤，兰屿野牡丹藤）

●**Medinilla hayatana** H. Keng, Quart. J. Taiwan Mus. 8: 26, pl. 6 (1955). *Medinilla formosana* var. *hayatana* (H. Keng) S. S. Ying, Coloured Ill. Fl. Taiwan 5: 371 (1995).

台湾。

锥序酸脚杆

Medinilla himalayana Hook. f. ex Triana, Trans. Linn. Soc. London 28: 88 (1871). *Medinilla luchuenensis* C. Y. Wu et C. Chen, Fl. Yunnan. 2: 128, pl. 31, f. 1 (1979).

云南、西藏；不丹、印度。

酸脚杆

●**Medinilla lanceata** (M. P. Nayar) C. Chen, Acta Phytotax. Sin. 21 (4): 421 (1983). *Pseudodissochaeta lanceata* M. P. Nayar, J. Bombay Nat. Hist. Soc. 65: 563, f. 3 (1969); *Medinilla radiciflora* C. Y. Wu ex C. Chen, Fl. Yunnan. 2: 133, pl. 32, f. 1 (1979).

云南、海南。

矮酸脚杆

Medinilla nana S. Y. Hu, J. Arnold Arbor. 33 (2): 168, pl. 2, f.

2 (1952).

云南、西藏；越南。

沙巴酸脚杆

Medinilla petelotii Merr., Univ. Calif. Publ. Bot. 13 (6): 137 (1926).

Medinilla tsaii H. L. Li, J. Arnold Arbor. 25 (1): 39 (1944).

云南；越南。

红花酸脚杆（墨脱酸脚杆，海南美丁花，红叶酸脚杆）

Medinilla rubicunda (Jack) Blume, Flora 14: 512 (1831).

Melastoma rubicundum Jack, Trans. Linn. Soc. London 14: 18 (1823); *Medinilla erythrophylla* Wall. ex Lindl., Edward's Bot. Reg. 24: Misc. 85 (1838); *Medinilla emarginata* Craib, Bull. Misc. Inform. Kew 1930: 322 (1930); *Medinilla hainanensis* Merr. et Chun, Sunyatsenia 2 (3-4): 292, pl. 64 (1935); *Medinilla yunnanensis* H. L. Li, J. Arnold Arbor. 25 (1): 39 (1944); *Medinilla fuligineoglandulifera* C. Chen, Acta Phytotax. Sin. 21 (4): 420 (1983); *Medinilla rubicunda* (Jack) Blume var. *tibetica* C. Chen, Acta Phytotax. Sin. 21 (4): 420 (1983).

云南、西藏、广西、海南；缅甸、泰国、马来西亚、不丹、尼泊尔、印度。

北酸脚杆

Medinilla septentrionalis (W. W. Sm.) H. L. Li, J. Arnold Arbor. 25 (1): 38 (1944).

Oritrephes septentrionalis W. W. Sm., J. Proc. Asiat. Soc. Bengal 7: 69 (1911); *Medinilla caerulescens* Guillaumin, Fl. Gen. Indo-Chine 2: 921 (1921); *Anplectrum yunnanensis* Kraenzl., Vierteljahrsschr. Naturf. Ges. Zürich 76: 153 (1931); *Medinilla caerulescens* var. *nuda* Craib, Fl. Siam. Enum. 1: 699 (1931); *Pseudodissochaeta septentrionalis* (W. W. Sm.) M. P. Nayar, J. Bombay Nat. Hist. Soc. 65: 565, f. 4 (1969).

云南、广东、广西；越南、缅甸、泰国北部。

野牡丹属 Melastoma L.

地菍（铺地锦，山地菍，紫茄子）

Melastoma dodecandrum Lour., Fl. Cochinch. 1: 274 (1790).

Melastoma repens Desr., Encycl. 4 (1): 54 (1797); *Osbeckia repens* (Desr.) DC., Prodr. 3: 142 (1828); *Asterostoma repens* (Desr.) Blume, Mus. Bot. 1: 50 (1849).

安徽、浙江、江西、湖南、贵州、福建、广东、广西；越南。

大野牡丹（大暴牙郎）

Melastoma imbricatum Wall. ex Triana, Trans. Linn. Soc. London 28: 60 (1871).

云南、西藏、广西；越南、老挝、缅甸、泰国、柬埔寨、马来西亚、印度。

细叶野牡丹[山公榴，铺地莲（稔），水社野牡丹]

●**Melastoma intermedium** Dunn, J. Linn. Soc., Bot. 38 (267):

360 (1908).

Osbeckia scaberrima Hayata, J. Coll. Sci. Imp. Univ. Tokyo 30 (1): 115 (1911); *Melastoma kudoi* Sasaki, Trans. Nat. Hist. Soc. Taiwan 21: 113, f. s. n. (1931); *Melastoma suffruticosum* Merr., Lingnan Sci. J. 14 (1): 42, 44 (1935); *Otanthera scaberrima* (Hayata) Ohwi, J. Jap. Bot. 12 (6): 386 (1936); *Melastoma scaberrimum* (Hayata) Y. P. Yang et H. Y. Liu, Taiwania 47 (2): 176 (2002).

贵州、福建、台湾、广东、广西、海南。

野牡丹（山石榴，大金香炉，豹牙兰）

Melastoma malabathricum L., Sp. Pl. 1: 390 (1753).

Melastoma affine D. Don, Mem. Wern. Nat. Hist. Soc. 4: 288 (1823); *Melastoma candidum* D. Don, Mem. Wern. Nat. Hist. Soc. 4: 288 (1823); *Melastoma normale* D. Don, Prodr. Fl. Nepal. 220 (1825); *Melastoma polyanthum* Blume, Flora 2: 481 (1831); *Melastoma cavaleriei* H. Lév. et Vaniot, Repert. Spec. Nov. Regni Veg. 3 (27-28): 21 (1906); *Melastoma esquirolii* H. Lév., Repert. Spec. Nov. Regni Veg. 8 (160-162): 61 (1910); *Melastoma malabathricum* subsp. *normale* (D. Don) Karst. Mey., Blumea 46 (2): 368 (2001).

浙江、江西、湖南、四川、贵州、云南、西藏、福建、台湾、广东、广西、海南；日本、菲律宾、越南、老挝、缅甸、泰国、柬埔寨、马来西亚、尼泊尔、印度、太平洋岛屿。

毛菍（开口枣，鸡头木，枝毛野牡丹）

Melastoma sanguineum Sims, Bot. Mag. 48, pl. 2241 (1821).

Melastoma decemfidum Roxb., Fl. Ind., ed. 1820 2: 406 (1824); *Melastoma dendrisetosum* C. Chen, J. S. China Agric. Coll. 4 (1): 35, f. 10 (1983).

福建、广东、广西、海南；马来西亚、印度尼西亚、印度。

宽萼毛菍

●**Melastoma sanguineum** var. **latisepalum** C. Chen, J. S. China Agric. Coll. 4 (1): 36, f. 13-15 (1983).

海南、香港。

谷木属 Memecylon L.

天蓝谷木（蓝果谷木，多花谷木）

Memecylon caeruleum Jack, Malayan Misc. 1 (5): 26 (1820).

Memecylon floribundum Blume, Mus. Bot. 1: 361 (1851); *Memecylon cyanocarpum* C. Y. Wu ex C. Chen, Fl. Yunnan. 2: 134, pl. 32, f. 6-9 (1979).

云南、西藏、海南；越南、柬埔寨、印度尼西亚。

蛇藤谷木

Memecylon celastrinum Kurz., Prelim. Rep. Forest Pegu App. A: 67; App. B: 53 in key (1875).

西藏；缅甸、泰国、新加坡。

海南谷木

●**Memecylon hainanense** Merr. et Chun, Sunyatsenia 2 (1): 44 (1934).

云南、海南。

狭叶谷木（革叶羊角扭）

Memecylon lanceolatum Blanco, Fl. Filip. 301 (1837).
台湾；菲律宾、印度尼西亚。

谷木（角木，山棯仔，子陵木）

●**Memecylon ligustrifolium** Champ. ex Benth., Hooker's J. Bot. Kew Gard. Misc. 4: 117 (1852).
云南、福建、广东、广西、海南。

单果谷木

●**Memecylon ligustrifolium** var. **monocarpum** C. Chen, Bull. Bot. Res., Harbin 4 (3): 67 (1984).
云南。

禄春谷木

●**Memecylon luchuenense** C. Chen, Bull. Bot. Res., Harbin 4 (3): 67 (1984).
云南。

黑叶谷木

Memecylon nigrescens Hook. et Arn, Bot. Beechey Voy. 186 (1833).
广东、海南；越南。

棱果谷木

●**Memecylon octocostatum** Merr. et Chun, Sunyatsenia 2 (3-4): 294, pl. 66 (1935).
广东、海南。

少花谷木（赤楠）

Memecylon pauciflorum Blume, Mus. Bot. 1: 356 (1851).
广东、海南；越南、老挝、缅甸、泰国、马来西亚、印度尼西亚、印度、热带澳大利亚。

垂枝羊角扭

●**Memecylon pendulum** Chih-C. Wang, Y. H. Tseng, Y. T. Chen et K. C. Chang, Novon 21 (2): 278, f. 1 (2011).
台湾。

滇谷木

●**Memecylon polyanthum** H. L. Li, J. Arnold Arbor. 25 (1): 42 (1944).
云南。

细叶谷木（羊角，螺丝木，铁树）

Memecylon scutellatum (Lour.) Hook. et Arn., Bot. Beechey Voy. 186 (1833).
Scutula scutellata Lour., Fl. Cochinch. 1: 235 (1790); *Memecylon edule* var. *scutellatum* C. B. Clarke in Hook. f., Fl. Brit. Ind. 2: 564 (1879).
广东、广西、海南；越南、老挝、缅甸、泰国、柬埔寨、马来西亚。

金锦香属 Osbeckia L.

头序金锦香

Osbeckia capitata Benth. ex Walp., Nov. Actorum Acad. Caes. Leop.-Carol. Nat. Cur., Suppl. 1: 331 (1843).
云南；不丹、印度。

金锦香（杯子草，张天缸，装天瓮）

Osbeckia chinensis L., Sp. Pl. 1: 345 (1753).
吉林、安徽、江苏、浙江、江西、湖南、湖北、四川、贵州、云南、福建、台湾、广东、广西、海南；日本、菲律宾、越南、老挝、缅甸、泰国、柬埔寨、马来西亚、印度尼西亚、尼泊尔、印度、热带澳大利亚。

金锦香（原变种）

Osbeckia chinensis var. **chinensis**
Osbeckia kainantensis Masam., Trans. Nat. Hist. Soc. Taiwan 33: 253 (1943).
吉林、安徽、江苏、浙江、江西、湖南、湖北、四川、贵州、云南、福建、台湾、广东、广西、海南；日本、菲律宾、越南、老挝、缅甸、泰国、柬埔寨、马来西亚、印度尼西亚、尼泊尔、印度、热带澳大利亚。

宽叶金锦香（莞不留）

Osbeckia chinensis var. **angustifolia** (D. Don) C. Y. Wu et C. Chen, Fl. Yunnan. 2: 80 (1979).
Osbeckia angustifolia D. Don, Prodr. Fl. Nepal. 221 (1825).
四川、云南、海南；越南、老挝、缅甸、泰国、柬埔寨、尼泊尔、印度。

蚂蚁花（窄腰泡，扳楷）

Osbeckia nepalensis Hook. f., Exot. Fl. 1, pl. 31 (1823).
云南、西藏、广西；越南、老挝、缅甸、泰国、不丹、尼泊尔、印度。

蚂蚁花（原变种）

Osbeckia nepalensis var. **nepalensis**
西藏、广西；越南、老挝、缅甸、泰国、不丹、尼泊尔、印度。

白蚂蚁花

Osbeckia nepalensis var. **albiflora** Lindl., Edward's Bot. Reg. 17, pl. 1475 (1831).
云南、西藏；尼泊尔。

花头金锦香

Osbeckia nutans Wall. ex C. B. Clarke in Hooker, Fl. Brit. Ind. 2: 521 (1879).
西藏；不丹、尼泊尔、印度。

星毛金锦香

Osbeckia stellata Buch.-Ham. ex Ker Gawl., Bot. Reg. 8, pl. 674 (1822).

Osbeckia rostrata D. Don, Prodr. Fl. Nepal. 221 (1825); *Osbeckia crinita* Benth. ex C. B. Clarke, Fl. Brit. Ind. 2: 517 (1879); *Osbeckia crinita* var. *yunnanensis* Cogn. in DC., Monogr. Phan. 7: 324 (1891); *Melastoma mairei* H. Lév., Repert. Spec. Nov. Regni Veg. 11 (286-290): 300 (1912); *Osbeckia paludosa* Craib, Bull. Misc. Inform. Kew 1916 (10): 262 (1916); *Osbeckia mairei* (H. Lév.) Craib, Notes Roy. Bot. Gard. Edinburgh 10 (46): 54 (1917); *Osbeckia robusta* Craib, Notes Roy. Bot. Gard. Edinburgh 10 (46): 54 (1917); *Osbeckia sikkimensis* Craib, Notes Roy. Bot. Gard. Edinburgh 10 (46): 56 (1917); *Osbeckia yunnanensis* Franch. ex Craib, Notes Roy. Bot. Gard. Edinburgh 10 (46): 57 (1917); *Osbeckia pulchra* Geddes, Bull. Misc. Inform. Kew 1930 (4): 171 (1930); *Osbeckia stellata* var. *crinita* (Benth. ex Naudin) C. Hansen, Ginkgoana 4: 31 (1977); *Osbeckia rhopalotricha* C. Y. Wu, Fl. Yunnan. 2: 85, f. 23, 15 (1979); *Osbeckia opipara* C. Y. Wu et C. Chen, Guihaia 2 (4): 184, 186, f. 1, 13 (1982).

浙江、江西、湖南、湖北、四川、贵州、云南、西藏、台湾、广东、广西、海南；越南、老挝、缅甸、泰国、柬埔寨、不丹、尼泊尔、印度。

尖子木属　Oxyspora DC.

墨脱尖子木

Oxyspora cernua (Roxb.) Hook. f. et Thomson ex Triana, Trans. Linn. Soc. London 28 (1): 73 (1871).
Melastoma cernuum Roxb., Fl. Ind., ed. 1832 2: 404 (1832).
西藏；不丹、印度。

柑叶尖子木

Oxyspora curtisii King, J. Asiat. Soc. Bengal, Pt. 2, Nat. Hist. 69: 9 (1900).
云南；越南、老挝、泰国、马来西亚。

尖子木（酒瓶果，砚山红，牙娥拔翠）

Oxyspora paniculata (D. Don) DC., Prodr. 3: 123 (1828).
Arthrostemma paniculatum D. Don, Mem. Wern. Nat. Hist. Soc. 4: 299 (1823); *Bredia soneriloides* H. Lév., Repert. Spec. Nov. Regni Veg. 9 (196-198): 21 (1910).
贵州、云南、西藏、广西；越南、老挝、缅甸、柬埔寨、不丹、尼泊尔、印度。

翅茎尖子木

●**Oxyspora teretipetiolata** (C. Y. Wu et C. Chen) W. H. Chen et Y. M. Shui, Acta Phytotax. Sin. 45 (4): 588, f. 2 et 3 (2007).
Allomorphia eupteroton var. *teretipetiolata* C. Y. Wu et C. Chen, Fl. Yunnan. 2: 93, pl. 25, f. 1 (1979).
云南。

刚毛尖子木

Oxyspora vagans (Roxb.) Wall., Pl. Asiat. Rar. 1: 78 (1830).
Melastoma vagans Roxb., Fl. Ind., ed. 1820 2: 404 (1824); *Homocentria vagans* (Roxb.) Naudin, Ann. Sci. Nat., Bot. sér. 3 15: 308 (1851); *Oxyspora paniculata* var. *vagans* (Roxb.) J.

F. Maxwell, Gard. Bull. Straits Settlem. 35 (2): 217 (1982).
云南、西藏、广西；缅甸、泰国、印度。

滇尖子木

●**Oxyspora yunnanensis** H. L. Li, J. Arnold Arbor. 25 (1): 12 (1944).
Oxyspora glabra H. L. Li, J. Arnold Arbor. 25: 13 (1944); *Oxyspora paniculata* var. *yunnanensis* (H. L. Li) J. F. Maxwell, Gard. Bull. Singapore 35 (2): 217 (1982).
贵州、云南。

锦香草属　Phyllagathis Blume

细辛锦香草

●**Phyllagathis asarifolia** C. Chen, Bull. Bot. Res., Harbin 4 (3): 56 (1984).
广西。

锦香草（熊巴掌，猫耳朵草，猪婆耳）

●**Phyllagathis cavaleriei** (H. Lév. et Vaniot) Guillaumin, Notul. Syst. 2 (11): 325 (1913).
Allomorphia cavaleriei H. Lév. et Vaniot, Mém. Soc. Sci. Nat. Math. Cherbourg 35: 394 (1906); *Phyllagathis cavaleriei* var. *wilsoniana* Guillaumin, Notul. Syst. 2 (11): 325 (1913); *Phyllagathis tankahkeei* Merr., Lingnan Sci. J. 7: 316 (1929); *Phyllagathis longipes* H. L. Li, J. Arnold Arbor. 25 (1): 31 (1944); *Phyllagathis wenshanensis* S. Y. Hu, J. Arnold Arbor. 33 (2): 171 (1952); *Phyllagathis cavaleriei* var. *tankahkeei* (Merr.) C. Y. Wu ex C. Chen, Fl. Yunnan. 2: 111 (1979).
浙江、江西、湖南、四川、贵州、云南、福建、广东、广西。

聚伞锦香草

●**Phyllagathis cymigera** C. Chen, Bull. Bot. Res., Harbin 4 (3): 41 (1984).
Phyllagathis pluriumbellata R. H. Miao, Acta Sci. Nat. Univ. Sunyatseni 32 (4): 61 (1993).
云南。

三角齿锦香草

●**Phyllagathis deltoidea** C. Chen, Bull. Bot. Res., Harbin 4 (3): 48 (1984).
广西。

红敷地发（石发，石莲）

●**Phyllagathis elattandra** Diels, Bot. Jahrb. Syst. 65 (2-3): 116 (1933).
Stapfiophyton elattandrum (Diels) H. L. Li, J. Arnold Arbor. 25 (1): 29 (1944).
云南、广东、广西。

直立锦香草（直立无距花）

●**Phyllagathis erecta** (S. Y. Hu) C. Y. Wu ex C. Chen, Bull. Bot. Res., Harbin 4 (3): 41 (1984).

Stapfiophyton erectum S. Y. Hu, J. Arnold Arbor. 33 (2): 174 (1952).
云南、广西。

刚毛锦香草

●**Phyllagathis fengii** C. Hansen, Nord. J. Bot. 10: 23 (1990).
Cyphotheca hispida S. Y. Hu, J. Arnold Arbor. 33 (2): 167, pl. 2, f. 10 (1952); *Phyllagathis hispida* (S. Y. Hu) C. Y. Wu ex C. Chen, Fl. Yunnan. 2: 114 (1979).
云南。

桂东锦香草

●**Phyllagathis guidongensis** K. M. Liu et J. Tian, Phytotaxa 263 (1): 58, f. 1-3 (2016).
湖南。

细梗锦香草

●**Phyllagathis gracilis** (Hand.-Mazz.) C. Chen, Bull. Bot. Res., Harbin 4 (3): 51 (1984).
Fordiophyton gracile Hand.-Mazz., Anz. Akad. Wiss. Wien, Math.-Naturwiss. Kl. 63: 3, 10 (1926); *Bredia gracilis* (Hand.-Mazz.) Diels, Bot. Jahrb. Syst. 65 (2-3): 110 (1933).
湖南。

海南锦香草（海南偏瓣花）

●**Phyllagathis hainanensis** (Merr. et Chun) C. Chen, Bull. Bot. Res., Harbin 4 (3): 42 (1984).
Bredia hainanensis Merr. et Chun, Sunyatsenia 5 (1-3): 145, pl. 22 (1940); *Plagiopetalum hainanense* (Merr. et Chun) Merr. ex H. L. Li, J. Arnold Arbor. 25 (1): 10 (1944).
海南。

密毛锦香草（密毛野海棠）

Phyllagathis hispidissima (C. Chen) C. Chen, Bull. Bot. Res., Harbin 4 (3): 46 (1984).
Bredia hispidissima C. Chen, Fl. Yunnan. 2: 105, pl. 27, f. 6 (1979); *Phyllagathis xinyiensis* Z. J. Feng, J. South China Agr. Univ. 15 (4): 75 (1994).
云南、广东；越南。

宽萼锦香草

●**Phyllagathis latisepala** C. Chen, Bull. Bot. Res., Harbin 4 (3): 53 (1984).
湖北。

长芒锦香草

●**Phyllagathis longearistata** C. Chen, Bull. Bot. Res., Harbin 4 (3): 52 (1984).
广西。

大叶熊巴掌

●**Phyllagathis longiradiosa** C. Chen, Bull. Bot. Res., Harbin 4 (3): 51 (1984).
贵州、云南、广西。

大叶熊巴掌（原变种）

Phyllagathis longiradiosa var. **longiradiosa**
Barthea cavaleriei H. Lév., Repert. Spec. Nov. Regni Veg. 8 (160-162): 61 (1910); *Fordiophyton cavaleriei* (H. Lév.) Guillaumin, Bull. Soc. Bot. France 60: 275 (1913); *Fordiophyton cavaleriei* (H. Lév.) Guillaumin var. *violacea* H. Lév., Cat. Pl. Yun-Nan 176 (1916); *Bredia cavaleriei* (H. Lév.) Diels, Bot. Jahrb. Syst. 65 (2-3): 110 (1933); *Bredia longiradiosa* C. Chen ex Govaerts, World Checklist Seed Pl. 2 (1): 13 (1996).
贵州、云南、广西。

丽萼熊巴掌

●**Phyllagathis longiradiosa** var. **pulchella** C. Chen, Bull. Bot. Res., Harbin 4 (3): 52 (1984).
广西。

毛锦香草

●**Phyllagathis melastomatoides** (Merr. et Chun) W. C. Ko, Acta Phytotax. Sin. 8 (3): 267 (1963).
Osbeckia melastomatoides Merr. et Chun, Sunyatsenia 2 (3-4): 293, pl. 65 (1935).
海南。

毛锦香草（原变种）

●**Phyllagathis melastomatoides** var. **melastomatoides**
海南。

短柄毛锦香草

●**Phyllagathis melastomatoides** var. **brevipes** W. C. Ko, Acta Phytotax. Sin. 8 (3): 268 (1963).
海南。

毛柄锦香草

●**Phyllagathis oligotricha** Merr., Sunyatsenia 1 (1): 74 (1930).
Phyllagathis anisophylla Diels, Bot. Jahrb. Syst. 65 (2-3): 115 (1933); *Phyllagathis nudipes* C. Chen, Bull. Bot. Res., Harbin 4 (3): 47 (1984).
江西、湖南、广东、广西。

卵叶锦香草（酸猪草，少花卵叶锦香草）

Phyllagathis ovalifolia H. L. Li, J. Arnold Arbor. 25 (1): 31 (1944).
Phyllagathis calisaurea C. Chen, Bull. Bot. Res., Harbin 4 (3): 45 (1984); *Phyllagathis ovalifolia* var. *pauciflora* R. H. Miao, Acta Sci. Nat. Univ. Sunyatseni 32 (4): 61 (1993).
云南、广西；越南。

偏斜锦香草（水角风）

●**Phyllagathis plagiopetala** C. Chen, Bull. Bot. Res., Harbin 4 (3): 44 (1984).
湖南、广西。

斑叶锦香草

Phyllagathis scorpiothyrsoides C. Chen, Bull. Bot. Res.,

Harbin 4 (3): 55 (1984).

广西；越南。

刺蕊锦香草

Phyllagathis setotheca H. L. Li, J. Arnold Arbor. 25 (1): 32 (1944).

Phyllagathis setotheca var. *setotuba* C. Chen, Bull. Bot. Res., Harbin 4 (3): 44 (1984).

广东、广西；越南。

窄叶锦香草

●**Phyllagathis stenophylla** (Merr. et Chun) H. L. Li, J. Arnold Arbor. 25 (1): 32 (1944).

Bredia stenophylla Merr. et Chun, Sunyatsenia 5 (1-3): 146 (1940).

海南。

须花锦香草

●**Phyllagathis tentaculifera** C. Hansen, Bull. Mus. Natl. Hist. Nat., B, Adansonia, sér. 4 12 (1): 40 (1990).

云南。

三瓣锦香草

●**Phyllagathis ternata** C. Chen, Bull. Bot. Res., Harbin 4 (3): 49 (1984).

广东。

四蕊熊巴掌

Phyllagathis tetrandra Diels, Bot. Jahrb. Syst. 65 (2-3): 116 (1933).

Stapfiophyton tetrandrum (Diels) H. L. Li, J. Arnold Arbor. 25 (1): 29 (1944).

云南、海南；越南。

腺毛锦香草（腺毛野海棠）

●**Phyllagathis velutina** (Diels) C. Chen, Bull. Bot. Res., Harbin 4 (3): 51 (1984).

Bredia velutina Diels, Bot. Jahrb. Syst. 65 (2-3): 109 (1933).

云南、福建。

偏瓣花属 **Plagiopetalum** Rehder

偏瓣花（刺柄偏瓣花，七脉偏瓣花，四棱偏瓣花）

Plagiopetalum esquirolii (H. Lév.) Rehder, J. Arnold Arbor. 15 (2): 110 (1934).

Sonerila esquirolii H. Lév., Bull. Soc. Bot. France 54 (6): 368 (1907); *Oxyspora serrata* Diels, Notes Roy. Bot. Gard. Edinburgh 5 (25): 252 (1912); *Allomorphia blinii* (H. Lév.) Guillaumin, Bull. Soc. Bot. France 60: 87 (1913); *Barthea blinii* H. Lév., Repert. Spec. Nov. Regni Veg. 11 (301-303): 494 (1913); *Plagiopetalum quadrangulum* Rehder in Sargent, Pl. Wilson. 3 (3): 453 (1917); *Sonerila henryi* Kraenzl., Vierteljahrsschr. Naturf. Ges. Zürich 76: 152 (1931); *Allomorphia flexuosa* Hand.-Mazz., Sinensia 3 (8): 195 (1933); *Plagiopetalum serratum* (Diels) Diels, Bot. Jahrb. Syst. 65

(2-3): 100 (1933); *Plagiopetalum henryi* (Kraenzl.) S. Y. Hu, J. Arnold Arbor. 33 (2): 172 (1952); *Plagiopetalum blinii* (H. Lév.) C. Y. Wu ex C. Chen, Fl. Yunnan. 2: 92 (1979); *Plagiopetalum esquirolii* var. *septemnervium* C. Chen, Bull. Bot. Res., Harbin 4 (3): 33 (1984); *Plagiopetalum serratum* var. *quadrangulum* (Rehder) C. Chen, Bull. Bot. Res., Harbin 4 (3): 34 (1984); *Plagiopetalum esquirolii* var. *serratum* (Diels) C. Hansen, Bull. Mus. Natl. Hist. Nat., B, Adansonia sér. 4 10 (2): 133 (1988).

四川、贵州、云南、广西；越南、缅甸。

四棱偏瓣花

●**Plagiopetalum tenuicaule** (C. Chen) C. Hansen, Bull. Mus. Natl. Hist. Nat., B, Adansonia sér. 4 10: 134 (1988).

Phyllagathis tenuicaulis C. Chen, Bull. Bot. Res., Harbin 4 (3): 42 (1984).

广西。

肉穗草属 **Sarcopyramis** Wall.

肉穗草（小肉穗草，东方肉穗草，肉穗野牡丹）

Sarcopyramis bodinieri H. Lév. et Vaniot, Mém. Soc. Sci. Nat. Math. Cherbourg 35: 397 (1906).

Sarcopyramis delicata C. B. Rob., Bull. Torrey Bot. Club 35: 72, 75 (1908); *Sarcopyramis napalensis* var. *bodinieri* (H. Lév. et Vaniot) H. Lév., Fl. Kouy-Tcheou 278 (1914); *Sarcopyramis crenata* H. L. Li, J. Arnold Arbor. 25 (1): 26 (1944); *Sarcopyramis parvifolia* Merr. ex H. L. Li, J. Arnold Arbor. 25 (1): 26 (1944); *Sarcopyramis bodinieri* var. *delicata* (C. B. Rob.) C. Chen, Bull. Bot. Res., Harbin 4 (3): 63 (1984); *Sarcopyramis napalensis* var. *delicata* (C. B. Rob.) S. F. Huang et T. C. Huang, Taiwania 36 (2): 134 (1991).

四川、贵州、云南、西藏、福建、台湾、广西；菲律宾。

楮头红（斑点楮头红）

Sarcopyramis napalensis Wall., Tent. Fl. Napal. 1: 32, pl. 23 (1824).

Sarcopyramis lanceolata Wall. ex Benn., Pl. Jav. Rar. 214 (1844); *Phyllagathis chinensis* Dunn, J. Linn. Soc., Bot. 38 (267): 360 (1908); *Sarcopyramis dielsii* Hu, Bull. Fan Mem. Inst. Biol., Bot. 7: 216 (1936); *Sarcopyramis napalensis* var. *maculata* C. Y. Wu ex C. Chen, Fl. Yunnan. 2: 121 (1979).

浙江、江西、湖南、湖北、四川、贵州、云南、西藏、福建、广东、广西；菲律宾、缅甸、泰国、马来西亚、印度尼西亚、不丹、尼泊尔、印度。

卷花丹属 **Scorpiothyrsus** H. L. Li

红毛卷花丹（疏毛卷花丹，黄毛卷花丹）

●**Scorpiothyrsus erythrotrichus** (Merr. et Chun) H. L. Li, J. Arnold Arbor. 25 (1): 35 (1944).

Phyllagathis erythrotricha Merr. et Chun, Sunyatsenia 5 (1-3): 147, pl. 18 (1940); *Phyllagathis xanthotricha* Merr. et Chun, Sunyatsenia 5 (1-3): 149, pl. 23 (1940); *Scorpiothyrsus oligotrichus* H. L. Li, J. Arnold Arbor. 25 (1): 34 (1944);

Scorpiothyrsus xanthotrichus (Merr. et Chun) H. L. Li, J. Arnold Arbor. 25 (1): 35 (1944).
海南。

上思卷花丹
●**Scorpiothyrsus shangszeensis** C. Chen, Bull. Bot. Res., Harbin 4 (3): 63 (1984).
广西。

卷花丹 （光叶卷花丹）
●**Scorpiothyrsus xanthostictus** (Merr. et Chun) H. L. Li, J. Arnold Arbor. 25 (1): 34 (1944).
Phyllagathis xanthosticta Merr. et Chun, Sunyatsenia 5 (1-3): 148, pl. 23 (1940); *Scorpiothyrsus glabrifolius* H. L. Li, J. Arnold Arbor. 25 (1): 34 (1944).
海南。

蜂斗草属 **Sonerila** Roxb.

蜂斗草 （四大天王，尖尾痧，毛蜂斗草）
Sonerila cantonensis Stapf, Ann. Bot. (Oxford) 6 (23): 302 (1892).
Sonerila yunnanensis Jeffrey, Notes Roy. Bot. Gard. Edinburgh 8 (38): 207 (1914); *Sonerila cantonensis* var. *strigosa* C. Chen, Fl. Yunnan. 2: 125 (1979).
云南、广东、广西、海南；越南。

直立蜂斗草 （景洪蜂斗草，柳叶菜蜂斗草，上林蜂斗草）
Sonerila erecta Jack, Malayan Misc. 1 (5): 7 (1820).
Sonerila tenera Royle, Ill. Bot. Himal. Mts. 215, pl. 45, f. 2 (1834); *Sonerila epilobioides* Stapf et King, J. Asiat. Soc. Bengal 69: 22 (1909); *Sonerila cheliensis* H. L. Li, J. Arnold Arbor. 25 (1): 36 (1944); *Sonerila shanlinensis* C. Chen, Bull. Bot. Res., Harbin 4 (3): 66 (1984).
江西、湖南、贵州、云南、广东、广西；菲律宾、越南、老挝、缅甸、泰国、马来西亚、印度。

海南桑叶草
●**Sonerila hainanensis** Merr., Philipp. J. Sci. 23 (3): 256 (1923).
海南。

溪边桑勒草 （小蜂斗草，地胆）
Sonerila maculata Roxb., Fl. Ind., ed. 1820 1: 180 (1820).
Sonerila rivularis Cogn., Monogr. Phan. 7: 1183 (1891); *Sonerila laeta* Stapf, Bull. Misc. Inform. Kew 1906 (3): 73 (1906).
云南、西藏、福建、广东、广西；越南、老挝、缅甸、泰国、柬埔寨、马来西亚、印度尼西亚、不丹、尼泊尔、印度。

海棠叶蜂斗草 （海棠叶地胆）
Sonerila plagiocardia Diels, Bot. Jahrb. Syst. 65 (2-3): 117 (1933).
Fordiophyton begoniifolium H. L. Li, J. Arnold Arbor. 25 (1): 28 (1944); *Sonerila alata* Chun et F. C. How ex C. Chen, Bull. Bot. Res., Harbin 4 (3): 64 (1984); *Sonerila alata* var. *triangula* C. Chen, Bull. Bot. Res., Harbin 4 (3): 65 (1984).

江西、云南、广东、广西；越南、老挝、泰国、柬埔寨、马来西亚。

报春蜂斗草 （报春地胆）
●**Sonerila primuloides** C. Y. Wu ex C. Chen, Fl. Yunnan. 2: 126, f. 30, 4 (1979).
云南。

八蕊花属 **Sporoxeia** W. W. Sm.

棒距八蕊花 （娘阿拨翠）
●**Sporoxeia clavicalcarata** C. Chen, Bull. Bot. Res., Harbin 4 (3): 37 (1984).
云南。

八蕊花 （毛萼八蕊花，尖叶八蕊花，光萼八蕊花）
Sporoxeia sciadophila W. W. Sm., Notes Roy. Bot. Gard. Edinburgh 10 (46): 70 (1917).
Blastus hirsutus H. L. Li, J. Arnold Arbor. 25 (1): 16 (1944); *Blastus latifolius* H. L. Li, J. Arnold Arbor. 25 (1): 15 (1944); *Blastus fengii* S. Y. Hu, J. Arnold Arbor. 33 (2): 166, pl. 2, f. 1 (1952); *Sporoxeia hirsuta* (H. L. Li) C. Y. Wu ex C. Chen, Fl. Yunnan. 2: 109 (1979); *Sporoxeia latifolia* (H. L. Li) C. Y. Wu et Y. C. Huang ex C. Chen, Fl. Yunnan. 2: 109 (1979); *Sporoxeia latifolia* var. *fengii* (S. Y. Hu) C. Chen, Bull. Bot. Res., Harbin 4 (3): 37 (1984).
云南；缅甸。

长穗花属 **Styrophyton** S. Y. Hu

长穗花 （假欧八竹）
●**Styrophyton caudatum** (Diels) S. Y. Hu, J. Arnold Arbor. 33 (2): 176, pl. 1 (1952).
Anerincleistus caudatus Diels, Bot. Jahrb. Syst. 65 (2-3): 101 (1932); *Allomorphia caudata* (Diels) H. L. Li, J. Arnold Arbor. 25 (1): 11 (1944); *Oxyspora spicata* J. F. Maxwell, Gard. Bull. Singapore 35 (2): 218 (1983).
云南、广西。

虎颜花属 **Tigridiopalma** C. Chen

虎颜花 （大莲蓬，熊掌）
●**Tigridiopalma magnifica** C. Chen, Acta Bot. Yunnan. 1 (2): 107 (1979).
广东。

148. 隐翼科 CRYPTERONIACEAE
[1 属：1 种]

隐翼属 **Crypteronia** Blume

隐翼木 （隐翼）
Crypteronia paniculata Blume, Bijdr. Fl. Ned. Ind. 17: 1151

(1826).

Henslowia pubescens Wall., Pl. Asiat. Rar. 3: 14, pl. 221 (1832); *Henslowia glabra* Wall., Pl. Asiat. Rar. 3: 14 (1832); *Crypteronia glabra* (Wall.) Blume, Pl. Asiat. Rar. 123 (1852); *Crypteronia pubescens* (Wall.) Blume, Mus. Bot. 2: 123 (1852).

云南；菲律宾、越南、老挝、缅甸、泰国、柬埔寨、马来西亚、印度尼西亚、印度、孟加拉国。

149. 省沽油科 STAPHYLEACEAE
[3 属：19 种]

野鸦椿属 Euscaphis Siebold et Zucc.

野鸦椿（鸡肾果，酒药花，山海椒）

☆**Euscaphis japonica** (Thunb. ex Roem. et Schult.) Kanitz, Természettud. Füz. 3: 157 (1878).

Sambucus japonica Thunb. ex Roem. et Schult., Syst. Veg., ed. 14 295 (1784); *Euscaphis staphyleoide* Siebold et Zucc., Fl. Jap. (Siebold) 1: 122, f. 67 (1840) (*nom. illeg. superfl.*); *Euscaphis konishii* Hayata, Icon. Pl. Formosan. 3: 67 (1913); *Euodia chaffanjonii* H. Lév., Repert. Spec. Nov. Regni Veg. 13: 265 (1914); *Euscaphis japonica* var. *ternata* Rehder, J. Arnold Arbor. 3 (4): 215 (1922); *Euscaphis chinensis* Gagnep., Notul. Syst. (Paris) 13: 191 (1948); *Euscaphis tonkinensis* Gagnep., Notul. Syst. (Paris) 13: 192 (1948); *Euscaphis fukienensis* Hsu, Acta Phytotax. Sin. 11: 196 (1966); *Euscaphis japonica* var. *jianningensis* Q. J. Wang, Acta Phytotax. Sin. 20 (1): 118 (1982); *Euscaphis japonica* var. *pubescens* P. L. Chiu et G. R. Zhong, Bull. Bot. Res., Harbin 8 (4): 106 (1988).

除西北地区外，中国各地均产；日本、朝鲜、越南。

省沽油属 Staphylea L.

省沽油（水条）

Staphylea bumalda DC., Prodr. 2: 2 (1825).

Bumalda trifolia Thunb., Nov. Gen. Pl. 3: 63 (1783); *Staphylea bumalda* var. *pubescens* N. Li, Nong et Y. H. He, Bull. Bot. Res., Harbin 14 (3): 246 (1994).

黑龙江、吉林、辽宁、河北、山西、陕西、安徽、江苏、四川；日本、朝鲜。

钟果省沽油

●**Staphylea campanulata** J. Wen, Brittonia 45 (3): 247 (1993).

四川。

嵩明省沽油（枫树）

●**Staphylea forrestii** Balf. f., Notes Roy. Bot. Gard. Edinburgh 13 (63-64): 183 (1921).

四川、贵州、云南、广东。

膀胱果（大果省沽油）

●**Staphylea holocarpa** Hemsl., Bull. Misc. Inform. Kew (97): 15 (1895).

陕西、甘肃、安徽、浙江、湖南、湖北、四川、贵州、云南、西藏、广东、广西。

膀胱果（原变种）

Staphylea holocarpa var. **holocarpa**

Xanthoceras enkianthiflora H. Lév., Repert. Spec. Nov. Regni Veg. 12: 534 (1913); *Tecoma cavaleriei* H. Lév., Fl. Kouy-Tcheou 50 (1914).

陕西、甘肃、安徽、浙江、湖南、湖北、四川、贵州、西藏、广东、广西。

玫红省沽油

●**Staphylea holocarpa** var. **rosea** Rehder et E. H. Wilson in Sargent, Pl. Wilson. 2 (1): 186 (1914).

湖北、四川、云南。

腺齿省沽油

●**Staphylea shweliensis** W. W. Sm., Notes Roy. Bot. Gard. Edinburgh 13 (63-64): 184 (1921).

云南。

元江省沽油

●**Staphylea yuanjiangensis** K. M. Feng et T. Z. Hsu, Acta Bot. Yunnan. 6 (4): 395, pl. 1 (1984).

云南。

山香圆属 Turpinia Vent.

硬毛山香圆（大果山香圆）

●**Turpinia affinis** Merr. et L. M. Perry, J. Arnold Arbor. 22 (4): 550 (1941).

四川、贵州、云南、广西。

锐尖山香圆（五寸铁树，尖树，黄柿）

●**Turpinia arguta** (Lindl.) Seem., Bot. Voy. Herald 371 (1857).

安徽、浙江、江西、湖南、湖北、重庆、贵州、福建、广东、广西。

锐尖山香圆（原变种）

Turpinia arguta var. **arguta**

Ochranthe arguta Lindl., Edward's Bot. Reg. 21, pl. 1819 (1836); *Staphylea simplicifolia* Gardner et Champ., Hooker's J. Bot. Kew Gard. Misc. 1: 309 (1849); *Eyrea vernalis* Champion ex Benth., Hooker's J. Bot. Kew Gard. Misc. 3: 331 (1851); *Maurocenia arguta* (Lindl.) Kuntze, Revis. Gen. Pl. 1: 149 (1891).

浙江、江西、湖南、重庆、贵州、福建、广东、广西。

绒毛锐尖山香圆（九节茶，梁山伯树，假木棉）

●**Turpinia arguta** var. **pubescens** T. Z. Hsu, Fl. Reipubl. Popularis Sin. 46: 291 (1981).

安徽、江西、湖南、湖北、贵州、福建、广东、广西。

越南山香圆

Turpinia cochinchinensis (Lour.) Merr., J. Arnold Arbor. 19:

43 (1938).

Triceros cochinchinensis Lour., Fl. Cochinch. 1: 184 (1790); *Turpinia microcarpa* Wight et Arn., Prodr. Fl. Ind. Orient. 156 (1834); *Turpinia nepalensis* Wall. ex Wight et Arn., Prodr. Fl. Ind. Orient. 156 (1834); *Maurocenia cochinchinensis* (Lour.) Kuntze, Rev. Gén. Bot. Pl. 1: 150 (1891).

四川、贵州、云南、广东、广西；越南、缅甸、泰国、马来西亚、不丹、尼泊尔、印度。

疏脉山香圆（大叶山香圆）

Turpinia indochinensis Merr., J. Arnold Arbor. 19: 43 (1933).

Turpinia formosana Masam., Trans. Nat. Hist. Soc. Formos. 29: 29 (1939).

云南、台湾、海南；越南。

大籽山香圆

Turpinia macrosperma C. C. Huang, Fl. Yunnan. 2: 358 (1979).

云南；缅甸。

山香圆（羊屎蒿，光山香圆，狭叶山香圆）

Turpinia montana (Blume) Kurz., J. Asiat. Soc. Bengal, Pt. 2, Nat. Hist. 46 (2): 182 (1875).

Zanthoxylum montanum Blume, Bijdr. Fl. Ned. Ind. 248 (1825); *Turpinia parva* Koord. et Valeton, Meded. Lands Plantentuin 41: 249 (1903); *Turpinia gracilis* Nakai, J. Arnold Arbor. 5 (2): 79 (1924); *Turpinia glaberrima* Merr., Lingnan Sci. J. 7: 312 (1929); *Turpinia glaberrima* var. *stenophylla* Merr. et L. M. Perry, J. Arnold Arbor. 22 (4): 552 (1941); *Turpinia montana* var. *glaberrima* (Merr.) T. Z. Hsu, Fl. Yunnan. 2: 360 (1978); *Turpinia montana* var. *stenophylla* (Merr. et L. M. Perry) T. Z. Hsu, Fl. Reipubl. Popularis Sin. 46: 35 (1981).

贵州、云南、广东、广西；越南、缅甸、泰国、印度尼西亚、印度。

卵叶山香圆

Turpinia ovalifolia Elmer, Leafl. Philipp. Bot. 2: 490 (1908).

Turpinia lucida Nakai, J. Arnold Arbor. 5 (2): 80 (1924); *Turpinia pachyphylla* Merr., Philipp. J. Sci. 27: 33 (1925).

台湾；菲律宾。

山麻风树（小香圆）

●**Turpinia pomifera** var. **minor** C. C. Huang et T. Z. Hsu, Phytotaxa 119 (1): 55 (2013).

云南、广西。

粗壮山香圆

Turpinia robusta Craib, Bull. Misc. Inform. Kew. 361 (1926).

云南；泰国。

亮叶山香圆（长柄亮叶山香圆）

Turpinia simplicifolia Merr., Philipp. J. Sci. 27: 34 (1925).

Turpinia unifoliata Merr. et Chun, Sunyatsenia 2 (1): 37

(1934); *Turpinia simplicifolia* var. *longipes* C. Y. Wu, Fl. Reipubl. Popularis Sin. 46: 291 (1981).

广东、广西；菲律宾、马来西亚、印度尼西亚。

心叶山香圆

●**Turpinia subsessilifolia** C. Y. Wu in S. Y. Jin, Cat. Type Spec. Herb. China 625 (1994).

云南。

三叶山香圆

Turpinia ternata Nakai, J. Arnold Arbor. 5 (2): 78 (1924).

Dalrympelea pomifera Rox., Pl. Coromandel 3: 76 (1820); *Turpinia pomifera* Matsum., J. Coll. Sci. Imp. Univ. Tokyo 22: 98 (1906).

云南、台湾、广西；日本、越南、马来西亚、不丹、尼泊尔、印度。

150. 旌节花科 STACHYURACEAE
[1 属：7 种]

旌节花属 **Stachyurus** Siebold et Zucc.

中国旌节花（水凉子，萝卜药，旌节花）

●**Stachyurus chinensis** Franch., J. Bot. (Morot) 12 (17-18): 254 (1898).

Stachyurus praecox auct. non: Siebold et Zucc., Diels. Bot. Jahrb. 29: 475 (1900); *Stachyurus duclouxii* Pit., Mem. Sci. Soc. China 1: 176 (1924); *Stachyurus sigeyosii* Masam., Trans. Nat. Hist. Soc. Taiwan 28: 287 (1938); *Stachyurus chinensis* var. *cuspidatus* H. L. Li, Bull. Torrey Bot. Club. 70 (6): 627, f. 13 (1943); *Stachyurus chinensis* var. *latus* H. L. Li, Bull. Torrey Bot. Club. 70 (6): 627, f. 12 (1943); *Stachyurus caudatilimbus* C. Y. Wu et S. K. Chen, Acta Bot. Yunnan. 3 (2): 130, pl. 2 (1981); *Stachyurus chinensis* subsp. *cuspidatus* (H. L. Li) Y. C. Tang et Y. L. Cao, Acta Phytotax. Sin. 21 (3): 245 (1983); *Stachyurus chinensis* subsp. *latus* (H. L. Li) Y. C. Tang et Y. L. Cao, Acta Phytotax. Sin. 21 (3): 243 (1983).

河南、陕西、甘肃、安徽、浙江、江西、湖南、湖北、四川、重庆、贵州、云南、福建、台湾、广东、广西。

滇缅旌节花

Stachyurus cordatulus Merr., Brittonia 4: 122 (1941).

云南；缅甸。

西域旌节花（喜马山旌节花，通条树，空藤杆）

Stachyurus himalaicus Hook. f. et Thomson ex Benth. J. Proc. Linn. Soc., Bot. 5: 55 (1861).

Stachyurus himalaicus var. *alatipes* C. Y. Wu, Acta Bot. Yunnan. 3 (2): 133 (1981); *Stachyurus himalaicus* var. *dasyrachis* C. Y. Wu, Acta Bot. Yunnan. 3 (2): 133 (1981); *Stachyurus himalaicus* var. *microphyllus* C. Y. Wu, Acta Bot. Yunnan. 3 (2): 133 (1981); *Stachyurus chinensis* var. *brachystachyus* C. Y. Wu et S. K. Chen, Acta Bot. Yunnan. 3

(2): 132 (1981); *Stachyurus chinensis* subsp. *brachystachyus* (C. Y. Wu et S. K. Chen) Y. C. Tang et Y. L. Cao, Acta Phytotax. Sin. 21 (3): 246 (1983); *Stachyurus brachystachyus* (C. Y. Wu et S. K. Chen) Y. C. Tang et Y. L. Cao, Acta Bot. Yunnan. 10 (3): 349 (1988); *Stachyurus himalaius* subsp. *purpureus* Y. P. Zhu et Z. Y. Zhang, Acta Phytotax. Sin. 42 (5): 460, f. 1 (2004).

四川、云南、西藏；缅甸、不丹、尼泊尔、印度。

倒卵叶旌节花

●**Stachyurus obovatus** (Rehder) Hand.-Mazz., Oesterr. Bot. Z. 90: 118 (1941).

Stachyurus yunnanensis var. *obovatus* Rehder, J. Arnold Arbor. 11 (3): 165 (1930).

四川、重庆、贵州、云南。

凹叶旌节花

●**Stachyurus retusus** Y. C. Yang, Contr. Biol. Lab. Sci. Soc. China, Bot. Ser. 1 2: 105, pl. 6 (1939).

Stachyurus szechuanensis W. P. Fang, Icon. Pl. Omei. 2 (1), pl. 103 (1945).

四川、云南。

柳叶旌节花（木通花，通花，铁泡桐）

●**Stachyurus salicifolius** Franch., J. Bot. (Morot) 12 (17-18): 253 (1898).

Stachyurus salicifolius var. *lancifolius* C. Y. Wu, Acta Bot. Yunnan. 3 (2): 127 (1981); *Stachyurus salicifolius* subsp. *lancifolius* (C. Y. Wu) Y. C. Tang et Y. L. Cao, Acta Phytotax. Sin. 21 (3): 247 (1983).

四川、重庆、贵州、云南。

云南旌节花（滇旌节花，矩圆叶旌节花，长圆叶旌节花）

Stachyurus yunnanensis Franch., J. Bot. (Morot) 12 (17-18): 253 (1898).

Stachyurus yunnanensis var. *pedicellatus* Rehder, Pl. Wilson. 1 (2): 288 (1912); *Stachyurus esquirolii* H. Lév., Fl. Kouy-Tcheou 416 (1915); *Stachyurus oblongifolius* F. T. Wang et Ts., Tang, Acta Phytotax. Sin. 1 (3-4): 326 (1951); *Stachyurus callosus* C. Y. Wu, Acta Bot. Yunnan. 3 (2): 128, f. 1 (1981).

湖南、湖北、四川、重庆、贵州、云南、广东、广西；越南。

151. 熏倒牛科 BIEBERSTEINIACEAE [1 属：3 种]

熏倒牛属 **Biebersteinia** Steph. ex Fisch.

熏倒牛（臭婆娘）

●**Biebersteinia heterostemon** Maxim., Mém. Acad. Imp. Sci. Saint Pétersbourg, sér. 7 11: 176 (1880).

宁夏、甘肃、青海、新疆、四川、西藏。

多裂熏倒牛

Biebersteinia multifida DC., Prodr. (DC.) 1: 708 (1824).

新疆；亚洲中部。

高山熏倒牛

Biebersteinia odora Stephan ex Fisch., Mém. Soc. Imp. Naturalistes Moscou 1: 89 (1806).

Biebersteinia emodii Jaub. et Spach, Ill. Pl. Orient. 2: 109 (1844).

新疆、西藏；蒙古国、印度、巴基斯坦、塔吉克斯坦、吉尔吉斯斯坦、哈萨克斯坦、克什米尔、俄罗斯。

152. 白刺科 NITRARIACEAE [2 属：8 种]

白刺属 **Nitraria** L.

帕米尔白刺

Nitraria pamirica L. I. Vassiljeva, Novosti Sist. Vyssh. Rast. 11: 341 (1974).

新疆；塔吉克斯坦、吉尔吉斯斯坦、哈萨克斯坦、乌兹别克斯坦、土库曼斯坦。

大白刺（齿叶白刺，罗氏白刺，毛瓣白刺）

Nitraria roborowskii Kom., Trudy Imp. S.-Peterburgsk. Bot. Sada 29 (1): 168 (1908).

Nitraria praevisa Bobrov, Bot. Journ. U. R. S. S. 50 (8): 1058 (1965).

内蒙古、陕西、宁夏、甘肃、青海、新疆；蒙古国、俄罗斯。

小果白刺（西伯利亚白刺，白刺）

Nitraria sibirica Pall., Fl. Ross. 1: 80 (1784).

吉林、辽宁、内蒙古、河北、山西、山东、陕西、宁夏、甘肃、青海、新疆；蒙古国、俄罗斯。

泡泡刺（球果白刺，膜果白刺）

Nitraria sphaerocarpa Maxim., Mélanges Biol. Bull. Phys.-Math. Acad. Imp. Sci. Saint-Pétersbourg 11: 657 (1883).

内蒙古、甘肃、新疆；蒙古国、哈萨克斯坦。

白刺（酸胖，唐古特白刺）

●**Nitraria tangutorum** Bobrov, Sovetsk. Bot. 14 (1): 19, 26 (1946).

内蒙古、河北、陕西、宁夏、甘肃、青海、新疆、西藏。

骆驼蓬属 **Peganum** L.

骆驼蓬

Peganum harmala L., Sp. Pl. 1 : 444 (1753).

内蒙古、宁夏、甘肃；蒙古国、巴基斯坦、阿富汗、塔吉克斯坦、吉尔吉斯斯坦、哈萨克斯坦、乌兹别克斯坦、土库曼斯坦、俄罗斯、亚洲西部、欧洲南部、非洲北部。

多裂骆驼蓬

●**Peganum multisectum** (Maxim.) Bobrov in Schischk. et Bobrov, Fl. U. R. S. S. 14: 149 (1949).

Peganum harmala var. *multisecta* Maxim., Fl. Tangut. 1: 103 (1889).

内蒙古、陕西、宁夏、甘肃、青海、新疆、西藏。

骆驼蒿（匐根骆驼蓬）

Peganum nigellastrum Bunge, Mém. Acad. Imp. Sci. St.-Pétersbourg Divers Savans 2: 87 (1835).

内蒙古、河北、山西、河南、陕西、宁夏、甘肃、新疆；蒙古国、俄罗斯。

153. 橄榄科 BURSERACEAE
[3 属：12 种]

橄榄属 **Canarium** L.

方榄（三角榄）

Canarium bengalense Roxb., Fl. Ind. 136 (1832).
云南、广西；老挝、缅甸、泰国、印度。

小叶榄

Canarium parvum Leenh., Blumea 9 (2): 408, 410, f. 26 (1959).
云南；越南。

乌榄木（威子，黑榄）

☆**Canarium pimela** K. D. Koenig, Ann. Bot. (König et Sims) 1(2): 361, pl. 7, f. 1 (1959).

Pimela nigra Lour., Fl. Cochinch., ed. 2 407 (1790); *Canarium tramdenum* C. D. Dai et Yakovlev, Bot. Zhurn. (Moscow et Leningrad) 70 (6): 784 (1985); *Canarium pimeloides* Govaerts, World Checklist Seed Pl. 3 (1): 12 (1999).

云南、广东、广西、海南；越南、老挝、柬埔寨。

滇榄（漾蕊，漾短）

Canarium strictum Roxb., Fl. Ind. 138 (1832).

Pimela stricta Blume, Ann. Mus. Bot. Lugduno-Batavi 1: 226 (1850); *Canarium sikkimense* King, J. Asiat. Soc. Bengal 62 (2): 187 (1894); *Canarium resiniferum* Brace ex King, J. Asiat. Soc. Bengal 62 (2): 188 (1894).

云南；缅甸、印度。

毛叶榄

Canarium subulatum Guillaumin, Bull. Soc. Bot. France 55: 613 (1908).

Pimela alba Lour., Fl. Cochinch., ed. 2 2: 408 (1790); *Canarium album* (Lour.) Raeusch., Nomencl. Bot., ed. 3 287 (1797); *Canarium vittatistipulatum* Guillaumin, Bull. Soc. Bot. France 55: 612 (1909); *Canarium thorelianum* Guillaumin, Bull. Soc. Bot. France 55: 614, t. 19, f. 4 (1909); *Canarium rotundifolium* Guillaumin, Bull. Soc. Bot. France 55: 614, t. 19,

f. 3 (1909); *Canarium kerrii* Craib, Bull. Misc. Inform. Kew (1): 26 (1911); *Canarium venosum* Craib, Bull. Misc. Inform. Kew (8): 341 (1926).

四川、贵州、云南、福建、台湾、广东、广西、海南；越南、老挝、泰国、柬埔寨。

越榄（黄榄，郎果）

☆**Canarium tonkinense** Engl., Nat. Pflanzenfam. Nachtr. 3 (4):240 (1896).

Hearnia balansae C. DC., Bull. Herb. Boissier. 2: 580 (1894).
云南；越南。

白头树属 **Garuga** Roxb.

多花白头树（八角楠）

Garuga floribunda var. **gamblei** (King ex W. W. Sm.) Kalkman, Blumea 7 (2): 466, f. 3 b (1953).

Garuga gamblei King ex W. W. Sm., Rec. Bot. Surv. India 4 (5): 262 (1911).

云南、广东、广西、海南；不丹、印度、孟加拉国。

白头树

●**Garuga forrestii** W. W. Sm., Notes Roy. Bot. Gard. Edinburgh 13 (63-64): 162 (1921).

Garuga yunnanensis Hu, Bull. Fan Mem. Inst. Biol. Bot. 7: 212 (1936).

四川、云南。

光叶白头树

Garuga pierrei Guillaumin, Rev. Gén. Bot. 19: 164 (1907).

Garuga pinnata var. *pierrei* (Guill.) Gretzoiu, Acta Fauna Fl. Universali, Ser. 2, Bot. 1 (9): 6 (1936).

云南；越南、泰国、柬埔寨。

羽叶白头树（外项木）

Garuga pinnata Roxb., Pl. Coromandel 3: 5, t. 208 (1811).
四川、云南、广西；越南、老挝、缅甸、泰国、柬埔寨、印度、孟加拉国。

马蹄果属 **Protium** Burm. f.

马蹄果

Protium serratum (Wall. ex Colebr.) Engl., Monogr. Phan. 4: 88 (1883).

Bursera serrata Wall. ex Colebr., Trans. Linn. Soc. London 15: 361, t. 4 (1827).

云南；越南、老挝、缅甸、泰国、柬埔寨、不丹、印度。

滇马蹄果

●**Protium yunnanense** (Hu) Kalkman, Blumea 7 (3): 546 (1954).

Santiria yunnanensis Hu, Bull. Fan Mem. Inst. Biol. Bot. ser. 10 3 : 129 (1940).

云南。

154. 漆树科 ANACARDIACEAE
[17 属：59 种]

腰果属 Anacardium (L.) Rottb.

腰果（鸡腰果，槚如树）

☆**Anacardium occidentale** L., Sp. Pl. 1: 383 (1753).
云南、福建、台湾、广东、广西；原产于热带美洲。

山楮子属 Buchanania Spreng.

山楮子

Buchanania arborescens (Blume) Blume, Mus. Bot. 1: 183 (1850).
Coniogeton arborescens Blume, Bijdr. Fl. Ned. Ind. 17: 1156 (1826); *Buchanania florida* Schauer, Nov. Actorum Acad. Caes. Leop.-Carol. Nat. Cur. (Suppl. 1): 481 (1843); *Buchanania florida* var. *arborescens* Pierre, Fl. Forest. Cochinch. 5, t. 381 (1898); *Buchanania florida* var. *dongnaiensis* Pierre, Fl. Forest. Cochinch. 5, t. 372 B (1898).
台湾；菲律宾、越南、老挝、缅甸、泰国、柬埔寨、印度尼西亚、印度、巴布亚新几内亚、热带澳大利亚、太平洋岛屿。

豆腐果（天干果）

Buchanania latifolia Roxb., Fl. Ind. 2: 385 (1832).
云南、海南；越南、老挝、缅甸、泰国、马来西亚、新加坡、尼泊尔、印度。

小叶山楮子（山马耳，赤南）

Buchanania microphylla Engl., Monogr. Phan. 4: 185 (1883).
海南；菲律宾。

云南山楮子

●**Buchanania yunnanensis** C. Y. Wu, Fl. Yunnan. 2: 364, pl. 112, f. 4-6 (1979).
云南。

南酸枣属 Choerospondias B. L. Burtt et A. W. Hill

南酸枣（山枣，山桉果，五眼果）

Choerospondias axillaris (Roxb.) B. L. Burtt et A. W. Hill, Ann. Bot., n. s. 1: 254 (1937).
甘肃、安徽、浙江、江西、湖南、湖北、四川、贵州、云南、西藏、福建、台湾、广东、广西；日本、越南、老挝、泰国、柬埔寨、不丹、尼泊尔、印度。

南酸枣（原变种）

Choerospondias axillaris var. **axillaris**
Spondias axillaris Roxb., Fl. Ind. 2: 453 (1832); *Spondias lutea* Engl., Monogr. Phan. 4: 244 (1883); *Poupartia fordii* Hemsl., Hooker's Icon. Pl. 26 (3), t. 2557 (1898); *Poupartia axillaris* King et Prain, Ann. Roy. Bot. Gard. (Calcutta) 9 (1): 20 (1901); *Rhus bodinieri* H. Lév., Feddes Repert. Spec. Nov. Regni Veg. 10 (260-262): 437 (1912).
甘肃、安徽、浙江、江西、湖南、湖北、贵州、云南、西藏、福建、台湾、广东、广西；日本、越南、老挝、泰国、柬埔寨、印度。

毛脉南酸枣

●**Choerospondias axillaris** var. **pubinervis** (Rehder et E. H. Wilson) B. L. Burtt et A. W. Hill, Ann. Bot. (Oxford) n. s. Oxford. 1: 254 (1937).
Spondias axillaris var. *pubinervis* Rehder et E. H. Wilson, Pl. Wilson. 2 (1): 173 (1914).
甘肃、湖南、湖北、四川、贵州。

黄栌属 Cotinus Miller

黄栌

Cotinus coggygria Scop., Fl. Carniol., ed. 2 1: 220 (1771).
Rhus cotinus L., Sp. Pl. 1: 267 (1753).
河北、山西、山东、河南、陕西、甘肃、江苏、浙江、湖北、四川、贵州、云南；尼泊尔、印度、巴基斯坦、亚洲西南部、欧洲。

城口黄栌

●**Cotinus coggygria** var. **chengkouensis** Y. T. Wu, Fl. Sichuan. 4: 119 (1988).
重庆。

灰毛黄栌（红叶，黄栌）

Cotinus coggygria var. **cinerea** Engl., Bot. Jahrb. Syst. 1 (4): 403 (1881).
Cotinus cinerea F. A. Barkley, Lilloa 23: 253 (1950).
河北、山东、河南、湖北、四川；亚洲西南部、欧洲。

粉背黄栌（柔毛黄栌）

●**Cotinus coggygria** var. **glaucophylla** C. Y. Wu, Fl. Yunnan. 2: 386 (1979).
Cotinus coggygria var. *laevis* (Wall. ex G. Don) Engl., Bot. Jahrb. Syst. 1: 403 (1881); *Cotinus coggygria* var. *pubescens* Engl., Bot. Jahrb. Syst. 1 (4): 403 (1881).
山西、山东、河南、陕西、甘肃、江苏、浙江、湖北、四川、贵州、云南；亚洲西南部、欧洲。

矮黄栌

●**Cotinus nana** W. W. Sm., Notes Roy. Bot. Gard. Edinburgh 9 (42): 101 (1916).
云南。

四川黄栌

●**Cotinus szechuanensis** Pénzes, Acta Bot. Sin. 7 (3): 169, pl. 4, f. 9 (1958).

四川。

九子母属 **Dobinea** Buch.-Ham. ex D. Don

羊角天麻（大九股牛，九子不离母）

●**Dobinea delavayi** (Baill.) Baill., Bull. Mens. Soc. Linn. Paris 2 (105): 834 (1890).

Podoon delavayi Baill., Bull. Mens. Soc. Linn. Paris 1 (86): 681 (1887).

四川、云南。

九子母

Dobinea vulgaris Buch.-Ham. ex D. Don, Prodr. Fl. Nepal. 249 (1825).

云南、西藏；不丹、尼泊尔、印度。

人面子属 **Dracontomelon** Blume

人面子（人面树，银莲果）

☆**Dracontomelon duperreanum** Pierre, Fl. Forest. Cochinch. 5, t. 374 (1898).

Dracontomelon mangiferum Blume, Mus. Bot. 1: 231 (1850); *Dracontomelon sinense* Stapf, Hooker's Icon. Pl. 27 (2), t. 2641 (1900); *Dracontomelon dao* (Blanco) Merr., Merr. et Rolfe, Philipp. J. Sci. 3: 108 (1908).

云南、广东、广西；越南。

大果人面子

●**Dracontomelon macrocarpum** H. L. Li, J. Arnold Arbor. 25 (3): 306 (1944).

云南。

辛果漆属 **Drimycarpus** Hook. f.

大果辛果漆

●**Drimycarpus anacardiifolius** C. Y. Wu et T. L. Ming, Fl. Yunnan. 2: 413, pl. 124, f. 7 (1979).

云南。

辛果漆

Drimycarpus racemosus (Roxb.) Hook. f. in Bentham et Hook. f., Gen. Pl. 1: 424 (1862).

Holigarna racemosa Roxb., Fl. Ind. 2: 82 (1832).

云南；越南、缅甸、不丹、尼泊尔、印度。

单叶槟榔青属 **Haplospondias** Kosterm.

单叶槟榔青

Haplospondias haplophylla (Airy Shaw et Forman) Kosterm., Kedondong Ambarella Asia et Pacific. 10: 100 (1991).

Spondias haplophylla Airy Shaw et Forman, Kew Bull. 21 (1): 17, f. 3 (1967); *Bouea brandisiana* Kurz., J. Asiat. Soc. Bengal 40 (1871).

云南；缅甸。

厚皮树属 **Lannea** A. Rich.

厚皮树（十八拉文公，蜜中，脱皮麻）

Lannea coromandelica (Houtt.) Merr., J. Arnold Arbor. 19 (4): 353 (1938).

Dialium coromandelicum Houtt., Nat. Hist. 2 (2): 39, t. 5, f. 2 (1774); *Odina pinnata* Rotte, Ges. Naturf. Freunde Berlin Neue Schriften 4: 209 (1803); *Haberlia grandis* Dennst., Schlüssel Hortus Malab. 30 (1818); *Odina wodier* Roxb., Fl. Ind. 2: 293 (1832); *Calesium grande* (Dennst.) Kuntze, Revis. Gen. Pl. 1: 151 (1891); *Lannea grandis* (Dennst.) Engl., Nat. Pflanzenfam. 1: 213 (1897); *Rhus odina* Buch.-Ham. ex Wall., Numer. List n. 8475 (1928); *Lannea wodier* (Roxb.) Adelb., Blumea 6 (1): 326 (1948).

云南、广东、广西；缅甸、不丹、尼泊尔、印度、斯里兰卡；广泛栽培于亚洲东南部。

杧果属 **Mangifera** L.

杧果（密望，望果）

☆**Mangifera indica** L., Sp. Pl. 1: 200 (1753).

Mangifera austro-yunnanensis Hu, Bull. Fan Mem. Inst. Biol. Bot. 10: 160 (1940).

云南、福建、台湾、广东、广西；原产于亚洲东南部，栽培于世界热带。

长梗杧果

Mangifera laurina Blume, Mus. Bot. 1: 195 (1850).

Mangifera longipes Griff., Not. Pl. Asiat. 4: 419 (1854).

云南；菲律宾、柬埔寨、马来西亚、新加坡、印度尼西亚。

扁桃（唛咖，酸果，天桃木）

●☆**Mangifera persiciforma** C. Y. Wu et T. L. Ming, Fl. Yunnan. 2: 368, pl. 113, 1-5 (1979).

Mangifera hiemalis J. Y. Liang, Guihaia 3 (3): 200 (1983).

贵州、云南、西藏、广西。

泰国杧果

Mangifera siamensis Warb. ex Craib, Bot. Tidsskr. 32: 330 (1915).

云南；泰国。

林生杧果

Mangifera sylvatica Roxb., Fl. Ind. 2: 438 (1824).

云南；缅甸、泰国、柬埔寨、不丹、印度、孟加拉国。

藤漆属 **Pegia** Colebr.

藤漆

Pegia nitida Colebr., Trans. Linn. Soc. London 15 (2): 364 (1827).

Robergia hirsuta Roxb., Fl. Ind. 2: 455 (1832); *Phlebochiton extensum* Wall., Trans. Med. Soc. Calcutta 7: 231 (1835); *Tapirira hirsuta* (Roxb.) Hook. f., Gen. Pl. 1: 423 (1862);

Tapiria extensa (Wall.) Hook. f. ex March., Rev. Anacardiac. 162 (1869); *Tapiria hirsuta* (Roxb.) Hu, J. Arnold Arbor. 5 (1): 229 (1924).

贵州、云南、广西；缅甸、泰国、不丹、尼泊尔、印度。

利黄藤（泌脂藤，脉果漆）

Pegia sarmentosa (Lecomte) Hand.-Mazz., Sinensia 3: 187 (1933).

Phlebochiton sarmentosum Lecomte, Bull. Soc. Bot. France 54: 528 (1907); *Pegia bijuga* Hand.-Mazz., Sinensia 3 (8): 186 (1933); *Phlebochiton sinense* Diels, Sunyatsenia 1 (2-3): 123 (1933).

贵州、云南、广东、广西；越南、老挝、泰国、柬埔寨、马来西亚、印度尼西亚。

黄连木属 Pistacia L.

黄连木（木黄连，鸡冠木，黄连茶）

● ☆**Pistacia chinensis** Bunge, Enum. Pl. Chin. Bor. 15 (1833).
Pistacia formosana Matsum., Bot. Mag. 15 (169): 40 (1901); *Pistacia chinensis* f. *latifoliolata* Loes., Bot. Jahrb. Syst. 34 (1, Beibl. 75): 49 (1904); *Pistacia philippinensis* Merr. et Rolfe, Philipp. J. Sci. 3 (3): 107 (1908); *Rhus gummifera* H. Lév., Repert. Spec. Nov. Regni Veg. 10 (263-265): 474 (1912); *Rhus argyi* H. Lév., Mem. Real Acad. Ci. Barcelona 3 (12): 562 (1916).

河北、山西、山东、河南、陕西、甘肃、安徽、江苏、浙江、江西、湖南、湖北、四川、贵州、云南、西藏、福建、台湾、广东、广西、海南。

阿月浑子（开心果）

☆**Pistacia vera** L., Sp. Pl. 2: 1025 (1753).
新疆；中东、欧洲。

清香木（对节皮，昆明乌木，细叶楷木）

☆**Pistacia weinmannifolia** J. Poiss. ex Franch., Bull. Soc. Bot. France 33: 467 (1886).
Pistacia coccinea Collett et Hemsl., J. Linn. Soc., Bot. 28 (189-191): 36 (1890).

四川、贵州、云南、西藏、广西；缅甸。

盐麸木属 Rhus L.

盐肤木

Rhus chinensis Mill., Gard. Dict., ed. 8 no. 7 (1768).
Schinus indicus Burm. f., Fl. Ind. 315 (1768); *Rhus semialata* Murray, Commentat. Soc. Regiae Sci. Gott. 6: 27 (1784); *Rhus semialata* var. *osbeckii* DC., Prodr. (DC.) 2: 67 (1825); *Rhus osbeckii* Decne. ex Steud., Nomencl. Bot., ed. 2 2: 452 (1841).

除黑龙江、吉林、辽宁外，中国广布；日本、朝鲜、越南、老挝、泰国、柬埔寨、马来西亚、新加坡、印度尼西亚、不丹、印度。

盐麸木（原变种）

Rhus chinensis var. **chinensis**

除黑龙江、吉林、辽宁外，中国广布；日本、朝鲜、越南、老挝、泰国、柬埔寨、马来西亚、新加坡、印度尼西亚、不丹、印度。

光枝盐肤木

●**Rhus chinensis** var. **glabra** S. B. Liang, Bull. Bot. Res., Harbin 2 (4): 156 (1982).
山东。

滨盐肤木

●**Rhus chinensis** var. **roxburghii** (DC.) Rehder, J. Arnold Arbor. 20 (4): 416 (1939).
Rhus semialata var. *roxburghii* DC., Prodr. (DC.) 2: 67 (1825); *Rhus roxburghii* Decne. ex Steud., Nomencl. Bot., ed. 2 452 (1841); *Rhus semialata* Murray f. *exalata* Franch., Bull. Soc. Bot. France 33: 466 (1886); *Rhus javanica* var. *roxburghii* (DC.) Rehder et E. H. Wilson, Pl. Wilson. 2 (1): 179 (1914).

江西、湖南、四川、贵州、云南、台湾、广东、广西、海南。

白背麸杨

●**Rhus hypoleuca** Champ. ex Benth., Hooker's J. Bot. Kew Gard. Misc. 4: 43 (1852).
湖南、福建、台湾、广东。

髯毛白背麸杨

●**Rhus hypoleuca** var. **barbata** Z. X. Yu et Q. G. Zhang, Bull. Bot. Res., Harbin 3 (2): 156 (1983).
江西。

青麸杨（五倍子，倍子树）

●**Rhus potaninii** Maxim., Trudy Imp. S.-Peterburgsk. Bot. Sada 11 (1): 110 (1889).
Rhus henryi Diels, Bot. Jahrb. Syst. 29 (3-4): 432 (1900).
山西、河南、陕西、甘肃、四川、云南。

毛叶麸杨

Rhus punjabensis var. **pilosa** Engl., Monogr. Phan. 4: 378 (1883).
四川、云南、西藏；印度、克什米尔。

红麸杨（漆倍子，倍子树，旱倍子）

●**Rhus punjabensis** var. **sinica** (Diels) Rehder et E. H. Wilson, Pl. Wilson. 2 (1): 176 (1914).
Rhus sinica Diels, Bot. Jahrb. Syst. 29: 432 (1900); *Rhus esquirolii* H. Lév., Repert. Spec. Nov. Regni Veg. 12 (317-321): 181 (1913); *Rhus mairei* H. Lév., Sert. Yunnan. 2 (1916).
陕西、甘肃、湖南、湖北、四川、贵州、云南、西藏。

泰山盐肤木

●**Rhus taishanensis** S. B. Liang, Bull. Bot. Res., Harbin 2 (4): 155, f. 1 (1982).

山东（泰山）。

滇麸杨
●**Rhus teniana** Hand.-Mazz., Symb. Sin. 7 (3): 637 (1933).
云南。

火炬树
☆**Rhus typhina** L., Cent. Pl. 2: 14 (1756).
河北、山西、山东、河南、西北地区及长江流域；北美洲。

川麸杨
●**Rhus wilsonii** Hemsl., Bull. Misc. Inform. Kew (5): 155 (1906).
四川、云南。

无毛川肤杨
●**Rhus wilsonii** var. **glabra** Y. T. Wu, Fl. Sichuan. 4: 135 (1988).
四川。

肉托果属　**Semecarpus** L. f.

钝叶肉托果
Semecarpus cuneiformis Blanco, Fl. Filip. 220 (1837).
Semecarpus ridleyi Merr., Webbia 7: 317 (1850); *Semecarpus perrottetii* Marchand, Rev. Anacard. 169 (1869); *Semecarpus philippinensis* Engl., Monogr. Phan. 4: 481 (1883); *Semecarpus elmeri* Perkins, Fragm. Fl. Philipp. 26 (1904); *Semecarpus merrillianus* Perkins, Fragm. Fl. Philipp. 27 (1904); *Semecarpus micranthus* Perkins, Fragm. Fl. Philipp. 27 (1904); *Semecarpus taftianus* Perkins, Fragm. Fl. Philipp. 28 (1904); *Semecarpus megabotrys* Merr., Philipp. J. Sci., C7: 285 (1912); *Semecarpus obtusifolius* Merr., Philipp. J. Sci., C7: 286 (1912); *Semecarpus pilosus* Merr., Philipp. J. Sci., C7: 287 (1912); *Semecarpus whitfordii* Merr., Philipp. J. Sci., C7: 288 (1912); *Semecarpus ferrugineus* Merr., Philipp. J. Sci. 14: 412 (1919); *Semecarpus thyrsoideus* Elmer, Leafl. Philipp. Bot. 9: 3179 (1934).
台湾；菲律宾、印度尼西亚。

大叶肉托果
Semecarpus longifolius Blume, Mus. Bot. 1: 188 (1850).
Buchanania halmaheirae Miq., Ann. Mus. Bot. Lugduno-Batavi 4: 117 (1869); *Semecarpus subracemosa* Kurz., J. Asiat. Soc. Bengal, Pt. 2, Nat. Hist. 41: 304 (1872); *Semecarpus gigantifolius* Vidal, Syn. Atlas. 22, t. 36, f. A (1883); *Semecarpus euphlebius* Merr., Philipp. J. Sci., C7: 284 (1912); *Semecarpus lanceolatus* Merr., Philipp. J. Sci., C7: 284 (1912); *Semecarpus vernicifera* Hayata et Kawak., Icon. Pl. Formosan. 2: 108 (1912); *Semecarpus testaceus* Elmer, Leafl. Philipp. Bot. 10: 3682 (1939).
台湾；菲律宾、印度尼西亚。

小果肉托果
Semecarpus microcarpus Wall. ex Hook., Fl. Brit. Ind 2 (4): 31 (1876).
云南；缅甸。

网脉肉托果
Semecarpus reticulatus Lecomte, Bull. Soc. Bot. France 54: 610 (1907).
云南；越南、老挝、泰国。

槟榔青属　**Spondias** L.

岭南酸枣（假酸枣）
☆**Spondias lakonensis** Pierre, Fl. Forest. Cochinch. 5, t. 375 (1898).
云南、福建、广东、广西、海南；越南、老挝、泰国。

岭南酸枣（原变种）
Spondias lakonensis var. **lakonensis**
Allospondias lakonensis (Pierre) Stapf, Hooker's Icon. Pl. 27 (3), t. 2667 (1900); *Poupartia chinensis* Merr., Philipp. J. Sci. 15 (3): 245 (1919); *Spondias chinensis* (Merr.) F. P. Metcalf, J. Arnold Arbor. 12 (4): 270 (1931).
福建、广东、广西、海南；越南、老挝、泰国。

毛叶岭南酸枣
●**Spondias lakonensis** var. **hirsuta** C. Y. Wu et T. L. Ming, Fl. Yunnan. 2: 374, pl. 114, f. 3-6 (1979).
云南。

槟榔青（木个，外木个）
Spondias pinnata (L. f.) Kurz., Prelim. Rep. Forest Pegu Append. A. 44, app. B. 42 (1875).
Mangifera pinnata L. f., Suppl. Pl. 156 (1782); *Spondias mangifera* Willd. in Willdenow, Sp. Pl., ed. 4 2 (1): 751 (1799); *Spondias acuminata* Roxb., Fl. Ind. 2: 453 (1832); *Poupartia pinnata* (L. f.) Blanco, Fl. Filip. 393 (1837); *Tetrastigma megalocarpum* W. T. Wang, Acta Phytotax. Sin. 17 (3): 82, pl. 1, f. 6 (1979); *Spondias bivenomarginalis* K. M. Feng et P. Y. Mao, Acta Bot. Yunnan. 6 (1): 71, pl. 4 (1984).
云南、广西、海南；可能原产于菲律宾、印度尼西亚，广泛栽培并归化于亚洲东南部。

三叶漆属　**Terminthia** Bernh.

三叶漆
Terminthia paniculata (Wall. ex G. Don) C. Y. Wu et T. L. Ming, Fl. Yunnan. 2: 408 (1979).
Rhus paniculata Wall. ex G. Don, Gen. Hist. 2: 73 (1832); *Toxicodendron paniculatum* (Wall. ex G. Don) Kuntze, Revis. Gen. Pl. 1: 154 (1891).
云南；缅甸、不丹、印度北部。

漆树属　**Toxicodendron** Miller

尖叶漆
Toxicodendron acuminatum (DC.) C. Y. Wu et T. L. Ming,

Fl. Reipubl. Popularis Sin. 45 (1): 119, pl. 31, f. 4-5 (1980).
Rhus acuminata DC., Prodr. 2: 68 (1825); *Rhus succedanea* var. *acuminata* (DC.) Hook. f., Fl. Brit. Ind 2 (4): 12 (1876); *Toxicodendron caudatum* C. C. Huang ex T. L. Ming, Fl. Yunnan. 2: 400, pl. 120, f. 4-5 (1979); *Toxicodendron succedaneum* var. *acuminatum* (DC.) C. Y. Wu et T. L. Ming, Fl. Yunnan. 2: 403 (1979).
云南、西藏；不丹、尼泊尔、印度、克什米尔。

石山漆

●**Toxicodendron calcicola** C. Y. Wu, Fl. Yunnan. 2: 405, pl. 122, 1 (1979).
云南。

小漆树（山漆树）

●**Toxicodendron delavayi** (Franch.) F. A. Barkley, Amer. Midl. Naturalist 24: 680 (1940).
四川、云南。

小漆树（原变种）

●**Toxicodendron delavayi** var. **delavayi**
Rhus delavayi Franch., Bull. Soc. Bot. France 33: 466 (1886).
四川、云南。

狭叶小漆树

●**Toxicodendron delavayi** var. **augustifolium** C. Y. Wu, Fl. Yunnan. 2: 407 (1979).
四川、云南。

多叶小漆树

●**Toxicodendron delavayi** var. **quinquejugum** (Rehder et E. H. Wilson) C. Y. Wu et T. L. Ming, Fl. Reipubl. Popularis Sin. 45 (1): 124 (1980).
Rhus delavayi var. *quinquejuga* Rehder et E. H. Wilson, Pl. Wilson. 2 (1): 184 (1914).
四川、云南。

黄毛漆

Toxicodendron fulvum (Craib) C. Y. Wu et T. L. Ming, Fl. Yunnan. 2: 394 (1979).
Rhus fulva Craib, Bull. Misc. Inform. Kew (8): 361 (1926).
云南；泰国。

大花漆

Toxicodendron grandiflorum C. Y. Wu et T. L. Ming, Fl. Yunnan. 2: 404, pl. 121, f. 5-9 (1979).
四川、云南。

大花漆（原变种）

Toxicodendron grandiflorum var. **grandiflorum**
四川、云南。

长梗大花漆

●**Toxicodendron grandiflorum** var. **longipes** (Franch.) C. Y. Wu et T. L. Ming, Fl. Yunnan. 2: 405 (1979).

Rhus succedanea var. *longipes* Franch., Pl. Delavay. 2: 148 (1889).
四川、云南。

裂果漆

Toxicodendron griffithii (Hook. f.) Kuntze, Revis. Gen. Pl. 1: 153 (1891).
贵州、云南；印度。

裂果漆（原变种）

Toxicodendron griffithii var. **griffithii**
Rhus griffithii Hook. f., Fl. Brit. Ind. 2 (4): 12 (1876).
贵州、云南；印度。

镇康裂果漆

●**Toxicodendron griffithii** var. **barbatum** C. Y. Wu et T. L. Ming, Fl. Yunnan. 2: 397 (1979).
云南。

小果裂果漆

●**Toxicodendron griffithii** var. **microcarpum** C. Y. Wu et T. L. Ming, Fl. Yunnan. 2: 397 (1979).
云南。

硬毛漆

●**Toxicodendron hirtellum** C. Y. Wu, Fl. Reipubl. Popularis Sin. 45 (1): 113 (Addenda), pl. 32, f. 4-6 (1980).
四川。

小果大叶漆

●**Toxicodendron hookeri** var. **microcarpum** (C. C. Huang ex T. L. Ming) C. Y. Wu et T. L. Ming, Fl. Reipubl. Popularis Sin. 45 (1): 110, t. 30, f. 2-3 (1980).
Toxicodendron insigne var. *microcarpum* C. C. Huang ex T. L. Ming, Fl. Yunnan. 2: 395, pl. 119, 2-3 (1979).
云南、西藏。

五叶漆

●**Toxicodendron quinquefoliolatum** Q. H. Chen, Acta Bot. Yunnan. 7 (4): 415, pl. 2 (1985).
贵州。

刺果毒漆藤（野葛）

●**Toxicodendron radicans** subsp. **hispidum** (Engl.) Gillis, Rhodora 73 (794): 213 (1971).
Rhus toxicodendron var. *hispida* Engl., Bot. Jahrb. Syst. 29: 433 (1900); *Rhus intermedia* Hayata., J. Coll. Agric. Imp. Univ. Tokyo 25 (19): 73 (1908).
湖南、湖北、四川、贵州、云南、台湾。

喙果漆

●**Toxicodendron rostratum** T. L. Ming et Z. F. Chen, Acta Bot. Yunnan. 16 (4): 347, f. 1 (1994).
云南。

野漆（大木漆，山漆树，檫仔漆）

Toxicodendron succedaneum (L.) Kuntze, Revis. Gen. Pl. 1:

154 (1891).

河北、山西、山东、河南、陕西、宁夏、甘肃、青海、安徽、江苏、浙江、江西、湖南、湖北、四川、重庆、贵州、云南、西藏、福建、台湾、广东、广西、海南；日本、朝鲜、越南、老挝、泰国、柬埔寨、印度。

野漆（原变种）

Toxicodendron succedaneum var. **succedaneum**

Rhus succedanea L., Mant. Pl. 2: 221 (1771); *Augia sinensis* Lour., Fl. Cochinch., ed. 2 1: 337 (1790); *Rhus succedanea* var. *japonica* Engl., Monogr. Phan. 4: 339 (1883).

河北、山西、山东、河南、陕西、宁夏、甘肃、青海、安徽、江苏、浙江、江西、湖南、湖北、四川、重庆、贵州、云南、西藏、福建、台湾、广东、广西、海南；日本、朝鲜、越南、老挝、泰国、柬埔寨、印度。

江西野漆

● **Toxicodendron succedaneum** var. **kiangsiense** C. Y. Wu, Fl. Reipubl. Popularis Sin. 45 (1): 121, 140 (Addenda), pl. 32, f. 1-3 (1980).

江西。

小叶野漆

● **Toxicodendron succedaneum** var. **microphyllum** C. Y. Wu et T. L. Ming, Fl. Reipubl. Popularis Sin. 45 (1): 140 (1980).

广西。

毛轴野漆

● **Toxicodendron succedaneum** var. **trichorachis** Z. F. Chen, Acta Bot. Yunnan. 14 (2): 150 (1992).

云南。

木蜡树（七月倍，山漆树，野毛漆）

Toxicodendron sylvestre (Siebold et Zucc.) Kuntze, Rev. Gén. Bot. Pl. 154 (1891).

Rhus sylvestris Siebold et Zucc., Abh. Bayer. Akad. Wiss., Math.-Naturwiss. Kl. 4 (3): 140 (1846).

安徽、江苏、浙江、江西、湖南、湖北、四川、贵州、云南、福建、台湾、广东、广西；日本、朝鲜。

毛漆树

Toxicodendron trichocarpum (Miq.) Kuntze, Revis. Gen. Pl. 1: 154 (1891).

Rhus trichocarpa Miq., Ann. Mus. Bot. Lugduno-Batavi 2: 84 (1866); *Rhus echinocarpa* H. Lév., Feddes Repert. Spec. Nov. Regni Veg. 10 (263-265): 475 (1912).

安徽、浙江、江西、湖南、湖北、贵州、福建；日本、朝鲜。

漆（小木漆，山漆，漆树）

Toxicodendron vernicifluum (Stokes) F. A. Barkley, Amer. Midl. Naturalist 24: 680 (1940).

Rhus verniciflua Stokes, Bot. Mat. Med. 2: 164 (1812); *Rhus vernix* L., Sp. Pl. 1: 265 (1753); *Rhus vernicifera* DC., Prodr. 2:

68 (1825); *Rhus succedanea* var. *himalaica* Hook. f., Fl. Brit. Ind. 2 (4): 12 (1876); *Rhus succedanea* var. *silvestrii* Pamp., Nuovo Giorn. Bot. Ital. 17: 416 (1910); *Toxicodendron verniciferum* (DC.) E. A. Barkley et F. A. Barkley, Ann. Missouri Bot. Gard. 24 (2): 263 (1937).

辽宁、河北、山西、山东、河南、陕西、甘肃、安徽、江苏、浙江、江西、湖南、湖北、四川、贵州、云南、西藏、福建、广东、广西；日本、朝鲜、印度。

陕西漆树

● **Toxicodendron vernicifluum** var. **shaanxiense** J. Z. Zhang et Z. Y. Shang, Acta Bot. Boreal.-Occid. Sin. 5 (4): 314, f. 1 (1985).

陕西。

绒毛漆

Toxicodendron wallichii (Hook. f.) Kuntze, Revis. Gen. Pl. 1: 154 (1891).

Rhus wallichii Hook. f., Fl. Brit. Ind. 2 (4): 11 (1876); *Rhus vernicifera* DC., Prodr. 2: 68 (1825); *Rhus juglandifolia* Wall., Numer. List 996 (1828).

西藏；尼泊尔、印度。

小果绒毛漆

● **Toxicodendron wallichii** var. **microcarpum** C. C. Huang ex T. L. Ming, Fl. Yunnan. 2: 394, pl. 119, f. 1 (1979).

云南、西藏、广西。

云南漆

● **Toxicodendron yunnanense** C. Y. Wu, Fl. Yunnan. 2: 401, pl. 121, f. 1-4 (1979).

云南。

云南漆（原变种）

● **Toxicodendron yunnanense** var. **yunnanense**

云南。

长序云南漆

● **Toxicodendron yunnanense** var. **longipaniculatum** C. Y. Wu et T. L. Ming, Fl. Reipubl. Popularis Sin. 45 (1): 115, 140 (Addenda), pl. 34, f. 1-3 (1980).

四川、云南。

155. 无患子科 SAPINDACEAE
[25 属：159 种]

槭属 Acer L.

锐角枫

● **Acer acutum** W. P. Fang, Contr. Biol. Lab. Sci. Soc. China, Bot. Ser. 8: 164 (1932).

Acer acutum var. *quinquefidum* W. P. Fang, Contr. Biol. Lab. Chin. Assoc. Advancem. Sci., Sect. Bot. 7 (6): 164 (1932); *Acer acutum* var. *tientungense* W. P. Fang et M. Y. Fang, Acta Phytotax. Sin. 11 (2): 146 (1966).

河南、安徽、浙江、江西。

紫白枫

● **Acer albopurpurascens** Hayata, J. Coll. Sci. Imp. Univ. Tokyo 30 (1): 64 (1911).

Acer litsaifolium Hayata, Icon. Pl. Formosan. 3: 66, t. 14 B (1913); *Acer hypoleucum* Hayata, Icon. Pl. Formosan. 3: 66, t. 14 C (1913).

台湾。

阔叶枫（高大槭，黄枝槭，马蹄槭）

☆ **Acer amplum** Rehder, Pl. Wilson. 1 (1): 86 (1911).

安徽、浙江、江西、湖南、湖北、四川、贵州、云南、福建、广东、广西；越南。

阔叶枫（原亚种）

Acer amplum subsp. **amplum**

Acer firmianioides W. C. Cheng ex W. P. Fang, J. Sci. Techn. China 2: 36 (1949); *Acer bodinieri* var. *convexum* W. P. Fang, Acta Phytotax. Sin. 11 (2): 148 (1966); *Acer cappadocicum* subsp. *amplum* (Rehder) A. E. Murray, Kalmia 8 (1): 3 (1977); *Acer catalpifolium* subsp. *xinganense* Rehder, Acta Phytotax. Sin. 17 (1): 67, pl. 10, f. 1 (1979); *Acer amplum* var. *convexum* (W. P. Fang) W. P. Fang, Acta Phytotax. Sin. 17 (1): 69 (1979); *Acer longipes* subsp. *amplum* (Rehder) P. C. DeJong, Maples of the World 218 (1994); *Acer longipes* subsp. *firmianoides* (W. C. Chen ex W. P. Fang) P. C. DeJong, Maples of the World 220 (1994).

安徽、浙江、江西、湖南、湖北、四川、贵州、云南、福建、广东、广西；越南。

建水阔叶枫

Acer amplum subsp. **bodinieri** (H. Lév.) Y. S. Chen, Fl. China 11: 519 (2008).

Acer bodinieri H. Lév., Repert. Spec. Nov. Regni Veg. 10 (260-262): 433 (1912); *Acer chapaense* Gagnep., Notul. Syst. (Paris) 13: 193 (1948); *Acer longipes* var. *hunanense* W. P. Fang et W. K. Hu, Acta Phytotax. Sin. 11 (2): 145 (1966); *Acer amplum* var. *Jianshuiense* W. P. Fang, Acta Phytotax. Sin. 17 (1): 68, pl. 9, f. 4 (1979); *Acer nayongense* var. *hunanense* (W. P. Fang et W. K. Hu) W. P. Fang et W. K. Hu, Acta Phytotax. Sin. 17 (1): 67 (1979); *Acer nayongense* W. P. Fang, Acta Phytotax. Sin. 17 (1): 67, pl. 9, f. 3 (1979); *Acer bodinieri* var. *nayongense* (W. P. Fang) Rushforth, Int. Dendrol. Soc. Yearbook 1998: 72 (1999).

湖南、贵州、云南、广西；越南。

梓叶枫

● **Acer amplum** subsp. **catalpifolium** (Rehder) Y. S. Chen, Fl. China 11: 519 (2008).

Acer catalpifolium Rehder in Sargent, Pl. Wilson. 1 (1): 87 (1911); *Acer cappadocicum* subsp. *catalpifolium* (Rehder) A. E. Murray, Kalmia 8 (1): 4 (1977); *Acer longipes* subsp. *catalpifolium* (Rehder) DeJong, Maples of the World 219

(1994).

四川、贵州、广西。

天台阔叶枫（天台高大槭，天台黄枝槭）

● **Acer amplum** subsp. **tientaiense** (C. K. Schneid.) Y. S. Chen, Fl. China 11: 518 (2008).

Acer longipes var. *tientaiense* C. K. Schneid., Ill. Handb. Laubholzk. 2: 224, f. 153 d-f (1907); *Acer amplum* var. *tientaiense* (Schneid.) Rehder, Pl. Wilson. 1 (1): 87 (1911); *Acer tientaiense* (C. K. Schneid.) Pojark., Trudy Bot. Inst. Akad. Nauk S. S. S. R. 1: 237 (1933).

浙江、江西、福建。

簇毛枫

Acer barbinerve Maxim. ex Miq., Arch. Neerl. 2: 476 (1867).

Acer diabolicum subsp. *barbinerve* (Maxim. ex Miq.) Wesm., Bull. Soc. Roy. Bot. Belgique 29: 63 (1890); *Acer barbinerve* var. *chanbaischanense* S. L. Tung, Bull. Bot. Res., Harbin 5 (1): 100, pl. 1, f. 2 (1985).

黑龙江、吉林、辽宁；朝鲜北部、俄罗斯东部。

三角枫

☆ **Acer buergerianum** Miq., Ann. Mus. Bot. Lugduno-Batavi 2: 88 (1865).

山东、河南、陕西、甘肃、安徽、江苏、浙江、江西、湖北、四川、贵州、福建、台湾、广东；日本。

三角枫（原变种）

Acer buergerianum var. **buergerianum**

Acer trifidum Hook. et Arn., Bot. Beechey Voy. 174 (1841); *Acer trifidum* var. *ningpoense* Hance, J. Bot. 11: 168 (1873); *Acer trinerve* Siesmayr, Gartenflora Zeitung 270 (1888); *Acer trifidum* f. *ningpoense* (Hance) Schwer., Gartenflora 42: 258 (1893); *Acer trifidum* f. *buergerianum* (Miq.) Schwer., Gartenflora 42: 258 (1893); *Acer paxii* var. *ningpoense* (Hance) Pax in Engler, Pflanzenr. IV. 163 (Heft 8): 11 (1902); *Acer buergerianum* var. *ningpoense* (Hance) Rehder, Trees et Shrubs 1 (4): 179 (1905); *Acer buergerianum* var. *trinerve* (Siesm.) Rehder, J. Arnold Arbor. 3: 217 (1922); *Acer lingii* W. P. Fang, Acta Phytotax. Sin. 11 (2): 165 (1966); *Acer ningpoense* (Hance) W. P. Fang, Acta Phytotax. Sin. 11 (2): 164 (1966); *Acer trialatum* L. L. Deng, K. Y. Wei et G. S. Fan, Acta Bot. Yunnan. 25 (2): 197, pl. 1 (2003).

山东、河南、陕西、甘肃、安徽、江苏、浙江、江西、湖北、四川、贵州、福建、台湾、广东；日本。

台湾三角枫

● **Acer buergerianum** var. **formosanum** (Hayata ex H. Lév.) Sasaki, List Pl. Formosa (Sasaki) 275 (1928).

Acer trifidum var. *formosanum* Hayata ex H. Lév., Bull. Soc. Bot. France 53: 593 (1906); *Acer buergerianum* subsp. *formosanum* (Hayata ex Koidz.) A. E. Murray et Lauener, Notes Roy. Bot. Gard. Edinburgh 27: 287 (1967).

台湾。

平翅三角枫

●**Acer buergerianum** var. **horizontale** F. P. Metcalf, Lingnan Sci. J. 20: 219, f. 2 (1942).
浙江。

九江三角枫

●**Acer buergerianum** var. **jiujiangense** Z. X. Yu, Acta Phytotax. Sin. 21 (4): 368, f. 1 (1983).
江西。

界山三角枫

●**Acer buergerianum** var. **kaiscianense** (Pamp.) W. P. Fang, Contr. Biol. Lab. Sci. Soc. China, Bot. Ser. 11: 127 (1939).
Acer trifidum var. *kaiscianensis* Pamp., Nuovo Giorn. Bot. Ital., new series. 18 (1): 127 (1911).
陕西、甘肃、湖北。

雁荡三角枫

●**Acer buergerianum** var. **yentangense** W. P. Fang et M. Y. Fang, Acta Phytotax. Sin. 11 (2): 164 (1966).
浙江。

深灰枫（粉白槭）

Acer caesium Wall. ex Brandis, Forest Fl. N. W. India 3: 111, t. 21 (1874).
Acer giraldii Pax in Engler, Pflanzenr. IV. 163 (Heft 8): 79 (1902); *Acer caesium* subsp. *giraldii* (Pax) A. E. Murray, Kalmia 1 (1): 1 (1969).
河南、陕西、宁夏、甘肃、湖北、四川、云南、西藏；尼泊尔、印度、巴基斯坦。

三裂枫

Acer calcaratum Gagnepain, Notul. Syst. (Paris) 13: 192 (1948).
云南；越南、缅甸、泰国。

藏南枫

Acer campbellii Hook. f. et Thomson ex Hiern, Fl. Brit. Ind. 1 (3): 696 (1875).
四川、云南、西藏；越南、缅甸、不丹、尼泊尔、印度。

藏南枫（原变种）

Acer campbellii var. **campbellii**
云南、西藏；越南、缅甸、不丹、尼泊尔、印度。

毛齿藏南枫（重齿藏南枫）

Acer campbellii var. **serratifolium** Banerji, J. Bombay Nat. Hist. Soc. 58 (1): 306 (1961).
Acer heptalobum Diels, Notizbl. Bot. Gart. Berlin-Dahlem 11 (103): 211 (1931).
云南、西藏；不丹、尼泊尔、印度。

小叶青皮槭（短翅青皮槭）

●**Acer cappadocicum** subsp. **sinicum** (Rehder) Hand.-Mazz.,

Symb. Sin. 7: 640 (1933).
Acer cappadocicum var. *sinicum* Rehder in Sargent, Pl. Wilson. 1: 85 (1911); *Acer fulvescens* var. *pentalobum* W. P. Fang et Soong, Acta Phytotax. Sin. 11 (2): 144 (1966); *Acer cappadocicum* var. *brevialatum* W. P. Fang, Acta Phytotax. Sin. 17 (1): 63, pl. 7, f. 3 (1979); *Acer fulvescens* subsp. *pentalobum* (W. P. Fang et Soong) W. P. Fang et Soong, Acta Phytotax. Sin. 17 (1): 66 (1979); *Acer fulvescens* subsp. *danbaense* W. P. Fang, Acta Phytotax. Sin. 17 (1): 65, pl. 8, f. 4 (1979).
湖北、四川、云南、西藏。

尖尾枫

●**Acer caudatifolium** Hayata, J. Coll. Sci. Imp. Univ. Tokyo 30 (1): 65 (1911).
Acer kawakamii Koidz., J. Coll. Sci. Imp. Univ. Tokyo 32 (1): 15, pl. 5 (1911); *Acer taiton-montanum* Hayata, Icon. Pl. Formosan. 3: 67 (1913); *Acer kawakamii* var. *taitonmontanum* (Hayata) H. L. Li, Pacitic Sci. 6: 291 (1952); *Acer pectinatum* subsp. *formosanum* A. E. Murray, Kalmia 8: 8 (1977).
台湾。

长尾枫

Acer caudatum Wall., Pl. Asiat. Rar. 2: 4, 28, pl. 132 (1831).
Acer acuminatum auct. non Wall. ex D. Don, Prod. Fl. Nep. 249 (1825); *Acer erosum* Pax, Hooker's Icon. Pl. 19, pl. 1897 (1889); *Acer multiserratum* Maxim., Trudy Imp. S.-Peterburgsk. Bot. Sada 11: 107 (1889); *Acer papilio* King, J. Asiat. Soc. Bengal 65 (2): 115 (1896); *Acer caudatum* var. *prattii* Rehder, Trees et Shrubs 1 (4): 164 (1905); *Acer caudatum* var. *erosum* (Pax) Rehder, Trees et Shrubs 1 (4): 163 (1905); *Acer caudatum* var. *multiserratum* (Maxim.) Rehder, Trees et Shrubs 1 (4): 163 (1905); *Acer caudatum* var. *georgei* Diels, Notizbl. Bot. Gart. Berlin-Dahlem 11 (103): 212 (1931); *Acer caudatum* subsp. *georgei* (Diels) A. E. Murray, Kalmia 13: 3 (1983).
河南、陕西、宁夏、甘肃、湖北、四川、云南、西藏；缅甸、不丹、尼泊尔、印度。

权叶枫（权权叶，红色槭）

●**Acer ceriferum** Rehder in Sargent, Pl. Wilson. 1 (1): 89 (1911).
Acer campbellii Hook. f. et Thomson subsp. *robustum* (Pax) A. E. Murray, Kalmia 8 (1): 2 (1877); *Acer robustum* Pax in Engler, Pflanzenr. IV. 163 (Heft 8): 79 (1902); *Acer anhweiense* W. P. Fang et M. Y. Fang, Acta Phytotax. Sin. 11 (2): 150 (1966); *Acer robustum* Pax var. *honanense* W. P. Fang, Acta Phytotax. Sin. 17 (1): 71 (1979); *Acer robustum* Pax var. *minus* W. P. Fang, Acta Phytotax. Sin. 17 (1): 72 (1979); *Acer anhweiense* W. P. Fang et M. Y. Fang var. *brachypterum* W. P. Fang et P. L. Chiu, Acta Phytotax. Sin. 17 (1): 71 (1979).
山西、河南、陕西、甘肃、安徽、浙江、湖北、四川。

怒江枫

Acer chienii Hu et W. C. Cheng, Bull. Fan Mem. Inst. Biol.,

Bot. 2 (1): 207 (1948).

Acer tegmentosum f. *rufinerve* A. E. Murray, Kalmia 8 (1): 10 (1977).

云南；缅甸。

黔桂枫（罗城槭，桂北槭，苗山槭）

Acer chingii H. H. Hu, J. Arnold Arbor. 11 (4): 224 (1930).

Acer sinense subsp. *chingii* (H. H. Hu) A. E. Murray, Kalmia 8: 10 (1977).

贵州、广西；印度。

乳源枫

●**Acer chunii** W. P. Fang, Sunyatsenia 3 (4): 263, t. 33 (1937).

福建、广东。

乳源枫（原亚种）

●**Acer chunii** subsp. **chunii**

广东。

两型叶乳源枫

●**Acer chunii** subsp. **dimorphophyllum** W. P. Fang, Acta Phytotax. Sin. 17 (1): 68, pl. 9, f. 2 (1979).

四川。

密叶枫

●**Acer confertifolium** Merr. et F. P. Metcalf, Lingnan Sci. J. 16 (2): 167, f. 7 (1937).

Acer wilsonii var. *serrulata* Dunn, J. Linn. Soc., Bot. 38 (267): 358 (1908); *Acer oliverianum* var. *serrulatum* (Dunn) Rehder, Pl. Wilson. 1 (1): 90 (1911); *Acer johnedwardianum* F. P. Metcalf, Lingnan Sci. J. 20: 221, f. 3-5 (1941); *Acer tutcheri* subsp. *confertifolium* (Merr. et F. P. Metcalf) A. E. Murray, Kalmia 8: 11 (1977); *Acer confertifolium* var. *serrulatum* (Dunn) W. P. Fang, Acta Phytotax. Sin. 17 (1): 78 (1979).

江西、福建、广东。

紫果枫（紫槭）

●**Acer cordatum** Pax, Hooker's Icon. Pl. 19 (4), text to pl. 1897 (1889).

安徽、浙江、江西、湖南、湖北、四川、贵州、云南、福建、广东、广西、海南。

紫果枫（原变种）

●**Acer cordatum** var. **cordatum**

Acer cordatum var. *microcordatum* F. P. Metcalf, Lingnan Sci. J. 11 (2): 199 (1932); *Acer subtrinervium* F. P. Metcalf, Lingnan Sci. J. 11 (2): 200, f. 2 (1932); *Acer cordatum* var. *subtrinervium* (F. P. Metcalf) W. P. Fang, Contr. Biol. Lab. Sci. Soc. China, Bot. Ser. 8: 175 (1932); *Acer laevigatum* subsp. *cordatum* (Pax) A. E. Murray, Kalmia 8 (2-3): 17 (1978); *Acer laevigatum* var. *microcordatum* (F. P. Metcalf) A. E. Murray, Kalmia 8 (2-3): 17 (1978).

安徽、浙江、江西、湖南、湖北、四川、贵州、云南、福建、广东、广西、海南。

两型叶紫果枫

●**Acer cordatum** var. **dimorphifolium** (F. P. Metcalf) Y. S. Chen, Fl. China 11: 535 (2008).

Acer dimorphifolium F. P. Metcalf, Lingnan Sci. J. 11 (2): 201, f. 3-5 (1932); *Acer kiangsiense* W. P. Fang et M. Y. Fang, Acta Phytotax. Sin. 11 (2): 176 (1966); *Acer reticulatum* var. *dimorphifolium* (F. P. Metcalf) W. P. Fang et W. K. Hu, Acta Phytotax. Sin. 11 (2): 172 (1966); *Acer cordatum* var. *jinggangshanense* Z. X. Yu, Bull. Bot. Res., Harbin 6 (1): 151, pl. 1 (1986).

江西、福建、广东。

樟叶枫（桂叶槭）

●**Acer coriaceifolium** H. Lév., Repert. Spec. Nov. Regni Veg. 10 (260-262): 433 (1912).

Acer cinnamomifolium Hayata, Icon. Pl. Formosan. 3: 65, t. 14 A, 1-2 (1913); *Acer oblongum* var. *macrocarpum* Hu, J. Arnold Arbor. 12 (3): 154 (1931); *Acer coriaceifolium* var. *microcarpum* W. P. Fang et S. S. Chang, Acta Phytotax. Sin. 17 (1): 79 (1979); *Acer cinnamomifolium* var. *microphyllum* W. P. Fang et S. Y. Liang, Acta Phytotax. Sin. 19 (1): 116 (1981).

安徽、江苏、浙江、江西、湖南、湖北、四川、贵州、福建、广东、广西。

厚叶枫

●**Acer crassum** Hu et W. C. Cheng, Bull. Fan Mem. Inst. Biol. Bot. 2 (1): 201 (1948).

云南。

葛罗枫（长裂葛萝槭）

●☆**Acer davidii** subsp. **grosseri** (Pax) P. C. DeJong in van Gelderen et al., Maples of the World 151 (1994).

Acer grosseri Pax in Engler, Pflanzenr. IV. 163 (Heft 8): 80 (1902); *Acer davidii* var. *horizontale* Pax in Engler, Pflanzenr. IV. 163 (Heft 8): 79 (1902); *Acer laxiflorum* var. *ningpoense* Pax in Engler, Pflanzenr. IV. 163 (Heft 8): 36 (1902); *Acer pavolinii* Pamp., Nuovo Giorn. Bot. Ital., n. s. 17 (3): 422 (1910); *Acer hersii* Rehder, J. Arnold Arbor. 3 (4): 217 (1922); *Acer grosseri* var. *hersii* (Rehder) Rehder, J. Arnold Arbor. 14 (3): 220, f. 8 (1933); *Acer horizontale* Pax ex Fang, Contr. Biol. Lab. Sci. Soc. China, Bot. Ser. 11: 167 (1939); *Acer laisuense* W. P. Fang et W. K. Hu, Acta Phytotax. Sin. 11 (2): 175 (1966); *Acer tegmentosum* subsp. *grosseri* (Pax) A. E. Murray, Morris Arbor. Bull. 17: 51 (1966); *Acer tegmentosum* var. *pavolinii* (Pamp.) A. E. Murray, Kalmia 8: 10 (1977).

河北、山西、河南、陕西、甘肃、安徽、浙江、江西、湖南、湖北。

重齿枫

●**Acer duplicatoserratum** Hayata, J. Coll. Sci. Imp. Univ. Tokyo 30 (1): 65 (1911).

山东、河南、安徽、江苏、浙江、江西、湖南、湖北、贵州、福建、台湾。

重齿枫 （原变种）

● **Acer duplicatoserratum** var. **duplicatoserratum**

Acer palmatum subsp. *pubescens* (Li) A. E. Murray, Kalmia 8 (2-3): 20 (1978) ; *Acer palmatum* subvar. *formosanum* Koidz., J. Coll. Sci. Imp. Univ. Tokyo 32 (1): 50 (1911); *Acer ornatum* subvar. *formosanum* (Koidz.) Nemoto, Pl. Jap. Suppl. 454 (1936); *Acer palmatum* var. *pubescens* Li, Pacific Sci. 6: 293 (1952).

山东、河南、安徽、江苏、浙江、江西、湖南、湖北、贵州、福建、台湾。

中华重齿枫

● **Acer duplicatoserratum** var. **chinense** C. S. Chang, J. Arnold Arbor. 71 (4): 557 (1990).

Acer palmatum var. *thunbergii* Pax, Bot. Jahrb. Syst. 7 (2): 202 (1886).

山东、河南、安徽、江苏、浙江、江西、湖南、湖北、贵州、福建。

秀丽枫

● **Acer elegantulum** W. P. Fang et P. L. Chiu, Acta Phytotax. Sin. 17 (1): 76, pl. 11, f. 3 (1979).

Acer olivaceum W. P. Fang et P. L. Chiu, Acta Phytotax. Sin. 17 (1): 75, pl. 10, f. 4 (1979); *Acer yaoshanicum* W. P. Fang, Acta Phytotax. Sin. 17 (1): 74, pl. 12, f. 2 (1979); *Acer elegantulum* var. *macrurum* W. P. Fang et P. L. Chiu, Acta Phytotax. Sin. 17 (1): 77, pl. 11, f. 4 (1979).

安徽、浙江、江西、湖南、贵州、福建、广西。

毛花枫 （阔翅槭）

● **Acer erianthum** Schwer., Mitt. Deutsch. Dendrol. Ges. 10: 59 (1901).

Acer oxyodon Franch. ex W. P. Fang, Contr. Biol. Lab. Sci. Soc. China, Bot. Ser. 11: 94 (1939); *Acer stachyoanthum* Franch. ex W. P. Fang, Contr. Biol. Lab. Sci. Soc. China, Bot. Ser. 11: 94 (1939).

陕西、甘肃、湖北、四川、云南、广西。

罗浮枫 （红翅槭）

☆ **Acer fabri** Hance, J. Bot. 22 (3): 76 (1884).

Acer laevigatum var. *fargesii* (Rehder) H. J. Veitch, J. Hort. Soc. London 29: 353 (1904); *Acer fargesii* Veitch ex Rehder, Trees et Shrubs 1: 180 (1905); *Acer prainii* H. Lév., Repert. Spec. Nov. Regni Veg. 10 (260-262): 432 (1912); *Acer fabri* var. *virescens* W. P. Fang, Contr. Biol. Lab. Sci. Soc. China, Bot. Ser. 8: 174 (1932); *Acer fabri* var. *rubrocarpum* F. P. Metcalf, Lingnan Sci. J. 11 (2): 206 (1932); *Acer fabri* var. *megalocarpum* Hu et W. C. Cheng, Bull. Fan Mem. Inst. Biol. Bot. 1: 202 (1948); *Acer fabri* f. *rubrocarpum* (F. P. Metcalf) Rehder, Bibliogr. Cult. Trees 424 (1949); *Acer fabri* var. *gracillimum* W. P. Fang, Acta Phytotax. Sin. 17 (1): 83 (1979); *Acer fabri* var. *dolichophyllum* W. P. Fang et S. Y. Liang, Acta Phytotax. Sin. 19 (1): 117 (1981); *Acer fabri* var. *tongguense* Z. X. Yu, Bull. Bot. Res., Harbin 6 (1): 152, pl. 2 (1986).

江西、湖南、湖北、四川、贵州、云南、广东、广西、海南；越南。

河口枫

Acer fenzelianum Hand.-Mazz., Oesterr. Bot. Z. 82: 250 (1933).

Acer tonkinense subsp. *fenzelianum* (Hand.-Mazz.) A. E. Murray, Kalmia 1: 37 (1969).

云南；越南。

扇叶枫 （七裂槭）

☆ **Acer flabellatum** Rehder, Trees et Shrubs 1 (4): 161, pl. 81 (1905).

Acer campbellii var. *yunnanense* Rehder, Trees et Shrubs 1: 179 (1905); *Acer flabellatum* var. *yunnanense* (Rehder) W. P. Fang, Contr. Biol. Lab. Sci. Soc. China, Bot. Ser. 11: 91 (1939); *Acer gracile* W. P. Fang et M. Y. Fang, Acta Phytotax. Sin. 11 (2): 155 (1966); *Acer shangszeense* W. P. Fang et Soong, Acta Phytotax. Sin. 11 (2): 159 (1966); *Acer compbellii* subsp. *flabellatum* (Rehder) A. E. Murray, Kalmia 8: 2 (1977); *Acer mapienense* W. P. Fang et M. Y. Fang, Acta Phytotax. Sin. 17 (1): 73 (1979); *Acer shangszeense* var. *anfuense* W. P. Fang et Soong, Acta Phytotax. Sin. 17 (1): 73 (1979).

江西、湖北、四川、贵州、云南、广西；越南、缅甸。

黄毛枫 （褐毛槭）

● **Acer fulvescens** Rehder, Pl. Wilson. 1 (1): 84 (1911).

四川、西藏。

长叶枫

● **Acer gracilifolium** W. P. Fang et C. C. Fu, Fl. Tsinling. 1 (3): 453, f. 195 (1981).

甘肃、四川。

血皮枫 （马梨光）

● ☆ **Acer griseum** (Franch.) Pax in Engler, Pflanzenr. IV. 163 (Heft 8): 30 (1902).

Acer nikoense var. *griseum* Franch., J. Bot. (Morot) 8: 294 (1894); *Crula grisea* (Franch.) Nieuwl., Amer. Midl. Naturalist 2: 142 (1911); *Acer pedunculatum* K. S. Hao, Contr. Inst. Bot. Natl. Acad. Peiping 2: 178 (1934); *Acer triflorum* var. *leiopodum* Hand.-Mazz., Oesterr. Bot. Z. 83: 233 (1934); *Acer shensiense* W. P. Fang et L. C. Hu, Acta Phytotax. Sin. 11 (2): 185 (1966); *Acer leipodum* W. P. Fang et H. F. Chow, Acta Phytotax. Sin. 11 (2): 186 (1966); *Acer triflorum* subsp. *leiopodum* (Hand.-Mazz.) A. E. Murray, Kalmia 8: 11 (1977); *Acer zhongtiaoense* W. P. Fang et B. L. Li, Shanxi Univ. J., Nat. Sci. ed. 2 62, f. 1, 2 (1984).

山西、河南、陕西、甘肃、湖南、湖北、四川。

三叶枫 （亨利槭，亨氏槭）

● ☆ **Acer henryi** Pax, Icon. Pl. 19 (4), pl. 1896 (1889).

Acer henryi var. *serrata* Pamp., Nuovo Giorn. Bot. Ital., new series. 17 (3): 421 (1910); *Crula henryi* (Pax) Nieuwl., Amer.

Midl. Naturalist 2: 142 (1911); *Acer henryi* f. *intermedium* W. P. Fang, Chin. Assoc. Advancem. Sci., Sect. Bot. 7: 187 (1939); *Acer cissifolium* subsp. *henryi* (Pax) A. E. Murray, Morris Arbor. Bull. 17: 51 (1966).

山西、河南、陕西、甘肃、安徽、江苏、浙江、湖南、湖北、四川、贵州、福建。

海拉枫（顺宁槭，昌宁槭）

●**Acer hilaense** Hu et W. C. Cheng, Bull. Fan Mem. Inst. Biol. Bot., new series. 1: 203 (1948).

云南。

羽扇枫（日本槭）

☆**Acer japonicum** Thunb. in Murray, Syst. Veg., ed. 14 911 (1784).

Acer japonica var. *nudicarpum* Nakai, Fl. Kor. 1: 135 (1909); *Acer nudicarpum* Nakai, Bot. Mag. (Tokyo) 29: 28 (1915); *Acer pseudosieboldianum* var. *nudicarpum* (Nakai) Nakai, Fl. Sylv. Kor. 468, pl. 700 (1943).

吉林、辽宁、江苏；日本、朝鲜。

小楷枫（小楷槭）

Acer komarovii Pojark. in Schischk. et Bobrov, Fl. U. R. S. S. 14: 611, 746 (1949).

Acer tschonoskii var. *rubripes* Kom., Fl. Manschur. 2: 736 (1904); *Acer tschonoskii* subsp. *koreanum* A. E. Murray, Kalmia 8: 11 (1977).

吉林、辽宁；韩国、俄罗斯东部。

贡山枫

●**Acer kungshanense** W. P. Fang et C. Y. Chang, Acta Phytotax. Sin. 11 (2): 180 (1966).

Acer franchetii var. *acuminatilobum* W. P. Fang et H. F. Chow, Acta Phytotax. Sin. 11 (2): 178 (1966); *Acer kungshanense* var. *acuminatilobum* (W. P. Fang et H. F. Chow) W. P. Fang et C. Y. Chang, Acta Phytotax. Sin. 17 (1): 86 (1979).

云南。

国楣枫

●**Acer kuomeii** W. P. Fang et M. Y. Fang, Acta Phytotax. Sin. 11 (2): 156 (1966).

云南、广西。

广南枫

●**Acer kwangnanense** Hu et W. C. Cheng, Bull. Fan Mem. Inst. Biol. Bot., new series. 1: 204 (1948).

Acer fengii A. E. Murray, Kalmia 8 (1): 6 (1977).

云南。

桂林枫

●**Acer kweilinense** W. P. Fang et M. Y. Fang, Acta Phytotax. Sin. 11 (2): 157 (1966).

Acer huangpingense T. Z. Hsu, Acta Phytotax. Sin. 21 (3): 341, pl. 5 (1983).

贵州、广西。

光叶枫（长叶槭树）

Acer laevigatum Wall., Pl. Asiat. Rar. 2: 3, pl. 104 (1830).

陕西、湖南、湖北、四川、贵州、云南、西藏、广东、广西、海南；越南、缅甸、不丹、尼泊尔、印度。

光叶枫（原变种）

Acer laevigatum var. **laevigatum**

Acer reticulatum Champ., Hooker's J. Bot. Kew Gard. Misc. 3: 312 (1851); *Acer laevigatum* var. *angustum* Pax, Bot. Jahrb. Syst. 7: 209 (1886); *Acer oblongum* var. *laevigatum* (Wall.) Wesm., Bull. Soc. Roy. Bot. Belgique 29: 42 (1890); *Acer laevigatum* var. *reticulatum* (Champ.) Rehder, Trees et Shrubs 1 (4): 180 (1905); *Acer hainanense* F. Chun et W. P. Fang, Acta Phytotax. Sin. 11 (2): 171 (1966); *Acer laevigatum* subsp. *reticulatum* (Champ.) A. E. Murray, Kalmia 8: 6 (1977); *Acer caloneurum* C. Y. Wu et T. Z. Hsu, Acta Phytotax. Sin. 21 (3): 339, pl. 3 (1983); *Acer guizhouense* Y. K. Li, Guihaia 7 (3): 211 (1987); *Acer legonsanicum* Y. K. Li, Guihaia 7 (3): 212 (1987).

陕西、湖南、湖北、四川、贵州、云南、西藏、广东、广西、海南；越南、缅甸、不丹、尼泊尔、印度。

怒江光叶枫

Acer laevigatum var. **salweenense** (W. W. Sm.) J. M. Cowan ex W. P. Fang, Contr. Biol. Lab. Sci. Soc. China, Bot. Ser. 11 158 (1939).

Acer salweenense W. W. Sm., Notes Roy. Bot. Gard. Edinburgh 13 (63-64): 151 (1921); *Acer kiukiangense* Hu et W. C. Cheng, Bull. Fan Mem. Inst. Biol. Bot., new series. 1: 203 (1948).

云南；缅甸。

十蕊枫

Acer laurinum Hassk., Tijdschr. Natuurl. Gesch. Physiol. 10: 138 (1843).

Acer niveum Blume, Rumphia 3: 193 (1849); *Acer philippinum* Merr., Publ. Bur. Sci. Gov. Lab. 35: 36 (1905); *Acer garrettii* Craib, Bull. Misc. Inform. Kew 301 (1920); *Acer decandrum* Merr., Lingnan Sci. J. 11 (1): 47 (1932); *Acer chionophyllum* Merr., Brittonia 4: 109 (1941); *Acer longicarpum* Hu et Cheng, Bull. Fan Mem. Inst. Biol. Bot., new series. 1: 206 (1948); *Acer laurinum* subsp. *decandrum* (Merr.) A. E. Murray, Kalmia 3 (6): 23 (1971); *Acer jingdingense* T. Z. Hsu, Acta Phytotax. Sin. 21 (3): 339, pl. 4 (1983); *Acer macropterum* T. Z. Hsu et H. Sun, Acta Bot. Yunnan. 19 (1): 29, f. 1, 5-7 (1997).

云南、西藏、广西、海南；菲律宾、越南、老挝、缅甸、泰国、柬埔寨、马来西亚、印度尼西亚、印度。

疏花枫（川康槭）

●**Acer laxiflorum** Pax in Engler, Pflanzenr. IV. 163 (Heft 8): 36 (1902).

Acer laxiflorum var. *genuinum* Pax in Engler, Pflanzenr. IV. 163 (Heft 8): 36 (1902); *Acer laxiflorum* var. *dolichophyllum* W. P. Fang, Contr. Biol. Lab. Sci. Soc. China, Bot. Ser. 7 179

(1932); *Acer pectinatum* subsp. *laxiflorum* (Pax) A. E. Murray, Kalmia 8: 9 (1977).

四川、云南。

雷波枫

●**Acer leipoense** W. P. Fang et Soong, Acta Phytotax. Sin. 11 (2): 179 (1966).

Acer leipoense subsp. *leucotrichum* W. P. Fang, Acta Phytotax. Sin. 17 (1): 85, pl. 14, f. 4 (1949); *Acer longipedicellatum* C. Y. Wu, Acta Phytotax. Sin. 21 (3): 337, pl. 1 (1983).

四川。

临安枫

●**Acer linganense** W. P. Fang et P. L. Chiu, Acta Phytotax. Sin. 17 (1): 70, pl. 10, f. 2 (1979).

安徽、浙江。

长柄枫

●**Acer longipes** Franch. ex Rehder, Trees et Shrubs 1 (4): 178 (1905).

Acer laetum var. *tomentosulum* Rehder, Trees et Shrubs 1 (4): 178 (1905); *Acer pashanicum* W. P. Fang et Soong, Acta Phytotax. Sin. 11 (2): 145 (1966); *Acer cappadocicum* var. *tomentosulum* (Rehder) A. E. Murray, Kalmia 8 (1): 4 (1977); *Acer longipes* var. *nanchuanense* W. P. Fang, Acta Phytotax. Sin. 17 (1): 63 (1979); *Acer longipes* var. *chengbuense* W. P. Fang, Acta Phytotax. Sin. 17 (1): 64 (1979).

河南、陕西、江西、湖南、湖北、四川、重庆、广西。

亮叶枫 （蝴蝶槭，红翅槭）

●**Acer lucidum** F. P. Metcalf, Lingnan Sci. J. 11 (2): 197 (1932).

Acer laikuanii Y. Ling, Acta Phytotax. Sin. 1 (2): 201, f. 1 (1951); *Acer pehpeiense* W. P. Fang et H. Y. Su, Acta Phytotax. Sin. 17 (1): 80, pl. 12, f. 5 (1979); *Acer wangchii* subsp. *tsinyunense* W. P. Fang, Acta Phytotax. Sin. 17 (1): 82, pl. 13, f. 1 (1979); *Acer wuyishanicum* W. P. Fang et C. M. Tan, Acta Phytotax. Sin. 17 (1): 80, pl. 12, f. 3 (1979); *Acer oblongum* var. *pachyphyllum* W. P. Fang, Acta Phytotax. Sin. 17 (1): 81, pl. 13, f. 2 (1979); *Acer shenzhenensis* R. H. Miao ex X. M. Wang et J. S. Liang, Acta Bot. Boreal.-Occid. Sin. 26: 823 (2006).

江西、四川、福建、广东、广西。

龙胜枫

●**Acer lungshengense** W. P. Fang et L. C. Hu, Acta Phytotax. Sin. 11 (2): 179 (1966).

Acer lichuanense C. D. Chu et G. G. Tang, J. Nanjing Inst. Forest. 2: 83, f. 1 (1984).

湖南、湖北、贵州、广西。

东北枫 （关东槭，满洲槭，白牛槭）

☆**Acer mandshuricum** Maxim., Bull. Acad. Imp. Sci. Saint-Pétersbourg 12: 228 (1867).

Negundo mandshuricum (Maxim.) Budishchev ex Trautvetter,

Trudy Imp. S.-Peterburgsk. Bot. Sada 9-10: 437 (1867); *Crula mandshurica* (Maxim.) Nieuwl., Amer. Midl. Naturalist 2 (6): 141 (1911); *Acer kansuense* W. P. Fang et C. Yu Chang, Acta Phytotax. Sin. 11 (2): 186 (1966); *Acer mandshuricum* subsp. *kansuense* (W. P. Fang et C. Yu Chang) W. P. Fang, Acta Phytotax. Sin. 17 (1): 86 (1979).

黑龙江、吉林、辽宁、陕西、甘肃；朝鲜、俄罗斯东部。

五尖枫 （马斯槭，马氏槭）

●**Acer maximowiczii** Pax, Hooker's Icon. Pl. 19, t. 1897 (1889).

Acer urophyllum Maxim., Trudy Imp. S.-Peterburgsk. Bot. Sada 11: 105 (1889); *Acer pectinatum* Wall. ex G. Nicholson subsp. *maximowiczii* (Pax) A. E. Murray, Kalmia 8: 9 (1977); *Acer maximowiczii* subsp. *porphyrophyllum* W. P. Fang, Acta Phytotax. Sin. 17 (1): 84, pl. 14, f. 1 (1979).

山西、河南、陕西、甘肃、青海、湖南、湖北、四川、贵州、广西。

南岭枫 （青虾蟆，大卫槭）

Acer metcalfii Rehder, J. Arnold Arbor. 14 (3): 221 (1933).

Acer davidii var. *glabrescens* Pax, Hooker's Icon. Pl. 19, sub t. 1897 (1889); *Acer sikkimense* subsp. *davidii* (Franch.) Wesmael, Bull. Soc. Bot. Belg. 29: 44 (1890); *Acer davidii* var. *tomentellum* Schwer., Gartenflora 42: 230 (1893); *Acer cavaleriei* H. Lév., Repert. Spec. Nov. Regni Veg. 10 (260-262): 432 (1912); *Acer davidii* f. *trilobata* Diels, Notizbl. Bot. Gart. Berlin-Dahlem 11 (103): 211 (1931); *Acer laxiflorum* var. *integrifolium* W. P. Fang, Contr. Biol. Lab. Sci. Soc. China, Bot. Ser. 7: 177 (1932); *Acer davidii* var. *acuminatifolium* W. P. Fang, Contr. Biol. Lab. Sci. Soc. China, Bot. Ser. 11: 177 (1939); *Acer rubronervium* Y. K. Li, Guihaia 5 (1): 7, f. 1-2 (1985); *Acer davidii* var. *grandifolium* S. Ye Liang et Y. Q. Huang, Guihaia 9 (4): 299 (1989); *Acer davidii* var. *zhanganense* S. Z. He et Y. K. Li, Guizhou Sci. 2: 120 (1992); *Acer sikkimense* subsp. *metcalfii* (Rehder) P. C. DeJong, Maples of the World 160 (1994).

河北、山西、河南、陕西、宁夏、甘肃、安徽、江苏、浙江、江西、湖南、湖北、四川、贵州、云南、福建、广东、广西；缅甸。

苗山枫

●**Acer miaoshanicum** W. P. Fang, Acta Phytotax. Sin. 11 (2): 166 (1966).

贵州、广西。

庙台枫 （留坝槭）

●**Acer miaotaiense** Tsoong, Kew Bull. 9 (1): 83 (1954).

Acer miyabei subsp. *miaotaiense* (P. C. Tsoong) A. E. Murray, Kalmia 1: 6, 19 (1969); *Acer yangjuechi* W. P. Fang et P. L. Chiu, Acta Phytotax. Sin. 17 (1): 61, pl. 7, f. 1 (1979); *Acer miaotaiense* var. *glabrum* M. C. Wang, Bull. Bot. Res., Harbin 8 (2): 67, f. 1 (1988).

河南、陕西、甘肃、浙江、湖北。

玉山枫

●**Acer morrisonense** Hayata, J. Coll. Sci. Imp. Univ. Tokyo 30 (1): 66 (1911).

Acer rubescens Hayata, J. Coll. Sci. Imp. Univ. Tokyo 30 (1): 66 (1911).

台湾。

复叶枫（复叶槭，白蜡槭）

☆**Acer negundo** L., Sp. Pl. 2: 1056 (1753).

Acer fauriei H. Lév. et Vaniot, Bull. Soc. Bot. France 53: 590 (1906).

广泛分布及栽培于中国；北美洲。

毛果枫

Acer nikoense Maxim., Bull. Acad. Imp. Sci. Saint-Pétersbourg 12: 227 (1868).

Acer maximowiczianum Miq., Arch. Neerl. 2: 472, 478 (1867); *Negundo nikoense* (Maxim.) Nichols, ex Gard., Hand-list Trees & Shrubs Arb. 1: 93 (1894); *Acer nikoense* var. *megalocarpum* Rehder, Pl. Wilson. 1 (1): 98 (1911); *Acer maximowiczianum* subsp. *megalocarpum* (Rehder) E. Murray, Kalmia 1: 6 (1969).

安徽、浙江、江西、湖南、湖北、四川；日本。

飞蛾树

Acer oblongum Wall. ex DC., Prodr. 1: 593 (1824).

Acer discolor Maxim., Bull. Acad. Imp. Sci. Saint-Pétersbourg 26: 436 (1880); *Acer oblongum* var. *concolor* Pax, Hooker's Icon. Pl. 19 (4), sub t. 1897, no. 4 (1889); *Acer oblongum* var. *latialatum* Pax in Engler, Pflanzenr. IV. 163 (Heft 8): 31 (1902); *Acer oblongum* var. *trilobum* Henry, Gard. Chron. Ser. 3 33: 62 (1903); *Acer paxii* var. *integrifolia* H. Lév., Fl. Kouy-Tcheou 383 (1915); *Acer eucalyptoides* W. P. Fang et Y. T. Wu, Acta Phytotax. Sin. 17 (1): 83, pl. 13, f. 4 (1979); *Acer guanense* W. P. Fang, Fl. Sichuan. 1: 462 (1981).

河南、陕西、甘肃、江西、湖北、四川、贵州、云南、西藏、福建、广东；日本、越南、老挝、缅甸、泰国、不丹、尼泊尔、印度、巴基斯坦、克什米尔。

峨眉飞蛾枫

●**Acer oblongum** var. **omeiense** W. P. Fang et Soong, Acta Phytotax. Sin. 17 (1): 81 (1979).

四川。

少果枫

●**Acer oligocarpum** W. P. Fang et L. C. Hu, Acta Phytotax. Sin. 17 (1): 82, pl. 13, f. 3 (1979).

Acer foveolatum C. Y. Wu, Acta Phytotax. Sin. 21 (3): 337, pl. 2 (1983).

云南、西藏。

五裂枫

●☆**Acer oliverianum** Pax, Hooker's Icon. Pl. 19 (4), text to pl.

1897 (1889).

Acer schneiderianum Pax et K. Hoffm., Repert. Spec. Nov. Regni Veg. Beih. 12: 435 (1922); *Acer lanpingense* W. P. Fang et M. Y. Fang, Acta Phytotax. Sin. 11 (2): 162 (1966); *Acer campbellii* subsp. *oliveranum* (Pax) A. E. Murray, Kalmia 8 (1): 2 (1977); *Acer campbellii* subsp. *schneiderianum* (Pax et K. Hoffm.) A. E. Murray, Kalmia 8 (1): 2 (1977); *Acer schneiderianum* var. *pubescens* W. P. Fang et Y. T. Wu, Acta Phytotax. Sin. 17 (1): 72 (1979).

河南、陕西、甘肃、安徽、浙江、江西、湖南、湖北、四川、贵州、云南、福建、台湾。

富宁枫（丽槭，伯衡槭）

●**Acer paihengii** W. P. Fang, Acta Phytotax. Sin. 11 (2): 169 (1966).

Acer amoenum Hu et W. C. Cheng, Bull. Fan Mem. Inst. Biol. 1: 200 (1948).

云南。

鸡爪枫

☆**Acer palmatum** Thunb. in Murray, Syst. Veg., ed. 14 911 (1784).

Acer polymorphyllum Siebold et Zucc., Abh. Math.-Phys. Cl. Königl. Bayer. Akad. Wiss. 4 (2): 50 (1845); *Acer palmatum* var. *subtrilobum* K. Koch, Ann. Mus. Bot. Lugduno-Batavi 1: 251 (1864); *Acer formosum* Carrière, Rev. Hort. 300 (1867).

广泛栽培于中国各地；原产于日本、朝鲜。

稀花枫（蜡枝槭，毛鸡爪槭）

●**Acer pauciflorum** W. P. Fang, Contr. Biol. Lab. Sci. Soc. China, Bot. Ser. 7 166 (1932).

Acer pubipalmatum W. P. Fang, Contr. Biol. Lab. Chin. Assoc. Advancem. Sci., Sect. Bot. 8: 169, f. 8 (1932); *Acer pauciflorum* W. P. Fang var. *changhuanense* W. P. Fang et M. Y. Fang, Acta Phytotax. Sin. 11 (2): 149 (1966); *Acer changhuaense* (W. P. Fang et M. Y. Fang) W. P. Fang et P. L. Chiu, Acta Phytotax. Sin. 17 (1): 71 (1979); *Acer pubipalmatum* W. P. Fang var. *pulcherrimum* W. P. Fang et P. L. Chiu, Acta Phytotax. Sin. 17 (1): 70 (1979).

安徽、浙江。

金沙枫（金河槭，川滇三角枫）

●**Acer paxii** Franch., Bull. Soc. Bot. France 33: 464 (1887).

Acer oblongum var. *biauritum* W. W. Sm., Notes Roy. Bot. Gard. Edinburgh 8 (40): 329 (1915); *Acer oblongum* var. *erythrocarpum* H. Lév., Cat. Pl. Yun-Nan 252 (1917); *Acer paxii* var. *semilunatum* W. P. Fang, Acta Phytotax. Sin. 17 (1): 79 (1979).

四川、贵州、云南、广西。

篦齿枫（和氏槭）

Acer pectinatum Wall. ex G. Nicholso n, Gard. Chron., n. s. 15: 365 (1881).

四川、云南、西藏；缅甸、不丹、尼泊尔、印度。

篦齿枫（原亚种）

Acer pectinatum subsp. **pectinatum**

Acer maximowiczii var. *minor* W. W. Sm. ex H. Lév., Cat. Pl. Yun-Nan 252 (1917); *Acer forrestii* f. *caudatilobum* Rehder, J. Arnold Arbor. 14 (3): 217 (1933); *Acer grosseri* var. *forrestii* (Diels) Hand.-Mazz., Symb. Sin. 7 (3): 642 (1933); *Acer pectinatum* subsp. *forrestii* (Diels) A. E. Murray, Kalmia 3 (4): 13 (1971); *Acer pectinatum* f. *rufinerve* Wall. ex G. Nicholson, Kalmia 8 (1): 9 (1977); *Acer pectinatum* var. *caudatilobum* (Rehder) A. E. Murray, Kalmia 8: 8 (1977).

西藏；缅甸、不丹、尼泊尔、印度。

独龙枫

Acer pectinatum subsp. **taronense** (Hand.-Mazz.) A. E. Murray, Kalmia 8: 9 (1977).

Acer taronense Hand.-Mazz., Anz. Akad. Wiss. Wien, Math.-Naturwiss. Kl. 61: 84 (1924); *Acer laxiflorum* Pax var. *longilobum* Rehder, Pl. Wilson. 1 (1): 94 (1911); *Acer chloranthum* Merr., Brittonia 4 108 (1941); *Acer tegmentosum* subsp. *rufinerve* A. E. Murray, Kalmia 8 (1): 11 (1977); *Acer pectinatum* var. *longilobum* (Rehder) A. E. Murray, Kalmia 8: 9 (1977).

四川、云南、西藏；缅甸、不丹、印度。

五小叶枫（五小叶枫）

● ☆**Acer pentaphyllum** Diels, Notizbl. Bot. Gart. Berlin-Dahlem 11 (103): 212 (1931).

四川。

色木枫

Acer pictum Thunb. ex Murray, Syst. Veg., ed. 14 912 (1784).

黑龙江、吉林、辽宁、内蒙古、河北、山西、山东、河南、陕西、甘肃、安徽、江苏、浙江、湖南、湖北、四川、云南、西藏；蒙古国、日本、朝鲜、俄罗斯。

色木枫（原亚种）

☆**Acer pictum** subsp. **pictum**

Acer hayatae var. *glabra* H. Lév. et Vaniot, Bull. Soc. Bot. France 53: 590 (1906); *Acer mono* var. *mayrii* (Schwer.) Sugim, Nippon Journ. Bot. 2: 69 (1928); *Acer mono* var. *nikkoense* Honda, Bot. Mag. (Tokyo) 46: 372 (1932); *Acer mono* var. *ambigum* (Pax) Rehder, Man. Cult. Trees 570 (1940); *Acer marmoratum* var. *connivens* (Nicholson) H. Hara, Enum. Spermatophytarum Japon. 3: 105 (1954).

中国广泛栽培；原产于日本、韩国。

大翅色木枫

●**Acer pictum** subsp. **macropterum** (W. P. Fang) Ohashi, J. Jap. Bot. 68 (6): 322 (1993).

Acer mono var. *macropterum* W. P. Fang, Acta Phytotax. Sin. 17 (1): 62, pl. 8, f. 1 (1979); *Acer longipes* var. *weixiense* W. P. Fang, Acta Phytotax. Sin. 17 (1): 65 (1979); *Acer mono* var. *minshanicum* W. P. Fang, Acta Phytotax. Sin. 17 (1): 63, pl. 8, f. 2 (1979); *Acer pictum* subsp. *minshanicum* (W. P. Fang) H.

Ohashi, J. Jap. Bot. 68 (6): 322 (1993).

甘肃、湖北、四川、云南、西藏。

五角枫（色木槭，水色树，地锦槭）

Acer pictum subsp. **mono** (Maxim.) H. Ohashi, J. Jap. Bot. 68 (6): 321 (1993).

Acer mono Maxim., Bull. Cl. Phys.-Math. Acad. Imp. Sci. Saint-Pétersbourg 15: 126 (1857); *Acer laetum* var. *parviflorum* Regel, Bull. Acad. Imp. Sci. Saint-Pétersbourg 15: 219 (1857); *Acer pictum* var. *typicum* subvar. *mono* (Maxim.) Maxim., Bull. Acad. Imp. Sci. Saint-Pétersbourg 26: 443 (1880); *Acer pictum* var. *connivens* Nicholson, Gard. Chron. ser. 2 6: 375 (1881); *Acer pictum* var. *marmoratum* G. Nicholson, Gard. Chron. ser. 2 6: 375 (1881); *Acer pictum* var. *mono* (Maxim.) Maxim. Ex Franch., Nouv. Arch. Mus. Hist. Nat. sér. 2 5: 229 (1883); *Acer pictum* var. *parviflorum* (Regel) C. K. Schneid., Ill. Handb. Laubholzk. 2: 225 (1907); *Acer pictum* var. *glaucum* Koidz., J. Coll. Sci. Imp. Univ. Tokyo 64, f. 9 b, t. 32, f. 10 (1911); *Acer truncatum* subsp. *mono* (Maxim.) E. Murray, Kalmia 1: 17 (1969); *Acer leptophyllum* W. P. Fang, Acta Phytotax. Sin. 17 (1): 61, pl. 7, f. 2 (1979); *Acer mono* var. *incurvatum* W. P. Fang et P. L. Chiu, Acta Phytotax. Sin. 17 (1): 62, pl. 7, f. 4 (1979); *Acer cappadocicum* subsp. *mono* (Maxim.) A. E. Murray, Kalmia 12: 17 (1982); *Acer mono* subsp. *incurvatum* (W. P. Fang et P. L. Chiu) T. Z. Hsu, Guihaia 12 (3): 232 (1992); *Acer pictum* subsp. *incurvatum* (W. P. Fang et P. L. Chiu) H. Ohashi, J. Jap. Bot. 68: 321 (1993).

黑龙江、吉林、辽宁、内蒙古、河北、山西、山东、河南、陕西、甘肃、安徽、浙江、湖南、湖北、四川、云南；蒙古国、日本、朝鲜、俄罗斯。

江南色木枫（卷毛长柄槭）

●**Acer pictum** subsp. **pubigerum** (W. P. Fang) Y. S. Chen, Fl. China 11: 522 (2008).

Acer pictum var. *pubigerum* W. P. Fang, Contr. Biol. Lab. Sci. Soc. China, Bot. Ser. 8: 163 (1932); *Acer pictum* Thunb., Nova Acta Regiae Soc. Sci. Upsal. 4: 40 (1784); *Acer mono* var. *pubigerum* (W. P. Fang) W. P. Fang, Contr. Biol. Lab. Sci. Soc. China, Bot. Ser. 11: 33 (1939); *Acer longipes* var. *pubigerum* (W. P. Fang) W. P. Fang, Acta Phytotax. Sin. 17 (1): 64 (1979); *Acer pictum* f. *connivens* (G. Nicholson) H. Ohashi, J. Jap. Bot. 68 (6): 320 (1993).

安徽、浙江。

三尖色木枫（三尖色木槭）

●**Acer pictum** subsp. **tricuspis** (Rehder) H. Ohashi, J. Jap. Bot. 68 (6): 322 (1993).

Acer pictum f. *tricuspis* Rehder, Mitt. Deutsch. Dendrol. Ges. 22: 258 (1915); *Acer mono* var. *tricuspis* (Rehder) Rehder, J. Arnold Arbor. 19 (1): 82 (1938); *Acer mono* f. *tricuspis* (Rehder) W. P. Fang, Contr. Biol. Lab. Sci. Soc. China, Bot. Ser. 11: 34 (1939); *Acer cappadocicum* subsp. *trilobum* A. E. Murray, Kalmia 8: 5 (1977); *Acer mono* subsp. *tricuspis*

(Rehder) T. Z. Hsu, Guihaia 12 (3): 232 (1992).

山西、陕西、甘肃、湖北。

疏毛枫（秦陇槭，陇秦槭）

●**Acer pilosum** Maxim., Bull. Acad. Imp. Sci. Saint-Pétersbourg 26 (3): 436, t. 27 (1880).

内蒙古、山西、陕西、宁夏、甘肃。

疏毛枫（原变种）

●**Acer pilosum** var. **pilosum**

山西、陕西、甘肃。

细裂枫

●**Acer pilosum** var. **stenolobum** (Rehder) W. P. Fang, Acta Phytotax. Sin. 11 (2): 163 (1966).

Acer stenolobum Rehder, J. Arnold Arbor. 3 (4): 216 (1922); *Acer stenolobum* var. *megalophyllum* W. P. Fang et Y. T. Wu, Acta Phytotax. Sin. 17 (1): 77 (1979); *Acer stenolobum* var. *pubescens* W. Z. Di, Pl. Vasc. Helanshanicae 326 (1986); *Acer stenolobum* var. *monochladea* S. C. Cui et J. X. Yu, Acta Phytotax. Sin. 27 (2): 131 (1989).

内蒙古、陕西、宁夏、甘肃。

楠叶枫

Acer pinnatinervium Merr., Brittonia 4: 109 (1941).

Acer machilifolium Hu et W. C. Cheng, Bull. Fan Mem. Inst. Biol. Bot., new series 1: 206 (1948); *Acer jingdongense* T. Z. Hsu, Acta Phytotax. Sin. 21 (3): 339, pl. 4 (1983).

云南、西藏；泰国、印度。

灰叶枫

●**Acer poliophyllum** W. P. Fang et Y. T. Wu, Acta Phytotax. Sin. 17 (1): 82, pl. 12, f. 4 (1979).

贵州、云南。

紫花枫（假色槭，丹枫）

Acer pseudosieboldianum (Pax) Kom., Trudy Imp. S.-Peterburgsk. Bot. Sada 22: 725 (1904).

Acer circumlobatum var. *pseudosieboldianum* Pax, Bot. Jahrb. Syst. 7 (2): 199 (1886); *Acer sieboldianum* var. *mandshuricum* Maxim., Bull. Acad. Imp. Sci. Saint-Pétersbourg 31: 25 (1886); *Acer pseudosieboldianum* var. *koreanum* Nakai, J. Coll. Sci. Imp. Univ. Tokyo 26 (1): 136, pl. 10, f. 1 (1909); *Acer pseudosieboldianum* var. *macrocarpum* Nakai, Fl. Sylv. Kor. 1: 13, pl. 6 (1915); *Acer microsieboldianum* Nakai, Bot. Mag. (Tokyo) 45: 124 (1931); *Acer pseudosieboldianum* var. *microsieboldianum* (Nakai) S. L. Tung, Bull. Bot. Res., Harbin 5 (1): 103 (1985); *Acer pseudosieboldianum* f. *macrocarpum* (Nakai) S. L. Tung, Bull. Bot. Res., Harbin 5 (1): 103, pl. 3, 2 (1985).

黑龙江、吉林、辽宁；朝鲜、俄罗斯。

毛脉枫

●**Acer pubinerve** Rehder, Trees et Shrubs 2 (1): 26 (1907).

Acer sinense var. *pubinerve* (Rehder) W. P. Fang, Chin. Assoc. Advancem. Sci., Sect. Bot. 8: 166 (1932); *Acer wilsonii* var. *chekiangense* W. P. Fang, Contr. Biol. Lab. Chin. Assoc. Advancem. Sci. Sect. Bot. 7: 154 (1932); *Acer sinense* var. *kwangtungense* Chun, Sunyatsenia 1 (4): 264 (1934); *Acer wilsonii* var. *kwangtungense* (W. Y. Chun) W. P. Fang, Contr. Biol. Lab. Sci. Soc. China, Bot. Ser. 11: 110 (1939); *Acer angustilobum* var. *kwangtungense* (W. Y. Chun) W. P. Fang, Acta Phytotax. Sin. 11 (2): 160 (1966); *Acer sinense* subsp. *chekiangense* (W. P. Fang) A. E. Murray, Kalmia 1: 37 (1969); *Acer campbellii* subsp. *chekiangense* (W. P. Fang) A. E. Murray, Kalmia 8 (1): 2 (1977); *Acer wuyuanense* var. *trichopodum* W. P. Fang et Y. T. Wu, Acta Phytotax. Sin. 17 (1): 76, pl. 11, f. 2 (1979); *Acer wuyuanense* W. P. Fang et Y. T. Wu, Acta Phytotax. Sin. 17 (1): 76, pl. 11, f. 1 (1979); *Acer pubinerve* var. *apiferum* W. P. Fang et P. L. Chiu, Acta Phytotax. Sin. 17 (1): 74, pl. 10, f. 3 (1979); *Acer pubinerve* var. *kwangtungense* (Chun) W. P. Fang, Acta Phytotax. Sin. 17 (1): 75 (1979).

安徽、浙江、江西、贵州、福建、广东、广西。

毛柄枫

●**Acer pubipetiolatum** Hu et Cheng, Bull. Fan Mem. Inst. Biol. Bot., new series. 1: 205 (1948).

贵州、云南。

毛柄枫（原变种）

●**Acer pubipetiolatum** var. **pubipetiolatum**

云南。

屏边毛柄枫

●**Acer pubipetiolatum** var. **pingpienense** W. P. Fang et W. K. Hu, Acta Phytotax. Sin. 11 (2): 170 (1966).

贵州、云南。

糖槭

☆**Acer saccharinum** L., Sp. Pl. 2: 1055 (1753).

黑龙江、辽宁；北美洲。

台湾五裂枫（台湾五槭）

●**Acer serrulatum** Hayata, J. Coll. Sci. Imp. Univ. Tokyo 30 (1): 70 (1911).

Acer oliverianum var. *nakaharai* Hayata, J. Coll. Sci. Imp. Univ. Tokyo 30 (1): 68 (1911); *Acer oliverianum* var. *nakaharae* f. *longistaminum* Hayata, J. Coll. Sci. Imp. Univ. Tokyo 30 (1): 69 (1911); *Acer oliverianum* var. *nakaharae* subvar. *formosanum* Koidz., J. Coll. Sci. Imp. Univ. Tokyo 32 (1): 33 (1911); *Acer oliverianum* var. *microcarpum* Hayata, J. Coll. Sci. Imp. Univ. Tokyo 30 (1): 69 (1911); *Acer oliverianum* subsp. *formosanum* (Koidz.) E. Murray, Kalmia 1: 17 (1969).

台湾。

陕甘枫（小叶青皮枫）

●**Acer shenkanense** W. P. Fang et Soong, Fl. Tsinling. 1 (3):

452 (1981).

Acer cultratum Wall, Pl. Asiat. Rar. 2: 4 (1830); *Acer laetum* C. A. Mey., Verz. Kauk. Pflanz. 206 (1831); *Acer lobelii* var. *indicum* Pax, Bot. Jahrb. 7: 236 (1886); *Acer laetum* var. *cultratum* (Wall.) Pax in Engler, Pflanzenr. IV. 163 (Heft 8): 48 (1902); *Acer laetum* var. *tricaudatum* Rehder ex Veitch, J. Roy. Hort. Soc. 29 (3): 254, f. 100 (1904); *Acer cappadocicum* subsp. *sinicum* Rehder, Pl. Wilson. 1 (1): 85 (1911); *Acer cappadocicum* var. *indicum* (Pax) Rehder, Pl. Wilson. 1: 86 (1911); *Acer cappadocicum* f. *tricaudatum* (Rehder ex Veitch) Rehder, Pl. Wilson. 1 (1): 86 (1911); *Acer cappadocicum* var. *tricaudatum* (Rehder ex Veitch) Rehder, Stand. Cycl. Hort. 1: 199 (1914); *Acer cappadocicum* var. *cultratum* (Wall.) W. P. Fang, Contr. Biol. Lab. Sci. Soc. China, Bot. Ser. 11: 36 (1939); *Acer fulvescens* var. *fupingense* W. P. Fang et W. K. Hu, Acta Phytotax. Sin. 11 (2): 144 (1966); *Acer cappadocicum* f. *rubrocarpum* A. E. Murray, Kalmia 8 (1): 4 (1977); *Acer cappadocicum* subsp. *trilobum* (Yalt.) A. E. Murray, Kalmia 8 (2-3): 17 (1978); *Acer fulvescens* subsp. *fupingense* (W. P. Fang et W. K. Hu) W. P. Fang et W. K. Hu, Acta Phytotax. Sin. 17 (1): 65 (1979); *Acer fulvescens* subsp. *fuscescens* W. P. Fang, Acta Phytotax. Sin. 17 (1): 66, pl. 9, f. 1 (1979); *Acer tricaudatum* W. P. Fang et C. C. Fu, Fl. Tsinling. 1 (3): 452, f. 192 (1981).

陕西、甘肃、湖北、四川。

平坝枫 （世纬槭）

●**Acer shihweii** F. Chun et W. P. Fang, Acta Phytotax. Sin. 11 (2): 165 (1966).

贵州。

锡金枫

Acer sikkimense Miq., Arch. Neerl. Sci. Exact. Nat. 2: 471 (1867).

Acer hookeri Miq., Arch. Neerl. 2: 471 (1867); *Acer sikkimense* var. *serrulatum* Pax, Bot. Jahrb. Syst. 7 (3): 215 (1886); *Acer sikkimense* var. *subintegrum* Schwer., Gartenflora 42: 229 (1893); *Acer hookeri* var. *normale* Schwer., Gartenflora 42: 229 (1893); *Acer sikkimense* subsp. *hookeri* (Miq.) Wesm., Bull. Soc. Roy. Bot. Belgique 29: 44 (1902); *Acer hookeri* var. *orbiculare* W. P. Fang et Y. T. Wu, Acta Phytotax. Sin. 17 (1): 83 (1979); *Acer medogense* T. Z. Hsu et Z. K. Zhou, Acta Bot. Yunnan. 19 (1): 29, f. 1, 1-4 (1997); *Acer pluridens* T. Z. Hsu et H. Sun, Acta Bot. Yunnan. 19 (1): 31, f. 2 (1997).

云南、西藏；缅甸、不丹、尼泊尔、印度。

中华枫 （华槭，华槭树，丫角树）

●**Acer sinense** Pax, Hooker's Icon. Pl. 19 (4), pl. 1897 (1889).

Liquidambar rosthornii Diels, Bot. Jahrb. Syst. 29 (3-4): 380 (1900); *Acer sinense* var. *concolor* Pax in Engler, Pflanzenr. IV. 163 (Heft 8): 22 (1902); *Acer sinense* var. *iatrophifolium* Diels, Notizbl. Bot. Gart. Berlin-Dahlem 11 (103): 211 (1931); *Acer sinense* var. *brevilobum* W. P. Fang, Contr. Biol. Lab. Chin. Assoc. Advancem. Sci., Sect. Bot. 11: 66 (1939); *Acer sinense* var. *longilobum* W. P. Fang, Contr. Biol. Lab. Chin. Assoc. Advancem. Sci., Sect. Bot. 11: 86 (1939); *Acer sinense* var. *microcarpum* F. P. Metcalf, Lingnan Sci. J. 20: 223 (1942); *Acer cappadocicum* var. *serrulatum* F. P. Metcalf, Lingnan Sci. J. 20: 220 (1942); *Acer bicolor* F. Chun, J. Arnold Arbor. 28 (4): 420 (1948); *Acer prolificum* W. P. Fang et M. Y. Fang, Acta Phytotax. Sin. 11 (2): 154 (1966); *Acer sunyiense* W. P. Fang, Acta Phytotax. Sin. 11 (2): 154 (1966); *Acer tutcheri* var. *serratifolium* W. P. Fang, Acta Phytotax. Sin. 11 (2): 161 (1966); *Acer bicolor* var. *serulatum* (F. P. Metcalf) W. P. Fang, Acta Phytotax. Sin. 11 (2): 157 (1966); *Acer bicolor* var. *serratifolium* (W. P. Fang) W. P. Fang, Acta Phytotax. Sin. 17 (1): 75 (1979); *Acer sinense* var. *undulatum* W. P. Fang et Y. T. Wu, Acta Phytotax. Sin. 17 (1): 73 (1979); *Acer brachystephyanum* T. Z. Hsu, Guihaia 11 (1): 11, f. 1-2 (1991); *Acer campbellii* subsp. *sinense* (Pax) P. C. DeJong, Maples of the World 128 (1994).

河南、湖北、四川、贵州、福建、广东、广西。

滨海枫 （罗浮槭）

●**Acer sino-oblongum** F. P. Metcalf, Lingnan Sci. J. 11 (2): 202 (1932).

广东。

天目枫

●**Acer sinopurpurascens** W. C. Cheng, Contr. Biol. Lab. Chin. Assoc. Advancem. Sci., Sect. Bot. 6: 62, f. 2 (1931).

Acer diabolicum subsp. *sinopurpurascens* (W. C. Cheng) A. E. Murray, Kalmia 8: 6 (1977).

安徽、浙江、江西、湖北。

毛叶枫

Acer stachyophyllum Hiern, Fl. Brit. Ind. 1 (3): 694 (1875).

Acer tetramerum var. *elobulatum* Rehder, Pl. Wilson. 1 (1): 95 (1911); *Acer tetramerum* var. *tiliifolium* Rehder, Pl. Wilson. 1 (1): 96 (1911); *Acer tetramerum* var. *elobulatum* f. *longeracemosum* Pax, Pl. Wilson. 1 (1): 95 (1911); *Acer tetramerum* var. *elobulatum* f. *viridicarpum* Pax, Contr. Biol. Lab. Sci. Soc. China, Bot. Ser. 7: 184 (1932); *Acer tetramerum* var. *elobulatum* f. *mapienense* Pax, Contr. Biol. Lab. Sci. Soc. China, Bot. Ser. 7: 183 (1932); *Acer muliense* var. *pentaneurum* W. P. Fang et W. K. Hu, Acta Phytotax. Sin. 11 (2): 183 (1966); *Acer muliense* W. P. Fang et W. K. Hu, Acta Phytotax. Sin. 11 (2): 182 (1966); *Acer stachyophyllum* var. *pentaneurum* (W. P. Fang et W. K. Hu) W. P. Fang, Acta Phytotax. Sin. 17 (1): 85 (1979); *Acer tetramerum* var. *dolichurum* W. P. Fang et Y. T. Wu, Acta Phytotax. Sin. 17 (1): 85, pl. 14, f. 2 (1979).

河南、陕西、宁夏、甘肃、湖北、四川、云南、西藏；缅甸、不丹、尼泊尔、印度。

毛叶枫 （原亚种）

Acer stachyophyllum subsp. **stachyophyllum**

湖北、四川、云南、西藏；不丹、印度、缅甸、尼泊尔。

四蕊枫

Acer stachyophyllum subsp. **betulifolium** (Maxim.) P. C. DeJong, Maples of The World 168 (1994).

Acer betulifolium Maxim., Trudy Imp. S.-Peterburgsk. Bot. Sada 11 (1): 108 (1889); *Acer tetramerum* Pax, Hooker's Icon. Pl. 19 (4), pl. 1897, no. 13 (1889); *Acer tetramerum* var. *lobulatum* Rehder, Repert. Spec. Nov. Regni Veg. 1: 174 (1905); *Acer tetramerum* var. *betulifolium* (Maxim.) Rehder, Pl. Wilson. 1 (1): 95 (1911); *Acer tetramerum* var. *haopingense* W. P. Fang, Acta Phytotax. Sin. 11 (2): 182 (1966); *Acer megalodum* W. P. Fang et H. Y. Su, Acta Phytotax. Sin. 17 (1): 84, pl. 14, f. 3 (1979); *Acer lauyuense* W. P. Fang ex C. C. Fu, Fl. Tsinling. 1 (3): 454 (1981).

河南、陕西、宁夏、甘肃、湖北、四川、云南、西藏；缅甸。

苹婆枫

Acer sterculiaceum Wall., Pl. Asiat. Rar. 2: 3, pl. 105 (1830).

河南、陕西、湖南、湖北、四川、贵州、云南、西藏；不丹、印度。

苹婆枫（原亚种）

Acer sterculiaceum subsp. **sterculiaceum**

Acer villosum f. *euvillosum* Schwer., Handb. Laubholzben. 307 (1903); *Acer villosum* f. *sterculiaceum* (Wall.) Schwerin, Handb. Laubholzben. 3 07 (1903).

云南、西藏；不丹、印度。

房县枫（山枫香树，富氏槭）

●**Acer sterculiaceum** subsp. **franchetii** (Pax) A. E. Murray, Kalmia 1: 2 (1969).

Acer franchetii Pax, Hooker's Icon. Pl. 19 (4), text to pl. 1897 (1889); *Acer schoenermarkiae* Pax in Engler, Pflanzenr. IV. 163 (Heft 8): 71, pl. 13 (1902); *Acer schoenermarkiae* var. *oxycolpum* Hand.-Mazz, Kaiserl. Akad. Wiss. Wien, Math.-Naturwiss. Kl., Denkschr. 62: 269 (1920); *Acer franchetii* var. *megalocarpum* W. P. Fang et W. K. Hu, Acta Phytotax. Sin. 11 (2): 177 (1966); *Acer franchetii* var. *schoenermarkiae* (Pax) W. P. Fang et H. F. Chow, Acta Phytotax. Sin. 11: 177 (1966).

河南、陕西、湖北、四川、贵州、云南。

四川枫（川槭）

●**Acer sutchuenense** Franch., J. Bot. (Morot) 8 (17): 294 (1894).

Crula sutchuenensis (Franch.) Nieuwl., Amer. Midl. Naturalist 2: 141 (1911); *Acer tienchuanense* W. P. Fang et Soong, Acta Phytotax. Sin. 11 (2): 187 (1966); *Acer sutchuenense* subsp. *tienchuanense* (W. P. Fang et Soong) W. P. Fang, Acta Phytotax. Sin. 17 (1): 86 (1979); *Acer emeiense* T. Z. Hsu, Acta Bot. Yunnan. 5 (3): 281, pl. 1 (1983).

湖南、湖北、四川。

角叶枫（丝栗槭）

●**Acer sycopseoides** F. Chun, Hooker's Icon. Pl. 32 (3), t. 3160

(1932).

Acer coriaceifolium subsp. *obscurilobum* A. E. Murray, Kalmia 8 (1): 5 (1977).

贵州、云南、广西。

鞑靼槭

Acer tataricum L., Sp. Pl. 2: 1054 (1753).

甘肃、安徽、广东；蒙古国、日本、韩国、阿富汗、俄罗斯、亚洲西南部、欧洲中部和东南部。

茶条枫（茶条，茶条槭，华北茶条槭）

Acer tataricum subsp. **ginnala** (Maxim.) Wesmael, Bull. Soc. Roy. Bot. Belgique 29: 31 (1890).

Acer ginnala Maxim., Mélanges Biol. Bull. Phys.-Math. Acad. Imp. Sci. Saint-Pétersbourg 2: 415 (1856); *Acer ginnala* subsp. *euginnala* Pax, Bot. Jahrb. Syst. 7 (2): 185 (1886); *Acer tataricum* var. *laciniatum* Regel, Mélanges Biol. Bull. Phys.-Math. Acad. Imp. Sci. Saint-Pétersbourg 2: 483 (1957); *Acer tataricum* var. *ginnala* (Maxim.) Maxim., Mém. Acad. Imp. Sci. St.-Pétersbourg Divers Savans 9: 57 (1959); *Acer theiferum* W. P. Fang, Acta Phytotax. Sin. 11 (2): 151 (1966).

黑龙江、吉林、辽宁、内蒙古、河北、山西、山东、河南、陕西、宁夏、甘肃、江苏、江西；蒙古国、日本、朝鲜、俄罗斯。

天山枫

Acer tataricum subsp. **semenovii** (Regel et Herder) A. E. Murray, Kalmia 12: 17 (1982).

Acer semenovii Regel et Herd., Bull. Soc. Imp. Naturalistes Moscou 39: 550, t. 12, f. 3-4 (1866); *Acer tataricum* subsp. *semenovii* (Regel et Herder) Regel, Bull. Soc. Imp. Naturalistes Moscou 53: 174, 199, 204 (1878); *Acer tataricum* var. *semenovii* (Regel et Herder) Wesm., Bull. Soc. Roy. Bot. Belgique 29: 31 (1890); *Acer ginnala* var. *semenowii* (Regel et Herder) Pax in Engler, Pflanzenr. IV. 163 (Heft 8): 12 (1902).

新疆；阿富汗、俄罗斯、亚洲西南部。

苦条枫（苦津茶，银桑叶）

●☆**Acer tataricum** subsp. **theiferum** (W. P. Fang) Y. S. Chen et P. C. DeJong, Fl. China 11: 546 (2008).

Acer ginnala subsp. *theiferum* W. P. Fang, Acta Phytotax. Sin. 17 (1): 72 (1979); *Acer tataricum* var. *acuminata* Franch., Nouv. Arch. Mus. Hist. Nat. sér. 2 5: 228 (1883).

河南、陕西、安徽、江苏、浙江、江西、湖北、广东。

青楷枫（青楷槭，青楷子，辽东槭）

Acer tegmentosum Maxim., Bull. Cl. Phys.-Math. Acad. Imp. Sci. Saint-Pétersbourg 15: 125 (1856).

Acer pensylvanicum var. *tegmentosum* (Maxim.) Wesm., Bull. Soc. Roy. Bot. Belgique 29: 62 (1890); *Acer tegmentosum* var. *hersii* (Rehder) A. E. Murray, Kalmia 10: 8 (1980); *Acer tegmentosum* subsp. *hersii* (Rehder) A. E. Murray, Kalmia 12:

12 (1982).

黑龙江、吉林、辽宁；朝鲜、俄罗斯。

薄叶枫（瘦槭）

●**Acer tenellum** Pax, Hooker's Icon. Pl. 19 (4), t. 1897 (1889).

Acer cappadocicum var. *rotundilobum* A. E. Murray, Kalmia 8: 4 (1977).

湖北、四川。

薄叶枫（原变种）

●**Acer tenellum** var. **tenellum**

湖北、四川。

七裂薄叶枫

●**Acer tenellum** var. **septemlobum** (W. P. Fang et Soong) W. P. Fang et Soong, Acta Phytotax. Sin. 17 (1): 61 (1979).

Acer mono Maxim. f. *septemlobum* W. P. Fang et Soong, Acta Phytotax. Sin. 11 (2): 146 (1966).

四川。

巨果枫

Acer thomsonii Miq., Arch. Neerl. 2: 470 (1867).

Acer villosum var. *thomsonii* (Miq.) Hiern, Fl. Brit. Ind. 1 (3): 695 (1875); *Acer franchetii* var. *majus* Hu, Bull. Fan Mem. Inst. Biol. Bot., ser. 8: 37 (1937); *Acer huianum* W. P. Fang et C. K. Hsieh, Acta Phytotax. Sin. 11 (2): 178 (1966); *Acer sterculiaceum* subsp. *thomsonii* (Miq.) A. E. Murray, Kalmia 1: 37 (1969).

云南、西藏；缅甸、泰国、不丹、尼泊尔、印度。

察隅枫（西藏槭）

●**Acer tibetense** W. P. Fang, Contr. Biol. Lab. Sci. Soc. China, Bot. Ser. 11: 45, pl. 1 (1939).

Acer cappadocicum f. *rubrocarpum* A. E. Murray, Kalmia 8 (1): 4 (1977).

西藏。

粗柄枫

Acer tonkinense Lecomte, Fl. Gen. Indo-Chine 1: 1054 (1912).

Acer liquidambarifolium C. H. Hu et W. C. Cheng, Bull. Fan Mem. Inst. Biol. Bot., new series. 1: 199 (1948); *Acer kwangsiense* W. P. Fang et M. Y. Fang, Acta Phytotax. Sin. 11 (2): 166 (1966); *Acer tonkinense* subsp. *liquidambarifolium* (C. H. Hu et W. C. Cheng) W. P. Fang, Acta Phytotax. Sin. 17 (1): 78, pl. 11, f. 5 (1979); *Acer tonkinense* subsp. *kwangsiense* (W. P. Fang et M. Y. Fang) W. P. Fang, Acta Phytotax. Sin. 17 (1): 78 (1979).

贵州、云南、西藏、广西；越南、缅甸、泰国。

三花枫（伞花槭，拧筋槭）

Acer triflorum Kom., Trudy Imp. S.-Peterburgsk. Bot. Sada 18: 430 (1901).

Acer triflorum var. *subcoriacea* Kom., Trudy Imp. S.-Peterburgsk. Bot. Sada 22: 730 (1904); *Crula triflora* (Kom.) Nieuwl., Amer. Midl. Naturalist 2: 141 (1911); *Acer triflorum* f.

subcoriaceum (Kom.) S. L. Tung, Bull. Bot. Res., Harbin 5 (1): 104 (1985).

黑龙江、吉林、辽宁；朝鲜。

元宝枫（元宝树，平基槭，五脚树，华北五角枫）

Acer truncatum Bunge, Enum. Pl. Chin. Bor. 10 (1833).

Acer laetum var. *truncatum* (Bunge) Regel, Mélanges Biol. Bull. Phys.-Math. Acad. Imp. Sci. Saint-Pétersbourg 2: 601 (1857); *Acer lobelii* subsp. *truncatum* (Bunge) Wesm., Bull. Soc. Roy. Bot. Belgique 29: 56 (1890); *Acer truncatum* var. *nudum* Schwerin, Mitt. Deutsch. Dendrol. Ges. 5: 81 (1896); *Acer lobulatum* Nakai, J. Jap. Bot. 18: 608 (1942); *Acer lobulatum* var. *rubripes* Nakai, J. Jap. Bot. 18: 609 (1942); *Acer cappadocicum* subsp. *truncatum* (Bunge) A. E. Murray, Kalmia 8: 5 (1977); *Acer platanoides* var. *truncatum* (Bunge) Gams, Korean J. Pl. Taxon. (1983); *Acer truncatum* var. *beipiao* S. L. Tung, Bull. Bot. Res., Harbin 5 (1): 105, pl. 3, f. 7-8 (1985); *Acer truncatum* f. *cordatum* S. L. Tung, Bull. Bot. Res., Harbin 5 (1): 105, pl. 5, f. 9-10 (1985); *Acer pictum* var. *truncatum* (Bunge) Chin S. Chang, Korean J. Pl. Taxon. 31 (3): 302 (2001).

吉林、辽宁、内蒙古、河北、山西、山东、河南、陕西、甘肃、江苏；朝鲜。

秦岭枫

●**Acer tsinglingense** W. P. Fang et C. C. Hsieh, Acta Phytotax. Sin. 11 (2): 180 (1966).

河南、陕西、甘肃。

岭南枫（岭南槭树）

●**Acer tutcheri** Duthie, Bull. Misc. Inform. Kew (1): 16 (1908).

浙江、江西、湖南、福建、台湾、广东、广西。

岭南枫（原变种）

Acer tutcheri var. **tutcheri**

Liquidambar edentata Merr., J. Arnold Arbor. 8 (1): 6 (1927); *Acer oliverianum* var. *tutcheri* (Duthie) F. P. Metcalf ex Kussm, Handb. Laubgeh. 1: 104 (1959).

浙江、江西、湖南、福建、广东、广西。

小果岭南枫（台湾岭南槭）

●**Acer tutcheri** var. **shimadae** Hayata, J. Coll. Sci. Imp. Univ. Tokyo 30 (1): 70 (1911).

Acer oliveranum var. *nakaharae* subvar. *trilobatum* Koidz., J. Coll. Sci. Imp. Univ. Tokyo 32 (1): 34, f. 2 (1911); *Acer tutcheri* subsp. *formosanum* A. E. Murray, Kalmia 8: 11 (1977).

台湾。

花楷枫（花楷槭）

Acer ukurunduense Trautv. et C. A. Mey., Fl. Ochot. Phaenog. 1 (2): 24 (1856).

Acer dedyle Maxim., Bull. Cl. Phys.-Math. Acad. Imp. Sci. Saint-Pétersbourg 15 (1856); *Acer spicatum* var. *ukurunduense*

(Trautv. et C. A. Mey.) Maxim., Mém. Acad. Imp. Sci. St.-Pétersbourg Divers Savans 9: 65, 388 (1859); *Acer spicatum* var. *ussuriense* Budisch., Zapisk. Sibirsk. Otd. Russk. Geogr. Obshch. 9-10: 108 (1867); *Acer caudatum* var. *ukurunduense* (Trautv. et C. A. Mey.) Rehder, Trees et Shrubs 1 (4): 154, pl. 82 (1905); *Acer lasiocarpum* H. Lév. et Vaniot, Bull. Soc. Bot. France 53: 591 (1906); *Acer caudatum* subsp. *ukurunduense* (Trautv. et Meyer) A. E. Murray, Arbor. Bull., Washington 17: 51 (1966); *Acer ukurunduense* var. *changbaishanense* W. Cao, Bull. Bot. Res., Harbin 16 (4): 426, f. 1 (1996).

黑龙江、吉林、辽宁；日本、朝鲜、俄罗斯。

天峨枫（黄志槭）

●**Acer wangchii** W. P. Fang, Acta Phytotax. Sin. 11 (2): 168 (1966).

贵州、广西。

滇藏枫

Acer wardii W. W. Sm., Notes Roy. Bot. Gard. Edinburgh 10 (46): 8 (1917).

Acer mirabilis Hand.-Mazz., Anz. Kaiserl. Akad. Wiss. Wien, Math.-Naturwiss. Kl. Anz. 61: 84 (1925).

云南、西藏；缅甸、印度。

三峡枫（武陵槭）

Acer wilsonii Rehder, Trees et Shrubs 1 (4): 157, pl. 79 (1905).

Acer angustilobum H. H. Hu, J. Arnold Arbor. 12 (3): 154 (1931); *Acer angustilobum* f. *longicaudatum* W. P. Fang, Acta Phytotax. Sin. 11 (2): 160 (1966); *Acer angustilobum* var. *sichourense* W. P. Fang et M. Y. Fang, Acta Phytotax. Sin. 11 (2): 161 (1966); *Acer taipuense* W. P. Fang, Acta Phytotax. Sin. 11 (2): 163 (1966); *Acer tutcheri* subsp. *angustilobum* A. E. Murray, Kalmia 8 (1): 11 (1977); *Acer wilsonii* subsp. *burmense* A. E. Murray, Kalmia 8 (23): 20 (1978); *Acer sichourense* (W. P. Fang et M. Y. Fang) W. P. Fang, Acta Phytotax. Sin. 17 (1): 74, pl. 12, f. 1 (1979); *Acer wilsonii* var. *longicaudatum* (W. P. Fang) W. P. Fang, Acta Phytotax. Sin. 17 (1): 77 (1979); *Acer wilsonii* var. *obtusum* W. P. Fang et Y. T. Wu, Acta Phytotax. Sin. 17 (1): 77 (1979); *Acer compbellii* subsp. *wilsonii* (Rehder) DeJong, Malpes of the Word. 69 (1994).

河南、陕西、江苏、浙江、江西、湖南、湖北、四川、贵州、云南、广东、广西；越南、缅甸、泰国。

漾濞枫（漾濞槭）

●**Acer yangbiense** Y. S. Chen et Q. E. Yang, Novon 13 (3): 296, f. 1, 2 (2003).

云南。

都安枫（荫昆槭）

●**Acer yinkunii** W. P. Fang, Acta Phytotax. Sin. 11 (2): 169 (1966).

广西。

川甘枫（季川槭）

●**Acer yui** W. P. Fang, Contr. Biol. Lab. Sci. Soc. China, Bot. Ser. 9 (3): 235, f. 22 (1934).

Acer yui var. *leptocarpum* W. P. Fang et Y. T. Wu, Acta Phytotax. Sin. 17 (1): 79 (1979).

甘肃、四川。

蒙山槭

●**Acer mengshanensis** Y. Q. Zhu, Shandong Forestry Science and Technology 38 (5): 37 (2008).

山东。

七叶树属　Aesculus L.

长柄七叶树（滇缅七叶树，焕镛七叶树，多脉七叶树）

Aesculus assamica Griffith, Not. Pl. Asiat. 4: 540 (1854).

Aesculus punduana Wall. ex Hiern, Fl. Brit. Ind. 1: 675 (1875); *Aesculus lantsangensis* H. H. Hu et W. P. Fang, J. Sichuan Univ., Nat. Sci. Ed. 1960 (3): 87, pl. 3 (1962); *Aesculus chuniana* H. H. Hu et W. P. Fang, J. Sichuan Univ., Nat. Sci. Ed. 1960 (3): 101, pl. 11 (1962); *Aesculus coriaceifolia* W. P. Fang, J. Sichuan Univ., Nat. Sci. Ed. 1960 (3): 107, Pl. 14 (1962); *Aesculus polyneura* H. H. Hu et W. P. Fang, J. Sichuan Univ., Nat. Sci. Ed. 1960 (3): 89, pl. 4 (1962); *Aesculus megaphylla* H. H. Hu et W. P. Fang, J. Sichuan Univ., Nat. Sci. Ed. 1960 (3): 104, pl. 12 (1962); *Aesculus polyneura* var. *dongchuanensis* X. W. Li et W. Y. Yin, Bull. Bot. Res., Harbin 10 (1): 53, f. 1 (1990).

贵州、云南、西藏、广西；越南、老挝、缅甸、泰国、不丹、印度、孟加拉国。

七叶树

●**Aesculus chinensis** Bunge, Enum. Pl. Chin. Bor. 10 (1833).

原产于河南、陕西、甘肃、安徽、江苏、浙江、江西、湖南、湖北、四川、重庆、贵州、云南、广东，栽培于河北、山西。

七叶树（原变种）

●**Aesculus chinensis** var. **chinensis**

Aesculus chekiangensis Hu et W. P. Fang, J. Sichuan Univ., Nat. Sci. Ed. 3: 86, pl. 2 (1960); *Aesculus chinensis* var. *chekiangensis* (Hu et W. P Fang) W. P Fang, Fl. Reipubl. Popularis Sin. 46: 277 (1981).

河北、山西、河南、陕西、江苏、浙江。

天师栗（娑罗果，娑罗子，猴板栗）

●**Aesculus chinensis** var. **wilsonii** (Rehder) Turland et N. H. Xia, Novon 15 (3): 489 (2005).

Aesculus wilsonii Rehder in Sargent, Pl. Wilson. 1 (3): 498 (1913); *Aesculus indica* (Wall. ex Cambess.) Hook., Bot. Mag. 85, pl. 5117 (1859); *Actinotinus sinensis* Oliv., Hooker's Icon. Pl. 18, t. 1740 (1888).

河南、陕西、甘肃、江西、湖南、湖北、四川、重庆、贵州、云南、广东。

欧洲七叶树

☆Aesculus hippocastanum L, Sp. Pl. 344 (1753).

中国各地广泛栽培；原产于欧洲，世界各地广泛栽培。

小果七叶树（菊川七叶树）

●Aesculus tsiangii Hu et W. P. Fang, J. Sichuan Univ., Nat. Sci. Ed. 3: 93, pl. 6-7 (1960).

贵州、广西。

日本七叶树

☆Aesculus turbinata Blume, Rumphia 3: 195 (1847).

Aesculus japonica Hort. ex Schneider, Ill. Handb. Laubholzk. 2: 246 (1909); *Aesculus sinensis* Hort. ex Bean, Bot. Mag. 143, pl. 8713 (1917); *Aesculus turbinata* var. *pubescens* Rehder, J. Arnold Arbor. 3: 219 (1922); *Aesculus turbinata* f. *pubescens* (Rehder) Ohwi ex Yas. Endo in Iwatsuki et al., eds., Fl. Japan 2 c: 76 (1999).

山东、上海；日本。

云南七叶树

●Aesculus wangii Hu, J. Sichuan Univ., Nat. Sci. Ed. 13: 99, Pl. 9-10 (1960).

云南。

石生七叶树

●Aesculus wangii var. rupicola (Hu et W. P. Fang) W. P. Fang, Fl. Reipubl. Popularis Sin. 46: 284 (1981).

Aesculus rupicola Hu et W. P. Fang, J. Sichuan Univ., Nat. Sci. Ed. 3 : 92, pl. 5 (1962).

云南。

异木患属　Allophylus L.

波叶异木患

Allophylus caudatus Radlk., Sitzungsber. Math.-Phys. Cl. Königl. Bayer. Akad. Wiss. München 38: 231 (1909).

云南；越南。

大叶异木患

Allophylus chartaceus (Kurz.) Radlk. in Engler, Pflanzenr. 3 (5): 313 (1895).

Schmidelia chartacea Kurz., J. Asiat. Soc. Bengal 43 (2): 183 (1874); *Allophylus zeylanicus* var. *grandifolius* Hiern, Fl. Brit. Ind. 1 (3): 673 (1875).

西藏；不丹、印度。

滇南异木患

Allophylus cobbe var. velutinus Corner, Gard. Bull. Straits Settlem. 10: 41 (1939).

云南；越南、缅甸、泰国、马来西亚、印度。

五叶异木患

Allophylus dimorphus Radlk. in Brux., Act. Congr. Int. Bot. (Brux.) 1877: 126 (1879).

海南；菲律宾、越南。

云南异木患

Allophylus hirsutus Radlk., Sitzungsber. Math.-Phys. Cl. Königl. Bayer. Akad. Wiss. München 38: 228 (1909).

Allophylus trichophyllus Merr. et Chun, Sunyatsenia 2 (3-4): 270, pl. 57 (1935).

云南、海南；泰国、柬埔寨。

长柄异木患

Allophylus longipes Radlk., Sitzungsber. Math.-Phys. Cl. Königl. Bayer. Akad. Wiss. München 38: 233 (1909).

贵州、云南；越南。

广西异木患

Allophylus petelotii Merr., J. Arnold Arbor. 19 (1): 46 (1938).

广西；越南。

单叶异木患

●Allophylus repandifolius Merr. et Chun, Sunyatsenia 5 (1-3): 113, t. 16 (1940).

海南。

帝汶异木患

Allophylus timorensis (DC.) Blume, Rumphia. 3: 130 (1847).

Schmidelia timorensis DC., Prodr. (DC.) 1: 611 (1824).

台湾、海南；菲律宾、马来半岛、巴布亚新几内亚。

异木患（大果，小叶枫）

Allophylus viridis Radlk., Sitzungsber. Math.-Phys. Cl. Königl. Bayer. Akad. Wiss. München 38: 229 (1909).

广东、海南；越南。

细子龙属　Amesiodendron Hu

细子龙（莺哥木，坡露，田林细子龙）

Amesiodendron chinense (Merr.) Hu, Bull. Fan Mem. Inst. Biol. Bot. 7: 207 (1937).

Paranephelium chinense Merr., Lingnan Sci. J. 14 (1): 30, f. 10 (1935); *Amesiodendron tienlinensis* H. S. Lo, Acta Phytotax. Sin. 17 (2): 36 (1979); *Amesiodendron integrifoliolatum* H. S. Lo, Acta Phytotax. Sin. 17 (2): 36, f. 3 (1979).

贵州、云南、广西、海南；越南、老挝、缅甸、泰国、马来西亚、印度尼西亚。

滨木患属　Arytera Bl.

滨木患

Arytera littoralis Blume, Rumphia. 3: 170 (1847).

云南、广东、广西、海南；印度、亚洲东南部。

黄梨木属　Boniodendron Gagnep.

黄梨木（采木树，黄达木，米琼）

●Boniodendron minius (Hemsl.) T. C. Chen, Acta Phytotax.

Sin. 17 (2): 38 (1979).

Koelreuteria minor Hemsl., Hooker's Icon. Pl. 27 (2), pl. 2642 (1900); *Sinoradlkofera minor* (Hemsl.) F. G. Mey., J. Arnold Arbor. 58 (2): 185 (1977).

湖南、贵州、云南、广东、广西。

倒地铃属 Cardiospermum L.

倒地铃（风船葛，金丝苦楝藤，野苦瓜）

Cardiospermum halicacabum L., Sp. Pl. 1: 366 (1753).

Cardiospermum corindum L., Sp. Pl., ed. 2 1: 526 (1762); *Cardiospermum microcarpum* Kunth, Nov. Gen. Sp. 5: 104 (1821); *Cardiospermum halicacabum* var. *microcarpum* (Kunth) Blume, Rumphia. 3: 185 (1847).

甘肃、湖北、四川、贵州、云南、福建、台湾、海南；广布于世界热带、亚热带。

茶条木属 Delavaya Franch.

茶条木（黑枪杆，滇木瓜，米香树）

Delavaya toxocarpa Franch., Bull. Soc. Bot. France 33: 462 (1886).

Delavaya yunnanensis Franch., Pl. Delavay. 142, pl. 27-28 (1889).

云南、广西；越南。

龙眼属 Dimocarpus Lour.

龙荔（肖韶子）

Dimocarpus confinis (F. C. How et C. N. Ho) H. S. Lo, Acta Phytotax. Sin. 17 (2): 32 (1979).

Pseudonephelium confine F. C. How et C. N. Ho, Acta Phytotax. Sin. 3 (4): 390, pl. 54 (1955).

湖南、贵州、云南、广东、广西；越南。

灰岩肖韶子

●**Dimocarpus fumatus** subsp. **calcicola** C. Y. Wu, Fl. Yunnan. 1: 269 (1977).

云南。

龙眼（圆眼，桂圆，羊眼果树）

●☆**Dimocarpus longana** Lour., Fl. Cochinch., ed. 2 1: 233 (1790).

Euphoria longana Lam., Encycl. 3 (1): 574 (1792); *Euphoria longana* (Lour.) Steud., Nomencl. Bot. (Steudel) 1: 328 (1821); *Nephelium longana* (Lam.) Cambess., Mém. Mus. Hist. Nat. 18: 30 (1829).

云南、广西、海南，四川、贵州、云南、福建、台湾、广东、广西、海南有栽培；栽培于菲律宾、越南、老挝、缅甸、柬埔寨、泰国、马来西亚、印度尼西亚、斯里兰卡、印度，热带澳大利亚和美国有引种。

滇龙眼

●**Dimocarpus yunnanensis** (W. T. Wang) C. Y. Wu et T. L. Ming, Fl. Yunnan. 1: 269 (1977).

Xerospermum yunnanense W. T. Wang, Acta Phytotax. Sin. 6 (3): 287, pl. 49, f. 13 (1957).

云南。

金钱槭属 Dipteronia Oliv.

云南金钱槭（云南金钱枫，辣子树，飞天子）

●**Dipteronia dyeriana** Henry, Gard. Chron., ser. 3 33: 22 (1903).

Dipteronia sinensis subsp. *dyerana* (Henry) A. E. Murray., Kalmia 8 (23): 15 (1978).

云南。

金钱槭（双轮果）

●**Dipteronia sinensis** Oliv., Hooker's Icon. Pl. 19 (4), t. 1898 (1889).

Acer dielsii H. Lév., Repert. Spec. Nov. Regni Veg. 10 (260-262): 432 (1912); *Dipteronia sinensis* var. *taipeiensis* W. P. Fang et M. Y. Fang, Acta Phytotax. Sin. 11 (2): 139 (1966); *Dipteronia sinensis* f. *taipaiensis* (W. P. Fang et M. Y. Fang) A. E. Murray, Kalmia 8 (2-3): 16 (1978).

山西、河南、陕西、甘肃、湖南、湖北、四川、贵州。

车桑子属 Dodonaea Miller

车桑子（坡柳，明油子）

Dodonaea viscosa Jacquem., Enum. Syst. Pl. 19 (1760).

Ptelea viscosa L., Sp. Pl. 1: 118 (1753).

四川、云南、福建、台湾、广东、广西、海南；广泛分布于热带和亚热带。

伞花木属 Eurycorymbus Hand-Mazz.

伞花木

●**Eurycorymbus cavaleriei** (H. Lév.) Rehder et Hand.-Mazz., J. Arnold Arbor. 15 (1): 8 (1934).

Rhus cavaleriei H. Lév., Repert. Spec. Nov. Regni Veg. 10 (263-265): 474 (1912); *Eurycorymbus austrosinensis* Hand.-Mazz., Kaiserl. Anz. Akad. Wiss. Wien, Math.-Naturwiss. Kl. 59: 104, pl. 9, f. 5, 6 (1932).

江西、湖南、湖北、四川、贵州、云南、福建、台湾、广东、广西。

掌叶木属 Handeliodendron Rehder

掌叶木

●**Handeliodendron bodinieri** (H. Lév.) Rehder, J. Arnold Arbor. 16 (1): 66, pl. 119, f. 1 (1935).

Sideroxylon bodinieri H. Lév., Fl. Kouy-Tcheou 384 (1914).

贵州、广西。

假山萝属 Harpullia Roxb.

假山萝（哈甫木）

Harpullia cupanioides Roxb. in Roxb. Fl. Ind. 2: 442 (1824).

云南、广东、海南；菲律宾、马来西亚、印度、孟加拉国、巴布亚新几内亚。

栾树属 **Koelreuteria** Laxm.

复羽叶栾树

●☆**Koelreuteria bipinnata** Franch., Bull. Soc. Bot. France 33: 463 (1886).

Koelreuteria integrifolia Merr., Philipp. J. Sci. 21 (5): 500 (1922); *Koelreuteria bipinnata* var. *puberula* Chun, Acta Phytotax. Sin. 3 (4): 408 (1955); *Koelreuteria bipinnata* var. *apiculata* (Rehder et E. H. Wilson) F. C. How et C. N. Ho, Acta Phytotax. Sin. 3 (4): 407 (1955); *Koelreuteria bipinnata* var. *integrifolia* (Merr.) T. C. Chen, Acta Phytotax. Sin. 17 (2): 38 (1979).

湖南、湖北、四川、贵州、云南、广东、广西。

台湾栾树

●**Koelreuteria elegans** subsp. **formosana** (Hayata) F. G. Mey., J. Arnold Arbor. 57 (2): 162 (1976).

Koelreuteria formosana Hayata, Icon. Pl. Formosan. 3: 64, t. 13 (1913); *Koelreuteria henryi* Dümmer, Gard. Chron. ser. 3 52: 148 (1912).

台湾。

栾树（木栾，栾华，五乌拉叶）

Koelreuteria paniculata Laxm., Novi Comment. Acad. Sci. Imp. Petrop. 16: 563, f. 1 (1772).

Sapindus chinensis Thunb., Syst. Veg. 13: 315 (1774); *Koelreuteria chinensis* (Thunb.) Hoffmanns., Verz. Pfl.-Kult. 70 (1824); *Koelreuteria apiculata* Rehder et E. H. Wilson, Pl. Wilson. 2 (1): 191 (1914); *Koelreuteria paniculata* var. *apiculata* (Rehder et E. H. Wilson) Rehder, J. Arnold Arbor. 20 (4): 418 (1939).

辽宁、河北、山西、山东、河南、陕西、甘肃、安徽、江苏、浙江、四川、云南、西藏、福建；日本、朝鲜；广泛栽培于世界各地。

鳞花木属 **Lepisanthes** Blume

心叶鳞花木

Lepisanthes basicardia Radlk., Rec. Bot. Surv. India 3 (3): 345 (1907).

云南；缅甸。

大叶鳞花木

Lepisanthes browniana Hiern, Fl. Brit. Ind. 1 (3): 680 (1875).

云南；缅甸。

茎花赤才

●**Lepisanthes cauliflora** C. F. Liang et S. L. Mo, Guihaia 2 (2): 66, f. 3 (1982).

广西。

光叶茎花赤才

●**Lepisanthes cauliflora** var. **glabrifolia** S. L. Mo et X. X. Lee, Guihaia 2 (2): 67 (1982).

广西。

鳞花木

●**Lepisanthes hainanensis** H. S. Lo, Acta Phytotax. Sin. 17 (2): 31, pl. 1 (1979).

海南。

赛木患

●**Lepisanthes oligophylla** (Merr. et Chun) N. H. Xia et Gadek, Fl. China 12: 13 (2007).

Sapindus oligophyllus Merr. et Chun, Sunyatsenia 2 (3-4): 271, pl. 58 (1935); *Sapindopsis oligophylla* (Merr. et Chun) F. C. How et C. N. Ho, Acta Phytotax. Sin. 3 (4): 386 (1955); *Howethoa oligophylla* (Merr. et Chun) Rauschert, Taxon 31 (3): 562 (1962); *Aphania oligophylla* (Merr. et Chun) Rauschert, Taxon 31 (3): 562 (1974).

海南。

赤才

Lepisanthes rubiginosa (Roxb.) Leenh., Blumea 17 (1): 82 (1969).

Sapindus rubiginosus Roxb., Pl. Coromandel 1: 44, pl. 62 (1795); *Erioglossum rubiginosum* (Roxb.) Blume, Rumphia. 3: 118 (1847).

云南、广东、广西、海南；菲律宾、马来西亚、印度尼西亚、印度、中南半岛、巴布亚新几内亚、热带澳大利亚。

滇赤才

Lepisanthes senegalensis (Poiret) Leen., Blumea 17: 85 (1969).

Sapindus senegalensis Juss. ex Poir., Encycl. 6: 666 (1805); *Scytalia rubra* Roxb. in Roxb., Fl. Ind. 2: 272 (1832); *Sapindus ruber* (Roxb.) Kurz., Forest Fl. Burma 1: 298 (1877); *Aphania rubra* (Roxb.) Radlk., Sitzungsber. Math.-Phys. Cl. Königl. Bayer. Akad. Wiss. München 8: 238 (1878).

云南、广东、广西；菲律宾、缅甸、马来西亚、印度尼西亚、不丹、尼泊尔、印度、孟加拉国、中南半岛、巴布亚新几内亚、非洲。

爪耳木

●**Lepisanthes unilocularis** Leenh., Blumea 17 (1): 73, f. 1 (1969).

Otophora unilocularis (Leenh.) H. S. Lo, Fl. Hainan. 3: 575 (1974).

海南。

荔枝属 **Litchi** Sonn.

荔枝（离枝）

●☆**Litchi chinensis** Sonn., Voy. Indes Orient. 3: 255 (1782).

Nephelium litchi Cambess., Mém. Mus. Hist. Nat. 18: 30 (1829); *Litchi litchi* (Cambess.) Britton, Flora of Bermuda 226 (1918).

原产于广东、海南，四川、贵州、云南、福建、台湾、广东、广西、海南栽培；亚洲东南部有栽培。

柄果木属 **Mischocarpus** Blume

海南柄果木

●**Mischocarpus hainanensis** H. S. Lo, Fl. Hainan. 2: 87, 574, f. 585 (1974).

海南。

褐叶柄果木

Mischocarpus pentapetalus (Roxb.) Radlk., Sitzungsber. Math.-Phys. Cl. Königl. Bayer. Akad. Wiss. München. 9: 646 (1879).

Schleichera pentapetala Roxb., Fl. Ind. 2: 275 (1832); *Mischocarpus fuscensens* Blume, Rumphia. 3: 169 (1847); *Mischocarpus oppositifolius* (Lour.) Merr., Lingnan Sci. J. 7: 313 (1929); *Mischocarpus productus* H. L. Li, J. Arnold Arbor. 25 (3): 306 (1944).

云南、广东、广西；热带亚洲。

柄果木

Mischocarpus sundaicus Blume, Bijdr. Fl. Ned. Ind. 5: 238 (1825).

广东、广西、海南；菲律宾、马来西亚、印度。

韶子属 **Nephelium** L.

韶子

Nephelium chryseum Blume, Rumphia. 3: 105 (1847).

云南、广东、广西；菲律宾、越南、马来西亚。

红毛丹

☆**Nephelium lappaceum** L., Mant. Pl. 1: 125 (1767).

广东、海南；原产于菲律宾、泰国、马来西亚、印度尼西亚，栽培于亚洲东南部。

海南韶子（酸古蚁）

●**Nephelium topengii** (Merr.) H. S. Lo, Fl. Hainan. 2: 84, 574 (1974).

Xerospermum topengii Merr., Philipp. J. Sci. 23 (3): 250 (1923); *Nephelium lappaceum* var. *topengii* (Merr.) F. C. How et C. N. Ho, Acta Phytotax. Sin. 3 (4): 395 (1955).

海南。

假韶子属 **Paranephelium** Miquel

海南假韶子

●**Paranephelium hainanense** H. S. Lo, Fl. Hainan. 3: 575, f. 587 (1874).

海南。

云南假韶子

Paranephelium hystrix W. W. Sm., Rec. Bot. Surv. India 4 (5): 275 (1911).

云南；缅甸。

檀栗属 **Pavieasia** Pierre

广西檀栗

●**Pavieasia kwangsiensis** H. S. Lo, Acta Phytotax. Sin. 17 (2): 35 (1979).

广西。

云南檀栗

Pavieasia yunnanensis H. S. Lo, Acta Phytotax. Sin. 17 (2): 34, f. 2 (1979).

Pavieasia ananensis (Pierre) Pierre, Fl. Forest. Cochinch. Fasc. 20, t. 317 (1894).

云南；越南。

番龙眼属 **Pometia** J. R. Forster et G. Forster

番龙眼（绒毛番龙眼）

Pometia pinnata f. **tomentosa** (Blume) Jacobs, Reinwardtia. 6: 130 (1962).

Irina tomentosa Blume, Bijdr. Fl. Ned. Ind. 231 (1825); *Pometia tomentosa* (Blume) Teijsm. et Binn., Cat. Hort. Bot. Bogor. 214 (1886).

云南、台湾；菲律宾、越南、泰国、马来西亚、印度尼西亚、印度、斯里兰卡、巴布亚新几内亚、太平洋岛屿。

无患子属 **Sapindus** L.

川滇无患子（皮哨子，打冷冷，菩提子）

●**Sapindus delavayi** (Franch.) Radlk., Sitzungsber. Math.-Phys. Cl. Königl. Bayer. Akad. Wiss. München 20: 233 (1890).

Pancovia delavayi Franch., Bull. Soc. Bot. France 33: 461 (1886).

陕西、甘肃、湖北、四川、贵州、云南。

毛瓣无患子（买马萨）

☆**Sapindus rarak** DC., Prodr. (DC.) 1: 608 (1824).

Dittelasma rarak (DC.) Benth. et Hook. f., Gen. Pl. 1: 396 (1862).

云南、台湾；越南、老挝、缅甸、泰国、柬埔寨、马来西亚、印度尼西亚、不丹、印度、斯里兰卡。

石屏无患子

●**Sapindus rarak** var. **velutinus** C. Y. Wu, Fl. Yunnan. 1: 260 (1977).

云南。

无患子（木患子，油患子，苦患树）

Sapindus saponaria L., Sp. Pl. 1: 367 (1753).

Sapindus mukorossi Gaertn., Fruct. Sem. Pl. 1: 342, pl. 70, f. 3 (1788); *Sapindus abruptus* Lour., Fl. Cochinch. 1 : 238 (1790).
河南、陕西、安徽、江苏、浙江、江西、湖南、湖北、四川、贵州、云南、福建、台湾、广东、广西、海南；日本、朝鲜、越南、缅甸、泰国、印度尼西亚、印度、巴布亚新几内亚。

绒毛无患子

Sapindus tomentosus Kurz., J. Asiat. Soc. Bengal 44 (2): 185, 186, 204 (1875).
Pancovia tomentosa Kurz., Forest Fl. Burma 1: 296 (1877).
云南；缅甸。

文冠果属 **Xanthoceras** Bunge

文冠果

☆**Xanthoceras sorbifolium** Bunge, Enum. Pl. Chin. Bor. 11 (1833).
辽宁、内蒙古、宁夏、甘肃；韩国。

干果木属 **Xerospermum** Blume

干果木

Xerospermum bonii (Lecomte) Radlk., Repert. Spec. Nov. Regni Veg. 18 (524-530): 341 (1922).
Mischocarpus fuscensens var. *bonii* Lecomte, Fl. Gen. Indo-Chine 1: 1029 (1912).
云南、广西；越南。

156. 芸香科 RUTACEAE
[28 属：139 种]

山油柑属 **Acronychia** J. R. Forst. et G. Forst.

山油柑（降真香，石苓舅，山柑）

Acronychia pedunculata (L.) Miq., Fl. Ned. Ind., Eerste Bijv. 532 (1861).
Jambolifera pedunculata Linn., Sp. Pl. 1: 349 (1753); *Jambolifera rezinosa* Lour., Fl. Cochinch. 2 231 (1790); *Gela lanceolata* Lour., Fl. Cochinch., ed. 2 232 (1790); *Laxmannia ankenda* Raeusch., Nomencl. Bot., ed. 3 99 (1797); *Acronychia laurifolia* Blume, Cat. Gew. Buitenzorg 27: 63 (1823); *Ximenia lanceolata* (Lour.) DC., Prodr. 1: 533 (1824); *Cyminosma pedunculata* DC., Prodr. (DC.) 1: 722 (1824); *Acronychia arborea* Blume, Bijdr. Fl. Ned. Ind. 5: 244 (1825); *Selas lanceolatum* Spreng., Syst. 2: 216 (1825); *Clausena siia* Dalzell, Hooker's J. Bot. Kew Gard. Misc. 3: 180 (1851); *Acronychia apiculata* Miq., Fl. Ned. Ind., Eerste Bijv. 532 (1861); *Acronychia barberi* Gamble, Bull. Misc. Inform. Kew 245 (1915); *Acronychia elliptica* Merr. et L. M. Perry, J. Arnold Arbor. 22: 56 (1941).

云南、福建、台湾、广东、广西、海南；菲律宾、越南、老挝、缅甸、泰国、柬埔寨、马来西亚、印度尼西亚、不丹、印度、孟加拉国、斯里兰卡、巴布亚新几内亚。

木橘属 **Aegle** Corrêa

木橘（孟加拉苹果）

Aegle marmelos (L.) Corrêa, Trans. Linn. Soc. London 5: 223 (1800).
Crataeva marmelos L., Sp. Pl. 444 (1753).
云南；原产于印度。

酒饼簕属 **Atalantia** Corrêa

尖叶酒饼簕

Atalantia acuminata C. C. Huang, Guihaia 11 (1): 6 (1991).
云南、广西；越南北部。

酒饼簕（山柑仔，乌柑，狗橘）

Atalantia buxifolia (Poir.) Oliv., J. Proc. Linn. Soc., Bot. 5: 26 (1861).
Citrus buxifolia Poir., Encycl. 4: 580 (1797); *Limonia monophylla* Lour., Fl. Cochinch., ed. 2 271 (1790); *Severinia buxifolia* (Poir.) Ten. in Napoli, Index Seminum (Napoli) 3 (1840); *Dumula sinensis* Lour. ex B. A. Gomes, Mém. Acad. Sc. Lisb. Cl. Sc. Pol. Mor. Bel.-Let., n. s. 4 (1), 29 (1868); *Severinia monophylla* Tanaka, J. Bot. (Morot) 68: 232 (1930).
云南、福建、台湾、广东、广西、海南；菲律宾、越南、马来西亚。

厚皮酒饼簕

Atalantia dasycarpa C. C. Huang, Acta Phytotax. Sin. 16 (2): 85 (1978).
Atalantia simplicifolia (Roxb.) Engl., Nat. Pflanzenfam. 3 (4): 192 (1896).
云南、广西；越南东北部、缅甸、印度。

开封酒饼簕

●**Atalantia fongkaica** C. C. Huang, Guihaia 11 (1): 5 (1991).
广东。

大果酒饼簕

Atalantia guillauminii Swingle, Notul. Syst. (Paris) 2 (5): 159; 2 (6): 162 (1911).
Atalantia disticha Merr., Fl. Gen. Indo-Chine 1: 673 (1911).
云南；越南北部。

薄皮酒饼簕

Atalantia henryi (Swingle) C. C. Huang, Guihaia 11 (1): 5 (1991).
Atalantia racemosa var. *henryi* Swingle, J. Arnold Arbor. 21 (2): 127 (1940).
云南、广西；越南东北部。

广东酒饼簕

Atalantia kwangtungensis Merr., Philipp. J. Sci. 21 (5): 496 (1922).

Atalantia hainanensis Merr. et Chun ex Swingle, J. Arnold Arbor. 21 (1): 20, pl. 4, f. 3-7 (1940); *Atalantia roxburghiana* var. *kwangtungensis* (Merr.) Swingle, J. Arnold Arbor. 21 (2): 129 (1940).

广东、广西、海南；越南。

石椒草属 Boenninghausenia C. Rchb. ex Meisner

臭节草（松风草，生风草，小黄药）

Boenninghausenia albiflora (Hook.) Rchb. ex Meisn., Pl. Vasc. Gen. 2: 44 (1836).

Ruta albiflora Hook., Exot. Fl. t. 79 (1823); *Podostaurus thalictroides* Jungh., Natuur-Geneesk. Arch. Ned.-Indië 2: 46 (1845); *Boenninghausenia japonica* Siebold ex Miq., Ann. Mus. Bot. Lugduno-Batavi 3: 21 (1866); *Boenninghausenia albiflora* var. *brevipes* Franch., Bull. Soc. Bot. France 33: 450 (1886); *Bodinieria thalictrifolia* H. Lév. et Vaniot, Bull. Acad. Int. Géogr. Bot. 11 (148): 48 (1902); *Boenninghausenia sessilicarpa* H. Lév., Repert. Spec. Nov. Regni Veg. 12 (325-330): 282 (1913); *Boenninghausenia brevipes* (Franch.) H. Lév., Cat. Pl. Yun-Nan 249 (1917); *Boenninghausenia schizocarpa* S. Y. Hu, J. Arnold Arbor. 32 (4): 391 (1951); *Boenninghausenia albiflora* var. *pilosa* Z. M. Tan, Bull. Bot. Res., Harbin 9 (2): 47 (1989).

陕西、甘肃、安徽、江苏、浙江、江西、湖南、湖北、四川、贵州、云南、西藏、福建、台湾、广东、广西；日本、菲律宾、越南北部、老挝、缅甸、泰国、印度尼西亚、不丹、尼泊尔、印度、巴基斯坦、克什米尔。

香肉果属 Casimiroa La Llave

香肉果

☆**Casimiroa edulis** La Llave in La Llave et Lex., Novorum Vegetabilium Descriptiones 2: 2 (1825).

云南；原产于墨西哥。

柑橘属 Citrus L.

来檬（绿檬）

Citrus × aurantifolia (Christm.) Swingle, J. Wash. Acad. Sci. 3 (18): 465 (1913).

Limonia aurantifolia Christm., Vollst. Pflanzensyst. 1: 618 (1777).

云南、广东、广西有栽培；栽培于世界热带及亚热带。

酸橙（常山胡柚，胡柚，金柚葡萄柚）

●☆**Citrus × aurantium** L., Sp. Pl. 2: 782 (1753).

Citrus aurantium var. *sinensis* L., Sp. Pl. 2: 783 (1753); *Aurantium × sinensis* Mill., Gard. Dict., ed. 8 n. 2 (1768); *Aurantium × acre* Mill., Gard. Dict., ed. 8 n. 1 (1768); *Citrus ×*

acida Pers., Syn. Pl. 2 (1): 73 (1806); *Citrus × aurantium* var. *myrtifolia* Ker Gawl., Bot. Reg. 4, pl. 346 (1818); *Citrus × aurantium* var. *lusitanica* Risso, Traité Arbr. Arbust. nouv. ed. 7 91 (1819); *Citrus × aurantium* var. *crassa* Risso, Traité Arbr. Arbust. nouv. ed. 7 92 (1819); *Citrus × aurantium* var. *fetifera* Risso, Hist. Nat. Prod. Eur. Mérid. 1: 376 (1826); *Citrus paradisi* Macfad., Bot. Misc. 1: 304 (1830); *Citrus × aurantium* var. *bigaradia* (Loisel.) Brandis, Forest Fl. N. W. India 53 (1874); *Citrus decumana* var. *paradisi* (Macfad.) H. H. A. Nicholls, Bull. Misc. Inform. Kew 21: 205 (1888); *Citrus × aurantium* subsp. *amara* Engl., Nat. Pflanzenfam. 3 (4): 198 (1896); *Citrus × aurantium* var. *sanguinea* Engl., Nat. Pflanzenfam. 3 (4): 198 (1896); *Citrus × aurantium* subsp. *suntara* Engl., Nat. Pflanzenfam. 3 (4): 199 (1896); *Citrus natsuidaidai* Tanaka, Icon. Pl. Formosan. 8: 29, f. 19 (1919); *Citrus × kotokan* Hayata, Icon. Pl. Formosan. 8: 30, f. 20-21 (1919); *Citrus sinensis* f. *sekkan* Hayata, Icon. Pl. Formosan. 8: 25 (1919); *Citrus × sinensis* var. *sekkan* Hayata, Icon. Pl. Formosan. 8: 25 (1919); *Citrus maxima* var. *uvacarpa* Merr., American Journal of Botany 11: 383, f. 1 (1924); *Citrus × sinensis* var. *brassiliensis* Tanaka, Bult. Sci. Fak. Terk. Kjusu Imp. Univ. 2 (2): 89 (1926); *Citrus taiwanica* Tanaka et Shimada, Bull. Sc. Hort. Inst. Kyushu Imp. Univ. 2: 54 (1926); *Bogenhardia paradisi* (Macf.) Tseng, China Fruits 2: 34 (1960); *Poncirus × polyandra* S. Q. Ding, Acta Bot. Yunnan. 6 (3): 292, pl. 1 (1984); *Citrus changshan-huyou* Yin-B. Chang, Bull. Bot. Res., Harbin 11 (2): 5, f. 1-3 (1991); *Citrus sinensis* Osbeck subsp. *crassa* (Risso) D. Rivera, Obón, S. Ríos, Selma, F. Méndez, Verde et F. Cano, Varied. Tradic. Frutales Río Segura Cat. Etnobot. Cítricos 179 (1998); *Citrus × sinensis* subsp. *fetifera* (Risso) D. Rivera, Obón, S. Ríos, Selma, F. Méndez, Verde et F. Cano, Varied. Tradic. Frutales Río Segura Cat. Etnobot. Cítricos 176 (1998); *Citrus × sinensis* subsp. *lusitanica* (Risso) D. Rivera, Obón, S. Ríos, Selma, F. Méndez, Verde et F. Cano, Varied. Tradic. Frutales Río Segura Cat. Etnobot. Cítricos 164 (1998).

陕西、甘肃、浙江、四川、云南、西藏、台湾、广东、秦岭及以南。

宜昌橙（红河橙，大种橙，野柑子）

●**Citrus cavaleriei** H. Lév. ex Cavalier, Bull. Géogr. Bot. 21: 211, 236 (1911).

Citrus ichangensis Swingle, J. Agric. Res. 1: 1, pl. 1, f. 1-7 (1913); *Citrus × aurantium* subsp. *ichangensis* (Swingle) Guillaumin, Bull. Géogr. Bot. 21: 211 (1911-1919); *Citrus hongheensis* Y. M. Ye, X. D. Liu, S. Q. Ding, et M. Q. Liang, Acta Phytotax. Sin. 14 (1): 57, pl. 1 (1976); *Citrus macrosperma* T. C. Guo et Y. M. Ye, Acta Phytotax. Sin. 35 (4): 353, pl. 1 (1997).

陕西、甘肃、湖南、湖北、四川、贵州、云南、广西。

箭叶橙（箭叶金橘，马蜂橙，石碌柑）

Citrus hystrix DC., Cat. Pl. Horti Monsp. 19: 97 (1813).

Citrus auraria Michel, Traité Citronier 43 (1816); *Papeda rumphii* Hassk., Flora 25 (2, Beibl.): 42 (1842); *Citrus papeda* Miq., Fl. Ned. Ind. 1 (2): 530 (1859); *Citrus echinata* St.-Lag., Ann. Soc. Bot. Lyon 7: 122 (1880); *Citrus hyalopulpa* Tanaka, Stud. Citrol. 10: 81 (1941); *Citrus macroptera* var. *kerrii* Swingle, J. Wash. Acad. Sci. 32: 24, f. 1-2 (1942); *Citrus kerrii* (Swingle) Tanaka, Syst. Pomol. 140 (1951); *Fortunella sagittifolia* K. M. Feng et P. I Mao, Acta Bot. Yunnan. 6 (1): 69, pl. 3 (1984).

云南、广西、海南；菲律宾、越南、缅甸、泰国、印度尼西亚、巴布亚新几内亚。

金柑（金橘，山橘，罗浮）

Citrus japonica Thunb., Nova Acta Regiae Soc. Sci. Upsal. 3: 199 (1780).

Citrus × *nobilis* var. *inermis* (Roxb.) Sagot, Nova Acta Regiae Soc. Sci. Upsal. 3: 208 (1780); *Citrus* × *aurantium* var. *globifera* Engl., Nova Acta Regiae Soc. Sci. Upsal. 3: 208 (1780); *Citrus* × *aurantium* subsp. *japonica* (Thunb.) Engl., Nova Acta Regiae Soc. Sci. Upsal. 3: 208 (1780); *Citrus* × *aurantium* subvar. *madurensis* (Lour.) Engl., Nova Acta Regiae Soc. Sci. Upsal. 3: 208 (1780); *Citrus* × *aurantium* var. *oliviformis* Risso ex Loisel., Nova Acta Regiae Soc. Sci. Upsal. 3: 208 (1780); *Citrus* × *aurantium* subvar. *spinosa* Siebold et Zucc. ex Engl., Nova Acta Regiae Soc. Sci. Upsal. 3: 208 (1780); *Pseudofortunella madurensis* (Lour.) Tseng, Nova Acta Regiae Soc. Sci. Upsal. 3: 20 (1780); *Citrus madurensis* Lour., Fl. Cochinch., ed. 2 2: 467 (1790); *Citrus margarita* Lour., Fl. Cochinch., ed. 2 2: 467 (1790); *Citrus inermis* Roxb., Flora Indica 3: 393 (1832); *Citrus japonica* var. *fructuelliptico* Siebold et Zucc., Fl. Jap. (Siebold) 1: 35, pl. 15, f. 3 (1835); *Sclerostylis hindsii* Champ. ex Benth., Hooker's J. Bot. Kew Gard. Misc. 3: 328 (1851); *Sclerostylis venosa* Champ. ex Benth., Hooker's J. Bot. Kew Gard. Misc. 3: 327 (1851); *Atalantia hindsii* (Champ. ex Benth.) Oliv. ex Benth., Fl. Hongk. 51 (1861); *Citrus aurantium* var. *japonica* Hook. f., Bot. Mag. 3: 30, pl. 6128 (1874); *Citrus aurantium* subvar. *margarita* Engl., Nat. Pflanzenfam. 3 (4): 199 (1896); *Citrus aurantium* subsp. *japonica* var. *globiferas* Engl., Nat. Pflanzenfam. 3 (4): 199 (1896); *Fortunella margarita* (Lour.) Swingle, J. Wash. Acad. Sci. 5 (5): 170, f. 2 (1915); *Fortunella hindsii* (Champ. ex Benth.) Swingle, J. Wash. Acad. Sci. 5: 175 (1915); *Fortunella crassifolia* (Thunb.) Swingle, J. Wash. Acad. Sci. 5: 172 (1915); *Fortunella japonica* (Thunb.) Swingle, J. Wash. Acad. Sci. 5: 171, f. 3 (1915); *Citrus kinokuni* Tanaka, Chin. Citr. Rep. P. (10) (1926); *Fortunella obovata* Tanaka, Mem. Tanaka Citrus Exp. Sta. 1, no. 1 45 (1927); *Citrus japonica* var. *madurensis* (Lour.) Guillaumin, Agric. Prat. Pays Chauds, n. s. 1 4: 121 (1932); *Fortunella hindsii* var. *chintou* Swingle, J. Arnold Arbor. 21 (2): 130, pl. 4, f. 6 (1940); *Fortunella venosa* (Champ. ex Benth.) C. C. Huang, Guihaia 11 (1): 8 (1991); *Citrus hindsii* (Champ. ex Benth.) Govaerts, World Checklist Seed Pl. 3 (1): 15 (1999).

安徽、浙江、江西、湖南、福建、台湾、广东、广西、海南、秦岭南坡以南各地栽培；越南。

香橙（橙子）

●☆**Citrus junos** Siebold ex Tanaka, J. Heredity 13: 243 (1922).

Citrus aurantium subsp. *junos* Makino, Bot. Mag. 15: 165 (1901); *Citrus wilsonii* Tanaka, Mem. Tanaka Citrus Exp. Sta. 1, no. 2 37 (1932); *Citrus hsiangyuan* Hort., Mem. Tanaka Citrus Exp. Sta. 1, no. 2 32 (1932); *Sinocitrus junos* (Sieber ex Tanaka) Tseng, China Fruits 2: 35 (1960); *Citrus sechen* Kokaya, Trudy Prikl. Bot. Genet. Selek. 78: 100 (1983); *Citrus sechen* subsp. *sjanshen* Kokaya, Trudy Prikl. Bot. Genet. Selek. 78: 100 (1983).

陕西、甘肃、安徽、江苏、上海、浙江、江西、湖南、湖北、四川、贵州、云南。

波斯来檬

☆**Citrus** × **latifolia** Tanaka ex Q. Jiménez., Phytoneuron 2012-101: 2, f. 1-3 (2012).

Citrus aurantiifolia var. *latifolia* Tanaka, Agric. et Hort. 9: 2346 (1934); *Citrus latifolia* (Tanaka ex Tanaka) Tanaka, Syst. Pomol. (Kwaju Bunruigaku) 140 (1951).

栽培于台湾；原产于哥斯达黎加。

柠檬（洋柠檬，西柠檬）

☆**Citrus limon** (L.) Burm. f., Fl. Ind. 173 (1768).

Citrus medica var. *limon* L., Sp. Pl. 2: 782 (1753); *Citrus limonia* Osb., Reise nach Ostindien und China 250 (1765); *Citrus medica* var. *limonum* (Risso) Brandis, Forest Fl. N. W. India 52 (1874); *Citrus* × *aurantium* subsp. *bergamia* (Risso) Engl., Nat. Pflanzenfam. 3 (4): 198 (1896); *Citrus medica* subsp. *limonia* (Risso) Hook. f., Nat. Pflanzenfam. 3 (4): 200 (1896); *Citrus limonelloides* Hayata, Icon. Pl. Formosan. 8: 16 (1919).

湖南、贵州、云南、福建、台湾、广东、广西、长江以南；越南、老挝、缅甸、柬埔寨、印度。

莽山野桔

●**Citrus mangshanensis** S. W. He et G. F. Liu, Acta Bot. Yunnan. 12 (3): 288, pl. 2 (1990).

湖南。

柚（抛，文旦）

☆**Citrus maxima** (Burm.) Merr., Interpr. Herb. Amboin. 296 (1917).

Aurantium maximum Burm., Herb. Amboin. Auctuar. Index Univ. [p. 16=sign. Z 1, verso] (1755); *Citrus aurantium* var. *grandis* L., Sp. Pl. 2: 783 (1753); *Citrus grandis* (L.) Osbeck, Dagb. Ostind. Resa. 98 (1757); *Citrus aurantium* var. *decumana* L., Sp. Pl., ed. 2 1101 (1763); *Citrus decumana* (L.) L., Syst. Nat., ed. 12 2: 508 (1767); *Aurantium decumana* (L.) Mill., Gard. Dict., ed. 8 4 (1768); *Citrus pampelmos* Risso, Hist. nat. prod. Eur. mérid. 1: 412 (1826); *Citrus costata* Raf., Sylva Tellur. 142 (1838); *Citrus pyriformis* Hassk., Flora 25 (2 Beibl.): 44 (1842); *Citrus pompelmos* Risso, Fl. Nice 83 (1844); *Citrus aurantium* subsp. *decumana* (L.) Tanaka, Bull. Herb. Boissier, sér. 2 8: 787 (1908); *Citrus sabon* Siebold ex

Hayata, Icon. Pl. Formosan. 8: 18, descr. (1919); *Citrus kwangsiensis* Hu, J. Arnold Arbor. 12 (3): 153 (1931); *Citrus obovoidea* Yu. Tanaka, Stud. Citrol. 7: 73 (1935); *Bogenhardia grandis* Tseng, China Fruits 2: 34 (1960); *Citrus grandis* var. *pyriformis* (Hassk.) R. K. Karaya, Sborn. Nauchn. Trudov Prikl. Bot. Genet. Selekts. 112: 67 (1987); *Citrus grandis* var. *sabon* (Siebold ex Hayata) Hayata, Sborn. Nauchn. Trudov Prikl. Bot. Genet. Selekts. 112: 65 (1987).

栽培和归化于中国南方；可能原产于亚洲东南部。

香橼（枸橼，佛手，蜜罗柑）

Citrus medica L., Sp. Pl. 2: 782 (1753).

Citrus × *aurantium* subvar. *amilbed* Engl., Sp. Pl. 2: 782 (1753); *Citrus* × *aurantium* sub var. *chakotra* Engl., Sp. Pl. 2: 782 (1753); *Citrus tuberosa* Mill., Gard. Dict., ed. 8 (1768); *Citrus fragrans* Salisb., Prodr. Stirp. Chap. Allerton 378 (1796); *Citrus odorata* Roussel, Fl. Calvados 144 (1796); *Sarcodactilis helicteroides* Gaertn., Suppl. Carp. 39, t. 185 (1805); *Citrus limonia* var. *digitata* Risso, Hist. Nat. Orang. (1813); *Citrus cedra* Link, Handbuch 2: 346 (1831); *Citrus cedrata* Raf., Sylva Tellur. 141 (1838); *Citrus sarcodactylis* Hoola van Nooten, Fl. Franc. Feuill. Java. 1, t. 3 (1863); *Citrus medica* var. *proper* Hook. f., Fl. Brit. Ind. 1: 514 (1875); *Citrus medica* var. *ethrog* Engl., Nat. Pflanzenfam. 3 (4): 199 (1896); *Aurantium medicum* (L.) M. Gómez, Fl. Habanera 205 (1897); *Citrus medica* var. *sarcodactylis* (Hoola van Nooten) Swingle, Pl. Wilson. 2 (1): 141 (1914); *Citrus medica* var. *alata* Tanaka, Trans. Nat. Hist. Soc. Formos. 22: 431 (1932); *Citrus alata* (Tanaka) Tanaka, Syst. Pomol. 140 (1951).

浙江、四川、贵州、云南、西藏、福建、广东、广西、海南、长江以南；原产于印度东北部，缅甸也可能有分布。

云南香橼

●☆**Citrus medica** var. **yunnanensis** S. Q. Ding, Guihaia 11 (1): 8 (1991).

云南。

四季橘

Citrus microcarpa Bunge, Mém. Sav. Etr. Petersb. 2: 84 (1833).

Citrus mitis Blanco, Fl. Filip. 610 (1837); *Citrofortunella mitis* (Blanco) J. Ingram et H. E. Moore, Baileya 19: 170 (1975); *Citrofortunella microcarpa* (Bunge) Wijnands, Baileya 22: 135 (1984).

湖北；亚洲东南部。

柑橘（道县野桔）

●☆**Citrus reticulata** Blanco, Fl. Filip. 610 (1837).

Citrus nobilis Lour., Fl. Cochinch., ed. 2 2: 466 (1790); *Citrus* × *nobilis* var. *major* Ker Gawl., Bot. Reg. 3, pl. 221 (1817); *Citrus suhoiensis* Tanaka, Ann. Sci. Nat., Bot. sér. 2 (1834); *Sinocitrus kinokuni* (Tanaka) Tseng, Fl. Filip. 610 (1837); *Sinocitrus nobilis* (Lour.) Tseng, Fl. Filip. 610 (1837);

Sinocitrus poonensis (Tanaka) Tseng, Fl. Filip. 610 (1837); *Sinocitrus suavissima* (Tanaka) Tseng, Fl. Filip. 610 (1837); *Sinocitrus erythrosa* (Tanaka) Tseng, Fl. Filip. 610 (1837); *Sinocitrus suhuiensis* (Tanaka) Tseng, Fl. Filip. 610 (1837); *Sinocitrus tangerina* (Tanaka) Tseng, Fl. Filip. 610 (1837); *Sinocitrus tankan* (Hayata) Tseng, Fl. Filip. 610 (1837); *Sinocitrus unshiu* (Marc.) Tseng, Fl. Filip. 610 (1837); *Sinocitrus verrucosa* Tseng, Fl. Filip. 610 (1837); *Sinocitrus chachiensis* Tseng, Fl. Filip. 610 (1837); *Citrus deliciosa* Ten., Index Seminum (Napoli) 11 (1840); *Citrus chachiensis* Tanaka, J. Linn. Soc., Bot., Bot. (1865-1968) (1865); *Citrus verrucosa* Tanaka, Bot. Mag. (Tokyo) (1887-1992) (1887); *Citrus* × *nobilis* var. *spontanea* Ito, J. Coll. Sci. Imp. Univ. Tokyo 12: 361 (1900); *Citrus* × *nobilis* var. *tachibana* (Makino) Ito, J. Coll. Sci. Imp. Univ. Tokyo 12: 361 (1900); *Citrus aurantium* var. *tachibana* subsp. *nobilis* Makino, Bot. Mag. (Tokyo) 15: 167 (1901); *Citrus* × *nobilis* var. *deliciosa* (Ten.) Swingle, Pl. Wilson. 2 (1): 143 (1914); *Citrus tankan* Hayata, Icon. Pl. Formosan. 7: 26, pl. 17, pl. 18, f. 6 (1919); *Citrus* × *nobilis* var. *sunki* Hayata, Icon. Pl. Formosan. 8: 21 (1919); *Citrus nobilis* var. *ponki* Hayata, Icon. Pl. Formosan. 8: 20, f. 10 (1919); *Citrus depressa* Hayata, Icon. Pl. Formosan. 8: 16 (1919); *Citrus succosa* Tanaka, Gentes Herb. (1920); *Citrus unshiu* Marc., Izv. Sukhumsk. Sadovoi Sel'skokhoz. Opyt. Stantsii 2: 5 (1921); *Citrus poonensis* Yu. Tanaka, Int. Rev. Sc. Pract. Agric., n. s. 1: 34 (1923); *Citrus tangerina* Yu. Tanaka, Chin. Citr. Rep. P. (8) (1926); *Citrus sunki* Hort. ex Tanaka, Mem. Tanaka Citrus Exp. Sta. 1 (1): 42 (1927); *Citrus ponki* Yu. Tanaka, Mem. Tanaka Citrus Exp. Sta. 1 (1): 32 (1927); *Citrus tardiferax* Tanaka, Mem. Tanaka Citrus Exp. Sta. 1 (1): 30 (1927); *Citrus suavissima* Tanaka, Stud. Citrol. 1: 38 (1927); *Citrus erythrosa* Yu. Tanaka, Stud. Citrol. 3: 184 (1930); *Citrus subcompressa* Tanaka, Stud. Citrol. 5: 98 (1931); *Citrus reticulata* var. *austera* Swingle, J. Wash. Acad. Sci. 32: 25 (1942); *Citrus nobilis* var. *tankan* (Hayata) Hiroe, Forest Pl. Hist. Jap. Islands 1: 212 (1974); *Citrus daoxianensis* S. W. He et G. F. Liu, Acta Bot. Yunnan. 12 (3): 287, pl. 1 (1990); *Citrus reticulata* subsp. *unshiu* (Marcov.) Rivera, et al., Varied. Tradic. Frutales Río Segura Cat. Etnobot. 181 (1998); *Citrus reticulata* subsp. *deliciosa* (Ten.) D. Rivera, Obón, S. Ríos, Selma, F. Mendez, Verde et F. Cano, Varied. Tradic. Frutales Río Segura Cat. Etnobot. Cítricos (1998); *Citrus reticulata* subsp. *tachibana* (Tanaka) Rivera, et al., Varied. Tradic. Frutales Río Segura Cat. Etnobot. Cítricos 189 (1998).

广泛栽培于秦岭以南，可能原产于中国东南部和/或日本南部。

立花橘（橘仔，番橘）

Citrus tachibana Bull. Sc. Imp. Univ. i 31 (1924); et in Mem. Tanaka Citrus Exp. Sta. 1: 32 (1927).

Citrus aurantium var. *tachibana* Makino, Bot. Mag. (Tokyo) 15: 167 (1901).

台湾；日本。

枳（枸橘，臭橘，臭杞）

●☆**Citrus trifoliata** L., Sp. Pl., ed. 2 1101 (1763).

Citrus trifolia Thunb., Fl. Jap. 294 (1784); *Aegle sepiaria* DC., Prodromus Systematis Naturalis Regni Vegetabilis 1: 538 (1824); *Citrus triptera* Desf., Tabl. Ecole Bot., ed. 3 406 (1829); *Poncirus trifoliata* (L.) Raf., Sylva Tellur. 143 (1838); *Pseudaegle sepiaria* (DC.) Miq., Ann. Mus. Bot. Lugduno-Batavi 2: 85 (1865); *Citrus trifoliata* var. *monstrosa* T. Itô, Encycl. Jap. 2: 1056 (1909).

山西、山东、河南、陕西、甘肃、安徽、江苏、浙江、江西、湖南、湖北、重庆、贵州、云南、广东、广西。

黄皮属　Clausena Burm.f.

细叶黄皮

Clausena anisum-olens (Blanco) Merr., Publ. Bur. Sci. Gov. Lab. 17: 21 (1904).

Cookia anisum-olens Blanco, Fl. Filip. 359 (1837); *Clausena warburgii* G. Perkins, Fragm. Fl. Philipp. 3: 162 (1905); *Clausena grandifolia* Merr., Philipp. J. Sci., C 9: 294 (1914); *Clausena todayensis* Elmer, Leafl. Philipp. Bot. 8: 2805 (1915); *Clausena loheri* Merr., Philipp. J. Sci. 27 (1): 27 (1925).

台湾，栽培于云南、广东、广西；菲律宾。

齿叶黄皮（过山香，山黄皮，臭皮树）

Clauscna dunniana H. Lév., Repert. Spec. Nov. Regni Veg. 11 (274-278): 67 (1912).

湖南、湖北、四川、贵州、云南、广东、广西；越南东北部。

齿叶黄皮（原变种）

Clausena dunniana var. **dunniana**

Clausena dentata var. *dunniana* (H. Lév.) Swingle, J. Wash. Acad. Sci. 30: 82 (1940).

湖南、四川、贵州、云南、广东、广西；越南。

毛齿叶黄皮

●**Clausena dunniana** var. **robusta** (Tanaka) C. C. Huang, Acta Phytotax. Sin. 16 (2): 85 (1978).

Clausena dentata var. *robusta* Tanaka, J. Bot. (Morot) 66: 228 (1930); *Clausena suffruticosa* Wight et Arn., Prodr. Fl. Ind. Orient. 1: 96 (1834); *Clausena dentata* var. *henryi* Swingle, J. Wash. Acad. Sci. 30: 81 (1940); *Clausena henryi* (Swingle) C. C. Huang, Acta Phytotax. Sin. 8 (1): 94 (1959).

湖南、湖北、四川、贵州、云南、广西。

小黄皮（山鸡皮，十里香）

●**Clausena emarginata** C. C. Huang, Acta Phytotax. Sin. 8 (1): 93, pl. 8, f. 2 (1959).

云南、广西。

假黄皮

Clausena excavata N. L. Burman, Fl. Ind. 89, t. 29 (1768).

Lawsonia falcata Loureiro., Fl. Cochinch. 229 (1790); *Amyris* *punctata* Roxb., Fl. Ind. 2: 251 (1832); *Clausena punctata* Wight et Arn. ex Steud., Nomencl. Bot., ed. 2 1: 378 (1840); *Clausena forbesii* Engl., Nat. Pflanzenfam. 3 (4): 188 (1896); *Clausena lunulata* Hayata, J. Coll. Sci. Imp. Univ. Tokyo 30 (1): 51 (1911); *Clausena tetramera* Hayata, Icon. Pl. Formosan. 6: 12 (1916); *Clausena moningerae* Merrill, Philipp. J. Sci. 23 (3): 247 (1923); *Clausena excavata* var. *lunulata* (Hayata) Tanaka, J. Bot. (Morot) 68: 228 (1930).

云南、福建、台湾、广东、广西、海南；越南、老挝、缅甸、泰国、柬埔寨、印度。

海南黄皮

●**Clausena hainanensis** C. C. Huang et F. W. Xing in S. Y. Jin, Cat. Type Spec. Herb. China (Suppl.) 194 (1999).

海南。

丽达黄皮（野鸡皮果）

●**Clausena inolida** Z. J. Yu et C. Y. Wong, J. S. China Agric. Coll. 13 (1): 99, f. 2 (1992).

广西。

黄皮（黄弹）

Clausena lansium (Lour.) Skeels, U.S.D.A. Bur. Pl. Industr. Bull. 168: 31 (1909).

Quinaria lansium Lour., Fl. Cochinch., ed. 2 1: 272 (1790); *Cookia wampi* Blanco, Fl. Filip. 358 (1837); *Clausena wampi* (Blanco) Oliv., J. Linn. Soc., Bot. 5, Suppl. 2: 34 (1861).

四川、贵州、云南、福建、广东、广西、海南；越南。

光滑黄皮

Clausena lenis Drake, J. Bot. (Morot) 6 (15-16): 276 (1892).

Clausena kerrii Craib, Bull. Misc. Inform. Kew 67 (1913).

云南、广东、广西、海南；越南、老挝、泰国。

香花黄皮

●**Clausena odorata** C. C. Huang, Acta Phytotax. Sin. 8 (1): 92, pl. 7, f. 2 (1959).

云南。

毛叶黄皮

●**Clausena vestita** D. D. Tao, Acta Bot. Yunnan. 6 (1): 73, pl. 1 (1984).

云南。

云南黄皮

●**Clausena yunnanensis** C. C. Huang, Acta Phytotax. Sin. 8 (1): 91, pl. 8, f. 1 (1959).

云南、广西。

云南黄皮（原变种）

●**Clausena yunnanensis** var. **yunnanensis**

云南、广西。

弄岗黄皮（毛云南黄皮）

●**Clausena yunnanensis** var. **longgangensis** C. F. Liang et Y. X.

Lu, Guihaia 10 (2): 104 (1990).

Clausena yunnanensis var. *dolichocarpa* C. F. Liang et Y. X. Lu ex C. C. Huang, Guihaia 12 (3): 216 (1992).

广西。

白鲜属　Dictamnus L.

白鲜（八股牛，山牡丹，白膻）

Dictamnus dasycarpus Turcz., Bull. Soc. Imp. Naturalistes Moscou 15: 637 (1842).

Dictamnus albus L., Sp. Pl. 1: 383 (1753); *Aquilegia fauriei* H. Lév., Bull. Acad. Int. Geogr. Bot. 11: 300 (1912); *Dictamnus albus* subsp. *dasycarpus* (Turcz.) L. Winter, Bot. Nat. Herb. Sado. 5: 159 (1924); *Dictamnus albus* var. *dasycarpus* (Turcz.) T. N. Liou et Y. H. Chang, Fl. Pl. Herb. Chin. Bor.-Or. 6: 24 (1977).

黑龙江、吉林、辽宁、内蒙古、河北、山西、山东、河南、陕西、宁夏、甘肃、新疆、安徽、江苏、江西、湖北、四川；蒙古国、朝鲜、俄罗斯（远东地区）。

象橘属　Feronia Corrêa

象橘

☆**Feronia limonia** (L.) Swingle, J. Wash. Acad. Sci. 4: 328 (1914).

Schinus limonia L., Sp. Pl. 389 (1753); *Feronia elephantum* Corrêa, Trans. Linn. Soc. London 5: 224 (1800).

台湾；印度、斯里兰卡、亚洲东南部。

巨盘木属　Flindersia R. Br.

巨盘木

☆**Flindersia amboinensis** Poir., Encycl. Suppl. 4: 650 (1816).

福建；原产于马六甲海峡沿岸。

山小橘属　Glycosmis Corrêa

山橘树

Glycosmis cochinchinensis (Loureiro) Pierre, Nat. Pflanzenfam. 3 (4): 185 (1896).

Toluifera cochinchinensis Loureiro, Fl. Cochinch. 1: 262 (1790); *Glycosmis parkeri* V. Naray., Rec. Bot. Surv. India 14 (2): 52 (1941); *Glycosmis cochinchinensis* var. *contracta* Craib in Bull. Soc. Bot. France 91: 216 (1945); *Glycosmis touranensis* Guillaumin, Bull. Soc. Bot. France 91: 216 (1945).

云南、广西、海南；越南、老挝、泰国、柬埔寨、马来西亚、印度尼西亚。

毛山小橘

Glycosmis craibii Tanaka, Bull. Mus. Hist. Nat. Paris., sér. 2 2: 159 (1930).

云南、海南；越南、泰国北部和东北部。

毛山小橘（原变种）

Glycosmis craibii var. **craibii**

Glycosmis puberula var. *craibii* (Tanaka) B. C. Stone, Proc. Acad. Nat. Sci. Philadelphia 137 (2): 18 (1985).

云南；泰国。

光叶山小橘

Glycosmis craibii var. **glabra** (Craib) Tanaka, Bull. Mus. Hist. Nat. Paris., sér. 2 2: 149 (1930).

Glycosmis singuliflora var. *glabra* Craib, Fl. Siam. Enum. 1: 226 (1926).

海南；越南、泰国北部。

锈毛山小橘

Glycosmis esquirolii (H. Lév.) Tanaka, Bull. Soc. Bot. France 75: 709 (1928).

Clausena esquirolii H. Lév., Repert. Spec. Nov. Regni Veg. 9 (214-216): 324 (1911); *Glycosmis winitii* Craib, Bull. Misc. Inform. Kew 339 (1926); *Clausena ferruginea* C. C. Huang, Acta Phytotax. Sin. 8 (1): 86, t. 15 (1959); *Glycosmis ferruginea* (C. C. Huang) C. C. Huang, Acta Phytotax. Sin. 16 (2): 84 (1978).

贵州、云南、广西；缅甸、泰国。

长叶山小橘

Glycosmis longifolia (Oliv.) Tanaka, Bull. Soc. Bot. France 75: 709 (1928).

Glycosmis pentaphylla subvar. *longifolia* Oliv., J. Linn. Soc., Bot. 5, Suppl. 2: 18, 37 (1861); *Glycosmis cyanocarpa* var. *simplicifolia* Kurz., J. Bot. 14: 35 (1876); *Glycosmis cyanocarpa* f. *longifolia* Tanaka, J. Bot. Agric. 226 (1930); *Glycosmis cyanocarpa* f. *longifolia* Tanaka, J. Bot. Agric. 226 (1930); *Glycosmis cymosa* var. *simplicifolia* (Kurz.) V. Narayan., Rec. Bot. Surv. India 14 (2): 30, f. 9 (1941).

云南；缅甸东北部、印度、斯里兰卡。

长瓣山小橘

Glycosmis longipetala F. J. Mou et D. X. Zhang, J. Syst. Evol. 47 (2): 165, f. 1 A-D, f. 3 (2009).

云南、广西。

亮叶山小橘

Glycosmis lucida Wall. ex C. C. Huang, Guihaia 7 (2): 119 (1987).

Glycosmis oxyphylla Wall., Cat. Hort. Calc. 129 (1845); *Glycosmis cyanocarpa* var. *cymosa* Kurz., J. Bot. 14: 34, t. 175, f. 5-7 (1876); *Glycosmis cymosa* (Kurz.) V. Naray. ex Tanaka, J. Indian Bot. Soc. 16: 229 (1937); *Glycosmis tetraphylla* Wall. ex Narayan., Rec. Bot. Surv. India 14 (2): 26 (1941); *Glycosmis yunnanensis* C. C. Huang, Iconogr. Cormophyt. Sin. Suppl. 2: 159 (1983).

云南；缅甸、不丹、印度。

海南山小橘

Glycosmis montana Pierre, Fl. Forest. Cochinch. 3: 17, t. 285 b (1893).

Tetracronia cymosa Pierre, Fl. Forest. Cochinch. pl. 285 b

(1895); *Glycosmis tonkinensis* Tanaka ex Guillaumin, Suppl. Fl. Gén. Indo-Chine 1: 629 (1946); *Glycosmis hainanensis* C. C. Huang, Acta Phytotax. Sin. 8 (1): 79 (1959).

云南、广东、海南；越南。

少花山小橘

●**Glycosmis oligantha** C. C. Huang, Guihaia 7 (2): 122 (1987).

广西。

小花山小橘（山小橘，山橘仔）

Glycosmis parviflora Kurz., J. Bot. 14: 40 (1876).

Toluifera cochinchinensis Lour., Fl. Cochinch., ed. 2 262 (1790); *Limonia citrifolia* Willd., Enum. Pl. (Willdenow) 448 (1809); *Limonia parviflora* Sims, Bot. Mag. 50, pl. 2416 (1823); *Glycosmis citrifolia* (Willd.) Lindl., Trans. Hort. Soc. London 6: 72 (1826); *Glycosmis cochinchinensis* (Lour.) Pierre, Nat. Pflanzenfam. 3 (4): 185 (1896); *Citrus erythrocarpa* Hayata, Icon. Pl. Formosan. 6: 13 (1916); *Fortunella erythrocarpa* Hayata, Icon. Pl. Formosan. 6: 13 (1916); *Glycosmis erythrocarpa* (Hayata) Hayata, Icon. Pl. Formosan. 8: 14 (1919); *Glycosmis cochinchinensis* var. *contracta* Craib, Fl. Siam. 1: 223 (1926); *Glycosmis parkeri* V. Narayanaswamy, Rec. Bot. Surv. India 14 (2): 52 (1941); *Glycosmis touranensis* Guillaumin, Bull. Soc. Bot. France 91: 216 (1945).

贵州、云南、福建、台湾、广东、广西、海南；琉球群岛、越南东北部、老挝、缅甸、泰国。

山小橘

Glycosmis pentaphylla (Retz.) Corrêa, Ann. Mus. Natl. Hist. Nat. 6 386 (1805).

Limonia pentaphylla Retz., Observ. Bot. (Retzius) 5: 24 (1789); *Limonia arborea* Roxb., Pl. Coromandel 1: 60, t. 85 (1795); *Glycosmis arborea* (Roxb.) DC., Prodr. (DC.) 1: 538 (1824); *Glycosmis chylocarpa* Wight et Arn., Prodr. Fl. Ind. Orient. 93 (1834); *Myxospermum chylocarpum* (Wight et Arn.) M. Roem., Syn. Hesper. 40 (1846); *Glycosmis quinquefolia* Griff., Not. Pl. Asiat. 4: 495 (1854).

云南；菲律宾、越南西北部、老挝、缅甸、泰国、柬埔寨、马来西亚、印度尼西亚、不丹、尼泊尔、印度东北部、巴基斯坦、斯里兰卡。

华山小橘

Glycosmis pseudoracemosa (Guillaumin) Swingle, Notul. Syst. (Paris) 2: 162 (1912).

Atalantia pseudoracemosa Guillaumin, Notul. Syst. (Paris) 1: 181 (1911); *Atalantia racemosa* Wight et Arn., Prodr. Fl. Ind. Orient. 1: 91 (1834); *Glycosmis sinensis* C. C. Huang, Acta Phytotax. Sin. 8 (1): 79 (1959).

云南、广西；越南北部。

西藏山小橘（墨脱山小桔）

●**Glycosmis xizangensis** (C. Y. Wu et H. Li) D. D. Tao, Acta Phytotax. Sin. 32 (4): 369 (1994).

Walsura xizangensis C. Y. Wu et H. Li, Acta Phytotax. Sin. 18

(1): 110, pl. 1, f. 1-8 (1980); *Glycosmis motuoensis* D. D. Tao, Acta Bot. Yunnan. 6 (3): 286, pl. 2 (1984); *Glycosmis medogensis* D. D. Tao ex C. C. Huang, Fl. Xizang. 3: 30, f. 11 (1986).

西藏。

拟芸香属 **Haplophyllum** A. Juss.

大叶芸香

Haplophyllum acutifolium (DC.) G. Don, Gen. Hist. 1: 780 (1831).

Ruta acutifolia DC., Prodr. (DC.) 1: 711 (1824); *Ruta perforata* M. Bieb., Beschr. Land. Casp. 172 (1800); *Haplophyllum perforatum* (M. Bieb.) Kar. et Kir., Bull. Soc. Imp. Naturalistes Moscou 14: 397 (1841); *Haplophyllum sieversii* Fisch., Enum. Pl. Nov. 1: 89 (1841); *Haplophyllum flexuosum* Boiss., Diagn. Pl. Orient., ser. 2 1: 118 (1854); *Ruta sieversii* (Fisch.) B. Fedtsch., Rastit. Turkest. 555 (1915); *Ruta flexuosa* (Boiss.) Engl., Forest Pl. Hist. Jap. Islands 1: 195 (1974).

新疆；蒙古国、巴基斯坦、阿富汗、塔吉克斯坦、吉尔吉斯斯坦、哈萨克斯坦、乌兹别克斯坦、土库曼斯坦、亚洲西南部。

北芸香

Haplophyllum dauricum (L.) G. Don, Gen. Hist. 1: 781 (1831).

Peganum dauricum L., Sp. Pl. 1: 445 (1753); *Ruta dahurica* (L.) DC., Prodr. (DC.) 1: 712 (1824); *Haplophyllum lineare* G. Don, Gen. Hist. 1: 780 (1831).

黑龙江、吉林、内蒙古、河北、陕西、宁夏、甘肃、新疆；蒙古国、俄罗斯。

针枝芸香

●**Haplophyllum tragacanthoides** Diels, Notizbl. Bot. Gart. Berlin-Dahlem 9 (89): 1028 (1936).

内蒙古、宁夏、甘肃。

牛筋果属 **Harrisonia** R. Brown ex A. Juss.

牛筋果

Harrisonia perforata (Blanco) Merr., Philipp. J. Sci. 7 (4): 236 (1912).

Paliurus dubius Blanco, Gard. Dict. Abr., ed. 4 (1754); *Harrisonia citrinaecarpa* Elmer, Flora 20: 281 (1837); *Paliurus perforata* Blanco, Fl. Filip. 174 (1837); *Lasiolepis multijuga* Bennett, Pl. Jav. Rar. 202 (1844); *Lasiolepis paucijuga* Bennett et R. Brown, Pl. Jav. Rar. 202 (1844); *Limonia pubescens* Wall. et Hook. f., Fl. Brit. Ind. 1: 507 (1875); *Feroniella pubescens* (Wall. ex Hook. f.) Tanaka, Fl. Brit. Ind. 1: 507 (1875).

广东、海南；菲律宾、越南、老挝、缅甸、泰国、柬埔寨、马来西亚、印度尼西亚、印度（安达曼群岛）。

三叶藤橘属 Luvunga Buch.-Ham. ex Wight et Arnott

三叶藤

Luvunga scandens (Roxb.) Buch.-Ham. ex Wight et Arn., Prodr. Fl. Ind. Orient. 90 (1834).

Limonia scandens Roxb., Fl. Ind. 2: 380 (1832); *Luvunga nitida* Pierre, Fl. Forest. Cochinch. 4 (92), pl. 288 B (1893).

云南、广东、海南；越南、老挝、缅甸、泰国、柬埔寨、马来西亚、印度。

贡甲属 Maclurodendron T. G. Hartley

贡甲（白山柑）

Maclurodendron oligophlebia (Merr.) T. G. Harthey, Gard. Bull. Singapore 35 (1): 13 (1982).

Acronychia oligophlebia Merr., Philipp. J. Sci. 23 (3): 246 (1923).

广东、海南；越南北部。

蜜茱萸属 Melicope J. R. Forst. et G. Forst.

海南蜜茱萸

●**Melicope chunii** (Merr.) T. G. Hartley, Allertonia 8 (1): 237 (2001).

Euodia chunii Merr., J. Arnold Arbor. 6 (3): 132 (1925); *Euodia lepta* var. *chunii* (Merr.) C. C. Huang, Acta Phytotax. Sin. 6 (1): 92 (1957).

海南。

密果蜜茱萸（毛单叶吴萸）

Melicope glomerata (Craib) T. G. Hartley, Allertonia 8 (1): 263 (2001).

Euodia glomerata Craib, Bull. Misc. Inform. Kew 1918: 362 (1918); *Euodia simplicifolia* var. *pubescens* C. C. Huang, Acta Phytotax. Sin. 16 (2): 83 (1978).

云南；老挝、缅甸、泰国。

三刈叶蜜茱萸

Melicope lunur-ankenda (Gaertn.) T. G. Hartley, Sandakania 4: 61 (1994).

Fagara lunur-ankenda Gaertn., Fruct. Sem. Pl. 1: 334, pl. 68, f. 9 (1788); *Euodia aromatica* Blume, Bijdr. Fl. Ned. Ind. 5: 246 (1825); *Zanthoxylum roxburghianum* Cham., Linnaea 5: 58 (1830); *Zanthoxylum aromaticum* (Blume) Miq., Fl. Ned. Ind. 1 (2): 670 (1859); *Euodia roxbourghiana* (Cham.) Benth., Fl. Hongk. 59 (1861); *Zanthoxylum lucidum* Miq., Fl. Ned. Ind., Eerste Bijv. 3: 532 (1861); *Zanthoxylum marambong* Miq., Fl. Ned. Ind., Eerste Bijv. 3: 533 (1861); *Euodia lucida* (Miq.) Miq., Ann. Mus. Bot. Lugduno-Batavi 3: 244 (1867); *Euodia marambong* (Miq.) Miq., Ann. Mus. Bot. Lugduno-Batavi 3: 244 (1867); *Ampacus aromatica* (Blume) Kuntze, Revis. Gen. Pl. 1: 98 (1891); *Evodia lunur-ankenda* (Gaertn.) Merr.,

Philipp. J. Sci. 7 (6): 387 (1912); *Euodia lunu-ankenda* (Gaertn.) Merr., Philipp. J. Sci. 7 (6): 378 (1912); *Euodia arborea* Elmer, Leafl. Philipp. Bot. 8: 2805 (1915); *Euodia punctata* Merr., J. Straits Branch Roy. Asiat. Soc. 86: 315 (1922); *Evodia confusa* Merr., Philip. Journ, Sci. 20: 391 (1922); *Euodia concinna* Ridl., Bull. Misc. Inform. Kew 78 (1930); *Euodia obtusifolia* Ridl., Bull. Misc. Inform. Kew 78 (1930); *Euodia merrillii* Kaneh. et Sasaki in Kanehira, Formosan Trees, ed. rev. 313 (1936); *Melicope confusa* P. S. Liu, Illustr. Native et Introd. Lign. Pl. Taiwan 2: 876, f. 719 (1962); *Euodia lunu-ankenda* var. *Tirunelvelica* A. N. Henry et Chandrab., Bull. Bot. Surv. India 15 (1-2): 144 (1976); *Euodia arborescens* D. D. Tao, Acta Bot. Yunnan. 6 (3): 285, pl. 1 (1984).

西藏、台湾；菲律宾、越南、缅甸、泰国、柬埔寨、马来西亚、印度尼西亚、不丹、尼泊尔、印度、斯里兰卡、太平洋岛屿。

蜜茱萸

●**Melicope patulinervia** (Merr. et Chun) C. C. Huang, Acta Phytotax. Sin. 6 (1): 132 (1957).

Euodia patulinervia Merr. et Chun, Sunyatsenia 5 (1-3): 87, pl. 9 (1940).

海南。

三桠苦

Melicope pteleifolia (Champ. ex Benth.) T. G. Hartley, Fl. Taiwan, ed. 2 3: 521 (1993).

Zanthoxylum pteleifolium Champ. ex Benth., Hooker's J. Bot. Kew Gard. Misc. 3330 (1851); *Lepta triphylla* Lour., Fl. Cochinch., ed. 2 1: 82 (1790); *Evodia lamarckiana* Benth., Fl. Hongk. 59 (1861); *Evodia roxbourghiana* Benth., Fl. Hongk. 59 (1861); *Evodia triphylla* var. *cambodiana* Pierre, Fl. Forest. Cochinch. 286 b (1893); *Evodia pteleaefolia* (Champ. ex Benth.) Merr., Philipp. J. Sci. 7 (6): 377 (1912); *Evodia chunii* Merr., J. Arnold Arbor. 6 (3): 132 (1925); *Evodia pteleifolia* (Spreng.) Merr., Trans. Amer. Philos. Soc. 24 (2): 219 (1935); *Evodia lepta* var. *chunii* (Merr.) C. C. Huang, Acta Phytotax. Sin. 6 (1): 92 (1957); *Evodia lepta* var. *cambodiana* (Pierre) C. C. Huang, Acta Phytotax. Sin. 6 (1): 93, pl. 22 (1957).

浙江、江西、云南、西藏、福建、台湾、广东、广西、海南；越南、老挝、缅甸、泰国、柬埔寨。

台湾蜜茱萸

Melicope semecarpifolia (Merr.) T. G. Hartley, Fl. Taiwan, ed. 2 3: 522 (1993).

Euodia semecarpifolia Merr., Publ. Bur. Sci. Gov. Lab. 35: 23 (1905); *Euodia camiguinensis* Merr., Philipp. J. Sci., C 9: 296 (1914) ; *Euodia retusa* Merr., Fl. Taiwan, ed. 2 3: 522 (1993).

台湾；菲律宾。

三叶蜜茱萸（假山脚鳖）

Melicope triphylla (Lam.) Merr., Philipp. J. Sci. 7 (6): 375 (1912).

Fagara triphylla Lam., Encycl. 2: 447 (1788); *Zanthoxylum*

trifoliatum L., Sp. Pl. 1: 270 (1753); *Euodia triphylla* (Lam.) DC., Prodr. 1: 724 (1824); *Euodia incerta* Blume, Bijdr. Fl. Ned. Ind. 5: 245 (1825); *Bergera ternata* Blanco, Fl. Filip. 360 (1837); *Euodia minahassae* Teijsm. et Binn. in Tijdschr. Nederl. Ind. xxix. 255 (1867); *Acronychia minahassae* (Teijsm. et Binn.) Miq., Fl. Ned. Ind., Eerste Bijv. 532 (1867); *Ampacus incerta* (Blume) Kuntze, Revis. Gen. Pl. 1: 98 (1891); *Ampacus triphylla* (Lam.) Kuntze, Revis. Gen. Pl. 1: 98 (1891); *Melicope mahonyi* F. M. Bailey, Queensland Agric. J. 6: 287 (1900); *Melicope obtusa* Merr., Publ. Bur. Sci. Gov. Lab. 35: 24 (1905); *Melicope curranii* Merr., Philipp. J. Sci. 3: 234 (1908); *Melicope monophylla* Merr., Philipp. J. Sci. 3: 139 (1908); *Melicope odorata* Elmer, Leafl. Philipp. Bot. 2: 476 (1908); *Melicope densiflora* Merr., Philipp. J. Sci. 5: 182 (1910); *Euodia microsperma* F. M. Bailey, Queensland Agric. J. xxiv. 20 (1910); *Melicope luzonensis* Engl. ex Perkins, Philipp. J. Sci. 7: 375 (1912); *Euodia anisodora* Lauterb. et K. Schum., Philipp. J. Sci. 7: 375 (1912); *Melicope gjellerupii* Lauterb., Nova Guinea 8: 824 (1912); *Melicope nitida* Mer., Philipp. J. Sci. 9: 362 (1914); *Euodia laxireta* Merr., Philipp. J. Sci. 9: 295 (1914); *Melicope mindanaensis* Elmer, Leafl. Philipp. Bot. 8: 2809 (1915); *Melicope monophylla* var. *glabra* Elmer, Leafl. Philipp. Bot. 8: 2810 (1915); *Melicope rupestris* Lauterb., Bot. Jahrb. Syst. 55 (2-3): 244 (1918); *Euodia glaberrima* Merr., Philipp. J. Sci. 13: 18 (1918); *Euodia awandan* Hatus., J. Jap. Bot. 14 (4): 236 (1938); *Melicope awandan* (Hatus.) Ohwi et Hatus., J. Jap. Bot. 16 (9): 527 (1940); *Melicope kanehirae* Hatus., J. Jap. Bot. 16 (9): 527 (1940); *Euodia philippinensis* Merr. et L. M. Perry, J. Arnold Arbor. 22: 45 in obs. (1941).

台湾；琉球群岛、菲律宾、印度尼西亚、巴布亚新几内亚、太平洋岛屿西南部。

单叶蜜茱萸

Melicope viticina (Wall. ex Kurtz) T. G. Hartley, Allertonia 8 (1): 262 (2001).

Euodia viticina Wall. ex Kurtz, J. Asiat. Soc. Bengal, Pt. 2, Nat. Hist. 1219 (1829).

云南；越南、老挝、缅甸、泰国、柬埔寨。

小芸木属 **Micromelum** Blume

大管（白木，鸡卵黄，山黄皮）

Micromelum falcatum (Lour.) Tanaka, Bull. Mus. Natl. Hist. Nat., ser. 2 2 : 157 (1930).

Aulacia falcata Lour., Fl. Cochinch., ed. 2 273 (1790).

云南、广东、广西、海南；越南、老挝、缅甸、泰国、柬埔寨。

小芸木（山黄皮，鸡屎果，半边枫）

Micromelum integerrimum (Buch.-Ham. ex DC.) Wight et Arn. ex M. Roem., Fam. Nat. Syn. Monogr. 1: 47 (1846).

贵州、云南、西藏、广东、广西、海南；菲律宾、越南、老挝、缅甸、泰国、柬埔寨、不丹、尼泊尔、印度。

小芸木（原变种）

Micromelum integerrimum var. **integerrimum**

Bergera integerrima Buch.-Ham. ex Roxb., Trans. Linn. Soc. London 15: 367 (1827).

贵州、云南、西藏、广东、广西、海南；菲律宾、越南、老挝、缅甸、泰国、柬埔寨、不丹、尼泊尔、印度。

毛叶小芸木（月橘）

Micromelum integerrimum var. **mollissimum** Tanaka, Bull. Mus. Hist. Nat. Paris., sér. 2 2: 157 (1930).

云南、广西；菲律宾、越南、老挝、柬埔寨。

九里香属 **Murraya** J. Koenig ex L.

翼叶九里香

Murraya alata Drake, J. Bot. (Morot) 6 (15-16): 276 (1892).

Murraya alata var. *hainanensis* Swingle, J. Wash. Acad. Sci. 32: 26 (1942).

广东、广西、海南；越南东北部。

兰屿九里香

Murraya crenulata (Turcz.) Oliv., J. Linn. Soc., Bot., 5 Suppl. 2: 29 (1861).

Glycosmis crenulata Turcz., Byull. Moskovsk. Obshch. Isp. Prir. Otd. Biol. 30: 250 (1858); *Chalcas crenulata* Tanaka, Bull. Soc. Bot. France 75: 710 (1928).

台湾；菲律宾、印度尼西亚、巴布亚新几内亚、太平洋岛屿西南部。

豆叶九里香（山黄皮）

●**Murraya euchrestifolia** Hayata, Icon. Pl. Formosan. 6: 11 (1916).

Chalcas euchrestifolia (Hayata) Tanaka, J. Soc. Trop. Agric. 1: 32 (1929); *Clausena euchrestifolia* (Hayata) Kaneh., Formosan trees 308, f. 263 (1936).

贵州、云南、台湾、广东、广西、海南。

九里香（石桂树）

Murraya exotica L., Mant. Pl. 2: 563 (1771).

Chalcas paniculata L., Mant. Pl. 1: 68 (1767); *Murraya paniculata* (L.) Jack, Malayan Misc. 1: 31 (1820); *Chalcas exotica* (L.) Millsp., Publ. Field Columbian Mus., Bot. Ser. 1 (1): 25 (1895); *Murraya omphalocarpa* Hayata, Icon. Pl. Formosan. 3: 51 (1913); *Murraya paniculata* var. *omphalocarpa* Tanaka, J. Soc. Trop. Agric. 1: 27 (1929); *Murraya paniculata* var. *exotica* (L.) C. C. Huang, Acta Phytotax. Sin. 8 (1): 100, pl. 11, 12 (1959).

贵州、福建、台湾、广东、广西、海南；琉球群岛、菲律宾、越南、老挝、缅甸、泰国、柬埔寨、马来西亚、印度尼西亚、不丹、尼泊尔、印度、巴基斯坦、斯里兰卡、巴布亚新几内亚、热带澳大利亚、太平洋岛屿西南部。

调料九里香（麻绞叶，哥埋养榴）

Murraya koenigii (L.) Spreng., Syst. Veg., ed. 16 2: 315 (1825).

Bergera koenigii L., Mant. Pl. 2: 555 (1771); *Chalcas koenigii* (L.) Kurz., J. Asiat. Soc. Bengal 44 (2): 132 (1875).

云南、广东、海南；越南、老挝、泰国、不丹、尼泊尔、印度、巴基斯坦、斯里兰卡。

广西九里香

●**Murraya kwangsiensis** (C. C. Huang) C. C. Huang, Acta Phytotax. Sin. 16 (2): 85 (1978).

云南、广西。

广西九里香（原变种）

●**Murraya kwangsiensis** var. **kwangsiensis**

Clausena kwangsiensis C. C. Huang, Acta Phytotax. Sin. 8 (1): 90, pl. 7, f. 1 (1959).

云南、广西。

大叶九里香

●**Murraya kwangsiensis** var. **macrophylla** C. C. Huang, Acta Phytotax. Sin. 16 (2): 85 (1978).

广西。

小叶九里香

●**Murraya microphylla** (Merr. et Chun) Swingle, J. Wash. Acad. Sci. 32: 26 (1942).

Clausena microphylla Merr. et Chun, Sunyatsenia 2 (3-4): 251, f. 27 (1935).

广东、海南。

四树九里香（满山香，满天香）

●**Murraya tetramera** C. C. Huang, Acta Phytotax. Sin. 8 (1): 102, pl. 13 (1959).

云南、广西。

臭常山属　Orixa Thunb.

臭常山

Orixa japonica Thunb., Fl. Jap. 61 (1784).

Ilex orixa (Lam.) Spreng., Syst. Veg. 1: 496 (1825); *Sabia feddei* H. Lév., Repert. Spec. Nov. Regni Veg. 9 (222-226): 456 (1911); *Sabia cavaleriei* H. Lév., Repert. Spec. Nov. Regni Veg. 9 (222-226): 456 (1911); *Orixa racemosa* Z. M. Tan, Bull. Bot. Res., Harbin 9 (2): 44 (1989); *Orixa subcoriacea* Z. M. Tan, Bull. Bot. Res., Harbin 9 (2): 45 (1989).

河南、陕西、安徽、江苏、浙江、江西、湖南、湖北、四川、贵州、云南、福建；日本、朝鲜。

单叶藤橘属　Paramignya Wight

单叶藤橘（狗屎橘，野橘，藤橘）

Paramignya confertifolia Swingle, J. Arnold Arbor. 21 (1): 17, pl. 4, f. 1-2 (1940).

云南、广东、广西、海南；越南北部。

黄檗属　Phellodendron Rupr.

黄檗（檗木，黄檗木，黄波椤树）

Phellodendron amurense Rupr., Bull. Cl. Phys.-Math. Acad. Imp. Sci. Saint-Pétersbourg 15 (23): 353 (1857).

Phellodendron amurense var. *sachalinerse* F. Schmidt, Mém. Acad. Imp. Sci. Saint Pétersbourg, ser. 7 12: 120 (1868); *Phellodendron japonicum* Maxim., Bull. Acad. Imp. Sci. Saint-Pétersbourg, ser. 3 16: 212 (1871); *Phellodendron lavallei* Dode, Bull. Soc. Bot. France 11: 648 (1908); *Phellodendron insulare* Nakai, Bot. Mag. (Tokyo) 32: 107 (1918); *Phellodendron molle* Nakai, Bot. Mag. (Tokyo) 33: 58 (1919); *Phellodendron wilsonii* Hayata et Kaneh., Icon. Pl. Formosan. 9: 8 (1920); *Phellodendron amurense* var. *angustifolium* E. Woy., Mitt. Deutsch. Dendrol. Ges. 215 (1925); *Phellodendron amurense* var. *latifolium* E. Worf., Mitt. Deutsch. Dendrol. Ges. 215 (1925); *Phellodendron piriforme* E. Worf., Mitt. Deutsch. Dendrol. Ges. 215 (1925); *Phellodendron kodamanum* Makino, J. Jap. Bot. 6: 5 (1929); *Phellodendron nikkomontanum* Makino, J. Jap. Bot. 7: 18 (1931); *Phellodendron sachalinense* var. *suberosum* H. Haro., Bot. Mag. (Tokyo) 49: 863 (1935).

黑龙江、吉林、辽宁、内蒙古、河北、山西、山东、河南、安徽、台湾；日本、朝鲜、俄罗斯（远东地区）。

川黄檗（黄皮，黄柏，黄檗皮）

●**Phellodendron chinense** C. K. Schneid., Ill. Handb. Laubholzk. 2: 126, f. 79 c (1907).

河南、陕西、甘肃、安徽、江苏、浙江、湖南、湖北、四川、贵州、云南、福建、广东、广西。

川黄檗（原变种）

●**Phellodendron chinense** var. **chinense**

Phellodendron sinense Dode, Bull. Soc. Bot. France 55: 649 (1908); *Phellodendron fargesii* Dode, Bull. Soc. Bot. France 55: 649 (1908); *Phellodendron macrophyllum* Dode, Bull. Soc. Bot. France 55: 649 (1909); *Phellodendron amurense* var. *wilsonii* C. E. Chang, Quart. J. Chin. Forest. 7 (4): 58 (1974).

河南、安徽、湖南、湖北、四川、云南。

秃叶黄檗

●**Phellodendron chinense** var. **glabriusculum** C. K. Schneid., Ill. Handb. Laubholzk. 2: 126 (1907).

Phellodendron chinense var. *omeiense* C. C. Huang, Acta Phytotax. Sin. 7 (4): 335 (1958); *Phellodendron chinense* var. *yunnanense* C. C. Huang, Acta Phytotax. Sin. 7 (4): 336 (1958); *Phellodendron chinense* var. *falcatum* C. C. Huang, Acta Phytotax. Sin. 7 (4): 336 (1958).

陕西、甘肃、江苏、浙江、湖南、湖北、四川、贵州、云南、福建、广东、广西。

黄皮树

●**Phellodendron sinii** Y. C. Wu, Bot. Jahrb. Syst. 71 (2): 185 (1940).

贵州。

裸芸香属 Psilopeganum Hemsl.

裸芸香 （蛇皮草，臭草，千垂鸟）

●☆**Psilopeganum sinense** Hemsl., J. Linn. Soc. Bot. 23 (153): 103, pl. 3 (1886).

湖北、四川、贵州。

榆橘属 Ptelea L.

榆橘

☆**Ptelea trifoliata** L., Sp. Pl. 1: 118 (1753).

辽宁、北京；原产于美国。

芸香属 Ruta L.

芸香 （臭草，香草，小叶香）

☆**Ruta graveolens** L., Sp. Pl. 1: 383 (1753).

中国各地；原产于地中海。

茵芋属 Skimmia Thunb.

乔木茵芋

Skimmia arborescens T. Anderson ex Gamble, J. Linn. Soc., Bot. 43: 491 (1916).

Skimmia euphlebia Merr., Lingnan Sci. J. 13 (1): 32 (1934); *Skimmia kwangsiensis* C. C. Huang, Acta Phytotax. Sin. 7 (4): 354, pl. 70, f. 2 (1958); *Skimmia japonica* var. *euphlebia* (Merr.) N. P. Taylor, Kew Mag. 4 (4): 184 (1987); *Skimmia japonica* var. *kwangsiensis* (C. C. Huang) N. P. Taylor, Kew Mag. 4 (4): 183 (1987).

四川、贵州、云南、西藏、广东、广西；越南北部、老挝、缅甸、泰国北部、不丹、尼泊尔、印度东北部。

阿里山茵芋

●**Skimmia japonica** var. **arisanensis** (Hayata) T. Yamaz., J. Jap. Bot. 68 (5): 305, f. 1 (1993).

Skimmia arisanensis Hayata, Icon. Pl. Formosan. 5: 11, f. 5 c (1915).

台湾。

月桂茵芋

Skimmia laureola (DC.) Siebold et Zucc. ex Walp., Repert. Bot. Syst. 5: 405 (1946).

Limonia laureola DC., Prodr. (DC.) 1: 536 (1824).

西藏；缅甸、不丹、尼泊尔、印度东北部。

黑果茵芋

●**Skimmia melanocarpa** Rehder et E. H. Wilson, Pl. Wilson. 2 (1): 138 (1914).

陕西、甘肃、湖北、四川、云南、西藏。

多脉茵芋

●**Skimmia multinervia** C. C. Huang, Acta Phytotax. Sin. 7 (4): 348, pl. 67, f. 1 (1958).

Skimmia laureola subsp. *multinervia* (C. C. Huang) N. P. Taylor et Airy Shaw, Kew Mag. 4 (4): 189 (1987).

四川、云南；越南北部、缅甸、不丹、尼泊尔、印度东北部。

茵芋 （山桂花，黄山桂，深红茵芋）

Skimmia reevesiana (Fortune) Fortune, J. Tea Countr. China 329 (1852).

Ilex reevesiana Fortune, Gard. Chron. 1851: 5 (1851); *Skimmia fortunei* Mast., Gard. Chron., ser. 3 5: 520, f. 91, 553 (1889); *Skimmia distincte-venulosa* Hayata, Icon. Pl. Formosan. 5: 10, f. 5 a (1915); *Skimmia orthoclada* Hayata, Icon. Pl. Formosan. 5: 13, 5 b (1915); *Skimmia hainanensis* C. C. Huang, Acta Phytotax. Sin. 7 (4): 352 (1958); *Skimmia japonica* var. *distinctevenulosa* (Hayata) C. E. Chang, Fl. Taiwan 3: 527 (1977); *Skimmia japonica* subsp. *reevesiana* (Fortune) N. P. Taylor et Airy Shaw, Kew Mag. 4: 182, pl. 89 (1987); *Skimmia japonica* var. *reevesiana* (Fortune) N. P. Taylor, Kew Mag. 4 (4): 183 (1987).

河南、安徽、浙江、江西、湖南、湖北、四川、贵州、云南、福建、台湾、广东、广西、海南；菲律宾、越南南部、缅甸。

四数花属 Tetradium Lour.

华南吴萸 （枪椿，大树椒）

●**Tetradium austrosinense** (Hand-Mazz.) T. G. Hartley, Gard. Bull. Singapore 34: 120 (1981).

Evodia austrosinensis Hand.-Mazz., Sinensia 5 (1-2): 1 (1934).

云南、广东、广西；越南北部。

石山吴萸

●**Tetradium calcicola** (Chun ex C. C. Huang) T. G. Hartley, Gard. Bull. Singapore 34 (1): 108 (1981).

Evodia calcicola Chun ex C. C. Huang, Acta Phytotax. Sin. 6 (1): 120, pl. 32 (1957).

贵州、云南、广西。

臭檀吴萸 （臭檀，密序吴萸，丽江吴萸）

Tetradium daniellii (Benn.) Hemsl., Gard. Bull. Singapore 34: 105 (1981).

Zanthoxylum daniellii Benn., Ann. Mag. Nat. Hist. ser. 3 10: 201, f. 5 (1862); *Zanthoxylum bretschneideri* Maxim., Bull. Acad. Imp. Sci. Saint-Pétersbourg 29 (1): 73 (1884); *Euodia daniellii* (Benn.) Hartley, J. Linn. Soc., Bot. 23 (153): 104 (1886); *Ampacus danielli* (Benn.) Kuntze, Revis. Gen. Pl. 1: 98 (1891); *Evodia hupehensis* Dode, Bull. Soc. Bot. France 55: 707 (1908); *Evodia delavayi* Dode, Bull. Soc. Bot. France 55: 707 (1908); *Evodia sutchuenensis* Dode, Bull. Soc. Bot. France 55: 705 (1908); *Euodia labordei* Dode, Bull. Soc. Bot. France 55: 706 (1908); *Euodia henryi* Dode, Bull. Soc. Bot. France 55: 706 (1908); *Evodia velutina* Rehder et E. H. Wilson,

Pl. Wilson. 2 (1): 134 (1914); *Evodia henryi* Dode var. *villicarpa* Rehder et E. H. Wilson, Pl. Wilson. 2 (1): 134 (1914); *Evodia vestita* W. W. Sm., Notes Roy. Bot. Gard. Edinburgh 10 (46): 38 (1917); *Evodia daniellii* var. *labordei* (Dode) C. C. Huang, Acta Phytotax. Sin. 6 (1): 130, pl. 36, B (1957); *Evodia daniellii* var. *henryi* (Dode) C. C. Huang, Acta Phytotax. Sin. 6 (1): 129, pl. 36, C (1957); *Evodia daniellii* var. *hupehensis* (Dode) C. C. Huang, Acta Phytotax. Sin. 6 (1): 131, pl. 36, H (1957); *Evodia daniellii* var. *villicarpa* (Rehder et E. H. Wilson) C. C. Huang, Acta Phytotax. Sin. 6 (1): 128, pl. 36, G (1957); *Evodia daniellii* var. *delavayi* (Dode) C. C. Huang, Acta Phytotax. Sin. 6 (1): 128, pl. 36, A (1957).

辽宁、河北、山西、山东、河南、陕西、宁夏、甘肃、青海、安徽、江苏、湖北、四川、贵州、云南、西藏；朝鲜。

无腺吴萸

Tetradium fraxinifolium (Hook. f.) T. G. Hartley, Gard. Bull. Singapore 34 (1): 102 (1981).

Philagonia fraxinifolia Hook. f., Icon. Pl. 8, t. 710 (1845); *Rhus fraxinifolia* D. Don, Prodr. Fl. Nepal. 248 (1825); *Euodia fraxinifolia* (Hook. f.) Benth., Fl. Hongk. 59 (1861); *Euodia impellucida* Hand.-Mazz., Symb. Sin. 7 (3): 626 (1933); *Euodia poilanei* Guillaumin, Bull. Soc. Bot. France 91: 214 (1944); *Evodia robusta* Hook. f., Acta Phytotax. Sin. 6 (1): 119 (1957); *Euodia subtrigonosperma* C. C. Huang, Acta Phytotax. Sin. 6 (1): 118, pl. 31 (1957); *Euodia impellucida* var. *macrococca* C. C. Huang, Acta Phytotax. Sin. 6 (1): 117, pl. 30 (1957).

云南、西藏；越南北部、缅甸、泰国、不丹、尼泊尔、印度。

楝叶吴萸（山漆，山苦楝，檫树）

Tetradium glabrifolium (Champ. ex Benth.) T. G. Hartley, Gard. Bull. Singapore 34 (1): 109 (1981).

Boymia glabrifolia Champ. ex Benth., Hooker's J. Bot. Kew Gard. Misc. 3: 330 (1851); *Megabotrya meliaefolia* Hance ex Walp., Ann. Bot. Syst. 2: 259 (1852); *Euodia glauca* Miq., Ann. Mus. Bot. Lugduno-Batavi 3: 23 (1867); *Evodia meliaefolia* (Hance ex Walp.) Benth., Fl. Brit. Ind. 1: 490 (1875); *Ampacus meliaefolia* (Hance ex Walp.) Kuntze, Revis. Gen. Pl. 1: 98 (1891); *Evodia ailanthifolia* Pierre, Fl. Forest. Cochinch. 4, t. 287, f. B. (1893); *Euodia fargesii* Dode, Bull. Soc. Bot. France 55: 704 (1908); *Euodia balansae* Dode, Bull. Soc. Bot. France 55: 704 (1908); *Evodia poilanei* Guillaumin, Bull. Soc. Bot. France 91: 214 (1944); *Evodia yunnanensis* C. C. Huang, Acta Phytotax. Sin. 6 (1): 104, pl. 26 (1957); *Phellodendron burkillii* Steenis, Gard. Bull. Singapore 17: 357 (1960); *Evodia glabrifolia* (Champ. ex Benth.) C. C. Huang, Guihaia 11 (1): 9 (1991); *Euodia taiwanensis* T. Yamaz., J. Jap. Bot. 68 (4): 216, f. 2 (1993); *Tetradium glabrifolium* var. *glaucum* (Miq.) T. Yamaz., J. Jap. Bot. 72 (4): 249 (1997); *Tetradium taiwanense* (T. Yamaz.) T. Yamaz., J. Jap. Bot. 72 (4): 249 (1997).

河南、陕西、安徽、浙江、江西、湖南、湖北、四川、贵州、云南、福建、台湾、广东、广西、海南；琉球群岛、

菲律宾、越南、缅甸、泰国、马来西亚、印度尼西亚、不丹、印度。

吴茱萸（野吴萸，野茶辣，石虎）

Tetradium ruticarpum (A. Juss.) T. G. Hartley, Gard. Bull. Singapore 34 (2): 116 (1981).

Boymia rutaecarpa A. Juss., Mem. Mus. Parana 12: 507 (1825); *Evodia ruticarpa* (A. Juss.) Benth., Fl. Hongk. 59 (1861); *Ampacus ruticarpa* (A. Juss.) Kuntze, Revis. Gen. Pl. 1: 98 (1891); *Evodia bodinieri* Dode, Lingnan Sci. J. 13: 33 (1908); *Evodia officinalis* Dode, Bull. Soc. Bot. France 55: 703 (1908); *Euodia baberi* Rehder et E. H. Wilson, Pl. Wilson. 2 (1): 131 (1914); *Evodia rugosa* Rehder et E. H. Wilson, Pl. Wilson. 2 (1): 132 (1914); *Euodia hirsutifolia* Hayata, Icon. Pl. Formosan. 6: 5 (1916); *Evodia compacta* Hand.-Mazz., Symb. Sin. 7 (3): 627 (1933); *Evodia compacta* var. *meionocarpa* Hand.-Mazz., Symb. Sin. 7 (3): 627 (1933); *Evodia ruticarpa* var. *bodinieri* (Dode) C. C. Huang, Acta Phytotax. Sin. 6 (1): 113, pl. 27, E, F (1957); *Evodia ruticarpa* var. *officinalis* (Dode) C. C. Huang, Acta Phytotax. Sin. 6 (1): 114, pl. 27, A (1957); *Euodia rutaecarpa* f. *meionocarpa* (Hand.-Mazz.) C. C. Huang, Acta Phytotax. Sin. 6 (1): 112 (1957).

河北、河南、陕西、甘肃、安徽、江苏、浙江、江西、湖南、湖北、四川、贵州、云南、福建、台湾、广东、广西、海南；日本、缅甸、不丹、尼泊尔、印度东北部。

牛科吴萸[牛毛（斗）吴萸]

●**Tetradium trichotomum** Lour., Fl. Cochinch. 1: 91 (1790).

Brucea trichotoma (Lour.) Spreng., Syst. Veg. 1: 441 (1825); *Ampacus trichotoma* (Lour.) Kuntze, Revis. Gen. Pl. 1: 98 (1891); *Evodia viridans* Drake, J. Bot. (Morot) 6 (15-16): 273 (1892); *Evodia trichotoma* (Lour.) Pierre, Fl. Forest. Cochinch. 3, pl. 287 (1893); *Evodia colorata* Dunn, Bull. Misc. Inform. Kew (1): 2 (1906); *Evodia hainanensis* Merr., Philipp. J. Sci. 21 (4): 346 (1922); *Evodia subtrigonosperma* C. C. Huang, Acta Phytotax. Sin. 6 (1): 118, pl. 31 (1957); *Euodia lenticellata* C. C. Huang, Acta Phytotax. Sin. 6 (1): 98, pl. 24 (1957); *Euodia trichotoma* var. *pubescens* C. C. Huang, Acta Phytotax. Sin. 16 (2): 83 (1978).

陕西、湖北、四川、贵州、云南、西藏、广东、广西、海南；越南北部、老挝、泰国、不丹。

飞龙掌血属 Toddalia Juss.

飞龙掌血（黄肉树，三百棒，大救驾）

Toddalia asiatica (L.) Lam., Tabl. Encycl. 2: 116 (1797).

Paullinia asiatica L., Sp. Pl. 1: 365 (1753); *Toddalia aculeata* Pers., Syn. Pl. 1: 249 (1805); *Toddalia floribunda* Wall., Pl. Asiat. Rar. 3: 17, pl. 232 (1832); *Aralia labordei* H. Lév., Bull. Acad. Int. Géogr. Bot. 24: 144 (1914); *Toddalia tonkinensis* Guillaumin, Bull. Soc. Bot. France 91: 215 (1945); *Toddalia asiatica* var. *floribunda* (Wall.) Kurz., J. Asiat. Soc. Bengal, Pt. 2, Nat. Hist. 44: 130 (1875); *Toddalia asiatica* var. *gracilis* Gamble, Fl. Pres. Madras 1: 151 (1915).

河南、陕西、甘肃、湖南、湖北、四川、贵州、云南、西藏、福建、台湾、广东、广西、海南；琉球群岛、菲律宾、越南、老挝、缅甸、泰国、马来西亚、印度尼西亚、不丹、尼泊尔、印度、孟加拉国、斯里兰卡、马达加斯加、非洲。

花椒属 **Zanthoxylum** L.

刺花椒（毛刺花椒，姊色果，狗花椒）

Zanthoxylum acanthopodium DC., Prodr. (DC.) 1: 727 (1824).

Zanthoxylum acanthopodium var. *timbor* Hook. f., Fl. Brit. Ind. 1 (3): 493 (1875); *Zanthoxylum acanthopodium* var. *villosum* C. C. Huang, Acta Phytotax. Sin. 6 (1): 33 (1957); *Zanthoxylum acanthopodium* var. *oligotrichum* Z. M. Tan, Bull. Bot. Res. 9 (2): 43 (1989).

四川、贵州、云南、西藏、广西；越南、老挝、缅甸、泰国、马来西亚、印度尼西亚、不丹、尼泊尔、印度、孟加拉国。

椿叶花椒（樗叶花椒，满天星，刺椒）

Zanthoxylum ailanthoides Siebold et Zucc., Abh. Math.-Phys. Cl. Königl. Bayer. Akad. Wiss. 4 (2): 138 (1846).

Zanthoxylum emarginellum Miq., Ann. Mus. Bot. Lugduno-Batavi 3: 22 (1867); *Fagara emarginella* (Miq.) Engl., Nat. Pflanzenfam. 3 (4)· 118 (1896); *Fagara ailanthoides* (Sicbold et Zucc.) Engl., Nat. Pflanzenfam. 3 (4): 118 (1897); *Zanthoxylum hemsleyanum* Makino, Bot. Mag. 21: 86 (1907); *Fagara hemsleyana* (Makino) Makino, Bot. Mag. (Tokyo) 21: 161 (1907); *Fagara boninshimae* Koidz., Bot. Mag. (Tokyo), xxxiii 218 (1919); *Zanthoxylum ailanthoides* var. *inerme* Rehder et E. H. Wilson, J. Arnold Arbor. 1: 118 (1919).

浙江、江西、四川、贵州、云南、福建、台湾、广东、广西；日本（包括小笠原群岛）、琉球群岛、朝鲜、韩国、菲律宾。

毛椿叶花椒

●**Zanthoxylum ailanthoides** var. **pubescens** Hatus., Acta Phytotax. Geobot. 4: 210 (1935).
台湾。

竹叶花椒（万花针，白总管，山花椒）

☆**Zanthoxylum armatum** DC., Prodr. 1: 727 (1824).
Zanthoxylum alatum f. *subtrifoliolatum* Franch., Pl. Delavay. 124 (1889); *Zanthoxylum arenosum* Reeder et S. Y. Cheo, J. Arnold Arbor. 32 (1): 70, pl. 2 (1951); *Zanthoxylum armatum* var. *subtrifoliolatum* (Franch.) Kitam, Acta Phytotax. Geobot. 25 (2-3): 43 (1972).

甘肃、安徽、福建；琉球群岛、韩国、菲律宾、越南、老挝、缅甸、泰国、印度尼西亚、不丹、尼泊尔、印度、孟加拉国、巴基斯坦、克什米尔。

毛竹叶花椒

●**Zanthoxylum armatum** var. **ferrugineum** (Rehder et E. H.

Wilson) C. C. Huang, Guihaia 7 (1): 1 (1987).

Zanthoxylum alatum f. *ferrugineum* Rehder et E. H. Wilson, Pl. Wilson. 2 (1): 215 (1914); *Zanthoxylum alatum* Roxb., Fl. Ind. 3: 768 (1832); *Zanthoxylum planispinum* Siebold et Zucc., Abh. Math.-Phys. Cl. Königl. Bayer. Akad. Wiss. 4 (2): 138 (1845); *Zanthoxylum alatum* var. *planispinum* (Siebold et Zucc.) Rehder et E. H. Wilson, Pl. Wilson. 2 (1): 125 (1914); *Zanthoxylum planispinum* f. *ferrugineum* (Rehder et E. H. Wilson) C. C. Huang, Acta Phytotax. Sin. 6 (1): 32 (1957).

陕西、湖南、四川、贵州、云南、广东、广西。

岭南花椒（皮子药，山胡椒，满山香）

●**Zanthoxylum austrosinense** C. C. Huang, Acta Phytotax. Sin. 6 (1): 53, pl. 5-6 (1957).
安徽、浙江、江西、湖南、湖北、福建、广东、广西。

岭南花椒（原变种）

●**Zanthoxylum austrosinense** var. **austrosinense**
Zanthoxylum alatum f. *subtrifoliolatum* Franch., Pl. Delavay. 124 (1889); *Zanthoxylum arenosum* Reeder et S. Y. Cheo, J. Arnold Arbor. 32 (1): 70, pl. 2 (1951); *Zanthoxylum armatum* var. *subtrifoliolatum* (Franch.) Kitam, Acta Phytotax. Geobot. 25 (2-3): 43 (1972).

安徽、浙江、江西、湖南、湖北、福建、广东、广西。

毛叶岭南花椒

●**Zanthoxylum austrosinense** var. **pubescens** C. C. Huang, Acta Phytotax. Sin. 16 (2): 82 (1978).
Zanthoxylum austrosinense var. *stenophyllum* C. C. Huang, Acta Phytotax. Sin. 6 (1): 54, pl. 6 (1957).
湖南。

簕欓花椒（花椒簕，鸡咀簕，画眉簕）

Zanthoxylum avicennae (Lam.) DC., Prodr. (DC.) 1: 726 (1824).
Fagara avicennae Lam., Encycl. 2: 445 (1788); *Zanthoxylum lentiscifolium* Champ. ex Benth., Hooker's J. Bot. Kew Gard. Misc. 3: 329 (1851); *Zanthoxylum avicennae* var. *tonkinense* Pierre, Fl. Forest. Cochinch. 4, t. 289 B (1893).

云南、福建、广东、广西、海南；菲律宾、越南、泰国、马来西亚、印度尼西亚、印度。

花椒（钉板刺，入山虎，麻药藤）

Zanthoxylum bungeanum Maxim., Bull. Acad. Imp. Sci. Saint-Pétersbourg 16 (3): 212 (1871).

辽宁、河北、山西、山东、河南、陕西、宁夏、甘肃、青海、新疆、安徽、江苏、浙江、江西、湖南、湖北、四川、贵州、云南、西藏、福建、台湾、广东、广西、海南；琉球群岛、菲律宾、越南、缅甸、泰国、马来西亚、印度尼西亚、不丹、尼泊尔、印度、巴布亚新几内亚、热带澳大利亚、太平洋岛屿西南部。

花椒（原变种）

Zanthoxylum bungeanum var. **bungeanum**

Fagara nitida Roxb., Fl. Ind. 1: 439 (1820); *Zanthoxylum torvum* F. Muell., Fragm. 7 (57): 140 (1871); *Zanthoxylum hamiltonianum* Wall. ex Hook. f., Fl. Brit. Ind. 1 (3): 494 (1875); *Zanthoxylum bungei* Hance, J. Bot. 13: 131 (1875); *Zanthoxylum bungei* var. *imperforatum* Franch., Mém. Soc. Sci. Nat. Math. Cherbourg 24: 205 (1884); *Zanthoxylum piperitum* auct. non DC.: Daniell et Benn. in Ann. Nat. Hist. ser. 3 10: 195 (1862); *Zanthoxylum fraxinoides* Hemsl., Ann. Bot. (Oxford) 9 (33): 148 (1895); *Fagara torva* (F. Muell.) Engl., Nat. Pflanzenfam. 3 (4): 119 (1896); *Fagara warburgii* Perkins, Fragm. Fl. Philipp. 3: 160 (1905); *Zanthoxylum usitatum* Diels, Notes Roy. Bot. Gard. Edinburgh 5 (25): 280 (1912); *Zanthoxylum hirtellum* Ridl., J. Fed. Malay. States Mus. **x**: 131 (1920); *Fagara hamiltoniana* (Roxb.) Engl., Nat. Pflanzenfam. 19 a: 221 (1931); *Fagara hirtella* (Ridl.) Engl., Nat. Pflanzenfam. 19 a: 221 (1931); *Fagara oblongifolia* Bakh. f., Blumea 6: 366 (1950); *Fagara pendjaluensis* Bakh. f., Blumea 6: 366 (1950); *Zanthoxylum simulans* var. *imperforatum* (Franch.) Reeder et S. Y. Cheo, J. Arnold Arbor. 32 (1): 70 (1951); *Zanthoxylum asperum* var. *glabrum* C. C. Huang, Acta Phytotax. Sin. 6 (1): 76 (1957).

辽宁、河北、山西、山东、河南、陕西、宁夏、甘肃、青海、新疆、安徽、江苏、浙江、江西、湖南、湖北、四川、贵州、云南、西藏、福建、台湾、广东、广西、海南；不丹。

毛叶花椒

●**Zanthoxylum bungeanum** var. **pubescens** C. C. Huang, Acta Phytotax. Sin. 6 (1): 24 (1957).
Zanthoxylum bungeanum var. *zimmermannii* (Rehder et E. H. Wilson) C. C. Huang, Acta Phytotax. Sin. 6 (1): 24 (1957).
陕西、甘肃、青海、四川、云南。

油叶花椒

●**Zanthoxylum bungeanum** var. **punctatum** C. C. Huang, Acta Phytotax. Sin. 16 (2): 81 (1978).
四川。

石山花椒

●**Zanthoxylum calcicola** C. C. Huang, Acta Phytotax. Sin. 6 (1): 65, pl. 13 (1957).
贵州、云南、广西。

糙叶花椒

Zanthoxylum collinsiae Craib, Bull. Misc. Inform. Kew 1926 (4): 165 (1926).
Zanthoxylum asperum C. C. Huang, Bull. Soc. Bot. France 91: 215 (1944); *Zanthoxylum scabrum* Guillaumin., Acta Phytotax. Sin. 6 (1): 75, pl. 16 (1957).
贵州、云南、广西；越南北部、老挝、泰国东北部。

异叶花椒

Zanthoxylum dimorphophyllum Hemsl., Ann. Bot. (Oxford)

9 (33): 150 (1895).
河南、陕西、甘肃、湖南、湖北、四川、贵州、云南、台湾、广东、广西、海南；越南、泰国。

异叶花椒（原变种）

Zanthoxylum dimorphophyllum var. **dimorphophyllum**
Zanthoxylum ovalifolium Wight, Ill. Ind. Bot. 1: 169 (1839); *Fagara dimorphophylla* f. *unifoliolata* E. Pritz., Bot. Jahrb. Syst. 29 (3-4): 422 (1900); *Zanthoxylum pistaciiflorum* Hayata, Icon. Pl. Formosan. 3: 49 (1913); *Zanthoxylum dimorphophyllum* var. *deminutum* Rehder, J. Arnold Arbor. 22 (4): 577 (1941); *Zanthoxylum evoidiaefolium* Guillaumin, Bull. Soc. Bot. France 91: 214 (1944); *Zanthoxylum acanthopodium* var. *deminutum* (Rehder) Reeder et S. Y. Cheo, J. Arnold Arbor. 32 (1): 71 (1951); *Fagara robiginosa* Reeder et S. Y. Cheo, J. Arnold Arbor. 32 (1): 68, pl. 1 (1951); *Zanthoxylum robiginosum* (Reeder et S. Y. Cheo) C. C. Huang, Acta Phytotax. Sin. 6: 35 (1957).
河南、陕西、甘肃、湖南、湖北、四川、贵州、云南、台湾、广东、广西、海南；越南、泰国。

多异叶花椒

●**Zanthoxylum dimorphophyllum** var. **multifoliolatum** C. C. Huang, Acta Phytotax. Sin. 16 (2): 81 (1978).
Zanthoxylum ovalifolium var. *multifoliolatum* (C. C. Huang) C. C. Huang, Guihaia 7 (1): 4 (1987).
云南。

刺异叶花椒（刺叶花椒，散血飞，青皮椒）

●**Zanthoxylum dimorphophyllum** var. **spinifolium** Rehder et E. H. Wilson, Pl. Wilson. 2 (1): 126 (1914).
Zanthoxylum ovalifolium var. *spinifolium* (Rehder et E. H. Wilson) C. C. Huang, Guihaia 7 (1): 4 (1987); *Zanthoxylum dissitum* var. *spinulosum* Z. M. Tan, Bull. Bot. Res., Harbin 9 (2): 44 (1989).
河南、陕西、湖南、湖北、四川、贵州。

砚壳花椒（麻疯刺，白皮两面针，岩花椒）

●**Zanthoxylum dissitum** Hemsl., J. Linn. Soc. Bot. 23 (153): 106 (1886).
河南、陕西、甘肃、湖南、湖北、四川、贵州、云南、广东、广西、海南。

砚壳花椒（原变种）

●**Zanthoxylum dissitum** var. **dissitum**
Fagara dissita (Hemsl.) Engl., Nat. Pflanzenfam. 3 (4): 118 (1897); *Zanthoxylum bodinieri* H. Lév., Repert. Spec. Nov. Regni Veg. 13 (363-367): 266 (1914).
河南、陕西、甘肃、湖南、湖北、四川、贵州、云南、广东、广西、海南。

针边砚壳花椒

●**Zanthoxylum dissitum** var. **acutiserratum** C. C. Huang, Acta Phytotax. Sin. 16 (2): 82 (1978).

四川。

刺砚壳花椒

●**Zanthoxylum dissitum** var. **hispidum** (Reeder et S. Y. Cheo) C. C. Huang, Acta Phytotax. Sin. 6 (1): 78 (1957).

Fagara dissita var. *hispida* Reeder et S. Y. Cheo, J. Arnold Arbor. 32 (1): 69 (1951).

四川、云南。

长叶砚壳花椒

●**Zanthoxylum dissitum** var. **lanciforme** C. C. Huang, Acta Phytotax. Sin. 16 (2): 82 (1978).

贵州、广西。

刺壳花椒

●**Zanthoxylum echinocarpum** Hemsl., Ann. Bot. (Oxford) 9 (33): 149 (1895).

湖南、湖北、四川、贵州、云南、广东、广西。

刺壳花椒（原变种）

●**Zanthoxylum echinocarpum** var. **echinocarpum**

Fagara echinocarpa (Hemsl.) Engl., Nat. Pflanzenfam. 3 (4): 118 (1876).

湖南、湖北、四川、贵州、云南、广东、广西。

毛刺壳花椒

●**Zanthoxylum echinocarpum** var. **tomentosum** C. C. Huang, Acta Phytotax. Sin. 16 (2): 82 (1978).

贵州、云南、广西。

贵州花椒

●**Zanthoxylum esquirolii** H. Lév., Repert. Spec. Nov. Regni Veg. 13 (363-367): 266 (1914).

Fagara oxyphylla (Edgew.) Engl., Nat. Pflanzenfam. 3 (4): 118 (1896); *Zanthoxylum chaffanjonii* H. Lév., Repert. Spec. Nov. Regni Veg. 13 (363-367): 266 (1914); *Fagara chaffanjonii* (H. Lév.) Hand.-Mazz., Symb. Sin. 7: 625 (1933); *Fagara esquirolii* (H. Lév.) Hand.-Mazz., Symb. Sin. 7: 625 (1933); *Zanthoxylum alpinum* C. C. Huang, Acta Phytotax. Sin. 6 (1): 60, pl. 12 (1957); *Zanthoxylum taliense* C. C. Huang, Acta Phytotax. Sin. 6 (1): 62 (1957); *Zanthoxylum tibetanum* C. C. Huang, Acta Phytotax. Sin. 6 (1): 57, pl. 10 (1957).

四川、贵州、云南。

密果花椒

●**Zanthoxylum glomeratum** C. C. Huang, Acta Phytotax. Sin. 16 (2): 82 (1978).

贵州、广西。

兰屿花椒

Zanthoxylum integrifolium (Merr.) Merr., Enum. Philipp. Fl. Pl. 2: 327 (1923).

Fagara integrifolia Merr., Philipp. J. Sci. 1: 68 (1906).

台湾；菲律宾。

云南花椒

Zanthoxylum khasianum Hook. f., Fl. Brit. Ind. 1 (3): 494 (1875).

Zanthoxylum yunnanense C. C. Huang, Acta Phytotax. Sin. 6 (1): 59, pl. 11 (1957).

云南；印度。

广西花椒

●**Zanthoxylum kwangsiense** (Hand.-Mazz.) Chun ex C. C. Huang, Acta Phytotax. Sin. 6: 71 (1957).

Fagara kwangsiensis Hand.-Mazz., Sinensia 3 (8): 186 (1933).

重庆、贵州、广西。

拟蚬壳花椒

Zanthoxylum laetum Drake, J. Bot. (Morot) 6 (15-16): 274 (1892).

Zanthoxylum dissitoides C. C. Huang, Acta Phytotax. Sin. 6 (1): 78, pl. 18 (1957).

云南、广东、广西、海南；越南北部。

雷波花椒

■**Zanthoxylum leiboicum** C. C. Huang, Acta Phytotax. Sin. 16 (2): 82 (1978).

Zanthoxylum calcicolum var. *macrocarpum* C. C. Huang, Acta Phytotax. Sin. 6 (1): 67 (1957).

四川。

荔波花椒

●**Zanthoxylum liboense** C. C. Huang, Guihaia 7 (1): 6 (1987).

贵州。

大花花椒

●**Zanthoxylum macranthum** (Hand.-Mazz.) C. C. Huang, Acta Phytotax. Sin. 6 (1): 70 (1957).

Fagara macrantha Hand.-Mazz., Sinensia 5 (1-2): 17 (1934).

河南、湖南、湖北、四川、重庆、贵州、云南、西藏。

小花花椒

●**Zanthoxylum micranthum** Hemsl., Ann. Bot. (Oxford) 9 (33): 147 (1895).

Fagara micrantha (Hemsl.) Engl., Nat. Pflanzenfam. 3 (4): 118 (1896); *Fagara biondii* Pamp., Nuovo Giorn. Bot. Ital., new series. 17 (3): 406 (1910).

河南、湖南、湖北、四川、贵州、云南。

朵花椒（鼓钉皮，朵椒，刺风树）

●**Zanthoxylum molle** Rehder, J. Arnold Arbor. 8 (3): 150 (1927).

Evodia mollicoma Hu et F. H. Chen, Acta Phytotax. Sin. 1 (2): 225 (1951); *Fagara mollis* (Rehder) Reeder et S. Y. Cheo, J. Arnold Arbor. 32: 69 (1951).

河南、安徽、浙江、江西、湖南、贵州、云南。

墨脱花椒

●**Zanthoxylum motuoense** C. C. Huang, Acta Phytotax. Sin. 16 (2): 83, t. 1 (1978).
西藏。

多叶花椒 （蜈蚣藤）

●**Zanthoxylum multijugum** Franch., Pl. Delavay. 124 (1889). *Zanthoxylum multifoliolatum* Hemsl., Hooker's Icon. Pl. 26 (4), pl. 2595 (1899); *Fagara mengtzeana* Hu, J. Arnold Arbor. 5 (4): 228 (1924); *Fagara multijuga* (Franch.) Hu, J. Arnold Arbor. 6 (3): 142 (1925).
贵州、云南。

大叶臭花椒 （驱风通，雷公木，刺椿木）

Zanthoxylum myriacanthum Dunn et Tutch., Kew Bull. Addit. Ser. 10: 55 (1912).
Zanthoxylum rhetsoides Drake, J. Bot. (Morot) 6 (15-16): 275 (1892); *Fagara myriacantha* (Wall. ex Hook. f.) Engl., Nat. Pflanzenfam. 3 (4): 118 (1896); *Zanthoxylum diabolicum* Elmer, Leafl. Philipp. Bot. ii 477 (1908); *Evodia odorata* H. Lév., Repert. Spec. Nov. Regni Veg. 9 (222-226): 458 (1911); *Zanthoxylum odoratum* (H. Lév.) H. Lév., Repert. Spec. Nov. Regni Veg. 13 (363-367): 266 (1914); *Fagara gigantea* Hand.-Mazz., Anz. Akad. Wiss. Wien, Math.-Naturwiss. Kl. Anz. 64 (1921); *Zanthoxylum giganteum* (Hand.-Mazz.) Rehder, J. Arnold Arbor. 8 (3): 151 (1927); *Fagara diabolica* (Elmer) Engl., Nat. Pflanzenfam. 19 a: 220 (1931); *Fagara odorata* (H. Lév.) Hand.-Mazz., Symb. Sin. 7 (3): 623 (1933); *Fagara rhetsoides* (Drake) Reeder et S. Y. Cheo, J. Arnold Arbor. 32: 69 (1951).
浙江、江西、湖南、贵州、云南、福建、广东、广西、海南；菲律宾、越南、缅甸、马来西亚、印度尼西亚、不丹、印度。

毛大叶臭花椒 （炸辣，玛唷）

●**Zanthoxylum myriacanthum** var. **pubescens** (C. C. Huang) C. C. Huang, Guihaia 11 (1): 9 (1991).
Zanthoxylum rhetsoides var. *pubescens* C. C. Huang, Acta Phytotax. Sin. 6 (1): 48 (1957); *Zanthoxylum utile* C. C. Huang, Acta Phytotax. Sin. 6 (1): 48 (1957).
云南。

两面针

Zanthoxylum nitidum (Roxb.) DC., Prodr. 1: 727 (1824).
浙江、湖南、贵州、云南、福建、台湾、广东、广西、海南；琉球群岛、菲律宾、越南、缅甸、泰国、马来西亚、印度尼西亚、尼泊尔、印度、巴布亚新几内亚、热带澳大利亚、太平洋岛屿西南部。

两面针 （原变种）

Zanthoxylum nitidum var. **nitidum**
Fagara nitida Roxb., Fl. Ind. 1: 439 (1820); *Zanthoxylum torvum* F. Muell., Fragm. 7 (1869); *Zanthoxylum hamiltonianum* Wall. ex Hook. f., Fl. Brit. Ind. 1 (3): 494 (1875); *Fagara torva* (F. Muell.) Engl., Die Naturlichen Pflanzenfamilien 3 (4) (1896); *Fagara warburgii* Perkins, Fragm. Fl. Philipp. 160 (1905); *Zanthoxylum hirtellum* Ridley, J. Fed. Malay States Mus. 10: 131 (1920); *Fagara hamiltoniana* (Roxb.) Engl., Nat. Pflanzenfam. 19 a: 221 (1931); *Fagara hirtella* (Ridley) Engl., Nat. Pflanzenfam. 19 a: 221 (1931); *Fagara oblongifolia* Bakhuizen f., Blumea 6: 366 (1950); *Fagara pendjaluensis* Bakhuizen f., Blumea 6: 366 (1950); *Zanthoxylum asperum* var. *glabrum* C. C. Huang, Acta Phytotax. Sin. 6 (1): 76 (1957); *Zanthoxylum nitidum* f. *fastuosum* How ex Huang, Fl. Hainan. 3: 32, 573, f. 544 (1974).
浙江、湖南、贵州、云南、福建、台湾、广东、广西、海南；琉球群岛、菲律宾、越南、缅甸、泰国、马来西亚、印度尼西亚、尼泊尔、印度、巴布亚新几内亚、热带澳大利亚、太平洋岛屿西南部。

毛叶两面针

●**Zanthoxylum nitidum** var. **tomentosum** C. C. Huang, Guihaia 7 (1): 5 (1987).
广西。

尖叶花椒

Zanthoxylum oxyphyllum Edgew., Fl. Kouy-Tcheou 377 (1915).
Fagara oxyphylla (Edgew.) Engl., Nat. Pflanzenfam. 3 (4): 118 (1896); *Zanthoxylum alpinum* C. C. Huang, Acta Phytotax. Sin. 6 (1): 60, pl. 12 (1957); *Zanthoxylum taliense* C. C. Huang, Acta Phytotax. Sin. 6 (1): 62 (1957); *Zanthoxylum tibetanum* C. C. Huang, Acta Phytotax. Sin. 6 (1): 57, pl. 10 (1957).
云南、西藏；缅甸、不丹、尼泊尔、印度。

川陕花椒 （山花椒）

●**Zanthoxylum piasezkii** Maxim., Trudy Imp. S.-Peterburgsk. Bot. Sada 11 (1): 93 (1889).
Zanthoxylum piperiti Huang, Acta Phytotax. Sin. 6: 26 (1957).
河南、陕西、甘肃、四川。

微柔毛花椒

●**Zanthoxylum pilosulum** Rehder et E. H. Wilson, Pl. Wilson. 2 (1): 123 (1914).
陕西、甘肃、四川、云南。

翼刺花椒

●**Zanthoxylum pteracanthum** Rehder et E. H. Wilson, Pl. Wilson. 2 (1): 123 (1914).
湖北。

菱叶花椒 （黄椒）

●**Zanthoxylum rhombifoliolatum** C. C. Huang, Acta Phytotax. Sin. 6 (1): 67, pl. 14 (1957).
重庆、贵州。

花椒簕 （藤花椒，花椒藤，乌口簕，弯轴花椒）

Zanthoxylum scandens Blume, Bijdr. Natuurk. Wetensch.

249 (1825).

Zanthoxylum cuspidatum Champ. ex Bntham, Hooker's J. Bot. Kew Gard. Misc. 3: 329 (1851); *Fagara scandens* (Blume) Engl., Nat. Pflanzenfam. 3 (4): 118 (1896); *Fagara cuspidata* (Champ. ex Benth.) Engl., Nat. Pflanzenfam. 3 (4): 118 (1896); *Fagara laxifoliolata* Hayata, Icon. Pl. Formosan. 3: 50 (1913); *Fagara cyrtorhachia* Hayata, Icon. Pl. Formosan. 6: 8 (1916); *Fagara leiorhachia* Hayata, Icon. Pl. Formosan. 6: 10 (1916); *Fagara chinensis* Merr., Philipp. J. Sci. 13 (3): 141 (1918); *Zanthoxylum chinense* (Merr.) I. C. Chung, Mem. Sci. Soc. China 1: 123 (1924); *Zanthoxylum leiorhachium* (Hayata) C. C. Huang, Acta Phytotax. Sin. 6 (1): 64 (1957); *Zanthoxylum laxifoliolatum* C. C. Huang, Acta Phytotax. Sin. 6 (1): 81 (1957); *Zanthoxylum cyrtorhachium* (Hayata) C. C. Huang, Acta Phytotax. Sin. 6 (1): 81 (1957).

安徽、浙江、江西、湖南、湖北、四川、重庆、贵州、云南、福建、台湾、广东、广西、海南；琉球群岛、缅甸、马来西亚、印度尼西亚、印度。

青花椒（山花椒，小花椒，王椒）

Zanthoxylum schinifolium Siebold et Zucc., Abh. Math.-Phys. Cl. Königl. Bayer. Akad. Wiss. 4 (2): 137 (1846). *Zanthoxylum mantschuricum* Benn., Ann. Nat. Hist. 3 (2): 200 (1862); *Fagara schinifolia* (Siebold et Zucc.) Engl., Nat. Pflanzenfam. 3 (4): 118 (1896); *Zanthoxylum pteropodum* Hayata, Icon. Pl. Formosan. 3: 49 (1913); *Fagara pteropoda* (Hayata) Y. C. Liu, Agrc. Form. Journ. 4: 24 (1955); *Zanthoxylum pteropoda* Huang, Acta Phytotax. Sin. 6: 64 (1957).

辽宁、河北、山东、河南、安徽、江苏、浙江、江西、湖南、湖北、贵州、福建、台湾、广东、广西；琉球群岛、朝鲜、韩国。

野花椒（刺椒，黄椒，大花椒）

●**Zanthoxylum simulans** Hance, Ann. Sci. Nat., Bot. sér. 5 5: 208 (1866).

Zanthoxylum bungei var. *inermis* Franch., Pl. David. 1: 67 (1884); *Zanthoxylum setosum* Hemsl., J. Linn. Soc., Bot. 23 (153): 107 (1886); *Zanthoxylum podocarpum* Hemsl., J. Linn. Soc., Bot. 23 (153): 107 (1886); *Fagara podocarpa* (Hemsl.) Engl., Nat. Pflanzenfam. 3 (4): 118 (1897); *Fagara setosa* (Hemsl.) Engl., Nat. Pflanzenfam. 3 (4): 118 (1897); *Zanthoxylum argyi* H. Lév., Mem. Real Acad. Ci. Barcelona 12: 560 (1916); *Zanthoxylum acanthophyllum* Hayata, Icon. Pl. Formosan. 6: 7 (1916); *Zanthoxylum simulans* var. *podocarpum* (Hemsl.) C. C. Huang, Acta Phytotax. Sin. 6 (1): 20 (1957).

河北、山东、河南、陕西、甘肃、青海、安徽、江苏、浙江、江西、湖南、湖北、贵州、福建、台湾、广东。

狭叶花椒

●**Zanthoxylum stenophyllum** Hemsl., Ann. Bot. (Oxford) 9 (33): 147 (1895).

Fagara stenophylla (Hemsl.) Engl., Nat. Pflanzenfam. 3 (4): 118 (1897); *Zanthoxylum pashanense* N. Chao, Acta Phytotax.

Sin. 12 (2): 235 (1974).

河南、陕西、甘肃、湖南、湖北、四川、重庆、云南。

梗花椒（满山香，红山椒，麻口皮子药）

●**Zanthoxylum stipitatum** C. C. Huang, Guihaia 7 (1): 2 (1987).

湖南、福建、广东、广西。

毡毛花椒

Zanthoxylum tomentellum Hook. f., Fl. Brit. Ind. 1 (3): 493 (1875).

Fagara tomentella (Hook. f.) Hand.-Mazz., Symb. Sin. 7 (3): 624 (1933); *Fagara tomentella* var. *mekongensis* Hand.-Mazz., Symb. Sin. 7 (3): 624 (1933).

云南；缅甸、不丹、尼泊尔、印度东北部。

浪叶花椒

●**Zanthoxylum undulatifolium** Hemsl., Ann. Bot. (Oxford) 9 (33): 148 (1895).

陕西、湖北、四川。

屏东花椒

●**Zanthoxylum wutaiense** I. S. Chen, Taiwan Sci. 26 (34): 56, f. 1 (1972).

台湾。

西畴花椒

●**Zanthoxylum xichouense** C. C. Huang, Acta Phytotax. Sin. 16 (2): 172 (1978).

云南。

元江花椒

●**Zanthoxylum yuanjiangense** C. C. Huang, Acta Phytotax. Sin. 16 (2): 81 (1978).

云南。

157. 苦木科 SIMAROUBACEAE
[3 属：10 种]

臭椿属 Ailanthus Desf.

臭椿

Ailanthus altissima (Mill.) Swingle, J. Wash. Acad. Sci. **vi**: 495 (1916).

除黑龙江、吉林、宁夏、青海、海南外，中国广布；世界各地。

臭椿（原变种）

Ailanthus altissima var. **altissima**

Toxicodendron altissimum Mill., Gard. Dict., ed. 8 n. 10 (1768); *Rhus cacodendron* Ehrh., Hannover. Mag. 227 (1783); *Albonia peregrina* Buc'hoz, Herb. Color. Amerique pl. 57 (1783); *Ailanthus glandulosa* Desf., Hist. Acad. Roy. Sci. Mem.

Math. Phys. 1786: 265, t. 8 (1788); *Pongelion glandulosum* Pierre, Fl. Forest. Cochinch. 4, pl. 294 (1892); *Ailanthus cacodendron* (Ehrh.) Schinz et Thell., Mém. Soc. Sci. Nat. Math. Cherbourg 38: 637 (1912).

除黑龙江、吉林、宁夏、青海、海南外，中国广布；世界各地。

大果臭椿 （大果樗树）

●**Ailanthus altissima** var. **sutchuenensis** (Dode) Rehder et E. H. Wilson, Pl. Wilson. 3 (3): 449 (1917).

Ailanthus sutchuenensis Dode, Bull. Soc. Dendrol. France 192, f. a (1907); *Ailanthus glandulosa* var. *sutchuenensis* (Dode) Rehder, Mitt. Deutsch. Dendrol. Ges. 21: 187 (1912); *Ailanthus cacodendron* var. *sutchuenensis* (Dode) Rehder et E. H. Wilson, Pl. Wilson. 2 (1): 153 (1914); *Ailanthus mairei* Gagnep., Notul. Syst. (Paris) 11: 164 (1944).

江西、湖南、湖北、四川、云南、广西。

台湾臭椿 （臭椿）

●**Ailanthus altissima** var. **tanakai** (Hayata) Kaneh. et Sasaki, Formosan trees (rev. ed.) 321, f. 276 (1936).

Ailanthus glandulosa var. *tanakai* Hayata, Icon. Pl. Formosan. 4: 2 (1914).

台湾。

常绿臭椿

●**Ailanthus fordii** Noot., Fl. Males., Ser. 1, Spermat. 6: 220 (1962).

云南、广东。

毛臭椿 （四川樗树）

●**Ailanthus giraldii** Dode, Bull. Soc. Dendrol. France 191 (1907).

Toxicodendron altissimum Mill., Gard. Dict., ed. 8 no. 10 (1768); *Rhus cacodendron* Ehrh., Hannover. Mag. 227 (1783); *Albonia peregrina* Buc'hoz, Herb. Color. Amerique t. 57 (1783); *Ailanthus glandulosa* Desf., Mém. Acad. Sci. (Paris) 1786: 265, pl. 8 (1788); *Pongelion glandulosum* (Desf.) Pierre, Fl. Forest. Cochinch. 4, t. 294 (1892); *Ailanthus giraldii* var. *duclouxii* Dode, Bull. Soc. Dendrol. France 191 (1907); *Ailanthus cacodendron* (Ehrh.) Schinz et Thell., Mém. Soc. Sci. Nat. Math. Cherbourg 38: 637, 679 (1912); *Ailanthus altissima* (Mill.) Swingle, J. Wash. Acad. Sci. 6 (14): 495 (1916).

陕西、甘肃、四川、云南。

广西臭椿

●**Ailanthus guangxiensis** S. L. Mo, Guihaia 2 (3): 145, f. 2 (1982).

广西。

岭南臭椿 （岭南樗树，毛叶南臭椿）

Ailanthus triphysa (Dennst.) Alston, Handb. Fl. Ceylon 6 (Suppl.): 41 (1931).

Adenanthera triphysa Dennst., Schlüssel Hortus Malab. 32 (1818); *Ailanthus malabarica* DC., Prodr. 2: 89 (1825).

云南、福建、广东、广西；越南、缅甸、泰国、马来西亚、印度、斯里兰卡。

刺臭椿 （刺樗）

●**Ailanthus vilmoriniana** Dode, Bull. Soc. Dendrol. France 190, f. c (1904).

Ailanthus glandulosa var. *spinosa* M. Vilm. et Bois, Frutic. Vilmor. 31 (1904).

湖北、四川、云南。

赤叶刺臭椿

●**Ailanthus vilmoriniana** var. **henanensis** J. Y. Chen et L. Y. Jin, Acta Bot. Yunnan. 12 (1): 42 (1990).

河南。

鸦胆子属 **Brucea** J. F. Miller

鸦胆子 （鸦蛋子，苦参子，老鸦胆）

Brucea javanica (L.) Merr., J. Arnold Arbor. 9 (1): 3 (1928).

Rhus javanica L., Sp. Pl. 1: 265 (1753); *Gonus amarissimus* Lour., Fl. Cochinch. 2: 658 (1790); *Brucea sumatrana* Roxb., Hort. Bengal. 12 (1814); *Brucea amarissima* (Lour.) Desv. ex Gomez, Mém. Acad. Sci. Lisb., n. Ser. 4 30 (1868).

贵州、云南、福建、台湾、广东、广西、海南；菲律宾、缅甸、马来西亚、新加坡、印度尼西亚、印度、斯里兰卡、热带澳大利亚。

柔毛鸦胆子 （大果鸦胆子，毛鸦胆子）

Brucea mollis Wall. ex Kurz., J. Asiat. Soc. Bengal 42: 64 (1873).

Brucea mollis var. *tonkinensis* Lecomte, Fl. Gen. Indo-Chine 1: 698 (1911); *Brucea acuminata* (Lecomte) H. L. Li, J. Arnold Arbor. 24 (4): 445 (1943).

云南、广东、广西；菲律宾、越南、老挝、缅甸、泰国、柬埔寨、马来西亚、不丹、尼泊尔、印度。

苦木属 **Picrasma** Blume

中国苦树

●**Picrasma chinensis** P. Y. Chen, Acta Bot. Austro Sin. 1: 71, pl. 1, f. 1-9 (1983).

Picrasma javanica Blume, Bijdr. Fl. Ned. Ind. 5: 248 (1825).

云南、西藏、广西。

苦树 （苦木，苦楝树，苦檀木）

Picrasma quassioides (D. Don) Benn., Pl. Jav. Rar. 198 (1844).

辽宁、河北、山东、河南、陕西、甘肃、安徽、江苏、江西、湖南、湖北、贵州、福建、广东、广西、海南；日本、韩国、不丹、尼泊尔、印度、斯里兰卡、克什米尔。

苦树（原变种）

Picrasma quassioides var. **quassioides**

Simaba quassioides D. Don, Prodr. Fl. Nepal. 248 (1825); *Rhus ailanthoides* Bunge, Mém. Sav. Etr. Petersb. 2: 89 (1833); *Picrasma ailanthoides* (Bunge) Planch., London J. Bot. 5: 573 (1846); *Picrasma japonica* A. Gray, Mém. Amer. Acad. Arts ser 2 6 (2): 383 (1858).

辽宁、河北、山东、河南、陕西、甘肃、安徽、江苏、江西、湖南、湖北、贵州、福建、广东、广西、海南；日本、韩国、不丹、尼泊尔、印度、斯里兰卡、克什米尔。

光序苦树

●**Picrasma quassioides** var. **glabrescens** Pamp., Nuovo Giorn. Bot. Ital., new series. 18 (2): 171 (1911).

湖北、云南。

158. 楝科 MELIACEAE
[17 属：43 种]

米仔兰属 **Aglaia** Lour.

山楝（洛氏米仔兰，洛罗，红柴）

Aglaia elaeagnoidea (A. Juss.) Benth., Fl. Austral. 1: 383 (1863).

Nemedra elaeagnoidea A. Juss., Mém. Mus. Hist. Nat. 19: 223, t. 3, fig. 8 (1830); *Milnea roxburghiana* Wight et Arn., Prodr. Fl. Ind. Orient. 119 (1834); *Aglaia roxburghiana* (Wight et Arn.) Miq., Ann. Mus. Bot. Lugduno-Batavi 4: 41 (1868); *Aglaia elaeagnoidea* var. *formosana* Hayata, Enum. Pl. Formosa 78 (1906); *Aglaia elaeagnoidea* var. *pallens* Merr., Philipp. J. Sci. 3 (6): 413 (1908); *Aglaia formosana* (Hayata) Hayata, Icon. Pl. Formosan. 3: 52 (1913); *Aglaia pallens* Merr., Philipp. J. Sci. 13 (5): 297 (1918); *Aglaia abbreviata* C. Y. Wu, Fl. Yunnan. 1: 240, t. 56, f. 8 (1977).

贵州、云南、台湾、广东、广西、海南；菲律宾、越南、老挝、泰国、柬埔寨、马来西亚、印度尼西亚、印度、斯里兰卡、中南半岛、巴布亚新几内亚、热带澳大利亚、太平洋岛屿。

望谟崖摩（石山崖摩，大叶四瓣崖摩，曾氏米仔兰）

Aglaia lawii (Wight) C. J. Saldanha et Ramamorthy, Fl. Hassan Dist. 392 (1976).

Nimmoia lawii Wight, Calcutta J. Nat. Hist. 7: 13 (1847); *Aglaia oligocarpa* Miq., Ann. Mus. Bot. Lugduno-Batavi 4: 45 (1868); *Aglaia tetrapetala* Pierre, Fl. Forest. Cochinch. 4, pl. 337 (1896); *Ficus ouangliensis* H. Lév., Repert. Spec. Nov. Regni Veg. 4 (57-58): 66 (1907); *Ficus vanioti* H. Lév., Repert. Spec. Nov. Regni Veg. 7 (146-148): 258 (1909); *Aglaia tsangii* Merr., Lingnan Sci. J. 6: 281 (1928); *Amoora caranara* Hiern, Bull. Fan Mem. Inst. Biol. 8: 348 (1939); *Aglaia attenuata* H. L. Li, J. Arnold Arbor. 25 (3): 303 (1944); *Aglaia wangii* H. L. Li, J. Arnold Arbor. 25 (3): 304 (1944); *Aglaia wangii* var. *macrophylla* H. L. Li, J. Arnold Arbor. 25 (3): 304 (1944); *Aglaia yunnanensis* H. L. Li, J. Arnold Arbor. 25 (3): 305 (1944); *Aglaia tenuifolia* H. L. Li, J. Arnold Arbor. 25 (3): 304 (1944); *Amoora tetrapetala* (Pierre) Pellegr., Observ. Bot. 1: 717 (1948); *Amoora calcicola* C. C. Wu et H. Li, Fl. Yunnan. 1: 234, pl. 55, f. 6-9 (1977); *Amoora ouangliensis* (Lév.) C. Y. Wu, Fl. Yunnan. 1: 237, t. 56, f. 4-5 (1977); *Amoora tetrapetala* var. *macrophylla* (H. L. Li) C. Y. Wu, Fl. Yunnan. 1: 235 (1977); *Amoora yunnanensis* (H. L. Li) C. Y. Wu, Fl. Yunnan. 1: 231, t. 55, f. 1-4 (1977); *Aglaia stipitata* T. P. Li et X. M. Chen, Acta Phytotax. Sin. 22 (6): 495 (1984); *Amoora tsangii* (Merr.) X. M. Chen, J. Wuhan Bot. Res. 4 (2): 180 (1986); *Amoora duodecimantha* H. Zhu et H. Wang, Acta Bot. Yunnan. 16 (1): 25, f. 1 (1994); *Aglaia lawii* subsp. *oligocarpa* (Miq.) Pannell, Kew Bull. 59 (1): 90 (2004).

贵州、云南、西藏、台湾、广东、广西、海南；菲律宾、越南、老挝、缅甸、泰国、马来西亚、印度尼西亚、不丹、印度、巴布亚新几内亚、太平洋岛屿、印度洋岛屿。

米仔兰（碎米兰，暹罗花，小叶米仔兰）

Aglaia odorata Lour., Fl. Cochinch., ed. 2 1: 173 (1790).

Aglaia odorata var. *microphyllina* C. DC., Monogr. Phan. 1: 602 (1878).

广东、广西、海南；越南、老挝、泰国、柬埔寨。

碧绿米仔兰

Aglaia perviridis Hiern, Fl. Brit. Ind. 1 (3): 556 (1875).

云南；老挝、泰国、马米西亚、不丹、印度、孟加拉国、印度洋岛屿。

椭圆叶米仔兰（大叶树兰）

Aglaia rimosa (Blanco) Merr., Sp. Blancoan. 212 (1918).

Portesia rimosa Blanco, Fl. Filip. 297 (1837); *Aglaia elliptifolia* Merr., Philipp. J. Sci. 3 (6): 413 (1908).

台湾；菲律宾、印度尼西亚、巴布亚新几内亚、太平洋岛屿。

曲梗崖摩

Aglaia spectabilis (Miq.) S. S. Jain et Bennet, Indian J. Forest. 9: 271 (1987).

Amoora spectabilis Miq., Ann. Mus. Bot. Lugduno-Batavi 4: 37 (1868); *Aglaia dasyclada* F. C. How et T. Chen, Acta Phytotax. Sin. 4 (1): 21, pl. 2 (1955); *Amoora dasyclada* (F. C. How et T. Chen) C. Y. Wu, Fl. Yunnan. 1: 234, t. 55, f. 5 (1977).

云南、海南；菲律宾、越南、老挝、缅甸、泰国、柬埔寨、马来西亚、印度尼西亚、不丹、印度、巴布亚新几内亚、澳大利亚东北部、太平洋岛屿。

马肾果（马腰子果）

●**Aglaia testicularis** C. Y. Wu, Fl. Yunnan. 1: 240, t. 56 (1977).

云南。

星毛崖摩

Aglaia teysmanniana (Miq.) Miq., Ann. Mus. Bot. Lugduno-Batavi 4: 48 (1868).

Amoora teysmanniana Miq., Fl. Ned. Ind., Eerste Bijv. 3: 503 (1861).

云南；菲律宾、泰国、马来西亚、印度尼西亚、巴布亚新几内亚。

山楝属 Aphanamixis Blume

山楝（沙罗，红罗，山罗）

Aphanamixis polystachya (Wall.) R. Parker, Indian Forester 57: 486 (1931).

Aglaia polystachya Wall., Fl. Ind., ed. 1820 2: 429 (1824); *Aphanamixis grandifolia* Blume, Bijdr. Fl. Ned. Ind. 1: 165 (1825); *Amoora rohituka* (Roxb.) Wight et Arn., Prodr. Fl. Ind. Orient. 1: 119 (1834); *Trichilia tripetala* Blanco, Fl. Filip. 354 (1837); *Amoora grandifolia* (Blume) Walp., Repert. Bot. Syst. 1: 429 (1842); *Aphanamixis rohituka* (Roxb.) Pierre, Fl. Forest. Cochinch. 344 (1895); *Amoora elmeri* Merr., Publ. Bur. Sci. Gov. Lab. 29: 23 (1905); *Aglaia aphanamixis* Pellegr., Fl. Indo-Chine 1: 767 (1911); *Aphanamixis elmeri* (Merr.) Merr., Philipp. J. Sci. 11 (1): 15 (1916); *Aphanamixis tripetala* (Blanco) Merr., Species Blancoanae. 211 (1918); *Chuniodendron yunnanense* Hu, J. Roy. Hort. Soc. 63: 387 (1938); *Chuniodendron spicatum* Hu, J. Roy. Hort. Soc. 63: 387 (1938); *Aphanamixis sinensis* F. C. How et T. Chen, Acta Phytotax. Sin. 4 (1): 29, pl. 3 (1955).

云南、福建、台湾、广东、广西、海南；菲律宾、越南、老挝、泰国、马来西亚、印度尼西亚、不丹、印度、斯里兰卡、中南半岛、巴布亚新几内亚、所罗门群岛。

洋椿属 Cedrela P. Browne

洋椿

☆**Cedrela odorata** L., Syst. Nat., ed. 10 2: 949 (1759).

Cedrela glaziovii C. DC., Fl. Bras. (Martius) 11 (1): 244, pl. 65, f. 1 (1878).

广东；原产于热带美洲。

溪桫属 Chisocheton Blume

溪桫

Chisocheton cumingianus subsp. **balansae** (C. DC.) Mabb., Taxon 26: 528 (1977).

Chisocheton balansae C. DC., Bull. Herb. Boissier 2: 578 (1894); *Guarea paniculata* Roxb., Hort. Bengal. 28 (1814); *Dysoxylum multijugum* Arn., Prodr. Fl. Ind. Orient. 121 (1834); *Chisocheton paniculatus* (Roxb.) Hiern, Fl. Brit. Ind. 1 (3): 552 (1875); *Chisocheton chinensis* Merr., Philipp. J. Sci. 21 (5): 497 (1922); *Chisocheton siamensis* Craib, Fl. Yunnan. 1: 242 (1977).

云南、广东、广西；越南、老挝、缅甸、泰国、不丹、印度。

麻楝属 Chukrasia A. Juss.

麻楝（毛麻楝）

Chukrasia tabularis A. Juss., Bull.Sci.nat.Geol. 23: 241

(1830).

Chickrassia nimmonii J. Graham et Wight, Ill. Ind. Bot. 1: 148 (1839); *Chickrassia tabularis* Wight et Arn., Mem. Mus. Parana 19: 251 (1839); *Chukrasia velutina* (M. Roemer) DC., Fam. Nat. Syn. Monogr. 1: 135 (1846); *Chickrassia velutina* M. Roem., Fam. Nat. Syn. Monogr. 1: 135 (1846); *Plagiotaxis velutina* Wall., Fam. Nat. Syn. Monogr. 1: 135 (1846); *Chukrasia tabularis* var. *velutina* King, J. Asiat. Soc. Bengal 64 (2): 88 (1895); *Dysoxylum esquirolii* H. Lév., Cat. Pl. Yun-Nan 176 (1916).

浙江、贵州、云南、西藏、福建、广东、广西、海南；越南、老挝、泰国、马来西亚、印度尼西亚、不丹、尼泊尔、印度、斯里兰卡。

浆果楝属 Cipadessa Blume

浆果楝（野桐椒，臭子）

Cipadessa baccifera (Roth) Miq., Ann. Mus. Bot. Lugduno-Batavi 4: 6 (1868).

Melia baccifera Roth, Nov. Pl. Sp. 215 (1821); *Cipadessa fruticosa* Blume, Bijdr. Fl. Ned. Ind. 162 (1825); *Cipadessa fruticosa* var. *cinerascens* Pellegr., Fl. Gen. Indo-Chine 1: 784 (1911); *Cipadessa baccifera* var. *sinensis* Rehder et E. H. Wilson, Pl. Wilson. 2 (1): 159 (1914); *Rhus blinii* H. Lév., Fl. Kouy-Tcheou 411 (1914); *Cipadessa sinensis* (Rehder et E. H. Wilson) Hand.-Mazz., Vegetationsbilder 20 (Heft 7), p. 9 (1930); *Cipadessa cinerascens* (Pellegr.) Hand.-Mazz., Symb. Sin. 7 (3): 632 (1933).

四川、贵州、云南、广西；菲律宾、越南、老挝、泰国、马来西亚、印度尼西亚、不丹、尼泊尔、印度、斯里兰卡。

樫木属 Dysoxylum Blume

兰屿樫木

Dysoxylum arborescens (Blume) Miq., Ann. Mus. Bot. Lugduno-Batavi 4: 24 (1868).

Goniocheton arborescens Blume, Bijdr. Fl. Ned. Ind. 177 (1825).

台湾；菲律宾、马来西亚、印度尼西亚、巴布亚新几内亚、热带澳大利亚、太平洋岛屿、印度洋岛屿。

肯氏樫木（兰屿榕木）

Dysoxylum cumingianum C. DC., Monogr. Phan. 1: 497 (1878).

台湾；菲律宾、马来西亚、印度尼西亚。

密花樫木

Dysoxylum densiflorum (Blume) Miq., Ann. Mus. Bot. Lugduno-Batavi 4: 9 (1868).

Epicharis densiflora Blume, Bijdr. Fl. Ned. Ind. 167 (1825).

云南；缅甸南部、泰国、马来西亚、印度尼西亚。

樫木（葱臭木）

Dysoxylum excelsum Blume, Bijdr. Fl. Ned. Ind. 176 (1825).

Guarea procerum Wall., Numer. List 1261 (1829); *Dysoxylum procerum*Hiern, Fl. Brit. Ind. 1 (3): 547 (1875); *Epicharis procera* (Hiern) Pierre, Fl. Forest. Cochinch. pl. 748 (1896); *Dysoxylum gobara* (Buch.-Ham.) Merr., J. Arnold Arbor. 23 (2): 173 (1942).

云南、西藏、广西；菲律宾、越南、老挝、泰国、印度尼西亚、不丹、斯里兰卡、巴布亚新几内亚、所罗门群岛。

红果樫木（红罗，杯萼樫木，杯萼葱臭木）

Dysoxylum gotadhora (Buch.-Ham.) Mabberley, Fl. China 11: 127 (2008).

Guarea gotadhora Buch.-Ham., Mem. Wern. Nat. Hist. Soc. 6: 307 (1832); *Guarea binectarifera* Roxb., Fl. Ind. 2: 240 (1832); *Dysoxylum binectariferum* (Roxb.) Hook. f. ex Bedd., Trans. Linn. Soc. London 25: 212 (1865); *Dysoxylum grandifolium* (Roxb.) H. L. Li, J. Arnold Arbor. 25 (3): 302 (1944); *Dysoxylum cupuliforme* H. L. Li, J. Arnold Arbor. 25 (3): 301 (1944).

云南、海南；越南、老挝、泰国、不丹、尼泊尔、印度、斯里兰卡、中南半岛。

多脉樫木（陆氏樫木，多脉葱臭木，赤木）

Dysoxylum grande Hiern, Fl. Brit. Ind. 1: 547 (1875).

Dysoxylum lukii Merr., Philipp. J. Sci. 23 (3): 247 (1923); *Dysoxylum lukii* var. *paucinervium* F. C. How et T. Chen, Acta Phytotax. Sin. 4 (1): 15 (1955).

云南、广东、广西、海南；越南、泰国、马来西亚、印度尼西亚、不丹、印度东北部。

香港樫木（香港葱臭木，金平樫木）

Dysoxylum hongkengense (Tutcher) Merr., Lingnan Sci. J. 13 (1): 33 (1934).

Chisocheton hongkongensis Tutcher, J. Linn. Soc., Bot. 37 (258): 64 (1905); *Chisocheton tetrapetalus*Turcz., Bull. Soc. Imp. Naturalistes Moscou 31 (1): 411 (1858); *Chisocheton erythrocarpus* Hisern., Fl. Brit. Ind. 1: 550 (1875); *Chisocheton kusukusensis* Hayata, Icon. Pl. Formosan. 3: 52, pl. 7 (1913); *Chisocheton kanehirai* Sasaki, Trans. Nat. Hist. Soc. Taiwan 18: 173 (1928); *Dysoxylum kanehirai* (Sasaki) Kaneh. et Hatus., Trans. Nat. Hist. Soc. Taiwan 29: 25 (1939); *Dysoxylum kusukusense* (Hayata) Kaneh. et Hatus., Trans. Nat. Hist. Soc. Taiwan 29: 24 (1939).

云南、台湾、广东、广西、海南；印度尼西亚。

总序樫木（总序葱臭木）

●**Dysoxylum laxiracemosum** C. Y. Wu et H. Li, Fl. Yunnan. 1: 246 (1977).

云南。

皮孔樫木（皮孔葱臭木）

Dysoxylum lenticellatum C. Y. Wu et H. Li, Fl. Yunnan. 1: 251 (1977).

云南；缅甸、泰国。

墨脱樫木（墨脱葱臭木）

●**Dysoxylum medogense** C. Y. Wu et H. Li, Acta Phytotax. Sin. 17 (1): 111 (1980).

西藏。

海南樫木（光叶海南樫木，光叶大蒜果树）

Dysoxylum mollissimum Blume, Bijdr. Fl. Ned. Ind. 175 (1825).

Dysoxylum hainanense Merr., Lingnan Sci. J. 6: 280 (1928); *Dysoxylum filicifolium* H. L. Li, J. Arnold Arbor. 25 (3): 301 (1944); *Dysoxylum hainanense* var. *glaberrimum* F. C. How et T. Chen, Acta Phytotax. Sin. 4 (1): 17 (1955); *Dysoxylum mollissimum* var. *glaberrimum* (F. C. How et T. Chen) P. Y. Chen, Fl. Reipubl. Popularis Sin. 43 (3): 95 (1997).

云南、广东、广西、海南；菲律宾、缅甸、马来西亚、印度尼西亚、不丹、印度（阿萨姆邦）。

少花樫木（少花葱臭木，黄果树，菁麻木）

●**Dysoxylum oliganthum** C. Y. Wu in S. Y. Jin, Cat. Type Spec. Herb. China 463 (1994).

云南。

大花樫木

Dysoxylum parasiticum (Osbeck) Kosterm., Reinwardtia 7: 247 (1966).

Melia parastica Osbeck, Dagb. Ostind. Resa 278 (1757); *Dysoxylum leytense* Merr., Philipp. J. Sci. 8 (5): 376 (1913).

台湾；菲律宾、马来西亚、印度尼西亚、巴布亚新几内亚、澳大利亚东北部、所罗门群岛。

鹧鸪花属 **Heynea** Roxb.

鹧鸪花（海木，老虎楝，小黄伞）

Heynea trijuga Roxb., Bot. Mag. 41, pl. 1738 (1815).

Zanthoxylon connaroides Wight et Arn., Prodr. 148 (1834); *Walsura pubescens* Kurz., J. Asiat. Soc. Bengal, Pt. 2, Nat. Hist. 41 (2): 297 (1872); *Walsura trijuga* (Roxb.) Kurz., J. Asiat. Soc. Bengal, Pt. 2, Nat. Hist. 44 (2): 148 (1875); *Heynea trijuga* var. *pilosula* C. DC., Monogr. Phan. 1: 714 (1878); *Heynea trijuga* var. *microcarpa* Pierre, Fl. Forest. Cochinch. pl. 352 (1885); *Walsura trijuga* var. *microcarpa* (Pierre) S. Y. Hu, J. Arnold Arbor. 5 (4): 229 (1924); *Trichilia connaroides* var. *microcarpa* (Pierre) Bentv., Acta Bot. Neerl. 11: 17 (1962); *Trichilia connaroides* (Wight et Arn.) Bentv., Acta Bot. Neerl. 11: 13 (1962).

贵州、云南、广东、广西、海南；菲律宾、越南、老挝、泰国、印度尼西亚、不丹、尼泊尔、印度。

茸果鹧鸪花

Heynea velutina F. C. How et T. C. Chen, Acta Phytotax. Sin. 4 (1): 37, pl. 4 (1955).

Trichilia sinensis Bentv., Acta Bot. Neerl. 11: 17 (1962).

贵州、云南、广东、广西、海南；越南。

非洲楝属 **Khaya** A. Juss.

非洲楝（仙加树）

☆**Khaya senegalensis** (Desr.) A. Juss., Mém. Mus. Hist. Nat. 19:

250 (1830).

Swietenia senegalensis Desr., Encycl. 3: 679 (1791).

福建、台湾、广东、广西、海南；原产于热带非洲。

楝属　Melia L.

楝（苦楝，紫花树，金铃子）

Melia azedarach L., Sp. Pl. 1: 384 (1753).

Melia toosendan Siebold et Zucc., Abh. Math.-Phys. Cl. Königl. Bayer. Akad. Wiss. 4 (2): 159 (1843); *Melia azedarach* var. *subtripinnata* Miq., Ann. Mus. Bot. Lugduno-Batavi 3: 24 (1867); *Melia chinensis* Sieber ex Miq., Ann. Mus. Bot. Lugduno-Batavi 3: 23 (1867); *Melia japonica* var. *semperflorens* Makino, Bot. Mag. (Tokyo) 18: 67 (1904); *Melia azedarach* var. *toosendan* (Sieb. et Zucc.) Makino, Man. Fl. Pl. Calif. (1923); *Melia azedarach* var. *intermedia* (Makino) Makino, Fieldiana, Bot. (1946).

河北、山西、山东、河南、陕西、甘肃、安徽、江苏、浙江、江西、湖南、湖北、四川、贵州、云南、西藏、福建、台湾、广东、广西、海南；菲律宾、越南、老挝、泰国、印度尼西亚、不丹、尼泊尔、印度、斯里兰卡、巴布亚新几内亚、热带澳大利亚、所罗门群岛。

地黄连属　Munronia Wight

羽状地黄（连花叶矮陀陀，土黄连，小芙蓉）

Munronia pinnata (Wall.) W. Theobald, Burmah, ed. 4 2: 581 (1883).

Turraea pinnata Wall., Pl. Asiat. Rar. 2: 21, pl. 119 (1830); *Munronia neilgherrica* Wight, Ill. Ind. Bot. 1: 147 (1838); *Munronia javanica* Bennett, Pl. Jav. Rar. (Bennett) 2: 176 (1840); *Munronia timoriensis* Baill., Adansonia 11: 266 (1874); *Munronia pumila* Wight, Icon. Pl. Ind. Orient. (Wight) 1, t. 91 (1881); *Munronia delavayi* Franch., Bull. Soc. Bot. France 33: 451 (1886); *Munronia sinica* Diels, Bot. Jahrb. Syst. 29 (3-4): 425 (1900); *Munronia henryi* Harms, Ber. Deutsch. Bot. Ges. 35: 771 (1917); *Munronia heterophylla* Merr., J. Arnold Arbor. 19: 39 (1938); *Munronia hainanensis* F. C. How et T. Chen, Acta Phytotax. Sin. 4 (1): 6, pl. 1 (1955); *Munronia heterotricha* H. S. Lo, Acta Phytotax. Sin. 15 (1): 68 (1977); *Munronia hainanensis* var. *microphylla* X. M. Chen, J. Wuhan Bot. Res. 4 (2): 173 (1986).

重庆、贵州、广东、广西、海南；越南、缅甸、泰国、马来西亚、印度尼西亚、不丹、尼泊尔、印度、斯里兰卡。

单叶地黄连（贵州地黄连，湖南地黄连，单叶地黄连）

Munronia unifoliolata Oliv., Hooker's Icon. Pl. 18 (1), t. 1709 (1887).

Munronia simplicifolia Merr., Lingnan Sci. J. 14 (1): 18, f. 5 (1935); *Munronia petelotii* Merriu, J. Arnold Arbor. 19: 37 (1938); *Munronia unifoliolata* var. *trifoliolata* C. Y. Wu, Acta Phytotax. Sin. 4 (1): 6 (1955); *Munronia hunanensis* H. S. Lo, Acta Phytotax. Sin. 15 (2): 67, t. 1 (1977).

湖南、湖北、四川、贵州、云南、广东、海南；越南。

鹦哥岭地黄连

●**Munronia yinggelingensis** R. J. Zhang, Y. S. Ye et F. W. Xing, Nordic Journal of Botany 27 (5): 376, f. 1 (2009).

海南。

雷楝属　Reinwardtiodendron Koord.

雷楝（椰色木）

Reinwardtiodendron humile (Hassk.) Mabb., Malaysian Forester 45: 452 (1982).

Lansium humile Hassk., Hort. Bogor. Descr. 1: 121 (1858); *Lansium dubium* Merr., Publ. Bur. Sci. Gov. Lab. 17: 23 (1904); *Reinwardtiodendron dubium* (Merr.) X. M. Chen, J. Wuhan Bot. Res. 4 (2): 183 (1986).

海南；菲律宾、越南、老挝、泰国、柬埔寨、马来西亚、印度尼西亚。

桃花心木属　Swietenia Jacq.

桃花心木

☆**Swietenia mahagoni** (L.) Jacq., Enum. Syst. Pl. 20 (1760).

Cedrela mahagoni L., Syst. Nat., ed. 10 2: 940 (1759).

云南、福建、台湾、广东、广西、海南；原产于热带美洲。

香椿属　Toona (Endl.) M. Roem.

红椿（赤昨，红楝子，毛红椿）

Toona ciliata M. Roem., Fam. Nat. Syn. Monogr. 1: 139 (1846).

Cedrela toona Roxb. ex Rottler et Willd., Ges. Naturf. Freunde Berlin Neue Schriften 4: 198 (1803); *Swietenia sureni* Blume, Cat. Gew. Buitenzorg 72 (1823); *Cedrela australis* R. Mudie, Pict. Australia 147 (1829); *Toona serrata* (Royle) M. Roem., Fam. Nat. Syn. Monogr. 1: 139 (1846); *Toona febrifuga* var. *ternatensis* Pierre, Fl. Tarn Garonne (1847); *Cedrela toona* var. *parviflora* Benth., Fl. Austral. 1 (1863); *Cedrela microcarpa* C. DC., Monogr. Phan. 1: 745 (1878); *Cedrela toona* var. *latifolia* Miq. et DC., Bot. Jahrb. Syst. (1881); *Cedrela toona* var. *multijuga* Haines, Bot. Jahrb. Syst. (1881); *Cedrela toona* var. *stracheyi* DC., Bot. Jahrb. Syst. (1881); *Cedrela toona* var. *pubescens* Franch., Bull. Soc. Bot. France 33: 452 (1885); *Surenus australis* Kuntze, Revis. Gen. Pl. 1: 111 (1891); *Surenus microcarpa* (C. DC.) Kuntze, Revis. Gen. Pl. 1: 111 (1891); *Surenus toona* (Roxb. et Rottler et Willd.) Kuntze, Revis. Gen. Pl. 1: 111 (1891); *Toona australis* (Kuntze) Harms, Nat. Pflanzenfam. Nachtr. 3 (4): 270 (1896); *Toona febrifuga* var. *cochinchinensis* Pierre, Fl. Forest. Cochinch. 4 (23), t. 358 A (1897); *Toona febrifuga* var. *griffithiana* Pierre, Fl. Forest. Cochinch. 4 (23), t. 358 B (1897); *Toona microcarpa* (C. DC.) Harms, Nat. Pflanzenfam. 3 (4): 270 (1897); *Cedrela toona* var. *yunnanensis* DC., Lex. Gen. Phan. (1903); *Cedrela febrifuga* var. *cochinchinensis* (Pierre) C. DC., Rec. Bot. Surv. India 3 (4): 374 (1908); *Cedrela kingii* DC., Rec. Bot. Surv. India 3 (4): 371

(1908); *Cedrela toona* var. *gamblei* C. DC., Rec. Bot. Surv. India 3 (4): 367 (1908); *Cedrela toona* var. *nepalensis* C. DC., Rec. Bot. Surv. India 3 (4): 365 (1908); *Cedrela toona* var. *puberula* C. DC., Rec. Bot. Surv. India 3 (4): 369 (1908); *Cedrela toona* var. *pubinervis* C. DC., Rec. Bot. Surv. India 3 (4): 368 (1908); *Cedrela toona* var. *sublaxiflora* C. DC., Rec. Bot. Surv. India 3 (4): 369 (1908); *Cedrela toona* var. *talbotii* C. DC., Rec. Bot. Surv. India 3 (4): 367 (1908); *Cedrela kingii* var. *birmanica* DC., Meded. Rijks-Herb. (1910); *Cedrela toona* var. *haslettii* Haines, Forest Fl. Chota Nagpur 250 (1910); *Cedrela mollis* Hand.-Mazz., Kaiserl. Akad. Wiss. Wien, Math.-Naturwiss. Kl., Denkschr. 57: 266 (1920); *Cedrela toona* var. *vestita* C. T. White, Queensland Agric. J. 2 13 (1920); *Toona ciliata* var. *pubescens* (Franch.) Hand.-Mazz., Symb. Sin. 7 (3): 631 (1933); *Toona kingii* (C. DC.) Harms, Nat. Pflanzenfam., ed. 2 [Engler & Prantl] 19 b (1): 46, 177 (1940); *Toona sureni* (Blume) Roem., Sunyatsenia 5: 89 (1940); *Toona mollis* (Hand.-Mazz.) A. Chev., Rev. Bot. Appl. Agric. Trop. 24: 157 (1944); *Toona sureni* var. *pubescens* (Franch.) Chun ex F. C. How et T. Chen, Acta Phytotax. Sin. 4 (1): 40 (1955); *Toona ciliata* var. *sublaxiflora* (C. DC.) C. Y. Wu, Fl. Yunnan. 1: 209 (1977); *Toona ciliata* var. *pubinervis* (C. DC.) Bahadur, Monogr. Genus Toona (Meliac.) 96 (1988); *Toona ciliata* var. *vestita* (C. T. White) Harms, Monogr. Genus Toona (Meliac.) 104 (1988); *Toona sureni* var. *cochinchinensis* (Pierre) Bahadur, Monogr. Genus Toona (Meliac.) 135 (1988)

江西、湖南、湖北、四川、贵州、云南、广东、海南；菲律宾、越南、老挝、缅甸、泰国、柬埔寨、马来西亚、印度尼西亚、不丹、尼泊尔、印度、孟加拉国、巴基斯坦、斯里兰卡、巴布亚新几内亚、澳大利亚东部、西太平洋岛屿。

思茅红椿

●**Toona ciliata** var. **henryi** (C. DC.) C. Y. Wu, Fl. Yunnan. 1: 209 (1977).

Cedrela toona var. *henryi* C. DC., Rec. Bot. Surv. India 3 (4): 369 (1908).

云南。

滇红椿

●**Toona ciliata** var. **yunnanensis** (C. DC.) C. Y. Wu, Fl. Yunnan. 1: 207 (1977).

Cedrela yunnanensis C. DC., Rec. Bot. Surv. India 3 (4): 366 (1908).

四川、云南、广东、广西、海南。

红花香椿

Toona fargesii A. Chev., Rev. Bot. Appl. Agric. Trop. 24: 158 (1944).

Cedrela febrifuga var. *assamensis* C. DC., Rec. Bot. Surv. India 3 (4): 373 (1908); *Cedrela rehderiana* H. L. Li, Trop. Woods, no. 79 21 (1944); *Toona microcarpa* var. *sahnii* Bahadur, Monogr. Genus (Melia.) 114 (1988).

湖北、四川、云南、福建、广东、广西；不丹、印度北部、缅甸。

香椿（椿，椿阳树，香甜树）

Toona sinensis (Juss.) Roem., Fam. Nat. Syn. Monogr. 1: 139 (1846).

Cedrela sinensis Juss., Mém. Mus. Hist. Nat. 19: 255, 294 (1830); *Cedrela serrata* var. *puberula* C. DC., Trans. Linn. Soc. London (1791); *Toona microcarpa* var. *denticulata* A. Chev., Trans. Linn. Soc. London (1791); *Toona microcarpa* var. *grandifolia* A. Chev., Ann. Sci. Nat., Bot. sér. 3 (1834-1938) (1834); *Cedrela serrata* Royle, Ill. Bot. Himal. Mts. 144 (1835); *Mioptrila odorata* Rafin., Am. Man. Mulb. 37 (1839); *Cedrela serrulata* Miq., Fl. Ned. Ind., Eerste Bijv. 3: 508 (1861); *Ailanthus flavescens* Carrière, Rev. Hort. Bouches-du-Rhone 366 (1865); *Cedrela glabra* C. DC., Monogr. Phan. 1: 742 (1878); *Cedrela sinensis* var. *lanceolata* H. L. Li, Bot. Jahrb. Syst. (1881); *Cedrela chinensis* Franch., Nouv. Arch. Mus. Hist. Nat. sér. 2 5: 220 (1883); *Surenus glabra* (C. DC.) Kuntze, Revis. Gen. Pl. 111 (1891); *Surenus serrulata* (Miq.) Kuntze, Revis. Gen. Pl. 111 (1891); *Surenus sinensis* (Juss.) Kuntze, Revis. Gen. Pl. 111 (1891); *Toona serrulata* (Miq.) Harms, Nat. Pflanzenfam. Nachtr. 3 (4): 269 (1896); *Toona glabra* (C. DC.) Harms, Nat. Pflanzenfam. Nachtr. 3 (4): 269 (1896); *Cedrela longiflora* Wall. et C. DC., Annuaire Conserv. Jard. Bot. Geneve 10: 173 (1907); *Cedrela sinensis* var. *hupehana* C. DC., Rec. Bot. Surv. India 3 (4): 361 (1908); *Cedrela sinensis* var. *schensiana* C. DC., Rec. Bot. Surv. India 3 (4): 361 (1908); *Toona sinensis* var. *grandis* Pamp., Nuovo Giorn. Bot. Ital., new series. 18 (2): 171 (1911); *Toona sinensis* var. *schensiana* (C. DC.) H. Li ex X. M. Chen, J. Wuhan Bot. Res. 4 (2): 187 (1986); *Toona sinensis* var. *hupehana* (C. DC.) P. Y. Chen, Fl. Reipubl. Popularis Sin. 43 (3): 39 (1997).

河北、河南、陕西、甘肃、安徽、江苏、浙江、江西、湖南、湖北、四川、贵州、云南、西藏、福建、广东、广西；老挝、缅甸、泰国、马来西亚、印度尼西亚、不丹、尼泊尔、印度。

紫椿

Toona sureni (Blume) Merrill, Interpr. Rumph. Herb. Amboin. 305 (1917).

Swietenia sureni Blume, Catalogus 72 (1823); *Cedrela febrifuga* Blume, Bijdr. Fl. Ned. Ind. 4: 180 (1825); *Toona febrifuga* (Blume) M. Roem., Fam. Nat. Syn. Monogr. 1: 139 (1846); *Surenus febrifuga* (Blume) Kuntze, Revis. Gen. Pl. 1: 111 (1891); *Cedrela febrifuga* var. *pealii* C. DC., Rec. Bot. Surv. India 3 (4): 374 (1908); *Cedrela febrifuga* var. *verrucosa* C. DC., Rec. Bot. Surv. India 3 (4): 374 (1908); *Cedrela microcarpa* var. *grandifoliola* C. DC., Rec. Bot. Surv. India 3 (4): 371 (1908); *Cedrela toona* var. *pilistila* C. DC., Rec. Bot. Surv. India 3 (4): 365 (1908); *Cedrela toona* var. *warburgii* C. DC., Rec. Bot. Surv. India 3 (4): 370 (1908); *Cedrela sureni* (Blume) Burkill, Gard. Bull. Straits Settlem. 5: 12 (1930);

Toona ciliata var. *candollei* Bahadur, Monogr. Genus Toona (Meliac.) 99 (1988); *Toona ciliata* var. *grandifoliola* (C. DC.) Bahadur, Monogr. Genus Toona (Meliac.) 91 (1988).

四川、贵州、云南、海南；不丹、印度、印度尼西亚、老挝、马来西亚、缅甸、巴布亚新几内亚、泰国。

杜楝属 **Turraea** L.

杜楝

Turraea pubescens Hell., Kongl. Vetensk. Acad. Handl. 4: 308, pl. 10, f. (1788).

广东、广西、海南；菲律宾、越南、老挝、泰国、印度尼西亚、印度、巴布亚新几内亚、澳大利亚东部。

割舌树属 **Walsura** Roxb.

越南割舌树

Walsura pinnata Hassk., Retzia 1: 147 (1855).
Heynea cochinchinensis Bailly, Adansonia 11: 265 (1873); *Walsura cochinchinensis* (Bailly) Harms, Nat. Pflanzenfam. 3 (4): 302 (1897); *Walsura yunnanensis* C. Y. Wu, Fl. Yunnan. 1: 226, t. 53, f. 9-12 (1977).

云南、广东、广西、海南；菲律宾、越南、老挝、缅甸、泰国、柬埔寨、马来西亚、印度尼西亚。

割舌树

Walsura robusta Roxb., Hort. Bengal. 32 (1814).

云南、广西、海南；越南、老挝、缅甸、泰国、马来西亚、不丹、印度、孟加拉国。

木果楝属 **Xylocarpus** J. Koenig

木果楝（海柚）

Xylocarpus granatum J. Koenig, Naturforscher (Halle) 20: 2 (1784).
Carapa obovata Blume, Bijdr. Fl. Ned. Ind. 1: 179 (1825).

海南；菲律宾、越南、泰国、马来西亚、印度尼西亚、印度、斯里兰卡、巴布亚新几内亚、太平洋岛屿、非洲。

159. 瘿椒树科 TAPISCIACEAE
[1 属：2 种]

瘿椒树属 **Tapiscia** Oliv.

瘿椒树

● **Tapiscia sinensis** Oliv., Hooker's Icon. Pl. 20, pl. 1928 (1890).
Tapiscia sinensis var. *macrocarpa* T. Z. Hsu., Fl. Reipubl. Popularis Sin. 46: 18 (1981).

安徽、浙江、江西、湖南、湖北、四川、贵州、云南、福建、广东、广西。

云南瘿椒树（白毛椿，银雀树，丹树）

● **Tapiscia yunnanensis** W. C. Cheng et C. D. Chu, Res. Mem. Forest. Dept. Nanjing Forest. Coll 1 (1963).
Tapiscia sinensis Rehder et E. H. Wilson, Pl. Wilson. 2: 188 (1916); *Tapiscia sinensis* var. *concolor* W. C. Cheng, Sci. Technol. China 2 (1949); *Tapiscia lichunensis* W. C. Cheng et C. D. Chu, Res. Mem. Forest. Dept. Nanjing Forest. Coll. 1 (1963); *Tapiscia sinensis* var. *macrocarpa* T. Z. Hsu, Fl. Reipubl. Popularis Sin. 46: 291 (1981).

安徽、浙江、江西、湖南、湖北、四川、贵州、云南、福建、广东、广西。

160. 十齿花科 DIPENTODONTACEAE
[2 属：3 种]

十齿花属 **Dipentodon** Dunn.

十齿花

Dipentodon sinicus Dunn, Bull. Misc. Inform. Kew (7): 311, f. 1-10 (1911).
Dipentodon longipedicellatus C. Y. Cheng et J. S. Liu, J. Wuhan Bot. Res. 9 (1): 31, f. 1, A-E (1991).

贵州、云南、西藏、广西；缅甸北部、印度东北部。

核子木属 **Perrottetia** Kunth

台湾核子木

● **Perrottetia arisanensis** Hayata, Icon. Pl. Formosan. 5: 26, t. 4 (1915).

云南、台湾。

核子木

● **Perrottetia racemosa** (Oliv.) Loes. in Engl. et Prantl, Nat. Pflanzenfam. Nachtr. 1: 224 (1897).
Ilex racemosa Oliv., Hook's Icon. Pl. 19 (3), t. 1863 (1889); *Perrottetia macrocarpa* C. Y. Chang, Bull. Bot. Res. 5 (2): 151 (1985).

湖南、湖北、四川、重庆、贵州、云南、广西。

161. 锦葵科 MALVACEAE
[56 属：254 种]

秋葵属 **Abelmoschus** Medic.

长毛黄葵（山芙蓉，野棉花，黄花马宁）

Abelmoschus crinitus Wall., Pl. Asiat. Rar. 1: 39, pl. 44 (1830).
Hibiscus crinitus (Wall.) G. Don, Gen. Hist. 1: 480 (1831); *Hibiscus cancellatus* Roxb., Fl. Ind., ed. 1832 3: 201 (1832); *Hibiscus cavaleriei* H. Lév. in Fedde, Repert. Spec. Nov.

Regni Veg. 12 (317-321): 184 (1913); *Hibiscus bodinieri* H. Lév. in Fedde, Repert. Spec. Nov. Regni Veg. 12 (317-321): 184 (1913); *Abelmoschus hainanensis* S. Y. Hu, Fl. China, Fam. 153, Malvaceae 37, pl. 8, f. 1 (1955).

贵州、云南、广西、海南；越南、老挝、缅甸、泰国、尼泊尔、印度。

咖啡黄葵（越南芝麻，羊角豆，糊麻）

☆**Abelmoschus esculentus** (L.) Moench, Methodus 1: 617 (1794).

Hibiscus esculentus L., Sp. Pl. 2: 696 (1753); *Hibiscus longifolius* Roxb., Fl. Ind. 3: 210 (1832).

河北、山东、江苏、浙江、湖南、湖北、云南、广东、海南；原产于印度。

黄蜀葵（秋葵，棉花葵，假阳桃）

Abelmoschus manihot (L.) Medik., Malvenfam. 46 (1787).

河北、山东、河南、陕西、湖南、湖北、四川、贵州、云南、福建、台湾、广东、广西；越南、老挝、缅甸、泰国、柬埔寨、马来西亚、尼泊尔、印度、热带澳大利亚。

黄蜀葵（原变种）

Abelmoschus manihot var. **manihot**

Hibiscus manihot L., Sp. Pl. 2: 696 (1753); *Hibiscus palmatus* Cav., Tertia Diss. Bot., Diss. 3: 168, t. 63, f. 1 (1787); *Hibiscus manihot* var. *palmatus* DC., Prodr. 1: 448 (1824); *Hibiscus japonicus* Miq., Ann. Mus. Bot. Lugduno-Batavi 3: 19 (1867); *Hibiscus manihot* var. *typicus* Hochr., Annuaire Conserv. Jard. Bot. Geneve 4: 154 (1900).

河北、山东、河南、陕西、湖南、湖北、四川、贵州、云南、福建、广东、广西；印度、尼泊尔。

刚毛黄蜀葵（桐麻）

Abelmoschus manihot var. **pungens** (Roxb.) Hochr., Candollea 2: 87 (1924).

Hibiscus pungens Roxb., Fl. Ind. 3: 213 (1832); *Hibiscus vestitus* Wall., Numer. List n. 1924 (1828); *Hibiscus manihot* var. *pungens* (Roxb.) Hochr., Annuaire Conserv. Jard. Bot. Geneve 4: 155 (1900); *Hibiscus forrestii* Diels, Notes Roy. Bot. Gard. Edinburgh 5 (25): 252 (1912); *Abelmoschus manihot* subsp. *tetraphyllus* (Hornem.) Borss. Waalk., Blumea 14 (1966).

湖北、四川、贵州、云南、台湾、广东、广西；菲律宾、泰国、尼泊尔、印度。

黄葵（山油麻，野油麻，野棉花）

Abelmoschus moschatus Medik., Malvenfam. 46 (1787).

Hibiscus abelmoschus L., Sp. Pl. 1: 696 (1753); *Hibiscus chinensis* Roxb., Hort. Bengal. 51 (1814); *Bamia chinensis* Wall., Numer. List n. 1916 (1829); *Hibiscus abelmoschus* var. *betulifolius* Mast. in Hook. f., Fl. Brit. Ind. 1: 342 (1875); *Abelmoschus moschatus* var. *betulifolius* (Masters) Hochr., Nova Guinea 14: 165 (1924).

江西、湖南、云南、台湾、广东、广西；越南、老挝、泰国、柬埔寨、印度。

木里秋葵

●**Abelmoschus muliensis** K. M. Feng, Acta Bot. Yunnan. 4 (1): 28 (1982).

四川。

箭叶秋葵（五指山参，小红芙蓉，岩酸）

Abelmoschus sagittifolius (Kurz.) Merr., Lingnaam Agric. Rev. 2: 40 (1924).

Hibiscus sagittifolius Kurz., J. Asiat. Soc. Bengal 40: 46 (1871); *Hibiscus longifolius* var. *tuberosus* Span., Linnaea 15: 170 (1841); *Hibiscus sagittifolius* var. *septentrionalis* Gagnep., Observ. Bot. 1: 435 (1910); *Hibiscus esquirolii* H. Lév. in Fedde, Repert. Spec. Nov. Regni Veg. 12 (317-321): 184 (1913); *Hibiscus bodinieri* var. *brevicalyculata* H. Lév. in Fedde, Repert. Spec. Nov. Regni Veg. 12 (317-321): 184 (1913); *Hibiscus bellicosus* H. Lév., Fl. Kouy-Tcheou 273 (1914); *Abelmoschus sagittifolius* var. *septentrionalis* (Gagnep.) Merrill., Rep. Sci. Invest. Hainan Island Taihoku Univ. Imp. 1: 94, fig. 3 (1942); *Abelmoschus coccineus* S. Y. Hu, Fl. China, Fam. 153, Malvaceae 39, pl. 18, f. 5 (1955); *Abelmoschus coccineus* var. *acerifolius* S. Y. Hu, Fl. China, Fam. 153, Malvaceae 40, pl. 18, f. 9 (1955); *Abelmoschus esquirolii* (H. Lév.) S. Y. Hu, Fl. China, Fam. 153, Malvaceae 40 (1955); *Abelmoschus moschatus* subsp. *tuberosus* (Span.) Borss. Waalk., Blumea 14 (1): 93 (1966).

贵州、云南、广东、广西、海南；越南、老挝、缅甸、泰国、柬埔寨、马来西亚、印度、热带澳大利亚。

苘麻属 Abutilon Mill.

滇西苘麻

●**Abutilon gebauerianum** Hand.-Mazz., Symb. Sin. 7 (3): 607, pl. 21, f. 1 (1933).

Abutilon sinense var. *yunnanense* Hochr., Annuaire Conserv. Jard. Bot. Geneve 21: 447 (1920).

云南。

几内亚磨盘草

Abutilon guineense (Schumach.) Baker f. et Exell, J. Bot. 74: 22 (1936).

四川、云南、台湾、海南；马来西亚、印度尼西亚、巴布亚新几内亚、热带澳大利亚、非洲。

几内亚磨盘草（原变种）

Abutilon guineense var. **guineense**

Sida guineensis Schumach., Kongel. Danske Vidensk. Selsk. Naturvidensk. Math. Afh. 4: 81 (1829); *Abutilon taiwanense* S. Y. Hu, Fl. China, Fam. 153, Malvaceae 32, t. 17, f. 5 (1955); *Abutilon indicum* subsp. *guineense* (Schumach.) Borss. Waalk., Blumea 14 (1): 175, f. 19 e (1966); *Abutilon indicum* var. *guineense*

(Schumach.) K. M. Feng, Acta Bot. Yunnan. 4 (1): 28 (1982).
台湾、海南；印度尼西亚、马来西亚、巴布亚新几内亚、非洲、澳大利亚。

小花磨盘草

●**Abutilon guineense** var. **forrestii** (S. Y. Hu) Y. Tang, Fl. China 12: 278 (2007).
Abutilon forrestii S. Y. Hu, Fl. China, Fam. 153, Malvaceae 34, t. 8-8, 17-2 (1955); *Abutilon bidentatum* var. *forrestii* (S. Y. Hu) Abedin, Fl. W. Pakistan 130: 64 (1979); *Abutilon indicum* var. *forrestii* (S. Y. Hu) K. M. Feng, Fl. Yunnan. 2: 206 (1979).
四川、云南。

恶味苘麻

Abutilon hirtum (Lam.) Sweet, Hort. Brit. 1: 53 (1826).
Sida hirta Lam., Encycl. 1 (1): 7 (1783); *Sida graveolens* Roxb. ex Hornem., Suppl. Hort. Bot. Hafn. 77 (1819); *Abutilon graveolens* (Roxb. ex Hornem.) Wight et Arn., Cat. Indian Pl. 13 (1833); *Abutilon indicum* var. *hirtum* (Lam.) Griseb., Fl. Brit. W. I. 78 (1859); *Abutilon graveolens* var. *hirtum* (Lam.) Mast. in Hook. f., Fl. Brit. Ind. 1 (2): 327 (1874).
云南；越南、泰国、印度尼西亚、印度、巴基斯坦、斯里兰卡、热带澳大利亚、阿拉伯、非洲。

元谋恶味苘麻

●**Abutilon hirtum** var. **yuanmouense** K. M. Feng, Fl. Yunnan. 2: 204 (1979).
云南。

磨盘草（磨子树，磨谷子，磨龙子）

Abutilon indicum (L.) Sweet, Hort. Brit. 1: 54 (1826).
Sida indica L., Cent. Pl. II 26 (1756); *Sida asiatica* L., Cent. Pl. II 26 (1756); *Sida populifolia* Lam., Encycl. 1: 7 (1783); *Abutilon populifolium* (Lam.) G. Don, Gen. Hist. 1: 530 (1831); *Abutilon indicum* var. *populifolium* (Lam.) Wight et Arn., Prodr. Fl. Ind. Orient. 1: 56 (1834); *Abutilon cysticarpum* Hance ex Walp., Ann. Bot. Syst. 2: 157 (1851); *Abutilon cavaleriei* H. Lév., Repert. Spec. Nov. Regni Veg. 12 (317-321): 185 (1913).
四川、贵州、云南、福建、台湾、广东、广西、海南；越南、老挝、缅甸、泰国、柬埔寨、印度尼西亚、不丹、尼泊尔、印度、斯里兰卡。

圆锥苘麻

●**Abutilon paniculatum** Hand.-Mazz., Symb. Sin. 7 (3): 606 (1933).
四川、云南。

金铃花（灯笼花）

☆**Abutilon pictum** (Gillies ex Hook. et Arn.) Walp., Repert. Bot. Syst. 1: 324 (1842).
Sida picta Gillies ex Hook. et Arn., Bot. Misc. 3: 154 (1833); *Abutilon striatum* Dicks. ex Lindl., Edward's Bot. Reg. 25,

misc. 39 (1839); *Sida striata* (Dicks. ex Lindl.) D. Dietrich., Syn. Pl. 4: 852 (1847).
辽宁、北京、江苏、浙江、湖北、云南、福建；原产于巴西、乌拉圭，广泛栽培于世界各地。

红花苘麻

●**Abutilon roseum** Hand.-Mazz., Symb. Sin. 7 (3): 607, pl. 21, f. 2 (1933).
四川、云南。

华苘麻

Abutilon sinense Oliv., Hooker's Icon. Pl. 18, t. 1750 (1888).
湖北、四川、贵州、云南、广东、广西；泰国。

华苘麻（原变种）

Abutilon sinense var. **sinense**
Abutilon polyandrum auct. non Schlecht., Franch. Pl. Delav. 107 (1889); *Abutilon sinense* var. *typica* Hochr., Annuaire Conserv. Jard. Bot. Geneve 21: 447 (1920).
湖北、四川、贵州、云南、广东、广西；泰国。

无齿华苘麻

●**Abutilon sinense** var. **edentatum** K. M. Feng, Fl. Yunnan. 2: 202 (1979).
云南。

苘麻（塘麻，孔麻，青麻）

☆**Abutilon theophrasti** Medikus, Malvenfam. 28 (1787).
Sida abutilon L., Sp. Pl. 2: 685 (1753); *Abutilon pubescens* Moench, Methodus 620 (1794); *Sida mollis* Orteg., Nov. Pl. Descr. Dec. 5: 65 (1798); *Sida tiliifolia* Fisch., Cat. Jard. Pl. Gorenki, s. n. (1808); *Abutilon abutilon* (L.) Huth, Helios 11: 132 (1893); *Abutilon molle* auct. non Sweet.: Dunn, J. Linn. Soc., Bot. 39: 413 (1911); *Abutilon tiliifolium* (Fisch.) Sweet, Hort. Brit. 1: 53 (1926); *Abutilon avicennae* f. *nigrum* Skvortsov, Lingnan Sci. J. 6 (3): 220 (1928); *Abutilon avicennae* var. *chinense* Skvortsov, Lingnan Sci. J. 6 (3): 220 (1928); *Abutilon avicennae* var. *genuina* Skvortsov, Lingnan Sci. J. 6 (3): 220 (1928); *Abutilon theophrasti* var. *chinense* (Skvortsov) S. Y. Hu, Fl. China, Fam. 153, Malvaceae 32 (1955); *Abutilon theophrasti* var. *nigrum* (Skvortsov) S. Y. Hu, Fl. China, Fam. 153, Malvaceae 32 (1955).
黑龙江、吉林、辽宁、内蒙古、河北、山东、河南、陕西、宁夏、甘肃、新疆、安徽、江苏、上海、江西、湖南、湖北、四川、云南、福建、台湾、广东、广西；蒙古国、日本、朝鲜、越南、泰国、印度、巴基斯坦、塔吉克斯坦、吉尔吉斯斯坦、哈萨克斯坦、乌兹别克斯坦、土库曼斯坦、俄罗斯、热带澳大利亚、亚洲西南部、欧洲、非洲、北美洲。

猴面包树属　Adansonia L.

猴面包树

☆**Adansonia digitata** L., Syst. Nat. 2: 1144 (1759).
云南、福建、广东；热带非洲。

蜀葵属 Alcea L.

裸花蜀葵

Alcea nudiflora (Lindl.) Boiss., Fl. Orient. 1: 833 (1867).

Althaea nudiflora Lindl., Trans. Linn. Soc. London 7: 251 (1830); *Althaea leucantha* Fisch. in Loudon, Hort. Brit. 287 (1830).

新疆；塔吉克斯坦、吉尔吉斯斯坦、哈萨克斯坦、乌兹别克斯坦、俄罗斯。

蜀葵（一丈红，麻杆花，棋盘花）

☆**Alcea rosea** L., Sp. Pl. 2: 687 (1753).

Althaea rosea (L.) Cav., Diss. 2: 91 (1786); *Althaea sinensis* Cav., Diss. 2: 91, t. 29, f. 3 (1786); *Althaea rosea* var. *sinensis* (Cav.) S. Y. Hu, Fl. China, Fam. 153, Malvaceae 10 (1955).

起源于中国西南部，中国各地栽培；广泛栽培于世界温带。

药葵属 Althaea L.

药葵（药蜀葵）

☆**Althaea officinalis** L., Sp. Pl. 2: 686 (1753).

Malva maritima Salisb., Prodr. Stirp. Chap. Allerton 381 (1796); *Althaea sublobata* Stokes, Bot. Mat. Med. 3: 530 (1812); *Althaea taurinensis* DC., Prodr. (DC.) 1: 436 (1824); *Malva officinalis* (Linn.) Schimper et Spenner., Fl. Friburg. 3: 885 (1829); *Althaea vulgaris* Alef., Oesterr. Bot. Z. 12: 260 (1862); *Althaea micrantha* Wiesb. ex Borbás, Oesterr. Bot. Z. 43: 360, in obs. (1893); *Malva althaea* E. H. L. Krause, Deut. Fl. (Karsten), ed. 2 6: 243 (1902); *Althaea kraguijevacensis* Pančić ex Diklić et Stevanovic, Proc. Fifth Optima Meeting, Istanbul 525 (1993).

原产于新疆，栽培于北京、陕西、江苏、云南；巴基斯坦、阿富汗、塔吉克斯坦、吉尔吉斯斯坦、哈萨克斯坦、乌兹别克斯坦、土库曼斯坦、俄罗斯、亚洲西南部、欧洲。

昂天莲属 Ambroma L. f.

水麻

Ambroma augustum (L.) L. f., Suppl. Pl. 341 (1782).

Theobroma augustum L., Syst. Nat., ed. 12 3: 233 (1767); *Abroma fastuosa* R. Br., Hort. Kew. 4: 409 (1812).

贵州、云南、广东、广西；菲律宾、越南、泰国、马来西亚、印度尼西亚、印度。

六翅木属 Berrya Roxb.

六翅木

Berrya cordifolia (Willd.) Burret, Notizbl. Bot. Gart. Berlin-Dahlem 9 (88): 606 (1926).

Espera cordifolia Willd., Ges. Naturf. Freunde Berlin Neue

Schriften 3: 450 (1801); *Berrya ammonilla* Roxb., Pl. Coromandel 3: 60 (1820).

台湾；菲律宾、越南、老挝、缅甸、泰国、柬埔寨、马来西亚、印度尼西亚、印度、斯里兰卡。

木棉属 Bombax L.

澜沧木棉

Bombax cambodiense Pierre, Fl. Forest. Cochinch. 3, pl. 174 (1888).

Bombax insigne var. *cambodiense* (Pierre) Prain, Rhodora (1899); *Bombax kerrii* Prain, Repert. Spec. Nov. Regni Veg. Beih. (1911); *Bombax kerrii* Craib, Bull. Misc. Inform. Kew 424 (1915); *Gossampinus cambodiensis* (Pierre) Bakh., Bull. Jard. Bot. Buitenzorg ser. 3 6: 190 (1924); *Bombax anceps* var. *cambodiense* (Pierre) A. Robyns, Bull. Jard. Bot. État Bruxelles 33: 119 (1963).

云南；缅甸、泰国、柬埔寨。

木棉（红棉，英雄树，攀枝花）

Bombax ceiba L., Sp. Pl. 1: 511 (1753).

Bombax malabaricum DC., Prodr. (DC.) 1: 479 (1824); *Salmalia malabarica* (DC.) Schott et Endl., Melet. Bot. 35 (1832); *Gossampinus malabarica* (DC.) Merr., Lingnan Sci. J. 5 (1-2): 126 (1927).

江西、四川、贵州、云南、福建、台湾、广东、广西、海南；菲律宾、老挝、缅甸、马来西亚、印度尼西亚、不丹、尼泊尔、印度、孟加拉国、斯里兰卡、中南半岛、巴布亚新几内亚、热带澳大利亚；世界其他地方也有引入。

长果木棉

●**Bombax insigne** var. **tenebrosum** (Dunn) A. Robyns, Bull. Jard. Bot. Etat. Bruxelles 33: 116 (1963).

Bombax tenebrosum Dunn, J. Linn. Soc., Bot. 35 (247): 486 (1903); *Gossampinus insignis* (Wall.) Bakh., Bull. Jard. Bot. Buitenzorg sér. 3 6: 190 (1924).

云南南部。

柄翅果属 Burretiodendron Rehder

柄翅果

Burretiodendron esquirolii (H. Lév.) Rehder, J. Arnold Arbor. 17 (1): 48 (1936).

Pentace esquirolii H. Lév., Repert. Spec. Nov. Regni Veg. 10 (243-247): 147 (1911); *Eriolaena esquirolii* H. Lév., Fl. Kouy-Tcheou 405 (1915); *Burretiodendron longistipitatum* R. H. Miao ex H. T. Chang et R. H. Miao, Acta Sci. Nat. Univ. Sunyatseni 3: 25 (1978).

贵州、云南、广西；缅甸、泰国西部。

元江柄翅果

●**Burretiodendron kydiifolium** Y. C. Hsu et R. Zhuge, J. Arnold Arbor. 71 (3): 378 (1990).

云南。

刺果藤属 **Byttneria** Loefl.

刺果藤

Byttneria grandifolia DC., Prodr. 1: 486 (1824).
Byttneria aspera Colebr. ex Wall., Fl. Ind. 2: 383 (1824); *Buettneria grandifolia* DC., Prodr. (DC.) 1: 486 (1824); *Byttneria siamensis* Craib, Bull. Misc. Inform. Kew 48 (9): 300 (1920).
云南、广东、广西、海南；越南、老挝、泰国、柬埔寨、不丹、尼泊尔、印度、孟加拉国。

全缘刺果藤

Byttneria integrifolia Lace, Bull. Misc. Inform. Kew (9): 396 (1915).
云南；缅甸、泰国。

粗毛刺果藤

Byttneria pilosa Roxb., Fl. Ind. 2: 381 (1824).
云南；越南、老挝、缅甸、泰国、马来西亚、印度尼西亚、印度、孟加拉国。

吉贝属 **Ceiba** Miller

吉贝（美洲木棉，爪哇木棉）

☆**Ceiba pentandra** (L.) Gaertn., Fruct. Sem. Pl. 2: 244, t. 133, f. 1 (1791).
Bombax pentandrum L., Sp. Pl. 1: 511 (1753); *Eriodendron anfractuosum* DC., Prodr. (DC.) 1: 479 (1824).
云南、广东、广西；原产于热带美洲，可能分布于非洲西部泛热带，广泛栽培，现被认为是一些太平洋岛屿的入侵物种。

大萼葵属 **Cenocentrum** Gagnep.

大萼葵

Cenocentrum tonkinense Gagnep., Notul. Syst. (Paris) 1 (3): 79 (1909).
Hibiscus wangianus S. Y. Hu, Fl. China, Fam. 153, Malvaceae 55, t. 20, f. 7 (1955).
云南；越南、老挝、泰国。

一担柴属 **Colona** Cav.

一担柴（大泡火绳）

Colona floribunda (Wall. ex Kurz.) Craib, Bull. Misc. Inform. Kew (1): 21 (1925).
Columbia floribunda Wall. ex Kurz., J. Asiat. Soc. Bengal, Pt. 2, Nat. Hist. 42: 2, 63 (1873); *Grewia scabra* DC., Prodr. (DC.) 1: 512 (1824); *Grewia floribunda* Wall. ex Voigt, Hort. Suburd. Calcutt. 128 (1844).
云南；越南、老挝、缅甸、泰国、印度。

狭叶一担柴

Colona thorelii (Gagnep.) Burret, Notizbl. Bot. Gart. Berlin-Dahlem 9 (88): 808 (1926).
Columbia thorelii Gagnep., Notul. Syst. (Paris) 1: 132 (1910);

Colona sinica Hu, Bull. Fan Mem. Inst. Biol. Bot. 10: 142 (1940).
云南；老挝、缅甸、泰国、马来西亚。

山麻树属 **Commersonia** J. R. Forst. et G. Forst.

山麻树（红山麻）

Commersonia bartramia (L.) Merr., Interpr. Herb. Amboin. 362 (1917).
Muntingia bartramia L., Amoen. Acad. Linnaeus, ed. 4 124 (1759); *Commersonia echinata* J. R. Forst., Char. Gen. Pl. 44, t. 22 (1775); *Commersonia platyphylla* Andrews, Bot. Repos. t. 603 (1797); *Commersonia echinata* var. *platyphylla* (Andrews) Gagnep., Fl. Gen. Indo-Chine 1: 521 (1911).
云南、广东、广西、海南；菲律宾、越南、马来西亚、印度尼西亚、印度、热带澳大利亚。

田麻属 **Corchoropsis** Siebold et Zucc.

田麻

Corchoropsis crenata Siebold et Zucc., Abh. Math.-Phys. Cl. Königl. Bayer. Akad. Wiss. 3: 738, pl. 4, f. l-14 (1843).
辽宁、河北、山西、山东、河南、陕西、甘肃、安徽、江苏、浙江、江西、湖南、湖北、四川、贵州、福建、广东、广西；日本、朝鲜。

田麻（原变种）

Corchoropsis crenata var. **crenata**
Corchoropsis tomentosa (Thunb.) Makino, Bot. Mag. (Tokyo) 17 (191): 11 (1903); *Corchoropsis tomentosa* var. *micropetala* Y. T. Chang, Acta Phytotax. Sin. 24 (1): 23 (1986); *Corchoropsis tomentosa* var. *tomentosicarpa* P. L. Chiu et G. R. Zhong, Bull. Bot. Res., Harbin 8 (4): 106 (1988).
辽宁、河北、山西、山东、河南、陕西、甘肃、安徽、江苏、浙江、江西、湖南、湖北、四川、贵州、福建、广东、广西；日本、朝鲜。

光果田麻

Corchoropsis crenata var. **hupehensis** Pamp., Nuovo Giorn. Bot. Ital., n. s. 17 (3): 431 (1910).
Corchoropsis psilocarpa Harms et Loes., Bot. Jahrb. Syst. 34 (1, Beibl. 75): 51 (1904); *Corchoropsis tomentosa* var. *psilocarpa* (Harms et Loes.) C. Y. Wu et Y. Tang, Acta Phytotax. Sin. 32 (3): 256 (1994).
辽宁、河北、山东、河南、甘肃、安徽、江苏、湖北；朝鲜。

黄麻属 **Corchorus** L.

甜麻（假黄麻，针筒草）

☆**Corchorus aestuans** L., Syst. Nat., ed. 10 2: 1079 (1759).
Corchorus acutangulus Lam., Encycl. 2 (1): 104 (1786).
安徽、江苏、浙江、江西、湖南、湖北、四川、贵州、云南、福建、台湾、广东、广西；菲律宾、越南、缅甸、泰

国、马来西亚、印度尼西亚、不丹、尼泊尔、印度、孟加拉国、巴基斯坦、斯里兰卡、热带澳大利亚、印度群岛、热带非洲、中美洲。

短茎甜麻

●**Corchorus aestuans** var. **brevicaulis** (Hosok.) T. S. Liu et H. C. Lo, Fl. Taiwan 3: 695 (1977).

Corchorus brevicaulis Hosok., Trans. Nat. Hist. Soc. Taiwan 22: 226 (1932).

台湾。

黄麻

☆**Corchorus capsularis** L., Sp. Pl. 1: 529 (1753).

陕西、安徽、江苏、浙江、江西、湖南、湖北、四川、贵州、云南、福建、台湾、广东、广西、海南；日本、菲律宾、缅甸、马来西亚、印度尼西亚、印度、孟加拉国、巴基斯坦、斯里兰卡。

长蒴黄麻

☆**Corchorus olitorius** L., Sp. Pl. 1: 529 (1753).

安徽、江西、湖南、四川、云南、福建、广东、广西、海南；广泛分布于世界热带。

三室黄麻

Corchorus trilocularis L., Syst. Nat., ed. 12 2: 369 (1767).

云南；印度尼西亚（爪哇）、不丹、印度、巴基斯坦、斯里兰卡、阿富汗、热带澳大利亚、亚洲南部、热带非洲和非洲北部。

滇桐属 Craigia W. W. Sm. et W. E. Evans

桂滇桐

●**Craigia kwangsiensis** Hsue, Acta Phytotax. Sin. 13 (1): 107, pl. 11 (1975).

广西。

滇桐

Craigia yunnanensis W. W. Sm. et W. E. Evans, Trans. et Proc. Bot. Soc. Edinburgh 28: 69 (1921).

Burretiodendron combretoides Chun et F. C. How, Acta Phytotax. Sin. 5 (1): 8, pl. 2 (1956); *Burretiodendron yunnanense* (W. W. Sm. et W. E. Evans) Kosterm., Reinwardtia 6: 8, f. 6 (1961).

贵州、云南、西藏、广西；越南北部。

十裂葵属 Decaschistia Wight et Arnott

中越十裂葵

Decaschistia mouretii Gagnep., Notul. Syst. (Paris) 1: 79 (1909).

广东；越南。

中越十裂葵 （原变种）

Decaschistia mouretii var. **mouretii**

广东；越南。

十裂葵

●**Decaschistia mouretii** var. **nervifolia** (Masam.) H. S. Kiu, Guihaia 14 (4): 304 (1994).

Decaschistia nervifolia Masam., Trans. Nat. Hist. Soc. Taiwan 33: 252 (1943).

海南。

海南椴属 Diplodiscus Turcz.

海南椴

●**Diplodiscus trichosperma** (Merr.) Y. Tang, M. G. Gilbert et Dorr, Fl. China 12: 261 (2007).

Hainania trichosperma Merr., Lingnan Sci. J. 14 (1): 36, f. 12 (1935); *Pityranthe trichosperma* (Merr.) Kubitzki, Fam. Gen. Vasc. Pl. 9: 501 (2007).

广西、海南。

榴莲属 Durio Adans.

榴莲

☆**Durio zibethinus** Rumph. ex Murray, Syst. Veg., ed. 13 581 (1774).

海南；原产于印度尼西亚。

火绳树属 Eriolaena DC.

南火绳

☆**Eriolaena candollei** Wall., Pl. Asiat. Rar. 1: 51 (1830).

四川、云南、广西；越南、老挝、缅甸、泰国、不丹、印度。

光叶火绳

Eriolaena glabrescens Hu, J. Arnold Arbor. 5 (4): 231 (1924).

云南；越南南部、泰国。

桂火绳

●**Eriolaena kwangsiensis** Hand.-Mazz., Sinensia 3 (8): 193 (1933).

Eriolaena ceratocarpa Hu, Bull. Fan Mem. Inst. Biol. Bot. 10: 143 (1940).

云南、广西。

五室火绳

Eriolaena quinquelocularis (Wight et Arn.) Wight, Icon. Pl. Ind. Orient. (Wight) t. 882 (1840).

Microchlaena quinquelocularia Wight et Arn., Prodr. Fl. Ind. Orient. 1: 71 (1834); *Wallichia quinquelocularis* (Wight et Arn.) Steud., Nomencl. Bot., ed. 2 2: 783 (1841).

云南；印度。

火绳树

☆**Eriolaena spectabilis** (DC.) Planch. ex Mast., Fl. Brit. Ind. 1 (2): 371 (1874).

Wallichia spectabilis DC., Mém. Mus. Hist. Nat. 10: 104, t. 6 (1823); *Microchlaena spectabilis* Wall., Repert. Bot. Syst.

1173 (1828); *Sterculia malvacea* H. Lév., Repert. Spec. Nov. Regni Veg. 12 (317-321): 185 (1913); *Eriolaena sterculiacea* H. Lév., Fl. Kouy-Tcheou 405 (1915); *Eriolaena szemaoensis* Hu, J. Arnold Arbor. 5 (4): 230 (1924); *Eriolaena malvacea* (H. Lév.) Hand.-Mazz., Symb. Sin. 7 (3): 613 (1933).

贵州、云南、广西；不丹、尼泊尔、印度。

泡火绳

Eriolaena wallichii DC., Mém. Mus. Hist. Nat. 10: 104 (1823).

云南；尼泊尔、印度。

蚬木属　Excentrodendron Hung T. Chang et R. H. Miao

长蒴蚬木

●**Excentrodendron obconicum** (Chun et F. C. How) H. T. Chang et R. H. Miao, Acta Sci. Nat. Univ. Sunyatseni 17 (3): 24 (1978).

Burretiodendron obconicum Chun et F. C. How, Acta Phytotax. Sin. 5 (1): 11, pl. 4 (1956).

广西。

蚬木（节花蚬木）

Excentrodendron tonkinense (A. Chev.) H. T. Chang et R. H. Miao, Acta Sci. Nat. Univ. Sunyatseni 17 (3): 23 (1978).

Pentace tonkinensis A. Chev., Bull. Écon. Indochine, n. s. 20: 803 (1918); *Parapentace tonkinensis* (A. Chev.) Gagnep., Bull. Soc. Bot. France (1-6): 70 (1943); *Burretiodendron hsienmu* Chun et F. C. How, Acta Phytotax. Sin. 5 (1): 9, pl. 3 (1956); *Burretiodendron tonkinense* (A. Chev.) Kosterm., Reinwardtia 5: 239 (1960); *Excentrodendron rhombifolium* H. T. Chang et R. H. Miao, Acta Sci. Nat. Univ. Sunyatseni 3: 23 (1978); *Excentrodendron hsienmu* (Chun et F. C. How) Hung T. Chang et R. H. Miao, Acta Sci. Nat. Univ. Sunyatseni 3: 23 (1978).

云南、广西；越南。

梧桐属　Firmiana Marsili

龙州梧桐

●**Firmiana calcarea** C. F. Liang et S. L. Mo ex Y. S. Huang, Nord. J. Bot. 29: 608 (2011).

广西。

丹霞梧桐

●**Firmiana danxiaensis** H. H. Hsue et H. S. Kiu, J. S. China Agric. Coll. 8 (3): 2 (1987).

广东。

海南梧桐

●**Firmiana hainanensis** Kosterm., Pengum. Balai Besar Penjel. Kehut. Indonesia 54: 30 (1956) Kosterm., Reinwardtia 4 (2): 308, f. 11 (1957).

海南。

广西火桐（广西梧桐）

●**Firmiana kwangsiensis** H. H. Hsue, Acta Phytotax. Sin. 15 (1): 81, pl. 4 (1977).

Erythropsis kwangsiensis (H. H. Hsue) H. H. Hsue, Fl. Reipubl. Popularis Sin. 49 (2): 139, t. 38, f. 14-20 (1984).

广西。

云南梧桐

●☆**Firmiana major** (W. W. Sm.) Hand.-Mazz., Sitzungsber. Kaiserl. Akad. Wiss., Math.-Naturwiss. Cl., Abt. 1 60: 96 (1878).

Sterculia platanifolia var. *major* W. W. Sm., Notes Roy. Bot. Gard. Edinburgh 9 (42): 130 (1916); *Hildegardia major* (W. W. Sm.) Kosterm., Bull. Jard. Bot. Etat 24: 338 (1954).

四川、云南。

美丽火桐（美丽梧桐）

●**Firmiana pulcherrima** H. H. Hsue, Acta Phytotax. Sin. 8 (3): 271 (1963).

Sterculia colorata Roxb., Pl. Coromandel 1: 26 (1795); *Erythropsis roxburghiana* Schott et Endl., Melet. Bot. 33 (1832); *Karaka colorata* (Roxb.) Raf., Sylva Tellur. 72 (1838); *Firmiana colorata* (Roxb.) R. Br., Pterocymbium 235 (1844); *Erythropsis colorata* (Roxb.) Burkill, Gard. Bull. Straits Settlem. 5: 231 (1931); *Erythropsis pulcherrima* (H. H. Hsue) H. H. Hsue, Fl. Reipubl. Popularis Sin. 49 (2): 137, pl. 38, f. 1-6 (1984).

海南。

梧桐

Firmiana simplex (L.) W. Wight, U. S. D. A. Bur. Pl. Industr. Bull. 142: 67 (1909).

Hibiscus simplex L., Sp. Pl., ed. 2 2: 977 (1763); *Sterculia platanifolia* L. f., Suppl. Pl. 423 (1781); *Firmiana platanifolia* (L. f.) Marsili, Saggi Sci. Lett. Accad. Padova 1: 106 (1786); *Sterculia firmiana* J. F. Gmel., Syst. Nat., ed. 13, [bis] 2 (2): 1632 (1792); *Firmiana ohinensis* Medicus ex Steud., Nomencl. Bot. (Steudel) 814 (1821); *Sterculia pyriformis* Bunge, Enum. Pl. Chin. Bor. 9 (1835); *Sterculia simplex* (L.) Druce, Rep. Bot. Soc. Exch. Club Brit. Isles 3: 425 (1914); *Firmiana simplex* var. *glabra* Hatus., J. Jap. Bot. 24: 83 (1949).

山西、山东、陕西、安徽、江苏、浙江、江西、湖南、湖北、四川、贵州、云南、福建、台湾、广东、广西、海南；日本；栽培于欧洲、美国。

棉属　Gossypium L.

树棉（中棉，木本鸡脚棉）

☆**Gossypium arboreum** L., Sp. Pl. 2: 693 (1753).

中国长江流域和黄河流域广泛栽培；起源于印度，广泛栽培于旧世界热带、亚热带。

钝叶树棉（鸡脚棉）

☆**Gossypium arboreum** var. **obtusifolium** (Roxb.) Roberty, Candollea 13: 38 (1950).

Gossypium obtusifolium Roxb., Fl. Ind., ed. 1832 3: 183 (1832); *Gossypium indicum* Lam., Encycl. 2 (1): 134 (1786); *Gossypium nangking* Meyen, Reise Russ. Reich. 2: 323 (1836); *Gossypium anomalum* Watt, Kaiserl. Akad. Wiss. Wien, Math.-Naturwiss. Kl., Denkschr. 38: 561 (1860); *Gossypium arboreum* var. *nangking* (C. A. Mey.) Roberty, Bull. Torrey Bot. Club (1870); *Gossypium herbaceum* var. *obtusifolium* (Roxb.) Mast., Pittonia (1887); *Gossypium arboreum* var. *parodoxum* Prokhanov, Torreya (1901); *Gossypium wattianum* S. Y. Hu, Fl. China, Fam. 153, Malvaceae 65 (1955).

四川、云南、台湾、广东、广西；起源于印度、斯里兰卡。

海岛棉（光籽棉，木棉，离核木棉）

☆**Gossypium barbadense** L., Sp. Pl. 2: 693 (1753).

Gossypium peruvianum Cav., Diss. 6, Sexta Diss. Bot. 313, t. 168 (1788).

云南、广东、广西、海南；印度、太平洋岛屿、热带亚洲、非洲、热带南美洲、北美洲。

海岛棉（原变种）

Gossypium barbadense var. **barbadense**

云南、广东、广西、海南；印度、太平洋岛屿、热带亚洲、非洲、热带南美洲、北美洲。

巴西海岛棉（巴西木棉）

☆**Gossypium barbadense** var. **acuminatum** (Roxb. ex G. Don) Triana et Planchon, Ann. Sci. Nat., Bot. sér 4 17: 171 (1862).

Gossypium acuminatum Roxb. ex G. Don., Gen. Hist. 1: 487 (1831); *Gossypium brasiliense* Macfad., Fl. Jamaica 1: 72 (1837); *Gossypium guyanense* var. *brasiliense* (Macf.) Rafin, Sylva Tellur. 16 (1838); *Gossypium barbadense* var. *brasiliense* (Macfad.) Mauer, Bull. Appl. Bot. Genet. Pl. Breeding (Suppl.) 47: 441 (1930); *Gossypium peruvianum* var. *brasiliense* (Macf.) Prokhanov., Revista Argent. Agron. 27: 4 (1960).

云南、广东、海南；热带美洲。

草棉（阿拉伯棉，小棉）

☆**Gossypium herbaceum** L., Sp. Pl. 2: 693 (1753).

Gossypium zaitzevii Prokhonov, Bot. Zhurn. S. S. S. R. 32: 70 (1947).

甘肃、新疆、四川、云南、广东；起源于亚洲西南部，印度栽培。

陆地棉（高地棉，大陆棉，美洲棉）

☆**Gossypium hirsutum** L., Sp. Pl., ed. 2 975 (1763).

Gossypium religiosum L., Syst. Nat., ed. 12 2: 462 (1767); *Gossypium mexicanum* Tod., Index Sem. (Palermo) 20 (1867); *Gossypium hirsutum* f. *mexicanum* (Tod.) Roberty, Candollea 7: 332 (1938).

中国各地栽培；原产于墨西哥，世界暖温带广泛栽培。

扁担杆属 **Grewia** L.

苘麻叶扁担杆（粗茸扁担杆）

Grewia abutilifolia W. Vent ex Juss., Ann. Mus. Natl. Hist. Nat. 4: 92 (1804).

Sterculia tiliacea H. Lév., Repert. Spec. Nov. Regni Veg. 12: 185 (1913); *Grewia hirsutovelutina* Burret, Notizbl. Bot. Gart. Berlin-Dahlem 9 (88): 649 (1926); *Grewia kainantensis* Masam., Trans. Nat. Hist. Soc. Taiwan 33: 166 (1943).

贵州、云南、台湾、广东、广西、海南；越南、老挝、缅甸、泰国、柬埔寨、马来西亚、印度尼西亚、印度。

密齿扁担杆

Grewia acuminata Juss., Ann. Mus. Natl. Hist. Nat. 4: 91 (1804).

Grewia densiserrulata H. T. Chang, Acta Phytotax. Sin. 20 (2): 178 (1982).

云南；越南、老挝、缅甸、泰国、柬埔寨、马来西亚、印度尼西亚（爪哇）、印度。

狭萼扁担杆

●**Grewia angustisepala** H. T. Chang, Acta Phytotax. Sin. 20 (2): 175 (1982).

云南。

扁担杆

Grewia biloba G. Don, Gen. Hist. 1: 549 (1831).

河北、山西、山东、河南、陕西、安徽、江苏、浙江、江西、湖南、湖北、四川、贵州、云南、台湾、广东、广西；朝鲜。

扁担杆（原变种）

Grewia biloba var. **biloba**

Grewia glabrescens Benth., Fl. Hongk. 42 (1861); *Grewia grabrescens* Benth., Fl. Hongk. 42 (1861); *Grewia esquirolii* H. Lév., Fl. Kouy-Tcheou 419 (1915); *Grewia parviflora* var. *glabrescens* (Benth.) Rehder et E. H. Wilson, Pl. Wilson. 2 (2): 371 (1915); *Grewia biloba* var. *glabrescens* (Benth.) Rehder, J. Arnold Arbor. 8 (3): 173 (1927); *Grewia tenuifolia* Kaneh. et Sasaki, Trans. Nat. Hist. Soc. Taiwan 13: 377 (1928).

河北、山西、山东、河南、陕西、安徽、江苏、浙江、江西、湖南、湖北、四川、贵州、云南、台湾、广东、广西；朝鲜。

小叶扁担杆

●**Grewia biloba** var. **microphylla** (Maxim.) Hand.-Mazz., Symb. Sin. 7 (3): 612 (1933).

Grewia parviflora var. *microphylla* Maxim., Trudy Imp. S.-Peterburgsk. Bot. Sada 11 (1): 81 (1890); *Grewia piscatorum* Hance, Ann. Sci. Nat., Bot. sér. 5 5: 208 (1866).

四川、云南、福建、台湾、海南。

小花扁担杆

●**Grewia biloba** var. **parviflora** (Bunge) Hand.-Mazz., Symb.

Sin. 7 (3): 612 (1933).

Grewia parviflora Bunge, Mém. Acad. Imp. Sci. St.-Pétersbourg Divers Savans 2: 83 (1833); *Grewia chanetii* H. Lév., Repert. Spec. Nov. Regni Veg. 10 (243-247): 147 (1911); *Grewia parviflora* var. *velutina* Pamp., Nuovo Giorn. Bot. Ital. 18 (1): 128 (1911).

河北、山西、山东、河南、陕西、安徽、江苏、浙江、江西、湖南、湖北、四川、贵州、云南、广东、广西。

短柄扁担杆

●**Grewia brachypoda** C. Y. Wu, J. W. China Border Res. Soc. 16: 162 (1946).

四川、云南。

朴叶扁担杆

Grewia celtidifolia Juss., Ann. Mus. Natl. Hist. Nat. 4: 93 (1804).

Grewia asiatica var. *celtidifolia* (Juss.) L. F. Gagnep., Fl. Gen. Indo-Chine 1: 537 (1911); *Grewia yunnanensis* H. T. Chang, Acta Phytotax. Sin. 20 (2): 176 (1982); *Grewia simaoensis* Y. Y. Qian, Guihaia 17 (4): 295 (1997).

贵州、云南、台湾、广东、广西；越南、老挝、缅甸、泰国、柬埔寨、马来西亚、印度尼西亚。

崖县扁担杆

●**Grewia chuniana** Burret, Notizbl. Bot. Gart. Berlin-Dahlem 13: 488 (1936).

海南。

同色扁担杆

●**Grewia concolor** Merr., Lingnan Sci. J. 14 (1): 35, pl. 3, f. 1 et 2 (1935).

福建、海南。

复齿扁担杆（尖齿扁担杆）

●**Grewia cuspidato-serrata** Burret, Notizbl. Bot. Gart. Berlin-Dahlem 9 (88): 718 (1926).

云南。

毛果扁担杆

Grewia eriocarpa Juss., Ann. Mus. Natl. Hist. Nat. 4: 93 (1804).

Grewia boehmeriifolia Kaneh. et Sasaki, Trans. Nat. Hist. Soc. Taiwan 18: 332 (1928); *Grewia lantsangensis* Hu, Bull. Fan Mem. Inst. Biol. Bot. 10: 134 (1940); *Grewia celtidifolia* var. *eriocarpa* (Juss.) Hsu et Zhuge, Bot. J. South China 2: 19 (1993).

贵州、云南、台湾、广东、广西；菲律宾、越南、老挝、缅甸、泰国、柬埔寨、马来西亚、印度尼西亚、不丹、尼泊尔、印度、斯里兰卡。

镰叶扁担杆

Grewia falcata C. Y. Wu, J. W. China Border Res. Soc. 16: 161 (1946).

云南、广西；越南、老挝、缅甸、泰国、柬埔寨、马来西亚。

黄麻叶扁担杆

●**Grewia henryi** Burret, Notizbl. Bot. Gart. Berlin-Dahlem 9 (88): 674 (1926).

江西、贵州、云南、福建、广东、广西。

粗毛扁担杆

Grewia hirsuta Vahl., Symb. Bot. 1: 34 (1790).

Grewia pilosa Roxb., Fl. Ind., ed. 1820 2: 587 (1824).

广东、广西；越南、老挝、缅甸、泰国、柬埔寨、马来西亚、尼泊尔、印度、孟加拉国、斯里兰卡。

矮生扁担杆

Grewia humilis Wall., Numer. List 1110 (1828).

云南；印度。

广东扁担杆

●**Grewia kwangtungensis** H. T. Chang, Acta Phytotax. Sin. 20 (2): 175 (1982).

广东。

细齿扁担杆

Grewia lacei Drumm. et Craib, Bull. Misc. Inform. Kew 21 (1911).

云南；老挝、缅甸、泰国。

阔腺扁担杆

●**Grewia latiglandulosa** Z. Y. Huang et S. Y. Liu, J. Trop. Subtrop. Bot. 13: 367 (2005).

广西。

长瓣扁担杆

●**Grewia macropetala** Burret, Repert. Spec. Nov. Regni Veg. 33: 74 (1933).

云南、广东、广西。

光叶扁担杆

Grewia multiflora Juss., Ann. Mus. Natl. Hist. Nat. 4: 89 (1804).

Grewia glabra Blume, Bijdr. Fl. Ned. Ind. 3: 115 (1825); *Grewia didyma* Roxb. ex G. Don, Gen. Hist. 1: 549 (1831); *Grewia disperma* Rottb., Ann. Missouri Bot. Gard. (1914); *Grewia jinghongensis* Y. Y. Qian, Guihaia 17 (4): 297, f. 2 (1997).

云南；缅甸、马来西亚、印度尼西亚、尼泊尔、印度、巴基斯坦、热带澳大利亚。

寡蕊扁担杆

Grewia oligandra Pierre, Fl. Forest. Cochinch. 2: 163 (1888).

广东、广西、海南；越南、老挝、缅甸、泰国、柬埔寨、马来西亚。

大叶扁担杆

●**Grewia permagna** C. Y. Wu ex H. T. Chang, Acta Phytotax. Sin. 20 (2): 176 (1982).

Grewia rugulosa C. Y. Wu ex H. T. Chang, Acta Phytotax. Sin. 20 (2): 177 (1982).

云南。

钝叶扁担杆

Grewia retusifolia Pierre, Fl. Forest. Cochinch. 2: 168 (1888).

广西；越南、印度尼西亚、热带澳大利亚。

菱叶扁担杆

●**Grewia rhombifolia** Kaneh. et Sasaki, Trans. Nat. Hist. Soc. Taiwan 18: 335 (1928).

台湾。

无柄扁担杆

Grewia sessiliflora Gagnep., Notul. Syst. (Paris) 1 (6): 167 (1910).

广东、广西；越南北部、老挝、泰国北部。

椴叶扁担杆

Grewia tiliaefolia Vahl, Symb. Bot. 1: 35 (1790).

Grewia rotunda C. Y. Wu et H. T. Chang, Acta Phytotax. Sin. 20 (2): 177 (1982).

云南、广西；越南、老挝、缅甸、泰国、柬埔寨、马来西亚、印度、非洲东部。

稔叶扁担杆

Grewia urenifolia (Pierre) Gagnep., Notul. Syst. (Paris) 1 (4): 126, 130 (1909).

Grewia abutilifolia var. *urenifolia* Pierre, Fl. Forest. Cochinch. 2: 164 (1888).

云南、广西、海南；越南、老挝、缅甸、泰国、柬埔寨、马来西亚。

盈江扁担杆

●**Grewia yinkiangensis** Y. C. Hsu et R. Zhuge, Fl. Yunnan. 6: 412 (1995).

云南。

山芝麻属 **Helicteres** L.

山芝麻（山油麻，坡油麻）

Helicteres angustifolia L., Sp. Pl. 2: 963 (1753).

江西、湖南、云南、福建、台湾、广东、广西、海南；日本、菲律宾、越南、老挝、缅甸、泰国、柬埔寨、马来西亚、印度尼西亚、印度、热带澳大利亚。

长序山芝麻（野芝麻）

Helicteres elongata Wall. ex Mast., Fl. Brit. Ind. 1 (2): 365 (1874).

云南、广西；缅甸、泰国、不丹、印度、孟加拉国。

细齿山芝麻（光叶山芝麻）

Helicteres glabriuscula Wall. ex Mast., Fl. Brit. Ind. 1 (2): 366 (1874).

Helicteres spinulosa Wall., Numer. List n. 1847 (1828); *Corchorus cavaleriei* H. Lév., Repert. Spec. Nov. Regni Veg. 10 (260-262): 437 (1912); *Helicteres cavaleriei* (H. Lév.) H. Lév., Repert. Spec. Nov. Regni Veg. 12 (341-345): 534 (1913).

贵州、云南、广西；缅甸。

雁婆麻（肖婆麻）

☆**Helicteres hirsuta** Lour., Fl. Cochinch., ed. 2 2: 530 (1790).

Helicteres spicata Colebr. Ex Roxb., Hort. Bengal. 97 (1814); *Helicteres hispida* Fern.-Vill., Noviss. App. 28 (1880).

广东、广西、海南；菲律宾、越南、老挝、泰国、柬埔寨、马来西亚、印度。

火索麻（鞭龙，扭蒴山芝麻）

Helicteres isora L., Sp. Pl. 2: 963 (1753).

Helicteres roxburghii G. Don, Gen. Hist. 1: 506 (1831); *Helicteres chrysocalyx* Miq. ex Mast., Fl. Brit. Ind. 1 (2): 365 (1874).

云南、海南；越南、泰国、柬埔寨、马来西亚、印度尼西亚、不丹、尼泊尔、印度、斯里兰卡、热带澳大利亚。

剑叶山芝麻（大叶山芝麻）

Helicteres lanceolata DC., Prodr. (DC.) 1: 476 (1824).

云南、广东、广西、海南；越南、老挝、缅甸、泰国、柬埔寨、印度尼西亚。

钝叶山芝麻

Helicteres obtusa Wall. ex Masters, Fl. Brit. Ind. 1: 366 (1874).

云南；缅甸、泰国、印度。

矮山芝麻

Helicteres plebeja Kurz., J. Asiat. Soc. Bengal, Pt. 2, Nat. Hist. 39 (2): 67 (1870).

云南；越南、老挝、缅甸、泰国、?不丹、印度东北部。

平卧山芝麻

●**Helicteres prostrata** S. Y. Liu, Acta Phytotax. Sin. 37 (6): 601, pl. 1 (1999).

广西。

黏毛山芝麻

Helicteres viscida Blume, Bijdr. Fl. Ned. Ind. 2: 79 (1825).

云南、海南；越南、老挝、缅甸、泰国、马来西亚、印度尼西亚。

泡果苘属 **Herissantia** Medik.

泡果苘

Herissantia crispa (L.) Brizicky, J. Arnold Arbor. 49 (2): 279 (1968).

Sida crispa L., Sp. Pl. 2: 685 (1753); *Abutilon crispum* (L.) Medikus, Malvenfam. 29 (1787); *Beloere crispa* (L.) Shuttlw. ex A. Gray, Smithsonian Contr. Knowl. 3 (5): 21 (1852); *Gayoides crispum* (L.) Small, Fl. S. E. U. S. 764 (1903); *Pseudobastardia crispa* (L.) Hassl., Bull. Soc. Bot. Genève 1: 211 (1909); *Bogenhardia crispa* (L.) Kearney, Leafl. W. Bot. 7 (5): 120 (1954).

台湾、海南；越南、印度尼西亚、印度；原产于热带美洲，现为泛热带杂草。

银叶树属 Heritiera Aiton

长柄银叶树（白楠，白符公，大叶银叶树）

Heritiera angustata Pierre, Fl. Forest. Cochinch. 13, t. 204 c (1889).

Heritiera macrophylla, auct. non Wall. et Voigt.: Merr., Lingnan Sci. J. 14: 38 (1935).

云南、海南；柬埔寨。

银叶树

Heritiera littoralis Dryand., Hortus Kew. (W. Aiton) 3: 546 (1789).

台湾、广东、广西、海南；菲律宾、越南、柬埔寨、马来西亚、印度尼西亚、印度、斯里兰卡、热带澳大利亚、中东、非洲。

蝴蝶树

Heritiera parvifolia Merr., J. Arnold Arbor. 6 (3): 137 (1925).
Tarrietia parvifolia (Merr.) Merr. et Chun, Sunyatsenia 2 (3-4): 281 (1935).

海南；缅甸、泰国、印度。

木槿属 Hibiscus L.

旱地木槿（光柱旱地木槿）

●**Hibiscus aridicola** J. Anthony, Notes Roy. Bot. Gard. Edinburgh 15 (74): 241 (1927).

Hibiscus aridicola var. *glabratus* K. M. Feng, Fl. Yunnan. 2: 225 (1979).

四川、云南。

滇南芙蓉

●**Hibiscus austroyunnanensis** C. Y. Wu et K. M. Feng, Fl. Yunnan. 2: 223, f. 59 (1979).

云南。

大麻槿

☆**Hibiscus cannabinus** L., Syst. Nat., ed. 10 2: 1149 (1759).

Ketmia glandulosa Moench., Suppl. Meth. 202 (1802); *Hibiscus unidens* Lindl., Bot. Reg. 11, pl. 878 (1825); *Hibiscus verrucosus* Guill. et Perr., Fl. Seneg. Tent. 1: 57 (1830); *Furcaria cavanillesii* Kostel., Allg. Med.-Pharm. Fl. 5: 1856 (1836); *Abelmoschus verrucosus* (Guill. et Perr.) Walp., Repert.

Bot. Syst. 1: 308 (1842).

黑龙江、辽宁、河北、江苏、浙江、云南、广东；原产于印度、非洲。

红秋葵

☆**Hibiscus coccineus** Walter, Fl. Carol. 1: 177 (1788).

北京、江苏、上海；原产于北美洲。

高红槿

☆**Hibiscus elatus** Sw., Fl. Ind. Occid. 2: 1218 (1800).
Paritium elatum (Sw.) G. Don, Gen. Hist. 1: 485 (1831).

福建；原产于印度群岛。

香芙蓉

Hibiscus fragrans Roxb., Fl. Ind., ed. 1832 3: 195 (1832).

云南；缅甸、印度、孟加拉国。

樟叶槿

Hibiscus grewiifolius Hassk., Cat. Horto Bot. Bogor. 197 (1844).

Bombycidendron grewiaefolium (Hassk.) Zoll. et Moritzi, Natuur-Geneesk. Arch. Ned.-Indië 2: 140 (1845); *Hibiscus bantamensis* Miq., Pl. Jungh. 282 (1854); *Hibiscus praeclarus* Gagnep., Observ. Bot. 1: 427, pl. 20 b (1910); *Hibiscus cinnamomifolius* Chun et Tsiang, Sunyatsenia 4 (1-2): 18, t. 7 (1939).

海南；越南、老挝、缅甸、泰国、印度尼西亚。

海滨木槿

Hibiscus hamabo Sieb. et Zucc., Fl. Jap. (Siebold) 1: 176 (1841).

Hibiscus tiliaceus var. *hamabo* (Sieb. et Zucc.) Maxim., Mélanges Biol. Bull. Phys.-Math. Acad. Imp. Sci. Saint-Pétersbourg 12: 427 (1886); *Talipariti hamabo* (Sieb. et Zucc.) Fryxell., Contr. Univ. Michigan Herb. 23: 246 (2001).

浙江；小笠原群岛、琉球群岛、朝鲜；印度和太平洋岛屿（夏威夷）栽培。

思茅芙蓉

Hibiscus hispidissimus Griff., Not. Pl. Asiat. 4: 521 (1854).
Hibiscus furcatus Roxb. ex DC., Fl. Ind., ed. 1820 3: 204 (1824); *Hibiscus aculeatus* G. Don, Gen. Hist. 1: 480 (1831); *Hibiscus surattensis* var. *furcatus* Roxb. ex Hochr., Annuaire Conserv. Jard. Bot. Genève 4: 112 (1900).

云南；缅甸、泰国、孟加拉国、斯里兰卡、非洲。

美丽芙蓉（野槿麻，野芙蓉，芙蓉木槿）

●**Hibiscus indicus** (Burm. f.) Hochr., Mem. Soc. Hist. Nat. Afrique N. 2: 163 (1949).

四川、云南、台湾、广东、广西、海南。

美丽芙蓉（原变种）

●**Hibiscus indicus** var. **indicus**

Alcaea indica Burm. f., Fl. Ind. 149 (1768); *Hibiscus venustus* Blume, Bijdr. Fl. Ned. Ind. 2: 71 (1825); *Hibiscus javanicus* Weinm.,

Syll. Pl. Nov. 2: 172 (1828); *Abelmoschus venustus* (Weinm.) Walp., Repert. Bot. Syst. 1: 309 (1842); *Hibiscus platystegius* Turcz., Bull. Soc. Imp. Naturalistes Moscou 31 (1): 194 (1858).

四川、云南、广东、广西。

全缘叶美丽芙蓉

●**Hibiscus indicus** var. **integrilobus** (S. Y. Hu) K. M. Feng, Fl. Reipubl. Popularis Sin. 49 (2): 73 (1984).

Hibiscus venustus var. *integrilobus* S. Y. Hu, Fl. China, Fam. 153, Malvaceae 49 (1955).

台湾。

贵州芙蓉（湖榕树）

●**Hibiscus labordei** H. Lév., Repert. Spec. Nov. Regni Veg. 12 (317-321): 184 (1913).

贵州、广西。

光籽木槿（野木槿）

●**Hibiscus leviseminus** M. G. Gilbert, Y. Tang et Dorr, Fl. China 12: 292 (2007).

Hibiscus leiospermus K. T. Fu et C. C. Fu, Fl. Tsinling. 1 (3): 454 (1981).

陕西、甘肃、江西、湖南、贵州、广西。

草木槿

Hibiscus lobatus (Murray) Kuntze, Revis. Gen. Pl. 3 (2): 19 (1898).

Solandra lobata Murray, Commentat. Soc. Regiae Sci. Gott. 6: 20, pl. 1 (1785); *Hibiscus solandra* L'Hér., Stirp. Nov. 1: 103, t. 49 (1788).

海南；缅甸、马来西亚、不丹、尼泊尔、印度、巴基斯坦、斯里兰卡、马达加斯加、非洲。

大叶木槿（榔梅）

Hibiscus macrophyllus Roxb. ex Hornem., Suppl. Hort. Bot. Hafn. 149 (1819).

Hibiscus setosus Roxb., Fl. Ind., ed. 1832 3: 194 (1832); *Talipariti macrophyllum* (Roxb. ex Hornem.) Fryxell, Contr. Univ. Michigan Herb. 23: 249 (1854); *Hibiscus restitus* Griff., Not. Pl. Asiat. 4: 519 (1854); *Pariti macrophyllum* (Roxb. ex Hornem.) G. Don, Fl. Hawaiiensis 221 (1932).

云南；越南、缅甸、泰国、柬埔寨、马来西亚、印度尼西亚、印度、巴基斯坦。

芙蓉葵

☆**Hibiscus moscheutos** L., Sp. Pl. 2: 693 (1753).

Hibiscus palustris auct. non Linn.: Hochr. in Ann. Cons. Jard. Bot. Gèneve 4: 23 (1900).

北京、山东、江苏、上海、浙江、云南；原产于北美洲（美国东南部）。

木芙蓉

Hibiscus mutabilis L., Sp. Pl. 2: 694 (1753).

Hibiscus sinensis Miller, Gard. Dict., ed. 8 no. 2 (1768); *Ketmia mutabilis* (L.) Moench., Methodus 617 (1794); *Abelmoschus mutabilis* (L.) Wall. ex Hasskarl, Cat. Hort. Bot.

Bogor. 198 (1844); *Hibiscus mutabilis* f. *plenus* S. Y. Hu, Fl. China, Fam. 153, Malvaceae 51 (1955).

湖南、云南、福建、台湾、广东；栽培和偶尔归化于各地。

庐山芙蓉

●**Hibiscus paramutabilis** L. H. Bailey., Gentes Herb. 1: 109 (1922).

Hibiscus saltuarius Hand.-Mazz., Anz. Akad. Wiss. Wien, Math.-Naturwiss. Kl. 62: 251 (1925).

江西、湖南、广西。

庐山芙蓉（原变种）

●**Hibiscus paramutabilis** var. **paramutabilis**

江西、湖南、广西。

长梗庐山芙蓉

●**Hibiscus paramutabilis** var. **longipedicellatus** K. M. Feng, Acta Bot. Yunnan. 4 (1): 29 (1982).

广西。

辐射刺芙蓉（金钱吊芙蓉，大麻槿，洋麻）

☆**Hibiscus radiatus** Cav., Diss. 3, Tertia Diss. Bot. 150, t. 54, f. 2 (1787).

福建；原产于缅甸。

朱槿（扶桑，佛桑，大红花）

●**Hibiscus rosa-sinensis** L., Sp. Pl. 2: 694 (1753).

Hibiscus festivalis Salisb., Prodr. 383 (1796); *Hibiscus rosiflorus* Stokes, Bot. Mat. Med. 3: 543 (1812); *Hibiscus rosiflorus* var. *simplex* Stokes, Bot. Mat. Med. 3: 543 (1812); *Hibiscus fragilis* DC., Prodr. (DC.) 1: 446 (1824); *Hibiscus rosa-sinensis* var. *genuinus* Hochr., Annuaire Conserv. Jard. Bot. Geneve 4: 134 (1900).

北京、四川、云南、福建、台湾、广东、广西、海南，野外情况不详，但应起源于中国；现广泛栽培。

重瓣朱槿（朱槿牡丹，月月开，酸醋花）

●**Hibiscus rosa-sinensis** var. **rubro-plenus** Sweet, Hort. Brit. (Loudon) 51 (1826).

Hibiscus rosa-sinensis var. *carnea-plenus* Sweet, Hort. Brit. (Loudon) 51 (1826); *Hibiscus rosa-sinensis* var. *floreplena* Seem., Fl. Vit. 17 (1873).

北京、四川、云南、广东、广西、海南。

玫瑰茄（山茄子）

☆**Hibiscus sabdariffa** L., Sp. Pl. 2: 695 (1753).

Sabdariffa rubra Kostel., Allg. Med.-Pharm. Fl. 5: 1857 (1836); *Abelmoschus cruentus* Bertol., Fl. Guatimal. 28, t. 10 (1840); *Hibiscus cordofanus* Turcz., Bull. Soc. Imp. Naturalistes Moscou 31 (1): 193 (1858); *Hibiscus digitatus* Cav., Diss. 3, Tertia Diss. Bot. 151, t. 70, f. 2 (1878); *Hibiscus palmatilobus* Baill., Bull. Mens. Soc. Linn. Paris 1 (64): 509 (1885).

云南、福建、台湾、广东、海南；可能起源于非洲，广泛栽培于世界热带。

吊灯芙桑（灯笼花，假西藏红花）

☆**Hibiscus schizopetalus** (Dyer) Hook. f., Bot. Mag. 106, pl. 6524 (1880).

Hibiscus rosa-sinensis var. *schizopetalus* Dyer, Gard. Chron., new series. 11: 568 (1879).

云南、福建、台湾、广东、广西、海南；原产于非洲，现广泛栽培。

华木槿

●**Hibiscus sinosyriacus** L. H. Bailey, Gentes Herb. 1: 109 (1922).

江西、湖南、贵州、广西。

刺芙蓉（刺木槿，五爪藤）

Hibiscus surattensis L., Sp. Pl. 2: 696 (1753).

Hibiscus involucratus Salisb., Prodr. Stirp. Chap. Allerton 384 (1796); *Hibiscus appendiculatus* Stokes., Bot. Mat. Med. 3: 542 (1812); *Furcaria surattensis* (Linn.) Kostel., Allg. Med.-Pharm. Fl. 5: 1856 (1836); *Abelmoschus rostellatus* Walp., Repert. Bot. Syst. (Walpers) 1: 308 (1842); *Hibiscus surattensis* var. *genuinus* Hochr., Annuaire Conserv. Jard. Bot. Geneve 4: 111 (1900).

云南、海南、香港；菲律宾、越南、老挝、缅甸、泰国、柬埔寨、不丹、印度、斯里兰卡、热带澳大利亚、非洲。

木槿（木棉，荆条，朝开暮落花）

●**Hibiscus syriacus** L., Sp. Pl. 2: 695 (1753).

Althaea furtex Hort. ex Mill., Gard. Dict., ed. 8 Alt. Hib. (1768); *Ketmia syriaca* (L.) Scop., Fl. Carniol., ed. 2 2: 45 (1772); *Hibiscus rhombifolius* Cav., Diss. 3: 156, t. 69, f. 3 (1787); *Ketmia syrorum* Medik., Malvenfam. 45 (1787); *Ketmia arborea* Moench, Methodus (Moench) 617 (1794); *Hibiscus floridus* Salisb., Prodr. Stirp. Chap. Allerton 383 (1796); *Hibiscus acerifolius* Salisb., Parad. Lond. 1, t. 33 (1805); *Hibiscus syriacus* var. *chinensis* Lindl., J. Hort. Soc. London 8: 58 (1853); *Hibiscus syriacus* var. *sinensis* Lem., Jard. Fleur. 4, t. 370 (1854).

安徽、江苏、浙江、四川、云南、台湾、广东、广西，栽培于河北、山东、河南、陕西、江西、湖南、湖北、贵州、西藏、福建、海南；栽培于世界热带、亚热带和温带大部分。

粉紫重瓣木槿

●**Hibiscus syriacus** var. **amplissimus** L. F. Gagnep., Rev. Hort. 132 (1861).

山东。

短苞木槿

●**Hibiscus syriacus** var. **brevibracteatus** S. Y. Hu, Fl. China, Fam. 153, Malvaceae 53 (1955).

山东、福建、广东。

雅致木槿

●**Hibiscus syriacus** var. **elegantissimus** L. F. Gagnep., Rev.

Hort. 132 (1861).

河北、江西、湖南。

大花木槿

●**Hibiscus syriacus** var. **grandiflorus** Hort. ex Rehder, Man. Cult. Trees et Shrubs 619 (1927).

江苏、江西、福建、广西。

长苞木槿

●**Hibiscus syriacus** var. **longibracteatus** S. Y. Hu, Fl. China, Fam. 153, Malvaceae 53 (1955).

四川、贵州、云南、台湾。

牡丹木槿

●**Hibiscus syriacus** var. **paeoniflorus** L. F. Gagnep., Rev. Hort. 132 (1861).

陕西、浙江、江西、贵州。

白花牡丹木槿（白花单瓣木槿）

●**Hibiscus syriacus** var. **toto-albus** T. Moore, Gard. Chron., new series. 10: 524, f. 91 (1878).

陕西、安徽、江西、四川、贵州、云南、福建、台湾、广东。

紫花重瓣木槿

●**Hibiscus syriacus** var. **violaceus** L. F. Gagnep., Rev. Hort. Bouches-du-Rhone 132 (1861).

四川、贵州、云南、西藏。

台湾芙蓉

●**Hibiscus taiwanensis** S. Y. Hu, Fl. China, Fam. 153, Malvaceae 48 (1955).

台湾。

黄槿（右纳，桐花，海麻）

Hibiscus tiliaceus L., Sp. Pl. 2: 694 (1753).

Hibiscus tiliaefolius Salisb., Prodr. 383 (1796); *Hibiscus tortuosus* Roxb., Fl. Ind. 3: 192 (1832); *Paritium tiliaceum* (L.) Wight et Arn., Prodr. Fl. Ind. Orient. 1: 52 (1834); *Hibiscus tiliaceus* var. *heterophyllus* Nakai, Bull. Torrey Bot. Club (1870); *Hibiscus tiliaceus* var. *tortuosus* (Roxb.) Mast., Fl. Brit. Ind. 1 (2): 343 (1872); *Hibiscus tiliaceus* var. *genuinus* Hochr., Annuaire Conserv. Jard. Bot. Geneve 4: 63 (1900); *Hibiscus boninensis* Nakai, Bot. Mag. (Tokyo) 28: 311 (1914); *Pariti tiliaceum* (L.) A. Juss., Bahama Fl. 273 (1920); *Paritium tiliifolium* (Salisb.) Nakai, Fl. Sylv. Kor. 21: 101 (1936); *Pariti boninense* (Nakai) Nakai, Fl. Sylv. Kor. 21: 98 (1936); *Hibiscus tiliaceus* var. *hirsutus* Hochr., Fl. China, Fam. 153, Malvaceae 45 (1955); *Talipariti tiliaceum* (Linn.) Fryxell., Contr. Univ. Michigan Herb. 23: 258 (2001).

福建、台湾、广东、海南；菲律宾、越南、老挝、缅甸、泰国、柬埔寨、马来西亚、印度尼西亚、印度、泛热带。

野西瓜苗（香铃草，灯笼花，小秋葵）

Hibiscus trionum L., Sp. Pl. 2: 697 (1753).

Hibiscus hispidus Mill., Gard. Dict., ed. 8 Hib, f. 2 (1768); *Hibiscus ternatus* Cav., Diss. 3: 171, f. 3 (1787); *Trionum annuum* Medik., Malvenfam. 47 (1787); *Hibiscus trionum* var. *ternatus* DC., Prodr. (DC.) 1: 453 (1824); *Hibiscus africanus* Mill., Gard. Dict., ed. 8 Hib. (1868).

黑龙江、河北、北京、甘肃、安徽、贵州、福建、广东、广西、海南，遍布中国各地；蒙古国、塔吉克斯坦、吉尔吉斯斯坦、哈萨克斯坦、乌兹别克斯坦、土库曼斯坦、泛热带。

云南芙蓉
●**Hibiscus yunnanensis** S. Y. Hu, Fl. China, Fam. 153, Malvaceae 56, pl. 20, f. 5 (1955).
Fioria yunnanensis (S. Y. Hu) Abedin, Pakistan J. Bot. 9 (1): 60 (1977).
云南。

鹧鸪麻属 Kleinhovia L.

鹧鸪麻（克兰树，馒头果，面头粿）
Kleinhovia hospita L., Sp. Pl., ed. 2 1365 (1763).
台湾、海南；菲律宾、越南、泰国、马来西亚、印度、斯里兰卡、热带澳大利亚、非洲。

翅果麻属 Kydia Roxb.

翅果麻（桤的木，桤的槿）
Kydia calycina Roxb., Pl. Coromandel 3: 12, t. 215 (1819).
Kydia fraterna Roxb., Pl. Coromandel 3: 12, t. 216 (1819); *Kydia roxburghiana* Wight, Icon. Pl. Ind. Orient. 3 (2), t. 881 (1844).
云南；越南、缅甸、泰国、不丹、尼泊尔、印度、巴基斯坦。

光叶翅果麻
Kydia glabrescens Mast. in Hook. f., Fl. Brit. Ind. 1 (2): 348 (1874).
Kydia calycina var. *glabrescens* (Mast.) Deb, Fl. Tripura State 1: 304 (1981).
云南；越南、不丹、印度。

毛叶翅果麻
●**Kydia glabrescens** var. **intermedia** S. Y. Hu, Fl. China, Fam. 153, Malvaceae 2, pl. 16, f. 9 (1955).
云南。

花葵属 Lavatera L.

花葵
☆**Lavatera arborea** L., Sp. Pl. 2: 690 (1753).
北京；欧洲。

新疆花葵
☆**Lavatera cashemiriana** Cambess. in Jacq. Voy. Inde 4 (Bot.): 29, pl. 32 (1844).

Lavatera cacheminariana var. *haroonii* Abedin., Bull. Jard. Bot. Etat (1902); *Althaea cachemiriana* (Cambess.) Kuntze, Fl. Rocky Mts. (1917).
新疆；克什米尔、阿尔泰山。

三月花葵（裂叶花葵）
☆**Lavatera trimestris** L., Sp. Pl. 2: 692 (1753).
北京；欧洲。

锦葵属 Malva L.

锦葵（荆葵，钱葵，小钱花）
☆**Malva cathayensis** M. G. Gilbert, Y. Tang et Dorr in C. Y. Wu, P. H. Raven et D. Y. Hong (eds), Fl. China 12: 266 (2007).
Malva sinensis Cav., Diss. 2: 77, t. 25, f. 4 (1786); *Malva mauritiana* var. *sinensis* (Cav.) DC., Prodr. 1: 432 (1824); *Malva mauritiana* auct. non L.: Bunge, Mém. Acad. Sci. St. Pétersb. Sav. Etrang 2: 85 (1833); *Malva sylvestris* var. *mauritiana* (L.) Boiss., Fl. Orient. 1: 819 (1867); *Malva sylvestris* auct. non L., Masters in Hook. f., Fl. Brit. Ind. 1: 320 (1874); *Malva silvestris* auct. non L.: Gurcke et Diels, Bot. Jahrb. Engl. 29: 469 (1900).
辽宁、内蒙古、河北、天津、北京、山西、山东、河南、陕西、新疆、安徽、江苏、浙江、江西、湖南、湖北、四川、贵州、云南、西藏、福建、台湾、广东、广西；原产于印度。

圆叶锦葵（野锦葵，金爬齿，托盘果）
Malva pusilla Sm. in Smith et Sowerby, Engl. Bot. 4, pl. 241 (1795).
Malva rotundifolia L., nom. utique rej. Sp. Pl. 2: 688 (1753); *Malva neglecta* Wallr., Syll. Pl. Nov. 1: 140 (1824); *Malva lignescens* Iljin, Bot. Mater. Gerb. Glavn. Bot. Sada R. S. F. S. R. 2: 173 (1921).
河北、山西、山东、河南、陕西、甘肃、新疆、安徽、江苏、四川、贵州、云南、西藏、台湾；蒙古国、伊朗、吉尔吉斯斯坦、哈萨克斯坦、乌兹别克斯坦、土库曼斯坦、高加索、欧洲。

野葵（菟葵，旅葵，棋盘菜）
Malva verticillata L., Sp. Pl. 2: 689 (1753).
黑龙江、吉林、辽宁、内蒙古、河北、北京、山西、山东、河南、陕西、宁夏、甘肃、青海、新疆、安徽、江苏、浙江、江西、湖南、湖北、四川、贵州、云南、西藏、福建、广东、广西、香港；蒙古国、朝鲜、缅甸、不丹、印度、巴基斯坦、俄罗斯、埃塞俄比亚、亚洲中部、欧洲；北美洲为入侵杂草。

野葵（原变种）
Malva verticillata var. **verticillata**
Malva chinensis Mill., Gard. Dict., ed. 8 670 (1768); *Malva pulchella* Bernh., Sel. Sem. Hort. Erfurt. no. 8 (1832); *Malva mohileviensis* Downar, Bull. Soc. Imp. Naturalistes Moscou 34 (1): 177 (1861); *Malva parviflora* auct. non L.: Forbes et Hemsl. in J. Linn. Soc., Bot. 23: 83 (1886); *Malva verticillata*

var. *chinensis* (Mill.) S. Y. Hu, Fl. China, Fam. 153, Malvaceae 6 (1955); *Malva verticillata* subsp. *chinensis* (Mill.) Tzvelev, Novosti Sist. Vyssh. Rast. 32: 184 (2000).

吉林、辽宁、内蒙古、河北、北京、山西、山东、河南、陕西、宁夏、甘肃、青海、新疆、安徽、江苏、浙江、江西、湖南、湖北、四川、贵州、云南、西藏、福建、广东、广西、香港；朝鲜、缅甸、不丹、印度、埃塞俄比亚、欧洲。

冬葵[葵菜，冬寒（苋）菜，蕲菜]

☆**Malva verticillata** var. **crispa** L., Sp. Pl. 2: 689 (1753).
Malva crispa (L.) L., Syst. Nat., ed. 10 1147 (1759).
甘肃、江西、湖南、四川、贵州、云南；印度、巴基斯坦、欧洲，北美洲为入侵杂草。

中华野葵

Malva verticillata var. **rafiqii** Abedin., Fl. W. Pakistan 130: 45 (1979).
河北、山西、山东、陕西、甘肃、新疆、安徽、江苏、浙江、江西、湖南、湖北、四川、贵州、云南、广东；朝鲜、印度、巴基斯坦。

赛葵属　**Malvastrum** A. Gray

穗花赛葵

☆**Malvastrum americanum** (L.) Torr., Rep. U. S. Mex. Bound., Bot. 2 (1): 38 (1859).
Malva americana L., Sp. Pl. 2: 687 (1753); *Malva spicata* L., Syst. Nat., ed. 10 2: 1146 (1759); *Malvastrum spicatum* (L.) A. Gray, Mém. Amer. Acad. Arts, n. s. 4 (1): 22 (1849); *Sphaeralcea americana* (L.) Metz, Cath. Univ. Amer. Biol. Ser. 16: 142 (1934); *Melochia spicata* (L.) Fryxell., Syst. Bot. Monogr. 25: 457 (1988).
栽培于福建、台湾；原产于美洲，栽培于菲律宾、印度尼西亚、印度、热带澳大利亚，已归化为泛热带杂草。

赛葵（黄花草，黄花锦）

☆**Malvastrum coromandelianum** (L.) Garcke, Bonplandia (Hannover) 5 (18): 295 (1857).
Malva coromandeliana L., Sp. Pl. 2: 687 (1753); *Malva tricuspidata* R. Br., Hortus Kew., ed. 2 4: 210 (1812); *Malvastrum tricuspidatum* (R. Br.) A. Gray, Smithsonian Contr. Knowl. 3 (5): 16 (1852); *Malvastrum ruderale* Hance ex Walp., Ann. Bot. Syst. 3: 830 (1852).
云南、福建、台湾、广东、广西；琉球群岛、越南、缅甸、印度、巴基斯坦、斯里兰卡，现在泛热带分布，可能原产于美洲。

悬铃花属　**Malvaviscus** Fabr.

小悬铃花（小茯桑）

☆**Malvaviscus arboreus** Cav., Diss. 3: 131 (1787).
Hibiscus malvaviscus L., Sp. Pl. 2: 694 (1753); *Malvaviscus coccineus* Medik., Malvenfam. 49 (1787); *Achania*

malvaviscus (Linn.) Swartz, Prodr. Veg. Ind. Occ. 102 (1788).
云南、福建、广东；原产于中美洲、北美洲热带和暖温带、美国东南部，广泛种植于热带和温带，时有归化。

垂花悬铃花

☆**Malvaviscus penduliflorus** DC., Prodr. 1: 445 (1824).
Malvaviscus arboreus var. *penduliflorus* (DC.) Schery, Ann. Missouri Bot. Gard. 29 (3): 223 (1942); *Malvaviscus arboreus* subsp. *penduliflorus* (DC.) Hadac, Folia Geobot. Phytotax. 5: 432 (1970).
云南、台湾、广东；栽培于菲律宾、缅甸、泰国、印度尼西亚、不丹、尼泊尔、印度、巴基斯坦、斯里兰卡、太平洋岛屿、非洲、美洲，起源未知，但可能是墨西哥。

梅蓝属　**Melhania** Forssk.

梅蓝

Melhania hamiltoniana Wall., Pl. Asiat. Rar. 1: 69, t. 77 (1830).
云南；缅甸、印度。

马松子属　**Melochia** L.

马松子

Melochia corchorifolia L., Sp. Pl. 2: 675 (1753).
Melochia concatenata L., Sp. Pl. 2: 675 (1753).
安徽、江苏、浙江、江西、湖南、湖北、四川、贵州、云南、福建、台湾、广东、广西、海南、长江以南广泛分布；日本、中东、热带亚洲、泛热带。

破布叶属　**Microcos** L.

海南破布叶

☆**Microcos chungii** (Merr.) Chun, Sunyatsenia 4: 196 (1940).
Grewia chungii Merr., Philipp. J. Sci. 23 (3): 252 (1923).
云南、海南；越南。

破布叶

Microcos paniculata L., Sp. Pl. 1: 514 (1753).
Grewia microcos L., Syst., ed. 12 12: 602 (1767); *Fallopia nervosa* Lour., Fl. Cochinch., ed. 2 336 (1790); *Grewia affinis* Lindl., Trans. Linn. Soc. London 12: 265 (1826); *Grewia nervosa* (Loureiro) Panigrahi, Taxon 34 (4): 702 (1985); *Microcos nervosa* (Loureiro) S. Y. Hu, J. Arnold Arbor. 69 (1): 79 (1988).
云南、广东、广西、海南；越南、老挝、缅甸、泰国、柬埔寨、马来西亚、印度尼西亚、印度、斯里兰卡。

毛破布叶

Microcos stauntoniana G. Don, Gen. Hist. 1: 551 (1831).
海南；越南、老挝、缅甸、泰国、柬埔寨、马来西亚、印度尼西亚。

枣叶槿属 **Nayariophyton** T. K. Paul

枣叶槿

Nayariophyton zizyphifolium (Griff.) D. G. Long et A. G. Miller, Edinburgh J. Bot. 47 (3): 357 (1990).

Kydia zizyphifolia Griff., Itin. Pl. Khasyah Mts. 108 (1848); *Kydia jujubifolia* Griff., Not. Pl. Asiat. 4: 534 (1854); *Dicellostyles jujubifolia* (Griff.) Benth. in Benth. et Hook. f., Gen. Pl. 1: 207 (1862); *Nayariophyton jujubifolia* (Griff.) T. K. Paul., Bot. Jahrb. Syst. 110 (1): 43 (1988); *Dicellostyles zizyphifolia* (Griff.) Phuphat., Thai Forest Bull., Bot. 21: 124 (1994).

云南；泰国、不丹、印度。

轻木属 **Ochroma** Sw.

轻木（百色木）

☆**Ochroma lagopus** Sw., Prodr. (Swartz) 98 (1788).

Bombax pyramidale Cav. ex Lam., Encycl. 2: 552 (1788); *Ochroma bolivianum* Rowlee, J. Wash. Acad. Sci. 9: 166 (1919); *Ochroma concolor* Rowlee, J. Wash. Acad. Sci. 9: 161 (1919); *Ochroma peruvianum* I.M. Johnst., Contr. Gray Herb. 81: 95 (1928); *Ochroma pyramidale* (Cav. ex Lam.) Urb., Repert. Spec. Nov. Regni Veg. Beih. 5: 123 (1920); *Ochroma pyramidale* var. *concolor* (Rowlee) R.E. Schult., Bot. Mus. Leafl. 9 (9): 177 (1941); *Ochroma velutinum* Rowlee, J. Wash. Acad. Sci. 9 (6): 164 (1919).

云南、台湾；墨西哥、秘鲁、玻利维亚、印度群岛；原产于热带美洲。

瓜栗属 **Pachira** Aublet

瓜栗

Pachira aquatica AuBlume, Hist. Pl. Guiane 2: 726, pl. 291 (1775).

Carolinea princeps L. f., Suppl. Pl. 314 (1781); *Carolinea macrocarpa* Schltdl. et Cham., Linnaea 6: 423 (1831); *Pachira macrocarpa* (Schlechtendal et Chamisso) Walp., Repert. Bot. Syst. (Walpers) 1: 329 (1842); *Pachira longifolia* Hook., Bot. Mag. 76, t. 4549 (1850); *Bombax aquaticum* (Aublet) K. Schun., Nat. Pflanzenfam. 3 (6): 62 (1890); *Bombax insigne* var. *cambodiense* (Pierre) Prain, Rhodora, Nat. Pflanzenfam. 3 (6): 62 (1895).

云南、台湾、广东；原产于热带美洲，栽培并归化于世界热带。

平当树属 **Paradombeya** Stapf

平当树

●**Paradombeya sinensis** Dunn, Hooker's Icon. Pl. 28 (2), t. 2743 b (1902).

Paradombeya szechuenica Hu, Bull. Fan Mem. Inst. Biol. Bot. 7: 215 (1936); *Paradombeya rehderiana* Hu, Bull. Fan Mem.

Inst. Biol. Bot. 10: 145 (1940).

四川、云南。

午时花属 **Pentapetes** L.

午时花（夜落金钱）

☆**Pentapetes phoenicea** L., Sp. Pl. 2: 698 (1753).

四川、云南、广东、广西；日本、菲律宾、越南、缅甸、泰国、马来西亚、印度尼西亚、尼泊尔、印度、孟加拉国、斯里兰卡。

翅子树属 **Pterospermum** Schreb.

翻白叶树（半枫荷，异叶翅子木）

●**Pterospermum heterophyllum** Hance, J. Bot. 6 (64): 112 (1868).

Pterospermum acerifolium Willd., Sp. Pl. 3 (1): 729 (1800); *Pterospermum levinei* Merr., Philipp. J. Sci. 13 (3): 146 (1918); *Pterospermum diversifolium* Blume, Ill. Man. Chin. Trees Shrubs 796 (1937).

福建、广东、广西、海南。

景东翅子树

●**Pterospermum kingtungense** C. Y. Wu ex H. H. Hsue, Acta Phytotax. Sln. 15 (1): 81, pl. 1 (1977).

云南。

窄叶半枫荷（假木棉，翅子树）

Pterospermum lanceagfolium Roxb., Fl. Ind., ed. 1832 3: 163 (1832).

云南、广东、广西、海南；越南、缅甸、马来西亚、印度。

勐仑翅子树

●**Pterospermum menglunense** Hsue, Acta Phytotax. Sin. 15 (1): 81, pl. 3 (1977).

云南。

台湾翅子树

Pterospermum niveum Vidal, Revis. Pl. Vasc. Filip. 67 (1886).

Pterospermum formosanum Matsum., Bot. Mag. 15 (170): 53 (1901).

台湾；菲律宾。

变叶翅子树（怪叶翅子树）

●**Pterospermum proteus** Burkill, Bull. Misc. Inform. Kew (175-177): 137 (1901).

云南。

截裂翅子树

Pterospermum truncatolobatum Gagnep., Notul. Syst. (Paris) 1 (3): 84 (1909).

云南、广西；越南。

云南翅子树

●**Pterospermum yunnanense** Hsue, Acta Phytotax. Sin. 15 (1): 81, pl. 2 (1977).
云南。

翅苹婆属 **Pterygota** Schott et Endl.

翅苹婆（海南苹婆）

Pterygota alata (Roxb.) R. Br., Pterocymbium 2: 34 Jun. (1844).
Sterculia alata Roxb., Pl. Coromandel 3: 84, t. 287 (1820); *Pterygota roxburghii* Schott et Endl., Melet. Bot. 32 (1832).
云南、海南；菲律宾、越南、缅甸、泰国、马来西亚、不丹、印度、孟加拉国。

梭罗树属 **Reevesia** Lindley

保亭梭罗

●**Reevesia botingensis** H. H. Hsue, Acta Phytotax. Sin. 8 274 (1963).
海南。

台湾梭罗

●**Reevesia formosana** Sprague, Bull. Misc. Inform. Kew 325 (1914).
Reevesia taiwanensis Chun et H. H. Hsue, J. Arnold Arbor. 28 (3): 330 (1947).
台湾。

瑶山梭罗（九层皮）

●**Reevesia glaucophylla** H. H. Hsue, Acta Phytotax. Sin. 8 (3): 272 (1963).
湖南、贵州、广东、广西。

剑叶梭罗

●**Reevesia lancifolia** H. L. Li, J. Arnold Arbor. 25 (2): 208 (1944).
海南。

罗浮梭罗

●**Reevesia lofouensis** Chun et H. H. Hsue, J. Arnold Arbor. 28 329 (1947).
广东、海南。

长柄梭罗（硬壳果树，海南梭罗树）

●**Reevesia longipetiolata** Merr. et Chun, Sunyatsenia 2 (1): 40 (1934).
海南。

隆林梭罗

●**Reevesia lumlingensis** H. H. Hsue ex S. J. Xu, Acta Phytotax. Sin. 38 (6): 566, f. 1 (2000).
广西。

圆叶梭罗

●**Reevesia orbicularifolia** H. H. Hsue, Acta Phytotax. Sin. 15 (1): 81 (1977).
云南。

梭罗树（毛叶梭罗树，峨眉卫矛）

Reevesia pubescens Mast., Fl. Brit. Ind. 1 (2): 364 (1874).
湖南、四川、贵州、云南、广东、广西、海南；越南、老挝、缅甸、泰国、柬埔寨、不丹、印度。

梭罗树（原变种）

Reevesia pubescens var. **pubescens**
*Reevesia thyrsoidea*Lindl., Quart. J. Sci. Lit. Arts 2: 112 (1827); *Reevesia wallichii* R. Br. ex Mast., Fl. Brit. Ind. 1 (2): 364 (1874); *Reevesia cavaleriei* H. Lév. et Vaniot, Repert. Spec. Nov. Regni Veg. 4 (73-74): 330 (1907); *Eriolaena yunnanensis* W. W. Sm., Notes Roy. Bot. Gard. Edinburgh 8 (40): 336 (1915); *Reevesia sinica* E. H. Wilson, J. Arnold Arbor. 5 (4): 233 (1924); *Euonymus omeiensis* W. P. Fang., J. Sichuan Univ., Nat. Sci. Ed. 1: 38, pl. 3 (1955); *Reevesia membranacea* H. H. Hsue, Acta Phytotax. Sin. 8: 273 (1963); *Reevesia megaphylla* Hu, Econ. Pl. Yunnan. 189 (1972).
四川、贵州、云南、广西；老挝、缅甸、泰国、不丹、印度。

广西梭罗（油麻树）

●**Reevesia pubescens** var. **kwangsiensis** H. H. Hsue, Acta Phytotax. Sin. 15 (1): 82 (1977).
广西。

泰梭罗

Reevesia pubescens var. **siamensis** (Craib) J. Anthony, Notes Roy. Bot. Gard. Edinburgh 15 (72): 129 (1926).
Reevesia siamensis Craib, Bull. Misc. Inform. Kew (3): 90 (1924).
云南；缅甸、泰国。

雪峰山梭罗

●**Reevesia pubescens** var. **xuefengensis** C. J. Qi, Acta Phytotax. Sin. 22 (6): 493, pl. 1 (1984).
Reevesia xuefengensis (C. J. Qi) C. J. Qi, Bull. Bot. Res. 20 (1): 3 (2000).
湖南。

密花梭罗

●**Reevesia pycnantha** Ling, Acta Phytotax. Sin. 1 (2): 205, f. 3 (1951).
江西、福建。

粗齿梭罗（岭南梭罗树）

●**Reevesia rotundifolia** Chun, Sunyatsenia 1 (4): 269 (1934).
广东、广西。

红脉梭罗

●**Reevesia rubronervia** H. H. Hsue, Acta Phytotax. Sin. 13 (1): 108, pl. 12 (1975).
云南。

上思梭罗

●**Reevesia shangszeensis** H. H. Hsue, Acta Phytotax. Sin. 8: 274 (1963).

广西。

绒果梭罗

Reevesia tomentosa H. L. Li, J. Arnold Arbor. 24 (4): 446 (1943).

福建、广东、广西；缅甸。

胖大海属 Scaphium Schott et Endl.

红胖大海

☆**Scaphium hychnophorum** Schott et Endl., Fl. Forest. Cochineh. Fasc. 13, sub t. 193 (1889).

Sterculia lychnophora Hance, J. Bot. 14: 243 (1876).

栽培于云南；原产于马来半岛。

胖大海（圆粒苹婆）

●☆**Scaphium wallichii** (Wall. ex G. Don) Schott et Endl., Melet. Bot. 33 (1832).

Sterculia scaphigera Wall., Numer. List n. 1130 (1828) (Wall. ex G. Don, Gen. Hist. 1: 517 (1831).

广东、广西、海南。

黄花稔属 Sida L.

黄花稔（扫把麻，亚罕闷）

Sida acuta Burm. f., Fl. Ind. 147 (1768).

Sida carpinifolia L. f., Suppl. Pl. 307 (1782); *Sida lanceolata* Retz., Observ. Bot. 4: 28 (1786); *Sida scoparia* Lour., Fl. Cochinch. 2: 414 (1790); *Sida stauntoniana* DC., Prodr. 1: 460 (1824); *Malvastrum carpinifolium* (L. f.) A. Gray, Mém. Amer. Acad. Arts, n. s. 4 (1): 22 (1849); *Sida carpinifolia* var. *acuta* (Burm. f.) Kurz., J. Asiat. Soc. Bengal 45: 119 (1876); *Sida acuta* var. *carpinifolia* (L. f.) K. Schum., Fl. Bras. 12 (3): 326 (1891); *Sida acuta* subsp. *carpinifolia* (L. f.) Borss. Waalk., Index Filic. (1905); *Sida bodinieri* Gand., Bull. Soc. Bot. France 71 (5-6): 632 (1924); *Sida chanetii* Gand., Bull. Soc. Bot. France 71 (5-6): 627 (1924); *Sida acuta* var. *intermedia* S. Y. Hu, Fl. China, Fam. 153, Malvaceae 19 (1955).

云南、福建、台湾、广东、广西、海南；越南、老挝、泰国、柬埔寨、不丹、尼泊尔、印度。

桤叶黄花稔（小柴胡，地马桩，地膏药）

Sida alnifolia L., Sp. Pl. 2: 684 (1753).

江西、云南、福建、台湾、广东、广西、海南；越南、泰国、印度。

桤叶黄花稔（原变种）

Sida alnifolia var. **alnifolia**

Sida retusa L., Sp. Pl., ed. 2 2: 961 (1763); *Sida rhombifolia* var. *retusa* (L.) Mast. in Hook. f. (ed.), Fl. Brit. Ind. 1 (2): 324 (1874); *Sida rhombifolia* subsp. *retusa* (L.) Borss. Waalk. Blumea 14 (1): 198, f. 21 e-h (1966).

江西、云南、福建、台湾、广东、广西、海南；越南、泰国、印度。

小叶黄花稔（小叶小柴胡）

Sida alnifolia var. **microphylla** (Cav.) S. Y. Hu, Fl. China, Fam. 153, Malvaceae 22 (1955).

Sida microphylla Cav., Diss. 1; 22, pl. 12, f. 2 (1785); *Sida rhombifolia* var. *microphylla* (Cav.) Mast. in Hook. f. (eds.), Fl. Brit. Ind. 1 (2): 324 (1874); *Sida fallax* auct. non Walp., Merr. in Lingnan Sci. J. 5: 125 (1928).

云南、福建、广东、广西、海南；印度。

倒卵叶黄花稔（圆齿小柴胡）

Sida alnifolia var. **obovata** (Wall. ex Mast.) S. Y. Hu, Fl. China, Fam. 153, Malvaceae 22 (1955).

Sida obovata Wall., Numer. List, n. 1864 (1829); *Sida rhombifolia* var. *obovata* Wall. ex Mast. in Hook. f. (eds.) Fl. Brit. Ind. 1: 324 (1874).

云南、广东、广西、海南；印度。

圆叶黄花稔

●**Sida alnifolia** var. **orbiculata** S. Y. Hu, Fl. China, Fam. 153, Malvaceae 22, pl. 15, f. 6 (1955).

广东。

中华黄花稔

●**Sida chinensis** Retz., Observ. Bot. 4: 29 (1786).

云南、台湾、海南。

长梗黄花稔

Sida cordata (Burm. f.) Borss. Waalk., Blumea 14 (1): 182 (1966).

Melochia cordata Burm. f., Fl. Ind. 143 (1768); *Sida veronicifolia* Lam., Encycl. 1 (1): 5 (1783); *Sida multicaulis* Cav., Diss. 1: 10, pl. 1, f. 6 (1785); *Sida humilis* Cav., Diss. 5: 277, pl. 134, f. 2 (1788); *Sida veronicifolia* var. *humilis* (Cav.) K. Schum. in Martius (eds.), Fl. Bras. 12 (3): 320 (1891); *Sida humilis* var. *veronicifolia* (Lam.) Mast., Publ. Carnegie Inst. Wash. (1902); *Sida supina* auct non L'Hér.: Merr. et Chun, Sunyatsenia 5: 27 (1940); *Sida veronicifolia* var. *multicaulis* (Cav.) E. G. Baker., J. Sichuan Univ., Nat. Sci. Ed. (1955).

云南、福建、台湾、广东、广西、海南；菲律宾、泰国、印度、斯里兰卡、泛热带分布；原产地不详。

心叶黄花稔

Sida cordifolia L., Sp. Pl. 2: 684 (1753).

Sida rotundifolia Lam. ex Cav., Diss. 1: 19, pl. 3, f. 6 (1785); *Sida herbacea* Cav., Diss. 1: 19, t. 13, f. 1 (1785); *Sida holosericea* Willd. ex Spreng., Syst. Veg. 3: 112 (1826); *Sida hongkongensis* Gand., Bull. Soc. Bot. France 71: 629 (1924).

四川、云南、福建、台湾、广东、广西、海南；菲律宾、泰国、印度尼西亚、不丹、尼泊尔、印度、巴基斯坦、斯里兰卡、非洲、南美洲、泛热带。

湖南黄花稔

●**Sida cordifolioides** K. M. Feng, Acta Bot. Yunnan. 4 (1): 27 (1982).

湖南。

爪哇黄花稔

Sida javensis Cav., Diss. 1: 10, pl. 1, f. 5 (1785).

Sida veronicifolia var. *javensis* (Cav.) E. G. Baker., Proc. Amer. Acad. Arts (1846).

台湾；菲律宾、马来西亚、印度尼西亚、非洲。

黏毛黄花稔

Sida mysorensis Wight et Arn., Prodr. Fl. Ind. Orient. 1: 59 (1834).

Sida viscosa auct. non L.: Lour., Fl. Cochinch. 2: 413 (1790); *Sida glutinosa* Roxb., Fl. Ind., ed. 1832 3: 172 (1832); *Sida urticifolia* Wight et Arn., Prodr. Fl. Ind. Orient. 1: 59 (1834); *Sida wightiana* D. Dietr., Syn. Pl. 4: 845 (1847).

云南、台湾、广东、广西、海南；菲律宾、越南、老挝、泰国、柬埔寨、印度尼西亚、印度。

东方黄花稔

Sida orientalis Cav., Diss. 1: 21, pl. 12, f. 1 (1785).

Sida rhombifolia var. *rhomboides* (Roxb.) Mast. in Hook. f. (eds.) Fl. Brit. Ind. 1 (2): 324 (1874).

云南、台湾；印度。

五爿黄花稔

●**Sida quinquevalvacea** J. L. Liu, Acta Bot. Yunnan. 14 (3): 261, f. 1 (1992).

四川。

棒果黄花稔

Sida rhombifolia var. **corynocarpa** (Wall.) S. Y. Hu, Fl. China, Fam. 153, Malvaceae 20 (1955).

Sida corynocarpa Wall., Numer. List n. 1870 (1829).

海南；印度。

刺黄花稔

Sida spinosa L., Sp. Pl. 2: 683 (1753).

安徽、江苏、上海、浙江；日本。

榛叶黄花稔（亚拉满）

Sida subcordata Span., Linnaea 15: 172 (1841).

Sida corylifolia Wall. ex Masters, Numer. List n. 1865 (1829).

云南、广东、广西、海南；越南、老挝、缅甸、泰国、印度尼西亚、印度。

拔毒散（王不留行，小粘药）

●**Sida szechuensis** Matsuda, Bot. Mag. (Tokyo) 32: 165 (1918).

Sida alba Cav., Diss. 1: 22 (1785); *Sida rhomboidea* Roxb. ex Fleming, Asiat. Res. 11: 178 (1810); *Sida rhombifolia* var. *rhomboidea* (Roxb. ex Fleming) Mast. in Hook. f. (eds.), Fl. Brit. Ind. 1 (2): 324 (1874); *Malva rhombifolia* (Linn.) E. H. L. Krause, Deut. Fl. (Karsten), ed. 2 6: 238 (1910); *Sida insularis* Hatus., J. Jap. Bot. 35: 360 (1960); *Sida rhombifolia* subsp. *insularis* (Hatus.) Hatus., Fl. Ryukyus 846 (1976); *Sida rhombifolia* Masters., Kew Bull. 59: 237 (2004).

四川、贵州、云南、广西。

云南黄花稔

●**Sida yunnanensis** S. Y. Hu, Fl. China, Fam. 153, Malvaceae 16, t. 16-7 (1955).

Sida yunnanensis var. *xichangensis* J. L. Liu, Acta Bot. Yunnan. 14 (3): 262 (1992); *Sida yunnanensis* var. *longistyla* J. L. Liu, Acta Bot. Yunnan. 14 (3): 262 (1992); *Sida yunnanensis* var. *viridicaulis* J. L. Liu, Bull. Bot. Res., Harbin 13 (2): 120 (1993).

四川、贵州、云南、广东、广西。

苹婆属 Sterculia L.

短柄苹婆

●**Sterculia brevissima** H. H. Hsue ex Y. Tang, M. G. Gilbert et Dorr, Fl. China 12: 309 (2007).

Sterculia brevipetiolata Tsai et Mao, Acta Phytotax. Sin. 9 (2): 201, t. 25, f. 5 (1964).

云南。

台湾苹婆

Sterculia ceramica R. Br., Pterocymbium 233 (1844).

Sterculia richardiana Baill., Bull. Mens. Soc. Linn. Paris 1: 486 (1885); *Sterculia luzonica* Warb., Perk. Fragm. Fl. Philipp. 115 (1904).

台湾；菲律宾、马来西亚、马达加斯加。

樟叶苹婆

●**Sterculia cinnamomifolia** Tsai et Mao, Acta Phytotax. Sin. 9 (2): 200, t. 24, f. 3 (1964).

云南。

粉苹婆

●**Sterculia euosma** W. W. Sm., Notes Roy. Bot. Gard. Edinburgh 10 (46): 72 (1917).

贵州、云南、西藏、广西。

绿花苹婆

●**Sterculia gengmaensis** H. H. Hsue ex Y. Tang, M. G. Gilbert et Dorr, Fl. China 12: 308 (2007).

Sterculia viridiflora H. T. Tsai et Mao, Acta Phytotax. Sin. 9 (2): 201, t. 24, f. 4 (1964).

云南。

广西苹婆
- **Sterculia guangxiensis** S. J. Xu et P. T. Li, Acta Phytotax. Sin. 38 (6): 568, f. 2 (2000).
  广西。

海南苹婆（小苹婆）
- **Sterculia hainanensis** Merr. et Chun, Sunyatsenia 2 (3-4): 281, t. 61 (1935).
  广西、海南。

蒙自苹婆
Sterculia henryi Hemsl., Bull. Misc. Inform. Kew (4): 179 (1908).
云南；越南。

蒙自苹婆（原变种）
Sterculia henryi var. **henryi**
云南；越南。

大围山苹婆
- **Sterculia henryi** var. **cuneata** Chun et H. H. Hsue, J. Arnold Arbor. 28 (3): 329 (1947).
  云南。

膜萼苹婆
Sterculia hymenocalyx K. Schum., Bot. Jahrb. Syst. 24 (Beibl. 58): 18 (1897).
云南；越南。

凹脉苹婆
- **Sterculia impressinervis** Hsue, Acta Phytotax. Sin. 15 (1): 82, pl. 5 (1977).
  云南。

大叶苹婆
- **Sterculia kingtungensis** H. H. Hsue ex Y. Tang, M. G. Gilbert et Dorr, Fl. China 12: 306 (2007).
  Sterculia megaphylla Tsai et Mao, Acta Phytotax. Sin. 9 (2): 202, t. 25, f. 6 (1964) (*nom. illeg. hom.*).
  云南。

西蜀苹婆
Sterculia lanceifolia Roxb., Fl. Ind., ed. 1832 3: 150 (1832).
Sterculia ovalifolia Wall., Numer. List n. 1132 (1828) (*nom. nud.*); *Sterculia roxburghii* Wall., Pl. Asiat. Rar. 3: 39, t. 262 (1832).
四川、贵州、云南；印度、孟加拉国。

假苹婆（鸡冠木，赛苹婆）
Sterculia lanceolata Cav., Diss. 6, Sexta Diss. Bot. 6: 287, t. 143, f. 1 (1788).
Helicteres undulata Lour., Fl. Cochinch. 531 (1790); *Sterculia balansae* DC., Bull. Herb. Boissier ser. 2 (3): 369 (1908).
四川、贵州、云南、广东、广西；越南、老挝、缅甸、泰国。

小花苹婆
- **Sterculia micrantha** Chun et H. H. Hsue, J. Arnold Arbor. 28 (3): 328 (1947).
  云南。

苹婆（凤眼果，七姐果，罗望子）
☆**Sterculia monosperma** Vent., Jard. Malmaison 2, t. 91 (1805).
云南、福建、台湾、广东、广西、海南；越南、泰国、马来西亚、印度尼西亚、印度。

苹婆（原变种）
Sterculia monosperma var. **monosperma**
Sterculia nobilis Sm. in Ress, Cycl. 34: *Sterculia* no. 4 (1816).
云南、福建、台湾、广东、广西；印度尼西亚、马来西亚、泰国、越南。

野生苹婆
- **Sterculia monosperma** var. **subspontanea** (H. H. Hsue et S. J. Xu) Y. Tang, M. G. Gilbert et Dorr, Fl. China 12: 306 (2007).
  Sterculia nobilis var. *subspontanea* H. H. Hsue et S. J. Xu, J. S. China Agric. Coll. 8 (3): 3 (1987).
  广西。

家麻树（棉毛苹婆，九层皮，哥波）
☆**Sterculia pexa** Pierre, Fl. Forest. Cochinch. 12, t. 182 (1888).
Sterculia foetida L., Sp. Pl. 2: 1008 (1753); *Sterculia yunnanensis* Hu, Bull. Fan Mem. Inst. Biol. Bot. 8 (1): 43 (1937); *Sterculia pexa* var. *yunnanensis* (Hu) H. H. Hsue, Fl. Yunnan. 2: 141 (1979).
云南、广东、广西；菲律宾、越南、老挝、缅甸、泰国、柬埔寨、马来西亚、印度尼西亚、印度、斯里兰卡；原产于印度，栽培于热带非洲、澳大利亚北部、热带美洲。

屏边苹婆
- **Sterculia pinbienensis** Tsai et Mao, Acta Phytotax. Sin. 9 (2): 200, t. 23, f. 1-2 (1964).
  云南、广西。

基苹婆
Sterculia principis Gagnep., Notul. Syst. (Paris) 1 (3): 82 (1909).
Sterculia lanceolata var. *principis* (Gagnep.) Phengklai, Thai Forest Bull., Bot. 23: 99 (1995).
云南；老挝、缅甸、泰国。

河口苹婆
Sterculia scandens Hemsl., Bull. Misc. Inform. Kew (4): 179 (1908).
云南；越南。

思茅苹婆
- **Sterculia simaoensis** Y. Y. Qian, Acta Phytotax. Sin. 35 (1): 79, pl. 1 (1997).
  云南。

罗浮苹婆

●**Sterculia subnobilis** H. H. Hsue, Acta Phytotax. Sin. 15 (1): 82, pl. 6 (1977).
广东、广西。

信宜苹婆

●**Sterculia subracemosa** Chun et H. H. Hsue, J. Arnold Arbor. 28 (3): 328 (1947).
广东、广西。

北越苹婆

Sterculia tonkinensis Aug. DC., Bull. Herb. Boissier, sér. 2 3: 368 (1903).
云南；越南。

绒毛苹婆（白楠皮，楠皮树，色白告）

☆**Sterculia villosa** Roxb., Fl. Ind. 3: 153 (1832).
Sterculia ornata Wall. ex Kurz., J. Asiat. Soc. Bengal xlii 2: 228 (1873); *Sterculia armata* Masters, Fl. Brit. Ind. 1: 357 (1874); *Sterculia lantsangensis* Hu, Bull. Fan Mem. Inst. Biol. Bot. 8 (1): 42 (1937).
云南；缅甸、泰国、柬埔寨、不丹、尼泊尔、印度。

元江苹婆

●**Sterculia yuanjiangensis** H. H. Hsue et S. J. Xu, J. S. China Agric. Coll. 8 (3): 3 (1987).
云南。

可可属 Theobroma L.

可可

☆**Theobroma cacao** L., Sp. Pl. 2: 782 (1753).
云南、海南；原产于墨西哥东南部到亚马逊盆地，广泛栽培于世界热带。

桐棉属 Thespesia Sol. ex Corrêa

白脚桐棉（山棉花，白脚桐，肖槿）

Thespesia lampas (Cav.) Dalzell et A. Gibson, Bombay Fl. 19 (1861).
Hibiscus lampas Cav., Diss. 3: 154, pl. 56, f. 2 (1787); *Hibiscus callosus* Blume, Bijdr. Fl. Ned. Ind. 2: 67 (1825); *Thespesia macrophylla* Blume, Bijdr. Fl. Ned. Ind. 2: 73 (1825); *Paritium gangeticum* G. Don, Gen. Hist. 1: 485 (1831); *Azanza lampas* (Cav.) Alef., Botanische Zeitung. Berlin 19: 298 (1861); *Bupariti lampas* (Cav.) Rothm., Feddes Repert. Spec. Nov. Regni Veg. 53: 7 (1944).
云南、广东、广西、海南；菲律宾、越南、老挝、泰国、印度尼西亚、尼泊尔、印度、非洲。

桐棉（杨叶肖槿）

Thespesia populnea (Linn.) Solander ex Corrêa, Ann. Mus. Natl. Hist. Nat. 9: 290 (1807).
Hibiscus populneus L., Sp. Pl. 2: 694 (1753); *Malvaviscus populneus* (L.) Gaertn., Fruct. Sem. Pl. 2: 253 (1791);

Hibiscus populneoides Roxb., Fl. Ind. 3: 181 (1832); *Thespesia populneoides* (Roxb.) Kostel., Allg. Med.-Pharm. Fl. 5: 1861 (1836); *Bupariti populnea* (L.) Rothm., Feddes Repert. Spec. Nov. Regni Veg. 53: 6 (1944); *Thespesia howii* S. Y. Hu, Fl. China, Fam. 153, Malvaceae 70, t. 22-23, f. 3 (1955).
台湾、广东、海南；日本（冲绳）、琉球群岛、菲律宾、越南、泰国、柬埔寨、印度、斯里兰卡、非洲，广泛分布在热带。

椴树属 Tilia L.

紫椴（裂叶紫椴）

Tilia amurensis Rupr., Mém. Acad. Imp. Sci. Saint Pétersbourg., sér. 7 15 (2): 253 (1869).
黑龙江、吉林、辽宁；朝鲜、俄罗斯。

紫椴（原变种）

Tilia amurensis var. **amurensis**
Tilia amurensis var. *tricuspidata* Liou et Li, Ill. Man. Woody Pl. N.-E. China 565 (1955).
黑龙江、吉林、辽宁；朝鲜、俄罗斯。

毛紫椴

●**Tilia amurensis** var. **araneosa** C. Wang et S. D. Zhao, Bull. Bot. Res., Harbin 1 (4): 135, f. 1 (1981).
吉林。

小叶紫椴

Tilia amurensis var. **taquetii** (C. K. Schneid.) Liou et Li, Ill. Man. Woody Pl. N.-E. China 420 (1955).
Tilia taquetii C. K. Schneid., Repert. Spec. Nov. Regni Veg. 7 (143-146): 200 (1909); *Tilia koreana* Nakai, Bot. Mag. 27 (318): 130 (1913); *Tilia amurensis* subsp. *taquetii* (C. K. Schneider) Pigott, Edinburgh J. Bot. 59 (2): 245 (2002).
黑龙江、吉林、辽宁；朝鲜、俄罗斯。

美齿椴

●**Tilia callidonta** H. T. Chang, Acta Phytotax. Sin. 20 (2): 171 (1982).
云南。

华椴（亮绿叶椴，云南椴）

●**Tilia chinensis** Maxim., Trudy Imp. S.-Peterburgsk. Bot. Sada 11 (1): 83 (1889).
河南、陕西、甘肃、湖北、四川、云南、西藏。

华椴（原变种）

●**Tilia chinensis** var. **chinensis**
Tilia baroniana Diels, Bot. Jahrb. Syst. 29 (3-4): 468 (1900); *Tilia laetevirens* Rehder et E. H. Wilson, Pl. Wilson. 2: 369 (1916); *Tilia yunnanensis* Hu, Fan Mem. Inst. Biol. 10: 40 (1937).

多毛椴

●**Tilia chinensis** var. **intonsa** (E. H. Wilson) Y. C. Hsu et R.

Zhuge, J. South W. Forest. Coll. 11 (1): 3 (1991).

Tilia intonsa E. H. Wilson, Pl. Wilson. 2 (2): 365 (1915); *Tilia fulvosa* H. T. Chang, Acta Sci. Nat. Univ. Sunyatseni (2): 42 (1987).

四川。

秃华椴

●**Tilia chinensis** var. **investita** (V. Engl.) Rehder, J. Arnold Arbor. 12 (1): 75 (1931).

Tilia baroniana var. *investita* V. Engl., Monogr. Tilia 132 (1909); *Tilia investita* V. Engl., J. Arnold Arbor. 12: 75 (1931); *Tilia chinensis* var. *investita* (V. Engl.) Rehder, J. Arnold Arbor. 12 (1): 75 (1931).

陕西、湖北、四川、云南、西藏。

短毛椴

●**Tilia chingiana** Hu et W. C. Cheng, Contr. Biol. Lab. Sci. Soc. China, Bot. Ser. 10: 79 (1935).

Tilia tuan var. *breviradiata* Rehder, J. Arnold Arbor. 8 (3): 170 (1927); *Tilia orocryptica* Croizat, Sinensia 6: 661 (1935); *Tilia breviradiata* (Rehder) Hu et W. C. Cheng, Bull. Fan Mem. Inst. Biol. Bot. 6 (4): 174 (1935).

安徽、江苏、浙江、江西。

白毛椴

●**Tilia endochrysea** Hand.-Mazz., Sitzungsber. Kaiserl. Akad. Wiss., Math.-Naturwiss. Cl., Abt. 1 58. 2 (1876).

Tilia leptocarya var. *triloba* Rehder, J. Arnold Arbor. 8 (3): 172 (1927); *Tilia leptocarya* Rehder, J. Arnold Arbor. 8 (3): 171 (1927); *Tilia lepidota* Rehder, J. Arnold Arbor. 8 (3): 172 (1927); *Tilia hypoglauca* Rehder, J. Arnold Arbor. 8 (3): 172 (1927); *Tilia begoniifolia* Chun et H. D. Wong, Sunyatsenia 3 (1): 38, t. 4 (1935); *Tilia croizati*i Chun et H. D. Wong, Sunyatsenia 4: 197 (1940); *Tilia vitifolia* Hu et F. H. Chen, Acta Phytotax. Sin. 1 (2): 228 (1951); *Tilia scalenophylla* Ling, Acta Phytotax. Sin. 1 (2): 203, f. 2 (1951).

安徽、浙江、江西、湖南、福建、广东、广西。

毛糯米椴

●**Tilia henryana** Szyszyl., Hooker's Icon. Pl. 20 (3), pl. 1927 (1891).

河南、陕西、安徽、江苏、浙江、江西、湖南、湖北。

毛糯米椴（原变种）

●**Tilia henryana** var. **henryana**

河南、陕西、安徽、江苏、浙江、江西、湖北。

糯米椴

●**Tilia henryana** var. **subglabra** V. Engl., Monogr. Tilia 125 (1909).

安徽、江苏、浙江、江西。

华东椴

Tilia japonica (Miq.) Simonk., Math. Természettud. Közlem. 22: 326 (1888).

Tilia cordata var. *japonica* Miq., Ann. Mus. Bot. Lugduno-Batavi 3: 18 (1867); *Tilia eurosinica* Croizat, Sinensia 6: 661 (1935).

山东、安徽、江苏、浙江；日本。

胶东椴

●**Tilia jiaodongensis** S. B. Liang, Bull. Bot. Res., Harbin 5 (1): 145, pl. 1 (1985).

山东。

黔椴

●**Tilia kueichouensis** Hu, Acta Phytotax. Sin. 8 (3): 198 (1963).

Tilia nanchuanensis H. T. Chang, Acta Phytotax. Sin. 20 (2): 174 (1982).

四川、贵州、云南。

丽江椴

●**Tilia likiangensis** H. T. Chang, Acta Phytotax. Sin. 20 (2): 171 (1982).

云南。

糠椴（辽椴）

Tilia mandshurica Rupr. et Maxim., Bull. Cl. Phys.-Math. Acad. Imp. Sci. Saint-Pétersbourg 15: 124 (1856).

黑龙江、吉林、辽宁、内蒙古、河北、山东、江苏；日本、朝鲜、俄罗斯。

糠椴（原变种）

Tilia mandshurica var. **mandshurica**

Tilia pekingensis Rupr. ex Maxim., Prim. Fl. Amur. 46 (1859).

黑龙江、吉林、辽宁、内蒙古、河北、山东、江苏；日本、朝鲜、俄罗斯。

棱果辽椴

Tilia mandshurica var. **megaphylla** (Nakai) Liou et Li, Ill. Man. Woody Pl. N.-E. China 418 (1955).

Tilia megaphylla Nakai, Bot. Mag. (Tokyo) 27 (318): 130 (1913).

黑龙江；朝鲜。

卵果糠椴（卵果辽椴）

Tilia mandshurica var. **ovalis** (Nakai) Liou et Li, Ill. Man. Woody Pl. N.-E. China 565 (1955).

Tilia ovalis Nakai, Bot. Mag. 35 (409): 15 (1921).

吉林；日本。

瘤果糠椴（瘤果辽椴）

●**Tilia mandshurica** var. **tuberculata** Liou et Li, Ill. Man. Woody Pl. N.-E. China 565 (1955).

辽宁。

膜叶椴

●**Tilia membranacea** H. T. Chang, Acta Phytotax. Sin. 20 (2): 173 (1982).

江西、湖南。

南京椴

Tilia miqueliana Maxim., Bull. Acad. Imp. Sci. Saint-Pétersbourg 26 (3): 434 (1880).

Tilia kinashii H. Lév. et Vaniot, Bull. Soc. Bot. France 51: 422 (1904); *Tilia franchetiana* C. K. Schneid., Repert. Spec. Nov. Regni Veg. 7: 201 (1909); *Tilia kwangtungensis* Chun et H. D. Wong, Sunyatsenia 3 (1): 41, f. 8 (1935); *Tilia miqueliana var. longipes* P. L. Chiu, Bull. Bot. Res., Harbin 8 (4): 105 (1988).

安徽、江苏、浙江、江西、广东；日本。

帽峰椴

●**Tilia mofungensis** Chun et H. D. Wong, Sunyatsenia 3 (1): 40, t. 5 (1935).

江西、广东。

蒙椴（小叶椴，白皮椴，米椴）

●**Tilia mongolica** Maxim., Bull. Acad. Imp. Sci. Saint-Pétersbourg 26 (3): 433 (1880).

辽宁、内蒙古、河北、山西、河南。

大叶椴（大椴）

●**Tilia nobilis** Rehder et E. H. Wilson, Pl. Wilson. 2 (2): 363 (1915).

河南、四川、云南。

鄂椴（粉椴）

●**Tilia oliveri** Szyszyl., Hooker's Icon. Pl. 20 (2), pl. 1927 (1890).

Tilia pendula V. Engl. ex Schneid., Ill. Handb. Laubholzk. 2: 387 (1908).

陕西、甘肃、湖南、湖北、四川。

灰背椴

●**Tilia oliveri** var. **cinerascens** Rehder et E. H. Wilson, Pl. Wilson. 2 (2): 367 (1915).

Tilia populifolia H. T. Chang, Acta Phytotax. Sin. 20 (2): 174 (1982).

湖南、湖北、四川。

少脉椴（杏鬼椴）

●**Tilia paucicostata** Maxim., Trudy Imp. S.-Peterburgsk. Bot. Sada 11 (1): 82 (1890).

Tilia miqueliana var. *chinensisi* Diels, Bot. Jahrb. 36 (5, Beibl. 82): 75 (1905); *Tilia paucicostata* var. *firma* V. Engl., Ill. Handb. Laubholzk. 2: 371 (1909); *Tilia paucicostata* var. *tenuis* V. Engl. ex C. K. Schneid., Ill. Handb. Laubholzk. 2: 371 (1909).

河北、河南、陕西、甘肃、湖南、湖北、四川、云南。

红皮椴

●**Tilia paucicostata** var. **dictyoneura** (V. Engl. ex C. K. Schneid.) H. T. Chang et E. W. Miao, Fl. Reipubl. Popularis

Sin. 49 (1): 72, pl. 12, f. 6-7 (1890).

Tilia dictyoneura V. Engl. ex C. K. Schneid., Ill. Handb. Laubholzk. 2: 369, f. 250 h-k (1909).

河北、河南、陕西、甘肃、湖南。

毛少脉椴（少脉毛椴）

●**Tilia paucicostata** var. **yunnanensis** Diels, Notes Roy. Bot. Gard. Edinburgh 5: 285 (1912).

甘肃、四川、云南。

泰山椴

●**Tilia taishanensis** S. B. Liang, Bull. Bot. Res., Harbin 5 (1): 146, pl. 2 (1985).

山东。

椴树（峨眉椴，云山段，滇南椴，全缘椴，淡灰椴）

●**Tilia tuan** Szyszyl., Hooker's Icon. Pl. 20 (2), pl. 1926 (1890).

安徽、江苏、浙江、江西、湖南、湖北、四川、贵州、云南、广西。

椴树（原变种）

●**Tilia tuan** var. **tuan**

Tilia tuan var. *pruinosa* V. Engl., Repert. Spec. Nov. Regni Veg. 6: 26 (1909); *Tilia tuan* var. *cavaleriei* Engl. et H. Lév., Repert. Spec. Nov. Regni Veg. 6 (119-124): 266 (1909); *Tilia tuan* Szyszyl. f. *divaricata* V. Engl., Monogr. Tilia 124 (1909); *Tilia oblongifolia* Rehder, J. Arnold Arbor. 8 (3): 170 (1927); *Tilia obscura* Hand.-Mazz., Symb. Sin. 7 (3): 610, pl. 21, f. 3 (1933); *Tilia mesembrinos* Merr., J. Arnold Arbor. 19 (1): 52 (1938); *Tilia omeiensis* Fang, Icon. Pl. Omeiensium 2 (2): 196 (1946); *Tilia hupehensis* W. C. Cheng ex Hung T. Chang, Acta Phytotax. Sin. 20 (2): 173 (1982); *Tilia integerrima* H. T. Chang, Acta Phytotax. Sin. 20 (2): 172 (1982); *Tilia tristis* Chun ex H. T. Chang, Acta Phytotax. Sin. 20 (2): 172 (1982); *Tilia austro-yunnanica* H. T. Chang, Iconogr. Cormophyt. Sin. 2: 378 (1983); *Tilia angustibracteata* H. T. Chang, Acta Sci. Nat. Univ. Sunyatseni (2): 41 (1987); *Tilia gracilis* H. T. Chang, Acta Sci. Nat. Univ. Sunyatseni (2): 42 (1987).

江苏、浙江、江西、湖北、四川、贵州、云南、广西。

长苞椴

●**Tilia tuan** var. **chenmoui** (W. C. Cheng) Y. Tang, Fl. China. 12: 245 (2007).

Tilia chenmoui W. C. Cheng, Contr. Biol. Lab. Sci. Soc. China, Bot. Ser. 10: 170 (1936).

云南。

毛芽椴

●**Tilia tuan** var. **chinensis** (Szyszył.) Rehder et E. H. Wilson in Sargent, Pl. Wilson. 2 (2): 369 (1915).

Tilia miqueliana var. *chinensis* Szyszyl., Hooker's Icon. Pl. 20 (2), pl. 1927 (1890); *Tilia oblongifolia* var. *sangzhiensis* B. R. Liao et W. X. Wang, Acta Phytotax. Sin. 35 (2): 192 (1997).

江苏、浙江、湖南、湖北、四川、贵州。

刺蒴麻属 Triumfetta L.

单毛刺蒴麻（小刺蒴麻）
Triumfetta annua L., Mant. Pl. 1: 73 (1767).
Triumfetta suffruticosa Merr., Lingnan Sci. J. 15: 423 (1936).
浙江、江西、湖南、湖北、四川、贵州、云南、广东、广西；马来西亚、不丹、尼泊尔、印度、巴基斯坦、非洲。

毛刺蒴麻
Triumfetta cana Blume, Bijdr. Fl. Ned. Ind. 126 (1825).
Triumfetta tomentosa Bojer, Ann. Sci. Nat., Bot. sér. 2 20: 103 (1843); *Triumfetta tomentosa* var. *calvescens* Franch., Contr. U. S. Natl. Herb. (cf. Austrobaileya) (1886); *Triumfetta pseudocana* Sprague et Craib, Bull. Misc. Inform. Kew (1): 23 (1911).
四川、贵州、云南、西藏、福建、广东、广西、海南；越南、老挝、缅甸、泰国、柬埔寨、马来西亚、印度尼西亚、不丹、尼泊尔、印度、斯里兰卡、巴布亚新几内亚、热带澳大利亚、热带非洲。

粗齿刺蒴麻
Triumfetta grandidens Hance, J. Bot. 15 (179): 329 (1877).
广东、海南；越南、泰国、柬埔寨、马来西亚。

粗齿刺蒴麻（原变种）
Triumfetta grandidens var. **grandidens**
Triumfetta dunalis O. Kuntze, Revis. Gen. Pl. 85 (1891).
广东、海南；马来西亚、越南。

秃刺蒴麻
●**Triumfetta grandidens** var. **glabra** R. H. Miao ex H. T. Chang, Acta Phytotax. Sin. 20 (2): 178 (1982).
海南。

铺地刺蒴麻
Triumfetta procumbens G. Forst., Fl. Ins. Austr. 35 (1786).
中国南海群岛；日本、马来西亚、热带澳大利亚、太平洋岛屿西南部、印度洋岛屿。

刺蒴麻
Triumfetta rhomboidea Jacquem., Enum. Syst. Pl. 22 (1760).
Bartramia indica L., Sp. Pl. 1: 389 (1753); Triumfetta bartramia L., Syst. Nat. 2: 1044 (1759); Urena polyflora Lour., Fl. Cochinch. 417 (1790); Triumfetta angulata Lam., Encycl. 3 (2): 421 (1791); Triumfetta indica Lam., Encycl. 3 (2): 420 (1791); Triumfetta velutina Vahl, Symb. Bot. 3: 62 (1794).
云南、福建、台湾、广东、广西；遍布热带，模式标本采自西印度群岛。

菲岛刺蒴麻
Triumfetta semitriloba Jacquin, Enum. Syst. Pl. 22 (1760).
台湾；菲律宾、热带美洲。

梵天花属 Urena L.

地桃花（肖梵天花，野棉花，田芙蓉）
Urena lobata L., Sp. Pl. 2: 692 (1753).
安徽、江苏、浙江、江西、湖南、湖北、四川、贵州、云南、西藏、福建、台湾、广东、广西、海南；日本、越南、老挝、缅甸、泰国、柬埔寨、印度尼西亚、不丹、尼泊尔、印度、孟加拉国、泛热带。

地桃花（原变种）
Urena lobata var. **lobata**
Urena monopetala Lour., Fl. Cochinch. 2: 418 (1790); *Urena tomentosa* Blume, Bijdr. Fl. Ned. Ind. 2: 65 (1825); *Urena diversifolia* Schumach., Beskr. Guin. Pl. 4 (4): 82 (1829); *Urena lobata* var. *tomentosa* (Blume) Walp., Nova Acta Acad. Caes. Leop.-Carol. German. Nat. Cur. 19: 304 (1843).
安徽、江苏、浙江、江西、湖南、四川、贵州、云南、西藏、福建、台湾、广东、广西、海南；不丹、缅甸、柬埔寨、印度、日本、老挝、尼泊尔、泰国、越南、泛热带。

中华地桃花（糙脉梵天花）
●**Urena lobata** var. **chinensis** (Osbeck) S. Y. Hu, Fl. China, Fam. 153, Malvaceae 77 (1955).
Urena chinensis Osbeck, Dagb. Ostind. Resa 225 (1757).
安徽、江西、湖南、四川、云南、福建、广东。

粗叶地桃花（消风草，田芙蓉，千锤草）
Urena lobata var. **glauca** (Blume) Borss. Waalk., Blumea 14 (1): 144 (1966).
Urena lappago var. *glauca* Blume, Bijdr. Fl. Ned. Ind. 65 (1825); *Urena scabriuscula* DC., Prodr. 1: 441 (1824); *Urena lobata* var. *scabriuscula* (DC.) Walp., Nova Acta Acad. Caes. Leop.-Carol. German. Nat. Cur. 19: 304 (1843).
四川、贵州、云南、福建、广东；缅甸、马来西亚、印度尼西亚、印度、孟加拉国。

湖北地桃花
●**Urena lobata** var. **henryi** S. Y. Hu, Fl. China, Fam. 153, Malvaceae 75, pl. 18, f. 2 (1955).
湖北。

云南地桃花
●**Urena lobata** var. **yunnanensis** S. Y. Hu, Fl. China, Fam. 153, Malvaceae 77 (1955).
四川、贵州、云南、广西。

梵天花（虱麻头，小桃花，小叶田芙蓉）

●**Urena procumbens** L., Sp. Pl. 2: 692 (1753).
浙江、江西、湖南、福建、台湾、广东、广西、海南。

梵天花（原变种）

●**Urena procumbens** var. **procumbens**
Urena sinuata L., Sp. Pl. 2: 692 (1753); *Urena lobata* subsp.
sinuata (L.) Borss. Waalk., Blumea 14 (1): 142 (1966).
浙江、江西、湖南、福建、台湾、广东、广西、海南。

小叶梵天花（白野棉花）

●**Urena procumbens** var. **microphylla** K. M. Feng, Acta Bot.
Yunnan. 4 (1): 28 (1982).
浙江。

波叶梵天花

Urena repanda Roxb. ex Sm. in Rees, Cycl. 37: *Urena* no. 6
(1819).
Pavonia repanda (Roxb. ex Sm.) Spreng., Syst. Veg., ed. 16 3:
98 (1826); *Urena speciosa* Wall., Pl. Asiat. Rar. 1: 23, t. 26
(1830); *Malache repanda* (Roxb. ex Sm.) Kuntze, Revis. Gen.
Pl. 1: 71 (1891); *Abutilon esouirolii* H. Lév., Bull. Acad. Int.
Géogr. Bot. 23 (295-297): 252 (1914).
贵州、云南、广西；越南、老挝、泰国、柬埔寨、印度
北部。

蛇婆子属　Waltheria L.

蛇婆子（和他草）

Waltheria indica L., Sp. Pl. 2: 673 (1753).
Waltheria americana L., Sp. Pl. 2: 673 (1753); *Waltheria
americana* var. *indica* (L.) K. Schumann, Monogr. Afr.
Pflanzenf. und-gatt. 5: 47 (1900); *Waltheria makinoi* Hayata,
Enum. Pl. Formosa 61, t. 5 (1906); *Waltheria indica* var.
americana (L.) R. Brown ex Hosaka, Occas. Pap. Bernice
Pauahi Bishop Mus. 13: 224 (1937).
云南、福建、台湾、广东、广西、海南；广泛分布于世界
热带。

隔蒴苘属　Wissadula Medik.

隔蒴苘（维沙杜）

Wissadula periplocifolia (L.) C. Presl. ex Thwaites in
Thwaites, Enum. Pl. Zeyl. 27 (1858).
Sida periplocifolia L., Sp. Pl. 2: 684 (1753); *Wissadula
zeylanica* Medikus, Malvenfam. 25 (1787); *Wissadula rostrata*
var. *zeylanica* Medik., Malvac., Buttner., Tiliac. 25 (1822);
Sida periplocifolia var. *zeylanica* DC., Prodr. 1: 467 (1824);
Abutilon periplocifolium (L.) G. Don, Gen. Hist. 1: 500 (1831);
Wissadula rostrata (Schumach.) Planch. in Hook., Niger Fl.
229 (1849).
海南；老挝、泰国、柬埔寨、印度尼西亚、印度、斯里
兰卡。

162. 瑞香科　THYMELAEACEAE
[9 属：119 种]

沉香属　Aquilaria Lam.

土沉香（牙香树，香材，白木香）

●**Aquilaria sinensis** (Lour.) Spreng., Syst. Veg. 2: 356 (1825).
Ophispermum sinense Lour., Fl. Cochinch. 1: 281 (1790);
Aquilaria ophispermum Poir., Dict. Sci. Nat. 18: 161 (1820);
Aquilaria grandiflora Benth., Fl. Hongk. 297 (1861);
Agallochum sinense (Lour.) Kuntze, Revis. Gen. Pl. 583
(1891).
福建、广东、广西、海南。

云南沉香（外弦顺）

●**Aquilaria yunnanensis** S. C. Huang, Acta Bot. Yunnan. 7:
277 (1985).
云南。

瑞香属　Daphne L.

尖瓣瑞香

●**Daphne acutiloba** Rehder in Sargent, Pl. Wilson. 2: 539
(1916).
湖北、四川、云南。

阿尔泰瑞香

Daphne altaica Pallas, Fl. Ross. 1: 53 (1784).
Daphne fasciculiflora T. Z. Hsu, Guihaia 10 (4): 290 (1990);
Daphne altaica subsp. *fasciculiflora* (T. Z. Hsu) Halda, Acta
Mus. Richnov. Sect. Nat. 4 (2): 67 (1997).
新疆；蒙古国、俄罗斯。

狭瓣瑞香

Daphne angustiloba Rehder in Sargent, Pl. Wilson. 2: 547
(1916).
Wikstroemia angustiloba (Rehder) Domke, Notizbl. Bot. Gart.
Berlin-Dahlem 11: 363 (1932).
四川；缅甸。

台湾瑞香

●**Daphne arisanensis** Hayata, Icon. Pl. Formosan. 2: 126
(1912).
台湾。

橙黄瑞香（云南瑞香，黄花瑞香，橙花瑞香）

●**Daphne aurantiaca** Diels, Notes Roy. Bot. Gard. Edinburgh 5:
285 (1912).
Daphne calcicola W. W. Sm., Notes Roy. Bot. Gard.
Edinburgh 8 (38): 185 (1914); *Wikstroemia aurantiaca* (Diels)
Domke, Notizbl. Bot. Gart. Berlin-Dahlem 11 (105): 358
(1932); *Wikstroemia aurantiaca* var. *pulvinata* Domke, Notizbl.

Bot. Gart. Berlin-Dahlem 11 (105): 358 (1932); *Wikstroemia calcicola* (W. W. Sm.) Domke, Notizbl. Bot. Gart. Berlin-Dahlem 13: 387 (1936); *Daphne aurantiaca* var. *calcicola* (W. W. Sm.) Halda, Acta Mus. Richnov. Sect. Nat. 8 (1): 31 (2001).

四川、云南。

腋花瑞香（腋生瑞香）

●**Daphne axillaris** (Merr. et Chun) Chun et C. F. Wei, Acta Phytotax. Sin. 8: 264 (1963).

Wikstroemia axillaris Merr. et Chun, Sunyatsenia 5 (1-3): 139 (1940).

海南。

藏东瑞香

Daphne bholua Buch.-Ham. ex D. Don, Prodr. Fl. Nepal. 68 (1825).

Daphne cannabina var. *bholua* (Buch.-Ham. ex D. Don) Keissl., Bot. Jahrb. Syst. 25: 93 (1898).

云南、西藏；缅甸、不丹、尼泊尔、印度、孟加拉国。

落叶瑞香

Daphne bholua var. **glacialis** (W. W. Sm. et Cave) B. L. Burtt, Bull. Misc. Inform. Kew 438 (1936).

Daphne cannabina var. *glacialis* W. W. Sm. et Cave, Rec. Bot. Surv. India 6 (2): 52 (1913).

云南、西藏；尼泊尔、印度。

短管瑞香

●**Daphne brevituba** H. F. Zhou ex C. Y. Chang, Bull. Bot. Res., Harbin 5 (3): 101, f. 9 (1985).

云南。

长柱瑞香（野黄皮）

●**Daphne championii** Benth., Fl. Hongk. 296 (1861).

江苏、江西、湖南、贵州、福建、广东、广西、香港。

高山瑞香

●**Daphne chingshuishaniana** S. S. Ying, Coloured Illustr. Fl. Taiwan 3: 531 (1988).

台湾。

少花瑞香

●**Daphne depauperata** H. F. Zhou ex C. Y. Chang, Bull. Bot. Res., Harbin 5 (3): 92, f. 4 (1985).

云南。

峨眉瑞香

●**Daphne emeiensis** C. Y. Chang, Guihaia 6 (4): 267, f. 2 (1986).

Daphne bholua subsp. *emeiensis* (C. Y. Chang) Halda, Acta Mus. Richnov. Sect. Nat. 4 (2): 67 (1997).

四川。

啮蚀瓣瑞香

●**Daphne erosiloba** C. Y. Chang, Guihaia 6 (4): 265, f. 1 (1986).

四川。

穗花瑞香（白脉瑞香）

●**Daphne esquirolii** H. Lév., Bull. Acad. Int. Géogr. Bot. 25: 42 (1915).

Daphne leuconeura Rehder in Sargent, Pl. Wilson. 2 (3): 548 (1916); *Daphne leuconeura* var. *mairei* (Lecomte) H. Lév. et Rehder in Sargent, Pl. Wilson. 2 (3): 548 (1916); *Stellera mairei* Lecomte, Notul. Syst. (Paris) 3 (14): 210 (1916); *Wikstroemia leuconeura* (Rehder) Domke, Notizbl. Bot. Gart. Berlin-Dahlem 11 (105): 363 (1932); *Wikstroemia mairei* (Lecomte) Domke, Notizbl. Bot. Gart. Berlin-Dahlem 11 (105): 361 (1932).

四川、云南。

滇瑞香（岩陀，梦花皮，黄山皮桃）

●**Daphne feddei** H. Lév., Repert. Spec. Nov. Regni Veg. 9 (214-216): 326 (1911).

四川、贵州、云南。

滇瑞香（原变种）

●**Daphne feddei** var. **feddei**

Daphne martini H. Lév., Repert. Spec. Nov. Regni Veg. 10 (257-259): 369 (1912).

四川、贵州、云南。

大理瑞香

●**Daphne feddei** var. **taliensis** H. F. Zhou ex C. Y. Chang, Bull. Bot. Res., Harbin 5 (3): 99 (1985).

云南。

川西瑞香（川西荛花）

●**Daphne gemmata** E. Pritz. et Diels, Bot. Jahrb. Syst. 29 (3-4): 481 (1900).

Daphne ambigua Matsuda, Bot. Mag. (Tokyo) 23: 170 (1918); *Wikstroemia gemmata* (E. Pritz. et Diels) Domk, Notizbl. Bot. Gart. Berlin-Dahlem 11: 362 (1932).

四川、云南。

荛花（药鱼草，闹鱼花，头痛花）

Daphne genkwa Siebold et Zucc., Fl. Jap. (Siebold) 1 (15): 137, pl. 75 (1840).

Daphne fortunei Lindl., J. Hort. Soc. London 1: 147 (1846); *Daphne genkwa* var. *fortunei* (Lindl.) Franch., Nouv. Arch. Mus. Hist. Nat. sér. 2 7: 69 (1884); *Wikstroemia genkwa* (Siebold et Zucc.) Domke, Notizbl. Bot. Gart. Berlin-Dahlem 11: 363 (1932); *Daphne genkwa* f. *taitoensis* Hamaya, J. Jap. Bot. 30 (11): 329 (1955).

河北、山西、山东、河南、陕西、甘肃、安徽、江苏、浙江、江西、湖南、湖北、四川、贵州、福建、台湾；日本、朝鲜。

黄瑞香（祖师麻）

●**Daphne giraldii** Nitsche, Beit. Kenntn. Gatt. Daphne 7 (1907).
黑龙江、辽宁、陕西、甘肃、青海、新疆、四川。

小娃娃皮

●**Daphne gracilis** E. Pritz., Bot. Jahrb. Syst. 29 (3-4): 480 (1900).
Wikstroemia gracilis (E. Pritz.) Domke, Notizbl. Bot. Gart. Berlin-Dahlem 11 (105): 362 (1932); *Wikstroemia domkeana* H. L. Li, J. Arnold Arbor. 25 (3): 309 (1944).
重庆。

倒卵叶瑞香

●**Daphne grueningiana** H. Winkl., Repert. Spec. Nov. Regni Veg. Beih. 12: 443 (1922).
安徽、浙江。

河口瑞香

●**Daphne hekouensis** H. W. Li et Y. M. Shui, Ann. Bot. Fenn. 45: 296, f. 1 (2008).
云南。

丝毛瑞香

●**Daphne holosericea** (Diels) Hamaya, Acta Horti Gothob. 26: 85 (1963).
四川、云南、西藏。

丝毛瑞香（原变种）

●**Daphne holosericea** var. **holosericea**
Wikstroemia holosericea Diels, Notes Roy. Bot. Gard. Edinburgh 5 (25): 286 (1912).
四川、云南、西藏。

五出瑞香

●**Daphne holosericea** var. **thibetensis** (Lecomte) Hamaya, Acta Horti Gothob. 26: 87 (1963).
Pentathymelaea thibetensis Lecomte, Notul. Syst. (Paris) 3: 214 (1916); *Wikstroemia eriophylla* H. Winkl., Repert. Spec. Nov. Regni Veg. Beih. 12: 442 (1922); *Wikstroemia thibetensis* (Lecomte) Domke, Notizbl. Bot. Gart. Berlin-Dahlem 11: 362 (1932).
四川、云南、西藏。

缙云瑞香

●**Daphne jinyunensis** C. Y. Chang, Bull. Bot. Res., Harbin 5 (3): 94, f. 5 (1985).
Daphne papyracea subsp. *jinyunensis* (C. Y. Chang) Halda, Acta Mus. Richnov. Sect. Nat. 4 (2): 68 (1997).
重庆。

缙云瑞香（原变种）

●**Daphne jinyunensis** var. **jinyunensis**

毛柱瑞香（金腰带，朦花）

●**Daphne jinyunensis** var. **ptilostyla** C. Y. Chang, Bull. Bot. Res., Harbin 5 (3): 95 (1985).
Daphne papyracea var. *ptilostyla* (C. Y. Chang) Halda, Genus Daphne 79 (2001).
重庆。

金寨瑞香

●**Daphne jinzhaiensis** D. C. Zhang et J. Z. Shao, Bull. Bot. Res., Harbin 9 (3): 37 (1989).
Daphne genkwa subsp. *jinzhaiensis* (D. C. Zhang et J. Z. Shao) Halda., Acta Mus. Richnov. Sect. Nat. 4 (2): 67 (1997).
安徽。

毛瑞香（紫枝瑞香，贼腰带，大黄构）

●**Daphne kiusiana** var. **atrocaulis** (Rehder) F. Maek., J. Jap. Bot. 21 (1-2): 45 (1947).
Daphne odora var. *atrocaulis* Rehder in Sargent, Pl. Wilson. 2 (3): 545 (1916); *Daphne odora* var. *taiwaniana* Masam., Trans. Nat. Hist. Soc. Taiwan 28: 140 (1938); *Daphne taiwaniana* (Masam.) Masam., Trans. Nat. Hist. Soc. Taiwan 29 (191): 230 (1939).
安徽、江苏、浙江、江西、湖南、湖北、四川、福建、台湾、广东、广西。

翼柄瑞香

●**Daphne laciniata** Lecomte, Notul. Syst. (Paris) 3 (14): 215 (1916).
云南。

雷山瑞香

●**Daphne leishanensis** H. F. Zhou ex C. Y. Chang, Bull. Bot. Res., Harbin 5 (3): 90, f. 3 (1985).
Daphne genkwa subsp. *leishanensis* (H. F. Zhou ex C. Y. Chang) Halda, Acta Mus. Richnov. Sect. Nat. 4 (2): 67 (1997).
贵州。

铁牛皮

●**Daphne limprichtii** H. Winkl., Repert. Spec. Nov. Regni Veg. Beih. 12: 444 (1922).
甘肃、四川。

长瓣瑞香（山地瑞香）

●**Daphne longilobata** (Lecomte) Turrill, Bot. Mag. 172, t. 344 (1959).
Daphne altaica var. *longilobata* Lecomte, Notul. Syst. (Paris) 3 (14): 217 (1916).
四川、云南、西藏。

长管瑞香

●**Daphne longituba** C. Y. Chang, Bull. Bot. Res., Harbin 5 (3): 97, f. 7 (1985).

Daphne papyracea var. *longituba* (C. Y. Chang) Halda, Acta Mus. Richnov. Sect. Nat. 4 (2): 68 (1997).

广西。

大花瑞香
●**Daphne macrantha** Ludlow, Bull. Brit. Mus. (Nat. Hist.), Bot. 2 (3): 77, pl. 6, f. 10 (1956).

西藏。

瘦叶瑞香（瘦叶荛花）
●**Daphne modesta** Rehder in Sargent, Pl. Wilson. 2: 541 (1916).

Wikstroemia modesta (Rehder) Domke, Notizbl. Bot. Gart. Berlin-Dahlem 11: 363 (1932).

四川、云南。

玉山瑞香
●**Daphne morrisonensis** C. E. Chang, Fl. Taiwan, ed. 2 3: 773, pl. 387 (1993).

台湾。

乌饭瑞香
●**Daphne myrtilloides** Nitsche, Beit. Kenntn. Gatt. Daphne 29 (1907).

Farreria pretiosa Balf. f. et W. W. Sm. ex Farrer, J. Roy. Hort. Soc. 42: 74 (1916); *Wikstroemia myrtilloides* (Nitsche) Domke, Notizbl. Bot. Gart. Berlin-Dahlem 11: 363 (1932); *Wikstroemia pretiosa* (Balf. f. et W. W. Sm. ex Farrer) Domke, Notizbl. Bot. Gart. Berlin-Dahlem 11: 363 (1932).

山西、陕西、甘肃。

小荛花
●**Daphne nana** Tagawa, Acta Phytotax. Geobot. 5 (4) 265 (1936).

台湾。

瑞香（睡香，蓬莱花，千里香）
☆**Daphne odora** Thunb. in Murray, Syst. Veg., ed. 14 372 (1784).

Daphne triflora Lour., Fl. Cochinch. 1: 236 (1790); *Daphne japonica* Thunb., Mus. Nat. Acad. Upsal. 13: 106 (1792); *Daphne sinensis* Lam., Encycl. 3 (2): 438 (1792); *Daphne chinensis* Spreng., Syst. Veg. 2: 237 (1825); *Daphne × hybrida* Lindl., Bot. Reg. 14, pl. 1177 (1828); *Daphne odora* var. *marginata* Miq., Ann. Mus. Bot. Lugduno-Batavi 3 (5): 133 (1867); *Daphne speciosissima* Carrière, Rev. Hort. 300 (1867); *Daphne mazelii* Carrière, Rev. Hort. 44: 392 (1872); *Daphne odora* var. *alba* Hemsl., Garden (London) 14: 442 (1878); *Daphne odora* var. *mazelii* (Carrière) Hemsl., Garden (London) 14: 442 (1878); *Daphne kiusiana* var. *odora* (Thunb.) Makino, Bot. Mag. (Tokyo) 6 (60): 52 (1892); *Daphne odora* f. *marginata* Makino, Bot. Mag. (Tokyo) 23 (267): 69 (1909); *Daphne odora* var. *leucantha* Makino, Bot. Mag. (Tokyo) 23 (267): 70 (1909); *Daphne odora* var. *variegata* Bean, Trees et Shrubs Brit. Isles 1: 472 (1914); *Daphne odora* var. *rosacea* Makino, J. Jap. Bot. 5 (11): 46 (1928); *Daphne odora* f. *alba* (Hemsl.) H. Hara, Enum. Spermatophytarum Japon. 3: 232 (1954); *Daphne odora* f. *rosacea* (Makino) H. Hara, Enum. Spermatophytarum Japon. 3: 233 (1954).

中国南方广泛栽培；日本广泛栽培。

狄巢瑞香
●**Daphne ogisui** C. D. Brickell, B. Mathew et Yin Z. Wang, Plantsman, n. s. 13 (3): 165 (2014).

四川。

厚叶瑞香
●**Daphne pachyphylla** D. Fang, Acta Phytotax. Sin. 39 (6): 547, f. 1 (2001).

广西。

白瑞香（小构皮）
Daphne papyracea Wall. ex G. Don in Loudon, Hort. Brit. 156 (1830).

湖南、湖北、四川、贵州、云南、广东、广西；不丹、尼泊尔、印度、克什米尔。

白瑞香（原变种）
Daphne papyracea var. **papyracea**

Daphne cannabina Wall., Asiat. Res. 13: 385 (1820), non Lour. (1790); *Daphne papyracea* Wall. ex Steud., Nomencl. Bot., ed. 2 1: 483 (1840); *Daphne cavaleriei* H. Lév., Bull. Géogr. Bot. 25: 42 (1915); *Daphne mairei* H. Lév., Bull. Géogr. Bot. 25: 41 (1915).

湖南、湖北、四川、贵州、云南、广东、广西；印度、尼泊尔。

山辣子皮（小构皮，麻树皮）
●**Daphne papyracea** var. **crassiuscula** Rehder in Sargent, Pl. Wilson. 2 (3): 546 (1916).

四川、贵州、云南。

短柄白瑞香
●**Daphne papyracea** var. **duclouxii** Lecomte, Notul. Syst. (Paris) 3 (14): 216 (1916).

云南。

大白花瑞香
●**Daphne papyracea** var. **grandiflora** (Meisn. ex Diels) C. Y. Chang, Fl. Reipubl. Popularis Sin. 52 (1): 376 (1999).

Daphne papyracea f. *grandiflora* Meisn. ex Diels, Notes Roy. Bot. Gard. Edinburgh 7: 290 (1912).

云南。

长梗瑞香
●**Daphne pedunculata** H. F. Zhou ex C. Y. Chang, Bull. Bot. Res., Harbin 5 (3): 89, f. 2 (1985).

Daphne esquirolii subsp. *pedunculata* (H. F. Zhou ex C. Y. Chang) Halda, Acta Mus. Richnov. Sect. Nat. 4 (2): 68 (1997).
云南。

岷江瑞香

●**Daphne penicillata** Rehder in Sargent, Pl. Wilson. 2: 542 (1916).
Daphne flaviflora H. Winkl., Repert. Spec. Nov. Regni Veg. Beih. 12: 444 (1922); *Wikstroemia flaviflora* (H. Winkl.) Domke, Notizbl. Bot. Gart. Berlin-Dahlem 11: 363 (1932).
四川。

东北瑞香

Daphne pseudomezereum A. Gray, Mem. Amer. Acad. Arts, n. s. 6 (2): 404 (1859).
Daphne japonica Siebold et Zucc., Abh. Math.-Phys. Cl. Königl. Bayer. Akad. Wiss. 4 (3): 199 (1846).
吉林、辽宁；日本、朝鲜。

紫花瑞香

●**Daphne purpurascens** S. C. Huang, Acta Bot. Yunnan. 7 (3): 280, pl. 3 (1985).
Daphne longilobata subsp. *purpurascens* (S. C. Huang) Halda, Acta Mus. Richnov. 6 (3): 206 (1999).
西藏。

凹叶瑞香

Daphne retusa Hemsl., J. Linn. Soc., Bot. 29 (202): 318 (1892).
陕西、甘肃、青海、湖北、四川、云南、西藏；不丹、尼泊尔、印度（阿萨姆邦）、克什米尔。

喙果瑞香

●**Daphne rhynchocarpa** C. Y. Chang, Bull. Bot. Res., Harbin 5 (3): 87, f. 1 (1985).
Daphne axillaris subsp. *rhynchocarpa* (C. Y. Chang) Halda, Acta Mus. Richnov. Sect. Nat. 4 (2): 67 (1997).
云南。

华瑞香

Daphne rosmarinifolia Rehder in Sargent, Pl. Wilson. 2: 549 (1916).
Stellera chinensis Lecomte, Notul. Syst. (Paris) 3 (14): 213 (1916); *Stellera diffusa* Lecomte, Notul. Syst. (Paris) 3 (14): 213 (1916); *Wikstroemia diffusa* (Lecomte) Domke, Notizbl. Bot. Gart. Berlin-Dahlem 11: 362 (1932); *Wikstroemia lecomteana* Domke, Notizbl. Bot. Gart. Berlin-Dahlem 11: 362 (1932); *Wikstroemia rosmarinifolia* (Rehder) Domke, Notizbl. Bot. Gart. Berlin-Dahlem 11: 363 (1932); *Daphne clivicola* Hand.-Mazz., Symb. Sin. 7 (3): 588 (1933); *Wikstroemia clivicola* (Hand.-Mazz.) Domke, Notizbl. Bot. Gart. Berlin-Dahlem 13: 387 (1936).
甘肃、青海、四川、云南；缅甸。

头序瑞香

Daphne sureil W. W. Sm. et Cave, Rec. Bot. Surv. India 6 (2): 51, f. 2 (1913).
Daphne shillong S. C. Banerji, Bull. Misc. Inform. Kew (2): 75 (1927).
西藏；不丹、尼泊尔、印度、孟加拉国。

唐古特瑞香（甘肃瑞香，陕甘瑞香）

●**Daphne tangutica** Maxim., Bull. Acad. Imp. Sci. Saint-Pétersbourg 27: 531 (1881).
山西、陕西、甘肃、青海、四川、贵州、云南、西藏。

唐古特瑞香（原变种）

●**Daphne tangutica** var. **tangutica**
Daphne vaillantii Danguy, Notul. Syst. (Paris) Notul. Syst. (Paris) 2 (6): 166 (1912); *Daphne bodinieri* H. Lév., Bull. Géogr. Bot. 25: 42 (*1915*); *Daphne laciniata* var. *duclouxii* Lecomte, Notul. Syst. (Paris) 3 (14): 216 (1916); *Daphne szetschuanica* H. Winkl., Repert. Spec. Nov. Regni Veg. Beih. 12: 445 (1922).
山西、陕西、甘肃、青海、四川、贵州、云南、西藏。

野梦花

●**Daphne tangutica** var. **wilsonii** (Rehder) H. F. Zhou, Fl. Sichuan. 9: 272 (1989).
Daphne wilsonii Rehder in Sargent, Pl. Wilson. 2 (3): 540 (1916).
陕西、湖北、四川、重庆。

西藏瑞香

●**Daphne taylorii** Halda, Acta Mus. Richnov. Sect. Nat. 7 (1): 10 (2000).
西藏。

细花瑞香

●**Daphne tenuiflora** Bureau et Franch., J. Bot. (Morot) 5 (10): 151 (1891).
Stellera tenuiflora (Bureau et Franch.) Lecomte, Notul. Syst. (Paris) 3 (14): 209 (1916); *Wikstroemia tenuiflora* (Bureau et Franch.) Domke, Notizbl. Bot. Gart. Berlin-Dahlem 11: 362 (1932).
四川、云南。

细花瑞香（原变种）

●**Daphne tenuiflora** var. **tenuiflora**
四川、云南。

毛细花瑞香

●**Daphne tenuiflora** var. **legendrei** (Lecomte) Hamaya, Acta Horti Gothob. 26: 83 (1963).
Stellera tenuiflora var. *legendrei* Lecomte, Notul. Syst. (Paris) 3 (14): 209 (1916); *Wikstroemia tenuiflora* var. *legendrei* (Lecomte) Domke, Notizbl. Bot. Gart. Berlin-Dahlem 11: 362 (1932).
四川。

九龙瑞香

●**Daphne tripartita** H. F. Zhou ex C. Y. Chang, Guihaia 6 (4): 268, f. 3 (1986).

四川、云南。

少丝瑞香

●**Daphne wangiana** (Hamaya) Halda, Acta Mus. Richnov. Sect. Nat. 7 (1): 10 (2000).

Daphne holosericea var. *wangiana* Hamaya, Acta Horti Gothob. 26: 90 (1963).

西藏。

西畴瑞香

●**Daphne xichouensis** H. F. Zhou ex C. Y. Chang, Bull. Bot. Res., Harbin 5 (3): 99, f. 8 (1985).

Daphne papyracea var. *xichouensis* (H. F. Zhou ex C. Y. Chang) Halda, Acta Mus. Richnov. Sect. Nat. 7 (2): 42 (2000).

云南。

云南瑞香

●**Daphne yunnanensis** H. F. Zhou ex C. Y. Chang, Bull. Bot. Res., Harbin 5 (3): 96, f. 6 (1985).

Daphne papyracea subsp. *yunnanensis* (H. F. Zhou ex C. Y. Chang) Halda, Acta Mus. Richnov. Sect. Nat. 4 (2): 68 (1997).

云南。

草瑞香属 Diarthron Turcz.

阿尔泰假狼毒

Diarthron altaicum (Pers.) Kit Tan, Notes Roy. Bot. Gard. Edinburgh 40 (1): 219 (1982).

Stellera altaica Pers., Syn. Pl. 1: 436 (1805); *Passerina racemosa* Wikstr., Kongl. Vetensk. Acad. Handl. 320 (1818); *Wikstroemia altaica* (Pers.) Domke, Notizbl. Bot. Gart. Berlin-Dahlem 11: 362 (1932); *Stelleropsis altaica* (Pers.) Pobed. in Schischk. et Bobrov, Fl. U. R. S. S. 15: 504 (1949).

新疆；俄罗斯、亚洲中部。

草瑞香

Diarthron linifolium Turcz., Bull. Soc. Imp. Naturalistes Moscou 5: 204 (1832).

Thesium chanetii H. Lév., Repert. Spec. Nov. Regni Veg. 9: 446 (1911); *Thesium glabrum* Schindl., Bot. Jahrb. Syst. 46 (5, Beibl. 106): 57, in footnote (1912).

吉林、河北、山西、陕西、甘肃、新疆、江苏；蒙古国、俄罗斯。

天山假狼毒

Diarthron tianschanicum (Pobed.) Kit Tan, Notes Roy. Bot. Gard. Edinburgh 40 (1): 220 (1982).

Stelleropsis tianschanica Pobed., Bot. Mater. Gerb. Bot. Inst. Komarova Akad. Nauk S. S. S. R. 12: 153 (1950).

新疆；亚洲中部。

囊管草瑞香（短叶草瑞香）

Diarthron vesiculosum (Fisch. et C. A. Mey.) C. A. Mey., Bull. Cl. Phys.-Math. Acad. Imp. Sci. Saint-Pétersbourg 1: 359 (1843).

Passerina vesiculosa Fisch. et C. A. Mey., Bull. Soc. Imp. Naturalistes Moscou 12 (2): 170 (1839); *Diarthron carinatum* Jaub. et Spach, Ill. Pl. Orient. 2: 5, pl. 105 (1844).

新疆；印度西北部、巴基斯坦、阿富汗、哈萨克斯坦、俄罗斯（包括欧洲部分）、亚洲西南部。

结香属 Edgeworthia Meisn.

白结香

●**Edgeworthia albiflora** Nakai, J. Arnold Arbor. 52: 82 (1924).

四川。

结香（黄瑞香，雪花皮，山棉皮）

●**Edgeworthia chrysantha** Lindl., J. Hort. Soc. London 1: 148 (1846).

Magnolia tomentosa Thunb., Trans. Linn. Soc. London 2: 336 (1794); *Edgeworthia papyrifera* Siebold et Zucc., Abh. Math.-Phys. Cl. Königl. Bayer. Akad. Wiss. 4 (3): 199 (1846); *Edgeworthia tomentosa* (Thunb.) Nakai, Bot. Mag. (Tokyo) 33: 206 (1919).

河南、浙江、江西、湖南、贵州、云南、福建、广东、广西；栽培和归化于日本、美国。

西畴结香

●**Edgeworthia eriosolenoides** K. M. Feng et S. C. Huang, Acta Bot. Yunnan. 7 (3): 281, pl. 4 (1985).

云南。

滇结香（构皮树，长梗结香）

Edgeworthia gardneri Meisn., Denkschr. Königl.-Baier. Bot. Ges. Regensburg 3: 280, pl. 6 (1841).

Daphne gardneri Wall., Asiat. Res. 13: 388, pl. 9 (1820).

云南、西藏；缅甸、不丹、尼泊尔、印度。

毛花瑞香属 Eriosolena Blume

毛花瑞香（毛管花）

Eriosolena composita (L. f.) Tiegh., Bull. Soc. Bot. France 40: 68 (1893).

Scopolia composita L. f., Suppl. Pl. 409 (1781); *Daphne pendula* Sm., Pl. Icon. Ined. 2: 34, pl. 34 (1790); *Daphne involucrata* Wall., Asiat. Res. 13: 383, pl. 6 (1820); *Eriosolena montana* Blume, Bijdr. Fl. Ned. Ind. 651 (1826); *Eriosolena involucrata* (Wall.) Tiegh., Ann. Sci. Nat., Bot. sér. 7 1 7: 196 (1893); *Daphne composita* (L. f.) Gilg in Engl. et Prantl, Nat. Pflanzenfam. 3 (6 a): 238 (1894); *Eriosolena pendula* (Sm.) Blume ex Lecomte, Notul. Syst. (Paris) 3 (7): 101 (1915); *Eriosolena composita* var. *szemaoensis* Y. Y. Qian, Acta Bot. Yunnan. 7 (2): 136 (1985).

云南；越南、缅甸、泰国、柬埔寨、马来西亚、印度尼西亚、印度。

鼠皮树属　Rhamnoneuron Gilg

鼠皮树（粗皮树，剥皮树）

Rhamnoneuron balansae (Drake) Gilg in Engl. et Prantl, Nat. Pflanzenfam. 3 (6 a): 245 (1894).

Wikstroemia balansae Drake, J. Bot. (Morot) 3: 227 (1889); *Rhamnoneuron rubriflorum* C. Y. Wu ex S. C. Huang, Acta Bot. Yunnan. 7 (3): 278, pl. 2 (1985); *Daphne balansae* (Drake) Halda, Acta Mus. Richnov. Sect. Nat. 6 (3): 202 (1999).

云南；越南。

狼毒属　Stellera L.

狼毒（断肠草，拔萝卜，馒头花）

Stellera chamaejasme L., Sp. Pl. 1: 559 (1753).

Chamaejasme stelleriana Kuntze, Revis. Gen. Pl. 2: 584 (1891); *Stellera bodinieri* H. Lév., Repert. Spec. Nov. Regni Veg. 10: 369 (1912); *Stellera chamaejasme* f. *angustifolia* Diels, Notes Roy. Bot. Gard. Edinburgh 7 (32): 88 (1912); *Wikstroemia chamaejasme* (L.) Domke, Notizbl. Bot. Gart. Berlin-Dahlem 11: 362 (1932); *Stellera chamaejasme* f. *chrysantha* S. C. Huang, Acta Bot. Yunnan. 7 (3): 291 (1985).

黑龙江、吉林、辽宁、内蒙古、河北、山西、河南、陕西、宁夏、甘肃、青海、新疆、四川、云南、西藏；蒙古国、不丹、尼泊尔、俄罗斯。

欧瑞香属　Thymelaea Mill.

欧瑞香

Thymelaea passerina (L.) Coss. et Germ., Syn. Anal. Fl. Paris, ed. 2 360 (1859).

Stellera passerina L., Sp. Pl. 1: 559 (1753); *Thymelaea arvensis* Lam., Fl. Franc. (Lamarck) 3: 218 (1779); *Ligia passerina* (L.) Fasano, Atti Reale Accad. Sci. Napoli 245 (1788); *Stellera annua* Salisb., Prodr. Stirp. Chap. Allerton 282 (1796); *Passerina annua* Wikstr., Kongl. Vetensk. Acad. Handl. 320 (1818).

新疆；巴基斯坦西部、阿富汗、乌兹别克斯坦、土库曼斯坦、克什米尔、俄罗斯（东西伯利亚）、亚洲西南部、非洲北部，以及欧洲中部、东部和南部；归化于澳大利亚南部和北美洲。

荛花属　Wikstroemia Endl.

互生叶荛花（多花互生叶荛花）

●**Wikstroemia alternifolia** Batalin, Trudy Imp. S.-Peterburgsk. Bot. Sada 13 (7): 99 (1893).

Wikstroemia alternifolia var. *multiflora* Lecomte, Notul. Syst. (Paris) 3 (9): 130 (1915); *Daphne alternifolia* (Batalin) Halda, Acta Mus. Richnov. Sect. Nat. 6 (3): 202 (1999); *Daphne alternifolia* var. *multiflora* (Lecomte) Halda, Acta Mus. Richnov. Sect. Nat. 7 (1): 2 (2000).

甘肃、四川、云南。

岩杉树

●**Wikstroemia angustifolia** Hemsl., J. Linn. Soc., Bot. 26 (176): 396 (1891).

Daphne hemsleyi Halda, Acta Mus. Richnov. Sect. Nat. 6 (3): 204 (1999).

陕西、湖北、四川。

安徽荛花

●**Wikstroemia anhuiensis** D. C. Zhang et X. P. Zhang in Y. J. Jin, Fl. Anhui. 3: 646 (Fe. 1990).

Daphne anhuiensis (D. C. Zhang et X. P. Zhang) Halda, Acta Mus. Richnov. Sect. Nat. 8 (3): 114 (2001).

安徽。

白马山荛花

●**Wikstroemia baimashanensis** S. C. Huang, Acta Bot. Yunnan. 7: 286 (1985).

Daphne baimashanensis (S. C. Huang) Halda, Acta Mus. Richnov. Sect. Nat. 6 (3): 202 (1999).

云南。

荛花（灰白荛花，黄荛花）

Wikstroemia canescens Wall. ex Meisn., Denkschr. Königl.-Baier. Bot. Ges. Regensburg 3: 288 (1841).

Diplomorpha canescens (Wall. ex Meisn.) C. A. Mey., Bull. Cl. Phys.-Math. Acad. Imp. Sci. Saint-Pétersbourg 1: 357 (1843); *Wikstroemia inamoena* (Gardner) Meisn., Prodr. (DC.) 14 (2): 547 (1857).

西藏；日本、尼泊尔、印度、孟加拉国、巴基斯坦、阿富汗。

头序荛花（滑皮树，木兰条，赶山尖）

●**Wikstroemia capitata** Rehder in Sargent, Pl. Wilson. 2: 530 (1916).

Daphne capitata (Rehder) Halda, Acta Mus. Richnov. Sect. Nat. 6 (3): 203 (1999).

陕西、湖北、四川、贵州。

短总序荛花

●**Wikstroemia capitatoracemosa** S. C. Huang, Acta Bot. Yunnan. 7 (3): 287, pl. 9 (1985).

Daphne canescens subsp. *capitatoracemosa* (S. C. Huang) Halda, Acta Mus. Richnov. Sect. Nat. 6 (3): 203 (1999).

四川、云南、西藏。

河朔荛花（矮雁皮，羊厌厌，拐拐花）

●**Wikstroemia chamaedaphne** (Bunge) Meisn., Prodr. (DC.) 14 (2): 547 (1857).

Passerina chamaedaphne Bunge, Enum. Pl. Chin. Bor. 58 (1833); *Diplomorpha chamaedaphne* (Bunge) C. A. Mey., Bull. Cl. Phys.-Math. Acad. Imp. Sci. Saint-Pétersbourg 1: 358 (1843); *Daphne chamaedaphne* (Bunge) Halda, Acta Mus.

Richnov. Sect. Nat. 6 (3): 203 (1999).

河北、山西、河南、陕西、甘肃、江苏、湖北、四川。

窄叶荛花

●**Wikstroemia chui** Merr., Lingnan Sci. J. 9 (1-2): 41 (1930).

Daphne chui (Merr.) Halda, Acta Mus. Richnov. Sect. Nat. 6 (3): 203 (1999).

海南。

匙叶荛花

●**Wikstroemia cochlearifolia** S. C. Huang, Acta Bot. Yunnan. 7 (3): 290, pl. 11 (1985).

Daphne pampaninii subsp. *cochlearifolia* (S. C. Huang) Halda, Acta Mus. Richnov. Sect. Nat. 6 (3): 208 (1999).

四川。

澜沧荛花

●**Wikstroemia delavayi** Lecomte, Notul. Syst. (Paris) 3 (9): 129 (1915).

Wikstroemia mekongensis W. W. Sm., Notes Roy. Bot. Gard. Edinburgh 12 (59): 229 (1920); *Daphne delavayi* (Lecomte) Halda, Acta Mus. Richnov. Sect. Nat. 6 (3): 203 (1999); *Daphne scytophylla* subsp. *mekongensis* (W. W. Sm.) Halda, Acta Mus. Richnov. Sect. Nat. 6 (3): 209 (1999).

四川、云南。

一把香（长花荛花，土箭七）

●**Wikstroemia dolichantha** Diels, Notes Roy. Bot. Gard. Edinburgh 5 (25): 286 (1912).

Stellera circinata Lecomte, Notul. Syst. (Paris) 3 (14): 210 (1916); *Stellera circinata* var. *divaricata* Lecomte, Notul. Syst. (Paris) 3 (14): 210 (1916); *Wikstroemia effusa* Rehder in Sargent, Pl. Wilson. 2 (3): 538 (1916); *Wikstroemia circinata* (Lecomte) Domke, Notizbl. Bot. Gart. Berlin-Dahlem 11 (105): 361 (1932); *Wikstroemia circinata* var. *divaricata* (Lecomte) Domke, Notizbl. Bot. Gart. Berlin-Dahlem 11 (105): 361 (1932); *Wikstroemia dolichantha* var. *pubescens* Domke, Notizbl. Bot. Gart. Berlin-Dahlem 11 (105): 358 (1932); *Diplomorpha dolichantha* (Diels) Hamaya, Acta Horti Gothob. 26: 90 (1963); *Diplomorpha dolichantha* var. *effusa* (Rehder) Hamaya, Acta Horti Gothob. 26: 95 (1963); *Diplomorpha dolichantha* var. *pubescens* (Domke) Hamaya, Acta Horti Gothob. 26: 93 (1963); *Wikstroemia dolichantha* var. *effusa* (Rehder) C. Y. Chang, Fl. Sichuan. 9: 233 (1989); *Daphne dolichantha* (Diels) Halda, Acta Mus. Richnov. Sect. Nat. 6 (3): 203 (1999); *Daphne dolichantha* var. *effusa* (Rehder) Halda, Acta Mus. Richnov. Sect. Nat. 6 (3): 204 (1999).

四川、云南。

城口荛花

●**Wikstroemia fargesii** (Lecomte) Domke, Notizbl. Bot. Gart. Berlin-Dahlem 11 (105): 361 (1932).

Stellera fargesii Lecomte, Notul. Syst. (Paris) 3 (14): 211 (1916); *Daphne fargesii* (Lecomte) Halda, Acta Mus. Richnov.

Sect. Nat. 7 (1): 5 (2000).

重庆。

富民荛花

●**Wikstroemia fuminensis** Y. D. Qi et Yin Z. Wang, Novon 14 (3): 324, f. 1 (2004).

云南。

光叶荛花（紫被光叶荛花）

●**Wikstroemia glabra** W. C. Cheng, Contr. Biol. Lab. Sci. Soc. China, Bot. Ser. 6: 69 (1931).

Wikstroemia glabra var. *purpurea* W. C. Cheng, Contr. Biol. Lab. Sci. Soc. China, Bot. Ser. 9: 203 (1934); *Wikstroemia glabra* f. *purpurea* (W. C. Cheng) S. C. Huang, Acta Bot. Yunnan. 7 (3): 282 (1985); *Daphne glabra* (W. C. Cheng) Halda, Acta Mus. Richnov. Sect. Nat. 6 (3): 204 (1999); *Daphne glabra* f. *purpurea* (W. C. Cheng) Halda, Acta Mus. Richnov. Sect. Nat. 6 (3): 204 (1999).

安徽、浙江、四川。

纤细荛花

●**Wikstroemia gracilis** Hemsl., J. Linn. Soc., Bot. 26 (177): 397 (1894).

Daphne rehderi Halda, Genus Daphne 181 (2001).

湖北、四川。

龙池荛花（新拟）

●**Wikstroemia guanxianensis** Y. H. Zhang, H. Sun et Boufford, Rhodora 109 (940): 449, pl. 1 (2007).

四川。

海南荛花

●**Wikstroemia hainanensis** Merr., Lingnan Sci. J. 14 (1): 40 (1935).

Daphne hainanensis (Merr.) Halda, Acta Mus. Richnov. Sect. Nat. 6 (3): 204 (1999).

海南。

武都荛花

●**Wikstroemia haoi** Domke, Notizbl. Bot. Gart. Berlin-Dahlem 13 (118): 387 (1936).

Daphne haoi (Domke) Halda, Acta Mus. Richnov. Sect. Nat. 6 (3): 204 (1999).

甘肃、四川。

会东荛花

●**Wikstroemia huidongensis** C. Y. Chang, Bull. Bot. Res., Harbin 6 (4): 145, pl. 1 (1986).

Daphne huidongensis (C. Y. Chang) Halda, Acta Mus. Richnov. Sect. Nat. 6 (3): 205 (1999).

四川、云南。

了哥王（南岭荛花，地棉皮，黄皮子）

Wikstroemia indica (L.) C. A. Mey., Bull. Cl. Phys.-Math.

Acad. Imp. Sci. Saint-Pétersbourg 1: 357 (1843).

Daphne indica L., Sp. Pl. 1: 357 (1753); *Capura purpurata* L., Mant. Pl. 2: 225 (1771); *Daphne rotundifolia* L. f., Suppl. Pl. 223 (1781); *Daphne cannabina* Lour., Fl. Cochinch. 1: 236 (1790); *Daphne aquilaria* Blanco, Fl. Filip. 310 (1837); *Wikstroemia viridiflora* Wall. ex Meisn., Denkschr. Königl.-Baier. Bot. Ges. Regensburg 3: 286 (1841); *Wikstroemia forsteri* Decne., Ann. Sci. Nat., Bot. sér. 2 20: 50 (1843); *Wikstroemia ovalifolia* (Meisn.) Decne., Ann. Sci. Nat., Bot. sér. 2 20: 50 (1843); *Eriosolena viridiflora* Zoll. et Moritzi, Natuur-Geneesk. Arch. Ned.-Indie 1: 615 (1844); *Wikstroemia ovata* Fern.-Vill., Fl. Filip., ed. 3 4 (21 A): 182 (1880); *Wikstroemia indica* var. *viridiflora* (Wall. ex Meisn.) Hook. f., Fl. Brit. Ind. 5 (13): 195 (1886); *Wikstroemia valbrayi* H. Lév., Fl. Kouy-Tcheou 417 (1914-1915).

浙江、湖南、四川、贵州、云南、福建、台湾、广东、广西、海南；菲律宾、越南、缅甸、泰国、马来西亚、印度、斯里兰卡（引种）、毛里求斯、热带澳大利亚、太平洋岛屿东至斐济。

九龙荛花（新拟）

●**Wikstroemia jiulongensis** Y. H. Zhang, H. Sun et Boufford, Rhodora 109 (940): 451, pl. 2 (2007).
四川。

金丝桃荛花

●**Wikstroemia lamatsoensis** Hamaya, Acta Horti Gothob. 26: 96 (1963).
Wikstroemia androsaemifolia Hand.-Mazz., Anz. Akad. Wiss. Wien, Math.-Naturwiss. Kl. 60: 135 (1923); *Daphne lamatsoensis* (Hamaya) Halda, Acta Mus. Richnov. Sect. Nat. 6 (3): 205 (1999).
云南。

披针叶荛花

Wikstroemia lanceolata Merr., Publ. Bur. Sci. Gov. Lab. 29: 31 (1905).
Wikstroemia angustissima Merr., Philipp. J. Sci. 7 (2): 92 (1912); *Daphne lanceolata* (Merr.) Halda, Acta Mus. Richnov. Sect. Nat. 6 (3): 205 (1999).
台湾；菲律宾。

细叶荛花

●**Wikstroemia leptophylla** W. W. Sm., Notes Roy. Bot. Gard. Edinburgh 12 (59): 229 (1920).
中国西南部。

细叶荛花（原变种）

●**Wikstroemia leptophylla** var. **leptophylla**
Daphne leptophylla (W. W. Sm.) Halda, Acta Mus. Richnov. Sect. Nat. 6 (3): 205 (1999).
四川、云南。

黑紫荛花

●**Wikstroemia leptophylla** var. **atroviolacea** Hand.-Mazz.,
Anz. Akad. Wiss. Wien, Math.-Naturwiss. Kl. 60: 135 (1923).
Daphne leptophylla var. *atroviolacea* (Hand.-Mazz.) Halda, Acta Mus. Richnov. Sect. Nat. 6 (3): 205 (1999).
云南。

大叶荛花

●**Wikstroemia liangii** Merr. et Chun, Sunyatsenia 5 (1-3): 140, pl. 21, f. 17 (1940).
Daphne liangii (Merr. et Chun) Halda, Acta Mus. Richnov. Sect. Nat. 6 (3): 205 (1999).
海南。

丽江荛花（醉鱼草）

●**Wikstroemia lichiangensis** W. W. Sm., Notes Roy. Bot. Gard. Edinburgh 8 (37): 136 (1913).
Daphne lichiangensis (W. W. Sm.) Halda, Acta Mus. Richnov. Sect. Nat. 6 (3): 205 (1999).
四川、云南。

白腊叶荛花（羊眼子）

●**Wikstroemia ligustrina** Rehder in Sargent, Pl. Wilson. 2 (3): 531 (1916).
Daphne ligustrina (Rehder) Halda, Acta Mus. Richnov. Sect. Nat. 6 (3): 206 (1999).
河北、山西、陕西、四川、云南。

线叶荛花

●**Wikstroemia zhouana** (Halda) C. Shang et S. Liao, Novon 24 (4): 399 (2004).
Daphne zhouana Halda, Acta Mus. Richnov. Sect. Nat. 6 (3): 210 (1999); *Wikstroemia linearifolia* H. F. Zhou ex C. Y. Chang, Guihaia 6 (4): 270, f. 4 (1986), non Elmer (1910).
四川。

亚麻荛花

●**Wikstroemia linoides** Hemsl., J. Linn. Soc., Bot. 26 (177): 398 (1894).
Daphne linoides (Hemsl.) Halda, Acta Mus. Richnov. Sect. Nat. 6 (3): 206 (1999).
陕西、湖北、四川。

长锥序荛花

●**Wikstroemia longipaniculata** S. C. Huang, Acta Bot. Yunnan. 7 (3): 283, pl. 5 (1985).
Daphne micrantha subsp. *longipaniculata* (S. C. Huang) Halda, Acta Mus. Richnov. Sect. Nat. 6 (3): 206 (1999).
广西。

隆子荛花

●**Wikstroemia lungtzeensis** S. C. Huang, Acta Bot. Yunnan. 7 (3): 285, pl. 7 (1985).
Daphne baimashanensis subsp. *lungtzeensis* (S. C. Huang) Halda, Genus Daphne 191 (2001).
西藏。

小黄构（圆锥荛花，野棉皮，耗子皮）

●**Wikstroemia micrantha** Hemsl., J. Linn. Soc., Bot. 26 (177): 399 (1894).

Wikstroemia brevipaniculata Rehder in Sargent, Pl. Wilson. 2 (3): 532 (1916); *Wikstroemia ericifolia* Domke, Notizbl. Bot. Gart. Berlin-Dahlem 13: 386 (1936); *Wikstroemia paniculata* H. L. Li, J. Arnold Arbor. 24 (4): 448 (1943); *Wikstroemia micrantha* var. *paniculata* (H. L. Li) S. C. Huang, Acta Bot. Yunnan. 7 (3): 283 (1985); *Daphne brevipaniculata* (Rehder) Halda, Acta Mus. Richnov. Sect. Nat. 6 (3): 203 (1999); *Daphne micrantha* (Hemsl.) Halda, Acta Mus. Richnov. Sect. Nat. 6 (3): 206 (1999); *Daphne micrantha* subsp. *paniculata* (H. L. Li) Halda, Acta Mus. Richnov. Sect. Nat. 6 (3): 207 (1999).

陕西、甘肃、湖南、湖北、四川、贵州、云南、广东、广西。

北江荛花（黄皮子，地棉根，山谷皮）

●**Wikstroemia monnula** Hance, J. Bot. 16 (181): 13 (1878).

Wikstroemia stenantha Hemsl., J. Linn. Soc., Bot. 26 (177): 400 (1894); *Daphne monnula* (Hance) Halda, Acta Mus. Richnov. Sect. Nat. 6 (3): 207 (1999); *Daphne stenantha* (Hemsl.) Halda, Acta Mus. Richnov. Sect. Nat. 6 (3): 209 (1999).

安徽、浙江、湖南、贵州、广东、广西。

北江荛花（原变种）

●**Wikstroemia monnula** var. **monnula**

浙江、湖南、贵州、广东、广西。

休宁荛花

●**Wikstroemia monnula** var. **xiuningensis** D. C. Zhang et J. Z. Shao, Fl. Anhui. 3: 646 (Fe. 1990).

Daphne monnula var. *xiuningensis* (D. C. Zhang et J. Z. Shao) Halda, Acta Mus. Richnov. Sect. Nat. 6 (3): 207 (1999).

安徽。

独鳞荛花

●**Wikstroemia mononectaria** Hayata, Icon. Pl. Formosan. 5: 179, f. 63 (1915).

Daphne mononectaria (Hayata) Halda, Acta Mus. Richnov. Sect. Nat. 6 (3): 207 (1999).

台湾。

细轴荛花（野棉花，地棉麻，野发麻）

Wikstroemia nutans Champ. ex Benth., Hooker's J. Bot. Kew Gard. Misc. 5: 195 (1853).

Daphne nutans (Champ. ex Benth.) Halda, Acta Mus. Richnov. Sect. Nat. 6 (3): 207 (1999).

江西、湖南、福建、台湾、广东、广西、海南；越南。

短细轴荛花

●**Wikstroemia nutans** var. **brevior** Hand.-Mazz., Anz. Akad. Wiss. Wien, Math.-Naturwiss. Kl., Abt. 1 58: 92 (1921).

Daphne nutans var. *brevior* (Hand.-Mazz.) Halda, Acta Mus. Richnov. Sect. Nat. 6 (3): 207 (1999).

江西、湖南。

粗轴荛花

●**Wikstroemia pachyrachis** S. L. Tsai, Sunyatsenia 5 (2): 100 (1956).

Daphne pachyrachis (S. L. Tsai) Halda, Acta Mus. Richnov. Sect. Nat. 8 (1): 33 (2001).

广东、广西、海南。

鄂北荛花

●**Wikstroemia pampaninii** Rehder in Sargent, Pl. Wilson. 2 (3): 537 (1916).

Daphne pampaninii (Rehder) Halda, Acta Mus. Richnov. Sect. Nat. 6 (3): 208 (1999).

山西、河南、陕西、甘肃、湖北。

懋功荛花

●**Wikstroemia paxiana** H. Winkl., Repert. Spec. Nov. Regni Veg. Beih. 12: 442 (1922).

Daphne paxiana (H. Winkl.) Halda, Acta Mus. Richnov. Sect. Nat. 6 (3): 208 (1999).

四川。

多毛荛花

●**Wikstroemia pilosa** Cheng, Contr. Biol. Lab. Sci. Soc. China 8: 140 (1932).

Wikstroemia sericea Domke, Notizbl. Bot. Gart. Berlin-Dahlem 11 (105): 356, 358 (1932); *Wikstroemia kulingensis* Domke, Notizbl. Bot. Gart. Berlin-Dahlem 13: 388 (1936); *Wikstroemia pilosa* var. *kulingensis* (Domke) S. C. Huang, Acta Bot. Yunnan. 7 (3): 291 (1985); *Daphne kulingensis* (Domke) Halda, Genus Daphne 167 (2001).

安徽、江西、湖南、广东。

甘肃荛花

●**Wikstroemia reginaldi-farreri** (Halda) Yin Z. Wang et M. G. Gilbert, Fl. China 13: 223 (2007).

Daphne reginaldi-farreri Halda, Acta Mus. Richnov. Sect. Nat. 8 (3): 115 (2001).

甘肃。

倒卵叶荛花

Wikstroemia retusa A. Gray, J. Bot. 3: 303 (1865).

Wikstroemia obovata Hemsl., J. Linn. Soc., Bot. 26 (177): 400 (1894); *Daphne grayana* Halda, Acta Mus. Richnov. Sect. Nat. 6 (3): 204 (1999).

台湾；日本、菲律宾。

柳状荛花

●**Wikstroemia salicina** (H. Lév.) H. Lév. et Blin. in Sargent, Pl. Wilson. 2 (3): 535 (1916).

Daphne salicina H. Lév., Bull. Acad. Int. Géogr. Bot. 25: 42 (1915).

云南。

革叶荛花（小构树）

● **Wikstroemia scytophylla** Diels, Notes Roy. Bot. Gard. Edinburgh 5 (25): 286 (1912).
Daphne scytophylla (Diels) Halda, Acta Mus. Richnov. Sect. Nat. 6 (3): 209 (1999).
四川、云南、西藏。

小花荛花

● **Wikstroemia sinoparviflora** Yin Z. Wang et M. G. Gilbert, Fl. China 13: 224 (2007).
Wikstroemia parviflora S. C. Huang, Acta Bot. Yunnan. 7 (3): 289, pl. 10 (1985); *Daphne parviflora* (S. C. Huang) Halda, Acta Mus. Richnov. Sect. Nat. 6 (3): 208 (1999).
甘肃。

轮叶荛花（窄叶荛花，紫阳荛花，岩杉树）

● **Wikstroemia stenophylla** E. Pritz. ex Diels, Bot. Jahrb. Syst. 29 (3-4): 480 (1900).
Wikstroemia rosmarinifolia H. Winkl., Repert. Spec. Nov. Regni Veg. Beih. 12: 441 (1922); *Wikstroemia stenophylla* var. *ziyangensis* C. Y. Yu, Fl. Tsinling. 1 (3): 330, f. 288 (1981); *Daphne stenophylla* (E. Pritz.) Halda, Acta Mus. Richnov. Sect. Nat. 6 (3): 209 (1999); *Daphne stenophylla* var. *ziyangensis* (C. Y. Yu) Halda, Acta Mus. Richnov. Sect. Nat. 6 (3): 209 (1999).
四川。

亚环鳞荛花

● **Wikstroemia subcyclolepidota** L. P. Liu et Y. S. Lian, Acta Phytotax. Sin. 34 (4): 440, pl. 1 (1996).
Daphne pampaninii subsp. *subcyclolepidota* (L. P. Liu et Y. S. Lian) Halda, Acta Mus. Richnov. Sect. Nat. 6 (3): 208 (1999).
甘肃。

台湾荛花

● **Wikstroemia taiwanensis** C. E. Chang, Bull. Taiwan Prov. Pingtung Inst. Agric. 19: 18 (1977).
Daphne taiwanensis (C. E. Chang) Halda, Acta Mus. Richnov. Sect. Nat. 6 (3): 209 (1999).
台湾。

德钦荛花

● **Wikstroemia techinensis** S. C. Huang, Acta Bot. Yunnan. 7 (3): 284, pl. 6 (1985).
Daphne rehderi subsp. *techinensis* (S. C. Huang) Halda, Genus Daphne 182 (2001).
云南。

白花荛花

Wikstroemia trichotoma (Thunb.) Makino, Bot. Mag. (Tokyo) 11: 71 (1897).
安徽、浙江、江西、湖南、广东、广西；日本、朝鲜南部。

白花荛花（原变种）

Wikstroemia trichotoma var. **trichotoma**
Queria trichotoma Thunb., Trans. Linn. Soc. London 2: 329

(1794); *Passerina japonica* Siebold et Zucc., Abh. Math.-Phys. Cl. Königl. Bayer. Akad. Wiss. 4 (3): 200 (1846); *Diplomorpha japonica* (Siebold et Zucc.) Endl., Gen. Pl. 4 (2): 66 (1847); *Stellera japonica* (Siebold et Zucc.) Meisn., Prodr. 14 (2): 550 (1857); *Wikstroemia japonica* (Siebold et Zucc.) Miq., Ann. Mus. Bot. Lugduno-Batavi 3 (5): 134 (1867); *Wikstroemia ellipsocarpa* Maxim., Diagn. Pl. Nov. Asiat. 8: 4 (1893); *Wikstroemia alba* Hand.-Mazz., Anz. Akad. Wiss. Wien, Math.-Naturwiss. Kl. 58: 180 (1921); *Diplomorpha trichotoma* (Thunb.) Nakai, Fl. Sylv. Kor. 17: 39 (1928); *Diplomorpha ellipsocarpa* (Maxim.) Nakai, J. Jap. Bot. 13 (12): 881 (1937); *Diplomorpha trichotoma* f. *pilosa* Hamaya, J. Jap. Bot. 30 (10): 331 (1955); *Diplomorpha dolichantha* var. *pilosa* (W. C. Cheng) Hamaya, Acta Horti Gothob. 26: 94 (1963); *Daphne alba* (Hand.-Mazz.) Halda, Acta Mus. Richnov. Sect. Nat. 6 (3): 202 (1999); *Daphne trichotoma* (Thunb.) Halda, Acta Mus. Richnov. Sect. Nat. 6 (3): 210 (1999).
安徽、浙江、江西、湖南、广东；日本、韩国。

黄药白花荛花

● **Wikstroemia trichotoma** var. **flavianthera** S. Y. Liu, Acta Phytotax. Sin. 42 (3): 265, f. 1 (2004).
广西。

平伐荛花

● **Wikstroemia vaccinium** (H. Lév.) Rehder, J. Arnold Arbor. 15 (2): 103 (1934).
Lonicera vaccinium H. Lév., Fl. Kouy-Tcheou 64 (1915); *Daphne monnula* var. *vaccinium* (H. Lév.) Halda, Acta Mus. Richnov. Sect. Nat. 6 (3): 207 (1999); *Daphne vaccinium* (H. Lév.) Halda, Acta Mus. Richnov. Sect. Nat. 7 (1): 10 (2000).
贵州。

163. 红木科 BIXACEAE
[1 属：1 种]

红木属 Bixa L.

红木（胭脂木）

☆ **Bixa orellana** L., Sp. Pl. 1: 512 (1753).
云南、台湾、广东；热带美洲。

164. 半日花科 CISTACEAE
[1 属：2 种]

半日花属 Helianthemum Mill.

鄂尔多斯半日花

● **Helianthemum ordosicum** Y. Z. Zhao, Z. Y. Zhu et R. Cao, Acta Phytotax. Sin. 38 (3): 294, pl. 1 (2000).
内蒙古。

半日花

Helianthemum songaricum Schrenk ex Fisch. et C. A. Mey., Enum. Pl. Nov. 1: 94 (1841).
甘肃、新疆；哈萨克斯坦。

165. 龙脑香科 DIPTEROCARPACEAE [5 属：14 种]

龙脑香属 **Dipterocarpus** C. F. Gaertn.

纤细龙脑香

Dipterocarpus gracilis Blume, Fl. Javae 2: 22, t. 5 (1828).
Dipterocarpus pilosus Roxb., Fl. Ind. (Roxb.) 2: 615 (1832); *Dipterocarpus skinneri* King, Bull. Jard. Bot. Buitenzorg. 8: 294 (1927).
云南西部；越南、老挝、缅甸、泰国、马来西亚、印度尼西亚、印度。

东京龙脑香

Dipterocarpus retusus Blume, Catalogus 77 (1823).
云南、西藏；越南、老挝、缅甸、泰国、马来西亚、印度尼西亚、印度。

东京龙脑香（原变种）

Dipterocarpus retusus var. **retusus**
Dipterocarpus trinervis Blume, Catalogus 78 (1823); *Dipterocarpus spanoghei* Blume, Fl. Javae 7-8: 16 (1829); *Dipterocarpus pubescens* Koord. et Valeton, Bull. Inst. Bot. Buitenzorg 2: 2 (1899); *Dipterocarpus tonkinensis* A. Chev., Bull. Écon. Indochine 20: 789 (1918); *Dipterocarpus mannii* King ex Kanjilal, P. C. Kanjilal et Das, Fl. Assam 1 (1): 133 (1934); *Dipterocarpus occidentoyunnanensis* Y. K. Yang et G. K. Wu, Chin. Wild Pl. Resources 21 (5): 3 (2002); *Dipterocarpus retusus* subsp. *tonkinensis* (A. Chev.) Y. K. Yang et J. K. Wu, Chin. Wild Pl. Resources 21 (5): 4 (2002); *Dipterocarpus retusus* var. *yingjiangensis* Y. K. Yang et G. K. Wu, Chin. Wild Pl. Resources 21 (5): 4 (2002).
云南、西藏；印度、印度尼西亚、老挝、缅甸、泰国、越南。

多毛东京龙脑香

Dipterocarpus retusus var. **macrocarpus** (Vesque) P. S. Ashton, Fl. China 13: 49 (2007).
Dipterocarpus macrocarpus Vesque, Compt. Rend. Hebd. Séances Acad. Sci. 78: 627 (1874); *Dipterocarpus austroyunnanicus* Y. K. Yang et J. K. Wu, Chin. Wild Pl. Resources 21 (5): 5 (2002); *Dipterocarpus luchunensis* Y. K. Yang et J. K. Wu, Chin. Wild Pl. Resources 21 (5): 7 (2002); *Dipterocarpus retusus* subsp. *macrocarpus* (Vesque) Y. K. Yang et J. K. Wu, Chin. Wild Pl. Resources 21 (5): 5 (2002).
云南、西藏；越南、老挝、缅甸、泰国、马来西亚、印度尼西亚、印度。

羯布罗香（油树，戈理曼养）

☆**Dipterocarpus turbinatus** C. F. Gaertn., Fruct. Sem. Pl. Suppl. Carp. 3: 51, pl. 188 (1805).
Dipterocarpus laevis Buch.-Ham., Mem. Wern. Nat. Hist. Soc. 6: 299 (1829); *Dipterocarpus jourdainii* Pierre, Pl. Util. Col. Franc.

298 (1886); *Dipterocarpus turbinatus* var. *ramipiliferus* Y. K. Yang et J. K. Wu, Chin. Wild Pl. Resources 21 (5): 6 (2002).
云南；缅甸、泰国、柬埔寨、印度、孟加拉国。

坡垒属 **Hopea** Roxb.

狭叶坡垒（万年木，万铃树，毽树）

Hopea chinensis (Merr.) Hand.-Mazz., Sinensia 2 (10): 131 (1932).
Shorea chinensis Merr., Philipp. J. Sci. 21 (5): 503 (1922); *Hopea mollissima* C. Y. Wu, Acta Phytotax. Sin. 6 (2): 244, pl. 48, f. 9 (1957); *Hopea jianshu* Y. K. Yang, Acta Phytotax. Sin. 19 (2): 253, pl. 1 (1981); *Hopea daweishanica* Y. K. Yang et G. K. Wu, Chin. Wild Pl. Resources. 21 (4): 1 (2002); *Hopea guanxiensis* Y. K. Yang et G. K. Wu, Chin. Wild Pl. Resources 21 (4): 4 (2002); *Hopea boreovietnamica* Y. K. Yang et G. K. Wu, Chin. Wild Pl. Resources 21 (4): 6 (2002); *Hopea pingbianica* Y. K. Yang et J. K. Wu, Chin. Wild Pl. Resources 21 (4): 5 (2002); *Hopea austroyunnanica* Y. K. Yang et G. K. Wu, Chin. Wild Pl. Resources 21 (4): 2 (Tropicos 为 3-4) (2002); *Hopea yunnanensis* Y. K. Yang et J. K. Wu, Chin. Wild Pl. Resources 21 (4): 2 (2002); *Hopea chinensis* subsp. *hongayensis* Y. K. Yang et J. K. Wu , Chin. Wild Pl. Resources 21 (4): 4 (2002).
云南、广西；越南。

坡垒

Hopea hainanensis Merr. et Chun, Sunyatsenia 5 (1-3): 134, f. 15 (1940).
海南；越南。

河内坡垒

Hopea hongayensis Tardieu, Suppl. Fl. Gén. Indo-Chine 1: 346 (1943).
云南；越南。

铁凌

Hopea reticulata Tardieu, Notul. Syst. (Paris) 10: 123 (1942).
Hopea exalata W. T. Lin et al., Acta Phytotax. Sin. 16 (3): 87 (1978); *Hopea reticulata* subsp. *exalata* (W. T. Lin, Y. Y. Yang et Q. S. Hsue) Y. K. Yang et J. K. Wu., Chin. Wild Pl. Resources 21 (4): 5 (2002).
海南；越南。

西藏坡垒

●**Hopea shingkeng** (Dunn) Bor, Indian Forest Rec., Bot. 2: 227 (1941).
Vatica shingkeng Dunn, Bull. Misc. Inform. Kew 1920: 108 (1920).
西藏。

柳安属 **Parashorea** Kurz.

望天树（埋甘壮，硬多波，五多阿朴）

Parashorea chinensis H. Wang, Acta Phytotax. Sin. 15 (2): 11, pl. 1 (1977).

Shorea chinensis (H. Wang) H. Zhu, Acta Bot. Yunnan. 14 (1): 22 (1992); *Parashorea chinensis* var. *kwangsiensis* Lin Chi, Acta Phytotax. Sin. 15 (2): 22 (1977); *Parashorea chinensis* var. *guangxiensis* Lin Chi, Acta Phytotax. Sin. 15 (2): 22 (1977); *Shorea wangtianshuea* Y. K. Yang et J. K. Wu, J. Wuhan Bot. Res. 12 (2): 192 (1994); *Shorea wangtianshuea* subsp. *kwangsiensis* (Lin Chi) Y. K. Yang et J. K. Wu, Chinese Science et Culture 1: 500 (1998); *Shorea wangtianshuea* var. *chuanbanshuea* Y. K. Yang et J. K. Wu, Chin. Wild Pl. Resources 21 (3): 6 (2002); *Shorea wangtianshuea* subsp. *vietnamensis* Y. K. Yang et J. K. Wu, Chin. Wild Pl. Resources 21 (3): 6 (2002).
云南、广西；越南。

娑罗双属 **Shorea** Roxb. ex C. F. Gaertn.

云南娑罗双

Shorea assamica Dyer, Fl. Brit. Ind. 1 (2): 307 (1874).
Shorea assamica subsp. *yingjiangensis* Y. K. Yang et J. K. Wu, Chin. Wild Pl. Resources 21 (3): 3 (2002); *Shorea siamensis* var. *borealis* Y. K. Yang et J. K. Wu, Chin. Wild Pl. Resources 21 (4): 5 (2002).
云南、西藏；菲律宾、缅甸、泰国、马来西亚、印度尼西亚、印度。

娑罗双

Shorea robusta C. F. Gaertn., Suppl. Carp. 48 (1805).
西藏；不丹、尼泊尔、印度。

青梅属 **Vatica** L.

广西青梅（版纳青梅）

Vatica guangxiensis S. L. Mo, Acta Phytotax. Sin. 18 (2): 232, f. 1 (1980).
Vatica xishuangbannaensis G. D. Tao et J. H. Zhang, Acta Bot. Yunnan. 5 (4): 379, pl. 1 (1983); *Vatica guangxiensis* subsp. *xishuangbannaensis* (G. D. Tao et J. H. Zhang) Y. K. Yang et J. K. Wu, Chin. Wild Pl. Resources 21 (5): 2 (2002).
云南、广西；越南。

西藏青梅

Vatica lanceifolia (Roxb.) Blume, Mus. Bot. 2: 31 (1856).
Vateria lanceifolia Roxb., Fl. Ind. 2: 601 (1824).
西藏；缅甸、不丹、印度。

青梅（青皮，海梅，苦香）

Vatica mangachapoi Blanco, Fl. Filip. 1: 401 (1837).
Mocanera mangachapoi (Blanco) Blanco, Fl. Filip. 450 (1837); *Pteranthera sinensis* Blume, Mus. Bot. 2 (1-8): 30 (1837); *Dipterocarpus mangachapoi* (Blanco) Blanco, Fl. Filip., ed. 2 313 (1845); *Vatica apteranthera* Blanco, Fl. Filip., ed. 2 281 (1845); *Shorea mangachapoi* (Blanco) Blume, Mus. Bot. 2 (1-8): 34 (1856); *Anisoptera mangachapoi* (Blanco) DC., Prodr. 16 (2.2): 616 (1868); *Vatica astrotricha* Hance, J. Bot.

14: 241 (1876); *Vatica hainanensis* H. T. Chang et L. C. Wang, Acta Sci. Nat. Univ. Sunyatseni 3: 94 (1953); *Vatica hainanensis* var. *glandipetala* L. C. Wang, Acta Sci. Nat. Univ. Sunyatseni 3: 96 (1985); *Vatica hainanensis* var. *parvifolia* H. T. Chang, Acta Sci. Nat. Univ. Sunyatseni 3: 96 (1985); *Vatica mangachapoi* subsp. *hainanensis* (H. T. Chang et L. C. Wang) Y. K. Yang et J. K. Wu, Chin. Wild Pl. Resources 21 (5): 1 (2002); *Vatica mangachapoi* var. *glandipetala* (L. C. Wang) Y. K. Yang et J. K. Wu, Chin. Wild Pl. Resources 21 (5): 1 (2002); *Vatica mangachapoi* var. *parvifolia* (H. T. Chang) Y. K. Yang et J. K. Wu, Chin. Wild Pl. Resources 21 (5): 2 (2002).
广东、海南；菲律宾、越南、泰国、加里曼丹岛、印度尼西亚。

万宁青皮

● **Vatica mangachapoi** var. **wanningensis** G. A. Fu et Y. K. Yang, Bull. Bot. Res., Harbin 28 (3): 259, f. 1 (2008).
海南。

166. 叠珠树科 AKANIACEAE [1 属：1 种]

伯乐树属 **Bretschneidera** Hemsl.

伯乐树（钟萼木，冬桃）

Bretschneidera sinensis Hemsl., Hooker's Icon. Pl. 28 (1), pl. 2708 (1891).
Bretschneidera yunshanensis Chun et F. C. How, Acta Phytotax. Sin. 7 (1): 68, pl. 20 (1958).
浙江、江西、湖南、湖北、四川、贵州、云南、福建、台湾、广东、广西；越南、泰国。

167. 旱金莲科 TROPAEOLACEAE [1 属：1 种]

旱金莲属 **Tropaeolum** L.

旱金莲（荷叶七，旱莲花）

☆**Tropaeolum majus** L., Sp. Pl. 1: 345 (1753).
四川、云南、西藏；原产于秘鲁、巴西。

168. 辣木科 MORINGACEAE [1 属：1 种]

辣木属 **Moringa** Adanson

辣木

☆**Moringa oleifera** Lam., Encycl. 1 (2): 398 (1785).
Moringa pterygosperma Gaertn., Fruct. Sem. Pl. 2: 314, t. 147, f. 2 (1791).

云南、台湾、广东；印度。

169. 番木瓜科 CARICACEAE
[1 属：1 种]

番木瓜属 Carica L.

番木瓜（木瓜，万寿果，番瓜）
☆**Carica papaya** L., Sp. Pl. 2: 1036 (1753).
Papaya carica Gaertn., Fruct. Sem. Pl. 2: 191, t. 122, f. 2 (1790).
云南、福建、台湾、广东、广西、海南；起源并栽培于美洲，广泛栽培于世界热带。

170. 刺茉莉科 SALVADORACEAE
[1 属：1 种]

刺茉莉属 Azima Lam.

刺茉莉（牙刷树）
Azima sarmentosa (Blume) Benth. et Hook. f., Gen. Pl. 2: 681 (1876).
Actegeton sarmentosa Blume, Bijdr. Fl. Ned. Ind. 1143 (1826).
海南；越南、老挝、缅甸、泰国、柬埔寨、马来西亚、印度尼西亚、印度。

171. 木犀草科 RESEDACEAE
[2 属：4 种]

川犀草属 Oligomeris Cambess.

川犀草
Oligomeris linifolia (Vahl) J. F. Macbr., Contr. Gray Herb. 53: 13 (1918).
Reseda linifolia Vahl, Hort. Bot. Hafn. 2: 501 (1815); *Oligomeris glaucescens* Cambess., Voy. Bonite, Bot. 24, t. 25 (1844).
四川、云南；印度、巴基斯坦、大西洋诸岛、亚洲西南部、非洲北部、北美洲。

木犀草属 Reseda L.

白木犀草
Reseda alba L., Sp. Pl. 1: 449 (1753).
台湾；原产于地中海，世界各地归化。

黄木犀草（细叶木犀草）
☆**Reseda lutea** L., Sp. Pl. 1: 449 (1753).
辽宁；原产于地中海和亚洲西南部，世界各地逸生。

木犀草（香草）
☆**Reseda odorata** L., Amoen. Acad., Linnaeus, ed. 3 51 (1756).
上海、浙江、台湾；原产于希腊、利比亚。

172. 山柑科 CAPPARACEAE
[3 属：47 种]

山柑属 Capparis L.

独行千里（石钻子，锐叶山柑）
Capparis acutifolia Sweet, Hort. Brit., ed. 2 585 (1830).
Capparis acuminata Willd., Sp. Pl. 2: 1131 (1799); *Capparis chinensis* G. Don, Gen. Hist. 1: 278 (1831); *Capparis membranacea* Gardner. et Champ., Hooker's J. Bot. Kew Gard. Misc. 1: 241 (1849); *Capparis membranacea* var. *angustissima* Hemsl., Ann. Bot. (Oxford) 9 (33): 145 (1895); *Capparis leptophylla* Hayata, Icon. Pl. Formosan. 3: 22 (1913); *Capparis tenuifolia* Hayata, Icon. Pl. Formosan. 3: 23 (1913); *Capparis kikuchii* Hayata, Icon. Pl. Formosan. 3: 21 (1913); *Capparis membranacea* var. *puberula* B. S. Sun, Acta Phytotax. Sin. 9 (2): 112 (1964).
浙江、江西、湖南、福建、台湾、广东；越南、泰国、不丹、印度。

总序山柑
Capparis assamica Hook. f. et Thomson, Fl. Brit. Ind. 1: 177 (1872).
云南、西藏、广东、海南；老挝、缅甸、泰国、不丹、印度。

野香橼花（小毛毛花，猫胡子花）
Capparis bodinieri H. Lév., Repert. Spec. Nov. Regni Veg. 9: 450 (1911).
Capparis tenera var. *dalzellii* Hook. f. et Thomson, Fl. Brit. Ind. 1: 179 (1872); *Capparis subtenera* Craib et W. W. Sm., Notes Roy. Bot. Gard. Edinburgh 9 (42): 90 (1916); *Capparis acutifolia* Sweet subsp. *bodinieri* (H. Lév.) Jacobs, Blumea 12 (3): 431, f. 22 a-c (1965).
四川、贵州、云南、西藏、广西；缅甸、不丹、印度。

广州山柑（广州槌果藤）
Capparis cantoniensis Lour., Fl. Cochinch. 1: 331 (1790).
Capparis pumila Champ. ex Benth., Hooker's J. Bot. Kew Gard. Misc. 3: 260 (1851); *Capparis sciaphila* Hance, Ann. Sci. Nat., Bot. sér. 5 5: 206 (1866); *Cudrania bodinieri* H. Lév., Repert. Spec. Nov. Regni Veg. 13: 265 (1914); *Vanieria bodinieri* (H. Lév.) Chun, J. Arnold Arbor. 8 (1): 21 (1927).
贵州、云南、福建、广东、广西、海南；菲律宾、越南、缅甸、泰国、印度尼西亚、不丹、印度、印度洋岛屿。

野槟榔（水槟榔）

●**Capparis chingiana** B. S. Sun, Acta Phytotax. Sin. 9 (2): 115 (1964).

云南、广西。

多毛山柑（厚叶槌果藤）

●**Capparis dasyphylla** Merr. et F. P. Metcalf, Lingnan Sci. J. 16 (2): 192, f. 5 (1937).

海南。

文山山柑

●**Capparis fengii** B. S. Sun, Acta Phytotax. Sin. 9 (2): 113 (1964).

云南。

少蕊山柑（多花山柑）

Capparis floribunda Wight, Ill. Ind. Bot. 1: 35 (1838).

Capparis oligostema Hayata, Icon. Pl. Formosan. 3: 22 (1913).

台湾；菲律宾、越南、缅甸、泰国、印度尼西亚、斯里兰卡、印度洋岛屿。

勐海山柑

●**Capparis fohaiensis** B. S. Sun, Acta Phytotax. Sin. 9 (2): 114 (1964).

云南。

台湾山柑（台湾槌果藤，山柑）

Capparis formosana Hemsl., Ann. Bot. (London) 9 (33): 145 (1895).

Capparis kanehirai Hayata ex Kaneh., Formosan Trees (revised) 235, f. 175 (1936); *Capparis sikkimensis* subsp. *formosana* (Hemsl.) Jacobs, Blumea 12 (3): 497 (1965).

台湾、广东、海南；日本、越南。

海南山柑（海南槌果藤）

●**Capparis hainanensis** Oliv., Hooker's Icon. Pl. 16, t. 1588 (1887).

海南。

长刺山柑

●**Capparis henryi** Matsum., Bot. Mag. (Tokyo) 13: 33 (1899).

Capparis micracantha var. *henryi* (Matsum.) Jacobs, Blumea 12 (3): 470 (1965).

台湾。

爪钾山柑（老鼠瓜，狼西瓜）

Capparis himalayensis Jafri, Pakistan J. Forest. 6: 197, t. 1, f. 1 B (1956).

Capparis spinosa var. *himalayensis* (Jafri) Jacobs, Blumea 12 (3): 419 (1965).

甘肃、新疆、西藏；印度尼西亚、尼泊尔、印度、巴基斯坦、阿富汗、格鲁吉亚、塔吉克斯坦、热带澳大利亚、欧洲、非洲。

屏边山柑

Capparis khuamak Gagnep., Bull. Soc. Bot. France 85: 598 (1939).

Capparis trichopoda B. S. Sun, Acta Phytotax. Sin. 9 (2): 116 (1964).

云南；越南、老挝。

兰屿山柑

Capparis lanceolaris DC., Prodr. (DC.) 1: 248 (1824).

台湾、海南；菲律宾、印度尼西亚、巴布亚新几内亚、太平洋岛屿。

马槟榔（水槟榔）

●**Capparis masakai** H. Lév., Fl. Kouy-Tcheou 59 (1914).

Capparis sikkimensis subsp. *masaikai* (H. Lév.) Jacobs, Blumea 12 (3): 496 (1965).

贵州、云南、广东、广西。

雷公橘

Capparis membranifolia Kurz., J. Asiat. Soc. Bengal, Pt. 2, Nat. Hist. 42 (2): 70 (1874).

Capparis viminea Hook. f. et Thomson, Fl. Brit. Ind. 1: 179 (1872); *Ficus marchandii* H. Lév., Repert. Spec. Nov. Regni Veg. 12 (341-345): 533 (1913); *Capparis viminea* var. *ferruginea* B. S. Sun, Acta Phytotax. Sin. 9 (2): 112 (1964); *Capparis folia* subsp. *viminea* Jacobs, Blumea 12 (3): 429, 431, f. 22 j-l (1965).

湖南、贵州、云南、西藏、广东、广西、海南；越南、老挝、缅甸、泰国、柬埔寨、不丹、印度。

小刺山柑（牛眼睛）

Capparis micracantha DC., Prodr. (DC.) 1: 247 (1824).

Capparis liangii Merr. et Chun, Sunyatsenia 2 (1): 29 (1934).

云南、广东、广西、海南；菲律宾、越南、老挝、缅甸、泰国、柬埔寨、马来西亚、印度尼西亚、印度、印度洋岛屿。

龙州山柑（新拟）

●**Capparis longgangensis** S. L. Mo et X. S. Lee ex Y. S. Huang, Nordic J. Bot. 31 (6): 724 (2013).

广西。

多花山柑

Capparis multiflora Hook. f. et Thomson, Fl. Brit. Ind. 1: 178 (1872).

云南、西藏；越南、缅甸、不丹、尼泊尔、印度。

藏东南山柑

Capparis olacifolia Hook. f. et Thom., Fl. Brit. Ind. 1: 178 (1872).

西藏；缅甸、不丹、尼泊尔、印度。

厚叶山柑

Capparis pachyphylla Jacobs, Blumea 12: 476 (1965).
西藏；印度。

毛蕊山柑（毛花山柑）

Capparis pubiflora DC., Prodr. (DC.) 1: 246 (1824).
Capparis cerasifolia A. Gray, U.S. Expl. Exped., Atlas Phan. 15: 71 (1854); *Capparis lutaoensis* C. E. Chang, Bull. Taiwan Prov. Pingt. Inst. Agr. 6: 56, f. 2 (1965).
台湾、广东、广西、海南；菲律宾、越南、泰国、马来西亚、印度尼西亚、巴布亚新几内亚。

毛叶山柑

●**Capparis pubifolia** B. S. Sun, Fl. Yunnan. 2: 64 (1979).
云南、广西。

黑叶山柑

Capparis sabiifolia Hook. f. et Thomson, Fl. Brit. Ind. 1: 179 (1872).
Capparis vientianensis Gagnep., Bull. Soc. Bot. France 85: 599 (1938); *Capparis acutifolia* subsp. *sabiifolia* (Hook. f. et Thomson) Jacobs, Blumea 12 (3): 432, f. 22 d, e, f (1965).
云南、西藏、台湾、海南；越南、老挝、缅甸、泰国、印度。

青皮刺（公须花，曲枝槌果藤）

Capparis sepiaria L., Syst. Nat., ed. 10 (2): 1071 (1759).
Capparis glauca Wall. ex Hook. f. et Thomson, Fl. Brit. Ind. 1: 180 (1872); *Capparis flexicaulis* Hance, J. Bot. 16 (188): 225 (1878).
广东、广西、海南；菲律宾、越南、老挝、缅甸、泰国、柬埔寨、马来西亚、印度尼西亚、尼泊尔、印度、斯里兰卡、巴布亚新几内亚、热带澳大利亚、印度洋岛屿、非洲。

锡金山柑

Capparis sikkimensis Kurz., J. Asiat. Soc. Bengal, Pt. 2, Nat. Hist. 43: 181 (1875).
Capparis cathcartii Hemsl. ex Gamble., List Trees Darjeeling, ed. 2 6 (1896).
西藏；缅甸、不丹、印度。

山柑

Capparis spinosa L. Sp. Pl. 1: 503 (1753).
新疆、西藏；印度尼西亚、尼泊尔、印度、巴基斯坦、阿富汗、欧洲南部、非洲北部、热带澳大利亚。

无柄山柑

Capparis subsessilis B. S. Sun, Acta Phytotax. Sin. 9 (2): 110 (1964).
广西；越南。

倒卵叶山柑

Capparis sunbisiniana M. L. Zhang et G. C. Turcker, Fl. China 7: 441 (2008).

Capparis acutifolia subsp. *obovata* Jacobs, Blumea 12: 433 (1965).
海南；越南、缅甸、泰国。

薄叶山柑

Capparis tenera Dalz., Hooker's J. Bot. Kew Gard. Misc. 2: 41 (1850).
云南、西藏；缅甸、泰国、印度、印度洋岛屿、斯里兰卡、非洲。

毛果山柑

●**Capparis trichocarpa** B. S. Sun, Acta Phytotax. Sin. 9 (2): 113 (1964).
云南。

小绿刺

Capparis urophylla F. Chun, J. Arnold Arbor. 29 (4): 419 (1948).
Capparis tenera var. *caudata* B. S. Sun, Acta Phytotax. Sin. 9 (2): 111 (1964); *Capparis cuspidata* B. S. Sun, Acta Phytotax. Sin. 9 (2): 111 (1964).
湖南、云南、广西；老挝。

屈头鸡

Capparis versicolor Griff., Not. Pl. Asiat. 4: 577 (1845).
Capparis kol Merr. et Chun, Sunyatsenia 2 (1): 28 (1934).
广东、广西、海南；越南、缅甸、泰国、马来西亚、印度。

荚蒾叶山柑

Capparis viburnifolia Gagnep., Bull. Soc. Bot. France 85: 598 (1939).
云南；越南、泰国。

元江山柑

●**Capparis wui** B. S. Sun, Acta Phytotax. Sin. 9 (2): 109 (1964).
云南。

苦子马槟榔（马槟榔）

Capparis yunnanensis Craib et W. W. Sm., Notes Roy. Bot. Gard. Edinburgh 9 (42): 91 (1916).
Capparis bhamoensis Raizada, Indian Forest Rec., Bot. 3: 127, f. 4 (1941); *Capparis sikkimensis* subsp. *yunnanensis* (Craib et W. W. Sm.) Jacobs, Blumea 12 (3): 496 (1965).
云南、广东；越南、缅甸、泰国。

牛眼睛（槌果藤）

Capparis zeylanica L., Sp. Pl., ed. 2 1: 720 (1762).
Capparis swinhoei Hance, J. Bot. 6 (70): 296 (1868); *Capparis hastigera* Hance, J. Bot. 6 (70): 296 (1868); *Capparis hastigera* var. *obcordata* Merr. et F. P. Metcalf, Lingnan Sci. J. 16 (2): 192 (1937).
广东、广西、海南；菲律宾、越南、缅甸、泰国、印度尼西亚、尼泊尔、印度、斯里兰卡、印度洋岛屿。

毛瓣牛眼睛

●**Capparis zeylanica** var. **pubipetala** S. Y. Liu, X. Q. Ning et Y. F. Tan, Guihaia 32 (3): 324 (2012).
广西。

鱼木属 Crateva L.

红果鱼木

●**Crateva falcata** (Lour.) DC., Prodr. (DC.) 1: 243 (1824).
Capparis falcata Lour., Fl. Cochinch. 1: 331 (1790).
广西。

台湾鱼木

Crateva formosensis (Jacobs) B. S. Sun, Fl. Reipubl. Popularis Sin. 32: 489 (1999).
Crateva adansonii subsp. *formosensis* Jacobs, Blumea 12 (2): 200 (1964).
台湾、广东、广西；日本。

沙梨木（刺籽鱼木）

Crateva magna (Lour.) DC., Prodr. 1: 243 (1824).
Capparis magna Lour., Fl. Cochinch. 1: 33 (1790); *Crateva nurvala* Buch.-Ham., Trans. Linn. Soc. London 15: 121 (1872); *Crateva lophosperma* Kurz., J. Bot. (Hooker) 12: 195, t. 147, f. 4-6 (1874).
云南、西藏、广东、广西、海南；老挝、缅甸、泰国、柬埔寨、马来西亚、印度尼西亚、印度、孟加拉国、斯里兰卡。

鱼木

Crateva religiosa G. Forster, Diss. Pl. Esc. 35 (1786).
Crateva membranifolia Miq., Fl. Ned. Ind., Eerste Bijv. 3: 387 (1861).
台湾、广东、海南；菲律宾、越南、缅甸、泰国、柬埔寨、印度尼西亚、不丹、尼泊尔、印度、斯里兰卡。

钝叶鱼木（赤果鱼木）

Crateva trifoliata (Roxb.) B. S. Sun, Fl. Reipubl. Popularis Sin. 32: 489 (1999).
Capparis trifoliata Roxb., Fl. Ind., ed. 2 571 (1832); *Crateva erythrocarpa* Gagnep., Bull. Soc. Bot. France 55: 322 (1908); *Crateva roxburghii* var. *erythrocarpa* (Gagnep.) Gagnep., Fl. Indo-Chine Suppl. 1: 517 (1939); *Crateva adansonii* subsp. *trifoliata* (Roxb.) Jacobs, Blumea 12 (2): 199 (1964).
云南、台湾、广东、广西、海南；越南、老挝、缅甸、泰国、柬埔寨、印度。

树头菜

Crateva unilocularis Buch.-Ham., Trans. Linn. Soc. London 15: 121 (1827).
云南、福建、广东、广西、海南；越南、老挝、缅甸、柬埔寨、不丹、尼泊尔、印度、孟加拉国。

斑果藤属 Stixis Lour.

即锥序斑果藤

Stixis ovata subsp. **fasciculata** (King) Jacobs, Blumea 12: 8, f. 1 c (1963).
Roydsia fasciculata King, Ann. Roy. Bot. Gard. (Calcutta) 5 (2): 121, pl. 140 A (1896); *Stixis fasciculata* (King) Gagnep., Fl. Indo-Chine 1: 201 (1908).
云南；越南、老挝、缅甸。

和闭脉斑果藤

Stixis scandens Lour., Fl. Cochinch. 1: 295 (1790).
云南；越南、老挝、缅甸、印度。

斑果藤（罗志藤）

Stixis suaveolens (Roxb.) Pierre, Bull. Mens. Soc. Linn. Paris 1: 654 (1887).
Roydsia suaveolens Roxb., Pl. Coromandel. 3: 87, t. 289 (1819).
云南、西藏、广东、广西、海南；越南、老挝、缅甸、泰国、柬埔寨、不丹、尼泊尔、印度、孟加拉国。

173. 节蒴木科 BORTHWICKIACEAE
[1 属：1 种]

节蒴木属 Borthwickia W. W. Sm.

节蒴木

Borthwickia trifoliata W. W. Sm., Trans. et Proc. Bot. Soc. Edinburgh 24: 175 (1911).
云南；缅甸东部和北部。

174. 白花菜科 CLEOMACEAE
[5 属：5 种]

黄花草属 Arivela Raf.

黄花草（黄龙菜，臭矢菜）

Arivela viscosa (L.) Raf., Sylva Tellur. 110 (1838).
安徽、浙江、江西、湖南、湖北、云南、福建、台湾、广东、广西、海南；日本、越南、老挝、泰国、柬埔寨、马来西亚、印度尼西亚、不丹、尼泊尔、印度、巴基斯坦、斯里兰卡、热带澳大利亚、热带非洲、南美洲。

黄花草（原变种）

Arivela viscosa var. **viscosa**
Cleome viscosa L., Sp. Pl. 2: 672 (1753); *Cleome icosandra* L., Sp. Pl. 2: 672 (1753); *Cleome viscosa* f. *deglabrata* (Backer) Jacobs, Fl. Males., Ser. 1, Spermat. 6: 104 (1960).
安徽、浙江、江西、湖南、湖北、云南、福建、台湾、广东、广西、海南；日本、越南、老挝、泰国、柬埔寨、马

来西亚、印度尼西亚、不丹、尼泊尔、印度、巴基斯坦、斯里兰卡、热带澳大利亚、热带非洲、南美洲。

无毛黄花草

Arivela viscosa var. **deglabrata** (Backer) M. L. Zhang et G. C. Tucker, Fl. China 7: 432 (2008).

Polanisia viscosa var. *deglabrata* Backer, Fl. Bat. 53 (1907); *Cleome viscosa* f. *deglabrata* L., Fl. Males., Ser. 1, Spermat. 6: 104 (1960); *Cleome viscosa* var. *deglabrata* (Backer) B. S. Sun, Fl. Reipubl. Popularis Sin. 32: 539 (1999).

浙江、江西、福建、广东；越南、马来西亚、印度尼西亚。

白花菜属 **Cleome** L.

皱子白花菜

△**Cleome rutidosperma** DC., Prodr. (DC.) 1: 241 (1824).

Cleome ciliata Schumach. et Thonn., Beskr. Guin. Pl. 294 (1827).

引种归化于安徽、云南、台湾、广东、广西、海南；原产于热带非洲，归化于热带澳大利亚、亚洲、热带美洲。

西洋白花菜属 **Cleoserrata** Iltis

西洋白花菜

△**Cleoserrata speciosa** (Raf.) Iltis, Novon 17: 448 (2007).

Cleome speciosa Raf., Fl. Ludov. 86 (1817); *Cleome speciosissima* Deppe ex Lindl., Edward's Bot. Reg. 16, t. 1312 (1830); *Cleome yunnanensis* W. W. Sm., Notes Roy. Bot. Gard. Edinburgh 12: 199 (1920).

引种并有时逸生于云南、台湾、广东；原产于墨西哥、中美洲。

羊角菜属 **Gynandropsis** DC.

羊角菜

Gynandropsis gynandra (L.) Briq., Annuaire Conserv. Jard. Bot. Geneve 17: 382 (1914).

Cleome gynandra L., Sp. Pl. 2: 671 (1753); *Cleome pentaphylla* L., Fl. Jamaic. 18 (1759); *Cleome heterotricha* Burch, Trav. S. Africa 1: 537 (1822); *Gynandropsis heterotricha* (Burch) DC., Prodr. 1: 238 (1824); *Gynandropsis pentaphylla* (L.) DC., Prodr. 1: 238 (1824); *Gynandropsis sinica* Miq., J. Bot. Néerl. 1: 128 (1861).

河北、山东、河南、安徽、江苏、浙江、江西、湖南、湖北、重庆、贵州、云南、福建、台湾、广东、广西、海南；越南、泰国、马来西亚、印度尼西亚、不丹、尼泊尔、印度、斯里兰卡、热带非洲、美洲；引种于中美洲、北美洲南部和南美洲。

醉蝶花属 **Tarenaya** Raf.

醉蝶花（紫龙须）

△**Tarenaya hassleriana** (Chodat) Iltis, Novon 17: 450 (2007).

Cleome hassleriana Chodat, Bull. Herb. Boissier 6 App. 1: 12 (1898).

引种并很少逸生于江苏、浙江、四川、云南、广东、海南；原产于南美洲，广泛栽培于热带和暖温带。

175. 十字花科 BRASSICACEAE
[107 属：453 种]

葱芥属 **Alliaria** Heist. ex Fabr.

葱芥

Alliaria petiolata (M. Bieb.) Cavara et Grande, Bull. Orto Bot. Regia Univ. Napoli. 3: 418 (1913).

Arabis petiolata M. Bieb., Fl. Taur.-Caucas. 2: 126 (1808); *Erysimum alliaria* L., Sp. Pl. 2: 660 (1753); *Sisymbrium alliaria* (L.) Scop., Fl. Carniol. 2: 26 (1772); *Alliaria officinalis* Andrz. ex DC., Syst. Nat. 2: 489 (1821).

新疆、西藏；尼泊尔、印度、巴基斯坦、阿富汗、塔吉克斯坦、吉尔吉斯斯坦、哈萨克斯坦、乌兹别克斯坦、土库曼斯坦、克什米尔、俄罗斯、欧洲；原产于亚洲西南部、欧洲，归化于世界各地。

庭荠属 **Alyssum** L.

欧洲庭荠

Alyssum alyssoides (L.) L., Syst. Nat., ed. 10 2: 1130 (1759).

Clypeola alyssoides L., Sp. Pl. 2: 652 (1753); *Clypeola minor* L. in Fl. Monsp. 21 (1756); *Alyssum calycinum* L., Sp. Pl., ed. 2 2: 908 (1763); *Psilonema calycinum* (L.) C. A. Mey., Bull. Sci. Acad. Imp. Sci. Saint-Pétersbourg 7: 132 (1840).

辽宁；归化于日本、阿富汗、塔吉克斯坦、吉尔吉斯斯坦、哈萨克斯坦、乌兹别克斯坦、土库曼斯坦、俄罗斯、欧洲、非洲、北美洲。

灰毛庭荠

Alyssum canescens DC., Syst. Nat. 2: 322 (1821).

Alyssum canescens var. *abbreviatum* DC., Syst. Nat. 2: 322 (1821); *Ptilotrichum canescens* (DC.) C. A. Mey., Fl. Altaic. 3: 66 (1831).

黑龙江、吉林、内蒙古、河北、山西、陕西、宁夏、甘肃、青海、新疆、西藏；蒙古国、哈萨克斯坦、克什米尔、俄罗斯。

粗果庭荠

Alyssum dasycarpum Stephan ex Willd., Sp. Pl., ed. 3 (1): 469 (1800).

Psilonema dasycarpum (Stephan ex Willd.) C. A. Mey., Fl. Altaic. 3: 51 (1831); *Alyssum dasycarpum* var. *pterospermum* Bordz., Just's Bot. Jahresber. (1885-1943) (1928); *Alyssum dasycarpum* var. *minus* Bornm. Ex T. R. Indley, Notes Roy. Bot. Gard. Edinburgh 24 (2): 159 (1962).

新疆；巴基斯坦、阿富汗、塔吉克斯坦、吉尔吉斯斯坦、哈萨克斯坦、乌兹别克斯坦、土库曼斯坦、俄罗斯、中东。

庭荠（小庭荠）

△**Alyssum desertorum** Stapf, Akad. Wiss. Wien, Math.-Naturwiss. Kl., Denkschr. 51: 302 (1886).

Alyssum minimum Willd., Sp. pl., ed. 3 (1): 464 (1800); *Psilonema minimum* Schur, Enum. Pl. Transsilv. 62 (1866); *Alyssum desertorum* var. *prostratum* Stapf, Notes Roy. Bot. Gard. Edinburgh 24 (2): 159 (1962); *Alyssum desertorum* var. *himalayense* Stapf, Notes Roy. Bot. Gard. Edinburgh 24 (2): 159 (1962); *Alyssum turkestanicum* var. *desertorum* (Stapf) Botsch., Novosti Sist. Vyssh. Rast. 15: 152 (1979).

新疆、西藏；蒙古国、印度、巴基斯坦、阿富汗、塔吉克斯坦、哈萨克斯坦、乌兹别克斯坦、土库曼斯坦、克什米尔、俄罗斯、欧洲；归化于北美洲。

西藏庭荠

Alyssum klimesii Al-Shehbaz, Novon 12 (3): 309 (2002).

西藏；印度。

北方庭荠（线叶庭荠）

Alyssum lenense Adams, Mém. Soc. Imp. Naturalistes Moscou 5: 110 (1817).

Alyssum fischerianum DC., Syst. Nat. 2: 311 (1821); *Alyssum altaicum* C. A. Mey., Fl. Altaic. 3: 55 (1831); *Alyssum altaicum* var. *leiocarpum* C. A. Mey., Bull. Herb. Boissier (1893); *Alyssum lenense* var. *leiocarpum* (C. A. Mey.) Kukenth., Mem. Herb. Boissier (1900); *Alyssum altaicum* var. *dasycarpum* C. A. Mey., Verh. Zool.-Bot. Ges. Wien (1918); *Alyssum lenense* var. *dasycarpum* (C. A. Mey.) N. Busch in Kom., Fl. U. R. S. S. 8: 351 (1939); *Alyssum calycocarum* var. *edentatum* H. L. Yang, Fl. Desert. Reipubl. Popularis Sin. 2: 445 (1987).

黑龙江、内蒙古、河北、甘肃、新疆；蒙古国、哈萨克斯坦、俄罗斯。

条叶庭荠（齿丝庭荠）

△**Alyssum linifolium** Stephan ex Willd., Sp. Pl., ed. 3 (1): 467 (1800).

Alyssum serpyllifolium Desf., Fl. Atlant. 2: 70 (1798); *Alyssum linifolium* var. *cupreum* (Stephan ex Willd.) T. R. Dudley, Sp. Pl., ed. 3 (1): 467 (1800); *Meniocus linifolius* (Stephan ex Willd.) DC., Syst. Nat. 2: 325 (1821); *Meniocus australasicus* Turcz., Bull. Soc. Imp. Naturalistes Moscou 27 (2): 297 (1854); *Alyssum cupreum* Freyn et Sint., Bull. Herb. Boiss. 2 (3): 695 (1903); *Alyssum linifolium* var. *tehranicum* Bornm., Bull. Herb. Boiss. 2 (4): 1269 (1904).

新疆；巴基斯坦、阿富汗、塔吉克斯坦、吉尔吉斯斯坦、哈萨克斯坦、乌兹别克斯坦、土库曼斯坦、俄罗斯、中东、欧洲、非洲北部；归化于澳大利亚。

倒卵叶庭荠

Alyssum obovatum (C. A. Mey.) Turcz., Bull. Soc. Imp. Naturalistes Moscou 10: 57 (1837).

Odontarrhena obovata C. A. Mey. in Ledeb., Fl. Altaic. 3: 61 (1831); *Alyssum fallax* E. J. Nyar., Calif. Fl. Suppl. (1883); *Alyssum americanum* Greene, Pittonia 2: 224 (1892); *Alyssum biovulatum* N. Busch in Kom., Fl. U. R. S. S. 8: 346 (1939).

黑龙江、内蒙古；蒙古国、哈萨克斯坦、俄罗斯、北美洲。

新疆庭荠

Alyssum simplex Rudolphi, J. Bot. (Schrader) (2): 290 (1799).

Alyssum campestre (L.) L., Syst. Nat., ed. 10 2: 1130 (1759); *Alyssum parviflorum* M. Bieb., Fl. Taur.-Caucas. 3: 434 (1820); *Alyssum micranthum* C. A. Mey., Index Sem. (St. Petersburg) 1: 22 (1835); *Alyssum minus* (L.) Rothm., Feddes Repert. Spec. Nov. Regni Veg. 50: 77 (1941); *Alyssum minus* var. *micranthum* (C. A. Mey.) Dudley, Aarbok Univ. Bergen, Mat.-Naturvitensk. Ser. 13: 8 (1963).

新疆；土库曼斯坦、俄罗斯、中东、欧洲、非洲北部、北美洲。

细叶庭荠

Alyssum tenuifolium Stephan ex Willd., Sp. Pl., ed. 3 460 (1800).

Alyssum canescens var. *elongatum* DC., Syst. Nat. 2: 322 (1821); *Ptilotrichum elongatum* (DC.) C. A. Mey., Fl. Altaic. 3: 66 (1831); *Ptilotrichum tenuifolium* (Stephan exWilld.) C. A. Mey., Fl. Altaic. 3: 67 (1831).

内蒙古；蒙古国、哈萨克斯坦、俄罗斯。

扭庭荠

Alyssum tortuosum Willd., Sp. Pl., ed. 3 466 (1800).

Meniocus serpyllifolius (M. Bieb.) Desv., J. Bot. Agric. 3: 173 (1815); *Alyssum alpestre* var. *tortuosum* (Willd.) Fenzl, Asie Min., Bot. 1 (3): 301 (1860).

新疆；哈萨克斯坦、俄罗斯、中东、欧洲。

寒原荠属 **Aphragmus** Andrz. ex DC.

鲍氏寒原荠（新拟）

●**Aphragmus bouffordii** Al-Shehbaz, Harvard Pap. Bot. 8: 26 (2003).

西藏。

尖果寒原荠

Aphragmus oxycarpus (Hook. f. et Thomson) Jafri, Notes Roy. Bot. Gard. Edinburgh 22 (2): 96 (1956).

Braya oxycarpa Hook. f. et Thomson, J. Proc. Linn. Soc., Bot. 5: 169 (1861); *Braya rubicunda* Franch., Bull. Soc. Bot. France 33: 403 (1886); *Eutrema przewalskii* Maxim., Fl. Tangut. 1: 68, n. 115, pl. 28, f. 11 (1889); *Aphragmus tibeticus* O. E. Schulz, Repert. Spec. Nov. Regni Veg. Beih. 12: 387 (1922); *Braya oxycarpa* var. *stenocarpa* O. E. Schulz, Planzenr. 86 (IV. 105): 237 (1924); *Braya foliosa* Pamp., Bull. Soc. Bot. Ital. 40 (1926); *Aphragmus stewartii* O. E. Schulz, Repert. Spec. Nov. Regni Veg. 31: 330 (1933); *Braya oxycarpa* f. *glabra* Vassilcz. in Kom., Fl. U. R. S. S. 8: 74 (1939); *Aphragmus oxycarpus* var. *microcarpus* C. H. An, Bull. Bot. Res. 1 (1-2): 102 (1981); *Lignariella duthiei* Naqshi, J. Econ. Taxon. Bot. 3 (3): 976 (1983); *Aphragmus oxycarpus* var.

glaber (Vassilcz.) Z. X. An, Fl. Reipubl. Popularis Sin. 33: 422 (1987); *Aphragmus oxycarpus* var. *stenocarpus* (O. E. Schulz) G. C. Das, Fl. Ind. 2: 226 (1993); *Aphragmus przewalskii* (Maxim.) A. L. Ebel, Turczaninowia 1 (4): 25 (1998).

青海、新疆、四川、云南、西藏；不丹、尼泊尔、印度、巴基斯坦、阿富汗、塔吉克斯坦、克什米尔。

四川寒原荠（新拟）

●**Aphragmus pygmaeus** Al-Shehbaz, Novon 24 (1): 1 (2015).
四川。

鼠耳芥属 **Arabidopsis** Heynh.

叶芽鼠耳芥

Arabidopsis halleri subsp. **gemmifera** (Matsum.) O'Kane et Al-Shehbaz, Novon 7 (3): 325 (1997).

Cardamine gemmifera Matsum., Bot. Mag. (Tokyo) 14: 49 (1899); *Arabis halleri* var. *senanensis* Franch. et Sav., Enum. Pl. Jap. 2: 279 (1879); *Arabis senanensis* (Franch. et Sav.) Makino, Bot. Mag. 24: 224 (1910); *Arabis gemmifera* (Mastum.) Makino, Bot. Mag. 24: 224 (1910); *Arabis coronata* Nakai, Bot. Mag. 28: 302 (1914); *Cardamine greatrexii* Miyabe et Kudo, Trans. Sapporo Nat. Hist. Soc. 6: 169 (1917); *Arabis maximowiczii* N. Busch, Bot. Mater. Gerb. Glavn. Bot. Sada R. S. F. S. R. 3: 13 (1922); *Arabis greatrexii* (Miyabe et Kudo) Miyabe et Tatew., Trans. Sapporo Nat. Hist. Soc. 13: 379 (1934); *Arabis gemmifera* var. *alpicola* (Koidz.) H. Hara, J. Jap. Bot. 12 (12): 901 (1936); *Cardaminopsis gemmifera* (Matsum.) Berkut., Novosti Sist. Vyssh. Rast. 15: 154 (1979).

黑龙江、吉林、辽宁、台湾；日本、朝鲜、俄罗斯。

琴叶鼠耳芥

Arabidopsis lyrata subsp. **kamchatica** (Fisch. ex DC.) O'Kane et Al-Shehbaz, Novon 7 (3): 326 (1997).

Arabis lyrata var. *kamchatica* Fisch. ex DC., Syst. Nat. 2: 231 (1821); *Arabis kamchatica* (Fisch. ex DC.) Ledeb., Fl. Ross. (Ledeb.) 1: 121 (1841); *Arabis morrisonensis* Hayata, J. Coll. Sci. Imp. Univ. Tokyo 30 (1): 29 (1911); *Arabis kawasakiana* Makino, Bot. Mag. 27: 24 (1913); *Cardaminopsis kamchatica* (Fisch. ex DC.) O. E. Schulz in Engler et Prantl, Nat. Pflanzenfam., ed. 2 17 (2): 541 (1936); *Arabis lyrata* subsp. *kamchatica* (Fisch. ex DC.) Hultén, Fl. Aleutian Isl. 202 (1937).

吉林、台湾；日本、朝鲜、俄罗斯、北美洲。

鼠耳芥（拟南芥）

Arabidopsis thaliana (L.) Heynh., Fl. Saxon. 1: 538 (1842).
Arabis thaliana L., Sp. Pl. 2: 665 (1753); *Sisymbrium thalianum* (L.) J. Gay et Monnard, Ann. Sci. Nat. (Paris) 7: 399 (1826); *Stenophragma thalianum* (L.) Celak., Arch. Naturwiss. Landesdurchf. Bohmen 3: 445 (1875).

河南、甘肃、安徽、江苏、江西、湖南、湖北、贵州；蒙古国、日本、朝鲜、印度、塔吉克斯坦、哈萨克斯坦、乌兹别克斯坦、俄罗斯、欧洲、非洲、北美洲。

南芥属 **Arabis** L.

贺兰山南芥

●**Arabis alaschanica** Maxim., Bull. Acad. Imp. Sci. Saint-Pétersbourg 26 (3): 421 (1880).

Arabis holanshanica Y. C. Lan et T. Y. Cheo, Bull. Bot. Lab. N. E. Forest. Inst., Harbin 6: 77 (1980).

内蒙古、山西、宁夏、甘肃、青海、四川。

抱茎南芥

Arabis amplexicaulis Edgew., Trans. Linn. Soc. London 20 (1): 31 (1851).

西藏；不丹、尼泊尔、印度、巴基斯坦、阿富汗、克什米尔。

耳叶南芥

Arabis auriculata Lam., Encycl. 1 (1): 219 (1783).

Arabis recta Vill., Hist. Pl. Dauphine 3 (1): 319 (1788); *Arabis cadmea* Boiss., Diagn. Ser. 1 8: 21 (1849); *Arabis sinaica* Boiss., Diagn. Ser. 1 8: 21 (1849); *Sisymbrium seserzowii* Regel, Bull. Soc. Imp. Naturalistes Moscou 43 (1): 274 (1870); *Arabis sogdiana* Kom., Trav. Joc. Nat. Petersb. 26: 89 (1896).

新疆；塔吉克斯坦、吉尔吉斯斯坦、哈萨克斯坦、乌兹别克斯坦、土库曼斯坦、中东、欧洲东部、非洲北部。

腋花南芥

Arabis axilliflora (Jafri) H. Hara, J. Jap. Bot. 47 (4): 107 (1972).

Parryodes axilliflora Jafri, Notes Roy. Bot. Gard. Edinburgh 22 (3): 207 (1957); *Arabis axilliflora* var. *brevistyla* H. Hara, J. Jap. Bot. 47 (4): 107 (1972).

西藏；不丹。

大花南芥

Arabis bijuga Watt, J. Linn. Soc., Bot. 18: 378 (1881).

Arabis pangiensis Watt, J. Linn. Soc., Bot. 18: 378 (1881); *Arabis macrantha* C. C. Yuan et T. Y. Cheo, Bull. Bot. Lab. N. E. Forest. Inst., Harbin 6: 78, pl. 2 (1980).

四川、云南；巴基斯坦、克什米尔。

匍匐南芥（髯草）

Arabis flagellosa Miq., Ann. Mus. Bot. Lugduno-Batavi 2: 72 (1865).

Arabis flagellosa var. *lasiocarpa* Matsum., Rhodora (1899).

安徽、江苏、浙江、江西；日本。

小灌木南芥

Arabis fruticulosa C. A. Mey., Fl. Altaic. 3: 19 (1831).

Arabis fruticulosa var. *albescens* N. Busch, Fl. Altaic. 3: 19 (1831); *Koeiea altimurana* K. H. Rech., Fl. Iranica 57: 248 (1968).

新疆；蒙古国、巴基斯坦、伊朗、塔吉克斯坦、吉尔吉斯斯坦、哈萨克斯坦、俄罗斯。

硬毛南芥（野南芥菜，毛筷子芥，毛南芥）

Arabis hirsuta (L.) Scop., Fl. Carniol. 2: 30 (1772).

Turritis hirsuta L., Sp. Pl. 2: 666 (1753); *Arabis sagittata* var. *nipponica* Franch. et Sav., Enum. Pl. Jap. 1 (1): 34 (1873); *Arabis nipponica* (Franch. et Sav.) H. Boissieu, Bull. Herb. Boiss. 7: 785 (1899); *Arabis hirsuta* var. *purpurea* Y. C. Lan et T. Y. Chei, Bull. Bot. Lab. N. E. Forest. Inst., Harbin 6: 81 (1980); *Arabis hirsuta* var. *nipponica* (Franch. et Sav.) C. C. Yuan et T. Y. Cheo, Fl. Reipubl. Popularis Sin. 33: 277 (1987).

黑龙江、吉林、辽宁、内蒙古、河北、山西、山东、河南、陕西、宁夏、甘肃、青海、新疆、安徽、浙江、湖北、四川、贵州、云南、西藏；日本、朝鲜、哈萨克斯坦、俄罗斯、中东、欧洲、非洲北部、北美洲。

圆锥南芥

Arabis paniculata Franch., Pl. Delavay. 57 (1889).

Arabis alpina var. *parviflora* Franch., Bull. Soc. Bot. France 33: 401 (1886); *Arabis alpina* var. *rubrocalyx* Franch., Pl. Delavay. 58 (1889); *Arabidopsis mollissima* var. *yunnanensis* O. E. Schulz, Fl. Sibir. Orient. Extremi 1: 136 (1913); *Arabis alpina* var. *rigida* Franch., Bull. Soc. Bot. France 7: 364 (1931); *Arabis paniculata* var. *parviflora* (Franch.) W. T. Wang, Vasc. Pl. Hengduan Mount. 1: 642 (1993).

陕西、甘肃、湖北、四川、贵州、云南、西藏；尼泊尔、克什米尔。

垂果南芥（唐芥，扁担蒿，野白菜）

Arabis pendula L., Sp. Pl. 2: 665 (1753).

Arabis pendula var. *hypoglauca* Franch., Pl. David. 1: 33 (1883); *Arabis pendula* var. *glabrescens* Frach., Pl. Delavay. 58 (1889); *Arabis subpendula* Ohwi, J. Jap. Bot. 26: 229 (1951); *Arabis pendula* var. *hebecarpa* Y. C. Lan et T. Y. Cheo, Bull. Bot. Lab. N. E. Forest. Inst., Harbin 6: 80 (1980).

黑龙江、吉林、辽宁、内蒙古、河北、山西、山东、河南、陕西、宁夏、甘肃、青海、新疆、湖北、四川、贵州、云南、西藏；蒙古国、日本、朝鲜、哈萨克斯坦、俄罗斯、欧洲。

窄翅南芥

Arabis pterosperma Edgew., Trans. Linn. Soc. London 20 (1): 33 (1851).

Arabis alpina var. *purpurea* W. W. Sm., Notes Roy. Bot. Gard. Edinburgh 11 (55): 195 (1919); *Arabis Iatialata* Y. C. Lan et T. Y. Cheo, Bull. Bot. Lab. N. E. Forest. Inst., Harbin 6: 79 (1980); *Arabidopsis yadungensis* K. C. Kuan et Z. X. An, Fl. Xizang. 2: 375 (1985).

青海、四川、云南、西藏；不丹、尼泊尔、印度、巴基斯坦、克什米尔。

齿叶南芥

Arabis serrata Franch. et Sav., Enum. Pl. Jap. 2: 278 (1878).

Arabis amplexicaulis Edgew var. *japonica* H. Boissieu, Bull. Herb. Boissier 7: 787 (1899); *Arabis pseudoauriculata* H. Boissieu, Bull. Herb. Boissier 7: 787 (1899); *Arabis glauca* H. Boissieu, Bull. Herb. Boissier 7: 786 (1899); *Arabis fauriei* H. Boissieu, Bull. Herb. Boissier vii. 787 (1899); *Arabis iwatensis* Makino, Bot. Mag. (Tokyo) 18: 113 (1904); *Arabis amplexicaulis* var. *serrata* (Franch. et Sav.) Makino, Bot. Mag. (Tokyo) 23: 16 (1909); *Arabis hallaisanensis* Nakai, Bot. Mag. (Tokyo) 27: 129 (1913); *Arabis fauriei* H. Boissieu var. *grandiflora* Nakai, Bot. Mag. (Tokyo) 32: 246 (1918); *Arabis boissieuana* var. *sikokiana* Nakai, Bot. Mag. (Tokyo) 32: 244 (1918); *Arabis kishidae* Nakai, Bot. Mag. (Tokyo) 32: 247 (1918); *Arabis boissieuana* Nakai, Bot. Mag. (Tokyo) 32: 243 (1918); *Arabis boissieuana* var. *glauca* (H. Boissieu) Koidz., Fl. Symb. Orient.-Asiat. 76 (1930); *Arabis sikokiana* (Nakai) Honda, Bot. Mag. (Tokyo) 50: 390 (1936); *Arabis serrata* var. *platycarpa* Ohwi, Acta Phytotax. Geobot. 7: 31 (1938); *Arabis serrata* var. *sikokiana* (Nakai) Ohwi, Acta Phytotax. Geobot. 7: 31 (1938); *Arabis serrata* var. *glabrescens* Ohwi, Acta Phytotax. Geobot. 7: 33 (1938); *Arabis serrata* var. *glauca* (H. Boissieu) Ohwi, Acta Phytotax. Geobot. 7: 33 (1938); *Arabis serrata* var. *japonica* (Boissieu) Ohwi, Acta Phytotax. Geobot. 7: 31 (1938); *Arabis formosana* (Masam. ex S. F. Huang) T. S. Liu et S. S. Ying, Fl. Taiwan 2: 676 (1976); *Arabis glauca* subsp. *pseudoacuriculata* (H. Boissieu) Vorosch. in A. K. Skvortsov (ed.), Florist. issl. v razn. raĭonakh S. S. S. R. 173 (1985); *Arabis alpina* var. *formosana* Masam. ex S. F. Huang, Taiwania 40 (4): 386 (1995).

安徽、台湾；日本、朝鲜。

刚毛南芥

●**Arabis setosifolia** Al-Shehnaz, Novon 12 (3): 310, f. 1 (2002).

西藏。

基隆南芥

Arabis stelleri DC., Syst. Nat. 2: 242 (1821).

Arabis japonica (A. Gray) A. Gray, Mém. Amer. Acad. Arts. 6: 381 (1858); *Arabis stelleri* var. *japonica* (A. Gray) F. Schmidt, Mém. Acad. Imp. Sci. St.-Pétersbourg, Sér. 7 12 (2): 111 (1868); *Arabis yokoscensis* Franch. et Sav., Enum. Pl. Jap. 1: 34 (1875); *Arabis alpina* var. *japonica* A. Gray, Plant Jap. 2: 307 (1876); *Arabis fauriei* H. Lév., Repert. Spec. Nov. Regni Veg. 8: 281 (1910); *Arabis lithophila* Hayata, Icon. Pl. Formosan. 3: 18 (1913); *Arabis kelung-insularis* Hayata, Icon. Pl. Formosan. 3: 18 (1913); *Arabis stelleri* subsp. *japonica* (A. Gray) Voroschilov, Florist. issl. v razn. raĭonakh S. S. S. R. 173 (1985).

台湾；日本、朝鲜、俄罗斯。

西藏南芥

Arabis tibetica Hook. f. et Thomson, J. Proc. Linn. Soc., Bot. 5: 143 (1861).

Arabis attenuata Royle ex Hook. f. et Thomson, J. Linn. Soc., Bot. 5: 143 (1861); *Arabis thomsonii* Hook. f., J. Linn. Soc., Bot. 5: 143 (1861); *Arabis tenuirostris* O. E. Schulz, Notizbl. Bot. Gart. Berlin-Dahlem 9: 1066 (1927); *Arabis clarkei* O. E.

Schulz, Notizbl. Bot. Gart. Berlin-Dahlem 9: 1063 (1927); *Arabis multicaulis* Pamp., Fl. Caracorum 160 (1933); *Arabidopsis tibetica* (Hook. f. et Thomson) Y. C. Lan et Z. X. An, Fl. Xizang. 2: 372 (1985).

西藏；巴基斯坦、阿富汗、塔吉克斯坦、吉尔吉斯斯坦、克什米尔。

辣根属 Armoracia G. Gaertn., B. Mey. et Scherb.

辣根（马萝卜）

☆**Armoracia rusticana** P. Gaerth., B. Mey. e Scherb., Oekon. Fl. Wetterau 2: 426 (1800).

Cochlearia armoracia L., Sp. Pl. 2: 648 (1753); *Armoracia sativa* Bernh., Syst. Verz. (Bernhardi) 191 (1800); *Nasturtium armoracia* (L.) Fries, Fl. Scan. 65 (1835); *Rorippa rusticana* (P. Gaertn., B. Mey. et Scherb.) Godr., Fl. France (Grenier) 1: 127 (1848); *Rorippa armoracia* (L.) Hitchc., Key Spring Fl. Manhattan 18 (1894).

黑龙江、吉林、辽宁、河北、江苏；原产于欧洲。

异药芥属 Atelanthera Hook. f. et Thomson

异药芥

Atelanthera perpusilla Hook. f. et Thomson, J. Proc. Linn. Soc., Bot. 5. 138 (1861).

Atelanthera contorta Gilli, Feddes Repert. Spec. Nov. Regni Veg. 57: 225 (1955); *Atelanthera pentandra* Jafri, Notes Roy. Bot. Gard. Edinburgh. 22: 102 (1956).

西藏；巴基斯坦、阿富汗、塔吉克斯坦、哈萨克斯坦。

白马芥属 Baimashania Al-Shehbaz

白马芥

●**Baimashania pulvinata** Al-Shehbza, Novon 10 (4): 312 (2000).

云南。

王氏白马芥

●**Baimashania wangii** Al-Shehbaz, Novon 10 (4): 322 (2000).

青海。

山芥属 Barbarea R. Brown

洪氏山芥

●**Barbarea hongii** Al-Shehbaz et G. Yang, Acta Phytotax. Sin. 38 (1): 71, f. 1 (2000).

吉林。

羽裂山芥

Barbarea intermedia Boreau, Fl. Centre France 2: 48 (1840).

新疆、西藏；不丹、尼泊尔、印度、巴基斯坦；原产于中东和欧洲中部。

山芥（山芥菜）

Barbarea orthoceras Ledeb., Index Sem. (Dorpat.) 2 (1824).

Barbarea vulgaris var. *orthoceras* (Ledeb.) Regel, Reis. Ostsib. 1: 154 (1861); *Barbarea cochlearifolia* H. Boissieu, Bull. Herb. Boissier 7: 783 (1889); *Barbarea patens* H. Boissieu, Bull. de l'Herbier Boissier 7: 783 (1889); *Sisymbrium japonicum* H. Boissieu, Bull. Herb. Boissier 7: 794 (1899); *Barbarea americana* Rydb., Mem. New York Bot. Gard. 1: 174 (1900); *Campe orthoceras* (Ledeb.) A. Heller, Muhlenbergia 7 (11): 124 (1911); *Barbarea sibirica* (Regel) Nakai, Bot. Mag. (Tokyo) 33: 52 (1919); *Barbarea hondoensis* Nakai, Bot. Mag. 33: 53 (1919); *Campe orthoceras* var. *dolichocarpa* Gilkey., Hardb. N. W. Flowering Pl. 119 (1936).

黑龙江、吉林、辽宁、内蒙古、甘肃、新疆、台湾；蒙古国、日本、朝鲜、俄罗斯、北美洲。

台湾山芥

●**Barbarea taiwaniana** Ohwi, Repert. Spec. Nov. Regni Veg. 36: 50 (1934).

Barbarea orthoceras var. *formosana* Kitam., Coll. Ill. Herb. Pl. Jap. 2: 127 (1963).

台湾。

欧洲山芥

Barbarea vulgaris R. Br., Hort. Kew., ed. 2 4: 109 (1812).

Erysimum barbarea L., Sp. Pl. 2: 660 (1753); *Erysimum arcuatum* Opiz ex J. et C. Presl, Fl. Cech. 138 (1819); *Barbarea arcuata* (Opiz ex J. Presl et C. Presl) Reichard, Flora 5 (1): 296 (1822); *Barbarea vulgaris* var. *arcuata* (Opiz ex J Presl et C. Presl) Fr., Novit. Fl. Suec. Alt. 205 (1828).

黑龙江、吉林、新疆、江苏；蒙古国、日本、朝鲜、印度、巴基斯坦、斯里兰卡、塔吉克斯坦、哈萨克斯坦、克什米尔、俄罗斯、欧洲。

团扇荠属 Berteroa DC.

团扇荠

△**Berteroa incana** (L.) DC., Syst. Nat. 2: 291 (1821).

Alyssum incanum L., Sp. Pl. 2: 650 (1753); *Farsetia incana* (L.) R. Br., Hort. Kew. (Hill), ed. 24 97 (1812).

辽宁、内蒙古、甘肃、新疆；塔吉克斯坦、吉尔吉斯斯坦、哈萨克斯坦、乌兹别克斯坦、俄罗斯、欧洲；归化于北美洲。

锥果芥属 Berteroella O. E. Schulz

锥果芥（北荠）

Berteroella maximowiczii (Palib.) O. E. Schulz ex Loes. in Loesener, Beih. Bot. Centralbl. 37 (2): 128 (1919).

Sisymbrium maximowiczii Palib., Trudy Imp. S.-Peterburgsk. Bot. Sada 17 (1): 28 (1899).

辽宁、河北、山东、河南、江苏、浙江；日本、朝鲜。

芸苔属　Brassica L.

鸡冠菜

●**Brassica celerifolia** (Tsen et S. H. Lee) Y. Z. Lan et T. Y. Cheo, Acta Phytotax. Sin. 29 (1): 74 (1991).
Brassica juncea var. *celerifolia* Tsen et S. H. Lee, Hortus Sinicus 2: 28 (1942).
江苏、四川。

短喙芥

△**Brassica elongata** Ehrh., Beitr. Naturk. 7: 159 (1792).
Brassica persica Boiss. et Hohen., Diagn. Pl. Orient. ser. 1 8: 26 (1849); *Brassica brevirostrata* Z. X. An, Fl. Xinjiang. 2 (2): 374 (1995).
新疆；阿富汗、塔吉克斯坦、哈萨克斯坦、乌兹别克斯坦、土库曼斯坦、俄罗斯、中东、欧洲；归化于热带澳大利亚、北美洲。

芥菜（芥）

☆**Brassica juncea** (L.) Czern., Conspect. Pl. Charc. 8 (1859).
中国各地栽培；世界广泛栽培并归化。

芥菜（原变种）

☆**Brassica juncea** var. **juncea**
Sinapis juncea L., Sp. Pl. 2: 668 (1753); *Raphanus junceus* (L.) Crantz, Cl. Crucif. Emend. 110 (1769); *Sinapis japonica* Thunb., Fl. Jap. 262 (1784); *Sinapis cernua* Thunb., Fl. Jap. 262 (1784); *Sinapis integrifolia* West, Bidr. Beskr. Ste Croix 2 96 (1793); *Sinapis ramosa* Roxb., Asian. Res. 11: 179 (1810); *Sinapis chinensis* var. *integrifolia* Stokes, Bot. Mat. Med. 3: 481 (1812); *Sinapis rugosa* Roxb., Hort. Bengal. 48 (1814); *Sinapis patens* Roxb., Hort. Bengal. 48 (1814); *Sinapis cuneifolia* Roxb., Hort. Bengal. 48 (1814); *Sinapis lanceolata* DC., Syst. Nat. 2: 611 (1821); *Brassica japonica* (Thunb.) Siebold ex Miq., Ann. Mus. Bot. Lugduno-Batavi 2: 74 (1865); *Brassica cernua* (Thunb.) F. B. Forbes et Hemsl., J. Linn. Soc., Bot. 23: 47 (1886); *Brassica integrifolia* (H. West) O. E. Schulz, Symb. Antill. (Urban) 3 (3): 509 (1903); *Brassica juncea* subsp. *integrifolia* (Stokes) (H. West.) Thell., Verh. Bot. Vereins Prov. Brandenburg 50 (2): 157 (1909); *Brassica taquetii* H. Lév., Feddes Repert. Spec. Nov. Regni Veg. 10: 349 (1912); *Brassica juncea* var. *multisecta* L. H. Bailey, Gentes Herb. 1 (2): 93 (1922); *Brassica juncea* var. *crispifolia* L. H. Bailey, Gentes Herb. 1: 91 (1922); *Brassica juncea* var. *japonica* (Thunb.) L. H. Bailey, Gentes Herb. 1: 93 (1922); *Brassica juncea* var. *foliosa* L. H. Bailey, Gentes Herb. 2: 263 (1930); *Brassica juncea* var. *longidens* L. H. Bailey, Gentes Herb. 2: 263 (1930); *Brassica juncea* var. *longipes* Tsen et S. H. Lee, Hortus Sinicus 2: 23 (1942); *Brassica juncea* var. *gracilis* Tsen et S. H. Lee, Hortus Sinicus 2: 26 (1942); *Brassica juncea* var. *strumata* Tsen et S. H. Lee, Hortus Sinicus 2: 25 (1942); *Brassica juncea* var. *rugosa* (Roxb.) Tsen et S. H. Lee, Hortus Sinicus 2: 19 (1942); *Brassica juncea* var. *multiceps* Tsen et S. H. Lee, Hortus Sinicus 2: 20 (1942); *Brassica juncea* var. *cumeifolis* (Roxb.) Kitam., Acta Phytotax. Geobot. 16: 62 (1955);

Brassica napiformis var. *multisecta* (L. H. Bailey) A. I. Baranov, Feddes Repert. Spec. Nov. Regni Veg. 63: 286, f. 2 (1960).
中国各地栽培；世界广泛栽培并归化。

芥菜疙瘩（大头菜，根用菜）

☆**Brassica juncea** var. **napiformis** (Pailleux et Bois) Kitamura, Mem. Coll. Sci. Kyoto Imp. Univ., Ser. B 19: 76 (1950).
Sinapis juncea var. *napiformis* Pailleux et Bois, Potager d'un Curieux 2: 372 (1892); *Brassica napiformis* (Pailleux et Bois) L. H. Bailey, Bull. Cornell Univ. Agr. Exp. Sta. 67: 187 (1894); *Brassica juncea* var. *megarrhiza* Tsen et S. H. Lee, Hortus Sinicus 2: 21 (1942); *Brassica juncea* subsp. *napiformis* (Pailleux et Bois) Gladis, Feddes Repert. 103 (7-8): 474 (1992).
中国各地栽培。

榨菜（菱角菜，羊角儿菜）

☆**Brassica juncea** var. **tumida** Tsen et S. H. Lee, Hortus Sinicus 2: 23 (1942).
Brassica juncea var. *tsatsai* P. I. Mao, Hort. Sin. 2 (8): 690 (1936).
四川、云南；国外引进，原产地不详。

欧洲油菜

☆**Brassica napus** L., Sp. Pl. 2: 666 (1753).
中国各地广泛栽培；世界各地广泛栽培并归化。

欧洲油菜（原变种）

☆**Brassica napus** var. **napus**
Brassica oleracea var. *pseudocolza* H. Lév., Syst. Veg. (1774); *Brassica oleracea* var. *hongnoensis* H. Lév., Excerc. Phyt. (1792); *Brassica napus* var. *oleifera* DC., Descr. Egypte, Hist. Nat. 19 (1813); *Brassica campestris* var. *napus* (L.) Bab., Bull. Soc. Imp. Naturalistes Moscou (1829); *Brassica oleracea* var. *arvensis* Duch., Chenop. Monogr. Enum. (1840); *Brassica campestris* subsp. *napus* (L.) Hook. f., Fl. Brit. Ind. 1: 156 (1872); *Brassica napus* subsp. *oleifera* (DC.) Metzg., Trudy Prikl. Bot. Gen. i Sel. 19 (3): 245 (1928); *Brassica napus* var. *leptorrhiza* Spach, Monogr. Digitaria (1950).
中国各地广泛栽培；世界各地广泛栽培并归化。

蔓菁甘蓝（芜菁甘蓝，洋大头菜，布留克）

☆**Brassica napus** var. **napobrassica** (L.) Rchb., Handb. Gewachsk., ed. 23 1220 (1833).
Brassica oleracea var. *napobrassica* L., Sp. Pl. 2: 667 (1753); *Brassica napobrassica* (L.) Mill., Gard. Dict., ed. 8 no. 2 (1768); *Brassica napus* var. *edulis* Delile, Handb. Gewachsk., ed. 2 3: 1220 (1833); *Brassica napus* var. *rapifera* Metzg., Syst. Beschr. Kohlart. 46 (1833); *Brassica campestris* var. *napobrassica* (L.) DC., Bull. Soc. Bot. France (1854); *Brassica rutabaga* DC. ex H. Lév., List Brit. Pl. 12: 25 (1910); *Brassica napus* subsp. *napobrassica* (L.) Jafri, Fl. W. Pakistan 55: 24 (1973).
内蒙古、江苏、浙江、四川、贵州、广东；世界各地广泛栽培。

黑芥

Brassica nigra (L.) W. D. J. Koch, Deutschl. Fl., ed. 34 713 (1833).

Sinapis nigra L., Sp. Pl. 2: 668 (1753); *Sisymbrium nigrum* (L.) Prantl, Exkurs.-Fl. Bayern 222 (1884).

甘肃、青海、新疆、江苏、西藏；越南、尼泊尔、印度、巴基斯坦、阿富汗、哈萨克斯坦、克什米尔、俄罗斯、亚洲西南部、欧洲、非洲北部；北美洲归化。

野甘蓝

☆**Brassica oleracea** L., Sp. Pl. 2: 667 (1753).

Brassica capitata H. Lév., Monde Pl. 12: 24 (1910).

中国多地栽培；原产于欧洲西部，世界广泛栽培。

羽衣甘蓝

☆**Brassica oleracea** var. **acephala** DC., Syst. Nat. 2: 583 (1821).

中国各地城市；世界广泛栽培。

白花甘蓝

☆**Brassica oleracea** var. **albiflora** Kuntze, Revis. Gen. Pl. 1: 19 (1891).

Brassica alboglabra L. H. Bailey, Gentes Herb. 79 (1922).

云南、广东、广西；世界各地广泛栽培。

花椰菜（花菜）

☆**Brassica oleracea** var. **botrytis** L., Sp. Pl. 2: 667 (1753).

除新疆、西藏外，中国各地有栽培；世界各地广泛栽培。

甘蓝（卷心菜，包菜，洋白菜）

☆**Brassica oleracea** var. **capitata** L., Sp. Pl. 2: 667 (1753).

中国各地；世界各地广泛栽培。

孢子甘蓝

☆**Brassica oleracea** var. **gemmifera** (DC.) Zenker, Fl. Thüringen 15: 2 (1836).

Brassica oleracea subvar. *gemmifera* DC., Syst. Nat. 2: 585 (1821); *Brassica gemmifera* (DC.) H. Lév., Monde Pl. Rev. Mens. Bot. 12 (63): 24 (1910); *Brassica oleracea* subsp. *gemmifera* (DC.) Schwarz, Mitt. Thüring. Bot. Ges. 1: 102 (1949).

浙江、四川、云南；世界广泛栽培。

擘蓝（球茎甘蓝，芥三头，苤蓝）

☆**Brassica oleracea** var. **gongylodes** L., Sp. Pl. 2: 667 (1753).

Brassica oleracea var. *caulorapa* DC., Syst. Nat. 2: 586 (1821); *Brassica caulorapa* (DC.) Pasq., Cat. Ort. Bot. Napoli: 17 (1867).

中国广布；世界广泛栽培。

绿花菜

☆**Brassica oleracea** var. **italica** Plenck, Icon. Pl. Med. 6: 29, t. 534 (1794).

广东；世界各地。

蔓菁（芜菁，蔓青，变萝卜）

☆**Brassica rapa** L., Sp. Pl. 2: 666 (1753).

中国各地广泛栽培；世界广泛栽培。

蔓菁（原变种）

☆**Brassica rapa** var. **rapa**

Raphanus rapa (L.) Crantz, Cl. Crucif. Emend 113 (1769); *Brassica rapa* subsp. *rapifera* Metzg., Syst. Beschr. Kohlart. 52 (1833); *Brassica campestris* subsp. *rapa* (L.) Hook. f., Handb. Skand. Fl., ed. 6 110 (1854); *Brassica campestris* var. *rapa* (L.) Hartm., Handb. Skand. Fl., ed. 6 110 (1854); *Barbarea derchiensis* S. S. Ying, Univ. Calif. Publ. Bot. (1902); *Brassica campestris* subsp. *rapifera* (Metzg.) Sinskaya, Trudy Prikl. Bot. 19 (3): 103 (1928).

中国各地广泛栽培；世界广泛栽培。

青菜（小白菜，小油菜）

Brassica rapa var. **chinensis** (L.) Kitam., Mem. Coll. Sci. Kyoto Imp. Univ., Ser. B, Boil. 19: 79 (1950).

Brassica chinensis L., Cent. Pl. I 19 (1755); *Brassica campestris* var. *narinosa* (L. H. Bailey) Kitamura, Gard. Chron. (1841-1873) (1841); *Brassica rapa* var. *amplexicaulis* Tanaka et Ono, Useful Pl. Jap. (Y. Inouma ed.) 10 (1895); *Brassica oleracea* var. *chinensis* (L.) Prain, Agric. Ledger. 5: 45 (1898); *Brassica antiquorum* II. Lév., Repert. Spec. Nov. Regni Veg. 4: 227 (1907); *Brassica campestris* subsp. *chinensis* (L.) Makino, SomokuDznsetsu 1: 3, 12 (1912); *Brassica campestris* subsp. *chinensis* var. *amplexicau*, SomokuDznsetsu 1: 3, 12 (1912); *Brassica campestris* var. *amplexicau* (Tanaka et Ono) Makino, SomokuDznsetsu 1: 3, 12 (1912); *Brassica napus* var. *chinensis* (L.) O. E. Schulz in Engler, Pflanzenr. IV. 105 (Heft 70): 45 (1919); *Brassica campestris* var. *chinensis* (L.) T. Ito, J. Arnold Arbor. (1920-1990) (1920); *Brassica oleracea* var. *tsiekentsiensis* H. Lév., Bothalia (1921); *Brassica parachinensis* L. H. Bailey, Gentes Herb. 1: 102 (1922); *Brassica narinosa* L. H. Bailey, Gentes Herbarum 99 (1922); *Brassica campestris* var. *parachinensis* (L. H. Bailey) Makino, Trudy Turkestansk. Naucn. Obsc. (1923); *Brassica chinensis* var. *rosularis* Tsen et S. H. Lee, Hortus Sinicus. 2: 8 (1942); *Brassica chinensis* var. *communis* Tsen et S. H. Lee, Hort. Sin. 2: 6 (1942); *Brassica chinensis* var. *parachinensis* (L. H. Bailey) Sinskaya, Encycl. (1977); *Brassica rapa* subsp. *narinosa* (L. H. Bailey) Hanelt, Verz. Landwirtsch. u. Gartn. Kulturpfl. Auf. 2, ed. J. Schultze-Motel 1: 305 (1986); *Brassica rapa* subsp. *chinensis* (L.) Hanelt, Verz. Landwirtsch. u. Gartn. Kulturpfl. Auf. 2, ed. J. Schultze-Motel 1: 304 (1986); *Brassica rapa* subsp. *chinensis* var. *parachinen*, Feddes Repert. 98 (11-12): 554 (1987); *Brassica rapa* subsp. *chinensis* var. *rosularis*, Feddes Repert. 98 (11-12): 554 (1987); *Brassica rapa* var. *rosularis* (Tsen et S. H. Lee) Hanelt, Feddes Repert. 98 (11-12): 554 (1987); *Brassica rapa* var. *parachinen* (L. H. Bailey) Hanelt, Feddes Repert. 98 (11-12): 554 (1987).

中国各地广泛分布；世界广泛栽培。

白菜（大白菜，黄牙白，菘）

Brassica rapa var. **glabra** Regel, Gartenflora 9: 9 (1860).
Sinapis pekinensis Lour., Fl. Cochinch., ed. 2400 (1790); *Brassica campestris* var. *pekinensis* (Lour.) Viehoever, Bull. Soc. Imp. Naturalistes Moscou (1829-1917) (1829); *Brassica pekinensis* var. *cylindrica* Tsen et S. H. Lee, Fl. Germ. Excurs. (1830); *Brassica chinensis* var. *pandurata* V. G. Sun, Nomencl. Bot., ed. 2 (Stendel) 1 (1840); *Brassica pekinensis* (Lour.) Rupr., Fl. Ingr. 96 (1860); *Brassica pekinensis* var. *cephalata* Tsen et S. H. Lee, Bol. Soc. Brot. (1880-1920) (1880); *Brassica pe-tsai* (Lour.) L. H. Bailey, Cornell Univ. Agric. Exp. Sta. Bull. 67: 178, 190 (1894); *Brassica pekinensis* var. *laxa* Tsen et S. H. Lee, Hort. Sin. 2: 16 (1942); *Brassica campestris* subsp. *pekinensis* (Lour.) G. Olsson, Hereditas (Lund) 40: 414 (1954); *Brassica rapa* var. *pekinensis* (Lour.) Kiram, Acta Phytotax. Geobot. 35 (4): 125 (1984); *Brassica rapa* subsp. *pekinensis* (Lour.) Hanelt, Verzeichnis Landwirtschaftlicher und Gartnericher Kulturpflanzen, ed. 2 (1): 304 (1986); *Brassica rapa* subsp. *pekinensis* var. *laxa*, Feddes Repert. 98 (11-12): 553 (1987); *Brassica rapa* var. *laxa* (Tsen et S. H. Lee) Hanelt, Feddes Repert. 98 (11-12): 553 (1987); *Brassica chinensis* var. *pekinensis* (Lour.) V. G. Sun, Opera Bot. Belg. (1988); *Brassica rapa* subsp. *pekinensis* var. *pandurata*, Feddes Repert. 103 (7-8): 496 (1992); *Brassica rapa* var. *pandurata* (V. G. Sun) Gladis, Feddes Repert. 103 (7-8): 496 (1992).
中国各地广泛分布；世界广泛栽培。

芸苔（油菜）

Brassica rapa var. **oleifera** DC., Syst. Nat. 2: 591 (1821).
Brassica campestris L., Sp. Pl. 2: 666 (1753); *Brassica chinensis* var. *angustifolia* V. G. Sun, Fl. Orient. (Boissier) (1755); *Brassica campestris* subsp. *nipposinica* (L. H. Bailey) G. Olsson, Nova Acta Regiae Soc. Sci. Upsal. (1773-1950) (1773); *Brassica asperifolia* Lam., Encycl. 1 (2): 746 (1785); *Brassica campestris* var. *chinoleifera* (Viehoeve) Kitam., Malayan Misc. (1820-1822) (1820); *Brassica campestris* var. *oleifera* DC., Syst. Nat. 2: 589 (1821); *Brassica rapa* subsp. *oleifera* (DC.) Metzg., Syst. Beschr. 49 (1833); *Brassica dubiosa* L. H. Bailey, Gentes Herb. 1: 102 (1922); *Brassica nipposinica* L. H. Bailey, Gentes Herb. 86 (1922); *Brassica rapa* var. *pervridis* L. H. Bailey, Gentes Herbarum 2: 243 (1930); *Brassica pervridis* (L. H. Bailey) L. H. Bailey, Gentes Herb. 4: 328 (1940); *Brassica rapa* subsp. *campestris* (L.) Clapham, Fl. Brit. 153 (1952); *Brassica rapa* var. *campestris* (L.) Peterm., Fl. Brit. Isles, ed. 2 124 (1962); *Brassica campestris* subsp. *oleifera* (DC.) Schübl. et Mart., Bull. Bot. Res., Harbin (1981); *Brassica rapa* subsp. *nipposinica* (L. H. Bailey) Hanelt, Verz. Landwirtsch. u. Gartn. Kulturpfl. Auf. 2, ed. J. Schultze-Motel 1: 305 (1986).
中国各地广泛分布；世界广泛栽培。

肉叶荠属 **Braya** Sternb. et Hoppe

弗氏肉叶芥

Braya forrestii Ramp., Notes Roy. Bot. Gard. Edinburgh 8 (37): 119 (1913).

Braya forrestii var. *puberula* W. T. Wang, Acta Bot. Yunnan. 9 (1): 19 (1987).
四川、云南、西藏；不丹。

红花肉叶荠

Braya rosea (Turcz.) Bunge, Del. Sem. Hort. Dorpater 8 (1841).
Platypetalum roseum Turcz., Bull. Soc. Imp. Naturalistes Moscou 11: 87 (1838); *Draba rosea* Turcz., Bull. Soc. Nat. Mosc. 87 (1838); *Braya limosella* Bunge, Del. Sem. Hort. Dorpater 8 (1841); *Braya aenea* Bunge, Del. Sem. Hort. Dorpater 8 (1841); *Braya limoselloides* Bunge ex Ledeb., Fl. Ross. (Ledeb.) 1: 194 (1842); *Braya thomsonii* Hook. f., J. Proc. Linn. Soc., Bot. 5: 168 (1861); *Sisymbrium limosella* (Bunge) Fourn., Rech. Anat. Taxon. Fam. Crucifer. 132 (1865); *Braya rosea* var. *glarata* Regel et Schmalh, Trudy Imp. S.-Peterburgsk. Bot. Sada 5 (1): 241 (1877); *Sisymbrium alpinum* var. *aeneum* (Bunge) Trautv., Del. Sem. Hort. Dorpater 5: 26 (1877); *Braya rosea* var. *glabra* Regel et Schmalh, Trudy Imp. S.-Peterburgsk. Bot. Sada 5 (5): 241 (1877); *Braya sinuata* Maxim., Fl. Tangut. 69, pl. 28, f. 23, 33 (1889); *Hesperis rosea* (Turcz.) Kuntze, Revis. Gen. Pl. 2: 936 (1891); *Hesperis limoselloides* (Bunge ex Ledeb.) Kuntze, Revis. Gen. Pl. 2: 935 (1891); *Hesperis limosella* (Bunge) Kuntze, Revis. Gen. Pl. 2: 934 (1891); *Braya rosea* var. *multicaulis* B. Fedtsch., Acta Horti Petrop. 21: 279 (1903); *Braya rosea* var. *simlicior* B. Fedtsch., Acta Horti Petrop. 21: 279 (1903); *Braya tibetica* f. *breviscapa* Pamp., Bull. Soc. Ital. 30 (1915); *Braya tibetica* f. *sinuata* (Maxim.) O. E. Schulz, Bull. Soc. Ital. 30 (1915); *Braya rosea* var. *leiocarpa* O. E. Schulz in Engler, Pflanzenr. IV. 105 (Heft 86): 232 (1924); *Braya tinkleri* Em. Schmid, Repert. Spec. Nov. Regni Veg. 31: 48 (1932); *Braya brevicaulis* Em. Schmid, Repert. Spec. Nov. Regni Veg. 31: 48 (1932); *Braya rosea* var. *brachycarpa* (Vassilcz.) Malyschev, Bull. Fan Mem. Inst. Biol. Bot. (1934-1948) (1934); *Braya brachycarpa* Vassilcz. in Kom., Fl. U. R. S. S. 8: 72, 636 (1939); *Braya angustifolia* (N. Busch) Vassilcz. in Kom., Fl. U. R. S. S. 8: 73, 636 (1939); *Sisymbrium alpinum* var. *roseum* (Turcz.) Trautv., Acta Horti Petrop. 1: 59 (1971); *Braya aenea* subsp. *pseudoaenea* Petrovsky, Arktic. Fl. S. S. S. R. 7: 49 (1975); *Braya tibetica* f. *linearifolia* Z. X. An, Bull. Bot. Lab. N. E. Forest. Inst., Harbin 1 (1-2): 102 (1981).
甘肃、青海、新疆、四川、西藏；蒙古国、不丹、尼泊尔、印度、巴基斯坦、塔吉克斯坦、吉尔吉斯斯坦、克什米尔、俄罗斯。

黄花肉叶荠

Braya scharnhorstii Regel et Schmalh, Trudy Imp. S.-Peterburgsk. Bot. Sada 5: 241 (1877).
Braya sternbergii Krassn., Fl. Ost. Tiansch. Sap. Russ. Gaogr. Obtsch. 335 (1888); *Beketovia tianschanica* Krassn., Enum. Pl. Tian Shan Orient. 20 (1887); *Erysimum pamiricum* Korsh., Mém. Acad. Imp. Sci. Saint-Pétersbourg, Ser. 8 4: 88 (1896); *Braya pamirica* var. *glabra* O. Fedtsch., Acta Horti Petrop. 21: 280 (1903); *Braya pamirica* (Korsh.) O. Fedtsch., Pl. Pamir 14 (1903); *Braya oxycarpa* var. *scharnhorstii* (Regel et Schmalh.)

O. E. Schulz in Engler, Pflanzenr. IV. 105 (Heft 86): 237 (1924); *Braya thomsonii* var. *pamirica* (Korsh.) O. E. Schulz in Engler, Pflanzenr. IV. 105 (Heft 86): 237 (1924); *Solms-laubachia carnosifolia* Z. X. An, Fl. Xinjiang. 2 (2): 377 (1995); *Neotorularia pamirica* Z. X. An, Fl. Xinjiang. 2 (2): 380 (1995).

新疆；塔吉克斯坦、吉尔吉斯斯坦。

四川肉叶荠（新拟）

●**Braya sichuanica** Al-Shehbaz, Harvard Pap. Bot. 19 (2): 168 (2014).

四川。

长角菜肉叶荠

Braya siliquosa Bunge, Del. Sem. Hort. Dorpater 7 (1839).
Braya versicolor Turcz., Bull. Soc. Imp. Naturalistes Moscou 15: 81 (1842).

青海、云南；蒙古国、哈萨克斯坦、俄罗斯、北美洲。

匙荠属 **Bunias** L.

匙荠

Bunias cochlearioides Murray, Novi Comment. Soc. Regiae Sci. Gott. 8: 42, pl. 3 (1777).
Bunias tcheliensis Debeaux, Actes Soc. Linn. Bordeaux 33: 85 (1879).

黑龙江、辽宁、河北；蒙古国、哈萨克斯坦、俄罗斯。

疣果匙荠

Bunias orientalis L., Sp. Pl. 2: 670 (1753).

黑龙江、辽宁；蒙古国、哈萨克斯坦、俄罗斯、中东、欧洲。

亚麻荠属 **Camelina** Crantz

小果亚麻荠

Camelina microcarpa DC., Syst. Nat. 2: 517 (1821).
Camelina sylvestris Wallr., Sched. Crit. 1: 347 (1822); *Camelina longistyla* Bordz., Trudy Bot. Sada Imp. Yur'evsk. Univ. 13: 20 (1912); *Camelina sativa* subsp. *microcarpa* (DC.) Hegi et E. Schmid, Ill. Fl. Mitt.-Eur. 4: 370 (1919); *Camelina microcarpa* f. *longistipata* C. H. An, Bull. Bot. Lab. N. E. Forest. Inst., Harbin 1 (1-2): 107 (1981); *Camelina microphylla* C. H. An, Bull. Bot. Lab. N. E. Forest. Inst., Harbin 1 (1-2): 106 (1981).

黑龙江、吉林、辽宁、内蒙古、山东、河南、甘肃、新疆；蒙古国、塔吉克斯坦、哈萨克斯坦、乌兹别克斯坦、土库曼斯坦、俄罗斯、中东；欧洲、北美洲有引种。

亚麻荠

Camelina sativa (L.) Crantz, Stirp. Austr. Fasc. 1: 17 (1762).
Myagrum sativum L., Sp. Pl. 2: 641 (1753); *Camelina sativa* var. *pilosa* DC., Reg. Veg. Syst. Nat. 2: 516 (1821); *Camelina sativa* var. *glabrata* DC., Prodr. (DC.) 1: 201 (1824); *Camelina pilosa* (DC.) N. W. Zinger, Trav. Mus. Bot. Acad. Sci. St.

Petersb. 6: 22 (1909); *Camelina sativa* var. *caucasica* Sinskaya, Trudy Prikl. Bot. Gen. I Sel. 19 (3): 544 (1928); *Camelina caucasia* (Sinskaya) Vassilcz. in Kom., Fl. U. R. S. S. 8: 601, 652 (1939).

内蒙古、新疆；蒙古国、朝鲜、印度、巴基斯坦、塔吉克斯坦、哈萨克斯坦、土库曼斯坦、俄罗斯、中东、欧洲、非洲北部；引入北美洲。

云南亚麻荠

●**Camelina yunnanensis** W. W. Sm., Notes Roy. Bot. Gard. Edinburgh 11 (55): 202 (1919).

云南。

荠属 **Capsella** Medikus

荠（荠菜，菱角菜）

Capsella bursa-pastoris (L.) Medik., Pfl.-Gatt. 1: 85 (1792).
Thlaspi bursa-pastoris L., Sp. Pl. 2: 647 (1753).

中国广布；中东、欧洲。

碎米荠属 **Cardamine** L.

安徽碎米荠

●**Cardamine anhuiensis** D. C. Zhang et J. Z. Shao, Bull. Bot. Res., Harbin 6 (2): 127 (1986)
Cardamine jinshaensis Q. H. Chen et T. L. Xu, Acta Bot. Yunnan. 15 (4): 361 (1993).

安徽、江苏、浙江、江西、湖南、湖北、贵州。

北极碎米荠

Cardamine bellidifolia L., Sp. Pl. 654 (1753).

新疆；蒙古国、哈萨克斯坦、俄罗斯、欧洲、美国。

博氏碎米荠

●**Cardamine bodinieri** (H. Lév.) Lauener, Notes Roy. Bot. Gard. Edinburgh 26 (4): 336 (1965).
Dentaria bodinieri H. Lév., Repert. Spec. Nov. Regni Veg. 8: 452 (1910).

贵州。

岩生碎米荠

●**Cardamine calcicola** W. W. Sm., Notes Roy. Bot. Gard. Edinburgh 11 (55): 203 (1919).

云南。

驴蹄碎米荠

Cardamine calthifolia H. Lév., Bull. Acad. Int. Geogr. Bot. 24: 281 (1914).

四川、云南、广东；缅甸。

细裂碎米荠

●**Cardamine caroides** C. Y. Wu ex W. T. Wang, Acta Bot. Yunnan. 9 (1): 17 (1987).

四川。

天池碎米荠

Cardamine changbaiana Al-Shehbaz, Novon 10 (4): 323 (2000).

Cardamine resedifolia var. *morii* Nakai, Bot. Mag. 28: 303 (1914).

吉林；朝鲜。

周氏碎米荠

●**Cardamine cheotaiyienii** Al-Shehbaz et G. Yang, Harvard Pap. Bot. 3 (1): 73 (1998).

Hilliella alatipes var. *macrantha* Y. H. Zhang, Acta Bot. Yunnan. 8: 403 (1986).

云南。

露珠碎米荠（肾叶碎米荠，阿玉碎米荠）

Cardamine circaeoides Hook. f. et Thomson, J. Proc. Linn. Soc., Bot. 5: 144 (1861).

Cardamine circaeoides var. *diversifolia* O. E. Schulz, Gen. Pl. (1775); *Cardamine insignis* O. E. Schulz, Bot. Jahrb. Syst. 32 (4): 439 (1903); *Cardamine violifolia* var. *diversifolia* O. E. Schulz, Bot. Jahrb. Syst. 32 (4): 440 (1903); *Cardamine violifolia* O. E. Schulz, Bot. Jahrb. Syst. 32 (4): 440 (1903); *Cardamine reniformis* Hayata, J. Coll. Sci. Imp. Univ. Tokyo 29 (19): 50 (1908); *Cardamine agyokumontana* Hayata, Icon. Pl. Formosan. 3: 19 (1913); *Cardamine violifolia* var. *pilosa* K. L. Chang et H. L. Huang, Taiwania 41 (2): 115 (1996); *Cardamine heterandra* J. Z. Sun et K. L. Chang, Taiwania 41 (2): 113 (1996); *Cardamine macrocephala* Z. M. Tan et S. C. Zhou, J. Sichuan Univ., Nat. Sci. Ed. 33 (5): 601 (1996).

甘肃、湖南、湖北、四川、云南、台湾、广东、广西；越南、老挝、缅甸、泰国、印度。

洱源碎米荠

Cardamine delavayi Franch., Bull. Soc. Bot. France 33: 397 (1886).

四川、云南；不丹。

光头山碎米荠

●**Cardamine engleriana** O. E. Schulz, Bot. Jahrb. Syst. 32: 407 (1903).

Cardamine griffithii var. *grandifolia* T. Y. Cheo et R. C. Fang, Bull. Bot. Lab. N. E. Forest. Inst., Harbin 6: 25 (1980).

陕西、甘肃、安徽、湖南、湖北、四川、福建。

法氏碎米荠

●**Cardamine fargesiana** Al-Shehbaz, Novon 10 (4): 324 (2000).

重庆。

弯曲碎米荠

△**Cardamine flexuosa** With., Arr. Brit. Pl., ed. 3 578 (1796).

Cardamine sylvatica Link, Phytogr. Bl. 1: 50 (1803); *Cardamine occulata* Horn., Suppl. Hort. Bot. Hafn. 71 (1819); *Cardamine debilis* D. Don, Prodr. Fl. Nepal. 201 (1825); *Nasturtium obliquum* Zoll., Natuur-Geneesk. Arch. Ned.-Indië 2: 580 (1845); *Cardamine zollingeri* Turcz., Bull. Soc. Imp. Naturalistes Moscou 27: 294 (1854); *Cardamine hirsuta* var. *flaccida* Franch., Bull. Soc. Bot. France 33: 397 (1886); *Cardamine hirsuta* var. *sylvatica* (Link) Syme, Fl. Brit. Ind. 1 (1): 138 (1872); *Cardamine flexuosa* subsp. *debilis* O. E. Schulz, Engl. Bot. 32: 478 (1903); *Cardamine flexuosa* var. *occulata* (Hornem.) O. E. Schulz, Bot. Jahrb. Syst. 32: 479 (1903); *Cardamine flexuosa* subsp. *debilis* (D. Don) O. E. Schulz, Bot. Jahrb. Syst. 32: 47 (1903); *Cardamine arisanensis* Hayata, Icon. Pl. Formosan. 3: 20 (1913); *Cardamine scutata* subsp. *flexuosa* (With.) H. Hara, J. Fac. Sci. Univ. Tokyo, Sect. 3, Bot. 6: 59 (1952); *Barbarea arisanensis* (Hayata) S. S. Ying, Alp. Pl. Taiwan Color 2: 170 (1978); *Cardamine flexuosa* var. *debilis* (O. E. Schulz) T. Y. Cheo et R. C. Fang, Bull. Bot. Lab. N. E. Forest. Inst., Harbin 6: 23 (1980); *Cardamine hirsuta* var. *omeiensis* T. Y. Cheo et R. C. Fang, Bull. Bot. Lab. N. E. Forest. Inst., Harbin 6: 23 (1980); *Cardamine flexuosa* var. *ovarifolia* T. Y. Cheo et R. C. Fang, Bull. Bot. Lab. N. E. Forest. Inst., Harbin 6: 24 (1980).

中国广布；日本、朝鲜、菲律宾、越南、老挝、缅甸、泰国、马来西亚、印度尼西亚、不丹、尼泊尔、印度、巴基斯坦、克什米尔、欧洲；归化于澳大利亚、南美洲、北美洲。

莓叶碎米荠（腺萼碎米荠）

Cardamine fragariifolia O. E. Schulz, Bot. Jahrb. Syst. 32 (4): 446 (1903).

Cardamine scoriarum W. W. Sm., Notes Roy. Bot. Gard. Edinburgh 11 (55): 203 (1919); *Cochlearia scoriarum* (W. W. Sm.) Hand.-Mazz., Symb. Sin. 7 (2): 359 (1931); *Cochlearia alatipes* Hand.-Mazz., Symb. Sin. 7 (2): 370 (1931); *Cardamine smithiana* Biswas, J. Bot. 76: 22 (1938); *Hilliella alatipes* (Hand.-Mazz.) Y. H. Zhang et H. W. Li, Acta Bot. Yunnan. 8 (4): 402 (1986); *Yinshania alatipes* (Hand.-Mazz.) Y. Z. Zhao, Acta Sci. Nat. Univ. Intramongol. 23 (4): 568 (1992).

湖南、湖北、四川、贵州、云南、西藏、广西；缅甸、不丹、印度。

窄翅碎米荠

●**Cardamine franchetiana** Diels, Notes Roy. Bot. Gard. Edinburgh 5 (25): 205 (1912).

Loxostemon delavayi Franch., Bull. Soc. Bot. France 33: 400 (1886); *Loxostemon smithii* var. *glabrescens* O. E. Schulz, Acta Horti Gothob. 1: 162 (1924); *Loxostemon smithii* O. E. Schulz, Acta Horti Gothob. 1 (4): 161 (1924).

青海、四川、云南、西藏。

纤细碎米荠

●**Cardamine gracilis** (O. E. Schulz) T. Y. Cheo et R. C. Fang, Bull. Bot. Lab. N. E. Forest. Inst., Harbin (6): 27 (1980).

Cardamine multijuga var. *gracilis* O. E. Schulz, Repert. Spec. Nov. Regni Veg. 17: 289 (1921).

云南。

颗粒碎米荠

●**Cardamine granulifera** (Franch.) Diels, Notes Roy. Bot. Gard. Edinburgh 5: 204 (1912).

Cardamine tenuifolia var. *granulifera* Franch., Bull. Soc. Bot. France 33: 399 (1886); *Loxostemon granuiger* (Franch.) O. E. Schulz, Repert. Spec. Nov. Regni Veg. Beih. 12: 390 (1922).

云南。

山芥碎米荠（山芥菜）

Cardamine griffithii Hook. f. et Thomson, J. Proc. Linn. Soc., Bot. 5: 146 (1861).

Cardamine griffithii var. *pentaloba* W. T. Wang, Acta Bot. Yunnan. 9 (1): 16 (1987).

四川、云南、西藏；不丹、尼泊尔、印度。

碎米荠

△**Cardamine hirsuta** L., Sp. Pl. 2: 655 (1753).

Cardamine hirsuta var. *flaccida* Franch., Bull. Soc. Bot. France 33: 397 (1886); *Cardamine hirsuta* var. *formosana* Hayata, J. Coll. Sci. Imp. Univ. Tokyo 30 (1): 30 (1911).

中国广布；世界广泛栽培并归化。

洪氏碎米荠（新拟）

●**Cardamine hongdeyuana** Al-Shehbaz, Kew Bull. 70 (1)-3: 1 (2015).

西藏。

壶坪碎米荠

●**Cardamine hupingshanensis** K. M. Liu, L. B. Chen, H. F. Bai et L. H. Liu, Novon 18 (2): 135 (2008).

湖南、湖北。

德钦碎米荠

●**Cardamine hydrocotyloides** W. T. Wang, Acta Bot. Yunnan. 9 (1): 8 (1987).

四川、云南。

湿生碎米荠

●**Cardamine hygrophila** T. Y. Cheo et R. C. Fang, Bull. Bot. Lab. N. E. Forest. Inst., Harbin 6: 26 (1980).

湖南、湖北、四川、贵州、广西。

弹裂碎米荠（毛果碎米荠，窄叶碎米荠，四川碎米荠）

△**Cardamine impatiens** L., Sp. Pl. 2: 655 (1753).

Cardamine dasycarpa M. Bieb., Fl. Taur.-Caucas. 3: 437 (1819); *Cardamine impatiens* var. *eriocarpa* DC., Syst. Nat. 2: 262 (1821); *Cardamine impatiens* var. *obtusifolia* Knaf, Flora 29: 294 (1846); *Cardamine senanensis* Franch. et Sav., Enum. Pl. Jap. 2: 280 (1878); *Cardamine impatiens* subsp. *elongata* O. E. Schulz, Bull. Herb. Boissier, ser. 2 (1893); *Cardamine senanensis* Franch. et Sav., Enum. Pl. Jap. 2: 280 (1897); *Cardamine impatiens* var. *obtusifolia* (Kuaf.) O. E. Schulg, Engl. Bot. 32: 460 (1903); *Cardamine impatiens* var. *angustifolia* O. E. Schulz, Bot. Jahrb. Syst. 32 (4): 459 (1903);

Cardamine nakaiana H. Lév., Repert. Spec. Nov. Regni Veg. 10: 350 (1912); *Cardamine impatiens* var. *fumaria* H. Lév., Repert. Spec. Nov. Regni Veg. 12: 100 (1913); *Cardamine glaphyropoda* O. E. Schulz, Acta Horti Gothob. 1 (4): 159 (1924); *Cardamine impatiens* var. *pilosa* O. E. Schulz, Fl. Estonskoi S. S. R. 5: 380 (1973); *Cardamine impatiens* var. *microphylla* O. E. Schulz, Fl. Estonskoi S. S. R. 5: 380 (1973); *Cardamine glaphyropoda* var. *crenata* T. Y. Cheo et R. C. Fang, Bull. Bot. Lab. N. E. Forest. Inst., Harbin 6: 21 (1980); *Cardamine impatiens* var. *dasycarpa* (M. Bieb.) T. Y. Cheo et R. C. Fang, Bull. Bot. Lab. N. E. Forest. Inst., Harbin 6: 21 (1980); *Cardamine basisagittata* W. T. Wang, Acta Bot. Yunnan. 9 (1): 10 (1987).

中国广布；亚洲、欧洲广布；归化于非洲南部和北美洲。

翼柄碎米荠

Cardamine komarovii Nakai, Repert. Spec. Nov. Regni Veg. 13 (8): 271 (1914).

Alliaria auriculata Kom., Trudy Imp. S.-Peterburgsk. Bot. Sada 18 (3): 437 (1901); *Arabis cebennensis* var. *coreana* H. Lév., Bull. Acad. Geogr. Int. Bot. 19 (2): 260 (1909).

黑龙江、吉林、辽宁；朝鲜。

白花碎米荠（山芥菜）

Cardamine leucantha (Tausch) O. E. Schulz, Bot. Jahrb. Syst. 32: 403 (1903).

Dentaria leucantha Tausch, Flora 19 (2): 404 (1836); *Dentaria dasyloba* Turcz., Bull. Soc. Imp. Naturalistes Moscou 27 (2): 295 (1854); *Cardamine dasyloba* (Turcz.) Miq., Ann. Mus. Bot. Lugduno-Batavi 2: 73 (1865); *Cardamine macrophylla* var. *parviflora* Trautv., Phytologia (1933); *Cardamine cathayensis* Migo, J. Shanghai Sci. Inst. Sect. 3: 223 (1937); *Dentaria macrophylla* var. *dasyloba* (Turcz.) Makino, Bot. Mater. Gerb. Bot. Inst. Komarova Akad. Nauk S. S. S. R. (1963); *Cardamine leucantha* var. *crenata* D. C. Zhang, Bull. Bot. Res., Harbin 11 (1): 42 (1991).

黑龙江、吉林、辽宁、内蒙古、河北、山西、河南、陕西、宁夏、甘肃、安徽、江苏、浙江、江西、湖南、四川、贵州；蒙古国、日本、朝鲜、俄罗斯。

李恒碎米荠

●**Cardamine lihengiana** Al-Shehbaz, Novon 10 (4): 326 (2000).

云南。

弯蕊碎米荠（大花弯蕊芥）

Cardamine loxostemonoides O. E. Schulz, Notizbl. Bot. Gart. Berlin-Dahlem 9 (90): 1069 (1926).

Loxostemon stemonoides (O. E. Schulz) Y. C. Lan et T. Y. Cheo, Bull. Bot. Res., Harbin 1 (3): 56 (1981); *Loxostemon loxostemonoides* (O. E. Schulz) Y. C. Lan et T. Y. Cheo, Bull. Bot. Lab. N. E. Forest. Inst., Harbin 1 (3): 53 (1981); *Loxostemon incanus* R. C. Fang ex T. Y. Cheo et Y. C. Lan, Bull. Bot. Lab. N. E. Forest. Inst., Harbin 1 (3): 54 (1981);

Cardamine tibetana Rashid et H. Ohba, J. Jap. Bot. 68 (4): 206 (1993).

云南、西藏；不丹、尼泊尔、印度、克什米尔。

水田碎米荠（小水田荠，水田荠）

Cardamine lyrata Bunge, Mém. Acad. Imp. Sci. St.-Pétersbourg, sér. 6, Sci. Math. 2: 29 (1833).

Cardamine argyi H. Lév., Mém. Acad. Ci. Art. Barcelona 12 (22): 7 (1916).

黑龙江、吉林、辽宁、内蒙古、河北、山东、河南、安徽、江苏、浙江、江西、湖南、四川、贵州、福建、广西；日本、朝鲜、俄罗斯。

大叶碎米荠

Cardamine macrophylla Willd., Sp. Pl. 3 (1): 484 (1800).

Cardamine polyphylla D. Don, Prodr. Fl. Nepal. 201 (1825); *Dentaria Wallichii* G. Don, Gen. Syst. Nat. 1: 172 (1831); *Dentaria Willdenowii* Tausch, Flora 19: 403 (1836); *Dentaria gmelinii* Tausch, Flora (Regensburg) 19: 402 (1836); *Cardamine macrophylla* var. *lobata* Hook. f. et T. Anderson, Icon. Pl. (1836-1864) (1836); *Dentaria macrophylla* (Willd.) Bunge ex Maxim., Prim. Fl. Amur. 45 (1859); *Cardamine macrophylla* var. *foliosa* Hook. f. et T. Anderson, Fl. Brit. Ind. 1: 139 (1872); *Cardamine macrophylla* var. *sikkimensis* Hook. f. et T. Anderson, Fl. Brit. Ind. 1: 139 (1872); *Cardamine macrophylla* var. *crenata* Trautv., Trudy Imp. S.-Peterburgsk. Bot. Sada 5 (1): 18 (1877); *Cardamine macrophylla* subsp. *polyphylla* (D. Don) O. E. Schulz, Bot. Jahrb. Syst. 32: 401 (1903); *Cardamine urbaniana* O. E. Schulz, Bot. Jahrb. Syst. 32 (2-3): 396 (1903); *Cardamine sachalinensis* Miyabe et Miyake, Fl. Saghal. 58 (1915); *Dentaria sinomanshurica* Kitag., Rep. Inst. Sci. Res. Manchoukuo 4: 111 (1940); *Cardamine sinomanshurica* (Kitag.) Kitag., Rep. Inst. Sci. Res. Manchoukuo 4: 111 (1940); *Cardamine macrophylla* var. *dentariifolia* Hook. f. et T. Anderson, Kent Sci. Inst. Misc. Publ. (1950); *Cardamine macrophylla* var. *polyphylla* (D. Don) T. Y. Cheo et R. C. Fang, Bull. Bot. Lab. N. E. Forest. Inst., Harbin 6: 19 (1980); *Cardamine macrophylla* var. *diplodonta* T. Y. Cheo, Bull. Bot. Lab. N. E. Forest. Inst., Harbin 6: 20 (1980).

吉林、辽宁、内蒙古、河北、山西、河南、陕西、甘肃、青海、新疆、安徽、江西、湖南、湖北、四川、贵州、云南、西藏；蒙古国、日本、不丹、尼泊尔、印度、巴基斯坦、哈萨克斯坦、克什米尔、俄罗斯。

小叶碎米荠

●**Cardamine microzyga** O. E. Schulz, Bot. Jahrb. Syst. 32 (4): 545 (1903).

Cardamine prattii Hemsl. et E. H. Wilson, Bull. Misc. Inform. Kew 5: 153 (1906).

四川、西藏。

多花碎米荠

●**Cardamine multiflora** T. Y. Cheo et R. C. Fang, Bull. Bot.

Lab. N. E. Forest. Inst., Harbin 1980 (6): 21 (1980).

四川、云南。

多裂碎米荠

●**Cardamine multijuga** Franch., Bull. Soc. Bot. France 33: 399 (1886).

Cardamine griffithii subsp. *multijuga* (Franch.) O. E. Schulz, Bot. Jahrb. Engl. 32: 506 (1903).

云南。

日本碎米荠

Cardamine nipponica Franch. et Sav., Enum. Pl. Jap. 1 (2): 281 (1875).

台湾；日本。

小花碎米荠

Cardamine parviflora L., Syst. Nat., ed. 10 2: 1131 (1759).

Cardamine flexuosa f. *microphylla* O. E. Schulz, Fl. Serres Jard. Eur. (1845); *Cardamine brachycarpa* Franch., Bull. Soc. Bot. France 26: 83 (1879); *Cardamine parviflora* f. *hispida* Franch., Pl. David. 1: 186 (1883); *Cardamine parviflora* var. *mandshurica* Kom., Acta Horti Petrop. 22: 371 (1903); *Cardamine flexuosa* subsp. *fallax* O. E. Schulz, Bot. Jahrb. Syst. 32 (4): 478 (1903); *Cardamine mandshurica* (Kom.) Nakai, TyosenSyobubutu 113 (1914); *Cardamine fallax* (O. E. Schulz) Nakai, Rep. Veg. Doryongto 19 (1919); *Cardamine koshiensis* Koidz., Fl. Symb. Orient.-Asiat. 43 (1930); *Cardamine scutata* subsp. *fallax* (O. E. Schulz) H. Hara, J. Fac. Sci. Univ. Tokyo, Sect. 3, Bot. 6: 59 (1952); *Cardamine flexuosa* var. *fallax* (O. E. Schulz) T. Y. Cheo et R. C. Fang, Bull. Bot. Lab. N. E. Forest. Inst., Harbin 6: 23 (1980).

黑龙江、辽宁、内蒙古、河北、山西、山东、陕西、新疆、安徽、江苏、浙江、台湾、广西；蒙古国、日本、朝鲜、哈萨克斯坦、俄罗斯、中东、欧洲、非洲北部、北美洲。

少花碎米荠

●**Cardamine paucifolia** Hand.-Mazz., Symb. Sin. 7 (2): 359 (1931).

Cardamine yunnanensis var. *obtusata* C. Y. Wu ex T. Y. Cheo et R. C. Fang, Bull. Bot. Lab. N. E. Forest. Inst., Harbin 6: 20 (1980).

云南。

草甸碎米荠

Cardamine pratensis L., Sp. Pl. 2: 656 (1753).

黑龙江、内蒙古、新疆、西藏；蒙古国、日本、朝鲜、哈萨克斯坦、俄罗斯、欧洲、北美洲。

浮水碎米荠（伏水碎米荠）

Cardamine prorepens Fisch. ex DC., Syst. Nat. 2: 256 (1821).

Cardamine pubescens Stev., Syst. Nat. 2: 256 (1821); *Cardamine borealis* Andrz. ex DC., Syst. Nat. 2: 256 (1821); *Cardamine pilosa* Willd., Syst. Nat. 2: 256 (1821); *Cardamine pratensis* var. *prorepens* (Fisch. ex DC.) Maxim., Bull. Acad. Imp. Sci. Saint-Pétersbourg sér. 3 18 (3): 278 (1873).

黑龙江、吉林、内蒙古；蒙古国、朝鲜、俄罗斯。

假三小叶碎米荠（新拟）

●**Cardamine pseudotrifoliolata** Al-Shehbaz, Novon 24 (1): 4 (2015).

西藏。

细巧碎米荠

Cardamine pulchella (Hook. f. et Thomson) Al-Shehbaz et G. Yang, Harvard Pap. Bot. 3 (1): 77 (1998).

Loxostemon pulchellus Hook. f. et Thomson, J. Proc. Linn. Soc., Bot. 5: 147 (1861).

青海、四川、云南、西藏；不丹、尼泊尔、印度。

紫花碎米荠（紫花弯蕊荠）

●**Cardamine purpurascens** (O. E. Schulz) Al-Shehbaz et al., Novon 10 (4): 324 (2000).

Cardamine microzyga var. *purpurascens* O. E. Schulz, Notizbl. Bot. Gart. Berlin-Dahlem 11: 225 (1931); *Loxostemon purpurascens* (O. E. Schulz) R. C. Fang ex Y. Z. Lan et T. Y. Cheo, Bull. Bot. Res., Harbin 1 (3): 54 (1981).

四川、云南。

匍匐碎米荠（匍匐弯蕊荠）

●**Cardamine repens** (Franch.) Diels, Notes Roy. Bot. Gard. Edinburgh 5 (25): 204 (1912).

Dentaria repens Franch., Bull. Soc. Bot. France 32: 5 (1886); *Cardamine tenuifolia* var. *repens* (Franch.) Franch., Pl. Delavay. 55 (1889); *Loxostemon repens* (Franch.) Hand.-Mazz., Symb. Sin. 7 (2): 362 (1931).

四川、云南。

鞭枝碎米荠

●**Cardamine rockii** O. E. Schulz, Notizbl. Bot. Gart. Berlin-Dahlem 9: 473 (1926).

四川、云南。

裸茎碎米荠（落叶梅）

●**Cardamine scaposa** Franch., Pl. David. 1: 33 (1883).

Cardamine denudata O. E. Schulz, Bot. Jahrb. Syst. 36: 46 (1905).

内蒙古、河北、山西、陕西、四川。

圆齿碎米荠

Cardamine scutata Thunb., Trans. Linn. Soc. London 2: 339 (1794).

Cardamine hirsuta var. *latifolia* Maxim., Dict. Sci. Nat. (1804); *Cardamine angulata* var. *kamtschatica* Regel, Bull. Soc. Imp. Naturalistes Moscou 32 (2): 172 (1862); *Cardamine regeliana* Miq., Ann. Mus. Bot. Lugduno-Batavi 2: 73 (1865); *Cardamine hirsuta* var. *regeliana* (Miq.) Maxim., Bull. Acad. Imp. Sci. Saint-Pétersbourg III 18: 279 (1873); *Cardamine*

scutata var. *rotundiloba* (Hayata) T. S. Liu et S. S. Ying, Monogr. Phan. (1878-1896) (1878); *Cardamine sylvatica* var. *regeliana* (Miq.) Franch. et Sav., Ber. Deutsch. Bot. Ges. (1883); *Cardamine dentipetala* Matsum., Bot. Mag. (Tokyo) 51 (1899); *Cardamine drakeana* H. Boissieu, Bull. Herb. Boissier 7: 791 (1899); *Cardamine flexuosa* var. *kamtschatica* (Regel) Matsum., Acta Horti Petrop. 25: 369 (1903); *Cardamine flexuosa* subsp. *regeliana* (Miq.) O. E. Schulz, Bot. Jahrb. Syst. 32 (4): 476 (1903); *Cardamine flexuosa* var. *regeliana* (Miq.) Kom., Bot. Jahrb. Syst. 32: 476 (1903); *Cardamine flexuosa* var. *manshurica* Kom., Trudy Imp. S.-Peterburgsk. Bot. Sada 22: 269 (1903); *Cardamine taquetii* H. Lév. et Vaniot, Repert. Spec. Nov. Regni Veg. 8: 259 (1910); *Cardamine hirsuta* var. *rotundiloba* Hayata, J. Coll. Sci. 31 (1911); *Cardamine aurumnalis* Koidz., Bot. Mag. (Tokyo) 43: 404 (1929); *Cadamine regeliana* var. *manshurica* (Kom.) Kitag., Lin. Fl. Manshur. 228 (1939); *Cardamine scutata* var. *regeliana* (Miq.) H. Hara, J. Fac. Sci. Univ. Tokyo, Sect. 3, Bot. 6 (2): 59 (1952); *Cardamine baishanensis* P. Y. Fu, Fl. Pl. Herb. Chin. Bor.-Or. 4: 116 (1980); *Cardamine zhejiangensis* T. Y. Cheo et R. C. Fang, Bull. Bot. Lab. N. E. Forest. Inst., Harbin 6: 24 (1980); *Cardamine scutata* var. *longiloba* P. Y. Fu, Bull. Fl. Pl. Herb. Chin. Bor.-Orient 4: 109 (1980); *Cardamine zhejiangensis* var. *huangshanensis* D. C. Zhang, Bull. Bot. Res., Harbin 11 (1): 41 (1991).

吉林、安徽、江苏、浙江、四川、贵州、台湾、广东；日本、朝鲜、俄罗斯。

单茎碎米荠

●**Cardamine simplex** Hand.-Mazz., Symb. Sin. 7 (2): 361 (1931).

Loxostemon axillus Y. C. Lan et T. Y. Cheo, Bull. Bot. Res., Harbin 1 (3): 52 (1981); *Cardamine truncatolobata* W. T. Wang, Acta Bot. Yunnan. 9 (1): 14 (1987).

四川、云南。

狭叶碎米荠（狭叶弯蕊荠）

●**Cardamine stenoloba** Hemsl., J. Proc. Linn. Soc., Bot. 29: 303 (1892).

Cardamine pratensis subsp. *chinensis* O. E. Schulz, J. Jap. Bot. (1916); *Loxostemon stenolobus* (Hemsl.) Y. C. Lan et T. Y. Cheo, Bull. Bot. Res., Harbin 1 (3): 56 (1981).

陕西、四川。

唐古碎米荠（石芥菜，紫花碎米荠）

●**Cardamine tangutorum** O. E. Schulz, Bot. Jahrb. Syst. 32 (2-3): 360 (1903).

河北、山西、陕西、甘肃、青海、四川、云南、西藏。

田菁碎米荠

●**Cardamine tianqingiae** Al-Shehbaz et Boufford, Harvard Papers in Botany. 13: 89 (2008).

四川、甘肃。

细叶碎米荠（细叶石芥花）

Cardamine trifida (Lam. ex Poir.) B. M. G. Jones, Feddes Repert. Spec. Nov. Regni Veg. 69: 57 (1964).

Dentaria trifida Lam. ex Poir., Encycl. Suppl. 2: 465 (1812); *Dentaria tenuifolia* Ledeb., Mém. Acad. Imp. Sci. St. Pétersbourg Hist. Acad. 5: 547 (1815); *Cardamine tenuifolia* (Ledeb.) Turcz., Engl. Bot. 32: 391 (1903); *Cardamine schulziana* Baehni, Candollea 7: 281 (1937); *Dentaria alaunica* Golitsin, Del. Sem. Hort. Bot. Univ. Voroneg. 8: 48 (1947); *Sphaerotorrhiza trifida* (Lam. ex Poir.) Khokhr., Fl. Magadansk. obl. 235 (1985).

黑龙江、吉林、内蒙古；蒙古国、日本、朝鲜、哈萨克斯坦、俄罗斯（远东地区）。

三小叶碎米荠

Cardamine trifoliolata Hook. f. et Thomson, J. Proc. Linn. Soc., Bot. 5: 145 (1861).

Cochlearia paucifolia Hand.-Mazz., Symb. Sin. 7: 359 (1931); *Loxostemon smithii* var. *wenchuanensis* Y. C. Lan et T. Y. Cheo, Bull. Bot. Res., Harbin 1 (3): 55 (1981); *Cardamine flexuosoides* W. T. Wang, Acta Bot. Yunnan. 9 (1): 12 (1987); *Cardamine flexuosoides* var. *glabricaulis* W. T. Wang, Acta Bot. Yunnan. 9 (1): 13 (1987).

四川、云南；不丹、尼泊尔、印度。

菫色碎米荠（紫花山芥）

Cardamine violacea (D. Don) Wall. ex Hook. f. et Thomson, J. Proc. Linn. Soc., Bot. 5: 144 (1861).

Erysimum violaceum D. Don, Prodr. Fl. Nepal. 202 (1825); *Cardamine violacea* subsp. *bhutanica* Grierson, Notes Roy. Bot. Gard. Edinburgh 42 (1): 109 (1984).

云南；不丹、尼泊尔。

信芬碎米荠（新拟）

●**Cardamine xinfenii** Al-Shehbaz, Harvard Pap. Bot. 20 (2): 145 (2015).

四川。

云南碎米荠（云南石芥菜，异叶碎米荠）

Cardamine yunnanensis Franch., Bull. Soc. Bot. France 33: 398 (1886).

Cardamine hirsuta var. *oxycarpa* Hook. f. et T. Anderson, Fl. Brit. Ind. 1: 138 (1872); *Cardamine inayatii* O. E. Schulz, Notizbl. Bot. Gart. Berlin-Dahlem 9: 1069 (1927); *Cardamine sikkimensis* H. Hara, J. Jap. Bot. 37: 97 (1962); *Cardamine heterophylla* T. Y. Cheo et R. C. Fang, Bull. Bot. Lab. N. E. Forest. Inst., Harbin 6: 27 (1980); *Cardamine longistyla* W. T. Wang, Acta Bot. Yunnan. 9 (1): 14 (1987); *Cardamine levicaulis* W. T. Wang, Acta Bot. Yunnan. 9 (1): 9 (1987); *Cardamine muliensis* W. T. Wang, Acta Bot. Yunnan. 9 (1): 11 (1987); *Cardamine bijiangensis* W. T. Wang, Acta Bot. Yunnan. 9 (1): 12 (1987); *Cardamine weixiensis* W. T. Wang, Acta Bot. Yunnan. 9 (1): 9 (1987); *Cardamine sinica* Rashid et H. Ohba, J. Jap. Bot. 68 (3): 182 (1993); *Cardamine longipedicellata* Z.

M. Tan et G. H. Chen, Acta Phytotax. Sin. 34 (6): 650 (1996).

四川、云南、西藏；不丹、尼泊尔、印度。

群心菜属 **Cardaria** Desvaux

群心菜

Cardaria draba (L.) Desv., J. Bot. Agric. 3 (4): 163 (1815).

Lepidium draba L., Sp. Pl. 2: 645 (1753).

辽宁、山东、新疆；巴基斯坦、阿富汗、塔吉克斯坦、吉尔吉斯斯坦、哈萨克斯坦、乌兹别克斯坦、土库曼斯坦、克什米尔、俄罗斯、中东、欧洲；归化于非洲南部、热带澳大利亚、南美洲、北美洲。

球果群心菜

△**Cardaria draba** subsp. **chalapensis** (L.) O. E. Schulz, Nat. Pflanzenfam. Ed. 2 17 b: 417 (1936).

Lepidium chalepense L., Cent. Pl. II 23 (1756); *Cochlearia draba* (L.) L., Syst. Nat., ed. 10 2: 1129 (1759); *Lepidium propinquum* Fisch. et C. A. Mey., Bull. Soc. Imp. Naturalistes Moscou 378 (1838); *Physolepidion repens* Schrenk, Enum. Pl. Nov. 97 (1841); *Hymenophysa fenestrata* Boiss., Ann. Sci. Nat., Bot. sér. 2 17: 197 (1842); *Lepidium repens* (Schrenk) Boiss., Fl. Orient. 1: 356 (1867); *Hymenophysa macrocarpa* Franch., Ann. Sci. Nat., Bot. sér. 6 15: 233 (1883); *Lepidium draba* subsp. *chalepense* (L.) Thell., Mitt. Bot. Mus. Univ. Zürich 28: 88 (1906); *Cardaria chalepensis* (L.) Hand.-Mazz., Ann. K. K. Naturhist. Hofmus. 27: 55 (1913); *Lepidium propinquum* var. *auriculatum* Boiss., Acta Phytotax. Geobot. (1932); *Lepidium draba* var. *auriculatum* (Boiss.) N. Busch, Sovetsk. Bot. (1933-1947) (1933); *Cardaria repens* (Schrenk) Jarm., Weed Fl. U. S. S. R. 3: 28 (1934); *Cardaria draba* var. *repens* (Schrenk) O. E. Schulz, Nat. Pflanzenfam, ed. 2 17 b: 417 (1936); *Lepidium boissieri* N. Busch in Kom., Fl. U. R. S. S. 8: 505 (1939); *Cardaria fenestrata* (Boiss.) Rollins, Rhodora 42: 306 (1940); *Cardaria macrocarpa* (Franch.) Rollins, Rhodora 42: 306 (1940); *Cardaria propinqua* (Fisch. et C. A. Mey.) N. Busch, Fl. Georgiae 4: 321 (1948); *Hymenophysa persica* Gilli, Feddes Repert. Spec. Nov. Regni Veg. 57: 219 (1955); *Cardaria boissieri* (N. Busch) Soó, Acta Bot. Acad. Sci. Hung. 12: 362 (1966).

山东、甘肃、新疆、西藏；巴基斯坦、阿富汗、塔吉克斯坦、吉尔吉斯斯坦、哈萨克斯坦、乌兹别克斯坦、土库曼斯坦、克什米尔、中东；归化于欧洲、南美洲、北美洲。

毛果群心菜（甜萝卜缨子）

Cardaria pubescens (C. A. Mey.) Jarm., Weed Fl. U. S. S. R. 3: 29 (1934).

Hymenophysa pubescens C. A. Mey., Fl. Altaic. 3: 181 (1831).

内蒙古、陕西、宁夏、甘肃、青海、新疆；蒙古国、巴基斯坦、塔吉克斯坦、吉尔吉斯斯坦、哈萨克斯坦、乌兹别克斯坦、土库曼斯坦、俄罗斯；归化于南美洲、北美洲。

离子芥属 Chorispora R. Brown ex DC.

高山离子芥

Chorispora bungeana Fisch. et C. A. Mey., Enum. Pl. Nov. 1: 96 (1841).

Chorispora exscapa Bunge ex Ledeb., Fl. Ross. 1: 169 (1842); *Chorispora tianshanica* Z. X. An, Fl. Xinjiang 2 (2): 378 (1995).

新疆；蒙古国、印度、巴基斯坦、阿富汗、塔吉克斯坦、吉尔吉斯斯坦、哈萨克斯坦、乌兹别克斯坦、克什米尔、俄罗斯。

具葶离子芥

Chorispora greigii Regel, Trudy Imp. S.-Peterburgsk. Bot. Sada 6: 296 (1878).

新疆；吉尔吉斯斯坦。

小花离子芥

Chorispora macropoda Trautv., Bull. Soc. Imp. Naturalistes Moscou 33 (1): 109 (1860).

Chorispora pectinata Hadac, Feddes Repert. 81: 464 (1970).

新疆；印度、巴基斯坦、阿富汗、塔吉克斯坦、吉尔吉斯斯坦、哈萨克斯坦、克什米尔。

砂生离子芥

Chorispora sabulosa Cambess., Voy. Inde 4 (Bot.): 15 (1844).

Chorispora elegans Cambess., Voy. Inde 4 (Bot.): 15 (1844); *Chorispora elegans* var. *integrifolia* O. E. Schulz, Notizbl. Bot. Gart. Berlin-Dahlem 9 (90): 1071 (1927); *Chorispora elegans* var. *stenophylla* O. E. Schulz, Notizbl. Bot. Gart. Berlin-Dahlem 9 (90): 1071 (1927); *Chorispora elegans* var. *sabulosa* (Cambess.) O. E. Schulz, Notizbl. Bot. Gart. Berlin-Dahlem 9 (90): 1071 (1927); *Chorispora sabulosa* var. *eglandulosa* Narayan. ex Naithani et Uniyal, Indian J. Forest. 5 (3): 245 (1982).

西藏；印度、巴基斯坦、塔吉克斯坦、哈萨克斯坦、乌兹别克斯坦、克什米尔。

西伯利亚离子芥

Chorispora sibirica (L.) DC., Syst. Nat. 2: 437 (1821).

Raphanus sibiricus L., Sp. Pl. 2: 669 (1753); *Chorispora sibirica* var. *songarica* O. Fedtsch., Раст. лам. 12 (1904); *Chorispora gracilis* A. Ernst, Notizbl. Bot. Gart. Berlin-Dahlem 14: 348 (1939).

新疆、西藏；蒙古国、印度、巴基斯坦、吉尔吉斯斯坦、哈萨克斯坦、克什米尔、俄罗斯。

准噶尔离子芥

Chorispora songarica Schrenk, Enum. Pl. Nov. 2: 57 (1842).

Chorispora pamirica Pach., Bot. Mater. Gerb. Inst. Bot. Akad. Nauk Uzbeksk. S. S. R. 19: 34 (1974).

新疆；塔吉克斯坦、哈萨克斯坦、乌兹别克斯坦。

新疆离子芥

●**Chorispora tashkorganica** Al-Shehbaz et al., Novon 10 (2): 106 (2000).

新疆。

离子芥（离子草，荠儿菜，红花荠菜）

Chorispora tenella (Pall.) DC., Syst. Nat. 2: 435 (1821).

Raphanus tenellus Pall., Reise Russ. Reich. 3: 741 (1776); *Raphanus monnetii* H. Lév., Le Monde des Plantes 18: 31 (1916).

辽宁、内蒙古、河北、山西、山东、河南、陕西、甘肃、青海、新疆、安徽；蒙古国、朝鲜、印度、巴基斯坦、阿富汗、塔吉克斯坦、吉尔吉斯斯坦、哈萨克斯坦、乌兹别克斯坦、土库曼斯坦、克什米尔、俄罗斯、中东、欧洲、非洲北部。

高原芥属 Christolea Cambess.

高原芥

Christolea crassifolia Cambess., Voy. Inde 4 (Bot.): 17 (1844).

Christolea pamirica Korsh., Mém. Acad. Imp. Sci. St.-Pétersbourg (Ser. 7) 4: 89 (1896); *Christolea crassifolia* var. *pamirica* (Korsh.) Korsh., Izv. Imp. Akad. Nauk ser. 5 9(5) Fragm. Fl. Turk. 415 (1898); *Christolea incisa* O. E. Schulz, Notizbl. Bot. Gart. Berlin-Dahlem 9: 1073 (1927); *Parrya ramosissima* Franch., Bull. Mus. Hist. Nat. Paris., sér 2 343 (1932); *Koelzia afghanica* K. H. Rech., Phyton 3: 59 (1951); *Christolea afghanica* (K. H. Rech.) K. H. Rech., Anz. Österr. Akad. Wiss., Math.-Naturwiss. Kl. 91: 64 (1954); *Ermania pamirica* (Korsh.) Ovcz. et Junussov, Fl. Tadzh. S. S. S. R. 5: 172 (1978).

青海、新疆、西藏；尼泊尔、巴基斯坦、阿富汗、塔吉克斯坦、克什米尔。

尼雅高原芥

●**Christolea niyaensis** Z. X. An, Fl. Xinjiang. 2 (2): 376 (1995).

新疆。

对枝菜属 Cithareloma Bunge

对枝菜

Cithareloma vernum Bunge, Linnaea 18: 150 (1844).

甘肃、新疆；哈萨克斯坦、乌兹别克斯坦、土库曼斯坦。

香芥属 Clausia Kornuch-Trotzky

香芥

Clausia aprica (Stephan) Korn.-Trotzky, Index Sem. Kasan. (1834).

Cheiranthus aprica Stephan, Sp. Pl. 3: 518 (1800).

新疆；蒙古国、哈萨克斯坦、俄罗斯、欧洲。

毛萼香芥

Clausia trichosepala (Turcz.) Dvorák, Phyton 11: 200 (1966).

Hesperis trichosepala Turcz., Bull. Soc. Imp. Naturalistes Moscou 5: 180 (1832); *Clausia aprica* (Stephan) Korn.-Trotzky var. *trichosepala* (Turcz.) Korn.-Trotzky, Index Sem. Kasan.Hort. Casan. (1839); *Cheiranthus apricus* var. *trichosepalus* (Turcz.) Franch., Pl. David. 1: 32 (1884); *Hesperis limprichtii* O. E. Schulz, Repert. Spec. Nov. Regni Veg. Beih. 12: 390 (1922); *Hesperis limprichtii* var. *violacea* O. E. Schulz, Acta Horti Gothob. 1 (4): 162 (1924).

吉林、内蒙古、河北、山西、山东；蒙古国、朝鲜。

岩荠属　Cochlearia L.

岩荠（辣根菜）

☆**Cochlearia officinalis** L., Sp. Pl. 2: 647 (1753).

中国有栽培；欧洲。

线果芥属　Conringia Heist. ex Fabr.

线果芥

Conringia planisiliqua Fisch. et C. A. Mey., Index Sem. (St. Petersburg) 3: 32, n. 564 (1837).

Erysimum planisiliquum (Fisch. et C. A. Mey.) Steud., Nom., ed. 2 394 (1840); *Sisymbrium planisiliquum* (Fisch. et C. A. Mey.) Hook. f. et Thomson, J. Linn. Soc., Bot. 5: 159 (1861).

新疆、西藏；蒙古国、印度、巴基斯坦、阿富汗、塔吉克斯坦、吉尔吉斯斯坦、哈萨克斯坦、乌兹别克斯坦、土库曼斯坦、克什米尔、俄罗斯、中东。

臭荠属　Coronopus Zinn

臭荠（臭滨芥）

Coronopus didymus (L.) Sm., Fl. Brit. 2: 691 (1804).

Lepidium didymum L., Mant. Pl. 1: 92 (1767); *Senebiera pinnatifida* DC., Mém. Soc. Hist. Nat. Paris 1: 144 (1799); *Senebiera didyma* (L.) Pers., Syn. Pl. 2: 185 (1807).

山东、新疆、安徽、江苏、浙江、江西、湖北、四川、云南、福建、台湾、广东；世界广布。

单叶臭荠（滨芥）

Coronopus integrifolius (DC.) Spreng., Syst. Veg. 2: 853 (1825).

Senebiera integrifolia DC., Mém. Soc. Hist. Nat. Paris 1: 144 (1799); *Senebiera linoides* DC., Syst. Nat. 2: 522 (1821); *Coronopus linoides* (DC.) Spreng., Syst. Veg., ed. 16 2: 853 (1825); *Coronopus englerianus* Muschl., Bot. Jahrb. Syst. 41: 139 (1908); *Coronopus wrightii* H. Hara, J. Jap. Bot. 17: 340 (1941).

台湾、广东；原产于非洲。

两节荠属　Crambe L.

两节荠

Crambe kotschyana Boiss., Diagn. Pl. Orient., ser. 1 6: 19 (1845).

Crambe cordifolia var. *kotschyana* (Boiss.) O. E. Schulz in Engler, Pflanzenr. IV. 105 (Heft 70): 236 (1919); *Crambe cordifolia* subsp. *kotschyana* (Boiss.) Jafri, Fl. W. Pakistan 55: 37 (1937).

新疆、西藏；印度、巴基斯坦、阿富汗、塔吉克斯坦、吉尔吉斯斯坦、哈萨克斯坦、乌兹别克斯坦、土库曼斯坦、中东。

须弥芥属　Crucihimalaya Al-Shehbaz, O'Kane et. R. A. Price

腋花须弥芥

Crucihimalaya axillaris (Hook. f. et Thomson) Al-Shehbaz et O'Kane et R. A., Novon 9 (3): 301 (1999).

Sisymbrium axillaris Hook. f. et Thomson, J. Proc. Linn. Soc., Bot. 5: 162 (1861); *Microsisymbrium axillare* var. *dasycarpum* O. E. Schulz in Engler, Pflanzenr. IV. 105 (Heft 86): 160 (1924); *Microsisymbrium axillare* (Hook. f. et Thomson) O. E. Schulz, Pflanzenr. (Engler) Crucif.-Sisymbr. 86 (IV. 105): 160 (1924); *Microsisymbrium bracteosum* Jafri, Notes Roy. Bot. Gard. Edinburgh 22: 112 (1956); *Microsisymbrium axillare* var. *brevipedicellatum* Jafri, Notes Roy. Bot. Gard. Edinburgh 22: 112 (1956); *Guillenia axillaris* (Hook. f. et Thomson) Bennet, J. Econ. Taxon. Bot. 4: 593 (1983); *Guillenia bracteosa* (Jafri) H. B. Naithani et S. N. Biswas, Flow. Pl. India, Nepal et Bhutan 42 (1990).

西藏；不丹、尼泊尔、印度、克什米尔。

须弥芥（喜马拉雅鼠耳芥）

Crucihimalaya himalaica (Edgew.) Al-Shehbaz., O'Kane et R. A. Price, Novon 9 (3): 301 (1999).

Arabis himalaica Edgew., Trans. Linn. Soc. London 20 (1): 31 (1846); *Sisymbrium himalaicum* (Edgew.) Hook. f. et Thomson, J. Linn. Soc., Bot. 5: 160 (1861); *Hesperis himalaica* (Edgew.) Kuntze, Rev. Gén. Bot. 2: 934 (1891); *Sisymbrium rupestre* (Edgew.) Hook. f. et Thomson in Engler, Pflanzenr. IV. 105 (Heft 86): 162 (1924); *Arabis rupestris* Edgew. in Engler, Pflanzenr. IV. 105 (Heft 86): 283 (1924); *Arabidopsis himalaica* var. *integrifolia* O. E. Schulz in Engler, Pflanzenr. IV. 105 (Heft 86): 283 (1924); *Arabidopsis himalaica* var. *harrissii* O. E. Schulz in Engler, Pflanzenr. IV. 105 (Heft 86): 283 (1924); *Arabidopsis himalaica* var. *rupestris* (Edgew.) O. E. Schulz in Engler, Pflanzenr. IV. 105 (Heft 86): 283 (1924); *Arabidopsis himalaica* (Edgew.) O. E. Schulz in Engler, Pflanzenr. IV. 105 (Heft 86): 283 (1924); *Arabis brevicaulis* Jafri, Notes Roy. Bot. Gard. Edinburgh 22 (2): 99 (1956); *Arabidopsis brevicaulis* (Jafri) Jafri, Fl. W.

Pakistan 55: 272 (1973).

四川、云南、西藏；不丹、尼泊尔、印度、巴基斯坦、阿富汗、克什米尔。

毛果须弥芥

Crucihimalaya lasiocarpa (Hook. f. et Thomson) Al-Shehbaz et O'Kane et R. A., Novon 9 (3): 300 (1999).

Sisymbrium lasiocarpum Hook. f. et Thomson, J. Proc. Linn. Soc., Bot. 5: 162 (1861); *Hesperis lasiocarpa* (Hook. f. et Thomson) Kuntze, Rev. Gén. Bot. 2: 934 (1891); *Sisymbrium monachorum* W. W. Sm., Rec. Bot. Surv. India 6 (2): 35 (1913); *Arabidopsis lasiocarpa* (Hook. f. et Thomson) O. E. Schulz in Engler, Pflanzenr. IV. 105 (Heft 86): 282 (1924); *Arabidopsis monachorum* (W. W. Sm.) O. E. Schulz in Engler, Pflanzenr. IV. 105 (Heft 86): 282 (1924); *Microsisymbrium duthiei* O. E. Schulz, Notizbl. Bot. Gart. Berlin-Dahlem 9: 1089 (1927); *Sisymbrium bhutanicum* N. P. Balakr., J. Bombay Nat. Hist. Soc. 67: 57 (1970); *Guillenia duthiei* (O. E. Schulz) Bennet, J. Econ. Taxon. Bot. 4 (2): 593 (1983); *Arabidopsis lasiocarpa* var. *micrantha* W. T. Wang, Bull. Bot. Res., Harbin 8 (3): 19 (1988).

四川、云南、西藏；不丹、尼泊尔、印度。

柔毛须弥芥（柔毛鼠耳芥）

Crucihimalaya mollissima (C. A. Mey.) Al-Shehbaz, O'Kane et R. A. Price, Novon 9 (3): 299 (1999).

Sisymbrium mollissimum C. A. Mey., Fl. Altaic. 3: 140 (1831); *Sisymbrium mollissimum* var. *glaberrium* Hook. f. et Thomson, J. Proc. Linn. Soc., Bot. 5: 160 (1861); *Sisymbrium thomsonii* Hook. f., J. Linn. Soc., Bot. 5: 161 (1861); *Hesperis mollissima* (C. A. Mey.) Kuntze, Rev. Gén. Bot. 2: 935 (1891); *Sisymbrium mollissimum* var. *pamiricum* Korsh., Fxagm. Fl. turkest. Bull. Acad. Sci. St-Petersb. V 9: 411 (1898); *Arabidopsis mollissima* (C. A. Mey.) N. Busch, Fl. Sibir. Orient. Extremi 1: 136 (1913); *Stenophragma mollissimum* (C. A. Mey.) B. Fedtsch., Rastit. Turkest. 457 (1915); *Arabidopsis mollissima* var. *dentata* O. E. Schulz in Engler, Pflanzenr. IV. 105 (Heft 86): 281 (1924); *Arabidopsis mollissima* var. *glaberrima* (Hook. f. et Thomson) O. E. Schulz in Engler, Pflanzenr. IV. 105 (Heft 86): 281 (1924); *Arabidopsis mollissima* var. *pamirica* (Korsh.) O. E. Schulz in Engler, Pflanzenr. IV. 105 (Heft 86): 281 (1924); *Arabidopsis mollissima* var. *thomsonii* (Hook. f.) O. E. Schulz in Engler, Pflanzenr. IV. 105 (Heft 86): 281 (1924).

甘肃、新疆、四川、西藏；蒙古国、印度、巴基斯坦、阿富汗、塔吉克斯坦、吉尔吉斯斯坦、哈萨克斯坦、克什米尔、俄罗斯。

直须弥芥（直鼠耳芥）

Crucihimalaya stricta (Cambess.) Al-Shehbaz, O'Kane et R. A. Price, Novon 9 (3): 300 (1999).

Malcolmia stricta Cambess., Voy. Inde 4: 16 (1844); *Sisymbrium strictum* (Cambess.) Hook. f. et Thomson, J. Linn.

Soc., Bot. 5: 161 (1861); *Hesperis stricta* (Cambess) Kuntze, Revis. Gen. Pl. 2: 935 (1891); *Arabidopsis stricta* (Cambess.) N. Busch, Fl. Caucas. Crit. 3 (4): 457 (1909); *Arabidopsis himalaica* var. *kunawurensis* O. E. Schulz in Engler, Pflanzenr. IV. 105 (Heft 86): 283 (1924); *Arabidopsis stricta* var. *bracteata* O. E. Schulz, Notizbl. Bot. Gart. Berlin-Dahlem 9: 1061 (1927).

西藏；尼泊尔、印度、巴基斯坦、克什米尔。

卵叶须弥芥（卵叶鼠耳芥）

Crucihimalaya wallichii (Hook. f. et Thomson) Al-Shehbaz et O'Kane et R. A., Novon 9 (3): 301 (1999).

Sisymbrium wallichii Hook. f. et Thomson, J. Proc. Linn. Soc., Bot. 5: 158 (1861); *Arabis taraxacifolia* T. Andersoon, Fl. Brit. Ind. (Hook. f.) 1: 136 (1872); *Arabis tibetica* var. *bucharica* Lipsky, Monogr. Phan. (1878-1896) (1878); *Hesperis wallichii* (Hook. f. et Thomson) Kuntze, Revis. Gen. Pl. 2: 935 (1891); *Arabidopsis wallichii* (Hook. f. et Thomson) N. Busch, Fl. Caucas. Crit. 3 (4): 457 (1909); *Arabidopsis mollissima* var. *afghanica* O. E. Schulz, Pflanzen. 86 (IV. 105): 281 (1924); *Arabidopsis campestris* O. E. Schulz, Notizbl. Bot. Gart. Berlin-Dahlem 9: 1059 (1927); *Arabis bucharica* (Lipsky) Nevski, Trudy Bot. Inst. Akad. Nauk S. S. S. R., Ser. 1, Fl. Sist. Vyssh. Rast. 4: 301 (1937); *Arabidopsis wallichii* var. *viridis* O. E. Schulz, Gen. Fil. (Copeland) (1947); *Arabidopsis Russelliana* Jafri, Notes Roy. Bot. Gard. Edinburgh 22 (2): 113 (1956); *Microsisymbrium angustifolium* Jafri, Notes Bot. Gard. Edinb. 22: 113 (1956); *Arabidopsis taraxacifolia* (T. Anderson) Jafri, Fl. W. Pakistan 55: 274 (1973).

西藏；不丹、尼泊尔、印度、巴基斯坦、阿富汗、塔吉克斯坦、吉尔吉斯斯坦、哈萨克斯坦、乌兹别克斯坦、土库曼斯坦、克什米尔、中东。

隐子芥属 **Cryptospora** Karelin et Kirilov

隐子芥

Cryptospora falcata Kar. et Kir., Bull. Soc. Imp. Naturalistes Moscou 15: 161 (1842).

Cryptospora omissa Botsch., Not. Syst. Herb. Inst. Bot. Acad. Sci. U. R. S. S. 22: 145 (1963).

新疆；阿富汗、塔吉克斯坦、吉尔吉斯斯坦、哈萨克斯坦、乌兹别克斯坦、土库曼斯坦、中东。

播娘蒿属 **Descurainia** Webb et Berthelot

播娘蒿

Descurainia sophia (L.) Webb ex Prantl, Nat. Pflanzenfam. 3 (2): 192 (1892).

Sisymbrium sophia L., Sp. Pl. 2: 659 (1753); *Descurainia sophia* var. *glabrata* N. Busch. in Kom., Fl. U. R. S. S. 8: 83 (1939).

除台湾、广东、广西、海南外，中国广布；亚洲、欧洲广布；全球有引种。

扇叶芥属 Desideria Pamp.

藏北扇叶芥（藏北高原芥）

●**Desideria bailogoinensis** (K. C. Kuan et Z. X. An) Al-Shehbaz, Ann. Missouri Bot. Gard. 87 (4): 561 (2001).
Christolea bailogoinensis K. C. Kuan et Z. X. An, Fl. Xizang. 2: 388 (1985).
青海、西藏。

长毛扇叶芥（长毛高原芥）

Desideria flabellata (Regel) Al-Shehbaz, Ann. Missouri Bot. Gard. 87: 558 (2001).
Parrya flabellata Regel, Bull. Soc. Imp. Naturalistes Moscou 43: 261 (1870); *Ermania flabellata* (Regel) O. E. Schulz, Bot. Jahrb. Syst. 66 (1): 98 (1934); *Christolea flabellata* (Regel) N. Busch in Kom., Fl. U. R. S. S. 8: 333 (1939); *Oreoblastus flabellatus* (Regel) Suslova, Bot. Zhurn. 57 (6): 651 (1972); *Christolea pinnatifida* R. F. Huang, Acta Phytotax. Sin. 35 (6): 556 (1997).
新疆；阿富汗、塔吉克斯坦、吉尔吉斯斯坦。

须弥扇叶芥（喜马拉雅高原芥）

Desideria himalayensis (Cambess.) Al-Shehbaz, Ann. Missouri Bot. Gard. 87: 555 (2001).
Cheiranthus himalayensis Cambess., Voy. Inde 4 (Bot.): 14 (1844); *Ermania himalayensis* (Cambess.) O. E. Schulz, Notizbl. Bot. Gart. Berlin-Dahlem 9: 1080 (1927); *Christolea himalayensis* (Cambess.) Jafri, Notes Roy. Bot. Gard. Edinburgh 22 (1): 53 (1955); *Oreoblastus himalayensis* (Cambess.) Suslova, Bot. Zhurn. 57: 652 (1972).
青海、西藏；尼泊尔、印度、克什米尔。

线果扇叶芥（线果高原芥）

Desideria linearis (N. Busch) Al-Shehbaz, Ann. Missouri Bot. Gard. 87: 556 (2001).
Christolea linearis N. Busch in Kom., Fl. U. R. S. S. 8: 636 (1936); *Ermania parkeri* O. E. Schulz, Repert. Spec. Nov. Regni Veg. 31: 333 (1933); *Ermania linearis* (N. Busch) Botsch., Bot. Mater. Gerb. Bot. Inst. Komarova Akad. Nauk S. S. S. R. 17: 166 (1955); *Christolea parkeri* (O. E. Schulz) Jafri, Notes Roy. Bot. Gard. Edinburgh 22 (1): 52 (1955); *Oreoblastus parkeri* (O. E. Schulz) Suslova, Bot. Zhurn. 57 (6): 653 (1972); *Oreblastus linearis* (N. Busch) Suslova, Bot. Zhurn. 57 (6): 652 (1972); *Ermania kashmiriana* Dar et Naqshi, J. Bombay Nat. Hist. Soc. 87 (2): 274 (1990); *Ermania kachrooi* Dar er Naqshi, J. Bombay Nat. Hist. Soc. 87 (2): 277 (1990).
新疆；尼泊尔、塔吉克斯坦、克什米尔。

扇叶芥

Desideria mirabilis Pamp., Boll. Soc. Bot. Ital. 111 (1926).
Christolea scaposa Jafri, Notes Bot. Gard. Edinb. 22: 58 (1955); *Christolea susloviana* Jafri, Fl. W. Pakistan 55: 158 (1973); *Desideria pamirica* Suslova, Novosti Sist. Vyssh. Rast. 10: 163 (1973); *Christolea mirabilis* (Pamp.) Jafri, Fl. W. Pakistan 55: 160 (1973); *Christolea karakorumensis* Yu H. Wu et Z. X. An, Acta Phytotax. Sin. 32 (6): 577 (1994).
新疆；塔吉克斯坦、克什米尔。

丛生扇叶芥（丛生高原芥）

●**Desideria prolifera** (Maxim.) Al-Shehbaz, Ann. Missouri Bot. Gard. 87: 559 (2001).
Parrya prolifera Maxim., Fl. Tangut. 56 (1889); *Ermania prolifera* (Maxim.) O. E. Schulz, Bot. Jahrb. Syst. 66 (1): 98 (1934); *Christolea prolifera* (Maxim.) Ovcz., Sovetsk. Bot. 151 (1941); *Oreoblastus proliferus* (Maxim.) Suslova, Bot. Zhurn. 57 (6): 652 (1972).
青海、西藏。

矮高原芥（矮扇叶芥）

Desideria pumila (Kurz.) Al-Shehbaz, Ann. Missouri Bot. Gard. 87: 560 (2001).
Parrya pumila Kurz., Flora 55: 285 (1872); *Ermania koelzii* O. E. Schulz, Repert. Spec. Nov. Regni Veg. 31: 332 (1933); *Vvedenskyella pumila* (Kurz.) Bostch., Bot. Mater. Gerb. Bot. Inst. Komarova Akad. Nauk S. S. S. R. 17: 176 (1955); *Ermania bifaria* Botsch., Bot. Mater. Gerb. Bot. Inst. Komarova Akad. Nauk S. S. S. R. 1 7: 164 (1955); *Solmslaubachia pumila* (Kurz.) Dvorák, Folia Priridovcd. Fak. Univ. Purkyne Brne, Boil. 13 (4): 24 (1972); *Christolea pumila* (Kurz.) Jafri, Fl. W. Pakistan 55: 157 (1973).
新疆、西藏；克什米尔。

少花扇叶芥（少花高原芥）

Desideria stewartii (T. Anderson) Al-Shehbaz, Ann. Missouri Bot. Gard. 87: 556 (2001).
Cheiranthus stewartii T. Anderson, Fl. Brit. Ind. 1 (1): 132 (1872); *Ermania stewartii* (T. Anderson) O. E. Schulz, Bot. Jahrb. Syst. 66 (1): 98 (1934); *Christolea stewartii* (T. Anderson) Jafri, Notes Roy. Bot. Gard. Edinburgh 22 (1): 53 (1955); *Oreoblastus stewartii* (T. Anderson) Suslova, Bot. Zhurn. 57: 653 (1972).
西藏；印度、克什米尔。

双脊荠属 Dilophia Thomson

无苞双脊荠

●**Dilophia ebracteata** Maxim., Fl. Tangut. 72 (1889).
Dilophia hopkinsonii O. E. Shulz, Notizbl. Bot. Gart. Berlin-Dahlem 12: 211 (1934).
青海、西藏。

盐泽双脊荠（双脊草）

Dilophia salsa Thomson, Hooker's J. Bot. Kew Gard. Misc. 5: 20 (1853).
Dilophia kashgarica Rupr., Bot. Jahrb. Syst. (1881); *Dilophia dutreulii* Franch., Bull. Mus. Hist. Nat. 3: 321 (1897); *Dilophia salsa* var. *hirticalyx* Pamp., Bull. Soc. Bot. Ital. 30

(1915).

甘肃、青海、新疆、西藏；不丹、尼泊尔、印度、塔吉克斯坦、吉尔吉斯斯坦、克什米尔。

二行芥属 **Diplotaxis** DC.

二行芥（双趋芥）

Diplotaxis muralis (L.) DC., Syst. Nat. 2: 634 (1821).

Sisymbrium murale L., Sp. Pl. 2: 658 (1753); *Brassica muralis* (L.) Boiss., Fl. Angl., ed. 2 291 (1778); *Sinapis muralis* (L.) R. Br., Hortus Kew., ed. 24: 128 (1812).

辽宁；全球广布；原产于欧洲。

异果芥属 **Diptychocarpus** Trautv.

异果芥

Diptychocarpus strictus (Fisch. ex M. Bieb.) Trautv., Bull. Soc. Imp. Naturalistes Moscou 33 (1): 108 (1860).

Raphanus strictus Fisch. ex M. Bieb., Fl. Taur.-Caucas. 3: 452 (1819); *Chorispora stricta* (Fisch. ex M. Bieb.) DC., Syst. Nat. 2: 436 (1821); *Matthiola fischeri* Ledeb., Fl. Ross. (Ledeb.) 1: 110 (1842); *Alloceratium strictum* (Fisch. ex M. Bieb.) Hook. f. et Thomson, J. Proc. Linn. Soc., Bot. 5: 135 (1861); *Chorispora stenopetala* Regel et Schmalh, Acta Horti Retrop. 5: 239 (1877); *Orthorrhiza persica* Stapf, Denkschr. Kaiserl. Akad. Wiss., Math.-Naturwiss. Kl. 51: 306 (1886).

内蒙古、甘肃、新疆；巴基斯坦、阿富汗、塔吉克斯坦、吉尔吉斯斯坦、哈萨克斯坦、乌兹别克斯坦、土库曼斯坦、俄罗斯、中东、欧洲东南部。

花旗杆属 **Dontostemon** Andrz. ex C. A. Mey.

厚叶花旗杆

Dontostemon crassifolius (Bunge) Maxim., Prim. Fl. Amur. 46 (1858).

Andreoskia crassifolia Bunge ex Turcz., Bull. Soc. Imp. Naturalistes Moscou 15: 271 (1842).

内蒙古；蒙古国、俄罗斯。

花旗杆

Dontostemon dentatus (Bunge) Ledeb., Fl. Ross. (Ledeb.) 1: 175 (1841).

Andreoskia dentata Bunge, Enum. Pl. Chin. Bor. 6 (1833); *Dontostemon oblongifolius* Ledeb., Fl. Ross. (Ledeb.) 1: 175 (1842); *Dontostemon dentatus* var. *glandulosus* Maxim. ex Franch. et Sav., Enum. Pl. Jap. 1 (1): 37 (1873); *Dontostemon intermedius* Vorosch., Bull. Gen. Bot. Garden (Moscow) 72: 36 (1972).

黑龙江、吉林、辽宁、内蒙古、河北、山西、山东、河南、陕西、新疆、安徽、江苏、云南；日本、朝鲜、俄罗斯。

扭果花旗杆

Dontostemon elegans Maxim., Enum. Pl. Mongolia 57

(1889).

Dontostemon elegans var. *semiamplexicaulis* (H. L. Yang) H. L. Yang et M. S. Yan, Unters. Morph. Gefasskrypt. (1875); *Dontostemon semiamplexicaulis* H. L. Yang, Monogr. Phan. (1878).

内蒙古、甘肃、新疆；蒙古国、俄罗斯。

腺花旗杆（腺异蕊芥）

Dontostemon glandulosus (Kar. et Kir.) O. E. Schulz, Notizbl. Bot. Gart. Berlin-Dahlem 10 (96): 554 (1930).

Arabis glandulosa Kar. et Kir., Bull. Soc. Imp. Naturalistes Moscou 15: 146 (1842); *Sisymbrium glandulosum* (Kar. et Kir.) Maxim., Fl. Tangut. 61 (1889); *Stenophragma glandulosum* (Kar. et Kir.) B. Fedtsch., Rastitel'n. Turkestana 457 (1915); *Torularia glandulosa* (Kar. et Kir.) Vassilcz. in Kom., Fl. U. R. S. S. 8: 69 (1939); *Alaida glandulosa* (Kar. et Kir.) Dvor, Feddes Repert. Spec. Nov. Regni Veg. Beih 82 (6): 431 (1971); *Torularia sergievskiana* Polozhij, Novosti Sist. Vyssh. Rast. 11: 210 (1974); *Dimorphostemon glandulosus* (Kar. et Kir.) Golubk., Bot. Zhurn. (Moscow et Leningrad) 59 (10): 1453 (1974); *Dimorphostemon sergievskianus* (Polozhij) S. V. Ovchinnikova, Fl. Sibir. 7: 100 (1994); *Neotorularia sergievskiana* (Polozhij) Czerep., Vasc. Pl. Russia et Adj. States. 145 (1995).

内蒙古、宁夏、甘肃、青海、新疆、四川、云南、西藏；尼泊尔、塔吉克斯坦、哈萨克斯坦、克什米尔、俄罗斯。

毛花旗杆

Dontostemon hispidus Maxim., Mélanges Biol. Bull. Phys.-Math. Acad. Imp. Sci. Saint-Pétersbourg 9: 11 (1873).

Clausia ussuriensis N. Busch, Bot. Mater. Gerb. Glavn. Bot. Sada R. S. F. S. R. 4: 185 (1923).

黑龙江；俄罗斯。

线叶花旗杆

Dontostemon integrifolius (L.) C. A. Mey. in Ledebour, Fl. Altaic. 3: 120 (1831).

Sisymbrium integrifolium L., Sp. Pl. 2: 660 (1753); *Hesperis glandulosa* Pers., Syn. Pl. 2 (1): 203 (1806); *Cheiranthus muricatus* Weinm., Cat. Hort. Dorpat. 41 (1810); *Sisymbrium eglandulosum* DC., Syst. Nat. 2: 485 (1821); *Andreoskia eglandulosa* (DC.) DC., Prodr. (DC.) 1: 190 (1824); *Andreoskia integrifolia* (L.) DC., Prodr. (DC.) 1: 190 (1824); *Dontostemon eglandulosus* (DC.) Ledeb., Fl. Ross. 1: 175 (1841); *Dontostemon integrifolius* var. *glandulosus* Turcz., Hist. Nat. Med. Ind. Orient. (1916); *Dontostemon integrifolius* var. *eglandulosus* (DC.) Turcz., Ill. Man. Herb. Pl. N. E. China 4: 144 (1980); *Systemon linearifolius* Z. X. An, Bull. Bot. Res., Harbin 1 (1-2): 101 (1981).

黑龙江、辽宁、内蒙古、山西、陕西、宁夏；蒙古国、俄罗斯。

小花花旗杆

Dontostemon micranthus C. A. Mey., Fl. Altaic. 3: 120 (1831).

黑龙江、吉林、辽宁、内蒙古、河北、山西、甘肃、青海、新疆;蒙古国、俄罗斯。

多年生花旗杆

Dontostemon perennis C. A. Mey., Fl. Altaic. 3: 121 (1831).
内蒙古;蒙古国、俄罗斯。

羽裂花旗杆（异蕊芥，山西异蕊芥）

Dontostemon pinnatifidus (Willd.) Al-Shehbaz et H. Ohba, Novon 10 (2): 96 (2000).
Cheiranthus pinnatifidus Willd., Sp. Pl., ed. 3 (1): 523 (1800); *Sisymbrium asperum* Pall., Reise Russ. Reich. 3(2): App. 740 (1776); *Hesperis pinnata* Pers., Syn. Pl. 2 (1): 203 (1806); *Hesperis pilosa* Poir., Encyc. Suppl. 3: 197 (1813); *Hesperis punctata* Poir., Encycl. Suppl. 3: 195 (1813); *Sisymbrium pectinatum* DC., Syst. Nat. 2: 485 (1821); *Andreoskia pectinata* (DC.) DC., Prodr. 1: 190 (1824); *Dontostemon pectinatus* (DC.) Ledeb., Fl. Ross. 1: 175 (1842); *Andrzeiowskia pectinata* (DC.) Turcz., Jahrb. Hamburg. Wiss. Anst. (1883); *Hesperidopsis pinnatifidus* (Willd.) Kuntze, Revis. Gen. Pl. 30 (1891); *Erysimum glandulosum* Monnet, Notul. Syst. (Paris) 11: 241 (1912); *Erysimum hookeri* Monnet, Notul. Syst. (Paris) 11: 242 (1912); *Dontostemon pectinatus* var. *humilior* N. Busch, Fl. Sibir. Orient. Extremi 6: 636 (1931); *Dimorphostemon asper* (Pall.) Kitag., Fl. Manschur. 240 (1939); *Dontostemon asper* Schischk., Fl. Zabaical. 5: 455 (1949); *Alaida pectinata* (DC.) Dvorak, Feddes Repert. 82 (6): 431 (1971); *Dimorphostemon pectinatus* (DC.) Golubk., Bot. Zhurn. 59 (10): 1453 (1974); *Dimorphostemon pectinatus* var. *humilior* (N. Busch) Golubk., Bot. Zhurn. (Kiev) 59 (10): 1454 (1974); *Torularia pectinata* (DC.) Ovcz. et Junussov, Fl. Tadzh. S. S. S. R. 5: 39 (1978); *Dimorphostemon pinnatus* (Pers.) Kitag., Neolin. Fl. Manshur. 332 (1979); *Dimorphostemon shanxiensis* R. L. Guo et T. Y. Cheo, Bull. Bot. Lab. N. E. Forest. Inst., Harbin 6: 29 (1980).
黑龙江、内蒙古、河北、山东、甘肃、青海、新疆、四川、云南、西藏;蒙古国、尼泊尔、印度、俄罗斯。

线叶羽裂花旗杆

●**Dontostemon pinnatifidus** subsp. **linearifolius** (Maxim.) Al-Shehbaz et H. Ohba, Novon 10 (2): 97 (2000).
Sisymbrium glandulosum var. *linearifolium* Maxim., Fl. Tangut. 61 (1889).
甘肃、青海、新疆。

白花花旗杆

Dontostemon senilis Maxim., Bull. Acad. Imp. Sci. Saint-Pétersbourg sér. 3 26: 421 (1880).
内蒙古、宁夏、甘肃、新疆;蒙古国。

西藏花旗杆

●**Dontostemon tibeticus** (Maxim.) Al-Shehbaz, Novon 10 (4): 334 (2000).
Nasturtium tibeticum Maxim., Fl. Tangut. 54 (1889).

甘肃、青海、西藏。

葶苈属 **Draba** L.

帕米尔葶苈

Draba alajica Litv., Trudy Bot. Muz. Imp. Akad. Nauk 1: 14 (1902).
Draba alajica var. *lasiocarpa* Pohle, Nov. Gen. Sp. [H. B. K.] (1815); *Draba winterbottomii* var. *stracheyi* O. E. Schulz in Engler, Pflanzenr. IV. 105 (Heft 89): 266 (1927); *Draba alajica* var. *leiocarpa* Pohle, Bull. S. Calif. Acad. Sci. (1930).
西藏;塔吉克斯坦。

阿尔泰葶苈

Draba altaica (C. A. Mey.) Bunge, Del. Sem. Hort. Dorpater 1841: 8 (1841).
Draba rupestris var. *altaica* C. A. Mey., Fl. Altaic. 3: 71 (1831); *Draba rupestris* Bunge., Fl. Altaic. 1: 70 (1836); *Draba rupestris* var. *pusilla* Kar. et Kir., Bull. Soc. Imp. Naturalistes Moscou 15 (1): 150 (1842); *Draba altaica* var. *leiocarpa* Ruprecht, Hem. Acod. Sic. St.-Petersb. 7 (14): 39 (1869); *Draba altaica* var. *glabrescens* Lipsky, Act. Hort. Petrop. 23 (1): 50 (1904); *Draba altaica* var. *pubescens* N. Busch., Izv. Rossiisk. Akad. Nauk, ser. 6 12: 1642 (1918); *Draba modesta* W. W. Sm., Notes Roy. Bot. Gard. Edinburgh 11 (55): 208 (1919); *Draba altaica* var. *foliosa* O. E. Schulz in Engler, Pflanzenr. IV. 105 (Heft 89): 219 (1927); *Draba altaica* var. *microcarpa* O. E. Schulz in Engler, Pflanzenr. IV. 105 (Heft 89): 219 (1927); *Draba altaica* var. *racemosa* O. E. Schulz in Engler, Pflanzenr. IV. 105 (Heft 89): 219 (1927); *Draba altaica* var. *modesta* (W. W. Sm.) W. T. Wang, Acta Bot. Yunnan. 9 (1): 5 (1987).
甘肃、青海、新疆、四川、云南、西藏;蒙古国、尼泊尔、印度、巴基斯坦、阿富汗、塔吉克斯坦、吉尔吉斯斯坦、哈萨克斯坦、克什米尔、俄罗斯。

抱茎葶苈

●**Draba amplexicaulis** Franch., Bull. Soc. Bot. France 33: 403 (1886).
Draba amplexicaulis var. *dolichocarpa* O. E. Schulz, Notizbl. Bot. Gart. Berlin-Dahlem 9 (87): 474 (1926); *Draba yunnanensis* var. *ramosa* O. E. Schulz in Engler, Pflanzenr. IV. 105 (Heft 89): 182 (1927).
四川、云南、西藏。

匍匐葶苈

●**Draba bartholomewii** Al-Shehbaz, Novon 14 (2): 154 (2004).
青海。

不丹葶苈

Draba bhutanica H. Hara, J. Jap. Bot. 49: 131 (1974).
西藏;不丹。

克什米尔葶苈

Draba cachemirica Gand., Bull. Soc. Bot. France 46: 418

(1899).

Draba korshinskyi var. *setosa* Pohle, Trudy Imp. S.-Peterburgsk. Bot. Sada 31: 484 (1914); *Draba cachemirica* var. *koelzii* O. E. Schulz in Engler, Pflanzenr. IV. 105 (Heft 89): 113 (1927); *Draba cachemirica* var. *stoliczkae* O. E. Schulz in Engler, Pflanzenr. IV. 105 (Heft 89): 113 (1927).

西藏；克什米尔。

灰岩葶苈

●**Draba calcicola** O. E. Schulz in Engler, Pflanzenr. IV. 105 (Heft 89): 373 (1927).

Draba amplexicaulis var. *dasycarpa* O. E. Schulz, Notizbl. Bot. Gart. Berlin-Dahlem 9 (87): 474 (1926); *Draba aprica* O. E. Schulz, Handel-Mazzetii, Anz. Akad. Wiss. Wien, Math.-Naturwiss. Kl. 63: 96 (1926); *Draba moupinensis* var. *dasycarpa* O. E. Schulz in Engler, Pflanzenr. IV. 105 (Heft 89): 183 (1927); *Draba moupinensis* var. *calcicola* (O. E. Schulz) W. T. Wang, Acta Bot. Yunnan. 9 (1): 4 (1987).

云南。

大花葶苈

Draba cholaensis W. W. Sm., Rec. Bot. Surv. India 4: 352 (1913).

Draba cholaensis var. *leiocarpa* H. Hara, J. Jap. Bot. 49: 131 (1974).

西藏；印度。

东川葶苈（新拟）

●**Draba dongchuanensis** Al-Shehbaz, J. P. Yue, T. Deng et H. L. Chen, Phytotaxa 175 (5): 298 (2014).

云南。

草原葶苈

●**Draba draboides** (Maximowicz) Al-Shehbaz, Novon 14 (2): 154 (2004).

Coelonema draboides Maximowicz, Bull. Acad. Imp. Sci. Saint-Pétersbourg, sér. 3 26: 424 (1880).

甘肃、青海。

高茎葶苈

●**Draba elata** Hook. f. et Thomson, J. Proc. Linn. Soc., Bot. 5: 150 (1861).

西藏。

椭圆果葶苈

Draba ellipsoidea Hook. f. et Thomson, J. Proc. Linn. Soc., Bot. 5: 153 (1861).

甘肃、青海、四川、云南、西藏；尼泊尔、克什米尔。

毛葶苈

Draba eriopoda Turcz., Bull. Soc. Imp. Naturalistes Moscou 15: 260 (1842).

Draba eriopoda var. *kamensis* Pohle, Repert. Spec. Nov. Regni Veg. Heih. 32: 18 (1925); *Draba eriopoda* var. *sinensis* Maxim., Syst. Stud. Astrag. Near East (1955); *Draba*

pingwuensis Z. M. Tan et S. C. Zhou, J. Sichuan Univ., Nat. Sci. Ed. 33 (5): 602 (1996).

山西、陕西、甘肃、青海、新疆、湖北、四川、云南、西藏；蒙古国、不丹、尼泊尔、印度、俄罗斯。

福地葶苈

Draba fladnizensis Wulfen in Jacq., Misc. Austriac. 1: 147 (1779).

新疆；蒙古国、哈萨克斯坦、俄罗斯、欧洲、美国。

球果葶苈

Draba glomerata Royle, Ill. Bot. Himal. Mts. 1: 71 (1839).

Draba glomerata var. *dasycarpa* O. E. Schulz in Engler, Pflanzenr. IV. 105 (Heft 89): 220 (1927).

甘肃、青海、新疆、四川、西藏；尼泊尔、印度、巴基斯坦、克什米尔。

纤细葶苈

Draba gracillima Hook. f. et Thomson, J. Proc. Linn. Soc., Bot. 5: 153 (1861).

Draba wardii W. W. Sm., Notes Roy. Bot. Gard. Edinburgh 11 (55): 210 (1919); *Draba granitica* Hand.-Mazz., Anz. Akad. Wiss. Wien, Math.-Naturwiss. Kl. 13: 1, 143 (1925).

云南、西藏；不丹、尼泊尔、印度。

矮葶苈（韩氏葶苈）

●**Draba handelii** O. E. Schulz, Anz. Akad. Wiss. Wien, Math.-Naturwiss. Kl. 63: 97 (1926).

云南。

中亚葶苈

Draba huetii Boiss., Diagn. Pl. Orient. ser. 2 5: 31 (1856).

新疆；塔吉克斯坦、吉尔吉斯斯坦、哈萨克斯坦、乌兹别克斯坦、土库曼斯坦、中东。

小葶苈

Draba humillima O. E. Schulz in Engler, Pflanzenr. IV. 105 (Heft 89): 114 (1927).

西藏；印度。

总苞葶苈

●**Draba involucrata** (W. W. Sm.) W. W. Sm., Notes Roy. Bot. Gard. Edinburgh 11: 206 (1919).

Draba alpina var. *involucrata* W. W. Sm., Notes Roy. Bot. Gard. Edinburgh 8 (37): 121 (1913); *Draba alpina* var. *leiophylla* Franch., Bull. Soc. Bot. France 33: 401 (1886); *Draba involucrata* var. *lasiocarpa* W. T. Wang, Acta Bot. Yunnan. 9 (1): 6 (1987).

四川、云南、西藏。

九龙葶苈（新拟）

●**Draba jiulongensis** Al-Shehbaz, Rhodora 114 (957): 34 (2012).

四川。

愉悦葶苈

●**Draba jucunda** W. W. Sm., Notes Roy. Bot. Gard. Edinburgh 11 (55): 207 (1919).
云南、西藏。

贡布葶苈

●**Draba kongboiana** Al-Shehbaz, Novon 12 (3): 315 (2002).
西藏。

科氏葶苈

Draba korshinskyi (O. Fedtsch.) Pohle, Trudy Imp. S.-Peterburgsk. Bot. Sada 31: 484 (1914).
Draba alpina var. *korshinskyi* O. Fedtsch., Trudy Imp. S.-Peterburgsk. Bot. Sada 21: 266 (1903).
新疆、西藏；巴基斯坦、阿富汗、塔吉克斯坦、克什米尔。

苞序葶苈

●**Draba ladyginii** Pohle, Izv. Imp. Bot. Sada Petra Velikago 14: 472 (1914).
Draba incana var. *microphylla* W. W. Sm., Notes Roy. Bot. Gard. Edinburgh 11: 206 (1919); *Draba lanceolata* var. *chingii* O. E. Schulz, Notizbl. Bot. Gart. Berlin-Dahlem 9: 474 (1926); *Draba lanceolata* var. *latifolia* O. E. Schulz, Notizbl. Bot. Gart. Berlin-Dahlem 10: 555 (1929).
内蒙古、河北、山西、陕西、宁夏、甘肃、青海、新疆、湖北、四川、云南、西藏。

锥果葶苈

Draba lanceolata Royle, Ill. Bot. Himal. Mts. 1: 72 (1839).
Draba lanceolata var. *sonamargensis* O. E. Schulz, Bull. Herb. Boissier (1893-1899) (1893); *Draba pallida* A. Heller, Bull. Torrey Bot. Club 26 (12): 626 (1899); *Draba lanceolata* var. *brachycarpa* O. E. Schulz in Engler, Pflanzenr. IV. 105 (Heft 89): 298 (1927); *Draba lanceolata* var. *leiocarpa* O. E. Schulz in Engler, Pflanzenr. IV. 105 (Heft 89): 297 (1927); *Draba nichanaica* O. E. Schulz, Repert. Spec. Nov. Regni Veg. 31: 331 (1933); *Draba stylaris* var. *leiocarpa* L. L. Lou et T. Y. Cheo, Bull. Bot. Lab. N. E. Forest. Inst., Harbin 6: 19 (1980).
甘肃、青海、新疆、西藏；印度、巴基斯坦、阿富汗、塔吉克斯坦、吉尔吉斯斯坦、哈萨克斯坦、乌兹别克斯坦、土库曼斯坦、克什米尔、俄罗斯。

毛叶葶苈

Draba lasiophylla Royle, Ill. Bot. Himal. Mts. 1: 71 (1839).
Draba lasiophylla var. *royleana* Pohle, Enum. Pl. Jap. (1873); *Draba glomerata* var. *leiocarpa* Pamp., Nuovo Giorn. Bot. Ital., new series. 23 (1): 46 (1916); *Draba ladyginii* var. *trichocarpa* O. E. Schulz in Engler, Pflanzenr. IV. 105 (Heft 89): 302 (1927); *Draba lasiophylla* var. *leiocarpa* (Pamp.) O. E. Schulz in Engler, Pflanzenr. IV. 105 (Heft 89): 279 (1927); *Draba toricarpa* L. L. Lou et T. Y. Cheo, Bull. Bot. Lab. N. E. Forest. Inst., Harbin 6: 17 (1980).
陕西、甘肃、青海、新疆、湖北、四川、西藏；不丹、尼泊尔、印度、塔吉克斯坦、吉尔吉斯斯坦、哈萨克斯坦、乌兹别克斯坦、克什米尔。

丽江葶苈

Draba lichiangensis W. W. Sm., Notes Roy. Bot. Gard. Edinburgh 11 (55): 208 (1919).
Draba lichiangensis var. *microcarpa* O. E. Schulz, Acta Horti Gothob. 1: 163 (1924); *Draba lichiangensis* var. *trichocarpa* O. E. Schulz, Acta Horti Gothob. 1: 163 (1924); *Draba hicksii* Grierson, Notes Roy. Bot. Gard. Edinburgh 42 (1): 107 (1984); *Draba daochengensis* W. T. Wang, Acta Bot. Yunnan. 9 (1): 7 (1987).
青海、四川、云南、西藏；不丹、尼泊尔。

线叶葶苈

●**Draba linearifolia** L. L. Lou et T. Y. Cheo, Fl. Xizang. 2: 346 (1985).
西藏。

马塘葶苈

●**Draba matangensis** O. E. Schulz, Acta Horti Gothob. 1 (4): 163 (1924).
四川、西藏。

天山葶苈

Draba melanopus Kom., Trudy Imp. S.-Peterburgsk. Obsc. Estestvoisp., Vyp. 3, Otd. Bot. 26: 102 (1896).
新疆；巴基斯坦、阿富汗、塔吉克斯坦、吉尔吉斯斯坦、哈萨克斯坦。

米氏葶苈（新拟）

●**Draba mieheorum** Al-Shehbaz, Novon 14: 249 (2004).
西藏。

蒙古葶苈

Draba mongolica Turcz., Bull. Soc. Imp. Naturalistes Moscou 15: 256 (1842).
Draba mongolica var. *elongata* Pohle, Fl. Bras. Enum. Pl. (1833); *Draba mongolica* var. *chinensis* Pohle, Fl. Brit. Ind. (1872); *Draba mongolica* var. *trichocarpa* O. E. Schulz, Acta Horti Gothob. 1 (4): 164 (1924); *Draba incana* var. *mongolica* (Turcz.) Regel, Blumea (1934); *Draba mongolica* var. *turczaninoviana* Pohle, Acta Biol. Plateau Sin. (1982).
黑龙江、吉林、内蒙古、河北、山西、陕西、甘肃、青海、新疆、四川；蒙古国、俄罗斯。

葶苈

Draba nemorosa L., Sp. Pl. 2: 643 (1753).
Draba nemoralis Ehrh., Beitr. Naturk. 7: 154 (1792); *Draba nemorosa* var. *hebecarpa* Lindblom, Linnaea 13: 333 (1839); *Draba nemorosa* var. *leiocarpa* Lindblom, Linnaea 13: 333 (1839); *Draba nemorosa* var. *brevisilicula* Zapal., Rozpr. Wydz. Natem.-Przyr. Arad. Umiej. Sor. 3 (12): 238 (1912).
黑龙江、吉林、辽宁、内蒙古、河北、山西、山东、河南、

陕西、宁夏、甘肃、青海、新疆、安徽、江苏、浙江、四川、贵州、云南、西藏；蒙古国、日本、朝鲜、阿富汗、塔吉克斯坦、吉尔吉斯斯坦、哈萨克斯坦、乌兹别克斯坦、土库曼斯坦、克什米尔、俄罗斯、中东、欧洲、北美洲。

裸露葶苈

Draba nuda (Bél.) Al-Shehbaz et M. Koch, Novon 13 (2): 173 (2003).

Arabis nuda Bél., Voy. Indes Or. t. 15 A (1834).

西藏；克什米尔。

聂拉木葶苈

●**Draba nylamensis** Al-Shehbaz, Novon 12 (3): 314 (2002).

西藏。

奥氏葶苈

Draba olgae Regel et Schmalh, Izv. Imp. Obsc. Ljubit. Estestv. Moskovsk. Univ. 34 (2): 8 (1882).

Draba olgae var. *chitralensis* O. E. Schulz in Engler, Pflanzenr. IV. 105 (Heft 89): 120 (1927); *Draba olgae* subsp. *chitralensis* (O. E. Schulz) Jafri, Notes Roy. Bot. Gard. Edinburgh 22: 105 (1956); *Draba pakistanica* Jafri, Fl. W. Pakistan 55: 133 (1973).

新疆；巴基斯坦、塔吉克斯坦、吉尔吉斯斯坦。

喜山葶苈（石波菜，喜高山葶苈，中国喜山葶苈）

Draba oreades Schrenk in Fisch. et C. A. Mey., Enum. Pl. Nov. 2: 56 (1842).

Draba algida var. *brachycarpa* Bunge, Verz. Pfl. Ostl. Altai. 68 (1836); *Draba pilosa* var. *commutata* Regel, Bull. Soc. Imp. Naturalistes Moscou 34 (2): 185 (1861); *Draba alpicola* Klotzsch, Bot. Ergebn. Reise Waldemar 128 (1862); *Pseudobraya kizylarti* Korsh., Mém. Acad. Imp. Sci. Saint-Pétersbourg, Ser. 8, no. 4 (1896); *Draba tianschanica* Pohle, Trudy Imp. Bot. Sada Petra Velikago 31: 486 (1915); *Draba kizylarti* (Korsh.) N. Busch, Izv. Rossijsk. Akad. Nauk ser. 6 12: 1638 (1918); *Draba oreades* prol. *alpicola* (Klotzsch) O. E. Schulz in Engler, Pflanzenr. IV. 105 (Heft 89): 110 (1927); *Draba oreades* prol. *chinensis* O. E. Schulz, Vasc. Pl. Hengduan Mount. 1: 630 (1933); *Draba oreades* var. *ciciolata* O. E. Schulz in Engler, Pflanzenr. IV. 105 (Heft 89): 108 (1927); *Draba oreades* var. *commutata* (Regel) O. E. Schulz in Engler, Pflanzenr. IV. 105 (Heft 89): 109 (1927); *Draba oreades* var. *dasycarpa* O. E. Schulz in Engler, Pflanzenr. IV. 105 (Heft 89): 108 (1927); *Draba oreades* var. *depauperata* O. E. Schulz in Engler, Pflanzenr. IV. 105 (Heft 89): 108 (1927); *Draba oreades* var. *estylosa* O. E. Schulz in Engler, Pflanzenr. IV. 105 (Heft 89): 108 (1927); *Draba oreades* prol. *exigua* O. E. Schulz in Engler, Pflanzenr. IV. 105 (Heft 89): 110 (1927); *Draba oreades* var. *glabrescens* O. E. Schulz in Engler, Pflanzenr. IV. 105 (Heft 89): 108 (1927); *Draba oreades* var. *occulata* O. E. Schulz in Engler, Pflanzenr. IV. 105 (Heft 89): 108 (1927); *Draba oreades* prol. *pikei* O. E. Schulz in Engler, Pflanzenr. IV. 105 (Heft 89): 110 (1927); *Draba oreades* var.

pulvinata O. E. Schulz in Engler, Pflanzenr. IV. 105 (Heft 89): 108 (1927); *Draba oreades* var. *racemosa* O. E. Schulz in Engler, Pflanzenr. IV. 105 (Heft 89): 108 (1927); *Draba oreades* var. *tafelii* O. E. Schulz in Engler, Pflanzenr. IV. 105 (Heft 89): 108 (1927); *Draba rockii* O. E. Schulz, Notizbl. Bot. Gart. Berlin-Dahlem 10 (96): 555 (1929); *Draba alpina* var. *rigida* Franch., Fieldiana, Bot., n. s. (1946); *Draba qinghaiensis* L. L. Lou, Acta Phytotax. Sin. 25 (4): 319 (1987); *Draba pilosa* var. *oreades* (Schrenk) Regel, Notes Roy. Bot. Gard. Edinburgh (1990).

内蒙古、陕西、甘肃、青海、新疆、四川、云南、西藏；蒙古国、不丹、印度、巴基斯坦、塔吉克斯坦、吉尔吉斯斯坦、哈萨克斯坦、克什米尔、俄罗斯。

山景葶苈

●**Draba oreodoxa** W. W. Sm., Notes Roy. Bot. Gard. Edinburgh 11 (55): 209 (1919).

Draba dolichotricha W. T. Wang, Acta Bot. Yunnan. 9 (1): 5 (1987); *Draba ludingensis* W. T. Wang, Bull. Bot. Res. 8 (3): 18 (1988).

四川、云南。

小花葶苈

Draba parviflora (Regel) O. E. Schulz in Engler, Pflanzenr. IV. 105 (Heft 89): 273 (1927),

Draba hirta f. *parviflora* Regel, Tiling, Fl. Ajan. 51 (1858); *Draba subamplexicaulis* var. *hirsutifolia* Pohle, Repert. Spec. Nov. Regni Veg. Beih. 32: 45 (1925).

甘肃、青海、新疆；塔吉克斯坦、吉尔吉斯斯坦、哈萨克斯坦、俄罗斯。

多叶葶苈

Draba polyphylla O. E. Schulz in Engler, Pflanzenr. IV. 105 (Heft 89): 180 (1927).

云南、西藏；不丹、尼泊尔、印度。

疏花葶苈

●**Draba remotiflora** O. E. Schulz, Acta Horti Gothob. 1 (4): 165 (1924).

四川。

台湾葶苈（台湾山荠）

●**Draba sekiyana** Ohwi, Repert. Spec. Nov. Regni Veg. 36: 51 (1934).

台湾。

衰老葶苈

●**Draba senilis** O. E. Schulz, Notizbl. Bot. Gart. Berlin-Dahlem 9 (87): 475 (1926).

Draba piepunensis O. E. Schulz, Anz. Akad. Wiss. Wien, Math.-Naturwiss. Kl. 12: 2 (1926); *Draba composita* O. E. Schulz, Anz. Akad. Wiss. Wien, Math.-Naturwiss. Kl. 12: 3 (1926).

青海、四川、云南、西藏。

刚毛葶苈

Draba setosa Royle, Ill. Bot. Himal. Mts. 1: 71 (1839).
Draba pyriformis Pohle, Repert. Spec. Nov. Regni Veg. Beih. 32: 154 (1925); *Draba setosa* subvar. *glabra* O. E. Schulz in Engler, Pflanzenr. IV. 105 (Heft 89): 105 (1927); *Draba setosa* var. *glabrata* O. E. Schulz in Engler, Pflanzenr. IV. 105 (Heft 89): 105 (1927).
西藏；印度、克什米尔。

西伯利亚葶苈

Draba sibirica (Pall.) Thell., Neue Denkschr. Schweiz. Naturf. Ges. 41: 318 (1907).
Lepidium sibiricum Pallas, Reise Russ. Reich. 3: 34 (1776); *Draba repens* M. Bieb., Fl. Taur.-Caucas. 2: 93 (1808); *Draba gmelinii* Adams, Mém. Soc. Imp. Naturalistes Moscou 5: 107 (1817).
甘肃、新疆；蒙古国、吉尔吉斯斯坦、哈萨克斯坦、俄罗斯。

锡金葶苈

Draba sikkimensis (Hook. f. et Thomson) Pohle, Repert. Spec. Nov. Regni Veg. Beih. 32: 144 (1925).
Draba tibetica var. *sikkimensis* Hook. f. et Thomson, J. Proc. Linn. Soc., Bot. 5: 152 (1861); *Draba sikkimensis* f. *thoroldii* O. E. Schulz in Engler, Pflanzenr. IV. 105 (Heft 89): 265 (1927).
西藏；不丹、尼泊尔、印度。

狭果葶苈

Draba stenocarpa Hook. f. et Thomson, J. Proc. Linn. Soc., Bot. 5: 153 (1861).
Draba media Litv., Trudy Bot. Muz. Imp. Akad. Nauk 1: 12 (1902); *Draba media* var. *leiocarpa* Lipsky, Trudy Imp. S.-Peterburgsk. Bot. Sada 23 (1): 56 (1904); *Draba stenocarpa* var. *leiocarpa* (Lipsky) L. L. Lou in Engler, Pflanzenr. IV. 105 (Heft 89): 319 (1927); *Draba stenocarpa* var. *media* (Litv.) O. E. Schulz in Engler, Pflanzenr. IV. 105 (Heft 89): 318 (1927).
甘肃、青海、新疆、四川、西藏；印度、巴基斯坦、阿富汗、塔吉克斯坦、吉尔吉斯斯坦、哈萨克斯坦、乌兹别克斯坦、土库曼斯坦、克什米尔。

半抱茎葶苈

Draba subamplexicaulis C. A. Mey., Fl. Altaic. 3: 77 (1831).
Draba hirta var. *subamplexicaulis* (C. A. Mey.) Regel, Fl. Altaic. 3: 77 (1831); *Draba dasycarpa* C. A. Mey., Fl. Altaic. 3: 79 (1833).
陕西、青海、新疆、四川；蒙古国、吉尔吉斯斯坦、哈萨克斯坦、乌兹别克斯坦、俄罗斯。

孙氏葶苈

●**Draba sunhangiana** Al-Shehbaz, Novon 12 (3): 316 (2002).
西藏。

山菜葶苈

●**Draba surculosa** Franch., Bull. Soc. Bot. France 33: 401 (1886).
Draba moupinensis Franch., Nouv. Arch. Mus. Hist. Nat. sér. 2 8: 200 (1886); *Draba mairei* H. Lév., Bull. Geogr. Bot. 24: 281 (1914); *Draba amplexicaulis* var. *bracteata* O. E. Schulz in Engler, Pflanzenr. IV. 105 (Heft 89): 180 (1927); *Draba balangshanica* W. T. Wang, Bull. Bot. Res., Harbin 8 (3): 17 (1988).
四川、云南、西藏。

西藏葶苈

Draba tibetica Hook. f. et Thomson, J. Proc. Linn. Soc., Bot. 5: 152 (1861).
Draba thomsonii var. *lasiocarpa* (Lipsky) Pohle, Syst. Veg. (1774); *Draba tibetica* var. *thomsonii* Hook. f. et Thomson in Hook. f., Fl. Brit. Ind. 1: 144 (1872); *Draba tibetica* subvar *leiocarpa* O. E. Schulz, Bot. Jahrb. Syst. (1881); *Draba tibetica* var. *leiocarpa* O. E. Schulz, Bot. Jahrb. Syst. (1881); *Draba tibetica* var. *turkestanica* subvar. *leiocarpa*, Regel. Descr. Pl. Nov. Fedtsch. 7 (1882); *Draba turkestanica* Regel et Schmalh, Descr. Pl. Nov. Fedtsch. 7 (1882); *Draba thomsonii* var. *leiocarpa* (Lipsky) Pohle, Proc. Biol. Soc. Wash. (1882); *Draba tranzschelii* Litw., Trav. Mus. Bot. Acad. Petersb. 1: 14 (1902); *Draba turkestanica* var. *leiocarpa* Lipsky, Acta Horti Petrop. 23: 63 (1904); *Draba turkestanica* var. *lasiocarpa* Lipsky, Acta Horti Petrop. 23: 63 (1904); *Draba thomsonii* (Hook. f. et Thomson) Pohle, Repert. Spec. Nov. Regni Veg. Beih. 32: 141 (1925); *Draba sikkimensis* var. *chitralensis* O. E. Schulz in Engler, Pflanzenr. IV. 105 (Heft 89): 265 (1927); *Draba tibetica* var. *duthiei* O. E. Schulz in Engler, Pflanzenr. IV. 105 (Heft 89): 300 (1927); *Draba tibetica* var. *chistralensis* (O. E. Schulz) Jafri, Notes Roy. Bot. Gard. Edinburgh 22: 106 (1955).
新疆、西藏；巴基斯坦、阿富汗、塔吉克斯坦、吉尔吉斯斯坦、哈萨克斯坦、克什米尔。

屠氏葶苈

Draba turczaninowii Pohle et N. Busch, Izv. Imp. Akad. Nauk 15: 1633 (1918).
新疆；蒙古国、吉尔吉斯斯坦、哈萨克斯坦、俄罗斯。

乌苏里葶苈

Draba ussuriensis Pohle, Izv. Imp. Bot. Sada Petra Velikago 14: 470 (1914).
吉林；日本、俄罗斯。

棉毛葶苈

Draba winterbottomii (Hook. f. et Thomson) Pohle, Repert. Spec. Nov. Regni Veg. Beih. 32: 138 (1925).
Draba tibetica var. *winterbottomii* Hook. f. et Thomson, J. Proc. Linn. Soc., Bot. 5: 152 (1861); *Draba dasyastra* Gilg et O. E. Schulz in Engler, Pflanzenr. IV. 105 (Heft 89): 265 (1927); *Ptilotrichum wageri* Jafri, Notes Roy. Bot. Gard. Edinburgh 22 (3): 208 (1957).
青海、西藏；巴基斯坦、克什米尔。

九龙葶苈（新拟）

●**Draba yueii** Al-Shehbaz, Harvard Papers in Botany. 11: 278 (2007).

四川。

云南葶苈

●**Draba yunnanensis** Franch., Bull. Soc. Bot. France 33: 402 (1886).

Draba yunnanensis var. *gracilipes* Franch., Bull. Soc. Bot. France 33: 402 (1886); *Draba yunnanensis* var. *latifolia* O. E. Schulz, Notizbl. Bot. Gart. Berlin-Dahlem 9 (87): 476 (1926); *Draba yunnanensis* var. *microcarpa* O. E. Schulz in Engler, Pflanzenr. IV. 105 (Heft 89): 183 (1927).

四川、云南、西藏。

藏北葶苈

●**Draba zangbeiensis** L. L. Lou, Acta Phytotax. Sin. 25 (4): 320 (1987).

青海、西藏。

假葶苈属 **Drabopsis** K. Koch

假葶苈

Drabopsis nuda (Bél.) Stapf, Denkschr. Kaiserl. Akad. Wiss., Wien. Math.-Naturwiss. Kl. 51: 298 (1886).

Arabis nuda Bél., Voy. Indes Or. pl. 15 a (1834); *Drabopsis verna* K. Koch, Linnaea 15: 253 (1841); *Arabis scapigera* Boiss., Ann. Sci. Nat., Bot. sér. 2 17: 54 (1842); *Sisymbrium nudum* (Bél.) Boiss., Fl. Orient. 1: 214 (1867); *Arabidopsis verna* (K. Koch) N. Busch, Fl. Caucas. Crit. 3 (4): 457 (1909); *Arabidopsis nuda* (Bél.) Bornm., Beih. Bot. Centralbl. 28 (2): 535 (1911); *Stenophragma nudum* (Bél.) B. Fedtsch., Rastitel'n. Turkestana 457 (1915); *Drabopsis brevisiliqua* Naqshi et Javeid, J. Econ. Taxon. Bot. 5: 966 (1984).

新疆；印度、巴基斯坦、阿富汗、塔吉克斯坦、吉尔吉斯斯坦、哈萨克斯坦、乌兹别克斯坦、土库曼斯坦、克什米尔、中东、欧洲东南部。

芝麻菜属 **Eruca** Miller

芝麻菜

△**Eruca vesicaria** subsp. **sativa** (Mill.) Thell. in Hegi, Ill. Fl. Mitt.-Eur. 4 (1): 201 (1918).

Eruca sativa Mill., Gard. Dict., ed. 8 n. 1 (1768); *Brassica eruca* L., Sp. Pl. 2: 667 (1753); *Eruca lativalvis* Boiss. in Boissier, Fl. Orient. 1: 396 (1867); *Eruca cappadocica* var. *eriocarpa* Boiss., Fl. Orient. 1: 396 (1867); *Eruca sativa* var. *eriocarpa* (Boiss.) Post, Fl. Syria 79 (1883).

黑龙江、辽宁、内蒙古、河北、山西、陕西、甘肃、青海、新疆、江苏、四川、广东；蒙古国、印度、巴基斯坦、阿富汗、塔吉克斯坦、吉尔吉斯斯坦、哈萨克斯坦、乌兹别克斯坦、土库曼斯坦、俄罗斯、中东、欧洲；全球归化。

糖芥属 **Erysimum** L.

糖芥

Erysimum amurense Kitag., Bot. Mag. (Tokyo) 51 (604): 155 (1937).

Cheiranthus aurantiacus Bunge, Enum. Pl. Chin. Bor. 5 (1833); *Erysimum aurantiacum* (Bunge) Maxim., Enum. Pl. Mongolia 1: 65 (1889); *Erysimum bungei* (Kitag.) Kitag., J. Jap. Bot. 25: 43 (1950); *Erysimum amurense* subsp. *bungei* Kitag., J. Jap. Bot. 25 (3-4): 43 (1950); *Erysimum amurense* var. *bungei* (Kitag.) Kitag., Neolin. Fl. Manshur. 334 (1979).

辽宁、内蒙古、河北、山西、陕西、江苏；朝鲜、俄罗斯。

四川糖芥（长角糖芥）

Erysimum benthamii Monnet in Paris, Notul. Syst. 2 (8): 242 (1911).

Erysimum longisiliquum Hook. f. et Thomson, J. Proc. Linn. Soc., Bot. 5: 166 (1861); *Erysimum benthamii* var. *grandiflorum* Monnet, Not. Syst. Lecomte 2: 243 (1912); *Erysimum szechuanense* O. E. Scuhlz, Acta Horti Gothob. 1 (4): 158 (1924); *Erysimum sikkimense* Polatschek in Horn, Phyton 34 (2): 201 (1994).

四川、云南、西藏；不丹、尼泊尔、印度。

灰毛糖芥

Erysimum canescens Roth, Catal. Bot. 1: 76 (1797).

新疆；蒙古国、塔吉克斯坦、哈萨克斯坦、乌兹别克斯坦、俄罗斯。

小花糖芥（桂花糖芥，野菜子）

Erysimum cheiranthoides L., Sp. Pl. 2: 661 (1753).

Erysimum parviflorum Pers. in Persoon, Syn. Pl. 2 (1): 199 (1806); *Erysimum cheiranthoides* var. *japonicum* H. Boissieu, Bull. Herb. Boissier. sér. 1 7: 795 (1899); *Erysimum japonicum* (H. Boissieu) Makino, Ill. Fl. Japan 508 (1948); *Erysimum brevifolium* Z. X. An, Fl. Xinjiang. 2 (2): 379 (1995).

黑龙江、吉林、内蒙古、新疆；蒙古国、日本、朝鲜、哈萨克斯坦、俄罗斯、欧洲、非洲北部、北美洲。

外折糖芥

Erysimum deflexum Hook. f. et Thomson, J. Proc. Linn. Soc., Bot. 5: 165 (1861).

新疆、西藏；印度。

蒙古糖芥

Erysimum flavum (Georgi) Bobrov, Bot. Mater. Gerb. Bot. Inst. Komarova Akad. Nauk S. S. S. R. 20: 15 (1960).

Hesperis flava Georgi, Bemerk. Reise Russ. Reich 1: 225 (1775); *Erysimum altaicum* var. *shinganicum* Y. L. Chang, Bull. Bot. Lab. N. E. Forest. Inst., Harbin 4: 153 (1980); *Erysimum flavum* var. *shinganicum* (Y. L. Chang) K. C. Kuan, Fl. Reipubl. Popularis Sin. 33: 388 (1987).

黑龙江、内蒙古；蒙古国、俄罗斯。

阿尔泰糖芥

Erysimum flavum subsp. **altaicum** (C. A. Mey.) Polozhij, Sist. Zametki Mater. Gerb. Krylova Tomsk. Gosud. Univ. Kuybysheva 86: 3 (1979).

Erysimum altaicum C. A. Mey., Fl. Altaic. 3: 153 (1831); *Erysimum altaicum* var. *humillimum* Ledeb., Fl. Altaic. 3: 153 (1831); *Erysimum humillimum* (Ledeb.) N. Busch in Kom., Fl. U. R. S. S. 8: 106 (1939).

新疆、西藏；巴基斯坦、塔吉克斯坦、吉尔吉斯斯坦、哈萨克斯坦、克什米尔、俄罗斯。

匍匐糖芥（匍匐桂竹香）

●**Erysimum forrestii** (W. W. Sm.) Polatschek in Horn, Phyton 34 (2): 200 (1994).

Parrya forrestii W. W. Sm., Notes Roy. Bot. Gard. Edinburgh 8 (38): 195 (1914); *Erysimum schneideri* O. E. Schulz, Repert. Spec. Nov. Regni Veg. 17: 289 (1921); *Cheiranthus forrestii* (W. W. Sm.) Hand.-Mazz., Anz. Akad. Wiss. Wien, Math.-Naturwiss. Kl. 65 (1925).

云南。

紫花糖芥

Erysimum funiculosum Hook. f. et Thomson, J. Proc. Linn. Soc., Bot. 5: 165 (1861).

Erysimum chamaephyton Maxim., Fl. Tangut. 63 (1889); *Erysimum absconditum* O. E. Schulz, Notizbl. Bot. Gart. Berlin-Dahlem 11 (103): 225 (1931).

甘肃、青海、西藏；印度。

无茎糖芥（无茎桂竹香）

●**Erysimum handel-mazzettii** Polatschek in Horn 34 (2): 200 (1994).

Cheiranthus acaulis Hand.-Mazz., Anz. Akad. Wiss. Wien, Math.-Naturwiss. Kl. 62: 64 (1936); *Cheiranthus forrestii* var. *acaulis* (Hand.-Mazz.) K. C. Kuan, Fl. Reipubl. Popularis Sin. 33: 393 (1987).

四川。

山柳菊叶糖芥

Erysimum hieraciifolium L., Cent. Pl. I 18 (1755).

黑龙江、辽宁、内蒙古、新疆、西藏；蒙古国、巴基斯坦、塔吉克斯坦、哈萨克斯坦、乌兹别克斯坦、克什米尔、俄罗斯；欧洲、北美洲有引种。

波齿糖芥（云南糖芥）

●**Erysimum macilentum** Bunge, Enum. Pl. Chin. Bor. 6 (1833).

Erysimum yunnanense Franch., Bull. Soc. Bot. France 33: 404 (1886); *Erysimum cheiranthoides* var. *sinuatum* France., Pl. Delavay. 63 (1889); *Erysimum sinuatum* (Franch.) Hand.-Mazz., Symb. Sin. 7 (2): 357 (1931).

吉林、辽宁、内蒙古、河北、山西、山东、河南、陕西、宁夏、甘肃、安徽、江苏、湖南、湖北、四川、云南。

粗梗糖芥

Erysimum repandum L., Demonstr. Pl. 17 (1753).

Erysimum rigidum DC., Syst. Nat. 2: 505 (1821).

辽宁、新疆；巴基斯坦、阿富汗、塔吉克斯坦、吉尔吉斯斯坦、哈萨克斯坦、乌兹别克斯坦、土库曼斯坦、克什米尔、俄罗斯、中东、欧洲、非洲北部。

红紫糖芥

●**Erysimum roseum** (Maxim.) Polatschek in Horn., Phyton 34 (2): 201 (1994).

Cheiranthus roseus Maxim., Fl. Tangut. 57 (1889); *Cheiranthus reseus* var. *glabrescens* Danguy, Bull. Mus. Natl. Hist. Nat. 17 (4): 264 (1911); *Erysimum limprichtii* O. E. Schulz, Repert. Spec. Nov. Regni Veg. Beih. 12: 389 (1922).

甘肃、青海、四川、云南、西藏。

矮糖芥

Erysimum schlagintweitianum O. E. Schulz, Notizbl. Bot. Gart. Berlin-Dahlem 11 (103): 227 (1931).

西藏；巴基斯坦。

棱果糖芥（棱果芥）

Erysimum siliculosum (M. Bieb.) DC., Syst. Nat. 2: 491 (1821).

Cheiranthus siliculosus M. Bieb., Fl. Taur.-Caucas. 2: 121 (1808); *Syrenia siliculosa* (M. Bieb.) Andrz. in DC., Syst. Nat. 2: 491 (1821).

新疆；哈萨克斯坦、土库曼斯坦、俄罗斯。

小糖芥

Erysimum sisymbrioides C. A. Mey., Fl. Altaic. 3: 150 (1831).

新疆；蒙古国、巴基斯坦、阿富汗、塔吉克斯坦、吉尔吉斯斯坦、哈萨克斯坦、乌兹别克斯坦、土库曼斯坦、俄罗斯、中东。

具苞糖芥

●**Erysimum wardii** Polatschek in Horn, Phyton 34 (2): 201 (1994).

Erysimum bracteatum W. W. Sm., Notes Roy. Bot. Gard. Edinburgh 8 (38): 185 (1914).

四川、云南、西藏。

鸟头荠属 Euclidium R. Brown

鸟头荠

△**Euclidium syriacum** (L.) R. Br. in W. T. Aiton, Hortus Kew. 4: 74 (1812).

Anastatica syriaca L., Sp. Pl., ed. 2 895 (1763); *Bunias syriaca* (L.) M. Bieb., Fl. Taur.-Caucas. 2: 88 (1808).

新疆；印度、巴基斯坦、阿富汗、塔吉克斯坦、吉尔吉斯斯坦、哈萨克斯坦、乌兹别克斯坦、土库曼斯坦、克什米尔、俄罗斯、中东、欧洲；全球归化。

宽果芥属 **Eurycarpus** Botsch.

绒毛宽果芥（绒毛高原芥）

●**Eurycarpus lanuginosus** (Hook. f. et Thomson) Botsch., Bot. Mater. Gerb. Bot. Inst. Komarova Akad. Nauk S. S. S. R. 17: 172 (1955).

Parrya lanuginosa Hook. f. et Thomson, J. Proc. Linn. Soc., Bot. 5: 136 (1861); *Ermania lanuginosa* (Hook. f. et Thomson) O. E. Schulz, Repert. Spec. Nov. Regni Veg. 28: 185 (1933); *Draba lanjarica* O. E. Schulz, Repert. Spec. Nov. Regni Veg. 33: 109 (1935); *Christolea lanuginosa* (Hook. f. et Thomson) Ovcz., Sovetsk. Bot. 1-2: 151 (1941).

西藏。

马氏宽果芥

Eurycarpus marinellii (Pamp.) Al-Shehbaz et G. Yang, Novon 10 (4): 347 (2000).

Braya marinellii Pamp., Boll. Soc. Bot. Ital. 29 (1915); *Christolea longmucoensis* Yu H. Wu et Z. X. An, Acta Phytotax. Sin. 32 (6): 579 (1994).

西藏；克什米尔。

山萮菜属 **Eutrema** R. Brown

鲍氏山萮菜（新拟）

●**Eutrema bouffordii** Al-Shehbaz, Harvard Pap. Bot. 11: 277 (2007).

四川。

珠芽山萮菜（新拟）

●**Eutrema bulbiferum** Y. Xiao et D. K. Tian, Phytotaxa 219 (3): 238 (2015).

湖南。

三角叶山萮菜

Eutrema deltoideum (Hook. f. et Thomson) O. E. Schulz in Engler, Pflanzenr. IV. 105 (Heft 86): 35 (1924).

Sisymbrium deltoideum Hook. f. et Thomson, J. Proc. Linn. Soc., Bot. 5: 163 (1861); *Hesperis deltoidea* (Hook. f. et Thomson) Kuntze, Revis. Gen. Pl. 2: 934 (1891); *Eutrema deltoideum* var. *grandiflorum* O. E Schulz, Notizbl. Bot. Gart. Berlin-Dahlem 9: 476 (1926).

云南、西藏；不丹、印度。

密序山萮菜

Eutrema heterophyllum (W. W. Sm.) H. Hara, J. Jap. Bot. 48 (4): 97 (1973).

Braya heterophylla W. W. Sm., Notes Roy. Bot. Gard. Edinburgh 11: 201 (1919); *Eutrema compactum* O. E. Schulz, Repert. Spec. Nov. Regni Veg. Beih. 12: 387 (1922); *Eutrena obliquum* K. C. Kuan et Z. X. An, Fl. Xizang. 2: 399 (1985); *Eutrema edwardsii* var. *heterophyllum* (W. W. Sm.) W. T. Wang, Acta Bot. Yunnan. 9 (1): 18 (1987).

河北、陕西、甘肃、青海、新疆、四川、云南、西藏；不丹、尼泊尔、塔吉克斯坦、吉尔吉斯斯坦、哈萨克斯坦。

川滇山萮菜

Eutrema himalaicum Hook. f. et Thomson, J. Proc. Linn. Soc., Bot. 5: 164 (1861).

Sisymbrium hookeri Fourn., Rech. Anat. Taxon. Fam. Crucifer. 120 (1865); *Sisymbrium spectabile* Hook. f. et Thomson ex Fourn., Rech. Anat. Taxon. Fam. Crucifer. 121 (1865); *Goldbachia lancifolia* Franch., Bull. Soc. Bot. France 33: 408 (1886); *Hesperis spectabilis* (Hook. f. et Thomson ex Fourn.) Kuntze, Revis. Gen. Pl. 935 (1891); *Eutrema lancifolium* (Franch.) O. E. Schulz in Engler, Pflanzenr. IV. 105 (Heft 86): 35 (1924).

四川、云南、西藏；不丹、印度。

全缘叶山萮菜

Eutrema integrifolium (DC.) Bunge, Del. Sem. Hort. Dorpater 8 (1939).

Cochlearia integrifolia DC., Syst. Nat. 2: 369 (1821); *Smelowskia integrifolia* (DC.) C. A. Mey., Fl. Altaic. 3: 168 (1831); *Eutrema alpestre* Ledeb., Fl. Ross. 1: 198 (1842); *Eutrema integrifolium* var. *hissaricum* (Lipsky) O. E. Schulz in Engler, Pflanzenr. IV. 105 (Heft 86): 34 (1924); *Eutrema alpestre* var. *hissaricum* Lipsk in Engler, Pflanzenr. IV. 105 (Heft 86): 34 (1924).

新疆；塔吉克斯坦、吉尔吉斯斯坦、哈萨克斯坦、乌兹别克斯坦。

总序山萮菜（新拟）

●**Eutrema racemosum** Al-Shehbaz, G. Q. Hao et J. Quan Liu, Phytotaxa 224 (2): 188 (2015).

河北、四川。

日本山萮菜（小山萮菜）

Eutrema tenue (Miq.) Makino, Bot. Mag. (Tokyo) 26: 177 (1912).

Nasturtium tenue Miq., Ann. Mus. Bot. Lugduno-Batavi 2: 71 (1866); *Eutrema hederifolium* Franch. et Sav., Enum. Pl. Jap. 2 (2): 283 (1878); *Cardamine bracteata* S. Moore, J. Bot. 16: 130 (1878); *Eutrema thibeticum* Franch., Nouv. Arch. Mus. Hist. Nat. sér. 2 8 (2): 201 (1885); *Wasabia hederifolia* (Franch. et Sav.) Matsum., Bot. Mag. (Tokyo) 13: 72 (1899); *Wasabia tenuis* (Miq.) Matsum., Index Pl. Jap. 2 (2): 161 (1912); *Eutrema wasabia* var. *tenue* (Miq.) O. E. Schulz in Engler, Pflanzenr. IV. 105 (Heft 86): 37 (1924); *Eutreama bracteatum* (S. Moore) Koidz., Fl. Symb. Orient.-Asiat. 24 (1930); *Neomartinella guizhouensis* S. Z. He et Y. C. Lan, Acta Phytotax. Sin. 35 (1): 73 (1997).

四川、贵州、云南、西藏；日本。

块茎山萮菜（山葵）

Eutrema wasabi (Siebold) Maxim., Bull. Acad. Imp. Sci. Saint-Pétersbourg 17: 283 (1873).

Cochlearia wasabi Siebold, Verh. Batav. Genootsch. Kunsten 12: 54 (1832); *Lunaria japonica* Miq., Ann. Mus. Bot. Lugduno-Batavi 2: 74 (1866); *Alliaria wasabi* (Siebold) Prantl, Nat. Pflanzenfam. iii. 2: 168 (1893); *Wasabia pungens* Matsum., Bot. Mag. (Tokyo) 13: 71 (1899); *Wasabia japonica* (Miq.) Matsum., Index Pl. Jap. 2: 161 (1912); *Eutrema japonicum* (Miq.) Koidz., Fl. Symb. Orient.-Asiat. 22 (1930); *Wasabia wasabi* (Siebold) Makino, J. Jap. Bot. 8: 35 (1932); *Wasabia koreana* Nakai, J. Jap. Bot. 11 (3): 150 (1935); *Eutrema okinosimense* Taken. in Fukuoka Hakubuts. Zasshi (Edit. Ann. Soc. Hist.-Nat. Fukuok.) 1: 369 (1935); *Eutrema koreanum* (Nakai) K. Hammer, Kulturpflanze 34: 98 (1986).
台湾；日本、朝鲜。

南山蓊菜（山蓊菜）

●**Eutrema yunnanense** Franch., Pl. Delavay. 61 (1889).
Eutrema potaninii Kom., Repert. Spec. Nov. Regni Veg. 9: 394 (1911); *Eutrema yunnanense* var. *tenerum* O. E. Schulz in Engler, Pflanzenr. IV. 105 (Heft 86): 38 (1924); *Wasabia yunnanensis* (Franch.) Nakai, J. Jap. Bot. 11: 151 (1935); *Eutrema reflexum* T. Y. Cheo, Bot. Bull. Acad. Sin. 2 (5): 23 (1948); *Eutrema yunnanense* var. *yexinicum* Z. X. An, Bull. Bot. Res., Harbin 1 (1-2): 99 (1981).
河北、陕西、宁夏、甘肃、安徽、江苏、浙江、江西、湖南、湖北、四川、云南、西藏。

竹溪山蓊菜（新拟）

●**Eutrema zhuxiense** Q. L. Gan et Xin W. Li, Novon 23 (2): 162 (2014).
湖北。

单盾荠属 Fibigia Medikus

匙叶单盾荠（新拟）

Fibigia spathulata B. Fedtsc., Rastit. Turkest. 463 (1915).
新疆；俄罗斯。

翅籽荠属 Galitzkya V. V. Botschantz.

大果翅籽荠（大果团扇荠）

Galitzkya potannii (Maxim.) V. V. Botschantz., Bot. Zhurn. 64 (10): 1442 (1979).
Berteroa potaninii Maxim., Bull. Acad. Imp. Sci. Saint-Pétersbourg sér. 3 26: 422 (1880); *Alyssum magicum* Z. X. An, Bull. Bot. Lab. N. E. Forest. Inst., Harbin 1 (1-2): 98 (1981); *Berteroa potaninii* var. *latifolia* Z. X. An, Fl. Xinjiang. 2 (2): 375 (1995).
内蒙古、甘肃、新疆；蒙古国。

匙叶翅果荠

Galitzkya spathulata (Stephan ex Willd.) V. V. Botschantz., Bot. Zhurn. 64 (10): 1442 (1979).

Alyssum spathulatum Stephan ex Willd., Sp. Pl., ed. 3 465 (1800); *Berteroa spathulata* (Stephan ex Willd.) C. A. Mey., Fl. Altaic. 3: 48 (1831); *Hormathophylla spathulata* (Stephan ex Willd.) Cullen et T. R. Dudley, Feddes Repert. 71: 226 (1965).
新疆；哈萨克斯坦。

四棱荠属 Goldbachia DC.

短梗四棱荠

Goldbachia ikonnikovii Vassilcz., Acta Inst. Bot. Acad. Sci. U. R. S. S. Ser. 1 (2): 151 (1936).
Goldbachia laevigata var. *ikonnikovii* (Vassilcz.) Kuang et Y. C. Ma, Fl. Intramongol. 2: 303 (1978).
内蒙古；蒙古国。

四棱荠

Goldbachia laevigata (M. Bieb.) DC., Syst. Nat. 2: 577 (1821).
Raphanus laevigatus M. Bieb., Fl. Taur.-Caucas. 2: 129 (1808); *Goldbachia laevigata* var. *ascendens* Boiss. in Boissier, Fl. Orient. 1: 243 (1867); *Goldbachia laevigata* var. *ascendens* f. *reticulata*, Acta Horti Petrop. 10 (1): 166 (1887); *Goldbachia laevigata* f. *reticulata* Kuntze, Acta Horti Petrop. 10 (1): 166 (1887); *Goldbachia hispida* Blatt. et Hallb., J. Indian Bot. 1: 56 (1919); *Goldbachia reticulata* (Kuntze) Vassilcz. in Kom., Fl. U. R. S. S. 8: 241 (1939).
新疆；蒙古国、巴基斯坦、塔吉克斯坦、吉尔吉斯斯坦、哈萨克斯坦、乌兹别克斯坦、土库曼斯坦、克什米尔、俄罗斯、中东。

垂果四棱荠

Goldbachia pendula Botsch., Bot. Mater. Gerb. Bot. Inst. Komarova Akad. Nauk S. S. S. R. 22: 140 (1963).
内蒙古、宁夏、甘肃、青海、新疆、西藏；塔吉克斯坦、吉尔吉斯斯坦、哈萨克斯坦、土库曼斯坦、俄罗斯。

藏荠属 Hedinia Ostenfeld

藏荠

Hedinia tibetica (Thomson) Ostenf., Southern Tibet, Botany. 6 (3): 76 (1922).
Hutchinsia tibetica Thomson, Hooker's Icon. Pl. 9: Pl. 900 (1852); *Capsella thomsonii* Hook. f., J. Linn. Soc., Bot. 5: 172 (1861); *Smelowskia tibetica* (Thomson) Lipsky, Trudy Imp. S.-Peterburgsk. Bot. Sada 23 (1): 76 (1904); *Hedinia rotundata* Z. X. An, Acta Bot. Boreal.-Occid. Sin. 10 (4): 325 (1990); *Hedinia taxkargannica* var. *hejigensis* G. L. Zhou et Z. X. An, Acta Bot. Boreal.-Occid. Sin. 10 (4): 323 (1990); *Hedinia elata* C. L. He et Z. X. An, Acta Phytotax. Sin. 34 (2): 205 (1996).
甘肃、青海、新疆、四川、西藏；不丹、尼泊尔、印度、塔吉克斯坦。

半脊荠属 Hemilophia Franch.

法氏半脊荠

● **Hemilophia franchetii** Al-Shehbaz, Adansonia ser. 3 21 (2): 241 (1999).

Hemilophia pulchella var. *pilosa* O. E. Schulz, Repert. Spec. Nov. Regni Veg. 17 (492-503): 290 (1921).

云南。

半脊荠

● **Hemilophia pulchella** Franch., Pl. Delavay. 65 (1889).

云南。

小叶半脊荠

● **Hemilophia rockii** O. E. Schulz, Notizbl. Bot. Gart. Berlin-Dahlem 9: 476 (1926).

Hemilophia pulchella var. *flavida* Hand.-Mazz., Anz. Kaiserl. Akad. Wiss. Wien, Math.-Naturwiss. Kl. 62: 24 (1925); *Hemilophia rockii* var. *flavida* (Hand.-Mazz.) Hand.-Mazz., Symb. Sin. 7 (2): 372 (1931); *Hemilophia pulchella* var. *rockii* (O. E. Schulz) W. T. Wang, Acta Bot. Yunnan. 9 (1): 1 (1987).

四川、云南。

匍匐半脊荠

● **Hemilophia serpens** (O. E. Schulz) Al-Shehbaz, Edinburgh J. Bot. 59 (3): 444 (2002).

Draba serpens O. E. Schulz, Anz. Akad. Wiss. Wien, Math.-Naturwiss. Kl. 63: 96 (1926).

云南。

无柄半脊荠

● **Hemilophia sessilifolia** Al-Shehbaz, Arai et H. Ohba, Novon 9 (1): 8 (1999).

云南。

香花芥属 Hesperis L.

欧亚香花芥（紫花南芥）

△ **Hesperis matronalis** L., Sp. Pl. 2: 663 (1753).

新疆；原产于亚洲中部、欧洲，世界各地栽培并归化。

北香花芥

Hesperis sibirica L., Sp. Pl. 2: 663 (1753).

Hesperis elata Horn., Hort. Hafn. Suppl. 74 (1819); *Hesperis matronalis* var. *elata* (Hornem.) Schmalh., Dict. Econ. Prod. Malay Penins. (1889); *Hesperis matronalis* var. *sibrica* (L.) DC., Pl. Eur. (1890); *Hesperis oreophila* Kitag., Rep. First Sci. Exped. Manchoukuo 4: 20 (1936); *Hesperis pseudonivea* Tzvelev, Not. Syst. Herb. Inst. Bot. Acad. Sci. U. R. S. S. 19: 131 (1959).

辽宁、河北、新疆；蒙古国、塔吉克斯坦、吉尔吉斯斯坦、哈萨克斯坦、乌兹别克斯坦、俄罗斯。

薄果荠属 Hornungia Rchb.

薄果荠

Hornungia procumbens (L.) Hayek, Repert. Spec. Nov. Regni Veg. Beih. 30: 480 (1925).

Lepidium procumbens L., Sp. Pl. 2: 643 (1753); *Hutchinsia procumbens* (L.) Desv., J. Bot. Agric. 3: 168 (1814); *Capsella procumbens* (L.) Fries, Novit. Fl. Suec. Mant. 1: 14 (1832); *Hymenolobus procumbens* (L.) Nutt. ex Torr. et A. Gray, Fl. N. Amer. (Torr. et A. Gray) 1 (3): 457 (1838).

新疆；阿富汗、印度、克什米尔、哈萨克斯坦、吉尔吉斯斯坦、蒙古国、巴基斯坦、俄罗斯、塔吉克斯坦、土库曼斯坦、乌兹别克斯坦、非洲北部、亚洲西南部、欧洲、北美洲；世界其他地区引种。

葶芥属 Ianhedgea Al-Shehbaz et O'Kane

葶芥

Ianhedgea minutiflora (Hook. f. et Thomson) Al-Shehbaz et O'Kane, Edinburgh J. Bot. 56: 322 (1999).

Sisymbrium minutiflorum Hook. f. et Thomson, J. Proc. Linn. Soc., Bot. 5: 158 (1861); *Microsisybrium minutiflorum* var. *dasycarpum* O. E. Schulz in Engler, Pflanzenr. IV. 105 (Heft 86): 161 (1924); *Microsisybrium minutiflorum* (Hook. f. et Thomson) O. E. Schulz in Engler, Pflanzenr. IV. 105 (Heft 86): 160 (1924); *Guillenia minutiflora* (Hook. f. et Thomson) Bennet, J. Econ. Taxon. Bot. 4: 593 (1983).

西藏；印度、巴基斯坦、阿富汗、塔吉克斯坦、乌兹别克斯坦、土库曼斯坦、中东。

屈曲花属 Iberis L.

屈曲花

☆ **Iberis amara** L., Sp. Pl. 2: 649 (1753).

中国各地有栽培；原产于欧洲。

披针叶屈曲花

☆ **Iberis intermedia** Guersent, Bull. Sci. Soc. Philom. Paris 3: 269 (1811).

西藏有栽培；欧洲。

菘蓝属 Isatis L.

三肋菘蓝（肋果菘蓝）

Isatis costata C. A. Mey., Fl. Altaic. 3: 204 (1831).

Isatis lasiocarpa Ledeb., Fl. Ross. (Ledeb.) 1: 211 (1842); *Isatis costata* var. *lasiocarpa* (Ledeb.) N. Busch, Fl. Sibir. Orient. Extremi 1: 161 (1913).

辽宁、内蒙古、甘肃、新疆；蒙古国、巴基斯坦、塔吉克斯坦、哈萨克斯坦、克什米尔、俄罗斯。

小果菘蓝

Isatis minima Bunge, Del. Sem. Hort. Dorpater 7 (1843).

甘肃、新疆；巴基斯坦、阿富汗、塔吉克斯坦、吉尔吉斯斯坦、哈萨克斯坦、乌兹别克斯坦、土库曼斯坦、中东。

菘蓝（欧洲菘蓝）

△**Isatis tinctoria** L., Sp. Pl. 2: 670 (1753).

Isatis indigotica Fort., J. Hort. Soc. London 1: 269 (1846); *Isatis yezoensis* Ohwi, Acta Phytotax. Geobot. 4: 66 (1935); *Isatis tinctoria* var. *yezoensis* (Ohwi) Ohwi, Fl. Jap. 568 (1956); *Isatis tinctoria* var. *indigotica* (Fortune) T. Y. Cheo et K. C. Kuan, Acta Phytotax. Sin. 16 (3): 99 (1978); *Isatis oblongata* var. *yezoensis* (Ohwi) Y. L. Chang, Fl. Pl. Herb. Chin. Bor.-Or. 4: 78 (1980).

辽宁、内蒙古、河北、山西、山东、河南、陕西、甘肃、新疆、浙江、江西、湖北、四川、贵州、云南、西藏、福建；蒙古国、日本、朝鲜、巴基斯坦、塔吉克斯坦、哈萨克斯坦、乌兹别克斯坦、俄罗斯、中东、欧洲；世界各地有归化。

宽翅菘蓝

Isatis violascens Bunge, Arbeiten Naturf. Vereins Riga 1 (2): 166 (1848).

新疆；巴基斯坦、阿富汗、塔吉克斯坦、吉尔吉斯斯坦、哈萨克斯坦、乌兹别克斯坦、土库曼斯坦、中东。

绵果荠属 Lachnoloma Bunge

绵果荠

Lachnoloma lehmannii Bunge, Del. Sem. Hort. Dorpater 8 (1843).

新疆；塔吉克斯坦、吉尔吉斯斯坦、哈萨克斯坦、乌兹别克斯坦、土库曼斯坦、中东。

光籽芥属 Leiospora (C. A. Mey.) Dvořák

雏菊叶光籽芥

Leiospora bellidifolia (Danguy) Botsch. et Pach., Bot. Zhurn. 57 (6): 668 (1972).

Parrya bellidifolia Danguy, J. Bot. (Morot) 21: 51 (1908).

新疆；塔吉克斯坦。

光萼光籽芥（光萼条果芥，毛萼光籽芥）

Leiospora eriocalyx (Regel et Schmalh.) Dvořák, Spisy Prir. Fak. Univ. J. E. Purkinje Brne 497: 357 (1968).

Parrya eriocalyx Regel et Schmalh, Trudy Imp. S.-Peterburgsk. Bot. Sada 5 (1): 234 (1877).

新疆；塔吉克斯坦、吉尔吉斯斯坦、哈萨克斯坦。

无茎条果芥

Leiospora exscapa (C. A. Mey.) Dvorák, Spisy Prir. Fak. Univ. J. E. Purkinje Brne 497: 357 (1968).

Parrya exscapa C. A. Mey., Fl. Altaic 3: 28 (1831); *Neuroloma exscapum* (C. A. Mey.) Steud., Nomencl. Bot., ed. 2 (Stendel) 2 (2): 193 (1841).

新疆；蒙古国、哈萨克斯坦、俄罗斯。

帕米尔光籽芥

Leiospora pamirica (Botsch. et Vved.) Botsch. et Pach., Bot. Zhurn. 57 (6): 669 (1972).

Parrya pamirica Botsch. et Vved., Novosti Sist. Vyssh. Rast. 1965: 279 (1965).

新疆、西藏；塔吉克斯坦、克什米尔。

独行菜属 Lepidium L.

阿拉善独行菜

●**Lepidium alashanicum** H. L. Yang, Acta Phytotax. Sin. 19 (2): 241 (1981).

内蒙古、甘肃。

独行菜（腺独行菜，腺茎独行菜）

Lepidium apetalum Willd., Sp. Pl., ed. 3 (1): 439 (1800).

Lepidium chitungense Jacot Guill., Rhodora 32: 29 (1930).

除华南外，中国各地；蒙古国、日本、朝鲜、尼泊尔、印度、巴基斯坦、哈萨克斯坦。

俯卧独行菜（新拟）

Lepidium appelianum Al-Shehbaz, Novon 12 (1): 7 (2002).

内蒙古、陕西、宁夏、甘肃、青海、新疆；哈萨克斯坦、吉尔吉斯斯坦、蒙古国、巴基斯坦、俄罗斯、塔吉克斯坦、土库曼斯坦、乌兹别克斯坦；原产于北美洲、南美洲。

棕苞独行菜

Lepidium brachyotum (Karelin et Kirilov) Al-Shehbaz, Novon 12 (1): 8 (2002).

Stroganowia brachyota Karelin et Kirilov, Bull. Soc. Imp. Naturalistes Moscou 14: 387 (1841).

新疆；哈萨克斯坦。

绿独行菜

Lepidium campestre (L.) R. Br., Hortus Kew. (W. Aiton), ed. 2 4: 88 (1812).

Thlaspi campestre L., Sp. Pl. 2: 646 (1753).

黑龙江、辽宁、山东；俄罗斯、中东、欧洲；世界各地有引种。

头花独行菜

Lepidium capitatum Hook. f. et Thomson, J. Proc. Linn. Soc., Bot. 5: 175 (1861).

Lepidium kunlunshanicum G. L. Zhou et Z. X. An, J. August 1 Agric. Coll. Journal of Xinjiang Agricultural Univers. 13(3): 48 (1990).

甘肃、青海、新疆、四川、西藏；不丹、尼泊尔、印度、克什米尔。

碱独行菜

Lepidium cartilagineum (J. Mayer) Thell., Vierteljahrsschr. Naturf. Ges. Zürich 51: 178 (1906).

Thlaspi cartilagineum J. Mayer, Abh. Böhm. Ges. Wiss. 235 (1786); *Lepidium crassifolium* Waldst. et Kit., Descr. Icon. Pl.

Hung. 1: 4 (1799); *Lepidium cartilagineum* subsp. *crassifolium* (Waldst. et Kit.) Thell., Neue Denkschr. Allg. Schweiz. Ges. Gesammten Naturwiss. 41: 153 (1906); *Lepidium kabulicum* K. H. Rech., Anz. Osterr. Akad. Wiss., Math.-Naturwiss. Kl. 91: 58 (1954).

内蒙古、新疆；蒙古国、巴基斯坦、阿富汗、塔吉克斯坦、吉尔吉斯斯坦、哈萨克斯坦、乌兹别克斯坦、土库曼斯坦、俄罗斯、中东、欧洲。

心叶独行菜（北方独行菜）

Lepidium cordatum Willd. ex Steven, Syst. Nat. 2: 554 (1821).

内蒙古、宁夏、甘肃、青海、新疆、西藏；蒙古国、塔吉克斯坦、哈萨克斯坦、俄罗斯。

楔叶独行菜

●**Lepidium cuneiforme** C. Y. Wu, Iconogr. Cormophyt. Sin. 2: 36 (1972).

Lepidium chinense Franch., Pl. David. 1: 39 (1884); *Lepidium capitatum* var. *chinense* Thell., Neue Denkschr. Schweiz. Naturf. Ges. 41: 134 (1906).

陕西、甘肃、青海、江西、四川、贵州、云南。

密花独行菜

△**Lepidium densiflorum** Schrad., Ind. Sem. Hort. Gotting. 4 (1832).

Leptaleum longisilquosum Freyn et Sint., Bull. Herb. Boissier, sér. 2 3: 692 (1903); *Lepidium neglectum* Thell., Bull. Herb. Boissier, ser. 2 4 (7): 708 (1904).

黑龙江、吉林、辽宁、河北、山东、云南；原产于北美洲，世界各地有引种。

全缘独行菜

Lepidium ferganense Korsh., Izv. Imp. Akad. Nauk Ser. 5 9: 417 (1898).

新疆；阿富汗、塔吉克斯坦、吉尔吉斯斯坦、哈萨克斯坦、乌兹别克斯坦。

裂叶独行菜

Lepidium lacerum C. A. Mey., Fl. Altaic. 3: 191 (1831).

新疆；蒙古国、哈萨克斯坦。

宽叶独行菜

Lepidium latifolium L., Sp. Pl. 2: 644 (1753).

Lepidium affine Ledeb., Index Sem. (Dorpat) 1: 22 (1821); *Lepidium latifolium* var. *affine* (Ledeb.) C. A. Mey., Fl. Altaic. 3: 189 (1831); *Lepidium latifolium* var. *mongolicum* Franch., Pl. David. 1: 39 (1884); *Lepidium latifolium* subsp. *sibiricum* (Schweigg.) Thell., Neue Denkschr. Schweiz. Naturf. Ges. 41: 161 (1906); *Lepidium latifolium* subsp. *affine* (Ledeb.) Kitag., Lin. Fl. Manshur. 242 (1939).

黑龙江、辽宁、内蒙古、河北、山西、山东、河南、陕西、宁夏、甘肃、青海、新疆、四川、西藏；蒙古国、印度、

巴基斯坦、阿富汗、塔吉克斯坦、吉尔吉斯斯坦、哈萨克斯坦、乌兹别克斯坦、土库曼斯坦、克什米尔、俄罗斯、中东、欧洲南部、非洲北部。

钝叶独行菜

Lepidium obtusum Basiner, Bull. Cl. Phys.-Math. Acad. Imp. Sci. Saint-Pétersbourg 2: 203 (1844).

Lepidium latifolium subsp. *obtusum* (Basiner) Thell., Neue Denkschr. Schweiz. Naturf. Ges. 41: 162 (1906); *Lepidium loulanicum* Z. X. An et G. L. Zhou, Fl. Xinjiang. 2 (2): 374 (1998).

内蒙古、宁夏、甘肃、青海、新疆、西藏；蒙古国、印度、塔吉克斯坦、哈萨克斯坦、乌兹别克斯坦、俄罗斯。

抱茎独行菜（穿叶独行菜）

Lepidium perfoliatum L., Sp. Pl. 2: 643 (1753).

辽宁、山西、甘肃、新疆、江苏；日本、印度、巴基斯坦、阿富汗、塔吉克斯坦、吉尔吉斯斯坦、哈萨克斯坦、乌兹别克斯坦、土库曼斯坦、俄罗斯、中东、欧洲、非洲北部；世界各地有引种。

柱毛独行菜（柱腺独行菜，鸡积菜）

Lepidium ruderale L., Sp. Pl. 2: 645 (1753).

新疆；蒙古国、印度、塔吉克斯坦、吉尔吉斯斯坦、哈萨克斯坦、乌兹别克斯坦、土库曼斯坦、俄罗斯、中东；欧洲、北美洲有引种。

家独行菜（台尔台孜）

△**Lepidium sativum** L., Sp. Pl. 2: 644 (1753).

黑龙江、吉林、山东、新疆、江苏、西藏；广布于亚洲、欧洲；归化于南美洲、北美洲。

北美独行菜（独行菜）

△**Lepidium virginicum** L., Sp. Pl. 2: 645 (1753).

中国广泛归化；原产于北美洲，世界各地有引种。

鳞蕊芥属 Lepidostemon Hook. f. et Thomson

珠峰鳞蕊芥

●**Lepidostemon everestianus** Al-Shehbaz, Novon 10 (4): 331 (2000).

西藏。

鳞蕊芥

Lepidostemon pedunculosus Hook. f. et Thomson, J. Proc. Linn. Soc., Bot. 5: 156 (1861).

西藏；印度。

莲座鳞蕊芥（莲座高原芥）

●**Lepidostemon rosularis** (K. C. Kuan et Z. X. An) Al-Shehbaz, Novon 10 (4): 332 (2000).

Christolea rosularis K. C. Kuan et Z. X. An, Fl. Xizang. 2: 386 (1985).

西藏。

丝叶芥属 **Leptaleum** DC.

丝叶芥

Leptaleum filifolium (Willd.) DC., Mém. Mus. Hist. Nat. 7: 239 (1821).

Sisymbrium folifolium Willd., Sp. Pl., ed. 3 (1): 495 (1800); *Leptaleum pymaeum* DC., Syst. Nat. 2: 511 (1821); *Leptaleum hamatum* Hemsl. et Lace, J. Linn. Soc., Bot. 28, t. 321 (1891); *Leptaleum longisiliquosum* Freyn et Sint., Bull. Herb. Boissier, sér. 2 3: 692 (1903).

新疆；巴基斯坦、阿富汗、塔吉克斯坦、吉尔吉斯斯坦、哈萨克斯坦、乌兹别克斯坦、土库曼斯坦、俄罗斯、中东。

弯梗芥属 **Lignariella** Baehni

弯梗芥

Lignariella hobsonii (H. Pearson) Baehni, Candollea 15: 57, 1 51 (1955).

Cochlearia hobsonii H. Pearson, Hooker's Icon. Pl. 27 (2): Pl. 2643 (1900).

西藏；不丹、尼泊尔。

线果弯梗芥

Lignariella ohbana Al-Shehbaz et Arai, Harvard Pap. Bot. 5 (1): 120 (2000).

云南；尼泊尔。

蛇形弯梗芥

Lignariella serpens (W. W. Sm.) Al-Shehbaz et Arai, Harvard Pap. Bot. 5 (1): 119 (2000).

Cochlearia serpens W. W. Sm., Rec. Bot. Surv. India 4 (5): 175 (1911); *Lignariella hobsonii* subsp. *serpens* (W. W. Sm.) H. Hara, Fl. E. Himalaya, 3rd. Rep. 44 (1975).

西藏；不丹、尼泊尔、印度。

脱喙荠属 **Litwinowia** Woronow

脱喙荠

Litwinowia tenuissima (Pall.) Woronow ex Pavlov, Fl. Centr. Kazakh. 2: 302 (1935).

Vella tenuissima Pall., Reise Russ. Reich. 3: 740 (1776); *Litwinowia tatarica* (Willd.) Woronow, Sp. Pl., ed. 3 43 (1800); *Bunias tatarica* Willd., Sp. Pl., ed. 3 413 (1802); *Euclidium tataricum* (Willd.) DC., Syst. Nat. 2: 422 (1821); *Euclidium tenuissimum* (Willd.) B. Fedtsch., Bull. Herb. Boiss. 2 (4): 915 (1904).

新疆；印度、巴基斯坦、阿富汗、塔吉克斯坦、吉尔吉斯斯坦、哈萨克斯坦、乌兹别克斯坦、土库曼斯坦、俄罗斯、中东。

香雪球属 **Lobularia** Desvaux

香雪球

△**Lobularia maritima** (L.) Desv., J. Bot. Agric. 3: 162 (1814).

Clypeola maritima L., Sp. Pl. 2: 652 (1753); *Alyssum halimifolium* L., Sp. Pl. 2: 650 (1753); *Alyssum maritimum* (L.) Lam., Encycl. 1: 98 (1783); *Koniga maritima* (L.) R. Br., Narr. Travels Africa 216 (1826).

中国大部分地区栽培，归化于河北、山西、山东、陕西、甘肃、新疆、江苏、浙江、台湾；原产于地中海，归化于世界各地。

长柄芥属 **Macropodium** R. Brown

长柄芥（古芥）

Macropodium nivale (Pall.) R. Br., Hortus Kew., ed. 2 4: 108 (1812).

Cardamine nivalis Pall., Reise Russ. Reich., ed. 2 2: 113 (1777).

新疆；蒙古国、哈萨克斯坦、俄罗斯。

涩芥属 **Malcolmia** R. Brown

涩芥（马康草，离蕊芥，千果草）

△**Malcolmia africana** (L.) R. Br., Hortus Kew. (W. Aiton), ed. 2 4: 121 (1812).

Hesperis africana L., Sp. Pl. 2: 663 (1753); *Malcolmia stenopetala* (Bernh. ex Fisch. et C. A. Mey.) Bernh. ex Ledeb., Fl. Ross. 1: 170 (1764); *Hesperis laxa* Lam., Encycl. 3 (1): 325 (1789); *Cheiranthus tarxacifolius* Balbis, Cat. Hort. Taur. App. 10 (1814); *Malcolmia laxa* (Lam.) DC., Syst. Nat. 2: 440 (1821); *Malcolmia taraxacifolia* DC., Syst. Nat. 2: 439 (1821); *Malcolmia dicaricata* (Fisch.) Fisch., Index Sem. (St. Petersburg) 1: 33 (1835); *Malcolmia africana* var. *stenopetala* Bernh. ex Fisch. et C. A. Mey., Index Sem. (St. Petersburg) 1: 33 (1835); *Malcolmia trichocarpa* Boiss. et Buhse, Nouv. Mém. Soc. Imp. Naturalistes Moscou 12: 21 (1860); *Malcolmia africana* var. *trichocarpa* (Boiss. et Buhse) Boiss., Fl. Orient. (Boissier) 1: 223 (1867); *Malcolmia africana* var. *divaricata* Fisch., Bull. Torrey Bot. Club (1870); *Wilckia africana* (L.) F. Muell., Nat. Pl. Vict. 1: 33 (1879); *Wilckia stenopetala* (Bernh. ex Fisch. et C. A. Mey.) N. Busch, Fl. Sibir. Orient. Extremi 595 (1931); *Malcolmia calycina* Sennen., Cat. Fl. Rif or. 9 (1933); *Fedtschenkoa taraxacifolia* (Balbis.) Dvorák, Feddes Repert. 81: 403 (1970); *Fedtschenkoa stenopetala* (Bernh. ex Fisch. et C. A. Mey.) Dvorák, Feddes Repert. 81: 403 (1970); *Fedtschenkoa africana* (L.) Dvorák, Feddes Repert. 81 (6-7): 403 (1970); *Strigosella africana* var. *laxa* (Lam.) Botsch., Bot. Zhurn. 57 (9): 1038 (1972); *Strigosella africana* (L.) Botsch., Bot. Zhurn. 57: 1038 (1972); *Strigosella stenopetala* (Bernh. ex Fisch. et C. A. Mey.) Botsch., Bot. Zhurn. 57 (9): 1040 (1972); *Strigosella trichocarpa* (Bernh. ex Fisch. et C. A. Mey.) Botsch., Bot.

Zhurn. 57 (9): 1038 (1972).

河北、山西、河南、陕西、宁夏、甘肃、青海、新疆、安徽、江苏、四川、西藏；蒙古国、印度、巴基斯坦、阿富汗、塔吉克斯坦、吉尔吉斯斯坦、哈萨克斯坦、乌兹别克斯坦、土库曼斯坦、克什米尔、俄罗斯、中东、欧洲、非洲北部；归化于世界各地。

刚毛涩芥

Malcolmia hispida Litv., Trudy Bot. Muz. Imp. Akad. Nauk 1: 37 (1902).

Fedtschenkoa hispida (Litv.) Dvorák, Repert. Spec. Nov. Regni Veg. Beih. 81: 401 (1970); *Strigosella hispida* (Litv.) Botsch., Bot. Zhurn. 57 (9): 1041 (1972).

西藏；塔吉克斯坦、吉尔吉斯斯坦、哈萨克斯坦、乌兹别克斯坦、土库曼斯坦。

短梗涩芥

Malcolmia karelinii Lipsky, Trudy Imp. S.-Peterburgsk. Bot. Sada 23: 31 (1904).

Dontostemon brevipes Bunge, Arbeiten Naturf. Vereins Riga 1: 149 (1847); *Strigosella brevipes* (Kar. et Kir.) Botsch., Bot. Zhurn. 57 (9): 1041 (1972).

内蒙古、新疆；巴基斯坦、阿富汗、塔吉克斯坦、吉尔吉斯斯坦、哈萨克斯坦、乌兹别克斯坦、土库曼斯坦、中东。

卷果涩芥

Malcolmia scorpioides (Bunge) Boiss., Fl. Orient. 1: 225 (1867).

Dontostemon scorpioides Bunge, Arbeiten Naturf. Vereins Riga 1: 150 (1847); *Malcolmia contortuplicata* var. *curvata* Freyn et Sint., Bol. Soc. Brot. (1880-1920) (1880); *Malcolmia scorpioides* var. *curvata* (Freyn et Sint.) Vassilcz., Bull. Misc. Inform. Kew (1887-1942) (1887); *Malcolmia multisiliqua* Vassilcz. in Kom., Fl. U. R. S. S. 8: 282 (1939); *Fedtschenkoa scorpioides* (Bunge) Dvorák, Repert. Spec. Nov. Regni Veg. Beih. 81: 400 (1970); *Fedtschenkoa multisiliqua* (Vassilcz.) Dvorák, Feddes Repert. 81: 403 (1970); *Strigosella scorpioides* (Bunge) Botsch., Bot. Zhurn. 57: 1041 (1972); *Malcolmia humilis* Z. X. An, Fl. Xinjiang. 2 (2): 378 (1995).

甘肃、新疆；巴基斯坦、阿富汗、塔吉克斯坦、吉尔吉斯斯坦、哈萨克斯坦、乌兹别克斯坦、土库曼斯坦、中东。

紫罗兰属 **Matthiola** R. Brown

伊朗紫罗兰

Matthiola chorassanica Bunge ex Boiss., Fl. Orient. 1: 151 (1867).

Matthiola odorata var. *stricta* Conti, Trav. Soc. Nat. St. Petersb. 26: 21 (1896); *Matthiola integrifolia* Kom., Trav. Soc. Nat. St. Petersb. 26: 85 (1896); *Matthiola odorata* var. *thibetanee* Conti, Mem. Herb. Boissier 18: 20 (1900); *Matthiola flavida* var. *integrifolia* (Kom.) O. E. Schulz, Notizbl. Bot. Gart. Berlin-Dahlem 9: 1089 (1927); *Matthiola*

tenera K. H. Rech., Fl. Iran. Lief. 235 (1968).

新疆、西藏；巴基斯坦、阿富汗、塔吉克斯坦、乌兹别克斯坦、中东。

紫罗兰

☆ **Matthiola incana** (L.) R. Br., Hort. Kew., ed. 2 4: 119 (1812).

Cheiranthus incanus L., Sp. Pl. 662 (1753).

中国城市常有引种；原产于欧洲。

高河菜属 **Megacarpaea** DC.

高河菜

Megacarpaea delavayi Franch., Bull. Soc. Bot. France 33: 406 (1886).

Megacarpaea delavayi var. *pinnatifida* Danguy, Bull. Mus. Natl. Hist. Nat. 17 (4): 266 (1911); *Megacarpaea delavayi* var. *minor* W. W. Sm., Notes Roy. Bot. Gard. Edinburgh 8 (37): 121 (1913); *Megacarpaea delavayi* f. *microphylla* O. E. Schulz, Notizbl. Bot. Gart. Berlin-Dahlem 9 (87): 476 (1926); *Megacarpaea delavayi* f. *pallidiflora* O. E. Schulz, Notizbl. Bot. Gart. Berlin-Dahlem 9 (87): 477 (1926); *Megacarpaea delavayi* var. *grandiflora* O. E. Schulz, Notizbl. Bot. Gart. Berlin-Dahlem 10 (96): 557 (1927); *Megacarpaea delavayi* f. *angustisecta* O. E. Schulz, Notizbl. Bot. Gart. Berlin-Dahlem 12 (112): 212 (1934).

甘肃、青海、四川、云南、西藏；缅甸。

大果高河菜

Megacarpaea megalocarpa (Fisch. ex DC.) Schischk. ex B. Fedtsch. in Kom., Fl. U. R. S. S. 8: 543 (1939).

Biscutella megalocarpa Fisch. ex DC., Ann. Mus. Natl. Hist. Nat. 18: 296 (1811); *Megacarpaea angulata* DC., Syst. Nat. 2: 418 (1821); *Megacarpaea laciniata* DC., Syst. Nat. 2: 417 (1821); *Megacarpaea mugodzharica* Golosk. et Vassilcz., Not. Syst. Herb. Inst. Bot. Acad. Sci. U. R. S. S. 7: 102 (1950).

青海、新疆；吉尔吉斯斯坦、哈萨克斯坦、乌兹别克斯坦、俄罗斯。

多蕊高河菜

Megacarpaea polyandra Benth. ex Madden, Hooker's J. Bot. Kew Gard. Misc. 7: 356 (1855).

西藏；尼泊尔、印度、巴基斯坦、克什米尔。

双果荠属 **Megadenia** Maxim.

双果荠（大腺芥）

Megadenia pygmaea Maxim., Fl. Tangut. 76 (1889).

Megadenia bardunovii Popov, Not. Syst. Herb. Inst. Bot. Acad. Sci. U. R. S. S. 14: 13 (1954); *Megadenia speluncarum* Vorob., Vorosch. et Gorovij, Byull. Glavn. Bot. Sada (Moscow) 101: 58 (1976).

甘肃、青海、四川、西藏；俄罗斯。

小柱芥属 **Microstigma** Trautv.

短果小柱芥

Microstigma brachycarpum Botsch., Bot. Zhurn. 44: 1485 (1959).

Microstigma junatovii Grubov, Bot. Zhurn. 63 (3): 363 (1978).
甘肃；蒙古国。

小蒜荠属 **Microthlaspi** F. K. Meyer

全叶小蒜荠

Microthlaspi perfoliatum (L.) F. K. Mey., Feddes Repert. 84 (5-6): 453 (1973).

Thlaspi perfoliatum L., Sp. Pl. 2: 646 (1753).
新疆；巴基斯坦、阿富汗、塔吉克斯坦、哈萨克斯坦、乌兹别克斯坦、土库曼斯坦、俄罗斯、中东、欧洲、非洲。

豆瓣菜属 **Nasturtium** R. Brown

豆瓣菜（西洋菜，水田芥，水蔊菜）

△**Nasturtium officinale** R. Br., Hortus Kew. (W. Aiton), ed. 2 4: 110 (1812).

Sisymbrium nasturtium-aquaticum L., Sp. Pl. 2: 657 (1753); *Rorippa nastrtium-aquaticum* (L.) Hayek, Sched. Fl. Stiriac. Exsicc. 3-4: 22 (1905).
归化于中国各地；原产于中东、欧洲，归化于世界各地。

堇叶芥属 **Neomartinella** Pilger

大花堇叶芥

●**Neomartinella grandiflora** Al-Shehbaz, Novon 10 (4): 339 (2000).
湖南、四川。

堇叶芥（马庭）

●**Neomartinella violifolia** (H. Lév.) Pilg., Nat. Pflanzenfam. Nachtr. 3: 134 (1906).

Martinella violifolia H. Lév., Bull. Soc. Bot. France 51: 290 (1904); *Esquiroliella violifolia* (H. Lév.) H. Lév., Monde Pl. Rev. Mens. Bot. 18 (2): 103 (1916).
湖南、湖北、四川、贵州、云南。

永顺堇叶芥

●**Neomartinella yungshunensis** (W. T. Wang) Al-Shehbaz, Novon 10 (4): 338 (2000).

Cardamine yungshunensis W. T. Wang, Keys Vasc. Pl. Wuling Mts. 578 (1995).
湖南。

念珠芥属 **Neotorularia** Hedge et J. Léonard

短果念珠芥

Neotorularia brachycarpa (Vassilcz.) Hedge et J. Léonard, Bull. Jard. Bot. Belg. 56 (3-4): 393 (1986).

Torularia brachycarpa Vassilcz. in Kom., Fl. U. R. S. S. 8: 635 (1939); *Torularia tibetica* Z. X. An, Bull. Bot. Lab. N. E. Forest. Inst., Harbin 1 (1-2): 105 (1981); *Torularia parvia* Z. X. An, Bull. Bot. Lab. N. E. Forest. Inst., Harbin 1 (1-2): 104 (1981); *Torularia bracteata* S. L. Yang, Acta Phytotax. Sin. 19 (2): 243 (1981); *Dichasianthus brachycarpus* (Vassilcz.) Soják, Sborn. Nár. Mus. v Praze, Řada B, Přír. Vědy 1982 (1-2): 107 (1982); *Neotorularia parvia* (Z. X. An) Z. X. An, J. Aug. 1st Agric. Coll. 14 (2): 48 (1991); *Neotorularia tibetica* (Z. X. An) Z. X. An, J. Aug. 1st Agric. Coll. 14 (2): 48 (1991); *Torularia conferta* R. F. Huang, Boil. et Human Physiol. Hoh Xil Region 51 (1996); *Neotorularia conferta* R. F. Huang, Acta Phytotax. Sin. 35 (6): 558 (1997).
甘肃、青海、新疆、西藏；塔吉克斯坦。

短梗念珠芥

Neotorularia brevipes (Kar. et Kir.) Hedge et J. Léonard, Bull. Jard. Bot. Belg. 56 (3-4): 393 (1986).

Sisymbrium brevipes Kar. et Kir., Bull. Soc. Imp. Naturalistes Moscou 15: 154 (1842); *Malcolmia brevipes* (Kar. et Kir.) Boiss., Fl. Orient. 1: 226 (1867); *Hesperis brevipes* (Kar. et Kir.) Kuntze, Revis. Gen. Pl. 934 (1891); *Torularia brevipes* (Kar. et Kir.) O. E. Shulz in Engler, Pflanzenr. IV. 105 (Heft 86): 222 (1924); *Fedtschenkoa brevipes* (Kar. et Kir.) Dvorák, Feddes Repert. 81: 401 (1970); *Dichasianthus brevipes* (Kar. et Kir.) Soják, Sborn. Nár. Mus. v Praze, Řada B, Přír. Vědy 1 982 (1-2): 107 (1982).
新疆；巴基斯坦、阿富汗、吉尔吉斯斯坦、哈萨克斯坦、土库曼斯坦。

蚓果芥

Neotorularia humilis (C. A. Mey.) Hedge et J. Léonard, Bull. Jard. Bot. Belg. 56: 394 (1986).

Sisymbrium humile C. A. Mey. in Ledebour, Icon. Pl. Fl. Ross. 2: 16 (1830); *Sisymbrium nanum* Bunge, Syst. Nat. 2: 486 (1821); *Sisymbrium humile* var. *hygrophilum* E. Fourn., Rech. Crucif. 158 (1865); *Sisymbrium piasezkii* Maxim., Bull. Acad. Imp. Sci. Saint-Pétersbourg sér. 3 26 (3): 421 (1880); *Erysimum alyssoides* Franch., Nouv. Arch. Mus. Hist. Nat. sér. 2 5: 189 (1884); *Erysimum stigmatosum* Franch., Pl. David. 1: 38 (1884); *Arabis piasezkii* Maxim., Fl. Tangut. 1: 58, pl. 12, f. 1-9 (1889); *Malcolmia perennans* Maxim., Fl. Tangut. 63, pl. 12, f. 12-24, in obs. (1889); *Sisymbrium humile* var. *piasezkii* (Maxim.) Maxim., Enum. Pl. Mongol. 1: 62 (1889); *Hesperis piasezkii* (Maxim.) Kuntze, Revis. Gen. Pl. 2: 935 (1891); *Hesperis hygrophila* Kuntze, Revis. Gen. Pl. 2: 936 (1891); *Braya humilis* (C. A. Mey.) B. L. Rob., Syn. Fl. N. Amer. 1 (1): 141 (1895); *Arabis axillaris* Kom., Trudy Imp. S.-Peterburgsk. Bot. Sada 18: 437 (1901); *Torularia humilis* (C. A. Mey.) O. E. Schulz in Engler, Pflanzenr. IV. 105 (Heft 86): 223 (1924); *Torularia humilis* f. *grandiflora* O. E. Schulz in Engler, Pflanzenr. IV. 105 (Heft 86): 226 (1924); *Torularia humilis* f. *hygrophila* (E. Fourn.) O. E. Schulz in Engler, Pflanzenr. IV.

105 (Heft 86): 225 (1924); *Torularia humilis* var. *ventosa* O. E. Schulz, Notizbl. Bot. Gart. Berlin-Dahlem 11 (103: 230 (1931); *Torularia maximowiczii* Botsch., Bot. Zhurn. (Moscow et Leningrad) 44 (10): 1488 (1959); *Torularia piasezkii* (Maxim.) Botsch., Bot. Zhurn. (Moscow et Leningrad) 44 (10): 1488 (1959); *Arabidopsis tuemurnica* K. C. Kuan et Z. X. An, Bull. Bot. Lab. N. E. Forest. Inst., Harbin 8: 44 (1980); *Torularia humilis* f. *glabrata* Z. X. An, Bull. Bot. Res., Harbin 1 (1-2): 103 (1981); *Torularia humilis* var. *maximowiczii* (Botsch.) H. L. Yang, Acta Phytotax. Sin. 19 (2): 243 (1981); *Torularia humilis* var. *piasezkii* (Maxim.) Jafri, Acta Phytotax. Sin. 19 (2): 243 (1981); *Dichasianthus humilis* (C. A. Mey.) Soják, Sborn. Nár. Mus. v Praze, Řada B, Přír. Vědy 1982 (1-2): 107 (1982); *Torularia humilis* f. *angustifolia* Z. X. An, Fl. Reipubl. Popularis Sin. 33: 430 (1987); *Neotorularia piasezkii* (Maxim.) Botsch., Bot. Zhurn. (Moscow et Leningrad) 73 (8): 1188 (1988); *Neotorularia maximowiczii* (Botsch.) Botsch., Bot. Zhurn. (Moscow et Leningrad) 73 (8): 1188 (1988); *Neotorularia humilis* f. *angustifolia* (Z. X. An) Ma, Fl. Intramongol., ed. 2 2: 700 (1991); *Neotorularia humilis* f. *glabrata* (Z. X. An) Ma, Fl. Intramongol., ed. 2 2: 702 (1991); *Neotorularia humilis* f. *grandiflora* (O. E. Schulz) Ma, Fl. Intramongol., ed. 2 2: 702 (1991); *Neotorularia humilis* f. *hygrophila* (E. Fourn.) Z. X. An, J. Aug. 1st Agric. Coll. 14 (2): 41 (1991); *Arabidopsis trichocarpa* R. F. Huang, Fl. Qinghai. 1: 509 (1997).

内蒙古、河北、山西、河南、陕西、宁夏、甘肃、青海、新疆、四川、云南、西藏；蒙古国、朝鲜、不丹、尼泊尔、印度、巴基斯坦、阿富汗、吉尔吉斯斯坦、哈萨克斯坦、克什米尔、俄罗斯、北美洲。

甘新念珠芥

Neotorularia korolkowii (Regel et Schmalh.) Hedge et J. Léonard, Bull. Jard. Bot. Belg. 56: 394 (1986).

Sisymbrium korolkowii Regel et Schmalh, Acta Horti Petrop. 5: 240 (1877); *Malcolmia mongolica* Maxim., Bull. Acad. Imp. Sci. Saint-Pétersbourg 26: 422 (1880); *Sisymbrium mongolicum* (Maxim.) Maxim., Enum Fl. Mongol. 1: 61 (1889); *Sisymbrium sulphureum* Korsh., Bull. Acad. Imp. Sci. Saint-Pétersbourg ser. 5 9: 410 (1898); *Torularia sulphurea* (Korsh.) O. E. Schulz in Engler, Pflanzenr. IV. 105 (Heft 86): 221 (1924); *Torularia korolkowii* (Regel et Schmalh.) O. E. Schulz in Engler, Pflanzenr. IV. 105 (Heft 86): 220 (1924); *Torularia korolkowii* var. *longistyla* Vassilcz. in Kom., Fl. U. R. S. S. 8: 63 (1939); *Torularia rosulifolia* K. C. Kuan et Z. X. An, Bull. Bot. Lab. N. E. Forest. Inst., Harbin 8: 45 (1980); *Torularia rosulifolia* var. *longicarpa* Z. X. An, Bull. Bot. Res., Harbin 1 (1-2): 103 (1981); *Dichasianthus korolkowii* (Regel et Schmalh.) Soják, Sborn. Nár. Mus. v Praze, Řada B, Přír. Vědy 1982 (1-2): 107 (1982); *Neotorularia rosulifolia* (K. C. Kuan et Z. X. An) Z. X. An, J. Aug. 1st Agric. Coll. 14 (2): 41 (1991); *Neotorularia korolkowii* var. *longicarpa* (Z. X. An) Z. X. An, J. Aug. 1st Agric. Coll. 14 (2): 41 (1991); *Neotorularia*

sulphurea (Korsh.) Ikonn., Spis. Rast. Gerb. Fl. Rossii Sopred. Gosud. 28: 103 (1992).

甘肃、青海、新疆、西藏；蒙古国、阿富汗、塔吉克斯坦、吉尔吉斯斯坦、哈萨克斯坦、土库曼斯坦。

青水河念珠芥

●**Neotorularia qingshuiheense** (Ma et Zong Y. Zhu) Al-Shehbaz et al., Edinburgh J. Bot. 56 (3): 326 (1999).

Microsisymbrium qingshuiheense Ma et Zong Y. Zhu, Acta Sci. Nat. Univ. Intramongol. 20: 538 (1989).

内蒙古。

念珠芥

Neotorularia torulosa (Desf.) Hedge et J. Léonard, Bull. Jard. Bot. Belg. 56: 395 (1986).

Sisymbrium torulosum Desf., Fl. Atl. 2: 84 (1798); *Sisymbrium rigidum* M. Bieb., Fl. Taur.-Caucas. 3: 439 (1819); *Sisymbrium scorpiuroides* Boiss., Ann. Sci. Nat., Bot. sér. 2 17: 74 (1842); *Malcolmia torulosa* (Desf.) Boiss., Fl. Orient. (Boissier) 1: 225 (1867); *Torularia torulosa* var. *scorpiuroides* (Boiss.) O. E. Schulz in Engler, Pflanzenr. IV. 105 (Heft 86): 217 (1924); *Torularia torulosa* (Desf.) O. E. Schulz in Engler, Pflanzenr. IV. 105 (Heft 86): 214 (1924); *Dichasianthus torulosus* (Desf.) Soják, Sborn. Nár. Mus. v Praze, Řada B, Přír. Vědy 1982 (1-2): 107 (1982); *Neotorularia torulosa* var. *scorpiuroides* (Boiss.) Hedge et J. Lloyd, Bull. Jard. Bot. Natl. Belg. 56 (3-4): 395 (1986).

新疆；巴基斯坦、阿富汗、塔吉克斯坦、哈萨克斯坦、乌兹别克斯坦、土库曼斯坦、俄罗斯、中东、欧洲东南部、非洲北部。

球果荠属 **Neslia** Desvaux

球果荠

Neslia paniculata (L.) Desv., J. Bot. Agric. 3: 162 (1815).

Myagrum paniculatum L., Sp. Pl. 2: 641 (1753); *Vogelia paniculata* (L.) Horn., Hort. Bot. Hafn. 2: 594 (1815).

辽宁、内蒙古、新疆；蒙古国、印度、巴基斯坦、阿富汗、塔吉克斯坦、吉尔吉斯斯坦、哈萨克斯坦、乌兹别克斯坦、土库曼斯坦、克什米尔、俄罗斯、中东、欧洲、非洲北部；引入北美洲。

山菥蓂属 **Noccaea** Moench

西藏山菥蓂（新拟）

Noccaea andersonii (Hook. f. et Thomson) Al-Shehbaz, Adansonia sér. 3 24 (1): 91 (2002).

Iberidella andersonii Hook. f. et Thomson, J. Proc. Linn. Soc., Bot. 5: 177 (1861); *Thlaspi andersonii* (Hook. f. et Thomson) O. E. Schulz, Anz. Akad. Wiss. Wien, Math-Naturwiss. Kl. 63: 98 (1926).

西藏；不丹、尼泊尔、印度、巴基斯坦、克什米尔。

四川山荠荠（新拟）

●**Noccaea flagillferum** (O. E. Schulz) Al-Shehbaz, Adansonia 24 (1): 91 (2002).

Thlaspi flagelliferum O. E. Schulz, Anz. Akad. Wiss. Wien, Math.-Naturwiss. Kl. 63: 98 (1926).

四川。

云南山荠荠（新拟）

●**Noccaea yunnanense** (Franch.) Al-Shehbaz, Adansonia 24 (1): 91 (2002).

Thlaspi yunnanense Franch., Bull. Soc. Bot. France 33: 407 (1886).

四川、云南、西藏。

无苞芥属　Olimarabidopsis Al-Shehbaz, O'Kane et R. A. Price

喀布尔无苞芥

Olimarabidopsis cabulica (Hook. f. et Thomson) Al-Shehbaz et al., Novon 9 (3): 303 (1999).

Sisymbrium cabulicum Hook. f. et Thomson, J. Proc. Linn. Soc., Bot. 5: 161 (1861); *Sisymbrium pumilum* var. *alpinum* Korsh., Izv. Imp. Akad. Nauk 9 (5): 410 (1898); *Arabidopsis pumila* var. *alpina* (Korsh.) O. E. Schulz in Engler, Pflanzenr. IV. 105 (Heft 86): 280 (1924); *Arabidopsis korshinskyi* Botsch., Novosti Sist. Vyssh. Rast. 1965: 272 (1965).

新疆；阿富汗、塔吉克斯坦、吉尔吉斯斯坦。

无苞芥

Olimarabidopsis pumila (Stephan) Al-Shehbaz et al., Novon 9 (3): 303 (1999).

Sisymbrium pumila Stephan, Sp. Pl., ed. 3 (1): 507 (1800); *Sisymbrium griffithianum* Boiss., Diagn. Ser. 2 1: 23 (1853); *Sisymbrium foliosum* Hook. f. et Thomson, J. Linn. Soc., Bot. 5: 160 (1861); *Steniphragma pumilum* (Stephan) B. Fedtsch., Arch. Naturwiss. Landesdurchf. Bohmen 3: 445 (1875); *Sisymbrium kokanicum* Regel et Schmalh, Acta Horti Petrop. 5: 240 (1877); *Sisymbrium hirtulum* Regel et Schmalh, Acta Horti Petrop. 5: 240 (1877); *Drabopsis oronotica* Stapf, Denkschr. Kaiserl. Akad. Wiss., Wien. Math.-Naturwiss. Kl. 51 (2): 298 (1886); *Hesperis pumila* (Stephan) Kuntze, Revis. Gen. Pl. 935 (1891); *Arabidopsis griffithiana* (Boiss.) N. Busch, Fl. Caucas. Crit. 3: 457 (1909); *Arabidopsis pumila* (Stephan) N. Busch, Fl. Caucas. Crit. 3 (4): 457 (1909); *Stenophragma griffithianum* (Boiss.) B. Fedtsch., Rastitel'n. Turkestana. 457 (1915); *Microsisymbrium griffithianum* (Boiss.) O. E. Schulz in Engler, Pflanzenr. IV. 105 (Heft 86): 161 (1924); *Arabidopsis pumila* var. *griffithiana* (Boiss.) Jafri, Fl. W. Pakistan 55: 278 (1973).

甘肃、新疆；印度、巴基斯坦、阿富汗、塔吉克斯坦、吉尔吉斯斯坦、哈萨克斯坦、乌兹别克斯坦、土库曼斯坦、克什米尔、俄罗斯、中东。

爪花芥属　Oreoloma Botsch.

少腺爪花芥

●**Oreoloma eglandulosum** Botsch., Bot. Zhurn. 65: 427 (1980).

Sterigmostemum grandiflorum K. C. Kuan, Bull. Bot. Lab. N. E. Forest. Inst., Harbin 8 (8): 43 (1980); *Sterigmostemum eglandulosum* (Botsch.) H. L. Yang, Fl. Desert. Reipubl. Popularis Sin. 2: 66 (1987).

甘肃、青海、新疆。

紫花爪花芥

●**Oreoloma matthioloides** (Franch.) Botsch., Bot. Zhurn. 65: 426 (1980).

Dontostemon matthioloides Franch, Pl. David. 1: 35 (1883); *Sterigmostemum matthioloides* (Franch.) Botsch., Bot. Zhurn. 44: 1487 (1959).

内蒙古、宁夏、青海。

爪花芥

Oreoloma violaceum Botsch., Bot. Zhurn. 65: 426 (1980).

Oreoloma sulfureum Botsch., Bot. Zhurn. 65 (3): 427 (1980); *Sterigmostemum violaceum* (Botsch.) H. L. Yang, Fl. Desert. Reipubl. Popularis Sin. 2: 65 (1987); *Sterigmostemum fuhaiense* H. L. Yang, Fl. Desert. Reipubl. Popularis Sin. 2: 445 (1987).

新疆；蒙古国。

诸葛菜属　Orychophragmus Bunge

心叶诸葛菜（心叶碎米荠）

●**Orychophragmus limprichtianus** (Pax) Al-Shehbaz et G. Yang, Novon 10 (4): 351 (2000).

Cardamine limprichtiana Pax, Jahresber. Schles. Ges. Vaterl. Cult. 89 (2): 27 (1911); *Cardamine kickinii* O. E. Schulz, Repert. Spec. Nov. Regni Veg. 17: 289 (1921); *Alliaria grandifolia* Z. X. An, Acta Phytotax. Sin. 23 (5): 396 (1985).

安徽、浙江。

诸葛菜

Orychophragmus violaceus (L.) O. E. Schulz, Bot. Jahrb. Syst. 54 (Beibl. 119): 56 (1916).

Brassica violacea L., Sp. Pl. 2: 667 (1753); *Raphanus violaceus* (L.) Crantz, Class. Crucif. 112 (1769); *Orychophragmus sonchifolius* Bunge, Enum. Pl. China Bor. Botanischer Jahresbericht. 7 (1833); *Moricandia sonchifolia* (Bunge) Hook. f., Bot. Mag. 102, pl. 6243 (1876); *Moricandia sonchifolia* var. *homaeophylla* Hance, J. Bot., n. s. a: 259 (1880); *Orychophragmus sonchifolius* var. *subintegrifolius* Pamp., Nuovo Giorn. Bot. Ital., n. s. 17 (2): 279 (1910); *Orychophragmus sonchifolius* var. *hupehensis* Pamp., Nuovo Giorn. Bot. Ital., n. s. 17 (2): 279 (1910); *Orychophragmus sonchifolius* var. *intermedius* Pamp., Nuovo Giorn. Bot. Ital., new series. 18 (1): 118 (1911); *Arabis chanetii* H. Lév., Repert.

Spec. Nov. Regni Veg. 11: 548 (1913); *Raphanus chanetii* H. Lév., Monde Pl. 18: (Art. ann 2, Ser. N, 103): 31 (1916); *Raphanus courtoisii* H. Lév., Mém. Acad. Sci. Art. Barcelona 12: 548 (1916); *Cardamine potentillifolia* H. Lév., Mém. Acad. Sci. Art. Barcelona 3 (12): 548 (1916); *Orychophragmus violaceus* var. *homaeophyllus* (Hance) O. E. Schulz in Engler, Pflanzenr. IV. 105 (Heft 84): 76 (1923); *Orychophragmus violaceus* var. *intermedius* (Pamp.) O. E. Shulz, Bot. Jahrb. 54: 76 (1923); *Orychophragmus violaceus* var. *hupehensis* (Pamp.) O. E. Shulz, Bot. Jahrb. 54: 77 (1923); *Orychophragmus violaceus* var. *subintegrifolius* (Pamp.) O. E. Shulz in Engler, Pflanzenr. IV. 105 (Heft 84): 76 (1923); *Orychophragmus violaceus* var. *lasiocarpus* Migo, J. Shanghai Sci. Inst. Sect. 3 4: 149 (1939); *Orychophragmus taibaiensis* Z. M. Tan et B. Z. Zhao, Acta Phytotax. Sin. 36 (6): 544 (1998); *Orychophragmus hupehensis* (Pamp.) Z. M. Tan et X. L. Zhang, Acta Phytotax. Sin. 36 (6): 546 (1998); *Orychophragmus diffusus* Z. M. Tan et J. M. Xu, Acta Phytotax. Sin. 36 (6): 547 (1998).

黑龙江、辽宁、内蒙古、河北、山西、山东、河南、陕西、甘肃、安徽、江苏、浙江、江西、湖南、湖北、四川；朝鲜；归化于日本。

圆齿二月兰

●**Orychophragmus violaceus** var. **odontopetalus** Ling Wang et Chuan P. Yang, Novon 22: 110 (2012).
黑龙江。

彩斑二月兰

●**Orychophragmus violaceus** var. **variegatus** Ling Wang et Chuan P. Yang, Novon 22: 110 (2012).
黑龙江。

厚脉芥属 **Pachyneurum** Bunge

大花厚脉芥

●**Pachyneurum grandiflorum** Bunge, Del. Sem. Hort. Dorpater 8 (1839).
新疆。

厚壁荠属 **Pachypterygium** Bunge

短梗厚壁荠

Pachypterygium brevipes Bunge, Del. Sem. Hort. Dorpater 8 (1843).
Pachypterygium heterotrichum Bunge, Fl. Orient. (Boissier) 1: 374 (1867); *Pachypterygium brevipes* var. *persicum* Boiss., Fl. Orient. (Boissier) 1: 374 (1867); *Pachypteris persica* (Boiss.) Parsa, Fl. Iranica 1 (1): 846 (1951); *Isatis brevipes* (Bunge) Jafri, Fl. W. Pakistan 55: 72 (1973).
新疆；巴基斯坦、阿富汗、塔吉克斯坦、吉尔吉斯斯坦、哈萨克斯坦、乌兹别克斯坦、土库曼斯坦、中东。

厚壁荠

Pachypterygium multicaule (Kar. et Kir.) Bunge, Del. Sem. Hort. Dorpater 8 (1843).
Pachypteris multicaulis Kar. et Kir., Bull. Soc. Imp. Naturalistes Moscou 15: 159 (1842); *Pachypterygium lamprocarpum* Bunge, Del. Sem. Hort. Dorpater 8 (1843); *Pachypterygium densiflorum* Bunge, Fl. Orient. 1: 373 (1867); *Pachypterygium ramosum* Jarm. ex Pavlov, Fl. Tsentral Kazakst. 2: 276 (1935); *Pachypterygium praemontanum* Jarm., Bot. Mater. Gerb. Bot. Inst. Uzbekistansk. Fil. Akad. Nauk S. S. S. R. 3: 32 (1941); *Pachypteris densiflora* (Bunge) Parsa, Fl. Iranica 1 (1): 846 (1951); *Pachypteris lamprocarpa* (Bunge) Parsa, Fl. Iranica 1 (1): 846 (1951); *Pachypterygium microcarpum* Gilli, Feddes Repert. Spec. Nov. Regni Veg. 57: 219 (1955); *Isatis multicaulis* (Kar. et Kir.) Jafri, Fl. W. Pakistan 55: 72 (1973); *Pachypterygium echinatum* Jarm., Fl. Tadzh. S. S. S. R. 5: 627 (1978).
新疆；巴基斯坦、阿富汗、塔吉克斯坦、吉尔吉斯斯坦、哈萨克斯坦、乌兹别克斯坦、土库曼斯坦、中东。

条果芥属 **Parrya** R. Brown

天山条果芥

Parrya beketovii Krassn., Bot. Zap. 1: 12 (1887).
Parrya michaelis A. N. Vassiljeva, Bot. Mater. Gerb. Inst. Bot. Akad. Nauk Uzbeksk. S. S. R. 6: 17 (1969); *Neuroloma beketovii* (Krassn.) Botsch., Bot. Zhurn. 57 (6): 670 (1972); *Achoriphragma beketovii* (Krassn.) Soják, Sborn. Nár. Mus. v Praze, Řada B, Přír. Vědy 1982 (1-2): 105 (1982).
新疆；吉尔吉斯斯坦、哈萨克斯坦。

柳叶条果芥

Parrya lancifolia Popov, Bull. Soc. Imp. Naturalistes Moscou 47: 86 (1938).
Neuroloma lancifolium (Popov) Botsch., Bot. Zhurn. 57 (6): 670 (1972); *Achoriphragma lancifolium* (Popov) Soják, Sborn. Nár. Mus. v Praze, Řada B, Přír. Vědy 1982 (1-2): 106 (1982).
新疆；吉尔吉斯斯坦、哈萨克斯坦。

裸茎条果芥

Parrya nudicaulis (L.) Regel, Bull. Soc. Imp. Naturalistes Moscou 34 (3): 176 (1861).
Cardamine nudicaulis L., Sp. Pl. 2: 654 (1753); *Parrya linnaeana* Ledeb., Fl. Ross. 1: 131 (1764); *Cheiranthus scapiger* Adams, Mém. Soc. Nat. Mosc. 5: 112 (1817); *Hesperis scapigera* (Adams) DC., Syst. Nat. 2: 454 (1821); *Arabis nudicaulis* (L.) DC., Syst. Nat. 2: 240 (1821); *Hesperis arabidiflora* DC., Syst. Nat. 2: 454 (1821); *Parrya macrocarpa* R. Br., Chlor. Melvill. 197 (1823); *Neuroloma nudicaule* (L.) Andrz. ex DC., Prodr. (DC.) 1: 156 (1824); *Neuroloma arabidiflorum* (DC.) DC., Prodr. (DC.) 1: 156 (1824); *Neuroloma scapigerum* (Adams) DC., Prodr. (DC.) 1:

156 (1824); *Parrya arabidiflora* (DC.) Nicholson, Hort. Brit. (Sweet), ed. 2 24 (1830); *Parrya scapigera* (Adams) G. Don, Gen. Syst. Nat. 1: 173 (1831); *Parrya integerrima* G. Don, Gen. Syst. Nat. 1: 173 (1831); *Neuroloma speciosum* Steud., Nomencl. Bot., ed. 2 (Stendel) 2: 193 (1841); *Matthiola nudicaulis* (L.) Trautv., Trudy Imp. S.-Peterburgsk. Bot. Sada 1: 51 (1871); *Parrya ajanensis* N. Busch in Kom., Fl. U. R. S. S. 8: 261 (1939); *Neuroloma ajanense* (N. Busch) Botsch., Bot. Zhurn. 57 (6): 669 (1972); *Neuroloma griffithii* Botsch., Bot. Zhurn. 57 (6): 670 (1972); *Achoriphragma ajanense* (N. Busch) Soják, Sborn. Nár. Mus. v Praze, Řada B, Přír. Vědy 1982 (1-2): 105 (1982); *Achoriphragma nudicaule* (L.) Soják, Sborn. Nár. Mus. v Praze, Řada B, Přír. Vědy 1982 (1-2): 106 (1982).
青海、西藏；不丹、印度、阿富汗、克什米尔、俄罗斯、北美洲。

羽裂条果芥

Parrya pinnatifida Kar. et Kir., Bull. Soc. Imp. Naturalistes Moscou 15: 147 (1842).

Parrya stenocarpa Kar. et Kir., Bull. Soc. Imp. Naturalistes Moscou 15: 147 (1842); *Parrya minjanensis* K. H. Rech., Phyton 3: 62 (1951); *Parrya chitralensis* K. H. Rech., Biol. Skr. 10 (3): 41 (1959); *Neuroloma stenocarpum* (Kar. et Kir.) Botsch., Bot. Zhurn. 57 (6): 673 (1972); *Neuroloma pinnatifidum* (Kar. et Kir.) Botsch., Bot. Zhurn. 57 (6): 672 (1972); *Neuroloma minjanense* (K. H. Rech.) Botsch., Bot. Zhurn. (Moscou et Leningrad) 57 (6): 673 (1972); *Achoriphragma stenocarpum* (Kar. et Kir.) Soják, Sborn. Nár. Mus. v Praze, Řada B, Přír. Vědy 1982 (1-2): 106 (1982); *Achoriphragma pinnatifidum* (Kar. et Kir.) Soják, Sborn. Nár. Mus. v Praze, Řada B, Přír. Vědy 1982 (1-2): 106 (1982).
新疆；巴基斯坦、阿富汗、塔吉克斯坦、吉尔吉斯斯坦、哈萨克斯坦、克什米尔。

单花芥属 Pegaeophyton Hayek et Hand.-Mazz.

窄隔单花芥

●**Pegaeophyton angustiseptatum** Al-Shehbaz et al., Edinburgh J. Bot. 57 (2): 167 (2000).
云南。

小单花芥

Pegaeophyton minutum H. Hara, J. Jap. Bot. 47 (9): 270 (1972).

Pegaeophyton garhwalense H. J. Chowdhery et Sur. Singh, Indian J. Forest. 8 (4): 335 (1986).
西藏；不丹、尼泊尔、印度。

尼泊尔单花芥

Pegaeophyton nepalense Al-Shehbaz, Arai et H. Ohba, Novon 8 (4): 327 (1998).
西藏；不丹、尼泊尔、印度。

单花芥

Pegaeophyton scapiflorum (Hook. f. et Thomson) C. Marquand et Airy Shaw, J. Linn. Soc., Bot. 48: 229 (1929).

Cochlearia scapiflora Hook. f. et Thomson, J. Proc. Linn. Soc., Bot. 5: 154 (1861); *Pegaeophyton scapiflorum* var. *pilosicalyx* R. L. Guo et T. Y. Cheo, Bull. Bot. Lab. N. E. Forest. Inst., Harbin 1980 (6): 28 (1980).
甘肃、青海、新疆、四川、云南、西藏；缅甸、不丹、尼泊尔、印度、克什米尔。

粗壮单花芥（粗壮无茎芥）

Pegaeophyton scapiflorum subsp. **robustum** (O. E. Shulz) Al-Shehbaz et al., Edinburgh J. Bot. 57: 164 (2000).

Pegaeophyton sinense var. *robustum* O. E. Schulz, Notizbl. Bot. Gart. Berlin-Dahlem 9 (87): 477 (1926); *Braya sinensis* Hemsl., J. Linn. Soc., Bot. 29 (202): 303 (1892); *Pegaeophyton sinense* (Hemsl.) Hayek et Hand.-Mazz., Akad. Wiss. Wien, Math.-Naturwiss. Kl., Denkschr. 59: 243 (1922); *Pegaeophyton scapiflorum* var. *robustum* (O. E. Schulz) R. L. Guo et T. Y. Cheo, Bull. Bot. Lab. N. E. Forest. Inst., Harbin 6 (6): 29 (1980).
四川、云南、西藏；不丹。

藏芥属 Phaeonychium O. E. Schulz

白花藏芥

Phaeonychium albiflorum (T. Anderson) Jafri, Fl. W. Pakistan 55: 162 (1973).

Cheiranthus albiflorus T. Anderson, Fl. Brit. Ind. 1: 133 (1872); *Ermania albiflora* (T. Anderson) O. E. Schulz, Repert. Spec. Nov. Regni Veg. 31: 333 (1933); *Christolea albiflora* (T. Anderson) Jafri, Notes Bot. Gard. Edinb. 22: 52 (1955).
西藏；克什米尔。

冯氏藏芥

●**Phaeonychium fengii** Al-Shehbaz, Novon 10: 335 (2000).
云南。

杰氏藏芥

Phaeonychium jafrii Al-Shehbaz, Nord. J. Bot. 20: 160 (2000).
西藏；不丹、尼泊尔。

喀什藏芥

●**Phaeonychium kashgaricum** (Botsch.) Al-Shehbaz, Nord. J. Bot. 20: 162 (2000).

Vvedenskyella kashgarica Botsch., Bot. Mater. Gerb. Bot. Inst. Komarova Akad. Nauk S. S. S. R. 17: 174 (1955); *Christolea kashgarica* (Botsch.) Z. X. An, Fl. Reipubl. Popularis Sin. 33: 298 (1987).
新疆。

藏芥

Phaeonychium parryoides (Kurz. ex Hook. f. et T. Anderson)

O. E. Schulz, Notizbl. Bot. Gart. Berlin-Dahlem 9: 1092 (1927).

Cheiranthus parryoides Kurz. ex Hook. f. et T. Anderson, Fl. Brit. Ind. 1 (1): 132 (1872).

西藏；克什米尔。

柔毛藏芥（柔毛高原芥）

●**Phaeonychium villosum** (Maxim.) Al-Shehbaz, Nord. J. Bot. 20: 161 (2000).

Parrya villosa Maxim., Fl. Tangut. 55 (1889); *Parrya villosa* var. *albiflora* O. E. Schulz, Notizbl. Bot. Gart. Berlin-Dahlem 10 (96): 557 (1929); *Ermania villosa* (Maxim.) O. E. Schulz, Repert. Spec. Nov. Regni Veg. 33: 186 (1933); *Braya kokonorica* O. E. Schulz, Notizbl. Bot. Gart. Berlin-Dahlem 12: 209 (1934); *Christolea villosa* (Maxim.) Jafri, Notes Roy. Bot. Gard. Edinburgh 22 (1): 52 (1955); *Parryopsis villosa* (Maxim.) Botsch., Bot. Mag. 17: 172 (1955); *Christolea villosa* var. *platyfilamenta* K. C. Kuan et Z. X. An, Fl. Reipubl. Popularis Sin. 33: 292 (1987).

甘肃、青海、四川、西藏。

宽框荠属 **Platycraspedum** O. E. Schulz

宽框荠

●**Platycraspedum tibeticum** O. E. Schulz, Repert. Spec. Nov. Regni Veg. Beih. 12: 386 (1922).

四川、西藏。

吴氏宽框荠

●**Platycraspedum wuchengyii** Al-Shehbaz et al., Novon 10 (1): 3 (2000).

四川、西藏。

假鼠耳芥属 **Pseudoarabidopsis** Al-Shehbaz, O'Kane et R. A. Price

假鼠耳芥

Pseudoarabidopsis toxophylla (M. Bieb.) Al-Shehbaz, O'Kane et R. A. Price, Novon 9 (3): 304 (1999).

Arabis toxophylla M. Bieb., Fl. Taur.-Caucas. 3: 448 (1819); *Sisymbrium toxophyllum* (M. Bieb.) C. A. Mey., Fl. Altaic. 3: 142 (1831); *Arabidopsis toxophylla* (M. Bieb.) N. Busch, Fl. Caucas. Crit. 3 (4): 457 (1909); *Stenophragma toxophllum* (M. Bieb.) B. Fedtsch., Rastit. Turkest. 457 (1915).

新疆、西藏；阿富汗、哈萨克斯坦、俄罗斯。

假香芥属 **Pseudoclausia** Popov

突厥假香芥

Pseudoclausia turkestanica (Lipsky) A. N. Vassiljeva, Fl. Kazakstana 4: 244 (1961).

Clausia turkestanica Lipsky, Trudy Imp. S.-Peterburgsk. Bot. Sada 23 (1): 41 (1904); *Clausia turkestanica* var. *subintegrifolia* Lipsky, Trudy Imp. S.-Peterburgsk. Bot. Sada 23 (1): 43 (1904); *Clausia turkestanica* var. *glandulosissima* Lipsky, Trudy Imp. S.-Peterburgsk. Bot. Sada 23 (1): 43 (1904).

新疆；阿富汗、塔吉克斯坦、吉尔吉斯斯坦、哈萨克斯坦、乌兹别克斯坦、土库曼斯坦、中东。

沙芥属 **Pugionium** Gaertner

沙芥（山萝卜）

●**Pugionium cornutum** (L.) Gaertn., Fruct. Sem. Pl. 2: 291 (1791).

Bunias cornuta L., Sp. Pl. 2: 669 (1753); *Myagrum cornutum* (Lam.) L., Encycl. 1 (2): 571 (1785).

内蒙古、陕西、宁夏。

斧翅沙芥

Pugionium dolabratum Maxim., Bull. Acad. Imp. Sci. Saint-Pétersbourg sér. 3 26: 426 (1880).

Pugionium cristatum Kom., Izv. Bot. Sada Akad. Nauk S. S. S. R. 30: 718 (1932); *Pugionium calcaratum* Kom., Izv. Bot. Sada Akad. Nauk S. S. S. R. 30: 718 (1932); *Pugionium dolabratum* var. *platypterum* H. L. Yang, Acta Phytotax. Sin. 19 (2): 240 (1981).

内蒙古、陕西、宁夏、甘肃；蒙古国。

假簇芥属 **Pycnoplinthopsis** Jafri

假簇芥

Pycnoplinthopsis bhutanica Jafri, Pakistan J. Bot. 4: 74 (1972).

Pegaeophyton bhutanicum H. Hara, J. Jap. Bot. 43: 45 (1968); *Pycnoplinthopsis minor* Jafri, Pakistan J. Bot. 4 (1): 76 (1972).

西藏；不丹、尼泊尔、印度。

簇芥属 **Pycnoplinthus** O. E. Schlz

簇芥

Pycnoplinthus uniflora (Hook. f. et Thomson) O. E. Schulz in Engler, Pflanzenr. IV. 105 (Heft 86): 199 (1924).

Braya uniflora Hook. f. et Thomson, J. Proc. Linn. Soc., Bot. 5: 168 (1861); *Sisymbrium uniflorum* (Hook. f. et Thomson) Fourn., Rch. Crucif. 133 (1865); *Hesperis uniflora* (Hook. f. et Thomson) Kuntze, Revista Fac. Ci. Nat. Salta 2: 935 (1891).

甘肃、青海、新疆、西藏；克什米尔。

萝卜属 **Raphanus** L.

野萝卜

Raphanus raphanistrum L., Sp. Pl. 2: 669 (1753).

青海、四川、台湾；原产于中东、欧洲和地中海，世界各地归化。

萝卜

☆**Raphanus sativus** L., Sp. Pl. 2: 669 (1753).

Raphanus niger Mill., Gard. Dict., ed. 8 (1768); *Raphanus chinensis* Mill., Gard. Dict., ed. 8 n. 5 (1768); *Raphanus sativus* var. *macropodus* (H. Lév.) Makino, Magyar Bot. Lapok (1902-1934) (1902); *Raphanus sativus* f. *raphanistroides* Makino, Bot. Mag. (Tokyo) 23 (267): 70 (1909); *Raphanus raphanistrum* var. *sativus* (L.) Domin, Beih. Bot. Centralbl., Abt. 2 26 (2): 255 (1910); *Raphanus macropodus* H. Lév., Repert. Spec. Nov. Regni Veg. 10 (254-256): 349 (1912); *Raphanus taquetti* H. Lév., Repert. Spec. Nov. Regni Veg. 10: 349 (1912); *Raphanus sativus* var. *raphanistroides* (Makino) Makino, J. Jap. Bot. 1 (5): 114 (1917); *Raphanus raphanistroides* (Makino) Nakai, Cat. Sem. Hort. Tokyo 1919-20: 36 (1920); *Raphanus acanthiformis* J. M. Morel ex Sasaki, List Pl. Formosa 202 (1928).

中国各地广泛栽培；原产于地中海。

葏菜属　Rorippa Scop.

山芥叶葏菜

Rorippa barbareifolia (DC.) Kitag., J. Jap. Bot. 13 (2): 137 (1937).

Camelina barbareifolia DC., Reg. Veg. Syst. Nat. 2: 517 (1821); *Tetrapoma kruhsianum* Fisch. et C. A. Mey., Index Sem. (St. Petersburg) 1: 39 (1835); *Tetrapoma barbareifolium* (DC.) Turcz. ex Fisch. et C. A. Mey., Index Sem. (St. Petersburg) 1: 39 (1835); *Tetrapoma pyriforme* Seem., Bot. Voy. Herald 2: 24 (1852); *Rorippa hispida* var. *barbareifolia* (DC.) Hultén, Fl. Alaska Yukon 5: 829 (1945).

黑龙江、吉林、内蒙古；蒙古国、俄罗斯、北美洲。

孟加拉葏菜

Rorippa benghalensis (DC.) H. Hara, J. Jap. Bot. 49: 132 (1974).

Nasturtium benghalense DC., Syst. Nat. 2: 198 (1821); *Nasturtium indicum* var. *benghalense* (DC.) Hook. f. et T. Anderson, Fl. Brit. Ind. 1: 13 (1872); *Rorippa dubia* var. *benghalensis* (DC.) Mukerjee, Rec. Bot. Surv. India 20 (2): 34 (1973); *Rorippa indica* var. *benghalensis* (DC.) Debeaux, Suppl. Duthie's Fl. Upper Gangetic Plain, etc. 4: 8 (1976); *Rorippa indica* subsp. *benghalensis* (DC.) Bennet, Fl. Howrah Distr. 163 (1979).

云南；越南、老挝、缅甸、泰国、柬埔寨、马来西亚、不丹、尼泊尔、印度、孟加拉国。

广州葏菜（微子葏菜，细子葏菜，包葏菜）

Rorippa cantoniensis (Lour.) Ohwi, Acta Phytotax. Geobot. 6 (1): 55 (1937).

Ricotia cantoniensis Lour., Fl. Cochinch., ed. 2 2: 482 (1793); *Nasturtium microspermum* DC., Syst. Nat. 2: 199 (1821); *Nasturtium microspermum* var. *vegetius* Bunge, Enum. Pl. Chin. Bor. 5 (1833); *Nasturtium microspermum* var. *macilentum* Bunge, Enum. Pl. Chin. Bor. 5 (1833); *Nasturtium sikokianum* Franch. et Sav., Enum. Pl. Jap. 2 (2): 277 (1878); *Cardamine cryptantha* var. *pinnatodentata* Kuntze, Revis. Gen.

Pl. 2: 23 (1891); *Cardamine microsperma* (DC.) Kuntze, Revis. Gen. Pl. 1: 23 (1891); *Nasturtium sikokianum* var. *axillare* Hayata, Icon. Pl. Formosan. 3: 17 (1913); *Rorippa microsperma* (DC.) Hand.-Mazz., Symb. Sin. 7 (2): 358 (1931).

辽宁、河北、山东、河南、陕西、安徽、江苏、浙江、江西、湖南、湖北、四川、贵州、云南、福建、台湾、广东、广西；日本、朝鲜、越南、俄罗斯。

无瓣葏菜（葏菜，野油菜，江剪刀草）

Rorippa dubia (Pers.) H. Hara, J. Jap. Bot. 30 (7): 196 (1955).

Sisymbrium dubium Pers., Syn. Pl. 2 (1): 199 (1806); *Nasturtium indicum* DC., Syst. Nat. 2: 199 (1821); *Nasturtium indicum* var. *apetalum* DC., Prodr. 1: 139 (1824); *Nasturtium heterophyllum* Blume, Bijdr. Fl. Ned. Ind. 2: 50 (1825); *Nasturtium indicum* var. *javanum* Blume, Fl. Ned. Ind. 1 (2): 93 (1859); *Cardamine sublyrata* Miq., Ann. Mus. Bot. Lugduno-Batavi 2: 73 (1865); *Nasturtium sublyratum* (Miq.) Franch. et Sav., Enum. Pl. Jap. 2 (2): 281 (1878); *Nasturtium dubium* (Pers.) Kuntze, Revis. Gen. Pl. 2: 937 (1891); *Rorippa indica* var. *apetala* (DC.) Hochr., Candollea 2: 370 (1925); *Rorippa heterophylla* (Blume) R. O. Williams, Fl. Trinidad et Tobago 1: 24 (1929); *Rorippa sublyrata* (Miq.) H. Hara, J. Jap. Bot. 11 (9): 623 (1935).

除黑龙江、内蒙古、新疆外，中国各地均产；日本、菲律宾、越南、老挝、缅甸、泰国、马来西亚、印度尼西亚、尼泊尔、印度、孟加拉国。

高葏菜（苦菜，葶苈）

Rorippa elata (Hook. f. et Thomson) Hand.-Mazz., Symb. Sin. 7 (2): 357 (1931).

Barbarea elata Hook. f. et Thomson, J. Proc. Linn. Soc., Bot. 5: 140 (1861); *Nasturtium barbareifolium* Franch., Bull. Soc. Bot. France 33: 396 (1888); *Nasturtium elatum* (Hook. f. et Thomson) Kuntze ex O. E. Schulz, Acta Horti Gothob. 1 (4): 158 (1924).

陕西、青海、四川、云南、西藏；不丹、印度。

风花菜（球果葏菜，圆果葏菜，银条菜）

Rorippa globosa (Turcz. ex Fisch. et C. A. Mey.) Hayek, Beih. Bot. Centralbl. 27 (1): 195 (1911).

Nasturtium globosum Turcz. ex Fisch. et C. A. Mey., Index Sem. (St. Petersburg) 1: 35 (1835); *Cochlearia globosa* (Turcz. ex Fisch. et C. A. Mey.) Ledeb., Fl. Ross. 1: 159 (1842); *Nasturtium cantoniense* Hance, J. Bot. 3: 378 (1865); *Camelina yunnanensis* W. W. Sm., Notes Roy. Bot. Gard. Edinburgh 11 (55): 202 (1919).

除新疆、海南外，中国各地均产；蒙古国、日本、朝鲜、越南、俄罗斯。

葏菜（印度葏菜，塘葛菜，葶苈）

Rorippa indica (L.) Hiern, Cat. Afr. Pl. (Hiern) pt. 1: 26 (1896).

Sisymbrium indicum L., Sp. Pl., ed. 2 917 (1763); *Sisymbrium sinapis* Burm. f., Fl. Ind. (N. L. Burman) 140, excl. syn. (1768); *Sisymbrium atrovirens* Horn., Suppl. Hort. Bot. Hafn. 72 (1819); *Nasturtium atrovirens* (Hornem.) DC., Syst. Nat. 2: 201 (1821); *Nasturtium diffusum* DC., Prodr. (DC.) 1: 139 (1824); *Cardamine glandulosa* Blanco, Fl. Filip. 521 (1837); *Nasturtium montanum* Wall. ex Hook. f. et Thomson, J. Linn. Soc., Bot. 5: 139 (1861); *Cardamine lamontii* Hance, J. Bot. 14: 363 (1876); *Rorippa montana* (Wall. ex Hook. f. et Thomson) Small, Fl. S. E. U. S., ed. 2 1336 (1913); *Radicula montana* (Wall. ex Hook. f. et Thomson) Hu ex C. Pei, Contr. Biol. Lab. Sci. Soc. China, Bot. Ser. 9: 45 (1933); *Nasturtium sinapis* (Burm. f.) O. E. Schulz, Repert. Spec. Nov. Regni Veg. 33: 278 (1934); *Rorippa sinapis* (Burm. f.) Ohwi et H. Hara, J. Jap. Bot. 12 (12): 899 (1936); *Rorippa atrovirens* (Hornem.) Ohwi et H. Hara, J. Jap. Bot. 12: 900 (1936).

除黑龙江、内蒙古、新疆，中国各地均产；日本、朝鲜、菲律宾、越南、老挝、缅甸、泰国、马来西亚、印度尼西亚、尼泊尔、印度、孟加拉国、巴基斯坦。

沼生蔊菜

Rorippa palustris (L.) Besser, Enum. Pl. 27 (1822).

Sisymbrium amphibium var. *palustre* L., Sp. Pl. 2: 657 (1753); *Nasturtium palustre* (L.) DC., Syst. Nat. 2: 191 (1821); *Nasturtium densiflorum* Turcz., Bull. Soc. Imp. Naturalistes Moscou 15: 226 (1842); *Nasturtium palustre* f. *longipes* Franch., U.S. Expl. Exped., Phan. (1854); *Cardamine palustre* (L.) Kuntze, Revis. Gen. Pl. 1: 24 (1891).

中国广布；蒙古国、日本、朝鲜、不丹、尼泊尔、印度、巴基斯坦、阿富汗、塔吉克斯坦、哈萨克斯坦、乌兹别克斯坦、土库曼斯坦、俄罗斯；引入澳大利亚、南美洲及世界其他地区。

欧亚蔊菜

Rorippa sylvestris (L.) Besser, Enum. Pl. 27 (1822).

Sisymbrium sylvestre L., Sp. Pl. 2: 657 (1753); *Nasturtium sylvestre* (L.) R. Br., Hortus Kew. (W. Aiton), ed. 2 4: 110 (1812); *Rorippa liaotungensis* X. D. Cui et Y. L. Chang, Fl. Pl. Herb. Chin. Bor.-Or. 4: 230 (1980).

辽宁、新疆；日本、印度、塔吉克斯坦、乌兹别克斯坦、克什米尔、俄罗斯、中东、欧洲；引入南美洲、北美洲。

香格里拉荠属 **Shangrilaia** Al-Shehbaz, J. P. Yue et H. Sun

香格里拉荠

●**Shangrilaia nana** Al-Shehbaz, J. P. Yue et H. Sun, Novon 14: 273 (2004).

云南。

白芥属 **Sinapis** L.

白芥

△**Sinapis alba** L., Sp. Pl. 2: 668 (1753).

Brassica hirta Moench, Suppl. Meth. (Moench) 84 (1802); *Brassica alba* (L.) Rabenh., Flora Lusaticaca. 1: 154 (1839).

辽宁、河北、山西、山东、甘肃、青海、新疆、安徽、四川；越南、印度、塔吉克斯坦、土库曼斯坦、克什米尔、俄罗斯、中东、欧洲、非洲北部；归化于世界各地。

新疆白芥

△**Sinapis arvensis** L., Sp. Pl. 2: 668 (1753).

Sinapis kaber DC., Syst. Nat. 2: 617 (1821); *Brassica arvensis* (L.) Rabenh., Flora Lustitanica. 1: 184 (1839); *Brassica sinapistrum* Boiss., Voy. Bot. Espagne 2: 39 (1845); *Brassica kaber* (DC.) L. C. Wheeler, Rhodora 40: 306 (1938); *Brassica xinjiangensis* Y. C. Lan et T. Y. Cheo, Acta Phytotax. Sin. 29 (1): 72 (1991).

新疆；蒙古国、巴基斯坦、阿富汗、塔吉克斯坦、吉尔吉斯斯坦、哈萨克斯坦、乌兹别克斯坦、土库曼斯坦、俄罗斯、中东、欧洲、非洲；归化于世界各地。

华羽芥属 **Sinosophiopsis** Al-Shehbaz

华羽芥

●**Sinosophiopsis bartholomewii** Al-Shehbaz, Novon 10 (4): 341 (2000).

青海、西藏。

叉华羽芥

●**Sinosophiopsis furcata** Al-Shehbaz, Novon 12 (3): 313 (2000).

四川。

黑水华羽芥

●**Sinosophiopsis heishuiensis** (W. T. Wang) Al-Shehbaz, Novon 10 (4): 341 (2000).

Cardamine heishuiensis W. T. Wang, Acta Bot. Yunnan. 9 (1): 15 (1987).

四川。

假蒜芥属 **Sisymbriopsis** Botsch. et Tzvelev

绒毛假蒜芥

Sisymbriopsis mollipila (Maxim.) Botsch., Novosti Sist. Vyssh. Rast. 3: 122 (1966).

Sisymbrium mollipilum Maxim., Fl. Tangut. 1: 62 (1889); *Stenophragma mollipilum* (Maxim.) B. Fedtsch., Rastitel'n. Turkestana 457 (1915); *Totularia mollipila* (Maxim.) O. E. Schulz in Engler, Pflanzenr. IV. 105 (Heft 86): 217 (1924); *Neotorularia mollipila* (Maxim.) Z. X. An, J. Aug. 1st Agric. Coll. 14 (2): 48 (1991); *Microsisymbrium taxkorganicum* Z. X. An, Fl. Xinjiang. 2 (2): 380 (1995); *Arabidopsis qiranica* Z. X. An, Fl. Xinjiang. 2 (2): 376 (1995).

甘肃、青海、新疆、西藏；塔吉克斯坦、吉尔吉斯斯坦。

帕米尔假蒜芥

●**Sisymbriopsis pamirica** (Y. C. Lan et Z. X. An) Al-Shehbaz,

Z. X. An et G. Yang, Novon 9 (3): 311 (1999).
Arabis pamirica Y. C. Lan et Z. X. An, Fl. Xinjiang. 2 (2): 375 (1995).
新疆。

双湖假蒜芥

●**Sisymbriopsis shuanghuica** (K. C. Kuan et Z. X. An) Al-Shehbaz, Z. X. An et G. Yang, Novon 9 (3): 311 (1999).
Torularia shuanghuica K. C. Kuan et Z. X. An, Fl. Xizang. 2: 404 (1985); *Neotorularia shuanghuica* (K. C. Kuan et Z. X. An) Z. X. An, J. Aug. 1st Agric. Coll. 14 (2): 48 (1991).
西藏。

叶城假蒜芥

●**Sisymbriopsis yechengnica** (Z. X. An) Al-Shehbaz, Z. X. An et G. Yang, Novon 9 (3): 312 (1999).
Microsisymbrium yechengicum Z. X. An, Bull. Bot. Res., Harbin 1 (1-2): 99 (1981).
新疆。

大蒜芥属　Sisymbrium L.

大蒜芥

△**Sisymbrium altissimum** L., Sp. Pl. 2: 659 (1753).
辽宁、新疆、西藏；原产于欧洲、亚洲西部，世界各地有归化。

无毛大蒜芥

Sisymbrium brassiciforme C. A. Mey., Fl. Altaic. 3: 129 (1831).
Sisymbrium iscandericum Kom., Trudy Imp. S.-Peterburgsk. Obshch. Estestvoisp., Vyp. 3., Otd. Bot. 26: 95 (1896); *Sisymbrium ferganense* Korsh., Izv. Imp. Akad. Nauk Ser. 5 9: 412 (1898).
新疆、西藏；蒙古国、尼泊尔、印度、巴基斯坦、阿富汗、塔吉克斯坦、吉尔吉斯斯坦、哈萨克斯坦、乌兹别克斯坦、土库曼斯坦、克什米尔、俄罗斯。

垂果大蒜芥

Sisymbrium heteromallum C. A. Mey., Fl. Altaic. 3: 132 (1831).
Sisymbrium dahuricum Turcz. ex Fourn., These Crucif. 97 (1865); *Sisymbrium heteromallum* var. *dahuricum* (Turcz. ex E. Fourn.) Glehn ex Maxim., Trudy Imp. S.-Peterburgsk. Bot. Sada 11: 53 (1890); *Sisymbrium heteromallum* var. *sinense* O. E. Schulz in Engler, Pflanzenr. IV. 105 (Heft 86): 85 (1924).
吉林、内蒙古、河北、山西、陕西、宁夏、甘肃、青海、新疆、江苏、四川、云南、西藏；蒙古国、朝鲜、印度、巴基斯坦、哈萨克斯坦、俄罗斯。

水蒜芥（水芥菜，台湾播娘蒿）

Sisymbrium irio L., Sp. Pl. 2: 659 (1753).
Arabis charbonnelii H. Lév., Repert. Spec. Nov. Regni Veg. Fedde 12: 100 (1913).

内蒙古、新疆、台湾；尼泊尔、印度、巴基斯坦、阿富汗、塔吉克斯坦、乌兹别克斯坦、土库曼斯坦、克什米尔、亚洲西部、欧洲。

新疆大蒜芥

Sisymbrium loeselii L., Cent. Pl. I 18 (1755).
Sisymbrium loeselli var. *brevicarpum* Z. X. An, Bull. Bot. Res., Harbin 1 (1-2): 99 (1981).
甘肃、新疆；蒙古国、印度、巴基斯坦、阿富汗、塔吉克斯坦、吉尔吉斯斯坦、哈萨克斯坦、乌兹别克斯坦、土库曼斯坦、克什米尔、俄罗斯、亚洲西部、欧洲东部。

全叶大蒜芥

●**Sisymbrium luteum** (Maxim.) O. E. Schulz, Beih. Bot. Centralbl. 37: 126 (1919).
Hesperis lutea Maxim., Mélanges Biol. Bull. Phys.-Math. Acad. Imp. Sci. Saint-Pétersbourg 9: 12 (1873).
黑龙江、吉林、辽宁、河北、山西、山东、陕西、甘肃、青海；日本、朝鲜、俄罗斯。

无毛全叶大蒜芥

●**Sisymbrium luteum** var. **glabrum** F. Z. Li et Z. Y. Sun, Bull. Bot. Res., Harbin 25: 8 (2005).
山东。

钻果大蒜芥

Sisymbrium officinale (L.) Scop., Fl. Carniol., ed. 2 2: 26 (1772).
Erysimum officinale L., Sp. Pl. 2: 660 (1753); *Sisymbrium officinale* var. *leiocarpum* DC., Syst. Nat. 2: 460 (1821).
黑龙江、吉林、辽宁、内蒙古、西藏；日本、巴基斯坦、哈萨克斯坦、克什米尔、俄罗斯、中东、欧洲、非洲。

东方大蒜芥

Sisymbrium orientale L., Sp. Pl. 2: 666 (1753).
Sisymbrium fujianense L. K. Ling, Fl. Fujianica 2: 393 (1985).
山西、福建；日本、印度、巴基斯坦、克什米尔、俄罗斯、中东、欧洲；世界各地有引种。

多型大蒜芥（大蒜芥，寿蒜芥）

Sisymbrium polymorphum (Murray) Roth, Man. Bot. (Laicharding) 2: 946 (1830).
Brassica polymorphum Murray, Nov. Comm. Goett 7: 35 (1776); *Sisymbrium junceum* Bieh., Fl. Taur.-Caucas. 2: 114 (1808); *Sisymbrium junceum* var. *soongaricum* Regel et Herder, Bull. Soc. Imp. Naturalistes Moscou 39 (2): 97 (1866); *Sisymbrium junceum* var. *latifolium* Korsh., Bull. Acad. Imp. Sci. Saint-Pétersbourg sér. 3 9 (5): 412 (1898); *Sisymbrium polymorphum* var. *latifolium* (Korsh.) O. E. Schulz in Engler, Pflanzenr. IV. 105 (Heft 86): 102 (1924); *Sisymbrium polymorphum* var. *soongaricum* (Regel et Herder) O. E. Schulz in Engler, Pflanzenr. IV. 105 (Heft 86): 102 (1924).
黑龙江、内蒙古、甘肃、青海、新疆；蒙古国、塔吉克斯坦、

吉尔吉斯斯坦、哈萨克斯坦、俄罗斯。

云南大蒜芥

●**Sisymbrium yunnanense** W. W. Sm., Notes Roy. Bot. Gard. Edinburgh 11: 229 (1919).

Sisymbrium luteum var. *yunnanense* (W. W. Sm.) O. E. Schulz in Engler, Pflanzenr. IV. 105 (Heft 86): 71 (1924); *Arabis kandingensis* Y. H. Zhang, Bull. Bot. Res., Harbin 14 (2): 144 (1994).

四川、云南。

芹叶荠属 Smelowskia C. A. Mey.

灰白芹叶荠

Smelowskia alba (Pallas) Regel, Bull. Soc. Imp. Naturalistes Moscou 34: 208 (1861).

Sisymbrium album Pallas, Reise Russ. Reich. 3: 739 (1776); *Nasturtium album* (Pall.) Spreng., Syst. Veg., ed. 16 [Spreng.] 2: 883 (1825); *Smelowskia cinerea* C. A. Mey., Fl. Altaic. 3: 171 (1831); *Hutchinsia alba* (Pallas) Bunge, Del. Sem. Hort. Dorpater (1839).

黑龙江；蒙古国、俄罗斯。

高山芹叶荠

Smelowskia bifurcata (Ledeb.) Botsch., Novosti Sist. Vyssh. Nizsh. Rast. 5: 140 (1868).

Hutchinsia bifurcata Ledeb., Fl. Ross. 1: 201 (1841); *Smelowskia asplenifolia* Turcz., Fl. Bac.-Dahr. 1: 167 (1842); *Smelowskia calycina* var. *densiflora* O. E. Schulz in Engler, Pflanzenr. IV. 105 (Heft 86): 356 (1924).

新疆；广布于亚洲中部、俄罗斯。

芹叶荠

Smelowskia calycina (Stephan) C. A. Mey., Fl. Altaic. 3: 170 (1831).

Lepidium calycinum Stephan, Sp. Pl., ed. 3 (1): 433 (1800); *Hutchinsia calycina* (Stephan) Desv., J. Bot. Agric. 3: 168 (1814); *Hutchinsia pectinata* var. *viridis* Bunge, Fl. Ross. (Pallas) 1: 20 (1842); *Hutchinsia pectinata* var. *conenscens* Bunge, Fl. Ross. (Pallas) 1: 201 (1842); *Hutchinsia pectinata* Bunge, Fl. Ross. (Ledeb.) 1: 201 (1842); *Hurchinsia calycina* var. *pectinata* (Bunge) Regel et Herder, Bull. Soc. Imp. Naturalistes Moscou 19 (2): 101 (1866); *Smelowskia calycina* var. *pectinata* (Bunge) B. Fedtsch., Beih. Bot. Centralbl. 19 (2): 320 (1906); *Chrysanthemopsis koelzii* K. H. Rech., Phyton 3: 51 (1951); *Smelowskia koelzii* (K. H. Rech.) K. H. Rech., Anz. Osterr. Akad. Wiss., Math.-Naturwiss. Kl. xvi. 64 (1954); *Smelowskia pectinata* (Bunge) Velichkin, Novosti Sist. Vyssh. Rast. 13: 130 (1976); *Smelowskia tianschanica* Velichkin, Novosti Sist. Vyssh. Rast. 13: 130 (1976).

新疆；蒙古国、印度、巴基斯坦、阿富汗、塔吉克斯坦、吉尔吉斯斯坦、哈萨克斯坦、克什米尔、俄罗斯、北美洲。

丛菔属 Solms-laubachia Muschl.

宽果丛菔

●**Solms-laubachia eurycarpa** (Maxim.) Botsch., Bot. Mater. Gerb. Bot. Inst. Komarova Akad. Nauk S. S. S. R. 17: 169 (1955).

Parrya eurycarpa Maxim., Fl. Tangut. 1: 56 (1889); *Solms-laubachia pulcherrima* var. *latifolia* O. E. Schulz, Notizbl. Bot. Gart. Berlin-Dahlem 11 (103): 229 (1931); *Solms-laubachia dolichocarpa* Y. C. Lan et T. Y. Cheo, Acta Phytotax. Sin. 19 (4): 477 (1981); *Solms-laubachia latifolia* (O. E. Schulz) Y. C. Lan et T. Y. Cheo, Acta Phytotax. Sin. 19 (4): 476 (1981); *Solms-laubachia eurycarpa* var. *lasiophylla* R. F. Huang, Fl. Qinghai. 1: 510 (1997).

甘肃、青海、四川、云南、西藏。

多花丛菔

●**Solms-laubachia floribunda** Y. Z. Lan et T. Y. Cheo, Acta Phytotax. Sin. 19 (4): 475 (1981).

四川、西藏。

合萼丛菔

●**Solms-laubachia gamosepala** Al-Shehbaz et G. Yang, Harvard Pap. Bot. 5 (2): 380 (2001).

云南。

绵毛丛菔

●**Solms-laubachia lanata** Botsch., Bot. Mater. Gerb. Bot. Inst. Komarova Akad. Nauk S. S. S. R. 17: 170 (1955).

西藏。

线叶丛菔

●**Solms-laubachia linearifolia** (W. W. Sm.) O. E. Schulz, Notizbl. Bot. Gart. Berlin-Dahlem 9 (87): 477 (1926).

Parrya linearifolia W. W. Sm., Notes Roy. Bot. Gard. Edinburgh 11: 219 (1919); *Solms-laubachia linearifolia* var. *leiocarpa* O. E. Schulz, Notizbl. Bot. Gart. Berlin-Dahlem 9: 477 (1926).

四川、云南、西藏。

蒙氏丛菔

●**Solms-laubachia mieheorum** (Al-Shehbaz) J. P. Yue, Al-Shehbaz et H. Sun, Ann. Missouri Bot. Gard 95 (3): 535 (2008).

Desideria mieheorum Al-Shehbaz, Novon 15: 1 (2005).

西藏。

细叶丛菔

●**Solms-laubachia minor** Hand.-Mazz., Anz. Akad. Wiss. Wien, Math.-Naturwiss. Kl. 59 (26): 246 (1922).

四川、云南。

总状丛菔

Solms-laubachia platycarpa (Hook. f. et Thomson) Botsch.,

Bot. Mater. Gerb. Bot. Inst. Komarova Akad. Nauk S. S. S. R. 17: 171 (1955).

Parrya platycarpa Hook. f. et Thomson, J. Proc. Linn. Soc., Bot. 5: 136 (1861); *Parrya finchiana* Dunn, Bull. Misc. Inform. Kew 1927 (6): 247 (1927); *Solms-laubachia orbiculata* Y. C. Lan et T. Y. Cheo, Acta Phytotax. Sin. 19 (4): 473 (1981).

西藏；不丹、印度。

丛菔

● **Solms-laubachia pulcherrima** Muschl., Notes Roy. Bot. Gard. Edinburgh 5: 206 (1912).

Parrya ciliaris Bureau et Franch., J. Bot. (Morot) 5: 20 (1891); *Solms-laubachia pulcherrima* f. *atrichophylla* Hand.-Mazz., Akad. Wiss. Wien, Math.-Naturwiss. Kl., Denkschr. 24 (1925); *Pegaeophyton sinense* var. *stenophyllum* O. E. Schulz, Notizbl. Bot. Gart. Berlin-Dahlem 9 (87): 477 (1926); *Solms-laubachia ciliaris* (Bureau et Franch.) Botsch., Bot. Mater. Gerb. Bot. Inst. Komarova Akad. Nauk S. S. S. R. 17: 169 (1955).

四川、云南、西藏。

倒毛丛菔

● **Solms-laubachia retropilosa** Botsch., Bot. Mater. Gerb. Bot. Inst. Komarova Akad. Nauk S. S. S. R. 17: 171 (1955).

四川、云南、西藏。

旱生丛菔

● **Solms-laubachia xerophyta** (W. W. Sm.) H. F. Comber, Notes Roy. Bot. Gard. Edinburgh 18: 249 (1934).

Parrya xerophyta W. W. Sm., Notes Roy. Bot. Gard. Edinburgh 12 (59): 217 (1920).

四川、云南。

羽裂叶荠属 **Sophiopsis** O. E. Schulz

中亚羽裂叶荠

Sophiopsis annua (Rupr.) O. E. Schulz in Engler, Pflanzenr. IV. 105 (Heft 86): 347 (1924).

Smelowskia annua Rupr., Mém. Acad. Imp. Sci. St.-Pétersbourg 14 (4): 39 (1869); *Hutchinsia annua* (Rupr.) Krasn., Opis. Ist. Razv. Fl. Vost. Tyan'-Shanya 344 (1888); *Sophiopsis annua* var. *fontinalis* O. E. Schulz in Engler, Pflanzenr. IV. 105 (Heft 86): 348 (1924).

新疆、西藏；塔吉克斯坦、吉尔吉斯斯坦、哈萨克斯坦、乌兹别克斯坦。

羽裂叶荠

Sophiopsis sisymbrioides (Regel et Herder) O. E. Schulz in Engler, Pflanzenr. IV. 105 (Heft 86): 346 (1924).

Hutchinsia sisymbrioides Regel et Herder, Bull. Soc. Imp. Naturalistes Moscou 39 (2): 143 (1866); *Sisymbrium album* Pall., Reise Russ. Reich. 3: 293 (1776); *Nasturtium album* (Pall.) Spreng., Syst. Veg., ed. 16 2: 883 (1825); *Smelowskia cinerea* C. A. Mey., Fl. Altaic. 3: 171 (1831); *Hutchinsia alba* (Pall.) Bunge, Del. Sem. Hort. Dorpater (1839); *Smelowskia*

sisymbrioides (Regel et Herder) Lipsky ex Paulsen, Vidensk. Meddel. Naturhist. Foren. Kjøbenhavn 137 (1903); *Smelowskia alba* B. Fedtsch., Trudy Imp. S.-Peterburgsk. Bot. Sada 23: 423 (1904).

新疆；塔吉克斯坦、哈萨克斯坦、乌兹别克斯坦。

螺果荠属 **Spirorhynchus** Karelin et Kirilov

螺果荠

Spirorhynchus sabulosus Kar. et Kir., Bull. Soc. Imp. Naturalistes Moscou 15: 160 (1842).

Anguillicarpus bulleri Burkill, J. Proc. Asiat. Soc. Bengal 3: 60 (1907); *Spirorhynchus bulleri* (Burkill) O. E. Schulz, Bot. Jahrb. Syst. 66: 98 (1933).

新疆；巴基斯坦、阿富汗、塔吉克斯坦、吉尔吉斯斯坦、哈萨克斯坦、乌兹别克斯坦、土库曼斯坦、中东。

棒果芥属 **Sterigmostemum** M. Bieb.

棒果芥

Sterigmostemum caspicum (Lam.) Rupr., Mém. Acad. Imp. Sci. St.-Pétersbourg, Sér. 7 15: 95 (1869).

Cheiranthus caspicus Lam. in Pallas, Voy. Reise Russ. Reich., French Transl. 28: 348 (1794); *Cheiranthus tomentosus* Willd., Sp. Pl., ed. 3 1: 523 (1800); *Sterigmostemum tomentosum* (Willd.) M. Bieb., Fl. Taur.-Caucas. 3: 444 (1819).

新疆；哈萨克斯坦、俄罗斯。

灰毛棒果芥

● **Sterigmostemum incanum** M. Bieb., Fl. Taur.-Caucas. 3: 444 (1819).

新疆。

曙南芥属 **Stevenia** Adams ex Fischer

曙南芥（施第芥）

Stevenia cheiranthoides DC., Syst. Nat. 2: 210 (1821).

Arabis incarnata Pall., Syst. Nat. (Candolle) 2: 210 (1821); *Draba multiceps* Kitag., Rep. Exped. Manchoukuo Sect. IV, Pt. 2, Contr. Cogn. Fl. Manshuricae 2: 18 (1933).

内蒙古；蒙古国、俄罗斯。

连蕊芥属 **Synstemon** Botsch.

陆氏连蕊芥

● **Synstemon lulianlianus** Al-Shehbaz, T. Y. Cheo et G. Yang, Novon 10 (2): 102 (2000).

甘肃。

连蕊芥

● **Synstemon petrovii** Botsch., Bot. Zhurn. 44 (10): 1487 (1959).

Systemon petrovii var. *pilosus* Botsch., Bot. Zhurn. 44 (10): 1488 (1959); *Synstemonanthus petrovii* var. *pilosus* (Botsch.) Botsch.,

Novosti Sist. Vyssh. Rast. 17: 142 (1980); *Synstemonanthus petrovii* (Botsch.) Botsch., Novosti Sist. Vyssh. Rast. 17: 142 (1980); *Synstemon petrovii* var. *xinglongicus* Z. X. An, Bull. Bot. Lab. N. E. Forest. Inst., Harbin 1 (1-2): 101 (1981); *Synstemon deserticola* Y. Z. Zhao, Acta Phytotax. Sin. 36 (4): 373 (1998).
内蒙古、甘肃。

棱果芥属 Syrenia Andrz. ex DC.

大果棱果芥

●**Syrenia macrocarpa** Vassilcz. in Kom., Fl. U. R. S. S. 8: 130, 640 (1939).
新疆。

沟子荠属 Taphrospermum C. A. Mey.

沟子荠

Taphrospermum altaicum C. A. Mey., Fl. Altaic. 3: 173 (1831).
Cochlearia altaica (C. A. Mey.) Hook. f. et T. Anderson, Fl. Brit. Ind. 1 (1): 145 (1872); *Taphrospermum altaicum* var. *macrocarpum* Z. X. An, Acta Phytotax. Sin. 23 (5): 396 (1985).
甘肃、青海、新疆、西藏；蒙古国、塔吉克斯坦、吉尔吉斯斯坦、哈萨克斯坦、俄罗斯。

泉沟子荠

●**Taphrospermum fontanum** (Maxim.) Al-Shehbaz et G. Yang, Harvard Pap. Bot. 5 (1): 104 (2000).
甘肃、青海、四川、西藏。

泉沟子荠（原亚种）

●**Taphrospermum fontanum** subsp. **fontanum**
Dilophia fontana Maxim., Bull. Acad. Imp. Sci. Saint-Pétersbourg 26 (3): 423 (1880); *Dilophia macrosperma* O. E. Schulz, Repert. Spec. Nov. Regni Veg. Bieh. 12: 385 (1922).
甘肃、青海、四川、西藏。

小籽泉沟子荠

●**Taphrospermum fontanum** subsp. **microspermum** Al-Shehbaz et G. Yang, Harvard Pap. Bot. 5 (1): 105 (2000).
Dilophia fontana var. *trichocarpa* W. T. Wang, Acta Bot. Yunnan. 9 (1): 3 (1987).
青海、新疆、西藏。

须弥沟子荠

Taphrospermum himalaicum (Hook. f. et Thomson) Al-Shehbaz et al., Harvard Pap. Bot. 5 (1): 102 (2000).
Cochlearia himalaica Hook. f. et Thomson, J. Proc. Linn. Soc., Bot. 5: 154 (1861).
青海、西藏；不丹、尼泊尔、印度。

郎氏沟子荠

Taphrospermum lowndesii (H. Hara) Al-Shehbaz, Harvard Pap. Bot. 5 (1): 107 (2000).
Glaribraya lowndesii H. Hara, J. Jap. Bot. 53: 136 (1978).
西藏；尼泊尔。

西藏沟子荠

●**Taphrospermum tibeticum** (O. E. Schulz) Al-Shehbaz, Harvard Pap. Bot. 5 (1): 107 (2000).
Dipoma tibeticum O. E. Schulz, Repert. Spec. Nov. Regni Veg. 38: 32 (1935).
西藏。

轮叶沟子荠

●**Taphrospermum verticillatum** (Jeffrey et W. W. Sm.) Al-Shehbaz, Harvard Pap. Bot. 5 (1): 106 (2000).
Cardamine verticillata Jeffrey et W. W. Sm., Notes Roy. Bot. Gard. Edinburgh 8 (37): 120 (1913); *Braya verticillata* (Jeffrey et W. W. Sm.) W. W. Sm., Notes Roy. Bot. Gard. Edinburgh 11 (55): 202 (1919); *Staintoniella verticillata* (Jeffrey et W. W. Sm.) H. Hara, J. Jap. Bot. 49 (7): 198 (1974).
云南、西藏。

舟果荠属 Tauscheria Fischer ex DC.

舟果荠

Tauscheria lasiocarpa Fisch. ex DC., Syst. Nat. 2: 563 (1821).
Tauscheria gymnocarpa Fisch. ex DC., Syst. Nat. 2: 564 (1821); *Tauscheria desertorum* Ledeb., Ic. Pl. Fl. Ross. 2: 14 (1830); *Tauscheria lasiocarpa* var. *gymnocarpa* (Fisch. ex DC.) Boiss., Fl. Orient. 1: 372 (1867); *Tauscheria oblonga* Vassilcz. in Kom., Fl. U. R. S. S. 8: 229 (1939).
内蒙古、新疆、西藏；蒙古国、巴基斯坦、阿富汗、塔吉克斯坦、吉尔吉斯斯坦、哈萨克斯坦、乌兹别克斯坦、土库曼斯坦、克什米尔、俄罗斯、中东。

四齿芥属 Tetracme Bunge

四齿芥

Tetracme quadricornis (Stephan) Bunge, Del. Sem. Hort. Dorpater 7 (1836).
Erysimum quadricorne Stephan, Sp. Pl., ed. 3 541 (1800); *Notoceras quadricorne* (Stephan) DC., Reg. Veg. Syst. Nat. 2: 204 (1821); *Tetracme elongata* Kitam., Acta Phytotax. Geobot. 17: 140 (1958).
新疆；蒙古国、阿富汗、塔吉克斯坦、吉尔吉斯斯坦、哈萨克斯坦、乌兹别克斯坦、土库曼斯坦。

弯角四齿芥

Tetracme recurvata Bunge, Arbeiten Naturf. Vereins Riga 1: 158 (1848).
新疆；塔吉克斯坦、吉尔吉斯斯坦、哈萨克斯坦、乌兹别克斯坦、土库曼斯坦、中东。

盐芥属 Thellungiella O. E. Schulz

小盐芥

Thellungiella halophila (C. A. Mey.) O. E. Schulz in Engler,

Pflanzenr. IV. 105 (Heft 86): 253 (1924).

Sisymbrium halophilum C. A. Mey., Fl. Altaic. 3: 143 (1831); *Hesperis halophila* (C. A. Mey.) Kuntze, Revis. Gen. Pl. 934 (1891); *Stenophragma hilophilum* (C. A. Mey.) B. Fedtsch., Rastitel'n. Turkestana 457 (1915).

新疆；哈萨克斯坦、俄罗斯。

条叶蓝芥

Thellungiella parvula (Schrenk) Al-Shehbaz et O'Kane, Novon 5 (4): 309 (1995).

Diplotaxis parvula Schrenk, Bull. Cl. Phys.-Math. Acad. Imp. Sci. Saint-Pétersbourg 2: 199 (1844); *Sisymbrium parvulum* (Schrenk) Lipsky, Trudy Imp. S.-Peterburgsk. Bot. Sada 23: 25 (1904); *Stenophragma parvulum* (Schrenk) B. Fedtsch., Rastitel'n. Turkestana. 457 (1915); *Arabidopsis parvula* (Schrenk) O. E. Schulz, Pflanzenr. (Engler) Crucif. Sisymbr. 269 (1924).

新疆；哈萨克斯坦、乌兹别克斯坦、土库曼斯坦、俄罗斯、中东。

盐芥

Thellungiella salsuginea (Pall.) O. E. Schulz in Engler, Pflanzenr. IV. 105 (Heft 86): 252 (1924).

Sisymbrium salsugineum Pall., Reise Russ. Reich. 2: 466 (1773); *Stenophragma salusgineum* (Pall.) Prantl, Nat. Pflanzenfam. 3 (2): 192 (1890); *Stenophragma salusgineum* (Pall.) Prantl, Nat. Pflanzenfam. 3 (2): 192 (1890); *Arabidopsis salsuginea* (Pall.) N. Busch, Fl. Siles. 1: 136 (1913); *Hesperis salsuginea* (Pall.) Kuntze, Revis. Gen. Pl. 935 (1981).

吉林、内蒙古、河北、山东、河南、新疆、江苏；蒙古国、吉尔吉斯斯坦、哈萨克斯坦、乌兹别克斯坦、土库曼斯坦、俄罗斯、北美洲。

菥蓂属 Thlaspi L.

菥蓂（遏蓝菜）

Thlaspi arvense L., Sp. Pl. 2: 646 (1753).

除台湾、广东、海南外，中国广布；亚洲、欧洲、非洲广布；引入热带澳大利亚、南美洲、北美洲。

山菥蓂

Thlaspi cochleariforme DC., Syst. Nat. 2: 381 (1821).

Thlaspi exauriculatum Kom., Repert. Spec. Nov. Regni Veg. 9: 392 (1911); *Noccaea cochleariformis* (DC.) Á. Löve et D. Löve, Bot. Not. 128: 513 (1975); *Noccaea exauriculata* (Kom.) Czerep., Sosudistye Rasteniia S. S. S. R. 140 (1981).

黑龙江、吉林、辽宁、内蒙古、河北、甘肃、新疆、西藏；蒙古国、巴基斯坦、塔吉克斯坦、哈萨克斯坦、克什米尔、俄罗斯。

旗杆芥属 Turritis L.

旗杆芥

△**Turritis glabra** L., Sp. Pl. 2: 666 (1753).

Arabis perfoliata Lam., Encycl. 1: 219 (1783); *Arabis glabra* (L.) Bernh., Syst. Verz. 195 (1800); *Arabis pseudoturritis*

Boiss. et Heldr., Diagn. Pl. Orient. ser. 2 1: 20 (1854); *Turritis pseudoturritis* (Boiss. et Heldr.) Velen., Sitzungsber. Königl. Böhm. Ges. Wiss. Prag, Math.-Naturwiss. Cl. 1894 (29): 2 (1894); *Turritis glabra* var. *lilacina* O. E. Schulz, Repert. Spec. Nov. Regni Veg. 33: 191 (1933).

辽宁、山东、新疆、江苏、浙江；蒙古国、日本、朝鲜、尼泊尔、印度、巴基斯坦、阿富汗、塔吉克斯坦、吉尔吉斯斯坦、哈萨克斯坦、乌兹别克斯坦、土库曼斯坦、克什米尔、俄罗斯、中东、欧洲、非洲、北美洲；归化于热带澳大利亚。

阴山荠属 Yinshania Ma et Y. Z. Zhao

锐棱阴山荠（锐棱岩荠）

●**Yinshania acutangula** (O. E. Schulz) Y. H. Zhang, Acta Phytotax. Sin. 25 (3): 217 (1987).

内蒙古、河北、陕西、甘肃、青海、四川。

锐棱阴山荠（原亚种）

●**Yinshania acutangula** subsp. **acutangula**

Cochlearia acutangula O. E. Schulz, Notizbl. Bot. Gart. Berlin-Dahlem 10: 554 (1929); *Yinshania albiflora* Ma et Y. Z. Zhao, Acta Phytotax. Sin. 17 (3): 113 (1979); *Yinshania wenxianensis* Y. H. Zhang, Acta Phytotax. Sin. 25 (3): 215 (1987); *Yinshania wenxianensis* var. *songpanensis* Y. H. Zhang, Acta Phytotax. Sin. 25 (3): 216 (1987); *Yinshania acutangula* var. *albiflora* (Ma et Y. Z. Zhao) Y. H. Zhang, Acta Phytotax. Sin. 25 (3): 217 (1987); *Yinshania albiflora* var. *gobica* Z. X. An, Fl. Xinjiang. 2 (2): 381 (1995); *Rorippa villosa* R. F. Huang, Acta Phytotax. Sin. 35 (6): 561 (1997).

内蒙古、河北、陕西、甘肃、青海、四川。

小果阴山荠（小果岩荠）

●**Yinshania acutangula** subsp. **microcarpa** (K. C. Kuan) Al-Shehbaz, Harvard Pap. Bot. 3 (1): 83 (1998).

Cochlearia microcarpa K. C. Kuan, Bull. Bot. Lab. N. E. Forest. Inst., Harbin 1980 (8): 40 (1980); *Yinshania microcarpa* (K. C. Kuan) Y. H. Zhang, Acta Phytotax. Sin. 25 (3): 211 (1987).

甘肃、四川。

威氏阴山荠

●**Yinshania acutangula** subsp. **wilsonii** (O. E. Schulz) Al-Shehbaz et al., Harvard Pap. Bot. 3 (1): 83 (1998).

Cochlearia henryi var. *wilsonii* O. E. Schulz, Repert. Spec. Nov. Regni Veg. 38: 108 (1935); *Yinshania qianningensis* Y. H. Zhang, Acta Phytotax. Sin. 25 (3): 212 (1987); *Yinshania qianningensis* var. *brachybotrys* Y. H. Zhang, Acta Phytotax. Sin. 25 (3): 213 (1987).

甘肃、四川。

紫堇叶阴山荠（紫堇叶岩荠，浙江岩荠）

●**Yinshania fumarioides** (Dunn) Y. Z. Zhao, Acta Sci. Nat. Univ. Intramongol. 23: 568 (1992).

Cochlearia fumarioides Dunn, J. Linn. Soc., Bot. 38: 355

(1908); *Cochlearia warburgii* O. E. Schulz, Notizbl. Bot. Gart. Berlin-Dahlem 8 (77): 545 (1923); *Cochleariopsis zhejiangensis* Y. H. Zhang, Acta Bot. Yunnan. 7 (2): 144 (1985); *Hilliella warburgii* (O. E. Schulz) Y. H. Zhang et H. W. Li, Acta Bot. Yunnan. 8 (4): 405 (1986); *Hilliella fumarioides* (Dunn) Y. H. Zhang et H. W. Li, Acta Bot. Yunnan. 8 (4): 403 (1986); *Cochleariella zhejiangensis* (Y. H. Zhang) Y. H. Zhang et Vogt, Acta Bot. Boreal.-Occid. Sin. 9 (4): 224 (1989); *Hilliella warburgii* var. *albiflora* S. X. Qian, Bull. Bot. Res., Harbin 10 (4): 63 (1990); *Yinshania warburgii* (O. E. Schulz) Y. Z. Zhao, Acta Sci. Nat. Univ. Intramongol. 23 (4): 568 (1992); *Yinshania zhejiangensis* (Y. H. Zhang) Y. Z. Zhao, Acta Sci. Nat. Univ. Intramongol. 23 (4): 569 (1992); *Cochleariopsis warburgii* (O. E. Schulz) L. L. Lou, Acta Phytotax. Sin. 31 (3): 287 (1993).

安徽、浙江、福建。

叉毛阴山荠（叉毛岩荠）

●**Yinshania furcatopilosa** (K. C. Kuan) Y. H. Zhang, Acta Phytotax. Sin. 25 (3): 214 (1987).

Cochlearia furcatopilosa K. C. Kuan, Bull. Bot. Lab. N. E. Forest. Inst., Harbin 1980 (8): 41 (1980).

湖北。

柔毛阴山荠（柔毛岩荠）

●**Yinshania henryi** (Oliv.) Y. H. Zhang, Acta Phytotax. Sin. 25 (3): 213 (1987).

Nasturtium henryi Oliv., Hooker's Icon. Pl. 3, sér. 8 pl. 1719 (1887); *Nasturtium kouytchense* H. Lév., Bull. Soc. Agric. Sarthe 59: 321 (1904); *Cochlearia henryi* (Oliv.) O. E. Schulz, Notizbl. Bot. Gart. Berlin-Dahlem 8 (77): 546 (1923).

湖北、四川、贵州、云南。

武功山阴山荠（武功山岩荠）

●**Yinshania hui** (O. E. Schulz) Y. Z. Zhao, Acta Sci. Nat. Univ. Intramongol. 23 (4): 567 (1992).

Cochlearia hui O. E. Schulz, Notizbl. Bot. Gart. Berlin-Dahlem 8 (77): 546 (1923); *Hilliella hui* (O. E. Schulz) Y. H. Zhang et H. W. Li, Acta Bot. Yunnan. 8 (4): 404 (1986).

江西。

湖南阴山荠

●**Yinshania hunanensis** (Y. H. Zhang) Al-Shehbaz et al., Harvard Pap. Bot. 3 (1): 92 (1998).

Hilliella hunanensis Y. H. Zhang, Acta Bot. Yunnan. 9 (2): 160 (1987).

江西、湖南、广西。

利川阴山荠

●**Yinshania lichuanensis** (Y. H. Zhang) Al-Shehbaz et al., Harvard Pap. Bot. 3 (1): 90 (1998).

Hilliella lichuanensis Y. H. Zhang, Acta Bot. Yunnan. 9 (2): 158 (1987); *Hilliella longistyla* Y. H. Zhang, Acta Bot. Yunnan. 9 (2): 153 (1987); *Hilliella guangdongensis* Y. H. Zhang, Acta Bot. Yunnan. 9 (2): 157 (1987); *Hilliella changhuaensis* Y. H.

Zhang, Acta Bot. Yunnan. 9 (2): 157 (1987); *Cochlearia longistyla* (Y. H. Zhang) L. L. Lou, Bull. Nanjing Bot. Gard. Mem. Sun Yat Sen 1991: 18 (1991); *Cochlearia lichuanensis* (Y. H. Zhang) L. L. Lou, Bull. Nanjing Bot. Gard. Mem. Sun Yat Sen 1991: 18 (1991).

安徽、浙江、江西、福建、广东。

卵叶阴山荠（卵叶岩荠）

Yinshania paradoxa (Hance) Y. Z. Zhao, Acta Sci. Nat. Univ. Intramongol. 23: 567 (1992).

Cardamine paradoxa Hance, J. Bot. 6: 111 (1868); *Cochlearia paradoxa* (Hance) O. E. Schulz, Notizbl. Bot. Gart. Berlin-Dahlem 8: 546 (1923); *Hilliella paradoxa* (Hance) Y. H. Zhang et H. W. Li, Acta Bot. Yunnan. 8 (4): 404 (1986).

湖北、四川、广东、广西；越南。

河岸阴山荠（河岸岩荠）

●**Yinshania rivulorum** (Dunn) Al-Shehbaz et al., Harvard Pap. Bot. 3 (1): 87 (1998).

Nasturtium rivulorum Dunn, J. Linn. Soc., Bot. 38: 354 (1908); *Cochlearia formosana* Hayata, J. Coll. Sci. Imp. Univ. Tokyo 30 (1): 32 (1911); *Cochlearia rivulorum* (Dunn) O. E. Schulz, Notizbl. Bot. Gart. Berlin-Dahlem 8: 546 (1923); *Hilliella rivulorum* (Dunn) Y. H. Zhang et H. W. Li, Acta Bot. Yunnan. 8 (4): 404 (1986); *Hilliella formosana* (Hayata) Y. H. Zhang et H. W. Ll, Acta Bot. Yunnan. 8 (4): 403 (1986); *Hilliella alatipes* var. *micrantha* Y. H. Zhang, Acta Bot. Yunnan. 8 (4): 403 (1986); *Yinshania formosama* (Hayata) Y. Z. Zhao, Acta Sci. Nat. Univ. Intramongol. 23 (4): 567 (1992).

湖南、福建、台湾。

石生阴山荠

●**Yinshania rupicola** (D. C. Zhang et J. Z. Shao) Al-Shehbaz, G. Yang, L. L. Lu et T, Harvard Pap. Bot. 3 (1): 91 (1998).

安徽。

石生阴山荠（原亚种）

●**Yinshania rupicola** subsp. **rupicola**

Cochlearia rupicola D. C. Zhang et J. Z. Shao, Acta Phytotax. Sin. 24 (5): 404 (1986); *Hilliella rupicola* (D. C. Zhang et J. Z. Shao) Y. H. Zhang, J. Wuhan Bot. Res. 8 (4): 322 (1990).

安徽。

双牌阴山荠

●**Yinshania rupicola** subsp. **shuangpaiensis** (Z. Y. Li) Al-Shehbaz et al., Harvard Pap. Bot. 3 (1): 92 (1998).

Hilliella shuangpaiensis Z. Y. Li, Acta Bot. Yunnan. 10 (1): 117 (1988); *Hilliella xiangguiensis* Y. H. Zhang, Acta Bot. Yunnan. 19 (2): 139 (1997).

江西、湖南、四川、福建、广西。

弯缺阴山荠（弯缺岩荠）

●**Yinshania sinuata** (K. C. Kuan) Al-Shehbaz, G. Yang, L. L. Lu et T. Y. Cheo, Harvard Pap. Bot. 3 (1): 88 (1998).

安徽、江西、湖南、广东。

弯缺阴山荠（原亚种）

● **Yinshania sinuata** subsp. **sinuata**
Cochlearia sinuata K. C. Kuan, Bull. Bot. Lab. N. E. Forest. Inst., Harbin 1980 (8): 39 (1980); *Hilliella sinuata* (K. C. Kuan) Y. H. Zhang et H. W. Li, Acta Bot. Yunnan. 8: 404(1986).
安徽、江西、湖南、广东。

寻邬阴山荠

● **Yinshania sinuata** subsp. **qianwuensis** (Y. H. Zhang) Al-Shehbaz, Harvard Pap. Bot. 3 (1): 89 (1998).
Hilliella sinuata var. *qianwuensis* Y. H. Zhang, Acta Bot. Yunnan. 8 (4): 405 (1986).
江西。

黟县阴山荠

● **Yinshania yixianensis** (Y. H. Zhang) Al-Shehbaz et al., Harvard Pap. Bot. 3 (1): 84 (1998).
Hilliella yixianensis Y. H. Zhang, Acta Phytotax. Sin. 33 (1): 94 (1995).
安徽。

察隅阴山荠

● **Yinshania zayuensis** Y. H. Zhang, Acta Phytotax. Sin. 25 (3): 214 (1987).
Yinshania ganluoensis Y. H. Zhang, Acta Phytotax. Sin. 25 (3): 211 (1987); *Yinshania exiensis* Y. H. Zhang, Acta Bot. Yunnan. 15 (4): 364 (1993).
湖北、四川、云南、西藏。

戈壁阴山荠

● **Yinshania zayuensis** var. **gobica** (Z. X. An) Y. H. Zhang, Acta Phytotax. Sin. 41 (4): 338 (2003).
Yinshania albiflora var. *gobica* Z. X. An, Fl. Xinjiang. 2 (2): 381 (1995).
湖北、云南、西藏。

176. 蛇菰科 BALANOPHORACEAE
[2 属：13 种]

蛇菰属 Balanophora J. R. Forst. et G. Forst.

短穗蛇菰（海南蛇菰）

Balanophora abbreviate Blume, Enum. Pl. Javae 1: 87 (1827).
Balanophora cavaleriei H. Lév., Repert. Spec. Nov. Regni Veg. 2: 115 (1906); *Balanophora kainantensis* Masam., Trans. Nat. Hist. Soc. Taiwan 33: 29 (1943); *Polyplethia kaiantensis* Yamam., Contr. Pl. Kainan. 1: 22, f. 2 (1943).
浙江、江西、湖南、四川、贵州、云南、福建、广东、广西、海南；老挝、缅甸、泰国、柬埔寨、马来西亚、印度尼西亚、印度、马达加斯加、太平洋岛屿、非洲。

鹿仙草

Balanophora dioica R. Br. ex Royle, Ill. Bot. Himal. Mts. 1: 330 (1839).

Balanophora affinis Griff., Trans. Linn. Soc. London 20: 220 (1846).
湖南、云南、西藏；缅甸、不丹、尼泊尔、印度。

长枝蛇菰

Balanophora elongata Blume, Enum. Pl. Javae 1: 87 (1827).
Cynopsole elongate (Blume) Lndl. ex Jacks., Index Kew. 1: 688 (1895); *Balaniclla elongate* (Blume) Van Tiegh., Ann. Soc. Nat., Bot. sér. 9 6: 181 (1907).
云南；印度尼西亚。

川藏蛇菰

Balanophora fargesii (Tiegh.) Harms, Nat. Pflanzenfam., ed. 2 16 b: 332 (1935).
Bivolva fargesii Tiegh., Ann. Sci. Nat., Bot. sér. 9 6: 206 (1907); *Balanophora involucrata* var. *rubra* Hook. f., Trans. Linn. Soc. London 22: 44 (1856).
四川、云南、西藏；不丹。

蛇菰

Balanophora fungosa J. R. Forst. et G. Forst., Char. Gen. Pl. 50 (1775).
台湾；日本、菲律宾、印度尼西亚、巴布亚新几内亚、热带澳大利亚、太平洋岛屿。

葛菌

Balanophora harlandii Hook. f., Trans. Linn. Soc. London 22 (4): 426, pl. 75 (1859).
Balanophora henryi Hemsl., J. Linn. Soc., Bot. 26 (177): 410 (1894); *Balanophora minor* Hemsl., J. Linn. Soc., Bot. 26 (177): 410, t. 9, f. 1 (1894); *Balanophora esquirolii* H. Lév., Repert. Spec. Nov. Regni Veg. 2: 115 (1906); *Balania harlandii* (Hook. f.) Tiegh., Ann. Sci. Nat., Bot. sér. 9 6: 201 (1907); *Balanophora mutinoides* Hayata, Icon. Pl. Formosan. 3: 168 (1913); *Balanophora kawakamii* Valeton, Icon. Bogor. 4: 169, t. 351 (1913); *Balanophora kudoi* Yamam., Rep. (Annual) Taihoku Bot. Gard. 1: 95 (1931); *Balanophora harlandii* var. *mutinoides* (Hayata) F. W. Xing, Bull. Bot. Res. 12 (4): 381 (1992); *Balanophora lancangensis* Y. Y. Qian, J. Trop. Subtrop. Bot. 4 (2): 12 (1996).
河南、陕西、安徽、浙江、江西、湖南、湖北、四川、贵州、云南、福建、台湾、广东、广西、海南；泰国、印度。

印度蛇菰（隐轴蛇菰，思茅蛇菰，彩丽蛇菰）

Balanophora indica (Arn.) Griff., Trans. Linn. Soc. London 20 (1): 95 (1846).
Langsdorffia indica Arn., Nat. Hist. 2: 37 (1838); *Sarcocorclglis indica* Wall. ex Steud., Nomencl. Bot., ed. 2 (Stendel) 1: 181 (1840); *Balanophora fungosa* subsp. *indica* (Arn.) B. Hansen, Dansk Bot. Ark. 28 (1): 100, f. 20-21 (1972); *Balanophora clioica* R. Br., Iconogr. Cormophyt. Sin. 1: 550, f. 1099 (1972); *Balanophora simaoensis* S. Yun Chang et P. C. Tam, Bull. Bot. Res. 3 (1): 142, f. 2 (1983); *Balanophora cryptocaudex* S. Y. Chang et P. C. Tam, Bull. Bot. Res. 3 (1): 141, f. 1 (1983); *Balanophora splendida* P. C. Tam et D. Fang, Bull. Bot. Res. 4 (2): 112, f. 1 (1984); *Balanophora saxicola* F.

W. Xing et Z. X. Li, Acta Bot. Austro Sin. 10: 17 (1995).

云南、广西、海南；菲律宾、越南、老挝、缅甸、泰国、马来西亚、印度尼西亚、印度、太平洋岛屿。

筒鞘蛇菰 （红菌，葛花，鹿仙草）

Balanophora involucrata Hook. f., Trans. Linn. Soc. London 22 (1): 30, pl. 4-7 (1856).

河南、陕西、湖南、湖北、四川、贵州、云南、西藏；不丹、尼泊尔、印度。

疏花蛇菰 （石上莲，山菠萝，通天蜡烛）

Balanophora laxiflora Hemsl., J. Linn. Soc., Bot. 26 (177): 410, pl. 9, f. 2-3 (1894).

Balanophora spicata Hayata, J. Coll. Sci. Imp. Univ. Tokyo 25 (19): 192, t. 33 (1908); *Balanophora parvior* Hayata, J. Coll. Sci. Imp. Univ. Tokyo 25 (19): 192, t. 34 (1908); *Balanophora formosana* Hayata, Icon. Pl. Formosan. 3: 168 (1913); *Balanophora morrisonicola* Hayata, Icon. Pl. Formosan. 5: 198 (1915); *Balanophora oshimae* Yamam., Rep. (Annual) Taihoku Bot. Gard. 1: 96 (1931); *Polyplethia spicata* (Hayata) Nakai, J. Jap. Bot. 15: 748 (1939); *Balanophora rugosa* P. C. Tam, Bull. Bot. Res. 4 (2): 114, f. 2 (1984); *Balanophora hongkongensis* K. M. Lau, N. H. Li et S. Y. Hu, Harvard Pap. Bot. 7 (2): 439 (2003).

浙江、江西、湖南、湖北、四川、贵州、云南、西藏、福建、台湾、广东、广西；越南、老挝、泰国。

多蕊蛇菰

Balanophora polyandra Griff., Proc. Linn. Soc. London 1: 220 (1844).

Polyplethia polyandra (Griff.) Tiegh., Bull. Soc. Bot. France 43: 298 (1896).

湖南、湖北、云南、西藏、广西；缅甸、不丹、尼泊尔。

杯茎蛇菰

●**Balanophora subcupularis** P. C. Tam, Flora Fujianica 1: 509, 602, f. 459 (1982).

江西、湖南、贵州、云南、广东、广西。

海桐蛇菰 （鸟巃蛇菰）

Balanophora tobiracola Makino, Bot. Mag. 24 (287): 290, f. 18 (1910).

Balanophora wrightii Makino ex Makino et Nemoto, Bot. Mag. (Tokyo) 25: 33 (1911); *Balaneikon tobiracola* (Makino) Sctch., Hong Kong Naturalist, Suppl. 1: 12 (1932); *Balanophora harlandii* var. *spiralis* P. C. Tam, Bull. Bot. Res. 4 (2): 115 (1984).

江西、湖南、台湾、广东、广西；日本。

盾片蛇菰属 **Rhopalocnemis** Jungh.

盾片蛇菰 （大蛇菰）

Rhopalocnemis phalloides Jungh., Nov. Actorum Acad. Caes. Leop.-Carol. German. Nat. Cur. 18 (Suppl. 1): 215 (1841).

Phaeocordylis areolata Griff., Trans. Linn. Soc. London 20:

100 (1846).

云南、广西；越南、泰国、印度尼西亚、尼泊尔、印度。

177. 铁青树科 OLACACEAE
[4 属：6 种]

赤苍藤属 **Erythropalum** Blume

赤苍藤 （牛耳藤，萎藤，勾华）

Erythropalum scandens Blume, Bijdr. Fl. Ned. Ind. 15: 922 (1826).

Dactylium vagum Griff., Proc. Linn. Soc. London 2: 252 (1853); *Modeccopsis vaga* Griff., Not. Pl. Asiat. 4: 633 (1854); *Erythropalum vagum* (Griff.) Mast., Fl. Brit. Ind. 1 (3): 578 (1875); *Erythropalum populifolium* Mast., Fl. Brit. Ind. 1 (3): 578 (1875).

贵州、云南、西藏、广东、广西、海南；菲律宾、越南、老挝、缅甸、泰国、柬埔寨、文莱、马来西亚、印度尼西亚、不丹、印度、孟加拉国。

蒜头果属 **Malania** Chun et S. K. Lee

蒜头果 （马兰后，咪民，猴子果）

●**Malania oleifera** Chun et S. K. Lee, Bull. Bot. Lab. N.-E. Forest. Inst., Harbin 6: 67, f. 1, 2 (1980).

云南、广西。

铁青树属 **Olax** L.

尖叶铁青树

Olax acuminata Wall. ex Benth., Proc. Linn. Soc. London 1: 89 (1840).

云南；缅甸、不丹、印度。

疏花铁青树 （勃藤子）

●**Olax austrosinensis** Y. R. Ling, Bull. Bot. Res., Harbin 2 (4): 18 (1982).

Olax laxiflora Merr. ex H. L. Li, J. Arnold Arbor. 26 (1): 60 (1945).

广西、海南。

铁青树 （青骨藤）

Olax imbricata Roxb., Fl. Ind., ed. 1832 1: 169 (1820).

Olax zeylanica L., Sp. Pl. 1: 34 (1753); *Olax wightiana* Wall. ex Wight et Arn., Fl. Ind. Orient. 1: 89 (1834); *Ximenia olacoides* Wight et Arn., Prodr. Fl. Ind. Orient. 89 (1834).

台湾、广东、海南；菲律宾、缅甸、泰国、马来西亚、印度尼西亚、印度、斯里兰卡。

海檀木属 **Ximenia** L.

海檀木 （山梅树，西门木）

Ximenia americana L., Sp. Pl. 2: 1193 (1753).

Ximenia inermis L., Sp. Pl., ed. 2 1: 497 (1762).

海南；菲律宾、缅甸、泰国、马来西亚、印度尼西亚、印度、斯里兰卡、热带澳大利亚、太平洋岛屿、非洲、美洲。

178. 山柚子科 OPILIACEAE
[5 属：5 种]

山柑藤属 Cansjera Juss.

山柑藤（山柑）

Cansjera rheedi J. F. Gmel., Syst. Nat. 1: 280 (1791).
云南、广东、广西、海南；菲律宾、越南、老挝、缅甸、泰国、柬埔寨、马来西亚、印度尼西亚、尼泊尔、印度、斯里兰卡、热带澳大利亚、太平洋岛屿（瓦努阿图）。

台湾山柚属 Champereia Griff.

台湾山柚

Champereia manillana (Blume) Merr., Philipp. J. Sci. 7 (4): 233 (1912).
云南、台湾、广西；菲律宾、越南、缅甸、泰国、马来西亚、印度尼西亚、印度、巴布亚新几内亚。

台湾山柚（原变种）

Champereia manillana var. **manillana**
Cansjera manillana Blume, Mus. Bot. 1: 246 (1850); *Champereia griffithiana* Planch. ex Kurz., J. Asiat. Soc. Bengal 44 (2): 154 (1875).
台湾；菲律宾、越南、缅甸、泰国、马来西亚、印度尼西亚、印度、巴布亚新几内亚。

茎花山柚

●**Champereia manillana** var. **longistaminea** (W. Z. Li) H. S. Kiu, J. Trop. Subtrop. Bot. 5 (3): 3 (1997).
Melientha longistaminea W. Z. Li, Acta Bot. Yunnan. 11 (4): 407, f. 1, 1-2 (1989); *Champereia longistaminea* (W. Z. Li) D. D. Tao, Guihaia 13 (1): 9, f. 2 (1993); *Yunnanopilia longistaminea* (W. Z. Li) C. Y. Wu et D. Z. Li, Acta Bot. Yunnan. 22 (3): 250 (2000).
云南、广西。

鳞尾木属 Lepionurus Blume.

鳞尾木

Lepionurus sylvestris Blume, Bijdr. Fl. Ned. Ind. 17: 1148 (1826).
云南；越南、老挝、缅甸、泰国、马来西亚、印度尼西亚、不丹、尼泊尔、印度（锡金）、巴布亚新几内亚。

山柚子属 Opilia Roxb.

山柚子

Opilia amentacea Roxb., Pl. Coromandel 2: 31, pl. 158 (1802).
云南；热带澳大利亚、亚洲南部和东南部、热带非洲。

尾球木属 Urobotrya Stapf

尾球木

Urobotrya latisquama (Gagnep.) Hiepko, Ber. Deutsch. Bot. Ges. 84: 662 (1972).
Lepionurus latisquamus Gagnep., Notul. Syst. (Paris) 1: 201 (1910).
云南、广西；越南、老挝、缅甸、泰国。

179. 檀香科 SANTALACEAE
[11 属：55 种]

油杉寄生属 Arceuthobium M. Bieb.

油杉寄生（小莲枝，枝）

●**Arceuthobium chinense** Lecomte, Notul. Syst. (Paris) 3: 170 (1915).
青海、四川、云南。

极微小油杉寄生（新拟）

Arceuthobium minutissimum Hook. f., Fl. Brit. Ind. 5: 227 (1886).
西藏；印度。

圆柏寄生

Arceuthobium oxycedri (DC.) M. Bieb., Fl. Taur.-Caucas. 3: 629 (1819).
Viscum oxycedri DC., Fl. Franc., ed. 3 4: 274 (1805); *Razoumofskya oxycedri* (DC.) F. W. Schultz ex Nym., Consp. Fl. Eur. 302 (1853).
青海、西藏；印度、巴基斯坦、塔吉克斯坦、土库曼斯坦、中东、欧洲、非洲。

高山松寄生

●**Arceuthobium pini** Hawksw. et Wiens, Brittonia 22 (3): 267 (1970).
四川、云南、西藏。

云杉寄生

Arceuthobium sichuanense (H. S. Kiu) Hawksw. et Wiens, Novon 3 (2): 156 (1993).
Arceuthobium pini var. *sichuanense* H. S. Kiu, Acta Phytotax. Sin. 22 (3): 205 (1984).
青海、四川、西藏；不丹。

冷杉寄生（冷杉矮槲寄生）

●**Arceuthobium tibetense** H. S. Kiu et W. Ren, J. Yunnan Forest. Coll. 1: 42, f. 1 (1982).
西藏。

米面蓊属 Buckleya Torr.

棱果米面蓊

●**Buckleya angulosa** S. B. Zhou et X. H. Guo, Guihaia 24: 332,

f. 1 (2004).

安徽。

秦岭米面蓊（线苞米面蓊，面蓊，痒痒树，面牛）

●**Buckleya graebneriana** Diels, Bot. Jahrb. Syst. 29 (2): 306 (1900).

河南、陕西、甘肃。

米面蓊（羽毛球树，凤凰草，尿尿皮，柴骨皮）

●**Buckleya henryi** Diels, Bot. Jahrb. Syst. 29 (2): 306 (1900).

山西、河南、甘肃、安徽、浙江、湖北、四川。

寄生藤属 **Dendrotrophe** Miquel

黄杨叶寄生藤

Dendrotrophe buxifolia (Blume) Miq., Fl. Ned. Ind. 1 (1): 781 (1856).

Henslowia buxifolia Blume, Mus. Bot. 1: 244 (1850); *Osyris rotundata* Griff., Icon. Pl. Asiat. pl. 627, f. 2 (1854).

云南；越南、泰国、柬埔寨、马来西亚、印度尼西亚。

疣枝寄生藤

Dendrotrophe granulata (Hook. f. et Thomson ex A. DC.) A. N. Henry et B. Roy, Bull. Bot. Surv. India 10: 276 (1969).

Henslowia granulata Hook. f. et Thomson ex A. DC., Prodr. (DC.) 14 (2): 632 (1857); *Henslowia granulata* var. *sikkimensis* A. DC., Syst. Nat. 14 (2): 632 (1857); *Dufrenoya granulata* (Hook. f. et Thomson ex A. DC.) Stauffer, Vierteljahrsschr. Naturf. Ges. Zürich cxiv. (Mitt. Bot. Mus. Univ. Zürich, ccxlii.) 70 (1969).

西藏；缅甸、不丹、尼泊尔、印度东北部。

异花寄生藤

Dendrotrophe platyphylla (Spreng.) N. H. Xia et M. G. Gilbert, Fl. China 5: 216 (2003).

Viscum platyphyllum Spreng., Syst. Veg., ed. 16 4: 47 (1827); *Viscum latifolium* Buch.-Ham. ex D. Don, Prodr. Fl. Nepal. 142 (1825); *Viscum heteranthum* Wall. ex DC., Prodr. (DC.) 4: 279 (1830); *Henslowia heterantha* (Wall. ex DC.) Hook. f. et Thomson ex A. DC., Prodr. (DC.) 14: 632 (1857); *Dufrenoya heterantha* (Wall. ex DC.) Chatin, Compt.-Rend. Rend. Hebd. Séances Acad. Sci. 51: 657 (1860); *Dufrenoya platyphylla* (Spreng.) Stauffer, Vierteljahrsschr. Naturf. Ges. Zürich cxiv. (Mitt. Bot. Mus. Univ. Zürich, ccxlii.) 70 (1969); *Dendrotrophe heterantha* (Wall. ex DC.) A. N. Henry et B. Roy, Bull. Bot. Surv. India 10: 276 (1969).

云南；缅甸、马来西亚、不丹、尼泊尔、印度（锡金）。

多脉寄生藤

Dendrotrophe polyneura (Hu) D. D. Tao ex P. C. Tam, Fl. Reipubl. Popularis Sin. 24: 52 (1988).

Henslowia polyneura Hu, Bull. Fan Mem. Inst. Biol. Bot. 10 (3): 157 (1940).

云南；越南。

伞花寄生藤

Dendrotrophe umbellata (Blume) Miq., Fl. Ned. Ind. 1 (1): 779 (1856).

Dendrotrophe umbellata Blume, Bijdr. Fl. Ned. Ind. 13: 666 (1825); *Thesium spathulatum* Blume, Bijdr. Fl. Ned. Ind. 13: 646 (1825); *Henslowia umbellata* (Blume) Blume, Mus. Bot. 1: 243 (1850).

云南、海南；越南、老挝、柬埔寨、马来西亚、印度尼西亚。

长叶伞花寄生藤（长叶寄生藤）

Dendrotrophe umbellata var. **longifolia** (Lecomte) P. C. Tam, Dendrotrophe umbellata (Blume) Miq., Fl. Ned. Ind. 1 (1): 779 (1988).

Henslowia umbellata var. *longifolia* Lecomte, Fl. Gen. Indo-Chine 5: 219 (1915).

云南；柬埔寨。

寄生藤（青公藤，鸡前香藤）

Dendrotrophe varians (Blume) Miq., Fl. Ned. Ind. 1 (1): 780 (1856).

Henslowia varians Blume, Mus. Bot. 1: 244 (1851); *Henslowia frutescens* Benth., Hooker's J. Bot. Kew Gard. Misc. 5: 194 (1853); *Henslowia sessiliflora* Hemsl., J. Linn. Soc., Bot. 26 (177): 409 (1894); *Henslowia frutescens* var. subquinquenervia P. C. Tam, Bull. Bot. Res. 1 (3): 70 (1981); *Dendrotrophe frutescens* (Champ. ex Benth.) Danser, Nova Guinea, n. s. 4: 148 (1940) (1982); *Dendrotrophe punctata* C. Y. Wu et D. D. Tao, Acta Phytotax. Sin. 25 (5): 405, pl. 1 (1987); *Dendrotrophe frutescens* var. *subquinquenervia* (P. C. Tam) P. C. Tam, Fl. Reipubl. Popularis Sin. 24: 73, 75 (1988).

福建、广东、广西、海南；菲律宾、越南、缅甸、泰国、马来西亚、印度尼西亚。

栗寄生属 **Korthalsella** Tiegh.

栗寄生（狭茎栗寄生）

Korthalsella japonica (Thunb.) Engl., Nat. Pflanzenfam. Nachtr. 1: 138 (1897).

Viscum japonicum Thunb., Trans. Linn. Soc. London 2: 329 (1794); *Viscum opuntia* Thunb., Fl. Jap. 64 (1784); *Viscum moniliforme* Wight et Arn., Prodr. Fl. Ind. Orient. 380 (1834); *Bifaria japonica* (Thunb.) Tiegh., Bull. Soc. Bot. France 43: 173 (1896); *Bifaria davidiana* Tiegh., Bull. Soc. Bot. France 43: 173 (1896); *Bifaria fasciculata* Tiegh., Bull. Soc. Bot. France 33: 174 (1896); *Pseudixus japoniea* (Thunb.) Hayata, Icon. Pl. Formosan. 5: 188, fig. 64 (1915); *Korthalsella moniliformis* (Wight et Arn.) Lecomte, Bull. Mus. Natl. Hist. Nat. 22: 265 (1916); *Korthalsella opuntia* (Thunb.) Merr., Bot. Mag. 30: 68 (1916); *Korthalsella fasciculata* (Tiegh.) Lecomte, Bull. Mus. Natl. Hist. Nat. 22: 266 (1916); *Bifaria opuntia* (Thunb.) Merr., Enum. Philipp. Fl. Pl. 2: 113 (1923); *Korthalsella opuntia* var. *fasciculata* (Tiegh.) Danser, Bull.

Jard. Bot. Buitenzorg ser. 3 14: 138 (1937); *Korthalsella japonica* var. *fasciculata* (Tiegh.) H. X. Qiu, Fl. Yunnan. 3: 374 (1983).

陕西、甘肃、浙江、江西、湖南、湖北、四川、贵州、云南、西藏、福建、台湾、广东、广西、海南；日本、菲律宾、越南、缅甸、泰国、马来西亚、印度尼西亚、不丹、印度、巴基斯坦、斯里兰卡、马达加斯加、热带澳大利亚、印度洋岛屿。

沙针属　Osyris L.

沙针（豆瓣香树）

Osyris quadripartita Salzm. ex Decne., Ann. Sci. Nat., Bot, sér. 2 6: 65 (1836).

Osyris lanceolata Hochst. et Steudel ex A. DC., Unio Itin., In sched. W. Schimper, s. n. (1832); *Osyris wightiana* Wall. ex Wight, Icon. Pl. Ind. Orient. (Wight) 5: 17, pl. 1853 (1852); *Osyris arborea* Wall. ex A. DC., Prodr. (DC.) 14: 633 (1857); *Osyris arborea* var. *stipitata* Lecomte, Bull. Mus. Natl. Hist. Nat. 20 (7): 404 (1914); *Osyris arborea* var. *rotundifolia* P. C. Tam, Bull. Bot. Res. 1 (3): 71 (1981); *Osyris wightiana* var. *stipitata* (Lecomte) P. C. Tam, Fl. Reipubl. Popularis Sin. 24: 64 (1988); *Osyris wightiana* var. *rotundifolia* (P. C. Tam) P. C. Tam, Fl. Reipubl. Popularis Sin. 24: 64 (1988).

四川、云南、西藏、广西；越南、老挝、缅甸、泰国、柬埔寨、不丹、尼泊尔、印度、斯里兰卡、欧洲、非洲。

重寄生属　Phacellaria Benth.

粗序重寄生

Phacellaria caulescens Collett et Hemsl., J. Linn. Soc., Bot. 28 (189-191): 122, pl. 17 (1890).

云南、广西；缅甸。

扁序重寄生

Phacellaria compressa Benth., Gen. Pl. (Juss.) 3 (1): 229 (1880).

Phacellaria wattii Hook. f., Fl. Brit. Ind. 5 (13): 236 (1886); *Phacellaria ferruginea* W. W. Sm., Notes Roy. Bot. Gard. Edinburgh 10 (49-50): 188 (1918).

四川、云南、西藏、广西；越南、缅甸、泰国。

重寄生

●**Phacellaria fargesii** Lecomte, Bull. Mus. Natl. Hist. Nat. 20 (7): 401 (1914).

湖北、四川、贵州、广西。

聚果重寄生

●**Phacellaria glomerata** D. D. Tao, Acta Phytotax. Sin. 25: 407, pl. 2 (1987).

云南。

硬序重寄生

Phacellaria rigidula Benth., Gen. Pl. (Juss.) 3 (1): 229

(1880).

四川、云南、广东、广西；缅甸。

长序重寄生

Phacellaria tonkinensis Lecomte, Bull. Mus. Natl. Hist. Nat. 20 (7): 399 (1914).

云南、福建、广东、广西、海南；越南。

檀梨属　Pyrularia Michaux

檀梨（油葫芦，鹿子果，华檀梨）

Pyrularia edulis (Wall.) A. DC., Prodr. 14 (2): 628 (1857).

Sphaerocarya edulis Wall., Fl. Ind. (Carey et Wallich ed.) 2: 371 (1824); *Pyrularia sinensis* Y. C. Wu, Bot. Jahrb. Syst. 71 (2): 173 (1940); *Pyrularia inermis* S. S. Chien, Bot. Bull. Acad. Sin. 1: 128 (1947); *Pyrularia bullata* P. C. Tam, Bull. Bot. Res. 1 (3): 71, f. 1 (1981).

安徽、江西、湖南、湖北、四川、贵州、云南、西藏、福建、广东、广西；缅甸、不丹、尼泊尔、印度。

檀香属　Santalum L.

檀香（真檀，白旃檀）

☆**Santalum album** L., Sp. Pl. 1: 349 (1753).

Santalum myrtifolium L., Mant. Pl. 2: 200 (1771).

台湾、广东；太平洋岛屿。

巴布亚檀香

☆**Santalum papuanum** Summerh., Bull. Misc. Inform. Kew 1929 (4): 125 (1929).

广东；太平洋岛屿。

硬核属　Scleropyrum Arnott

硬核

Scleropyrum wallichianum (Wight et Arn.) Arn., Mag. Zool. Bot. 2: 549 (1838).

Sphaerocarya wallichiana Wight et Arn., Edinburgh Philos. J. 15: 180 (1832); *Pyrularia zeylanica* A. DC., Prodr. (DC.) 14: 629 (1857).

云南、广西、海南；越南、老挝、缅甸、泰国、柬埔寨、马来西亚、印度、斯里兰卡。

无刺硬核（野葫芦）

Scleropyrum wallichianum var. **mekongense** (Gagnep.) Lecomte, Bull. Mus. Natl. Hist. Nat. 20 (7): 404 (1914).

Scleropyrum mekongense Gagnep., Notul. Syst. (Paris) 1 (6): 196 (1912).

云南；越南、老挝、柬埔寨。

百蕊草属　Thesium L.

田野百蕊草

Thesium arvense Horv., Fl. Tyrnav. Indig. 1: 27 (1774).

新疆；亚洲中部、欧洲中部。

波密百蕊草

●**Thesium bomiense** C. Y. Wu ex D. D. Tao, Fl. Xizang. 1: 572 (1983).

西藏。

短苞百蕊草

●**Thesium brevibracteatum** P. C. Tam, Bull. Bot. Res. 1 (3): 73, f. 3 (1981).

内蒙古。

华北百蕊草

●**Thesium cathaicum** Hendrych, Repert. Spec. Nov. Regni Veg. 150, f. 1 (1965).

河北、山西、山东。

百蕊草（草檀，积药草，珍珠草）

Thesium chinense Turcz., Bull. Soc. Imp. Naturalistes Moscou 10 (7): 157 (1837).

Thesium decurrens Blume ex A. DC., Prodr. (DC.) 14: 652 (1857).

黑龙江、吉林、辽宁、内蒙古、河北、山西、山东、河南、陕西、宁夏、甘肃、青海、新疆、安徽、江苏、浙江、江西、湖南、湖北、四川、贵州、云南、福建、台湾、广东、广西、海南；蒙古国、日本、朝鲜。

长梗百蕊草

●**Thesium chinense** var. **longipedunculatum** Y. C. Chu, Fl. Pl. Herb. Chin. Bor.-Or. 2: 107 (1959).

黑龙江、吉林、辽宁、山西、四川、广东。

藏南百蕊草

Thesium emodi Hendrych, Repert. Spec. Nov. Regni Veg. 70: 152, f. 2 (1965).

Thesium dokerlaense C. Y. Wu ex D. D. Tao, Fl. Yunnan. 4: 780, 299 (1986).

云南、西藏；不丹、尼泊尔。

露柱百蕊草

Thesium himalense Royle, Trans. Linn. Soc. London 20: 88 (1846).

四川、云南；尼泊尔、印度。

大果百蕊草（珠峰百蕊草）

●**Thesium jarmilae** Hendrych, Acta Horti Bot. Prag. 110 (1962).

西藏。

长花百蕊草（绿珊瑚）

●**Thesium longiflorum** Hand.-Mazz., Symb. Sin. 7 (1): 157 (1929).

Thesium himalense var. *pachyrhiza* Hook. f., Fl. Brit. Ind. 5 (13): 230 (1886).

青海、四川、云南、西藏。

长叶百蕊草

Thesium longifolium Turcz., Bull. Soc. Imp. Naturalistes Moscou 25 (2): 469 (1852).

Thesium longifolium var. *vlassovianum* A. DC., Prodr. (DC.) 14: 646 (1857); *Thesium vlassovianum* (A. DC.) Trautv., Trudy Imp. S.-Peterburgsk. Bot. Sada 9 (1): 153 (1884).

黑龙江、吉林、辽宁、内蒙古、山西、山东、青海、江西、湖南、湖北、四川、云南、西藏；蒙古国、俄罗斯。

草地百蕊草

●**Thesium orgadophilum** P. C. Tam, Bull. Bot. Res. 1 (3): 72, f. 2 (1981).

西藏。

白云百蕊草

Thesium psilotoides Hance, J. Bot. 6 (62): 48 (1868).

广东；菲律宾、泰国、柬埔寨、印度尼西亚。

滇西百蕊草

●**Thesium ramosoides** Hendrych, Acta Horti Bot. Prag. 111 (1962).

四川、云南。

远苞白蕊草

●**Thesium remotebracteatum** C. Y. Wu ex D. D. Tao, Acta Phytotax. Sin. 26 (4): 320 (1988).

云南。

急折百蕊草（九龙草，九仙草）

●**Thesium refractum** C. A. Mey., Bull. Sci. Acad. Imp. Sci. Saint-Pétersbourg. 8: 340 (1841).

黑龙江、吉林、辽宁、内蒙古、山西、宁夏、甘肃、青海、新疆、湖南、湖北、四川、云南、西藏。

藏东百蕊草（东俄洛百蕊草）

●**Thesium tongolicum** Hendrych, Acta Horti Bot. Prag. 112 (1962).

青海、四川、西藏。

槲寄生属 **Viscum** L.

卵叶槲寄生（阔叶槲寄生）

Viscum album subsp. **meridianum** (Danser) D. G. Long, Notes Roy. Bot. Gard. Edinburgh 40 (1): 129 (1982).

Viscum album var. *meridianum* Danser, Blumea 4 (2): 274 (1941); *Viscum costatum* Gamble, Bull. Misc. Inform. Kew 1913 (1): 46 (1913).

云南、西藏；越南、缅甸、不丹、印度。

扁枝槲寄生（麻栎寄生）

Viscum articulatum Burm. f., Fl. Ind. 211 (1768).

Viscum nepalense Spreng., Syst. Veg., ed. 16 4: 47 (1827);

Viscum dichotomum D. Don, Prodr. Fl. Nepal. 147 (1876); *Aspidixia articulata* (Burm. f.) Tiegh., Bull. Soc. Bot. France 43: 193 (1896).

云南、广东、广西、海南；热带澳大利亚、亚洲南部和东南部。

槲寄生（冬青，寄生子，北寄生）

Viscum coloratum (Kom.) Nakai, Rep. Veg. Ooryongto 17 (1919).

Viscum album subsp. *coloratum* Kom., Trudy Imp. S.-Peterburgsk. Bot. Sada 22: 107 (1903); *Viscum album* var. *rubro-ausantlacum* Makino, Bot. Mag. (Tokyo) 18: 67 (1904); *Viscum album* var. *lutescens* Makino, Bot. Mag. 25: 17 (1911); *Viscum alniformosanae* Hayata, Icon. Pl. Formosan. 6: 39, f. 3 (1916); *Viscum coloratum* (Kom.) Nakai f. *lutesceus* (Makino) Kitag., Lin. Fl. Manshur. 173 (1939); *Viscum coloratum* (Kom.) Nakai f. *rubro-aurontiacum* (Makino) Kitag., Lin. Fl. Manshur. 173 (1939); *Viscum coloratum* var. *alniformosanae* (Hayata) Iwata, J. Agric. Sci. (Tokyo) 3: 179 (1956).

甘肃、安徽、江苏、浙江、江西、湖南、湖北、四川、贵州、福建、台湾、广西；日本、朝鲜、俄罗斯。

棱枝槲寄生（柿寄生，桐木寄生）

●**Viscum diospyrosicola** Hayata, Icon. Pl. Formosan. 5: 192, f. 67 (1915).

Viscum filipendulum Hayata, Icon. Pl. Formosan. 5: 193, f. 69-70 (1915).

陕西、甘肃、浙江、江西、湖南、四川、贵州、云南、西藏、福建、台湾、广东、广西、海南、香港。

线叶槲寄生（寄生）

●**Viscum fargesii** Lecomte, Notul. Syst. (Paris) 3: 173 (1915).

山西、陕西、甘肃、青海、四川。

枫香槲寄生（螃蟹脚，桐树寄生，枫树寄生）

Viscum liquidambaricola Hayata, Icon. Pl. Formosan. 5: 194, f. 71, 72 (1915).

Viscum querci-morii Hayata, Icon. Pl. Formosan. 5: 196, f. 74, pl. 13 (1915); *Viscum bongariense* Hayata, Icon. Pl. Formosan. 5: 190, f. 65, 66 (1915); *Viscum articulatum* var. *liquidambaricola* (Hayata) Sesh. Rao, J. Indian Bot. Soc. 36: 133, f. 7, 8 (1957).

陕西、甘肃、浙江、江西、湖南、湖北、四川、贵州、云南、西藏、福建、台湾、广东、广西、海南、香港；越南、泰国、马来西亚、印度尼西亚、不丹、尼泊尔、印度。

聚花槲寄生

Viscum loranthi Elmer, Leafl. Philipp. Bot. 8: 3089 (1919).

云南；菲律宾、印度尼西亚、印度。

五脉槲寄生

Viscum monoicum Roxb. ex DC., Prodr. (DC.) 4: 278 (1830).

云南、广西；越南、缅甸、泰国、不丹、印度、孟加拉国、斯里兰卡。

柄果槲寄生（寄生茶，刀叶槲寄生）

Viscum multinerve (Hayata) Hayata, Icon. Pl. Formosan. 5: 196, f. 73 (1915).

Viscum orientale var. *multinerve* Hayata, Bot. Mag. 20: 72 (1906); *Viscum stipitatum* Lecomte, Pl. Wilson. 3 (2): 319 (1916).

江西、贵州、云南、福建、台湾、广东、广西、海南；越南、泰国、尼泊尔。

绿茎槲寄生

●**Viscum nudum** Danser, Blumea 4 (2): 275 (1941).

四川、贵州、云南。

瘤果槲寄生（柚寄生，柚树寄生）

Viscum ovalifolium DC., Prodr. (DC.) 4: 278 (1830).

云南、广东、广西、海南；菲律宾、越南、老挝、缅甸、泰国、柬埔寨、马来西亚、印度尼西亚、不丹、印度东北部。

云南槲寄生

●**Viscum yunnanense** H. S. Kiu, Acta Phytotax. Sin. 22 (3): 206, pl. 1 (1984).

云南、海南。

180. 桑寄生科 LORANTHACEAE
[8 属：51 种]

五蕊寄生属 Dendrophthoe Martius

五蕊寄生（乌榄寄生）

Dendrophthoe pentandra (L.) Miq., Fl. Ned. Ind. 1 (1): 818 (1856).

Loranthus pentandrus L., Mant. Pl. 1: 63 (1767).

云南、广东、广西；菲律宾、越南、老挝、缅甸、泰国、柬埔寨、马来西亚、印度尼西亚、印度、孟加拉国。

大苞鞘花属 Elytranthe (Blume) Blume

大苞鞘花

Elytranthe albida (Blume) Blume, Syst. Veg. 7: 1611 (1830).

Loranthus albidus Blume, Verh. Batav. Genootsch. Kunsten 9: 184 (1823); *Elytranthe henryi* Lecomte, Pl. Wilson. 3 (2): 318 (1916).

云南；越南、老挝、缅甸、泰国、马来西亚、印度尼西亚、印度。

墨脱大苞鞘花

Elytranthe parasitica (L.) Danser, Bull. Jard. Bot. Buitenzorg, sér. 3 10: 315 (1929).

Lonicera parasitica L., Sp. Pl. 1: 175 (1753); *Loranthus loniceroides* L., Sp. Pl., ed. 1 473 (1762); *Elytranthe loniceroides* (L.) G. Don, Gen. Hist. 3: 427 (1834); *Macrosolen parasiticus* (L.) Danser, Bull. Jard. Bot.

Buitenzorg ser. 3 10: 315 (1929).

西藏；印度、斯里兰卡。

离瓣寄生属 **Helixanthera** Lour.

景洪离瓣寄生 （景洪寄生）

Helixanthera coccinea (Jack) Danser, Bull. Jard. Bot. Buitenzorg ser. 3 10: 317 (1929).

Loranthus coccineus Jack, Malayan Misc. 1: 8 (1820).

云南；缅甸、马来西亚、印度尼西亚、印度、中南半岛。

广西离瓣寄生 （小叶山鸡茶，油茶寄生）

●**Helixanthera guangxiensis** H. S. Kiu, Acta Phytotax. Sin. 21 (2): 174 (1983).

广西、海南。

离瓣寄生 （五瓣桑寄生）

Helixanthera parasitica Lour., Fl. Cochinch., ed. 2 1: 142 (1790).

Loranthus pentapetalus Roxb., Fl. Ind. 2: 211 (1824); *Leucobotrys adpressa* Tiegh., Bull. Soc. Bot. France 41: 504 (1894); *Loranthus adpressus* (Tiegh.) Lecomte, Notul. Syst. (Paris) 3: 53 (1914); *Helicia parasitica* (Lour.) Pers., Syn. Pl. 1: 214 (1914).

贵州、云南、西藏、福建、广东、广西、海南；菲律宾、越南、老挝、缅甸、泰国、柬埔寨、马来西亚、印度尼西亚、尼泊尔、印度。

密花离瓣寄生

Helixanthera pulchra (DC.) Danser, Bull. Jard. Bot. Buitenzorg sér. 3 10: 318 (1929).

Loranthus pulcher DC., Prodr. (DC.) 4: 295 (1830); *Loranthus longispicatus* var. *grandifolius* Lecomte, Notul. Syst. (Paris) 3: 78 (1914); *Helixanthera pierrei* Danser, Bull. Jard. Bot. Buitenzorg ser. 3 16: 25 (1938).

云南；泰国、柬埔寨、马来西亚、印度尼西亚。

油茶离瓣寄生 （油茶桑寄生）

Helixanthera sampsonii (Hance) Danser, Bull. Jard. Bot. Buitenzorg, sér. 3 10: 318 (1929).

Loranthus sampsonii Hance, J. Bot. 9 (101): 133 (1871).

云南、福建、广东、广西、海南；越南。

滇西离瓣寄生 （四瓣寄生）

●**Helixanthera scoriarum** (W. W. Sm.) Danser, Bull. Jard. Bot. Buitenzorg ser. 3 10: 318 (1929).

Loranthus scoriarum W. W. Sm., Notes Roy. Bot. Gard. Edinburgh 10 (49-50): 184 (1918).

云南。

林地离瓣寄生 （林地寄生）

Helixanthera terrestris (Hook. f.) Danser, Bull. Jard. Bot. Buitenzorg, sér. 3 10: 319 (1929).

Loranthus terrestris Hook. f., Fl. Brit. Ind. 5 (13): 207 (1886).

西藏；印度。

桑寄生属 **Loranthus** Jacq.

周树桑寄生 （桑寄生）

Loranthus delavayi Tiegh., Bull. Soc. Bot. France 41: 535 (1894).

Loranthus delavayi var. *latifolius* Tiegh., Bull. Soc. Bot. France 41: 535 (1894); *Loranthus owatarii* Matsumura et Hayata, J. Coll. Sci. Imp. Univ. Tokyo 22: 357 (1906); *Hyphear delavayi* (Tiegh.) Danser, Bull. Jard. Bot. Buitenzorg ser. 3 10: 319 (1929); *Loranthus koumensis* Sasaki, Trans. Nat. Hist. Soc. Taiwan 21: 155 (1931); *Hyphear koumensis* (Sasaki) Hosok., J. Jap. Bot. 12 (6): 418 (1936).

陕西、甘肃、浙江、江西、湖南、湖北、四川、贵州、云南、西藏、福建、台湾、广东、广西；越南、缅甸。

南桑寄生 （贵州桑寄生）

●**Loranthus guizhouensis** H. S. Kiu, Acta Phytotax. Sin. 21: 171 (1983).

湖南、贵州、云南、广东、广西。

台中桑寄生 （高氏桤寄生）

●**Loranthus kaoi** (J. M. Chao) H. S. Kiu, Acta Phytotax. Sin. 21 (2): 171 (1983).

Hyphear kaoi J. M. Chao, Taiwania 18 (2): 169, f. 1 (1973).

台湾。

吉隆桑寄生

Loranthus lambertianus Schult. f., Syst. Veg. 7: 118 (1829).

Hyphear lambertianum (Schult. f.) Danser, Bull. Jard. Bot. Buitenzorg ser. 3 10: 319 (1929).

西藏；尼泊尔。

华中桑寄生

●**Loranthus pseudo-odoratus** Lingelsh., Repert. Spec. Nov. Regni Veg. Beih. 12: 357 (1922).

Hyphear pseudoodoratum (Lingelsh.) Danser, Verh. Kon. Ned. Akad. Wetensch., Afd. Natuurk., Tweede Sect. 29 (6): 61 (1933).

浙江、湖北、四川。

北桑寄生 （宜枝，枝子，杏寄生）

Loranthus tanakae Franch. et Sav., Enum. Pl. Jap. 2: 482 (1876).

Hyphear tanakae (Franch. et Sav.) Hosok., J. Jap. Bot. 12 (6): 418 (1936).

内蒙古、河北、山西、山东、陕西、甘肃、四川；日本、朝鲜。

鞘花属 **Macrosolen** (Blume) Blume

双花鞘花

Macrosolen bibracteolatus (Hance) Danser, Bull. Jard. Bot.

Buitenzorg ser. 3 10: 343 (1929).

Loranthus bibracteolatus Hance, J. Bot. 18: 301 (1880); *Elytranthe bibracteolata* var. *sinensis* Lecomte, Pl. Wilson. 3 (2): 317 (1916); *Elytranthe bibracteolata* (Hance) Lecomte, Pl. Wilson. 3 (2): 317 (1916); *Elytranthe bibracteolata* var. *acuminatissima* Merr., Lingnan Sci. J. 5 (1-2): 68 (1927).

贵州、云南、广东、广西、海南；越南、缅甸、马来西亚。

鞘花（枫木鞘花，杉寄生）

Macrosolen cochinchinensis (Lour.) Tiegh., Bull. Soc. Bot. France 41: 122 (1894).

Loranthus cochinchinensis Lour., Fl. Cochinch., ed. 2 1: 195 (1790); *Loranthus ampullaceus* Roxb., Fl. Ind. (Carey et Wallich ed.) 2: 209 (1824); *Elytranthe ampullacea* (Roxb.) G. Don, Gen. Hist. 3: 425 (1834); *Elytranthe cochinchinensis* (Lour.) G. Don, Gen. Hist. 3: 426 (1834); *Loranthus fordii* Hance, J. Bot. 23 (266): 38 (1885); *Elytranthe ampullacea* var. *tonkinensis* Lecomte, Notul. Syst. (Paris) 3: 99 (1915); *Elytranthe fordii* (Hance) Merr., Philipp. J. Sci. 15 (3): 234 (1919); *Macrosolen fordii* (Hance) Danser, Bull. Jard. Bot. Buitenzorg ser. 3 10: 344 (1929); *Elytranthe cochinchinensis* var. *tonkinensis* (Lecomte) H. L. Li, Journ. Arn. Arb. 24: 365 (1943).

湖南、四川、贵州、云南、西藏、福建、广东、广西、海南、香港；越南、缅甸、泰国、柬埔寨、马来西亚、印度尼西亚、不丹、尼泊尔、印度、巴布亚新几内亚。

勐腊鞘花

Macrosolen geminatus (Merr.) Danser, Bull. Jard. Bot. Buitenzorg ser. 3 10: 344 (1929).

Loranthus geminatus Merr., Philipp. J. Sci. 4: 146 (1909); *Elytranthe suberosa* Lauterb., Nova Guinea, Botany 8: 816 (1912); *Macrosolen suberosus* (Lauterb.) Danser, Bull. Jard. Bot. Buitenzorg ser. 3 10: 345 (1929).

云南；菲律宾、印度尼西亚、巴布亚新几内亚。

短序鞘花

Macrosolen robinsonii (Gamble) Danser, Bull. Jard. Bot. Buitenzorg, ser. 3 10: 345 (1929).

Elytranthe robinsonii Gamble, Bull. Misc. Inform. Kew 1913 (1): 45 (1913).

云南；越南、马来西亚。

三色鞘花

Macrosolen tricolor (Lecomte) Danser, Bull. Jard. Bot. Buitenzorg ser. 3 10: 346 (1929).

Elytranthe tricolor Lecomte, Notul. Syst. (Paris) 3: 94 (1914).

广东、广西、海南；越南、老挝。

梨果寄生属 Scurrula L.

梨果寄生

Scurrula atropurpurea (Blume) Danser, Bull. Jard. Bot. Buitenzorg, sér. 3 10: 349 (1929).

Loranthus atropurpureus Blume, Verh. Batav. Genootsch. Kunsten 9: 186 (1823); *Loranthus philippensis* Cham. et Schltdl., Linnaea 3: 204 (1828); *Scurrula philippensis* (Cham. et Schltdl.) G. Don, Gen. Hist. 3: 442 (1834); *Cichlanthus philippensis* (Cham. et Schltdl.) Tiegh., Bull. Soc. Bot. France 42: 253 (1895); *Loranthus phillipensis* var. *macroanthera* Lecomte, Notul. Syst. (Paris) 3: 166 (1914).

贵州、云南、广西；菲律宾、越南、泰国、马来西亚、印度尼西亚。

滇藏梨果寄生（察隅梨果寄生）

Scurrula buddleioides (Desr.) G. Don, Gen. Hist. 3: 421 (1834).

四川、云南、西藏；印度。

滇藏梨果寄生（原变种）

●**Scurrula buddleioides** var. **buddleioides**

Loranthus buddleioides Desr., Encycl. 3: 600 (1792); *Loranthus scurrula* var. *buddleioides* (Desr.) Kurz., Forest Fl. Burma 2: 319 (1877).

四川、云南、西藏。

藏南梨果寄生

Scurrula buddleioides var. **heynei** (DC.) H. S. Kiu, Guihaia 17: 308 (1997).

Loranthus heynei DC., Prodr. (DC.) 4: 300 (1830).

西藏；印度。

卵叶梨果寄生

Scurrula chingii (W. C. Cheng) H. S. Kiu, Acta Phytotax. Sin. 21: 175 (1983).

云南、广西；越南。

卵叶梨果寄生（原变种）

●**Scurrula chingii** var. **chingii**

Loranthus chingii W. C. Cheng, Sinensia 4 (11): 327, f. 1 (1934).

云南、广西。

短柄梨果寄生

●**Scurrula chingii** var. **yunnanensis** H. S. Kiu in C. Y. Wu et H. W. Li, Fl. Yunnan. 3: 364 (1983).

云南。

高山寄生

Scurrula elata (Edgew.) Danser, Bull. Jard. Bot. Buitenzorg, sér. 3 10: 350 (1929).

Loranthus elatus Edgew., Trans. Linn. Soc. London 20 (1): 58 (1846).

西藏；不丹、尼泊尔、印度。

锈毛梨果寄生（滇南寄生，元江梨果寄生）

Scurrula ferruginea (Jack) Danser, Bull. Jard. Bot. Buitenzorg, sér. 3 10: 350 (1929).

Loranthus ferrugineus Jack, Malayan Misc. 1: 279 (1820); *Cichlanthus ferrugineus* (Jack) Tiegh., Bull. Soc. Bot. France 42: 253 (1895); *Loranthus sootepensis* Craib, Kew Bull. 1911: 454 (1911); *Scurrula sootepensis* (Craib.) Danses, Bull. Jard. Bot. Buitenzorg. ser. 3 10: 454 (1929).

云南；菲律宾、越南、老挝、缅甸、泰国、柬埔寨、马来西亚、印度尼西亚。

贡山梨果寄生

●**Scurrula gongshanensis** H. S. Kiu, Acta Phytotax. Sin. 21: 176 (1983).

云南。

小叶梨果寄生（蓝木桑寄生）

Scurrula notothixoides (Hance) Danser, Bull. Jard. Bot. Buitenzorg, sér. 3 10: 352 (1929).

Loranthus notothixoides Hance, J. Bot. 21 (12): 356 (1883); *Taxillus notothixoides* (Hance) Danser, Bull. Jard. Bot. Buitenzorg ser. 3 11: 445 (1931).

广东、海南；越南。

红花寄生（柏寄生，柠檬寄生）

Scurrula parasitica L., Sp. Pl. 1: 110 (1753).

江西、湖南、四川、贵州、云南、西藏、福建、台湾、广东、广西、海南；菲律宾、越南、缅甸、泰国、马来西亚、印度尼西亚、不丹、尼泊尔、印度、孟加拉国。

红花寄生（原变种）

Scurrula parasitica var. **parasitica**

Loranthus scurrula L., Sp. Pl., ed. 1 472 (1762); *Cichlanthus scurrula* (L.) Tiegh., Bull. Soc. Bot. France 42: 253 (1895); *Loranthus chinensis* var. *formosanus* Lecomte, Pl. Wilson. 3 (2): 316 (1916); *Loranthus parasiticus* (L.) Merr., Philipp. J. Sci. 15 (3): 232 (1919); *Taxillus parasiticus* (L.) S. T. Chiu, Taiwania 41 (2): 159 (1996).

江西、湖南、四川、贵州、云南、福建、台湾、广东、广西、海南；印度尼西亚、马来西亚、菲律宾、泰国、越南。

小红花寄生

Scurrula parasitica var. **graciliflora** (Roxb. ex Schult. et Schult. f.) H. S. Kiu in C. Y. Wu et H. W. Li, Fl. Yunnan. 3: 363 (1983).

Loranthus graciliflorus Roxb. ex Schult. et Schult. f., Syst. Veg. 7: 99 (1829); *Loranthus scurrula* var. *graciliflorus* (Roxb. ex Schult. et Schult. f.) Kurz., Forest Fl. Burma 2: 319 (1877); *Scurrula gracilifolia* (Roxb. ex Schult. et Schult. f.) Danser, Blumea 2: 47 (1936).

四川、贵州、云南、西藏、广东、广西、海南；缅甸、泰国、不丹、尼泊尔、印度、孟加拉国。

楠树梨果寄生

●**Scurrula phoebe-formosanae** (Hayata) Danser, Bull. Jard. Bot. Buitenzorg, sér. 3 10: 352 (1929).

Loranthus phoebe-formosanae Hayata, Icon. Pl. Formosan. 5: 183 (1915).

台湾。

白花梨果寄生（白花寄生）

Scurrula pulverulenta (Wall.) G. Don, Gen. Hist. 3: 421 (1834).

Loranthus pulverulentus Wall., Fl. Ind. (Carey et Wallich ed.) 2: 221 (1824); *Cichlanthus pulverulentus* (Wall.) Tiegh., Bull. Soc. Bot. France 42: 253 (1895).

云南；缅甸、泰国、不丹、尼泊尔、印度、巴基斯坦。

钝果寄生属 **Taxillus** Tiegh.

栗毛钝果寄生

Taxillus balansae (Lecomte) Danser, Bull. Jard. Bot. Buitenzorg, sér. 3 11: 445 (1931).

Loranthus balansae Lecomte, Notul. Syst. (Paris) 3: 73 (1914); *Loranthus tienyensis* H. L. Li, J. Arnold Arbor. 24 (3): 364 (1943).

云南、广西；越南。

松柏钝果寄生（松寄生）

Taxillus caloreas (Diels) Danser, Verh. Kon. Ned. Akad. Wetensch., Afd. Natuurk. 29 (6): 123 (1933).

湖北、四川、重庆、贵州、云南、西藏、福建、台湾、广东、广西；不丹。

松柏钝果寄生（原变种）

Taxillus caloreas var. **caloreas**

Loranthus caloreas Diels, Notes Roy. Bot. Gard. Edinburgh 5: 251 (1912); *Loranthus matsudae* Hayata, Icon. Pl. Formosan. 10: 30 (1921); *Phyllodesmis caloreas* (Diels) Danser, Bull. Jard. Bot. Buitenzorg ser. 3 10: 349 (1929); *Taxillus matsudai* (Hayata) Danser, Verh. Kon. Ned. Akad. Wetensch., Afd. Natuurk., Tweede Sect. 2 29 (6): 124 (1933).

湖北、四川、贵州、云南、西藏、福建、台湾、广东、广西；不丹。

显脉钝果寄生

●**Taxillus caloreas** var. **fargesii** (Lecomte) H. S. Kiu, C. Y. Wu et H. W. Li, Fl. Yunnan. 3: 368 (1983).

Loranthus caloreas var. *fargesii* Lecomte, Notul. Syst. (Paris) 3: 49 (1914).

重庆。

广寄生（桑寄生，桃树寄生，寄生茶）

Taxillus chinensis (DC.) Danser, Bull. Jard. Bot. Buitenzorg, sér. 3 16: 40 (1938).

Loranthus chinensis DC., Coll. Mém. 6: 28 (1830); *Scurrula chinensis* (DC.) G. Don, Gen. Hist. 3: 442 (1834); *Loranthus estipitatus* Stapf, Trans. Linn. Soc. London Bot. ser. 2 4 (2): 221 (1894); *Taxillus estipitatus* (Stapf) Danser, Bull. Jard. Bot. Buitenzorg ser. 3 10: 355 (1929).

福建、广东、广西、海南、香港、澳门；菲律宾、越南、老挝、泰国、柬埔寨、马来西亚、印度尼西亚。

柳树寄生（柳寄生，柳叶钝果寄生）

Taxillus delavayi (Tiegh.) Danser, Verh. Kon. Ned. Akad. Wetensch., Afd. Natuurk. 29 (6): 123 (1933).

Phyllodesmis delavayi Tiegh., Bull. Soc. Bot. France 42: 255 (1895); *Phyllodesmis coriacea* Tiegh., Bull. Soc. Bot. France

42: 256 (1895); *Phyllodesmis paucifolia* Tiegh., Bull. Soc. Bot. France 42: 256 (1895); *Loranthus delauayi* (Tiegh.) Engl., Nat. Pflanzenfam. Nachtr. 1: 131 (1897); *Loranthus balfourianus* Diels, Notes Roy. Bot. Gard. Edinburgh 5 (25): 250 (1912); *Taxillus balfourianus* (Diels) Danser, Verh. Kon. Ned. Akad. Wetensch., Afd. Natuurk. 29 (6): 123 (1933); *Taxillus delavayi* var. *barbatus* W. L. Cheng, Acta Bot. Yunnan. 20: 394 (1998); *Taxillus delavayi* var. *yanjingensis* W. L. Cheng, Acta Bot. Yunnan. 20: 394 (1998).

四川、贵州、云南、西藏、广西；越南、缅甸。

小叶钝果寄生 （华东松寄生，松胡颓子，茑萝松）

Taxillus kaempferi (DC.) Danser, Verh. Kon. Ned. Akad. Wetensch., Afd. Natuurk. 29 (6): 124 (1933).

Viscum kaempferi DC., Prodr. 4: 285 (1830); *Loranthus kaempferi* (DC.) Maxim., Bull. Acad. Imp. Sci. Saint-Pétersbourg 22 (2): 230 (1876); *Phyllodesmis kaempferi* (DC.) Tiegh., Bull. Soc. Bot. France 43: 118 (1896).

安徽、浙江、江西、湖北、四川、福建；日本、不丹。

黄杉钝果寄生 （四川松寄生）

●**Taxillus kaempferi** var. **grandiflorus** H. S. Kiu, Acta Phytotax. Sin. 21: 177 (1983).

Loranthus caloreas var. *oblongifolius* Lecomte, Pl. Wilson. 3: 315 (1916).

湖北、四川。

锈毛钝果寄生

●**Taxillus levinei** (Merr.) H. S. Kiu, Acta Phytotax. Sin. 21: 181 (1983).

Loranthus levinei Merr., Philipp. J. Sci. 15: 233 (1919); *Scurrula levinei* (Merr.) Danser, Bull. Jard. Bot. Buitenzorg ser. 3 10: 351 (1929); *Taxillus rutilus* Danser, Blumea 3 (3): 402, pl. 15 (1940).

安徽、浙江、江西、湖南、湖北、贵州、云南、福建、广东、广西。

木兰寄生 （粤桑寄生）

Taxillus limprichtii (Grüning) H. S. Kiu, Acta Phytotax. Sin. 21 (2): 178 (1983).

江西、湖南、四川、贵州、云南、福建、台湾、广东、广西；越南、泰国。

木兰寄生 （原变种）

●**Taxillus limprichtii** var. **limprichtii**

Loranthus limprichtii Grüning, Feddes Repert. Spec. Nov. Regni Veg. 12: 500 (1913); *Loranthus ritozanensis* Hayata, Icon. Pl. Formosan. 5: 184 (1915); *Loranthus cavaleriei* H. Lév., Cat. Pl. Yun-Nan 172 (1916); *Loranthus daibuzanensis* Yamam., Icon. Pl. Formosan. 3: 15, f. 6 (1927); *Loranthus kwangtungensis* Merr., J. Arnold Arbor. 8 (1): 4 (1927); *Scurrula ritozanensis* (Hayata) Danser, Bull. Jard. Bot. Buitenzorg ser. 3 10: 353 (1929); *Taxillus kwangtungensis* (Merr.) Danser, Verh. Kon. Ned. Akad. Wetensch., Afd. Natuurk. 29 (6): 124 (1933); *Taxillus cavaleriei* (H. Lév.)

Danser, Blumea 2 (2): 53 (1936); *Taxillus ritozanensis* (Hayata) S. T. Chiu, Taiwania 41 (2): 163 (1996).

江西、湖南、四川、贵州、云南、福建、台湾、广东、广西。

亮叶木兰寄生 （亮叶寄生）

Taxillus limprichtii var. **longiflorus** (Lecomte) H. S. Kiu, Acta Phytotax. Sin. 21: 178 (1983).

Loranthus estipitatus var. *longiflorus* Lecomte, Pl. Wilson. 3 (2): 316 (1916).

云南；越南、泰国。

枫香钝果寄生 （显脉木兰寄生，阆阚果寄生，大叶枫寄生）

Taxillus liquidambaricola (Hayata) Hosokawa, J. Jap. Bot. 12: 421 (1936).

云南、台湾、海南；泰国。

阆阚果寄生 （原变种）

●**Taxillus liquidambaricola** var. **liquidambaricola**

Loranthus liquidambaricola Hayata, Icon. Pl. Formosan. 6: 38 (1916); *Scurrula liquidambaricola* (Hayata) Danser, Bull. Jard. Bot. Buitenzorg, ser. 3 10: 351 (1929); *Taxillus limprichtii* var. *liquidambaricolus* (Hayata) H. S. Kiu, Acta Phytotax. Sin. 21 (2): 179 (1983).

台湾。

狭叶钝果寄生

●**Taxillus liquidambaricola** var. **neriifolius** H. S. Kiu, Guihaia 17: 308 (1977).

云南、福建、广东、广西、海南。

毛叶钝果寄生 （桑寄生，寄生泡，毛叶寄生）

●**Taxillus nigrans** (Hance) Danser, Bull. Jard. Bot. Buitenzorg, sér. 3 11: 445 (1931).

Loranthus nigrans Hance, J. Bot. 19: 209 (1881); *Loranthus lonicerifolius* Hayata, Icon. Pl. Formosan. 5: 181 (1915); *Loranthus rhododendricola* Hayata, Icon. Pl. Formosan. 5: 184 (1915); *Scurrula rhododendricola* (Hayata) Danser, Bull. Jard. Bot. Buitenzorg ser. 3 10: 353 (1929); *Scurrula lonicerifolia* (Hayata) Danser, Bull. Jard. Bot. Buitenzorg, sér. 3 11: 445 (1931); *Taxillus lonicerifolius* (Hayata) S. T. Chiu, Taiwania 41 (2): 157 (1996); *Taxillus lonicerifolius* var. *longifolius* S. T. Chiu, Taiwania 41 (2): 158, f. 2 (1996); *Taxillus rhododendricolus* (Hayata) S. T. Chiu, Taiwania 41 (2): 162, f. 4 (1996).

陕西、江西、湖南、湖北、四川、贵州、云南、福建、台湾、广西。

高雄钝果寄生 （恒春桑寄生）

●**Taxillus pseudochinensis** (Yamam.) Danser, Verh. Kon. Ned. Akad. Wetensch., Afd. Natuurk. 29 (6): 125 (1933).

Loranthus pseudochinensis Yamam., Suppl. Icon. Pl. Formosan. 3: 19 (1927); *Scurrula chinensis* var. *formosana* Hosok., J. Jap. Bot. 12 (6): 420 (1936); *Scurrula pseudochinensis* (Yamam.) Y. C. Liu et K. L. Chen., Quart. J. Chin.Forest. 21 (2): 14, fig. 9 (1988).

台湾。

油杉钝果寄生 （显脉松寄生）

●**Taxillus renii** H. S. Kiu, Guihaia 17: 306 (1997).
四川、云南。

龙陵钝果寄生 （龙陵寄生）

Taxillus sericus Danser, Blumea 2: 50 (1936).
云南、西藏；印度。

桑寄生 （桑上寄生，寄生，四川桑寄生）

●**Taxillus sutchuenensis** (Lecomte) Danser, Bull. Jard. Bot.
Buitenzorg, sér. 3 10: 355 (1929).
山西、河南、陕西、甘肃、浙江、江西、湖南、湖北、四
川、贵州、云南、福建、台湾、广东、广西。

桑寄生 （原变种）

●**Taxillus sutchuenensis** var. **sutchuenensis**
Loranthus sutchuenensis Lecomte, Notul. Syst. (Paris) 3: 167
(1916); *Loranthus sutchuenensis* Hayata, Icon. Pl. Formosan.
5: 185 (1915); *Scurrula seraggodostemon* (Hayata) Danser,
Bull. Jard. Bot. Buitenzorg ser. 3 10: 353 (1929).
山西、河南、陕西、甘肃、浙江、江西、四川、贵州、福
建、台湾、广东、广西。

灰毛桑寄生 （灰毛寄生，湖北桑寄生）

●**Taxillus sutchuenensis** var. **duclouxii** (Lecomte) H. S. Kiu, Fl.
Yunnan. 3: 369 (1983).
Loranthus duclouxii Lecomte, Notul. Syst. (Paris) 3: 166
(1915); *Loranthus yadoriki* Siebold et Zucc. ex Maxim., Bull.
Acad. Imp. Sci. Saint-Pétersbourg, sér. 3 22: 229 (1877);
Loranthus yadoriki var. *hupehanus* Lecomte, Pl. Wilson. 3 (2):
315 (1916); *Taxillus duclouxii* (Lecomte) Danser, Bull. Jard.
Bot. Buitenzorg ser. 3 10: 355 (1929).
湖南、湖北、四川、贵州、云南。

台湾钝果寄生 （埔姜桑寄生）

●**Taxillus theifer** (Hayata) H. S. Kiu, Acta Phytotax. Sin. 21:
179 (1983).
Loranthus theifer Hayata, Icon. Pl. Formosan. 5: 186 (1915);
Scurrula theifer (Hayata) Danser, Bull. Jard. Bot. Buitenzorg
ser. 3 10: 353 (1929).
台湾。

滇藏钝果寄生 （金沙江寄生，梨寄生）

●**Taxillus thibetensis** (Lecomte) Danser, Bull. Jard. Bot.
Buitenzorg, sér. 3 10: 355 (1929).
Loranthus thibetensis Lecomte, Notul. Syst. (Paris) 3: 168
(1915); *Taxillus thibetensis* var. *albus* Jiarong Wu, Acta Fl.
Guizhouensis. 2: 674, pl. 7 (1984).
四川、贵州、云南、西藏。

莲华池寄生

●**Taxillus tsaii** S. T. Chiu, Taiwania 41: 164 (1996).

Scurrula tsaii (S. T. Chiu) Yuen P. Yang et S. Y. Lu P. Y.,
Taiwania 42 (2): 87 (1997).
台湾。

伞花钝果寄生

Taxillus umbellifer (Schult. f.) Danser, Bull. Jard. Bot.
Buitenzorg, sér. 3 11: 445 (1931).
Loranthus umbellifer Schult. f., Syst. Veg. 7: 97 (1829);
Loranthus umbellatus Wall., Fl. Ind. (Carey et Wallich ed.) 2:
222 (1824); *Scurrula umbellifer* (Schult. f.) G. Don, Gen. Hist.
3: 421 (1834).
西藏；缅甸、不丹、尼泊尔、印度。

短梗钝果寄生 （怒江寄生）

Taxillus vestitus (Wall.) Danser, Bull. Jard. Bot. Buitenzorg,
sér. 3 10: 355 (1929).
Loranthus vestitus Wall., Fl. Ind. 2: 218 (1824).
云南、西藏；尼泊尔、印度、巴基斯坦。

大苞寄生属 Tolypanthus (Blume) Blume

黔桂大苞寄生

●**Tolypanthus esquirolii** (H. Lév.) Lauener, Notes Roy. Bot.
Gard. Edinburgh 40: 357 (1982).
Loranthus esquirolii H. Lév., China Rev. Ann. 22 (1916).
贵州、云南、广西。

大苞寄生

●**Tolypanthus maclurei** (Merr.) Danser, Bull. Jard. Bot.
Buitenzorg, sér. 3 10: 355 (1928).
Loranthus maclurei Merr., Philipp. J. Sci. 21: 494 (1922).
江西、湖南、贵州、福建、广东、广西。

181. 青皮木科 SCHOEPFIACEAE
[1 属：4 种]

青皮木属 Schoepfia Schreb.

华南青皮木 （红旦木，香芙木，管花青皮木）

●**Schoepfia chinensis** Gardner et Champ., Hooker's J. Bot.
Kew Gard. Misc. 1: 308 (1849).
Schoepfiopsis chinensis (Gardner et Champ.) Miers, J. Linn.
Soc., Bot. 17 (98): 77 (1878).
江西、湖南、四川、贵州、云南、福建、广东、广西。

香芙木

Schoepfia fragrans Wall., Fl. Ind. (Carey et Wallich ed.) 2:
188 (1824).
Schoepfia acuminata Wall. ex DC., Prodr. 4: 320 (1830);
Schoepfiopsis fragrans (Wall.) Miers, J. Linn. Soc., Bot. 17
(98): 76 (1878); *Schoepfiopsis acuminata* (DC.) Miers, J. Linn.
Soc., Bot. 17 (98): 77, pl. 2 (1878); *Schoepfia miersii* Pierre,
Fl. Forest. Cochinch. pl. 265 B (1892); *Olax evrardii* Gagnep.,
Bull. Soc. Bot. France 95 (1): 30 (1948).

云南、西藏；越南、老挝、缅甸、泰国、柬埔寨、印度尼西亚、不丹、尼泊尔、印度东部、孟加拉国。

小果青皮木

Schoepfia griffithii Tiegh. ex Steenis, Reinwardtia 1: 472 (1952).
云南、西藏；不丹、印度东部。

青皮木（幌幌木，素馨地锦树，羊脆骨）

Schoepfia jasminodora Siebold et Zucc., Abh. Math.-Phys. Cl. Königl. Bayer. Akad. Wiss. 4 (3): 135 (1846).
陕西、甘肃、安徽、江苏、浙江、江西、湖南、湖北、四川、贵州、云南、福建、台湾、广东、广西、海南；日本、越南、泰国。

青皮木（原变种）

Schoepfia jasminodora var. **jasminodora**
Schoepfiopsis jasminodora (Siebold et Zucc.) Miers, J. Linn. Soc., Bot. 17 (98): 77 (1878); *Vaccinium cavaleriei* H. Lév. et Vaniot, Repert. Spec. Nov. Regni Veg. 9 (222): 447 (1911).
陕西、甘肃、安徽、江苏、浙江、江西、湖北、四川、贵州、云南、福建、台湾、广东、广西、海南；日本、泰国、越南。

大果青皮木

●**Schoepfia jasminodora** var. **malipoensis** Y. R. Ling, Acta Phytotax. Sin. 19 (3): 388, pl. 1 (1981).
云南、广西、海南。

182. 瓣鳞花科　FRANKENIACEAE
[1 属：1 种]

瓣鳞花属　Frankenia L.

瓣鳞花

Frankenia pulverulenta L., Sp. Pl. 1: 332 (1753).
内蒙古、甘肃、新疆；蒙古国、印度、巴基斯坦、阿富汗、俄罗斯、亚洲中部、欧洲、非洲。

183. 柽柳科　TAMARICACEAE
[3 属：34 种]

水柏枝属　Myricaria Desv.

白花水柏枝

Myricaria albiflora Grierson et D. G. Long, Notes Roy. Bot. Gard. Edinburgh 40 (1): 116 (1982).
西藏；不丹、印度（锡金）。

宽苞水柏枝（河柏，水柽柳）

Myricaria bracteata Royle, Ill. Bot. Himal. Mts. 214, pl. 44, f. 2 (1839).

Myricaria germanica subsp. *alopecuroides* (Schrenk) Kitam., Ill. Bot. Himal. Mts. 1 (6): 213 (1835); *Myricaria alopecuroides* Schrenk, Enum. Pl. Nov. 1: 65 (1841); *Myricaria germanica* var. *bracteata* (Royle) Franch., Ann. Sci. Nat., Bot. sér. 6 (16): 293 (1883); *Myricaria germanica* var. *alopecuroides* (Schrenk ex Fisch. et C. A. Mey.) Maxim., Fl. Tangut. 96 (1889).
内蒙古、河北、山西、陕西、宁夏、甘肃、青海、新疆、西藏；蒙古国、印度、巴基斯坦、阿富汗、克什米尔、亚洲中部。

秀丽水柏枝

Myricaria elegans Royle, Ill. Bot. Himal. Mts. 214 (1839).
新疆、西藏；印度、巴基斯坦、克什米尔、亚洲中部。

秀丽水柏枝（原变种）

Myricaria elegans var. **elegans**
Tamarix ladachensis Baum, Monogr. Rev. Genus Tamarix 141, f. 59 (1966); *Myrtama elegans* (Royle) Ovcz. et Kinzik., Dokl. Akad. Nauk Tadzhiksk. S. S. R., ser. 2 20 (7): 56 (1977); *Tamaricaria elegans* (Royle) Qaiser et Ali, Blumea 24 (1): 153, pl. 1, f. 1 b (1978).
新疆、西藏；印度、巴基斯坦。

泽当水柏枝

●**Myricaria elegans** var. **tsetangensis** P. Y. Zhang et Y. J. Zhang, Bull. Bot. Res. 4 (2): 73 (1984).
西藏。

疏花水柏枝

●**Myricaria laxiflora** (Franch.) P. Y. Zhang et Y. J. Zhang, Bull. Bot. Lab. N. E. Forest. Inst., Harbin 4 (2): 76 (1984).
Myricaria germanica var. *laxiflora* Franch., Nouv. Arch. Mus. Hist. Nat. sér. 2 8: 205 (1885).
湖北、四川。

三春水柏枝

●**Myricaria paniculata** P. Y. Zhang et Y. J. Zhang, Acta Phytotax. Sin. 22 (3): 224 (1984).
山西、河南、陕西、宁夏、甘肃、四川、云南、西藏。

宽叶水柏枝（沙红柳，喇嘛杆）

●**Myricaria platyphylla** Maxim., Bull. Acad. Imp. Sci. Saint-Pétersbourg 27 (4): 425 (1881).
内蒙古、陕西、宁夏。

匍匐水柏枝

Myricaria prostrata Hook. f. et Thomson, Gen. Pl. (Juss.) 1: 161 (1862).
Myricaria germanica var. *prostrate* (Hook. f. et Thomson) Dyer, Fl. Brit. Ind. 1 (2): 250 (1874); *Myricaria hedinii* Paulson, S. Tibet 6 (3): 54 (1922).
甘肃、青海、新疆、西藏；印度、巴基斯坦、亚洲中部。

心叶水柏枝

●**Myricaria pulcherrima** Batalin, Trudy Imp. S.-Peterburgsk. Bot. Sada 11 (2): 483 (1891).

新疆。

卧生水柏枝

Myricaria rosea W. W. Sm., Notes Roy. Bot. Gard. Edinburgh 10 (46): 52 (1917).

云南、西藏；不丹、尼泊尔、印度。

具鳞水柏枝

Myricaria squamosal Desv., Ann. Sci. Nat. (Paris) 4: 350 (1825).

Myricaria germanica var. *squamosal* (Desv.) Maxim., Fl. Tangut. 1: 96 (1889).

甘肃、青海、新疆、四川、西藏；尼泊尔、印度、巴基斯坦、阿富汗、亚洲中部。

小花水柏枝

Myricaria wardii C. Marquand, J. Linn. Soc., Bot. 48 (321): 166 (1929).

西藏；尼泊尔。

红砂属 Reaumuria L.

互叶红砂

Reaumuria alternifolia (Labill.) Britten, J. Bot. 54 (4): 110 (1916).

Hypericum alternifolium Labill., Icon. Pl. Syr. 2: 17, pl. 10 (1791); *Reaumuria hypericoides* Willd., Sp. Pl., ed. 4 2 (1): 1250 (1799); *Reaumuria alternicolia* (Labill.) Grande, Bull. Ort. Napal. 8: 112 (1926).

新疆；阿富汗、伊朗、叙利亚、俄罗斯、亚洲中部。

五柱红砂（五柱枇杷柴）

Reaumuria kaschgarica Rupr., Mém. Acad. Imp. Sci. St.-Pétersbourg 14 (4): 42 (1869).

Reaumuria kaschgarica var. *przewalskii* Maxim., Fl. Tangut. 1: 98 (1889); *Reaumuria kaschgarica* var. *nanschanica* Maxim., Fl. Tangut. 1: 98 (1889).

甘肃、青海、新疆、西藏；亚洲中部。

民丰琵琶柴

●**Reaumuria minfengensis** D. F. Cui et M. J. Zhong, Acta Bot. Boreal.-Occid. Sin. 19 (3): 552 (1999).

新疆。

红砂（枇杷柴）

Reaumuria soongarica (Pall.) Maxim., Fl. Tangut. 1: 97 (1889).

Tamarix songarica Pall., Nova Acta Acad. Sci. Imp. Petrop. Hist. Acad. 10 (Math.-Phys.): 374, pl. 10, f. 4 (1797); *Hololachna songarica* (Pall.) Ehrenb., Linnaea 2: 273 (1827);

Hololachna shawiana Hook. f. in Henders. et Hume, Lahore to Yārkand Lahore to Jarkend 313 (1873).

内蒙古、北京、陕西、宁夏、甘肃、青海、新疆；蒙古国、俄罗斯（西伯利亚）、亚洲中部。

长叶红砂（黄花枇杷柴，黄花红砂）

●**Reaumuria trigyna** Maxim., Bull. Acad. Imp. Sci. Saint-Pétersbourg 27 (4): 425 (1882).

内蒙古、宁夏、甘肃。

柽柳属 Tamarix L.

白花柽柳

Tamarix androssowii Litv., Herb. Fl. Ross. 5: 41 (1905).

内蒙古、宁夏、甘肃、新疆；蒙古国、亚洲中部。

无叶柽柳

☆**Tamarix aphylla** (L.) H. Karst., Deut. Fl. (1882).

Thuja aphylla L., Cent. Pl. I 32 (1755); *Tamarix orientalis* Forssk., Fl. Aegypt.-Arab. 206 (1775); *Tamarix articulata* Vahl, Symb. Bot. 2: 48, pl. 32 (1791).

台湾；亚洲西南部、非洲北部。

密花柽柳

Tamarix arceuthoides Bunge, Mém. Acad. Sci. St. Petersb. Sav. 7: 295 (1851).

甘肃、新疆；蒙古国、巴基斯坦、阿富汗、亚洲中部和西南部。

甘蒙柽柳

●**Tamarix austromongolica** Nakai, J. Jap. Bot. 14 (5): 291 (1938).

Tamarix chinensis subsp. *austromongolica* (Nakai) S. Q. Zhou., Fl. Intramongol., ed. 2 3: 523 (1989).

内蒙古、河北、山西、河南、陕西、宁夏、甘肃、青海。

柽柳（三春柳，观音柳，红筋条）

●**Tamarix chinensis** Lour., Fl. Cochinch., ed. 2 1: 182 (1790).

Tamarix gallica var. *chinensis* (Lour.) Ehrenb., Linnaea 2: 267 (1827); *Tamarix juniperina* Bunge, Mém. Acad. Imp. Sci. St.-Pétersbourg Divers Savans 2: 102 (1835); *Tamarix elegans* Spach, Hist. Nat. Veg. (Spach) 5: 481 (1836).

辽宁、河北、山东、河南、安徽、江苏，广泛栽培于南部和西南部各省。

长穗柽柳

Tamarix elongata Ledeb., Fl. Altaic. 1: 421 (1829).

内蒙古、宁夏、甘肃、青海、新疆；蒙古国、俄罗斯、亚洲中部。

甘肃柽柳

●**Tamarix gansuensis** H. Z. Zhang ex P. Y. Zhang et M. T. Liu, Acta Bot. Boreal.-Occid. Sin. 8 (4): 259, f. 1 (1988).

内蒙古、甘肃、青海、新疆。

翠枝柽柳

Tamarix gracilis Willd., Abh. Königl. Akad. Wiss. Berlin 1812-1813: 81, pl. 25 (1816).

Tamarix affinis Bunge, Tent. Gen. Tamar. 36 (1825); *Tamarix paniculata* Stev. ex DC., Prodr. (DC.) 3: 96 (1828); *Tamarix cupressiformis* Ledeb., Fl. Altaic. 1: 423 (1829); *Tamarix angustifolia* Ledeb., Pl. Nov. Caspio-Caucas. 1: 12 (1831); *Tamarix spiridonowii* B. Fedtsch., Bot. Mater. Gerb. Glavn. Bot. Sada R. S. F. S. R. 3: 183 (1922).

内蒙古、甘肃、青海、新疆；蒙古国、土耳其、塔吉克斯坦、哈萨克斯坦、土库曼斯坦、俄罗斯。

刚毛柽柳（毛红柳）

Tamarix hispida Willd., Abh. Königl. Akad. Wiss. Berlin 1812-1813: 77 (1816).

内蒙古、宁夏、甘肃、青海、新疆；蒙古国、阿富汗、伊朗、亚洲中部和西南部。

多花柽柳

Tamarix hohenackeri Bunge, Tent. Gen. Tamar. 44 (1852).

内蒙古、宁夏、甘肃、青海、新疆；蒙古国、亚洲中部和西南部。

金塔柽柳

●**Tamarix jintaensis** P. Y. Zhang et M. T. Liu, Acta Bot. Boreal.-Occid. Sin. 8 (4): 260, f. 2 (1988).

甘肃。

盐地柽柳

Tamarix karelinii Bunge, Tent. Gen. Tamar. 68 (1852).

Tamarix hispida var. *karelinii* (Bunge) B. R. Baum., Monogr. Rev. Genus Tamarix 58 (1966).

内蒙古、甘肃、青海、新疆；蒙古国、阿富汗、伊朗、亚洲中部。

短穗柽柳

Tamarix laxa Willd., Abh. Königl. Akad. Wiss. Berlin 1812-1813: 82 (1816).

内蒙古、陕西、宁夏、甘肃、青海、新疆；蒙古国、阿富汗、伊朗、俄罗斯、亚洲中部。

伞花短穗柽柳

Tamarix laxa var. **polystachya** (Ledeb.) Bunge, Tent. Gen. Tamar. 35 (1852).

Tamarix polystachys Ledeb., Fl. Ross. (Ledeb.) 2: 133 (1842).

内蒙古、陕西、宁夏、甘肃、青海、新疆；蒙古国、阿富汗、伊朗、俄罗斯。

细穗柽柳

Tamarix leptostachys Bunge, Beitr. Fl. Russl. 117 (1852).

内蒙古、宁夏、甘肃、青海、新疆；蒙古国、亚洲中部。

多枝柽柳（红柳）

Tamarix ramosissima Ledeb., Fl. Altaic. 1: 424 (1829).

Tamarix pentandra Pall., Fl. Ross. (Pallas) 1 (2): 72 (1788); *Tamarix pallasii* Desv., Ann. Sci. Nat. (Paris) 4: 349 (1824).

内蒙古、宁夏、甘肃、青海、新疆、西藏；蒙古国、阿富汗、亚洲中部和西南部、欧洲东部。

莎车柽柳

●**Tamarix sachensis** P. Y. Zhang et M. T. Liu, Acta Bot. Boreal.-Occid. Sin. 8 (4): 262, f. 3 (1988).

新疆。

沙生柽柳

●**Tamarix taklamakanensis** M. T. Liu, Acta Phytotax. Sin. 17 (3): 120 (1979).

甘肃、新疆。

塔里木柽柳

●**Tamarix tarimensis** P. Y. Zheng et M. T. Liu, Acta Bot. Boreal.-Occid. Sin. 8 (4): 263, f. 4 (1988).

新疆。

184. 白花丹科 PLUMBAGINACEAE
[7 属：47 种]

彩花属 Acantholimon Boiss.

刺叶彩花（刺矶松）

Acantholimon alatavicum Bunge, Mém. Acad. Imp. Sci. St.-Pétersbourg sér. 7 18 (2): 40 (1872).

新疆；塔吉克斯坦、吉尔吉斯斯坦、哈萨克斯坦、乌兹别克斯坦。

细叶彩花

Acantholimon borodinii Krasn., Enum. Pl. Tian Shan Orient. 128 (1887).

新疆；吉尔吉斯斯坦。

小叶彩花

Acantholimon diapensioides Boiss., Prodr. (DC.) 12: 624 (1848).

新疆；巴基斯坦、阿富汗、塔吉克斯坦。

彩花

Acantholimon hedinii Ostenf., Southern Tibet, Botany. 6 (3): 48 (1922).

Acantholimon diapensioides var. *longifolia* O. Fedtsch., Trudy Imp. S.-Peterburgsk. Bot. Sada 21: 407 (1903).

新疆；塔吉克斯坦、吉尔吉斯斯坦。

喀什彩花

●**Acantholimon kaschgaricum** Lincz., Novosti Sist. Vyssh. Rast. 17: 209 (1980).

新疆。

浩罕彩花

Acantholimon kokandense Bunge ex Regel, Trudy Imp. S.-Peterburgsk. Bot. Sada 3 (1): 99 (1875).

新疆；吉尔吉斯斯坦。

光萼彩花

●**Acantholimon laevigatum** (Z. X. Peng) Kamelin, Novon 3 (3): 261 (1993).

Acantholimon alatavicum var. *laevigatum* Z. X. Peng, Guihaia 3 (4): 291 (1983).

新疆。

石松彩花

Acantholimon lycopodioides (Girard) Boiss., Prodr. (DC.) 12: 632 (1848).

Statice lycopodioides Girard, Ann. Sci. Nat., Bot. sér. 3 2: 330 (1844).

新疆；印度、巴基斯坦、阿富汗、塔吉克斯坦、克什米尔。

乌恰彩花

●**Acantholimon popovii** Czerniak, Trudy Bot. Inst. Akad. Nauk S. S. S. R., Ser. 1, Fl. Sist. Vyssh. Rast. 3: 264, f. 4 (1937).

新疆。

新疆彩花

●**Acantholimon roborowskii** Czerniak., Trudy Bot. Inst. Akad. Nauk S. S. S. R., Ser. 1, Fl. Sist. Vyssh. Rast. 3: 267, f. 6 (1937).

新疆。

天山彩花

Acantholimon tianschanicum Czerniak., Trudy Bot. Inst. Akad. Nauk S. S. S. R., Ser. 1, Fl. Sist. Vyssh. Rast. 3: 262, f. 3 (1937).

新疆；塔吉克斯坦、吉尔吉斯斯坦。

蓝雪花属 **Ceratostigma** Bunge

毛蓝雪花（星毛角柱花）

Ceratostigma griffithii C. B. Clarke, Fl. Brit. Ind. 3 (9): 481 (1882).

西藏；不丹。

小蓝雪花（紫金标，九结莲，蓝花岩陀）

●**Ceratostigma minus** Stapf ex Prain, J. Bot. 44: 7 (1906).

Ceratostigma minus Stapf ex Prain f. *lasaense* Z. X. Peng, Guihaia 3 (4): 291 (1983).

甘肃、四川、云南、西藏。

蓝雪花（山灰柴，假靛，角柱花）

●**Ceratostigma plumbaginoides** Bunge, Enum. Pl. Chin. Bor. 55 (1833).

Plumbago larpentae Lindl., Gard. Chron. 7: 732 (1847); *Valoradia plumbaginoides* (Bunge) Boiss., Prodr. (DC.) 12: 695 (1848).

北京、山西、河南、江苏、浙江。

刺鳞蓝雪花

Ceratostigma ulicinum Prain, J. Bot. 44 (1): 7 (1906).

西藏；尼泊尔。

岷江蓝雪花（扳倒甑，兴居茹马，紫金莲）

●**Ceratostigma willmottianum** Stapf, Bot. Mag. 140, pl. 8591 (1914).

甘肃、四川、贵州、云南、西藏。

驼舌草属 **Goniolimon** Boiss.

疏花驼舌草

Goniolimon callicomum (C. A. Mey.) Boiss., Prodr. (DC.) 12: 633 (1848).

Statice callicoma C. A. Mey., Mém. Acad. Imp. Sci. St.-Pétersbourg Divers Savans 4: 212 (1841); *Statice argentea* Pall. ex Siev., Neueste Nord. Beytr. Phys. Geogr. Erd-Volkerbeschreib. 7: 282 (1796); *Limonium callicomum* (C. A. Mey.) Kuntze, Revis. Gen. Pl. 2: 395 (1891).

新疆；蒙古国、哈萨克斯坦、俄罗斯。

大叶驼舌草

Goniolimon dschungaricum (Regel) O. Fedtsch. et B. Fedtsch., Consp. Fl. Turkest. 5: 179 (1913).

Statice dschungarica Regel, Trudy Imp. S.-Peterburgsk. Bot. Sada 6 (2): 386 (1880); *Goniolimon tarbagataicum* Gamajun., Вестн. АН Каз. ССР, № 1 80 (1951).

新疆；哈萨克斯坦。

团花驼舌草

Goniolimon eximium (Schrenk ex Fisch. et C. A. Mey.) Boiss., Prodr. (DC.) 12: 634 (1848).

Statice eximia Schrenk ex Fisch. et C. A. Mey., Enum. Pl. Nov. 1: 13 (1841); *Statice eximia* var. *turkestanica* Regel, Ann. Sci. Nat., Bot. sér. 10 (1834-1938) (1834); *Goniolimon orthocladum* Rupr., Mém. Acad. Imp. Sci. St.-Pétersbourg sér. 7 14 (4): 69 (1869); *Statice speciosa* var. *crispa* Regel, Trudy Imp. S.-Peterburgsk. Bot. Sada 6 (2): 387 389 (1880); *Limonium eximium* (Schrenk ex Fisch. et C. A. Mey.) Kuntze, Revis. Gen. Pl. 2: 395 (1891).

新疆；蒙古国、哈萨克斯坦。

驼舌草（刺叶矶松，棱枝草）

Goniolimon speciosum (L.) Boiss., Prodr. (DC.) 12: 634 (1948).

内蒙古、新疆；蒙古国、哈萨克斯坦、俄罗斯。

驼舌草（原变种）

Goniolimon speciosum var. **speciosum**

Statice speciosa L., Sp. Pl. 1: 275 (1753); *Statice ochrantha* Kar. et Kir., Bull. Soc. Imp. Naturalistes Moscou 14: 730

(1841); *Statice speciosa* var. *lancedata* Regel, Trudy Imp. S.-Peterburgsk. Bot. Sada 6 (2): 387, 389 (1880); *Limonium speciosum* (L.) Kuntze, Revis. Gen. Pl. 2: 396 (1891); *Limonium ochranthum* Kuntze, Revis. Gen. Pl. 396 (1891).

内蒙古、新疆；哈萨克斯坦、蒙古国、俄罗斯。

直杆驼舌草

●**Goniolimon speciosum** var. **strictum** (Regel) Z. X. Peng, Fl. Reipubl. Popularis Sin. 60 (1): 24 (1987).

Statice speciosa var. *stricta* Regel, Trudy Imp. S.-Peterburgsk. Bot. Sada 6 (2): 387 389 (1880); *Goniolimon strictum* (Regel) Lincz. in Schischk. et Bobrov, Fl. U. R. S. S. 18: 395 (1952).

新疆。

伊犁花属　Ikonnikovia Linc.

伊犁花

Ikonnikovia kaufmanniana (Regel) Lincz. in Schischk. et Bobrov, Fl. U. R. S. S. 18: 381, pl. 19, f. 3 (1952).

Statice kaufmanniana Regel, Trudy Imp. S.-Peterburgsk. Bot. Sada 6 (2): 300 (1880); *Limonium kaufmannianum* (Regel) Kuntze, Revis. Gen. Pl. 2: 395 (1891); *Goniolimon kaufmannianum* (Regel) Voss, Vilm. Blumengaertn., ed. 3 1: 614 (1894).

新疆；哈萨克斯坦。

补血草属　Limonium Miller

黄花补血草（黄花苍蝇架，全匙叶草，黄花矾松）

Limonium aureum (L.) Hill., Veg. Syst. 12: 37 (1767).

Statice aurea L., Sp. Pl. 1: 276 (1753); *Statice schrenkiana* Fisch. et C. A. Mey., Bull. Cl. Phys.-Math. Acad. Imp. Sci. Saint-Pétersbourg 1: 362 (1843); *Limonium erythrorrhizum* Ikonn.-Gal. ex Lincz., Novosti Sist. Vyssh. Rast. 8: 211 (1971).

内蒙古、山西、陕西、宁夏、甘肃；蒙古国、俄罗斯。

二色补血草（苍蝇架，苍蝇花，蝇子架）

Limonium bicolor (Bunge) Kuntze, Revis. Gen. Pl. 2: 395 (1891).

Statice bicolor Bunge, Enum. Pl. Chin. Bor. 55 (1833); *Statice bungeana* Boiss., Prodr. (DC.) 12: 642 (1848); *Statice varia* Hance, J. Bot. 20 (238): 290 (1882); *Statice sinensium* Gand., Bull. Soc. Bot. France 66: 221, in key only (1919); *Statice florida* Kitag., Bot. Mag. (Tokyo) 48 (566): 107 (1934).

黑龙江、吉林、辽宁、内蒙古、河北、山西、山东、河南、陕西、宁夏、甘肃、青海、江苏；蒙古国。

美花补血草

●**Limonium callianthum** (Z. X. Peng) Kamelin, Novon 3 (3): 262 (1993).

Limonium drepanostachyum subsp. *callianthum* Z. X. Peng, Guihaia 3 (4): 292 (1983).

新疆。

簇枝补血草

Limonium chrysocomum (Kar. et Kir.) Kuntze, Revis. Gen. Pl. 2: 395 (1891).

新疆；蒙古国、哈萨克斯坦、俄罗斯。

簇枝补血草

Limonium chrysocomum subsp.subsp. **chrysocomum**

Statice chrysocoma Kar. et Kir., Bull. Soc. Imp. Naturalistes Moscou 15: 429 (1842); *Statice sedoides* Regel, Trudy Imp. S.-Peterburgsk. Bot. Sada 6 (2): 384 (1880); *Statice chrysocephala* Regel, Trudy Imp. S.-Peterburgsk. Bot. Sada 6 (2): 383 (1880); *Limonium sedoides* (Regel) Kuntze, Revis. Gen. Pl. 2: 396 (1891); *Limonium chrysocephalum* (Regel) Lincz. in Schischk. et Bobrov, Fl. U. R. S. S. 18: 434 (1952); *Limonium chrysocomum* var. *chrysocephalum* (Regel) Z. X. Peng, Fl. Reipubl. Popularis Sin. 60 (1): 40 (1987); *Limonium chrysocomum* var. *sedoides* (Regel) Z. X. Peng, Fl. Reipubl. Popularis Sin. 60 (1): 40 (1987); *Limonium semenovii* var. *sedoides* (Regel) Grubov, Novon 4 (1): 31 (1994); *Limonium semenovii* var. *chrysocephalum* (Regel) Grubov, Novon 4 (1): 31 (1994).

新疆；哈萨克斯坦、蒙古国、俄罗斯。

大簇补血草

Limonium chrysocomum subsp. **semenovii** (Herder) Kamelin, Novon 3 (3): 261 (1993).

Statice semenovii Herder, Bull. Soc. Imp. Naturalistes Moscou 41 (2): 398 (1868); *Limonium semenovii* (Herder) Kuntze, Revis. Gen. Pl. 2: 396 (1891); *Limonium chrysocomum* var. *semenowii* (Herder) Z. X. Peng, Fl. Reipubl. Popularis Sin. 60 (1): 40 (1987).

新疆；蒙古国、哈萨克斯坦。

密花补血草

Limonium congestum (Ledeb.) Kuntze, Revis. Gen. Pl. 2: 395 (1891).

Statice congesta Ledeb., Fl. Altaic. 1: 437 (1829).

新疆；蒙古国、俄罗斯。

珊瑚补血草

Limonium coralloides (Tausch) Lincz. in Schischk. et Bobrov, Fl. U. R. S. 18: 451, pl. 22, f. 2 (1952).

Statice coralloides Tausch, Syll. Pl. Nov. 2: 255 (1828); *Statice aphylla* Poir., Encycl. 7 (1): 408 (1806); *Statice decipiens* Ledeb., Fl. Altaic. 1: 433 (1829); *Limonium decipiens* (Ledeb.) Kuntze, Revis. Gen. Pl. 2: 395 (1891).

新疆；蒙古国、哈萨克斯坦、俄罗斯。

淡花补血草

Limonium dichroanthum (Rupr.) Ikonn.-Gal. ex Lincz. in Schischk. et Bobrov, Fl. U. R. S. S. 18: 428 (1952).

Statice dichroantha Rupr., Mém. Acad. Imp. Sci. St.-Pétersbourg, sér. 7 14 (4): 69 (1869).

新疆；吉尔吉斯斯坦。

巴隆补血草（八龙补血草）

●**Limonium dielsianum** (Wangerin) Kamelin, Novon 3 (3): 261 (1993).

Statice dielsiana Wangerin, Repert. Spec. Nov. Regni Veg. 17 (492-503): 399 (1921); *Limonium aureum* var. *dielsianum* (Wangerin) Z. X. Peng, Fl. Reipubl. Popularis Sin. 60 (1): 38 (1987).

甘肃、青海。

曲枝补血草

Limonium flexuosum (L.) Kuntze, Revis. Gen. Pl. 2: 395 (1891).

Statice flexuosa L., Sp. Pl. 1: 276 (1753).

内蒙古；蒙古国、俄罗斯。

烟台补血草

●**Limonium franchetii** (Debeaux) Kuntze, Revis. Gen. Pl. 2: 395 (1891).

Statice franchetii Debeaux, Actes Soc. Linn. Bordeaux 31: 348 (1876); *Statice tchefouensis* Gand., Bull. Soc. Bot. France 66: 221, in key only (1919); *Limonium teretiscaposum* S. D. Zhao, Fl. Pl. Herb. Chin. Bor.-Or. 7: 255 (1981); *Limonium subviolaceum* Q. Z. Han et S. D. Zhao, Fl. Pl. Herb. Chin. Bor.-Or. 7: 255 (1981).

辽宁、山东、江苏。

大叶补血草（克迷克，拜赫）

Limonium gmelinii (Willd.) Kuntze, Revis. Gen. Pl. 2: 395 (1891).

Statice gmelinii Willd., Sp. Pl., ed. 4 1 (2): 1524 (1798); *Statice scoparia* Pall. ex Willd., Sp. Pl., ed. 4 1 (2): 1524 (1794); *Statice gmelinii* var. *scoparia* (Pall. ex Willd.) Schmalh., Syst. Veg. 6: 799 (1820); *Statice glauca* Willd. ex Schult., Syst. Veg., ed. 15 bis 6: 799 (1820); *Statice pycnantha* K. Koch, Linnaea 21: 716 (1848); *Limonium pycnanthum* (K. Koch) Kuntze, Revis. Gen. Pl. 2: 396 (1891).

新疆；蒙古国、吉尔吉斯斯坦、哈萨克斯坦、俄罗斯、欧洲。

喀什补血草

Limonium kaschgaricum (Rupr.) Ikonn.-Gal., Trudy Bot. Inst. Akad. Nauk S. S. S. R., Ser. 1, Fl. Sist. Vyssh. Rast. 2: 255 (1936).

Statice kaschgarica Rupr., Mém. Acad. Imp. Sci. St.-Pétersbourg, sér. 7 14 (4): 69 (1869); *Statice holtzeri* Regel, Acta Horti Petrop. 5: 259 (1887); *Limonium amblyolobum* Ikonn.-Gal., Trudy Bot. Inst. Akad. Nauk S. S. S. R., Ser. 1, Fl. Sist. Vyssh. Rast. 2: 270, f. 6 (1936); *Limonium hoeltzeri* (Regel) Ikonn.-Gal. in Schischk. et Bobrov, Fl. U. R. S. S. 18: 426 (1952).

新疆；吉尔吉斯斯坦。

灰杆补血草

Limonium lacostei (Danguy) Kamelin, Novon 3 (3): 261 (1993).

Statice lacostei Danguy, J. Bot. (Morot) ser. 2 1 (3): 53 (1908); *Limonium roborowskii* Ikonn.-Gal., Trudy Bot. Inst. Akad. Nauk S. S. S. R., Ser. 1, Fl. Sist. Vyssh. Rast. 2: 255, f (1936).

新疆、西藏；巴基斯坦、克什米尔。

精河补血草

Limonium leptolobum (Regel) Kuntze, Revis. Gen. Pl. 2: 395 (1891).

Statice leptoloba Regel, Trudy Imp. S.-Peterburgsk. Bot. Sada 6 (2): 385 (1880); *Statice leptoloba* var. *subaphylla* Regel, Bull. Soc. Bot. France (1854-1978) (1854).

新疆；哈萨克斯坦。

繁枝补血草

Limonium myrianthum (Schrenk ex Fisch. et C. A. Mey.) Kuntze, Revis. Gen. Pl. 2: 395 (1891).

Statice myriantha Schrenk ex Fisch. et C. A. Mey., Enum. Pl. Nov. 1: 14 (1841); *Statice latissima* Kar. et Kir., Bull. Soc. Imp. Naturalistes Moscou 14 (4): 729 (1841).

新疆；蒙古国、吉尔吉斯斯坦、哈萨克斯坦。

耳叶补血草（野茴香）

Limonium otolepis (Schrenk) Kuntz, Revis. Gen. Pl. 2: 396 (1891).

Statice otolepis Schrenk, Bull. Cl. Phys.-Math. Acad. Imp. Sci. Saint-Pétersbourg 1: 362 (1843).

甘肃、新疆；阿富汗、塔吉克斯坦、吉尔吉斯斯坦、哈萨克斯坦、乌兹别克斯坦、土库曼斯坦。

星毛补血草（干草花，金色补血草，金匙叶草）

●**Limonium potaninii** Ikonn.-Gal., Trudy Bot. Inst. Akad. Nauk S. S. S. R., Ser. 1, Fl. Sist. Vyssh. Rast. 2: 256, f. 2 (1936).

Limonium aureum var. *potaninii* (Ikonn.-Gal.) Z. X. Peng, Fl. Reipubl. Popularis Sin. 60 (1): 38 (1987).

甘肃、青海、四川。

新疆补血草

Limonium rezniczenkoanum Lincz. in Schischk. et Bobrov, Fl. U. R. S. S. xviii 747 (1952).

新疆；哈萨克斯坦。

补血草（海菠菜，华蔓荆，盐云草）

Limonium sinense (Girard) Kuntze, Revis. Gen. Pl. 2: 396 (1891).

Statice sinensis Girard, Ann. Sci. Nat., Bot. sér. 3 2: 329 (1844); *Statice fortunei* Lindl., Edward's Bot. Reg. 31, pl. 63 (1845).

辽宁、河北、山东、江苏、浙江、福建、台湾、广东、广西；琉球群岛、越南。

刺突补血草

●**Limonium sinense** var. **spinulosum** Yong Huang, Bull. Bot. Res., Harbin 17 (4): 361 (1997).

山东。

木本补血草

Limonium suffruticosum (L.) Kuntze, Revis. Gen. Pl. 2: 396 (1891).

Statice suffruticosa L., Sp. Pl. 1: 276 (1753).

新疆；蒙古国、阿富汗、吉尔吉斯斯坦、哈萨克斯坦、乌兹别克斯坦、俄罗斯、亚洲西南部、欧洲。

细枝补血草 （纤叶匙叶草）

Limonium tenellum (Turcz.) Kuntze, Revis. Gen. Pl. 2: 396 (1891).

Statice tenella Turcz., Bull. Soc. Imp. Naturalistes Moscou 5: 203 (1832).

内蒙古、宁夏；蒙古国。

海芙蓉

Limonium wrightii (Hance) Kuntze, Revis. Gen. Pl. 2: 396 (1891).

Statice wrightii Hance, Ann. Sci. Nat., Bot. sér. 5 5: 236 (1866); *Statice arbuscula* Maxim., Decas Pl. Nov. 8 (1882); *Limonium arbusculum* (Maxim.) Makino, Ill. Fl. Jap. 228, f. 684 (1940); *Limonium wrightii* var. *roseum* H. Hara, Acta Bot. Taiwan. 1: 7 (1947).

台湾；日本。

黄花海芙蓉

Limonium wrightii var. **luteum** (H. Hara) H. Hara, Enum. Spermatophytarum Japon. 1: 99 (1948).

Limonium arbusculum var. *luteum* H. Hara, J. Jap. Bot. 21 (1-2): 19 (1947).

台湾；日本。

鸡娃草属 **Plumbagella** Spach

鸡娃草 （鹅斯格莫日，小蓝雪花）

Plumbagella micrantha (Ledeb.) Spach, Hist. Nat. Veg. (Spach) 10: 333 (1841).

Plumbago micrantha Ledeb., Fl. Altaic. 1: 171 (1829); *Plumbago spinosa* K. S. Hao, Repert. Spec. Nov. Regni Veg. 36 (942-950): 222 (1934).

宁夏、甘肃、青海、新疆、西藏；蒙古国、吉尔吉斯斯坦、哈萨克斯坦、俄罗斯。

白花丹属 **Plumbago** L.

蓝花丹 （花绣球，蓝茉莉）

☆**Plumbago auriculata** Lam., Encycl. 2 (1): 270 (1786).

Plumbago capensis var. *alba* Hort. ex Carrière, Rev. Hort. 1888: 285 (1888).

华南、华北有栽培；世界各国广泛引种。

雪花丹

☆**Plumbago auriculata** f. **alba** (Pasq.) Z. X. Peng, Fl. Reipubl. Popularis Sin. 60 (1): 7 (1987).

Plumbago alba Pasq., Cat. Ort. Bot. Napoli 82 (1867).

华南、华东、北京；世界各国广泛引种。

紫花丹 （紫花藤，谢三娘，紫雪花）

Plumbago indica L., Herb. Amboin. (Linn.) 24 (1754).

Plumbago rosea L., Sp. Pl., ed. 2 1: 215 (1762); *Thela coccinea* Lour., Fl. Cochinch., ed. 2 1: 119 (1790).

云南、海南；旧大陆热带。

白花丹 （白花藤，一见消，耳丁藤）

Plumbago zeylanica L., Sp. Pl. 1: 151 (1753).

Thela alba Lour., Fl. Cochinch., ed. 2 1: 119 (1790); *Plumbago viscosa* Blanco, Fl. Filip. 1: 78 (1837).

四川、贵州、云南、福建、台湾、广东、广西、海南；夏威夷、旧大陆热带。

尖瓣白花丹

●**Plumbago zeylanica** var. **oxypetala** Boiss., Prodr. (DC.) 12: 693 (1848).

福建。

185. 蓼科 POLYGONACEAE
[17 属：252 种]

金线草属 **Antenoron** Raf.

金线草

Antenoron filiforme (Thunb.) Roberty et Vautier, Boissiera 10: 35 (1964).

山东、陕西、甘肃、安徽、江苏、浙江、湖南、湖北、四川、贵州、云南、福建、台湾、广东、广西、海南；日本、朝鲜、缅甸、俄罗斯（远东地区）。

金线草 （原变种）

Antenoron filiforme var. **filiforme**

Polygonum filiforme Thunb., Syst. Veg., ed. 14 377 (1784); *Polygonum virginianum* f. *glabratum* Matsuda, Fl. Flumin. (1825); *Sunania filiformis* (Thunb.) Raf., Fl. Tellur. 3: 95 (1837); *Polygonum virginianum* var. *filiforme* (Thunb.) Nakai, Bot. Mag. (Tokyo) 23: 380 (1909); *Persicaria filiformis* (Thunb.) Nakai, Fl. Quelpaert Isl. 41 (1914); *Tovara virginiana* var. *filiformis* (Thunb.) Stew., Contr. Gray Herb. 88: 14 (1930); *Tovara ryukyuensis* Masam., Trans. Nat. Hist. Soc. Taiwan 29: 60 (1939).

山东、河南、陕西、甘肃、安徽、江苏、浙江、江西、湖南、湖北、四川、贵州、云南、福建、台湾、广东、广西、海南；日本、朝鲜、缅甸、俄罗斯。

毛叶红珠七

Antenoron filiforme var. **kachinum** (Nieuwl.) H. Hara, J. Jap. Bot. 40 (6): 192 (1965).

Tovara virginiana var. *kachina* Nieuwl., Amer. Midl. Naturalist 2 (8): 182 (1912); *Tovara filiformis* var. *kachina* (Nieuwl.) H. L. Li, Rhodora 54: 25 (1952).

云南；缅甸。

短毛金线草

●**Antenoron filiforme** var. **neofiliforme** (Nakai) A. J. Li, Fl. Reipubl. Popularis Sin. 25 (1): 108, pl. 25, f. 1-5 (1998).

Persicaria neofiliformis (Nakai) Ohki, Bot. Mag. (Tokyo), xl. 57 (1926); *Polygonum neofiliforme* Nakai, Bot. Mag. (Tokyo) 36: 117 (1922); *Tovara filiformis* (Thunb.) Nakai, Rigakkai. 29 (4): 8, f. 60 (1926); *Tovara filiformis* var. *neofiliformis* (Nakai) Makino, J. Bot. (Tokyo) 6: 32 (1930); *Polygonum filiforme* var. *neofiliforme* (Nakai) Ohwi, Acta Phytotax. Geobot. 20: 206 (1962); *Sunania neofiliformis* (Nakai) H. Hara, J. Jap. Bot. 37: 330 (1962); *Polygonum filiforme* subsp. *neofiliforme* (Nakai) Kitam., Acta Phytotax. Geobot. 20: 206 (1962); *Antenoron neofiliforme* (Nakai) H. Hara, J. Jap. Bot. 40: 192 (1965).

山东、河南、陕西、甘肃、安徽、江苏、浙江、江西、湖南、湖北、四川、贵州、云南、福建、广东、广西。

珊瑚藤属 **Antigonon** Endl.

珊瑚藤

☆**Antigonon leptopus** Hook. et Arn., Bot. Beechey Voy. 308, t. 69 (1838).

云南、台湾、广东、广西；中美洲。

木蓼属 **Atraphaxis** L.

沙木蓼

Atraphaxis bracteata Losinsk., Izv. Glavn. Bot. Sada S. S. S. R. 26: 43 (1927).

Atraphaxis bracteata var. *angustifolia* Losinsk., Izv. Glavn. Bot. Sada S. S. S. R. 26: 44 (1927); *Atraphaxis bracteata* var. *latifolia* H. C. Fu et M. H. Zhao, Fl. Intramongol. 2: 368 (1978 publ. 1979).

内蒙古、陕西、宁夏、甘肃、青海、新疆；蒙古国。

糙叶木蓼

Atraphaxis canescens Bunge, Index Sem. (Dorpat) 3 (1839).

新疆；哈萨克斯坦。

拳木蓼

Atraphaxis compacta Ledeb., Fl. Altaic. 2: 55 (1830).

新疆；蒙古国、吉尔吉斯斯坦、哈萨克斯坦、俄罗斯。

细枝木蓼

Atraphaxis decipiens Jaub. et Spach, Ill. Pl. Orient. 2: 14 (1844).

新疆；哈萨克斯坦。

木蓼

Atraphaxis frutescens (L.) Eversm., Reise Orenbg. Buchara. (Naturhistorischer Anhang) 115 (1823).

Polygonum frutescens L., Sp. Pl. 1: 359 (1753); *Tragopyrum lanceolatum* M. Bieb., Fl. Taur.-Caucas. 3: 285 (1819); *Atraphaxis lanceolata* (M. Bieb.) Meisn., Prodr. (DC.) 14 (1): 78 (1856).

内蒙古、宁夏、甘肃、青海、新疆；蒙古国、哈萨克斯坦、俄罗斯、欧洲东部。

乳头叶木蓼

●**Atraphaxis frutescens** var. **papillosa** Y. L. Liu, J. Northw, Teachers Coll., Nat. Sci. 3: 51 (1985).

新疆。

额河木蓼

●**Atraphaxis irtyschensis** C. Y. Yang et Y. L. Han, Bull. Bot. Res., Harbin 4 (2): 150 (1984).

新疆。

绿叶木蓼

Atraphaxis laetevirens (Ledeb.) Jaub. et Spach, Ill. Pl. Orient. 2: 14 (1844).

Tragopyrum laetevirens Ledeb., Fl. Altaic. 2: 75 (1830).

新疆；蒙古国、吉尔吉斯斯坦、哈萨克斯坦、俄罗斯。

东北木蓼

●**Atraphaxis manshurica** Kitag., Rep. First Sci. Exped. Manchoukuo 4 (4): 75 (1936).

辽宁、内蒙古、河北、陕西、宁夏。

锐枝木蓼

Atraphaxis pungens (M. Bieb.) Jaub. et Spach, Ill. Pl. Orient. 2: 14 (1844).

Tragopyrum pungens M. Bieb., Fl. Taur.-Caucas. 3: 285 (1819).

内蒙古、甘肃、青海、新疆；蒙古国、印度、哈萨克斯坦、俄罗斯。

梨叶木蓼

Atraphaxis pyrifolia Bunge, Mém. Acad. Imp. Sci. St.-Pétersbourg Divers Savans 7: 483 (1851).

新疆；印度、巴基斯坦、阿富汗、塔吉克斯坦、吉尔吉斯斯坦、哈萨克斯坦。

刺木蓼

Atraphaxis spinosa L., Sp. Pl. 1: 333 (1753).

Atraphaxis replicata Lam., Encycl. 1: 329 (1783); *Atraphaxis afghanica* Meisn., Prodr. (DC.) 14 (1): 76 (1856); *Atraphaxis spinosa* var. *angustifolia* C. Y. Yang et Y. L. Han, Bull. Bot. Res., Harbin 4 (2): 151 (1984).

新疆；蒙古国、塔吉克斯坦、吉尔吉斯斯坦、哈萨克斯坦、乌兹别克斯坦、土库曼斯坦、俄罗斯、亚洲西南部。

帚枝木蓼

Atraphaxis virgata (Regel) Krasn., Scripta Soc. Geogr. Ross. 19: 295 (1888).

Atraphaxis lanceolata var. *virgata* Regel, Trudy Imp. S.-Peterburgsk. Bot. Sada 6: 397 (1879).

新疆；蒙古国、塔吉克斯坦、吉尔吉斯斯坦、哈萨克斯坦、土库曼斯坦、俄罗斯。

沙拐枣属 Calligonum L.

阿拉善沙拐枣

●**Calligonum alaschanicum** Losinsk., Izv. Glavn. Bot. Sada S. S. S. R. 26 (1): 600 (1927).

Calligonum przewalskii Losinsk., Izv. Glavn. Bot. Sada S. S. S. R. 26 (1): 602 (1927).

内蒙古、甘肃。

无叶沙拐枣

Calligonum aphyllum (Pall.) Güerke, Pl. Eur. 2: 111 (1897).

Calligonum polygonoides Pall., Reise Russ. Reich. 3: 530 (1773); *Calligonum pallasia* L., Heritier, Trans. Linn. Soc. London 1: 180 (1791); *Calligonum rigidum* Litv., Trudy Bot. Muz. Imp. Akad. Nauk 11: 53 (1913).

新疆；塔吉克斯坦、哈萨克斯坦、乌兹别克斯坦、土库曼斯坦、俄罗斯（欧洲东南部、东西伯利亚）、亚洲西南部。

乔木沙拐枣（乔木状沙拐枣）

Calligonum arborescens Litv., Sched. Herb. Fl. Ross. 2: 28 (1900).

宁夏、甘肃、新疆；哈萨克斯坦、乌兹别克斯坦、土库曼斯坦。

泡果沙拐枣

Calligonum calliphysa Bunge, Del. Sem. Hort. Dorpater 1839: 8 (1839).

Calligonum horridum E. Borszcow, Mém. Acad. Imp. Sci. St.-Pétersbourg sér. 7 3 (1): 32 (1860).

内蒙古、新疆；蒙古国、塔吉克斯坦、哈萨克斯坦、土库曼斯坦、俄罗斯、亚洲西南部。

甘肃沙拐枣

●**Calligonum chinense** Losinsk., Izv. Glavn. Bot. Sada S. S. S. R. 26 (6): 601 (1927).

内蒙古、甘肃、新疆。

褐色沙拐枣

Calligonum colubrinum E. Borszcow, Mém. Acad. Imp. Sci. St.-Pétersbourg sér. 7 3 (1): 38 (1860).

新疆；哈萨克斯坦、土库曼斯坦。

心形沙拐枣

Calligonum cordatum Korovin ex N. Pavlov, Repert. Spec. Nov. Regni Veg. 33 (873-882): 154 (1933).

新疆；塔吉克斯坦、土库曼斯坦。

艾比湖沙拐枣

Calligonum ebinuricum N. A. Ivanova ex Soskov, Izv. Akad. Nauk Turkmensk. S. S. R., Ser. Biol. Nauk 56: 55 (1969).

新疆；蒙古国。

戈壁沙拐枣

Calligonum gobicum (Bunge ex Meisn.) Losinsk., Izv. Glavn. Bot. Sada S. S. S. R. 26 (6): 598, f. 3 (1927).

Calligonum mongolicum var. *gobicum* Bunge ex Meisn. in DC., Prodr. 14 (1): 29 (1856); *Calligonum koslovii* Losinsk., Izv. Glavn. Bot. Sada S. S. S. R. 26 (6): 598 (1927).

内蒙古、甘肃、新疆；蒙古国。

吉木乃沙拐枣

●**Calligonum jeminaicum** Z. M. Mao, Acta Phytotax. Sin. 22 (2): 148, pl. 1 (1984).

新疆。

奇台沙拐枣

●**Calligonum klementzii** Losinsk., Izv. Glavn. Bot. Sada S. S. S. R. 26 (6): 595, f. 1 (1927).

新疆。

库尔勒沙拐枣

●**Calligonum korlaense** Z. M. Mao, Acta Phytotax. Sin. 22 (2): 150 (1984).

新疆。

淡枝沙拐枣

Calligonum leucocladum (Schrenk) Bunge, Mém. Acad. Imp. Sci. St.-Pétersbourg Divers Savans 7: 485 (1851).

Pterococcus leucocladus Schrenk, Mélanges Biol. Bull. Phys.-Math. Acad. Imp. Sci. Saint-Pétersbourg 3: 211 (1845); *Pterococcus aphyllus* Pall., Reise Russ. Reich. 2: 332, app. 738 (1773); *Calligonum anfractuosum* Bunge, Mém. Sav. Etr. Petersb. 7: 487 (1851).

新疆；塔吉克斯坦、哈萨克斯坦、乌兹别克斯坦、土库曼斯坦、俄罗斯（东西伯利亚）、亚洲西南部。

沙拐枣

Calligonum mongolicum Turcz., Bull. Soc. Imp. Naturalistes Moscou 5: 204 (1832).

Calligonum potaninii Losinsk., Izv. Glavn. Bot. Sada S. S. S. R. 26 (6): 599, f. 5 (1927); *Calligonum dielsianum* K. S. Hao, Contr. Inst. Bot. Natl. Acad. Peiping 2: 177 (1934) et Repert. Spec. Nov. Regni Veg. 36 (12-15): 196 (1934).

内蒙古、甘肃、新疆；蒙古国。

小沙拐枣

Calligonum pumilum Losinsk., Izv. Glavn. Bot. Sada S. S. S. R. 26 (6): 600, 606 (1927).

Calligonum juochiangense Liou f., Fl. Desert. Reipubl. Popularis Sin. 1: 522, 314, f. 3-4 (1985).

新疆；蒙古国。

塔里木沙拐枣

Calligonum roborowskii Losinsk., Izv. Glavn. Bot. Sada S. S. S. R. 26 (6): 603 (1927).

甘肃、新疆；蒙古国。

红果沙拐枣

Calligonum rubicundum Bunge, Del. Sem. Hort. Dorpater 1839: 8 (1839).

Calligonum crispum Bunge, Del. Sem. Hort. Dorpater 1839: 8 (1839); *Pterococcus songaricus* var. *rubicundus* C. A. Mey., Observ. Bot. (1843); *Calligonum songaricum* Endl., Gen. Pl. Suppl. 4 2: 50 (1848); *Calligonum affine* Popov, Sist. Zametki Mater. Gerb. Krylova Tomsk. Gosud. Univ. Kuybysheva 5: 2 (1928).

新疆；蒙古国、哈萨克斯坦、俄罗斯（东西伯利亚）。

粗糙沙拐枣

Calligonum squarrosum N. Pavlov, Repert. Spec. Nov. Regni Veg. 33 (873-882): 152 (1933).

新疆；哈萨克斯坦、乌兹别克斯坦、土库曼斯坦。

塔克拉玛干沙拐枣

●**Calligonum taklimakanense** B. R. Pan et G. M. Shen, Nord. J. Bot. 28 (6): 680, f. 1-3 (2010).

新疆。

三裂沙拐枣

●**Calligonum trifarium** Z. M. Mao, Acta Phytotax. Sin. 22 (2): 148, pl. 2 (1984).

新疆。

英吉沙沙拐枣

●**Calligonum yengisaricum** Z. M. Mao, Acta Phytotax. Sin. 22 (2): 149, pl. 3 (1984).

新疆。

柴达木沙拐枣

●**Calligonum zaidamense** Losinsk., Izv. Glavn. Bot. Sada S. S. S. R. 26 (6): 601 (1927).

Calligonum koslovi Losinsk., Izv. Glavn. Bot. Sada S. S. S. R. 26 (6): 598 (1927).

青海、新疆。

海葡萄属 Coccoloba P. Browne

海葡萄

☆**Coccoloba uvifera** (L.) L., Syst. Nat., ed. 10 2: 1007 (1759).

Polygonum uvifera L., Sp. Pl. 1: 365 (1753); *Coccoloba uvifera* (L.) Jacq., Enum. Syst. Pl. 19 (1760).

云南；原产于热带美洲、加勒比、美国（科罗拉多州）、百慕大。

荞麦属 Fagopyrum Mill.

疏穗野荞麦（疏穗野荞）

●**Fagopyrum caudatum** (Sam.) A. J. Li, Fl. Reipubl. Popularis Sin. 25 (1): 117 (1998).

Polygonum caudatum Sam., Symb. Sin. 7 (1): 185 (1929); *Polygonum grossii* H. Lév., Repert. Spec. Nov. Regni Veg. 11 (286-290): 297 (1912); *Fagopyrum grossii* (H. Lév.) H. Gross, Bull. Acad. Int. Géogr. Bot. 23: 26 (1913); *Polygonum leptopodum* var. *grossii* (H. Lév.) Sam., Symb. Sin. 7 (1): 188 (1929).

甘肃、四川、云南。

皱叶野荞麦

●**Fagopyrum crispatifolium** J. L. Liu, Journal of Systematics and Evolution 46 (6): 930, f. 2 (2008).

四川。

密毛野荞麦

●**Fagopyrum densovillosum** J. L. Liu, Bull. Bot. Res., Harbin 28 (5): 530 (2008).

四川。

金荞麦（天荞麦，赤地利，透骨消）

Fagopyrum dibotrys (D. Don) H. Hara, Fl. E. Himalaya 69 (1966).

Polygonum dibotrys D. Don, Prodr. Fl. Nepal. 73 (1825); *Polygonum acutatum* Lehm., Index Sem. Hort. Hamb. 6 (1821); *Polygonum cymosum* Trev., Nova Acta Physico-medica Academiae Caesareae Leopoldino-Carolinae Naturae Curiosorum Exhib Cur. 13: 177 (1826); *Fagopyrum cymosum* (Trevir.) Meisn., Pl. Asiat. Rar. 3: 63 (1832); *Polygonum volubile* Turcz., Bull. Soc. Imp. Naturalistes Moscou 77 (1840); *Polygonum labordei* H. Lév. et Vaniot, Bull. Acad. Int. Géogr. Bot. 11: 344 (1902); *Polygonum tristachyum* H. Lév., Repert. Spec. Nov. Regni Veg. 11 (286-290): 297 (1912); *Fagopyrum acutatum* (Lehm.) Mansf. ex K. Hammer in Mansfeld, Verz. Landwirtsch. u Gartn. Kulturpfl. Auf. 2. 1: 121 (1986); *Fagopyrum pilus* Q. F. Chen, Bot. J. Linn. Soc. 130 (1): 62 (1999); *Fagopyrum megaspartanium* Q. F. Chen, Bot. J. Linn. Soc. 130 (1): 62 (1999).

河南、陕西、甘肃、安徽、江苏、浙江、江西、湖北、四川、贵州、云南、西藏、福建、广东、广西；越南、缅甸、不丹、尼泊尔、印度、克什米尔。

荞麦（甜荞）

☆△**Fagopyrum esculentum** Moench, Methodus 290 (1794).

Polygonum fagopyrum L., Sp. Pl. 1: 364 (1753); *Polygonum emarginatum* Roth, Catal. Bot. 1: 48 (1797); *Fagopyrum emarginatum* (Roth) Meisn. in DC., Prodr. 14 (1): 143 (1856);

Fagopyrum emarginatum var. *kunawarense* Meisn. in DC., Prodr. 14 (1): 144 (1856); *Fagopyrum zuogongense* Q. F. Chen, Bot. J. Linn. Soc. 130 (1): 62 (1999).

可能原产于中国，常见栽培并易于逸生；栽培于蒙古国、朝鲜、缅甸、不丹、尼泊尔、印度（锡金）、俄罗斯、热带澳大利亚、欧洲、北美洲。

心叶野荞麦（心叶野荞）

Fagopyrum gilesii (Hemsl.) Hedberg, Svensk Bot. Tidskr. 40: 390 (1946).

Polygonum gilesii Hemsl. in Hooker's Icon. Pl. 18, pl. 1756 (1887).

四川、云南；巴基斯坦。

细柄野荞麦（细柄野荞）

●**Fagopyrum gracilipes** (Hemsl.) Dammer ex Diels, Bot. Jahrb. Syst. 29 (2): 315 (1900).

Polygonum gracilipes Hemsl., J. Linn. Soc., Bot. 26 (176): 340 (1891); *Polygonum bonatii* H. Lév., Repert. Spec. Nov. Regni Veg. 8 (173-175): 258 (1910); *Fagopyrum bonatii* (H. Lév.) H. Gross, Bull. Acad. Int. Géogr. Bot. 23: 25 (1913); *Fagopyrum odontopterum* H. Gross, Bull. Acad. Int. Géogr. Bot. 23: 25 (1913); *Polygonum gracilipes* var. *odonotopterum* (H. Gross) Sam., Symb. Sin. 7 (1): 187 (1929); *Polygonum odontopterum* (H. Gross) H. W. Kung, Fl. Ill. Nord. Chine 5: 59, t. 25 (1936).

山西、河南、陕西、甘肃、湖北、四川、贵州、云南。

小野荞麦（小野荞）

●**Fagopyrum leptopodum** (Diels) Hedberg, Svensk Bot. Tidskr. 40: 390 (1946).

四川、云南。

小野荞（原变种）

●**Fagopyrum leptopodum** var. **leptopodum**

Polygonum leptopodum Diels, Notes Roy. Bot. Gard. Edinburgh 5 (25): 260 (1912).

四川、云南。

疏穗小野荞麦（疏穗小野荞）

●**Fagopyrum leptopodum** var. **grossii** (H. Lév.) Lauener et D. K. Ferguson, Notes Roy. Bot. Gard. Edinburgh 40: 195 (1982).

Polygonum grossii H. Lév., Repert. Spec. Nov. Regni Veg. 11: 297 (1912); *Fagopyrum grossii* (H. Lév.) H. Gross, Bull. Acad. Int. Geogr. Bot. 23: 26 (1913); *Polygonum leptopodum* Diels var. *grossii* (H. Lév.) Sam., Symb. Sin. 7 (1): 188 (1929).

四川、云南。

线叶野荞麦（线叶野荞）

●**Fagopyrum lineare** (Sam.) Haraldson, Symb. Bot. Upsal. 22 (2): 81 (1978).

Polygonum lineare Sam., Symb. Sin. 7 (1): 188 (1929).

云南。

普格野荞麦

●**Fagopyrum pugense** T. Yu, Novon 20: 239, f. 1 (2010).

四川。

羌彩野荞麦

●**Fagopyrum qiangcai** J. R. Shao, Novon 21 (2): 256, f. 1 (2011).

四川。

长柄野荞麦（长柄野荞）

●**Fagopyrum statice** (H. Lév.) H. Gross, Bull. Acad. Int. Géogr. Bot. 23: 26 (1913).

Polygonum statice H. Lév., Repert. Spec. Nov. Regni Veg. 7 (152-156): 338 (1909).

贵州、云南。

苦荞麦（苦荞）

☆△**Fagopyrum tataricum** (L.) Gaertn., Fruct. Sem. Pl. 2: 182, pl. 119, f. 6 (1790).

Polygonum tataricum L., Sp. Pl. 1: 364 (1753).

黑龙江、吉林、辽宁、内蒙古、河北、山西、河南、陕西、甘肃、青海、新疆、湖南、湖北、四川、贵州、云南、西藏、广西；蒙古国、缅甸（栽培）、不丹（栽培）、尼泊尔、印度、阿富汗、塔吉克斯坦、吉尔吉斯斯坦、哈萨克斯坦、俄罗斯（远东地区栽培）；栽培于欧洲、北美洲。

硬枝野荞麦（硬枝万年荞，万年荞）

●**Fagopyrum urophyllum** (Bureau et Franch.) H. Gross, Bull. Acad. Int. Geogr. Bot. 23: 21 (1913).

Polygonum urophyllum Bureau et Franch., J. Bot. (Morot) 5 (10): 150 (1891); *Polygonum mairei* H. Lév., Repert. Spec. Nov. Regni Veg. 7 (152-156): 338 (1909); *Fagopyrum mairei* (H. Lév.) H. Gross, Bull. Acad. Int. Géogr. Bot. 23: 25 (1913).

四川、云南。

汶川野荞麦

●**Fagopyrum wenchuanense** D. Q. Bai, Novon 21 (2): 258, f. 3 (2011).

四川。

首乌属 Fallopia Adans.

木藤蓼（奥氏蓼，木藤首乌）

●**Fallopia aubertii** (L. Henry) Holub, Folia Geobot. Phytotax. 6 (2): 176 (1971).

Polygonum aubertii L. Henry, Rev. Hort. 79 (4): 82, f. 23-24 (1907); *Bilderdykia aubertii* (L. Henry) Moldenke, Revista Sudamer. Bot. 6 (1-2): 29 (1939); *Reynoutria aubertii* (L. Henry) Moldenke, Bull. Torrey Bot. Club 68 (9): 675 (1941); *Tiniaria aubertii* (L. Henry) Hedberg ex Janch., Phyton (Horn) 2: 76 (1950).

内蒙古、山西、河南、陕西、宁夏、甘肃、青海、湖南、湖北、四川、贵州、云南、西藏。

卷茎蓼（卷旋蓼，蔓首乌）

Fallopia convolvulus (L.) Á. Löve, Taxon 19 (2): 300 (1970).

Polygonum convolvulus L., Sp. Pl. 1: 364 (1753); *Bilderdykia convolvulus* (L.) Dumort., Fl. Belg. 18 (1827); *Helxine convolvulus* (L.) Raf., Fl. Tellur. 3: 10 (1837); *Tiniaria convolvulus* (L.) Webb et Moq., Hist. Nat. Iles Canaries 3: 221 (1840); *Fagopyrum convolvulus* (L.) H. Gross, Bull. Acad. Int. Géogr. Bot. 23: 21 (1913); *Reynoutria convolvulus* (L.) Shinners, Sida 3 (2): 117 (1967).

黑龙江、吉林、辽宁、内蒙古、河北、山西、山东、河南、陕西、宁夏、甘肃、青海、新疆、安徽、江苏、湖北、四川、贵州、云南、西藏、台湾；蒙古国、日本、朝鲜、不丹、尼泊尔、印度、巴基斯坦、阿富汗、哈萨克斯坦、俄罗斯、欧洲；引入北美洲。

牛皮消蓼（牛皮消首乌）

●**Fallopia cynanchoides** (Hemsl.) Haraldson, Symb. Bot. Upsal. 22 (2): 78 (1978).

Polygonum cynanchoides Hemsl., J. Linn. Soc., Bot. 26 (176): 338 (1891); *Fagopyrum cynanchoides* (Hemsl.) H. Gross, Bull. Acad. Int. Géogr. Bot. 23: 21 (1913).

陕西、甘肃、湖南、湖北、四川、贵州、云南、西藏。

光叶牛皮消蓼（光叶酱头）

●**Fallopia cynanchoides** var. **glabriuscula** (A. J. Li) A. J. Li, Fl. Reipubl. Popularis Sin. 25 (1): 104 (1998).

Polygonum cynanchoides var. *glabriusculum* A. J. Li, Fl. Xizang. 1: 608 (1983).

四川、西藏。

齿翅蓼（齿翅首乌）

Fallopia dentatoalata (F. Schmidt) Holub, Folia Geobot. Phytotax. 6 (2): 176 (1971).

Polygonum dentatoalatum F. Schmidt, Mém. Acad. Imp. Sci. St.-Pétersbourg Divers Savans 9: 232 (1859); *Polygonum scandens* var. *dentato-alatum* (F. Schmidt) Maxim. ex Franch. et Sav., Enum. Pl. Jap. 2: 472 (1879); *Fagopyrum scandens* var. *dentatoalatum* (F. Schmidt) H. Gross, Bull. Géogr. Bot. 23: 22 (1913); *Tiniaria scandens* var. *dentato-alata* (F. Schmidt) Nakai ex T. Mori, Enum. Pl. Corea 137 (1922); *Bilderdykia dentatoalata* (F. Schmidt) Kitag., Lin. Fl. Manshur. 175 (1939); *Bilderdykia scandens* var. *dentatoalata* (F. Schmidt) Nakai, Brit. Cact. Succ. J. (1983).

黑龙江、吉林、辽宁、内蒙古、河北、山西、山东、河南、陕西、甘肃、青海、安徽、江苏、湖北、四川、贵州、云南；日本、朝鲜、俄罗斯（远东地区）。

齿叶蓼（酱头）

●**Fallopia denticulata** (C. C. Huang) J. Holub, Preslia 70 (2): 104 (1998).

Polygonum denticulatum C. C. Huang, Acta Bot. Yunnan. 6 (3): 288, pl. 1 (1984).

贵州、云南、西藏。

篱首乌（篱蓼）

Fallopia dumetorum (L.) Holub, Folia Geobot. Phytotax. 6 (1): 176 (1971).

黑龙江、吉林、辽宁、内蒙古、河北、山东、新疆、江苏；蒙古国、日本、朝鲜、不丹、尼泊尔、印度北部、巴基斯坦、俄罗斯、亚洲西南部、欧洲。

篱首乌（原变种）

Fallopia dumetorum var. **dumetorum**

Polygonum dumetorum L., Sp. Pl., ed. 1 522 (1762); *Fagopyrum dumetorum* Schreb., Spic. Fl. Lips. 42 (1771); *Bilderdykia dumetorum* (L.) Dumort., Fl. Belg. 18 (1827); *Helxine dumetorum* (L.) Raf., Fl. Tellur. 3: 10 (1837); *Tiniaria dumetorum* (L.) Opiz, Seznam 98 (1852); *Polygonum scandens* var. *dumetorum* (L.) Gleason, Phytologia 4: 23 (1952); *Reynoutria scandens* var. *dumetorum* (L.) Shinners, Sida 3: 118 (1967).

黑龙江、吉林、辽宁、内蒙古、河北、山东、新疆、江苏；蒙古国、日本、朝鲜、不丹、尼泊尔、印度北部、巴基斯坦、俄罗斯、亚洲西南部、欧洲。

疏花篱蓼（疏花篱首乌）

●**Fallopia dumetorum** var. **pauciflora** (Maxim.) A. J. Li, Fl. Reipubl. Popularis Sin. 25 (1): 100 (1998).

Polygonum pauciflorum Maxim., Index Sem. (St. Petersburg). 3 (1866); *Fagopyrum pauciflorum* (Maxim.) H. Gross, Bull. Acad. Int. Geogr. Bot. 23: 23 (1913); *Tiniaria pauciflora* (Maxim.) Nakai ex T. Mori, Enum. Pl. Corea 135 (1922); *Bilderdykia pauciflora* (Maxim.) Nakai, Sci. World (Japan) 24, 4: 18 (1928); *Fallopia pauciflora* (Maxim.) Kitag., Neolin. Fl. Manshur. 231 (1979); *Polygonum convolvulus* var. *pauciflorum* (Maxim.) V. N. Vorosch., Florist. issl. v razn. raĭonakh S. S. S. R. 164 (1985).

黑龙江、河北、山东。

略翅首乌

●**Fallopia dumetorum** var. **subalata** Borodina, Rast. Tsentr. Azii 9: 120 (1989).

新疆。

华蔓首乌

Fallopia forbesii (Hance) Yonekura et H. Ohashi, J. Jap. Bot. 72 (3): 158 (1997).

Polygonum forbesii Hance, J. Bot. 21 (5): 100 (1883); *Polygonum reynoutria* var. *ellipticum* Koidz., Bot. Misc. (1830); *Reynoutria elliptica* (Koidz.) Migo ex Nakai, Fl. Bras. (1886); *Polygonum yunnanense* H. Lév., Repert. Spec. Nov. Regni Veg. 6: 211 (1908); *Reynoutria yunnanensis* (H. Lév.) Nakai ex Migo, J. Shanghai Sci. Inst. Sect. 3 3: 229 (1937); *Reynoutria forbesii* (Hance) T. Yamaz., J. Jap. Bot. 69 (3): 180 (1994).

山东、安徽、浙江、江西、云南、广东、广西；朝鲜。

何首乌（多花蓼，紫乌藤，夜交藤）

☆**Fallopia multiflora** (Thunb.) Haraldson, Symb. Bot. Upsal. 22 (2): 77 (1978).

黑龙江、吉林、辽宁、河北、山东、河南、陕西、甘肃、青海、安徽、江苏、浙江、江西、湖南、湖北、四川、贵州、云南、福建、台湾、广东、广西、海南；日本。

何首乌（原变种）

Fallopia multiflora var. **multiflora**

Polygonum multiflorum Thunb., Syst. Veg., ed. 14 379 (1784); *Pleuropterus cordatus* Turcz., Bull. Soc. Imp. Naturalistes Moscou 21: 587 (1848); *Helxine multiflora* (Thunb.) Raf., Fl. Tellur. 3: 10 (1903); *Pleuropterus multiflorus* (Thunb.) Nakai, Repert. Spec. Nov. Regni Veg. 13: 267 (1914); *Polygonum hypoleucum* Nakai ex Ohwi, Acta Phytotax. Geobot. 7 (3): 130 (1938); *Reynoutria multiflora* (Thunb.) Moldenke, Bull. Torrey Bot. Club 68 (9): 675 (1941); *Fagopyrum multiflorum* (Thunb.) J. Grintz, Sav. Fl. Reipubl. Popul. Roman. 1: 476 (1952); *Bilderdykia multiflora* (Thunb.) Roberty et Vautier, Boissiera 10: 55 (1964); *Aconogonon hypoleucum* (Nakai ex Ohwi) Soják, Preslia 46 (2): 151 (1974); *Polygonum multiflorum* var. *hypoleucum* (Nakai ex Ohwi) T. S. Liu, S. S. Ying et M. J. Lai, Fl. Taiwan 2: 274 (1976); *Polygonum multiflorum* var. *angulatum* S. Y. Liu, Acta Bot. Yunnan. 13 (4): 390 (1991); *Fallopia multiflora* var. *hypoleuca* (Nakai ex Ohwi) Yonek. et H. Ohashi, J. Jap. Bot. 72 (3): 158 (1997).

黑龙江、吉林、辽宁、河北、山东、河南、陕西、甘肃、青海、安徽、江苏、浙江、江西、湖南、湖北、四川、贵州、云南、福建、台湾、广东、广西、海南；日本。

毛脉蓼（毛脉首乌）

●**Fallopia multiflora** var. **ciliinervis** (Nakai) Yonek. et H. Ohashi, J. Jap. Bot. 72 (3): 158 (1997).

Pleuropterus ciliinervis Nakai, Repert. Spec. Nov. Regni Veg. 13 (363-367): 267 (1914); *Polygonum multiflorum* var. *ciliinerve* (Nakai) Steward, Contr. Gray Herb. 88: 97 (1930); *Polygonum ciliinerve* (Nakai) Ohwi, Acta Phytotax. Geobot. 6 (3): 146 (1937); *Reynoutria ciliinervis* (Nakai) Moldenke, Bull. Torrey Bot. Club 68 (9): 675 (1941); *Fallopia ciliinervis* (Nakai) K. Hammer, Kulturpflanze 34: 99 (1986).

吉林、辽宁、河南、陕西、甘肃、青海、湖南、湖北、四川、贵州、云南。

竹节蓼属 Homalocladium (F. Muell.) L. H. Bailey

竹节蓼

☆**Homalocladium platycladum** (F. Muell.) L. H. Bailey, Gentes Herb. Herbarum 2 (1): 58 (1929).

Polygonum platycladum F. Muell., Trans. Philos. Soc. Victoria 2: 73 (1858); *Coccoloba platyclada* (F. Muell.) F. Muell. ex Hook., Bot. Mag. 89, pl. 5382 (1863); *Muehlenbeckia platyclada* (F. Muell.) Meisn., Bot. Zeitung (Berlin) 23 (42): 313 (1865).

中国许多公园花圃有引种；所罗门群岛。

冰岛蓼属 Koenigia L.

冰岛蓼

Koenigia islandica L., Syst. Nat., ed. 12 2: 104 (1767) et

Mant. Pl. 1: 35 (1767).

Polygonum islandicum (L.) Hook. f., Fl. Brit. Ind. 5 (13): 24 (1886).

山西、甘肃、青海、新疆、四川、云南、西藏；蒙古国、不丹、尼泊尔、印度、巴基斯坦、吉尔吉斯斯坦、哈萨克斯坦、克什米尔、俄罗斯、北极区、欧洲北部、北美洲。

山蓼属 Oxyria Hill

山蓼（肾叶山蓼）

Oxyria digyna (L.) Hill, Hort. Kew. 158 (1768).

Rumex digynus L., Sp. Pl. 1: 337 (1753); *Oxyria reniformis* Hook., Fl. Scot. 3: 111 (1821); *Oxyria elatior* R. Br. ex Meisn., Pl. Asiat. Rar. 3: 64 (1832); *Oxyria reniformis* var. *elatior* Regel, Hist. Fis. Cuba Bot. (1845); *Oxyria digyna* (L.) Hill f. *elatior* R. Br. ex Meisn., Bull. Misc. Inform. Kew (1887-1942) (1887).

吉林、辽宁、陕西、青海、新疆、四川、云南、西藏；蒙古国、日本、朝鲜、不丹、尼泊尔、印度、巴基斯坦、阿富汗、塔吉克斯坦、吉尔吉斯斯坦、哈萨克斯坦、克什米尔、俄罗斯（远东地区、西伯利亚）、亚洲西南部、欧洲、北美洲。

中华山蓼

●**Oxyria sinensis** Hemsl., J. Linn. Soc., Bot. 29 (202): 317, pl. 33 (1892).

Oxyria mairei H. Lév., Repert. Spec. Nov. Regni Veg. 12 (325-330): 286 (1913).

四川、贵州、云南、西藏。

翅果蓼属 Parapteropyrum A. J. Li

翅果蓼

●**Parapteropyrum tibeticum** A. J. Li, Acta Phytotax. Sin. 19 (3): 330, pl. 9 (1981).

西藏。

蓼属 Polygonum L.

松叶蓼（松叶蔄蓄）

Polygonum acerosum Ledeb. ex Meisn., Prodr. (DC.) 14 (1): 92 (1856).

新疆；阿富汗、塔吉克斯坦、吉尔吉斯斯坦、哈萨克斯坦。

灰绿蓼（灰绿蔄蓄）

Polygonum acetosum M. Bieb., Fl. Taur.-Caucas. 1: 304 (1808).

新疆；阿富汗、塔吉克斯坦、吉尔吉斯斯坦、哈萨克斯坦、乌兹别克斯坦、土库曼斯坦、俄罗斯。

密穗蓼（密穗拳参）

Polygonum affine D. Don, Prodr. Fl. Nepal. 70 (1825).

Polygonum donianum Spreng., Syst. Veg. 4 (2): 154 (1827); *Bistorta affinis* (D. Don) Greene, Leafl. Bot. Observ. Crit. 1: 21 (1904); *Persicaria affinis* (D. Don) Ronse Decr., Bot. J.

Linn. Soc. 98 (4): 368 (1988).

西藏；尼泊尔、印度西北部、巴基斯坦、克什米尔。

阿扬蓼（阿扬神血宁）

Polygonum ajanense (Regel et Tiling) Grig. in Kom., Fl. U. R. S. S. 5: 666, pl. 46, f. 2 (1936).

Polygonum polymorphum var. *ajanense* Regel et Tiling, Fl. Ajan. 116 (1858); *Pleuropteropyrum ajanense* (Regel et Tiling) Nakai, Rep. Veget. Mt. Daisetsusan 46 63 (1930); *Aconogonon ajanense* (Regel et Tiling) H. Hara, Fl. E. Himalaya 631 (1966).

内蒙古；日本、朝鲜、俄罗斯（远东地区）。

狐尾蓼（狐尾拳参）

Polygonum alopecuroides Turcz. ex Besser, Fl. Beibl. 23 (1834).

Bistorta alopecuroides (Turcz. ex Besser) Kom., Bot. Mater. Gerb. Glavn. Bot. Sada S. S. S. R. 6 (1): 3 (1926); *Polygonum alopecuroides* f. *pilosum* C. F. Fang, Fl. Pl. Herb. Chin. Bor.-Or. 2: 108 (1959); *Bistorta alopecuroides* f. *pilosa* (C. F. Fang) Kitag., Neolin. Fl. Manshur. 228 (1979).

黑龙江、吉林、辽宁、内蒙古；蒙古国、俄罗斯（远东地区、西伯利亚）。

高山蓼（高山神血宁）

Polygonum alpinum All., Auct. Syn. 42 (1773).

Polygonum undulatum Murr, Novi Comment. Soc. Regiae Sci. Gott. 5: 34, pl. 5 (1775); *Aconogonon alpinum* (All.) Schur, Sert. Fl. Transsilv. 4: 64 (1853); *Persicaria alpina* (All.) H. Gross, Bull. Geogr. Bot. 23: 31 (1913); *Pleuropteropyrum jeholense* Kitag., Rep. First Sci. Exped. Manchoukuo 4: 12, 77 (1936); *Pleuropteropyrum alpinum* (All.) Kitag., Rep. Inst. Sci. Res. Manchoukuo 1: 295 (1937); *Polygonum jeholense* (Kitag.) Baranov et Skvortsov ex S. X. Li et Y. L. Chang, Fl. Pl. Herb. Chin. Bor.-Or. 2: 48 (1959).

黑龙江、吉林、辽宁、内蒙古、河北、山西、山东、青海、新疆；蒙古国、阿富汗、吉尔吉斯斯坦、哈萨克斯坦、俄罗斯、亚洲西南部、欧洲。

两栖蓼

Polygonum amphibium L., Sp. Pl. 1: 361 (1753).

Polygonum amphibium var. *terrestre* Leyss., Fl. Halens. 391 (1761); *Polygonum amphibium* var. *natans* Michx., Fl. Bor.-Amer. (Michaux) 1: 240 (1803); *Persicaria amphibia* (L.) S. F. Gray, Nat. Arr. Brit. Pl. 2: 268 (1821); *Polygonum amphibium* var. *muehlenbergii* Meisn., Prodr. (DC.) 14 (1): 116 (1856); *Polygonum amphibium* var. *vestitum* Hemsl., J. Linn. Soc., Bot. 26 (176): 333 (1891); *Persicaria muhlenbergii* (Meisn.) Small, Fl. Colorado 111 (1906); *Persicaria amurensis* (Korsh.) Nieuwland, Amer. Midl. Naturalist 2: 183 (1912); *Persicaria amphibia* var. *terrestris* (Leyss.) Munshi et Javeid, Syst. Stud. Polyg. Kashm. Himal. 63 (1986).

黑龙江、吉林、辽宁、内蒙古、河北、山西、山东、河南、陕西、宁夏、甘肃、青海、新疆、安徽、江苏、湖南、湖北、四川、贵州、云南、西藏；蒙古国、日本、朝鲜、不丹、尼泊尔、印度西北部、塔吉克斯坦、吉尔吉斯斯坦、哈萨克斯坦、乌兹别克斯坦、土库曼斯坦、克什米尔、俄罗斯、欧洲、北美洲。

抱茎蓼（抱茎拳参）

Polygonum amplexicaule D. Don, Prodr. Fl. Nepal. 70 (1825).

陕西、甘肃、湖南、湖北、四川、云南、西藏；不丹、尼泊尔、印度、巴基斯坦、克什米尔。

抱茎拳参（原变种）

Polygonum amplexicaule var. **amplexicaule**

Polygonum petiolatum D. Don, Prodr. Fl. Nepal. 70 (1825); *Polygonum speciosum* Meisn., Monogr. Polyg. 66 (1826); *Polygonum ambiguum* Meisn. in Wallich, Pl. Asiat. Rar. 3: 54 (1832); *Polygonum amplexicaule* var. *speciosum* (Meisn.) Hook. f., Fl. Brit. Ind. 5: 33 (1886); *Bistorta amplexicaulis* (D. Don) Greene, Leafl. Bot. Observ. Crit. 1: 21 (1904); *Bistorta speciosa* (Meisn.) Greene, Leafl. Bot. Observ. Crit. 1: 21 (1904); *Bistorta petiolata* (D. Don) Petrov, Bull. Jard. Bot. Princ. U. R. S. S. 27: 233 (1928); *Polygonum oxyphyllum* Wall. ex Meisn., Wall. Cat. 1715 (1929); *Persicaria amplexicaulis* (D. Don) Ronse Decr., Bot. J. Linn. Soc. 98: 368 (1988).

湖北、四川、云南、西藏；不丹、印度、尼泊尔、克什米尔、巴基斯坦。

中华抱茎蓼（中华抱茎拳参）

Polygonum amplexicaule var. **sinense** Forbes et Hemsl. ex Steward, Contr. Gray Herb. 88: 30 (1930).

Bistorta amplexicaule subsp. *sinensis* (Forbes et Hemsl. ex Steward) Soják, Preslia 46 (2): 152 (1974); *Bistorta henryi* Yonekura et H. Ohashi, J. Jap. Bot. 77 (2): 76 (2002).

陕西、甘肃、湖南、湖北、四川、云南；不丹、尼泊尔、印度、巴基斯坦。

狭叶蓼（狭叶神血宁）

Polygonum angustifolium Pall., Reise Russ. Reich. 3: 230 (1776).

Polygonum acidulum Willd., Enum. Pl. (Willdenow) 1: 429 (1809); *Polygonum divaricatum* var. *angustissimum* f. *glabrum* Meisn., Monogr. Polyg. 57 (1826); *Polygonum polymorphum* var. *angustissimum* Korsh., Fl. Trinidad et Tobago (1928); *Pleuropteropyrum angustifolium* (Pall.) Kitag., Rep. Inst. Sci. Res. Manchoukuo 1: 295 (1937); *Aconogonon angustifolium* (Pall.) H. Hara, Fl. E. Himalaya 631 (1966); *Polygonum alpinum* var. *angustissimum* Turcz., Mem. New York Bot. Gard. (1967); *Persicaria angustifolia* (Pall.) Ronse Decr, Bot. J. Linn. Soc. 98 (4): 367 (1988).

黑龙江、内蒙古、河北；蒙古国、俄罗斯（远东地区、东西伯利亚）。

伏地蓼（伏地萹蓄）

Polygonum arenastrum Boreau, Fl. Centre France, ed. 3 2: 559 (1857).

Polygonum propinquum Ledeb., Fl. Ross. (Ledeb.) 3 (2): 532 (1850); *Polygonum polyneuron* Franch. et Sav., Enum. Pl. Jap. 2: 471 (1878); *Polygonum prostratum* Skvortsov, Diagn. Pl. Nov. Mandsh. 5, t. 1, f. 27-28 (1943); *Polygonum planum* Skvortsov, Diagn. Pl. Nov. Mandsh. 5 (1943).

黑龙江、山西；蒙古国、日本、朝鲜、俄罗斯、热带澳大利亚、欧洲、北美洲。

帚蓼（帚蔫蓄）

Polygonum argyrocoleon Steud. ex Kunze, Linnaea 20 (1): 17 (1847).

内蒙古、甘肃、青海、新疆；蒙古国、阿富汗、塔吉克斯坦、吉尔吉斯斯坦、哈萨克斯坦、乌兹别克斯坦、土库曼斯坦、俄罗斯、亚洲西南部。

阿萨姆蓼

Polygonum assamicum Meisn. in DC., Prodr. 14 (1): 111 (1856).

Persicaria assamica (Meisn.) Soják, Preslia 46 (2): 152 (1974).

四川、贵州、云南、广西；缅甸、印度。

萹蓄（扁竹，竹叶草，多茎萹蓄）

Polygonum aviculare L., Sp. Pl. 1: 362 (1753).

黑龙江、吉林、辽宁、内蒙古、河北、山西、山东、河南、陕西、宁夏、甘肃、青海、新疆、安徽、江苏、浙江、江西、湖南、湖北、四川、贵州、云南、西藏、福建、台湾、广东、广西、海南；广泛分布于北温带；南温带归化。

萹蓄（原变种）

Polygonum aviculare var. aviculare

Polygonum monspeliense Thiéb.-Bern. ex Pers., Syn. Pl. (Persoon) 1: 439 (1805); Polygonum aviculare var. vegetum Ledeb., Fl. Ross. (Ledeb.) 3: 532 (1849); Polygonum heterophyllum Lindm., Svensk Bot. Tidskr. 690, pl. 23, f. 1-9; pl. 24-25 (1912); Polygonum aviculare var. heterophyllum Munshi et Javeid, Syst. Stud. Polyg. Kashm. Himal. 55 (1986).

黑龙江、吉林、辽宁、内蒙古、河北、山西、山东、河南、陕西、宁夏、甘肃、青海、新疆、安徽、江苏、浙江、江西、湖南、湖北、四川、贵州、云南、西藏、福建、台湾、广东、广西、海南；广泛分布于北温带；南温带归化。

褐鞘蓼（褐鞘萹蓄）

Polygonum aviculare var. fusco-ochreatum (Kom.) A. J. Li, Fl. Reipubl. Popularis Sin. 25 (1): 9 (1998).

Polygonum fusco-ochreatum Kom., Fl. U. R. S. S. 5: 719, pl. 40, f. 4 (1936); *Polygonum argenteum* Skvortsov, Diagn. Pl. Nov. Mandsh. 4 (1943); *Polygonum stans* Kitag., Neolin. Fl. Manshur. 243 (1979); *Polygonum fusco-ochreatum* f. *stans* (Kitag.) C. F. Fang, Fl. Liaoningica 1: 319 (1988).

黑龙江、吉林、辽宁；俄罗斯（远东地区）。

毛蓼

Polygonum barbatum L., Sp. Pl. 1: 362 (1753).

Polygonum kotoshoense Ohki, Bot. Mag. (Tokyo) 39: 362 (1925); *Polygonum omerostromum* Ohki, Bot. Mag. (Tokyo), xxxix. 262 (1925); *Persicaria omerostroma* (Ohki) Sasaki, List Pl. Formosa 170 (1928); *Persicaria barbata* (L.) H. Hara, Fl. E. Himalaya 70 (1966).

江西、湖南、湖北、四川、贵州、云南、福建、台湾、广东、广西、海南；菲律宾、越南、缅甸、泰国、马来西亚、印度尼西亚、不丹、尼泊尔、印度、斯里兰卡、巴布亚新几内亚。

双凸戟叶蓼（水麻）

Polygonum biconvexum Hayata, J. Coll. Sci. Imp. Univ. Tokyo 25 (19): 184 (1908).

Polygonum arifolium Thunb., Fl. Jap. 168 (1784); *Helxine aritolia* Rafin., Fl. Tellur. 3: 94 (1837); *Polygonum hastatotrilobum* Meisn., Ann. Mus. Bot. Lugduno-Batavi 2: 62 (1865); *Polygonum stoloniferum* F. Schmidt, Reis. Amur-Land., Bot. 7 (2): 168 (1868); *Polygonum pteropus* Hance, J. Bot. 7: 167 (1869); *Persicaria thunbergii* var. *stolonifera* (F. Schmidt) H. Gross ex Nakai, Fl. Bras. (1886); *Tracaulon thunbergii* (Siebold et Zucc.) Greene, Leafl. Bot. Observ. Crit. 1: 22 (1904); *Persicaria thunbergii* (Siebold et Zucc.) H. Gross, Bot. Jahrb. Syst. 49 (2): 275, in obs. (1913); *Polygonum stellato-tomentosum* W. W. Sm. et Ramas, Rec. Bot. Surv. India 6 (2): 33 (1913); *Polygonum hastatotrilobum* var. *lenticulare* Danser, Bull. Jard. Bot. Buitenzorg sér. 3, 8: 227 (1926); *Polygonum thunbergii* var. *stoloniferum* (F. Schmidt) Makino, Fl. Bras. Enum. Pl. (1929); *Persicaria biconvexa* (Hayata) Nemoto, Fl. Jap. Suppl. 169 (1936); *Persicaria sinica* Migo, J. Shanghai Sci. Inst. 4: 143 (1939); *Truellum bicovexum* (Hayata) Soják, Preslia 46 (2): 145 (1974); *Truellum thunbergii* (Siebold et Zucc.) Soják, Preslia 46 (2): 149 (1974); *Polygonum thunbergii* f. *bicovexum* (Hayata) T. S. Li et al., Fl. Taiwan 2: 284 (1976); *Polygonum sinicum* (Migo) W. P. Fang et Zheng, J. Hangzhou Univ., Nat. Sci. Ed. 13 (3): 222 (1986).

黑龙江、吉林、辽宁、内蒙古、河北、山西、山东、河南、陕西、甘肃、安徽、江苏、浙江、江西、湖南、湖北、四川、贵州、云南、西藏、福建、台湾、广东、广西、海南；印度尼西亚（苏门答腊）。

拳参（拳蓼）

Polygonum bistorta L., Sp. Pl. 1: 360 (1753).

Bistorta major S. F. Gray, Nat. Arr. Brit. Pl. ii 267 (1821); *Bistorta officinalis* Raf., Fl. Tellur. 3: 12 (1836); *Persicaria bistorta* (L.) Sampaio, Herb. Port. 41 (1913); *Polygonum lapidosum* (Kitag.) Kitag., Rep. Mansh. 2: 290 (1930); *Bistorta lapidosa* Kitag., Rep. Inst. Sci. Res. Manchoukuo 2: 290 (1938).

黑龙江、吉林、辽宁、内蒙古、河北、山西、山东、河南、陕西、宁夏、甘肃、安徽、江苏、浙江、江西、湖南、湖北；蒙古国、日本、哈萨克斯坦、俄罗斯、欧洲。

柳叶刺蓼

Polygonum bungeanum Turcz., Bull. Soc. Imp. Naturalistes Moscou 13: 77 (1840).

Polygonum pensylyanicum Bunge, Enum. Pl. Chin. Bor. 57 (1833); *Polygonum chanetii* H. Lév., Bull. Soc. Bot. France 54 (2): 370 (1907); *Persicaria bungeana* (Turcz.) Nakaiex T. Mori, Enum. Pl. Corea 131 (1922).

黑龙江、吉林、辽宁、内蒙古、河北、山西、山东、宁夏、甘肃、江苏；日本、朝鲜、俄罗斯（远东地区）。

钟花蓼（钟花神血宁）

Polygonum campanulatum Hook. f., Fl. Brit. Ind. 5 (13): 51 (1886).

湖北、四川、贵州、云南、西藏；缅甸、不丹、尼泊尔、印度。

钟花神血宁（原变种）

Polygonum campanulatum var. **campanulatum**

Polygonum rumicifolium var. *oblongum* Meisn. in DC., Prodr. 14 (1): 138 (1856); *Reynoutria campanulata* (Hook. f.) Moldenke, Bull. Torrey Bot. Club. 68 (9): 675 (1941); *Aconogonon campanulatum* (Hook. f.) H. Hara, Fl. E. Himalaya 67 (1966); *Aconogonon campanulatum* var. *oblongum* (Meisn.) H. Hara, Enum. Fl. Pl. Nepal 3: 172 (1982); *Persicaria campanulata* (Hook. f.) Ronse Decr., Bot. J. Linn. Soc. 98 (4): 367 (1988).

四川、贵州、云南、西藏；不丹、缅甸、尼泊尔、印度（锡金）。

绒毛钟花蓼（绒毛钟花神血宁）

Polygonum campanulatum var. **fulvidum** Hook. f., Fl. Brit. Ind. 5 (13): 52 (1886).

Polygonum alpinum var. *sinicum* Damm. ex Diels, Bot. Jahrb. Syst. 29 (2): 314 (1900); *Polygonum duclouxii* H. Lév. et Vaniot, Repert. Spec. Nov. Regni Veg. 6 (107-112): 112 (1908); *Persicaria alpina* var. *sinica* (Dammer) H. Gross, Bull. Acad. Int. Geogr. Bot. 23: 31 (1913); *Persicaria duclouxii* (H. Lév. et Vaniot) H. Gross., Bull. Acad. Int. Géogr. Bot. 23: 32 (1913); *Persicaria duclouxii* var. *hypoleuca* H. Lév., Bull. Acad. Int. Géogr. Bot. 25: 40 (1915); *Aconogonon campanulatum* var. *fulvidum* (Hook. f.) H. Hara, Fl. E. Himalaya 67 (1966).

湖北、四川、贵州、云南、西藏。尼泊尔、印度（锡金）。

头花蓼（草石椒）

Polygonum capitatum Buch.-Ham. ex D. Don, Prodr. Fl. Nepal. 73 (1825).

Persicaria capitata (Buch.-Ham. ex D. Don) H. Gross, Bot. Jahrb. Syst. 49 (2): 277 (1913); *Cephalophilon capitatum* (Buch.-Ham. ex D. Don) Tzvelev, Novit. Syst. Pl. Vasc. 24: 76 (1987).

江西、湖南、湖北、四川、贵州、云南、西藏、广东、广西；越南、缅甸、泰国、马来西亚、不丹、尼泊尔、印度、斯里兰卡。

华蓼（华神血宁）

●**Polygonum cathayanum** A. J. Li, Bull. Bot. Res., Harbin 15 (4): 417, f. 5 (1995).

青海、四川、云南、西藏。

火炭母

Polygonum chinense L., Sp. Pl. 1: 363 (1753).

陕西、甘肃、安徽、江苏、浙江、江西、湖南、四川、贵州、西藏、台湾、广东、广西、海南；日本、菲律宾、越南、缅甸、泰国、马来西亚、印度尼西亚、不丹、尼泊尔、印度。

火炭母（原变种）

Polygonum chinense var. **chinense**

Polygonum sinense J. F. Gmel., Syst. Nat. 2: 639 (1791); *Polygonum brachiatum* Poir., Encycl. Suppl. 6: 150 (1804); *Ampelygonum chinense* (L.) Lindl., Edward's Bot. Reg. 24: Misc. 62 (1832); *Persicaria chinensis* var. *siamensis* H. Lév., Repert. Spec. Nov. Regni Veg. 11 (301-303): 496 (1913); *Persicaria chinensis* (L.) H. Gross, Bot. Jahrb. 49 (2): 269, in obs. (1913); *Polygonum adenopodum* Sam., Symb. Sin. 7 (1): 181 (1929).

陕西、甘肃、安徽、江苏、浙江、江西、湖南、四川、贵州、西藏、台湾、广东、广西、海南；日本、菲律宾、越南、缅甸、泰国、马来西亚、印度尼西亚、不丹、尼泊尔、印度。

硬毛火炭母

Polygonum chinense var. **hispidum** Hook. f., Fl. Brit. Ind. 5 (13): 45 (1886).

Polygonum chinense f. *hispidum* (Hook. f.) Sam., Symb. Sin. 7 (1): 180 (1929).

湖南、四川、贵州、云南、广西；缅甸、泰国、印度。

宽叶火炭母

Polygonum chinense var. **ovalifolium** Meisn., Pl. Asiat. Rar. 3: 60 (1832).

Polygonum malaicum Danser, Bull. Jard. Bot. Buitenz. sér. 3 8: 218 (1927); *Polygonum chinense* var. *malaicum* (Danser) Steward, Contr. Gray Herb. 88: 73 (1930); *Persicaria chinensis* var. *ovalifolia* (Meisn.) H. Hara, Fl. E. Himalaya 71 (1966); *Cephalophilon malaicum* (Danser) Borodina, Konsp. Sosud. Rast. Fl. V'etnama 2: 145 (1966); *Ampelygonum malaicum* (Danser) M. A. Hassan, Bangladesh J. Bot. 22 (1): 4 (1993).

贵州、云南、西藏；日本、缅甸、泰国、马来西亚、尼泊尔、印度。

窄叶火炭母（愉悦蓼）

●**Polygonum chinense** var. **paradoxum** (H. Lév.) A. J. Li, Fl. Reipubl. Popularis Sin. 25 (1): 57, pl. 12, f. 2 (1998).

Polygonum paradoxum H. Lév., Repert. Spec. Nov. Regni Veg. 7 (152-156): 339 (1909); *Polygonum jucundum* Diels, Notes

Roy. Bot. Gard. Edinburgh 5 (25): 257 (1912); *Polygonum dielsii* H. Lév., Cat. Pl. Yun-Nan 206 (1916).

河南、陕西、甘肃、安徽、江苏、浙江、江西、湖南、湖北、四川、贵州、云南、福建、广东、广西。

铺地火炭母

●**Polygonum chinense** var. **procumbens** Z. E. Zhao et J. R. Zhao, J. Wuhan Bot. Res. 25 (6): 561, f. 1 (2007).

湖北、海南。

岩蓼（岩萹蓄）

Polygonum cognatum Meisn., Monogr. Polyg. 91 (1826).
Polygonum rupestre Kar. et Kir., Bull. Soc. Imp. Naturalistes Moscou 14: 740 (1841); *Polygonum myriophyllum* H. Gross, Bot. Jahrb. Syst. 49 (2): 344 (1913).

内蒙古、新疆；蒙古国、塔吉克斯坦、吉尔吉斯斯坦、哈萨克斯坦、俄罗斯。

革叶蓼（革叶拳参）

●**Polygonum coriaceum** Sam., Symb. Sin. 7 (1): 174 (1929).
Bistorta coriacea (Sam.) Yonek. et H. Ohashi, J. Jap. Bot. 72 (3): 157 (1997).

四川、贵州、云南、西藏。

白花蓼（白花神血宁）

Polygonum coriarium Grig., Trudy Bot. Inst. Akad. Nauk S. S. S. R., Ser. 1, Fl. Sist. Vyssh. Rast. 1: 101 (1933).
Polygonum bucharicum Grig., Trudy Bot. Inst. Akad. Nauk S. S. S. R., Ser. 1, Fl. Sist. Vyssh. Rast. 1: 102 (1933); *Pleuropteropyrum bucharicum* (Grigorjev) Nevski, Flora et System. Pl. Vasc. 4: 217 (1937); *Aconogonon coriarium* (Grig.) Soják, Preslia 46 (2): 151 (1974); *Aconogonon coriarium* subsp. *bucharicum* (Grigorjev) Soják, Preslia 46 (2): 151 (1974); *Aconogonon bucharicum* (Grigorjev) Holub, Folia Geobot. Phytotax. 11 (1): 80 (1976).

新疆；阿富汗、塔吉克斯坦、吉尔吉斯斯坦、哈萨克斯坦。

蓼子草

●**Polygonum criopolitanum** Hance, Ann. Sci. Nat., Bot. sér. 5 5: 238 (1886).
Persicaria criopolitana (Hance) Migo, J. Shanghai Sci. Inst. Sect. 3 4: 142 (1939).

河南、陕西、安徽、江苏、浙江、江西、湖南、湖北、福建、广东、广西。

蓝药蓼

●**Polygonum cyanandrum** Diels, Notes Roy. Bot. Gard. Edinburgh 5 (25): 257 (1912).
Koenigia cyanandra (Diels) Meisicek et Soják, Folia Geobot. Phytotax. 8 (1): 110 (1973).

陕西、甘肃、青海、湖北、四川、云南、西藏。

大箭叶蓼

●**Polygonum darrisii** H. Lév., Repert. Spec. Nov. Regni Veg.

11 (286-290): 297 (1912).

Polygonum sagittifolium H. Lév. et Vaniot, Bull. Acad. Int. Géogr. Bot. 11: 342 (1902); *Persicaria sagittifolia* (H. Lév. et Vaniot) H. Gross, Bot. Jahrb. Syst. 49 (2): 248, only Pl. 10, f. 90 (1913); *Truellum darrisii* (H. Lév.) Soják, Preslia 46 (2): 145 (1974); *Polygonum senticosum* var. *sagittifolium* (H. Lév. et Vaniot) C. W. Park, Brittonia 38: 218 (1986); *Persicaria senticosa* var. *sagittifolia* (H. Lév. et Vaniot) Yonekura et H. Ohashi, J. Jap. Bot. 72 (3): 160 (1997).

河南、陕西、甘肃、安徽、江苏、浙江、江西、湖南、湖北、四川、贵州、云南、福建、广东、广西。

小叶蓼

Polygonum delicatulum Meisn. in DC., Prodr. 14 (1): 127 (1857).
Koenigia delicatula (Meisn.) H. Hara, Fl. E. Himalaya 70 (1966).

四川、云南、西藏；不丹、尼泊尔、印度北部、巴基斯坦。

二歧蓼

Polygonum dichotomum Blume, Bijdr. Fl. Ned. Ind. 11: 529 (1826).
Polygonum tetragonum Blume, Bijdr. Fl. Ned. Ind. 11: 529 (1825); *Polygonum pedunculare* Wall. ex Meisn., Pl. Asiat. Rar. 3: 58 (1832); *Persicaria peduncularis* (Wall. ex Meisn.) Nemoto, Fl. Bras. (1886); *Tracaulon tetragonum* (Blume) Greene, Leafl. Bot. Observ. Crit. 1: 22 (1904); *Tracaulon pedunculare* (Wall. ex Meisn.) Greene, Leafl. Bot. Observ. Crit. 1: 22 (1904); *Polygonum strigosum* var. *pedunculare* (Wall.) Steward, Contr. Gray Herb. 88: 91 (1930); *Persicaria dichotoma* (Blume) Masam., Sci. Rep. Kanazawa Univ. 2, no. 2 82 (1954); *Truellum dichotomum* (Blume) Soják, Preslia 46 (2): 145 (1974).

湖北、福建、台湾、广东、广西、海南；日本、菲律宾、越南、老挝、泰国、马来西亚、印度尼西亚、印度、热带澳大利亚。

稀花蓼

Polygonum dissitiflorum Hemsl., J. Linn. Soc., Bot. 26 (176): 338 (1891).
Persicaria fauriei (H. Lév. et Vaniot) Nakai ex T. Mori, Fl. Altaic. (1829); *Polygonum fauriei* H. Lév. et Vaniot, Bull. Soc. Bot. France 51: 423 (1904); *Polygonum glanduliferum* Nakai, J. Coll. Sci. Imp. Univ. Tokyo 23: 20, t. 1, f. 1 (1908); *Persicaria dissitiflora* (Hemsl.) H. Gross ex T. Mori, Enum. Pl. Corea 131 (1922); *Truellum dissitiflorum* (Hemsl.) Tzvelev., Novit. Syst. Pl. Vasc. 24: 76 (1987).

黑龙江、吉林、辽宁、河北、山西、山东、河南、陕西、甘肃、安徽、江苏、浙江、江西、湖南、湖北、四川、贵州、福建；朝鲜、俄罗斯。

叉分蓼（叉分神血宁）

Polygonum divaricatum L., Sp. Pl. 1: 363 (1753).

Persicaria divaricata (L.) H. Gross, Bull. Acad. Int. Géogr. Bot. 23: 29 (1913); *Aconogonon divaricatum* (L.) Nakai ex T. Mori, Enum. Pl. Corea 129 (1922); *Pleuropteropyrum divaricatum* (L.) Nakai, Rigakkai. 24: 8 (1926).

黑龙江、吉林、辽宁、内蒙古、河北、山西、山东、河南、青海、湖北；蒙古国、朝鲜、俄罗斯（远东地区、东西伯利亚）。

椭圆叶蓼 （椭圆叶拳参）

Polygonum ellipticum Willd. ex Spreng., Syst. Veg. 2: 253 (1825).

Polygonum bistorta var. *nitens* Fisch. et C. A. Mey., Index Sem. [St. Petersburg]. 5: 40 (1883); *Polygonum bistorta* var. *ellipticum* (Willd. ex Spreng.) Turcz., Leafl. Bot. Observ. Crit. (1903-1912) (1903); *Polygonum attenuatum* Petrov ex Kom., Fl. U. R. S. S. 5: 725 (1936); *Polygonum nitens* (Fisch. et C. A. Mey.) Petrov ex Kom., Fl. U. R. S. S. 5: 724 (1936); *Bistorta major* subsp. *elliptica* (Willd. ex Spreng.) Á. Löve et D. Löve, Bot. Not. 128 (4): 507 (1976).

吉林、辽宁、新疆；蒙古国、塔吉克斯坦、吉尔吉斯斯坦、哈萨克斯坦、俄罗斯（远东地区、东西伯利亚）。

匐枝蓼 （竹叶舒筋，红藤蓼）

Polygonum emodi Meisn., Pl. Asiat. Rar. 3: 51, pl. 287 (1832).

Bistorta emodi (Meisn.) Petrov, Izv. Glavn. Bot. Sada S. S. S. R. 27: 227 (1928).

四川、云南、西藏；不丹、尼泊尔、印度、克什米尔。

宽叶匐枝蓼 （悬垂竹叶舒筋，宽竹叶舒筋）

●**Polygonum emodi** var. **dependens** Diels, Notes Roy. Bot. Gard. Edinburgh 5 (25): 256 (1912).

Bistorta zigzag (H. Lév. et Vaniot) H. Gross, Bull. Geogr. Bot. Mag. (Tokyo)xl 51(1926); *Bistorta emodi* var. *dependens* (Diels) Petrov, Izv. Glavn. Bot. Sada S. S. S. R. 27: 230 (1928); *Bistorta emodi* subsp. *dependens* (Diels) Soják, Preslia 46 (2): 152 (1974).

四川、云南、西藏。

青藏蓼

●**Polygonum fertile** (Maxim.) A. J. Li, Fl. Reipubl. Popularis Sin. 25 (1): 67 (1998).

Koenigia fertilis Maxim., Bull. Acad. Imp. Sci. Saint-Pétersbourg 19: 481 (1874).

甘肃、青海、四川、西藏。

细茎蓼

Polygonum filicaule Wall. ex Meisn., Pl. Asiat. Rar. 3: 59 (1832).

Koenigia nepalensis D. Don, Prodr. Fl. Nepal. 74 (1825); *Polygonum radicans* Hemsl., J. Linn. Soc., Bot. 26 (176): 347 (1891); *Polygonum minutum* Hayata, J. Coll. Sci. Imp. Univ. Tokyo 25 (19): 185, t. 30 (1908); *Persicaria minuta* (Hayata) Nakai, Rigakkai 24: 298 (1926).

青海、四川、云南、西藏、台湾；缅甸、不丹、尼泊尔、印度、巴基斯坦、克什米尔。

多叶蓼

Polygonum foliosum H. Lindb., Meddel. Soc. Fauna Fl. Fenn. 27: 3, pl. 1, 2 (1900).

Persicaria foliosa (H. Lindb.) Kitag., Rep. Inst. Sci. Res. Manchoukuo 1: 321 (1937); *Polygonum ilanense* Y. C. Liu et C. H. Ou, Quart. J. Chin. Forest. 9 (2): 124 (1976).

黑龙江、吉林、辽宁、内蒙古、安徽、江苏、台湾；日本、朝鲜、俄罗斯。

宽基多叶蓼

Polygonum foliosum var. **paludicola** (Makino) Kitam., Acta Phytotax. Geobot. 20: 207 (1962).

Polygonum paludicola Makino, Bot. Mag. (Tokyo) 28: 113 (1914); *Persicaria paludicola* (Makino) Nakai, Rigakkai 24: 300 (1926).

黑龙江、吉林、辽宁、安徽、江苏；日本、俄罗斯。

大铜钱叶蓼 （六铜钱叶神血宁）

Polygonum forrestii Diels, Notes Roy. Bot. Gard. Edinburgh 5 (25): 258 (1912).

Koenigia forrestii (Diels) Mesicek et Soják, Folia Geobot. Phytotax. 8 (1): 110 (1973).

四川、贵州、云南、西藏；缅甸、不丹、尼泊尔、印度（锡金）、克什米尔。

光蓼

Polygonum glabrum Willd., Sp. Pl., ed. 2 (1): 447 (1799).

Polygonum portoricense Bertol. ex Endl. in Endlicher, Gen. Pl. Suppl. 4 2: 47 (1848); *Polygonum densiflorum* Meisn., Mart. Fl. Bras. 5 (1): 13 (1855); *Persicaria glabra* (Willd.) M. Gómez, Anales Inst. Segunda Ensen. 2: 278 (1896).

湖南、湖北、福建、台湾、广东、广西、海南；菲律宾、越南、缅甸、泰国、不丹、印度、孟加拉国、斯里兰卡、热带澳大利亚、太平洋岛屿、非洲、北美洲、南美洲。

冰川蓼

Polygonum glaciale (Meisn.) Hook. f., Fl. Brit. Ind. 5 (13): 41 (1886).

河北、山西、陕西、甘肃、青海、四川、云南、西藏；尼泊尔、印度、阿富汗。

冰川蓼 （原变种）

Polygonum glaciale var. **glaciale**

Polygonum perforatum var. *glaciale* Meisn. in DC., Prodr. 14 (1): 128 (1856); *Persicaria glacialis* (Meisn.) H. Hara, J. Jap. Bot. 53 (5): 134 (1978).

河北、山西、陕西、甘肃、青海、四川、云南、西藏；尼泊尔、印度、阿富汗、印度（锡金）。

洼点蓼

Polygonum glaciale var. **przewalskii** (A. K. Skvortsov et

Borodina) A. J. Li, Fl. Reipubl. Popularis Sin. 25 (1): 64 (1998).

Polygonum przewalskii A. K. Skvortsov et Borodina, Rast. Tsentr. Azii 9: 106, pl. 6, f. 2 (1989).

河北、山西、陕西、甘肃、青海、四川、云南、西藏；尼泊尔、印度、阿富汗。

长梗蓼（美穗拳参，长梗拳参）

Polygonum griffithii Hook. f., Fl. Brit. Ind. 5 (13): 54 (1886).

Polygonum calostachyum Diels, Notes Roy. Bot. Gard. Edinburgh 5 (25): 261 (1912); *Bistorta griffithii* (Hook. f.) Grierson, Notes Roy. Bot. Gard. Edinburgh 40 (1): 128 (1982).

云南、西藏；缅甸、不丹。

长箭叶蓼

Polygonum hastatosagittatum Makino, Bot. Mag. (Tokyo) 17: 119 (1903).

Polygonum sagittatum var. *ussurense* Regel, Mém. Acad. Imp. Sci. St.-Pétersbourg, sér. 7 4: 126 (1861); *Persicaria hastatosagittata* (Makino) Nakai ex T. Mori, Fl. Bras. (1886); *Persicaria ussuriensis* (Regel) Nakai ex T. Mori, Fl. Bras. (1886); *Polygonum cavaleriei* H. Lév., Repert. Spec. Nov. Regni Veg. 8 (166-172): 172 (1910); *Polygonum korshinskianum* Nakai, J. Coll. Sci. Imp. Univ. Tokyo 31: 169 (1911); *Polygonum ussuriense* (Regel) Nakai, Icon. Pl. Koisikav. 4: 49, t. 237 (1919); *Polygonum strigosum* var. *hastatosagittatum* (Makino) Steward, Contr. Gray Herb. 88: 90 (1930); *Truellum korshinskianum* (Nakai) Soják, Preslia 46 (2): 146 (1974); *Truellum hastato-sagittatum* (Makino) Soják, Preslia 46 (2): 146 (1974).

黑龙江、吉林、辽宁、河北、河南、安徽、江苏、浙江、江西、湖南、湖北、贵州、云南、西藏、福建、台湾、广东、广西、海南；俄罗斯。

河南蓼（河南拳参）

●**Polygonum honanense** H. W. Kung, Chin. J. Bot. 1 (1): 14, pl. 4 (1936).

Bistorta honanensis (H. W. Kung) Yonekura et H. Ohashi, J. Jap. Bot. 72 (3): 157 (1997).

河南、陕西。

硬毛蓼（假大黄，硬毛神血宁）

Polygonum hookeri Meisn., Ann. Sci. Nat., Bot. sér. 5 5 (4): 352 (1866).

Polygonum acaule Hook. f., Hooker's Icon. Pl. 15 (4): 71, pl. 1490 (1885); *Rheum hirsutum* Maxim. ex Franch., Bull. Mus. Hist. Nat. (Paris) 1: 213 (1895); *Rheum hirsutifolium* Losinsk., Mem. New York Bot. Gard. (1900); *Persicaria acaulis* H. Gross, Bull. Geogr. Bot. 23: 28 (1913); *Polygonum nanum* Lingelsh. ex H. Limpr., Repert. Spec. Nov. Regni Veg. Beih. 12: 358 (1922); *Aconogonon hookeri* (Meisn.) H. Hara, Fl. E. Himalaya 631 (1966); *Persicaria hookeri* (Meisn.) Ronse Decr., Bot. J. Linn. Soc. 98 (4): 367 (1988).

甘肃、青海、四川、云南、西藏；不丹、印度（锡金）。

华南蓼

●**Polygonum huananense** A. J. Li, Bull. Bot. Res., Harbin 15 (4): 413 (1995).

广东。

晖春萹蓄

●**Polygonum huichunense** F. Z. Li, Y. T. Hou et C. Y. Qu, Acta Phytotax. Sin. 45 (4): 534, fig. 6 (2007).

吉林。

普通蓼（普通萹蓄）

Polygonum humifusum Merck ex K. Koch, Linnaea 22 (2): 205 (1849).

Polygonum mandshuricum Skvortsov, Diagn. Pl. Nov. Mandshur. 4 (1943); *Polygonum yamatutae* Kitag., J. Jap. Bot. 39 (12): 358 (1964); *Polygonum humifusum* Merck ex K. Koch f. *yamatutae* (Kitag.) C. F. Fang, Fl. Liaoningica 1: 320, pl. 126, f. 5 (1988).

黑龙江、吉林、辽宁；蒙古国、俄罗斯、北美洲。

矮蓼

Polygonum humile Meisn., Pl. Asiat. Rar. 3: 59 (1832).

Persicaria humilis (Meisn.) H. Hara, J. Jap. Bot. 53 (5): 134 (1978).

云南；不丹、尼泊尔、印度。

水蓼（辣蓼）

Polygonum hydropiper L., Sp. Pl. 1: 361 (1753).

Persicaria hydropiper (L.) Spach, Hist. Nat. Vég. 10: 536 (1841); *Polygonum hydropiper* var. *vulgare* Meisn., Prodr. (DC.) 14: 109 (1856); *Persicaria hydropiper* var. *diffusa* Kitag., Atti Reale Accad. Lincei, Mem. Cl. Sci. Fis. ser. 3 (1876); *Persicaria schinzii* J. Schust., Bull. Herb. Boissier. 2 (8): 711 (1908); *Polygonum schinzii* J. Schust., Bull. Herb. Boiss. Ser. 2 8: 711 (1908); *Persicaria hydropiper* var. *vulgaris* (Meisn.) Ohki, Descr. S. Amer. Pl. (1920); *Persicaria vernalis* Nakai, Bot. Mag. (Tokyo) 43: 455 (1929); *Polygonum hydropiper* var. *longistachyum* Y. L. Chang et S. X. Li, Fl. Pl. Herb. Chin. Bor.-Or. 2: 43, 107 (1959).

黑龙江、吉林、辽宁、内蒙古、河北、山西、山东、河南、陕西、宁夏、甘肃、青海、新疆、安徽、江苏、浙江、江西、湖南、湖北、四川、贵州、云南、西藏、福建、台湾、广东、广西、海南；蒙古国、日本、朝鲜、缅甸、泰国、马来西亚、印度尼西亚、不丹、尼泊尔、印度、孟加拉国、斯里兰卡、吉尔吉斯斯坦、哈萨克斯坦、乌兹别克斯坦、俄罗斯、热带澳大利亚、欧洲、北美洲。

圆叶蓼（圆叶萹蓄）

Polygonum intramongolicum A. J. Li ex Borodina, Rast. Tsentr. Azii 9: 102 (1989).

Atraphaxis tortuosa Losinsk., Izv. Glavn. Bot. Sada S. S. S. R. 26 (1): 6 (1927).

内蒙古；蒙古国。

蚕茧草（蚕茧蓼）

Polygonum japonicum Meisn. in DC. Prodr. 14 (1): 112 (1856).

山东、河南、陕西、安徽、江苏、浙江、江西、湖南、湖北、四川、贵州、云南、西藏、福建、台湾、广东、广西；日本、朝鲜。

蚕茧蓼（原变种）

Polygonum japonicum var. **japonicum**

Polygonum macranthum Meisn. in DC. Prodr. 14 (1): 107 (1856); *Polygonum myosurus* Franch., Pl. David. 2: 111 (1888); *Polygonum martini* H. Lév. et Vaniot., Bull. Acad. Int. Géogr. Bot. 11: 340 (1902); *Persicaria japonica* (Meisn.) H. Gross ex Nakai, Rep. Veg. Quelp. 41 (1914).

山东、河南、陕西、安徽、江苏、浙江、江西、湖南、湖北、四川、贵州、云南、西藏、福建、台湾、广东、广西；日本、朝鲜。

显花蓼

Polygonum japonicum var. **conspicuum** Nakai, J. Coll. Sci. Imp. Univ. Tokyo 23: 10 (1908).

Persicaria conspicua (Nakai) Nakai ex T. Mori, Fl. Bras. (1886); *Polygonum sterile* var. *brevistylum* (Nakai) Nakai, Gard. Chron. Ser. 3 (1887); *Polygonum japonicum* f. *brevistylum* Nakai, Rev. Cact. (1897-1902) (1897); *Polygonum conspicuum* (Nakai) Nakai, J. Coll. Sci. Imp. Univ. Tokyo 31: 168 (1911); *Persicaria sterilis* (Nakai) Nakai et Ohki, Bot. Mag. (Tokyo) 1926, 40. 51 (1926); *Polygonum sterile* Nakai, Bot. Mag. (Tokyo) Vol. 1-105 (1992).

安徽、江苏、浙江、福建、台湾；日本、朝鲜。

愉悦蓼

●**Polygonum jucundum** Meisn., Monogr. Polyg. 71 (1826).

Polygonum hangchouense Matsuda, Bot. Mag. (Tokyo) 27: 9 (1913); *Persicaria jucunda* (Meisn.) Migo, J. Shanghai Sci. Inst. Sect. 3 (4): 142 (1939).

河南、陕西、甘肃、安徽、江苏、浙江、江西、湖南、湖北、四川、贵州、云南、福建、广东、广西、海南。

圆基愉悦蓼

●**Polygonum jucundum** var. **rotundum** Z. Z. Zhou et Q. Y. Sun, Acta Phytotax. Sin. 45 (5): 714, figs. 1-5 (2007).

安徽。

柔茎蓼

Polygonum kawagoeanum Makino, Bot. Mag. (Tokyo) 28: 115 (1914).

Polygonum micranthum Meisn., Ann. Mus. Bot. Lugduno-Batavi 2: 59 (1865); *Persicaria kawagoeana* (Makino) Nakai, Rigakkai 24: 12 (1926); *Polygonum minus*

subsp. *micranthum* (Meisn.) Dan., Bull. Jard. Bot. Buitenzorg sér. 3 8: 176, f. 8 (1927); *Polygonum minus* subsp. *procerum* Danser, Bull. Jard. Bot. Buitenzorg. Ser. 3 8: 176 (1927); *Polygonum minus* var. *procerum* (Danser) Steward, Contr. Gray Herb. 88: 64 (1930); *Persicaria tenella* var. *kawagoeana* (Makino) H. Hara, J. Jap. Bot. 44 (12): 375 (1969); *Polygonum tenellum* var. *micranthum* (Meisn.) C. Y. Wu, Index Fl. Yunnan. 1: 282 (1984).

安徽、江苏、浙江、江西、云南、西藏、福建、台湾、广东、广西、海南；日本、马来西亚、印度尼西亚、不丹、尼泊尔、印度。

酸模叶蓼（木马蓼，马蓼，绵毛酸模叶蓼，柳叶蓼）

Polygonum lapathifolium L., Sp. Pl. 1: 360 (1753).

中国；蒙古国、日本、朝鲜、菲律宾、越南、缅甸、泰国、马来西亚、印度尼西亚、不丹、尼泊尔、印度、孟加拉国、巴基斯坦、塔吉克斯坦、吉尔吉斯斯坦、哈萨克斯坦、乌兹别克斯坦、土库曼斯坦、巴布亚新几内亚、俄罗斯、热带澳大利亚、欧洲、非洲北部、北美洲。

马蓼（原变种）

Polygonum lapathifolium var. **lapathifolium**

Polygonum lapathifolium var. *salicifolium* Sibth., Fl. Oxon. 129 (1794); *Polygonum nodosum* Pers., Syn. Pl. 1: 440 (1805); *Polygonum lapathifolium* subsp. *nodosum* (Pers.) Weinm., Descr. Egypte, Hist. Nat. (1813); *Persicaria lapathifolia* (L.) S. F. Gray, Nat. Arr. Brit. Pl. 2: 270 (1821); *Polygonum nodosum* var. *incanum* Ledeb., Fl. Ross. (Ledeb.) 3: 521 (1850); *Persicaria nodosa* (Pers.) Opiz, Senzam 72 (1852); *Polygonum pyramidale* H. Lév., Bull. Soc. Bot. France 54 (6): 370 (1907); *Polygonum komarovii* H. Lév., Repert. Spec. Nov. Regni Veg. 8 (166-172): 171 (1910); *Persicaria vaniotiana* H. Lév., Repert. Spec. Nov. Regni Veg. 11 (301-303): 496 (1913); *Polygonum vaniotianum* (H. Lév.) H. Lév., Cat. Pl. Yun-Nan 208 (1916); *Polygonum lapathifolium* var. *incanum* Ledeb., J. Jap. Bot. (1916); *Polygonum lapathifolium* var. *xanthophyllum* H. W. Kung, Contr. Inst. Bot. Natl. Acad. Peiping 3: 369 (1935); *Polygonum persicaria* var. *incanum* Roth, Mem. Mus. Natl. Hist. Nat., Ser. B, Bot. (1950-1959) (1950); *Persicaria lapathifolia* subsp. *pallida* var. *incana* (Roth) S. Ekman et T. Knutsson, Nord. J. Bot. 14 (1): 24 (1994); *Persicaria lapathifolia* subsp. *pallida* var. *incana* (L.) S. F. Gray, Nord. J. Bot. 14 (1): 24 (1994).

中国；蒙古国、日本、朝鲜、菲律宾、越南、缅甸、泰国、马来西亚、印度尼西亚、不丹、尼泊尔、印度、孟加拉国、巴基斯坦、塔吉克斯坦、吉尔吉斯斯坦、哈萨克斯坦、乌兹别克斯坦、土库曼斯坦、巴布亚新几内亚、俄罗斯、热带澳大利亚、欧洲、非洲北部、北美洲。

密毛酸模叶蓼（密毛马蓼）

Polygonum lapathifolium var. **lanatum** (Roxb.) Steward, Contr. Gray Herb. 5: 46 (1930).

Polygonum lanatum Roxb., Fl. Ind. 2: 285 (1832); *Polygonum lanigerum* var. *cristatum* Hemsl., J. Linn. Soc., Bot. 26 (176): 342 (1891); *Persicaria lapathifolia* subsp. *lanata* (Roxb.) Soják, Preslia 46 (2): 154 (1974); *Persicaria lapathifolia* var. *lanata* (Roxb.) H. Hara, Enum. Fl. Pl. Nepal 3: 176 (1982); *Persicaria lanata* (Roxb.) Tzvelev, Novosti Sist. Vyssh. Rast. 25: 186 (1988).

云南、福建、台湾、广东、广西；菲律宾、缅甸、马来西亚、印度尼西亚、不丹、尼泊尔、印度。

丽江蓼 （丽江神血宁）

●**Polygonum lichiangense** W. W. Sm., Notes Roy. Bot. Gard. Edinburgh 8 (38): 197 (1914).

Polygonum campanulatum var. *lichiangense* (W. W. Sm.) Stew., Contr. Gray Herb. 88: 104 (1930); *Reynoutria lichiangensis* (W. W. Sm.) Moldenke, Bull. Torrey Bot. Club. 68 (9): 675 (1941); *Aconogonon lichiangense* (W. W. Sm.) Soják, Preslia 46 (2): 151 (1974).

云南。

污泥蓼

●**Polygonum limicola** Sam., Symb. Sin. 7 (1): 178 (1929).

Persicaria limicola (Sam.) Yonek. et H. Ohashi, J. Jap. Bot. 72 (3): 159 (1997).

湖南、湖北、云南、广东、广西。

谷地蓼 （谷地神血宁）

Polygonum limosum Kom., Izv. Imp. Bot. Sada Petra Velikago 16: 165 (1916).

Polygonum divaricatum var. *limosum* Kom., Fl. Mansh. 2: 140 (1903); *Pleuropteropyrum limosum* (Kom.) Kitag., Rep. Inst. Sci. Res. Manchoukuo 3, App. 1: 182 (1939); *Aconogonon limosum* (Kom.) H. Hara, Fl. E. Himalaya 632 (1966).

吉林；朝鲜、俄罗斯。

长鬃蓼

Polygonum longisetum Bruijn, Pl. Jungh. 3: 307 (1854).

Polygonum interruptum Bunge, Mém. Acad. Imp. Sci. St.-Pétersbourg Divers Savans 2: 58 (1833); *Polygonum blumei* Meisn. ex Miq., Ann. Mus. Bot. Lugduno-Batavi 2: 57 (1865); *Polygonum kinashii* H. Lév. et Vaniot, Bull. Soc. Bot. France 51: 422 (1904); *Persicaria gentiliana* H. Lév., Repert. Spec. Nov. Regni Veg. 13 (369-369): 338 (1914); *Persicaria blumei* (Meisn.) H. Gross, Veg. Isl. Quelpaert. 40 (1914); *Polygonum gentilianum* (H. Lév.) H. Lév., Cat. Pl. Yun-Nan 207 (1916); *Polygonum buisanense* Ohki, Bot. Mag. (Tokyo) 39: 362 (1925); *Persicaria buisanensis* (Ohki) Sasaki, List Pl. Formosa (Sasaki) 168 (1928); *Polygonum caespitosum* var. *longisetum* (Bruijn) Steward, Contr. Gray Herb. 88: 67 (1930); *Persicaria roseoviridis* Kitag., Rep. Inst. Sci. Res. Manchoukuo 1: 321, pl. 4 (1937); *Persicaria longiseta* (Bruijn) Moldenke, Rep. Inst. Sci. Res. Manchoukuo 1 (8): 322, in nota. (1937); *Persicaria manshuricola* Kitag., Rep. Inst. Sci. Res. Manchoukuo 6 (4): 121, pl. 2, f. 2 (1942); *Polygonum*

roseoviride (Kitag.) S. X. Li et Y. L. Chang, Fl. Pl. Herb. Chin. Bor.-Or. 2: 46, fig. 38 (1959); *Persicaria caespitosa* var. *longiseta* (Bruijn) C. F. Reed, Phytologia 63 (5): 410 (1987); *Polygonum roseoviride* var. *manshuricola* (Kitag.) C. F. Fang, Fl. Liaoningica. 1: 334 (1988); *Polygonum posumbu* var. *longisetum* (D. Bryn) F. Z. Li et C. Y. Qu, Bull. Bot. Res., Harbin 26 (3): 280 (2006).

黑龙江、吉林、辽宁、内蒙古、河北、山西、山东、河南、陕西、甘肃、安徽、江苏、浙江、江西、湖南、湖北、四川、贵州、云南、西藏、福建、台湾、广东、广西；蒙古国、日本、朝鲜、菲律宾、缅甸、马来西亚、印度尼西亚、尼泊尔、印度、克什米尔、俄罗斯。

圆基长鬃蓼

Polygonum longisetum var. **rotundatum** A. J. Li, Bull. Bot. Res., Harbin 15 (4): 418, f. 6 (1995).

Polygonum barbatum subsp. *gracile* Danser, Bull. Jard. Bot. Buitenzorg sér. 3 8: 146, f. 2 (1927); *Polygonum barbatum* var. *gracile* (Danser) Steward, Contr. Gray Herb. 88: 55 (1930); *Persicaria sungareensis* Kitag., J. Jap. Bot. 19 (3): 62 (1943); *Polygonum sungareense* f. *rubiflorum* S. X. Li et Y. L. Chang, Fl. Pl. Herb. Chin. Bor.-Or. 2: 44, 108 (1959); *Polygonum koreense* f. *viridiflorum* S. X. Li et Y. L. Chang, Fl. Pl. Herb. Chin. Bor.-Or. 2: 44, 108 (1959); *Polygonum rotundatum* (A. J. Li) F. Z. Li et C. Y. Qu, Bull. Bot. Res. 26 (3): 281 (2006).

黑龙江、吉林、辽宁、河北、山西、山东、河南、陕西、甘肃、安徽、江苏、浙江、江西、湖北、四川、贵州、云南、西藏、福建、广东、广西；蒙古国。

长戟叶蓼

Polygonum maackianum Regel, Mém. Acad. Imp. Sci. St.-Pétersbourg sér. 7 4 (4): 127 (1861).

Polygonum thunbergii var. *maackianum* Maxim. ex Franch. et Sav., Enum. Pl. Jap. 2: 475 (1878); *Tracaulon maackianum* (Regel) Greene, Leafl. Bot. Observ. Crit. 1: 22 (1904); *Persicaria maackiana* (Regel) Nakai ex Mori, Enum. Pl. Corea 132 (1922); *Truellum maackianum* (Regel) Soják, Preslia 46 (2): 146 (1974).

黑龙江、吉林、辽宁、内蒙古、河北、山东、河南、陕西、安徽、江苏、浙江、江西、湖南、湖北、四川、云南、台湾、广东；日本、朝鲜、俄罗斯。

圆穗蓼 （圆穗拳参）

Polygonum macrophyllum D. Don, Prodr. Fl. Nepal. 70 (1825).

河南、陕西、甘肃、青海、湖北、四川、贵州、云南、西藏；不丹、尼泊尔、印度北部。

圆穗拳参 （原变种）

Polygonum macrophyllum var. **macrophyllum**

Polygonum sphaerostachyum Meisn., Monogr. Polyg. 53 (1826); *Bistorta sphaerostachya* (Meisn.) Greene, Leafl. Bot.

Observ. Crit. 1: 21 (1904); *Bistorta yunnanensis* H. Gross, Bull. Acad. Int. Géogr. Bot. 23: 19 (1913); *Polygonum macrophyllum* Regel f. *tomentosum* Kitam., Fauna Fl. Nepal Himalaya 117 (1955); *Bistorta macrophylla* (D. Don) Soják, Preslia 46 (2): 152 (1974).

河南、陕西、甘肃、青海、湖北、四川、贵州、云南、西藏；不丹、尼泊尔、印度北部（包括锡金）。

狭叶圆穗蓼（狭叶圆穗拳参）

Polygonum macrophyllum var. **stenophyllum** (Meisn.) A. J. Li, Fl. Xizang. 1: 613 (1983).

Polygonum stenophyllum Meisn., Monogr. Polyg. 52 (1826); *Bistorta macrophylla* var. *stenophylla* (Meisn.) Miyam., Bull. Nation. Sci. Mus. B (Tokyo) 26 (3): 97 (2000).

陕西、甘肃、青海、四川、云南、西藏；尼泊尔、印度北部。

耳叶蓼（耳叶拳参）

Polygonum manshuriense Petrov ex Kom., Trudy Imp. S.-Peterburgsk. Bot. Sada 29: 55 (1923).

Bistorta manshuriensis (Petrov ex Kom.) Kom., Bot. Mater. Gerb. Glavn. Bot. Sada R. S. F. S. R. 6: 3 (1926).

黑龙江、吉林、辽宁、内蒙古；朝鲜、俄罗斯（远东地区）。

小头蓼

Polygonum microcephalum D. Don, Prodr. Fl. Nepal. 72 (1825).

Persicaria microcephala (D. Don) H. Gross, Bot. Jahrb. 49: 272 (1913).

陕西、甘肃、湖南、湖北、四川、贵州、云南、西藏；不丹、尼泊尔、印度。

腺梗小头蓼

Polygonum microcephalum var. **sphaerocephalum** (Wall. ex Meisn.) H. Hara, Bull. Univ. Mus. Univ. Tokyo 2: 23 (1971).

Polygonum sphaerocephalum Wall. ex Meisn., Pl. Asiat. Rar. 3: 60 (1832); *Persicaria sphaerocephala* (Wall. ex Meisn.) H. Gross, Bot. Jahrb. Syst. 49 (2): 277, in obs. (1913).

陕西、湖北、四川、云南、西藏；尼泊尔、印度。

大海蓼（大海拳参）

Polygonum milletii (H. Lév.) H. Lév., Cat. Pl. Yun-Nan 207 (1916).

Bistorta milletii H. Lév., Repert. Spec. Nov. Regni Veg. 12 (325-330): 286 (1913); *Polygonum taipaishanense* H. W. Kung, Chin. J. Bot. 1 (1): 13, t. 3 (1936); *Bistorta taipaishanensis* (H. W. Kung) Yonekura et H. Ohashi, J. Jap. Bot. 72 (3): 158 (1997).

陕西、青海、四川、云南；不丹、尼泊尔、印度。

微叶蓼

●**Polygonum minutissimum** Z. Wei et Y. B. Chang, Bull. Bot. Res., Harbin 12 (3): 271, pl. 2 (1992).

浙江。

绢毛蓼（绢毛神血宁）

Polygonum molle D. Don, Prodr. Fl. Nepal. 72 (1825).

贵州、云南、西藏、广西；泰国、印度尼西亚、不丹、尼泊尔、印度。

绢毛神血宁（原变种）

Polygonum molle var. **molle**

Persicaria mollis (D. Don) H. Gross, Bull. Acad. Int. Géogr. Bot. 23: 31 (1913); *Ampelygonum molle* (D. Don) Roberty et Vautier, Boissiera 10: 31 (1964); *Aconogonon molle* (D. Don) H. Hara, Fl. E. Himalaya 68 (1966).

贵州、云南、西藏、广西；泰国、印度尼西亚、不丹、尼泊尔、印度（锡金）。

光叶蓼（光叶神血宁）

Polygonum molle var. **frondosum** (Meisn.) A. J. Li, Fl. Xizang. 1: 622 (1983).

Polygonum frondosum Meisn., Prodr. 14 (1): 137 (1856); *Polygonum paniculatum* Blume, Bijdr. Fl. Ned. Ind. 533 (1825); *Polygonum paniculatum* var. *frondosum* (Meisn.) Steward, Contr. Gray Herb. 88: 106 (1930); *Aconogonon molle* var. *frondosum* (Meisn.) H. Hara, Fl. E. Himalaya 68 (1966); *Aconogonon paniculatum* (Blume) Haraldson, Symb. Bot. Upsal. 22 (2): 69 (1978); *Aconogonon molle* var. *paniculatum* (Blume) Yonek. et H. Ohashi, J. Jap. Bot. 72 (3): 157 (1997).

贵州、云南、西藏、广西；印度尼西亚、不丹、尼泊尔、印度。

倒毛蓼（倒毛神血宁）

Polygonum molle var. **rude** (Meisn.) A. J. Li in C. Y. Wu, Fl. Xizang. 1: 622 (1983).

Polygonum rude Meisn. in DC., Prodr. 14 (1): 137 (1856); *Polygonum esquirolii* H. Lév., Repert. Spec. Nov. Regni Veg. 8 (166): 171 (1910); *Persicaria rudis* (Meisn.) H. Gross, Bull. Acad. Int. Geogr. Bot. 23: 31 (1913); *Polygonum tsangschanicum* Lingelsh. et Borza, Repert. Spec. Nov. Regni Veg. 13 (370-372): 385 (1914); *Polygonum paniculatum* var. *rude* (Meisn.) Steward, Contr. Gray Herb. 88: 106 (1930); *Polygonum deflexipilosum* Kitam., Acta Phytotax. Geobot. 15: 129 (1954); *Aconogonon molle* var. *rude* (Meisn.) H. Hara, Fl. E. Himalaya 68 (1966).

贵州、云南、西藏、广西；缅甸、泰国、不丹、尼泊尔、印度。

丝茎蓼（丝茎萹蓄）

Polygonum molliiforme Boiss., Diagn. Pl. Orient., ser. 1 7: 84 (1846).

新疆；塔吉克斯坦、吉尔吉斯斯坦、哈萨克斯坦、乌兹别克斯坦、土库曼斯坦、亚洲西南部。

小蓼花

Polygonum muricatum Meisn., Monogr. Polyg. 74 (1826).

Polygonum hastatosagittatum var. *latifolium* Mak., Bot. Mag.

(Tokyo) 17: 120 (1903); *Polygonum thunbergii* var. *spicatum* H. Lév., Bull. Soc. Bot. France 51: 423 (1904); *Tracaulon muricatum* (Meisn.) Greene, Leafl. Bot. Observ. Crit. 1: 22 (1904); *Polygonum nipponense* Makino, Bot. Mag. (Tokyo) 23: 89 (1909); *Polygonum oliganthum* Diels, Notes Roy. Bot. Gard. Edinburgh 5 (25): 260 (1912); *Persicaria nipponensis* (Makino) H. Gross, Rep. Veg. Quelp. 41 (1914); *Polygonum strigosum* var. *muricatum* (Meisn.) Stew., Contr. Gray Herb. 88: 89 (1930); *Persicaria muricata* (Meisn.) Nemoto, Fl. Jap. Suppl. 173 (1936); *Polygonum kirinense* S. X. Li et Y. L. Chang, Fl. Pl. Herb. Chin. Bor.-Or. 2: 60, 109, f. 53 (1959); *Truellum muricatum* (Meisn.) Soják, Preslia 46 (2): 148 (1974); *Truellum nipponensis* (Makino) Soják, Preslia 46 (2): 148 (1974); *Polygonum uniflorum* Y. X. Ma et Y. T. Zhao, Acta Phytotax. Sin. 35 (5): 569 (1997).

黑龙江、吉林、辽宁、河南、陕西、安徽、江苏、浙江、江西、湖南、湖北、四川、贵州、云南、西藏、福建、台湾、广东、广西；日本、朝鲜、泰国、尼泊尔、印度、俄罗斯（远东地区）。

尼泊尔蓼

Polygonum nepalense Meisn., Monogr. Polyg. 84, pl. 7, f. 2 (1826).

Polygonum nepalense var. *adenothrix* Nakai, Arbust. Amer. (1785); *Polygonum punctatum* var. *alatum* Buch.-Ham. ex D. Don, Prodr. Fl. Nepal. 72 (1825); *Polygonum punctatum* Buch.-Ham. ex D. Don, Prodr. Fl. Nepal. 72 (1825); *Polygonum alatum* (Buch.-Ham. ex D. Don) Spreng., Prodr. Fl. Nepal. 72 154 (1827); *Polygonum alatum* var. *nepalense* (Meisn.) Hook. f., Fl. Brit. Ind. 5: 41 (1886); *Polygonum quadrifidum* Hayata, J. Coll. Sci. Imp. Univ. Tokyo 30 (1): 233 (1911); *Persicaria nepalensis* (Meisn.) H. Gross, Bot. Jahrb. Syst. 49 (2): 27, in obs. (1913); *Persicaria alata* (Buch.-Ham. ex D. Don) Nakai, Fl. Quelpaert Isl. 40 (1914); *Cephalophilon nepalense* (Meisn.) Tzvelev, Novosti Sist. Vyssh. Rast. 24: 76 (1987).

黑龙江、吉林、辽宁、内蒙古、河北、山西、山东、河南、陕西、宁夏、甘肃、青海、安徽、江苏、浙江、江西、湖南、湖北、四川、贵州、云南、西藏、福建、台湾、广东、广西、海南；日本、朝鲜、菲律宾、泰国、马来西亚、印度尼西亚、不丹、尼泊尔、印度、巴基斯坦、阿富汗、巴布亚新几内亚、俄罗斯、非洲。

铜钱叶蓼（铜钱叶神血宁）

Polygonum nummulariifolium Meisn. in DC. Prodr. 14 (1): 127 (1857).

Polygonum forrestii var. *pumilio* Lingelsh., Repert. Spec. Nov. Regni Veg. Beih. 12: 361 (1922); *Koenigia nummulariifolia* (Meisn.) Mesicek et Soják, Folia Geobot. Phytotax. 8 (1): 110 (1973).

云南、西藏；缅甸、不丹、尼泊尔、印度、克什米尔。

倒根蓼（倒根拳参）

Polygonum ochotense Petrov ex Kom., Fl. U. R. S. S. 5: 726

(1936).

Bistorta ochotensis (Petrov ex Kom.) Kom., Fl. U. R. S. S. 5: 687 (1936); *Polygonum bistorta Garcke* subsp. *ochotense* (Petrov ex Kom.) Vorosch., A. K. Skvortsov (ed.), Florist. issl. v razn. raĭonakh S. S. S. R. 163 (1985).

吉林；朝鲜、俄罗斯。

白山神血宁（白山蓼）

Polygonum ocreatum L., Sp. Pl. 1: 361 (1753).

Polygonum laxmannii Lepech., Nova Acta Acad. Sci. Imp. Petrop. Hist. Acad. 10, f. 11, pl. 13 (1797); *Aconogonon ocreatum* (L.) H. Hara, Fl. E. Himalaya 632 (1966); *Persicaria laxmannii* (Lepech.) H. Gross, Bull. Jard. Bot. Natl. Belg. (1967); *Aconogonon laxmannii* (Lepech.) Á. Löve et D. Löve, Bot. Not. 128 (4): 507 (1976); *Pleuropteropyrum laxmanni* (Lepech.) Kitag., Neolin. Fl. Manshur. 241 (1979); *Aconogonon ocreatum* var. *laxmannii* (Lepech.) Tzvelev, Sosud. Rast. Sovet. Dal'nego Vostoka 4: 96 (1989).

吉林、内蒙古；蒙古国、俄罗斯。

芳香蓼

☆**Polygonum odoratum** Lour., Fl. Cochinch. 1: 243 (1790).

云南、广西；原产于亚洲东南部。

红蓼（荭草，东方蓼，狗尾巴花）

Polygonum orientale L., Sp. Pl. 1: 362 (1753).

Lagunea cochinchinensis Lour., Fl. Cochinch. 220 (1790); *Polygonum amoenum* Blume, Bijdr. Fl. Ned. Ind. 532 (1825); *Persicaria orientalis* (L.) Spach, Hist. Nat. Veg. 10: 537 (1841); *Polygonum orientale* var. *discolor* Benth., London J. Bot. 1: 494 (1842); *Polygonum orientale* var. *pilosum* (Roxb. ex Meisn.) Meisn. in DC., Prodr. 14 (1): 123 (1856); *Polygonum torquatum* Bruijn, Bull. Torrey Bot. Club (1870); *Lagunea orientalis* var. *pilosa* (Roxb. ex Meisn.) Nakai, Trees et Shrubs (1905-1913) (1905); *Polygonum cochinchinensis* (Lour.) Meisn., Trees et Shrubs (1905-1913) (1905); *Amblygonum orientale* (L.) Nakai ex T. Mori, Enum. Pl. Corea 129 (1922); *Persicaria cochinchinensis* (Lour.) Kitag., Rep. Inst. Sci. Res. Manchoukuo 3: 102 (1939); *Lagunea orientalis* (L.) Nakai, J. Jap. Bot. 18: 112 (1942); *Persicaria pilosa* (Roxb. ex Meisn.) Kitag., Neolin. Fl. Manshur. 237 (1979).

黑龙江、吉林、辽宁、内蒙古、河北、山西、山东、河南、陕西、宁夏、甘肃、青海、新疆、安徽、江苏、浙江、江西、湖南、湖北、四川、贵州、云南、福建、台湾、广东、广西、海南；日本、朝鲜、菲律宾、越南、缅甸、泰国、印度尼西亚、不丹、印度、孟加拉国、斯里兰卡、俄罗斯、热带澳大利亚、亚洲西南部、欧洲。

太平洋蓼（太平洋拳参）

Polygonum pacificum Petrov. ex Kom., Trudy Imp. S.-Peterburgsk. Bot. Sada 29: 55 (1923).

Bistorta pacifica (Petrov ex Kom.) Kom. ex Kitag. in Kom., Fl. U. R. S. S. 5: 682 (1936); *Polygonum bistorta* subsp. *pacificum* (Petrov. ex Kom.) Vorosch., Florist. issl. v razn.

raĭonakh S. S. S. R. 163 (1985).

黑龙江、吉林、辽宁、内蒙古；朝鲜、俄罗斯（远东地区）。

草血竭

Polygonum paleaceum Wall. ex Hook. f., Fl. Brit. Ind. 5 (13): 32 (1886).

四川、贵州、云南、广西；泰国北部、印度东北部。

草血竭（原变种）

Polygonum paleaceum var. **paleaceum**

Bistorta chinensis H. Gross, Bull. Acad. Int. Géogr. Bot. 23: 18 (1913); *Polygonum yunnanense* (H. Gross) H. Lév., Cat. Pl. Yun-Nan 208 (1916); *Bistorta paleacea* (Wall. ex Hook. f.) Yonekura et H. Ohashi, J. Jap. Bot. 72 (3): 157 (1997).

四川、贵州、云南、广西；泰国北部、印度东北部。

毛叶草血竭

●**Polygonum paleaceum** var. **pubifolium** Sam., Symb. Sin. 7 (1): 174 (1929).

四川、云南。

掌叶蓼

Polygonum palmatum Dunn., Bull. Misc. Inform. Kew 1912: 341 (1912).

Polygonum meeboldii W. W. Sm., Rec. Bot. Surv. India 6 (2): 32 (1913); *Polygonum pseudopalmatum* G. Hoo, Acta Phytotax. Sin. 1 (2): 194, pl. 16, f. 1 (1951); *Cephalophilon palmatum* (Dunn) Borodina, Konsp. Sosud. Rast. Fl. V'etnama 2: 146 (1966); *Persicaria palmata* (Dunn.) Yonekura et H. Ohashi, J. Jap. Bot. 72 (3): 159 (1997).

安徽、江西、湖南、贵州、云南、福建、广东、广西；印度。

湿地蓼

●**Polygonum paralimicola** A. J. Li, Bull. Bot. Res., Harbin 15 (4): 414, f. 2 (1995).

浙江、江西、湖南。

线叶蓼（线叶萹蓄）

Polygonum paronychioides C. A. Mey. ex Hohenacher, Bull. Soc. Imp. Naturalistes Moscou 11: 356 (1838).

Polygonum himalayense H. Gross, Bot. Jahrb. Syst. 49 (2): 343 (1913); *Polygonum englerianum* H. Gross, Bot. Jahrb. Syst. 49 (2): 344 (1913).

西藏；巴基斯坦、阿富汗、塔吉克斯坦、吉尔吉斯斯坦、哈萨克斯坦、乌兹别克斯坦、土库曼斯坦、克什米尔、亚洲西南部。

展枝蓼（展枝萹蓄）

Polygonum patulum M. Bieb., Fl. Taur.-Caucas. 1: 304 (1808).

Polygonum patulum f. *gracilius* (Ledeb.) I. Grint, J. Linn. Soc., Bot. (1865-1968) (1865); *Polygonum bellardii* var. *gracilius* Ledeb., Publ. Field Columbian Mus., Bot. Ser. (1895-1932)

(1895); *Polygonum gracilius* (Ledeb.) Klokov, J. Agr. Bot. Ukr. 1 (3): 169 (1927); *Polygonum patulum* var. *gracilius* (Ledeb.) Rouy, Phytologia (1933); *Polygonum salinum* Baranov et Skvortsov, Fl. Pl. Herb. Chin. Bor.-Or. 2: 107 (1959); *Polygonum aviculare* f. *erectum* Y. M. Zhang et J. X. Li, Acta Bot. Boreal.-Occid. Sin. 27 (3): 467 (2007).

黑龙江、山东、新疆；蒙古国、阿富汗、塔吉克斯坦、吉尔吉斯斯坦、哈萨克斯坦、俄罗斯、亚洲西南部、欧洲。

杠板归（刺梨头，贯叶蓼）

Polygonum perfoliatum L., Syst. Nat., ed. 10 2: 1006 (1759).

Fagopyrum perfoliatum (L.) Raf., Fl. Tellur. 3: 10 (1837); *Echinocaulon perfoliatum* (L.) Meisn. ex Hassk., Flora 25 (2): 20 (1842); *Chylocalyx perfoliatus* (L.) Hassk. ex Miq., Flora 25 (2, Beibl.): 20 (1842); *Tracaulon perfoliatum* (L.) Greene, Leafl. Bot. Observ. Crit. 1: 22 (1904); *Persicaria perfoliata* (L.) H. Gross, Beih. Bot. Centralbl. 37 (2): 113 (1919); *Ampelygonum perfoliatum* (L.) Roberty et Vautier, Boissiera 10: 31 (1964); *Truellum perfoliatum* (L.) Soják, Preslia 46 (2): 148 (1974).

黑龙江、吉林、辽宁、内蒙古、河北、山西、山东、河南、陕西、甘肃、安徽、江苏、浙江、江西、湖南、湖北、四川、贵州、云南、西藏、福建、台湾、广东、广西、海南；日本、朝鲜、菲律宾、越南、泰国、马来西亚、印度尼西亚、不丹、尼泊尔、印度、孟加拉国、巴布亚新几内亚、俄罗斯（远东地区）、亚洲西南部；引入北美洲。

春蓼（蓼，桃叶蓼）

Polygonum persicaria L., Sp. Pl. 1: 361 (1753).

黑龙江、吉林、辽宁、内蒙古、河北、山东、河南、宁夏、甘肃、青海、新疆、安徽、浙江、江西、湖南、湖北、四川、贵州、云南、福建、台湾、广西；日本、朝鲜、印度尼西亚、塔吉克斯坦、吉尔吉斯斯坦、哈萨克斯坦、乌兹别克斯坦、土库曼斯坦、俄罗斯、欧洲、非洲、北美洲。

春蓼（原变种）

Polygonum persicaria var. **persicaria**

Persicaria maculosa S. F. Gray, Nat. Arr. Brit. Pl. 2: 269 (1821); *Persicaria maculata* (Raf.) Gray, Nat. Arr. Brit. Pl. 2: 270 (1821); *Persicaria vulgaris* Webb et Moquin-Taudon, Hist. Nat. Iles Canaries 3 (2, 3): 219 (1846); *Polygonum dolichopodum* Ohwi, Bot. Mag. (Tokyo) 39: 360 (1925); *Persicaria dolichopoda* (Ohki) Ohki ex Nakai, Rigakhai 24: 300 (1926); *Polygonum persicaria* f. *humile* S. X. Li et Y. L. Chang, Fl. Pl. Herb. Chin. Bor.-Or. 2: 41 (1959); *Polygonum persicaria* f. *latifolium* S. X. Li et Y. L. Chang, Fl. Pl. Herb. Chin. Bor.-Or. 2: 41 (1959); *Polygonum shuchengense* Z. Z. Zhou, Acta Phytotax. Sin. 39 (1): 81 (2001).

黑龙江、吉林、辽宁、内蒙古、河北、山东、河南、宁夏、甘肃、青海、新疆、安徽、浙江、江西、湖南、湖北、四川、贵州、云南、福建、台湾、广西；日本、朝鲜、印度尼西亚、塔吉克斯坦、吉尔吉斯斯坦、哈萨克斯坦、乌兹别克斯坦、土库曼斯坦、俄罗斯、欧洲、非洲、北美洲。

暗果蓼（暗果春蓼）

● **Polygonum persicaria** var. **opacum** (Sam.) A. J. Li, Fl. Reipubl. Popularis Sin. 25 (1): 23 (1998).

Polygonum opacum Sam., Lingnan Sci. J. 14: 299 (1935); *Persicaria opaca* (Sam.) Koidz., Acta Phytotax. Geobot. 5: 119 (1936).

浙江、福建。

松林蓼（松林神血宁）

● **Polygonum pinetorum** Hemsl., J. Linn. Soc., Bot. 26 (176): 345 (1891).

Persicaria pinetorum (Hemsl.) H. Gross, Bull. Acad. Int. Géogr. Bot. 23: 30 (1913); *Polygonum gloriosum* H. Lév., Repert. Spec. Nov. Regni Veg. 13 (368-369): 338 (1914).

陕西、甘肃、湖北、四川、云南。

宽叶蓼（宽叶神血宁）

● **Polygonum platyphyllum** S. X. Li et Y. L. Chang, Fl. Pl. Herb. Chin. Bor.-Or. 2: 51, 108, f. 44 (1959).

Pleuropteropyrum platyphyllum (S. X. Li et Y. L. Chang) Kitag., J. Jap. Bot. 40 (2): 56 (1965); *Aconogonon platyphyllum* (S. X. Li et Y. L. Chang) Holub, Folia Geobot. Phytotax. 11 (1): 80 (1976).

辽宁。

习见蓼（铁马齿苋，铁马鞭，腋花蓼）

☆ **Polygonum plebeium** R. Br., Prodr. Fl. Nov. Holland. 420 (1810).

Polygonum aviculare var. *minutiflorum* Franch., Pl. David. 1: 253 (1884); *Polygonum humifusum* var. *mandshurica* Skvortsov, Diagn. Pl. Nov. Mandsh. 4 (1943); *Polygonum parviflorum* Y. L. Chang et S. H. Li, Fl. Pl. Herb. Chin. Bor.-Or. 2: 31. f. 22 (1959); *Polygonum changii* Kitag., J. Jap. Bot. 40 (2): 54 (1965); *Polygonum plebeium* subsp. *changii* (Kitag.) V. N. Voroschilov., Florist. issl. v razn. raĭonakh S. S. S. R. 164 (1985).

黑龙江、吉林、辽宁、内蒙古、河北、山西、山东、河南、陕西、宁夏、甘肃、青海、安徽、江苏、浙江、江西、湖南、湖北、四川、贵州、云南、西藏、福建、台湾、广东、广西、海南；日本、菲律宾、缅甸、泰国、印度尼西亚、尼泊尔、印度、哈萨克斯坦、俄罗斯（远东地区）、热带澳大利亚；?引种于欧洲北部、非洲北部。

针叶蓼（针叶蒿蓄）

Polygonum polycnemoides Jaub. et Spach, Ill. Pl. Orient. 2: 30, pl. 120 (1844).

新疆；蒙古国、阿富汗、塔吉克斯坦、吉尔吉斯斯坦、哈萨克斯坦、乌兹别克斯坦、土库曼斯坦、亚洲西南部、欧洲。

多穗蓼（多穗神血宁）

Polygonum polystachyum Wall. ex Meisn., Pl. Asiat. Rar. 3: 61 (1832).

四川、云南、西藏；缅甸、不丹、尼泊尔、印度、巴基斯坦、阿富汗、克什米尔。

多穗蓼（原变种）

Polygonum polystachyum var. **polystachyum**

Persicaria polystachya (Wall. ex Meisn.) H. Gross, Bot. Jahrb. 49 (2): 315 (1913); *Reynoutria polystachya* (Wall. ex Meisn.) Moldenke, Bull. Torrey Bot. Club 68 (9): 675 (1941); *Aconogonon polystachyum* (Wall. ex Meisn.) M. Král, Preslia 41 (3): 259 (1969); *Rubrivena polystachya* (Wall. ex Meisn.) M. Král., Preslia 57 (1): 66 (1985); *Pleuropteropyrum polystachyum* (Wall. ex Meisn.) Munshi et G. N. Javeid, J. Econ. Taxon. Bot., Addit. Ser. 78 (1986); *Persicaria wallichii* Greuter et Burdet, Willdenowia 19 (1): 41 (1989).

四川、云南、西藏；缅甸、不丹、尼泊尔、印度、巴基斯坦、阿富汗、克什米尔。

长叶多穗蓼（长叶多穗神血宁）

Polygonum polystachyum var. **longifolium** Hook. f., Fl. Brit. Ind. 5 (13): 51 (1886).

云南、西藏；印度。

库车蓼（库车蒿蓄）

● **Polygonum popovii** Borodina, Rast. Tsentr. Azii 9: 104 (1989).

新疆。

丛枝蓼（长尾叶蓼）

Polygonum posumbu Buch.-Ham., Prodr. Fl. Nepal. 71 (1825).

Polygonum caespitosum Blume, Bijdr. Fl. Ned. Ind. 2: 532 (1826); *Persicaria posumbu* (Buch.-Ham. ex D. Don) H. Gross, Bot. Jahrb. Syst. 49 (2): 313 (1913); *Polygonum yokusaianum* Mak., Bot. Mag. (Tokyo) 28: 116 (1914); *Persicaria yokusaiana* (Makino) Nakai, Rigakkwai. 24: 301 (1926); *Polygonum caespitosum* subsp. *yokusaianum* (Makino) Danser, Bull. Jard. Bot. Buitenzorg ser. 3 8: 153 (1927); *Polygonum procumbens* Y. L. Chang et S. X. Li, Fl. Pl. Herb. Chin. Bor.-Or. 2: 47, 108 (1959); *Polygonum pronum* C. F. Fang in S. X. Li, Fl. Liaoningica 1: 335 (1988).

黑龙江、吉林、辽宁、河北、山东、河南、陕西、甘肃、安徽、江苏、浙江、江西、湖南、湖北、四川、贵州、云南、西藏、福建、台湾、广东、广西、海南；日本、朝鲜、菲律宾、缅甸、泰国、印度尼西亚、尼泊尔、印度。

伏毛蓼

Polygonum pubescens Blume, Bijdr. Fl. Ned. Ind. 2: 532 (1825).

Polygonum hispidum Buch.-Ham. ex D. Don, Prodr. Fl. Nepal. 71 (1825); *Polygonum oryzetorum* Blume, Bijdr. Fl. Ned. Ind. 2: 532 (1825); *Polygonum donii* Meisn., Monogr. Polyg. 72 (1826); *Polygonum flaccidum* Meisn. in DC., Prodr. 14 (1): 107 (1856); *Polygonum flaccidum* var. *hispidum* (Buch.-Ham.

ex D. Don) Hook. f., Fl. Brit. Ind. 5: 39 (1886); *Persicaria flaccida* (Meisn.) H. Gross, List Pl. Formosa 169 (1928); *Polygonum hydropiper* var. *flaccidum* (Meisn.) Stew., Contr. Gray Herb. 88: 59 (1930); *Polygonum hydropiper* var. *hispidum* (Buch.-Ham. ex D. Don) Steward, Contr. Gray Herb. 88: 60 (1930); *Persicaria pubescens* (Blume) H. Hara, J. Jap. Bot. 17 (6): 335 (1941); *Persicaria hydropiper* subsp. *flaccida* (Meisn.) Munshi et Javeid, Syst. Stud. Polygon. Kashm. Himal. 76 (1986).

辽宁、山东、河南、陕西、甘肃、安徽、江苏、浙江、江西、湖南、湖北、四川、贵州、云南、福建、台湾、广东、广西、海南；日本、朝鲜、印度尼西亚、不丹、印度。

丽蓼

Polygonum pulchrum Blume, Bijdr. Fl. Ned. Ind. 2: 530 (1826).

Polygonum tomentosum Willd., Sp. Pl., ed. 2 (1): 447 (1799); *Persicaria pulchra* (Blume) Soják, Preslia 46 (2): 154 (1974); *Persicaria attenuata* subsp. *pulchra* (Blume) K. L. Wilson, Kew Bull. 45 (4): 629 (1990).

台湾、广东、广西；菲律宾、缅甸、泰国、马来西亚、印度尼西亚、印度、斯里兰卡、热带澳大利亚、?非洲。

紫脉蓼 （紫脉拳参）

●**Polygonum purpureonervosum** A. J. Li, Bull. Bot. Res., Harbin 15 (4): 416, f. 4 (1995).

Bistorta purpureonervosa (A. J. Li) Yonekura et H. Ohashi, J. Jap. Bot. 72 (3): 158 (1997).

四川。

尖果蓼 （尖果萹蓄）

Polygonum rigidum Skvortsov, Diagn. Pl. Nov. Mandsh. 5, pl. 1, f. 9-10 (1943).

黑龙江、吉林、辽宁、内蒙古、河北、山西、陕西、甘肃；蒙古国、俄罗斯。

羽叶蓼

Polygonum runcinatum Buch.-Ham. ex D. Don, Prodr. Fl. Nepal. 73 (1825).

河南、陕西、甘肃、安徽、浙江、湖南、湖北、四川、贵州、云南、西藏、福建、台湾、广西；菲律宾、缅甸、泰国、马来西亚、印度尼西亚、不丹、尼泊尔、印度、克什米尔。

羽叶蓼 （原变种）

Polygonum runcinatum var. **runcinatum**

Polygonum panduriforme H. Lév. et Vaniot, Bull. Acad. Int. Géogr. Bot. 11: 343 (1902); *Polygonum morrisonense* Hayata, J. Coll. Sci. Imp. Univ. Tokyo 25 (19): 185, t. 31 (1908); *Persicaria runcinata* (Buch.-Ham. ex D. Don) H. Gross, Bot. Jaarb. 49: 277 (1913); *Persicaria morrisonensis* (Hayata) Nakai, Rigakkai 24: 298 (1926); *Cephalophilon runcinatum* (Buch.-Ham. ex D. Don) Tzvelev, Novosti Sist. Vyssh. Rast. 26: 67 (1989).

湖南、湖北、四川、贵州、云南、西藏、福建、台湾、广西；菲律宾、缅甸、泰国、马来西亚、印度尼西亚、不丹、尼泊尔、印度、克什米尔。

赤胫散

●**Polygonum runcinatum** var. **sinense** Hemsl., J. Linn. Soc., Bot. 26 (176): 347 (1891).

Polygonum runcinatum var. *exauriculatum* Lingelsh., Repert. Spec. Nov. Regni Veg. Beih. 12: 361 (1922).

河南、陕西、甘肃、安徽、浙江、湖南、湖北、四川、贵州、云南、西藏、广西。

箭头蓼

Polygonum sagittatum L., Sp. Pl. 363 (1753).

Polygonum sagittatum var. *boreale* Meisn., Monogr. Polyg. 65 (1826); *Polygonum sagittatum* var. *sibiricum* Meisn., Fl. Bras. Enum. Pl. (1829); *Helxine sagittata* (L.) Rafin., Flora Telluriana 3: 10, 95 (1836); *Persicaria sieboldii* var. *brevifolia* Kitag., Icon. Pl. Asiat. (1847-1854) (1847); *Polygonum sagittatum* var. *paludosum* Kom., Trudy Imp. S.-Peterburgsk. Bot. Sada 22: 133 (1903); *Tracaulon sagittatum* (L.) Small, Fl. S. E. U. S. 381, 1330 (1903); *Polygonum sagittum* var. *sieboldii* (Meisner) Maxim. ex Kom., Trudy Imp. S.-Peterburgsk. Bot. Sada 22: 132 (1903); *Tracaulon sibiricum* (Meisn.) Greene, Leafl. Bot. Observ. Crit. 1: 22 (1904); *Tracaulon sieboldii* (Meisn.) Greene, Leafl. Bot. Observ. Crit. 1: 22 (1904); *Persicaria sagittata* var. *sieboldii* (Meisn.) Nakai, Beih. Bot. Centralbl. 37 (2): 113 (1919); *Persicaria sagittata* (L.) H. Gross ex Nakai, Beih. Bot. Centralbl. 37 (2): 113 (1919); *Persicaria sieboldii* (Meisn.) OhIKi, Bot. Mag. (Tokyo) 40: 50 (1926); *Polygonum belopyllum* Litv., Spisok Rast. Gerb. Fl. S. S. S. R. Bot. Inst. Vsesojuzn. Akad. Nauk 9: 25 (1932); *Polygonum paludosum* (Kom.) Kom., Fl. U. R. S. S. 5: 698, 726 (1936); *Polygonum sieboldii* var. *pratense* Y. L. Chang et S. X. Li, Fl. Pl. Herb. Chin. Bor.-Or. 2: 109 (1959); *Truellum sibiricum* (Meisn.) Soják, Preslia 46 (2): 149 (1974); *Truellum sagittatum* (L.) Soják, Preslia 46 (2): 149 (1974); *Polygonum sagittatum* subsp. *sieboldii* Vorosch., Florist. issl. v razn. raĭonakh S. S. S. R. 164 (1985).

黑龙江、吉林、辽宁、内蒙古、河北、山西、山东、河南、陕西、甘肃、安徽、江苏、浙江、江西、湖南、湖北、四川、贵州、云南、福建、台湾；蒙古国、日本、朝鲜、韩国、印度、俄罗斯、北美洲。

新疆蓼 （新疆萹蓄）

Polygonum schischkinii Ivanova, Elena Ilyinichna ex Borodina, Rast. Tsentr. Azii 9: 104 (1989).

Polygonum glareosum Schischk., Bot. Mater. Gerb. Bot. Inst. Komarova Akad. Nauk S. S. S. R. 7: 121 (1938).

新疆；蒙古国。

刺蓼 （廊茵）

Polygonum senticosum (Meisn.) Franch. et Sav., Enum. Pl. Jap. 1 (2): 401 (1875).

Chylocalyx senticosus Meisn., Ann. Mus. Bot. Lugduno-Batavi 2: 65 (1865); *Truellum japonicum* Houtt., Nat. Hist. 2 (8): 427, t. 48, f. 1 (1777); *Polygonum babingtonii* Hance, Ann. Sci. Nat., Bot. sér. 7 5: 239 (1886); *Polygonum typhoniifolium* Hance, Ann. Sci. Nat., Bot. sér. 7 5: 239 (1886); *Polygonum senticosum* var. *formosanum* Ohwi, Mem. New York Bot. Gard. (1900); *Persicaria senticosa* (Meisn.) H. Gross ex Nakai, Fl. Saishu et Kwan Isls. 41 (1914).

黑龙江、吉林、辽宁、河北、山东、河南、安徽、江苏、浙江、江西、湖南、湖北、贵州、云南、福建、台湾、广东、广西；日本、朝鲜、俄罗斯。

石河子萹蓄
●**Polygonum shiheziense** F. Z. Li, Y. T. Hou et F. J. Lu, Acta Phytotax. Sin. 44 (2): 174 (167, 175 (2006).
新疆。

西伯利亚蓼（西伯利亚神血宁）
Polygonum sibiricum Laxm., Novi Comment. Acad. Sci. Imp. Petrop. 18: 531, pl. 7, f. 2 (1774).
黑龙江、吉林、辽宁、内蒙古、河北、山西、山东、河南、陕西、宁夏、甘肃、青海、新疆、安徽、江苏、湖南、湖北、四川、云南、西藏；蒙古国、尼泊尔、印度（锡金）、巴基斯坦、阿富汗、塔吉克斯坦、吉尔吉斯斯坦、哈萨克斯坦、克什米尔、俄罗斯。

西伯利亚神血宁（原变种）
Polygonum sibiricum var. **sibiricum**
Polygonum arcticum Pall. ex Spreng., Syst. Veg., ed. 16 2: 258 (1825); *Persicaria sibirica* (Laxm.) H. Gross, Bull. Acad. Int. Géogr. Bot. 23: 30 (1913); *Pleuropteropyrum sibiricum* (Laxm.) Kitag., Bot. Mag. (Tokyo) 48: 94 (1934); *Aconogonon sibiricum* (Laxm.) H. Hara, Fl. E. Himalaya 632 (1966); *Knorringia sibirica* (Laxm.) Tzvelev, Novosti Sist. Vyssh. Rast. 24: 76 (1987).
黑龙江、吉林、辽宁、内蒙古、河北、山西、山东、河南、陕西、宁夏、甘肃、青海、新疆、安徽、江苏、湖南、湖北、四川、云南、西藏；蒙古国、印度（锡金）、哈萨克斯坦、克什米尔、俄罗斯。

细叶西伯利亚蓼（细叶西伯利亚神血宁）
Polygonum sibiricum var. **thomsonii** Meisn., Ann. Sci. Nat., Bot. sér. 5 5: 351 (1866).
Polygonum sibiricum var. *nanum* Meisn., Linnaea (1826-1882) (1826); *Polygonum pamiricum* Korsh., Zap. Imp. Akad. Nauk Fiz.-Mat. Otd. 4 (4): 98 (1896); *Aconogonon pamiricum* (Korsh.) H. Hara, Fl. E. Himalaya 632 (1966); *Polygonum sibiricum* subsp. *thomsonii* (Meisn. ex Steward) Rech. f. et Schiman-Czeika, Fl. Iranica 56: 54 (1968); *Aconogonon sibiricum* subsp. *thomsonii* (Meisn. ex Steward) Soják, Preslia 46 (2): 151 (1974); *Knorringia pamirica* (Korsh.) Tzvelev, Novosti Sist. Vyssh. Rast. 24: 76 (1987); *Knorringia sibirica* subsp. *thomsonii* (Meisn. ex Steward) S. P. Hong, Nord. J. Bot.

9: 354 (1989).
青海、西藏；尼泊尔、巴基斯坦、阿富汗、塔吉克斯坦、吉尔吉斯斯坦、克什米尔、俄罗斯。

箭叶蓼（雀翘）
Polygonum sieboldii Meisn., Prodr. 14 (1): 133 (1856).
Polygonum sagittatum var. *sieboldii* (Meisn.) Maxim. ex Kom., Trudy Imp. S.-Peterburgsk. Bot. Sada 22: 132 (1903).
黑龙江、吉林、辽宁、内蒙古、河北、山西、山东、河南、陕西、甘肃、江苏、浙江、江西、湖北、四川、贵州、云南、福建、台湾；日本、朝鲜、俄罗斯。

翅柄蓼（滇拳参，石风丹，翅柄拳参）
●**Polygonum sinomontanum** Sam., Symb. Sin. 7 (1): 177, pl. 3, f. 6 (1929).
Bistorta sinomontana (Sam.) Miyam., Bull. Nation. Sci. Mus. B (Tokyo) 25 (4): 153 (1999); *Bistorta amplexicaulis* subsp. *sinomontana* (Sam.) Yonek. et H. Ohashi, J. Jap. Bot. 77 (2): 73 (2002).
四川、云南、西藏。

准噶尔蓼（准噶尔神血宁）
Polygonum songaricum Schrenk ex Fisch. et C. A. Mey., Enum. Pl. Nov. 1: 8 (1841).
Polygonum angustifolium var. *songaricum* (Schrenk ex Fisch. et C. A. Mey.) Steward, Contr. Gray Herb. 88: 108 (1930).
新疆；蒙古国、塔吉克斯坦、吉尔吉斯斯坦、哈萨克斯坦。

柔毛蓼
●**Polygonum sparsipilosum** A. J. Li, Fl. Reipubl. Popularis Sin. 25 (1): 65 (1998).
Koenigia pilosa Maxim., Bull. Acad. Imp. Sci. Saint-Pétersbourg 27: 531 (1881); *Polygonum pilosum* (Maxim.) Forb. et Hemsl., J. Linn. Soc. Bot. 26: 345 (1891).
内蒙古、陕西、甘肃、青海、四川、西藏。

柔毛蓼（原变种）
●**Polygonum sparsipilosum** var. **sparsipilosum**
内蒙古、陕西、甘肃、青海、四川、西藏。

腺点柔毛蓼
●**Polygonum sparsipilosum** var. **hubertii** (Lingelsh.) A. J. Li, Fl. Reipubl. Popularis Sin. 25 (1): 65 (1998).
Polygonum hubertii Lingelsh., Repert. Spec. Nov. Regni Veg. Beih. 12: 360 (1922).
陕西、甘肃、青海、四川。

糙毛蓼（水湿蓼）
Polygonum strigosum R. Br., Prodr. 420 (1810).
Polygonum bodinieri H. Lév. et Vaniot, Bull. Acad. Int. Géogr. Bot. 11: 343 (1902); *Tracaulon strigosum* (R. Br.) Greene, Leafl. Bot. Observ. Crit. 1: 22 (1904); *Persicaria strigosa* (R. Br.) Nakai, Science World (Japan) 24: 299 (1926); *Truellum strigosum* (R. Br.) Soják, Preslia 46 (2): 149 (1974).

江苏、贵州、云南、西藏、福建、广东、广西；越南、缅甸、泰国、马来西亚、印度尼西亚、不丹、尼泊尔、印度、孟加拉国、巴布亚新几内亚、热带澳大利亚。

平卧蓼

●**Polygonum strindbergii** J. Schust., Bull. Herb. Boissier, sér. 2 8: 712 (1908).

云南、西藏。

大理蓼（抽茎拳参，大理拳参）

●**Polygonum subscaposum** Diels, Notes Roy. Bot. Gard. Edinburgh 5 (25): 261 (1912).

Polygonum taliense Lingelsh., Repert. Spec. Nov. Regni Veg. Beih. 12: 359 (1922); *Bistorta subscaposa* (Diels) Petrov, Izv. Glavn. Bot. Sada S. S. S. R. 27: 230 (1928).

云南。

珠芽支柱蓼（珠芽支柱拳参）

●**Polygonum suffultoides** A. J. Li, Bull. Bot. Res., Harbin 15 (4): 415, f. 3 (1995).

云南。

支柱蓼（支柱拳参）

Polygonum suffultum Maxim., Bull. Acad. Imp. Sci. Saint-Pétersbourg 22 (2): 223 (1876).

辽宁、河北、山西、山东、河南、陕西、宁夏、甘肃、青海、安徽、浙江、江西、湖南、湖北、四川、贵州、云南、西藏；日本、朝鲜。

支柱拳参（原变种）

Polygonum suffultum var. **suffultum**

Polygonum constans Cumm., Bull. Misc. Inform. Kew 1896 (109): 20 (1896); *Polygonum marretii* H. Lév., Feddes Repert. Spec. Nov. Regni Veg. 8 (166-172): 171 (1910); *Bistorta suffulta* (Maxim.) Greene ex H. Gross, Bull. Acad. Int. Géogr. Bot. 23: 15 (1913); *Polygonum limprichtii* Lingelsh., Feddes Repert. Spec. Nov. Regni Veg. Beih. 12: 359 (1922); *Bistorta franchetiana* Petrov, Izv. Glavn. Bot. Sada S. S. S. R. 27: 224 (1928); *Bistorta majanthemifolia* Petrov, Izv. Glavn. Bot. Sada S. S. S. R. 27: 221 (1928); *Polygonum majanthemifolium* (Petrov) Steward, Contr. Gray Herb. 88: 32 (1930).

辽宁、河北、山西、山东、河南、陕西、宁夏、甘肃、青海、安徽、浙江、江西、湖南、湖北、四川、贵州、云南、西藏；日本、朝鲜。

细穗支柱蓼（细穗支柱拳参）

●**Polygonum suffultum** var. **pergracile** (Hemsl.) Sam., Symb. Sin. 7 (1): 176 (1929).

Polygonum pergracile Hemsl., J. Linn. Soc., Bot. 26 (176): 344 (1891); *Bistorta pergracilis* (Hemsl.) H. Gross, Bull. Acad. Int. Géogr. Bot. 23: 16 (1913); *Bistorta pseudosuffulta* Petrov, Izv. Bot. Sada Akad. Nauk S. S. S. R. 27: 225 (1928); *Bistorta suffulta* subsp. *pergracilis* (Hemsl.) Soják, Preslia 46 (2): 152 (1974).

河南、陕西、甘肃、安徽、浙江、湖北、四川、贵州、云南、西藏。

毛叶支柱蓼

●**Polygonum suffultum** var. **tomentosum** B. Li et S. F. Chen, J. Wuhan Bot. Res. 26 (1): 38, f. 1 (2008).

江西。

塔城萹蓄

●**Polygonum tachengense** F. Z. Li, Y. T. Hou et F. J. Lu, Acta Phytotax. Sin. 44 (2): 170-174 (2006).

新疆。

细叶蓼

Polygonum taquetii H. Lév., Repert. Spec. Nov. Regni Veg. 8 (173-175): 258 (1910).

Polygonum minutulum Makino, Bot. Mag. (Tokyo) 28: 112 (1914); *Persicaria taquetii* (H. Lév.) Koidz., Acta Phytotax. Geobot. (Kyoto) 9 (2): 72 (1940).

安徽、江苏、浙江、江西、湖南、湖北、福建、广东；日本、朝鲜。

西藏蓼（西藏神血宁）

●**Polygonum tibeticum** Hemsl., Bull. Misc. Inform. Kew 1896 (119): 214 (1896).

Aconogonon tibeticum (Hemsl.) Soják, Preslia 46 (2): 151 (1974); *Aconogonon tortuosum* var. *glabrifolium* S. P. Hong, Symb. Bot. Upsal. 30 (2): 95 (1992).

西藏。

蓼蓝

Polygonum tinctorium Aiton, Hortus Kew. 2: 31 (1789).

Persicaria tinctoria (Aiton) Spach, Syst. Veg. 10: 536 (1841).

四川、贵州、云南，中国广泛栽培并归化；中南半岛。

叉枝蓼（叉枝神血宁）

Polygonum tortuosum D. Don, Prodr. Fl. Nepal. 71 (1825).

Polygonum tortuosum var. *tibetanum* Meisn. in DC. Prodr. 14 (1): 138 (1856); *Polygonum peregrinatoris* Paulsen in Hedin, S. Tibet 6 (3): 87, t. 2, f. 4 (1922); *Aconogonum tortuosum* (D. Don) Hara, Fl. E. Himalaya 632 (1966); *Pleuropteropyrum tortuosum* (D. Don) Munshi et Javeid, Polygon. Kashm. Himal. 80 (1986); *Aconogonon tortuosum* var. *tibetanum* (Meisn.) S. P. Hong, Symb. Bot. Upsal. 30 (2): 93 (1992).

西藏；尼泊尔、印度北部、巴基斯坦、阿富汗、亚洲西南部。

荫地蓼

●**Polygonum umbrosum** Sam., Symb. Sin. 7 (1): 182, pl. 3, f. 7 (1929).

云南。

乌鲁木齐萹蓄

●**Polygonum urumqiense** F. Z. Li, Y. T. Hou et F. J. Lu, Acta Phytotax. Sin. 44 (2): 167 (2006).

新疆。

乌饭树叶蓼

Polygonum vacciniifolium Wall. ex Meisn., Pl. Asiat. Rar. (Wallich) 3 (12): 54 (1832).

Bistorta vacciniifolia (Wall. ex Meisn.) Greene, Leafl. Bot. Observ. Crit. 1: 21 (1904); *Persicaria vacciniifolia* (Wall. ex Meisn.) Ronse Decr., Bot. J. Linn. Soc. 98: 368 (1988).

西藏；不丹、尼泊尔、印度、巴基斯坦、克什米尔。

黏蓼

Polygonum viscoferum Makino, Bot. Mag. (Tokyo) 17: 115 (1903).

Polygonum viscoferum var. *robustum* Makino, Bot. Mag. (Tokyo) 17: 116 (1903); *Persicaria viscofera* (Makino) H. Gross ex Nakai, Rep. Veg. Quelp. 42 (1914); *Persicaria makinoi* Nakai, Rep. Veg. Quelp. 42 (1914); *Polygonum excurrens* Steward, Contr. Gray Herb. 88: 65, t. 3 (1930); *Persicaria excurrens* (Steward) Koidz., Acta Phytotax. Geobot. 9: 73 (1940).

黑龙江、吉林、辽宁、河北、山东、河南、安徽、江苏、浙江、江西、湖南、湖北、四川、贵州、云南、福建、台湾；日本、朝鲜、俄罗斯（远东地区）。

香蓼（粘毛蓼）

Polygonum viscosum Buch.-Ham. ex D. Don, Prodr. Fl. Nepal. 71 (1825).

Polygonum viscosum var. *minus* Hook. f., Fl. Brit. Ind. 5: 36 (1890); *Persicaria kuekenthalii* H. Lév., Repert. Spec. Nov. Regni Veg. 12: 286 (1913); *Persicaria viscosa* (Buch.-Ham. ex D. Don) H. Gross ex Nakai, Rep. Veg. Quelp. 42 (1914); *Polygonum kuekenthalii* H. Lév., Cat. Pl. Yun-Nan 207 (1916).

黑龙江、吉林、辽宁、河南、陕西、安徽、江苏、浙江、江西、湖南、湖北、四川、贵州、云南、福建、台湾、广东、广西；日本、朝鲜、尼泊尔、印度、俄罗斯。

珠芽蓼（珠芽拳参）

Polygonum viviparum L., Sp. Pl. 1: 360 (1753).

黑龙江、吉林、辽宁、内蒙古、河北、山西、河南、陕西、宁夏、甘肃、青海、新疆、湖北、四川、贵州、云南、西藏；蒙古国、日本、朝鲜、缅甸、泰国、不丹、尼泊尔、印度、塔吉克斯坦、吉尔吉斯斯坦、哈萨克斯坦、俄罗斯、亚洲西南部、欧洲、北美洲。

珠芽拳参（原变种）

Polygonum viviparum var. **viviparum**

Bistorta vivipara (L.) Delarbre, Fl. Auvergne, ed. 2 2: 516 (1800); *Bistorta viviparum* var. *angustifolia* Nakai, J. Jap. Bot. 14 (11): 740 (1938); *Persicaria vivipara* (L.) Ronse Decr., Bot. J. Linn. Soc. 98 (4): 368 (1988); *Polygonum renii* L. C. Wang, Acta Bot. Boreal.-Occid. Sin. 18 (3): 457, f. 1 (1998).

黑龙江、吉林、辽宁、内蒙古、河北、山西、河南、陕西、宁夏、甘肃、青海、新疆、湖北、四川、贵州、云南、西藏；蒙古国、日本、朝鲜、缅甸、泰国、不丹、尼泊尔、印度、塔吉克斯坦、吉尔吉斯斯坦、哈萨克斯坦、俄罗斯、亚洲西南部、欧洲、北美洲。

细叶珠芽蓼（细叶珠芽拳参）

●**Polygonum viviparum** var. **tenuifolium** (H. W. Kung) Y. L. Liu, J. Northw, Teachers Coll., Nat. Sci. 3: 45 (1987).

Polygonum tenuifolium H. W. Kung, Contr. Inst. Bot. Natl. Acad. Peiping 3: 367 (1935); *Polygonum viviparum* var. *angustum* A. J. Li, Acta Bot. Boreal.-Occid. Sin. 11 (4): 351 (1991).

陕西、甘肃、青海、四川、云南、广东、广西。

球序蓼

Polygonum wallichii Meisn., Monogr. Polyg. 83, pl. 7, f. 1 (1826).

云南、西藏；尼泊尔、印度。

翼蓼属（红药子属）**Pteroxygonum** Dammer et Diels

翼蓼（红药子）

●**Pteroxygonum giraldii** Damm. et Diels, Bot. Jahrb. Syst. 36 (5, Beibl. 82): 36 (1905).

Fagopyrum giraldii (Dammer et Diels) Haraldson, Symb. Bot. Upsal. 22 (2): 83 (1978).

河北、山西、河南、陕西、甘肃、湖北、四川。

虎杖属　**Reynoutria** Houtt.

虎杖（酸筒杆，酸桶芦，大接骨，斑庄根）

Reynoutria japonica Houtt., Nat. Hist. 2 (8): 640, t. 51, f. 1 (1777).

Polygonum cuspidatum Siebold et Zucc., Abh. Math.-Phys. Cl. Könjgl. Bayer. Akad. Wiss. 4 (3): 208 (1846); *Pleuropterus cuspidatus* (Siebold et Zucc.) H. Gross, Beih. Bot. Centralbl. 37 (2): 114 (1919); *Reynoutria henryi* Nakai, Rigakukai. 24: 16 (1926); *Tiniaria japonica* (Houtt.) Hedberg., Svensk Bot. Tidskr. 40: 299 (1946); *Fallopia japonica* (Houtt.) Ronse Decr., Bot. J. Linn. Soc. 98 (4): 369 (1988); *Fallopia japonica* var. *compacta* (Hook. f.) J. Bailey, Watsonia 17 (4): 443 (1989).

黑龙江、辽宁、山东、河南、陕西、甘肃、安徽、江苏、浙江、江西、湖南、湖北、四川、贵州、云南、福建、台湾、广东、广西、海南；日本、朝鲜、俄罗斯（远东地区）；广泛栽培于世界各地，并成为杂草。

大黄属 **Rheum** L.

心叶大黄（红马蹄乌）

Rheum acuminatum Hook. f. et Thomson, Bot. Mag. 81, pl. 4887 (1885).

Rheum orientolixizangense Y. K. Yang, J. K. Wu et Gasang., Acta Bot. Boreal.-Occid. Sin. 12 (4): 313, fig. 2 (1992).

甘肃、四川、云南、西藏；缅甸、不丹、尼泊尔、印度、克什米尔。

水黄（苞叶大黄，大苞大黄）

●**Rheum alexandrae** Batalin, Trudy Imp. S.-Peterburgsk. Bot. Sada 13: 384 (1894).

四川、云南、西藏；栽培于俄罗斯。

阿尔泰大黄

Rheum altaicum Losinsk., Trudy Bot. Inst. Akad. Nauk S. S. S. R., Ser. 1, Fl. Sist. Vyssh. Rast. 3: 87 (1936).

Rheum rhaponticum Herder., Bull. Soc. Bot. France (1854-1978) (1854).

新疆；蒙古国、哈萨克斯坦、阿尔泰。

藏边大黄

Rheum australe D. Don, Prodr. Fl. Nepal. 75 (1825).

Rheum emodii Wall. ex Meisn., Pl. Asiat. Rar. 3: 65 (1832).

西藏；缅甸、尼泊尔、印度、巴基斯坦。

密序大黄

Rheum compactum L., Sp. Pl., ed. 2 1: 531 (1762).

Rheum nutans Pall., Fl. Ross. 1 (index 2): 2 (1788).

新疆；蒙古国、哈萨克斯坦、俄罗斯（远东地区、西伯利亚）。

滇边大黄（岩三七，沙七）

Rheum delavayi Franch., Bull. Mus. Natl. Hist. Nat. 1: 212 (1895).

Rheum strictum Franch., Bull. Mus. Natl. Hist. Nat. (Paris) 1: 213 (1895).

四川、云南；不丹、尼泊尔。

牛尾七（小黄）

●**Rheum forrestii** Diels, Notes Roy. Bot. Gard. Edinburgh 5 (25): 262 (1912).

四川、云南、西藏。

光茎大黄

●**Rheum glabricaule** Sam., Svensk Bot. Tidskr. 30: 714 (1936).

甘肃。

头序大黄

Rheum globulosum Gage, Bull. Misc. Inform. Kew 1908 (4): 181 (1908).

西藏；印度（锡金）。

河套大黄

●**Rheum hotaoense** C. Y. Cheng et T. C. Kao, Acta Phytotax.

Sin. 13 (3): 79 (1975).

山西、陕西、甘肃。

红脉大黄（红背大黄）

●**Rheum inopinatum** Prain, Bot. Mag. 134, t. 8190 (1908).

西藏。

疏枝大黄

●**Rheum kialense** Franch., Bull. Mus. Hist. Nat. (Paris) 1: 212 (1895).

Rumex cacaliifolius H. Lév., Repert. Spec. Nov. Regni Veg. 13 (368-369): 338 (1914); *Rheum micranthum* Sam., Svensk Bot. Tidskr. 30: 718 (1936).

甘肃、四川、云南。

条裂大黄（细裂大黄）

●**Rheum laciniatum** Prain, Bull. Misc. Inform. Kew 1908 (4): 182 (1908).

四川。

拉萨大黄

●**Rheum lhasaense** A. J. Li et P. G. Xiao, Fl. Xizang. 1: 598, t. 192, f. 1-3 (1983).

西藏。

丽江大黄（黑七，雪三七）

●**Rheum likiangense** Sam., Svensk Bot. Tidskr. 30: 720 (1936).

Rheum ovatum C. Y. Cheng et T. C. Kao, Acta Phytotax. Sin. 13 (3): 80, pl. 1, f. 20, pl. 11, f. 3 (1975).

四川、云南、西藏。

斑茎大黄

●**Rheum maculatum** C. Y. Cheng et T. C. Kao, Acta Phytotax. Sin. 13 (3): 81, pl. 2, f. 13, pl. 12, f. 1 (1975).

四川。

卵果大黄

Rheum moorcroftianum Royle, Ill. Bot. Himal. Mts. 1: 315 318 (1839).

西藏；尼泊尔、印度、巴基斯坦、阿富汗、塔吉克斯坦。

矮大黄

Rheum nanum Siev. ex Pall., Neueste Nord. Beytr. Phys. Geogr. Erd-Volkerbeschreib. 7: 264 (1796).

Rheum cruentum Siev. ex Pall., Neueste Nord. Beytr. Phys. Geogr. Erd-Volkerbeschreib. 7: 294 (1796); *Rheum leucorrhizum* Pall., Nova Acta Acad. Sci. Imp. Petrop. Hist. Acad. 10: 381 (1797).

内蒙古、甘肃、新疆；蒙古国、哈萨克斯坦、俄罗斯（西西伯利亚）。

塔黄（高山大黄）

Rheum nobile Hook. f. et Thomson, Ill. Himal Pl. pl. 19 (1855).

西藏；缅甸、不丹、尼泊尔、印度、巴基斯坦、阿富汗。

药用大黄

●**Rheum officinale** Baill., Adansonia 10: 246 (1871).

河南、陕西、湖北、四川、贵州、云南、福建。

掌叶大黄（葵叶大黄）

●**Rheum palmatum** L., Syst. Nat., ed. 10 2: 1010 (1759).
Rheum potaninii Losinsk., Trudy Bot. Inst. Akad. Nauk S. S. S. R., Ser. 1, Fl. Sist. Vyssh. Rast. 3: 78 (1936); *Rheum qinlingense* Y. K. Yang, J. K. Wu et D. K. Zhang, Acta Bot. Boreal.-Occid. Sin. 12 (4): 309 (1992).

内蒙古、陕西、甘肃、青海、湖北、四川、云南、西藏。

歧穗大黄

●**Rheum przewalskyi** Losinsk., Trudy Bot. Inst. Akad. Nauk S. S. S. R., Ser. 1, Fl. Sist. Vyssh. Rast. 3: 115 (1937).

甘肃、青海、四川。

小大黄

●**Rheum pumilum** Maxim., Bull. Acad. Imp. Sci. Saint-Pétersbourg 26: 503 (1880).

甘肃、青海、四川、西藏。

总序大黄（蒙古大黄）

Rheum racemiferum Maxim., Bull. Acad. Imp. Sci. Saint-Pétersbourg 26: 503 (1880).

内蒙古、宁夏、甘肃；蒙古国。

网脉大黄

Rheum reticulatum Losinsk., Trudy Bot. Inst. Akad. Nauk S. S. S. R., Ser. 1, Fl. Sist. Vyssh. Rast. 3: 112 (1937).

青海、新疆；塔吉克斯坦、吉尔吉斯斯坦、哈萨克斯坦。

波叶大黄

Rheum rhabarbarum L., Sp. Pl. 1: 372 (1753).
Rheum undulatum L., Sp. Pl., ed. 2 531 (1762); *Rheum franzenbachii* var. *mongolicum* Münter, Acta Congr. Bot. Amst. 1877: 212 (1879); *Rheum franzenbachii* Münter, Act. Congr. Bot. Amst. 1877: 212 (1879); *Rheum undulatum* var. *longifolium* C. Y. Cheng et T. C. Kao, Acta Phytotax. Sin. 13 (3): 79 (1975).

黑龙江、吉林、内蒙古、河北、山西、河南、陕西、湖北；蒙古国、俄罗斯（东西伯利亚）；栽培于欧洲。

直穗大黄（枝穗大黄）

Rheum rhizostachyum Schrenk, Bull. Sci. Acad. Imp. Sci. Saint-Pétersbourg 10: 254 (1842).
Rheum aplostachyum Kar. et Kir., Bull. Soc. Imp. Naturalistes Moscou 15: 422 (1842).

新疆；哈萨克斯坦。

菱叶大黄

●**Rheum rhomboideum** Losinsk., Trudy Bot. Inst. Akad. Nauk S. S. S. R., Ser. 1, Fl. Sist. Vyssh. Rast. 3: 116 (1937).

西藏。

穗序大黄

Rheum spiciforme Royle, Ill. Bot. Himal. Mts. 1: 315, 318, pl. 78 (1839).
Rheum scaberrimum Lingelsh., Repert. Spec. Nov. Regni Veg. 12: 358 (1929).

甘肃、青海、西藏；不丹、印度（锡金）、巴基斯坦、阿富汗、克什米尔。

垂枝大黄

●**Rheum subacaule** Sam., Svensk Bot. Tidskr. 30: 712 (1936).

四川。

窄叶大黄

●**Rheum sublanceolatum** C. Y. Cheng et T. C. Kao, Acta Phytotax. Sin. 13 (3): 82, pl. 3, f. 10-12, pl. 12, f. 2 (1975).

甘肃、青海、新疆。

鸡爪大黄（唐古特大黄）

●**Rheum tanguticum** Maxim. ex Balf., Trans. Bot. Soc. Edinburgh 13: 435, pl. 14 (1879).

陕西、甘肃、青海、西藏。

鸡爪大黄（原变种）

●**Rheum tanguticum** var. **tanguticum**
Rheum palmatum var. *tanguticum* Maxim. ex Regel, Gartenflora 23: 305, f. 1 (1874); *Rheum palmatum* subsp. *dissectum* Stapf, Curtis's Bot. Mag. 153, t. 9200 (1927); *Rheum tanguticum* var. *viridiflorum* Y. K. Yang et D. K. Zhang, Acta Bot. Boreal.-Occid. Sin. 12 (4): 311 (1992).

陕西、甘肃、青海、西藏。

六盘山鸡爪大黄

●**Rheum tanguticum** var. **liupanshanense** C. Y. Cheng et T. C. Kao, Acta Phytotax. Sin. 13 (3): 81 (1975).

甘肃。

圆叶大黄

Rheum tataricum L. f., Suppl. Pl. 229 (1782).
Rheum caspicum Pall., Nova Acta Acad. Sci. Imp. Petrop. Hist. Acad. 10: 382 (1797); *Rheum songaricum* Schrenk, Bull. Phys.-Math. Acad. Saint-Pétersbourg. 2: 114 (1844).

新疆；阿富汗、哈萨克斯坦、俄罗斯（欧洲部分）。

西藏大黄

Rheum tibeticum Maxim. ex Hook. f., Fl. Brit. Ind. 5 (13): 56 (1886).

西藏；巴基斯坦、阿富汗、克什米尔。

单脉大黄

Rheum uninerve Maxim., Bull. Acad. Imp. Sci. Saint-Pétersbourg 26: 503 (1880).

内蒙古、甘肃、青海；蒙古国。

须弥大黄（喜岭大黄，喜马拉雅大黄）

Rheum webbianum Royle, Ill. Bot. Himal. Mts. 1: 318, pl. 78 a (1839).

西藏；尼泊尔、印度、巴基斯坦、克什米尔。

天山大黄

Rheum wittrockii C. E. Lundstr., Acta Horti Berg. 5 (3): 23 (1914).

新疆；吉尔吉斯斯坦、哈萨克斯坦。

云南大黄（滇大黄）

Rheum yunnanense Sam., Svensk Bot. Tidskr. 30: 713 (1936).

云南；缅甸。

酸模属 **Rumex** L.

酸模（遏蓝菜，酸溜溜）

Rumex acetosa L., Sp. Pl. 1: 337 (1753).

Acetosa pratensis Mill., Gard. Dict., ed. 8 1 (1768).

黑龙江、吉林、辽宁、内蒙古、山西、山东、河南、陕西、青海、新疆、安徽、江苏、浙江、湖南、湖北、四川、贵州、云南、西藏、福建、台湾、广西；蒙古国、日本、朝鲜、吉尔吉斯斯坦、哈萨克斯坦、俄罗斯、欧洲、北美洲。

齿果酸模（小酸模）

Rumex acetosella L., Sp. Pl. 1: 338 (1753).

Acetosa acetosella (L.) Mill., Gard. Dict., ed. 8 2 (1768); *Rumex acetosella* var. *vulgaris* W. D. J. Koch, Syn. Fl. Germ. Helv. 1: 616 (1837); *Acetosella vulgaris* W. D. J. Koch, Fourr., Ann. Soc. Linn. Lyon, sér. 2 17: 145 (1869).

黑龙江、内蒙古、河北、山东、河南、新疆、浙江、江西、湖南、湖北、四川、云南、福建、台湾；蒙古国、日本、朝鲜、印度、哈萨克斯坦、俄罗斯、欧洲、北美洲；世界其他地区广泛引种。

黑龙酸模（黑龙酸模）

Rumex amurensis F. Schmidt ex Maxim., Prim. Fl. Amur. 228 (1859).

黑龙江、吉林、辽宁、河北、山东、河南、安徽、江苏、湖北；俄罗斯（远东地区）。

紫茎酸模

Rumex angulatus Rech. f., Candollea 12: 51 (1949).

西藏；巴基斯坦、阿富汗、克什米尔。

水生酸模

Rumex aquaticus L., Sp. Pl. 1: 336 (1753).

Rumex protractus Rech. f., Repert. Spec. Nov. Regni Veg. 33 (883-890): 356 (1934); *Rumex aquaticus* subsp. *protractus* (Rech. f.) Rech. f., Utah Fl., ed. 3 (2003).

黑龙江、吉林、山西、陕西、宁夏、甘肃、青海、新疆、湖北、四川；蒙古国、日本、吉尔吉斯斯坦、哈萨克斯坦、俄罗斯、欧洲、北美洲。

网果酸模

Rumex chalepensis Mill., Gard. Dict., ed. 8 no. 11 (1768).

Rumex dictyocarpus Boiss. et Buhse, Nouv. Mém. Soc. Imp. Naturalistes Moscou 12: 192 (1860); *Rumex drobovii* Korovin, Opred. Rast. Okr. Taschkent 84, 154 (1924).

河北、山西、山东、河南、陕西、甘肃、新疆、安徽、江苏、浙江、湖北；巴基斯坦、阿富汗、吉尔吉斯斯坦、哈萨克斯坦、土库曼斯坦、克什米尔、亚洲西南部、欧洲。

密生酸模

Rumex confertus Willd., Enum. Pl. 1: 397 (1809).

新疆；哈萨克斯坦、俄罗斯、欧洲、北美洲。

皱叶酸模

Rumex crispus L., Sp. Pl. 1: 335 (1753).

Lapathum crispum (L.) Scopoli, Fl. Carniol., ed. 2 1: 261 (1771).

黑龙江、吉林、辽宁、内蒙古、河北、山西、山东、河南、陕西、宁夏、甘肃、青海、新疆、浙江、湖南、湖北、四川、贵州、云南、台湾、海南；蒙古国、日本、朝鲜、缅甸、泰国、吉尔吉斯斯坦、哈萨克斯坦、俄罗斯、欧洲、北美洲；广泛归化于世界其他地区。

齿果酸模

Rumex dentatus L., Mant. Pl. 2: 226 (1771).

Rumex klotzschianus Meisn., Prodr. (DC.) 14 (1): 57 (1856); *Rumex nipponicus* Franch. et Sav., Enum. Pl. Japan. 2: 471 (1879); *Rumex halacsyi* Rech., Verh. K. K. Zool.-Bot. Ges. Wien 49: 105 (1899); *Rumex dentatus* subsp. *halacsyi* (Rech. f.) Rech. f., Beih. Bot. Centralbl. 49 (2): 16 (1932); *Rumex dentatus* subsp. *klotzschianus* (Meisn.) Rech. f., Beib. Bot. Jahr. 49 (2): 19 (1932).

内蒙古、河北、山西、山东、河南、陕西、宁夏、甘肃、青海、新疆、安徽、江苏、浙江、江西、湖南、湖北、四川、贵州、云南、福建、台湾；朝鲜、尼泊尔、印度、阿富汗、吉尔吉斯斯坦、哈萨克斯坦、俄罗斯、欧洲东南部、非洲北部。

毛脉酸模

Rumex gmelinii Turcz. ex Ledeb., Fl. Ross. (Ledeb.) 3 (2): 508 (1851).

黑龙江、吉林、辽宁、内蒙古、河北、山西、陕西、甘肃、青海、新疆；蒙古国、日本、朝鲜、俄罗斯（远东地区、东西伯利亚）。

戟叶酸模

Rumex hastatus D. Don, Prodr. Fl. Nepal. 74 (1825).
Rumex dissectus H. Lév., Bull. Géogr. Bot. 22: 228 (1912).
四川、贵州、云南、西藏；尼泊尔、印度、巴基斯坦、阿富汗、克什米尔。

羊蹄

Rumex japonicus Houtt., Nat. Hist. 2 (8): 394, t. 47, f. 2 (1777).
Rumex regelii F. Schmidt, Mém. Acad. Imp. Sci. St.-Pétersbourg, sér. 7 12 (2): 167 (1868); *Rumex crispus* var. *japonicus* (Houtt.) Makino, Bot. Mag. (Tokyo) 8: 174 (1894); *Rumex cardiocarpus* Pamp., Nuovo Giorn. Bot. Ital., new series. 17 (2): 260, f. 4 (1910); *Rumex hadroocarpus* Rech. f., Candollea 12: 92, f. 1-2 (1949); *Rumex crispus* subsp. *japonicus* (Houtt.) Kitamura, Acta Phytotax. Geobot. 20: 206 (1962).
黑龙江、吉林、辽宁、内蒙古、河北、山西、山东、河南、陕西、安徽、江苏、浙江、江西、湖南、湖北、四川、贵州、福建、台湾、广东、广西、海南；日本、朝鲜、俄罗斯（远东地区）。

长叶酸模

Rumex longifolius DC., Fl. Franç., ed. 3 6: 368 (1815).
Rumex domesticus C. Hartm., Handb. Skand. Fl. 148 (1820).
黑龙江、吉林、辽宁、内蒙古、河北、山西、山东、河南、陕西、宁夏、甘肃、青海、新疆、湖北、四川、广西；日本、俄罗斯、欧洲，引入北美洲，偶见于世界其他地区。

刺酸模

Rumex maritimus L., Sp. Pl. 1: 335 (1753).
Rumex rossicus Murb., Bot. Not. 1913: 221 (1913); *Rumex maritimus* subsp. *rossicus* (Murb.) Krylov, in Фл. Зап. Сиб. 4: 380 (1930); *Rumex longisetus* A. I. Baranov et Skvortsov, Diagn. Pl. Nov. Mandsh. 3, pl. 1, f. 13 (1943).
黑龙江、吉林、辽宁、内蒙古、河北、山西、山东、河南、陕西、新疆、江苏、湖北、贵州、福建、广西、海南；蒙古国、缅甸、哈萨克斯坦、俄罗斯（远东地区、西伯利亚）、欧洲；引入北美洲。

单瘤酸模

Rumex marschallianus Rchb., Iconogr. Bot. Pl. Crit. 4: 56, 58 (1826).
内蒙古、新疆；蒙古国、哈萨克斯坦、俄罗斯。

小果酸模

Rumex microcarpus Campd., Monogr. Rumex 143 (1819).
Rumex wallichianus Meisn., Pl. Asiat. Rar. 3: 64 (1832); *Rumex wallichii* Meisn., Prodr. (DC.) 14 (1): 48 (1856).
辽宁、河北、河南、江苏、湖北、贵州、云南、台湾、广东、广西、海南；越南、印度。

尼泊尔酸模（土大黄）

Rumex nepalensis Spreng., Syst. Veg. 2: 159 (1825).
河南、陕西、甘肃、青海、湖南、湖北、四川、贵州、云南、西藏、广西；日本（引种）、越南、缅甸、印度尼西亚、不丹、尼泊尔、印度、巴基斯坦、阿富汗、塔吉克斯坦、亚洲西南部。

尼泊尔酸模（原变种）

Rumex nepalensis var. **nepalensis**
Rumex ramulosus Meisn., Prodr. (DC.) 14 (1): 55 (1856); *Rumex esquirolii* H. Lév., Repert. Spec. Nov. Regni Veg. 11 (304-308): 550 (1913).
河南、陕西、甘肃、青海、湖南、湖北、四川、贵州、云南、西藏、广西；日本（引种）、越南、缅甸、印度尼西亚、不丹、尼泊尔、印度、巴基斯坦、阿富汗、塔吉克斯坦、亚洲西南部。

疏花酸模

●**Rumex nepalensis** var. **remotiflorus** (Sam.) A. J. Li, Fl. Reipubl. Popularis Sin. 25 (1): 161 (1998).
Rumex remotiflorus Sam., Symb. Sin. 7 (1): 167 (1929).
云南。

钝叶酸模

Rumex obtusifolius L., Sp. Pl. 1: 335 (1753).
Rumex obtusifolius var. *agrestis* Fr., Novit. Fl. Suec. Alt. 99 (1828); *Rumex obtusifolius* subsp. *agrestis* (Fr.) Danser, Ned. Kruidk. Arch. 1926: 235 (1926).
河北、山东、陕西、甘肃、安徽、江苏、浙江、江西、湖南、湖北、四川、台湾；日本、俄罗斯、欧洲、非洲；引种归化于北美洲和世界其他地区。

巴天酸模

Rumex patientia L., Sp. Pl. 1: 333 (1753).
Rumex patientia var. *callosus* F. Schmidt ex Maxim., Mém. Acad. Imp. Sci. St.-Pétersbourg Divers Savans 9: 228 (1859); *Rumex patientia* subsp. *callosus* (F. Schmidt ex Maxim.) K. H. Rechinger, Brittonia (1931); *Rumex callosus* (F. Schmidt ex Maxim.) K. H. Rechinger, Repert. Spec. Nov. Regni Veg. 31: 257 (1933); *Rumex pamiricus* Rech. f., Repert. Spec. Nov. Regni Veg. 31 (826-835): 259 (1933); *Rumex patientia* var. *tibeticus* Rech. f., Repert. Spec. Nov. Regni Veg. 31: 262 (1933); *Rumex interruptus* Rech. f., Repert. Spec. Nov. Regni Veg. 33: 359 (1934); *Rumex patientia* subsp. *tibeticus* (Rech. f.) Rech. f., Candollea 12: 74 (1949); *Rumex patientia* subsp. *pamiricus* (Rech. f.) Rech. f., Candollea 12: 73 (1949); *Rumex patientia* subsp. *interruptus* Rech. f., Candollea 12: 74 (1949).
黑龙江、吉林、辽宁、内蒙古、河北、河南、陕西、宁夏、甘肃、青海、新疆、湖南、湖北、四川、西藏；蒙古国、吉尔吉斯斯坦、哈萨克斯坦、俄罗斯、欧洲；引种归化于北美洲和世界其他地区。

中亚酸模

Rumex popovii Pachom., Bot. Mater. Gerb. Inst. Bot. Akad. Nauk Uzbeksk. S. S. R. 18: 61 (1967).

Rumex aquaticus subsp. *lipschitzii* Rech. f., Candollea 12: 56 (1949).

新疆；蒙古国、塔吉克斯坦、哈萨克斯坦。

披针叶酸模

Rumex pseudonatronatus (Borbás) Borbás ex Murb., Bot. Not. 1899: 16 (1899).

Rumex domesticus var. *pseudonatronatus* Borbás, Ertek. Természettud. Koréb. Magyar Tud. Acad. 11 (18): 21 (1880).

黑龙江、吉林、河北、陕西、甘肃、青海、新疆；蒙古国、吉尔吉斯斯坦、哈萨克斯坦、俄罗斯、欧洲；归化于北美洲。

蒙新酸模（短齿单瘤酸模）

Rumex similans Rech. f., Candollea 12: 133 (1949).

Rumex marschallianus var. *brevidens* Bong. et C. A. Mey., Mém. Acad. Imp. Sci. Saint-Pétersbourg, sér. 6, Sci. Math., Seconde Pt. Sci. Nat. 62, pl. 62 (1841).

内蒙古、新疆；蒙古国、哈萨克斯坦、俄罗斯、欧洲。

狭叶酸模

Rumex stenophyllus Ledeb., Fl. Altaic. 2: 58 (1830).

Rumex odontocarpus Sandor ex Borbás, Oesterr. Bot. Z. 37: 334 (1887); *Rumex ussuriensis* Losinsk. in Kom., Fl. U. R. S. S. 5: 717 (1936); *Rumex stenophyllus* var. *ussuriensis* (Losinsk.) Kitag., Neolin. Fl. Manshur. 247 (1979).

黑龙江、吉林、内蒙古、新疆；蒙古国、吉尔吉斯斯坦、哈萨克斯坦、俄罗斯、欧洲。

天山酸模

Rumex thianschanicus Losinsk. in Kom., Fl. U. R. S. S. 5: 466, 716 (1936).

新疆；蒙古国、哈萨克斯坦、乌兹别克斯坦、俄罗斯、欧洲、北美洲。

直根酸模

Rumex thyrsiflorus Fingerh., Linnaea 4 (3): 380 (1829).

Rumex haplorhizus Czern. ex Turcz., Bull. Soc. Imp. Naturalistes Moscou 27 (3): 54 (1854); *Rumex acetosa* subsp. *thyrsiflorus* (Fingerh.) Čelak., Sitzungsber. Königl. Böhm. Ges. Wiss. Prag 1886: 56 (1887); *Rumex thyrsiflorus* var. *mandshurica* A. I. Baranov et Skvortsov, Diagn. Pl. Nov. Mandsh. 2, pl. 1, f. 8 (1943); *Acetosa thyrsiflora* (Fingerh.) Á. Löve et D. Löve, in Rep. Univ. Inst. Appl. Sci., Reykjavik, Dept. Agric., Ser. B 3: 107 (1948).

黑龙江、吉林、内蒙古、新疆；蒙古国、哈萨克斯坦、乌兹别克斯坦、俄罗斯、欧洲、北美洲。

长刺酸模

Rumex trisetifer Stokes, Bot. Mat. Med. 2: 305 (1814).

Rumex chinensis Campd., Monogr. Rumex 63 et 75 (1819).

陕西、安徽、江苏、浙江、江西、湖南、湖北、四川、贵州、云南、福建、台湾、广东、广西、海南；越南、老挝、缅甸、泰国、不丹、印度。

乌克兰酸模

Rumex ucranicus Fisch. ex Spreng., Novi Provent. 36 (1819).

新疆；哈萨克斯坦、俄罗斯、乌克兰、波兰。

永宁酸模

●**Rumex yungningensis** Sam., Symb. Sin. 7 (1): 168 (1929).

云南。

树蓼属 Triplaris Loefl.

树蓼

☆**Triplaris americana** L., Syst. Nat., ed. 10 2: 881 (1759).

云南西双版纳热带植物园栽培；原产于热带巴拿马至南美洲北部。

186. 茅膏菜科 DROSERACEAE
[2 属：7 种]

貉藻属 Aldrovanda L.

貉藻

Aldrovanda vesiculosa L., Sp. Pl. 1: 281 (1753).

黑龙江、内蒙古；日本、朝鲜、马来西亚、太平洋岛屿、欧洲、非洲。

茅膏菜属 Drosera L.

锦地罗（落地金钱，钉地金钱，乌蝇草）

Drosera burmannii Vahl, Symb. Bot. 3: 50 (1794).

云南、福建、台湾、广东、广西、海南；菲律宾、越南、老挝、缅甸、泰国、柬埔寨、马来西亚、印度、热带澳大利亚。

长叶茅膏菜（捕蝇草，满露草）

Drosera indica L., Sp. Pl. 1: 282 (1753).

Drosera makinoi Masam., Trans. Nat. Hist. Soc. Taiwan 25: 111 (1935).

福建、台湾、广东、广西、海南；热带澳大利亚、亚洲东部和东南部、非洲。

长柱茅膏菜

●**Drosera oblanceolata** Y. Z. Ruan, Acta Phytotax. Sin. 19 (3): 340 (1981).

广东、广西。

茅膏菜

●**Drosera peltata** Willd., Species Plantarum, ed. 4 1 (2): 1546, 1797 (1798).

Drosera lunata Buch.-Ham. ex DC., Prodr. 1: 319 (1824); *Drosera peltata* var. *lunata* (Buch.-Ham. ex DC.) C. B. Clarke,

Fl. Brit. Ind. 2 (5): 425 (1878); *Drosera peltata* var. *glabrata* Y. Z. Ruan, Acta Phytotax. Sin. 19 (3): 343, pl. 2, f. 14 (1981); *Drosera peltata* var. *multisepala* Y. Z. Ruan, Acta Phytotax. Sin. 19 (3): 341, pl. 2, f. 1-13 (1981).

四川、贵州、云南、西藏。

圆叶茅膏菜

●**Drosera rotundifolia** L., Sp. Pl. 1: 281 (1753).

Drosera rotundifolia var. *furcate* Y. Z. Ruan, Acta Phytotax. Sin. 19 (3): 340 (1981).

浙江、江西、湖南、福建、广东。

匙叶茅膏菜（宽苞茅膏菜）

Drosera spatulata Labill., Nov. Holl. Pl. 1: 79, pl. 106, f. 1 (1804).

Drosera loureiroi Hook. et Arn., Bot. Beechey Voy. 167, pl. 1841 (1833); *Drosera spathulata* var. *loureiroi* (Hook. et Arn.) Y. Z. Ruan, Acta Phytotax. Sin. 19 (3): 341 (1981).

福建、台湾、广东、广西；日本、菲律宾、马来西亚、印度尼西亚、热带澳大利亚、太平洋岛屿、欧洲。

187. 猪笼草科 NEPENTHACEAE [1 属：1 种]

猪笼草属 Nepenthes L.

猪笼草（猴子埕）

Nepenthes mirabilis (Lour.) Druce, Bot. Exch. Club Brit.

Isles Rep. 4: 637 (1916).

Phyllamphora mirabilis Lour., Fl. Cochinch. 2: 606 (1790); *Nepenthes phyllamphora* Willd., Sp. Pl., ed. 4 (2): 874 (1806).

广东、海南；越南、老挝、缅甸、泰国、柬埔寨、热带澳大利亚、太平洋岛屿、亚洲南部诸岛。

188. 钩枝藤科 ANCISTROCLADA-CEAE [1 属：1 种]

钩枝藤属 Ancistrocladus Wall.

钩枝藤（本蓬藤，本叶藤）

Ancistrocladus tectorius (Lour.) Merr., Lingnan Sci. J. 6 (4): 329 (1930).

Bembix tectoria Lour., Fl. Cochinch. 1: 283 (1790); *Ancistrocladus extensus* Wall. ex Planch., Ann. Sci. Nat., Bot. sér. 3 13: 318 (1849); *Ancistrocladus pinangianus* Wall. ex Planch., Ann. Sci. Nat., Bot. sér. 3 13: 318 (1849); *Ancistrocladus cochinchinensis* Gagnep., Notul. Syst. (Paris) 1: 115 (1909); *Ancistrocladus harmandii* Gagnep., Notul. Syst. (Paris) 1: 114 (1909); *Ancistrocladus hainanensis* Hayata, Icon. Pl. Formosan. 3: 46 (1913); *Ancistrocladus carallioides* Craib, Bull. Misc. Inform. Kew 1925: 19 (1925).

海南；越南、老挝、缅甸、泰国、柬埔寨、马来西亚、新加坡、印度尼西亚、印度。

本书主要参考文献

云南植物志编辑委员会. 1995. 云南植物志 第六卷. 北京: 科学出版社.

中国科学院中国植物志编辑委员会. 1984a. 中国植物志 第二十卷第二分册. 北京: 科学出版社.

中国科学院中国植物志编辑委员会. 1984b. 中国植物志 第四十九卷第二分册. 北京: 科学出版社.

中国科学院中国植物志编辑委员会. 1984c. 中国植物志 第五十三卷第一分册. 北京: 科学出版社.

中国科学院中国植物志编辑委员会. 1991. 中国植物志 第五十一卷. 北京: 科学出版社.

中国科学院中国植物志编辑委员会. 1997. 中国植物志 第四十三卷第二分册. 北京: 科学出版社.

中国科学院中国植物志编辑委员会. 1998. 中国植物志 第二十五卷第一分册. 北京: 科学出版社.

中国科学院中国植物志编辑委员会. 1999. 中国植物志 第三十二卷. 北京: 科学出版社.

Al-Shehbaz I. 2003. Six new species of *Draba* (Brassicaceae) from the Himalayas. Novon, 12(3): 314-318.

Al-Shehbaz I. 2004. Two new species of *Draba* (Brassicaceae): *D. mieheorum* from Tibet and *D. sagasteguii* from Peru. Novon, 14(3): 249-252.

Al-Shehbaz I. 2005. *Desideria mieheorum* (Brassicaceae), a new species from Tibet. Novon, 15(1): 1-3.

Al-Shehbaz I. 2007. Two new species of *Draba* (Brassicaceae): *D. cajamarcensis* from Peru and *D. jiulongensis* from China. Rhodora, 114(957): 31-36.

Al-Shehbaz I, Yue J P, Deng T, Chen H L. 2014. *Draba dongchuanensis* (Brassicaceae), a new species from Yunnan, China. Phytotaxa, 175(5): 298-300.

Applequist W L. 2013. A nomenclator for *Homalium* (Salicaceae). Skvortsovia, 1(1): 12-74.

Chase M W, Zmarzty S, Lledó M D, Wurdack K J, Swensen S M, Fay M F. 2002. When in doubt, put it in Flacourtiaceae: a molecular phylogenetic analysis based on plastid *rbcL* DNA sequences. Kew Bulletin, 57(1): 141-181.

Frye A S L, Kron K A. 2003. *rbcl* Phylogeny and Character Evolution in Polygonaceae. Systematic Botany, 28(2): 326-332.

Galasso G, Banfi E, De Mattia F, Grassi F, Sgorbati S, Labra M. 2009. Molecular phylogeny of Polygonum L. s.l. (Polygonoideae, Polygonaceae), focusing on European taxa: preliminary results and systematic considerations based on *rbcL* plastidial sequence data. Atti Soc. it. Sci .nat. Museo civ. Stor. nat. Milano, 150(1): 113-148.

Hou Y T, Lu F J, Qu C Y, Li F Z. 2006. Three new species in the genus *Polygonum* (Polygonaceae) from China. Acta Phytotax. Sin., 44(2): 65-177.

Hou Y T, Qu C Y, Lu F J, Li F Z. 2007. The Pollen Morphology of the genus *Polygonum* s.str. (Polygonaceae) in China and its Classific Significance. J. Wuhan Bot. Res., 25(2): 127-135.

Hou Y T, Xu C M, Qu C Y, Ba X G, Lu F J, Li F Z. 2007. A study on fruit morphology of *Polygonum* sect. Polygonum (Polygonaceae) from China. Acta Phytotax. Sin. 45(4): 523-537.

Kim S T, Donoghue M J. 2008. Molecular phylogeny of *Persicaria* (Persicarieae, Polygonaceae). Systematic Botany, 33(1): 77-86.

Liao S, He L, Shang C, Zhang Z X. 2015. Lectotypification and identity of *Xylosma fasciculiflora* (Salicaceae). Taxon, 64(2): 378-381.

Liao S, Ji X Y, Peng Y S, Liang T J, Zhang Z X. 2015. The identity of *Casearia membranacea* f. *nigrescens* (Salicaceae). Phytotaxa, 218(1): 97-100.

Liu J L, Tang Y, Xia M Z, Shao J R, Cai G Z, Luo Q, Sun J X. 2007. *Fagopyrum densovillosum* J. L. Liu, a new Species of Polygonaceae from Sichuan, China. Bull. Bot. Res., 28(5): 530-533.

Liu J L, Tang Y, Xia M Z, Shao J R, Cai G Z, Luo Q, Sun J X. 2008. *Fagopyrum crispatifolium* J. L. Liu, a new species of Polygonaceae from Sichuan, China. J. Syst. Evol., 46(6): 929-932.

Liu Y L, Wu J M, Xu L M, Zhao J R, Zhao Z E. 2007. *Polygonum chinense* var. *procumbens* Z. E. Zhao et J. R. Zhao (Polygonaceae), a new variety from Hainan. J. Wuhan Bot. Res., 25 (6): 561-562.

Mou F J, Zhang D X. 2009. *Glycosmis longipetala* F. J. Mou & D. X. Zhang, a new species of Rutaceae from China. J. Syst. Evol., 47(2): 162-167.

Shao J R, Zhou M L, Zhu X M, Wang D Z, Bai D Q. 2011. *Fagopyrum wenchuanense* and *Fagopyrum qiangcai*, two new species of Polygonaceae from Sichuan, China. Novon, 21(2): 256-261.

Tang Y, Zhou M L, Bai D Q, Shao J R, Zhu X M, Wang D Z, Tang Y X. 2010. *Fagopyrum pugense* (Polygponaceae), a new species from Sichuan, China. Novon, 20: 239-242.

Yu W B, Wang H, Li D Z. 2011. Names of Chinese seed plants validly published in A Catalogue of Type Specimens (Cormophyta) in the Herbaria of China and its two supplements. Taxon, 60(4): 1168-1172.

Zhou Z Z, Sun Q Y, Xu W B, Shen J, Xu L L, Zhao X X. 2007. *Polygonum jucundum* var. *rotundum* Z. Z. Zhou et Q. Y. Sun, a new variety of Polygonaceae from Anhui, China. Acta Phytotax. Sin., 45(5): 713-718.

Zmarzty S. 2010. *Xylosma congesta* (Lour.) Merr. (Salicaceae) the correct name for the species otherwise known as *X. japonica* or *X. racemosa*. Taxon, 59(1): 289-290.

中文名索引

双凸戟叶蓼, 262
双腺野海棠, 89
双柱柳, 18
双籽藤黄, 52
水柏枝属, 248
水黄, 277
水蓼, 266
水柳, 37
水龙, 77
水麻, 151
水密花, 64
水社柳, 25
水生酸模, 279
水石衣, 53
水石衣属, 53
水蒜芥, 230
水田碎米荠, 200
水翁蒲桃, 86
水苋, 67
水苋菜属, 67
水莞花, 69
水莞花属, 69
水珠草, 73
水竹蒲桃, 84
蒴莲属, 5
丝茎蓼, 269
丝毛柳, 26
丝毛瑞香, 174
丝毛瑞香(原变种), 174
丝叶芥, 220
丝叶芥属, 220
司氏柳, 34
思茅芙蓉, 158
思茅红椿, 147
思茅苹婆, 167
思茅蒲桃, 87
斯里兰卡天料木, 8
四齿芥, 233
四齿芥属, 233
四翅月见草, 79
四川枫, 118
四川寒原荠(新拟), 191
四川黄栌, 102
四川金丝桃(新拟), 57
四川堇菜, 48
四川蒲桃, 87
四川肉叶荠(新拟), 197

四川山薪蓂(新拟), 224
四川糖芥, 213
四季橘, 128
四角蒲桃, 87
四棱偏瓣花, 96
四棱荠, 216
四棱荠属, 216
四蕊枫, 118
四蕊熊巴掌, 96
四树九里香, 134
四数花属, 135
四子柳, 36
松柏钝果寄生, 245
松柏钝果寄生(原变种), 245
松江柳, 35
松林蓼, 272
松叶蓼, 260
菘蓝, 218
菘蓝属, 217
嵩明省沽油, 98
宿根亚麻, 50
酸橙, 126
酸脚杆, 91
酸脚杆属, 91
酸模, 279
酸模叶蓼, 267
酸模属, 279
蒜头果, 237
蒜头果属, 237
碎米荠, 199
碎米荠属, 197
穗花瑞香, 173
穗花赛葵, 162
穗序大黄, 278
孙氏荸荠, 212
娑罗双, 184
娑罗双属, 184
梭罗树, 164
梭罗树(原变种), 164
梭罗树属, 164

T

塔城萹蓄, 275
塔城柳, 36
塔黄, 277
塔克拉玛干沙拐枣, 257
塔里木桎柳, 250

塔里木沙拐枣, 257
塔氏老鹳草, 62
台北堇菜, 46
台湾棒花蒲桃, 87
台湾蓟柊, 38
台湾翅子树, 163
台湾臭椿, 142
台湾钝果寄生, 247
台湾芙蓉, 160
台湾核子木, 148
台湾假黄杨, 4
台湾节节菜, 70
台湾金丝桃, 55
台湾堇菜, 43
台湾堇菜(原变种), 43
台湾柳, 21
台湾柳叶菜, 77
台湾栾树, 123
台湾蜜茱萸, 132
台湾苹婆, 166
台湾蒲桃, 84
台湾荛花, 182
台湾瑞香, 172
台湾三角枫, 108
台湾山柑, 186
台湾山芥, 193
台湾山柳, 35
台湾山柚, 238
台湾山柚(原变种), 238
台湾山柚属, 238
台湾水龙, 78
台湾酸脚杆, 91
台湾梭罗, 164
台湾莛苈, 211
台湾五裂枫, 116
台湾小连翘, 59
台湾鱼木, 188
台中桑寄生, 243
太白柳, 35
太平洋蓼, 270
泰国大风子, 50
泰国杧果, 103
泰山椴, 170
泰山柳, 35
泰山柳(原变种), 35
泰山盐肤木, 104
泰梭罗, 164

学 名 索 引

ANACARDIACEAE, 102
Anacardium, 102
Anacardium occidentale, 102
ANCISTROCLADACEAE, 282
Ancistrocladus, 282
Ancistrocladus tectorius, 282
Anisadenia, 50
Anisadenia pubescens, 50
Anisadenia saxatilis, 50
Anogeissus, 64
Anogeissus acuminata, 64
Antenoron, 254
Antenoron filiforme, 254
Antenoron filiforme var. filiforme, 254
Antenoron filiforme var. kachinum, 255
Antenoron filiforme var. neofiliforme, 255
Antigonon, 255
Antigonon leptopus, 255
Aphanamixis, 144
Aphanamixis polystachya, 144
Aphragmus, 190
Aphragmus bouffordii, 190
Aphragmus oxycarpus, 190
Aphragmus pygmaeus, 191
Aquilaria, 172
Aquilaria sinensis, 172
Aquilaria yunnanensis, 172
Arabidopsis, 191
Arabidopsis halleri subsp. gemmifera, 191
Arabidopsis lyrata subsp. kamchatica, 191
Arabidopsis thaliana, 191
Arabis, 191
Arabis alaschanica, 191
Arabis amplexicaulis, 191
Arabis auriculata, 191
Arabis axilliflora, 191
Arabis bijuga, 191
Arabis flagellosa, 191
Arabis fruticulosa, 191
Arabis hirsuta, 192
Arabis paniculata, 192
Arabis pendula, 192
Arabis pterosperma, 192
Arabis serrata, 192
Arabis setosifolia, 192
Arabis stelleri, 192
Arabis tibetica, 192
Arceuthobium, 238
Arceuthobium chinense, 238
Arceuthobium minutissimum, 238

Arceuthobium oxycedri, 238
Arceuthobium pini, 238
Arceuthobium sichuanense, 238
Arceuthobium tibetense, 238
Arivela, 188
Arivela viscosa, 188
Arivela viscosa var. deglabrata, 189
Arivela viscosa var. viscosa, 188
Armoracia, 193
Armoracia rusticana, 193
Arytera, 121
Arytera littoralis, 121
Aspidopterys, 1
Aspidopterys cavaleriei, 1
Aspidopterys concava, 1
Aspidopterys esquirolii, 1
Aspidopterys floribunda, 1
Aspidopterys glabriuscula, 1
Aspidopterys henryi, 1
Aspidopterys henryi var. henryi, 2
Aspidopterys henryi var. tonkinensis, 2
Aspidopterys microcarpa, 2
Aspidopterys nutans, 2
Aspidopterys obcordata, 2
Aspidopterys obcordata var. hainanensis, 2
Aspidopterys obcordata var. obcordata, 2
Astronia, 88
Astronia ferruginea, 88
Atalantia, 125
Atalantia acuminata, 125
Atalantia buxifolia, 125
Atalantia dasycarpa, 125
Atalantia fongkaica, 125
Atalantia guillauminii, 125
Atalantia henryi, 125
Atalantia kwangtungensis, 126
Atelanthera, 193
Atelanthera perpusilla, 193
Atraphaxis, 255
Atraphaxis bracteata, 255
Atraphaxis canescens, 255
Atraphaxis compacta, 255
Atraphaxis decipiens, 255
Atraphaxis frutescens, 255
Atraphaxis frutescens var. papillosa, 255
Atraphaxis irtyschensis, 255
Atraphaxis laetevirens, 255
Atraphaxis manshurica, 255
Atraphaxis pungens, 255
Atraphaxis pyrifolia, 255

Atraphaxis spinosa, 255
Atraphaxis virgata, 256
Azima, 185
Azima sarmentosa, 185

B

Baeckea, 79
Baeckea frutescens, 79
Baimashania, 193
Baimashania pulvinata, 193
Baimashania wangii, 193
Balanophora, 236
Balanophora abbreviate, 236
Balanophora dioica, 236
Balanophora elongata, 236
Balanophora fargesii, 236
Balanophora fungosa, 236
Balanophora harlandii, 236
Balanophora indica, 236
Balanophora involucrata, 237
Balanophora laxiflora, 237
Balanophora polyandra, 237
Balanophora subcupularis, 237
Balanophora tobiracola, 237
BALANOPHORACEAE, 236
Barbarea, 193
Barbarea hongii, 193
Barbarea intermedia, 193
Barbarea orthoceras, 193
Barbarea taiwaniana, 193
Barbarea vulgaris, 193
Barthea, 88
Barthea barthei, 88
Barthea barthei var. valdealata, 88
Bennettiodendron, 6
Bennettiodendron leprosipes, 6
Bergia, 1
Bergia ammannioides, 1
Bergia capensis, 1
Bergia serrata, 1
Berrya, 151
Berrya cordifolia, 151
Berteroa, 193
Berteroa incana, 193
Berteroella, 193
Berteroella maximowiczii, 193
Biebersteinia, 100
Biebersteinia heterostemon, 100
Biebersteinia multifida, 100
Biebersteinia odora, 100
BIEBERSTEINIACEAE, 100
Bixa, 182
Bixa orellana, 182

Salix paratetradenia, 29
Salix paratetradenia var. paratetradenia, 29
Salix paratetradenia var. yatungensis, 29
Salix parvidenticulata, 29
Salix pella, 29
Salix pentandra, 30
Salix pentandra var. intermedia, 30
Salix pentandra var. obovalis, 30
Salix pentandra var. pentandra, 30
Salix permollis, 30
Salix phaidima, 30
Salix phanera, 30
Salix phanera var. weixiensis, 30
Salix pierotii, 30
Salix pilosomicrophylla, 30
Salix pingliensis, 30
Salix piptotricha, 30
Salix plocotricha, 30
Salix polyclona, 30
Salix praticola, 30
Salix psammophila, 30
Salix pseudolasiogyne, 30
Salix pseudolasiogyne var. bilofolia, 30
Salix pseudolasiogyne var. erythrantha, 30
Salix pseudolasiogyne var. pseudolasiogyne, 30
Salix pseudopermollis, 30
Salix pseudospissa, 31
Salix pseudotangii, 31
Salix pseudowallichiana, 31
Salix pseudowolohoensis, 31
Salix psilostigma, 31
Salix pycnostachya, 31
Salix pycnostachya var. glabra, 31
Salix pycnostachya var. oxycarpa, 31
Salix pycnostachya var. pycnostachya, 31
Salix pyrolifolia, 31
Salix qamdoensis, 31
Salix qinghaiensis, 31
Salix qinghaiensis var. microphylla, 31
Salix qinghaiensis var. qinghaiensis, 31
Salix qinlingica, 31
Salix raddeana, 31
Salix raddeana var. raddeana, 31
Salix raddeana var. subglabra, 31
Salix radinostachya, 31
Salix radinostachya var. pseudophanera, 32
Salix radinostachya var.

radinostachya, 32
Salix rectijulis, 32
Salix rehderiana, 32
Salix rehderiana var. dolia, 32
Salix rehderiana var. rehderiana, 32
Salix resecta, 32
Salix resectoides, 32
Salix rhododendrifolia, 32
Salix rhoophila, 32
Salix rockii, 32
Salix rorida, 32
Salix rorida var. rorida, 32
Salix rorida var. roridiformis, 32
Salix rosmarinifolia, 32
Salix rosmarinifolia var. brachypoda, 32
Salix rosmarinifolia var. gannanensis, 33
Salix rosmarinifolia var. rosmarinifolia, 32
Salix rosmarinifolia var. tungbeiana, 33
Salix rosthornii, 33
Salix sajanensis, 33
Salix salwinensis, 33
Salix salwinensis var. longiamentifera, 33
Salix saposhnikovii, 33
Salix schugnanica, 33
Salix schwerinii, 33
Salix sclerophylla, 33
Salix sclerophylla var. tibetica, 33
Salix sclerophylloides, 33
Salix sclerophylloides var. obtusa, 33
Salix sclerophylloides var. sclerophylloides, 33
Salix scopulicola, 33
Salix sericocarpa, 33
Salix serpyllum, 34
Salix shandanensis, 34
Salix shangchengensis, 34
Salix shansiensis, 34
Salix shihtsuanensis, 34
Salix shihtsuanensis var. glabrata, 34
Salix shihtsuanensis var. globosa, 34
Salix shihtsuanensis var. sessilis, 34
Salix shihtsuanensis var. shihtsuanensis, 34
Salix shimenensis, 34
Salix sikkimensis, 34
Salix sinica, 34
Salix sinica var. dentata, 34
Salix sinica var. sinica, 34
Salix sinica var. subsessilis, 34

Salix sinopurpurea, 34
Salix siuzevii, 34
Salix skvortzovii, 34
Salix songarica, 34
Salix souliei, 35
Salix sphaeronymphe, 35
Salix sphaeronymphe var. sphaeronymphoides, 35
Salix spodiophylla, 35
Salix spodiophylla var. liocarpa, 35
Salix spodiophylla var. spodiophylla, 35
Salix suchowensis, 35
Salix sungkianica, 35
Salix sungkianica f. brevistachys, 35
Salix tagawana, 35
Salix taipaiensis, 35
Salix taishanensis, 35
Salix taishanensis var. glabra, 35
Salix taishanensis var. hebeinica, 35
Salix taishanensis var. taishanensis, 35
Salix taiwanalpina, 35
Salix takasagoalpina, 35
Salix tangii, 35
Salix tangii var. angustifolia, 35
Salix tangii var. tangii, 35
Salix taoensis, 36
Salix taoensis var. leiocarpa, 36
Salix taoensis var. pedicellata, 36
Salix taoensis var. taoensis, 36
Salix taraikensis, 36
Salix taraikensis var. latifolia, 36
Salix taraikensis var. oblanceolata, 36
Salix taraikensis var. taraikensis, 36
Salix tarbagataica, 36
Salix tenella, 36
Salix tenella var. tenella, 36
Salix tenella var. trichadenia, 36
Salix tengchongensis, 36
Salix tenuijulis, 36
Salix tetrasperma, 36
Salix tianschanica, 36
Salix triandroides, 36
Salix trichocarpa, 36
Salix turanica, 36
Salix turczaninowii, 37
Salix vaccinioides, 27
Salix variegata, 37
Salix vestita, 37
Salix wallichiana, 37
Salix wallichiana var. pachyclada, 37
Salix wallichiana var. wallichiana, 37
Salix wangiana, 37

Salix warburgii, 37
Salix weixiensis, 37
Salix wilhelmsiana, 37
Salix wilhelmsiana var. latifolia, 37
Salix wilhelmsiana var. leiocarpa, 37
Salix wilhelmsiana var. wilhelmsiana, 37
Salix wilsonii, 37
Salix wolohoensis, 37
Salix wuxuhaiensis, 37
Salix xiaoguangshanica, 37
Salix xizangensis, 37
Salix yadongensis, 38
Salix yanbianica, 38
Salix yuhuangshanensis, 38
Salix yumenensis, 38
Salix zangica, 38
Salix zayulica, 38
Salix zhegushanica, 38
SALVADORACEAE, 185
SANTALACEAE, 238
Santalum, 240
Santalum album, 240
Santalum papuanum, 240
SAPINDACEAE, 107
Sapindus, 124
Sapindus delavayi, 124
Sapindus rarak, 124
Sapindus rarak var. velutinus, 124
Sapindus saponaria, 124
Sapindus tomentosus, 125
Sarcopyramis, 96
Sarcopyramis bodinieri, 96
Sarcopyramis napalensis, 96
Scaphium, 165
Scaphium hychnophorum, 165
Scaphium wallichii, 165
Schoepfia, 247
Schoepfia chinensis, 247
Schoepfia fragrans, 247
Schoepfia griffithii, 248
Schoepfia jasminodora, 248
Schoepfia jasminodora var. jasminodora, 248
Schoepfia jasminodora var. malipoensis, 248
SCHOEPFIACEAE, 247
Scleropyrum, 240
Scleropyrum wallichianum, 240
Scleropyrum wallichianum var. mekongense, 240
Scolopia, 38
Scolopia buxifolia, 38

Scolopia chinensis, 38
Scolopia oldhamii, 38
Scolopia saeva, 38
Scorpiothyrsus, 96
Scorpiothyrsus erythrotrichus, 96
Scorpiothyrsus shangszeensis, 97
Scorpiothyrsus xanthostictus, 97
Scurrula, 244
Scurrula atropurpurea, 244
Scurrula buddleioides, 244
Scurrula buddleioides var. buddleioides, 244
Scurrula buddleioides var. heynei, 244
Scurrula chingii, 244
Scurrula chingii var. yunnanensis, 244
Scurrula elata, 244
Scurrula ferruginea, 244
Scurrula gongshanensis, 245
Scurrula notothixoides, 245
Scurrula parasitica, 245
Scurrula parasitica var. graciliflora, 245
Scurrula parasitica var. parasitica, 245
Scurrula phoebe-formosanae, 245
Scurrula pulverulenta, 245
Semecarpus, 105
Semecarpus cuneiformis, 105
Semecarpus longifolius, 105
Semecarpus microcarpus, 105
Semecarpus reticulatus, 105
Shangrilaia, 229
Shangrilaia nana, 229
Shorea, 184
Shorea assamica, 184
Shorea robusta, 184
Sida, 165
Sida acuta, 165
Sida alnifolia, 165
Sida alnifolia var. alnifolia, 165
Sida alnifolia var. microphylla, 165
Sida alnifolia var. obovata, 165
Sida alnifolia var. orbiculata, 165
Sida chinensis, 165
Sida cordata, 165
Sida cordifolia, 165
Sida cordifolioides, 166
Sida javensis, 166
Sida mysorensis, 166
Sida orientalis, 166
Sida quinquevalvacea, 166
Sida rhombifolia var. corynocarpa, 166
Sida spinosa, 166
Sida subcordata, 166
Sida szechuensis, 166

Sida yunnanensis, 166
SIMAROUBACEAE, 141
Sinapis, 229
Sinapis alba, 229
Sinapis arvensis, 229
Sinosophiopsis, 229
Sinosophiopsis bartholomewii, 229
Sinosophiopsis furcata, 229
Sinosophiopsis heishuiensis, 229
Sisymbriopsis, 229
Sisymbriopsis mollipila, 229
Sisymbriopsis pamirica, 229
Sisymbriopsis shuanghuica, 230
Sisymbriopsis yechengnica, 230
Sisymbrium, 230
Sisymbrium altissimum, 230
Sisymbrium brassiciforme, 230
Sisymbrium heteromallum, 230
Sisymbrium irio, 230
Sisymbrium loeselii, 230
Sisymbrium luteum, 230
Sisymbrium luteum var. glabrum, 230
Sisymbrium officinale, 230
Sisymbrium orientale, 230
Sisymbrium polymorphum, 230
Sisymbrium yunnanense, 231
Skimmia, 135
Skimmia arborescens, 135
Skimmia japonica var. arisanensis, 135
Skimmia laureola, 135
Skimmia melanocarpa, 135
Skimmia multinervia, 135
Skimmia reevesiana, 135
Smelowskia, 231
Smelowskia alba, 231
Smelowskia bifurcata, 231
Smelowskia calycina, 231
Solms-laubachia, 231
Solms-laubachia eurycarpa, 231
Solms-laubachia floribunda, 231
Solms-laubachia gamosepala, 231
Solms-laubachia lanata, 231
Solms-laubachia linearifolia, 231
Solms-laubachia mieheorum, 231
Solms-laubachia minor, 231
Solms-laubachia platycarpa, 231
Solms-laubachia pulcherrima, 232
Solms-laubachia retropilosa, 232
Solms-laubachia xerophyta, 232
Sonerila, 97
Sonerila cantonensis, 97
Sonerila erecta, 97
Sonerila hainanensis, 97